Henning Natzschka

Straßenbau

Henning Natzschka

Straßenbau

Entwurf und Bautechnik

3., überarbeitete und aktualisierte Auflage

PRAXIS

Bibliografische Information der Deutschen Nationalbibliothek
Die Deutsche Nationalbibliothek verzeichnet diese Publikation in der
Deutschen Nationalbibliografie; detaillierte bibliografische Daten sind im Internet über
<http://dnb.d-nb.de> abrufbar.

3., überarbeitete und aktualisiert Auflage 2011

Alle Rechte vorbehalten
© Vieweg+Teubner Verlag | Springer Fachmedien Wiesbaden GmbH 2011

Lektorat: Dipl.-Ing. Ralf Harms | Sabine Koch

Vieweg+Teubner Verlag ist eine Marke von Springer Fachmedien.
Springer Fachmedien ist Teil der Fachverlagsgruppe Springer Science+Business Media.
www.viewegteubner.de

Das Werk einschließlich aller seiner Teile ist urheberrechtlich geschützt. Jede Verwertung außerhalb der engen Grenzen des Urheberrechtsgesetzes ist ohne Zustimmung des Verlags unzulässig und strafbar. Das gilt insbesondere für Vervielfältigungen, Übersetzungen, Mikroverfilmungen und die Einspeicherung und Verarbeitung in elektronischen Systemen.

Die Wiedergabe von Gebrauchsnamen, Handelsnamen, Warenbezeichnungen usw. in diesem Werk berechtigt auch ohne besondere Kennzeichnung nicht zu der Annahme, dass solche Namen im Sinne der Warenzeichen- und Markenschutz-Gesetzgebung als frei zu betrachten wären und daher von jedermann benutzt werden dürften.

Umschlaggestaltung: KünkelLopka Medienentwicklung, Heidelberg
Gedruckt auf säurefreiem und chlorfrei gebleichtem Papier
Printed in Germany

ISBN 978-3-8348-1343-5

Vorwort

Das vorliegende Buch entstand aus dem Vorlesungsmanuskript für die Fächer des Straßenwesens, die der Verfasser an der Fachhochschule Stuttgart - Hochschule für Technik - gehalten hat. Es soll der Vertiefung des Vorlesungsstoffes für die Studierenden und als Nachschlagewerk für die Ingenieure des Bauingenieurwesens dienen, die in Baufirmen, Ingenieurbüros oder Verwaltungen mit dem Entwurf oder der Baudurchführung von Verkehrswegen für den Öffentlichen Personenverkehr oder den Individualverkehr beschäftigt sind. Es beschränkt sich bewusst auf die Bereiche Entwurf und Baudurchführung. Die Verfahren des Verkehrswesens und die Verkehrstechnik sind nur dann erwähnt, wenn davon entwurfstechnische Kriterien betroffen sind. Trotzdem muss der Entwurfsingenieur selbstverständlich auch diesen Themenkomplex in seine Überlegungen einbeziehen.

Das Bundesverkehrsministerium und die Forschungsgesellschaft für Straßen- und Verkehrswesen haben eine Fülle von Verordnungen, Richtlinien, Merkblättern, Hinweisen und Empfehlungen für den Entwurf, die Vergabe und Baudurchführung von Verkehrswegen erarbeitet. Die wichtigsten davon sind in den Text eingearbeitet. Das ganze Regelwerk konnte aus Gründen des erforderlichen Umfangs nicht erwähnt werden. Trotzdem müssen beim Studium und in der Praxis die einschlägigen Bestimmungen und Regeln herangezogen werden. Absichtlich wurden im Text die Bezeichnungen der Ausgabejahre weggelassen, da diese Regelwerke stets an neue Entwicklungen angepasst werden. Der Benutzer dieses Buches soll damit angeregt werden, sich immer mit der neuesten Fassung vertraut zu machen.

Außerdem muss dem Entwurfsingenieur für Straßen bewusst bleiben, dass der Verkehr auf der Straße nur einen Teil vorhandener Verkehrsnetze darstellt. Seine Planungen müssen immer die vorhandene Vielfalt der Möglichkeiten und ihre Netzverknüpfungen und Netzergänzungen im Auge behalten. Ebenso ist die Rücksichtnahme auf die Umwelt und das einfühlsame Einfügen in die Landschaft ein wichtiger Teil der Entwurfsgestaltung und Baudurchführung. Das hat der Verfasser versucht, an vielen relevanten Stellen herauszuarbeiten, damit Straßen keine trennenden Hindernisse darstellen, sondern als zum Erscheinungsbild der Landschaft gehörend empfunden werden.

In den Abschnitten dieses Buches sind vier Jahrzehnte Erfahrungen in der Entwurfs- und Baupraxis eingeflossen. Diese konnten beim Dienst in den Straßenbauverwaltungen Baden-Württembergs und Schleswig - Holsteins, wo der Verfasser die Neubauabteilung „Vogelfluglinie" leitete, ebenso gesammelt werden wie später im eigenen Ingenieurbüro, in dem Entwürfe und teilweise auch Bauleitungen für Autobahn, Bundes-, Landes-, Kreis- und Gemeindestraßen ausgeführt wurden. Bei der Mitarbeit in verschiedenen Arbeitsausschüssen und Arbeitskreisen der Forschungsgesellschaft für Straßen- und Verkehrswesen e.V. wie in eigenen Forschungsarbeiten, aber auch in der Betreuung von Seminaren und Diplomarbeiten der Studierenden, war die Vertiefung der wissenschaftlichen Grundlagen des Straßenwesens in verschiedenen Teilgebieten möglich. In dieser Zeit hat sich die gesellschaftliche und politische Akzeptanz von Straßenbauten mehrfach gewandelt. Diese Tatsache hatte immer auch eine Anpassung der technischen Regelwerke zur Folge. In diesem Buch wurde der Kenntnisstand von Ende 1995 dargestellt. Das enthebt den Leser nicht von der Pflicht, sich in danach entstandene neue Richtlinien oder Verordnungen einzuarbeiten und so sein Wissen ständig zu ergänzen.

So kann das Buch nicht Ersatz für die Vorlesung sein. Aber es kann als Ergänzung und Vertiefung des Studiums dienen, weil für die Vorlesung die Zeit zu kurz bemessen ist, um alle Teilgebiete des Straßenentwurfes und der Baudurchführung vollständig darzustellen.

Das Buch konnte entstehen, weil der Verfasser bei der Abfassung von mehreren Personen unterstützt wurde. Mein Dank gilt hier vor allem meiner lieben Frau, die mich stets verständnisvoll und tatkräftig unterstützt hat, und meinen fünf Söhnen, die mir mit Rat und Tat zur Seite standen. Darüber hinaus danke ich den Herren des RIB - Recheninstitut für Bauwesen in Stuttgart, die mich besonders bei der Softwareanwendung für den Straßenentwurf, die Ausschreibung, die Bauabrechnung und das interaktive Bearbeiten von Zeichnungen unterstützt haben. Ein besonderer Dank gilt aber auch den Herren des B.G. Teubner Verlags und dem Hersteller, die mich in verständnisvoller Weise beraten haben, damit dieses Buch in der vorliegenden Form erscheinen konnte.

So lege ich dieses Buch nun in die Hände des Benutzers und hoffe, dass es ihm hilft, seine Aufgaben erfolgreich zu bewältigen. Ich hoffe, dass es dazu beiträgt, den Sinn dafür zu wecken

Straßen sollen nicht trennen, sondern verbinden !

Stuttgart, August 1996   Der Verfasser

Vorwort zur 2. Auflage

Der Anklang, den das Buch bei Studierenden und in der Fachwelt gefunden hat, aber auch die Veränderungen im Regelwerk für den Straßenbau erfordern eine Neuauflage.

Deshalb wurde das Buch den neuen Bedingungen angepasst und in manchen Kapiteln neu bearbeitet. Wenn auch im Entwurf und bei der Vermessung heute die elektronische Datenverarbeitung einen großen Teil der manuellen Arbeit ersetzt, wurden trotzdem auch die manuellen Verfahren behandelt, um die Grundlagen zu verdeutlichen, die in den elektronischen Softwareprogrammen ablaufen. Andererseits werden neue Bauverfahren erläutert und die Neufassungen mehrerer Richtlinien und Merkblätter eingearbeitet..

Das Buch bietet nicht nur den Vorlesungsstoff, der in der zur Verfügung stehenden Zeit vorgetragen werden kann. Es gibt darüber hinaus Ergänzungen des Vorlesungsstoffes und soll zum Eigenstudium anregen. Für den Praktiker ist es eine Zusammenfassung der Tätigkeit als Entwurfsingenieur oder Bauleiter, die allerdings nicht vollständig sein kann. Im Bedarfsfalle muss er die aktuellen Vorschriften, Richtlinien, Merkblätter oder Hinweise hinzuziehen. Der FGSV Verlag stellt die Veröffentlichungen der Forschungsgesellschaft für Straßen- und Verkehrswesen e.V., Köln und Berlin, als Zusammenstellung zur Verfügung. (Der vollständige Katalog ist auch unter www.fgsv-verlag.de im Internet aufzurufen.)

Der Verfasser dankt allen, die durch kritische Durchsicht und weitere Anregungen die Aktualität des Buches zu verbessern geholfen haben. Möge auch die Neuauflage vielen Ingenieuren und Studierenden helfen, mit guten Leistungen für das wirtschaftliche Wachstum der Volkswirtschaft zu sorgen und die Lebensqualität unserer Umwelt zu steigern.

Der Forschungsgesellschaft für Straßen- und Verkehrswesen danke ich für die freundliche Genehmigung, verschiedene Bilder aus den Veröffentlichungen in mein Buch übernehmen zu dürfen.

Stuttgart, August 2003   Der Verfasser

Vorwort zur 3. Auflage

Neue Richtlinien für Autobahnen, Landstraßen und Stadtstraßen machten eine vollständige Überarbeitung des Lehrbuches notwendig. Es wurden Teile der vorangegangenen Auflagen gestrichen, soweit sie durch die Einführung und den allgemeinen Gebrauch der elektronschen Datenverarbeitung nicht mehr Verwendung finden. Dennoch befinden sich auch andere Abschnitte älterer Richtlinien im Text, soweit sie dem Verständnis der technischen Entwicklung dienen. Trotzdem müssen auch manche Dinge zusätzlich im Vorlesungsstoff ergänzt werden, weil sonst der Umfang des Buches gesprengt worden wäre. Die Methodik des Bachelor- und Masterstudiums fördert das interdisziplinäre Arbeiten.

Das Buch möge auch in Zukunft dem Studium des Straßenwesens dienen und den Vorlesungsstoff vertiefen. Aber auch dem im Beruf stehenden Ingenieur soll die Übertragung der neuen Auffassungen in die praktische Anwendung die Umstellung erleichtern. Selbstverständlich kann es aber im Einzelfall das Nachschlagen der Richtlinien, Merkblätter und Hinweise nicht ersetzen, die die Forschungsgesellschaft für Straßen- und Verkehrswesen herausgegeben hat.

Dem FGSV Verlag und der Forschungsgesellschaft für Straßen- und Verkehrswesen e. V., An Lyskirchen 14, 50676 Köln, danke ich für die freundliche Genehmigung, verschiedene Bilder aus den Veröffentlichungen in mein Buch zu übernehmen. Zum Teil wurden die Bilder von mir auch für den Vorlesungsbetrieb etwas überarbeitet.

Mein besonderer Dank gilt Frau Prof. Dr.-Ing. Silvia Weber und Herrn Prof. Dr.-Ing. Dieter Maurmaier, sowie meinem Sohn Dipl.-Ing Volker Natzschka für die Unterstützung und Beratung verschiedener Teile dieses Buches. Darüber hinaus danke ich allen Kollegen, die mir mit Hinweisen und Anregungen geholfen haben, das Buch zeitgemäß zu gestalten.

Stuttgart, September 2010   Der Verfasser

Inhalt

		Seite
1	**Geschichtliche Entwicklung des Straßenwesens**	1
1.1	Historische Entwicklung	1
1.2	Bautechnische Entwicklung	3
2	**Das Straßennetz**	5
2.1	Deutsches Straßennetz	5
2.2	Internationales Straßennetz in Europa	6
2.3	Gesamtverkehrsnetz	6
3	**Straßenrecht, Straßenverwaltung**	7
3.1	Straßengesetzgebung, Straßenverwaltung	7
3.2	Straßenbauverwaltung	8
3.3	Straßenfinanzierung	8
4	**Theoretische Grundlagen**	9
4.1	Fahrmechanik	9
4.2	Bewegungsablauf von Fahrzeugen	14
4.3	Fahrdynamische Untersuchungen von Straßenentwürfen	21
4.4	Mathematische Grundlagen der Entwurfselemente	21
4.5	Rechenwerte bei Verkehrszählungen	43
4.6	Verkehrsqualität	44
5	**Planungsablauf eines Straßenentwurfes**	67
5.1	Linienentwurf	68
5.2	Bauvorentwurf	70
5.3	Bauentwurf	72
5.4	Planfeststellungsentwurf	73
5.5	Entwurfsunterlagen nach RE	73
5.6	Umweltverträglichkeitsstudien	73
6	**Straßennetz**	75
6.1	Straßennetzgestaltung	76
6.2	Planungsgrundlagen	77
6,3	Einteilung der Straßen	79
6.4	Querschnittsgestaltung	83
7	**Straßenentwurf**	85
7.1	Bestandteile des Straßenquerschnitts	85
7.2	Bauliche Gestaltung	87
7.3	Gestaltung des Regelquerschnitts	90
7.4	Linienführung	132
7.5	Linienführung und Landschaft	155
7.6	Nebenanlagen und Nebenbetriebe	164
7.7	Entwurf von Autobahnen	166
7.8	Entwurf von Landstraßen	215
7.9	Entwurf von Stadtstraßen	263
8	**Kunstbauten**	365
8.1	Allgemeines	365
8.2	Brücken	365
8.3	Durchlässe	372
8.4	Stützmauern	373
8.5	Straßentunnel	374
9	**Straßenentwässerung**	379
9.1	Planungsgrundsätze	379
9.2	Bemessung	380
9.3	Darstellung im Entwurf	389

		Seite
9.4	Oberirdische Entwässerungsanlagen	389
9.5	Unterirdische Entwässerungsanlagen	393
9.6	Sickeranlagen	394
9.7	Bauwerke	397
10	**Landschaftspflege**	399
10.1	Landschafts- und Straßenplanung	399
10.2	Landschaftsgestaltung im Straßenbau	400
10.3	Ziele der Bepflanzung an Straßen	401
11	**Straße und Umwelt**	404
11.1	Umweltverträglichkeitsstudie	404
11.2	Verkehrslärm	408
12	**Straßenausstattung**	423
12.1	Verkehrsbeschilderung	423
12.2	Markierung	424
12.3	Wegweisung	429
12.4	Leiteinrichtungen	433
12.5	Lichtsignalsteuerung	438
12.6	Straßenbeleuchtung	439
13	**Straßenbaustoffe**	441
13.1	Gesteinskörnungen	442
13.2	Bindemittel	445
13.3	Asphaltmischungen	450
13.4	Fahrbahndecken aus Beton	459
13.5	Verfestigungen und Tragschichten mit hydraulischen Bindemitteln	464
13.6	Tragschichten ohne Bindemittel	468
14	**Bauausführung**	472
14.1	Vermessungsarbeiten	472
14.2	Bodenuntersuchungen	499
14.3	Erdbau	500
14.4	Straßenoberbau	502
14.5	Befestigung von Rad- und Gehwegen	506
14.6	Befestigung ländlicher Wege	507
15	**Verdingung**	509
15.1	Verdingungsordnung für Bauleistungen	509
15.2	Ausschreibung und Vergabe	510
15.3	Bauabrechnung	511
15.4	Qualitätskontrolle	512
16	**Straßeninstandhaltung und Betrieb**	513
16.1	Fahrbahndecken	513
16.2	Bepflanzung	515
16.3	Straßenreinigung	515
16.4	Winterdienst	516
16.5	Beleuchtung und Signalanlagen	516
16.6	Straßentunnel	517
17	**Literatur**	519
18	**Abkürzungen**	525
19	**Anhang**	526
20	**Bildverzeichnis**	553
21	**Tabellenverzeichnis**	563
22	**Sachverzeichnis**	569

1. Geschichtliche Entwicklung des Straßenwesens

1.1 Historische Entwicklung

Solange die Menschheit in Gruppen zusammenlebte, gemeinsam auf Jagd ging oder den Acker bestellte, waren Wege notwendig. Mögen es zunächst die Trampelpfade des bejagten Wildes gewesen sein, dürften sich allmählich auch bewusst gezogene Verbindungen durch die Wildnis ausgebildet haben. Mit der Arbeitsteilung und dem Beginn des Handels wurden Wegenetze immer wichtiger. Militärische Gesichtspunkte der Machthaber großer Reiche mit herausragender Zentralgewalt spornten zu immer neuen Leistungen im Straßenbau an. Aus archäologischen Funden und schriftlichen Überlieferungen lässt sich die Entwicklung des Straßenbaus bis in die Frühzeit zurückverfolgen.

Straßen des Altertums

Vorderasien und Orient. Im vorderasiatischen Lebensraum treten Assyrer und Babylonier mit einem zusammenhängenden Straßennetz hervor. Die sumerische Schrift kennt bereits ein Zeichen für "Straße". Diese Staaten der Frühzeit waren mächtige Militärmächte, die Verbindungen für die Streitwagen ihrer Heere und den Nachschub bewusst anlegten, um ihre ausgedehnten Reiche zu beherrschen.

Außerdem wurden im Altertum Straßen immer als kultische Anlagen gebaut. Genannt sei hier als Beispiel die Prozessionsstraße mit dem Ischtartor in Babylon, die ein Zeugnis königlicher Pracht ablegt. Außerhalb der Städte müssen wir uns die Straßen als Erd- oder Kieswege nach heutigen Begriffen vorstellen, zum Teil wohl auch als Karawanenwege. Allerdings sind im Euphrattal schon gemauerte Dämme gefunden worden, die auch bei Hochwasser passierbar blieben.

Die persischen Könige legten nach ihnen benannte "Königsstraßen" an, also Heerstraßen, die eine straffe Verwaltung des Perserreiches ermöglichten. Sie waren teilweise sogar zweispurig ausgeführt, um Gegenverkehr in ausgehauenen Gleisen zu gewährleisten. Außerdem gab es in bestimmten Abständen Rasthäuser, in denen die königlichen Boten ihre Pferde wechseln konnten.

Bemerkenswert ist, dass das weiträumige Straßennetz unter Umgehung der Städte konzipiert wurde. So konnte man den Heereszügen oder Königsboten größere Geschwindigkeit garantieren. Die Transporte des Handels spielten sich auf Ortsstraßen und Karawanenwegen ab.

Europa. *Griechenland.* Das ursprüngliche Straßennetz - auch den Griechen waren Streitwagen bekannt - verfällt im letzten Jahrtausend v.Chr. Außerdem stellen die Gebirgszüge Hindernisse dar, die mit Maultieren oder zu Fuß besser zu bewältigen waren. Einige Fernstraßen blieben trotzdem befahrbar und dem Verkehr erhalten. In Felsgebieten wiesen sie sogar Fahrrillen auf. Meist dienten die Straßen auch in Griechenland kultischen Zwecken, man legte an ihnen sogar Grabstätten an.

Die hellenistische Zeit bringt in den Kolonialstädten den ersten Durchbruch wirklicher Straßenplanung. Man wendet sich von der ursprünglichen, zufälligen Linienführung der Fußwege ab und legt das Straßennetz der Wohnsiedlung geometrisch an (z.B. in Milet). Dabei richtet man sich nicht mehr nach der Geländeform, sondern gliedert die Stadt in Bezirke, deren Straßen sich rechtwinklig kreuzen. Jeder Stadtbezirk erhält nach seiner Bedeutung öffentliche Plätze, die meist von einem Tempel beherrscht wurden, zu dem die Straßen hin führten.

Römisches Reich. Die Römer gelten mit Recht als Volk, das im Altertum außerordentliche Leistungen auf dem Gebiet des Straßenbaus vollbracht hat. Sie bauten auf Erfahrungen der besetzten Länder auf und erlernten die dort üblichen Techniken, um sie dann zu hoher Vollendung zu führen. Neben dem ausgesprochen strategischen Zweck ermöglichte es,

Güter aus den Provinzen rasch und ungehindert in die Hauptstadt zu bringen. Auch Personenverkehr fand statt, der in Rasthäusern Verpflegung und Übernachtungsmöglichkeiten fand.

Das Fernstraßennetz Roms umfasste in der Glanzzeit 250.000 km Straßen, von denen 80.000 Kilometer gut ausgebaut waren. So war es möglich, zu Christi Zeiten eine Legion von Jerusalem über Mainz nach Großbritannien zu verlegen. Außer der zentralen Verwaltung gab es sogar Kaiser, die Straßen aus privaten Mitteln bauten. Die Instandhaltung musste unter staatlicher Aufsicht von Anliegern und Gemeinden getragen werden. Ein Straßenrecht wird bereits 450 v.Chr. mit dem Zwölftafelgesetz geschaffen, das von Caesar in der "Lex Julia municipialis" erweitert wurde.

Afrika. Bekannt sind die Prozessionsstraßen in Ägypten. Es bestand auch eine Gütertransportstraße vom Roten Meer zum Nil, von der verschiedene Täler und Wadis erschlossen wurden. Hier war Straßenplanung als infrastruktur-fördernde Maßnahme eingesetzt worden. Außerdem bestanden die "Horuswege", Militärstraßen zur Verteidigung des Landes. Die Hauptverkehrswege waren damals auch unbefestigte Karawanenstraßen, doch erlangten diese z.B. als "Gewürzstraße" von Arabien nach Ägypten und Syrien große Handelsbedeutung.

Asien. Handelswege verbanden das Reich der Mitte - China - mit dem Mittelmeer, doch auch hier fehlte fast über die Gesamtlänge eine Straßenbefestigung. Bekannt sind die Handelswege u.a. als "Seidenstraße", auf der das begehrte Tuch aus China ins römische Imperium transportiert wurde. Auf dem gleichen Wege gelangte schon früher die Jade nach Europa. Doch kann man von einem geordneten Straßennetz nur innerhalb der Großen Mauer sprechen. Außerhalb verliefen die Wege meist durch unwirtliche Gebiete oder durch Gegenden, die räuberische Nomaden beherrschten. Die Blütezeit dieser Wegeverbindungen lag zwischen 100 v.Chr. bis 100 n.Chr.

Straßen im Mittelalter
Europa. Mit dem Niedergang des Römischen Reiches trat ein Stillstand in der Entwicklung des Straßenbaus ein. Im osteuropäischen Raum entwickelten sich die Handelsbeziehungen zwischen Skandinavien und Russland in den Orient. Meist folgten die Verkehrswege den Flüssen (Dnjepr, Wolga). Pelze und Bernstein waren begehrte Handelsware. Die römischen Straßenverbindungen in Westeuropa verfielen. Erst das Karolingerreich erkannte wieder den Wert eines leistungsfähigen Verkehrswegenetzes. Die alten römischen Straßen wurden von *Karl dem Großen* dabei einbezogen.

Die Führung der Straßen wurde in Mittel- und Osteuropa durch waldreiche Gebiete oder Moore stark behindert. Die verschiedenen Trassen der "Bernsteinstraßen" zwischen Ostsee und Mittelmeer waren meist Erdstraßen. Aus Moorgebieten sind auch Bohlenwege bekannt, die den hohen Stand der damaligen Zimmermannskunst sichtbar werden lassen.

Im Mittelalter folgt der Ausbau von Fernstraßen in West-Ost-Richtung dem Vorstoß deutscher Fürsten zur Ostbesiedelung. Im Gegensatz zur römischen Verwaltung wurden diese Arbeiten aber weder zentral geplant, noch die Bauwerke zentral unterhalten. Bedeutung behielten dennoch die Nord-Süd-Verbindungen. Schwierig war stets die Überquerung der Alpen auf Saumpfaden. Zur Sicherung der Passzugänge wurden Burgen errichtet, wofür allerdings auch erhebliche Zölle zu entrichten waren. Im Mittelalter galten Straßen als Eigentum des Kaisers. Das Recht des Wegezolls wurde von ihm als Lehen an Gefolgsleute vergeben, band den Belehnten aber an die Pflicht der Wegeunterhaltung. Aber schon nach *Karl dem Großen* betrachteten die Fürsten den Wegezoll als gute Finanzierungsquelle für private Zwecke. Schließlich entstand sogar der sogenannte "Straßenzwang", der die Fuhrleute verpflichtete, nur zollpflichtige Straßen zu benutzen.

In den Städten beginnt man im 14. Jahrhundert, die wichtigsten Straßen mit Pflaster zu befestigen. In den Nebenstraßen häuften sich Unrat und Schmutz und bildeten gefährliche Seuchenherde.

Bei der Zerrissenheit der verschiedenen Fürstentümer verfielen die vorhandenen Straßen immer mehr und wurden - besonders durch die Heereszüge der Kreuzritter oder spätere Kriege - oft völlig unpassierbar. Dennoch gewannen schon in dieser Zeit solch wichtige Verkehrseinrichtungen wie Post und Botendienste an Bedeutung.

Amerika. Zwei berühmte Straßen bestanden im 15. Jahrhundert im Inkareich, die "Königliche Straße des Gebirges" und die "Königliche Straße der Küste", zusammen rd. 8 800 km lang. Beide waren durch Querstraßen miteinander verbunden. Ihre Streckenführung verlief oft gerade, Höhenunterschiede wurden durch Treppen überwunden, da Rad und Wagen unbekannt waren.

Straßen der Neuzeit

Österreich. *Karl VI.* und *Joseph II.* bauten im 18. Jahrhundert ein Straßennetz über die Alpen aus, um den Handel, der von Schlesien über Hamburg lief, über den Landweg ans Mittelmeer abzuziehen. Außerdem wurden die Verbindungen nach Osten in die Bukowina und nach Siebenbürgen verbessert. Um 1830 gab es in Österreich bereits rd. 12 300 km Staatsstraßen.

Frankreich. Das französische Straßennetz wurde unter *Napoleon I.* zu einem strategischen Netz weit über die Landesgrenzen hinaus ausgebaut. Französische Straßenbauer wurden an der 1747 gegründeten Ecole des Ponts et Chaussées mit einem hervorragenden Wissensstand ausgebildet. Dieses Institut hat bis heute den höchsten Rang der Studienanstalten in Frankreich behalten.

Deutschland. Die Zerrissenheit in Kleinstaaten beeinträchtigte das deutsche Wegenetz sehr. Entwicklung und Planung werden von Einzelnen vorangetrieben. 1779 entsteht ein "General-Wegeplan" von *Chr. von Lüder*, der sich in der Konzeption mit unserem heutigen Autobahnnetz in vielen Bereichen deckt. Allmählich entstehen in Bayern und Preußen zusammenhängende Wegenetze. Doch erst nach der Gründung des Deutschen Zollvereins beginnt ein zügiger Ausbau von Kunststraßen. Der Bau der Eisenbahnstrecken erforcert dann wiederum den Bau guter Anschlussstraßen zu den Bahnhöfen.

Heute bedingt der Kraftfahrzeugverkehr in allen Industriestaaten ein gut ausgebautes Verkehrswegenetz, um die flächendeckende Versorgung sicherzustellen. Allerdings muss in modernen Konzepten das Zusammenwirken aller Verkehrsträger und Transporteinrichtungen beachtet und sichergestellt werden. Dazu gehören Verkehrswege für den öffentlichen und individuellen Kraftfahrzeugverkehr, das Schienennetz, die Luftverkehrsanlagen, die Wasserwege und die Leitungsnetze für Energieversorgung, Wasserversorgung, Abwasser und Kommunikation.

1.2 Bautechnische Entwicklung

Während im Altertum nur die wichtigsten Prozessionsstraßen einen Ausbau durch die in Stein gehauenen Spurrinnen aufwiesen, waren Straßen außerorts meist Erdwege oder Trampelpfade. In Sumpfgebieten entstanden z.T. hervorragend konstruierte Bohlenwege. Im Mittelalter wurden dann einzelne Stadtstraßen mit Pflasterdecken gebaut. Moderne Bauweisen gehen mit ihren Ursprüngen auf das 18. Jahrhundert zurück. Der Straßenbau-Ingenieur *Hubert Gautier* schreibt 1712 das erste Lehrbuch über Straßenbau. Er schenkte der Straßenentwässerung große Aufmerksamkeit, führte Kiessickerungen ein und verlegte Platten als Dammauflager. *Trésagnet* erfand um 1760 die Packlage und führte 1785 den Beruf des Straßenwärters und die gezielte Straßenunterhaltung ein.

Neben Frankreich entwickelten die anderen europäischen Staaten in der zweiten Hälfte des 18. Jahrhunderts Baumethoden, die ihren Klimaverhältnissen und Baumaterialien angepasst waren. In Galizien entstanden Schotterstraßen ohne Packlage, in England ließ *Telford* 1825 auf die Packlage 15 cm Schotter und 6 cm Kiessand schütten. *Mc Adam* bevorzugte die Schotterbauweise, überlässt aber aus Sparsamkeit die Verdichtung den Fuhrwerken. Erst 1835 werden in Frankreich Straßenwalzen mit Pferdevorspann eingesetzt. 1879 kauft Stuttgart als erste deutsche Stadt eine Dampfwalze. Die Bauweise nach *Mc Adam* hatte den Vorteil einfacher Reparaturmöglichkeiten und war deshalb als Makadambauweise weit verbreitet, wenn auch viele Straßenbauingenieure der französischen Schule der Packlage den Vorzug gaben.

Mit bitumenhaltigen Bindemitteln versuchte man schließlich, den Staub der Straßenoberfläche zu binden. Doch der Ende des 19. Jahrhunderts anwachsende Autoverkehr erforderte die Weiterentwicklung der Bauweisen zu tragfähigen Konstruktionen. Diese stehen heute als moderne Asphalt- und Zementbeton-Bauweisen zur Verfügung.

Nicht vergessen werden darf die Straßenbau-Forschung, die in Europa und den USA intensiv vorangetrieben wird, um wirtschaftliche Baumethoden mit örtlich verfügbaren Materialien zu entwickeln. Die heutige Arbeitsteilung erfordert für alle Industriestaaten ein einwandfrei funktionierendes Verkehrswegenetz, ohne das unsere Wirtschaftsleben nicht lebensfähig wäre.

2 Das Straßennetz

2.1 Deutsches Straßennetz

Straßeneinteilung

Die Straßennetzgestaltung Deutschlands baut auf einer leistungsfähigen und differenzierten Infrastruktur der Verkehrswege auf. Sie soll das Straßennetz entsprechend der Verkehrs- und Raumplanung nach den verschiedenen Funktionen gliedern. Dabei sollen gleichwertige Lebensbedingungen in allen Bundesländern hergestellt werden.

Überörtliche Straßen sind entsprechen ihrer Funktion im Netz abgestuft und verbinden die einzelnen Siedlungen und Industriestandorte. Sie haben die Aufgabe, für den Verkehr überregionale und internationale Fernverbindungen herzustellen. Verwaltungsmäßig unterscheidet man Bundesfernstraßen, Landes- oder Staatsstraßen, Kreisstraßen und Ortsdurchfahrten überörtlicher Straßen.

Stadt- und Gemeindestraßen. Das Straßennetz der Stadt- und Gemeindestraßen umfasst zwei Gruppen:
- *Außerortsstraßen* stehen dem Verkehr außerhalb bebauter Gebiete zur Verfügung. Sie stellen meist die Verbindung zum überörtlichen Netz, zwischen Gemeinden oder Ortsteilen her oder dienen der Erschließung der Flurmark.
- *Innerortsstraßen* ermöglichen den Verkehr innerhalb bebauter Gebiete.

Entsprechend ihrer Verkehrsbedeutung unterscheidet man
- Autobahnen,
- Schnellverkehrsstraßen,
- Hauptverkehrsstraßen,
- Verkehrsstraßen,
- Sammelstraßen,
- Anliegerstraßen,
- Anliegerwege.

Die Flurmark erschließt man durch das ländliche Wegenetz, das unterteilt wird in
- Verbindungswege,
- landwirtschaftliche Wege (Hauptwirtschafts-, Wirtschaftswege),
- forstwirtschaftliche Wege (Haupt-, Zubringer-, Rückwege),
- Wege in Rebanlagen und Sonderkulturen,
- sonstige Wege (Rad-, Geh-, Reitwege o.ä.).

Im Jahr 1999 setzte sich das Straßennetz zusammen aus
- 11 429 km Autobahnen,
- 41 386 km Bundesstraßen,
- 177 852 km Landes-, Staats- und Kreisstraßen,
- 395 400 km Gemeindestraßen.

(Quelle: Der Elsner, Handbuch für Straßen- und Verkehrswesen, 2000)

Im Jahr 2007 setzte sich das Straßennetz zusammen aus
- 12 550 km Autobahnen,
- 40 483 km Bundesstraßen,
- 178 324 km Landes-, Staats- und Kreisstraßen,
- ca. 395 400 km Gemeindestraßen.

(Quelle: K. Bauer, Straße und Autobahn, Heft 3/ 2008, S. 154)

Netzdichte
Unter Netzdichte versteht man entweder die Straßenlänge je Flächeneinheit (km/km^2) oder die Straßenlänge je 1 000 Einwohner (km/1000 E). Das überörtliche Straßennetz und die Gemeindestraßen ermöglichen die Erreichbarkeit jedes Grundstücks der Flurmark. Je besser dieses an das Verkehrsnetz angeschlossen ist, desto besser lässt es sich nutzen und desto wertvoller ist es. An der Netzdichte lässt sich auch der wirtschaftliche Stand einer Region oder eines Landes ablesen. Ein gutes Verkehrswegenetz ist entscheidend für die Entwicklung der Wirtschaft in einem Gebiet.

Ausbauzustand
Der Nutzwert einer Straße hängt von mehreren Faktoren ab. Besonders ins Auge fallen die Fahrbahnbreite mit ihren Auswirkungen auf die gefahrenen Geschwindigkeiten und die Befestigungsart der Fahrbahnoberfläche. Auf ebener und griffiger Oberfläche sind Verkehrssicherheit und Fahrkomfort deutlich besser als auf unebenen Fahrbahnen. Einzelwerte werden in bestimmten Zeitabschnitten statistisch erfasst und veröffentlicht.

2.2 Internationales Straßennetz in Europa

Die europäischen Staaten kennen eine ähnliche Einteilung der Straßengattungen wie die Bundesrepublik Deutschland. Durch Vereinbarungen wurde innerhalb Europas ein Netz von *Europastraßen* festgelegt, zu dessen vorrangigen Ausbau sich die einzelnen Staaten verpflichtet haben. Das Netz umfasste 1993 etwa 75.000 km Straßen. Davon entfallen auf die Bundesrepublik rd. 5.800 km, von denen rd. 4.600 km Autobahnen sind.

Die Europastraßen werden durch grüne Nummernschilder mit weißer Beschriftung kenntlich gemacht. Die Straßen in Nord-Süd-Richtung tragen - ansteigend von West nach Ost - ungerade zweistellige Nummern. Die West-Ost-Verbindungen sind von Nord nach Süd ansteigend mit geraden Nummern versehen.

2.3 Gesamtverkehrsnetz

Jedes Straßennetz bildet nur einen Teil des Gesamtverkehrsnetzes. Personen, Güter und Informationen werden heute befördert auf Wegen für
- Straßenverkehr,
- Schienenverkehr,
- Wasserstraßenverkehr,
- Flugverkehr und durch
- Sonderverkehrsnetze.

Jede Verkehrsart hat in der Volkswirtschaft ihre besondere Bedeutung. Je nach Lage und Führung des Verkehrsweges, der verwendeten Transportmittel und der Reisegeschwindigkeiten sind ihre Aufgaben verschieden. Während heute auf der Straße der Individualverkehr zahlenmäßig dominiert, bewältigen Schienen- und Wasserstraßen Güter-Massentransporte. Durch die Hochgeschwindigkeitsverbindungen der Bahnen und den regionalen Taktverkehr gewinnen auch im europäischen Maßstab Schienennetze erhöhte Bedeutung im Personenverkehr. Im Luftverkehr dagegen werden große Entfernungen in kurzer Zeit überbrückt. In Sondernetzen werden Energie und Rohstoffe (Öl, Gas, Trinkwasser u.ä.) transportiert sowie kommunikative Nachrichtenverbindungen (Telefon, Funk, Fax, Internet) ermöglicht.

Nur bei einem Zusammenwirken aller Verkehrsträger ergibt sich ein volkswirtschaftlicher Nutzen. Die Verkehrsplanung muss hierbei den Straßenbau und seine Unterhaltung sinnvoll einordnen

3 Straßenrecht, Straßenverwaltung

Der Neubau von Straßen, aber auch der Erhalt des bestehenden Netzes erfordern erhebliche finanzielle Aufwendungen. Diese werden entweder durch private Initiative (besonders im Ausland) oder durch Steuermittel ermöglicht. Die Bereitstellung erfordert deshalb eine Verwaltung, die auf Grund besonderen Rechtes tätig werden kann. Ihr obliegt die rechtliche, organisatorische und finanzielle Durchführung aller erforderlichen Maßnahmen.

3.1 Straßengesetzgebung, Straßenverwaltung

In der Bundesrepublik Deutschland steht dem Bund nach dem Grundgesetz, Artikel 74, Nr. 22 die konkurrierende Gesetzgebung des Bundes "für den Straßenverkehr, das Kraftfahrwesen, den Bau und die Unterhaltung von Landstraßen für den Fernverkehr sowie die Erhebung und Verteilung von Gebühren für die Benutzung öffentlicher Straßen mit Fahrzeugen" zu. Die anderen Straßen unterliegen der Gesetzgebungskompetenz der Länder.

Damit sind die Bundesfernstraßen der Zuständigkeit des Bundes, die Landesstraßen derjenigen der Ländern unterstellt. Man bezeichnet diese Organe als Baulastträger.

Bundesgesetze. Sie werden vom Bundestag unter Mitwirkung des Bundesrates beschlossen. Das Beratungsgremium ist der Verkehrsausschuss des Bundestages. Folgende Gesetze und Verordnungen sind dabei besonders hervorzuheben:
- Grundgesetz der Bundesrepublik Deutschland (GG),
- Baugesetzbuch (BauGB),
- Bundesfernstraßengesetz (FStrG),
- Bundesimmissionsschutzgesetz (BIMSchG),
- Bundesnaturschutzgesetz (BNatSchG),
- Bundesverkehrswegeplan (BVWP),
- Gesetz über Kreuzungen von Eisenbahnen und Straßen (Eisenbahnkreuzungsgesetz-EKrG),
- Fernstraßenausbaugesetz (FStrAbG),
- Fernstraßenbauprivatfinanzierungsgesetz (FstrPrivFinG)
- Gemeindeverkehrsfinanzierungsgesetz (GVFG),
- Haushaltstrukturgesetz (HstruktG),
- Raumordnungsgesetz (ROG),
- Städtebauförderungsgesetz (StBauFG),
- Verkehrsfinanzgesetz (VerkFinG),
- Straßenverkehrsordnung (StVO),
- Straßenverkehrszulassungsordnung (StVZO).

Darüber hinaus werden Einzelheiten in Richtlinien und Verordnungen geregelt.

Ländergesetze. In gleicher Weise wie der Bund haben die Länderparlamente Straßen- bzw. Straßen- und Wegegesetze sowie entsprechende Verordnungen für ihren Zuständigkeitsbereich beschlossen. Diese regeln den Bau und die Unterhaltung der Landes- (Staats-), Kreis und Gemeindestraßen.

Komunale Satzungen. Die kommunalen Baulastträger erlassen für ihre Gemeinden unter Beachtung der Bundes- und Landesgesetzgebung Satzungen. Darin werden z.B. Beiträge für die Erschließung der Grundstücke, Schneeräumpflicht für Gehwege oder Reinigung festgelegt.

3.2 Straßenbauverwaltung

Bundesstraßenbauverwaltung. Die Abteilung Straßenbau beim Bundesminister für Verkehr ist für die Verwaltung aller Bundesfernstraßen zuständig. Planung, Bau und Unterhaltung dieser Straßen werden nach Artikel 90, Abs.2, 85 des GG von den Ländern ausgeführt. Im Rahmen dieser *Auftragsverwaltung* stellen diese ihr Personal für die notwendigen Aufgaben zur Verfügung. Der Bund hat somit keine ausführenden Unterbehörden.

Straßenbauverwaltungen der Länder. Jedes Bundesland besitzt landeseigene Verwaltungsbehörden für den Straßenbau. Diese bearbeiten die Baumaßnahmen der Landesstraßen und die Auftragsverwaltung der Bundesfernstraßen. In einigen Bundesländern ist ihnen auch die Auftragsverwaltung für die Kreisstraßen übertragen, um das Straßennetz im Bundesland einheitlich zu gestalten.

Die Verwaltungen der Bundesländer sind verschieden strukturiert. Einige Länder besitzen einen „Landesbetrieb Straßen". Dieser ist dem Landesverkehrsministerium direkt unterstellt und ist zuständig für alle überörtlichen Straßen. Daneben sind auch bei Landkreisen Kreisstraßenverwaltungen vorhanden. die im jeweiligen Kreisgebiet die Kreisstraßen betreuen. Manche Bundesländer besitzen einen zwei- oder dreistufigen Verwaltungsaufbau. Hier gibt es eine Landesbehörde für Straßenbau als Fachbehörde oder dreistufig die Struktur Fachministerium, Landesamt für Straßen- und Verkehrswesen und die Straßenbauämter.

Schließlich gibt es eine Verwaltungsform, bei der die Straßenbauverwaltung der Verwaltung der Landkreise übertragen wurde. Hier sind die Aufgaben für Planung, Bau und Betrieb der Kreis und Gemeindestraßen und die Betriebsaufgaben für bundes- und Landesstraßen vereinigt. Planung, Bau und Unterhaltung der Bundesautobahnen, Bundes- und Landstraßen und die Bertreuung der Autobahnen liegen bei den Regierungspräsidien als Mittelbehörde.

Kommunale Straßenbauverwaltungen. In verschiedenen Bundesländern bestehen bei den Landkreisen Kreisbauämter, die die Verwaltungs- und Bauaufgaben an den Straßen wahrnehmen. Im Gemeindebereich werden Straßen bei Städten und größeren Gemeinden teilweise durch eigene technische Behörden (Tiefbauämter o.ä.) betreut.

Planungen privater Ingenieurbüros. Vielfach werden heute Straßenplanungen, bei Gemeinden auch die Bauüberwachung, privaten Ingenieurbüros übertragen. Dadurch kann meist eine sehr flexible Anpassung und schnelle Ausführung erzielt werden, ohne dass die Verwaltungen für plötzlich entstehende Personalengpässe selbst Ingenieure einstellen müssen. Da diese Leistungen nach einer Honorarordnung vergütet werden, ist es möglich, die qualitativ besten Büros mit diesen Aufgaben zu betrauen.

3.3 Straßenfinanzierung

Die Mittel für den Neubau und die Unterhaltung der öffentlichen Straßen sind von den Baulastträgern bereitzustellen. Die Finanzierung erfolgt aus Steuern oder Abgaben und wird in ihrer Höhe durch die jeweiligen Haushaltspläne festgesetzt.

Bei besonderen Baumaßnahmen können auch private Investoren zunächst die Finanzierung übernehmen. Dafür dürfen sie für diese Strecken Mautgebühren erheben. Eine weitere Möglichkeit besteht darin, dass der Baulastträger in einer bestimmten Zeit für diese Strecken Rückzahlungen an den Investor übernimmt. Danach geht der Straßenabschnitt in den Besitz des Baulastträgers über.

4 Theoretische Grundlagen

Die Fortbewegung des Menschen mit Fahrzeugen bedingt den Bau von Verkehrswegen. Deren Konstruktion hängt ab von der Anzahl der Fahrzeuge, dem Fahrzeuggewicht, den Fahrzeugabmessungen und dem Bewegungsverhalten.

Am Güterverkehr in der Bundesrepublik waren 1997 beteiligt:
- Straßenverkehr   69,1 %
- Eisenbahnverkehr   16,7 %
- Binnenschifffahrt   14,2 %
- Rohrleitungen   3,8 %

(Quelle: BMVBW, Verkehr in Zahlen 1998)

Am Personenverkehr waren 1997 beteiligt:
- Individualverkehr   81,8 %
- Eisenbahnverkehr   7,0 %
- Öffentlicher Straßen-Personennahverkehr   8,4 %
- Luftverkehr   2,8 %

(Quelle: BMVBW, Verkehr in Zahlen 1998)

Selbst bei vorsichtiger Schätzung wird für das Jahr 2010 mit rd. 45 Millionen Pkw in Deutschland zu rechnen sein. Diese Entwicklung wird nicht nur durch die weitere Entwicklung der Kraftfahrzeuge beeinflusst (geringerer Treibstoffverbrauch, Abgasentgiftung, Geräuschdämpfung). Auch der Wunsch des Menschen nach Mobilität und individueller Freizeitgestaltung, geänderte Einkaufsgewohnheiten, Bequemlichkeit und Prestigedenken führen zu einer weiteren Steigerung des Individualverkehrs, auch wenn der Öffentliche Personen-Nahverkehr gleiche Beförderungsleistungen mit wesentlich weniger Fahrzeugen erbringen könnte.

4.1 Fahrmechanik

Der Verkehr auf Straßen wird durch Motorfahrzeuge, durch mit Menschenkraft bewegte Fahrzeuge und Fußgänger gebildet. Die Verkehrsteilnehmer bewegen sich mit stark unterschiedlichen Geschwindigkeiten und sollten aus Gründen der Verkehrssicherheit möglichst auf getrennten Verkehrsflächen geführt werden.

Die Entwurfselemente werden maßgeblich durch die schnellfahrenden Kraftfahrzeuge beeinflusst. Für die im Straßenbereich schienengeführten Fahrzeuge des öffentlichen Personennahverkehrs strebt man die Fahrt auf eigenem Gleiskörper an. Ebenso versucht man, dem Busverkehr eigene Fahrstreifen zu reservieren. Dadurch will man den öffentlichen Nahverkehr möglichst schnell und attraktiv gestalten. Eine Sonderstellung nehmen die Hybridbusse ein, die sowohl spurgeführte wie ungeführte Fahrstreifen benutzen können, sich aber in der Anwendung noch nicht durchgesetzt haben.

Die geometrischen Bedingungen der Straßenausbildung werden abgeleitet aus der Fahrmechanik und -dynamik der Kraftfahrzeuge. Hierbei sind zwei Problemkreise von Bedeutung:
1. die Gesetzmäßigkeiten der Fahrzeugbewegung,
2. die Wechselwirkung zwischen Fahrzeug und Fahrbahn.

Die Wechselwirkung wird durch geeigneten Aufbau des Unter- und Oberbaus der Straßen berücksichtigt. Deren Hauptaufgabe besteht in einer schadlosen Ableitung der vom Fahrzeug aufgebrachten Kräfte in den Untergrund.

Auf das auf der Fahrbahn befindliche Fahrzeug wirken verschiedene Kräfte ein, die es entweder fortbewegen oder ihm Widerstand entgegensetzen.

Bewegungswiderstände.
Nach der Ursache ihrer Entstehung bezeichnet man die Bewegungswiderstände als *innere Widerstände*, wenn diese von der Bauweise des Fahrzeugs, seiner Ausführung oder Erhaltungszustand abhängen (Lagerreibung u.ä.). *Äußere Widerstände* beruhen auf Einflüssen, die sich zwischen Fahrzeug und Fahrbahn oder umgebender Luft ausbilden. Es ist augenfällig, dass nur die äußeren Widerstände bei der Planung erfassbar sind. Diese sind

Gleitwiderstand W_G. Auf ein Fahrzeug wirken auf geneigter Ebene (Längsneigung, Querneigung in der Kurve) Kräfte auch im Ruhezustand ein. Diese führen zum Abgleiten desselben auch bei Bewegungen mit blockiertem Rad, wenn keine Bodenhaftung vorhanden ist. Die *Gleitreibung* ist abhängig vom Normalendruck auf die Straßenoberfläche und der Oberflächenrauhigkeit. Der Gleitwiderstand ist

$$W_g = \mu_g \cdot F_g \cdot \cos\alpha \text{ in N} \tag{4.1}$$

μ_G Gleitreibungsbeiwert, der in Abhängigkeit von der Witterung zwischen 0,6 bei trockener und 0,1 bei vereister Oberfläche liegen kann,
F_g Gewichtskraft des Fahrzeuges in N,
α Neigungswinkel zur Horizontalen

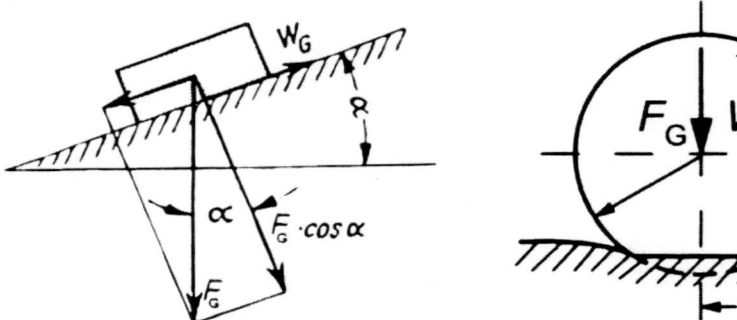

Bild 4.1 Gleitwiderstand Bild 4.2 Rollwiderstand

Rollwiderstand W_R. Der Rollwiderstand beruht auf der Verformung von Fahrzeugreifen und Fahrbahn. Radlast und Reifeninnendruck, aber auch Art und Zustand der Fahrbahnoberfläche beeinflussen ihn maßgeblich. Je höher die Fahrgeschwindigkeit ist, desto größere Werte nimmt der Rollwiderstand an, weil durch die Walkarbeit am Reifen die Reibung in Wärme umgesetzt wird. Der Rollwiderstand in der Ebene ist

$$W_R = \mu_R \cdot F_R \text{ in N} \tag{4.2}$$

μ_R Rollwiderstandsbeiwert, der zwischen 0,16 (schlechter Erdweg) und 0,01 (Betonfahrbahn) schwanken kann.
F_g Gewichtskraft des Fahrzeuges in N,

Luftwiderstand W_L. Luftwiderstand wird erzeugt durch den Gegendruck gegen den Fahrzeugquerschnitt, die Wirbelbildung an den Seitenflächen und den Sog an der Rückseite. Er ist sehr stark von der Größe der projizierten Querschnittsfläche und der Fahrzeugform abhängig.

Diese Einflüsse berücksichtigt der Luftwiderstanddsbeiwert c_w. Er liegt bei den heute gebauten Fahrzeugen zwischen 0,27 und 0,50 für Pkw, bei 0,60 für Busse und 0,85 für Lkw. Den Luftwiderstand berechnet man näherungsweise mit der Gleichung

4.1 Fahrmechanik

$$W_L = c_W \cdot A \cdot p \cdot \frac{v^2}{2 \cdot 3{,}6^2} \quad \text{in N} \qquad (4.3)$$

c_W Luftwiderstandsbeiwert
A Projektion der Querschnittsfläche in m²
v Geschwindigkeit in km/h
p Dichte der Luft in kg/m³

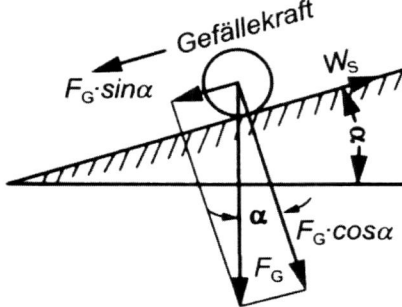

Bild 4.3 Gefällekraft

Steigungswiderstand W_S und Gefällekraft F_g. Bei Berg- und Talfahrt eines Fahrzeugs treten Bewegungskräfte in Größe der Gewichtskomponenten entweder als *Steigungswiderstand* oder als zusätzliche, das Fahrzeug talwärts schiebende *Gefällekraft* auf. Diese Kräfte berechnet man mit

$$W_S = \pm F_g \cdot \sin\alpha \quad \text{in N} \qquad (4.4)$$

F_g Gewichtskraft des Fahrzeuges in N,
α Neigungswinkel der Straße gegen die Horizontale in gon

Windeinflüsse. Außer den weitgehend fahrzeugabhängigen Einflüssen treten noch witterungsabhängige Windkräfte auf, die aus den verschiedensten Winkeln zur Bewegungsrichtung auf das Fahrzeug einwirken. Besonders bei schnellfahrenden Fahrzeugen kann ein *Giermoment* um die Fahrzeughochachse zur Abweichung aus der Fahrtrichtung, vielleicht sogar zum Unfall führen. Seitenwind begünstigt das *Rollmoment*, also das Kippen um die Längsachse. Schließlich vergrößert der Wind manchmal den *Auftrieb* und vermindert dadurch die Radreibung. Auf diese Kräfte muss der Fahrzeuglenker durch Bremsen oder Gegensteuern reagieren. Es empfiehlt sich, an besonders gefährdeten Stellen (z.B. Talbrücken, Ende von Lärmschutzwänden) die Verkehrsteilnehmer durch Windsäcke zu warnen.

Bewegungskräfte. Ein Fahrzeug kann nur in Bewegung gesetzt oder gehalten werden, wenn Bewegungskräfte die Bewegungswiderstände überwinden. Die Kraftübertragung geschieht zwischen Reifenaufstandsfläche und Fahrbahn.

Antriebskraft F. Ein vom Motor erzeugtes Drehmoment wird auf die Antriebsräder übertragen. Diese Kraft heißt Antriebskraft. Ist sie größer als die Bewegungswiderstände, wird das Fahrzeug beschleunigt. Bei Gleichheit der Kräfte besteht gleichförmige Bewegung. Ist die Antriebskraft kleiner, tritt Verzögerung ein.

Massenkraft F_m. Die Massenkraft beruht auf der Trägheit der Masse, die sich der Geschwindigkeitsänderung bei Beschleunigung oder Verzögerung widersetzt. Nach *Newton* ist

$$F_m = m \cdot a \quad \text{in N} \qquad (4.5)$$

m Masse des Fahrzeugs in kg

a Beschleunigungsbeiwert in m/s²

Damit wird bei beschleunigter Bewegung

$$F = W_{ges} + F_m \quad \text{in N} \tag{4.6}$$

und bei verzögerter Bewegung

$$F = W_{ges} - F_m \quad \text{in N} \tag{4.7}$$

W_{ges} Summe aller Fahrwiderstände in N
F_m Massenkraft in N

Haftreibung. Um das Fahrzeug zu bewegen, muss zwischen Antriebsrad und Fahrbahn Kraftschluss vorhanden sein. Dies ist so lange möglich, wie die Haftreibung größer als die Summe der Bewegungswiderstände ist. Vereinfacht gilt:

$$F_g \cdot f > \sum W \tag{4.8}$$

F_g Gewichtskraft des Fahrzeugs in N
f Kraftschlussbeiwert

Der *Kraftschlussbeiwert* lässt sich aufteilen in die tangentiale Komponente $f_T(v)$ und die radiale Komponente $f_R(v)$. Beide Komponenten stehen in einem bestimmten Verhältnis zu einander und sind von der Geschwindigkeit abhängig. Die vektorielle Summe darf die übertragbare Reibungskraft nicht überschreiten. Die Berechnung der Kraftschlussbeiwerte führt man mit den Glg. 4.9 bis 4.12 durch.

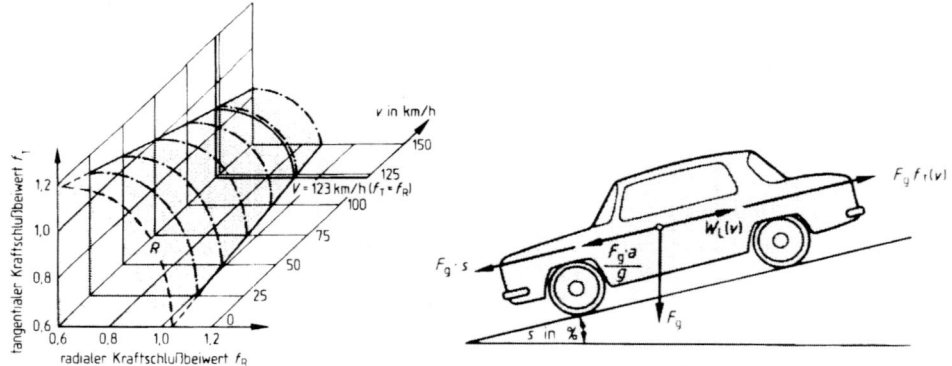

Bild 4.4 Kraftschlusszusammenhang bei verschiedenen Geschwindigkeiten

Bild 4.5 Fahrdynamische Kräfte in tangentialer Richtung

Gleiten in tangentialer Richtung tritt nicht ein, solange die haltenden Kräfte größer oder gleich den treibenden Kräften sind. Dann gilt nach Bild 4.5

$$F_g \cdot f_T(v) + W_L \geq \frac{F_g \cdot a}{g} \pm F_g \cdot s \tag{4.9}$$

4.1 Fahrmechanik

und daraus folgt

$$f_T(v) = \frac{a}{g} \pm s - \frac{W_L}{F_g} \quad (4.10)$$

- a Beschleunigungsbeiwert in m/s²
- g Erdbeschleunigung in m/s²
- s Längsneigung in %
- f_T tangentialer Kraftschlussbeiwert
- W_L Luftwidersand in N
- F_g Gewichtskraft des Fahrzeugs in N

Für Gleiten in radialer Richtung in der Kurve bei einer zum Innenrand geneigten Querneigung gilt nach Bild 4.6

$$F_g \cdot \sin\alpha + f_R(v) \cdot (F_g \cdot \cos\alpha + F_r \cdot \sin\alpha) \geq F_r \cdot \cos\alpha \quad (4.11)$$

Setzt man $\tan\alpha = \frac{q}{100}$ mit q in % und teilt durch $\cos\alpha$, wird

$$\frac{v^2}{g \cdot r} = \frac{f_R(v) + q}{1 - f_R(v) \cdot q} = f_R(v) + q \quad (4.12)$$

- v Geschwindigkeit in m/s
- g Erdbeschleunigung in m/s²
- r Kreisbogenradius in m
- $f_R(v)$ radiale Komponente des Kraftschlussbeiwerts in Abhängigkeit von der Geschwindigkeit
- q Querneigung in % = tan α/100

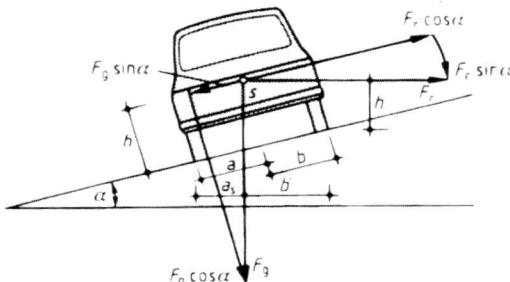

Bild 4.6   Fahrdynamische Kräfte in radialer Richtung

Der **Kraftschlussbeiwert** zwischen Fahrzeug und Fahrbahn lässt sich nicht in geschlossener Form angeben, weil sich eine Reihe von Einflussfaktoren auch gegenseitig beeinflussen. Einige derselben sind:
Oberflächenbeschaffenheit der Fahrbahn (Porigkeit je nach Bauweise, Reibung je nach Baustoffen, Ebenheit oder Wellenbildung unter Belastung, Erhaltungszustand, Verschmutzungsgrad),
Klima (Jahreszeitliche Unterschiede, Trockenheit, Benetzung, Wasserfilmdicke, Schnee, Matsch, Eisbildung),
fahrzeugtechnische Größen (Radlast, Schwerpunktlage, Schräglauf- und Schwimmwinkel, Eigenlenkverhalten),
reifentechnische Größen (Breite, Profilform und -zustand, Gummizusammensetzung, Luftdruck, Aufstandsfläche),
Fahrzeuggeschwindigkeit,
Fahrweise des Fahrzeuglenkers.

Kraftschluss ist ein Zustand zwischen den Oberflächen von Reifen und Fahrbahn, der aus Adhäsion, Reibung und Verzahnung besteht.

Griffigkeit ist der Widerstand, den die Fahrbahnoberfläche durch ihre stoffliche Beschaffenheit und ihre geometrische Feingestalt auf die Größe der aufgebrachten Antriebs-, Brems- und Seitenkräfte ausübt. In der Bundesrepublik Deutschland misst man sie mit dem blockierten Schlepprad. Die Richtwerte bei Nässe zeigt Tabelle 4.1.

v in km/h	40	60	80
Gleitbewert	0,42	0,33	0,26

Tabelle 4.1 Gleitbeiwerte bei nasser Fahrbahn

Tangentialer Kraftschlussbeiwert. Für den tangentialen Kraftschlussverlauf wird die Griffigkeit zugrunde gelegt, die von 95 % neuzeitlicher Straßenoberflächen erreicht wird. Der Gleitbeiwert μ_g ist jedoch von der Geschwindigkeit abhängig. Um diese Abhängigkeit darstellen zu können, wird er dem maximal zulässigen tangentialen Kraftschlussbeiwert max f_T gleichgesetzt.

$$\mu_g = \max f_T = 0{,}214 \cdot \left(\frac{v}{100}\right)^2 - 0{,}721 \cdot \left(\frac{v}{100}\right) + 0{,}708 \qquad (4.13)$$

v   Geschwindigkeit in km/h

v in km/h	40	50	60	80	100	120	140
μ_g = max f_T	0,454	0,401	0,352	0,268	0,201	0,151	0,118

Tabelle 4.2 Tangentialer Kraftschlussbeiwert bei verschiedenen Geschwindigkeiten

Für die üblichen Entwurfsgeschwindigkeiten gilt Tabelle 4.2. In den angegebenen Werten ist eine Kraftschlussreserve von 35 % enthalten.

Radialer Kraftschlussbeiwert. Der radiale Kraftschluss wird in Anspruch genommen, sobald das Fahrzeug eine Kurve durchfährt. Er ist für die seitliche Spurhaltung notwendig. Die vektorielle Summe der tangentialen und radialen Reibungskraft ist aber richtungsabhängig. Im niedrigen Geschwindigkeitsbereich liegt der radiale Kraftschlussbeiwert unter dem tangentialen und steigt mit wachsender Geschwindigkeit, bis bei rd. 123 km/h beide Beiwerte gleiche Größe haben. Den radialen Kraftschlussbeiwert berechnet man mit

$$\max f_R = 0{,}925 \cdot \left[0{,}214 \cdot \left(\frac{v}{100}\right)^2 - 0{,}721 \cdot \left(\frac{v}{100}\right) + 0{,}708\right] \qquad (4.14)$$

v   Geschwindigkeit in km/h

Das Verhältnis zwischen f_R und f_T kann man Bild 4.4 entnehmen. Um immer genügend tangentialen Kraftschluss zum Bremsen sicherzustellen, legt man den zulässigen radialen Kraftschlussbeiwert auf 40 % des maximalen fest. Damit ergibt sich als zulässiger radialer Kraftschlussbeiwert

$$\text{zul } f_R = 0{,}370 \cdot \left[0{,}214 \cdot \left(\frac{v}{100}\right)^2 - 0{,}721 \cdot \left(\frac{v}{100}\right) + 0{,}708\right] \qquad (4.15)$$

v   Geschwindigkeit in km/h.

Auf der Grundlage der vorstehenden Gleichungen wurde das Diagramm für die Wahl der Querneigungen entwickelt.

4.2 Bewegungsablauf von Fahrzeugen

Bewegungsablauf auf gerader Bahn

Gleichförmige Bewegung.
Bei gleichförmiger Bewegung legt das Fahrzeug in gleichen Zeiten gleiche Wege zurück. Es gilt dann

$$v = \frac{3{,}6 \cdot s}{t} \quad \text{in km/h} \qquad (4.16)$$

s   zurückgelegte Strecke in m
t   Zeit in s

4.2 Bewegungsablauf von Fahrzeugen

Fährt ein Fahrzeug mit gleichmäßiger Geschwindigkeit v, so legt es in der Zeit t eine Strecke s zurück, die man mit Gl. (4.17) berechnet.

$$s = \frac{v}{3{,}6} \cdot t \quad \text{in m} \tag{4.17}$$

Die Zeit, in der das Fahrzeug bei gleichförmiger Geschwindigkeit die Strecke s zurücklegt, ist dann

$$t = \frac{3{,}6 \cdot s}{v} \quad \text{in s} \tag{4.18}$$

Gleichförmig beschleunigte oder verzögerte Bewegung.
Mit v_1 als Anfangs- und v_2 als Endgeschwindigkeit im Bereich einer Beschleunigung oder Bremsung ergibt sich bei *Fahrt auf horizontaler Strecke*. als Anfahrbeschleunigung bzw. Bremsverzögerung:

$$a = \frac{v_2 - v_1}{3{,}6 \cdot t} \quad \text{in m/s}^2 \tag{4.19}$$

v_1, v_2 Anfangs- bzw. Endgeschwindigkeit in km/h
t Zeit, in der beschleunigt oder abgebremst wird in s
 (positives a bedeutet Beschleunigung, negatives a Verzögerung der Geschwindigkeit)

Sind v_1 oder v_2 gleich Null, ergibt sich

$$\pm a = \frac{v}{3{,}6 \cdot t} \quad \text{in m/s}^2 \tag{4.20}$$

Bei gleichförmiger Beschleunigung oder Verzögerung berechnet man v am Ende des Beschleunigungs- bzw. Bremsvorgangs mit

$$v = v_1 \pm 3{,}6 \cdot a \cdot t = \sqrt{v_1^2 \pm 2 \cdot 3{,}6^2 \cdot a \cdot s} \quad \text{in km/h} \tag{4.21}$$

v_1 Geschwindigkeit am Beginn des Beschleunigungs- oder Brensvorgangs in km/h (positives Vorzeichen bei Beschleunigung, negatives Vorzeichen bei Bremsung)
a Beschleunigung in m/s²
t Dauer der Beschleunigung in s
s beim Beschleunigen zurückgelegte Strecke

Die Strecke, auf der beschleunigt oder gebremst wird, ist dann

$$s = \frac{v_1 \cdot t}{3{,}6} \pm \frac{a \cdot t^2}{2} = \frac{(v_1 + v_2) \cdot t}{2 \cdot 3{,}6} \quad \text{in m} \tag{4.22}$$

a Beschleunigung in m/s
v_1 Geschwindigkeit bei Beginn der Beschleunigung oder Bremsung in km/h
v_2 Geschwindigkeit am Ende der Beschleunigung oder Bremsung in km/h
t Fahrzeit während der Beschleunigung oder Bremsung in s
s Fahrweg während der Beschleunigung oder Bremsung in m
 (positives Vorzeichen bei Beschleunigung, negatives Vorzeichen bei Bremsung)

Die Dauer der Beschleunigung ist

$$t = \frac{v_2 - v_1}{3{,}6 \cdot a} = \frac{2 \cdot 3{,}6 (s_2 - s_1)}{v_2} \quad \text{in s} \tag{4.23}$$

und die Dauer der Bremsverzögerung

$$t = \frac{v_1 - v_2}{3{,}6 \cdot a} = \frac{2 \cdot 3{,}6(s_1 - s_2)}{v_2} \quad \text{in s} \tag{4.24}$$

v_1 Geschwindigkeit bei Beginn der Beschleunigung oder Bremsung in km/h
v_2 Geschwindigkeit am Ende der Beschleunigung oder Bremsung in km/h
a Beschleunigung bzw. Verzögerung in m/s²
s_1 durchfahrene Strecke bei gleichförmiger Geschwindigkeit v_1 in m
s_2 durchfahrene Strecke bei gleichförmiger Geschwindigkeit v_2 in m

Beispiele. 1. Die Polizei stoppt die Durchfahrtzeit eines Pkw auf einer 500 m langen Messstrecke mit 10 s. Welche Geschwindigkeit fuhr der Pkw?

Aus Gl. (4.16) folgt:

$$v = \frac{3{,}6 \cdot 500}{10} = 180 \text{ km/h}$$

2. Auf einer Bundesstraße sind 100 km/h als Geschwindigkeit zugelassen. Vor einem Knotenpunkt soll die zulässige Geschwindigkeit auf 50 km/h so herabgesetzt werden, dass das Fahrzeug bei seiner Annäherung 50 m vor der Kreuzung dieses Tempo erreicht hat. Dazu soll eine erste Tempobegrenzung auf 70 km/h angeordnet werden. Wie weit vor dem Knotenpunkt müssen die Verkehrszeichen für die Tempobegrenzung angeordnet werden, wenn man davon ausgeht, dass der Fahrer ab dem Verkehrszeichen mit der Bremsung beginnt? (Bremsverzögerung a = 2,5 m/s²)

Die Bremsung von 100 km/h auf 70 km/h erfordert nach Gl. (4.23) eine Bremsdauer von

$$t_1 = \frac{100 - 70}{3{,}6 \cdot 2{,}5} = 3{,}3 \text{ s}$$

Der Bremsweg wird mit Gl. (4.22)

$$s_1 = \frac{100 \cdot 3{,}3}{3{,}6} - \frac{2{,}5 \cdot 3{,}3^2}{2} = 78{,}50 \text{ m}$$

Die Bremsung von 70 km/h auf 50 km/h ergibt analog

$$t_2 \frac{70 - 50}{3{,}6 \cdot 2{,}5} = 2{,}2 \text{ s}$$

und einen Bremsweg von

$$s_2 = \frac{70 \cdot 2{,}2}{3{,}6} - \frac{2{,}5 - 2{,}2^2}{2} = 36{,}73 \text{ m}$$

Die Tempobegrenzung auf 70 km muss demnach s = 78,05 + 36,73 + 50,00 = 164,78 m ≈ 165 m vor dem Knotenpunkt ausgeschildert werden.

3. Wie lange dauert die Annäherung?

Die Annäherungszeit beträgt nach Gl. (4.23) für das Abbremsen von 100 km/h auf 70 km/h

$$t_1 = 3{,}3 \text{ s,}$$

und von 70 km/h auf 50 km/h

$$t_2 = 2{,}2 \text{ s,}$$

für die mit 50 km/h befahrene Strecke von 50,00 m nach Gl. (4.18)

$$t_3 = \frac{3{,}6 \cdot 50}{50} = 3{,}6 \text{ s}$$

Damit beträgt die Annäherungszeit

$$t = 3{,}3 + 2{,}2 + 3{,}6 = 9{,}1 \text{ s}$$

4.2 Bewegungsablauf von Fahrzeugen

Fahrt auf geneigter Strecke. Durch die Längsneigung der Straße wirkt auf das Fahrzeug auch eine Längskraft, die es bei Bergfahrt bremst, bei Talfahrt beschleunigt. Nach dem dynamischen Grundgesetz wird

$$F_g \cdot \sin\alpha = \frac{F_g}{g} \cdot a \quad \text{in N} \tag{4.25}$$

F_g Fahrzeuggewicht in N
α Neigungswinkel der Ebene gegenüber der Horizontalen in gon
g Erdbeschleunigung = 9,81 in m/s²
a_s Steigungsverzögerung bzw. -beschleunigung in m/s²

Daraus folgt, dass das Fahrzeuggewicht keinen Einfluss auf die Steigungsverzögerung bzw. -beschleunigung hat. Die zusätzliche Beschleunigung berechnet man mit

$$a_S = 9{,}81 \cdot \sin\alpha \quad \text{in m/s}^2 \tag{4.26}$$

Die Gesamtbeschleunigung bei der Fahrt auf einer geneigten Ebene ist dann

$$a = a_h \pm a_s \quad \text{in m/s}^2 \tag{4.27}$$

a_h Beschleunigung auf horizontaler Ebene in m/s²
a_s Beschleunigung auf geneigter Ebene in m/s²

Bremsstrecke. Beim Bremsen sollen die Bremseinrichtungen zwar den Kraftschluss möglichst voll ausnutzen, aber die Räder nicht blockieren, da sonst die Haftreibung in Gleitreibung übergeht. Die Fahrzeuge werden deshalb vielfach schon serienmäßig mit Anti-Blockier-Systemen (ABS) ausgerüstet, um auch bei Aquaplaning oder Glatteis die Lenkfähigkeit zu erhalten. Allerdings haben solche Systeme auf den radialen Kraftschluss keinen Einfluss.

Übliche Bremsverzögerungen liegen zwischen a = 3,0 m/s² und 6,0 m/s². Die StVZO verlangt mindestens eine Bremsverzögerung von 2,5 m/s². Aus der Arbeitsgleichung ergibt sich die Länge der Bremsstrecke nach Gl. 4.28.

$$s_2 = \frac{v^2}{2 \cdot g \cdot 3{,}6^2 \cdot \left(f_T \pm \dfrac{s}{100}\right)} \quad \text{in m} \tag{4.28}$$

v Geschwindigkeit in km/h
g Erdbeschleunigung in m/s² = 9,81 m/s²
f_T tangentialer Kraftschlussbeiwert
s Längsneigung in %; positiv bei Steigung, negativ bei Gefälle
(Bei der Bestimmung der Haltesicht werden auch die übrigen Widerstände mit erfasst.)

Die Roll- und Luftwiderstände werden hierbei vernachlässigt, da sie im Verhältnis zum tangentialen Kraftschluss gering sind. Zur Länge des Bremsweges muss bei plötzlich auftretenden Hindernissen noch die Strecke addiert werden, die das Fahrzeug während der Reaktionszeit des Lenkers und der mechanischen Auswirkzeit zurücklegt. Üblich ist es, diese Zeit mit 2 Sekunden anzusetzen. Damit wird die Reaktions- und Auswirkungsstrecke

$$s_1 = \frac{v}{3{,}6} \cdot t_R = \frac{v}{1{,}8} \quad \text{in m} \tag{4.29}$$

v Geschwindigkeit in km/h
t_R Reaktions- und Auswirkzeit in s (=2,0)

Der Gesamtbremsweg vom Erkennen des Hindernisses bis zum Anhalten ist

$$s = s_1 + s_2 \quad \text{in m} \tag{4.30}$$

Beispiel. $v = 100$ km/h, $f_T = 0{,}189$, $s = +4{,}0$ % (Steigung)

$$s = \frac{100}{1{,}8} + \frac{100^2}{2\cdot 9{,}81\cdot 3{,}6^2 \cdot (0{,}189+0{,}04)} = 227{,}29 \text{ m}$$

Bewegungsablauf auf gekrümmter Bahn

Ein sich bewegendes Fahrzeug will infolge seiner Massenkraft F_m seine geradlinige Bewegung beibehalten. Um durch eine Kurve zu fahren, müssen Kräfte einwirken, die es in die neue Richtung ablenken. Dabei ergeben sich zwei Möglichkeiten, die allein oder kombiniert auftreten können.

1. *Aktivierung der Reibung* zwischen Reifen und Fahrbahn durch eine Lenkbewegung. Das Fahrzeug folgt dann der vektoriellen Richtung aus den beiden einwirkenden Kräften. Der Lenkvorgang erfordert einen bestimmten Kraftaufwand.
2. *Aktivierung des Hangabtriebs*, der das Fahrzeug zur Bogeninnenseite zieht. Hierbei wird die senkrecht zum Kurvenverlauf auftretende Komponente der Schwerkraft zur Ablenkung aus der geradlinigen Bewegung benutzt. Man gibt deshalb der Fahrbahn eine zum Innenrand der Kurve abfallende Querneigung.

Nach Bild 4.6 gelten für die Kurvenfahrt folgende Zusammenhänge:

für die *Fliehkraft*:
$$F_F = \frac{m \cdot v^2}{r \cdot 3{,}6^2} \quad \text{in N} \tag{4.31}$$

für den *Hangabtrieb*:
$$F_H = F_g \cdot \sin\alpha \quad \text{in N} \tag{4.32}$$

für die *Gleitsicherheit*:
$$F_g \cdot \cos\alpha - f_R \cdot (F_g \cdot \cos\alpha + F_r \cdot \sin\alpha) - F_g \cdot \sin\alpha \overset{!}{=} 0 \tag{4.33}$$

für die *Kippsicherheit*:
$$(F_r \cdot \cos\alpha - F_g \cdot \sin\alpha) \cdot h = (F_r \cdot \sin\alpha \cdot b) - (F_r \cdot \sin\alpha \cdot b - F_g \cdot \cos\alpha \cdot a) \tag{4.34}$$

v	Geschwindigkeit in km/h
g	Erdbeschleunigung in m/s² = 9,81 m/s²
F_g	Gewichtskraft des Fahrzeugs in N
F_f	Zentrifugalkraft in N
m	Masse des Fahrzeugs in kg, m =
r	Kreisbogenradius in m
α	Neigungswinkel der Fahrbahn in gon
f_R	radialer Kraftschlussbeiwert in Abhängigkeit von der Geschwindigkeit
h	Höhe des Schwerpunktes über dem inneren Reifenaufstandpunkt in m
a	Abstand des Schwerpunktes vom inneren Reifenaufstandpunkt in m
b	Abstand des Schwerpunktes vom äußeren Reifenaufstandpunkt in m

Ist Gleichgewicht zwischen Hangabtrieb und Fliehkraft vorhanden, durchfährt das Fahrzeug die Kurve ohne Betätigung des Lenkrades, da $f_r(v)=0$ ist.

Setzt man $m = \dfrac{F_g}{g}$ und $\dfrac{\sin\alpha}{\cos\alpha} = \tan\alpha$, so ergibt sich die Querneigung aus Gl. (4.35).

4.2 Bewegungsablauf von Fahrzeugen

$$q \geq \tan\alpha = \frac{v^2}{g \cdot r \cdot 3{,}6^2} - f_r(v) \text{ in \%} \quad (4.35)$$

α   Querneigungswinkel zur Horizontalen in gon
v   Geschwindigkeit in km/h
g   Erdbeschleunigung in m/s²
r   Kreisbogenradius in m
f_R radialer Kraftschlussbeiwert

Die dabei auftretende Geschwindigkeit nennt man die Best- oder Freihandgeschwindigkeit. Diese zieht man aber nicht zur Festlegung der Querneigung heran, da man bei der Kurvenfahrt noch Reserven des radialen Kraftschlusses erhalten will. Damit wird gewährleistet, dass auch bei einer Überschreitung der zu Grunde gelegten Geschwindigkeit das Fahrzeug nicht sofort aus der Kurve getragen wird. So finden auch die verschiedenen Querneigungen bei gleichen Radien und Geschwindigkeiten ihre Begründung, wenn man die verschiedenen Kategoriengruppen miteinander vergleicht.

Übergang Gerade - Kreisbogen

Ein Kreis hat die konstante Krümmung $k = \frac{1}{r}$. Dies gilt auch für die Gerade, denn hier ist $r = \infty$ und damit die Krümmung $k = 0$. Schließt man an eine Gerade einen Kreis tangential an, so nimmt die Krümmung am Berührungspunkt zwei verschiedene Werte an, je nachdem, von welcher Seite man sich ihm nähert. Dies gibt im Krümmungsbild einen Sprung (Bild 4.7).

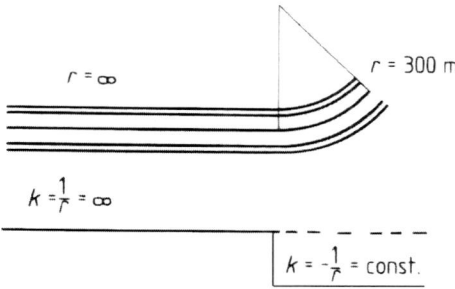

Bild 4.7 Krümmungsbild für den Übergang Gerade an Kreis ohne Übergangsbogen

Für das Fahrverhalten des Fahrzeuglenkers würde dies bedeuten, dass er in der Zeit $t = 0$ das Lenkrad so drehen müsste, dass die gelenkten Räder an dieser Stelle der geänderten Kurvenfahrt entsprechend eingeschlagen sind. Das wäre aber ein unrealistischer Vorgang. Darüber hinaus würde an dieser Stelle sofort die volle Zentrifugalkraft wirksam, die sich auch auf die Fahrzeuginsassen übertragen würde. Sie würde unter Umständen eine unangenehme Querkraft auslösen.

Der *Querruck* soll den Wert $k_q = 0{,}5 \text{ m/s}^3$ nicht überschreiten. Es muss deshalb ein allmählicher Übergang von der Fahrt in der Geraden zur Kreisbogenfahrt konstruiert werden.

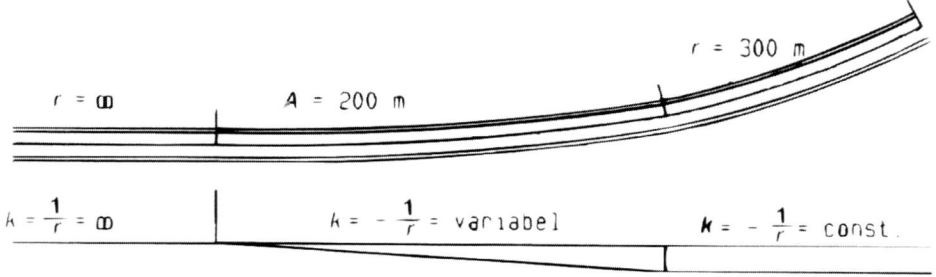

Bild 4.8 Krümmungsbild für den Übergang Gerade - Klothoide – Kreis

Wenn man vorgibt, dass dies bei gleichbleibender Geschwindigkeit und gleichförmiger Drehgeschwindigkeit des Lenkrades geschehen soll, ergibt sich ein *Übergangsbogen*, dessen Krümmung stetig und linear zunimmt (Bild **4**.8). Diesem Krümmungsverlauf folgt die *Klothoide* mit der Gleichung

$$A^2 = r \cdot l \tag{4.36}$$

A Parameter in m, der das Maß für die Schnelligkeit der Krümmungsänderung angibt,
r Kreisbogenradius in m am Ende des Übergangsbogens,
l Bogenlänge des Übergangsbogens in m.

Bei der Fahrt in der Klothoide tritt eine *Radialbeschleunigung* auf, die sich über die ganze Länge konstant vergrößert. Sie ist am Übergangsbogenanfang $b_R = 0$ wegen $r = \infty$, am Übergangsbogenende wird sie

$$a_R = \frac{l}{A^2} \cdot \left(\frac{v^2}{3{,}6^2} - g \cdot r_E \cdot (q_e \pm q_a) \right) - q_a \cdot g \quad \text{in m/s}^2 \tag{4.37}$$

a_R Radialbeschleunigung in m/s²
l Bogenlänge des Übergangsbogens in m
A Klothoidenparameter in m
v Geschwindigkeit in km/h
g Erdbeschleunigung in m/s²
q_a, q_e Querneigung in % am Übergangsbogenanfang bzw. -ende, wobei das positive Vorzeichen bei Querneigungswechsel, das negative bei Querneigungsänderung steht.
$r_{ÜE}$ Radius am Übergangsbogenende

Da die Geschwindigkeit die erste Ableitung des Weges nach der Zeit, die Beschleunigung die Ableitung der Geschwindigkeit nach der Zeit und der Querruck die Ableitung der Beschleunigung nach der Zeit sind, gilt

$$v = \frac{ds}{dt} \tag{4.38}$$

$$a = \frac{dv}{dt} = \frac{d^2s}{dt^2} \tag{4.39}$$

$$k_q = \frac{db}{dt} = \frac{d^3s}{dt^3} \tag{4.40}$$

Damit wird der *Querruck*

$$k_q = \frac{v}{3{,}6 \cdot A^2} \cdot \left(\frac{v^2}{3{,}6^2} - g \cdot r_n \cdot (q_e \pm q_a) \right) \quad \text{in m/s}^3 \tag{4.41}$$

v Geschwindigkeit in km/h
r_n Radius des Übergangsbogens im Punkt n in m
q_a, q_e Querneigung in % am Übergangsbogenanfang bzw. -ende, wobei das positive Vorzeichen bei Querneigungswechsel, das negative bei Querneigungsänderung steht.

Durch die Ausrundungen im Längsschnitt tritt eine Fliehkraft auf, die Einfluss auf die für den Kraftschluss notwendige Normalkraft hat. Dadurch wird der vorhandene Beiwert in Kuppen verkleinert, in Wannen erhöht. Dies ist für notwendige Bremsvorgänge von Bedeutung. Die für Kuppen- und Wannenausrundung nutzbare Normalkraft ist dann

4.4 Mathematische Grundlagen der Entwurfselemente

$$F_n = F_g \cdot \left(1 \pm \frac{v^2}{3{,}6^2 \cdot g \cdot h}\right) \quad \text{in N} \tag{4.42}$$

- v Geschwindigkeit in km/h
- Q Gewichtskraft in N
- g Erdbeschleunigung in m/s²
- h Ausrundungshalbmesser in m, positives Vorzeichen in Wannen, negatives Vorzeichen in Kuppen

Natürlich werden die Kräfte noch von den Fahrwiderständen und Gefällekräften überlagert. Doch müssen diese nur dann berücksichtigt werden, wenn extrem kleine Halbmesser überprüft werden sollen. Diese kommen meist schon aus Gründen der Sichtweiten nicht zum Einsatz.

4.3 Fahrdynamische Untersuchungen von Straßenentwürfen

Um bei der Auswahl verschiedener Varianten eines Straßenzuges die günstigste technische Lösung zu erkennen, führt man fahrdynamische Untersuchungen durch. Sie sind meist Teil von Kosten-Nutzen-Untersuchungen. Straßen werden heute nicht nur auf ihre technische Richtigkeit und ihre Eignung für einen flüssigen Verkehr geprüft. Vielmehr stellen auch die Umweltverträglichkeit und Wirtschaftlichkeit bedeutende Kriterien für den Entscheidungsprozeß dar.

Aus den Kosten-Nutzen-Untersuchungen werden nicht nur Daten für die Bau- und Unterhaltungskosten, sondern auch für die Betriebs- und Zeitkosten der Straßenbenutzer gewonnen. Für die Ermittlung stehen dem Verkehrsingenieur im Rahmen der Verkehrsplanung eine Reihe von Effizienzanalyse-Verfahren zur Verfügung.

Ein Ingenieur, der Straßen plant, muss sich bei seiner Arbeit bewusst sein, dass die optimale Trasse nicht allein von den Bau- und Instandhaltungskosten des Baulastträgers abhängt. Während beim Bau von Schienenverkehrswegen der Baulastträger oder der Nutzer des Verkehrsweges auch die Kosten für den Fahrzeugpark, dessen Betrieb, Sicherheit und die Unterhaltungskosten einbeziehen muss, werden die volkswirtschaftlich relevanten Daten für den Straßenverkehr für Betrieb, Instandhaltung und Zeitkosten der Benutzer in der Regel nicht berücksichtigt. Ein Umdenken scheint sich anzubahnen, nachdem der Baulastträger Bundesrepublik Deutschland in Erwägung zieht, Straßenbau auch an private Investoren zu vergeben. So würde die Kostenrechnung für die Straßenbenutzer eine neue Dimension erhalten, weil sie dann auch die Straßennutzung mit in ihre Kostenrechnung einbeziehen müssen.

In einer Zeit, in der die Bevölkerung für Gedanken der Umweltschädigung und Lärmbelastung durch den Straßenverkehr sehr sensibilisiert ist, trägt der planende Ingenieur in besonderem Maße Verantwortung für eine volkswirtschaftlich sinnvolle und umweltverträgliche Straßenplanung.

4.4 Mathematische Grundlagen der Entwurfselemente

Die Entwurfselemente einer Straßenachse sind
- Gerade,
- Kreisbogen und
- Klothoide als Übergangsbogen.

Mit diesen drei Elementen wird die Verbindung zwischen Ausgangsort und Zielort festgelegt. Der Entwurfsingenieur hat dabei Freiheiten in der Erreichbarkeit seines Zieles. Er muss jedoch bestimmte Grundbedingungen mit einander in Einklang bringen (z.B. Streckenlänge, mögliche Reisegeschwindigkeit, Sicherheit für den Benutzer, Wirtschaftlichkeit, Nutzungsansprüche, Umweltschonung, Grundbesitz, Einpassen in die Landschaft, geologische Verhältnisse).

4.4.1 Geometrie der Entwurfselemente im Lageplan

Die *Gerade* ist die kürzeste Verbindung zwischen zwei Punkten. Sie kann im geodätischen Netz durch die Angabe der Netzkoordinaten von Anfangs- und Endpunkt beschrieben werden. Aus den Koordinaten des Anfangspunktes (Y_A ; X_A) und des Endpunktes (Y_E ; X_E) wird der Richtungswinkel der Geraden bestimmt.

$$\alpha = \arctan \frac{Y_E - Y_A}{X_E - X_A} \quad \text{in gon} \tag{4.43}$$

Die Entfernung zwischen den beiden Punkten ist

$$s = \sqrt{(Y_E - Y_A)^2 + (X_E - X_A)^2} \quad \text{in m} \tag{4.44}$$

Die Anordnung einer Geraden wird in der Straßenplanung aus mehreren Gründen nicht günstig sein. Kurze Geraden treten im Zug der Trasse zwischen Kurvenelementen kaum in Erscheinung. Längere Geraden haben verkehrstechnische und optische Nachteile. Geraden bleiben deshalb meist nur auf innerörtliche Straßen beschränkt, wenn durch die gegebene Bebauung keine andere Möglichkeit der Linienführung besteht. Dabei ist aber auf die Geschwindigkeitsdämpfung im Geradenbereich zu achten.

Als Vorteile für Geraden sind zu nennen:
- die Sicht für den Verkehrsteilnehmer ist sehr gut,
- die Sichtweite für Überholungen ist gut,
- Hindernisse auf der Fahrbahn sind frühzeitig erkennbar,
- die Strecke kann mit gleichbleibender Geschwindigkeit befahren werden,
- im Knotenpunktsbereich ergeben sich durch rechtwinklig sich kreuzende Achsen günstige Sichtverhältnisse,
- die Anpassung an örtliche Verhältnisse wird erleichtert (z.B. Ebenen, Talauen, Bebauung, Bahnlinien),
- die Absteckung ist einfach.

Als Nachteile wirken sich aus:
- Ermüdung des Fahrzeuglenkers und Nachlassen seiner Aufmerksamkeit,
- Blendwirkung der Scheinwerfer begegnender Fahrzeuge bei Nacht,
- Abschätzen der Geschwindigkeit und der Entfernung entgegenkommender Fahrzeuge ist nur schwer möglich,
- eine Gerade verleitet zu unangemessener Steigerung der Geschwindigkeit,
- die optische Linienführung wirkt steif,
- in bewegter Landschaft ist eine Anpassung kaum möglich,
- Überholvorgänge können auf zweistreifigen Fahrbahnen nur erfolgen, wenn geringer Gegenverkehr vorhanden ist.

Damit wird das Anwendungsgebiet der Geraden meist auf den Ausbau vorhandener Straßen eingeschränkt, deren Bestand verbreitert werden soll. Wegen der Blendwirkung sollten aber bei gleichmäßiger Längsneigung Geraden nicht länger angelegt werden als

$$\max l_G = 20 \cdot v_e \quad \text{in m} \tag{4.45}$$

v_e in km/h

Zwischen *gleichsinnig gekrümmten Bögen* lassen sich Geraden durch geschickte Trassierung oft vermeiden. Verhindern dies Zwangspunkte, so soll die Mindestlänge

$$\min l_G = 6 \cdot v_e \quad \text{in m} \tag{4.46}$$

betragen. Auch bei Geraden zwischen *gegensinnigen Krümmungen* sind die genannten Werte einzuhalten.

4.4 Mathematische Grundlagen der Entwurfselemente

Der geübte Straßenplaner wird die Gerade im nichtangebauten Bereich im Grundriss nur im Ausnahmefall unter Abwägung anderer Varianten verwenden. Um eine gute Entwässerung der Fahrbahn zu erreichen, wird auch in der Geraden eine Querneigung angeordnet. Dadurch bildet sich eine Gewichtskomponente des Fahrzeugs zur tieferen Straßenseite aus. Diesem Schräglaufwinkel muss der Fahrzeuglenker in der Geraden entgegen steuern. Bei Querneigungswechsel ist das besonders zu beachten.

Meist verlangt aber die Geländemodellierung oder die Bebauung eine Richtungsänderung, um das Ziel zu erreichen. Diese Änderung erzielt man mit einem *Kreisbogen*. Der Radius des Bogens bedingt, dass die gelenkten Räder des Fahrzeugs gegenüber der Fahrzeugachse einen Winkel bilden. Die Fahrgeschwindigkeit muss dem Bogenradius angepasst sein. Ist Übereinstimmung da, kann der Bogen mit gleichförmiger Geschwindigkeit befahren werden. Für die Fahrdynamik ist es wichtig, dass der Kreis eine gleichbleibende Krümmung besitzt. Es gilt

$$k = \frac{1}{r} = \text{const.} \tag{4.47}$$

Darüber hinaus ist er auch mathematisch einfach zu behandeln. Seine Grundform lautet

$$x^2 + y^2 = r^2 \tag{4.48}$$

Beim Übergang zum Einheitskreis

$$x^2 + y^2 = 1 \tag{4.49}$$

erkennt man, dass die Radienangabe einen Parameter darstellt, der die Abmessungen des Kreises verändert.

Die Geometrie des Kreises wird bestimmt durch die Tangentenrichtungen am Bogenanfang und Bogenende, dem Radius und der Bogenlänge. Daraus ergeben sich die Sehnenlänge und Bogenstich, d.h. der Abstand zwischen Tangentenschnittpunkt und Scheitelpunkt des Kreisbogens.

Die Konstruktionselemente sind in den Bildern 4.9 bis 4.11 dargestellt.

Die einzelnen Elemente berechnet man mit den Gln. (4.50) bis (4.55).

Tangentenlänge $\quad t = r \cdot \tan\frac{\alpha}{2} \quad$ in m $\quad$ (4.50)

Scheiteltangente $\quad s = r \cdot \tan\frac{\alpha}{4} \quad$ in m $\quad$ (4.51)

Scheitelabstand $\quad f = \dfrac{r}{\cos\frac{\alpha}{2}} - r \quad$ in m $\quad$ (4.52)

Pfeilhöhe $\quad p = r - r \cdot \cos\frac{\alpha}{2} \quad$ in m $\quad$ (4.53)

Sehnenlänge $\quad s = 2 \cdot r \cdot \sin\frac{\alpha}{2} \quad$ in m $\quad$ (4.54)

Bogenlänge $\quad b = \dfrac{\pi \cdot r \cdot \alpha}{200} \quad$ in m $\quad$ (4.55)

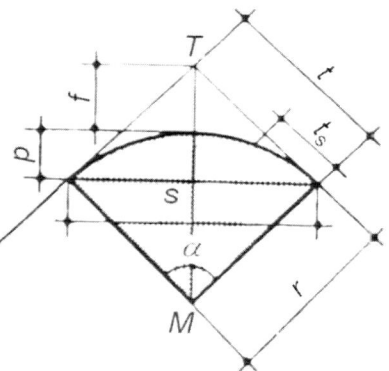

Bild 4.9 Kreisbogenelemente

Die Berechnung einzelner Bogenpunkte erfolgt nach Bild 4.10 mit den Gln. (4.56) bis (4.58). Man berechnet die Punkte in der Regel vom Bogenanfangspunkt der Bogentangente aus und bestimmt die Punktlage als Lot auf die Tangente.

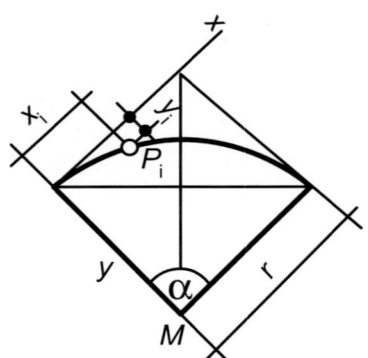

Bild 4.10 Berechnung eines Bogenpunktes

Für einen beliebigen Bogenpunkt P_i gilt, dass für die Entfernung x_i des Lotes durch P_i auf die Tangente die Ordinate y_i nach Glg. (4.56) bestimmt wird.

$$y_i = r - \sqrt{r^2 - x_i^2} \quad \text{in m} \qquad (4.56)$$

Für beliebige Werte x_i berechnet man die Ordinate mit

$$y_i = \frac{x_i^2}{2 \cdot r} + \frac{x_i^4}{8 \cdot r^3} + \frac{x_i^6}{16 \cdot r^5} + \ldots \text{in m} \quad (4.57)$$

oder näherungsweise, wenn $x \leq \dfrac{r}{5}$ mit

$$y_i = \frac{x_i^2}{2 \cdot r} + \frac{1}{2 \cdot r} \cdot \left(\frac{x_i^2}{2 \cdot r}\right)^2 \quad \text{in m} \qquad (4.58)$$

x in m r in m

Für den Bereich $x \leq \dfrac{r}{10}$ genügt die Genauigkeit des ersten Gliedes.

Manchmal ist im Gelände der Tangentenschnittpunkt nicht einzusehen, weil der Bewuchs eine direkte Sicht verhindert. Seine Lage kann man mit der Gl. (4.59) bestimmen.

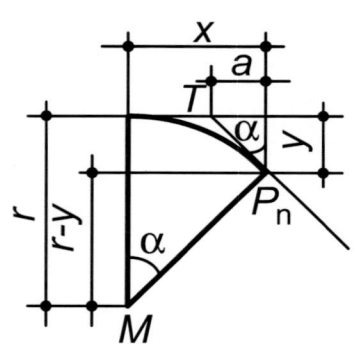

Bild 4.11 Tangentenschnittpunktbestimmung

Man geht davon aus, dass der Bogenendpunkt definiert ist und Punkt P_n lotrecht zur Anfangstangente liegt. Nach Bild 4.11 ist zum Punkt T dann die in der Entfernung $(x - a)$ vom Bogenanfang liegende Strecke.

$$a = \frac{y \cdot (r - y)}{\sqrt{y \cdot (2 \cdot r - y)}} \quad \text{in m} \qquad (4.59)$$

x in m
r in m

Die Absteckung einzelner Bogenpunkte wird heute üblicherweise mit Programmen elektronisch ermittelt. In der Regel liegen die Berechnungen vor und können durch Einmessen mit geodätischen Instrumenten über GPS in der Natur festgelegt werden.

Kreispunkte berechnet man von einem beliebigen Anfangspunkt aus, wenn man die gewünschte Bogenlänge b vorgibt. Dafür legt man den Mittelpunktswinkel φ mit Gl. (4.60) fest..

$$\varphi = \frac{200 \cdot b}{\pi \cdot r} = 63{,}661977 \cdot \frac{b}{r} \text{ . in gon} \qquad (4.60)$$

Für den Einzelpunkt gilt dann

$$x_n = r \cdot \sin(n \cdot \varphi) \quad \text{in m} \qquad (4.61)$$
$$y_n = r \cdot [1 - \cos(n \cdot \varphi)] \quad \text{in m} \qquad (4.62)$$

n Anzahl der Einzelstrecken, die vom Bogenanfang mit gleichem Zentriwinkel abgesetzt werden
x_n Abszisse des Punktes P_n auf der Bogentangente vom Bogenanfang aus
y_n Ordinate des Punktes P_n auf der Bogentangente vom Bogenanfang aus

4.4 Mathematische Grundlagen der Entwurfselemente

Aus Gl. (4.47) folgt, dass der Fahrzeuglenker in der Kreisbogenfahrt sein Lenkrad still hält. Er stellt damit die Fahrzeuglängsachse parallel zur Kreistangente im jeweiligen Bogenpunkt. Ist diese Stellung erreicht, unterscheidet sich seine Lenkarbeit nicht von der Fahrt in der Geraden, denn mit $r = \infty$ gilt

$$k = \frac{1}{\infty} = 0$$

Trägt man die Krümmungen aneinander tangential anschließender Geraden und Kreisbögen über einer Bezugsgeraden auf, so ergeben sich parallele Strecken, die an den tangentialen Übergängen zwischen Gerade und Kreisbogen Sprünge aufweisen (Bild 4.12). Theoretisch müsste der Fahrzeuglenker an diesen Stellen das Lenkrad in der Zeit $t = 0$ auf den Tangentenwinkel herumreißen, der nun der neuen Krümmung entspricht. Da das praktisch nicht möglich ist, muss eine Lösung angewendet werden, die dem tatsächlichen Fahrverhalten entspricht. Man schaltet deshalb einen Übergangsbogen dazwischen, der die Sprünge ausgleicht. (Siehe auch Bild 4.7)

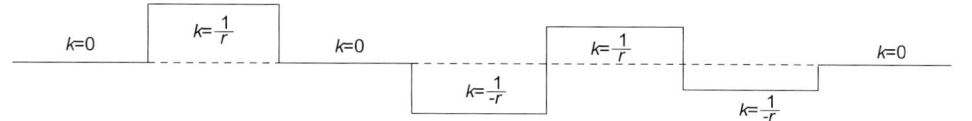

Bild 4.12 Krümmungsbild eines Linienzuges von Geraden und Kreisbögen, die tangential aneinander stoßen

Wie im Bild 4.12 dargestellt, müsste beim Übergang von der Geraden in den Kreisbogen ein ruckartiger Übergang der Lenkrichtung erfolgen. Das ist sowohl aus technischen Gründen wie aus Gründen des Fahrgefühls nicht möglich. Vielmehr wird der Lenkradeinschlag allmählich von der Geradeaus – Stellung in die entsprechende Kurvenfahrt – Stellung gebracht. Die Stellung der Vorderräder zu den Hinterrädern entspricht jeweils dem Mittelpunktswinkel φ.

Beim Übergang von der Geraden in den Kreisbogen wird deshalb die Anordnung eines *Übergangsbogens* notwendig. Früher ordnete man dazu einen Kreisbogen mit $r = 2 \cdot r$ an. Doch blieb dabei immer noch der Sprung im Krümmungsbild. In der modernen Trassierung verwendet man deshalb die *Klothoide* als Übergangsbogen. Sie ist mathematisch gesehen eine Spirale, bei der sich mit fortschreitender Länge die Krümmung $\frac{1}{r}$ stetig ändert. Das entspricht der gleichförmigen Drehbewegung des Lenkrades in der Kurvenfahrt, bis die Lenkstellung für den Kreisbogen erreicht ist. In diesem bleibt dann die Krümmung konstant.

Das Bildungsgesetz der Klothoide ist

$$A^2 = r \cdot l \quad {}^{1)} \tag{4.63}$$

A Klothoidenparameter in m
r Kreisbogenradius am Ende des Übergangsbogens in m
l Bogenlänge der Klothoide in m

Der Klothoidenparameter ist vergleichbar mit einem Maßstabsfaktor, der angibt, wie schnell sich die Klothoide von der Tangente löst.

Aus praktischen Gründen wählte man für den Parameter A die quadratische Form, da bei Berechnungen sowohl r als auch l in m verwendet werden und damit auch A in m angegeben werden kann. Dieser Parameter hat die gleiche Wirkung der Vergrößerung bzw. Verkleinerung, wie wir sie vom Einheitskreis her kennen. Somit sind alle Klothoiden in ihrer Form ähnlich.

1) Nach DIN 1080 sind alle Bezeichnungen, die Längenmaße betreffen, mit Kleinbuchstaben zu schreiben. Dies wird hier auch bei Klothoiden eingehalten. Dagegen sind heute in den Richtlinien und Tafelwerken leider noch die alten groß geschriebenen Bezeichnungen gebräuchlich (z.B. R, L, X, Y, X_M usw.).

Sie haben für das Verhältnis r/a immer die gleiche Form, da an dieser Stelle der Tangentenwinkel τ stets gleich ist.

Beispiel: $A = 100$ m, $r = 300$ m;
$\tau = 3{,}3568$ gon
$A = 250$ m, $r = 750$ m;
$\tau = 3{,}3568$ gon

Bestimmte ganzzahlige Klothoiden – Formwerte r/A nennt man die Kennstellen der Klothoide (Bild 4.13). An der Stelle

$r = 1$ wird $A = r = l$ und $\tau = 31{,}38$ gon,
$r = 3$ wird $r = 3 \cdot A$ und $\tau = 3{,}54$ gon.

Es ist zweckmäßig, von der Klothoide nur den Teil zu verwenden, der bis zur Kennstelle $r = 1$ reicht. Andererseits sollte die Mindestabweichung von der Tangentenrichtung mindestens so groß sein, dass die Kennstelle $r = 3$ erreicht wird, da sonst die Abweichung kaum erkennbar wird und der Fahrzeuglenker vielleicht zu spät reagiert. Damit ergeben sich die Einsatzgrenzen nach der Forderung

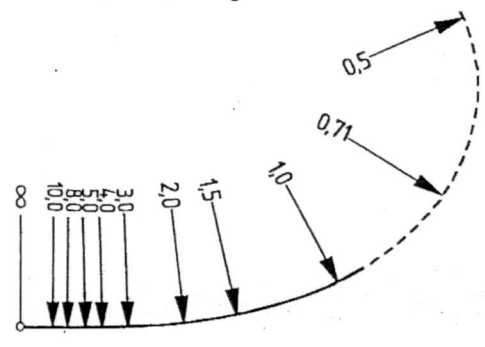

Bild 4.13 Kennstellen der Klothoide

$$\min A = \frac{r}{3} \quad \text{und} \quad \max A = r .$$

Gleichzeitig muss die Länge der Klothoide so groß gewählt werden, dass der auftretende Querruck sich nicht unangenehm bemerkbar macht. Eine Größe von 0,5 m/sec³ wird als zumutbar angesehen. Auf Grund der Fahrdynamik ergibt sich dann

$$\min A = 0{,}75 \cdot \sqrt{r \cdot v} \quad \text{in m} \tag{4.64}$$

r Radius am Klothoidenende in m
v Geschwindigkeit in km/h

Um die Querneigung am Übergangsbogenanfang in die am Übergangsbogenende zu überführen, ist eine *Verwindung* der Fahrbahnfläche notwendig. Dabei verändert der Fahrbahnrand seine relative Höhe zur Achshöhe. Dieses Aufsteigen bzw. Absinken der Fahrbahnränder bezeichnet man als *Anrampung*. Die Verwindung und Anrampung erfolgt über die gesamte Klothoidenlänge. Der Nachweis der erforderlichen Länge ist nur bei extrem kleinen Parametern notwendig. Es gilt

$$\min A = \sqrt{\frac{a \cdot (q_e - q_a)}{\max \Delta s}} \cdot r \quad \text{in m} \tag{4.65}$$

und für einen Klothoidenabschnitt zwischen den Punkten P_1 und P_2

$$\min A = \sqrt{\frac{a \cdot (q_e - q_a)}{\max \Delta s \cdot \left(\dfrac{1}{r_2} - \dfrac{1}{r_1}\right)}} \quad \text{in m} \tag{4.66}$$

a   Abstand des Fahrbahnrandes von der Drehachse in m
q_a, q_e Querneigungen am Anfang bzw. Ende des Übergangsbogens in %
q_1, q_2 Querneigungen an den Stellen P1 bzw. P2 in % (positives Vorzeichen, wenn die Querneigungen entgegengesetzte Richtungen aufweisen; negatives Vorzeichen bei gleichen Richtungen)
r_1, r_2 Radius am Anfang bzw. Ende des Klothoidenabschnitts in m
r   Radius am Ende des Übergangsbogens in m
max s   maximal zulässige Anrampungsneigung des Fahrbahnrandes

Einfacher Übergangsbogen. Die Konstruktionselemente sind in Bild 4.14 dargestellt. Um die

4.4 Mathematische Grundlagen der Entwurfselemente

Verbindung zwischen Gerade und Kreis (Hauptbogen) zu ermöglichen, muss letzterer von der Geraden um das Maß Δr abgerückt werden, um den Übergangsbogen dazwischen schalten zu können. Am Übergangsbogenanfang ÜA bildet die Gerade die Tangente an die Klothoide am Punkte $r = \infty$. Die Bogenlänge reicht bis zum Übergangsbogenende ÜE, an dem der Übergangsbogen tangential in den Kreisbogen übergeht. An dieser Stelle ist der Radius auf der Klothoide gleich groß wie der des Hauptbogens. Die Anfangstangente in ÜA bildet mit der Endtangente in ÜE den Winkel τ. Die Längen der Klothoidentangenten sind wegen der sich stetig ändernden Krümmung der Klothoide verschieden. Sie werden mit t_L (lange Tangente) und t_K (kurze Tangente) bezeichnet. Der Mittelpunkt des Kreises hat vom Klothoidenanfang die Koordinaten x_M und y_M. Hierbei ist $y_M = r + \Delta r$. Der Punkt ÜE hat von ÜA aus die Koordinaten x und y. Das Krümmungsbild der Klothoide zeigt Bild 4.15.

Während früher die Konstruktion von Hand mit Klothoidenlinealen erfolgte, die auf runde Parameter A abgestimmt waren, können heute bei elektronischer Berechnung und graphischer Zeichnung mit dem Plotter jederzeit auch unrunde Parameter verwendet werden. Das wird besonders dann erforderlich, wenn auf besondere Zwangspunkte Rücksicht genommen werden muss.

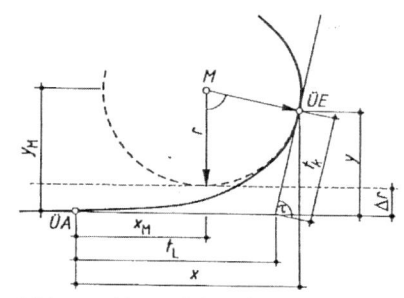

Bild 4.14 Konstruktionselemente der Klothoide

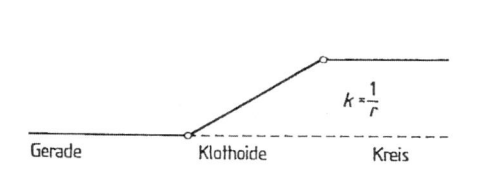

Bild 4.15 Krümmungsbild der Elementfolge Gerade – Klothoide – Kreis

Die Ordinaten y lassen sich nur durch Reihenentwicklung lösen. Für den Gebrauch gibt *Schnädelbach* [Zeitschrift für Vermessungswesen, 3/83] folgende Gleichungen an:

$$y = \frac{x^3}{6 \cdot A^2} \cdot \left(1 - 0{,}205 \left(\frac{x}{A}\right)^4\right)^{-0{,}27875} \tag{4.67}$$

$$\tan \tau = \frac{1}{2}\left(\frac{x}{A}\right)^2 \cdot \left(1 - 0{,}27371 \cdot \left(\frac{x}{A}\right)^4\right)^{-0{,}487134} \tag{4.68}$$

$$l = x \cdot \left(1 - 0{,}205 \cdot \left(\frac{x}{A}\right)^4\right)^{-0{,}12195} \tag{4.69}$$

Der Restfehler bis zur Kennstelle $A = r = l$ ist

$$\Delta y = 2 \cdot 10^{-6} \cdot A, \quad \Delta l = 5 \cdot 10^{-6} \cdot A, \quad \Delta \tau = 0{,}02 \text{ mgon}$$

Damit liegen Gleichungen für die Berechnung von Ordinaten vor, die von ÜA aus mit den Abszissenwerten x auf der langen Tangente abgetragen werden können.

Für die Klothoidenberechnung gibt es elektronische Rechenprogramme, die für die Linienführung und Absteckung eingesetzt werden und die Koordinatenberechnung der Haupt- und Kleinpunkte ausdrucken oder in die graphische Darstellung übernommen werden. Der Gebrauch von Klothoidentafeln wird dadurch nicht mehr nötig.

Um die Entwurfsarbeit mit Hilfe der Datenverarbeitung auf die Glaubwürdigkeit überprüfen zu können, sei hier zum Verständnis der früher notwendige Arbeitsablauf bei der Konstruktion zusätzlich angeführt.

Ein Übergangsbogen in Form der Klothoide wird nach Bild 4.16 folgendermaßen eingeschaltet:

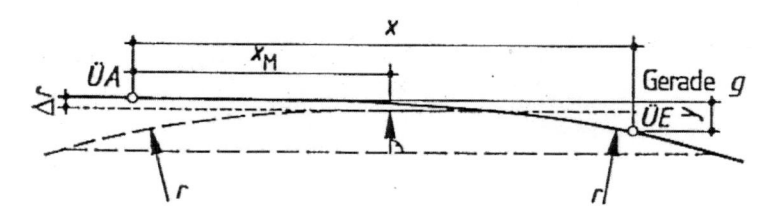

Bild 4.16   Konstruktion des einfachen Übergangsbogens

Gegeben sind:
- die Klothoidentangente als Gerade in Lage und Richtung,
- der Radius r des anzuschließenden Kreisbogens.

Die Konstruktion verläuft folgendermaßen:
1. Wahl des Parameters A nach den Grenzbedingungen.
2. Ablesen der Werte Δr, x_M, x und y in der Klothoidentafel für den gewählten Parameter A und den Radius r.
3. Zeichnen der Parallelen zur Geraden im Abstand Δr auf der Seite, auf der der Kreismittelpunkt liegen wird.
4. Anlegen des Kreisbogenlineals für den Radius r tangential an die gezeichnete Parallele. Das Kreisbogenlineal soll der künftigen Lage des Kreisbogens entsprechen. Der Berührungspunkt wird durch eine beliebige Sehne parallel zur Geraden bestimmt, auf der man das Mittellot bestimmt und auf die Gerade verlängert.
5. Vom Lotfußpunkt trägt man die Strecke x_M in Richtung auf den Übergangsbogenanfang ab. Dieser neue Punkt ist $ÜA$.
6. Von $ÜA$ trägt man den Wert x in Richtung des Lotfußpunktes ab. Von diesem Punkt wird das Lot auf der Geraden errichtet und zum Schnitt mit dem Kreis gebracht. Der Schnittpunkt ist das Übergangsbogenende $ÜE$. Die Lotlänge kontrolliert man mit dem Wert y.
7. Das Klothoidenlineal für den gewählten Parameter A wird mit dem Punkt $r = \infty$ bei $ÜA$ und dem gegebenen Radius r bei $ÜE$ angelegt.

Danach zeichnet man den Übergangsbogen mit dem Lineal zwischen den beiden Punkte.

Gesamtbogen. Da die Achse nicht im Hauptbogen enden kann, sondern in einer weiteren Geraden die Richtungsänderung vollendet, ergibt sich durch die zweimalige Anwendung der Konstruktion des einfachen Übergangsbogens die Konstruktion des Gesamtbogens. Dabei ist nicht notwendig, dass die beiden Parameter A_1 und A_2 gleich groß gewählt werden. Die Konstruktion erfolgt sinngemäß wie vorher beschrieben. Zunächst berechnet man die Länge der Tangenten (Gl. 4.50) für den Radius des Hauptbogens. Es folgt das Abtragen dieser Längen auf den um Δr_1 bzw. Δr_2 abgerückten Parallelen zu den Geraden vom Tangentenschnittpunkt der Parallelen aus. Das sind die Punkte, die im Abstand x_{M1} und x_{M2} von $ÜA_1$ und $ÜA_2$ liegen. An diese Punkte wird das Kreisbogenlineal angelegt.

Bild 4.17 zeigt die Konstruktion des Gesamtbogens für $A_1 = A_2$.

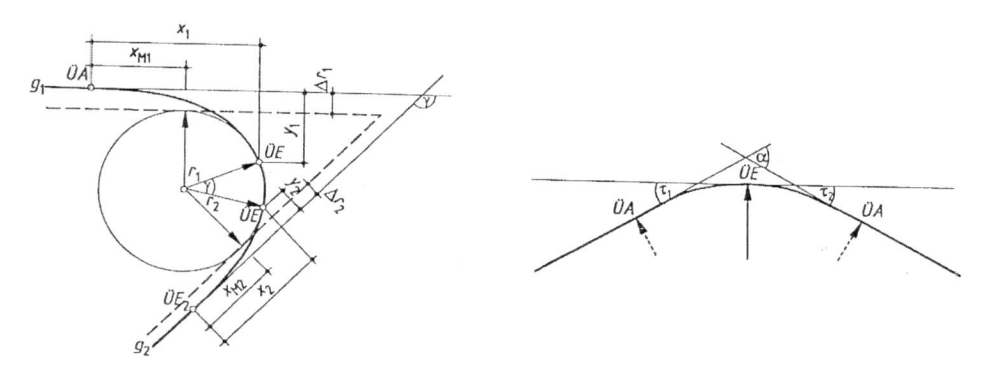

4.4 Mathematische Grundlagen der Entwurfselemente

Bild 4.17 Konstruktion des Gesamtbogens

Bild 4.18 Scheitelbogen

Die Bogenlänge des Hauptbogens ist abhängig vom Winkel α. Er ergibt sich als Restwinkel, wenn von der Gesamt-Richtungsänderung die Winkel τ_1 und τ_2 abgezogen werden. Je geringer die Richtungsänderung ist, desto kleiner wird α. Doch ist darauf zu achten, dass die Hauptbogenlänge so groß bleibt, dass sich das Fahrzeug mindestens 2 Sekunden darauf bewegt (Reaktionszeit).

Fallen $ÜE_1$ und $ÜE_2$ auf einen Punkt zusammen, entsteht der fahrdynamisch unerwünschte *Scheitelbogen* (Bild 4.18). Die Krümmungsbilder beider Bogenfolgen sind in Bild 4.19 dargestellt. Man erkennt daran, dass beim Scheitelbogen der Fahrzeuglenker im Augenblick des Erreichens des größten Lenkradeinschlags sofort mit der Gegenbewegung beginnen muss.

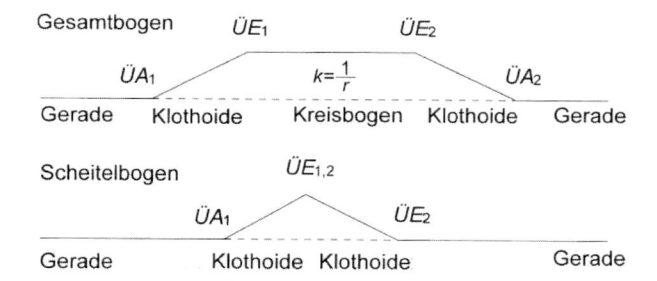

Bild 4.19
Krümmungsbilder des Gesamtbogens und des Schetelbogens

Wendelinie. Die Wendelinie verbindet gegensinnig gekrümmte Hauptbögen durch zwei Klothoiden, die an der Stelle $r = \infty$ zusammenstoßen. Dort ändern sie auch die Krümmungsrichtungen. Während die Hauptbogenradien meist verschieden groß sind, versucht man, die Parameter A_1 und A_2 gleich groß zu wählen. Dies entspricht einer gleichmäßigen Bewegung des Lenkrades beim Drehen aus der einen in die andere Fahrtrichtung. Wählt man bei $r_1 = r_2$ zwei verschieden große Parameter, so kann man aus der Bedingung

$$r = \frac{A}{3} \text{ bis } A \text{ ableiten,}$$

dass das Verhältnis $A_1:A_2$ nie größer als 1:3 gewählt werden darf. Um die Lenkbewegungen beim Durchfahren der S-Kurve nicht zu unstetig werden zu lassen, sollten die Unterschiede aber eher kleiner festgelegt werden.

Da für Klothoiden mit bestimmtem Parametern die Mittelpunkte aller Krümmungskreise festliegen, sind auch bei der Wendelinie die Mittelpunktsabstände der zugehörigen Hauptbögen festgelegt. Der Abstand setzt sich zusammen aus den beiden Radien r_1 und r_2 und dem kleinsten Abstand d zwischen den Kreisbögen.

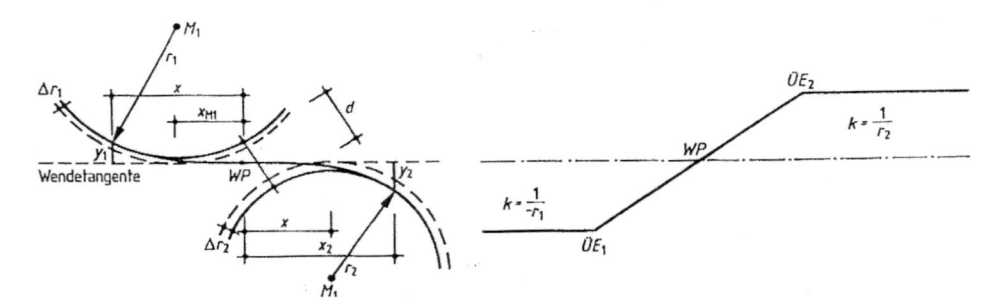

Bild 4.20   Konstruktion und Krümmungsbild der Wendelinie

Sind die Parameter der Wendelinie festgelegt, müssen die beiden Kreisbögen in eine Lage zu einander gebracht werden, dass dieser Abstand d eingehalten wird. Nur so ist die Aufgabe lösbar und ein tangentialer Übergang von der Klothoide in den Kreisbogen möglich. In den Klothoidentafeln sind die Abstände d für bestimmte Normparameter im Verhältnis $A_1 : A_2$ direkt abzulesen. Für andere Parameterverhältnisse oder nicht aufgeführte Klothoidenparameter berechnet man d aus

$$d = \sqrt{(r_1 + \Delta r_1 + r_2 + \Delta r_2)^2 + (x_{M1} + x_{M2})^2} - r_1 + r_2 \qquad (4.70)$$

Sinngemäß zum einfachen Übergangsbogen ergibt sich, wenn die Wendelinie nicht elektronisch erzeugt wird, folgender Konstruktionsgang der Wendelinie:

Gegeben sind: r_1 in seiner Größe, der Kreismittelpunkt M_1 und der Radius r_2 in seiner Größe.

1. Wahl der Parameter A_1 und A_2 (möglichst $A_1 = A_2$)
2. Aus der Klothoidentafel entnimmt man die Werte für
   A_1 mit r_1 : Δr_1, x_{M1}, x_1, y_1
   A_2 mit r_2 : Δr_2, x_{M2}, x_2, y_2
3. Ermittlung des Wertes d nach Gl. 6.28, durch Ablesen in der Klothoidentafel oder mit Hilfe eines Ablesediagramms (*Osterloh*, "Straßenentwurf mit Klothoiden", Bauverlag, Wiesbaden)
4. Den Kreis mit r_2 in den Lageplan so einpassen, dass der Abstand d eingehalten ist. Dazu zeichnet man eine Schar von Hilfskreisen mit dem Radius d, deren Mittelpunkte auf dem Kreis mit r_1 liegen. Daran lässt sich das Kreisbogenlineal für den Kreis mit r_2 leicht anschmiegen.
5. Das Klothoidenlineal für die gewählten Parameter A ($A_1 = A_2$) legt man so an die gezeichneten Hauptbögen, dass sich die auf dem Lineal angegebenen Radien mit den im Lageplan gezeichneten Hauptbögen decken. $ÜE_1$, $ÜE_2$ und WP können dann unmittelbar eingetragen werden und der Linienzug gezeichnet werden.

Bei älteren Linealen ohne solche Hilfsradien oder für den Fall $A_1 = A_2$ muss an die Kreise mit $(r_1 + \Delta r_1)$ bzw. $(r_2 + \Delta r_2)$ die gemeinsame Tangente angelegt werden. Nach Bestimmen der Berührungspunkte lässt sich der Wendepunkt mit den Werten x_{M1} oder x_{M2} festlegen und die Wendelinie zeichnen, indem man die Tangenten auf Zeichnung und Lineal zur Deckung bringt.

4.4 Mathematische Grundlagen der Entwurfselemente

Eilinie. Sie bildet den Übergang zwischen gleichsinnig gekrümmten Kreisbögen. Am Krümmungsbild (Bild 4.21) erkennt man, dass der Fahrzeuglenker in der Kurvenfahrt plötzlich die Lenkradstellung der veränderten Krümmung anpassen muss. Eilinien sind deshalb nur in Ausnahmefällen sinnvoll, da der Fahrzeuglenker im Kreisbogen eine Krümmungsänderung nicht erwartet. Um deutlich sichtbar zu werden, muss die Richtungsänderung wenigstens 3,5 gon betragen.

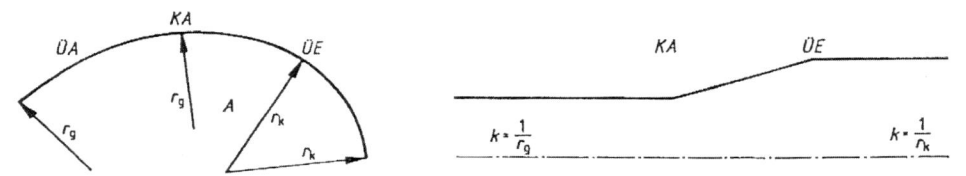

Bild 4.21 Linienzug und Krümmungsbild der Eilinie

Für die Konstruktion müssen folgende Bedingungen erfüllt sein:
- die Hauptkreise müssen ineinander liegen,
- die Hauptkreise dürfen sich nicht schneiden,
- die Hauptkreise dürfen keinen gemeinsamen Mittelpunkt besitzen,
- die Richtungsänderung soll mindestens 3,5 gon betragen.

Wie bei der Wendelinie muss zwischen den beiden Kreisen der Abstand *d* exakt eingehalten sein, wenn die Aufgabe lösbar sein soll. Diesen Abstand berechnet man mit

$$d = |r_g - r_k| - m \quad \text{in m} \tag{4.71}$$

wobei der Abstand der Mittelpunkte berechnet wird mit

$$m = \sqrt{(x_{M1} - x_{M2})^2 + (y_{M1} - y_{M2})^2} \quad \text{in m} \tag{4.72}$$

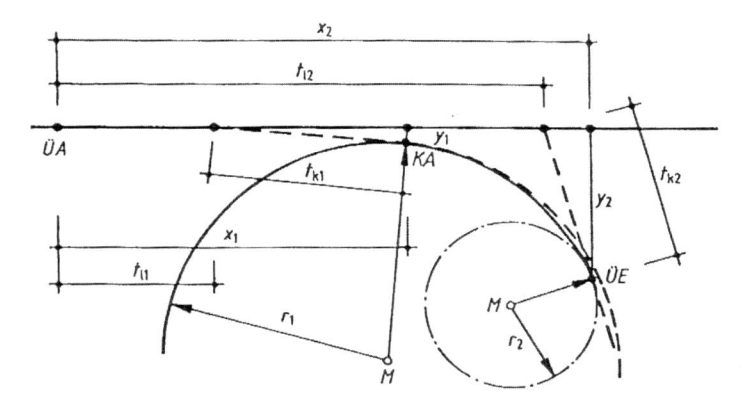

Bild 4.22 Konstruktionselemente der Eilinie, der Kreis mit r_2 liegt innerhalb des Kreises mit r_2.

Wenn sich bei Festlegen der Konstruktion die Hauptbögen schneiden, kann durch eine doppelte Eilinie doch noch eine Lösung möglich sein. Man wählt dann einen Hilfskreis, der die sich schneidenden Kreise umhüllt.

Wird die Winkeländerung τ < 3,5 gon oder der Wert *d* sehr klein, kann man die Kreisbögen tangential verbinden. Besser ist es aber, die Kreisbögen in einen Korbbogen zu überführen. Eine derartige Trassierung bleibt aber meist der Linienführung in bebauten Gebieten vorbehalten, weil dort geringe Geschwindigkeiten ein schnelles Anpassen an plötzliche Richtungsänderungen erleichtern. In diesen Gebieten tritt die fahrdynamische Trassierung hinter anderen, umfeldrelevanten Gesichtspunkten zurück.

Kurvenkombinationen. Die Praxis des Straßenentwurfes zeigt, dass sich zwar mit den beschriebenen Kurvenformen die meisten Linienzüge konstruieren lassen. Bei Zwangslagen können sie sich jedoch manchmal als unbrauchbar erweisen. In solchen Fällen sind Kombinationen der üblichen Kurven gebräuchlich. Allerdings bringen diese oft fahrdynamisch ungünstige Lösungen mit sich und sollten nur dann verwendet werden, wenn die Geschwindigkeit gering ist (z.B. Stadtverkehr). Als Kurvenkombinationen sind anzusehen:

- die *Korbklothoide*, bei der sich zwei Klothoiden mit verschiedenem *A* tangential mit einem
  gemeinsamen Radius stoßen,
- der *Korbbogen*, bei dem sich zwei Kreisbögen tangential stoßen.

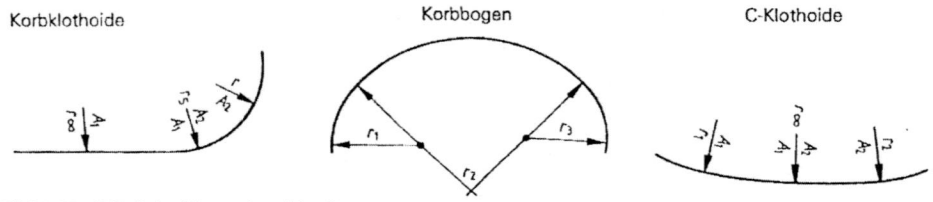

Bild 4.23 Mögliche Kurvenkombinationen

Diese Konstruktionen sollen stets durch eine Einlinie ersetzt werden. Vermeiden soll man auch die sog. *C-Klothoide*, bei der zwei Klothoiden mit ihren Übergangsbogen-Anfangspunkten aneinander stoßen und die Krümmung gleichsinnig sich fortsetzt. Im Gegensatz zur Wendelinie wird hier von der Kurve die Tangente nicht gekreuzt.

Beim Einsatz von DV- Programmen wird die erste Auswahl der Linienführung durch Spline – Lösung versucht, bei der die Splinelinie durch die vorgegebenen (Zwangs-)punkte verläuft. Danach wird diese Linie in die Konstruktionselemente Gerade, Kreisbögen und Übergangsbögen zerlegt.

4.4.2 Schnittpunktberechnung

Im Straßennetz entstehen Einmündungen oder Kreuzungen verschiedener Verkehrswege. Die Lage der Schnittpunkte zweier Achsen wird rechnerisch bestimmt. Dabei entstehen folgende Fälle:
- Schnitt zweier Geraden,
- Schnitt zwischen Gerader und Kreis,
- Schnitt zweier Kreise.

Wenn der Schnitt mit Übergangsbögen nicht elektronisch berechnet wird, kann man näherungsweise in diesem Punkt die dort vorhandene Klothoidentangente verwenden.

Der Schnitt zweier *geradliniger Achsen* setzt die Kenntnis der beiden Achsrichtungen voraus. Diese sind bestimmt durch zwei Punkte auf der Achse 1 mit P_1 (Y_1; X_1) und P_2 (Y_2; X_2), und

4.4 Mathematische Grundlagen der Entwurfselemente

auf der Achse 2 mit P_3 (Y_3; X_3) und P_4 (Y_4; X_4). Daraus berechnet man die Steigungen mit den Glg. (4.73) und (4.74)

für die Achse 1

$$m_1 = \frac{Y_2 - Y_1}{X_2 - X_1} \quad (4.73)$$

und für die Achse 2

$$m_2 = \frac{Y_4 - Y_3}{X_4 - X_3} \quad (4.74)$$

Die Koordinaten des Schnittpunktes S erhält man mit den Glg. (4.75) und (4.76)

$$X_S = X_1 + \frac{(Y_3 - Y_1) - m_2 \cdot (X_3 - X_1)}{m_1 - m_2} \quad (4.75)$$

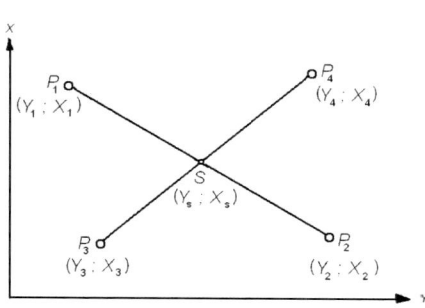

$$Y_S = Y_1 + m_1 \cdot (X_S - X_1) \quad (4.76)$$

Bild 4.24 Schnittpunkt zweier Geraden

Beispiel: Gegeben sind die Punkte P_1 und P_2 auf der Geraden 1 und P_3 und P_4 auf der Geraden 2.

Punktnummer	P_1	P_2	P_3	P_4
Y	85900	86750	86150	86325
X	91750	90820	89220	92070

Gesucht sind die Koordinaten des Schnittpunkts

Für Achse 1 ergibt das die Steigung

$$m_1 = \frac{86750 - 85900}{90820 - 91750} = -0{,}913978$$

und für Achse 2

$$m_2 = \frac{86325 - 86150}{92070 - 89220} = 0{,}0614035$$

Damit wird

$$X_S = 91750 + \frac{(86150 - 85900) - 0{,}0614035 \cdot (89220 - 91750)}{-0{,}913978 - 0{,}0614035} =$$

$$= 91750 + \frac{250 - (0{,}0614035) \cdot (-2530)}{-0{,}97538} = 91750 + \frac{250 - (-155{,}351)}{-0{,}97538} =$$

$$= 91750 + \frac{405{,}350855}{-0{,}97538} = 91750 + (-415{,}582644) = \underline{\underline{91334{,}417}}$$

$$Y_S = 85900 + (-0{,}913978 \cdot (91334{,}417 - 91750)) = 85900 + (-0{,}913978 \cdot (-415{,}583)) =$$
$$= 85900 + 379{,}834 = \underline{\underline{86279{,}834}}$$

Der Schnitt zwischen Gerade und Kreis ergibt in der Regel zwei Punkte. Die Entscheidung, welcher Schnittpunkt maßgebend ist, muss der Entwerfer treffen.

Zuerst bestimmt man den Winkel α aus den Richtungen von P_1 nach M und P_1 nach P_2.

$$t_{1,2} = \arctan\frac{Y_2 - Y_1}{X_2 - X_1} \quad \text{in gon} \quad (4.77)$$

$$t_{1,M} = \arctan\frac{Y_M - Y_1}{X_M - X_1} \quad \text{in gon} \quad (4.78)$$

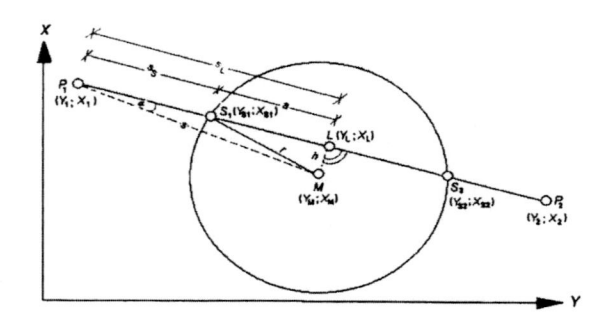

Bild 4.25 Schnittpunkte Gerade mit Kreis

Der Winkel α zwischen der Geraden und der Verbindung von P_1 nach M ist

$$\alpha = |t_{1,M} - t_{1,2}| \quad \text{in gon} \tag{4.79}$$

Die Strecke s von P_1 nach M ist

$$s = \sqrt{(Y_M - Y_1)^2 + (X_M - X_1)^2} \quad \text{in m} \tag{4.80}$$

Damit wird das Lot auf die Strecke P_1 nach P_2 durch den Kreismittelpunkt M

$$h = s \cdot \sin\alpha \quad \text{in m} \tag{4.81}$$

Die Strecke von P_1 bis L ist

$$s_L = s \cdot \cos\alpha \quad \text{in m} \tag{4.82}$$

Die Strecke von S_1 nach L hat die gleiche Länge wie die Strecke von L nach S_2.

$$a = \sqrt{r^2 - h^2} \quad \text{in m} \tag{4.83}$$

Damit ist die Entfernung von P_1 nach S_1

$$s_S = s_L - a \quad \text{in m} \tag{4.84}$$

Die Koordinaten des Schnittpunktes der Geraden mit dem Kreis bei S_1 berechnet man polar mit

$$Y_{S1} = Y_1 + s_S \cdot \sin t_{1,2} \tag{4.85}$$

und

$$X_{S1} = X_1 + s_S \cdot \cos t_{1,2} \tag{4.86}$$

Beispiel: Gegeben sind: die Punkte P_1 und P_2 auf einer Geraden,
der Kreismittelpunkt mit den Koordinaten,
der Radius $r = 2000,00$ m des Kreises.

Punkt	P_1	P_2	P_M
Y	91000	93800	92500
X	85300	88700	89000

Gesucht werden die Schnittpunkte.

$$t_{1,2} = \arctan\frac{93800 - 91000}{88700 - 85300} = 43,85829 \quad \text{gon}$$

$$t_{1,M} = \arctan\frac{92500 - 91000}{89000 - 85300} = 22,0678996 \quad \text{gon}$$

$$\alpha = |22,0678996 - 43,85829| = 21,79039 \quad \text{gon}$$

Die Strecke von $P1$ nach M ist

$$s = \sqrt{(92500 - 9100)^2 + (89000 - 85300)^2} = \sqrt{1500^2 + 3700^2} = \sqrt{2250000 + 13690000} = 3992,49 \text{ m}$$

4.4 Mathematische Grundlagen der Entwurfselemente

Das Lot durch den Kreismittelpunkt auf die Gerade ist dann
$$h = s \cdot \sin\alpha = 3992{,}49 \cdot 0{,}335638 = 1340{,}03 \text{ m}$$

Die Strecke P_1 bis L ist dann
$$s_L = s \cdot \cos\alpha = 3992{,}49 \cdot 0{,}941991 = 3760{,}89 \text{ m}$$

Das Teilstück a ist
$$a = \sqrt{2000^2 - 1340{,}03^2} = 1484{,}70 \text{ m}$$

Die Entfernung von P_1 bis zu den Schnittpunkten ist
$$s_{S1} = s_L - a = 3760{,}89 - 1484{,}70 = 2276{,}19 \text{ m} \quad \text{und}$$
$$s_{S2} = s_L + a = 5245{,}59 \text{ m}$$

Damit sind die Koordinaten der Schnittpunkte
$$Y_{S1} = Y_1 + s_{S1} \cdot \sin t_{1,2} = 91000 + 2276{,}19 \cdot 0{,}635707 = 91000 + 1446{,}99 = 92446{,},99$$
$$X_{S1} = X_1 + s_{S1} \cdot \cos t_{1,2} = 85300 + 2276{,}19 \cdot 0{,}77193 = 85300 + 1757{,}06 = 87057{,}06$$
$$Y_{S2} = 91000 + 5245{,}59 \cdot 0{,}635707 = 91000 + 3334{,}66 = 94334{,}66$$
$$X_{S2} = 85300 + 5245{,}59 \cdot 0{,}77193 = 85300 + 4049{,}23 = 89349{,}23$$

Bei der Entwurfsbearbeitung mit DV – Programmen werden die Schnittpunkte automatisch berechnet. Auch für Einzelberechnungen gibt es Software für Taschenrechner.

4.4.3 Geometrie der Entwurfselemente im Höhenplan

Der *Höhenplan* stellt den Längsschnitt der Achse und des Geländes in der Achse dar. In diesem Plan erkennt man de Längsneigungen im Trassenverlauf. Dies nennt man die *Gradiente*.

Da horizontal liegendes Gelände kaum anzutreffen ist und außerdem für ausreichende Entwässerung gesorgt werden muss, können die Knickpunkte des Tangentenpolygons der Gradiente nicht auf gleicher Höhe liegen. Damit entsteht eine Längsneigung der Achse. Die Größe ergibt sich aus dem Verhältnis der Höhendifferenz zwischen den Knickpunkten und deren Abstand. Die *Längsneigung s* berechnet man aus

$$s = \frac{\Delta h \cdot 100}{l} \text{ in \%} \tag{4.87}$$

h Höhendifferenz zwischen den Tangentenschnittpunkten in m
l Entfernung zwischen den Tangentenschnittpunkten der Gradiente in m
(Ist s in Stationierungsrichtung positiv, bedeutet das eine Steigung, ist s negativ, spricht man von Gefälle.)

Aus Gründen guter Wasserabführung ist eine *Mindestlängsneigung* von 0,5 % erforderlich. Außerdem ist darauf zu achten, dass die Längsneigung die *Anrampungsneigung* nicht unterschreitet. Nur so kann verhindert werden, dass die Fahrbahnränder eine der Gradiente entgegengesetzte Neigung erhalten. Die folgenden Bedingungen sind einzuhalten:

- bei Banketten neben der Fahrbahn: $s - \Delta s \geq 0{,}2$ % (besser 0,5 %)
- bei Bordrinnen: $\qquad\qquad\qquad\qquad s - \Delta s \geq 0{,}5$ %

Die Übergänge von Steigungen in Gefälle und umgekehrt werden im Bereich der Tangentenschnittpunkte ausgerundet.

Kuppen- und Wannenausrundung. Die fahrdynamisch erforderliche Ausrundung der Gefälleknickpunkte wird mit der quadratischen Parabel vorgenommen. Diese lässt sich im Scheitelbereich durch einen Kreisbogen annähern. Die Größe des Halbmessers h muss dabei aus fahrdynamischen und sicherheitstechnischen Gründen bestimmte Mindestwerte einhalten. Im Verlauf des Tangentenpolygons ergeben sich dabei Kuppen und Wannen. Auf die Bezugshöhe bezogen sind Kuppen konvex, Wannen konkav gekrümmt.

Zur Berechnung der Gradientenhöhen außerhalb der Ausrundungen wird Gl. (4.87) nach h aufgelöst und zur Anfangshöhe addiert. Gefälle erhalten ein negatives s.

$$H_i = H_{TS} + \frac{s}{100} \cdot l \quad \text{in m} \tag{4.88}$$

H_i geodätische Höhe der Gradiente im Punkt P_i in m + NN
H_{Ts} geodätische Höhe des vorangehenden Tangentenschnittpunkts in m + NN
s Längsneigung in %
l Entfernung des Punktes P_i vom Tangentenschnittpunkt in m

Für die Berechnung in Kuppe oder Wanne werden Anfangs- und Endpunkt der Ausrundung durch Berechnung der Tangentenlängen vom Gefälleknickpunkt aus festgelegt.

$$t = \frac{h \cdot (s_1 - s_2)}{2 \cdot 100} \quad \text{in m} \tag{4.89}$$

h Ausrundungshalbmesser in m
s_1, s_2 Längsneigungen am Tangentenschnittpunkt in % (Steigung positiv, Gefälle negativ einsetzen)

Zuerst wird an den Tangentenberührungspunkten die Gradientenhöhe bestimmt. Im Ausrundungsbereich muß zur vorhandenen Längsneigung noch die Abweichung durch den Ausrungs – Halbmesser h berücksichtigt werden. Damit wird für einen Punkt im Abstand x_P vom Tangentenberührungspunkt die Ordinate y_P

$$y_P = \frac{s_1}{100} \cdot x_P + \frac{x_P^2}{2 \cdot h} + H_P \quad \text{in m} \tag{4.90}$$

y_P Höhe des Gradientenpunktes in m + NN
x_P Entfernung des Gradientenpunktes vom Tangentenberührungspunkt in m
H_P Höhe des Tangentenberührungspunktes in m + NN
s_1 Neigung der Tangente in %
h Ausrundungshalbmesser in m

Die geometrischen Beziehungen sind in Bild 4.26 dargestellt.

Den vertikalen Abstand der Gradiente vom Tangentenschnittpunkt nennt man den Bogenstich f. Man berechnet ihn mit Gl. (4.91).

$$f = \frac{t}{4} \cdot \frac{s_2 - s_1}{100} \tag{4.91}$$

t Tangentenlänge in m
s_1, s_2 Längsneigung in % (mit Vorzeichen: Steigung positiv, Gefälle negativ)

Oft ergibt es sich, dass zwischen zwei Längsneigungen der Schnittpunkt berechnet werden muss. Nach Bild 4.27 wird

$$|x_T| = \frac{100 \cdot \Delta h - l \cdot s_2}{s_1 - s_2} \quad \text{in m} \tag{4.92}$$

Δh Höhenunterschied zwischen zwei Tangentenschnittpunkten
l Abstand der Tangentenschnittpunkte

4.4 Mathematische Grundlagen der Entwurfselemente

s_1, s_2 Steigung
TS Tangentenschnittpunkt
S Scheitelpunkt
M Mitte der Ausrundung
x_s Strecke bis zum Scheitelpunkt
t Tangentenlänge
f Scheitelabstand vom TS
h_k Höhenunterschied zwischen Tangentenberührungs- und Scheitelpunkt

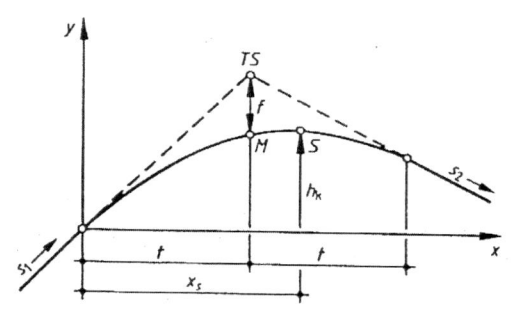

Bild 4.26 Ausrundung der Gradiente

Es können folgende Kombinationen eines Neigungswechsels auftreten:
- Gefälle → Steigung
- Gefälle → Gefälle
- Steigung → Gefälle
- Steigung → Steigung

Im Bild 4.27 sind diese Kombinationen dargestellt. Der Tangentenschnittpunkt ist festgelegt durch den Abstand x vom Tangentenberührungspunkt des Ausrundungshalbmessers aus.

Δh Höhenunterschied zwischen zwei Tangentenschnittpunkten
l Abstand der Tangentenschnittpunkte
x_T Abstand der Neigungswechselpunkte vom Ausrundungsanfang
s_1, s_2 Längsneigung (mit Vorzeichen) in %

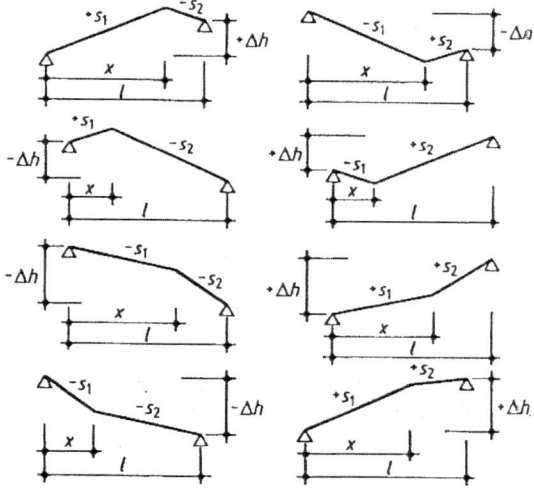

Bild 4.27 Kombinationen der möglichen Neigungswechsel

Beispiel: Gegeben: die Steigung $+s_1 = 4,0\ \%$ und das Gefälle $-s_2 = 2,0\ \%$,
der Tangentenschnittpunkt T_1 bei Station 1+975 mit der Höhe $H_1 = 630,00$ m,
der Tangentenschnittpunkt T_3 bei Station 2+975 mit der Höhe $H_3 = 650,00$ m
Gesucht: die Lage des Tangentenschnittpunkts T_2

Es ist die Entfernung T_1 bis T_3: $l = 2975,00 - 1975,00 = 1000,00$ m und
der Höhenunterschied $\Delta h = 650,00 - 630,00 = 20,00$ m

$$|x_T| = \frac{100 \cdot 20 - 1000 \cdot (-2)}{(-2) - 4} = \frac{2000 - (-2000)}{-6} = |666,67|\ \text{m}$$

Ergebnis: Der Tangentenschnittpunkt T_2 liegt bei Station 1+975 + 666,67 = 2+641,67 m
auf der Höhe $H_2 = 630,00 + (6663,67 \cdot 0,04) = 630,00 + 26,667 = 656,667$ m

Um die Entwässerung überprüfen zu können, ist bei Bedarf die Untersuchung weiterer maßgebender Punkte nötig. (Bild 4.28)

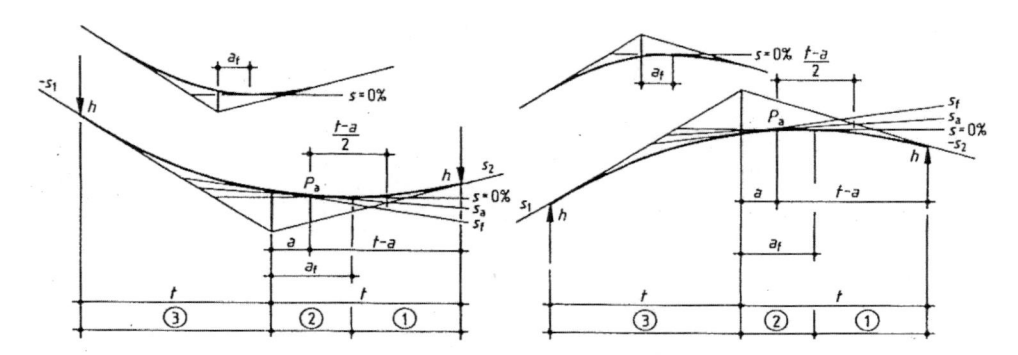

a_f Abstand des Kuppenmaximums bzw. des Wannenminimums vom Tangentenschnittpunkt in m
s_f Längsneigung am Tangentenschnittpunkt in % s_a Längsneigung am Punkt P_a in %
$\pm s$ Längsneigung des Tangentenpolygons in % h Halbmesser der Ausrundung

Bild 4.28 Darstellung ausgewählter Punkte in Kuppen und Wannen

	a_f	s_f	s_a	s_a	s_a
$s_1 > s_2$	$\dfrac{h}{2} \cdot \dfrac{s_1 - s_2}{100}$	$\dfrac{s_1 - s_2}{2}$	$s_2 - \dfrac{(t-a) \cdot 100}{h}$	$\dfrac{(t-a) \cdot 100}{h} - s_2$	$\dfrac{(t+a) \cdot 100}{h} - s_2$
$s_1 < s_2$	$\dfrac{h}{2} \cdot \dfrac{s_2 - s_1}{100}$	$\dfrac{s_2 - s_1}{2}$	$s_1 - \dfrac{(t-a) \cdot 100}{h}$	$\dfrac{(t-a) \cdot 100}{h} - s_1$	$\dfrac{(t+a) \cdot 100}{h} - s_1$
Bereich			1 Neigungsänderung	2 Neigungswechsel	3

Tabelle 4.3 Berechnungsformeln ausgewählter Elemente im Kuppen- und Wannenbereich

In Kuppen muss die notwendige Sichtweite vorhanden sein, um Hindernisse auf der Fahrbahn so rechtzeitig zu erkennen, dass das Fahrzeug davor zum Stehen gebracht werden kann. Daraus folgt, dass ein bestimmter Ausrundungshalbmesser vorhanden sein muss, um die Verkehrssicherheit zu garantieren.

$$\min h_K = \frac{s_h^2}{2 \cdot \left(\sqrt{h_A} + \sqrt{h_Z}\right)^2} \quad \text{in m} \tag{4.93}$$

h_K Kuppen – Mindesthalbmesser in m s_h erforderliche Haltesichtweite in m
h_A Höhe des Augpunktes in m h_Z Höhe des Zielpunktes in m

In Wannen ist normalerweise die Sichtweite auch dann vorhanden, wenn die Wanne unter einer Brücke liegt und die Lichte Höhe von 4,50 m vorhanden ist.

4.4.4 Geometrie der Entwurfselemente im Querschnitt

Der Querschnitt einer Straße hängt ab von der Verbindungsfunktion und der Kategoriengruppe. Die Anzahl der Fahrstreifen, Seitenstreifen und der sonstigen Querschnittsflächen wird nach den RAA 07, RAL 09 und RASt 06 ausgewählt.

An besonderen Stellen müssen zusätzliche Fahrstreifen vorgesehen oder eingezogen werden. Das geschieht – falls erforderlich – an Knotenpunkten für die Anlage von Links- oder Rechtsabbiegestreifen. Auch an längeren starken Steigungen können zusätzliche Fahrstreifen notwendig werden, um das Überholen langsamer Lkw zu ermöglichen.

4.4 Mathematische Grundlagen der Entwurfselemente

An Bergstrecken mit sehr engen Kurven werden Fahrbahnverbreiterungen angeordnet, damit bei langen Fahrzeugen die Hinterräder nicht über den befestigten Fahrbahnrand auf den unbefestigten Randstreifen geschleppt werden

In den beschriebenen Fällen wird entweder ein Fahrstreifen in der Breite verändert oder ein zusätzlicher Fahrstreifen der Fahrbahn hinzugefügt. Diese Übergänge müssen allmählich geschehen. Nur so kann eine fahrdynamisch günstige Lösung erzielt werden. Dazu muss der Übergang für den Fahrzeuglenker deutlich sichtbar und begreifbar werden. Unterstützt wird die Erkennbarkeit solcher Verziehungen der Fahrstreifen durch die Fahrbahnmarkierung.

$$i = n \cdot r - \sqrt{r^2 - d^2} \quad \text{in m} \tag{4.94}$$

i   Fahrbahnverbreiterung in m
r   Radius des Kreisbogens am Außenrand in m
d   Achsabstand und vorderer Fahrzeugüberhang in m (Für Lastzüge wird $d = 10{,}00$ m angesetzt)
n   Anzahl der durchgehenden Fahrstreifen

Für Radien $r \geq 30{,}00$ m gilt

$$i = n \cdot \frac{d^2}{2 \cdot r} \quad \text{in m} \tag{4.95}$$

Fahrzeugart	Pkw	Lkw	Lastzug	Standard-bus	Gelenk-bus	Reise-/ Linienbus 15,00 m
Radstand und vorderer Überstand *d* in m	3,64	6,60 6,78[1)]	10,00	8,72[2)]	9,11[2)]	10,05

[1)] dreiachsig   [2)] nach StVZO

Tabelle 4.4   Größe des Deichselmaßes bei Regelfahrzeugen (RASt 06)

Straßen der Kategorie	Busverkehr	Empfohlener Begegnungsfall	$\frac{d}{d}$	Fahrbahnverbreiterung in m (bei $n = 2$) für	
			$i =$	$b \leq 6{,}00$ m	$b > 6{,}00$ m
A I bis A IV,	ja	Bus 2/ Bus 2	$\frac{9}{9}$	$\frac{40 \cdot n}{r}$	$30 < r \leq 320$	$30 < r \leq 160$
B II, B III, C III	nein	Lz/ Lz	$\frac{8}{8}$	$\frac{50 \cdot n}{r}$	$30 < r \leq 400$	$30 < r \leq 20$
B IV, C IV	-	Pkw/ Bus 1	$\frac{4}{8}$	$\frac{20 \cdot n}{r}$	$30 < r \leq 160$	$30 < r \leq 80$

Tabelle 4.5   Berechnung der Fahrbahnverbreiterung in Kurven

Die volle Verbreiterung wird wirksam, wenn die Änderung der Richtung den Wert γ_{max} erreicht.

$$\gamma_{max} = \frac{400 \cdot d}{r \cdot \pi} \quad \text{in gon} \tag{4.96}$$

De Verbreiterung am Punkt P_n ist

$$i_n = \frac{i}{l} \cdot l_n \quad \text{in m} \tag{4.97}$$

Die Verziehung der Fahrbahnränder für die Verbreiterung erstreckt sich linear über den gesamten Übergangsbogen. Dabei werden die Knicke im Krümmungsband bei ÜA und ÜE mit Kreisbögen so ausgerundet, dass 7,50 m lange Tangenten entstehen. Die Verziehung be-ginnt also 7,50 m vor dem Übergangsbogenanfang und endet 7,50 m hinter dem Übergangsbogenende. Die Verziehungslänge wird damit

$$l_Z = l + 15{,}00 \quad \text{in m} \tag{4.98}$$

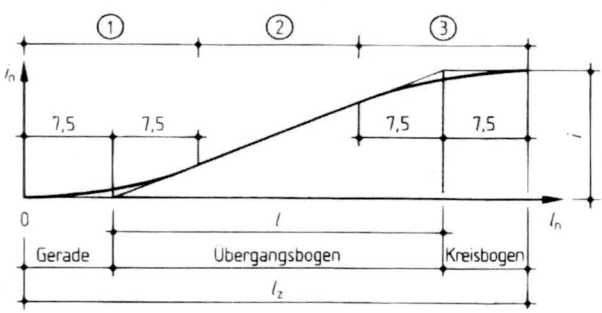

Bild 4..29
Konstruktion der Fahrbahnverbreiterung in der Kurve

Ist die Bogenlänge des Hauptbogens kürzer als 15,00 m, endet die Verziehung dort, wo die Winkelhalbierende des Zentriwinkels den Kreisbogen schneidet.

Die Fahrbahnverbreiterung an einer beliebigen Stelle P_n ergibt sich nach den Gln. (4.99) bis (4.101), je nach Lage in

Bereich 1: $i_n = \dfrac{i}{k \cdot l} \cdot l_n^2$ $\qquad$ für $0 \leq l_n \leq 15{,}00$ m $\hfill$ (4.99)

Bereich 2: $i_n = \dfrac{i}{l} \cdot (l_n - t)$ $\qquad$ für $15{,}00$ m $\leq l_n \leq (l_z - 15{,}00$ m$)$ $\hfill$ (4.100)

Bereich 3: $i_n = i - \dfrac{i}{k \cdot l} \cdot (l_z - l_n)^2$ $\qquad$ für $(l_z - 15{,}00$ m$) \leq l_n \leq l_z$ $\hfill$ (4.101)

i $\quad$ Fahrbahnverbreiterung im Kreisbogen in m $\qquad$ t $\quad$ Länge der Tangente = 7,50 m
i_n $\quad$ Fahrbahnverbreiterung an der Stelle P_n in m $\qquad$ k $\quad$ Konstante = 30,00 m
l_z $\quad$ Länge der gesamten Verziehungsstrecke in m $\qquad$ l $\quad$ Länge des Übergangsbogens in m
l_n $\quad$ Länge der Verziehungsstrecke bis zur Stelle P_n in m

Ist das Verhältnis $l : i \geq 20$, darf die Verziehung linear im Übergangsbogen erfolgen. Dann ist

$$i_n = \dfrac{i}{l_z} \cdot l_n \quad \text{in m} \hfill (4.102)$$

Beispiel: Eine Gebirgsstraße mit zwei Fahrstreifen ist geplant mit einem Kreisbogen $r = 200{,}00$ m. Der Übergangsbogen hat den Parameter $A = 70{,}00$ m.
Die Richtungsänderung beträgt $\gamma = 150{,}0000$ gon.
Die Fahrbahnbreite beträgt 6,50 m.
Welche Fahrbahnverbreiterung bei ÜA und ÜE muss berücksichtigt werden, wenn starker Lastzugverkehr in beiden Richtungen zu erwarten ist?

$\qquad$ Kontrolle der Richtungsänderung γ_{max} :

$$\gamma_{max} = \dfrac{d \cdot 400}{r \cdot \pi} = \dfrac{4000}{200 \cdot \pi} = 6{,}3662 \text{ gon} < 150{,}0000 \text{ gon}$$

$\qquad$ Es tritt die volle Fahrbahnverbreitung auf.

$\qquad$ Die Länge des Übergangsbogens ist

$$l = \dfrac{A^2}{r} = \dfrac{4900}{200} = 24{,}50 \text{ m}$$

$\qquad$ Die Gesamtlänge der Verziehung wird damit
$\qquad$ $l_z = 7{,}50 + 24{,}50 + 7{,}50 = 39{,}50$ m

Da die Tangenten der Ausrundungen jeweils 7,50 m in die Klothoide hineinreichen, bleibt dazwischen eine Gerade von 9,50 m.

4.4 Mathematische Grundlagen der Entwurfselemente

Nach Tabelle 4.5 wird die Verbreiterung

$$i = \frac{50 \cdot n}{r} = \frac{100}{200} = 0{,}50 \text{ m}$$

ÜA liegt im Bereich 1. Die Verziehung ist an diesem Punkt

$$i_n = \frac{i}{k \cdot l} \cdot l_n^2 = \frac{0{,}50}{30 \cdot 24{,}50} \cdot 7{,}5^2 = 0{,}038 \approx 0{,}04 \text{ m}$$

ÜE liegt im Bereich 3. Hier wird die Verziehung

$$i_n = i - \frac{i}{k \cdot l} \cdot (l_z - l_n) = 0{,}50 - \frac{0{,}50}{30 \cdot 24{,}50} \cdot (39{,}50 - 32{,}00) = 0{,}50 - 0{,}005 = 0{,}495 \text{ m}$$

Die Fahrbahnbreiten sind bei ÜA 6,54 m und bei ÜE 6,995 m..

Bei der Wendelinie dürfen sich die Tangentenlängen für die Gegenfahrstreifen nach Bild 4.30 am Wendepunkt überschneiden.

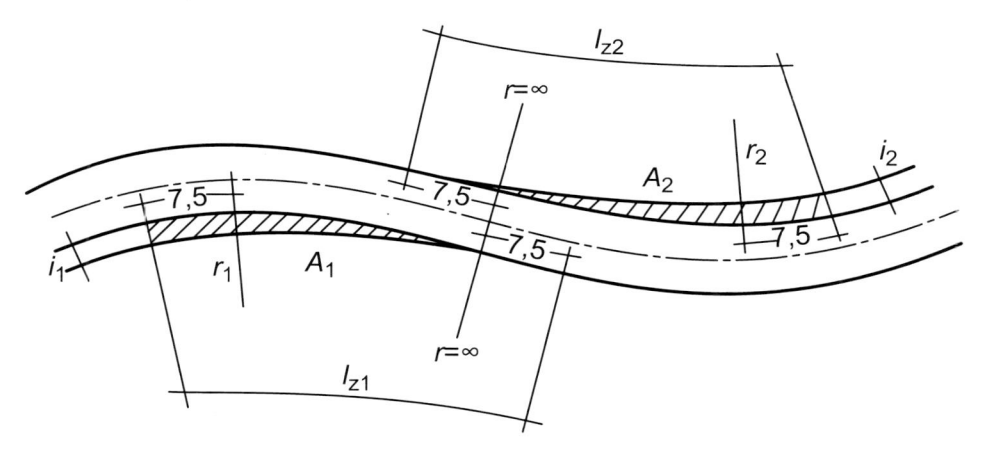

Bild 4.30 Fahrbahnverbreiterung im Bereich der Wendelinie

Für die Eilinie berechnet man die Verbreiterung an der Stelle P_n mit Gl. (4.103).

$$i_n = i_1 + (i_2 - i_1) \cdot \frac{l_n}{l} \text{ in m} \tag{4.103}$$

i_1 Fahrbahnverbreiterung am Anfang der Eilinie in m
i_2 Fahrbahnverbreiterung am Ende der Eilinie in m
l Gesamtlänge der Eilinie in m

Fahrbahnaufweitung. Außer der Verbreiterung in der Kurve kann beim Anlegen von zusätzlichen Fahrstreifen, Mittelstreifen, Abbiege- oder Einfädelspuren eine Aufweitung der Fahrbahn erforderlich werden. Diese bildet man durch Aneinanderstoßen zweier Parabeläste. Der Stoßpunkt liegt genau in der Mitte der Verziehungsstrecke (Bild 4.31). Die Länge der Verziehungsstrecke l_z richtet sich nach der Geschwindigkeit im Aufweitungsbereich, der Sichtweite und den örtlichen Möglichkeiten. Vielfach werden Aufweitungen im Knotenpunktsbereich notwendig.

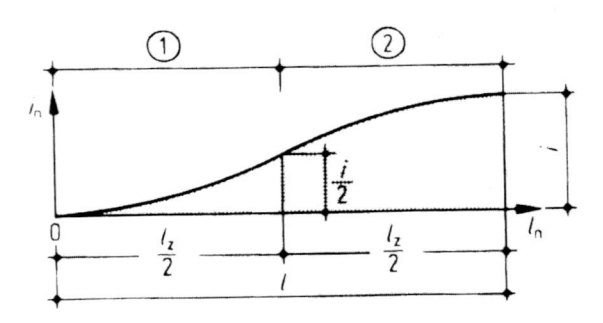

Bild 4.31 Fahrbahnaufweitung

Die Länge der Verziehungsstrecke erhält man aus Gl. (4.103). Sie ist abhängig von der Breite i der Verziehung und der Geschwindigkeit in Verziehungsbereich.

$$l_Z = v \cdot \sqrt{\frac{i}{3}} \quad \text{in m} \tag{4.104}$$

Die Berechnung der Aufweitung an der Stelle P_n wird je nach Lage mit den Gln. (4.105) oder (4.106) durchgeführt.

Bereich 1: $i_n = \dfrac{2 \cdot i \cdot l_n^2}{l_Z^2}$ in m für $0 \leq l_n \leq \dfrac{l_Z}{2}$ (4.105)

Bereich 2: $i_n = \dfrac{2 \cdot i \cdot (l_Z - l_n)^2}{l_Z^2}$ in m für $\dfrac{l_Z}{2} \leq l_n \leq l_Z$ (4.106)

$a = \dfrac{l_n}{l_z}$	e_n	Δe_n	$a = \dfrac{l_n}{l_z}$	e_n	Δe_n
0,00	0,000		0,50	0,500	
		0,005			0,095
0,05	0,005		0,55	0,595	
		0,015			0,085
0,10	0,020		0,60	0,680	
		0,025			0,075
0,15	0,045		0,65	0,755	
		0,035			0,065
0,20	0,080		0,70	0,820	
		0,045			0,055
0,25	0,125		0,75	0,875	
		0,055			0,045
0,30	0,180		0,80	0,920	
		0,065			0,035
0,35	0,245		0,85	0,955	
		0,075			0,025
0,40	0,320		0,90	0,980	
		0,085			0,015
0,45	0,405		0,95	0,995	
		0,095			0,005
0,50	0,500		1,00	1,000	

$$e_n = \frac{i_n}{i} \tag{4.107}$$

$$a = \frac{l_n}{l_Z} \tag{4.108}$$

Beispiel: Die Verziehung eines Linksabbiegestreifens i beträgt 1,50 m, die Verziehungslänge l_Z = 50,00 m.

Welche Breite hat der Fahrstreifen bei l_n = 33,00 m?

$$a = \frac{l_n}{l_Z} = \frac{33}{50} = 0{,}66$$

Zwischen a = 0,65 und a = 0,70 ist Δe_n = 0,065

$$\Delta a = \frac{0{,}66 - 0{,}65}{0{,}70 - 0{,}65} = 0{,}2$$

$\Delta e_n = 0{,}2 \cdot 0{,}065 = 0{,}013$

$e_n\ \ = 0{,}755 + 0{,}013 = 0{,}768$

$i_{33} = 0{,}768 \cdot 1{,}50 = 1{,}152$ m

Tabelle 4.6 Interpolation der Aufweitungswerte i_n

Um das Abfließen des Oberflächenwassers zu gewährleisten und ein Aquaplaning möglichst zu vermeiden, erhalten die befestigten Fahr- und Seitenstreifen, Rad- und Gehwege eine Querneigung q. Die Mindestquerneigung soll bei Asphalt- oder Betonbefestigung q_{min} = 2,5 % betragen.

4.4 Mathematische Grundlagen der Entwurfselemente

Die Querneigung wird überlagert von der Längsneigung *s*. Daraus ergibt sich dann die *Schrägneigung*

$$p = \sqrt{q^2 + s^2} \text{ in \%} \quad (4.109)$$

In engen Kurven mit kleinen Radien wird die Querneigung in Abhängigkeit von der Geschwindigkeit erhöht, um ein Abdriften des Fahrzeugs zur Fahrbahnaußenseite zu verhindern.

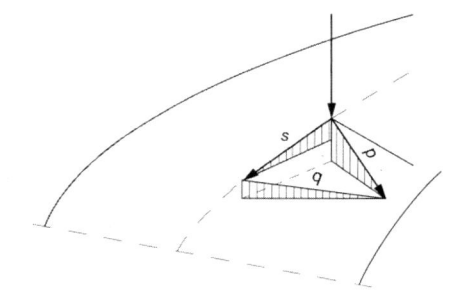

Bild 4.32   Schrägneigung *p* der Fahrbahn

4.5 Rechenwerte bei Verkehrszählungen

Analyse und Prognose des Kraftfahrzeugverkehrs

Um über die künftige Verkehrsbelastung einer geplanten Straße Aussagen treffen zu können, muss mit den Mitteln der Straßenverkehrstechnik der Verkehr im vorhandenen Gebiet analysiert werden. Als Verkehrsgebiet bezeichnet man das Untersuchungsgebiet eines Straßennetzes, in dem Auswirkungen durch den Straßenneubau zu erwarten sind. Hierbei sind alle auftretenden Verkehrsarten zu erfassen, also

Öffentlicher Verkehr: durch öffentliche Verkehrsmittel ausgeführte Beförderung

Individualverkehr: mit Privatfahrzeugen durchgeführte Beförderung, Motorrad-, Moped-, Rad- und Fußgängerverkehr

Die Beförderungsfälle unterteilt man nach *Personenverkehr* und *Güterverkehr*. Nach den Ver-kehrsbedürfnissen unterscheidet man

Durchgangsverkehr: Verkehr, der das Verkehrsgebiet durchquert, ohne dort ein Ziel anzufahren (Fremdverkehr); Ausnahme: Gebrochener Durchgangsverkehr, der die Durchfahrt spontan unterbricht (z.B. Essenspause).

Quellverkehr: Das Verkehrsgebiet wird vom Standort im Untersuchungsgebiet verlassen, um außerhalb desselben Ziele zu erreichen.

Zielverkehr: Das Verkehrsgebiet wird zu einem bestimmten Zweck von einem Standort außer-halb erreicht.

Binnenverkehr: Der Verkehr verlässt das Gebiet nicht.

Das *Verkehrsaufkommen* wird stets auf das Zählintervall bezogen, oft aber auf einen Tag oder auf eine Stunde umgerechnet. Die Fahrzeugmischung erfordert auch eine Aufgliederung in einzelne Fahrzeugarten, da die Belastung durch den Schwerverkehr Einfluss auf die Bemessung der Schichten des Straßenoberbaus und den Verkehrsfluss hat. Für verkehrstechnische Bemessungen wendet man die Pkw-Einheit (PkwE) an, um den Anteil der verschiedenen Fahrzeugarten auf die Verkehrsqualität leichter berücksichtigen und vergleichen zu können.

Lastfahrzeuge weisen bekanntlich eine größere Unbeweglichkeit im Verkehr auf. Sie haben eine geringere Beschleunigungsfähigkeit als Pkw, ihre Geschwindigkeit fällt bei längeren Steigungen stark ab, sie haben einen längeren Bremsweg wegen des höheren Gewichts und benötigen einen höheren Flächenbedarf als Personenkraftwagen. Die Umrechnung erfolgt über festgelegte Faktoren, das Bezugsintervall ist meist die Stunde. Die Umrech-nungsfaktoren entnimmt man Tabelle 4.7.

Verkehrsart		Pkw-Einheiten				
		Radfahrer	Moped	Kraftrad	Pkw	Lkw	Lastzug
Strecke	nicht angebaut	0,25 bis 0,33	0,33	0,50	1,00	2,00	3,50
	angebaut	0,25	0,33	0,50	1,00	1,50	2,00

Tabelle 4.7 Umrechnungsfaktoren für Kfz in PkwE

Aus den ermittelten Daten erstellt der Verkehrsingenieur die *Verkehrsprognose*. Für Neubaustrecken kann man durch Verkehrsumlegung die künftige Belastung ermitteln.

4.6 Verkehrsqualität

Die verkehrstechnische Beurteilung einer Straßenverkehrsanlage erfolgt nicht nur auf die Frage, ob sie für eine bestimmte Verkehrsnachfrage ausreichend ist, sondern auch welche Qualität der Verkehrsablauf bei Belastungen unterhalb der Kapazität aufweist.

Verkehrsstärke q. Die Stärke des Verkehrsstromes ist die Anzahl der Verkehrselemente (Kfz, Pkw, Rad, Fußgänger) je Zeiteinheit an einem betrachteten Querschnitt. Man errechnet sie aus

$$q = \frac{M}{\Delta t} \quad \text{in Verkehrselemente/ Zeiteinheit} \tag{4.110}$$

Verkehrsdichte k. Die Dichte eines Verkehrsstromes ist die Anzahl der Verkehrselemente je Wegeinheit zu einem betrachteten Zeitpunkt. Man berechnet sie mit

$$k = \frac{q}{v_R} \quad \text{in Verkehrselemente/ Zeiteinheit} \tag{4.111}$$

Bemessungsverkehrsstärke q_B. Die für die Bemessung von Straßenverkehrsanlagen maßgebende Verkehrsnachfrage nennt man Bemessungsverkehrsstärke. Dazu müssen die Stärke des motorisierten Individualverkehrs und der Anteil des Schwerverkehrs (SV) ermittelt werden. Aus wirtschaftlichen Gründen legt man nicht den Wert der Spitzenbelastung zugrunde. Gebräuchlich ist die Annahme, dass die Überschreitung an 30 Stunden im Jahr (n = 30) auftritt. Die Bemessungsverkehrsstärke q_B, die durchschnittliche tägliche Verkehrsstärke *DTV* im Querschnitt, der Lkw-Anteil und die maßgebliche stündliche Verkehrsstärke *MSV* erhält man für die 30. Stunde durch Verkehrszählungen oder aus den Angaben der Dauerzählstellen der Bundesanstalt für Straßenwesen (BASt). Die Verkehrsstärke q_B in der 30. Stunde des *DTV* kann näherungsweise der Tabelle 4.8 entnommen werden.

Straßenart	6-streifige Autobahn	4-streifige Autobahn	2-streifige Außerortsstraßen
q_B	0,09 bis 0,11 · *DTV*	0,10 bis 0,12 · *DTV*	0,10 bis 0,13 · *DTV*

Tabelle 4.8 Anteil der Verkehrsstärken q_B am *DTV*

Bei vorhandenen Verkehrsanlagen wendet man die *Trendprognose* an, um die zukünftige Verkehrsstärke abzuschätzen. Dafür legt man Bild 4.33 zugrunde. Sie ist aber nur anwendbar, wenn für die zurückliegenden Jahre eine Übereinstimmung mit dem Wachstum des *DTV* nachgewiesen werden kann. Dies überprüft man mit

$$f_j^* = f_{j-1} \cdot \frac{DTV}{DTV_{j-1}} \tag{4.112}$$

Es ist f_j^* Zunahmefaktor für das Jahr j $\quad DTV_j$ durchschnittliche Verkehrsstärke im Jahr j in Kfz/ 24h

f_{j-1} Zunahmefaktor für das Jahr j-1 $\quad DTV_{j-1}$ *DTV* für das Zähljahr, das *n* Jahre vor dem Jahr j liegt

n Anzahl der Jahre vor dem Jahr *j*; (allgemein *n* = 5, auch *n* = 6 bis 10)

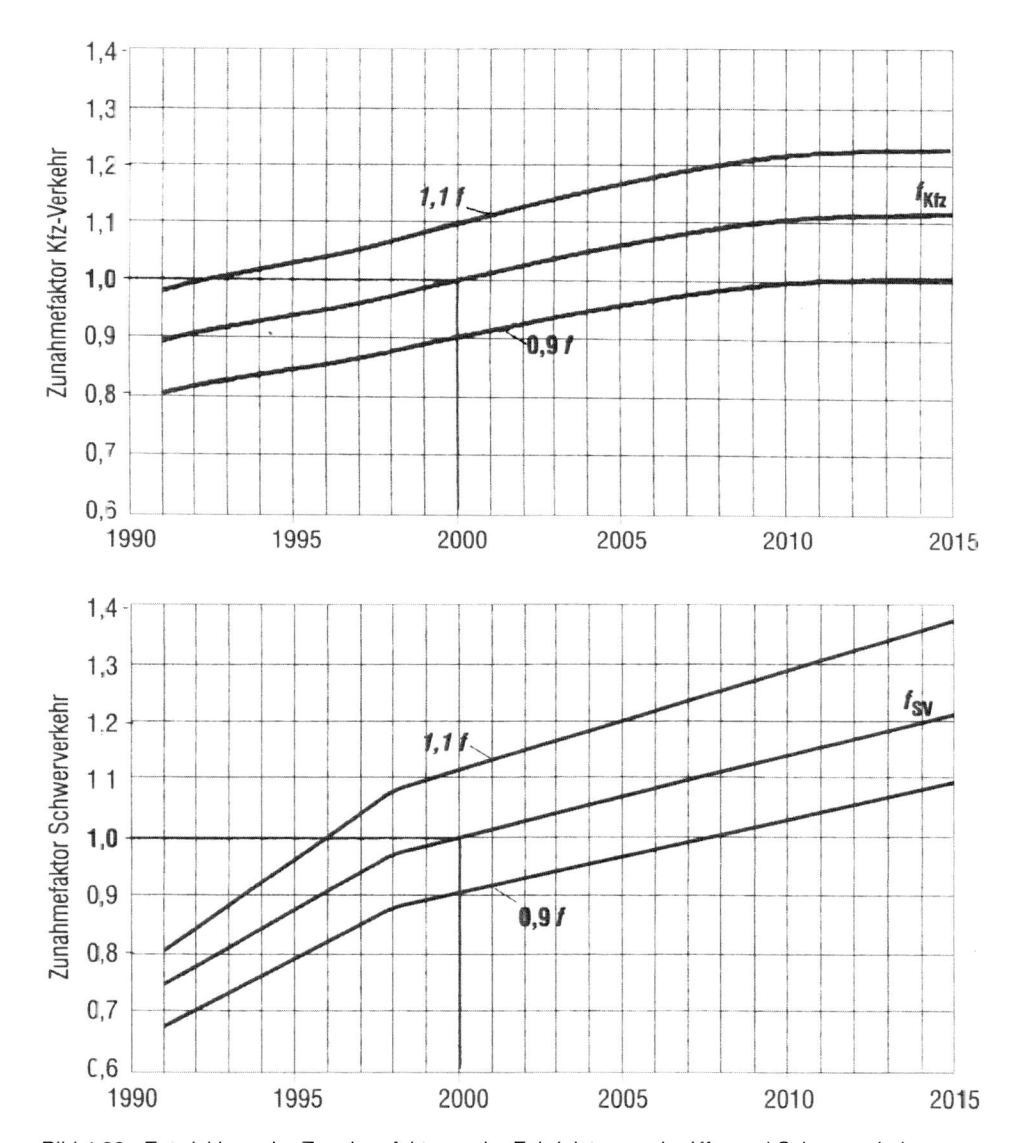

4.4 Mathematische Grundlagen der Entwurfselemente

Bild 4.33 Entwicklung der Zunahmefaktoren der Fahrleistungen im Kfz- und Schwerverkehr

Das Verfahren ist zulässig, wenn die Grenzen
$$(0{,}9 \cdot f_j) < f_j^* < (1{,}1 \cdot f_j) \tag{4.113}$$
eingehalten werden.

Daraus gewinnt man den Prognosewert für die künftige Verkehrsbelastung im Jahre x.

$$DTV_x = DTV_j \cdot \frac{f_x}{f_j} \quad \text{in Kfz/24h} \tag{4.114}$$

Es ist DTV_x durchschnittliche tägliche Verkehrsstärke f_x Zunahmefaktor für das Prognosejahr x
            Im Prognosejahr x in Kfz/24 h   im Jahr j (neueste Zählung) i
      DTV_j durchschnittliche tägliche Verkehrsstärke f_j Zunahmefaktor für das Jahr j

Die Kapazität C ist die maximale Verkehrsstärke, die ein Verkehrstrom bei gegebenen Wege- und Verkehrsbedingungen an einem betrachteten Querschnitt erreichen kann.

Qualität des Verkehrsablaufs. Die Qualität des Verkehrsablaufs (*QSV*) wird in sechs Stufen (A bis F) eingeteilt, wobei A die beste Qualität bezeichnet. Die Einteilung entnimmt man der Tabelle 4.9.

	Typ	Hauptsächliche Kriterien
A	Allgemein	Der Verkehrsteilnehmer wird von anderen sehr selten beeinflusst, besitzt gewünschte Bewegungsfreiheit. Der Verkehrsfluss ist frei.
	Richtungsfahrbahnen	Auslastungsgrad sehr gering. Wahl der Geschwindigkeit und des Fahrstreifens ist frei, wenn die Streckencharakteristik es zulässt.
	Einbahniger Querschnitt	Gewünschte Reisegeschwindigkeit erfordert wenige Überholungen. Sie ist frei wählbar, wenn die Streckencharakteristik es zulässt.
B	Allgemein	Der Verkehrsteilnehmer wird von anderen nur gering beeinträchtigt. Der Verkehrsfluss ist nahezu frei.
	Richtungsfahrbahnen	Geringer Auslastungsgrad. Wunschgeschwindigkeit ist nahezu möglich.
	Einbahniger Querschnitt	Wunschgeschwindigkeit über längere Abschnitte ist nicht zu erreichen. Freizügigkeit des Verkehrsflusses ist eingeschränkt.
C	Allgemein	Die individuelle Bewegungsfreiheit hängt vom Verhalten der anderen Verkehrsteilnehmer ab und ist spürbar eingeschränkt. Der Verkehrszustand ist stabil.
	Richtungsfahrbahnen	Individuelle Bewegungsfreiheit ist eingeschränkt. Mittlerer Auslastungsgrad. Geschwindigkeit ist nicht mehr frei wählbar.
	Einbahniger Querschnitt	Rückgang der mittleren Geschwindigkeit. Überholen ist nur bedingt möglich.
D	Allgemein	Der Verkehrsablauf ist durch hohe Belastung deutlich beeinträchtigt. Interaktionen finden ständig statt. Der Verkehrszustand ist noch stabil.
	Richtungsfahrbahnen	Auslastungsgrad ist hoch. Geschwindigkeits- und Fahrstreifenwahl sind stark eingeschränkt.
	Einbahniger Querschnitt	Kolonnenverkehr. Hohe Verkehrsdichte. Überholen nur gelegentlich möglich. Häufig gegenseitige Behinderungen.
E	Allgemein	Es treten ständig gegenseitige Behinderungen auf. Der Verkehrsablauf bewegt sich zwischen Stabilität und Instabilität und kann zusammenbrechen. Die Kapazität ist erreicht.
	Richtungsfahrbahnen	Weitgehend Kolonnenverkehr. Staubildung ist möglich. Gefahr des Verkehrszusammenbruchs.
	Einbahniger Querschnitt	Kolonnenbildung auf geringem Geschwindigkeitsniveau. Gefahr des Verkehrszusammenbruchs.
F	Allgemein	Die Verkehrsanlage ist überlastet.
	Richtungsfahrbahnen	Stillstand und Stau wechselt mit Stop-and-go-Verkehr.
	Einbahniger Querschnitt	Stillstand und Stau wechselt mit Stop-and-go-Verkehr.

Tabelle 4.9 Einteilung der Qualitätsstufen des Verkehrsablaufes

4.4 Mathematische Grundlagen der Entwurfselemente

Beim Neu-, Um- oder Ausbau soll mindestens die Qualitätsstufe D zugrunde gelegt werden. Um diese Anforderungen zu erfüllen, sind zulässige Verkehrsstärken q_{zul} festgelegt worden, die unterhalb der Kapazität für die jeweilige Qualitätsstufe liegen.

Beispiel. An einer Zählstelle sind folgende Werte bekannt:
  Im Jahr 1997   DTV = 60.000 Kfz/24h
  Im Jahr 2002   DTV = 65.500 Kfz/24h, MSV = 7100 Kfz/h
  Wie groß sind die Jahresfahrleistung und die Bemessungsverkehrsstärke 2010?

Bild 4.33 entnimmt man für 1997 $f_{1,1997} = 0,96$.

Mit Gl. (4.111) errechnet man den beobachteten Zunahmefaktor f_{2002}.

$$f_{2002} = 0,96 \cdot \frac{65500}{60000} = 1,05$$

Im Bild 4.33 liest man für 2002 den Wert 1,03 ab. Der Zunahmefaktor liegt also im zulässigen Korridor. Die Prognose kann für den Querschnitt angewendet werden.

$$DTV_{2010} = DTV_{2002} \cdot \frac{1,16}{1,05} = 65500 \cdot 1,1 = 72050 \approx 72100 \text{ Kfz/24h}$$

Die Bemessungsverkehrsstärke wird damit

$$q_B = 72050 \cdot \frac{7100}{65500} = 7810 \text{ Kfz/h}$$

Die Qualität des Verkehrsablaufs auf *Autobahnen* außerhalb der Knotenpunkte soll der Netzfunktion angemessen sein. Sie wird weitgehend von der mittleren Reisezeit bestimmt. Neben der Verkehrsdichte k kann die Qualität auch mit dem Auslastungsgrad a beschrieben werden. Er ist

$$a = \frac{q_B}{C} \qquad (4.115)$$

a Auslastungsgrad
q_B Bemessungsverkehrsstärke in Kfz/h
$C = q_{max}$ Kapazität in Kfz/h

Für die Qualitätsstufen gelten Grenzwerte des Auslastungsgrades nach Tabelle 4.10.

QSV	Mittlere Reisezeit der Pkw in Minuten/100 km	Mittlere Reisegeschwindigkeit der Pkw in km/h	Verkehrsdichte k in Kfz/km	Auslastungsgrad a
A	≤ 46	≥ 130	≤ 8	$\leq 0,30$
B	≤ 48	≥ 125	≤ 16	$\leq 0,55$
C	≤ 52	≥ 115	≤ 23	$\leq 0,75$
D	≤ 60	≥ 100	≤ 32	$\leq 0,90$
E	≤ 75	≥ 80	≤ 45	$\leq 1,00$
F	> 75	< 80	> 45	

Tabelle 4.10   Grenzwerte der Qualitätsstufen des Verkehrsablaufs (*QSV*) von Autobahnen bei reinem Pkw – Verkehr auf ebener Strecke

Verkehrsablauf auf Autobahnabschnitten. Der Verkehrsablauf auf einem Autobahnabschnitt wird mit den Größen Verkehrsstärke q und Geschwindigkeit v beschrieben. Diese werden in den q-v-Diagrammen dargestellt. Für kurze Steigungsstrecken benutzt man Bild 4.34, um eine der Länge 4.000 km entsprechende *äquivalente Steigung* $s_{ÄQ,i}$ zu ermitteln. Für die Steigungen $s > 2,0$ % gelten die Bilder 4.35 bis 4.38 nur bei einer Mindest-Streckenlänge $l_{grenz} = 4,000$ km. Der Schwerverkehrsanteil wird in drei Klassen eingeteilt. Man kann ihn bis zu $b_{SV} = 30$ % bedingt extrapolieren. Die zulässigen Verkehrsstärken sind in den Tabellen 4.11 bis 4.13 zusammengestellt. Negative Steigungen werden wie Strecken in der Ebene behandelt.

Für kürzere Steigungsstrecken berechnet man eine äquivalente Steigung $s_{ÄQ}$. Sie entspricht der Steigung einer 4,000 km langen Strecke der Länge l, auf der gleiche Geschwindigkeitsverhältnisse herrschen wie auf einer Strecke $l_i <$ 4,000 km bei einer Steigung s_i. Die Ermittlung erfolgt graphisch mit Hilfe von Bild 4.34. Der vorangehende Streckenabschnitt wird mit der äquivalenten Steigung $s_{ÄQ,i-1} = s^*_{ÄQ,i} = s_{i-1}$ und der äquivalenten Länge $l_{ÄQ,i-1} = l_{i-1}$ berücksichtigt.

Arbeitsgang zur Ermittlung von $s_{ÄQ,i}$.

1. Man ermittelt die Zusatzlänge Zl_i, um den Einfluss der kurzen Teilstrecke l_i zu berücksichtigen. Ist die Steigung des ersten Abschnitts $s <$ 2,0 %, setzt man die Zusatzlänge $Zl_i = 0$. Ist das nicht der Fall, bildet man in Bild 4.34 den Schnittpunkt der äquivalenten Steigung $s_{ÄQ,i-1}$ und der Länge $l_{ÄQ,i-1}$. Danach bringt man die horizontale Linie von diesem Punkt aus mit der Kurve der Steigung s_i zum Schnitt und liest an der Abszisse die Zusatzlänge Zl_i ab.

2. Danach berechnet man die äquivalente Länge aus

$$l_{ÄQ,i} = l_i + Zl_i \qquad (4.116)$$

Ist die Summe > 4,000 km, setzt man die resultierende äquivalente Längsneigung $s^*_{ÄQ,i} = s_i$. Ist dies nicht der Fall, geht man zu Ziffer 3.

3. Man bestimmt den Schnittpunkt zwischen der Kurve von s_i und der äquivalenten Länge $l_{ÄQ,i}$

4. Danach liest man an der horizontalen Linie $s^*_{ÄQ,i}$ ab.

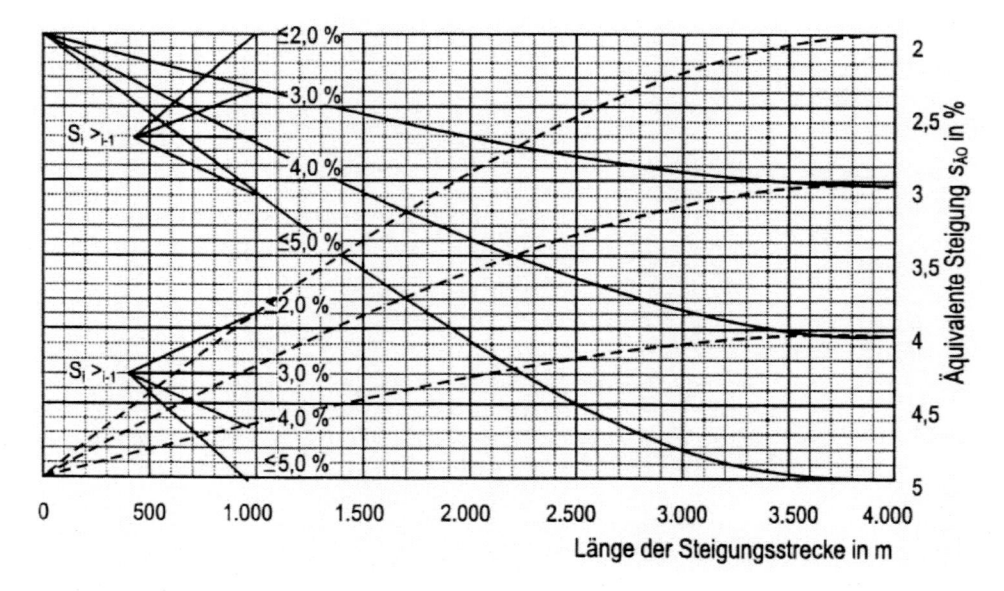

Bild 4.34 Diagramm zur Ermittlung der äquivalenten Steigung $s_{ÄQ,i}$ zur Berücksichtigung kurzer Steigungsstrecken

4.4 Mathematische Grundlagen der Entwurfselemente

Es gilt

$$s^*_{\bar{A}Q,i} = \min\left(\left(\frac{s_{\bar{A}Q,i} \cdot l_{\bar{A}Q,i} - s_{\bar{A}Q,i-1} \cdot Zl_i}{l_i}\right); s_i\right) \text{ für } s_i > s_{\bar{A}Q,i-1} \qquad (4.117a)$$

$$s^*_{\bar{A}Q,i} = \max\left(\left(\frac{s_{\bar{A}Q,i} \cdot l_{\bar{A}Q,i} - s_{\bar{A}Q,i-1} \cdot Zl_i}{l_i}\right); s_i\right) \text{ für } s_i < s_{\bar{A}Q,i-1} \qquad (4.117b)$$

Ist $s^*_{\bar{A}Q,i} <$ 2,0 %, müssen die Ziffern 1 bis 4 wiederholt werden, bis $s^*_{\bar{A}Q,i} \leq$ 2,0 % ist. Die mittlere Pkw-Reisegeschwindigkeit kann nun aus den Bildern 4.35 bis 4.38 abgelesen werden. Zwischenwerte werden interpoliert.

In den Tabellen 4.11 bis 4.13 sind die maximalen Verkehrsstärken in Abhängigkeit von der Längsneigung und dem Schwerverkehrsanteil zusammengestellt. Um die Qualität des Verkehrsablaufes zu sichern, sollen aber bestimmte zulässige Verkehrsstärken nicht überschritten werden. Entsprechend dem Auslastungsgrad nach Tabelle 4.10 können mit den Tabellen die Verkehrsstärken errechnet werden. Für Steigungen von $s \leq$ 2,0 % ohne Geschwindigkeitsbeschränkungen verwendet man die Tabelle 4.14 und 4.15.

Reisegeschwindigkeit. Die mittlere Reisegeschwindigkeit v_R wird berechnet mit Gl. (4.118).

$$v_R = \frac{l}{\sum_{i=1}^{m} \frac{l_i}{v_{R,i}}} \text{ in km/h} \qquad (4.118)$$

v_R mittlere Reisegeschwindigkeit der Pkw auf dem Autobahnabschnitt in km/h
$v_{R,i}$ mittlere Reisegeschwindigkeit der Pkw auf dem Teilabschnitt i in km/h
l Länge des Autobahnabschnittes in km l_i Länge des Teilabschnitts i in km

Jeder Teilabschnitt wird mit einer Qualitätsstufe des Verkehrsablaufs bewertet. Für alle Teilabschnitte eines Autobahnabschnitts wird die Gesamtbewertung mit Gl. (4.119) ermittelt. Hat ein Teilabschnitt die Qualitätsstufe F ergeben, wird der gesamte Abschnitt in diese Stufe eingeordnet. In Tabelle 4.17 liest man die Qualitätsstufe des Autobahnabschnittes ab.

$$B_{Ges} = \frac{l}{\sum_{i=1}^{m} \frac{l_i}{B_i}} \qquad (4.119)$$

B_{Ges} Bewertung der Qualitätsstufe eines Autobahnabschnittes
B_i Bewertung der Qualitätsstufe des Teilabschnitts i l Länge des Autobahnabschnittes in km
m Anzahl der Teilabschnitte l_i Länge des Teilabschnitts i in km

Die Berechnungswerte erfasst man zweckmäßig in einem Berechnungsformular.

Längsneigung s in %	maximale Verkehrsstärke q_{max} in Kfz/h					
	außerhalb von Ballungsräumen			innerhalb von Ballungsräumen		
	SV-Anteil in %			SV-Anteil in %		
	0	10	20	0	10	20
≤ 2	5400	5100	4800	5700	5400	5100
3	5000	4750	4450	5300	5000	4700
4	4450	4200	3950	4700	4450	4200
5	4000	3750	3550	4250	4000	3750

Tabelle 4.11 Maximale Verkehrsstärken q_{max} auf dreistreifigen Richtungsfahrbahnen ohne Geschwindigkeitsbeschränkung

Längsneigung s in %	maximale Verkehrsstärke q_{max} in Kfz/h					
	außerhalb von Ballungsräumen			innerhalb von Ballungsräumen		
	SV-Anteil in %			SV-Anteil in %		
	0	10	20	0	10	20
≤ 2	3600	3500	3400	4000	3800	3600
3	3350	3250	3150	3750	3550	3350
4	2950	2850	2800	3350	3150	2950
5	2650	2600	2500	3050	2850	2650

Tabelle 4.12 Maximale Verkehrsstärken q_{max} auf zweistreifigen Richtungsfahrbahnen ohne Geschwindigkeitsbeschränkung

Anzahl der Fahrstreifen	Geschwindigkeitsbeschränkung in km/h	maximale Verkehrsstärke q_{max} in Kfz/h		
		SV-Anteil in %		
		0	10	20
3	120	5700	5400	5100
	100/ 80/ Tunnel	5800	5500	5200
2	120	4000	3800	3600
	100/ 80/ Tunnel	4100	3900	3700
2	Arbeitsstelle mit Verkehrsführung 4+0 / 3+1	-	3300	-

Tabelle 4.13 Maximale Verkehrsstärken q_{max} auf Richtungsfahrbahnen mit Geschwindigkeitsbeschränkung für Steigungen s zwischen 0,0 % und 2,0 %

QSV	zulässige Verkehrsstärke q in Kfz/h					
	außerhalb von Ballungsräumen			innerhalb von Ballungsräumen		
	SV – Anteil in %			SV – Anteil in %		
	0,0	10,0	20,0	0,0	10,0	20,0
A	≤ 1620	≤ 1530	≤ 1440	≤ 1710	≤ 1620	≤ 1530
B	≤ 2970	≤ 2805	≤ 2640	≤ 3135	≤ 2970	≤ 2805
C	≤ 4050	≤ 3825	≤ 3600	≤ 4275	≤ 4050	≤ 3825
D	≤ 4860	≤ 4590	≤ 4320	≤ 5130	≤ 4860	≤ 4590
E	≤ 5400	≤ 5100	≤ 4800	≤ 5700	≤ 5400	≤ 5100
F	-	-	-	-	-	-

Tabelle 4.14 Zulässige Verkehrsstärke q auf dreistreifigen Richtungsfahrbahnen ohne Geschwindigkeitsbeschränkungen

QSV	zulässige Verkehrsstärke q in Kfz/h					
	außerhalb von Ballungsräumen			innerhalb von Ballungsräumen		
	SV – Anteil in %			SV – Anteil in %		
	0,0	10,0	20,0	0,0	10,0	20,0
A	≤ 1080	≤ 1050	≤ 1020	≤ 1200	≤ 1140	≤ 1080
B	≤ 1980	≤ 1925	≤ 1870	≤ 2200	≤ 2090	≤ 1980
C	≤ 2700	≤ 2625	≤ 2550	≤ 3000	≤ 2850	≤ 2700
D	≤ 3240	≤ 3150	≤ 3060	≤ 3600	≤ 3420	≤ 3240
E	≤ 3600	≤ 3500	≤ 4000	≤ 4000	≤ 3800	≤ 3600
F	-	-	-	-	-	-

Tabelle 4.15 Zulässige Verkehrsstärken q auf zweistreifigen Richtungsfahrbahnen ohne Geschwindigkeitsbeschränkungen

4.4 Mathematische Grundlagen der Entwurfselemente

QSV	zulässige Verkehrsstärke q in Kfz/h SV – Anteil 10,0 %				
	dreistreifig bei v_{zul} in km/h		zweistreifig bei v_{zul} in km/h		
	120	100/ 80 und im Tunnel	120	100/ 80 und im Tunnel	Arbeitsstelle (4 + 0/ 3 + 1)
A	≤ 1620	≤ 1650	≤ 1140	≤ 1170	≤ 900
B	≤ 2970	≤ 3025	≤ 2090	≤ 2145	≤ 1815
C	≤ 4050	≤ 4125	≤ 2850	≤ 2925	≤ 2475
D	≤ 4860	≤ 4950	≤ 3420	≤ 3510	≤ 2970
E	≤ 5400	≤ 5500	≤ 3800	≤ 3900	≤ 3300
F	-	-	-	-	-

Tabelle 4.16   Zulässige Verkehrsstärken bei Geschwindigkeitsbeschränkungen

Beispiel zur Überprüfung der Verkehrsqualität eines Autobahnabschnitts

Ein Autobahnabschnitt außerhalb eines Ballungsraumes von 8,500 km Länge der Kategorie AS II mit einem Regelquerschnitt RQ 28 hat vier Teilabschnitte l_i mit den Steigungen s_i:

l_1 = 2,000 km, s_1 = 1,5 %; l_2 = 2,500 km, s_2 = 3,0 %;
l_3 = 1,500 km, s_3 = 4,0 %; l_4 = 2,500 km, s_4 = 1,0 %

Die angestrebte Pkw-Reisegeschwindigkeit beträgt v_R = 100 km/h,
die Bemessungsverkehrsstärke ist q_B = 2250 Kfz/h mit einem Schwerverkehrsanteil b_{SV} = 12,0 %.

Es sind je 2 Fahrstreifen pro Richtungsfahrbahn vorhanden.

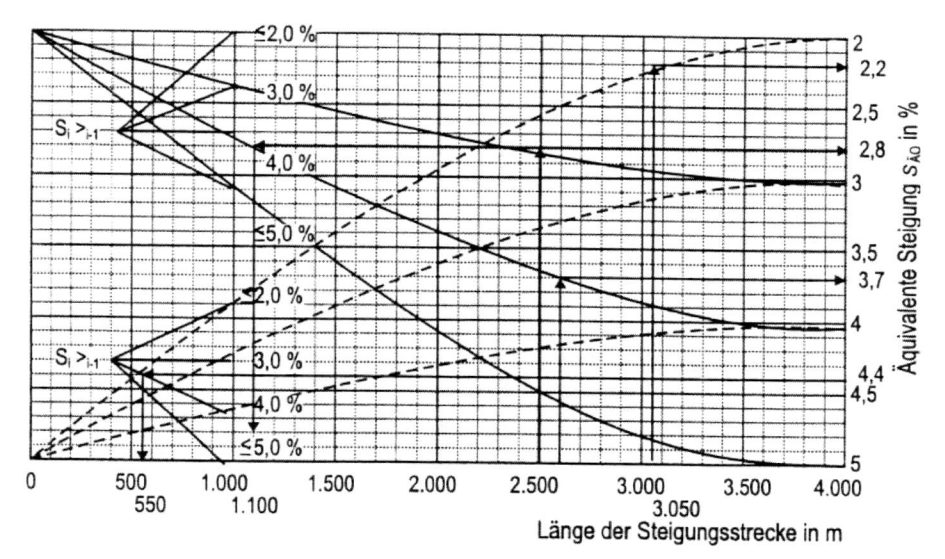

Die Lösung führt man in einem Berechnungsformular durch.

Für Abschnitt 1 ist keine Berechnung von Zl_1 oder $s_{ÄQ,1}$ erforderlich, da s_1 ≤ 2,0 % ist.

Für Abschnitt 2 bildet man den Schnittpunkt zwischen den Werten s_2 und l_2. Danach liest man den Wert

$$s_{ÄQ,2} = s^*_{ÄQ,2} = 2,8 \%$$ an der rechten Ordinate ab.

Für Abschnitt 3 bildet man den Schnittpunkt zwischen $s_{ÄQ,2}$ und s_3. An der Abszisse liest man den Wert für die Zusatzlänge $Zl_3 = 1100$ m ab.

Damit wird die äquivalente Länge
$$l_{ÄQ,3} = Zl_3 + l_3 = 1100 + 1500 = 2600 \text{ m}.$$

Am Schnittpunkt von $l_{ÄQ,3}$ und $s = 4{,}0$ % liest man den Wert $s_{ÄQ,3} = 3{,}7$ % ab. Damit wird
$$s^*_{ÄQ,3} = \min \frac{3{,}7 \cdot 2600 - 2{,}8 \cdot 1100}{1500} = 4{,}4 \text{ \%}.$$

Für Abschnitt 4 bildet man den Schnittpunkt zwischen $s_{ÄQ,3}$ und s_4. An der Abszisse liest man den Wert für die Zusatzlänge $Zl_4 = 550$ m ab. Damit wird die äquivalente Länge
$$l_{ÄQ,4} = Zl_4 + l_4 = 550 + 2500 = 3050 \text{ m}.$$

Am Schnittpunkt von $l_{ÄQ,4}$ und $s \leq 2{,}0$ % liest man den Wert $s_{ÄQ,4} = 2{,}2$ % ab. Damit wird
$$s^*_{ÄQ,4} = \max \frac{2{,}2 \cdot 3050 - 4{,}4 \cdot 550}{2500} = 1{,}7\%$$

Berechnungsformular für die Qualität des Verkehrsablaufs auf Autobahnabschnitten

Autobahnabschnitt von	Bergstadt		nach Heusteig			
		Bemerkungen	\multicolumn{4}{c}{Teilabschnitt i}
			1	2	3	4
Straßenkategorie		nach RIN	\multicolumn{4}{c}{AS II}
angestrebte Reisegeschwindigkeit v_B in km/h		nach RIN	\multicolumn{4}{c}{100}
Bemessungsverkehrsstärke q_B in Kfz/h			\multicolumn{4}{c}{2250}
Schwerverkehrsanteil b_{SV} in %			\multicolumn{4}{c}{12}
Querschnitt		nach RAA	\multicolumn{4}{c}{RQ 29,5}
Fahrstreifenanzahl je Richtung			\multicolumn{4}{c}{2}
Lage (außerhalb/ innerhalb des Ballungsraumes)			\multicolumn{4}{c}{außerhalb}
angestrebte Qualitätsstufe QSV		nach Tabelle 4.10	\multicolumn{4}{c}{D}
Länge des Autobahnabschnitts l_i in m		aus Entwurfsplan	2000	2500	1500	2500
Längsneigung s in %		aus Entwurfsplan	1,5	3,0	4,0	1,0
Geschwindigkeitsbeschränkung v_{beschr} in km/h			–	–	–	–
Zusatzlänge der Strecke i Zl_i in m		Bild 4.34	0	0	1100	550
äquivalente Länge der Teilstrecke i $l_{ÄQ,i}$ in m		Gl. (4.115)	2000	2500	2600	3050
äquivalente Steigung der Teilstrecke i $s_{ÄQ,i}$ in %		Bild 4.34	1,5	2,8	3,7	2,2
resultierende äquivalente Steigung $s^*_{ÄQ,i}$ in %		Gl. (4.116a) oder Gl. (4.116b)	1,5	2,8	4,4	1,7
erreichbare Verkehrsstärke q_{max} in Kfz/h		Tabellen 4.11 bis 4.13	3450	3250	2937	3450
Auslastungsgrad a_i		Gl. (4.114)	0,65	0,69	0,90	0,65
erreichbare Geschwindigkeit $v_{R,i}$ in km/h		Bild 4.35 bis 4.40	118	110	100	118
erreichbare Qualitätsstufe QSV_i		Tabelle 4.10	C	D	D	C
Bewertung der Qualitätsstufe B_i		Tabelle 4.17	3	2	2	3
Pkw-Reisegeschwindigkeit $v_{R,Ges}$ in km/h		Gl. (4.117)	\multicolumn{4}{c}{112}
Bewertung des QSV im Autobahnabschnitt B_{Ges}		Gl. (4.118)	\multicolumn{4}{c}{2,4}
Qualitätsstufe des Verkehrsablaufs QSV		Tabelle 4.17	\multicolumn{4}{c}{D}

(Werte werden interpoliert bzw. kaufmännisch gerundet)

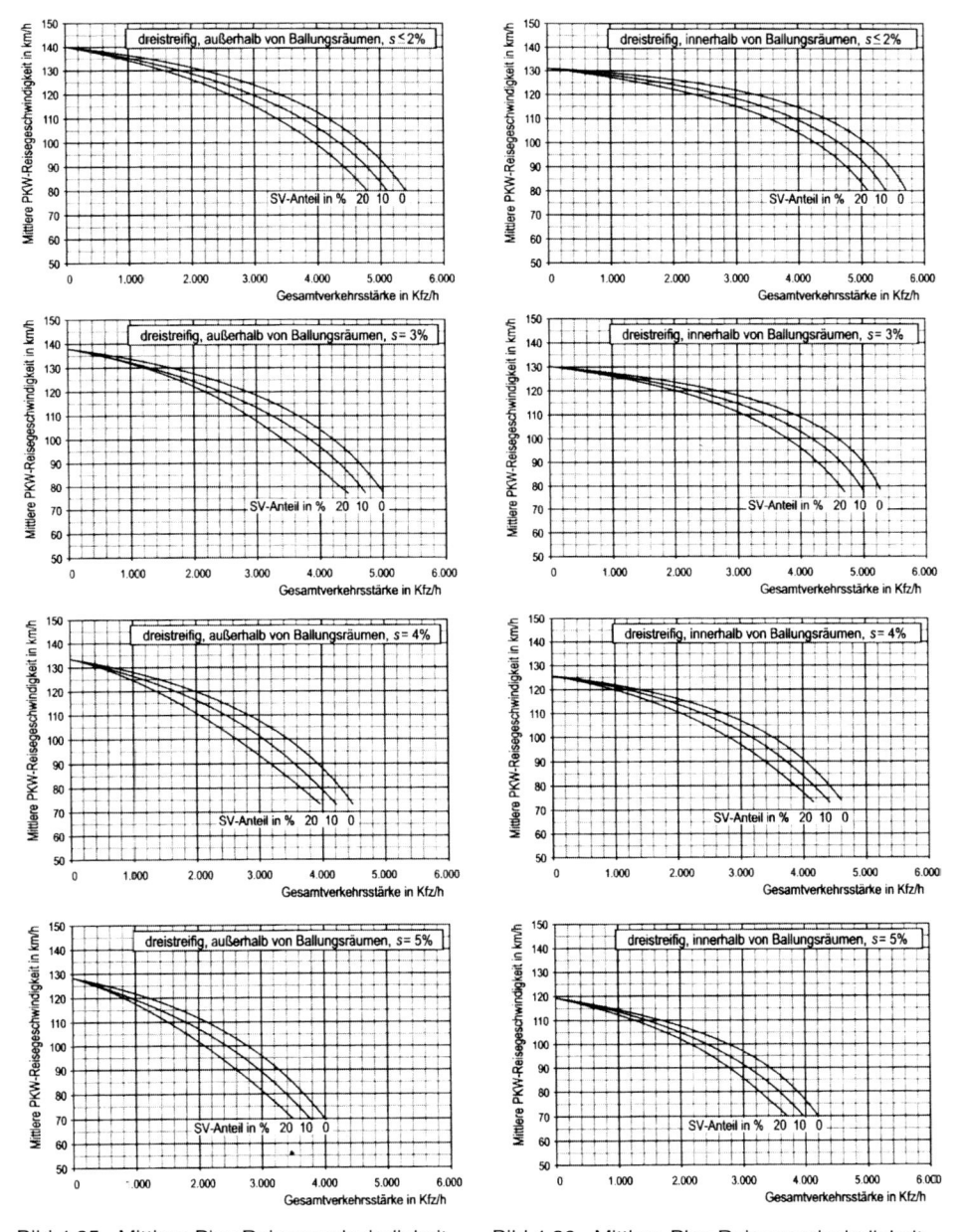

4.4 Mathematische Grundlagen der Entwurfselemente

Bild 4.35 Mittlere Pkw-Reisegeschwindigkeit, abhängig von der Verkehrsstärke, auf dreistreifigen Richtungsfahrbahnen außerhalb von Ballungsräumen, ohne Geschwindigkeitsbeschränkung

Bild 4.36 Mittlere Pkw-Reisegeschwindigkeit, abhängig von der Verkehrsstärke, auf dreistreifigen Richtungsfahrbahnen innerhalb von Ballungsräumen, ohne Geschwindigkeitsbeschränkung

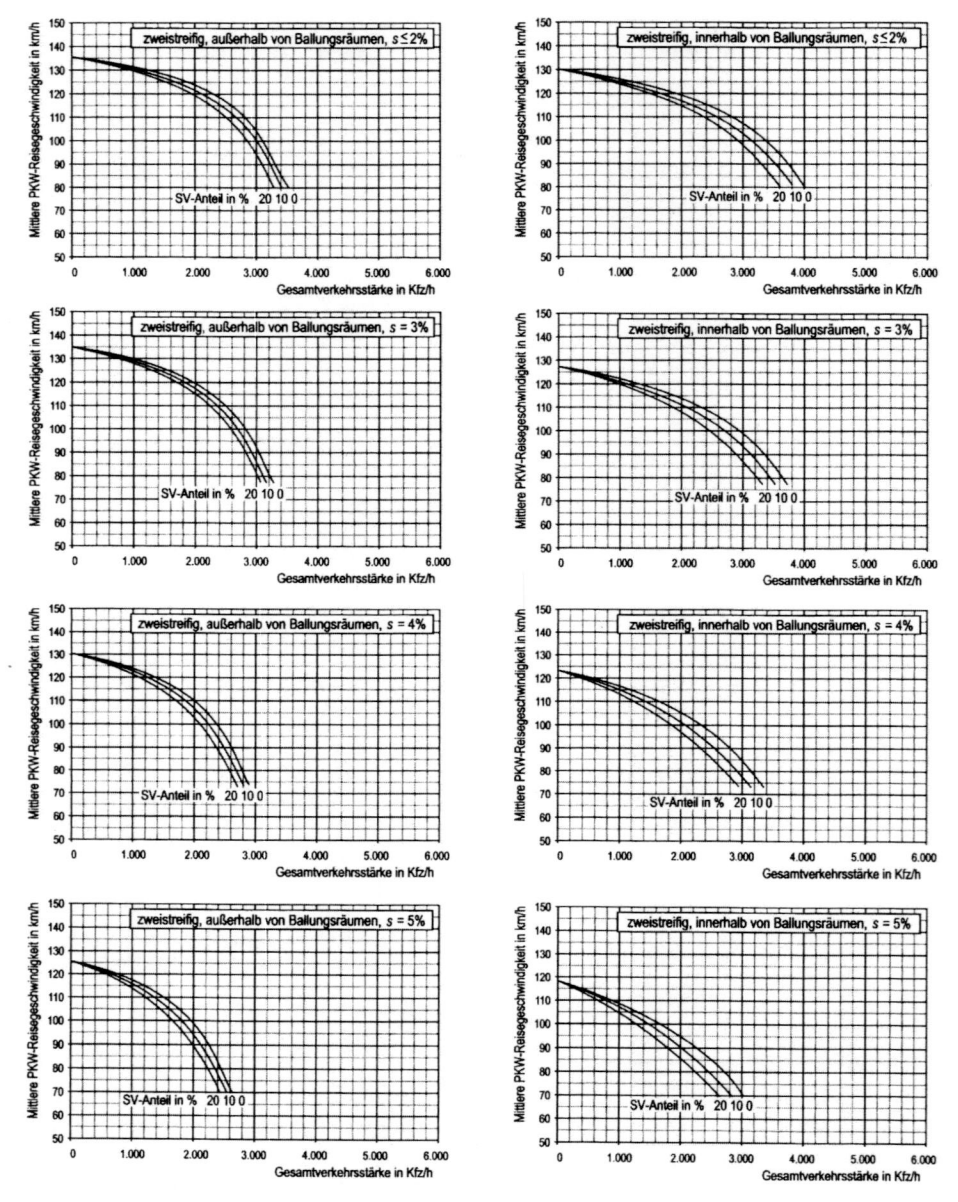

Bild 4.37 Mittlere Pkw-Reisegeschwindigkeit, abhängig von der Verkehrsstärke, auf zweistreifigen Richtungsfahrbahnen außerhalb von Ballungsräumen, ohne Geschwindigkeitsbeschränkung

Bild 4.38 Mittlere Pkw-Reisegeschwindigkeit, abhängig von der Verkehrsstärke, auf zweistreifigen Richtungsfahrbahnen innerhalb von Ballungsräumen, ohne Geschwindigkeitsbeschränkung

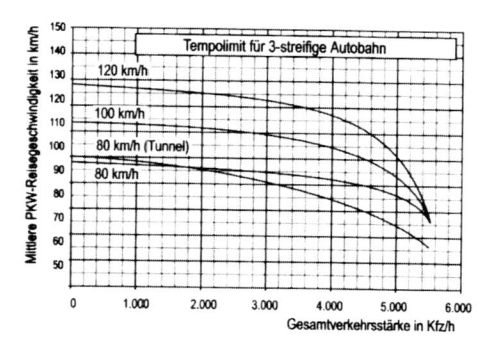

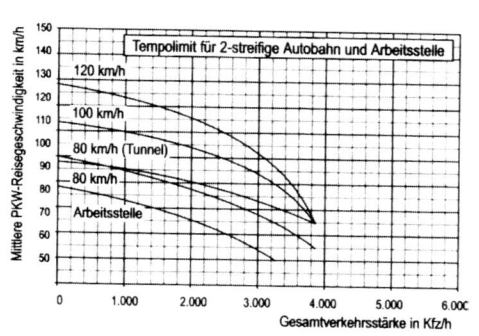

4.4 Mathematische Grundlagen der Entwurfselemente

Bild 4.39 Mittlere Pkw – Reisegeschwindigkeit, abhängig von der Verkehrsstärke, auf Autobahnen außerhalb von Ballungsräumen mit Geschwindigkeitsbeschränkung (Anteil des Schwerverkehrs rd. 10,0 %) oder in Autobahnarbeitsstellen mit Steigungen $s \geq 2,0$ %

Bild 4.40 Mittlere Pkw – Reisegeschwindigkeit, abhängig von der Verkehrsstärke, auf Autobahnen außerhalb von Ballungsräumen mit Geschwindigkeitsbeschränkung (Anteil des Schwerverkehrs rd. 10,0 %), oder in Autobahnarbeitsstellen mit Steigungen $s \leq 2,0$ %

B	5	4	3	2	1	0
QSV	A	B	C	D	E	F

Tabelle 4.17 Bewertung B der Qualitätsstufendes QSV für Teilabschnitte

Verkehrsablauf auf zweistreifigen Landstraßen. Bei Landstraßen wird als Verkehrsstärke q die Summe aller Kraftfahrzeuge in Kfz/ Zeiteinheit in beiden Fahrtrichtungen angesetzt. Außerdem wird der Schwerverkehrsanteil b_{SV} ermittelt.

Für die Festlegung der Qualität des Verkehrsablaufes müssen eine Reihe von Einflussgrößen berücksichtigt werden, da je nach Größe des Schwerverkehrs die Überholmöglichkeiten auf zweistreifigen Straßen eingeschränkt sind und dadurch die Pkw-Reisegeschwindigkeit herabgesetzt wird.

Einflussgrößen sind:
- die Längsneigung,
- die Kurvigkeit und Überholmöglichkeit,
- der Schwerverkehrsanteil,
- der Querschnitt und
- Geschwindigkeitsbeschränkungen, soweit solche angeordnet sind.

Um den Einfluss der Geschwindigkeitsreduktion bergauf zu berücksichtigen, werden die Strecken in Steigungsklassen eingeteilt. Dazu teilt man den Streckenabschnitt in Teilstrecken ein. Die Längen dieser Teilabschnitte entnimmt man dem Höhenplan als Abstände zwischen den Tangentenschnittpunkten. Die Einstufung erfolgt entweder unter Berücksichtigung der

Beharrungsgeschwindigkeit. Darunter versteht man die Geschwindigkeit, mit der ein Bemessungsschwerfahrzeug (BSFz) die Steigung im Dauerzustand überwinden kann. Für die Einstufung ist Bedingung, dass das BSFz auf dem Teilabschnitt mit der Beharrungsgeschwindigkeit fährt.

Wird die Beharrungsgeschwindigkeit nicht erreicht, ermittelt man als Bezugsgröße die *mittlere Geschwindigkeit* des Bemessungs-Schwerfahrzeugs BSFz aus den Geschwindigkeiten am Anfang und Ende der Steigung.

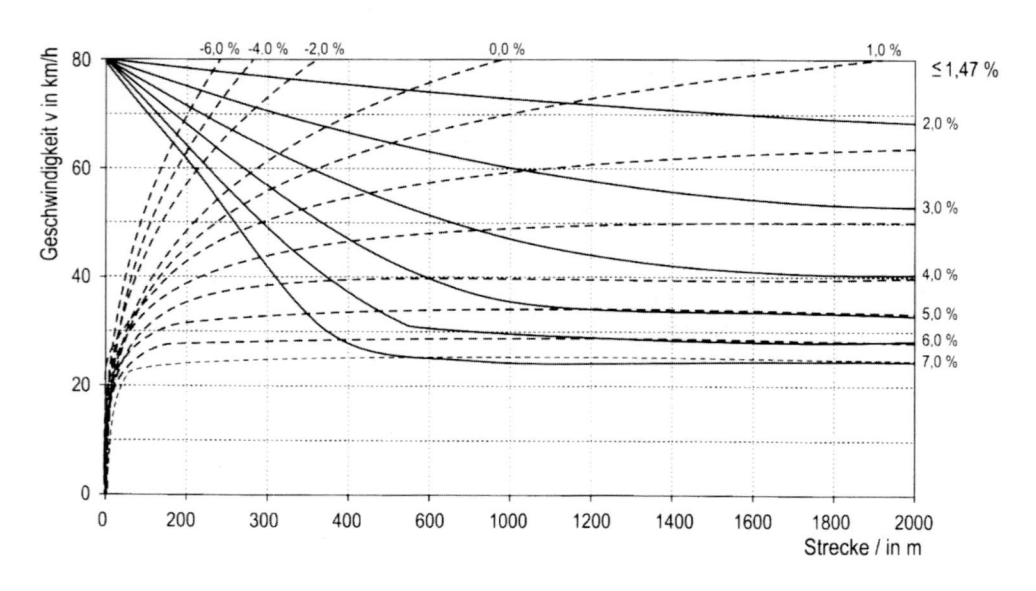

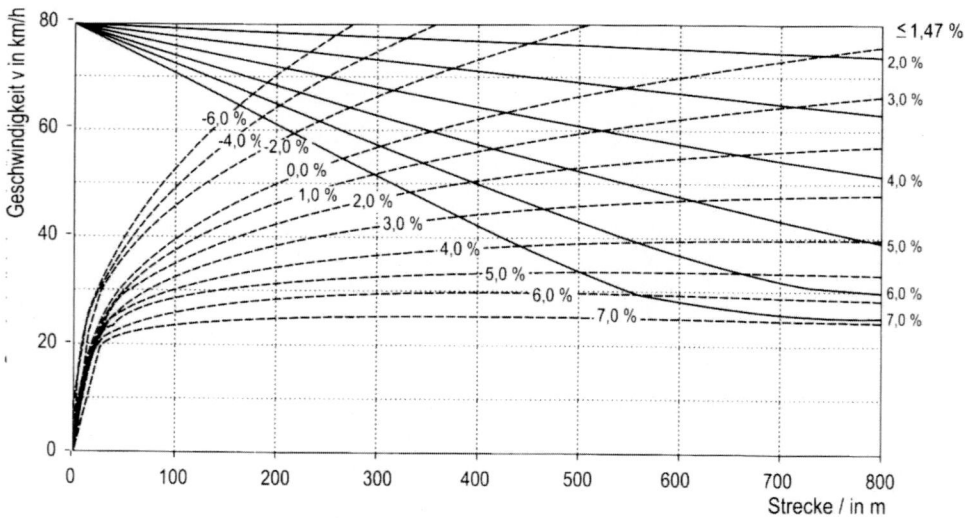

Bild 4.41 Geschwindigkeitsprofile für das Bemessungs – Schwerfahrzeug bei verschiedenen Längsneigungen (Das untere Bild ist eine Vergrößerung der Strecke bis 800,00 m)

——————— Geschwindigkeitsabnahme   Anfangsgeschwindigkeit 80 km/h Steigungen 2,0 % bis 7,0 %

- - - - - - - Geschwindigkeitszunahme   Anfangsgeschwindigkeit 0 km/h Gefälle -6,0 %, -4,0 %, -2,0 %

Um das Geschwindigkeitsprofil des BSFz zu ermitteln, verwendet man Bild 4.41. Als Ausgangspunkt wählt man dafür eine ebene Teilstrecke oder eine Gefällestrecke. In dieser Strecke setzt man die Geschwindigkeit des BSFz mit 80 km/h an.

4.4 Mathematische Grundlagen der Entwurfselemente

Geringste mittlere Geschwindigkeit des Bemessungs-Schwerfahrzeugs in km/h	> 70	> 55 bis 70	> 40 bis 55	30 bis 40	< 30
Steigungsklasse	1	2	3	4	5

Tabelle 4.18 Zuordnung der Steigungsklassen einbahniger Straßen

Die *Kurvigkeit* charakterisiert einen Streckenabschnitt als Summe aller Richtungswinkel-Änderungen pro Streckeneinheit. Sie wird berechnet mit

$$KU = \frac{\sum_{i=1}^{n}|\gamma_i|}{l_i} \text{ in gon/km} \qquad (4.120)$$

Es ist $\gamma_i = \alpha_i + \tau_i$ Änderung des Richtungswinkels in gon/km $\quad l_i$ Länge des Teilabschnitts i in km
$\quad\quad\quad \alpha_i$ Hauptbogenwinkel in gon $\quad\quad\quad\quad\quad\quad\quad\quad\quad \tau_i$ Übergangsbogenwinkel in gon
$\quad\quad\quad n$ Anzahl der Trassierungselemente im betrachteten Teilabschnitt

Wird die Überholmöglichkeit außerdem durch Überholverbote eingeschränkt, wird dies durch einen Zuschlag auf die Kurvigkeit berücksichtigt.

Streckenanteil mit Überholverbot $A_{ÜVB}$ in %	0 bis 30	> 30 bis 100
Zuschlag zur Kurvigkeit in gon/km	5 · $A_{ÜVB}$	150 + ($A_{ÜVB}$ - 30)/0,7

Tabelle 4.19 Zuschlag zur Kurvigkeit bei Überholverboten.

Es ist $A_{ÜVB} = \frac{l_{ÜVB}}{l} \cdot 100$ Streckenanteil mit Überholverbot in %

$\quad\quad\quad l$ Länge des Streckenabschnitts
$\quad\quad\quad l_{ÜVB}$ Länge aller Strecken eines Abschnittes mit Überholverbot, obwohl ausreichende Sichtweite vorhanden ist.

Der *Schwerverkehrsanteil* wirkt sich auf die mittlere Pkw-Reisegeschwindigkeit auf einbahnigen Straßen stark aus.

Der Qualitätsnachweis wird für *Querschnitte* RQ 11 und RQ 9 angewendet.

Geschwindigkeitsbeschränkungen reduzieren die mittlere Pkw-Reisegeschwindigkeit und erhöhen die Verkehrsdichte. Sie werden beim Berechnungsverfahren aber nicht berücksichtigt.

QSV	A	B	C	D	E	F
Verkehrsdichte k in Kfz/km, bezogen auf beide Fahrtrichtungen	≤ 5	≤ 12	≤ 20	≤ 30	≤ 40	> 40

Tabelle 4.20 Grenzwerte der Verkehrsdichte k für verschiedene Qualitätsstufen

Der Nachweis der Qualitätsstufen wird mit den Bildern 4.42 bis 4.46 ermittelt. Hierbei sind die SV-Anteile von 0,0 %, 10,0 % und 20,0 % in den übereinander liegenden Kurven dargestellt. Ungleiche Verkehrsstärken in der jeweiligen Fahrtrichtung werden nicht besonders berücksichtigt.

In einbahnigen Tunneln wird allgemein Geschwindigkeitsbeschränkung angeordnet. Deshalb ist hier der SV-Anteil ohne Einfluss auf die mittlere Pkw-Reisegeschwindigkeit. Im Tunnel muss das Mittel aus den Pkw-Reisegeschwindigkeiten und den Verkehrsstärken in jeder Fahrtrichtung nach Gl. (4.121) gebildet werden.

$$v_{\text{mittel}} = \frac{q_f + q_g}{\dfrac{q_f}{v_f} + \dfrac{q_g}{v_g}} \quad \text{in km/h} \tag{4.121}$$

Die mittlere Pkw-Reisegeschwindigkeit v_R auf einem Landstraßenabschnitt mit der Länge l wird mit Gl. (4.122) aus den n Teilabschnitten mit den Einzelgeschwindigkeiten $v_{R,i}$ gebildet.

$$v_R = \frac{l}{\sum_{i=1}^{n} \dfrac{l_i}{v_{R,i}}} \quad \text{in km/h} \tag{4.122}$$

Es ist
v_R mittlere Pkw-Reisegeschwindigkeit auf dem Streckenabschnitt in km/h
$v_{R,i}$ mittlere Pkw-Reisegeschwindigkeit auf dem Teilabschnitt i in km/h
l Länge des Streckenabschnitts in km
l_i Länge des Teilabschnitts i in km
n Anzahl der Teilabschnitte

Die Qualität des Verkehrsablaufs auf einem Streckenabschnitt, der sich aus mehreren Teilabschnitten zusammensetzt, wird über die mittlere Verkehrsstärke k mit Gl. (4.123) ermittelt. Dann kann man in Tabelle 4.17 die Qualitätsstufe ablesen.

$$k = \frac{\sum_{i=1}^{n} k_i \cdot l_i}{l} \quad \text{in Kfz/km} \tag{4.123}$$

Es ist
k mittlere Verkehrsdichte auf dem Streckenabschnitt in Kfz/km
k_i Verkehrsdichte auf dem Teilabschnitt i in Kfz/km
l Länge des Streckenabschnitts in km
l_i Länge des Teilabschnitts i in km
n Anzahl der Teilabschnitte

Will man die Verkehrsstärke nur für eine Fahrtrichtung ermitteln, kann man sinngemäß verfahren, wenn die Verkehrsstärke je Richtung > 250 Kfz/h ist.. Dazu verdoppelt man die Zahl der Kfz einer Richtung. Für s = 0,0 % bis − 2,0 % verwendet man Bild 4.42, für die Steigungen s > 0,0 % wendet man die Bilder 4.43 bis 4.46.

Die Betrachtung nur einer Fahrtrichtung bildet aber grundsätzlich die Ausnahme.

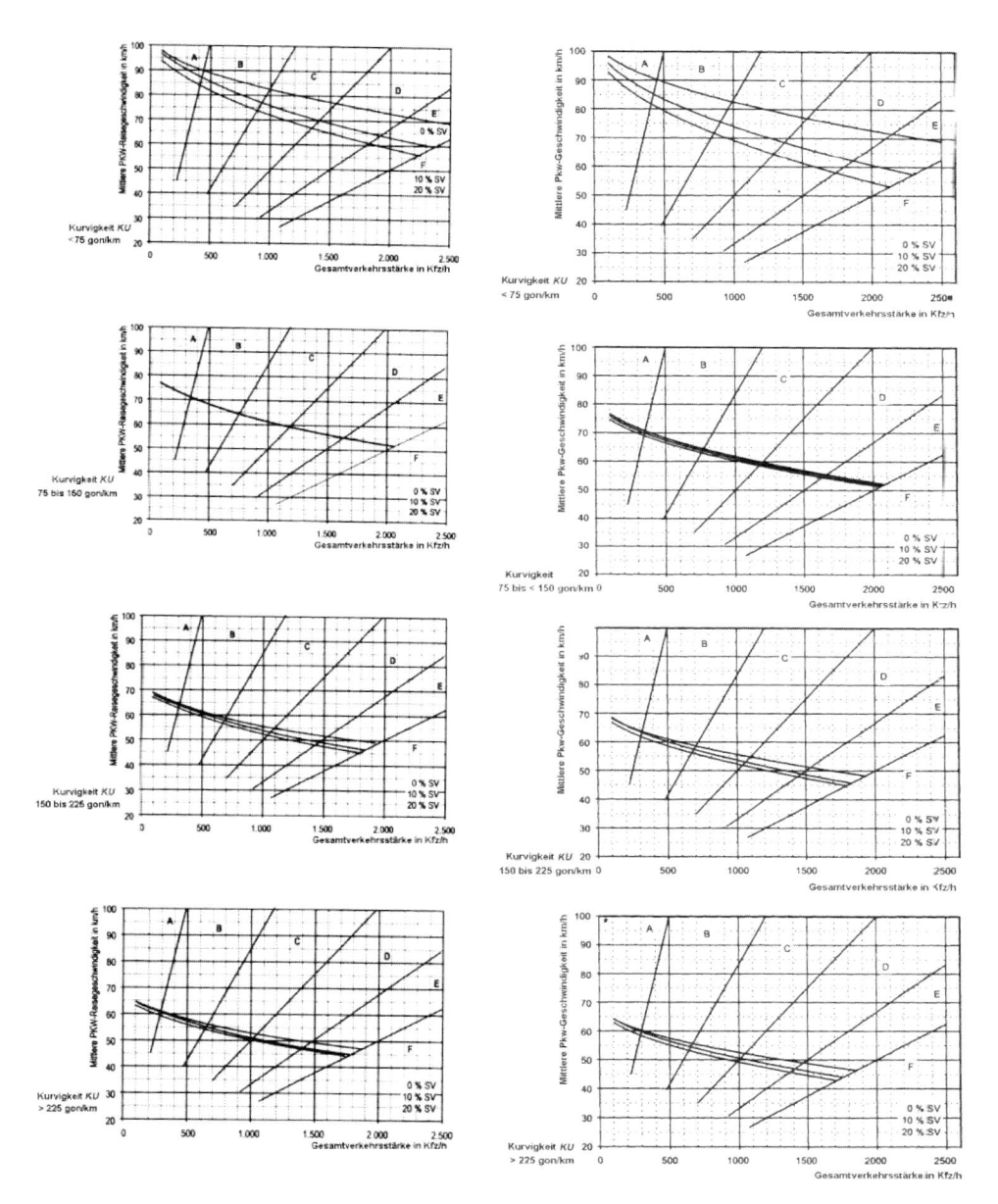

4.4 Mathematische Grundlagen der Entwurfselemente

Bild 4.42 Mittlere Pkw – Reisegeschwindigkeit abhängig von der Verkehrsstärke k, Kurvigkeit KU und *Steigungsklasse 1* für die Qualitätsstufen A bis F

Bild 4.43 Mittlere Pkw – Reisegeschwindigkeit abhängig von der Verkehrsstärke k, Kurvigkeit KU und *Steigungsklasse 2* für die Qualitätsstufen A bis F

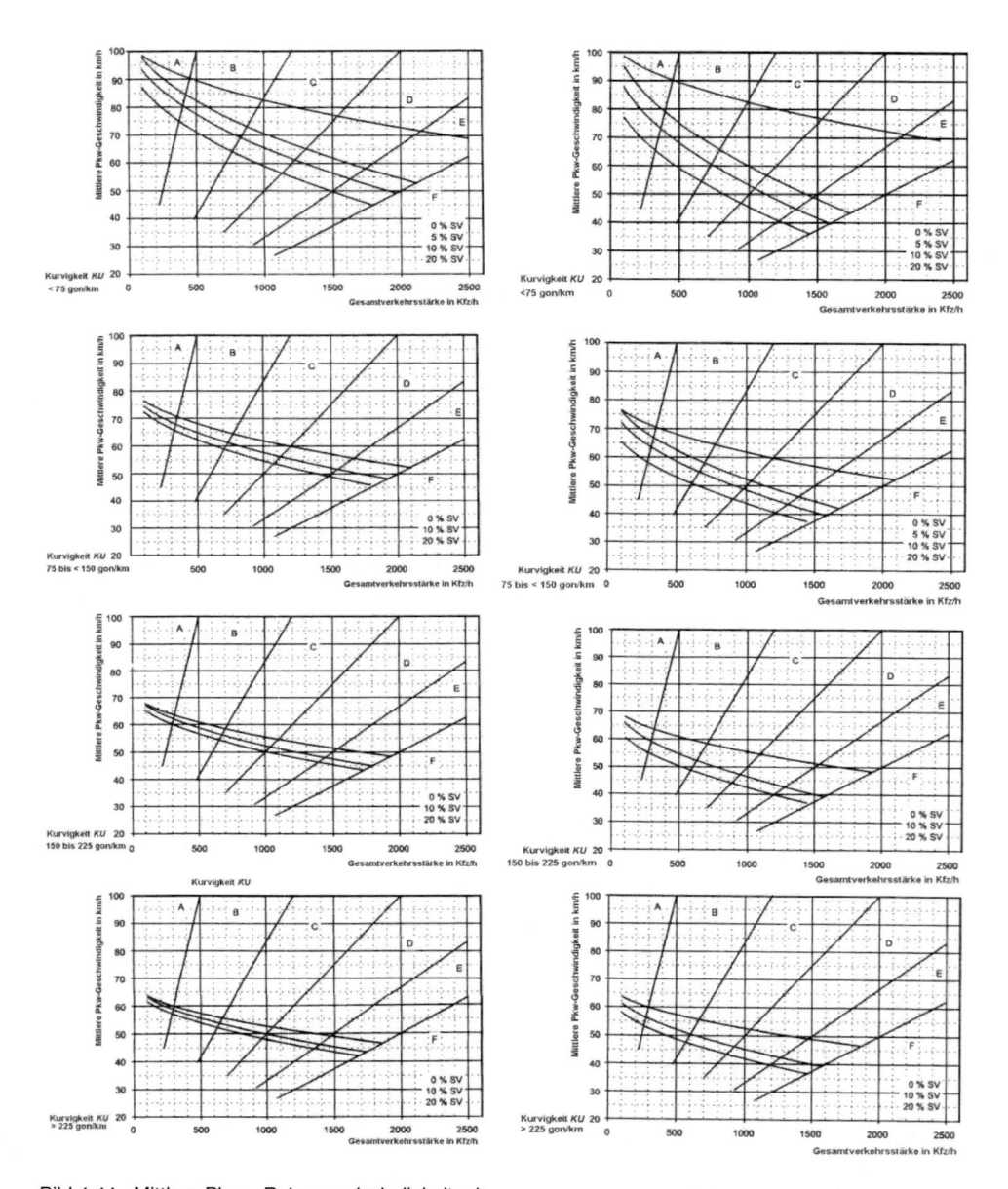

Bild 4.44 Mittlere Pkw – Reisegeschwindigkeit, abhängig von der Verkehrsstärke *k*, Kurvigkeit *KU* und *Steigungsklasse 3f* für die Qualitätsstufen A bis F

Bild 4.45 Mittlere Pkw – Reisegeschwindigkeit, abhängig von der Verkehrsstärke *k*, Kurvigkeit *KU* und *Steigungsklasse 4* für die Qualitätsstufen A bis F

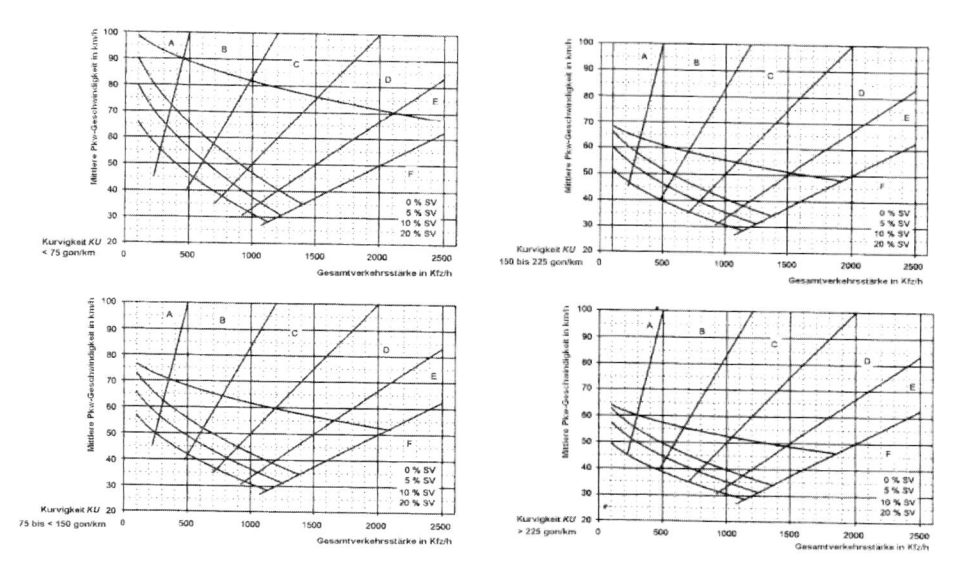

4.4 Mathematische Grundlagen der Entwurfselemente

Bild 4.46 Mittlere Pkw - Reisegeschwindigkeit, abhängig von der Verkehrsstärke k, Kurvigkeit KU und Steigungsklasse 5 für die Qualitätsstufen A bis F

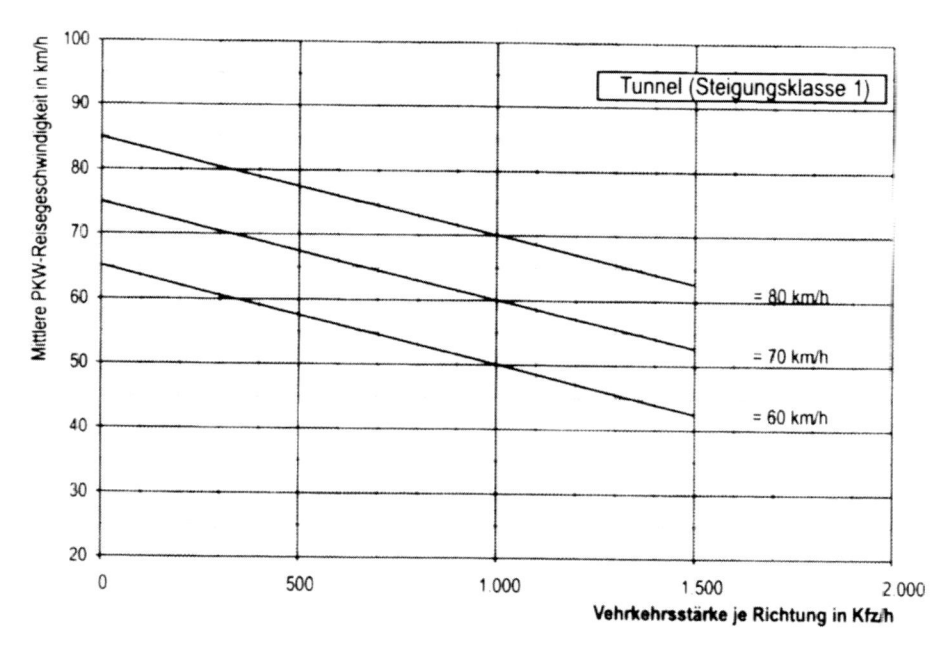

Bild 4.47 Mittlere Pkw – Reisegeschwindigkeit, abhängig von der Verkehrsstärke im Tunnel

Um den schnellen und langsamen Verkehr an Steigungsstrecken zu entflechten, kann der Fahrbahnquerschnitt einbahniger Straßen erweitert werden. Die *Einsatzgrenzen* für Zusatzfahrstreifen sind abhängig von
- der Verkehrsstärke,
- der Verkehrszusammensetzung,
- dem Regelquerschnitt,
- der Gradientenführung,
- der gewünschten Bemessungsgeschwindigkeit v_B,
- der Überholmöglichkeit bei einbahnigen Straßen.

Um die Notwendigkeit der Anlage eines Zusatzfahrstreifens zu überprüfen, ermittelt man die vorhandene Streckengeschwindigkeit des Bemessungs-Schwerfahrzeugs (BSFz) nach Bild 4.42. Dazu betrachtet man einen Querschnitt, in dem die Geschwindigkeit des BSFz bekannt ist (z.B. Knotenpunkt mit Stopschild, Geschwindigkeitsbeschränkung < 80 km/h, Steigung mit Beharrungsgeschwindigkeit).

Bei Streckenabschnitten, in denen das BSFZ nicht langsamer als 70 km/h oder nicht weniger als 10 km/h unter der gewünschten Bemessungsgeschwindigkeit v_B fährt, legt man in der Regel keine Zusatzfahrstreifen an. Liegt die vorhandene Streckengeschwindigkeit des BSFz unter 30 km/h bei zweibahnigen (20 km/h bei einbahnigen) Straßen, ist wegen der Verkehrssicherheit immer ein Zusatzfahrstreifen vorzusehen.

Im Bereich zwischen diesen Grenzwerten wird geprüft, ob die Streckengeschwindigkeit des BSFZ die zulässige niedrigste Streckengeschwindigkeit v_{ZNS} unterschreitet. Diese errechnet man mit

$$v_{ZNS} = a + b \cdot q_B \quad \text{in km/h} \tag{4.113}$$

v_{ZNS} niedrigste zulässige Streckengeschwindigkeit des Bemessungs-Schwerfahrzeug in km/h
a Konstante nach Tabelle 4.21 zur Berücksichtigung der Abhängigkeit der Bemessungsgeschwindigkeit v_B vom Lkw-Anteil an der Bemessungsverkehrsstärke q_B
b Koeffizient nach Tabelle 4.21 zur Berücksichtigung der Abhängigkeit der Bemessungsverkehrsstärke q_B von der Bemessungsgeschwindigkeit v_B
q_B Bemessungsverkehrsstärke in Kfz/h

Unterschreitet die vorhandene Streckengeschwindigkeit des BSFz die niedrigste zulässige Streckengeschwindigkeit nach Gl. (4.109), soll ein Zusatzfahrstreifen gebaut werden.

In *Gefällstrecken* sieht man bei zweibahnigen Straßen Zusatzfahrstreifen dann vor, wenn bei starker Verkehrsbelastung eine Längsneigung $s \geq 5{,}0\ \%$ vorhanden ist. Bei längeren Gefällstrecken mit $s \geq 4{,}0\ \%$ können sie erforderlich werden, wenn wegen der Verkehrssicherheit Geschwindigkeitsbeschränkungen für Lkw angeordnet werden. Bei einbahnigen Strecken ist die Anordnung von Zusatzfahrstreifen in Talrichtung zu überprüfen, wenn $s \geq 5{,}0\ \%$ und der Höhenunterschied $h > 75{,}00$ m ist.

Beispiel zur Überprüfung der Qualität des Verkehrsablaufes auf einem einbahnigen Streckenabschnitt

Eine zweistreifige Bundesstraße mit dem Regelquerschnitt RQ 11 der Kategorie L II hat zwischen Hallstetten und Fischbach einen 8,000 km langen Streckenabschnitt, der sich in vier Teilabschnitte unterteilen lässt. Die maßgebenden Werte sind:

$l_1 = 3000$ m, $s_1 = \ \ 1{,}5\ \%$, $KU_1 = 75$ gon/km, $A_{\text{ÜVB},1} = 10{,}0\ \%$;
$l_2 = 1500$ m, $s_2 = \ \ 2{,}5\ \%$, $KU_2 = 35$ gon/km, $A_{\text{ÜVB},2} = 15{,}0\ \%$;
$l_3 = 2000$ m, $s_3 = \ \ 3{,}0\ \%$, $KU_3 = 60$ gon/km, $A_{\text{ÜVB},3} = 35{,}0\ \%$;
$l_4 = 1500$ m, $s_4 = -1{,}0\ \%$, $KU_4 = \ \ 0$ gon/km, $A_{\text{ÜVB},4} = \ \ 0{,}0\ \%$.

Die Bemessungsverkehrsstärke q_B beträgt 1200 Kfz/h mit einem Schwerverkehrsanteil b_{SV} von 10 %. Es wird eine Pkw-Reisegeschwindigkeit $v_B = 60$ km/h angestrebt.
Kann für die Verbindung die Qualitätsstufe C erreicht werden?

4.4 Mathematische Grundlagen der Entwurfselemente

Die Berechnung der Qualitätsstufe einer Straße erfolgt zweckmäßig in einem Formular.

Berechnungsformular für die
Qualität des Verkehrsablaufs auf zweistreifigen Straßenabschnitten

Straßenabschnitt zwischen	Hallstetten	und	Fischbach		
		Bemerkungen	Teilabschnitt i		
Straßenkategorie		nach RIN	1	2	3	4
angestrebte Reisegeschwindigkeit v_B in km/h			60			
Bemessungsverkehrsstärke q_B in Kfz/h			1200			
Schwerverkehrsanteil b_{SV} in %			10			
Querschnitt		nach RAL	10,5			
angestrebte Qualitätsstufe QSV_i			C			
Länge des Teilabschnitts l_i in m		nach Entwurfslageplan	3000	1500	2000	1500
Längsneigung s_i in %		nach Entwurfshöhenplan	1,5	2,5	3,0	-1,0
geringste mittl. Geschwindigkeit des Bemessungsschwerfahrzeugs v_{BSFz} in km/h		Bild 4.41	80	63	53	80
Steigungsklasse		Tabelle 4.18	1	2	3	1
Kurvigkeit KU in gon/km		Gl. (4.109)	75	35	60	0
Streckenanteil mit Überholverbot $A_{ÜVB}$ in %			10	15	35	0
Zuschlag zur Kurvigkeit		Tabelle 4.19	50	75	221	0
Gesamt-Kurvigkeit KU_{Ges} in gon/km		Entwurfslageplan + Zuschlag	125	110	281	0
erreichbare Pkw - Reisegeschwindigkeit $v_{R,i}$ in km/h		Bilder 4.42 bis 4.47	60	59	53	75
Verkehrsdichte k_i in Kfz/km		Gl. 4.109	20	20,3	22,6	16
Qualitätsstufe des Teilabschnitts QSV_i		Tabelle 4.20, Bilder 4.42 bis 4.46	D	D	D	C
mittlere Pkw-Reisegeschwindigkeit v_R in km/h		Gl. (4.111)	60,1			
mittlere Verkehrsdichte k in Kfz/h		Gl. (4.112)	14,3			
Qualitätsstufe des Verkehrsablaufs QSV_{Ges}		Tabelle 4.20	C			

Lösung: Die Qualitätsstufe C kann erreicht werden.,

Kapazität von Kreisverkehrsplätzen. Unter der *Grundkapazität* $G = \max q_z$ von Kreisverkehrsplätzen versteht man die maximal mögliche Verkehrsstärke der in den Kreisverkehr einfahrenden Fahrzeuge. Sie ist von den Zeitlücken im Hauptstrom der Kreisfahrbahn abhängig. Der Wert $\max q_z$ einer Zufahrt ist abhängig von der
- Anzahl der Fahrstreifen der Kreisfahrbahn,
- Anzahl der Fahrstreifen der Zufahrt,
- Verkehrsstärke q_k der Fahrzeuge auf der Kreisfahrbahn unmittelbar vor der Zufahrt.

Die mögliche maximale Verkehrsstärke $\max q_z$ in der Zufahrt in Abhängigkeit von der Verkehrsstärke q_k in der Kreisfahrbahn entnimmt man Bild 4.49. Die Ermittlung der Grundkapazität erfolgt nach HBS mit Gl. (4.114 oder 4.115).

Überqueren Fußgängerströme die Ausfahrten eines Kreisverkehrsplatzes, kann sich ein Rückstau in die Kreisfahrbahn hinein bilden. Zur Abschätzung des Staus sind Computerprogramme vorhanden. Weitere Werte entnimmt man dem „Handbuch für die Bemessung von Straßenverkehrsanlagen (HBS)", herausgegeben von der Forschungsgesellschaft für Straßen- und Verkehrswesen, 2001, FGSV Verlag Köln.

Fahrbahn	Konstante bzw. Koeffizient	Kurvigkeit KU in gon/km	Lkw-Anteil in %	Bemessungsgeschwindigkeit v_B in km/h				
				70	80	90	100	110
dreistreifige Richtungsfahrbahn	a		5,0	-78	-72	-60	-46	-18
			10,0	-72	-66	-54	-41	-15
			15,0	-67	-61	-49	-36	-12
			20,0	-62	-57	-46	-33	-9
	b			0,0355	0,0351	0,0338	0,0338	0,03288
zweistreifige Richtungsfahrbahn	a		5,0	-58	-50	-40	-28	-4
			10,0	-52	-45	-34	-23	-1
			15,0	-47	-40	-30	-19	2
			20,0	-43	-36	-26	-16	5
	b			0,0486	0,0469	0,0456	0,0458	0,0411
				Bemessungsgeschwindigkeit v_B in km/h				
				40	50	60	70	
einbahnige Straßen	a	< 150	5,0	-274	-155	-82	-11	
			10,0	-258	-144	-73	-4	
			15,0	-246	-138	-65	1	
			20,0	-236	-128	-59	7	
	b			0,2002	0,1381	0,1078	0,0803	
	a	> 150	5,0	-158	-90	-35		
			10,0	-145	-80	-27	-	
			15,0	-135	-71	-21		
			20,0	-126	-64	-15		
	b			0,1524	0,1179	0,1026	-	

Tabelle 4.21 Konstante *a* und Koeffizient *b* zur Ermittlung der niedrigsten zulässigen Streckengeschwindigkeit

Die Grundkapazität G für einstreifige Kreisfahrbahnen mit einstreifigen Kreiszufahrbahnen erhält man aus

$$G = 3600 \cdot \left(1 - \frac{t_{min} \cdot q_k}{3600}\right) \cdot \frac{1}{t_f} \cdot e^{-\frac{q_k}{3600}\left(t_g - \frac{t_f}{2} - t_{min}\right)} \quad \text{in PlwE/h} \qquad (4.124)$$

Für zweistreifig befahrbare Kreisfahrbahnen mit ein- oder zweistreifigen Kreiszufahrten beträgt die Grundkapazität G

$$G = 3600 \cdot \frac{n_e}{t} \cdot e^{-\frac{q_k}{3600}\left(t_g - \frac{t_f}{2}\right)} \quad \text{in PkwE/h} \qquad (4.125)$$

G Grundkapazität der Kreiszufahrt in Pkw-E/h
q_k Verkehrsstärke in der Kreisfahrbahn in PkwE/h
t_{min} Mindestzeitlücke zwischen den Fahrzeugen = 2,1 s
n_e Parameter für die Anzahl der Fahrstreifen in der Kreiszufahrt = 1,00 für einstreifige Kreiszufahrten
= 1,14 für zweistreifige Kreiszufahrten

t_f Folgezeitlücke = 2,9 s
t_g Grenzzeitlücke = 4,1 s

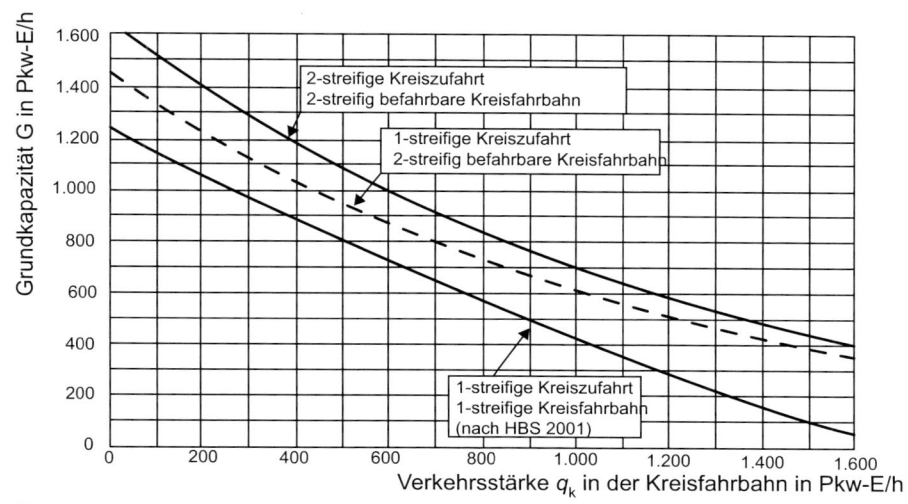

4.4 Mathematische Grundlagen der Entwurfselemente

Bild 4.48 Grundkapazität der Kreiszufahrten

Die Kapazität der Kreisausfahrten kann nur näherungsweise angegeben werden, da hierzu noch wissenschaftliche Untersuchungen fehlen. Sie liegt bei einstreifigen Ausfahrten aus zweistreifig befahrenen Kleinenm Kreisverkehren zwischen 1200 Pkw-E/h bis 1400 Pkw-E/h. Die höhere Kapazität wird aber nur erreicht, wenn die Kreisausfahrt zügig befahren werden kann und kein Radfahr- oder Fußgängerverkehr die Ausfahrt behindert.

Für stark befahrene zweistreifige Große Kreisverkehre wurden in Einzelfällen sogenannte „Turbinenlösungen" entwickelt.

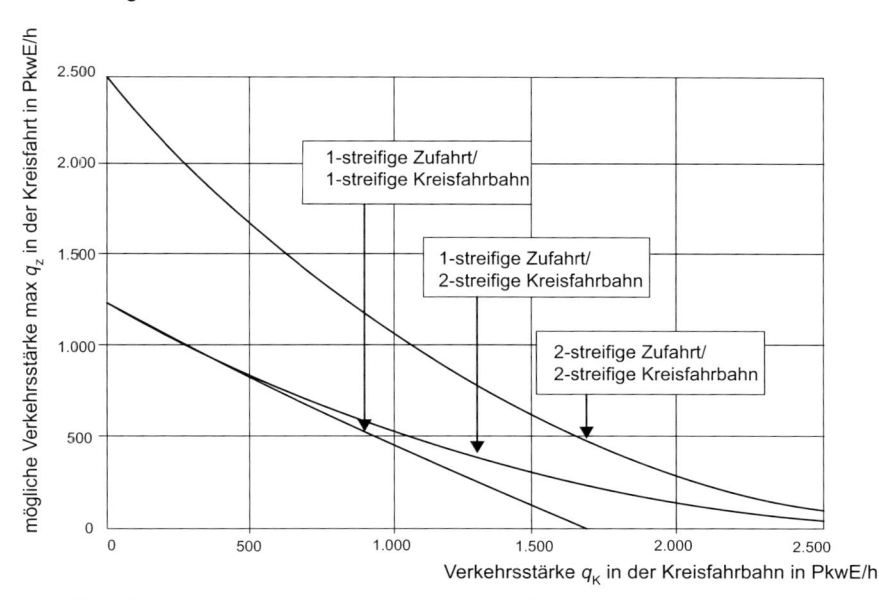

Bild 4.49 Mögliche maximale Verkehrsstärken max q_Z in der Kreiszufahrt, abhängig von der Verkehrsstärke q_K in der Kreisfahrbahn

5 Planungsablauf eines Straßenentwurfes

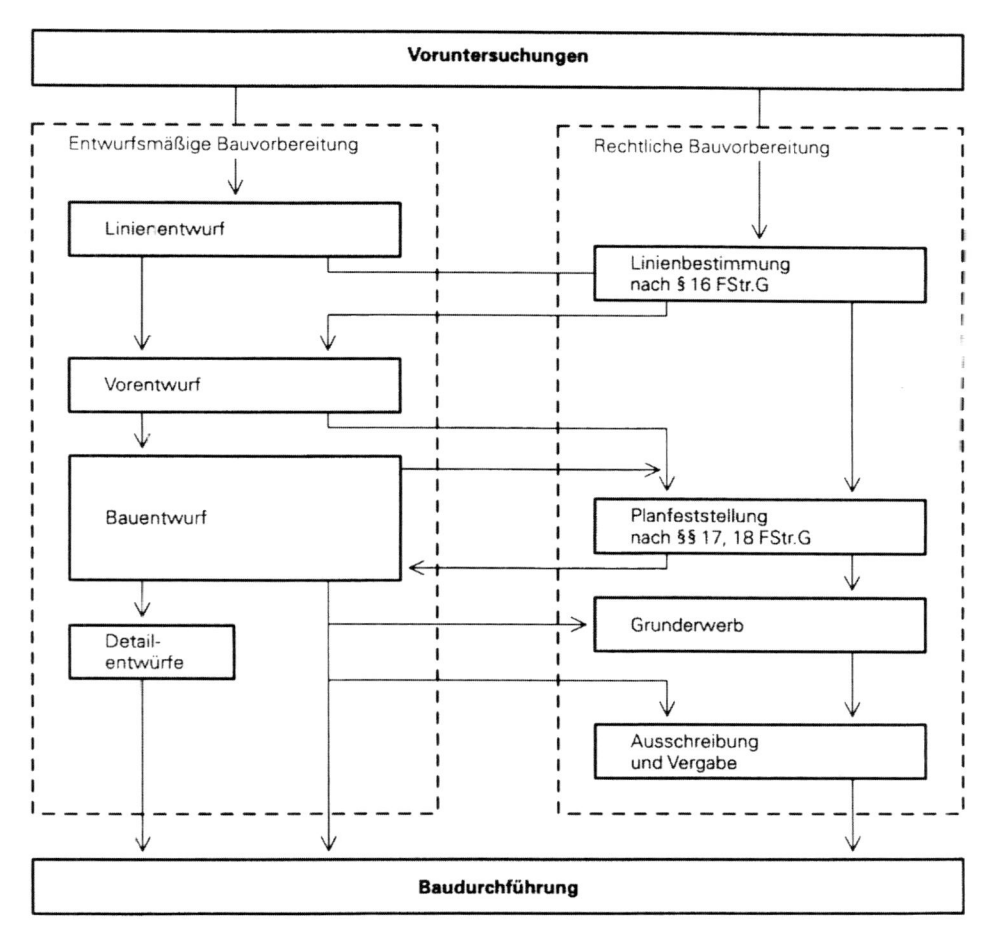

Bild 5.1 Planungsablauf von der Voruntersuchung bis zur Baudurchführung

Ein Entwurf für eine Straße durchläuft eine Anzahl technischer und rechtlicher Phasen, die aufeinander aufbauen. Selbstverständlich müssen dabei aus verkehrstechnischer Sicht die Zusammenhänge im Straßennetz selbst geklärt sein. Die Notwendigkeit eines Straßenneubaus (oder –ausbaus) ist in den Ausbauplänen des Bundes, den Landes-, den Regionalentwicklungsplänen, den Flächennutzungs- und Generalverkehrsplänen der kommunalen Baulastträger festgelegt. Jede Straße wird entsprechend ihrer Netzfunktion in eine Straßenkategoriengruppe eingereiht, die damit auch einen Teil der Ausbaumaße festlegt. Den Ablauf einer Planung von der Voruntersuchung bis zur Baudurchführung zeigt Bild 5.1. Um die rechtlichen und technischen Voraussetzungen zu erfüllen, muss der Straßenentwurf folgenden Bedingungen genügen:

1. Er soll die Straße für den Fachmann und den Laien verständlich darstellen.
2. Er soll die Eingriffe in die Umgebung aufzeigen und die Maßnahmen deutlich machen,
3. Er soll zusammen mit dem Kostenanschlag als Grundlage für die Aufnahme in die entsprechenden Haushaltpläne der Baulastträger dienen.
4. Er soll die Durchführungsgrundlage der baurechtlichen Verfahren bilden (Raumordnungs-, Planfeststellungs-, Bebauungsplanverfahren, Umweltverträglichkeitsprüfung).
5. Er soll für den Grunderwerb die Verhandlungsunterlagen schaffen.
6. Er soll für die Aufstellung der Ausschreibungsunterlagen die entsprechenden Mengen und Maße erkennen lassen.
7. Er soll die Unterlage für die Baudurchführung bilden.
8. Er soll in Verbindung mit verschiedenen ergänzenden Aufmaßurkunden der Bauabrechnung zugrunde gelegt werden können.

5.1 Linienentwurf

Mit Raumordnungs- und Flächennutzungsplänen versucht man, den Lebensraum der Bevölkerung sinnvoll zu ordnen. Hierbei werden Siedlungs- und Arbeitsflächen ausgewiesen, Bodennutzungen festgelegt und Erfordernisse der Wirtschaft und der Freizeitbetätigungen berücksichtigt. Die Vorstellungen der öffentlichen Planungsträger, also auch der Verkehrsträger Straße, Schiene, Wasser, Luft und Leitungen werden mit geeigneten Planungsunterlagen auf einander abgestimmt und in einem gesetzlich vorgeschriebenen Verfahren die *Linienfestlegung* vorgenommen. Für Bundesstraßen erfolgt das nach § 16 FStrG, wobei auch das Gesetz über die Umweltverträglichkeitsprüfung beachtet werden muss. Für Landesstraßen sind in den Landes-Straßengesetzen oder Landes-Raumordnungsgesetzen entsprechende Festlegungen getroffen. In Gemeinden sichern Flächennutzungs- oder Bebauungspläne die Straßenführung.

In Bild 5.2 ist die Durchführung der Arbeitsabläufe für die Linienbestimmung einer Bundesstraße dargestellt. Hierfür werden Karten im Maßstab 1:50 000 oder 1:25 000 verwendet, um die Einbindung ins regionale Straßennetz zeigen zu können. Im bebauten Bereich großer Gemeinden empfehlen sich Maßstäbe 1:10 000 oder 1:5 000. Eingetragen werden Zwangspunkte und Flächen, die für die Planung von Bedeutung sind (Natur- und Baudenkmäler, Schutzgebiete, Sperrgebiete, Verkehrswege usw.).

In den Karten kann man mit einem biegsamen Stab mögliche Linienführungen von Varianten entwickeln und im Längsschnitt untersuchen. Hierbei ist bereits auf mögliche Umweltbeeinflussung Rücksicht zu nehmen (Lärmentwicklung, Durchschneiden von Naherholungsgebieten Berühren von Landschaftsschutzgebieten, Wirkung im Umfeld o.ä.). Mit moderner Hard- und Software kann man dies auch auf dem Bildschirm eines Computers durchführen. Hierbei ist allerdings Voraussetzung, dass die Daten für das Kartenmaterial DV-gerecht vorliegen oder über einen Scanner gewonnen werden können.

Die künftige Neuordnung der Verkehrswege- und Gewässernetze ist bereits in diesem Stadium zu lösen. Danach legt man einen Beurteilungskatalog fest, der die Vor- und Nachteile der einzelnen Varianten enthält. Auf dieser Grundlage können die Varianten beurteilt und die günstigste Lösung innerhalb der Straßenbauverwaltung gefunden werden. Schließlich erfolgt die Behördenabstimmung aufgrund der vorliegenden Pläne.

Natürlich wird die Genauigkeit der einzelnen Planungsphasen bis zum baureifen Entwurf immer mehr gesteigert. Zwischen den Phasen werden baurechtliche Genehmigungsverfahren durchgeführt, nach deren Rechtsverbindlichkeit die nächste Planungsphase eingeleitet werden kann.

5.1 Linienentwurf

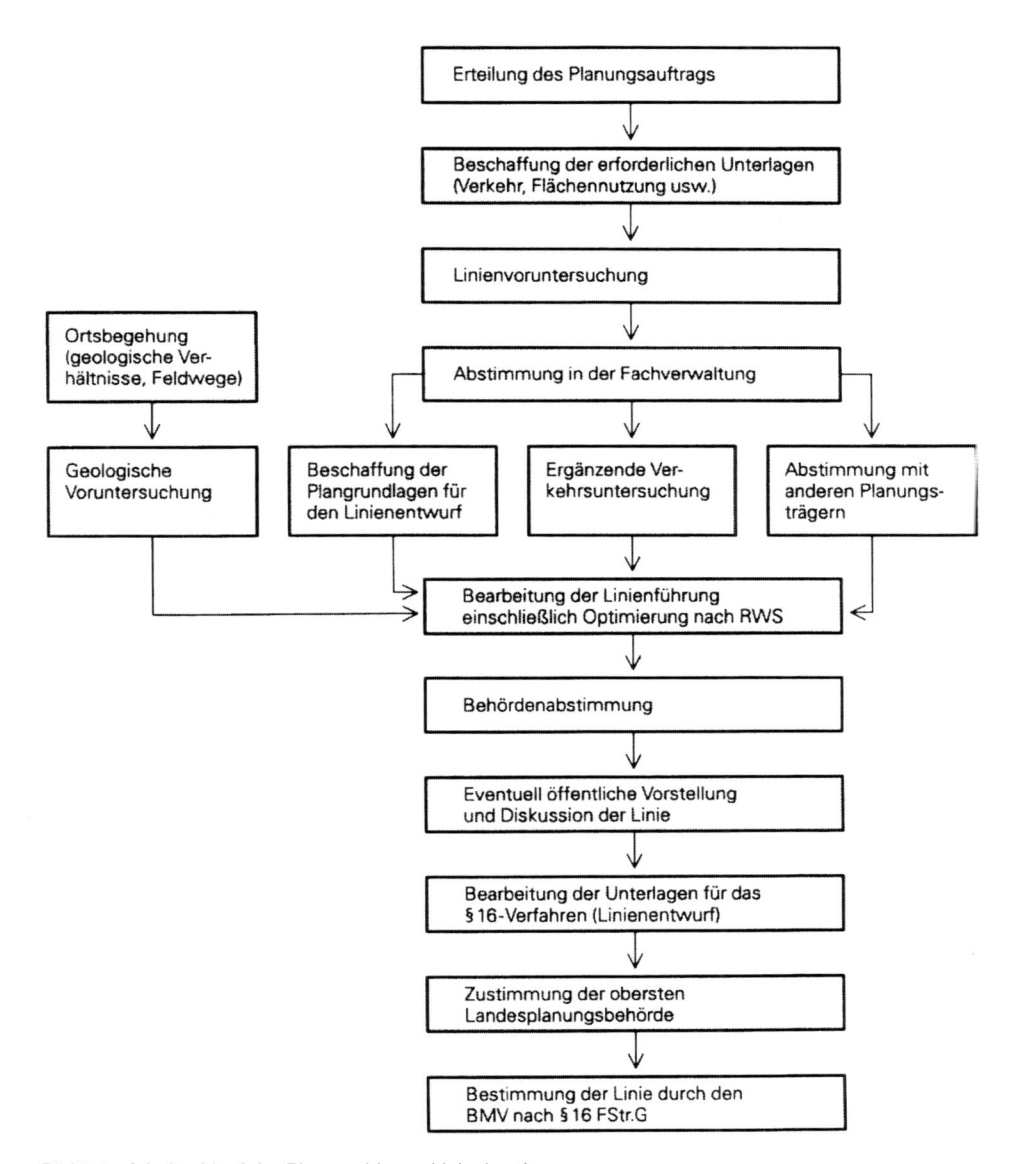

```
                    Erteilung des Planungsauftrags
                                  ↓
                    Beschaffung der erforderlichen Unterlagen
                    (Verkehr, Flächennutzung usw.)
                                  ↓
                    Linienvoruntersuchung
                                  ↓
Ortsbegehung        Abstimmung in der Fachverwaltung
(geologische Ver-
hältnisse, Feldwege)
     ↓                    ↓         ↓              ↓
Geologische         Beschaffung der  Ergänzende Ver-  Abstimmung mit
Voruntersuchung     Plangrundlagen für kehrsuntersuchung anderen Planungs-
                    den Linienentwurf                 trägern
                                  ↓
                    Bearbeitung der Linienführung
                    einschließlich Optimierung nach RWS
                                  ↓
                    Behördenabstimmung
                                  ↓
                    Eventuell öffentliche Vorstellung
                    und Diskussion der Linie
                                  ↓
                    Bearbeitung der Unterlagen für das
                    § 16-Verfahren (Linienentwurf)
                                  ↓
                    Zustimmung der obersten
                    Landesplanungsbehörde
                                  ↓
                    Bestimmung der Linie durch den
                    BMV nach § 16 FStr.G
```

Bild 5.2 Arbeitsablauf der Planung bis zur Linienbestimmung

Es empfiehlt sich, bereits in diesem Stadium durch geeignete Öffentlichkeitsarbeit den betroffenen Bürgern Kenntnis zu geben. Einmal ist dann sehr frühzeitig zu erkennen, wo Einsprüche oder Widerstände von Bürgerinitiativen zu erwarten sind. Zum anderen können Anregungen in den weiteren Planungsfortgang einfließen. Schließlich wird das Misstrauen in die Hoheitsverwaltung abgebaut und bei geschickter Verhandlungsführung ein politisches Klima aufgebaut, das die Durchsetzung der Linienfestlegung und der späteren baurechtlichen Verfahren erleichtert. Oft werden so jahrelange Verhandlungen vor den Verwaltungsgerichten auf wenige Fälle beschränkt. Um die schnellere Durchführbarkeit von Straßenplanungen zu erleichtern, sollen Beschleunigungsgesetze die Möglichkeiten der Revision von Verwaltungsgerichtsurteilen einschränken. Jedoch wird dadurch die Verantwortung des

Planers noch stärker gefordert und seine Verpflichtung gegenüber der Allgemeinheit erhöht.

Auch die Aufgabe, seine Planung mündlich und schriftlich gut darzustellen, gehört zu den Anforderungen, die an einen Ingenieur gestellt werden. Er muss die Auswirkungen seiner Planung auch im politischen Raum vertreten und den Bürgern deutlich machen, dass er ihre Sorgen um Immissionsschutz, wirtschaftliche oder ideelle Einbußen oder Einschränkungen in der Bewegungsfreiheit kennt und - so weit wie möglich - berücksichtigt hat. Der Ingenieur darf sich heute nicht mehr auf rein technische Berechnungen oder Vorschriften zurückziehen, sondern muss auch gesellschaftspolitische Verantwortung auf sich nehmen.

5.2 Bauvorentwurf

Ist die Linienbestimmung abgeschlossen, beginnt als nächste Entwurfsstufe der Bauvorentwurf. Hierfür gelten eine große Anzahl von Vorschriften und Richtlinien. Soweit sie die Planung betreffen, sind sie in Richtlinien für die Anlage von Straßen zusammengestellt. Durch Zusätze werden die einzelnen Geltungsbereiche bezeichnet. Besondere Bedeutung haben dabei:

RAS-Ew	Entwässerung	RAS-Verm	Vermessung
RAA	Autobahnen	RAS-W	Wirtschaftlichkeitsuntersuchungen
RAL	Landesstraßen	RIN	Netzgestaltung
RASt	Stadtstraßen	RLW	ländlicher Wegebau
RAS-LG	Landschaftsgestaltung	RMS	Markierung
RAS-Ö	Öffentlicher Personennahverkehr	RstO	Standardisierung Oberbau

Dazu kommen noch die "Richtlinien für die Entwurfsgestaltung im Straßenbau, RE" sowie eine Fülle weiterer technischer Vorschriften, Richtlinien, Merkblätter und Hinweise, die von der Forschungsgesellschaft für das Straßen- und Verkehrswesen herausgegeben werden.

Bild 5.3 zeigt den Arbeitsablauf des Vorentwurfs. Bei der Beschaffung des Kartenmaterials muss der Ingenieur beachten, dass darauf das Gitternetz mit Koordinaten eingetragen ist. Für die spätere elektronische Berechnung muss man Punkte koordinatenmäßig beschreiben oder abgreifen. Je maßhaltiger Planunterlagen sind, desto weniger Unstimmigkeiten treten auf. Je kleiner der Maßstab, um so mehr wirken sich Ungenauigkeiten aus. (z.B. 1 mm im Maßstab 1:500 der Karte ist 0,50 m in der Natur, im Maßstab 1:5000 aber 5,00 m). Die Bearbeitung am Bildschirm mit Hilfe elektronischer Datenverarbeitungs-Programmen ersetzt heute die früher üblichen Lichtpausen. (Pausfähige Folien kosten zwar ein Mehrfaches von Transparentfolien, müssen aber nur selten entzerrt werden. Bei fotografischer Vergrößerung werden alle Ungenauigkeiten des Originals entsprechend vergrößert). Der Maßstab der Planunterlagen muss also der Genauigkeit der gewünschten Aussagekraft der Entwurfspläne entsprechen. Vorteilhaft ist es, wenn man bereits auf die Automatische Liegenschaftskarte (ALK) der Vermessungsverwaltung zurückgreifen kann. Hierbei ist aber zu beachten, dass die Software die entsprechenden Schnittstellen, d.h. die Einteilung und Zuordnung der Daten innerhalb eines sog. Datensatzes, verarbeiten kann. Die Mindestplaninhalte der Entwurfsunterlagen sind in den RE geregelt. Diese sind in Abschnitt 5.5 erläutert.

Ist die Entwurfsbearbeitung des Vorentwurfes abgeschlossen, durchläuft der Vorentwurf die verwaltungsinternen Prüf-, Beteiligungs- und Genehmigungsverfahren.

5.2 Bauvorentwurf

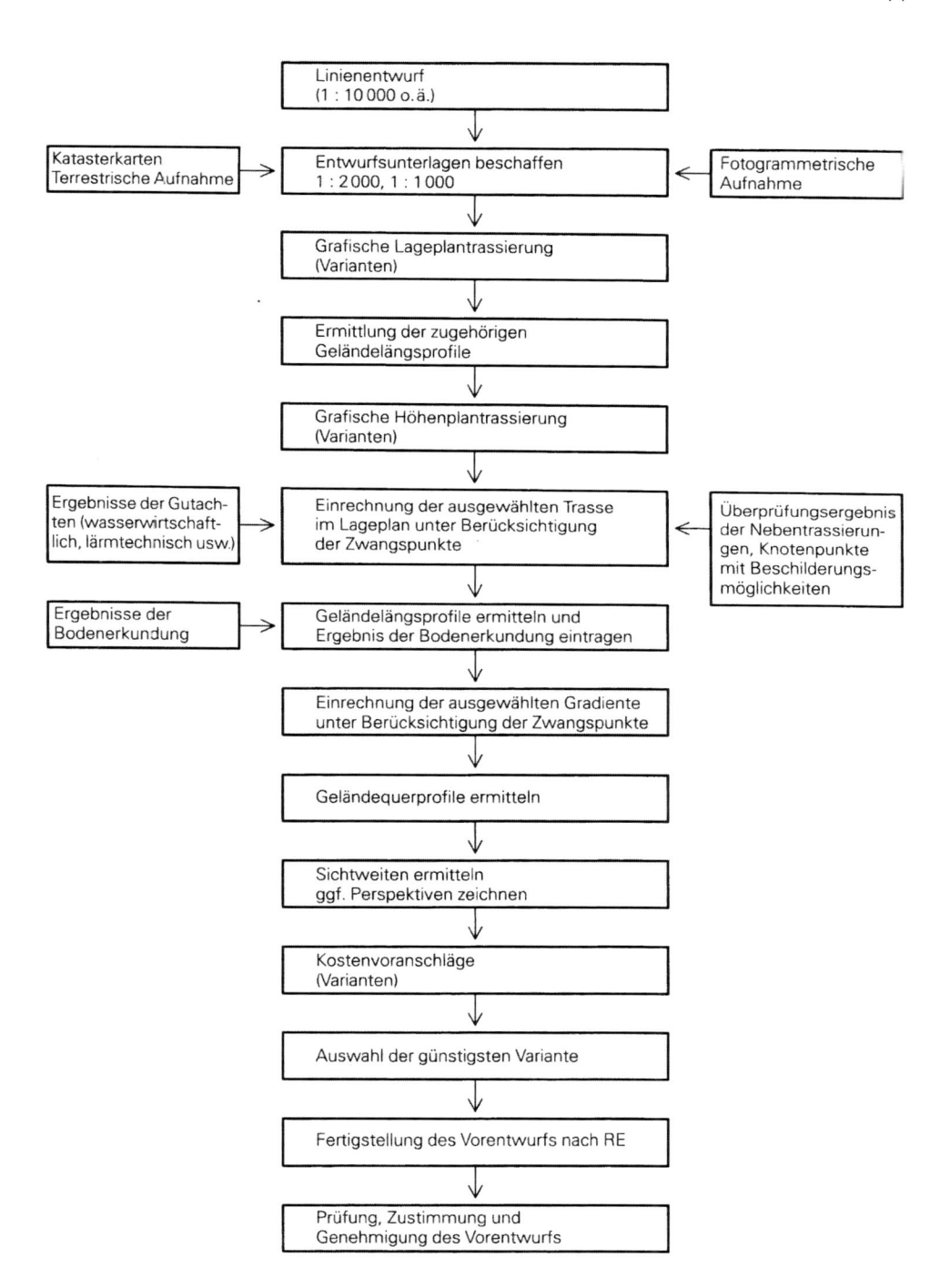

```
                    ┌─────────────────────────┐
                    │ Linienentwurf           │
                    │ (1 : 10 000 o. ä.)      │
                    └────────────┬────────────┘
                                 ▼
┌──────────────────────┐  ┌─────────────────────────┐  ┌──────────────────┐
│ Katasterkarten       │→ │ Entwurfsunterlagen      │ ←│ Fotogrammetrische│
│ Terrestrische Aufnahme│  │ beschaffen             │  │ Aufnahme         │
└──────────────────────┘  │ 1 : 2 000, 1 : 1 000    │  └──────────────────┘
                          └────────────┬────────────┘
                                       ▼
                          ┌─────────────────────────┐
                          │ Grafische Lageplan-     │
                          │ trassierung (Varianten) │
                          └────────────┬────────────┘
                                       ▼
                          ┌─────────────────────────┐
                          │ Ermittlung der zugehöri-│
                          │ gen Geländelängsprofile │
                          └────────────┬────────────┘
                                       ▼
                          ┌─────────────────────────┐
                          │ Grafische Höhenplan-    │
                          │ trassierung (Varianten) │
                          └────────────┬────────────┘
                                       ▼
┌──────────────────────┐  ┌─────────────────────────┐  ┌──────────────────┐
│ Ergebnisse der Gutach-│→│ Einrechnung der aus-    │ ←│ Überprüfungs-    │
│ ten (wasserwirtschaft-│ │ gewählten Trasse im     │  │ ergebnis der     │
│ lich, lärmtechnisch  │ │ Lageplan unter Berück-  │  │ Nebentrassierun- │
│ usw.)                │ │ sichtigung der Zwangs-  │  │ gen, Knotenpunkte│
└──────────────────────┘ │ punkte                  │  │ mit Beschilde-   │
                         └────────────┬────────────┘  │ rungsmöglich-    │
                                      │               │ keiten           │
                                      ▼               └──────────────────┘
┌──────────────────────┐ ┌─────────────────────────┐
│ Ergebnisse der       │→│ Geländelängsprofile     │
│ Bodenerkundung       │ │ ermitteln und Ergebnis  │
└──────────────────────┘ │ der Bodenerkundung      │
                         │ eintragen               │
                         └────────────┬────────────┘
                                      ▼
                         ┌─────────────────────────┐
                         │ Einrechnung der aus-    │
                         │ gewählten Gradiente     │
                         │ unter Berücksichtigung  │
                         │ der Zwangspunkte        │
                         └────────────┬────────────┘
                                      ▼
                         ┌─────────────────────────┐
                         │ Geländequerprofile      │
                         │ ermitteln               │
                         └────────────┬────────────┘
                                      ▼
                         ┌─────────────────────────┐
                         │ Sichtweiten ermitteln   │
                         │ ggf. Perspektiven       │
                         │ zeichnen                │
                         └────────────┬────────────┘
                                      ▼
                         ┌─────────────────────────┐
                         │ Kostenvoranschläge      │
                         │ (Varianten)             │
                         └────────────┬────────────┘
                                      ▼
                         ┌─────────────────────────┐
                         │ Auswahl der günstigsten │
                         │ Variante                │
                         └────────────┬────────────┘
                                      ▼
                         ┌─────────────────────────┐
                         │ Fertigstellung des      │
                         │ Vorentwurfs nach RE     │
                         └────────────┬────────────┘
                                      ▼
                         ┌─────────────────────────┐
                         │ Prüfung, Zustimmung und │
                         │ Genehmigung des         │
                         │ Vorentwurfs             │
                         └─────────────────────────┘
```

Bild 5.3   Arbeitsablauf des Bauvorentwurfes

5.3 Bauentwurf

Sobald der Vorentwurf freigegeben ist, kann mit dem Bauentwurf begonnen werden. Die in den Genehmigungsverfahren geforderten Änderungen und sonstigen Anregungen sind dabei zu berücksichtigen. Der Planer muss immer davon ausgehen, dass später andere Ingenieure nach seinen Plänen bauen müssen. Sie kennen oft die näheren Entwurfsbedingungen nicht. Deshalb soll der Bauentwurf übersichtlich, klar, eindeutig und vollständig sein. Er muss alle Angaben enthalten, die für Baudurchführung und Abrechnung notwendig sind.

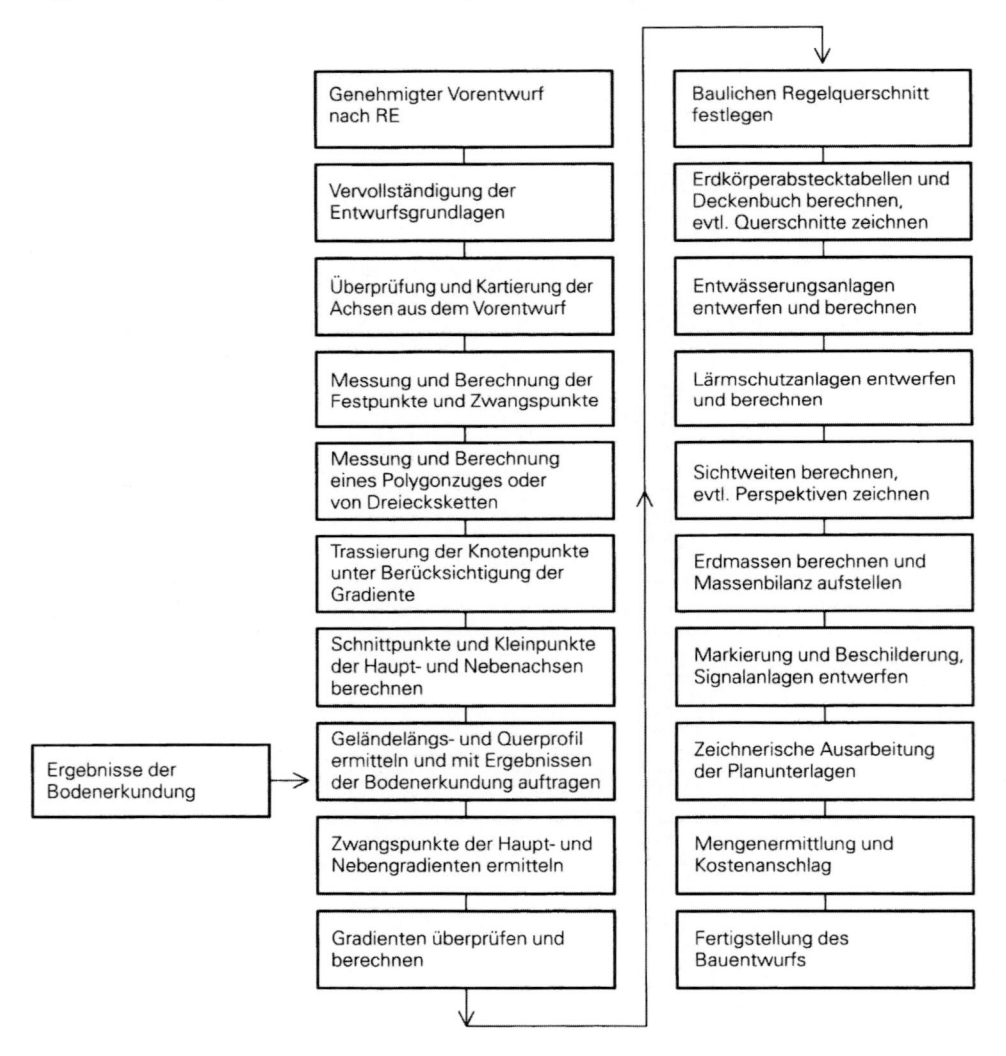

Bild 5.4 Arbeitsablauf des Bauentwurfes

5.4 Planfeststellungsentwurf

Sobald der Bauentwurf genehmigt ist, kann der Planfeststellungsentwurf zusammengestellt werden. Wenn auch der Bauentwurf manchmal noch durch berechtigte Einsprüche geändert werden muss, ist es trotzdem sinnvoll, ihn so weit voranzutreiben, dass das baurechtliche Genehmigungsverfahren der Planfeststellung eingeleitet werden kann. Die Rechtsgrundlagen ergeben sich aus dem FStrG, § 16 und 17, für andere klassifizierte Straßen aus den Landes-Straßen- und Wege-Gesetzen. In bebauten Gebieten tritt an die Stelle der Planfeststellung das Bebauungsplanverfahren. Die notwendigen Unterlagen werden von der Verwaltung jeweils angegeben und müssen alle Entwurfsinhalte darstellen, die für eine umfassende Erläuterung für alle Beteiligten notwendig sind. Ist die Planfeststellung erfolgt, sind die Planunterlagen rechtsverbindlich. Die Planfeststellung ist allerdings im Verwaltungsgerichtsverfahren nachprüfbar und sollte daher keine Formfehler beinhalten.

5.5 Entwurfsunterlagen nach RE

Die „Richtlinien für die Entwurfsgestaltung im Straßenbau, RE" regeln die einheitliche Gestaltung der Entwurfsunterlagen. Sie sind also dem Sinne nach eine erweiterte Zeichenvorschrift. Dazu legen sie die Bezeichnungen fest, beschreiben die Mindestinhalte, regeln die Form ihrer Darstellung und ordnen ihnen vorgegebene Namen zu. Außerdem ist die Zeichenvorschrift der RAS-Verm zu beachten. Bei der Übernahme von Dateien der Vermessungsverwaltungen sind die Pläne auch auf Widersprüche bei den verwendeten Symbolen mit denen der „RE" oder „RAS-Verm" zu kontrollieren. Die Entwurfsunterlagen werden in den RE genau beschrieben, jedoch nicht bestimmten Entwurfsphasen zugeordnet. Je nach Verwendungszweck werden die Entwurfsmappen aus den einzelnen Entwurfsunterlagen zusammengestellt. Eine Zusammenfassung der RE ist im Anhang enthalten.

Die RE berücksichtigen moderne Entwurfsverfahren. So können die Entwurfspläne auch mit automatischen Zeichengeräten im Rahmen elektronischer Datenverarbeitung hergestellt werden. Für das Kartenmaterial als Grundlage können auch Luftbildauswertungen eingesetzt werden. Eine Legende zur Erklärung der verwendeten Symbole und Farben muss auf allen Entwurfsplänen vorhanden sein. Großer Wert wird auch auf die detaillierte Ausarbeitung der Umwelteinflüsse gelegt. So sind Bodengutachten, schalltechnische Untersuchungen und landschaftspflegerische Begleitmaßnahmen im Erläuterungsbericht ausführlich darzustellen. Darüber hinaus kann es erforderlich werden, in Sonderplänen zusätzliche Informationen zum Entwurf zu geben (Brücken, Schallimmissionspläne, Schadstoffausbreitung u.ä.).

5.6 Umweltverträglichkeitsstudien

Nicht nur bei Neubauten, sondern auch bei Veränderung bestehender Straßen muss oft die Umweltverträglichkeit nachgewiesen werden. Im Umweltvertraglichkeitsprüfungs-Gesetz (UVPG) sind entsprechende Vorgaben festgelegt, die bei Linienbestimmung und Planfeststellung den Entwürfen als Anlage beizufügen sind. Dazu werden Umweltverträglichkeitsstudien angefertigt.

- Die Untersuchung soll folgende Punkte enthalten:
- Raumanalyse,
- Mitwirkung beim Untersuchen von Trassenvarianten,
- Auswirkungsprognose und Variantenvergleich.

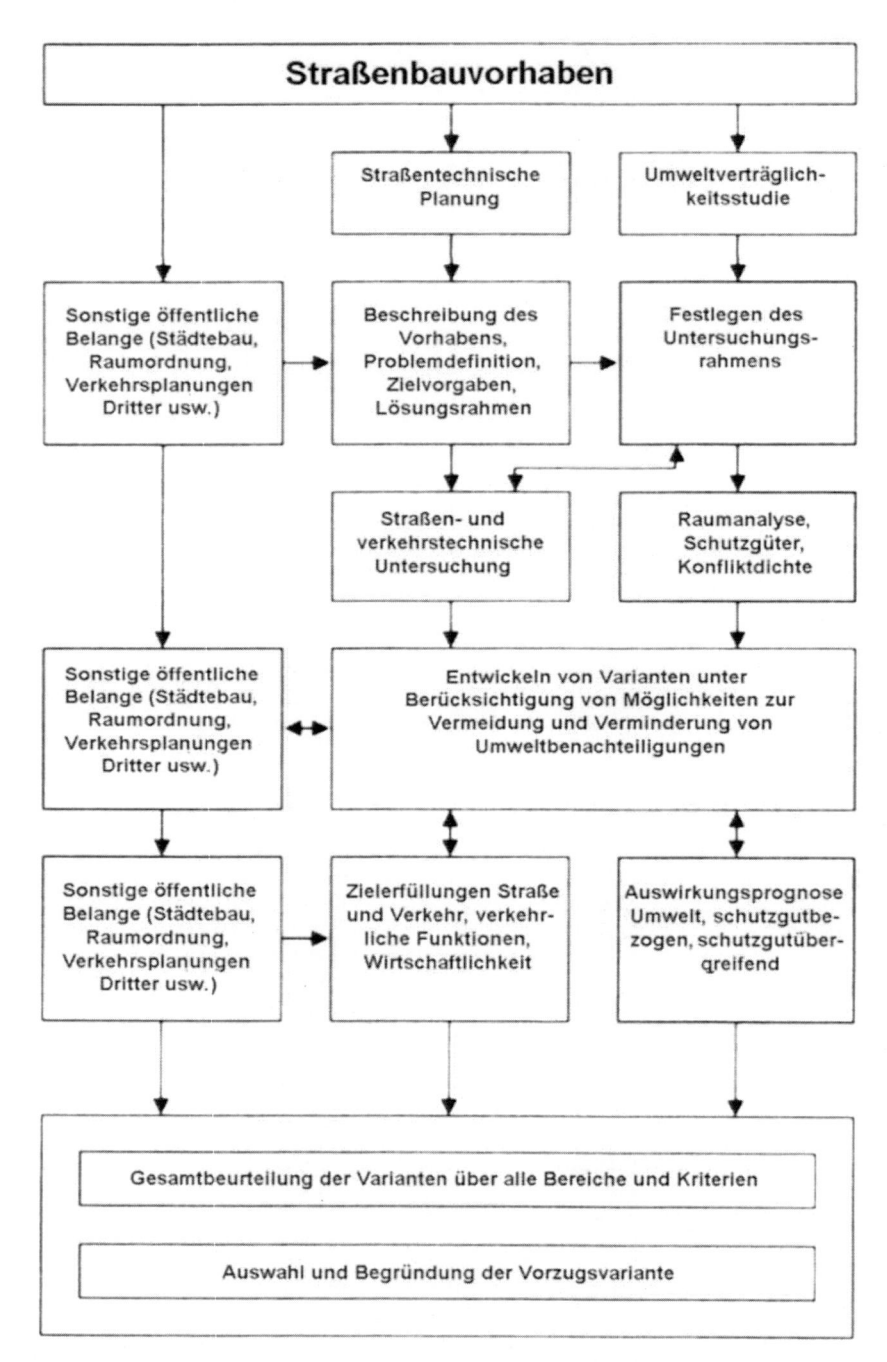

Bild 5.5 Die Umweltverträglichkeitsstudie innerhalb der Straßenplanung – Abfolge und Zuordnung wichtiger Untersuchungen

6 Straßennetz

Mit dem Entwurf einer Straße übernimmt der Ingenieur nicht nur eine technische, sondern auch eine gesellschaftliche Verantwortung. Eine gut florierende Wirtschaft sichert den hohen Lebensstandard der Allgemeinheit. Dazu benötigt sie ein gutes Verkehrswegenetz.

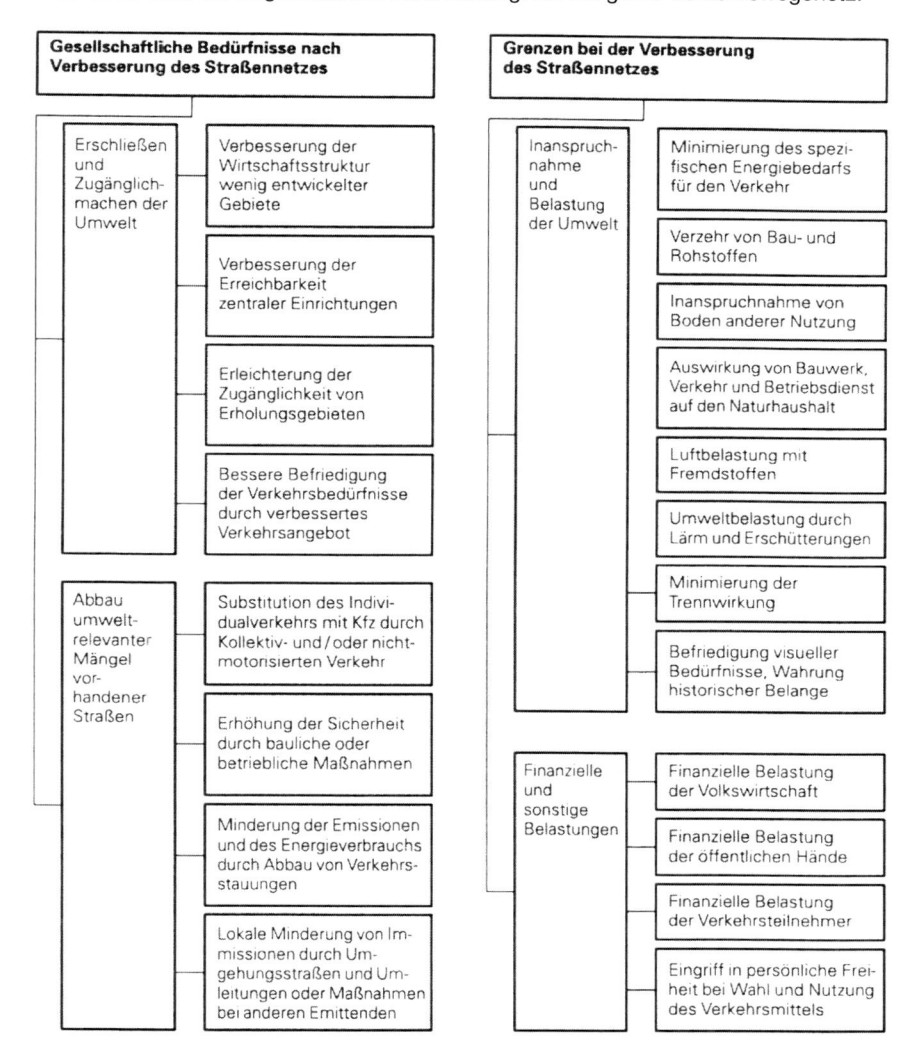

Gesellschaftliche Bedürfnisse nach Verbesserung des Straßennetzes		Grenzen bei der Verbesserung des Straßennetzes	
Erschließen und Zugänglichmachen der Umwelt	Verbesserung der Wirtschaftsstruktur wenig entwickelter Gebiete	Inanspruchnahme und Belastung der Umwelt	Minimierung des spezifischen Energiebedarfs für den Verkehr
	Verbesserung der Erreichbarkeit zentraler Einrichtungen		Verzehr von Bau- und Rohstoffen
	Erleichterung der Zugänglichkeit von Erholungsgebieten		Inanspruchnahme von Boden anderer Nutzung
	Bessere Befriedigung der Verkehrsbedürfnisse durch verbessertes Verkehrsangebot		Auswirkung von Bauwerk, Verkehr und Betriebsdienst auf den Naturhaushalt
Abbau umweltrelevanter Mängel vorhandener Straßen	Substitution des Individualverkehrs mit Kfz durch Kollektiv- und/oder nichtmotorisierten Verkehr		Luftbelastung mit Fremdstoffen
	Erhöhung der Sicherheit durch bauliche oder betriebliche Maßnahmen		Umweltbelastung durch Lärm und Erschütterungen
	Minderung der Emissionen und des Energieverbrauchs durch Abbau von Verkehrsstauungen		Minimierung der Trennwirkung
	Lokale Minderung von Immissionen durch Umgehungsstraßen und Umleitungen oder Maßnahmen bei anderen Emittenden		Befriedigung visueller Bedürfnisse, Wahrung historischer Belange
		Finanzielle und sonstige Belastungen	Finanzielle Belastung der Volkswirtschaft
			Finanzielle Belastung der öffentlichen Hände
			Finanzielle Belastung der Verkehrsteilnehmer
			Eingriff in persönliche Freiheit bei Wahl und Nutzung des Verkehrsmittels

Bild 6.1   Ziele und Zielkonflikte bei Straßenplanungen

Hoher Anspruch auf Lebensqualität für den Menschen bedingt aber auch, die Umwelt weitgehend zu schonen und zu erhalten. Das bedeutet, sich gegenüber der Umwelt auf völlig unvermeidliche Eingriffe zu beschränken. Beim Entwurf muss ständig abgewogen werden zwischen Bedürfnissen und Umweltfolgen. Jede Planung sollte die Zielkonflikte möglichst klein halten. Im Bild 6.1 sind die gegen einander abzuwägenden Ziele dargestellt.

Der Entwurfsingenieur muss deshalb eine Straße so konstruieren, dass sie einerseits den technischen Bedingungen genügt, andererseits aber Landschaft und Naturhaushalt wenig stört. Unvermeidliche Wunden sind durch landschaftspflegerische Maßnahmen und Bepflanzung zu schließen. Dazu bedarf es neben technischem Fachwissen auch behutsamen Einfühlungsvermögens. Deshalb muss sich der Planer vor Beginn seiner Arbeiten durch eine Ortsbegehung, möglichst zusammen mit dem Landschaftsarchitekten, gründliche Ortskenntnisse erwerben und den Entwurf immer wieder durch spätere Besuche überprüfen. Bis zur Planfeststellung könnten neue Bauten oder andere Verhältnisse entstanden sein.

6.1 Straßennetzgestaltung

Die verkehrlichen und nicht verkehrlichen Nutzungen einer Straße erfordern eine Definition der Funktionen, denen die Straßen dienen sollen. Mit deren Hilfe wird das Straßennetz nach funktionalen Kriterien untergliedert. Richten sich die entwurfstechnischen Grundsätze nach diesen Kriterien, werden durch das äußere Erscheinungsbild der Straße die unterschiedlichen Nutzungsweisen für den Straßenbenutzer deutlich gemacht. Dabei entsteht eine gewisse Einheitlichkeit, die die richtige Nutzung und das richtige Verkehrsverhalten begünstigt. Die verschiedenen Funktionen von Straßen bilden drei Gruppen, die
- rein verkehrliche Verbindungsfunktionen,
- teilweise verkehrliche Erschließungsfunktionen,
- nicht verkehrliche Aufenthaltsfunktionen.

Wenn man die jeweils dominierenden Ansprüche an die Straße beurteilt, findet man eine Einteilung in Kategoriengruppen, die folgende Kriterien zugrunde legt:
- Lage, innerhalb oder außerhalb bebauter Gebiete,
- Nutzung des Straßenumfeldes, anbaufrei oder angebaut,
- Aufgabe der Verbindung, Erschließung oder Aufenthalt.

Die Zuordnung zu einer Kategoriengruppe entscheidet über eine Reihe von Gestaltungselementen. Die Kategoriengruppen sind im Abschnitt 6.3 bei der Einteilung der Straßen näher behandelt.

Straßen mit Verbindungsfunktion müssen auch unter ihrer Bedeutung im Gesamtnetz und der Infrastruktur beurteilt werden. Hierfür bietet sich das Modell der Zentralen Orte an. Es unterscheidet zwischen
- Oberzentrum (auch Verdichtungsraum),
- Mittelzentrum, das teilweise auch Aufgaben des Oberzentrums erfüllen kann,
- Grundzentrum.

Sinngemäß lassen sich für größere Gemeinden definieren:
- Stadtkern (oberzentrale Versorgung),
- Stadtbezirk (mittelzentrale Versorgung),
- Stadtteil (grundzentrale Versorgung),
- bedeutende Gemeindeteile mit Nahversorgung,
- sonstige Gemeindeteile.

Bei Verbindungsstraßen entscheidet auch die Entfernung und damit die Fahrzeit zum jeweiligen Zentrum darüber, welchen Standard der Ausbau der Strecke erhält. Als Maß für eine Beurteilung dient die erwartete Reisegeschwindigkeit des Pkw, die auf der gegebenen Strecke erreicht werden soll (Sollgeschwindigkeit). Aus dieser sind die Entwurfsgeschwindigkeit für die Linienführung und die Bemessungsgeschwindigkeit für die Querschnittsgestaltung abzuleiten.

Daraus ergeben sich folgende Funktionsstufen:

Verbindungsfunktionsstufe		Einstufungskriterien		Verbindung
Stufe	Bezeichnung	Versorgungsfunktion	Austauschfunktion	
0	kontinental	–	MR – MR	zwischen Metropolregionen
I	großräumig	OZ – MR	OZ – OZ	von Oberzentren zu Metropolregionen und zwischen Oberzentren
II	überregional	MZ – OZ	MZ – MZ	von Mittelzentren zu Oberzentren und zwischen Mittelzentren
III	regiona	GZ – MZ	GZ – GZ	von Grundzentren zu Mittelzentren und zwischen Grundzentren
IV	nahräumig	G – GZ	G – G	von Gemeindezentren/ Gemeindeteilen ohne zentralörtliche Funktion zu Grundzentren und zwischen Gemeindezentren/ Gemeindeteilen ohne zentralörtliche Funktion
V	kleinräumig	Grst – G	–	von Grundstücken zu Gemeindezentren/ Gemeindeteilen ohne zentralörtliche Funktion

MR Metropolregion   GZ Grundzentrum, Unter- und Kleinzentren, auch innergemeindliches Grundzentrum
OZ Oberzentrum   G   Gemeinde/ Gemeindeteile ohne zentralörtliche Funktion
MZ Mittelzentrum   Grst Grundstück   – nicht vorhanden

Tabelle 6.1 Verbindungsfunktionsstufen

Entsprechend der Sollgeschwindigkeit ergeben sich Reisezeiten, die beim Oberzentrum bei 40 bis 60 Minuten, beim Mittelzentrum bei 30 Minuten und beim Unterzentrum bei 20 Minuten als annehmbare Fahrtdauer liegen. Die mit Sollgeschwindigkeit gefahrenen Entfernungen nennt man den Standardentfernungsbereich. Damit ergeben sich dann die Zuordnungen der Straßenkategorien nach Tabelle 6.3. Das obere Geschwindigkeitsniveau ist bei der Netzplanung anzustreben, wenn dies umweltverträglich realisierbar ist. Die unteren Werte können für eine Qualitätsbeurteilung des Straßennetzes herangezogen werden. Verbindungen unter der unteren Grenze der angegebenen Geschwindigkeiten weisen Mängel aufgrund unzureichender Verbindungsqualität auf. Die Netzgestaltung wird meist durch umfangreiche verkehrstechnische Untersuchungen mit Hilfe verschiedener Modelle festgelegt.

6.2 Planungsgrundlagen

Jeder Straßenentwurf muss
- technischen Regeln,
- verkehrstechnischen Belangen,
- Anforderungen an Umweltverträglichkeit und Landschaftsästhetik,
- topographischen und geologischen Verhältnissen,
- klimatischen Bedingungen und wirtschaftlichen Gesichtspunkten

genügen. Dies führt bei jedem Entwurf zu einer Einzellösung, weil die Art der Einflüsse ständig wechselt. Dennoch ist - bei aller Freiheit der eigenen Planungsentscheidung - eine gewisse Einheitlichkeit von Querschnitt und Linienführung anzustreben. Sie gibt dem Fahrzeuglenker durch sich häufig wiederholende geometrische Elemente eine größere Sicherheit bei der Beurteilung von Fahrweise und Verkehrsablauf.

Die für den *technischen Entwurf* besonders wichtigen Richtlinien sind in Abschnitt 7 aufgeführt. Neben den Gesetzen und Verordnungen, die den Straßenverkehr regeln, sind von der Forschungsgesellschaft für Straßen- und Verkehrswesen e.V. (FGSV) Technische Vorschriften, Richtlinien, Merkblätter und Hinweise erarbeitet worden, die den Entwurfsingenieur bei seiner Arbeit unterstützen sollen. Nach allgemeiner Auffassung der Planer und Verwaltungsbehörden sollen diese Richtlinien nicht starr angewendet, sondern den örtlichen Verhältnissen entsprechend ausgelegt werden. Dies erfordert sowohl vom Entwurfsingenieur wie von den prüfenden Ingenieuren eine erhebliche geistige Flexibilität.

Verkehrstechnische Belange werden in Generalverkehrsplänen dargestellt. Dabei kann es sich um Pläne für ein Bundesland, eine Region oder Gemeinde handeln. Die dort festgelegten Werte und die Straßenfunktion gehen unmittelbar in die Querschnittsfestlegung ein. Sie müssen vor Entwurfsbeginn überprüft, evt. ergänzt oder geändert werden. Hierfür stehen Verfahren zur Verkehrsanalyse und -prognose zur Verfügung.

Die *Topographie* wird durch Geländeaufnahmen (terrestrisch oder photogrammetrisch) aufgenommen. Von Vermessungsbehörden gelieferte Pläne sind teilweise noch nicht auf den neuesten Stand nachgeführt. Sie müssen daher mit den Feldaufnahmen verglichen und oft ergänzt werden. Aus Umweltschutzgründen wird heute auch die Eintragung des trassennahen Baumbestandes verlangt, um Eingriffe in diesen besser erkennen zu können. Schon zu diesem Zeitpunkt sollte man mit dem Landschaftsgestalter die Strecke begehen, um erhaltenswerte Bäume zu erkennen und diesen Bestand beim Entwurf zu schonen. So wird später eine gute Einbindung in die Landschaft erreicht. Ebenso sind Biotope und Standorte seltener Pflanzen zu ermitteln und Schutzmaßnahmen zu prüfen.

Die *geologischen Verhältnisse* erhält man aus geologischen Karten und Gutachten von Fachberatern. In den Karten erkennt man die jeweils anstehende Bodenformation. Sobald die Achse festliegt, müssen in geeigneten Abständen Bohrungen niedergebracht und gestörte und ungestörte Proben entnommen werden. Aus den Ergebnissen der *geologischen Aufschlüsse* lassen sich Rückschlüsse auf den Schichtenverlauf ziehen. Erdbautechnische Untersuchungen der ungestörten Proben geben Aufschluss über die Bodenkennwerte und Tragfähigkeiten. Bohrungen sollten wenigstens bis 2,00 m unter das Rohplanum oder die Oberfläche des tragfähigen Bodens geführt werden.

Das vorhandene *Klima* erfasst man durch Daten der Wetterämter (Regenmenge, -häufigkeit, Frostdauer, Eisbildung, Hochwasser). Darüber hinaus sind aber auch Hauptwindrichtung (Schneeverwehung), Sonneneinstrahlung (Abtrocknen der Oberfläche nach Regen, geringe Glatteisbildung) und Feuchtgebiete (Nebelbildung) wichtig. Durch hohe Dämme kann auch das örtliche Kleinklima (Kaltluftstau) beeinflusst werden.

Dem *Umweltschutz* muss heute besondere Aufmerksamkeit geschenkt werden. Deshalb erfordert der Entwurf auch lärmtechnische Untersuchungen für betroffene Bebauungs- oder Erholungsgebiete. Beim Entwurf kann durch große Abstände und Beachtung der Hauptwindrichtung und etwaiger Inversionswetterbedingungen das Maß notwendiger Lärmschutzeinrichtungen verringert werden. Die gleiche Aufmerksamkeit ist den Schadstoffemissionen zu widmen. Hierbei ist besonders auf Smoggefahr in bereits hoch belasteten Zonen zu achten. Schließlich können Wunden, die der Natur durch Geländeeinschnitte zugefügt werden müssen, bereits durch geschickte Trassenführung gering gehalten werden.

Bei der Abwägung der einzelnen Zielkonflikte muss außerdem die *Wirtschaftlichkeit* berücksichtigt werden. Hierbei darf der Planer nicht nur an die Minimierung der Baukosten denken, sondern muss auch die späteren Instandhaltungs- und Betriebskosten berücksichtigen. Überlegungen zum volkswirtschaftlichen Nutzen der Gesamtmaßnahme sollten in den Entwurf mit einfließen.

Bei der Straßenplanung soll der Ingenieur immer den Grundsatz beherzigen:

Die Straße soll verbinden, nicht trennen !

6.3 Einteilung der Straßen

6.3.1 Kategoriengruppen

Verbindungs-funktionsstufe	Kategorien-gruppe	Kategoriengruppe				
		Autobahnen	Landstraßen	anbaufreie Hauptver-kehrsstraßen	angebaute Hauptver-kehrsstraßen	Erschlie-ßungs-straßen
		AS	LS	VS	HS	ES
kontinental	0	AS 0	-	-	-	-
großräumig	I	AS I	LS I		-	-
überregional	II	AS II	LS II	VS II		-
regional	III	-	LS III	VS III	HS III	
nahräumig	IV	-	LS IV	-	HS IV	ES IV
kleinräumig	V	-	LS V	-		ES V

▓ problematisch
— nicht vorkommend oder nicht vertretbar

Tabelle 6.2 Zusammenhang zwischen Verbindungsfunktionsstufe und Kategoriengruppe

Kategoriengruppe		Straßenkategorie		Standard-Entfernungs-bereich in km [1]	angestrebte Pkw-Fahrgeschwin-dig-keiten in km/h [2]
AS	Autobahnen	AS 0/I	Fernautobahn	40 bis 500	100 bis 120
		AS II	Überregionalautobahn, Stadtautobahn	10 bis 70	70 bis 90
LS	Landstraßen	LS I	Fernstraße	40 bis 160	80 bis 90
		LS II	Überregionalstraße	10 bis 70	70 bis 80
		LS III	Regionalstraße	5 bis 35	60 bis 70
		LS IV	Nahbereichsstraße	0 bis 15	50 bis 60
		LS V	Anbindungsstraße	–	keine
VS	anbaufreie Hauptverkehrsstraßen	VS II	Ortsdurchfahrt, anbaufreie Hauptverkehrsstraße	–	40 bis 60
		VS III	Ortsdurchfahrt, anbaufreie Hauptverkehrsstraße	–	30 bis 50
HS	angebaute Hauptverkehrsstraßen	HS III	Ortsdurchfahrt, gemeindli-che Hauptverkehrsstraße	–	30 bis 40
		HS IV	Ortsdurchfahrt, gemeindli-che Hauptverkehrsstraße	–	20 bis 30
ES	Erschließungsstraßen	ES IV	Sammelstraße	–	keine
		ES V	Anliegerstraße	–	keine

[1] Der Standardentfernungsbereich kennzeichnet die Straßenentfernungen, innerhalb deren 90 % aller Verbindungen liegen
[2] Liegt die maßgebende Entfernung nahe der oberen Grenze des Standard-Entfernungsbereichs, sind im Allgemeinen die höheren Werte anzustreben; liegt die maßgebende Entfernung nahe der unteren Grenze, genügen die niedrigeren Werte

Tabelle 6.3 Zielgrößen für angestrebte mittlere Pkw-Fahrgeschwindigkeiten auf zwischengemeindlichen Verbindungen

Kategoriengruppe		Kategorie		Standardentfernungsbereich in km	angestrebte Fahrgeschwindigkeit in km/h
FB	Fernverkehrsbahn	FB 0	kontinentaler Schienen-Personenfernverkehr	200 bis 500	160 bis 250
		FB I	großräumiger Schienen-Personenfernverkehr	60 bis 300	120 bis 160
NB	Nahverkehrsbahn außerhalb bebauter Gebiete	NB I	großräumiger Schienen-Personennahverkehr	40 bis 200	50 bis 110
		NB II	überregionaler Schienen-Personennahverkehr	10 bis 70	40 bis 100
		NB III	regionaler Schienen-Personenahverkehr	5 bis 35	35 bis 100
UB	Unabhängige Bahn	UB II	SPNV, U-Bahn und Stadtbahn als Hauptverbindung	–	30 bis 45
		UB III	SPNV, U-Bahn und Stadtbahn als Nebenverbindung	–	25 bis 35
SB	Stadtbahn	SB II	Stadt- und Straßenbahn als Hauptverbindung	–	20 bis 30
		SB III	Stadt- und Straßenbahn als Nebenverbindung	–	15 bis 25
		SB IV	Stadt- und Straßenbahn zur Erschließung	–	10 bis 20
TB	Tram/ Bus	TB II	Straßenbahn und Bus als Hauptverbindung	–	10 bis 25
		TB III	Straßenbahn und Bus als Nebenverbindung	–	5 bis 20
		TB IV	Straßenbahn und Bus zur Erschließung	–	keine
RB	Regionalbus außerhalb bebauter Gebiete	RB II	überregionaler Busverkehr	10 bis 70	30 bis 50
		RB III	regionaler Busverkehr	5 bis 35	25 bis 40
		RB IV	nahräumiger Busverkehr	bis 20	20 bis 35

Tabelle 6.4   Kategorien für den öffentlichen Personenverkehr und angestrebte Fahrgeschwindigkeiten

Kategoriengruppe		Kategorie		Standardentfernungsbereich in km	angestrebte Fahrgeschwindigkeit in km/h
AR	außerhalb bebauter Gebiete	AR II	überregionale Radverkehrsverbindung	10 bis 70	20 bis 30
		AR III	regionale Radverkehrsverbindung	5 bis 35	20 bis 30
		AR IV	nahräumige Radverkehrsverbindung	bis 15	20 bis 30
IR	innerhalb bebauter Gebiete	IR II	innergemeindliche Radschnellverbindung	–	15 bis 25
		IR III	innergemeindliche Radhauptverbindung	–	156 bis 20
		IR IV	innergemeindliche Radverkehrsverbindung	–	15 bis 20
		IR V	innergemeindliche Radverkehrsverbindung	–	–

Tabelle 6.5   Kategorien der Verkehrswege für Radverkehr und angestrebte Fahrgeschwindigkeiten im Alltagsverkehr

(Weitere Tabellen über Verkehrswegekategorien sind im Anhang 4 zusammengefasst.)

Früher legte man bei der Planung von Straßen eine *Entwurfsgeschwindigkeit* v_e zugrunde. Danach bestimmte man die Entwurfselemente (z. B. Mindestradien, maximale Querneigung, maximale Längsneigung). Auf eine fahrdynamische Bemessung wurde Wert gelegt. Man ging von der möglichen Reisezeit aus, die ein Kraftfahrzeug für eine bestimmte Strecke brauchte. Die technische Entwicklung der Fahrzeuge führte aber dazu, dass die vorgegebene Entwurfsgeschwindigkeit deutlich überschritten wurde und dadurch die Verkehrssicherheit beeinträchtigt wurde.

Durch die Vereinigung der alten Richtlinien für Linienführung, Querschnitte und Knotenpunkte in einem Regelwerk lassen sich die Festlegungen bestimmter Elemente nicht eindeutig fahrdynamisch begründen.

6.3.2 Entwurfsklassen

Das Straßennetz wird in *Straßenkategorien* und zugehörige *Entwurfsklassen* eingeteilt. Damit will man erreichen, dass der Eindruck, den eine Straße auf den Fahrzeuglenker ausübt, in der EU möglichst überall gleich bleibt und damit die Verkehrssicherheit verbessert wird.

Um die Verbindungsfunktion noch genauer zu definieren, unterscheidet man bei der Kategoriengruppe AS 0 und AS I die Entwurfsklassen EKA 1A und EKA 1B, denen abgestufte Entwurfelemente zugeordnet werden. Kriterien für die Zuordnung zur Entwurfsklasse sind
- Straßenkategorie,
- Lage zu bebauten Gebieten und
- Widmung.

Im Einzelfall gelten die Festlegungen der RIN.

Straßenkategorie	Lage zu bebauten Gebieten	Straßenwidmung	Bezeichnung	Entwurfsklasse
AS 0 / AS I	außerhalb oder innerhalb	BAB	Fernautobahn	EKA 1 A
		nicht BAB	autobahnähnliche Straße	EKA 2
AS II	außerhalb oder innerhalb	BAB	Überregionalautobahn	EKA 1 B
	außerhalb	nicht BAB	autobahnähnliche Straße	EKA 2
	innerhalb	alle	Stadtautobahn	EKA 3

Tabelle 6.6 Entwurfsklassen für Straßenkategorie AS

Kontinentale, großräumige und überregionale Autobahnen (Fernautobahnen) werden nach Entwurfsklasse EKA I entworfen. Um unterschiedliche Verbindungsfunktionsstufe der Straßenkategorie berücksichtigen zu können, werden die Entwurfsklassen in EKA 1 A und EKA 1 B unterteilt. Diesen EKA sind abgestufte Entwurfselemente zugeordnet.

In die Entwurfsklasse EKA 2 werden autobahnähnliche Straßen eingeordnet, die nicht als Bundesautobahnen gewidmet sind (Kraftfahrstraßen). Die Entwurfselemente der EKA 2 können mit geringeren Grenzwerten gegenüber der EKA 1 trassiert werden. Die Anpassung an das Umfeld wird damit flexibler als bei EKA 1.

Stadtautobahnen müssen auf die Bebauung Rücksicht nehmen und werden deshalb in der Entwurfklasse EKA 3 erfasst.

Fernautobahnen (EKA 1A) plant man für die Richtgeschwindigkeit v_{nass} = 130 km/h, Überregionalen Autobahnen (EKA 1B) legt man den Wert v_{nass} = 120 km/h, autobahnähnlichen Straßen (EKA 2) die Geschwindigkeit v_{nass} = 100 km/h und Stadtautobahnen (EKA 3) v_{zul} = 80 km/h.

Zur Kategoriengruppe AS gehören Autobahnen, die weiträumig oder international Gebiete verbinden. Zur Kategorie AS 0 gehören Fernautobahnen. Zur Kategorie AS I zählen die überregionalen Autobahnen und in der Kategorie AS II sind die Stadtautobahnen zusammengefasst.

Mit der Kategoriengruppe LS werden alle Landstraßen zusammengefasst. Diese können Aufgaben von der großräumigen bis zur kleinräumigen Erschließung erfüllen. Die „Richtlinien für die Anlage von Landstraßen – RAL" gelten für den Entwurf einbahniger Straßen außerhalb bebauter Gebiete mit plangleichen oder planfreien Knotenpunkten.

Entsprechend den „Richtlinien für die integrierte Netzgestaltung – RIN" werden den Landstraßen ihrer Bedeutung im Straßennetz nach ebenfalls verschiedene Entwurfsklassen zugeordnet.

Netzfunktion	großräumig	überregional	regional	nahräumig	Anbindung
Kategoriengruppe	LS I	LS II	LS III	LS IV	LS V
Entwurfsklasse	EKL 1	EKL 2	EKL 3	EKL 4	nach RLW

Tabelle 6.7 Entwurfsklassen für die Straßenkategorie LS

Durch die Einteilung in verschiedene Entwurfsklassen soll auch im Landstraßenbereich eine Einheitlichkeit des Fahrraumbildes erzielt werden. So soll eine gleichmäßige, der Netzfunktion angemessene Geschwindigkeit innerhalb einer Entwurfsklasse erreicht werden und dem Fahrzeugführer die Wiedererkennbarkeit im Erscheinungsbild erleichtert werden. Er darf daher erwarten, dass die Entwurfsstandards im befahrenen Streckenabschnitt gleich sind.

Innerhalb einer Entwurfsklasse sind alle Entwurfsmerkmale festgelegt. Diese Merkmale unterscheiden sich je nach Entwurfsklasse deutlich von einander

Zu den Stadtstraßen im weiteren Sinne zählen die Kategoriengruppen VS, HS und ES.
- Zur Kategoriengruppe VS gehören anbaufreie Straßen im Vorfeld bebauter Gebiete, die die Fortsetzung der Kategoriengruppe LS bei der Annäherung an bebaute Gebiete bilden. Nur wenige Erschließungsansprüche sind zu befriedigen. Die Straßen können einbahnig oder zweibahnig sein. Ihre Verknüpfung mit dem nachgeordneten Straßennetz erfolgt überwiegend durch plangleiche Knotenpunkte mit Lichtsignalregelung oder Kreisverkehre. Die zulässige Geschwindigkeit beträgt außerorts vorzugsweise v_{zul} = 70 km/h. In bebauten Gebieten gilt überwiegend v_{zul} = 50 km/h.
- Zur Kategoriengruppe HS gehören angebaute und anbaufähige Verkehrswege innerhalb bebauter Gebiete. Sie bilden das innerörtliche Hauptstraßennetz und übernehmen meist auch die Linien des öffentlichen Nahverkehrs. Es können auch Ortsdurchfahrten von Bundes-, Landes-, Kreis- oder Gemeindestraßen sein. Die Verknüpfung mit Straßen der gleichen Kategoriengruppe erfolgt im Allgemeinen durch plangleiche Knotenpunkte mit Lichtsignalregelung oder Kreisverkehre. Diese Straßen weisen Flächen für den ruhenden Verkehr auf. Für den Radverkehr stehen meist gesonderte Radverkehrsanlagen zur Verfügung. Die zulässige Geschwindigkeit beträgt in der Regel v_{zul} = 50 km/h.
- Zur Kategoriengruppe ES gehören angebaute und anbaufähige Verkehrswege innerhalb bebauter Gebiete. Sie dienen hauptsächlich der unmittelbaren Erschließung der angrenzenden Grundstücke, dem Aufenthalt oder der flächenhaften Erschließung ganzer Ortsteile. Diese Straßen sind einbahnig. Die Knotenpunkte sind plangleich ohne Lichtsignalanlagen. An Straßen der Kategoriengruppe HS werden sie plangleich mit oder ohne Lichtsignalanlagen oder Kreisverkehre angeschlossen. Oft wird die Geschwindigkeit in Erschließungsstraßen auf v_{zul} = 30 km/h beschränkt.

Der Entwurf der Straßen muss bei den Kategoriengruppen AS und LS neben anderen Faktoren besonders die umweltrelevanten Ziele und Nutzungen beachten. Für die Straßen der Kategoriengruppen VS, HS und ES dominieren hauptsächlich städtebauliche und verkehrliche Gesichtspunkte.

Die Einteilung der Straßen hat das Ziel, die Funktion des jeweiligen Verkehrsweges im Verkehrswegenetz zu verdeutlichen und den Verkehrsteilnehmer auf ein entsprechendes Verhalten hinzuweisen. Darüber hinaus soll ihm die Routenplanung erleichtert werden und die zu erwartende Reisezeit abzuschätzen möglich sein. Dazu werden die Straßenkategorien verschiedenen Entwurfsklassen (EKL) zugeteilt

Für den Entwurf gelten für Autobahnen die „Richtlinien für die Anlage von Autobahnen – RAA", für Landstraßen die „Richtlinien für die Anlage von Landstraßen – RAL" und für Straße im Ortsbereich und dessen Umfeld die „Richtlinien für die Anlage von Stadtstraßen – RASt". In der Regel ist die Geschwindigkeit auf Stadtautobahnen durchgehend begrenzt.

6.4 Querschnittsgestaltung

Um die Aufgaben eines bestimmten Streckenabschnitts zu erfüllen, müssen die einzelnen Bestandteile des Querschnitts entsprechend ausgewählt werden. Auswahlkriterien sind
- Verkehrssicherheit,
- Leistungsfähigkeit,
- Wirtschaftlichkeit.

Außerdem muss die Gestaltung Rücksicht auf die Umwelt nehmen (Naturschutz, Immissionsschutz, Denkmalschutz, Ziele der Ortsplanung).

Aus Verkehrsprognose, Ausbau- und Generalverkehrsplänen erhält man Vorgaben für die Wahl des Querschnitts. Der *Regelquerschnitt* ist ein für die Entwurfsstrecke einheitlicher Querschnitt, der aus einzelnen Bestandteilen baukastenartig zusammengesetzt wird. Er wird als Regelausführung angegeben, um Entwurf, Bau und Betrieb zu erleichtern. In Ausnahmefällen darf davon abgewichen werden. Abweichungen sind ausführlich zu begründen.

Grunddaten der Bemessung.
Je nach Erfordernis der einzelnen Bestandteile ergeben sich die Regelquerschnitte für Autobahnen, Landstraßen und Ortsstraßen. Wesentliches Merkmal ist dabei die *Fahrstreifengrundbreite*. Sie setzt sich aus der Breite des Bemessungsfahrzeugs und der des seitlichen Bewegungsspielraumes zusammen. Fahrstreifen, die am Gegenverkehr liegen, erhalten einen Gegenverkehrszuschlag, um die Verkehrssicherheit zu erhöhen.

Regelabmessungen	Ausgangsbreite in m	Breite des seitlichen Bewegungsspielraums in m	Breite des seitlichen Sicherheitsraums in m	Ausgangshöhe in m	Höhe des oberen Bewegungsspielraums in m	Höhe des oberen Sicherheitsraums S_o in m	Höhe des lichten Raumes in m
Kfz	2,55 (2,60)[1]	0,00 bis 1,20 nach Entwurfsklasse	1,00 (1,25)[2]	4,00	0,25	0,45	4,70

[1] Kühlfahrzeug   [2] bei fehlendem Sicherheitsraum

Tabelle 6.8 Regelmaße des lichten Raumes bei Autobahnen

Fahrzeugabmessungen. Die Höchstabmessungen für Kraftfahrzeuge betragen nach der StVZO für die Breite 2,55 m, für die Höhe 4,00 m. Diese Abmessungen gelten für alle Serienfahrzeuge und sind daher der Bemessung des Querschnitts zugrunde zu legen. Für den Radfahrer ist eine Breite von 0,60 m, für den Fußgänger eine von 0,75 m anzusetzen. Die Lichte Höhe ist bei diesen Verkehrsarten auf 2,00 m festgelegt.

Bewegungsspielraum. Der seitliche Bewegungsspielraum ist der über die Fahrzeugabmessungen hinaus benötigte Raum, den das Kraftfahrzeug benötigt, um Fahr- und Lenkungsungenauigkeiten auszugleichen. Er dient gleichzeitig als Sicherheitsraum für die Teile, die über das Fahrzeug hinausragen (z.B. Zusatzspiegel).

Die Breite des Bewegungsspielraums ist abhängig von der
- Verkehrsgeschwindigkeit,
- Verkehrsbelastung, Begegnungshäufigkeit, Überholung,
- Verkehrszusammensetzung (Lastverkehrsanteil),

und im angebauten Bereich vom
- Busverkehr und
- ruhendem Verkehr.

Die nach diesen Kriterien erforderlichen seitlichen Bewegungsspielräume sind in Tabelle 6.8 aufgeführt. Der Bewegungsspielraum in der Höhe ist der Raum, der für den Ausgleich von Ladeungenauigkeiten und Schwingen in der Federung wegen Fahrbahnunebenheiten nötig wird. Für Kraftfahrzeuge beträgt er 0,20 m, für Rad- und Fußgängerverkehr 0,25 m.

Fahrstreifengrundbreite. Aus den Fahrzeug-Regelabmessungen und dem seitlichen Bewegungsspielraum ergibt sich die Fahrstreifengrundbreite.

Gegenverkehrszuschlag. Für einbahnige Straßen mit Gegenverkehr wird für jede Fahrtrichtung ein Zuschlag von 0,25 m angesetzt.

Entsprechend der Lage außer- oder innerörlich und der Verkehrsbedeutung der Straßenkategorie ergeben sich baukastenartig zusammengesetzte Regelquerschnitte, die in ihrer Gestaltung ein Optimum an Verkehrssicherheit und Wirtschaftlichkeit erzielen sollen. Die Querschnitte der einzelnen Entwurfskategorien sind im Kapitel 7 dargestellt.

Ging man früher davon aus, dass alle Fahrstreifen einer Fahrbahn gleiche Breite besitzen sollten, werden heute aus Wirtschaftlichkeitserwägungen bei mehr als zweistreifigen Straßen die innenliegenden Fahrstreifen auch schmaler ausgebildet. Man geht davon aus, dass die breiten Lastfahrzeuge in der Regel den äußeren Fahrstreifen benutzen und man die Fahrstreifen für den Pkw-Verkehr in der Breite verringern kann, ohne wesentlich die Verkehrssicherheit herabzusetzen.

7 Straßenentwurf

7.1 Bestandteile des Straßenquerschnitts

Der Straßenquerschnitt lässt sich aus einzelnen Bestandteilen baukastenmäßig zusammensetzen.

Fahrbahn. Der fließende Verkehr wird in der Regel auf der Fahrbahn geführt. Die Breite setzt sich zusammen aus der Breite der einzelnen Fahrstreifen und den Randstreifen.

Fahrstreifen. Darunter versteht man die Fläche, die für ein Fahrzeug für die Fahrt in einer Richtung zur Verfügung steht. Die Fahrstreifenbreite ergibt sich aus der Fahrstreifengrundbreite und - soweit erforderlich - den Gegenverkehrszuschlägen. Nur dort, wo Gegenverkehr ohne Bedeutung ist, genügt die Befestigung von einem Fahrstreifen (Feld- und Forstwege). In der Regel müssen mindestens zwei Fahrstreifen mit Gegenverkehrszuschlag angeordnet werden. Davon sollte nur in Fällen verkehrsberuhigter Zonen abgewichen werden. Doch ist auch hier auf Bereiche für Begegnungsmöglichkeiten zu achten.

Drei Fahrstreifen mit wechselnden Überholmöglichkeiten finden sich in Deutschland nur in geringem Maße. Hierfür muss der Gegenverkehrszuschlag durch entsprechende Fahrbahnmarkierung jeweils zwischen Überhol- und Gegenverkehrsspur vorgesehen werden. Bei Autobahnen mit drei Fahrstreifen im Richtungsverkehr treten nur die Grundbreiten auf. Straßen mit vier Fahrstreifen ohne Mittelstreifen erhalten den Gegenverkehrszuschlag nur an den inneren Fahrstreifen.

Randstreifen. Der Randstreifen hat die Aufgabe, die seitliche Begrenzungs-Markierung der Fahrbahn aufzunehmen und die Fahrbahnkante vor Abbrüchen zu schützen, falls ein Fahrzeug dicht an der Fahrbahnkante entlang fährt.

Die Breite des Randstreifens beträgt 0,50 m. Die Farbmarkierung wird an der inneren Seite des Randstreifens aufgebracht, so dass zwischen Markierung und Bankett noch eine sog. Sauberkeitsstreifen erhalten bleibt. Straßen mit sechs Fahrstreifen der EKA 1 erhalten am Mittelstreifen einen 0,75 m breiten Randstreifen. Bei Unfällen kann diese Fläche und der Teil des Mittelstreifens bis zur Leiteinrichtung zum Abstellen des Fahrzeugs und zum Aussteigen der Insassen dienen. Der Randstreifen entfällt im angebauten Bereich, sofern ein Hochbord am Fahrbahnrand vorhanden ist.

Trennstreifen stellen die räumliche Trennung verschiedener Fahrbahnen oder von Fahrstreifen verschiedener Verkehrsarten her. Die Breite ist abhängig vom erforderlichen Sicherheitsraum. Sie kann allerdings aus gestalterischen Gründen oder zur Aufnahme von Bepflanzung vergrößert werden.

Mittelstreifen werden zwischen entgegengesetzt befahrenen Richtungsfahrbahnen angeordnet. Bei kleineren Kurvenradien kann durch die Bepflanzung eine Sichtbehinderung auftreten, die man durch Verbreiterung des Mittelstreifens ausgleichen kann. Im angebauten Bereich wird oft die Linksabbiegespur niveaugleicher Knoten im Bereich des Mittelstreifens untergebracht. Doch soll neben der Abbiegespur noch eine Mittelstreifenbreite von 2,00 m erhalten bleiben. Dort können die notwendigen Verkehrszeichen aufgestellt werden. Außerdem ergeben sich dann an diesen Stellen "Fluchtflächen" für den Rad- und Fußgängerverkehr. Bei signalgeregelten Knoten gestatten sie eine Regelung, bei der diese Verkehrsteilnehmer in zwei Grünzeiten die jeweiligen Fahrbahnen überqueren können. Bei starkem Rad- und Fußgängerverkehr muss der Mittelstreifen entsprechend verbreitert werden.

Seitentrennstreifen ermöglichen eine räumliche Trennung zwischen Haupt- und Nebenfahrbahn im Anschlussstellenbereich oder zwischen Fahrbahn und Geh- oder Radwegen. Auf

Trennstreifen ist eine entsprechende Bepflanzung zweckmäßig, um ein Überfahren oder Überschreiten durch die Verkehrsteilnehmer zu verhindern. Im angebauten Bereich soll hinter einem Hochbord die Trennstreifenbreite zum Radweg mindestens 0,75 m betragen.

Seitenstreifen. Seitenstreifen dienen nicht dem fließenden Verkehr, sollen aber die Fahrbahn von Hindernissen, z.B. liegengebliebenen Fahrzeugen, freihalten. Die Seitenstreifen werden deshalb befestigt. Je nach dem Zweck ist zu entscheiden, ob eine leichtere Befestigung gewählt werden kann als sie für die Fahrbahn vorgesehen ist. Meist werden auf dem Seitenstreifen nur geringe Geschwindigkeiten gefahren, so dass dort auch die Belastung geringer ist.

Nach ihrem Verwendungszweck unterscheidet man:

Randstreifen. Sie werden nicht befahren. Autobahnen mit zwei Fahrstreifen und Randstreifen werden heute bei hoher Belastung auf drei Fahrstreifen ohne Randstreifen erweitert. Dies bedeutet aber einen Verlust an Verkehrssicherheit, wenn ein Fahrzeug liegen bleibt. Durch Markierung werden dann die Fahrspuren auch verengt und gefährden damit auch den überholenden Verkehr. Diese Lösung sollte nur als Übergangslösung verwendet werden, bis ein Vollausbau auf drei Fahrstreifen mit Randstreifen erfolgt.

Mehrzweckstreifen. Sie wurden früher nur an zweistreifigen, anbaufreien Querschnitten des alten Typs b2s angeordnet. Sie dienen
- der Aufnahme des langsamen Verkehrs (landwirtschaftlicher, Rad-, Fußgängerverkehr),
- dem Abstellen von Fahrzeugen in Sonderfällen, als Arbeitsfläche für den Betriebsdienst.

Mehrzweckstreifen besitzen eine Breite von 1,50 m.

Parkstreifen. Auf diesen Seitenstreifen können Fahrzeuge bei längerer Parkdauer abgestellt werden. Sie werden besonders in angebauten Bereichen angeordnet. An anbaufreien Strecken werden sie in größeren Abständen als Parkbuchten ausgebildet. Die Breitenabmessungen richten sich bei Pkw nach der Form der Aufstellung (Längs-, Schräg- oder Senkrechtaufstellung). Für Lkw oder Busse werden die Parkstreifen stets parallel zur Fahrbahn angelegt. In Längsanordnung sind für Pkw 2,00 m, für Busse und Lkw 2,50 m Streifenbreite vorzusehen.

Bankette. Bankette sind unbefestigte Seitenstreifen. Da sich ihre Oberfläche (meist Rasen) von der befestigten Fahrbahn oder dem Randstreifen unterscheidet, bilden sie eine deutliche Abgrenzung des Verkehrsraumes auch bei Nacht. Auf ihnen können seitliche Leiteinrichtungen, Pfosten der Verkehrszeichenbrücken, Verkehrszeichen oder Fahrzeug – Rückhalteeinrichtungen untergebracht werden. Darüber hinaus sorgen sie dafür, dass der Kegel der Druckausbreitung der Verkehrslasten genügend weit vom Böschungsrand entfernt liegt. Außerdem kann das Bankett vom Betriebsdienst bei der Pflege der Böschungen oder ausnahmsweise von Fußgängern benutzt werden.

Neben befestigten Seitenstreifen legt man 1,50 m breite Bankette an. In Einschnitten kann die Breite um 0,50 m vermindert werden. Die psychologische Hemmschwelle, zu nahe an den Kronenrand heranzufahren, wird ja durch die Einschnittsböschung abgebaut. Die Verminderung der Breite bedeutet gleichzeitig eine Verringerung der Baubreite um 1,00 m und verringert damit auch den Grunderwerbsbedarf. In Sonderfällen lässt sich im Einschnitt das Bankett durch eine 1,00 m breite Entwässerungsmulde aus Betonfertigteilen ersetzen, weil damit auch der Platzbedarf für die Entwässerungseinrichtung entfällt.

Bei der Einschränkung der Bankettbreite ist darauf zu achten, dass die notwendige *Haltesichtweite* erhalten bleibt.

Die Entfernung zwischen den Außenkanten der Bankette nennt man *Kronenbreite*. Sie wird als Regelmaß für den Querschnitt angegeben.

Radweg. Radwege dienen der Entflechtung des langsameren Radverkehrs vom motorisierten Fahrverkehr. Sie sollen zweistreifig sein, damit Überholvorgänge möglich sind. Im angebauten Bereich ordnet man sie auf beiden Seiten der Fahrbahn an, um auch den Radverkehr als "Rechtsverkehr" abwickeln zu können. Trotzdem ist nicht auszuschließen, dass Radwege auch unerlaubt im "Gegenverkehr" befahren werden. Neben Hochborden sollte ein zusätzlicher Sicherheitsstreifen von 0,75 m Breite vorgesehen werden.

Gehweg. Gehwege bieten dem Fußgänger einen eigenen sicheren Verkehrsraum, weil er dem langsamsten Verkehrsteilnehmer von den übrigen Verkehrsarten getrennt einen eigenen Verkehrsraum bietet. Nur kleinen Kindern ist die Benutzung der Gehwege mit dem Fahrrad gestattet, wenn keine Fahrradwege vorhanden sind.

Gehwege, die durch Hochborde von der Fahrbahn abgesetzt sind, erhalten eine Breite, die sich aus dem Gehraum und dem Sicherheitsraum des Kraftfahrzeugverkehrs zusammensetzt. Die Mindestbreiten betragen bei

$v \leq$ 70 km/h $\quad b_G$ = 2,25 m
$v \leq$ 50 km/h $\quad b_G$ = 2,00 m

Gehwege hinter Seitentrennstreifen sollen 2,00 m breit befestigt werden, damit der Betriebsdienst maschinell abgewickelt werden kann (Schneeräumen, Kehren, Arbeiten an der Straßenbeleuchtung). Im angebauten Bereich sind aus städtegestalterischen Gründen oder wegen starker Verkehrsbelastung auch größere Breiten sinnvoll.

Gemeinsame Rad - und Gehwege. Die gemeinsame Führung von Rad- und Fußgängerverkehr sollte nur im nicht angebauten Bereich geplant werden. Da die beiden Verkehrsarten meist nur durch eine Markierung getrennt sind, können gegenseitige Verkehrsbelästigungen, und damit Unfallgefahren auftreten. Die Breite legt man zweckmäßig mit 2,00 m fest, damit diese gemeinsamen Wege nicht auch von anderen Fahrzeugen benutzt werden. Im angebauten Bereich kann man die Minderung der Verkehrsbelästigung auch durch verschiedenfarbige oder andersartige Oberfläche zu erreichen versuchen

7.2 Bauliche Gestaltung

Querneigungen der Querschnittsbestandteile
Fahrbahnen werden meist nach einer Seite geneigt. Um eine rasche seitliche Abführung des Oberflächenwassers zu erzielen, ist die Mindestquerneigung auf 2,5 % festgelegt. In Kurven kann in Abhängigkeit vom Radius und der Entwurfsgeschwindigkeit eine höhere Querneigung erforderlich werden. Doch darf diese bestimmte Maximalwerte nicht überschreiten, damit für langsame Fahrzeuge kein Abgleiten zum Innenrand auftreten kann.

Befestigte Seitenstreifen erhalten die gleiche Querneigung wie die Fahrbahn sowohl in Größe wie Richtung. Bei Abbiegespuren kann eine Neigung nach außen, unabhängig von der Querneigungsrichtung, sinnvoll sein. Da dadurch aber ein Grat entsteht, der für ausscherende Fahrzeuge ungünstig ist, darf der Gesamtknick, d.h. die absolute Summe der Querneigungen, nicht mehr als 8 % betragen. Parkbuchten an Bushaltestellen erteilt man ein Gefälle von 2,5 % zur Fahrbahn hin, um ein Bespritzen wartender Fahrgäste bei Regen durch heranfahrende Busse zu vermeiden.

Bankette werden immer zum Kronenrand hin geneigt. Auf der höheren Seite des Querschnitts erhalten sie eine Querneigung von 6 %, auf der tieferen 12 %, um einen schnellen Abfluss des Oberflächenwassers von der Fahrbahn zu erreichen. Dieser Effekt kann unterstützt werden, wenn man bei Neubauten das Bankett 0,02 m bis 0,03 m tiefer als den befestigten Außenrand der Fahrbahn anlegt. Bei älteren Straßen muss diese Differenz durch Abschälen des Rasens von Zeit zu Zeit wieder hergestellt werden.

Befestigte Seitentrennstreifen. Diese neigt man mit 4 %. Durch Querneigung nach außen verhindert man in Tauperioden, dass der auf diesen Streifen lagernde Schnee die Fahrbahn annässt und dadurch Glatteis bei Nacht auftreten kann.

Rad - und *Gehwege* erhalten 2,5 % Querneigung. Bei nicht angebauten Straßen neigt man sie meist nach außen. Werden sie frei trassiert, so ist zu prüfen, ob der breitere Trennstreifen als Entwässerungsmulde ausgebildet werden kann. In diesem Fall erhält der Rad- und Gehweg eine Querneigung dorthin. Im angebauten Bereich muss darauf geachtet werden, dass kein Regenwasser von ihm gegen die Hauswand laufen kann, da sonst die Hauseigentümer Feuchteschäden an den Kellerwänden oder Fundamenten geltend machen können. Bei der Neigung zur Fahrbahn hin kann das Wasser den Einlaufschächten an der Fahrbahnkante zugeführt werden.

Hochborde
Im nicht angebauten Bereich werden Hochborde meist nicht eingesetzt. Die Straßenentwässerung erfolgt hier über die Bankette in seitliche Entwässerungseinrichtungen. Rad- und Fußgängerverkehr wird hinter Trennstreifen viel sicherer geführt als hinter einer Abgrenzung mit Hochborden. Hochborde können erforderlich werden, wenn eine einwandfreie Entwässerung dies verlangt (Längsneigung $s < 0,5$ %, Straßen am Felshang oder einer Stützmauer). Der Hochbord soll dann in einem Abstand von 0,50 m vom Fahrbahnrand eingebaut werden. Dadurch liegen die Einlaufschächte außerhalb der Fahrstreifen und der Bereich zwischen Fahrbahnkante und Bordstein kann als Entwässerungsrinne angelegt werden. Auch die Ausbildung als Pendelrinne bei geringem Straßengefälle kann dann ohne Beeinflussung der Fahrbahnquerneigung erfolgen.

Bei angebauten Straßen liegt der Hochbord in der Regel unmittelbar an der Fahrbahn. Seine Regelhöhe beträgt 0,12 m. Ist die Straße nicht angebaut, kann dieses Maß bis 0,20 m betragen, um Rad- und Gehwege abzugrenzen, sofern keine Schutzplanken aufgestellt werden. Vor Schutzplanken werden Hochborde nur 0,07 m hoch ausgebildet. Dadurch soll verhindert werden, dass von der Fahrbahn abkommende Fahrzeuge zu Sprüngen auf oder über die Planke angeregt werden.

Im Knotenpunktsbereich werden die Hochborde bei Rad- und Fußgänger-Überwegen abgesenkt. Eine Resthöhe von $h \leq 0,03$ m ist günstiger für die Längsführung des Straßenwassers, das dann am Übergang keine Pfützen bildet. Außerdem ist ein deutlicher Anschlag für die Straßenkehrmaschine vorhanden. Vollständig versenkte Bordsteine sind dagegen vorteilhaft für Rad- und Rollstuhlfahrer, die keinen Höhenunterschied beim Überfahren überwinden müssen.

Böschungen
Den Höhenunterschied zwischen Kronenkante und Gelände gleicht man durch Dammschüttungen oder Einschnitte aus. Die Neigung der dadurch entstehenden Böschungen ergibt sich aus der Forderung nach erdbautechnischer Standsicherheit. Im allgemeinen genügt dafür ein Böschungsverhältnis von $1:n = 1:1,5$. Dieses Verhältnis stellt den Wert des Tangens des Böschungswinkels dar, also das Steigungsverhältnis Höhe zu Horizontalentfernung.

Der Durchstoßpunkt der Böschungslinie durch das Gelände ergibt aber eine harte Schnittkante, die in der Umgebung unnatürlich wirkt. Deshalb wird diese Kante so ausgerundet, dass eine - horizontal gemessene - Tangentenlänge von 3,00 m entsteht. Damit wird eine weichere Einpassung in die Landschaft erzielt.

Liegt die Höhendifferenz unter 2,00 m, muss die Böschung flacher geneigt werden. Die horizontale Projektion der Böschungsbreite bleibt dabei konstant 3,00 m. Für die Tangentenlänge l_T gilt dann (Bild 7.1)

7.2 Bauliche Gestaltung

$$h_T = 1{,}5 \cdot h \quad \text{in m} \tag{7.1}$$

h Differenz zwischen Höhe Kronenkante und Höhe Geländedurchstoßpunkt in m

Böschungshöhe h	$h \leq 2{,}0$ m	$h < 2{,}0$ m
Damm	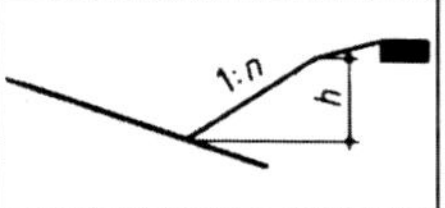	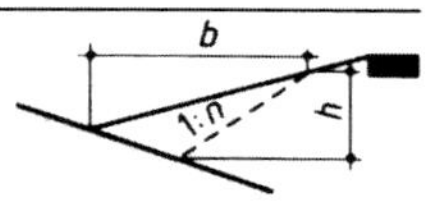
Einschnitt	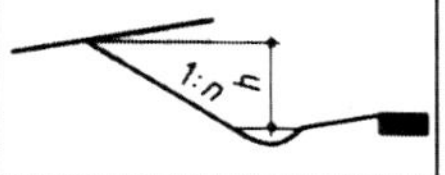	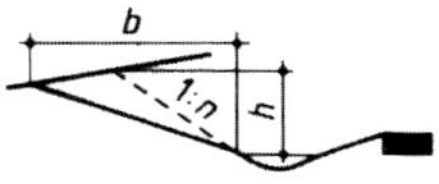
Regelböschung	1 : 1,5	b = 3,0 m
allgemeine Böschungsmaße	1 : n	b = 2 n
Tangentenlänge der Ausrundung	3,0 m	1,5 h

Bild 7.1 Ausbildung der Regelböschung

Auch bei tieferen Einschnitten als 2,00 m kann eine flache Böschungsneigung durchaus sinnvoll sein. Einmal wird so für Schüttungen notwendiger Boden gewonnen, zum anderen können Böschungsneigungen von 1:8 bis 1:10 bereits mit landwirtschaftlichen Maschinen bearbeitet werden. Dadurch wird es möglich, die künftige Grundstücksgrenze an der Außenseite der Entwässerungsmulde anzuordnen. Für das beanspruchte Gelände der flachen Böschung muss zwar für ein paar Jahre eine Aufwuchsentschädigung gezahlt werden. Dafür entfällt aber später für den Betriebsdienst die Instandhaltung und das Mähen der steilen Böschungsflächen.

Im Felsbereich kann der Einschnitt steiler ausgeführt werden. Hierbei muss aber auf vorhandene Gleitschichten oder Verwitterungszonen geachtet werden, damit Steinschlag auf die Fahrbahn vermieden wird.

Für das Anlegen von Einschnitten sind oft auch Gründe wie Schutz vor Lärmemissionen oder Ablagerungsflächen für Schneeverwehungen maßgebend.

Entwässerungsmulden

Im *Dammbereich* wird das Regenwasser über Bankette und Böschungen in das angrenzende Grundstück abgeleitet. Entwässerungseinrichtungen am Dammfuß sind nur in Sonderfällen erforderlich, weil der Unterlieger ungeregelt abfließendes Oberflächenwasser nach dem Wassergesetz abnehmen muss. Entwässerungseinrichtungen werden im Dammbereich aber erforderlich, wenn das Gelände nach dem Dammfuß geneigt ist und sich dort Wasser stauen würde. Allerdings muss im Hinblick auf den Umweltschutz auch berücksichtigt werden, ob etwa Schadstoffe auf die angrenzenden Grundstücke geschwemmt werden könnten, die deren Nutzung beeinträchtigen.

Im *Einschnittsbereich* dagegen staut sich das Oberflächenwasser am Schnittpunkt von Bankett und Einschnittsböschung. Deshalb legt man am äußersten Punkt des Banketts, dem Kronenrand, eine Entwässerungsmulde an. Sie wird meist 2,00 m breit und 0,30 m bis 0,35 m tief ausgeführt. Das entspricht einem Kreisradius von rd. 1,60 m.

Die in der Mulde gesammelten Regenmengen müssen dann über Einlaufschächte einer Regenwasser-Sammelleitung zugeführt werden. Das geregelt abgeführte Wasser muss bis zum Vorfluter weitergeführt werden.

Nach dem Gesetz zur Reinhaltung des Wassers muss heute auch Straßenwasser vor der Einleitung in den Vorfluter vorbehandelt und von Schmutzstoffen befreit werden. Deshalb werden meist spezielle Regensammelbecken angelegt.

Um Baubreite einzusparen, können auch sog. Spitzmulden ausgebildet werden. Hierbei legt man eine dreiecksförmige Mulde an, bei der die Einschnittsböschung so lange weitergeführt wird, bis ein Punkt erreicht ist, der 0,35 m tiefer als der Kronenrand liegt. Von dort wird die andere Dreiecksseite zum Kronenrand geradlinig verzogen. Diese Ausführung hat den bautechnischen Vorteil, dass der Muldeneinschnitt mit dem Planierschild des Graders vorgenommen werden kann. Allerdings ist im Bereich der Einlaufschächte zusätzliche Nacharbeit notwendig.

7.3 Gestaltung des Regelquerschnitts

Aus den Einzelbestandteilen des Querschnitts wird der Gesamtquerschnitt zusammengesetzt. Er zeigt als Regelquerschnitt die Regelausführung und dient als Übersichtszeichnung für Kalkulation und Bauausführung. Darüber hinaus muss seine Zeichnung auch Aussagen über die Art der Befestigung der Fahrbahn und die Dicke der einzelnen Schichten machen. Ferner soll sie Hinweise auf sonstige Einrichtungen und - insbesondere im angebauten Bereich - die Anordnung und Lage von Ver- und Entsorgungsleitungen geben.

Terminologie des Baukörpers
Im gesamten deutschen Sprachraum wird für die einzelnen Teile des Bauwerks im Querschnitt die gleiche Terminologie verwendet. Dies ist in den Bildern 7.2 und 7.3 dargestellt. Unabhängig von den Bauweisen der Fahrbahnbefestigungen werden drei Grundbegriffe unterschieden.

Untergrund. Damit wird der anstehende gewachsene Boden bezeichnet, der im Dammbereich nach dem Abheben des Mutterbodens freigelegt wird. Im Einschnitt tritt der Untergrund zutage, wenn der Einschnitt die Solltiefe erreicht hat. Der dem Untergrund entnommene Einschnittsboden wird fast immer als Dammschüttung an anderer Stelle verwendet. Bei geringer Tragfestigkeit wird eine Schicht von 0,10 m verfestigt.

Unterbau. Damit bezeichnet man die Erdschüttung des Dammkörpers. Diese Schicht tritt damit im Einschnitt nicht auf. Der Einbau geschieht lagenweise und muss in seiner Dicke der Leistung der Einbaugeräte und der Verdichtungswilligkeit des Bodens entsprechen. Der Unterbau muss so gut verdichtet werden, dass er seine Tragfähigkeitsaufgaben wahrnehmen kann. Bei geringer Tragfähigkeit können die oberste oder auch mehrere Einbaulagen verfestigt werden.

Oberbau. Über dem Untergrund oder Unterbau liegen eine Anzahl von Schichten, die verschiedene Aufgaben zu erfüllen haben und deshalb verschiedenartig zusammengesetzt werden.

Als Oberbauschichten bezeichnet man:
- Asphaltdecke, Betondecke, Pflasterdecke, Plattenbelag,
- Asphalttragschicht, Tragschicht mit hydraulischem Bindemittel (als Verfestigung, hydraulisch gebundene Tragschicht oder Betontragschicht),
- Schichten ohne Bindemittel.

Tragschicht. Ihre Aufgabe besteht in der Verteilung der von oben kommenden Lasten auf Unterbau oder Untergrund. Dadurch soll ein Nachverdichten der darunter liegenden Schichten vermieden werden. Es können mehrere Tragschichten übereinander auftreten, die nach Bauweise oder Aufgabe unterschieden werden.

7.3 Gestaltung des Regelquerschnitts

Über bindigem Untergrund oder Unterbau wird zunächst eine *Frostschutzschicht* eingebaut. Zwar kann sie nicht gegen das Eindringen des Frostes schützen. Doch sorgt sie dafür, dass von unten aufsteigendes Kapillarwasser über die Neigung des Erdplanums abgeführt und von oben eindringendes Wasser abdrainiert wird. Um diese Eigenschaften zu erreichen, muss ein bestimmter Kornaufbau gewährleistet sein. So darf der Anteil des Feinstkorns < 0,063 mm nicht größer als 5 Masse-% sein, um die Frostempfindlichkeit dieser Schicht auszuschalten. Um eine ausreichende Tragfähigkeit zu erzielen, muss die Ungleichkörnigkeit $u = D_{60} / D_{10} = 7$ betragen. Dabei bezeichnet D_{60} bzw. D_{10} jeweils den Korndurchmesser bei 60 Masse-% bzw. 10 Masse-% des Siebdurchgangs. Außerdem muss die Tragfähigkeit mit dem Plattendruck- oder Proctorversuch nachgewiesen werden. Wenn das dafür notwendige Material bei der Lage der Baustelle nicht wirtschaftlich zu beschaffen ist, kann man sich durch Verfestigen der obersten Schicht helfen. Diese Schicht gilt dann als 2. Tragschicht.

Auf der Frostschutzschicht wird in Gegenden, in denen Steinbrüche vorhanden sind, eine *Schottertragschicht*, sonst eine *Kiestragschicht* aufgebaut. Statt Schotter kann auch gebrochene Schlacke verwendet werden, wenn dies wirtschaftlich ist. In Gegenden ohne günstige Gesteinsvorkommen liegt direkt auf der Frostschutzschicht eine *Tragschicht mit bitumenhaltigem Bindemittel*.

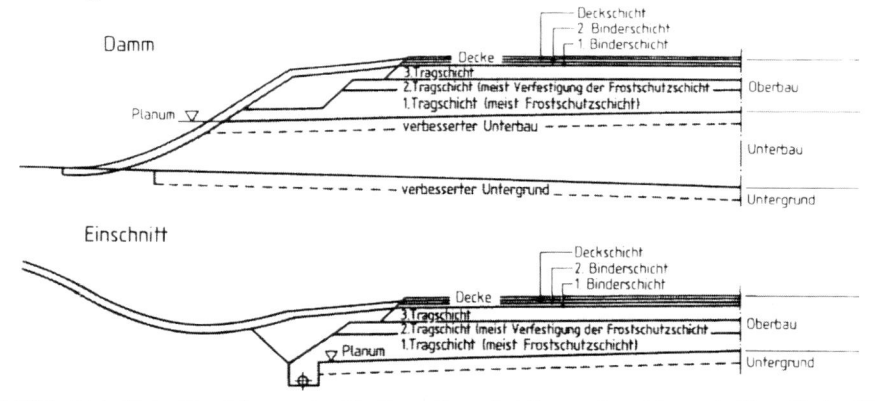

Bild 7.2 Einheitliche Bezeichnung des Straßenaufbaus bei Verwendung bitumenhaltiger Bindemittel

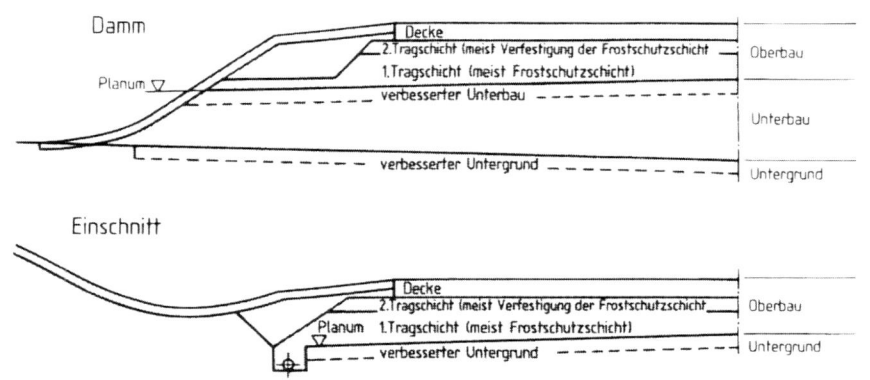

Bild 7.3 Einheitliche Bezeichnungen des Straßenaufbaus bei Verwendung hydraulischer Bindemittel

Binderschicht. Da die oberste Schicht der Fahrbahn schon aus wirtschaftlichen Gründen nicht beliebig dick hergestellt werden kann, sondern höchstens 0,04 m bei bitumenhaltiger gebundenen Decken beträgt, wird bei schwer belasteten Straßen eine Binderschicht zwischen bitumenhaltiger Tragschicht und Deckschicht eingebaut. Aus technischen Gründen weisen sowohl die Tragschicht als auch die Deckschicht ein dichtes Gefüge mit geschlossener Oberfläche auf. Diese Schichten könnten bei Erwärmung auf einander gleiten, da etwa in dieser Fuge im Hochsommer der Temperaturstau am stärksten wirkt. Deshalb baut man eine Binderschicht ein, die durch einen höheren Porenanteil die Verzahnung zwischen Trag- und Deckschicht gewährleistet. Nur bei schwach belasteten Straßen verzichtet man auf sie. Die Binderlage übernimmt also die Schubsicherung gegen die horizontalen Kräfte und leitet sie in die Tragschicht ein.

Deckschicht. Die oberste Schicht muss sämtliche Kräfte aus den Verkehrslasten aufnehmen und dazu den Witterungseinflüssen standhalten. Neben senkrecht wirkenden statischen und dynamischen Lasten Treten Brems-, Beschleunigungs- und Seitenreibungskräfte auf. Das Material unterliegt dem Abrieb, den Einwirkungen von Sonne, Nässe, Frost und Angriffen chemischer Stoffe, die sich in der Luft befinden oder auf die Fahrbahn gestreut werden. Standfestigkeit, Verschleißfestigkeit, geringe Verformbarkeit und Dauerfestigkeit verlangen einen besonders hochwertigen Aufbau dieser Schicht.

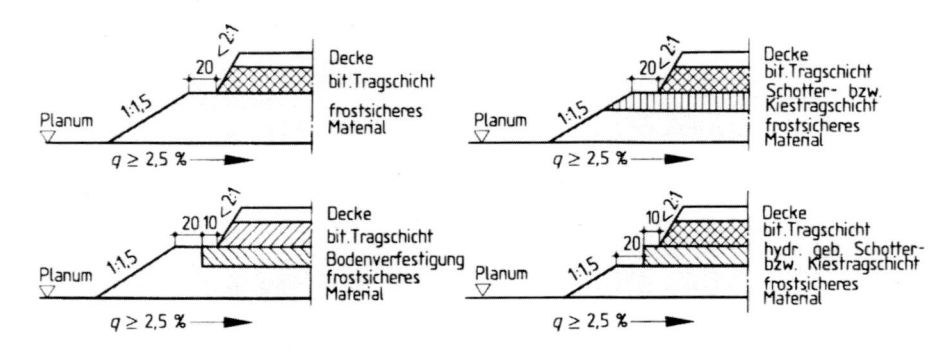

Bild 7.4 Randausbildung der bitumenhaltigen Schichten

Mutterboden. Damit bezeichnet man die oberste, durchwurzelte und belebte Bodenschicht. Sie kann Gräsern und anderen flachwurzelnden Gewächsen genügend Nährstoffe für ihr Wachstum bieten. Meist umfasst sie eine Schicht, die der Pflugschartiefe entspricht. Obwohl Mutterboden wegen der vielen organischen Beimengungen nicht als Dammbaustoff geeignet ist, wird er zunächst abgetragen, seitlich in Mieten bis 1,50 m Höhe gelagert und später auf die fertigen Bankette und Böschungen wieder angedeckt. Damit ist die Möglichkeit einer raschen Bewurzelung als Schutz gegen Erosionen gegeben.

Füllboden. In den Bildern 7.2 und 7.3 ist die generelle Randausbildung des Querschnitts dargestellt. Da zwischen der Frostschutzschicht und der Unterkante Mutterboden noch ein Restraum verbleibt, wird dieser mit Füllmaterial aufgefüllt. An dieses werden nicht die hohen Ansprüche wie an Unterbau oder Oberbau gestellt. Im Bereich der unbefestigten Bankette ist dies auch nicht notwendig.

Abmessungen der Oberbauschichten
Obwohl es mit Hilfe mathematischer Modelle und daraus entwickelten Bemessungsverfahren möglich ist, die Dicke der Oberbauschichten zu berechnen, sind für die Bundesrepublik Deutschland "Richtlinien für die Standardisierung des Oberbaus von Verkehrsflächen - RStO" aufgestellt worden. Sie sollen einen einheitlichen Befestigungsstandard aller Verkehrsflächen im öffentlichen Straßennetz garantieren. Das wird erreicht durch die Anwendung technisch geeigneter und wirtschaftlicher Bauweisen. Diese müssen

7.3 Gestaltung des Regelquerschnitts

- die Funktion der Verkehrsfläche,
- ihre Verkehrsbelastung,
- die Lage im Gelände,
- die Bauweise und den Zustand der zu erneuernden Verkehrsflächen,
- die Bodenverhältnisse und
- die Lage zur Umgebung

berücksichtigen. Daraus ergeben sich Regelanordnungen für den Straßenquerschnitt, die in den Bildern 7.5 bis 7.7 dargestellt sind.

Damit sind dem Ingenieur die Möglichkeiten verschiedener Befestigungen (Asphaltdecke, Betondecke, Pflasterdecke) offengehalten. Dabei wird die Gleichwertigkeit verschiedener Oberbaukonstruktionen angestrebt. Das bedeutet, dass die Befestigung die angenommene Verkehrsbelastung während der festgelegten Nutzungsdauer aushalten soll. Die Auswahl der Oberbauart kann nach der Gewinnungsstelle der notwendigen Baustoffe und ihrem wirtschaftlichen Antransport, den Besonderheiten der Nutzung der Verkehrsfläche, der Verkehrsführung während der Bauzeit und den Auswirkungen für Erhaltungs- und Reparaturarbeiten getroffen werden.

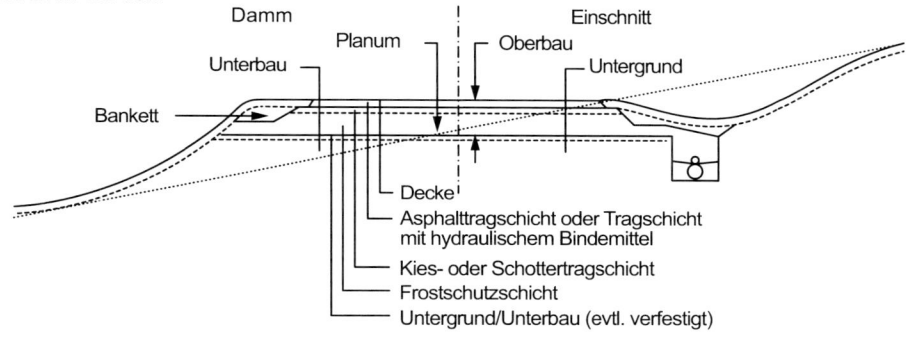

Bild 7.5 Damm- oder Einschnittsquerschnitt außerhalb geschlossener Ortslage und Ortslagen mit wasserdurchlässigen Randbereichen

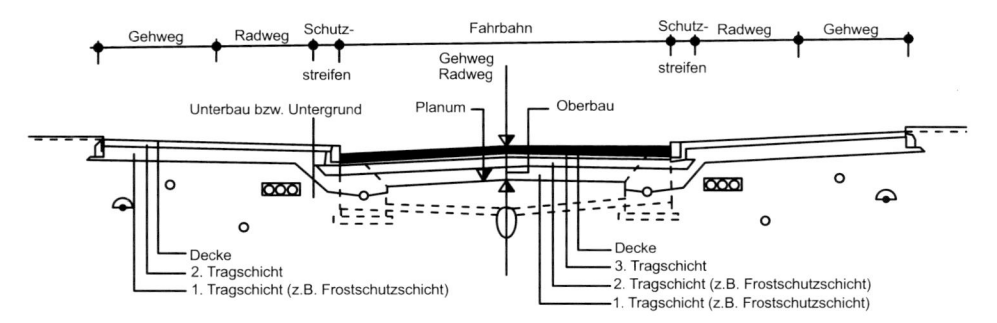

Bild 7.6 Querschnitt in geschlossener Ortslage mit teilweise wasserundurchlässigen Randbereichen und Entwässerungseinrichtungen

Die jeweilige Bauweise hängt von der vorliegenden Bauklasse ab. Dazu werden die Straßen in Abhängigkeit von der Verkehrsbelastung einer der sieben Bauklassen zugewiesen. Die Verkehrsbelastung richtet sich nach der Belastung durch den Schwerverkehr, also den Lkw über 3,5 t Gesamtgewicht und den Bussen mit mehr als 9 Sitzplätzen einschließlich Fahrersitz. Die Bauklasse entnimmt man der Tabelle 7.1. Die Nutzungsdauer wird in der Regel mit 30 Jahren angesetzt.

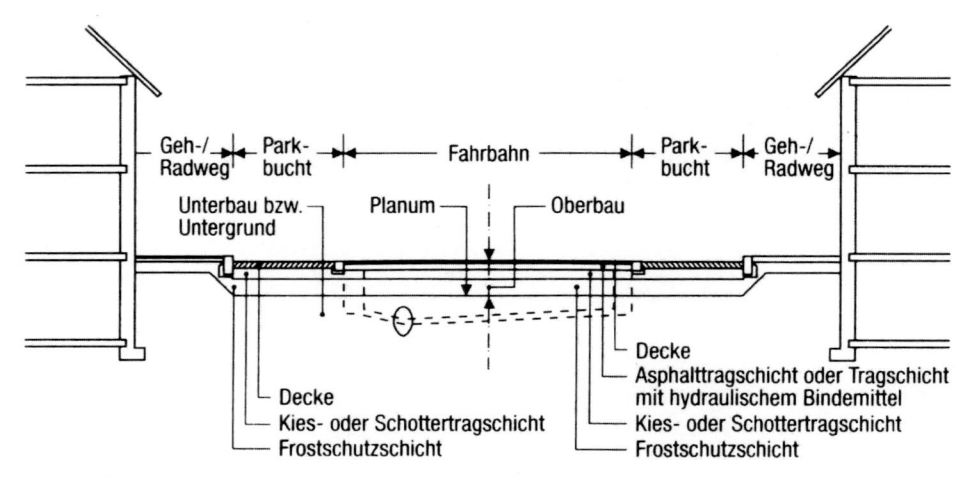

Bild 7.7   Querschnitt in der Ortslage mit wasserundurchlässigen Randbereichen, geschlossener seitlicher Bebauung und Entwässerungseinrichtungen

Bemessungsrelevante Beanspruchung B in Millionen äquivalenten 10-t-Achsübergängen/ Nutzungsdauer	>32	> 10 bis 32	> 3 bis 10	> 0,8 bis 3	> 0,3 bis 0,8	> 0,1 bis 0,3	bis 0,1
Bauklasse	SV	I	II	III	IV	V	VI

Tabelle 7.1   Zuordnung der Bauklasse zur bemessungsrelevanten Beanspruchung B in Mill.7 Achsübergänge / Nutzungsdauer (nach RStO 2001)

Wenn im angebauten Bereich keine bemessungsrelevanten Beanspruchungen *B* vorliegen, erfolgt die Zuordnung entsprechend der Funktion nach Tabelle 7.2. Für Busverkehrsflächen gilt Tabelle 7.3, während bei Parkflächen die Tabelle 7.4 angewendet wird. Für Verkehrsflächen in Nebenanlagen oder Nebenbetrieben wird Tabelle 7.5 angewendet.

Ein- und *Ausfädelspuren* sowie *Standstreifen* werden wie die benachbarten Fahrstreifen ausgebildet. Fahrstreifen in *Knotenpunkten* und *Anschlussstellen* werden nach Bauklasse III bemessen, wenn keine höhere bemessungsrelevante Beanspruchung nachgewiesen wird.

Darüber hinaus sind besondere Beanspruchungen bei der Auswahl zu berücksichtigen, die durch die spezielle Nutzung der Verkehrsflächen hervorgerufen werden. Dies können sein:
- spurfahrender Verkehr,
- enge Kurvenfahrt,
- langsam fahrender Verkehr,
- Steigungsstrecken,
- Brems- und Beschleunigungsstrecken,
- Knotenpunktsbereiche,
- Standverkehr,
- klimatische Bedingungen.

Einzelheiten sind entsprechend den Technischen Vertragsbedingungen und Richtlinien festzulegen. Andererseits werden spurfahrender Verkehr oder solcher auf Steigungsstrecken durch die Faktoren f_2 und f_3 in die Bemessungsdicke einbezogen.

7.3 Gestaltung des Regelquerschnitts

Straßentyp	Bauklasse
Schnellverkehrsstraße, Industriesammelstraße	SV, I, II
Hauptverkehrsstraße, Industriestraße, Straße im Gewerbegebiet	II, III
Wohnsammelstraße, Fußgängerzone mit Ladeverkehr	III, IV
Anliegerstraße, befahrbarer Wohnweg, Fußgängerzone	V, VI

Tabelle 7.2 Zuordnung der Bauklasse nach Straßentyp

Busverkehrsfläche	Beanspruchte Verkehrsfläche	Bauklasse
Mitbenutzter Fahrstreifen	Fahrstreifen	[1]
Bushaltestelle im Fahrstreifen oder Busfahrstreifen	Fahrstreifen	III [2,3]
Busfahrstreifen	Busfahrstreifen	III [2]
Busbuchten	Busbucht	III [2,3,4]
Busbahnhöfe	Fahrgasse,	III [2]
	Haltestreifen	III
Busparkplätze	Fahrgasse,	III [2]
	Parkstand	III

[1] Prüfen, ob besondere Beanspruchungen vorliegen   [2] Bei Belastung > 150 Busse/tag höhere Bauklasse wähler
[3] Evt. gleiche Bauklasse wie angrenzende Fahrbahn zweckmäßig
[4] Bei Belastung < 15 Busse/Tag kann niedere Bauklasse gewählt werden

Tabelle 7.3 Zuordnung der Bauklasse bei Busverkehrsflächen

Nutzungsart	ständig genutzt für			gelegentlich genutzt für		
	Schwerverkehr	Pkw – Verkehr, geringer Schwerverkehrsanteil	Pkw – Verkehr	Schwerverkehr	Pkw – Verkehr, geringer Schwerverkehrsanteil	Pkw – Verkehr
Bauklasse	III [1], IV [1]	V	VI	IV, V	V, VI	[2]

[1] Prüfen, ob besondere Beanspruchungen vorliegen
[2] nach Erfordernissen

Tabelle 7.4 Zuordnung der Bauklasse bei Parkflächen

Verkehrsart	Bauklasse
Schwerverkehr	III [1]
Pkw – Verkehr, geringer Schwerverkehrsanteil	IV, V
Pkw – Verkehr [2]	VI

[1] Prüfen, ob besondere Beanspruchungen vorliegen
[2] Gelegentlich Befahren durch Fahrzeuge des Unterhaltungsdienstes

Tabelle 7.5 Zuordnung von Verkehrsflächen bei Neben- und Rastanlagen

Berechnung der bemessungsrelevanten Beanspruchung B

Je nach den zur Verfügung stehenden Daten erfolgt die Ermittlung der bemessungsrelevanten Beanspruchung B nach zwei Methoden:
1. Berechnung aus Angaben des $DTV^{(SV)}$,
2. Berechnung aus detaillierten Achslast – Angaben, die bei der Bundesanstalt für Straßenwesen erhoben werden können.

Beide Methoden können mit variablen oder konstanten Faktoren durchgeführt werden. Dadurch werden die Berechnungen vereinfacht. Häufig wird die erste Methode zur Anwendung kommen, da Messstellen für Achslastdaten nur an besonders belasteten Streckenabschnitten vorhanden sind. Daten der Verkehrszählung sind auf vielen Straßen vorhanden oder können relativ einfach gewonnen werden. Man ermittelt in diesem Fall die bemessungsrelevante Beanspruchung B mit Gl. (7.2a) bei variablen Faktoren

$$B = 365 \cdot q_{Bm} \cdot f_3 \cdot \sum_{i=1}^{N} \left[DTA_{i-1}^{(SV)} \cdot f_{1i} \cdot f_{2i} \cdot (1 + p_i) \right]$$ (7.2a)

in äquivalenten Achsübergängen/ Nutzungsdauer mit $DTA_{i-1}^{(SV)} = DTV_{i-1}^{(SV)} \cdot f_{A_{i-1}}$

oder mit Gl. (7.2b) bei konstanten Faktoren

$$B = N \cdot DTA^{(SV)} \cdot q_{Bm} \cdot f_1 \cdot f_2 \cdot f_3 \cdot f_z \cdot 365$$ (7.2b)

in äquivalenten Achsübergängen/ Nutzungsdauer mit $DTA^{(SV)} = DTV^{(SV)} \cdot f_A$

Wird im ersten Jahr des Zeitraumes keine Zunahme des Schwerverkehrs erwartet, wird

$$f_z = \frac{(1+p)^N - 1}{p \cdot N}$$ (7.3a)

Muss auch im ersten Jahr eine Zunahme des Schwerverkehrs berücksichtigt werden, wird

$$f_z = \frac{(1+p)^N - 1}{p \cdot N} \cdot (1+p)$$ (7.3b)

f_A Achszahlfaktor f_{1i} Fahrstreifenfaktor im Nutzungsjahr i f_3 Steigungsfaktor
f_z mittlerer jährlicher Zuwachsfaktor des Schwerverkehrs f_{2i} Fahrstreifenbreitefaktor im Nutzungsjahr i
f_{Ai} Achszahlfaktor, durchschnittliche Achszahl/ Fz des Schwerverkehrs im Nutzungsjahr i
p_i mittlere jährliche Zunahme des Schwerverkehrs im Nutzungsjahr i. Für das erste Jahr wird $p_1 = 0$ gesetzt.
q_{Bm} zugeordneter mittlerer Lastkollektivquotient
$DTA_i^{(SV)}$ durchschnittli. Anzahl täglicher Achsübergänge (Aü) des Schwerverkehrs im Nutzungsjahr i in Aü/ 24 h
$DTV_i^{(SV)}$ durchschnittliche tägliche Verkehrsstärke des Schwerverkehrs im Nutzungsjahr i

Die Faktoren für die Berechnung der bemessungsrelevanten Beanspruchung B entnimmt man den Tabellen 7.6 bis 7.12.

Straßen-klasse	Bundesautobahnen	Bundesstraßen	Landes-/Kreisstraßen
q_{Bm}	0,28	0,20	0,18
f_A	4,20	3,70	3,10

Tabelle 7.6 Lastkollektivquotient q_{Bm} und Achszahlfaktor f_A

Zahl der Fahrstreifen, die durch den $DTV^{(SV)}$ erfasst sind	f_1 bei Erfassung des $DTV^{(SV)}$	
	in beiden Fahrtrichtungen	getrennt nach Fahrtrichtung
1	-	1,00
2	0,50	0,90
3	0,50	0,80
4	0,45	0,80
5	0,45	0,80
≥ 6	0,40	0,80

Tabelle 7.8 Fahrstreifenfaktor f_1

max. Längsneigung s in %	f_3
< 2,0	1,00
2,0 bis < 4,0	1,02
4,0 bis < 5,0	1,05
5,0 bis < 6,0	1,09
6,0 bis < 7,0	1,14
7,0 bis < 8,0	1,20
8,0 bis < 9,0	1,27
9,0 bis < 10,0	1,35
≥ 10,0	1,45

Tabelle 7.7 Steigungsfaktor f_3

Fahrstreifenbreite b_F in m	f_2
< 2,50	2,00
2,50 bis < 2,75	1,80
2,75 bis < 3,25	1,40
3,25 bis <3,75	1,10
≥ 3,75	1,00

Tabelle 7.9 Fahrstreifenbreitefaktor f_2

Straßenklasse	Bundesautobahnen	Bundesstraßen	Landes-/ Kreisstraßen
p	0,03	0,02	0,01

Tabelle 7.10 Mittlere jährliche Zunahme p des Schwerverkehrs

7.3 Gestaltung des Regelquerschnitts

N	Mittlere jährliche Zunahme p des Schwerverkehrs		
	0,01	0,02	0,03
5	1,020	1,041	1,062
10	1,046	1,095	1,146
15	1,073	1,153	1,240
20	1,101	1,215	1,344
25	1,130	1,281	1,458
30	1,159	1,352	1,586

Tabelle 7.11 Mittlere jährliche Zunahme des Schwerverkehrs ohne Zunahme im ersten Jahr des Betrachtungszeitraumes zur Berechnung von f_z

N	Mittlere jährliche Zunahme p des Schwerverkehrs		
	0,01	0,02	0,03
5	1,030	1,062	1,094
10	1,057	1,117	1,181
15	1,084	1,176	1,277
20	1,112	1,239	1,384
25	1,141	1,307	1,502
30	1,171	1,379	1,633

Tabelle 7.12 Mittlere jährliche Zunahme des Schwerverkehrs mit Zunahme im ersten Jahr des Betrachtungszeitraumes zur Berechnung von $\bar{f}_z$

Liegen Achslastdaten aus Achslastwägungen vor, ermittelt man die bemessungsrelevante Beanspruchung B mit den Gln. (7.4a) und (7.4b).

Für die Berechnung von B bei variablen Faktoren gilt:

$$B = 365 \cdot f_3 \cdot \sum_{i=1}^{N}\left[EDTA_{i-1}^{(SV)} \cdot f_{1i} \cdot f_{2i} \cdot (1+p_i)\right] \text{ in äquivalenten 10 t Aü/ Nutzungszeitraum} \quad (7.4a)$$

mit $EDTA_{i-1}^{(SV)} = \sum_{k}\left[DTA_{(i-1),k}^{(SV)} \cdot \left(\frac{L_k}{L_0}\right)^4\right]$

Für die Berechnung von B bei variablen Faktoren gilt:

$$B = N \cdot EDTA^{(SV)} \cdot f_1 \cdot f_2 \cdot f_3 \cdot f_z \cdot 365 \text{ in äquivalenten 10 t Aü/ Nutzungszeitraum} \quad (7.4b)$$

N	Anzahl der Jahre des Nutzungszeitraumes (in der Regel N = 30)
f_{1i}	Fahrstreifenfaktor im Nutzungsjahr i
f_{2i}	Fahrstreifenbreitefaktor im Nutzungsjahr i
f_3	Steigungsfaktor
f_z	mittlerer jährlicher Zuwachsfaktor des Schwerverkehrs
$DTA^{(SV)}$	durchschnittl. Anzahl der täglichen Achsübergänge des Schwerverkehrs im Nutzungsjahr i in Aü/24h
k	Lastklasse, als Gruppe von Einzellasten definiert
L_k	mittlere Achslast in der Lastklasse k
L_0	Bezugsachslast, L_0 = 10 t
$EDTA_i^{(SV)}$	durchschnittl. Anzahl täglicher äquivalenter Achsübergänge des Schwerverkehrs im Nutzungsjahr i

Beispiel: Die bemessungsrelevante Beanspruchung B für den Bau einer vierstreifigen Umgehungsstraße einer Bundesstraße und die Zuordnung zur Bauklasse zu bestimmen. Im vierten Jahr nach Verkehrsübergabe erhält die Umgehung die volle Verkehrsbedeutung.

Planungsdaten:
Nutzungszeitraum N = 30 Jahre
Anzahl der Fahrstreifen: 4 f_1 = 0,45
Fahrstreifenbreite mit höchster Verkehrsbelastung b_F = 3,75 m f_2 = 1,0
maximale Längsneigung max s = 2,2 % f_3 = 1,02

Verkehrsdaten: $DTV^{(SV)}$ im ersten Nutzungsjahr = 1800 Fz/ 24h p_1 = 0
mittlere jährliche Zunahme des Schwerverkehrs im $p_{2...3}$ = 0,01
zweiten und dritten Jahr nach Verkehrsübergabe
mittlere jährliche Zunahme des Schwerverkehrs ab viertem Jahr $p_{4...30}$ = 0,02
durchschnittliche Achszahl/Fz des Schwerverkehrs f_A = 3,7 A/Fz
Lastkollektivquotient q_{Bm} = 0,20

Berechnung der bemessungsrelevanten Belastung mit Gl. (**7**.2a)

$$B = 365 \cdot q_{Bm} \cdot f_3 \cdot \sum_{i=1}^{N} \left[DTA_{i-1}^{(SV)} \cdot f_{1i} \cdot f_{2i} \cdot (1+p_i) \right] 125$$

$$DTA^{(SV)} = DTV^{(SV)} \cdot f_A = 1800 \cdot 3{,}7 = 6660 \text{ Aü/ 24h}$$

Im ersten Jahr wird ohne Zuwachs des Schwerverkehrs gerechnet. Damit ergibt sich
$$B_1 = 365 \cdot 0{,}20 \cdot 1{,}02 \cdot 6660 \cdot 0{,}45 \cdot 1{,}00 = 223.156{,}62 \text{ Achsübergänge/ 1. Jahr}$$
Die bemessungsrelevante Belastung wird am einfachsten mir einer EXCEL – Tabelle errechnet. (Da die Faktoren f_a, q_{bm}, f_1, f_2, f_3 und die Anzahl der Tage im Jahr konstante Faktoren sind, wurden sie in der Tabelle bei der Berechnung von $DTA_i^{(SV)}$ bzw. B_i direkt eingebunden.)

Nach Tabelle 7.1 ist die Umgehungsstraße der Bauklasse II zuzuordnen.

Die zweite Methode nach Gl. (7.2b) ergibt folgende Berechnung:
$$B = N \cdot DTA^{(SV)} \cdot q_{Bm} \cdot f_1 \cdot f_2 \cdot f_3 \cdot f_z \cdot 365 \quad \text{Aü/ Nutzungszeitraum}$$
Die Betrachtung wird auf zwei Zeiträume aufgeteilt, nämlich 1. bis 3. Jahr und 4. bis 30. Jahr.

Für den ersten Zeitraum gilt
$$f_z = \frac{(1+p)^N - 1}{p \cdot N} = \frac{(1+0{,}01)^3 - 1}{0{,}01 \cdot 3} = \frac{0{,}0303}{0{,}03} = 1{,}01$$
und für den zweiten Zeitraum ist
$$f_z = \frac{(1+p)^N - 1}{p \cdot N} \cdot (1+p) = \frac{1{,}02^{27} - 1}{0{,}02 \cdot 27} \cdot 1{,}02 = \frac{1{,}706886 - 1}{0{,}54} \cdot 1{,}02 = 1{,}335$$
Damit wird
$$B_{1\ldots 3} = N \cdot DTA^{(SV)} \cdot q_{Bm} \cdot f_1 \cdot f_2 \cdot f_3 \cdot f_z \cdot 365 = 3 \cdot 6660 \cdot 0{,}2 \cdot 0{,}45 \cdot 1{,}00 \cdot 1{,}02 \cdot 1{,}01 \cdot 365 =$$
$$= 676.164{,}58 \text{ Aü/ Zeitraum}$$

$B_{4\ldots 30} = 27 \cdot 6726{,}60 \cdot 0{,}20 \cdot 0{,}45 \cdot 1{,}0 \cdot 1{,}02 \cdot 1{,}335 \cdot 365 = 8.124.117{,}17$ Aü/ Zeitraum

$B_{ges} = 8.800.281{,}73$ Aü/ Nutzungszeitraum ≈ 8.797.218,33 Aü/ Nutzungszeitraum   (nach Gl. 7.2a)

Weitere Berechnungsbeispiele können den RstO 2000 entnommen werden.

In den „Zusätzlichen Technischen Vertragsbedingungen und Richtlinien für Erdarbeiten im Straßenbau – ZTVE-StB" sind die Anforderungen beschrieben, die Untergrund oder Unterbau erfüllen müssen, damit der Oberbau ein ausreichendes Tragverhalten und Sicherheit gegen Auftauschäden erhalten kann.

Frostempfindlichkeitsklassen. Die ZTVE-StB unterscheidet drei Frostempfindlichkeitsklassen. Je nach Wasserdurchlässigkeit dieser Böden kann der Oberbau ohne oder mit Frostschutzschicht aufgebaut werden. Hierbei ist die Bezeichnung "Frostschutz" eigentlich nicht richtig, weil in der Regel keine Straße frostfrei gegründet wird. Vielmehr wird durch eine schnelle Wasserabführung in dieser Schicht erreicht, dass beim Eindringen des Frostes in den Unterbau (Untergrund) keine Eislinsen entstehen können, die die darüber liegenden Schichten anheben. Sobald das Eis wieder taut, würden sich Hohlräume bilden, die der darüber rollende Verkehr eindrückt. Dadurch erhalten die Schichten des Oberbaus Risse, durch die wieder Wasser eindringen kann. Damit beginnt die Zerstörung der Straße, denn Wasser ist der größte Feind aller Bauwerke.

Der Boden wird in drei Frostempfindlichkeitsklassen eingeteilt, die in Tabelle 7.13 zusammengestellt sind. Die Kurzzeichen für die Böden entsprechen DIN 18 186.

7.3 Gestaltung des Regelquerschnitts

Bezeichnung	Frostempfindlichkeit	Kurzzeichen
F 1	nicht frostempfindlich	GW, GI, GE, SW, SI, SE
F 2	gering bis mittel frostempfindlich	TA, OT, OH, OK, ST[1], GT[1], SU[1], GU[1]
F 3	sehr frostempfindlich	TL, TM, UL, UM, OU, ST, GT, SU, GU

[1] Gehört zu F 1, wenn der Anteil am Korn < 0,063 mm 5,0 Gew.-% bei U ≥ 15,0 oder 15,0 Gew.-% bei U ≤ 6,0 beträgt. Für 6,0 < U < 15,0 kann der für die Zuordnung zu F 1 zulässige Anteil an Korn < 0,063 interpoliert werden.

Tabelle 7.13 Einteilung der Böden nach Frostempfindlichkeitsklasse

Tabellenrechnung:

Jahr	p_i	$DTV^{(SV)}$	$DTA^{(SV)} = DTV^{(SV)} \cdot f_A$	$1+p_i$	B
1	–	1.800,00	6.660,00	–	223.156,62
2	0,01	1.800,00	6.660,00	1,01	223.156,62
3	0,01	1.818,00	6.726,60	1,01	225.388,19
4	0,02	1.854,36	6.861,13	1,02	229.895,95
5	0,02	1.891,45	6.998,35	1,02	234.493,87
6	0,02	1.929,28	7.138,32	1,02	239.183,75
7	0,02	1.967,86	7.281,09	1,02	243.967,42
8	0,02	2.007,22	7.426,71	1,02	248.846,77
9	0,02	2.047,36	7.575,24	1,02	253.823,71
10	0,02	2.088,31	7.726,75	1,02	258.900,18
11	0,02	2.130,08	7.881,28	1,02	264.078,18
12	0,02	2.172,68	8.038,91	1,02	269.359,75
13	0,02	2.216,13	8.199,69	1,02	274.746,94
14	0,02	2.260,45	8.363,68	1,02	280.241,88
15	0,02	2.305,66	8.530,96	1,02	285.846,72
16	0,02	2.351,78	8.701,57	1,02	291.563,65
17	0,02	2.398,81	8.875,61	1,02	297.394,83
18	0,02	2.446,79	9.053,12	1,02	303.342,82
19	0,02	2.495,72	9.234,18	1,02	309.409,68
20	0,02	2.545,64	9.418,86	1,02	315.597,87
21	0,02	2.596,55	9.607,24	1,02	321.909,83
22	0,02	2.648,48	9.799,39	1,02	328.348,03
23	0,02	2.701,45	9.995,37	1,02	334.914,99
24	0,02	2.755,48	10.195,28	1,02	341.613,29
25	0,02	2.810,59	10.399,19	1,02	348.445,55
26	0,02	2.866,80	10.607,17	1,02	355.414,43
27	0,02	2.924,14	10.819,31	1,02	362.522,75
28	0,02	2.982,62	11.035,70	1,02	369.773,21
29	0,02	3.042,27	11.256,41	1,02	377.168,67
30	0,02	3.103,12	11.481,54	1,02	384.712,05
bemessungsrelevante Beanspruchung B am Ende der Nutzungsdauer von 30 Jahren					8.797.218,33

Befindet sich unter dem Oberbau unmittelbar Boden der Frostempfindlichkeitsklasse F 1, der auf einem Boden mit F 2 oder F 3 liegt, entfällt die Frostschutzschicht, wenn
- der F 1 – Boden die Anforderungen an Frostschutzschichten für Verdichtungsgrad und Verformungsmodul erfüllt oder im Baumischverfahren 0,15 m dick mit hydraulischem Bindemittel verfestigt wird,
- der F 1 – Boden mindestens die Dicke der Frostschutzschicht einhält, die für Böden der Frostempfindlichkeitsklassen F 2 oder F 3 nach RStO gefordert wird.

Bei Böden der Frostempfindlichkeitsklassen F 2 und F 3 muss auf dem Erdplanum ein Verformungsmodul E_{v2} = 45 MN/m² erreicht werden.

Wird der Wert E_{v2} = 45 MN/m² auf F 1 – Boden nachgewiesen, kann der Oberbau mit Schotter- oder Kiestragschicht unter einer Asphalttragschicht bei Asphaltdecken bzw. die Schottertragschicht unter einer Betondecke ohne Zwischenlage von frostsicherem Material direkt auf dem F 1 – Boden aufgebaut werden. Das gleiche gilt für einen Wert E_{v2} = 120 MN/m² (E_{v2} = 100 MN/m² bei Bauklasse V und VI) bei Asphalttragschichten auf einer hydraulisch gebundenen, Schotter- oder Kiestragschicht bzw. bei einer Betondecke auf hydraulisch gebundener oder Asphalt-Tragschicht oder ohne Tragschicht. Auch bei Pflasterdecken kann bei E_{v2} = 120 MN/m² auf eine Frostschutzschicht verzichtet werden.

Beim vollgebundenen Oberbau auf Böden der Frostempfindlichkeitsklasse F 3 (bei ungünstigen Wasserverhältnissen auch bei F 2) ist eine Verfestigung des Untergrundes (Unterbaus) mit 0,15 m Dicke vorzusehen.

Mindestdicke des frostsicheren Oberbaus
Sie setzt sich zusammen aus der Mindestdicke des frostsicheren Straßenaufbaus unter Berücksichtigung einer evt. vorhandenen Verfestigung bis zur Dicke von 0,20 m und Zu- oder Abschlägen aufgrund örtlicher Verhältnisse. Die Dicke des Oberbaus soll garantieren, daß während der Tau-Frost-Wechsel-Perioden keine schädlichen Verformungen des Unterbaus oder Untergrundes auftreten können. Da dies von der Frostempfindlichkeit und dem Frosttemperaturverlauf abhängt, andererseits auch die Frosteindringtiefe berücksichtigt werden muß, ergeben sich für die Bodenarten nach DIN 18 196 verschiedene Gesamtdicken.

Da Böden der Frostempfindlichkeitsklasse F 1 ausreichende Frostsicherheit besitzen, ist eine besondere *Mindestdicke* nicht vorgeschrieben. Hier muß lediglich die Lastverteilung auf das darunter liegende Planum berücksichtigt werden. Für die beiden anderen Frostempfindlichkeitsklassen gelten als Richtwerte der Dicke die Werte der Tabelle 7.14.

Die verfestigte Dicke eines frostempfindlichen Untergrundes oder Unterbaus darf auf die Oberbaudicke bis zu 0,15 m Dicke angerechnet werden.

Die *Dicke des frostsicheren Oberbaus* soll schädliche Verformungen des Unterbaus und des Untergrundes während der Frost- und Tauperioden verhindern. Sie hängt ab von der
- Frostempfindlichkeit des Untergrundes oder Unterbaus,
- Frosteinwirkung,
- Lage der Gradiente und Trasse,
- Lage des Grundwasserspiegels und sonstiger Wasserverhältnisse,
- Art der Randbereiche neben der Fahrbahn,
- Nutzungsdauer des Straßenoberbaus.

Für Böden der Frostempfindlichkeitsklassen F 2 und F 3 gelten als Ausgangswerte diejenigen der Tabelle 7.14.

Frostempfindlichkeitsklasse nach ZTVE-StB	Dicke d in cm bei Bauklasse		
	SV/ I/ II	III/ IV	V/ VI
F 2	55	50	40
F 3	65	62	52

Tabelle 7.14 Ausgangswerte für die Bestimmung der Mindestdicke d des frostsicheren Oberbaus

Entsprechend den örtlichen Boden- und Klimaverhältnissen sind Mehr- oder Minderdicken anzusetzen. Diese errechnet man mit Gl. (7.5). Die notwendigen Werte entnimmt man Tabelle 7.15.

7.3 Gestaltung des Regelquerschnitts

Die Mehr- oder Minderdicke errechnet man mit

$$\Delta d = A + B + C + D \quad \text{in cm} \tag{7.5}$$

A, B, C, D   Einflussfaktoren nach Tabelle 7.15

Die Dicken der ungebundenen Schichten bemisst man nach den erforderlichen Verformungsmoduln E_{v2}. Wenn auf dem Planum der Verformungsmodul E_{v2} = 80 MN/m² vorhanden ist, kann die Dicke der Tragschicht ohne Bindemittel nach Tabelle 7.16 angesetzt werden.

Im Bild 7.8 sind die für die Bundesrepublik Deutschland geltenden Frosteinwirkungszonen dargestellt. Die Grenzen geben einen groben Anhalt. Besondere topographische Verhältnisse müssen bei der Bemessung des frostsicheren Oberbaus im Einzelfall berücksichtigt werden.
Bauweisen des standardisierten Oberbaus.

Die Standardbauweisen für die verschiedenen Bauweisen des Oberbaus sind in den Tabellen 7.17 bis 7.24 in Schritten von 0,10 m dargestellt. Ergibt sich nach Gl. (7.5) eine Mehrdicke, so ist diese maßgebend. Gegebenenfalls ist sie durch Inter- oder Extrapolation zu berücksichtigen.

Tragschichten ohne Bindemittel müssen mindestens die Dicke erhalten, die in Tabelle 7.16 oder in den Tabellen der Standardbauweisen angegeben sind. Die jeweils größere Dicke ist maßgebend. Ist dafür keine Dicke angegeben, ist damit zu rechnen, dass der erforderliche Verformungsmodul nicht erreicht wird.

Örtliche Verhältnisse [1]		Faktor in cm			
		A	B	C	D
Frosteinwirkung	Zone I	± 0			
	Zone II	+ 5			
	Zone III	+ 15			
Lage der Gradiente	Einschnitt, Anschnitt, Damm ≤2,00 m		+ 5		
	Damm > 2,00 m		− 5		
	In geschlossener Ortslage etwa in Geländehöhe		± 0		
Wasserverhältnisse	günstig			± 0	
	ungünstig gem. ZTVE-StB			+ 5	
Ausführung der Randbereiche	außerhalb geschlossener Ortslage, in geschlossener Ortslage mit wasserdurchlässigen Randbereichen				± 0
	in geschlossener Ortslage mit teilweise wasserdurchlässigen Randbereichen und mit Entwässerungseinrichtungen				− 5
	in geschlossener Ortslage mit wasserundurchlässigen Randbereichen, geschlossener seitlicher Bebauung und Entwässerungseinrichtungen				− 10

[1] Für besonders ungünstige Einflüsse auf die Frostsicherheit (Trasse am Nordhang, Schattenlage, tiefes Tal) kann eine Mehrdicke von 0,05 m vorgesehen werden.

Tabelle 7.15   Mehr- oder Minderdicke des frostsicheren Aufbaus

Unter Betondecken der Bauklassen SV und I unmittelbar angeordnete Tragschichten ohne Bindemittel sind als Schottertragschichten der Körnung 0/ 32 mm mit einer Dicke von mindestens 0,30 m auszubilden. Der Anteil der Körnung < 0,063 mm muss < 5,0 Gew.-% betragen. Der Anteil der Körnung < 2,0 mm muss 28,0 ± 5,0 Gew.-% bei einem Brechsand – Natursand – Verhältnis von mindestens 1 : 1 aufweisen. Der E_{v2} – Wert auf der Schottertragschicht muss $E_{v2} \geq 150$ MN/ m² erreichen.

Bild 7.8   Fropsteinwi4rkungszonen

7.3 Gestaltung des Regelquerschnitts

		Dicke der Tragschicht in cm bei einem							
		E_{v2} – Wert auf dem Planum				E_{v2} – Wert auf der Frostschutzschicht			
		≥ 45 MN/m²		≥ 80 MN/m²		≥ 100 MN/m²		≥ 120 MN/m²	
		Schotter-Splitt-Sand-Gemisch	Kies-Sand-Gemisch	Schotter-Splitt-Sand-Gemisch	Kies-Sand-Gemisch	Schotter-Splitt-Sand-Gemisch	Kies-Sand-Gemisch	Schotter-Splitt-Sand-Gemisch	Kies-Sand-Gemisch
E_{v2} auf Frostschutzschicht	≥ 100 MN/m²	20	25	15	20				
	≥ 120 MN/m²	30	35	20	25				
E_{v2} auf Schotter- oder Kiestragschicht	≥ 120 MN/m²	25	30	–	–	15	20	–	–
	≥ 150 MN/m²	30	40	–	–	20	30	15	20
	≥ 180 MN/m²	–	–	–	–	30	–	20	–

Tabelle 7.16   Anhaltswerte für Tragschichten ohne Bindemittel in Abhängigkeit vom E_{v2} – Wert auf dem Planum

Erreichen die Ev2 – Werte der Schottertragschicht unter einer Asphalttragschicht den jeweils höheren Wert gegenüber dem in Tabelle 7.17 angegebenen, darf die Dicke der Asphalttragschicht um 0,02 m verringert werden. Sinngemäß gilt das auch für die Bauklasse VI. Entsteht dadurch eine Minderdicke des frostsicheren Oberbaus, muss dies durch die Mehrdicke beim frostsicheren Material ausgeglichen werden.

Tragschichten mit hydraulischem Bindemittel sind Verfestigungen, hydraulisch gebundene Tragschichten und Betontragschichten. Ihr Einsatz ist abhängig von der Art der darüber liegenden Schichten in Asphalt- oder Betonbauweise. Unter Pflasterdecken ist eine hydraulisch gebundene Drainbeton – Tragschicht auszuführen. Maßnahmen der gezielten Rissbildung sind vorzusehen.

Asphalttragschichten sind Tragschichten mit bitumenhaltigem Bindemittel. Die Dicke darf vermindert werden, wenn die darüber liegende Asphaltbinderschicht um das gleiche Maß erhöht wird. Die Mindesteinbaudicke der Asphalttragschicht muss aber eingehalten werden. (Anforderungen an alle Tragschichten siehe ZTV-Asphalt bzw. ZTV-Beton.)

Die Dicke einer bitumenhaltigen Tragschicht kann zugunsten der Binderschicht verringert werden, muß aber mindestens 0,08 m dick sein. Wird Straßenaufbruch oder Ausbauasphalt dafür verwendet, müssen immer auch die Anforderungen der ZTV Asphalt-StB erfüllt werden.

Tragdeckschichten sind einlagige Asphaltschichten, die gleichzeitig die Funktion der Trag- und der Deckschicht erfüllen. Nach der Definition rechnet man sie zu den Asphaltdeckschichten. Nach ihrem Aufbau kommen sie nur für gering belastete Verkehrsflächen zum Einsatz. An ihrer Stelle kann auch eine mindestens 0,08 m dicke Asphalttragschicht mit Asphaltdeckschicht oder Oberflächenschutzschicht eingebaut werden. (Anforderungen siehe ZTV Asphalt – StB)

Asphalt – Fahrbahndecke Sie ist der obere Teil des Oberbaus und liegt auf der Tragschicht oder einer anderen geeigneten Unterlage. Die Decke besteht aus einer oder zwei Binderschichten und der darüber liegenden Deckschicht. Bei geringen Beanspruchungen können auch die Binderschichten fehlen. Die Asphaltdecke wird hergestellt aus *Asphaltbeton* im Heiß- oder Warmeinbau, Asphaltmastix, Splittmastixasphalt oder Gussasphalt.

Die Dicke der Asphalt – Deckschicht beträgt 0,04 m. Bei Gußasphalt sind auch 0,035 m zulässig. Die Differenz wird dann in der darunterliegenden Schicht ausgeglichen. Die Binderschichten bestehen aus *Asphaltbinder*. (Anforderungen siehe ZTV Asphalt – StB)

Oberflächenbehandlung nennt man das Anspritzen der Unterlage oder des aufgebrachten Edelsplitts mit bitumenhaltigem Bindemittel. Danach wird die Oberfläche mit rohem oder vorbituminiertem Edelsplitt abgestreut.

Beton – Fahrbahndecken bilden ebenfalls den oberen Teil des Oberbaus und liegen auf der Tragschicht oder einer anderen geeigneten Unterlage. Sie erfüllen die Funktion der Decke und ganz oder teilweise auch die der Tragschicht und werden ein- oder zweilagig hergestellt. (Anforderungen siehe ZTV Beton – StB)

Pflasterdecken können aus Natur- oder Betonsteinen oder Pflasterklinkern hergestellt werden. Die Steindicke kann gegenüber dem Standardmaß von 0,10 m auch größer oder kleiner gewählt werden. Dann ist jedoch der Unterschied bei der Frostschutzschicht auszugleichen. Das Pflaster liegt auf einem Pflasterbett auf, das die gleichmäßige und feste Lage gewährleisten soll. Es soll wasserdurchlässig sein, darf aber nicht in die Unterlage eingespült werden. Die Pflasterfugen sind mit einem Material zu verfüllen, das sich einmal gut in die Fugen einbringen lässt, andererseits aber dem Aussaugen durch den Fahrverkehr möglichst hohen Widerstand entgegensetzt.

Plattenbeläge können ebenfalls aus Beton, Naturstein oder Klinkern hergestellt werden. Ihr Verhältnis der größten Länge zur Plattendicke ist $l: d > 4$. Man setzt solche Beläge in der Regel auf Geh- und Radwegen oder auf Flächen des ruhenden Verkehrs ein. Sie sind auch ein wesentliches Element städtebaulicher Gestaltung, z. B. in Fußgängerzonen.

Wird der *vollgebundene Oberbau* angewendet, muss bei Böden der Frostempfindlichkeitsklasse 3 eine Bodenverfestigung des Untergrundes oder Unterbaus von mindestens 0,15 m vorgesehen werden. Dies gilt auch für die Frostempfindlichkeitsklasse F2, wenn der Grundwasserstand ≤ 2,00 m unter Gelände liegt. Diese Verfestigung darf aber nicht auf die in den Tabellen angegebene Dicke für vollgebundenen Oberbau angerechnet werden.

Standardisierter Oberbau für Verkehrsflächen in geschlossener Ortslage
Die Standardbauweisen werden auch in der geschlossenen Ortslage angewendet, wenn nicht erhöhten Ansprüchen genügt werden muss. Ebenso können regionale Erfahrungen oder die vorhandenen Leitungsnetze Abweichungen verlangen.

Bei der Erschließung von Baugebieten wendet man am besten einen stufenweisen Ausbau an. Die erste Baustufe muss dann für den schweren Baustellenverkehr ausgebildet werden. In der Regel ergibt das Bauweisen mit einer bitumenhaltigen Tragschicht ≥ 0,08 m oder einer mit hydraulischem Bindemittel ≥ 0,15 m. Bei der Fertigstellung des Oberbaus sind die Schäden durch den Bauverkehr auszugleichen und die Dicke der vorhandenen Teilbefestigung zu berücksichtigen.

Standardisierter Oberbau für sonstige Verkehrsflächen
Autobahnknoten, Anschlußstellen. Die Ein- und Ausfädelungsstreifen erhalten die gleiche Dicke wie die durchgehende Fahrbahn. Fahrstreifen in den Autobahnknoten und Anschlußstellen werden nach Bauklasse III bemessen, wenn die Verkehrsbelastung keine höhere Bauklasse verlangt.

Mehrzweckstreifen, Standstreifen. Sie erhalten die gleiche Dicke und Bauweise wie die Fahrbahn. Bei Standstreifen in der Ortslage kann ein anderer Aufbau ausgeführt werden, wenn durch konstruktive Maßnahmen gesichert ist, dass sie nicht durchgehend als Fahrstreifen benutzt werden können.

Mittelstreifenüberfahrten werden nach Bauklasse III bemessen.

7.3 Gestaltung des Regelquerschnitts

Busverkehrsflächen. Man teilt sie nach Tabelle 7.9 den dort angegebenen Bauklassen zu. Dabei sind besondere Beanspruchungen und evt. der Verlust von Tropföl oder Treibstoff zu berücksichtigen. Durch bauliche Maßnahmen, wie Versiegelung oder Einsatz von Betonpflaster, können Schäden vermindert werden. Dabei ist aber zu beachten, dass durch Pflasterritzen Öl oder Treibstoffe in den Untergrund und unter Umständen ins Grundwasser einsickern können.

Rad- und *Gehwege.* Die Dicken dieser Verkehrsflächen sind so gewählt, dass sie von den Fahrzeugen des Unterhaltungsdienstes befahren werden können. In den Frostempfindlichkeits- klassen F 2 und F 3 erhalten sie eine Mindestdicke von 0,30 m. In der Ortslage kann diese auf 0,20 m ermäßigt werden. Für die Frostschutzschicht kann auch Ausbau- oder Straßenaufbruchmaterial verwendet werden.

Parkflächen. Parkflächen werden nach den Bauklassen der Tabelle 7.10 eingestuft. Fahrgassen können abweichend von den Abstellflächen befestigt werden. Außerdem können ästhetische und gestalterische Gesichtspunkte die Wahl der Befestigung bestimmen. Auch hier muss an den Schutz gegen Tropföle oder auslaufenden Treibstoff gedacht werden.

Nebenanlagen und *Nebenbetriebe* an Bundesfernstraßen. Die Zuordnung der Bauklasse entnimmt man Tabelle 7.11. Im Bereich von Zapfstellen ist eine gegen Öle unempfindliche Deckschicht vorzusehen. Für Pflasterdecken wird in der Regel Betonsteinpflaster verwendet

Feuerwehrwege werden der Bauklasse VI zugeordnet. Ihre Befestigung wird oft als Pflasterrasendecke oder Rasengittersteindecke oder in Einfachbauweise entsprechender Tragfähigkeit ausgebildet.

Gleisbereiche in Straßen erhalten die gleiche Gesamtdicke des Oberbaus wie die angrenzende Fahrbahn. Unter der Schwellen- oder Gleislage ist entweder eine Tragschicht mit bitumenhaltigen Bindemittel oder eine ungebundene Tragschicht vorzusehen, die aber mindestens einen Verformungsmodul E_{v2} = 150 MN/m² erreichen muss.

Standardbauweisen für ländliche Wege
Beim Bau von Ersatzwegen für die Land- und Forstwirtschaft oder beim Anschluss dieser Wege an Straßenaus- oder Neubauten richtet man sich nach den Standardbauweisen, die in den "Richtlinien für den ländlichen Wegebau" (RLW) beschrieben sind. Diese Richtlinien sind aufgestellt und herausgegeben vom Deutschen Verband für Wasserwesen und Kulturbau e.V. (DTVK). In allen Bauweisen wird auf die Binderschicht verzichtet. Ebenfalls sind Deckschichten ohne Zugabe eines Bindemittels möglich. Die Standardbauweisen sind in Tabelle 7.25 dargestellt.

Darstellung des Regelquerschnitts
Der Regelquerschnitt wird entsprechen den Verkehrsanforderungen nach den Bildern 7.2 bis 7.7 und den Abmessungen nach der gewählten Bauklasse im Maßstab 1:50 dargestellt. Details erhalten die Maßstäbe 1:20 oder 1:10. Als Geländeoberfläche trägt man ein fiktives Gelände so ein, dass man sowohl die Damm- wie die Einschnittsausbildung darstellen kann. Alle für den Bau notwendigen Maße sind einzutragen. (Bild 7.12 und 7.13)

Gestaltungskriterien
Nichtangebaute Straßen werden überwiegend nach fahrdynamischen oder verkehrstechnischen Gesichtspunkten geplant. Zusätzlich ist aber auch die Einbindung in die Landschaft und der Einfluss auf die Umwelt zu untersuchen und zu gestalten.

Bei *angebauten Straßen* in der geschlossenen Ortslage treten mehr die städtebaulichen und gestalterischen Gesichtspunkte in den Vordergrund. Die vielfältige Nutzung solcher Straßen verlangt, dass die Funktion einer Straße durch ihre Gestaltung verdeutlicht wird.

Bauklasse		SV	I	II	III	IV	V	VI
Äquivalente 10-t-Achsübergänge in Mio.	B	> 32	> 10 - 32	> 3 - 10	> 0,8 - 3	> 0,3 - 0,8	> 0,1 - 0,3	≤ 0,1

(Tabellarische Darstellung der Oberbaukonstruktionen nach Bauklasse – Schichtdicken in cm)

Dicke des frostsich. Oberbaues[1]: 55 | 65 | 75 | 85 — 55 | 65 | 75 | 85 — 55 | 65 | 75 | 85 — 45 | 55 | 65 | 75 — 45 | 55 | 65 | 75 — 35 | 45 | 55 | 65 — 35 | 45 | 55 | 65

Asphalttragschicht auf Frostschutzschicht

- Asphaltdeckschicht: 4
- Asphaltbinderschicht: 8
- Asphalttragschicht: 22 / 18 / 14 / 10
- Frostschutzschicht: 34 / 30 / 26 / 22 / 18 / 14 / 10

Dicke der Frostschutzschicht: - | 31[2] | 41 | 51 — 25[3] | 35 | 45 | 55 — 29[3] | 39 | 49 | 59 — 33[2] | 43 | 53 — 27[3] | 37 | 47 | 57 — 21[2] | 31 | 41 | 51 — 25 | 35 | 45 | 55

Asphalttragschicht und Tragschicht mit hydraulischem Bindemittel auf Frostschutzschicht bzw. Schicht aus frostunempfindlichem Material

- Asphaltdeckschicht: 4
- Asphaltbinderschicht: 8
- Asphalttragschicht: 14 / 10
- Hydraulisch gebundene Tragschicht (HGT): 15
- Frostschutzschicht: 41 / 37 / 35 / 31 / 29

Dicke der Frostschutzschicht: - | 34[2] | 44 — - | 28[3] | 38 | 48 — - | 30[2] | 40 | 50 — - | 34[2] | 44 — - | 28[3] | 36 | 46 — - | 16[3] | 26 | 36 — - | 16[3] | 26 | 36

Asphalttragschicht
- Asphaltdeckschicht: 4
- Asphaltbinderschicht: 8
- Asphalttragschicht: 18 / 14 / 10
- Verfestigung: 15
- Schicht aus frostunempfindlichem Material - wett- oder intermittierend gestuft gemäß DIN 18196 -: 45 / 41 / 37 / 33 / 32 / 29 / 26

Dicke der Schicht aus frostunempfindlichem Material: 10[4] | 20[4] | 30 | 40 — 14[4] | 24 | 34 | 44 — 18[4] | 28 | 38 | 48 — 12[4] | 22 | 32 | 42 — 16[4] | 26 | 36 | 46 — 6[4] | 16[4] | 26 | 36 — 6[4] | 16[4] | 26 | 36

Asphalttragschicht
- Asphaltdeckschicht: 4
- Asphaltbinderschicht: 8
- Asphalttragschicht: 18
- Verfestigung: 20
- Schicht aus frostunempfindlichem Material - enggestuft gemäß DIN 18196 -: 50 / 46 / 42 / 38 / 37

Dicke der Schicht aus frostunempfindlichem Material: 5[4] | 15[4] | 25 | 35 — 9[4] | 19[4] | 29 | 39 — 13[4] | 23 | 33 | 43 — 7[4] | 17[4] | 27 | 37 — 11[4] ... | 26 | 36 — 6[4] | 16[4] | 26 | 36 — 6[4] | 16[4] | 26 | 36

7.3 Gestaltung des Regelquerschnitts

Tabelle 7.17 Standardbauweisen mit Asphaltdecke für Fahrbahnen auf F 2- und F 3-Untergrund nach RStO 01
(Legende s. Tab. 7.20. Angaben des erforderlichen Verformungsmoduls E_{v2} auf Tragschicht und Planum in MN/m^2. Schichtdicken in cm)

[1] Bei abweichenden Werten sind die Dicken der Frostschutzschicht bzw. des frostunempfindlichen Materials durch Differenzbildung zu bestimmen. Siehe auch Tabelle **7.16**

[2] Mit rundkörnigen Gesteinskörnungen nur bei örtlicher Bewährung anzuwenden

[3] Nur mit gebrochenen Gesteinskörnungen und bei örtlicher Bewährung anzuwenden

[4] Nur auszuführen, wenn die frostunempfindliche Material und das zu verfestigende Material als eine Schicht eingebaut werden

[5] Bei Kiestragschicht in Bauklasse SV und I bis IV in 40 cm Dicke, in Bauklassen V und VI in 30 cm Dicke

[6] Anstelle der Tragdeckschicht ist eine Asphalttragschicht von min $d = 8$ cm mit einer Asphaltdeckschicht, einer Oberflächenbehandlung oder einer dünnen Deckschicht möglich

7 Straßenentwurf

Bauklasse		SV				I				II				III				IV			V			VI		
Äquivalente 10-t-Achsübergänge in Mio	B	>32				>10 bis 32				>3 bis 10				>0,8 bis 3				>0,3 bis 0,8			>0,1 bis 0,3			≤ 0,1		
Dicke des frostsicheren Oberbaus[1]		55	65	75	85	55	65	75	85	55	65	75	85	45	55	65	75	45	55	65	75	35	45	55	65	35	45	55	65
Tragschicht mit hydraulischem Bindemittel auf Frostschutzschicht bzw. Schicht aus frostunempfindlichem Material																													
Betondecke		27				25				24				23															
Vliesstoff		15				15				15				15															
Hydraulisch gebundene Tragschicht (HGT)		42				40				39				38															
Frostschutzschicht		120				120				120				120															
		45				45				45				45															
Dicke der Frostschutzschicht		–	33[3]	43		–	25[3]	35	45	–	26[3]	36	46	–	27[3]	27	37												
Betondecke		27				25				24				23															
Vliesstoff		20				15				15				15															
		47				40				39				38															
		45				45				45				45															
Schicht aus frostunempfindlichem Material – weit- oder intermittierend gestuft gemäß DIN 18196		18[4]	28	38		15[4]	25	35	45	16[4]	26	36	46	7[4]	17[4]	27	37												
Dicke der Schicht aus frostempfindlichem Material		8[4]																											
Betondecke		27				25				24				23															
Vliesstoff		25				20				20				20															
Verfestigung		52				45				44				43															
		45				45				45				45															
Schicht aus frostunempfindlichem Material – weit- oder intermittierend gestuft gemäß DIN 18196		13[4]	23	33		10[4]	20	30	40	11[4]	21	31	41	2[4]	12[4]	22	32												
Dicke der Schicht aus frostempfindlichen Material		3[4]																											

7.3 Gestaltung des Regelquerschnitts

Bauklasse	SV	I	II	III	IV	V	VI
Äquivalente 10-t-Achsübergänge in Mio	B	>32	>10 bis 32	>3 bis 10	>0,8 bis 3	>0,3 bis 0,8	>0,1 bis 0,3	≤0,1
Dicke des frostsicheren Oberbaus[1]	55 65 75 85	55 65 75 85	55 65 75 85	45 55 65 75	45 55 65 75	35 45 55 65	35 45 55 65
Asphalttragschicht auf Frostschutzschicht							
Betondecke							
Asphalttragschicht	26 / 10 / 36	24 / 10 / 34	23 / 10 / 33	22 / 10 / 32	18 / 8 / 26	16 / 8 / 24	16 / 8 / 24
Frostschutzschicht							
Dicke der Frostschutzschicht	– 29[3] 39 49	– 31[3] 41 51	– 32[3] 42 52	– 33[3] 43	29[3] 39 49	– 21[3] 31 41	– 21[3] 31 41
Schottertragschicht auf Schicht aus frostunempfindlichem Material							
Betondecke							
Schottertragschicht	30	28	27	26			
Schicht aus frostunempfindlichem Material	30 / 60	30 / 58	30 / 57	30 / 56			
Dicke der Schicht aus frostunempfindlichem Material	Ab 12 cm aus frostunempfindlichem Material, geringere Restdicke ist mit dem darüber liegenden Material auszugleichen						
Frostschutzschicht							
Betondecke					22	20	18
Frostschutzschicht					22	20	18
Dicke der Frostschutzschicht					– 33[3] 43 53	– 29[3] 35 45	– 27[3] 37 47

[1] Bei abweichenden Werten sind die Dicken der Frostschutzschicht bzw. des frostunempfindlichen Materials durch Differenzbildung zu bestimmen. Siehe auch Tabelle **7.16**
[2] Mit rundkörnigen Gesteinskörnungen nur bei örtlicher Bewährung anzuwenden
[3] Nur mit gebrochenen Gesteinskörnungen und bei örtlicher Bewährung anzuwenden
[4] Nur auszuführen, wenn das frostunempfindliche Material und das zu verfestigende Material als eine Schicht eingebaut werden

Tabelle 7.18 Standardbauweisen mit Betondecke auf F 2- und F 3-Untergrund nach RStO 01 (Legende s. Tab. 7.20. Angaben des erforderlichen Verformungsmoduls Ev 2 auf Tragschicht, Frostschutzschicht und Planum in MN/m². Schichtdicken in cm)

7 Straßenentwurf

Bauklasse		SV			I			II			III			IV			V			VI		
Äquivalente 10-t-Achsübergänge in Mio	B	>32			>10 bis 32			>3 bis 10			>0,8 bis 3			>0,3 bis 0,8			>0,1 bis 0,3			≤0,1		
Dicke des frostsicheren Oberbaus[1]		65	75	85	55	75	85	55	65	75	55	65	75	55	65	75	45	55	65	45	55	65
Schottertragschicht auf Frostschutzschicht																							
Pflasterdecke[4]											10	10	10									
Schottertragschicht											3	3	3									
Frostschutzschicht											25	36	43									
Dicke der Frostschutzschicht											-	27[3]	37									
Kiestragschicht auf Frostschutzschicht																							
Pflasterdecke[4]											10			10								
Kiestragschicht											3			3								
Frostschutzschicht											30			43								
Dicke der Frostschutzschicht											-	32[2]		-								
Schotter- oder Kiestragschicht aus frostunempfindlichem Material										Ab 12 cm aus frostunempfindlichem Material, geringere Restdicke ist mit dem darüber liegenden Material auszugleichen												
Pflasterdecke[4]														30			25					
Schotter- oder Kiestragschicht														6			6					
Schicht aus frostunempfindlichem Material														41			36					
Dicke der Schicht aus frostunempfindlichem Material														-	29[2]	39	-	24[2]	34	-	24[2]	34
Asphalttragschicht auf Frostschutzschicht																							
Pflasterdecke[4]											10			12			10			10		
Asphalttragschicht[5]											14			23			21			21		
Frostschutzschicht											27											
Dicke der Frostschutzschicht											-	28[3]	38	48	32[2]	42	52	24[2]	34	44	24[2]	34	44

7.3 Gestaltung des Regelquerschnitts

Bauklasse		SV	I	II	III	IV	V	VI
Äquivalente 10-t-Achsübergänge in Mio	B	>32	>10 bis 32	>3 bis 10	>0,8 bis 3	>0,3 bis 0,8	>0,1 bis 0,3	≤0,1
Dicke des frostsicheren Oberbaus[1]	55 65 75 85	55 65 75 85	55 65 75 85	45 55 65 75	45 55 65 75	35 45 55 65	36 45 55 65

Asphalttragschicht und Schottertragschicht auf Frostschutzschicht

Pflasterdecke[4]				10 / 3 / 10	8 / 3 / 8	8 / 3 / 8	8 / 3 / 8
Asphalttragschicht[5]				15	15	15	15
Schottertragschicht				38	34	34	34
Frostschutzschicht							
Dicke der Frostschutzschicht	— — — —	— — — —	— — 27[3] 37	— 31[3] 41	21[3] 31	21[3] 31

Asphalttragschicht und Kiestragschicht aus Frostschutzschicht

Pflasterdecke[4]				10 / 3 / 10			
Asphalttragschicht[5]							
Kiestragschicht				20	20	20	20
Frostschutzschicht				43			
Dicke der Frostschutzschicht	— — — —	— — — —	— — — 32[3]	— — 26[3] 36	— 16[3] 26	16[3] 26

Dränbetontragschicht auf Frostschutzschicht

Pflasterdecke[4]							
Dränbetontragschicht (DBT)[5]							
Frostschutzschicht							
Dicke der Frostschutzschicht	— — — —	— — — —	— — 32[3] 42	29[3] 39 49	19[3] 29 39	19[3] 29 39

Tabelle 7.10 Standardbauweisen mit Pflasterdecke für Fahrbahnen auf F 2- und F 3-Untergrund/Unterbau nach RStO 01 (Legende s. Tab. 7.20, Angaben des erforderlichen Verformungsmoduls E_{v2} auf Tragschicht, Frostschutzschicht und Planum in MN/m², Schichtdicken in cm)

[1] Bei abweichenden Werten sind die Dicken der Frostschutzschicht bzw. des frostunempfindlichen Materials durch Differenzbildung zu bestimmen. Siehe auch Tabelle 7.16
[2] Mit rundkörnigen Gesteinskörnungen nur bei örtlicher Bewährung anzuwenden
[3] Nur mit gebrochenen Gesteinskörnungen und bei örtlicher Bewährung anzuwenden
[4] Größere Steindicken sind möglich, min $d = 0,06$ m wenn ausreichende Erfahrungen vorliegen. Mehr- oder Minderdicken sind in der Frostschutzschicht bzw. im frostunempfindlichen Material suzugleichen
[5] Die Dränbetontragschicht ist längs und quer einzukerben
[6] Bei Kiestragschicht in Bauklassen SV und I bis IV in 0,40 m Dicke, in Bauklassen V und VI in 0,30 m Dicke

Bauklasse	SV	I	II	III	IV	V	VI
Äquivalente 10-t-Achsübergänge in Mio	B	>10 bis 32	>3 bis 10	>0,8 bis 3	>0,3 bis 0,8	>0,1 bis 0,3	≤0,1
	>32						

Asphaltoberbau

Asphalttragschicht auf Planum[1]
- Asphaltdeckschicht
- Asphaltbinderschicht
- Asphalttragschicht

Betonoberbau und Tragschicht mit hydraulischem Bindemittel auf Planum[1]
- Betondecke
- Vliesstoff
- Tragschicht mit hydraulischem Bindemittel

[1] Gegebenenfalls Bodenverfestigung mit min $d = 0,15$ m Frostempfindlichkeitsklasse F 3, bei ungünstigen Wasserverhältnissen auch bei F 2

Tabelle 7.20 Standardbauweisen mit vollgebundenem Oberbau für Fahrbahnen auf F 2- und F 3-Untergrund/ Unterbau nach RStO 01 (Angaben des erforderlichen Verformungsmoduls E_{V2} auf Tragschicht Frostschutzschicht und Planum in MN/m², Schichtdicken in cm)

7.3 Gestaltung des Regelquerschnitts

Erneuerungsklasse	Bauklasse		SV	I	II	III	IV	V	VI
	Äquivalente 10-t-Achsübergänge in Mio	B	> 32	> 10 bis 32	> 3 bis 10	> 0,8 bis 3	> 0,3 bis 0,8	> 0,1 bis 0,3	≤ 0,1
E 1	Asphaltdeckschicht Asphaltbinderschicht Asphalttragschicht als Ausgleichsschicht vorhandene Befestigung		4 / 8 / ≥16 / ≥28	4 / 8 / ≥12 / ≥24	4 / 8 / ≥8 / ≥20	4 / ≥8 / ≥16	4 / ≥8 / ≥12	4 / ≥6 / ≥10 [2)]	8 [1)] / 8 [2)]
E 2	Asphaltdeckschicht Asphaltbinderschicht Asphalttragschicht als Ausgleichsschicht vorhandene Befestigung		4 / 8 / ≥12 / ≥24	4 / 8 / ≥8 / ≥20	4 / 4 / ≥8 / ≥16	4 / ≥8 [3)] / ≥12 [2)]	4 / ≥6 / ≥10 [2)]	4 / ≥4 / ≥8 [2)]	6 [1)] / 6 [2)]

[1)] Tragdeckschicht oder eine zweischichtige Asphaltbefestigung
[2)] Bei vorhandener Befestigung mit einer Betondecke ist eine Mindestüberbauung von 0,14 m vorzusehen
[3)] Bei besonderer Beanspruchung ist eine Asphaltbinderschicht an Stelle einer Asphalttragschicht vorzusehen

Tabelle 7.21 Erneuerung in Asphaltbauweise im Hocheinbau (vorhandene Befestigung: Asphalt- oder Betondecke nach RStO 01, Schichtdicken in cm)

Bauklasse		SV	I	II	III	IV	V	VI
Äquivalente 10-t-Achsübergänge in Mio	B	>32	>10 bis 32	>3 bis 10	>0,8 bis 3	>0,3 bis 0,8	>0,1 bis 0,3	≤0,1
Vorhandene Befestigung : Betondecke (entspannt) und Ausgleichsschicht aus Beton								
Betondecke		27	25	24	23			
Vliesstoff								
Ausgleichsschicht aus Beton		≥10	≥10	≥10	≥10			
Vorhandene Befestigung		≥37	≥35	≥34	≥33			
Vorhandene Befestigung : Betondecke (entspannt) und Ausgleichsschicht aus Asphalt								
Betondecke		26	24	23	22	20	18	16
Ausgleichsschicht aus Asphalt		≥6	≥6	≥6	≥6			
Vorhandene Befestigung		≥32	≥30	≥29	≥28	20	18	16
Vorhandene Befestigung : Asphaltdecke								
Betondecke		26	24	23	22	20	18	16
Planfräsen[1]								
Vorhandene Befestigung		26	24	23	22	20	18	16

[1] Statt Planfräsen kann auch eine Ausgleichsschicht aus Asphalt mit min d = 0,06 m zweckmäßig sein

Tabelle 7.22 Erneuerung in Betonbauweise im Hocheinbau (vorhandene Befestigung: Asphalt- oder Betondecke nach RStO 01. Schichtdicken in cm)

7.3 Gestaltung des Regelquerschnitts

Bauweise mit	Asphaltdecke			Betondecke			Pflasterdecke			Plattenbelag		
Dicke des frostsicheren Oberbaus	20	30	40	20	30	40	20	30	40	20	30	40
Schicht aus frostunempfindlichen Material												
Dicke der Schicht aus frostunempfindlichen Material	10	20	30	–	18	28	–	19	29	–	19	29
Schotter- und Kiestragschicht auf frostunempfindlichen Material												
Dicke der Schicht aus frostunempfindlichen Material	–	–	17				–		14	–		14
Schotter- oder Kiestragschicht auf Planum												
Dicke der Schotter- oder Kiestragschicht	–	22	32				–	19	29	–	19	29

[1]) Bei dieser Schicht kann in den Bauklassen SV und I bis IV eine um 0,02 m geringere Dicke der Asphalttragschicht vorgesehen werden, wenn nach örtlicher Erfahrung auf der Schotter- oder Kiestragschicht ein Verformungsmodul $E_{v2} \geq 180$ MN/m² erreicht wird.

[2]) Auch geringere Dicke möglich

Tabelle 7.23   Bauweisen für Rad- und Gehwege auf F 2- und F 3-Unterbau/ Untergrund nach RStO 01 (Legende s. Tab. 7.26; Angaben des erforderlichen Verformungsmoduls E_{v2} auf der Tragschicht in MN/m², Schichtdicken in cm)

Für *innerörtliche Straßen* sollen u.a. folgende Kriterien beachtet werden:
- Durch geschickte Straßengestaltung soll das Zurechtfinden in der Stadt und in den Straßen selbst unterstützt werden. Das kann durch ein unverwechselbares Bild des Straßenraumes erreicht werden, indem durch beidseits der Fahrbahn angeordnete Querschnittsbestandteile eine Raumwirkung erzielt wird. Die Funktionen der einzelnen Bestandteile werden deutlich hervorgehoben.

- Neben dem standardisierten Deckenaufbau können auch dünnere Bauweisen vorgesehen werden, wenn die Belastungen gering sind. Werden Oberflächenschutzschichten oder Deckschichten ohne Bindemittel gewählt, ist auf gute Ebenheit und Entwässerung zu achten. Unter den am tiefer liegenden Fahrbahnrand angeordneten Rad- und Gehwegen ist es zweckmäßig, die Frostschutzschicht der Fahrbahn unter der Befestigung dieser Verkehrsflächen weiter zu führen.
- Die Raumwirkung wird erzielt durch ein ausgewogenes Verhältnis von Straßenbreite zu Höhe der angrenzenden Bebauung. Ein Verhältnis 2:1 bis 3:1 ist sehr wirkungsvoll.
- Abwechslungsreiche Bepflanzung führt zur Auflockerung der Parkbuchten in Längsaufstellung und verbessert gleichzeitig die Wirkung des Straßenraumes.
- Eine Änderung der Oberflächenbefestigung gibt Hinweise auf Änderung der Nutzung durch den Verkehrsteilnehmer. Bei Pflasterungen sollen nur solche Gesteine zum Einsatz kommen, die bei Regen rutschsicher für die Fußgänger bleiben.
- Verweilflächen für den Fußgänger bieten ein einladendes Bild des Straßenraumes, wenn dort Sitzmöglichkeiten, Blumentröge oder Brunnen aufgestellt werden.
- Flächen für den ruhenden Verkehr sollen gut erreichbar sein und so gelegt werden, dass sie das Erreichen der Ziele mit geringen Wegen für die Fußgänger ermöglichen. In kleinen Gemeinden kann dafür auch eine Mischfläche für den ruhenden Verkehr und den Rad- und Fußgängerverkehr vorgesehen werden. Hierbei ist aber das Problem der Verkehrssicherheit von großer Bedeutung.
- Für den Wirtschaftsverkehr sind Flächen für die Anlieferung vorzusehen. Vor den Geschäften sind die Fußwegflächen den Bedürfnissen der Fußgänger anzupassen, um den Passanten das Betrachten der Schaufensterauslagen möglich zu machen.
- Die Straßenbeleuchtung kann als gestalterisches und straßentypisches Element eingesetzt werden. Masten und Leuchten wirken tagsüber raumgliedernd, nachts raumbildend. Durch den Wechsel der Leuchtenform und der Lichtfarbe können unverwechselbare Erkennungsmerkmale erzeugt werden. Bei Nacht unterstreichen die Leuchtpunkte den Straßenverlauf.
- Platzartige Öffnungen des Straßenraumes oder Versätze in der Linienführung erweitern die Gestaltung des Straßenraumes. Auch durch die Begrenzung mit herausragenden Gebäuden (Kirchtürme, Stadttore, Fachwerkhäuser) lassen sich gute Raumwirkungen erzielen.
- Der Einsatz von Gestaltungselementen wie Blumentröge, Absperrblöcke aus Beton, Poller u.ä. soll sparsam erfolgen.

Darüber hinaus können örtlich weitere Gestaltungskriterien in die Planung einfließen. Die Beachtung der Gestaltungskriterien führt meist nicht zu größeren Breiten, als sie sich für den erforderlichen Regelquerschnitt ergeben.

Zusatzfahrstreifen
Steigungsbereich. Bei längerer Bergfahrt verlieren Lastkraftwagen deutlich an Geschwindigkeit. Dadurch kommt es für schnellere Kraftfahrzeuge zu Behinderungen, besonders, wenn es sich um zweistreifige Straßen handelt. Die Verbesserung der Verkehrsqualität erzielt man durch einen Zusatzfahrstreifen, auf den der langsame Verkehr verwiesen wird. Ob bergwärts ein Zusatzfahrstreifen angelegt werden muss, hängt ab von der
- Größe der Steigung,
- Streckenlänge, für die die Steigungsgröße wirksam ist,
- Verkehrsbelastung,
- Verkehrszusammensetzung,
- Überholmöglichkeit auf zweistreifigen Straßen.

Bei reinen Kraftfahrzeugstraßen des alten Querschnitts b2s konnte in Bergrichtung auf den befestigten Seitenstreifen neben dem Zusatzfahrstreifen für den langsamen Verkehr verzichtet werden, weil neben liegengebliebenen Fahrzeugen immer noch zwei Fahrstreifen zur Verfügung stehen. Bei zweibahnigen Straßen fügt man die Zusatzfahrstreifen an der Innensei-

7.3 Gestaltung des Regelquerschnitts

te der Fahrbahnen an. Dadurch erhält man eine gleichmäßige Ausnutzung der Verkehrsfläche. Außerdem ist die Fahrstreifen – Subtraktion dann verkehrssicherer zu bewerkstelligen.

Auch Gefällestrecken erfordern manchmal Zusatzfahrstreifen. Ihre Breite beträgt $b_Z = 3{,}50$ m. Bei zweibahnigen Strecken kann dieser Fall bei Längsneigungen ab $s = 2{,}0$ % auftreten. Durch das Abbremsen der Lkw und Zurückschalten in kleinere Gänge behindern sie bergab den Verkehr. Bei zweistreifigen Straßen muss man bereits ab $s = 3{,}5$ % Gefälle prüfen, ob ein Zusatzstreifen erforderlich wird, wenn der Höhenunterschied zwischen Hoch- und Tiefpunkt 50,00 m beträgt.

Zusatzfahrstreifen für Rad- und Fußgängerverkehr

Die Trennung der langsamen Verkehrsarten vom schnellen Kraftfahrzeugverkehr bietet für alle Verkehrsteilnehmer größere Sicherheit. Rad- oder Gehwege oder kombinierte Wege für beide Verkehrsarten führt man entweder als unabhängige Seitenwege oder parallel zur Fahrbahn hinter Trennstreifen oder Hochborden. Die selbständige Führung hat dabei nicht nur den Vorteil der verbesserten Sicherheit durch räumliche Trennung, sondern sie führt auch oft zur Kostenminimierung, weil Rad- und Gehwege größere Längsneigungen zulassen, als dies für den Kraftverkehr möglich ist. Sie können daher besser an den Geländeverlauf angepasst werden. Dadurch verringern sich Einschnitts- und Dammassen gegenüber denen einer Parallelführung.

Im angebauten Bereich werden Mehrzweckstreifen oft durch den ruhenden Verkehr besetzt. Deshalb ordnet man Radwege immer dann an, wenn die *Einsatzgrenzen* nach Tabelle 7.24 zutreffen. Der gleichen Tabelle können auch die Einsatzgrenzen für Gehwege im nicht angebauten Bereich entnommen werden. Im angebauten Bereich werden Gehwege bei den Kategoriengruppen HS III und HS IV stets angeordnet. Für die niedrigeren Kategoriengruppen reichen je nach Nutzungsgrad des Baugebietes manchmal auch einseitige Gehwege aus. Auf der gegenüberliegenden Fahrbahnseite ist dann nur der Sicherheitsstreifen des eingeschränkten Lichtraumes erforderlich. Die Einsatzgrenzen für gemeinsame Rad- und Gehwege sind in Tabelle 7.24 ebenfalls enthalten. Ihre Anordnung im Querschnitt zeigt Bild 7.9.

Einsatzgrenzen für Anlagen des Rad- und Fußgängerverkehrs bei einer Verkehrsbelastung für				
motorisierten Verkehr in Kfz/24 h	Radverkehr in Rad- und Mofa/ Spitzenstunde	Fußgängerverkehr in F/Spitzenstunde a		Gemeinsamer Rad-Verkehr und Fußgänger/ Spitzenstunde
		befestigtem Bankett	Gehweg neben Trennstreifen	
≤ 2500	90	20	60	75
≥ 2500 bis 5000	30	10	20	25
≥5000 bis 10000	15	stets erforderlich	10	15
> 10000	10	stets erforderlich	5	10

Die Angaben für Gehweganlagen gelten nur für anbaufreie Bereiche Falls für Rad- und Fußgängerverkehr nur Tageszählungen vorliegen, ist die Spitzenstunde mit 20 % der Tageswerte anzusetzen. Bei anbaufreien Straßen mit $v = 80$ km/h ist stets ein Rad- oder Gehweg erforderlich, wenn keine begleitenden Wege vorhanden sind.

Tabelle 7.24 Einsatzgrenzen für Rad- und Gehwege

Klammerwerte sind Mindestwerte
außerhalb des Entwässerungsbereiches

mit Seitenstreifen

Maße in m

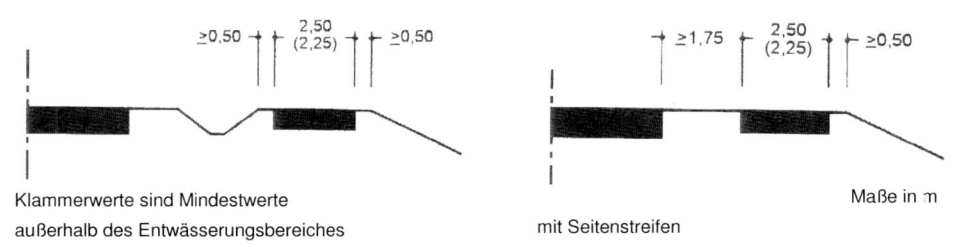

Bild 7.9 Beispiele für die Anordnung gemeinsamer Rad- und Gehwege außerhalb bebauter Gebiete

118   7 Straßenentwurf

7.3 Gestaltung des Regelquerschnitts

Legende:
- = Deckschicht
- = Asphalttragdeckschicht
- = Betondecke
- = Pflasterbett, 3 – 5 cm
- = hydraulisch gebundene Tragdeckschicht (HGTD)
- = hydraulisch gebundene Deckschicht (HGD)
- = Tragschicht aus Schotter
- = Tragschicht aus Kies
- = Tragschicht aus unsortiertem Gestein

[1]) gelegentlich
[2]) ausnahmsweise
[3]) Mindestdicke bei Betonpflastersteinen
[4]) Plattenlänge und -dicke sind von einander abhängig
[5]) ohne umfangreiche Erprobung

Tabelle 7.25 Standardbauweisen für Wegebefestigungen nach RLW 2005 (Schichtdicken in cm)

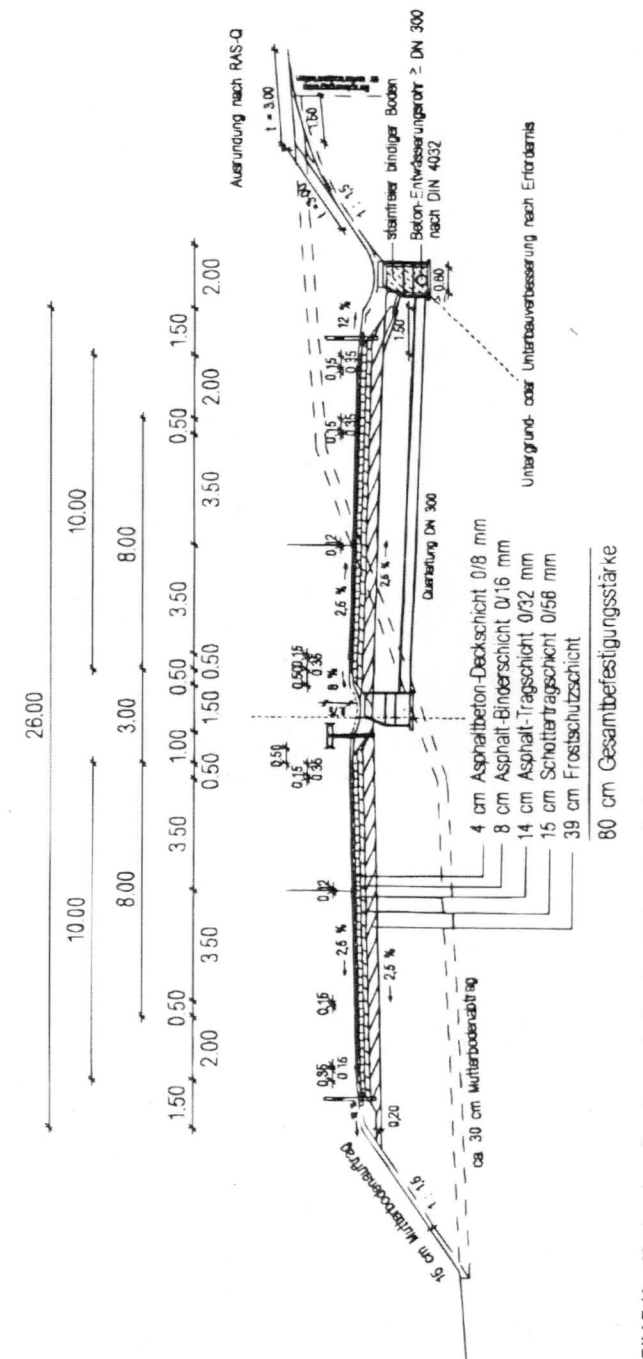

Bild 7.10 Muster eines Regelquerschnittes im nicht angebauten Bereich

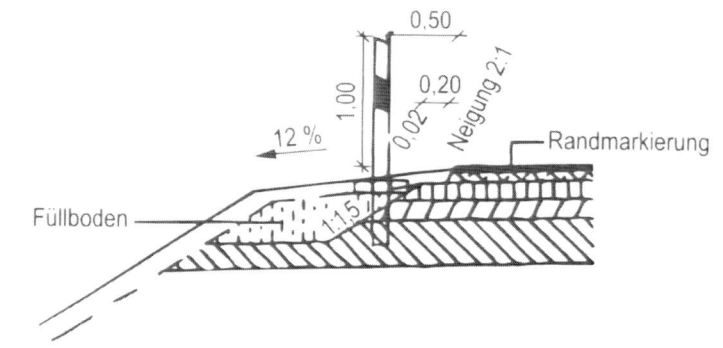

7.3 Gestaltung des Regelquerschnitts

Detail Randausbildung Damm   M.: 1 : 20

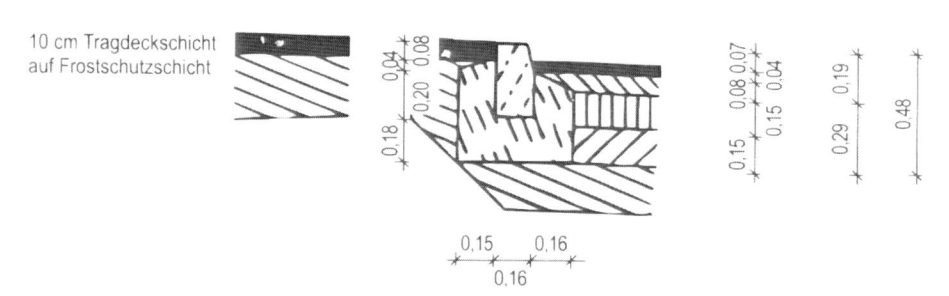

Detail Betonhochbord 12/ 15/ 30   M.: 1 : 10

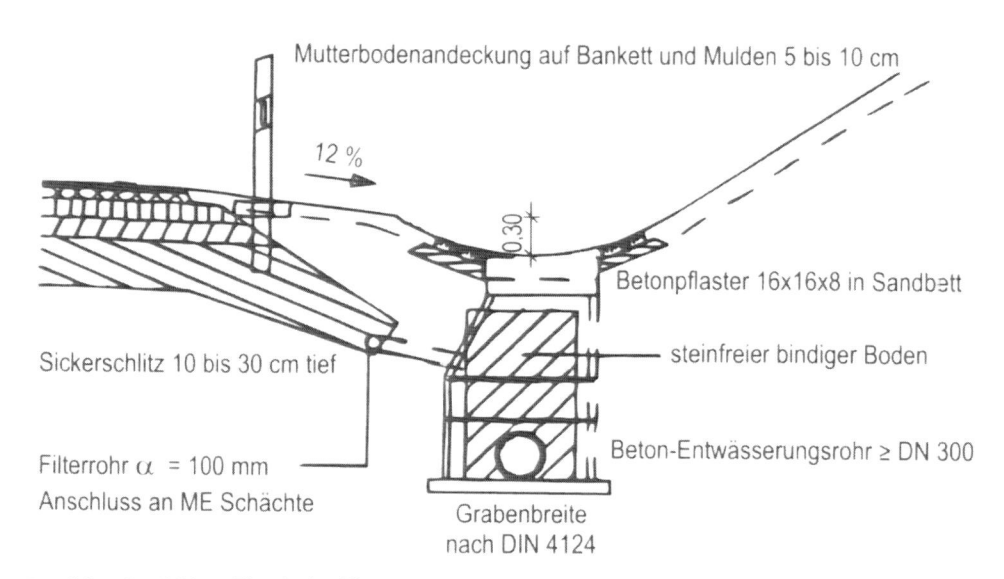

Detail Randausbildung Einschnitt   M.: 1 : 20

Bild 7.11   Details eines Regelquerschnitts im nicht angebauten Bereich

Querschnitt Stadtstraße
M. 1 : 50

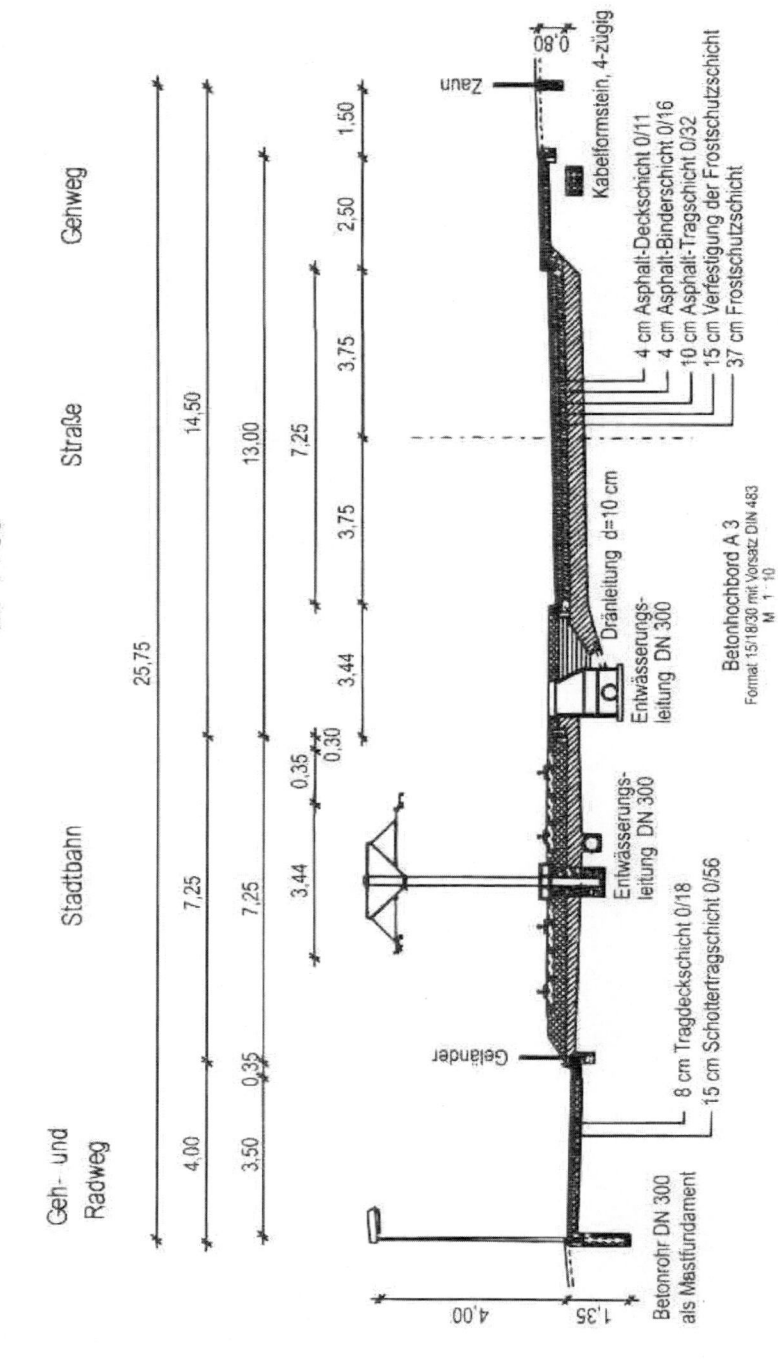

Bild 7.12 Muster eines Querschnitts im angebauten Bereich

7.3 Gestaltung des Regelquerschnitts

Aufsatz BeGu Rekord
Pultform Klasse D 40 MP
DIN 1213
Ausgleichsring 8a DIN 4052
Schaft mit Tragnocken hohe
Form 4a DIN 4052
Zwischenteil niedrige Form 6b
DIN 4052
Boden 1 mit Abgang DN 15 DIN 4052

Detail Straßeneinlauf   M.: 1 : 20

Detail Betonhochbord A 3, Format 16/ 18/ 30 mit Vorsatz DIN 483   M.: 1 : 10

Detail Betoneinfassungsstein Format 10/ 30 mit Fase DIN 483   M.: 1 : 10

Bild 7.13   Details eines Regelquerschnitts im angebauten Bereich

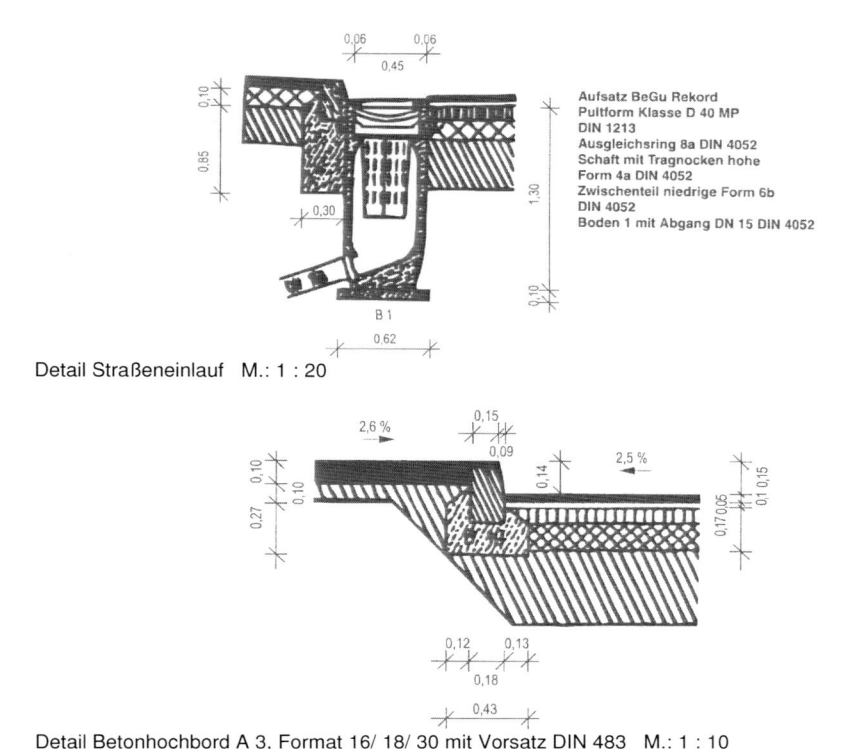

Zusatzfahrstreifen für landwirtschaftlichen Verkehr

Landwirtschaftlichen Verkehr verlegt man nach Möglichkeit auf Parallelwege, weil dadurch der langsamere Verkehr den schnelleren nicht behindert. Außerdem wird die durchgehende Strecke von Gefahren freigehalten, die durch Zufahrten, Sichtbehinderung beim Überholen oder Verschmutzung verursacht werden können. Reine Kraftfahrzeugstraßen bedingen immer

Parallelwege. Doch sollten alle Straßenkategorien von EKA 1 bis EKA 3 durch Parallelwege entlastet werden. Oft ergibt dies auch der Nachweis der Verkehrsqualität.

Zusatzfahrstreifen für den öffentlichen Verkehr
Schienengebundener öffentlicher Personennahverkehr wird heute immer öfter auf besonderem Bahnkörper geführt. Damit kann seine Attraktivität durch Schnelligkeit gesteigert werden, weil eine Kolonnenbildung oder Fahrzeugstau den Zugverkehr nicht behindern. Solche Bahnkörper werden durch Trennstreifen von der Fahrbahn abgesetzt.

Die Mindestbreite des Trennstreifens setzt sich aus dem Sicherheitsraum der Straße, dem Sicherheitsabstand der Bahn und den vorhandenen Breiten für Einbauten (Fahrleitungsmasten, Signale) zusammen. Die Trennstreifen erhalten straßenseitig Hochborde. Liegt die zulässige Geschwindigkeit der Straße v_{zul} über 70 km/h, sind Trennelemente wie Schutzplanken oder Mauern notwendig. Hecken oder Geländer genügen nicht, um bei Abkommen von der Fahrbahn die Kraftfahrzeuge vom Bahnkörper fernzuhalten. Bei Trennstreifen ohne Einbauten darf die Grenze des seitlichen Straßenlichtraumes mit der seitlichen Fahrzeugbegrenzung der Bahn zusammenfallen.

Pfosten für Verkehrszeichen werden an der seitlichen Begrenzung des Lichtraumes der Straße angeordnet. Die bahnseitig überstehende halbe Breite des Verkehrszeichens und eine Zusatzbreite von 0,15 m (bei Haltestellen 0,50 m) sind der Trennstreifenbreite hinzu zu rechnen. Feste Einbauten dürfen nicht in den lichten Raum der Straße hineinragen. Die Lichtraumabmessungen für den schienengebundenen Verkehr sind den Bildern 7.15 und 7.16 zu entnehmen. Die sich für den Bahnkörper ergebenden Regelbreiten sind im Bild 7.17 dargestellt.

Vielfach werden im Öffentlichen Personen-Nahverkehr (ÖPNV) Omnibusse eingesetzt. Diese sind wendiger als Schienenfahrzeuge. Sie können sich wie individuelle Kraftfahrzeuge auf der Fahrbahn bewegen, sind dann aber auch den Behinderungen durch den Individualverkehr ausgesetzt. Um den Busverkehr zu beschleunigen, reserviert man für die Busse gern eigene Fahrstreifen, die meist bevorrechtigt oder durch Funkanforderung an Lichtsignalanlagen bevorzugt abgefertigt werden. Setzt man getrennte, bahnkörperartige Verkehrsräume ein, handelt es sich bei den Bussen meist um Hybridbusse, die sowohl mit Elektroantrieb als auch mit Verbrennungsmotor fahren können. Die Querschnittsabmessungen für diese Hybridfahrstreifen müssen von den Fahrzeugdaten der Busse abgeleitet werden.

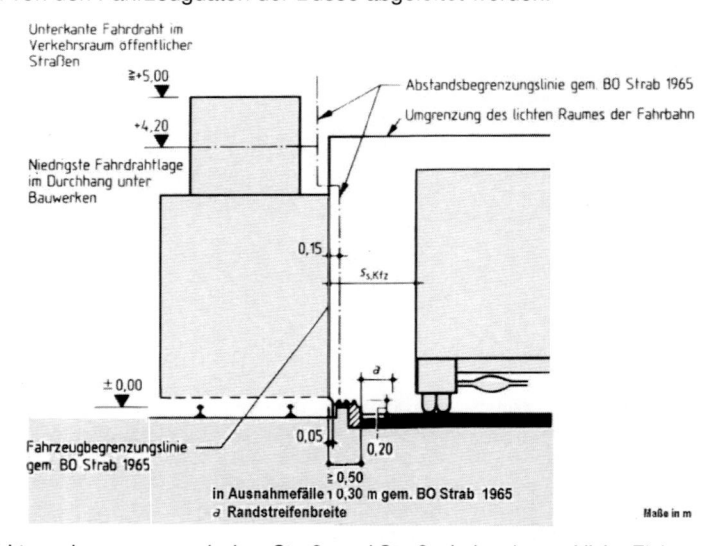

Bild 7.14 Lichtraumbegrenzung zwischen Straße und Straßenbahn ohne seitliche Einbauten

7.3 Gestaltung des Regelquerschnitts

Behelfsfahrstreifen im Arbeitsstellenbereich. Für Behelfsfahrstreifen ist eine Mindestbreite von 2,75 m vorzusehen, auf Autobahnen werden 3,75 m gefordert. Ist ein Behelfsfahrstreifen nur für Fahrzeuge bis 2,00 m Breite bestimmt, kann die Breite auf 2,50 m eingeschränkt werden.

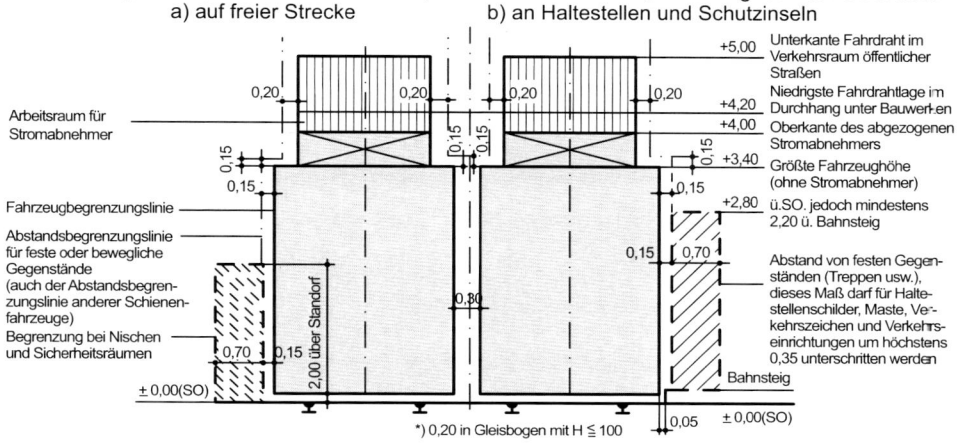

Bild 7.15 Lichtraumabmessungen bei Gleisen in der Fahrbahn

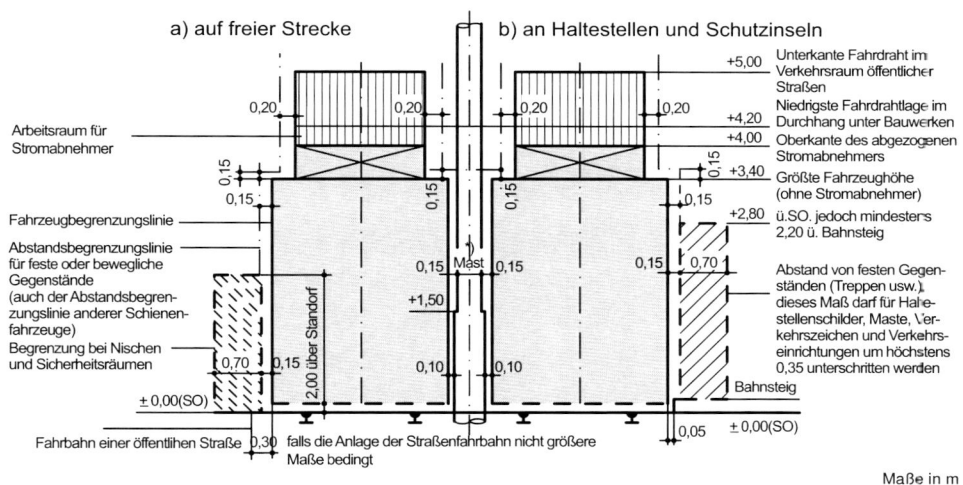

[1] Kurzer Mittelmast in der Geraden $a = 0,30$ m zwischen den Fahrzeugbegrenzungslinien, in Gleisbögen wird bei $r \leq 100,00$ m $a = 0,20$ m zwischen den Fahrzeugbegrenzungslinien

Bild 7.16 Lichtraumabmessungen bei Gleisen auf besonderem Gleiskörper innerhalb und außerhalb des Verkehrsraumes einer öffentlichen Straße nach BO-Strab, 1988

7.3 Gestaltung des Regelquerschnitts

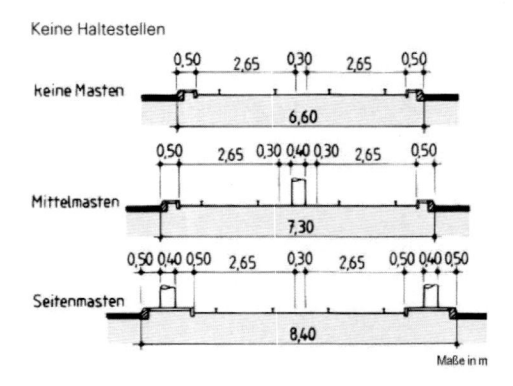

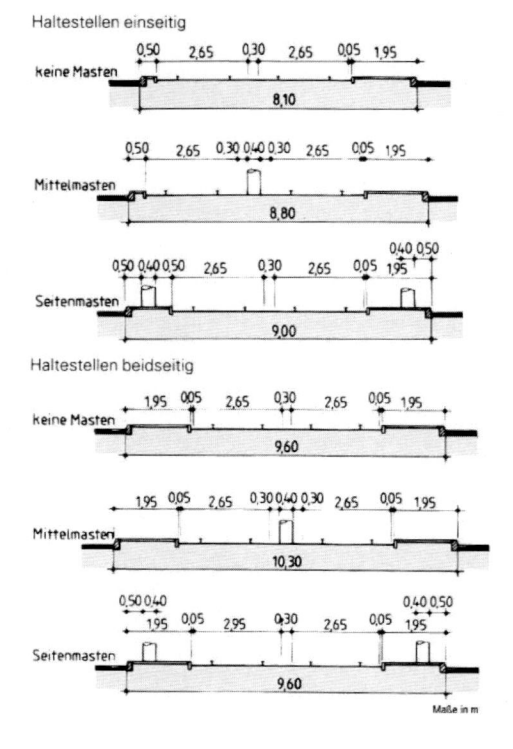

Bild 7.17 Bahnkörper-Regelbreiten für Straßen im angebauten Bereich

(Den Querschnitten liegt eine Fahzeugbreite $b = 2,65$ m und eine Mastdicke von $d = 0,40$ m zugrunde.)

Querschnitte im Bauwerksbereich

Bauwerke im Straßenbereich sind Brücken, Tunnel, Stützwände, Pfeiler von Arkaden und Schilderbrücken. Die Querschnittsabmessungen sollen im Bauwerksbereich beibehalten werden. Einschränkungen für Borde oder seitlichen Schutzplanken können ausgenutzt werden. Bei notwendigen Einschränkungen muss aber in jedem Fall der Lichtraum der Straße erhalten bleiben. Die sich aus diesen Forderungen ergebenden Regelquerschnitts-Ausbildungen zeigt Bild 7.18. Auf Bauwerken ohne Rad- oder Gehweg sind Notgehwege von 0,75 m Breite anzulegen. Werden Rad- und Gehweg mit überführt, müssen die Sicherheitsräume der freien Strecke vorhanden sein. Im Tunnel sind 1,00 m breite *Notgehwege* vorzusehen.

Querschnitte für ländliche Wege

Da ländliche Wege zumeist von Fahrzeugen mit geringen Geschwindigkeiten befahren werden, sind die Querschnittsabmessungen meist von den Fahrzeugabmessungen abhängig. Um nicht zu viel landwirtschaftliche Fläche zu beanspruchen, werden die Seitenstreifen nur mit einer Breite von 0,75 m oder 1,00 m versehen. Liegt der Weg unmittelbar auf dem Gelände, sind sogar Seitenstreifen von 0,50 m ausreichend. Im Bergland kann der Seitenstreifen durch eine befahrbare Rinne auf der Bergseite ersetzt werden. Talseitig oder auf Dämmen mit mehr als 3,00 m Höhe sollte er aber immer 1,25 m, besser 1,50 m breit angelegt werden.

Wenn Einbauten, z.B. Schutzplanken, es erfordern, muss der Seitenstreifen örtlich verbreitert werden. Wege mit häufigem Viehtrieb oder forstwirtschaftliche Wege, an denen Holz abgelagert wird, sind mit entsprechend breiteren Seitenstreifen zu versehen.

7.3 Gestaltung des Regelquerschnitts

auf Bauwerken mit Schutzplanken

auf Bauwerken mit Betonschutzwand

auf Bauwerken mit Gehweg hinter der Schutzplanke

auf Bauwerken mit Radwegen bzw. gemeinsamen Rad- und Gehwegen hinter Schutzplanken

neben festen Einbauten mit passiver Schutzeinrichtung (auch neben festen Einbauten im Mittelstreifen)

neben festen Einbauten ohne passive Schutzvorrichtung

neben festen Einbauten mit passiver Schutzeinrichtung im Mittelstreifen bei beengten Verhältnissen

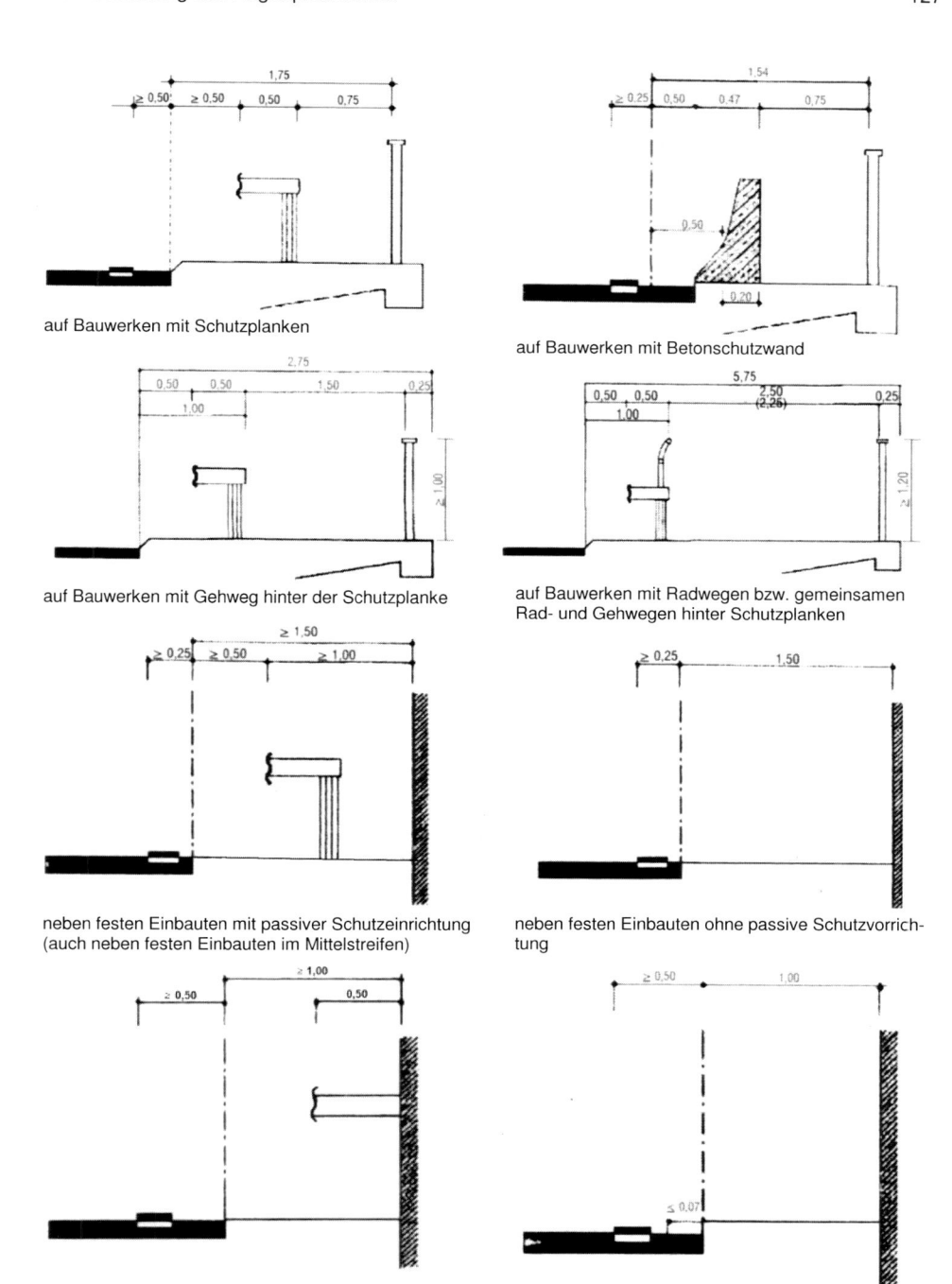

im Tunnel und in Trogstrecken

Bild 7.18   Ausbildung der Querschnitte im Bauwerksbereich

Für Begegnungen oder Überholungen reichen meist die vorhandenen Wegeeinmündungen als Ausweichstellen aus. Bei langen Strecken plant man gesonderte Ausweichen ein.

Landwirtschaftliche Wege mit befestigter Fahrbahn erhalten einseitiges Quergefälle. Ist die Oberfläche nicht mit Bindemittel gebunden, sollte man den Dachformquerschnitt wählen. Im Bergland empfiehlt es sich, die Querneigung zur Bergseite hin auszubilden. Auf der höheren Seite neigt man den Seitenstreifen mit 3,0 % nach außen, auf der tieferen Seite legt man 6,0 % Querneigung an.

Verbindungswege
Sie erhalten bei stärkerem Verkehr zwei Fahrstreifen. Die Fahrbahnbreite liegt dann zwischen 4,50 m und 5,00 m, während sie bei einstreifigen Verbindungswegen auf 3,00 m bis 3,50 m reduziert werden darf.

Feldwege
Diese Wege legt man in der Regel einstreifig an. Nur bei sehr starkem Verkehr erhalten sie zwei Fahrstreifen, die in Ortsnähe oder bei Benutzung zur Holzabfuhr bis auf 5,00 m verbreitert werden. Die Querneigung wird nach Tabelle 7.26 festgelegt. In Rebanlagen ordnet man auf Hauptwirtschaftswegen 4,50 m breite Fahrbahnen an, da sie auch als Arbeitsraum dienen. Die 0,40 m breite, befahrbare Entwässerungsrinne ist in diesem Maß enthalten.

Man unterscheidet Feldwege in
- Wirtschaftswege und
- Grünwege.

Bogenhalbmesser r in m	≥100	≥60	≥40	≥30
Querneigung q in %	3,0	4,0	5,0	6,0

Tabelle 7.26 Querneigungen für Hauptwirtschaftswege

Wirtschaftswege sind Feldwege, deren Fahrbahn in der Regel eine Befestigung erhalten. Sie dienen der Flurerschließung und sind ganzjährig befahrbar.

Grünwege sind unbefestigt und können mit landwirtschaftlichen Maschinen bei geeigneter Witterung befahren werden. Auch sie erschließen die Flur und dienen insbesondere der Bewirtschaftung der Grundstücke.

Waldwege. Als Hauptwege legt man sie mit 4,50 m breiten Fahrbahnen und 0,75 m breiten Banketten an. In Abständen von 300,00 m bis 500,00 m müssen Ausweichen vorgesehen werden. Bei Zubringerwegen können die Bankette 0,50 m breit ausgebildet werden. Für sog. "Rückwege" (zum Anrücken der Stämme) genügen 3,00 m Wegbreite. Für die seitliche Holzlagerung sind entsprechende Zusatzflächen zu schaffen.

Ist eine bindemittelfreie Befestigung gewählt, legt man die Querneigung mit 5,0 % bis 7,0 % an, sonst wendet man die Werte der Tabelle 7.26 an.

Bild 7.19 Querschnittselemente ländlicher Wege

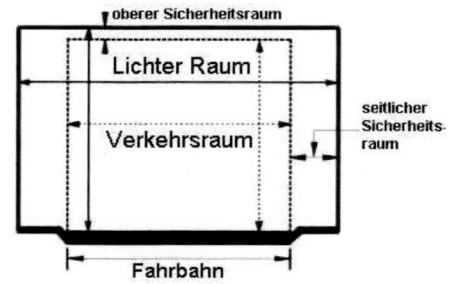

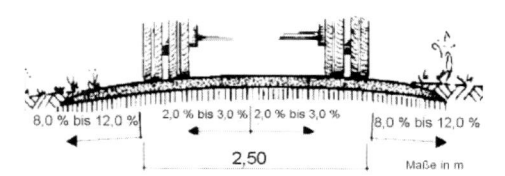

7.3 Gestaltung des Regelquerschnitts

Bild 7.20 Querneigung bei Grünwegen oder Wegebefestigung ohne Bindemittel (in der Geraden)

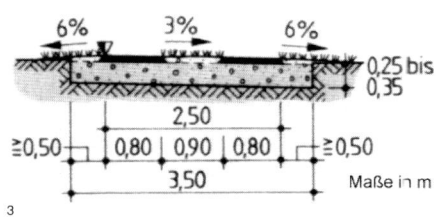

Bild 7.21 Beispiel eines Asphaltspurweges

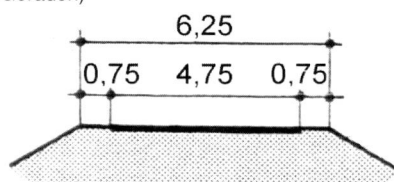

zweistreifiger Verbindungsverkehr mit starkem Begegnungsverkehr

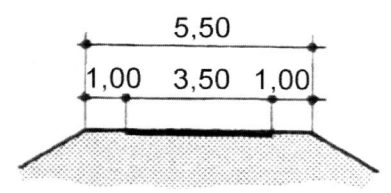

einstreifiger Verbindungsweg mit stärkerem Verkehr

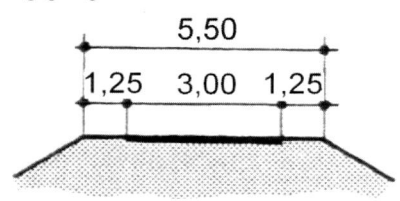

einstreifiger Verbindungsweg mit normalem Verkehr

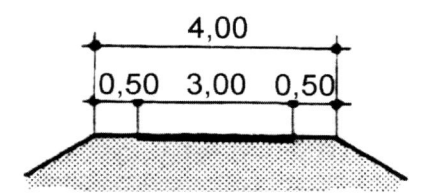

Feldweg – Wirtschaftsweg

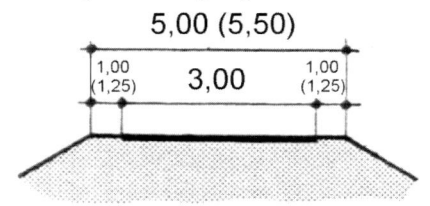

Wirtschaftsweg (mit starkem Begegnungsverkehr)

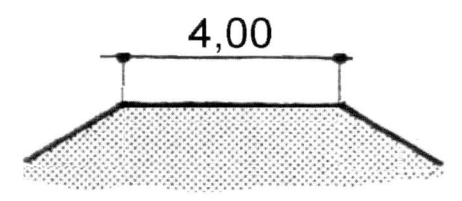

Feldweg – Grünweg

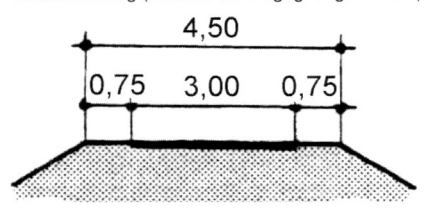

Waldweg mit hoher Verkehrsbedeutung (Hauptweg)

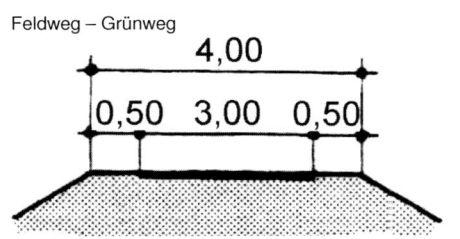

Waldweg mit geringer Verkehrsbedeutung (Zubringerweg)

Bild 7.22 Querschnitte ländlicher Wege

Landwirtschaftliche Wege sollen sich weitgehend der Topographie und der zu erwartenden Verkehrsbelastung anpassen. Manche Fahrzeuge überschreiten dabei die in der Straßenverkehrs-Zulassungsordnung festgelegten Maße. Deshalb sind besonders im Bauwerksbereich die Verkehrsräume entsprechend zu berücksichtigen.

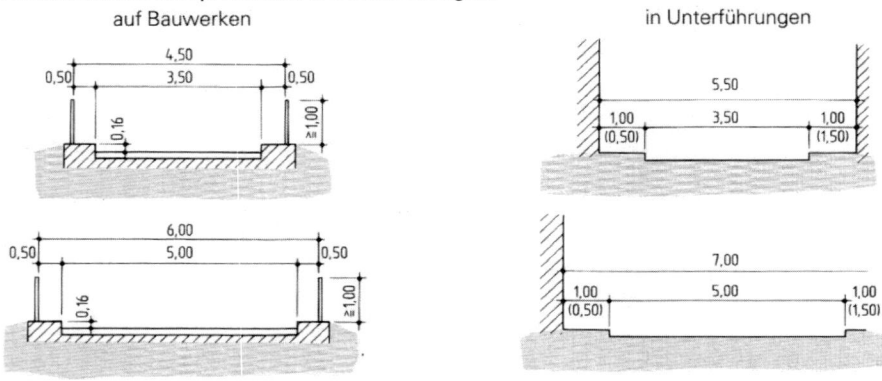

Bild 7.23   Querschnittsausbildung ländlicher Wege im Bauwerksbereich

Sonstige ländliche Wege

Fußwege werden in ihrer Linienführung durch die Zweckbestimmung festgelegt. Um sie auch für ältere Menschen oder Behinderte attraktiv zu gestalten, sind die Steigungen möglichst mit einem Wert $s \leq 6{,}0\,\%$ anzulegen. Dies wird in bewegtem Gelände nicht immer möglich sein. In diesem Fall sind größere Steigungen nicht zu umgehen und gegebenenfalls Treppen anzulegen. Doch sollte dann versucht werden, durch alternative Wegeführung auch für Rollstuhlfahrer oder Kinderwagen die Steilstrecke zu umgehen. Die Breite des Fußweges muss wenigstens mit $b = 1{,}50$ m angelegt werden.

Wanderwege erschließen die Schönheit der Natur und müssen gleichzeitig ökologische Belange erfüllen. Die Führung in der Nähe von Wasserläufen, Seen und Waldrändern lockt Wanderer an. An geeigneten Stellen kann man Rastplätze vorsehen und Grillplätze einrichten. Ebenso können an besonderen Stellen Aussichtspunkte zur Betrachtung reizvoller Umgebung oder entfernter Ziele und Stadtsilhouetten einladen. Manchmal legt man Wanderwege als Lehr- oder Trimmpfade an. Eine gute Beschilderung mit Ziel- und Entfernungsangaben steigert die Attraktivität.

Reitwege dürfen nicht auf steinigem, bindigem oder nassen Boden verlaufen. Sie erhalten eine Mindestbreite von $b = 1{,}50$ m und sollen unter Bäumen eine Lichtraumhöhe $h \geq 2{,}80$ m besitzen. Reitwege werden meist als solche beschildert. Eine Beeinträchtigung von Fußgängern ist zu vermeiden.

Spurwege. Als Spurwege bezeichnet man landwirtschaftliche Wege, bei denen nicht die gesamte Fahrbahnbreite eine befestigte Oberfläche erhält, sondern nur die Fahrspuren in Asphalt- oder Betonplatten - Bauweise hergestellt werden. Damit wird nur ein geringer Teil der Fahrbahn „versiegelt" und die Fläche zwischen den Rädern als Grünstreifen erhalten. Gegenüber den Grünwegen sind Spurwege vorteilhaft, weil sie auch bei nasser Witterung befahrbar bleiben. Für einen tragfähigen Unterbau und gute Entwässerung auf dem Planum ist Sorge zu tragen.

Um den landwirtschaftlichen Maschinen und Schleppern mit Anhängern eine ausreichende Fläche zum Ein- und Abbiegen von klassifizierten Straßen zur Verfügung zu stellen, müssen die Ausrundungen der Anschlüsse mit Radien $r = 8{,}00$ m bis $r = 12{,}00$ m geplant werden. Beispiele der Möglichkeiten zeigt Bild 7.24

Ausgewählte Grundmaße landwirtschaftlicher Geräte zeigt Bild 7.25.

7.3 Gestaltung des Regelquerschnitts

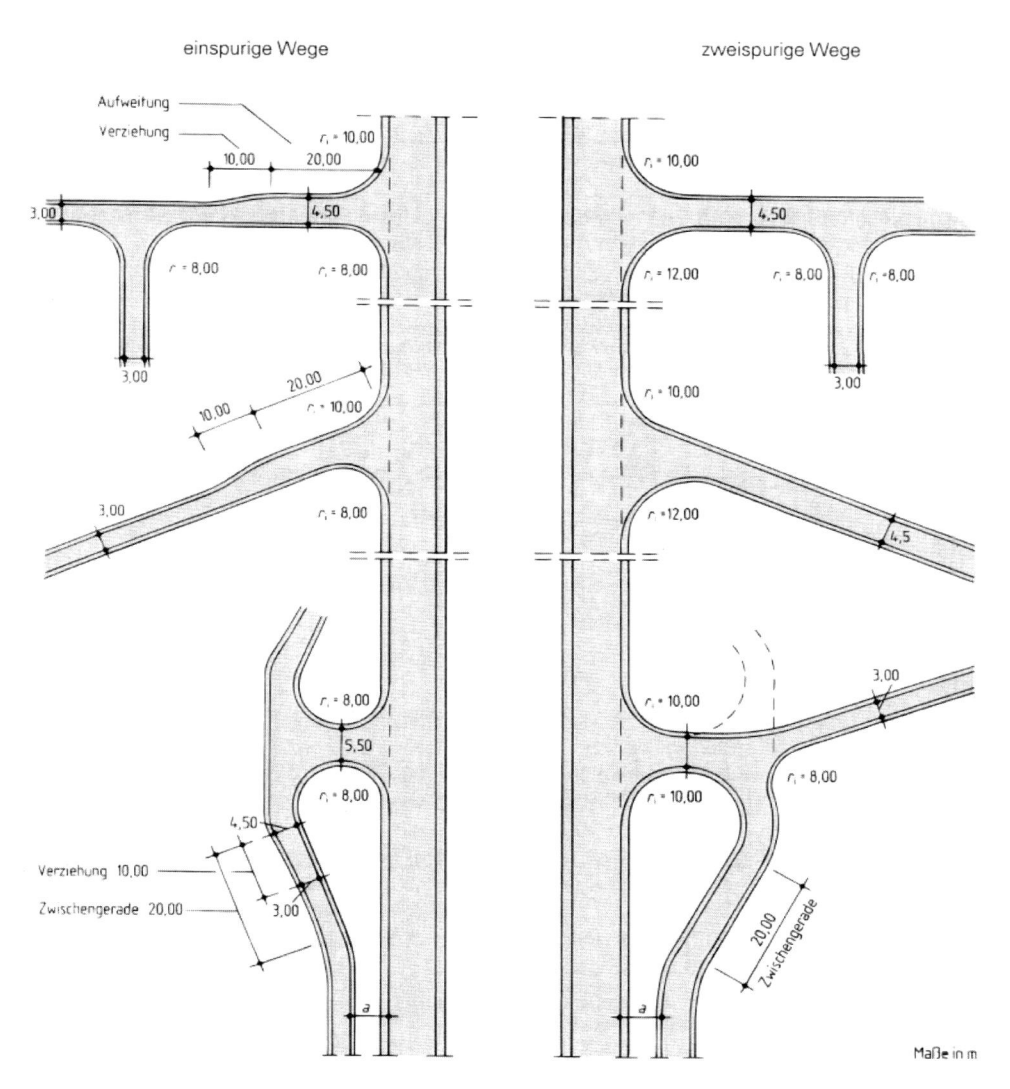

Bild 7.24 Beispiele für Einmündungen ländlicher Wege

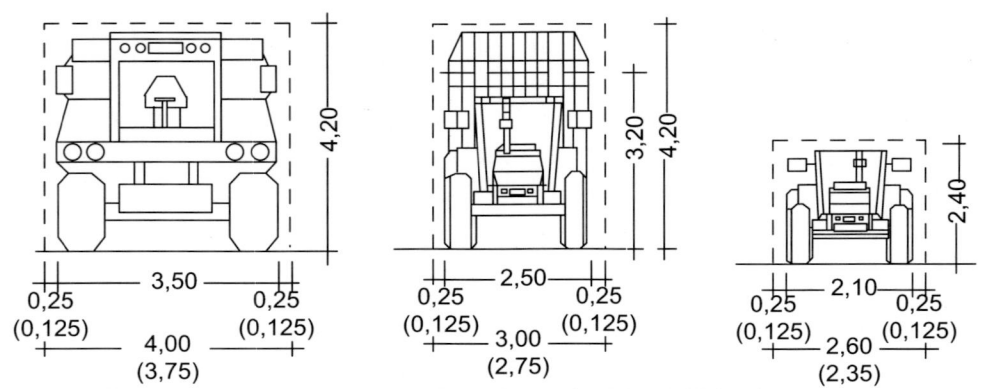

Bild 7.25 Grundmaße der Verkehrsräume und lichten Räume landwirtschaftlicher Geräte

7.4 Linienführung

Die Linienführung einer Straße hängt von der harmonischen Übereinstimmung verschiedenartiger Komponenten ab. Sie berücksichtigt technische, umweltrelevante, ökologische, ästhetische und wirtschaftliche Gesichtspunkte. Je ausgewogener das künftige Bauwerk geplant wird, desto besser wird die Straße den menschlichen Bedürfnissen gerecht. Umso besser passt sie sich aber auch der Umwelt an. Die Straße hat verbindenden Charakter. Sie soll deshalb die Landschaft nicht trennen und in Ansiedlungen die Zusammengehörigkeit der Bewohner nicht unterbrechen. Gute optische Linienführung trägt darüber hinaus zu einer Verbesserung der Verkehrssicherheit und dem Wohlbefinden des Fahrzeuglenkers bei. Unaufdringliche, ästhetisch gut gestaltete Bauwerke helfen topographische Gegebenheiten auszugleichen und in die Planung einzubinden. Gleichzeitig können sie die Bedingungen der Lebensräume in der Umwelt erhalten und verbessern. Hinter dieser Zielsetzung steht heute oft die Frage nach der Wirtschaftlichkeit zurück. Trotzdem soll auch daran gedacht werden, dass eine gute Verkehrsverbindung den Standort eines Wirtschaftsraumes maßgebend unterstützen.

Die sicher nicht vollständige Aufzählung der Möglichkeiten und Aufgaben eines Straßenplaners verdeutlicht bereits die umfangreiche Verantwortung, die er mit seinem Werk übernimmt. Im Rahmen dieses Buches wird weitgehend die technische und ökologische Problemstellung behandelt; verkehrswirtschaftliche und verkehrstechnische *Problemstellungen* können nur am Rande erwähnt werden. Trotzdem muss sich der Straßenplaner auch mit diesen Fragen bei der Planung auseinander setzen.

Geschwindigkeitsbegriffe
Die Linienführung beeinflusst durch ihre geometrischen Entwurfselemente den Verkehrsablauf auf der Straße. Äußeres Merkmal dieser Einflüsse ist die Geschwindigkeit.

Die Geschwindigkeit als *Richtgeschwindigkeit* oder *zulässige Höchstgeschwindigkeit* ergibt sich aus der Netzfunktion, der angestrebten Verkehrsqualität und dem Fahrtzweck. Sie ist bestimmend für die Geometrie der Linienführung. Von ihr hängen ab
- die Klothoidenparameter,
- die Kurvenmindestradien,
- die Höchstlängsneigungen,
- die Kuppen- und Wannenhalbmesser.

Um einen gleichmäßigen Fahrtrhythmus zu erhalten, soll die Geschwindigkeit für längere Streckenabschnitte unverändert bleiben.

7.4 Linienführung

Die dem Entwurf zugrunde gelegte maßgebende Geschwindigkeit beeinflusst nachdrücklich die Streckencharakteristik, die Verkehrssicherheit, die Verkehrsqualität und die Wirtschaftlichkeit. Ihre Größe wählt man entsprechend der Tabelle 7.27.

Entwurfsklasse	EKA 1A	EKA 1B	EKA 2	EKA 3
Geschwindigkeit in km/h	130	120	100	80

Tabelle 7.27 Zuordnung der Richtgeschwindigkeit zur Entwurfsklasse

Die Geschwindigkeit ist fahrdynamisch so festgelegt, dass ein Fahrzeug die nasse Fahrbahn sicher befahren kann. (Die früher üblichen Werte v_e oder v_{85} werden durch die Werte der Tabelle ersetzt.) Mit ihr ändert sich die Abhängigkeit der Straßengeometrie; denn dadurch werden festgelegt
- die Querneigung in der Kurve,
- erforderliche Haltesichtweiten und notwendige Überholsichtweiten,
- die Mindestradien bei Querneigung zum Außenrand.

Können bei der Planung die erforderlichen Entwurfselemente nicht eingehalten werden, sind Geschwindigkeitsbeschränkungen anzuordnen.

Geometrie der Entwurfselemente
Alle Entwurfselemente sollen in einem ausgewogenen Verhältnis zueinander stehen. Man nennt diese Abstimmung Relationstrassierung. Besonders bei der Kategoriengruppe EKA 1 ist hierauf Wert zu legen. Bei allen Kategoriengruppen muss aber gleichzeitig auf das Umfeld Rücksicht genommen werden, weil Zwangspunkte, wie Raumwirkung der Straße oder denkmalgeschützte Bauten oder Bäume die Linienführung stark beeinflussen

Die Gerade bildet die kürzeste Verbindung zwischen zwei Punkten. Diese Lösung wird aber in der Straßenplanung aus mehreren Gründen nicht günstig sein (siehe Abschnitt 4.4.1). Beim Aus- oder Umbau vorhandener Straßen kann die Trassierung mit Geraden aber notwendig werden.

Der Kreisbogen wird zur Richtungsänderung der Trasse eingesetzt. Im angebauten Bereich kann er unmittelbar tangential an eine Gerade angeschlossen werden. Hier wirken sich fahrdynamisch die in Kurven auftretenden zentrifugalen und zentripetalen Kräfte nur geringfügig aus, weil sich die Fahrzeuge mit geringen Geschwindigkeiten bewegen.

Außerhalb bebauter Gebiete leitet man die Kurvenfahrt mit einer Klothoide als Übergangsbogen von der Geraden in den Kreisbogen ein. Die Klothoide entspricht fahrdynamisch der Lenkbewegung, um von der Geradeaus-Stellung der Lenkräder in die Endstellung für die Kreisfahrt zu gelangen.

Dynamische Kurvenfahrt
Die Fortbewegungsart eines Fahrzeugs auf der Straße hängt nicht nur von den fahrzeugtypischen Faktoren ab, sondern ebenso vom Temperament und Fahrempfinden der Fahrzeuginsassen. Der Benutzer eines Kraftfahrzeuges verändert entsprechend den physikalisch bedingten Kräften, die auf ihn einwirken, sein Fahrverhalten. Fahroptik und Fahrdynamik wirken dabei genau so auf ihn ein wie verkehrsabhängige Einflüsse. Er wird in der Regel versuchen, eine möglichst gleichmäßige Dauergeschwindigkeit einzuhalten. Daher sollte man bei der Festlegung der Linienführung die Elementenfolge so zu gestalten, dass ein starkes Abbremsen vor und ein entsprechendes Beschleunigen nach der Kurve vermieden wird. Als ideal wird eine Straße angesehen, bei der die Schaltvorgänge auf ein Minimum zurückgeschraubt werden. Die Fahrt mit *Bestgeschwindigkeit* bewirkt, dass die resultierende Kraft aus der Radialbeschleunigung und dem Hangabtrieb gegen Null geht und die Krümmung der Trasse sich durch Wegfall des Querrucks im Körper des Fahrzeuginsassen dabei nicht

unangenehm bemerkbar macht. Während die Begrenzung der Kurvenradien nach unten von Sicherheitsüberlegungen bestimmt wird, ist die Festlegung von maximalen Folgeradien im Hinblick auf das dynamische Fahrverhalten getroffen worden. Durch entsprechende landschaftliche Gestaltung kann das Fahrverhalten überdies beeinflusst werden. Dem Kraftfahrer einen optimalen Eindruck der Straße zu vermitteln, sollte deshalb oberstes Ziel der Auswahl der verwendeten Trassierungselemente sein, ohne die Einpassung in die Landschaft und die Störung der Umwelt zu vernachlässigen.

7.4.1 Linienführung im Grundriss

Die Festlegung der Trassenführung einer Straße ist der erste Schritt des Straßenentwurfes. Es darf aber auch nicht vergessen werden, dass immer ein dreidimensionales Gebilde bearbeitet wird und eine endgültige Lösung den ständigen Übergang von einer Zeichenebene in die andere bedingt. Wenn auch die Probleme der einzelnen Ebenen nacheinander behandelt werden müssen, werden in der Entwurfspraxis ständig Werte für die Weiterführung des Entwurfes aus den anderen Zeichenebenen zu entnehmen sein. Dies muss vom Ingenieur vor allem dann berücksichtigt werden, wenn Änderungen vorgenommen werden. Gute Entwurfs-Software stellt heute DV – Programme zur Verfügung, mit der Perspektivbilder oder Bildfolgen am Bildschirm die Auswirkungen von Änderungen in einer beliebigen Zeichenebene auf das dreidimensionale Bauwerk erkennen lassen.

Entwurf der Trasse im Lageplan
Eine Straße kann nie für sich allein geplant werden. Sie muss in das vorhandene Straßennetz eingebunden werden. Deshalb ist vor dem Entwurfsbeginn ein genereller Entwurf notwendig, der meist auf der Grundlage von Generalverkehrsplänen ganzer Regionen oder Länder, oft auch politischer Entscheidungen erfolgt. Hierbei geht es noch nicht um die Festlegung bestimmter Elemente, sondern um die Bestimmung einer groben Möglichkeit, in einem bestimmten Bereich eine neue Trasse zu finden. Entsprechend werden auch die Maßstäbe der Karten für den generellen Entwurf so gewählt, dass großräumige Beziehungen dargestellt werden können. Technische Entscheidungen müssen nur in weitem Sinne getroffen werden, z.B. die Führung auf hohen Brücken oder durch Tunnel. Dagegen treten wirtschaftliche, wirtschaftspolitische, aber auch die Umwelt beeinflussende Faktoren in den Vordergrund. Erst nach der politischen Entscheidung kann auf der Grundlage des generellen Entwurfs der eigentliche technische Straßenentwurf beginnen.

Aufsuchen der Trasse
Diese Aufgabe umfasst zwei Bereiche, die Ortsbegehung und die Arbeit im Lageplan. Anhand des generellen Entwurfs muss sich der Ingenieur Ortskenntnis verschaffen, um beim Entwurf von vorn herein ungeeignete Flächen zu umgehen. Oft ist auch das Planwerk, das er als Grundlage benutzt, nicht auf dem neuesten Stand, so dass manchmal Flächen anders genutzt werden, als sie in der Karte eingetragen sind, etwa bei Neubaugebieten oder neuen Gewerbegebieten, bei denen das Kartenwerk noch nicht nachgeführt ist.

Zum Aufsuchen der Trasse verwendet man Karten mit Höhenschichtlinien. Die kürzeste Verbindung zwischen Anfangs- und Endpunkt, die Gerade, sollte bei Kategoriengruppe A nur verwendet werden, wenn sie dem Landschaftsraum (Ebene, weite Talaue) entspricht oder im Knotenpunktsbereich zur Verbesserung von Überholsichtweiten oder – durch örtliche Verhältnisse bedingt (z.B. Bahntrasse) – bei zweistreifigen Straßen sinnvoll ist. Bei Kategoriengruppe B hängt die Anwendung von städtebaulichen Gesichtspunkten oder der Knotenpunktgestaltung ab. Sind die Höhen am Anfang und am Ende einer Neubaustrecke bekannt, berechnet man aus Höhenunterschied und Horizontalentfernung die Längsneigung. Sie wird mit der geforderten Höchstlängsneigung verglichen. Umgekehrt ermittelt man die erforderliche horizontale Streckenlänge, um bei gegebener Höchstlängsneigung zwei Punkte miteinander zu verbinden.

7.4 Linienführung

In einer Karte mit Höhenschichtlinien beträgt der Abstand zwischen zwei benachbarten Linien meist 5,00 m.

Die Längenentwicklung der Trasse kann man in erster Näherung als Polygonzug bei gegebener Höchstlängsneigung finden, da bei kleinen Winkeln der Sinus ~ Tangens ist.

$$l' = \frac{h' \cdot 100}{s_{max}} \quad \text{in m} \tag{7.6}$$

l' Trassenlänge zwischen zwei Höhenschichtlinien in m
h' Höhenunterschied benachbarter Höhenschichtlinien in m
s_{max} zulässige Höchstlängsneigung in %

Zur Konstruktion des Polygons nimmt man l' maßstabgerecht in den Zirkel und stellt vom Anfangspunkt aus fest, wo diese Länge die nächste Schichtlinie schneidet. In der Regel erhält man zwei Schnittpunkte, von denen man das Verfahren bis zum Endpunkt fortsetzt. Durch die Ortskenntnis des Entwerfers und vorgegebene Zwangspunkte lässt sich rasch entscheiden, welche Schnittpunkte für die Fortsetzung der gesuchten Trasse nicht in Frage kommen. Damit bleiben nur eine eingeschränkte Anzahl von Varianten übrig. Den so gewonnenen Polygonzug nennt man Leitlinie (Bild 7.26). Erhält man einmal keine Schnittpunkte mit der Höhenschichtlinie, ist das Gelände flacher als die vorgegebene Längsneigung. Man kann dann versuchen, durch Verdoppeln der Länge l' den Schnitt mit der übernächsten Linie zu erhalten, oder man ändert die gewählte Steigung.

Ein besonderes Problem stellen die Wendeplatten bei Gebirgszügen dar. Die Leitlinie bildet dann so spitze Winkel, dass ohne größere Abweichungen die Freihandlinie nicht direkt ausgerundet werden kann. In diesem Fall legt man zunächst den Wendeplatten-Radius fest und schlägt um den Knickpunkt der Leitlinie den Kreis mit dem Wendeplatten-Radius. An diesen Kreis schließt man beim Einpassen der Entwurfselemente die Trasse an. Ein sofortiges Untersuchen der kritischen Stellen an der Wendeplatte mit Hilfe von Querprofilen verhindert, dass die Anpassungsstrecken zu dicht aneinander rücken und dabei hohe Stützmauern notwendig werden. Zu berücksichtigen sind dabei auch erforderliche Fahrbahnverbreiterungen.

Durch das Auflösen der Leitlinie in Entwurfselemente wird die Länge der Strecke zwischen Anfangs- und Endpunkt verkürzt. Hat man s_{max} als Divisor in Gl. (7.6) verwendet, würde bei der endgültigen Ausarbeitung des Längsschnittes eine Überschreitung des zulässigen Höchstwertes eintreten. Um dies zu verhindern, mindert man s_{max} nach Tabelle 7.28.

Geländeform	Abgeminderte Steigung, wenn vorhandenes Gelände und geplante Straßenführung		
	übereinstimmen sollen	leicht abweichen	stark abweichen
eben	1,00 . s	0,98 . s	0,96 . s
wellig	0,98 . s	0,96 . s	0,93 . s
bergig	0,97 . s	0,94 . s	0,89 . s

Tabelle 7.28   Abhängigkeit der Steigung von der Geländeform

Die Leitlinie stellt wegen ihres polygonalen Verlaufs nur den Anhalt für die künftige Linienführung dar. Sie wird jetzt durch freihändiges Ausrunden in eine ungefähre Trasse überführt. Dabei kann ein biegsamer Stab wertvolle Hilfe leisten. Die so gewonnene Linie heißt *Freihandlinie*.

Als Kriterien für das Aufsuchen der Leitlinie können folgende Grundsätze herangezogen werden:
- Sonnenbeschienene und trockene Geländeabschnitte vermeiden Schäden durch Wassereinflüsse.
- Rutschgefährdete Hänge, Geröll-, und Schutthalden sollen nicht angeschnitten werden.
- Landwirtschaftlich hochwertige Flächen, Biotope oder Schutzgebiete sind zu umgehen.
- Bestehende Versorgungsnetze und Entsorgungsleitungen sollen wegen hoher Umbaukosten nicht durchschnitten werden.
- Zwangspunktlagen sind als Ausgangspunkte für das Entwickeln der Leitlinie zu verwenden.
- Bei tiefen Tälern trassiert man jeden Hang unabhängig und verbindet beide Teile in der Talaue.

Im letzten Schritt wird die Freihandlinie daraufhin untersucht, welche Trassierungselemente sich der Ausrundung am besten anpassen. Das kann man rechnerisch mit Datenverarbeitung oder durch Anlegen von Kreisbogenlinealen festlegen. Danach muss überprüft werden, ob die Radien den zulässigen Werten für die gewählte Entwurfsgeschwindigkeit entsprechen. Schließlich erfolgt das Ausarbeiten der Trasse im Lageplan. Dabei werden die Kreisbögen meist durch Wendelinien miteinander verbunden. Nun kann die Achse durch genaue Berechnung festgelegt werden. Dafür stehen viele DV-Anwenderprogramme zur Verfügung.

Wird zur Linienfindung die elektronische Datenverarbeitung eingesetzt, kann die Linienfindung durch eine Splinelinie erfolgen. Hierbei gibt man bestimmte Zwangspunkte an, die der Spline einhalten soll. Dazu können Angaben über Toleranzen nach rechts und links eingegeben werden. Die Maschine berechnet dann die genauen Trassenwerte automatisch.

Wahl der Entwurfselemente
Solange die erforderlichen Grenzwerte eingehalten werten, können die Entwurfselemente jede beliebige Größe annehmen. Auch unrunde Werte von Radien oder Klothoidenparametern spielen heute keine Rolle mehr, da Datenverarbeitungsanlagen und elektronische Taschenrechner zur Verfügung stehen. Trotzdem ist ein runder Wert zweckmäßig, da sich diese Zahlen besser einprägen und auf der Baustelle leichter zu handhaben sind. Für runde Werte liegen Tafelwerke und Kurvenlineale vor, die das Zeichnen sehr vereinfachen. Dagegen setzen unrunde Werte voraus, dass entsprechende Zeichenperipherie der DV-Anlage zur Verfügung steht.

Auch optisch besteht zwischen dem Kreisbogen und dem Übergangsbogen als Klothoide ein Zusammenhang. Zu große Klothoiden machen den Übergangsbogenanfang nicht deutlich genug erkennbar, kleine täuschen einen Knick in der Linienführung vor.

Fahrdynamisch erfordern sehr große Klothoiden ein zu langsames Drehen des Lenkrades. Dadurch muss der Fahrzeuglenker bei der Kurvenfahrt den Lenkeinschlag mehrmals verstellen, während er dazwischen die Lenkung still hält. Sehr kleine Übergangsbögen erfordern eine schnelle und oft auch schwere Lenkarbeit. Gleichzeitig ergibt sich durch die Verwindung der Fahrbahn am Innenrand eine zusätzliche Längsneigung, die bei Bergfahrt oft störend empfunden wird.

Die Folge verschieden großer Radien oder Klothoidenparameter hat ebenso Einfluss auf das Fahrverhalten. Unangenehm wird empfunden, dass auf einen großen Radius plötzlich ein sehr enger, z.B. der Mindestradius folgt und der Fahrer deshalb seine Geschwindigkeit deutlich verringern muss. Hierbei gibt die Relationstrassierung (Abschnitt 7.7.4, Bild 7.70) einen Anhalt, ob die Radienbereiche „brauchbar" oder „gut" gekennzeichnet werden. Diese Bereiche sollten nur in Ausnahmefällen verlassen werden. Allgemein muss sich beim Entwurf die Auswahl der Elemente auch nach der Topographie richten, um ein gutes Einbinden in das Umfeld zu erzielen. Mögliche Elementfolgen sind Bild 7.26 zu entnehmen.

7.4 Linienführung

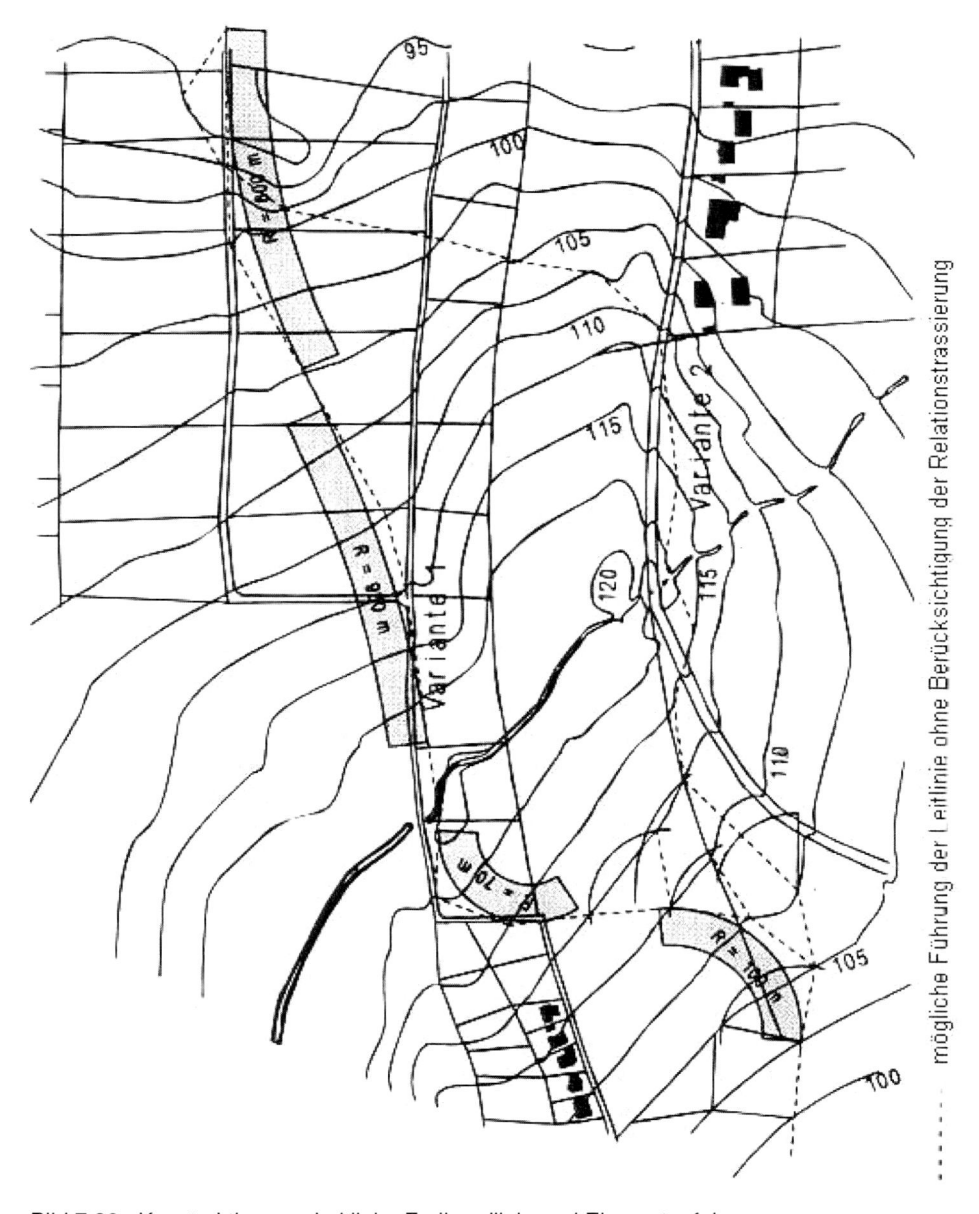

Bild 7.26 Konstruktion von Leitlinie, Freihandlinie und Elementenfolge

Klothoidentafeln. Vor Einführung der Datenverarbeitung erleichterten Klothoidentafeln die Konstruktion von Übergangsbögen, Wendelinien und Eilinien. Die meisten Werke umfassen die Werte der Einheitsklothoide (A=1,00 m) und Angaben für den einfachen Übergangsbogen, die Wendelinie mit gleich großen Parametern sowie die Eilinie. Für diese Konstruktionen wurden eine Anzahl runder Parameter ausgewählt. Dafür waren im Handel auch Klothoidenlineale zu erhalten. Bei Wahl der genormten Parameter konnte der Entwurfsingenieur die benötigten Werte direkt aus der Tafel ablesen. Bei Zwangslagen lässt sich die Verwendung ungerader Parameter nicht immer vermeiden, weil dann oft der Abstand d festliegt. Hier musste für Einzelwerte in einem längeren Rechengang der gesuchte Konstruktionswert über die Einheitsklothoide ermittelt werden. Die am Markt angebotene Software und der Einsatz von Plottern hat die Arbeit mit den Klothoidenlinealen ersetzt.

Absteckberechnung. Um den Entwurf in die Natur zu übertragen, muss die Achse berechnet und dann vermessungstechnisch abgesteckt werden. Für die durchgehende Strecke reicht meist das Abstecken der Achse aus, Fahrbahnränder werden dann parallel abgesetzt. Für Straßenknoten werden oft gesonderte Absteckpläne gefertigt, um die genaue Lage bautechnischer Einzelheiten sicherzustellen. Die Absteckberechnungen werden in der Regel elektronisch erstellt. Kleinere Berechnungen muss der Bauleiter selbst durchführen können.

Hilfsmittel und Hilfsverfahren. Als Hilfsmittel beim Auffinden der Freihandlinie kann auch der Biegestab verwendet werden. Dieser dünne Kunststoffstab wird durch Gewichte auf dem Lageplan fixiert. Die sich ergebende Linie wird als Freihandlinie dann weiter bearbeitet. Auch diese Methode kann heute elektronisch ersetzt werden durch Berechnen mit Spline-Funktionen.

Dem Ingenieur stehen heute neben dem Taschenrechner Maschinen für die elektronische Datenverarbeitung als Hilfsmittel zur Verfügung. Durch Übernahme der Routinearbeiten von der Berechnung bis zur zeichnerischen Darstellung wird seine Arbeit weitgehend erleichtert. Dies entbindet ihn allerdings nicht von der Pflicht, die Ergebnisse auf Glaubwürdigkeit nachzu-
prüfen, weil falsche Eingaben, die nicht zu Widersprüchen im logischen Ablauf oder gegenüber einprogrammierter Kontrollen führen, bei Fortsetzung der Berechnung zu unsinnigen Ergebnissen führen können. Bei Einsatz geeigneter Software und Einrechnen der Achse nach dem Auflösen der Freihandlinie in Entwurfselemente wird man beim Einzeichnen der Achse in den Lageplan frei von der früher üblichen graphischen Methode, deren Übertragung in die Natur meist nur ungenau vorgenommen werden konnte und oft Rechenarbeit im Felde erforderte.

Das Winkelbildverfahren hat sich in der Straßentrassierung nie richtig durchsetzen können, obwohl es für die Berücksichtigung von Zwangspunkten in engen Ortsdurchfahrten Vorteile bietet. Mit der elektronischen Berechnung der Achse und Untersuchung der Zwangspunktabstände lässt sich die Achse aber sehr leicht auf Einflüsse von Zwangspunkten untersuchen.

7.4.2 Linienführung im Aufriss

Parallel zur Trassenfindung im Grundriss ist die Linienführung im Aufriss (Längsschnitt, Höhenplan) zu entwickeln. Sie soll die gleiche Charakteristik wie die Achse im Lageplan haben. Bei sehr bewegter Linienführung sind mehr Kuppen und Wannen anzustreben als bei sehr gestreckter Linienführung im Grundriss. Außerdem wählt man bei einer kurvenreichen Strecke kleinere Halbmesser für die Ausrundungen als bei gestreckter Linienführung. Es empfiehlt sich daher, Lageplan und Längsschnitt abschnittsweise weitgehend gleichzeitig zu entwerfen.

Im Längsschnitt werden Geländehöhe und Straßenhöhe in der Bezugslinie - meist in der Achse - dargestellt. Daher gibt er auch nur Auskunft, welche Höhendifferenz zwischen dem Gelände und der Straßenhöhe in der Bezugsebene vorhanden ist, die senkrecht auf der Bezugslinie im Lageplan steht. Man kann näherungsweise das Auftreten von Einschnittsmengen und Dammschüttungen abschätzen. Welche Mengen bei der Bauausführung überwie-

7.4 Linienführung

gen, lässt sich erst dann entscheiden, wenn die sich aus Geländeoberfläche und Höhe der Bezugslinie ergebenden Straßenquerprofile vorliegen.

Im Längsschnitt werden die Längen im gleichen Maßstab angetragen wie im Lageplan. Dies entspricht der Projektion der Achslängen im Grundriss. Die Höhen werden dagegen zehnfach überhöht dargestellt, damit Neigungsänderungen der Fahrbahn deutlicher sichtbar werden. An sich bildet der Längsschnitt die Abwicklung der Straßenachse (Bezugslinie), die auf die senkrecht durch dieselbe gedachte Bezugsebene entsteht. Die Verzerrung der Höhen, die durch die zehnfache Vergrößerung entsteht, lässt jedoch eine Entnahme wahrer Maße aus dem Längsschnitt nicht zu. Deshalb werden
- alle Längen horizontal,
- alle Höhen vertikal

aufgetragen. Bei den kleinen Winkeln der Längsneigung, die im Straßenbau verwendet werden, kann wegen der Beziehung $\sin \alpha \approx \tan \alpha$ vernachlässigt werden, dass kleine Maßungenauigkeiten auftreten. Es bedingt aber, dass beim Entwurf die Bezugshöhen der Straße (Gradiente) eingerechnet werden müssen.

Flache Längsneigungen sind vorteilhaft, weil sie wegen großer Sichtweiten die Verkehrssicherheit verbessern. Sie tragen zur Energieeinsparung bei und mindern die Schadstoffemissionen der Fahrzeuge. Der Verkehrsablauf wird flüssig gehalten, weil auch die Lastkraftwagen nur geringen Geschwindigkeitsabfall erleiden. Andererseits führt ein Anpassen der Längsneigung an das Gelände zu geringeren, also wirtschaftlichen Baukosten.

Im Bereich von Knotenpunkten überschreitet man eine Längsneigung von 4,0 % nicht, weil sich sonst Schwierigkeiten mit den Anschlüssen der einmündenden Straßen ergeben. Außerdem werden bei größeren Längsneigungen die Anhaltewege zu groß. Dadurch müssen an lichtsignalgeregelten Knotenpunkten sehr große Zwischenzeiten berücksichtigt werden. Als Folge ergeben sich dann lange Umlaufzeiten und eventuell größere Warteschlangen.

Bei kurzen Tunnelstrecken kann man eine Längsneigung von 4,0 % entwerfen, bei längeren sollte sie auf 2,5 % ermäßigt werden, um den Schadstoffausstoß - besonders des Schwerverkehrs - gering zu halten. Darüber hinaus wird dadurch die Verkehrssicherheit verbessert und der Verkehr gleichmäßig gehalten, weil die Geschwindigkeit des Schwerlastverkehrs sich nur mäßig absenken wird. Schließlich ist bei geringem Gefälle einem Ausbreiten brennbarer Flüssigkeiten besser zu begegnen.

Entwurf der Gradiente im Längsschnitt
Um die Höhenlage einer Straße zu entwerfen, benötigt man die Abwicklung der Geländehöhen in der Bezugslinie. Diese ergeben sich aus dem Lageplan mit Höhenschichtlinien als Schnittpunkte der Bezugslinie mit den Höhenlinien. Sie werden, ausgehend von einem Bezugshorizont, über der Stationierung der Straße aufgetragen. (Liegen keine Pläne mit Höhenschichtlinien vor, muss die Geländehöhe entweder terrestrisch oder aus Luftbildaufnahmen bestimmt werden.) Nachfolgendes Aufstellen von Geländequerprofilen beinhaltet allerdings größere Höhentoleranzen. Sie sind für die Bauabrechnung kaum brauchbar.

Für die terrestrische Geländeaufnahme sind zwei Verfahren anwendbar, das nivellitische oder tachymetrische Einmessen von Querprofilpunkten oder die Aufnahme eines digitalen Festpunktfeldes. Vor der Aufnahme von Querprofilen senkrecht zur Achse mit dem Schnittpunkt der Bezugslinie als Profilnullpunkt muss zunächst die Achsabsteckung der Kleinpunkte erfolgen, von denen aus diejenigen senkrechten Abstände zur Achse jedes Geländepunktes im Querprofil gemessen werden, an denen die Geländeneigung sich ändert. Zwischen diesen Punkten wird das Gelände als linear angesehen. An diesen Geländepunkten wird die jeweilige Höhe gemessen.

Ein Festpunktfeld kann durch ein Raster mit gleichen Seitenlängen dargestellt werden, dessen Schnittpunkte vorher abgesteckt worden sind. An diesen Punkten wird die Höhe bestimmt. Ebenso kann man aber terrestrisch oder photogrammetrisch ein unregelmäßiges Punktfeld lage- und höhenmäßig bestimmen. Zwischen diesen Punkten wird die Geländeneigung wiederum als linear verlaufend angenommen. Die Punkte dieses Punktfeldes werden zu Dreiecken verbunden. Mit elektronischen Rechenprogrammen werden nun die Schnittpunkte der Querprofile mit den erzeugten Linien bestimmt und die Höhen an diesen Stellen interpoliert. Es wird ein Geländemodell erzeugt, das Digitale Geländemodell (DGM).

Die Höhenlage der Achse bzw. Bezugslinie wird zunächst als Polygon festgelegt. Will man wirtschaftlich planen, versucht man, die Flächen der Einschnittsbereiche und Dämme etwa gleich groß zu halten, um innerhalb der Baustelle den Großteil der Massen zu transportieren und nur wenige Massen außerhalb gewinnen oder ablagern zu müssen. Die Knickpunkte dieses Polygons sollen dabei nicht in den Bereich der Klothoiden, sondern in die Kreisbögen gelegt werden. So werden bei der ausgeführten Baumaßnahme optisch ungünstige Verhältnisse vermieden. Aus fahrdynamischen Gründen werden die Knickpunkte ausgerundet.

Am Beginn und Ende des Entwurfs muss die Gradiente an die vorhandene Höhenlage der anschließenden Streckenabschnitte tangential angeschlossen werden.

Sofern nicht gesonderte Pläne erforderlich werden, trägt man in den Längsschnitt auch die Entwässerungseinrichtungen entsprechend den „Richtlinien für die Anlage von Straßen - Teil Entwässerung - RAS-Ew" ein. Darüber hinaus ist oft das Aufzeichnen der Oberkante von Lärmschutzeinrichtungen wichtig. Falls vorhanden, können auch die Bohrergebnisse von bodenkundlichen Untersuchungen dargestellt werden.

Im Längsschnitt werden ebenfalls Angaben gemacht über die Entwurfselemente der Achse in Form des Krümmungsbandes, der Querneigungsverhältnisse, dargestellt im Querneigungs- oder Rampenband und Untersuchungen über die Sichtweite im Entwurfsabschnitt.

Kuppen- und Wannenausrundung. In Kuppen sind die Halbmesser wesentlich durch die Sichtweite bestimmt. Aber auch das Auftreten von Zentrifugalkräften birgt Gefahren für das Fahrzeug. Diese Kräfte verringern den Druck des Fahrzeugs auf die Fahrbahn. Durch die Entlastung der Aufstandsflächen ergibt sich eine geringere Bodenhaftung. So kann das Fahrzeug bei nasser Fahrbahn leichter ins Schleudern oder Rutschen kommen.

Kleine Wannen erhöhen die Staugefahr des Regenwassers und wecken evt. unangenehme Gefühle durch den hohen Anpressdruck in den Sitz. Allgemein sollen Halbmesser möglichst groß und der Führung der Trasse im Lageplan entsprechend gewählt werden.

Im Gradientenverlauf rechtsgekrümmte Halbmesser stellen Kuppen dar, linksgekrümmte bilden Wannen. Für die elektronische Datenverarbeitung werden linksgekrümmte Kurven mit negativem Vorzeichen versehen. Entsprechend den Neigungsverhältnissen bilden sich zwei Gruppen, nämlich
- Neigungswechsel und
- Neigungsänderungen.

Beide Formen können Kuppen oder Wannen bilden. Beim Neigungswechsel geht ein Gefälle in eine Steigung oder Steigung in Gefälle über. Bei Neigungsänderungen ändert sich nur die Größe der Neigung, aber die Neigungstendenz (steigend oder fallend) bleibt erhalten.

Angaben zur Berechnung der Längsneigung s und der Ausrundung von Kuppen und Wannen enthält der Abschnitt 4.4.3.

7.4 Linienführung

Auch bei der Auswahl der Kuppen und Wannenhalbmesser ist darauf zu achten, dass sie in Übereinstimmung mit den Elementen des Lageplans eine ausgewogene räumliche Linienführung ergeben. In manchen Fällen kann die Erkennbarkeit des Trassenverlaufs durch Anwendung des Fluchtbogens gesteigert werden. Diese Raumkurve liegt in einer geneigten Ebene, die vom Kurvenradius im Lageplan und vom Halbmesser im Längsschnitt bestimmt wird (Bild 7.27).

Die Größe des Halbmessers hat außerdem Einfluss auf die Sichtweiten und damit auf die Verkehrssicherheit. Die Ausrundungen sollen sich dem Gelände weitgehend anpassen, um die Landschaft zu schonen und minimierte Erdbewegungen zu erreichen. Trotzdem werden oft größere Halbmesser notwendig, wenn man durch tiefe Einschnitte den Lärmschutz für bebaute Gebiete verbessern will.

Bei Strecken der Straßenkategoriengruppen L und S hat die Berücksichtigung innerörtlicher Gegebenheiten Vorrang vor der zügigen Linienführung.

Müssen bestehende Verhältnisse beim Ausbau belassen werden, ist zu überlegen, ob man beim Unterschreiten der Mindesthalbmesser durch eine Geschwindigkeitsbegrenzung die Verkehrssicherheit verbessern kann. Die Mindesthalbmesser für Ausrundungen sind den Tabellen 7.56 und 7.57 zu entnehmen.

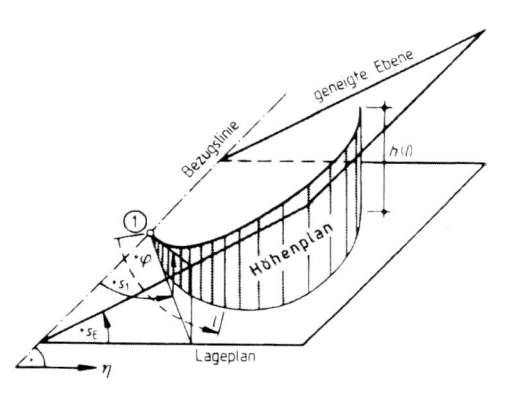

s_E Neigung der Schnittebene gegen die Horizontale
$s1$ Längsneigung der Achse im Punkt 1

Bild 7.27 Fluchtbogen

Die angegebenen Werte dürfen im Einzelfall unterschritten werden, wenn eine ausreichende Haltesicht nachgewiesen wird. Die angegebenen Wannenhalbmesser gewährleisten ausreichend Sicht, auch wenn in der Wanne eine Brücke liegt (Lichte Durchfahrtshöhe = 4,50 m, Höhe des Augpunktes im Lastkraftwagen = 2,50 m).

Will man den Eindruck vermeiden, dass die Linienführung steif und optisch unschön aussieht, müssen besonders bei überschaubaren Ausrundungen nachstehende Tangentenlängen eingehalten werden.
- Kategoriengruppe A: min $t = v$ in m
- Kategoriengruppe L: min $t = 0,75 \cdot v$ in m
- Kategoriengruppe S: min $t = 0,50 \cdot v$ in m

Kleine Wannenhalbmesser zwischen langen Steigungsstrecken sollen vermieden werden. Mehrere Knickpunkte in überschaubaren Strecken führen zu einem „Flattern" des räumlichen Bildes. Statt dessen müssen dann große Halbmesser eingesetzt werden.

Harmonische Übereinstimmung mit dem Lageplan kann erzielt werden, wenn das Verhältnis $r:h$ zwischen 1:5 bis 1:10 gewählt wird.

Eine optisch, entwässerungstechnisch und fahrdynamisch gute Lösung des Entwurfs erzielt man, wenn die Wendepunkte im Lageplan etwa bei den gleichen Stationen liegen wie die Wendepunkte der Gradiente im Längsschnitt. Allerdings wird man nur im Flachland die Tangentenlängen so gestalten können, dass diese annähernd an einander stoßen.

Krümmungsband. Um eine Kontrolle über die Zuordnung der Entwurfselemente im Lageplan und Längsschnitt durchführen zu können, wird unter der zeichnerischen Darstellung der Gradiente das Krümmungsband aufgetragen. Die Krümmung stellt symbolisch den Verlauf der Achse dar. C ist eine frei wählbare Multiplikationskonstante, die ein Aufzeichnen des Krümmungsbandes gewährleistet, das an die Platzverhältnisse der Zeichnung angepasst ist. Vereinbarungsgemäß werden positive Krümmungen (Rechtskurven) über der Bezugslinie, negative unterhalb derselben aufgetragen. Die Krümmungswerte erhält man mit Gl. (7.7)

$$k = \frac{1}{r} \cdot C \tag{7.7}$$

r Kreisbogenradius in m
C Multiplikationskonstante

Der Wert der Krümmung wird für die Gerade k = 0, fällt also mit der Bezugslinie zusammen. Bei einem Kreisbogen ergibt sich über dessen Bogenlänge ein konstanter endlicher Wert. Das bedeutet, dass seine Darstellung parallel über oder unter der Bezugslinie liegt. Im Übergangsbogen erhält man eine lineare Längsneigung als Krümmungsbild, weil die Klothoide der Forderung gleichmäßiger Krümmungsänderung gehorcht.

Rampenband. Das Rampenband stellt die Neigung der Fahrbahnränder und deren Höhenlage gegenüber der Fahrbahnachse (Bezugslinie) dar. Da die Regelquerneigung der Fahrbahn in Kreisbögen mit kleinem Radius verändert werden muss (s. Anrampung und Verwindung), soll unter dem Längsschnitt auch die jeweilige Querneigung an der zugehörigen Station ablesbar sein. Da die Höhe der Fahrbahnränder, bezogen auf die Bezugslinie, unabhängig von der Längsneigung der Gradiente ist, trägt man als Bezugslinie die Drehachse des Querschnitts horizontal auf und gibt die jeweilige Höhe der Fahrbahnränder nach der Gl. (7.8) an.

$$h'' = \frac{q \cdot a \cdot C}{100} \text{ in m} \tag{7.8}$$

h'' Höhendifferenz zwischen Drehachse und Fahrbahnrand in m q Querneigung der Fahrbahn in %
a Abstand des Fahrbahnrandes von der Drehachse in m C Multiplikationskonstante

Solange der Abstand des Fahrbahnrandes von der Drehachse gleich bleibt, verläuft das Rampenband linear. In Bereichen der Verbreiterung, an Einmündungen usw. muss es punktweise konstruiert werden. Es ist zweckmäßig, am Rampenband die Höhendifferenz in cm anzuschreiben, um dem Polier auf der Baustelle die Arbeit zu erleichtern. Da bei der Bauausführung auch Rand- und befestigte Seitenstreifen mit dem Straßenfertiger eingebaut werden, gibt man aus Gründen der einfacheren Absteckung stets den äußersten befestigten Rand an.

Sichtweitenband. Der Entwurf am Zeichentisch lässt den unmittelbaren Vergleich mit der Wirklichkeit nicht zu. Es erfordert eine gute Einfühlung in die räumlichen Verhältnisse, um den künftigen Zustand richtig einzuschätzen. Die optische Linienführung kann man an Perspektivbildern kontrollieren. Es ist mit aufwendiger Software sogar möglich, die künftige Verkehrsraumgestaltung abzuschätzen. Um über die Verkehrssicherheit Aufschluss zu bekommen, muss die vorhandene Sichtweite auf Anhaltesicht kontrolliert werden. Dafür zeichnet man das Sichtweitenband unter dem Längsschnitt auf. Dazu trägt man über einer Bezugslinie die erforderliche Haltesichtweite in einem frei wählbaren Maßstab auf. Danach wird an jedem Standpunkt, in der Regel an jeder Querprofilstation, die dort vorhandene tatsächliche Sichtweite angetragen. Als obere Begrenzung dient die Mindest-Überholsichtweite. Dieses Verfahren muss im Gegensatz zu allen anderen Untersuchungen immer sowohl für die Fahrt in als auch gegen die Stationierungsrichtung durchgeführt werden. Schließlich ergeben sich ja für die Fahrt in Stationierungsrichtung im Einschnitt andere Sichtweiten als für den Gegenverkehr, der die entsprechende Fahrbahnbreite als zusätzliches Sichtfeld in Anspruch nehmen kann.

7.4 Linienführung

Die Verkehrssicherheit erfordert, dass der Fahrzeuglenker eine ausreichende Strecke vor seinem Fahrzeug übersehen kann, um im Bedarfsfall vor einem Hindernis anhalten oder sich entscheiden zu können, ob ein Überholen eines vor ihm fahrenden Fahrzeugs möglich ist. Die dafür notwendigen Strecken sind verschieden lang.

Die *Haltesichtweite* ist die Strecke, die ein mit einer bestimmten Geschwindigkeit v fahrendes Fahrzeug benötigt, um vor einem auf der Fahrbahn befindlichen unerwarteten Hindernis noch zum Stehen zu kommen. Sie setzt sich aus der Strecke, die das Fahrzeug während der Reaktions- und Auswirkdauer zurücklegt, und aus dem Bremsweg zusammen.

$$s_h = s_1 + s_2 \quad \text{in m} \tag{7.8}$$

$$s_1 = \frac{v_0}{3{,}6} \cdot t_R \quad \text{in m} \tag{7.9}$$

$$s_2 = \frac{\left(\dfrac{v}{3{,}6}\right)}{2 \cdot g \cdot \left(f_T + \dfrac{s}{100}\right)} = \frac{\left(\dfrac{v}{3{,}6}\right)^2}{2 \cdot \left(a + g \cdot \dfrac{s}{100}\right)} \quad \text{in m} \tag{7.10}$$

s_h Haltesichtweite in m
s_1 Weg während der Reaktions- und Auswirkdauer in m
t_R Reaktions- und Auswirkdauer in s (s. Tabelle 7.30)
v_0 Geschwindigkeit bei Beginn des Bremsvorgangs in km/h
v_1 Geschwindigkeit am Ende des Bremsvorgangs in km/h
$f_T(v)$ tangentialer Kraftschlussbeiwert
s Längsneigung in %, Steigung positiv, Gefälle negativ einsetzen

s_2 Bremsweg in m
g Erdbeschleunigung in m/s²
W_L Luftwiderstand des Pkw in N
v Geschwindigkeit in km/h
G Gewicht des Pkw in N

Den tangentialen Kraftschlussbeiwert f_T berechnet man mit Gl. 4.13. Wird ein Teil durch die radiale Reibungskraft aufgezehrt, schätzt man diesen Anteil ab mit

$$\frac{f_R}{f_{Rmax}} = \sqrt{1 - \left(\frac{f_T}{f_{max}}\right)} \tag{7.11}$$

Die Haltesichtweite kann auch Bild 7.28 entnommen werden. Die mittlere Längsneigung ist abschnittsweise zu ermitteln.

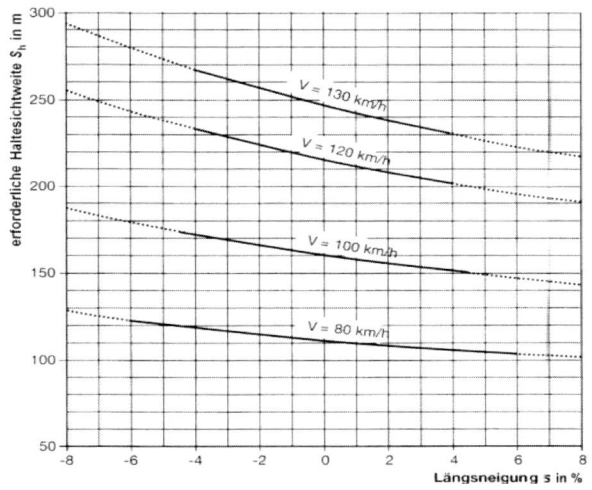

Bild 7.28 Erforderliche Haltesichtweite $S_{h,erf}$

Die Haltesichtweite ist für die Qualität des Verkehrsablaufs und für die Verkehrssicherheit erforderlich. Sie ist definiert als die Strecke S_h, die der Kraftfahrer braucht, um vor einem unerwarteten Hindernis bei nasser Fahrbahn noch rechtzeitig halten zu können. In Bild 7.28 sind größere als die physiologisch begründeten Werte zugrunde gelegt.

Die Haltesichtweite ist aber auch von der Längsneigung abhängig. Bergab sind deshalb größere Wege als bergauf zu berücksichtigen. Die erforderlichen Haltesichtweiten kann man auch Tabelle 7.29 entnehmen.

v in km/h	Längsneigung s in %										
	-5,0	-4,0	-3,0	-2,0	-1,0	0	1,0	2,0	3,0	4,0	5,0
30	27	27	27	27	26	26	26	26	25	25	25
40	41	41	40	40	39	39	38	38	38	37	37
50	58	57	56	55	55	54	53	53	52	51	51
60	77	75	74	73	72	71	70	69	68	67	66
70	98	96	94	93	91	90	89	87	86	85	84
80	121	119	117	115	113	111	109	108	106	105	103
90	147	144	142	139	137	134	132	130	128	1269	125
100	176	172	169	166	163	160	157	155	152	150	148
110	207	207	198	194	191	187	184	181	178	175	173
120	240	235	230	225	221	217	213	209	206	202	199
130	275	269	264	258	253	248	244	240	235	232	228

Tabelle 7.29 Erforderliche Haltesichtweite S_h in m auf Autobahnen in Abhängigkeit von Längsneigung s und Geschwindigkeit v

Linienführung, Längsschnitt, Querschnitt und Sichthindernisse beeinflussen die vorhandene Sichtweite. Man bestimmt die Sichtweite durch den Sehstrahl vom Auge des Kraftfahrers (Augpunkt) zu einem Zielpunkt. Beide Punkte nimmt man in der Höhe von 1,00 m über der Fahrbahn an. Dabei geht man für den Zielpunkt davon aus, dass ein Auto am Stauende erkannt werden muss.

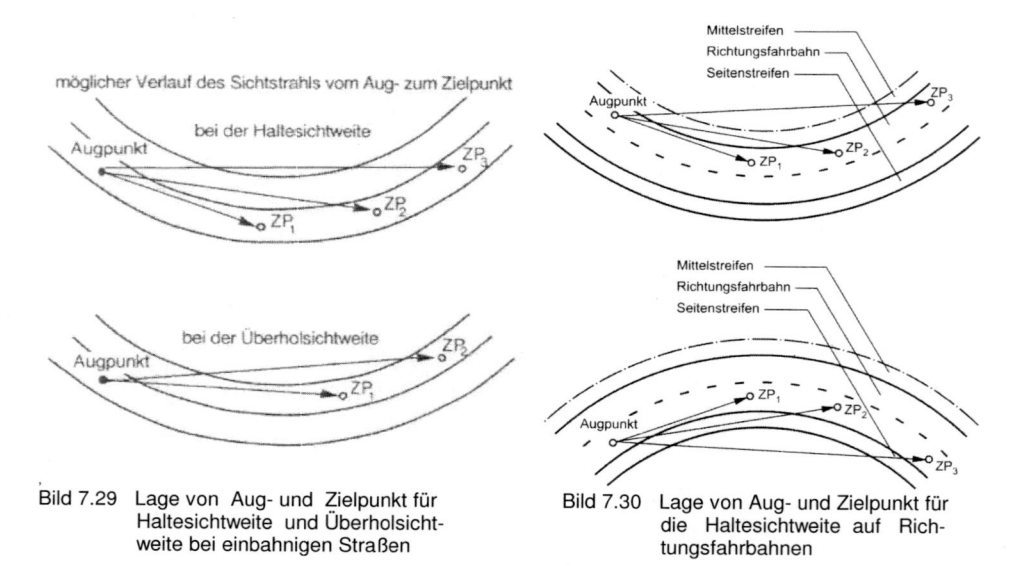

Bild 7.29 Lage von Aug- und Zielpunkt für Haltesichtweite und Überholsichtweite bei einbahnigen Straßen

Bild 7.30 Lage von Aug- und Zielpunkt für die Haltesichtweite auf Richtungsfahrbahnen

7.4 Linienführung

In engen Kurven kann die Sichtweite im Einschnitt durch den Verlauf der Böschung eingeschränkt werden. Dem kann man entgegenwirken, indem man die Böschung zurückversetzt und neben der Entwässerungsmulde eine Berme anlegt. Allerdings entsteht dadurch dann wieder Landverbrauch. Auch die Bepflanzung der Böschung kann zu Hindernissen für den Sichtstrahl führen. Die Richtung des Sehstrahls erkennt man aus den Bildern 7.29 und 7.30.

Die Bilder zeigen aber auch, dass die Sichtweite in beiden Fahrtrichtungen ermittelt und nachgewiesen werden muss, weil je nach Links- oder Rechtskrümmung der Kurve die Sicht über den anderen Fahrstreifen vergrößert oder beim Blick gegen eine Einschnittsböschung verringert werden kann.

Linkskurven bei zweibahnigen Straßen müssen auf die Sichtweite untersucht werden, weil auch bei Einhaltung der Mindestradien durch Hecken oder Leiteinrichtungen die Sicht auf Hindernisse auf dem inneren Fahrstreifen behindert sein kann. Wenn eine enge Linkskurve mit einer Kuppe im Längsschnitt zusammenfällt, schränkt häufig die Leitplanke im Mittelstreifen die Sicht ein. So kann manchmal ein Stauende nicht rechtzeitig erkannt werden.

Die geometrischen Annahmen für die Sichtweite auf Richtungsfahrbahnen gehen davon aus, dass das Fahrzeug auf dem linken Fahrstreifen im Abstand b vom linken Fahrbahnrand fährt. In der Regel wird es die Mitte des Fahrstreifens sein. Dort wird die Lage des Augpunktes angenommen. Das Hindernis (Zielpunkt) wird ebenfalls im Abstand b angenommen.

Da neben dem linken Fahrbahnrand der Randstreifen liegt und auch ein Teil des Mittelstreifens überschaubar bleibt, geht man davon aus, dass dem Sehstrahl noch eine Fläche mit dem Abstand a vom Fahrbahnrand zur Verfügung steht. Dieser Bereich soll nicht durch Leiteinrichtungen, Bepflanzung oder ähnliche Sichthindernisse eingeschränkt werden.

r Radius des Kreisbogens

b Abstand des Augpunktes und des Zielpunktes vom linken Rand des linken Fahrstreifens (1,80 m)

a erforderlicher Abstand des Fahrstreifens zum Sichthindernis (einschließlich Randstreifen)

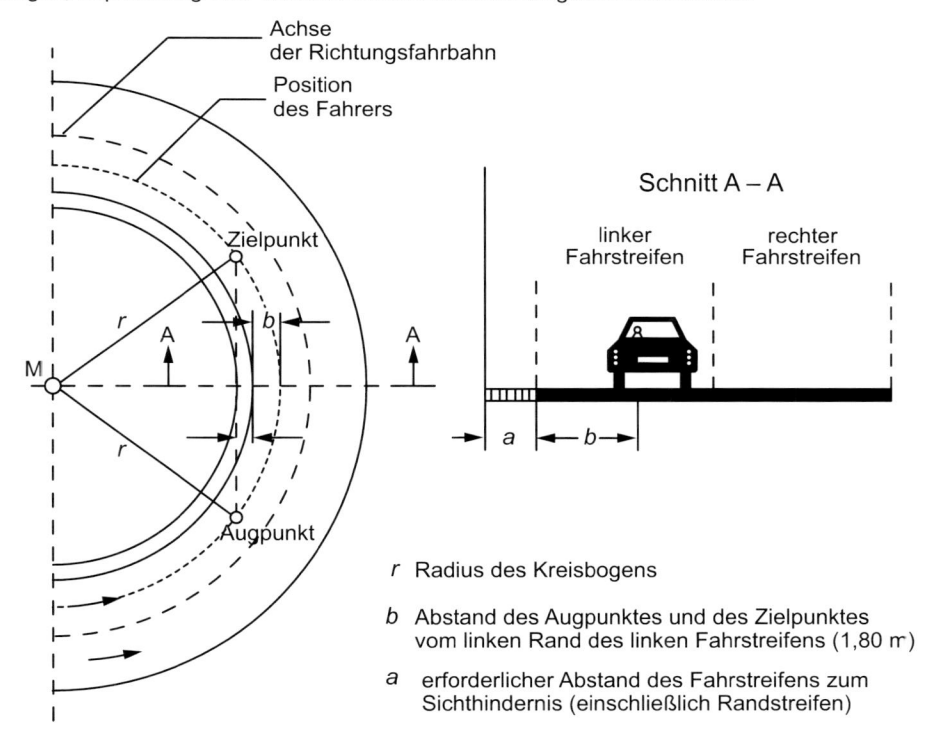

Bild 7.31 Geometrisches Modell zur Ermittlung der Sichtweiten auf Richtungsfahrbahnen in Linkskurven

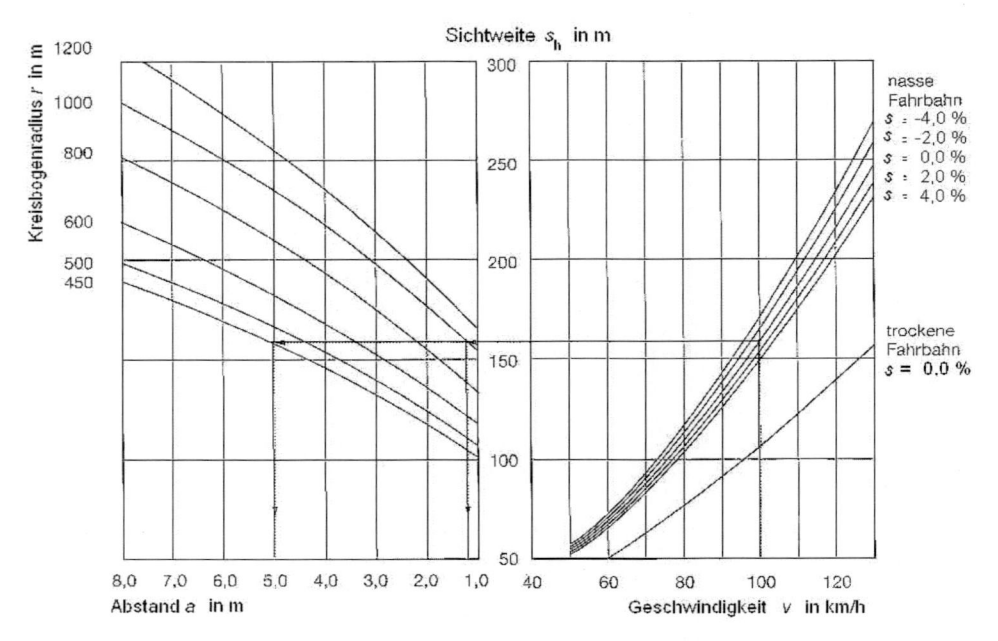

Bild 7.32 Erforderliche Haltesichtweite und Abstände *a* zwischen linkem Rand der Richtungsfahrbahn und Sichthindernissen im Mittelstreifen

Beispiel: Auf einer Straße mit einer Längsneigung $s = 0{,}0\,\%$ fährt ein Pkw mit der Geschwindigkeit $v = 100$ km/h. Wie groß ist die Haltesichtweite bei einem Radius $r = 1000{,}00$ m und einem Radius $r = 450{,}00$ m? Wie groß müssen die Abstände *a* sein?

Lösung: Im Diagramm Bild 7.32 bringt man die Linie von $v = 100$ km/h zum Schnitt mit der Steigung $s = 0{,}0\,\%$. Von dort geht man waagerecht nach links. Die Linie schneidet die Sichtweitenlinie bei 159,00 m.
Dann verlängert man die Linie weiter nach links. Es ergeben sich Schnittpunkte mit den Linien der Radien $r = 1000{,}00$ m und $r = 450{,}00$ m. Geht man von diesen Punkten senkrecht nach unten, so erhält man die erforderlichen Abstände für Sichthindernisse.

Das ergibt für $r = 1000{,}00$ m einen Abstand $a \geq 1{,}25$ m und
für $r = 450{,}00$ m einen Abstand $a \geq 5{,}00$ m.

Als *Überholsichtweite* bezeichnet man die Strecke, die zur sicheren Ausführung eines Überholvorgangs notwendig ist. Nach Bild 7.33 setzt sie sich zusammen aus dem Weg des überholenden und dem Weg des entgegenkommenden Fahrzeugs. Außerdem muss ein ausreichender Sicherheitsabstand zwischen beiden Fahrzeugen nach Beendigung des Überholvorgangs gewährleistet sein. Der Weg des Überholers ist außerdem noch abhängig von der Größe der Geschwindigkeiten, die die einzelnen Fahrzeuge fahren. Allerdings geht der Beschleunigungswert des überholenden Fahrzeugs nicht in die Überlegungen mit ein, obwohl erfahrungsgemäß nicht mit gleichbleibender, sondern oft mit steigender Geschwindigkeit überholt wird.

Kategoriengruppe	A	L	S
Reaktions- und Auswirkzeit in s	2,0	1,5	1,5

Tabelle 7.30 Reaktions- und Auswirkzeit

v in km/h	60	70	80	90	100
Überholsichtweite $s_ü$ in m	475	500	525	575	625

Tabelle 7.31 Erforderliche Überholsichtweiten in Abhängigkeit von v

7.4 Linienführung

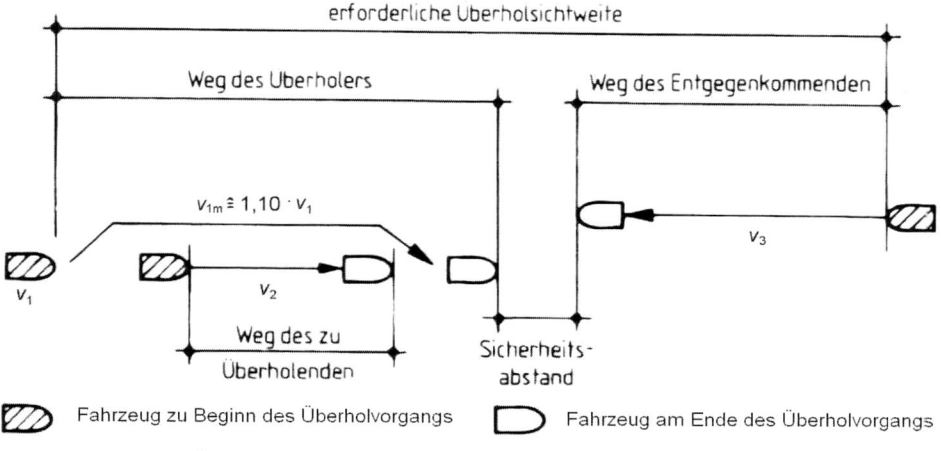

Bild 7.33 Modell der Überholsichtweite

7.4.3 Entwurf der Straßenfläche

Der *Regelquerschnitt* bestimmt den allgemeinen Aufbau des Straßenquerschnitts. Bei hochqualifiziertem Personal könnte die Baufirma mit Lageplan, Längsschnitt und Regelquerschnitt eine Straßenbaumassnahme durchführen. Da aber die Geländeformung oft Ergänzungen zu den Regelangaben erforderlich macht und die Entwässerung der Straße erst nach Bestimmung der Durchstoßpunkte der Böschung durch die Geländefläche festgelegt werden kann, fertigt man an markanten Stationen Einzelquerschnitte an. In der Regel sind das die Baustationen der Baustrecke im Abstand von 20,00 m. Zusätzlich sind Querprofile erforderlich, wenn sich die Geländeneigung zwischen den Baustationen wesentlich ändert. Zwischen zwei Querprofilen wird die Geländefläche als gleichmäßig angesehen, so dass eine geradlinige Interpolation zwischen zwei Punkten möglich ist. Dies gilt natürlich auch beim Festlegen der Geländeknickpunkte im Querprofil bei der Geländeaufnahme. Die Stationierung im Abstand von 20,00 m stammt aus der früher üblichen Mengenermittlung. Man berechnet die Menge einer allseitig umgrenzten Schicht zwischen zwei Querprofilen mit Gl. (7.12).

$$m = \frac{A_1 + A_2}{2} \cdot l \quad \text{in m}^3 \tag{7.12}$$

A_1, A_2 Flächeninhalte zwei aufeinander folgender Querprofile in m²
l Entfernung zwischen den Querprofilen in m

Der Abstand von 20,00 m der Baustationen wurde aus mehreren Gründen häufig benutzt. In diesen Entfernungen der Querprofile lässt sich das Gelände in der Regel als gleichförmig beschreiben, so dass lineare Interpolationen möglich sind. Außerdem ergab sich für die Mengenberechnung nach Gl. (7.12) eine einfache Berechnung, da für den Abstand 20,00 m wegen der 2 im Nenner bei der Multiplikation nur die Kommastelle verschoben werden musste. Nachdem aber heute zur Mengenberechnung elektronische Rechenanlagen eingesetzt werden, ist eine regelmäßige Festlegung des Stationsabstandes nicht mehr erforderlich. Dadurch kann man im Planfeststellungsverfahren für die Anlieger in Ortsdurchfahrten die tatsächlichen Verhältnisse an für sie interessanten Stellen aufzeichnen und dem ungeübten Betrachter das Bauvorhaben besser verständlich machen.

In engen Radien ist es erforderlich, nicht den Abstand auf der Straßenachse in die Rechnung einzuführen, sondern den Abstand der Flächenschwerpunkte. (Siehe Abschnitt Mengenermittlung)

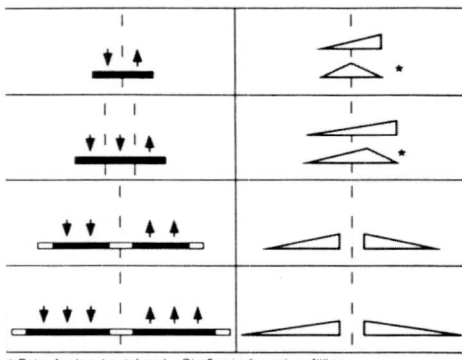

Querneigung in der Geraden. Um das Oberflächenwasser abzuleiten, müssen die Fahrbahn und die daran anschließenden Nebenspuren und befestigten Randstreifen ein Quergefälle aufweisen. Bei zweistreifigen Straßen legt man einseitiges Quergefälle an. Ein Dachprofil ist bei niedrigeren Kategoriengruppen möglich, wenn im angebauten Bereich durch Schwellenhöhen der Eingangstüren oder -tore Zwangspunkte vorgegeben sind. Außerdem kann man verhindern, dass seitlich zufließendes Wasser, besonders bei der Schneeschmelze, über die Fahrbahn läuft und durch Nachtfröste Glatteisbildung auftritt. Vierstreifige Straßen ohne Mittelstreifen erhalten in der Geraden grundsätzlich Dachformprofil, um die Baukosten zu minimieren.

* Beim Ausbau bestehender Straßen in Ausnahmefällen

Bild 7.34 Querneigung in der Geraden

Bei zweibahnigen Querschnitten erhält jede Fahrbahn einseitige Querneigung (Bild 7.34). Die *Mindestquerneigung* beträgt min $q = 2.5\ \%$.

Querneigung im Kreisbogen. Im Kreisbogen tritt die Oberflächenentwässerung als Kriterium für die Querneigung hinter dem Einfluss der Radialkraft zurück. Deshalb wird für die verschiedenen Kategoriengruppen eine Erhöhung der Querneigung in Abhängigkeit von den gewählten Kreisradien erforderlich. Die notwendige Querneigung entnimmt man Bild 7.35.

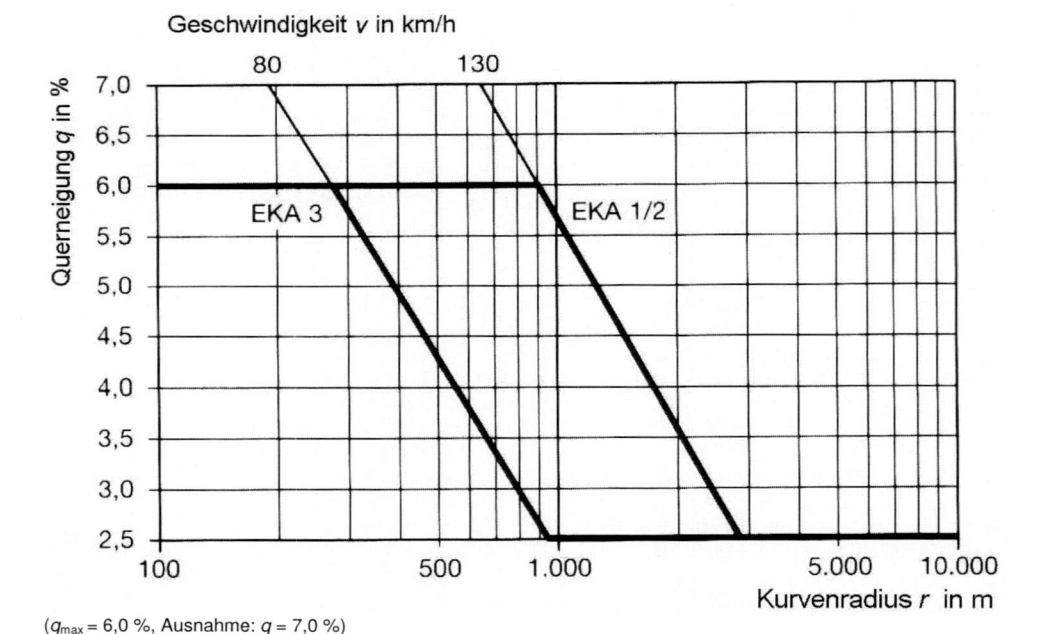

($q_{max} = 6{,}0\ \%$, Ausnahme: $q = 7{,}0\ \%$)

Bild 7.35 Querneigungen in Abhängigkeit von Entwurfsklasse und Kurvenradien

7.4 Linienführung

Die Kurvenquerneigung wird zur Innenseite geneigt, um der Fliehkraft entgegen zu wirken. Bei gegensinnig gekrümmten Kreisen muss dann die Fahrbahnfläche um die Straßenachse gedreht werden. Das führt zur *Verwindung* der Fahrbahn. Bild 7.36 zeigt mögliche Lagen der Drehachse.

In Ausnahmefällen kann zur Vermeidung abflussschwacher Zonen im Bereich geringer Längsgefälle oder in Knotenpunkten ein nach außen gerichtetes Quergefälle von $q = 2,5\%$ in Kauf genommen werden („negative Querneigung"). Dabei ist darauf zu achten, dass bei Nässe die zulässige Höchstgeschwindigkeit angeordnet wird.

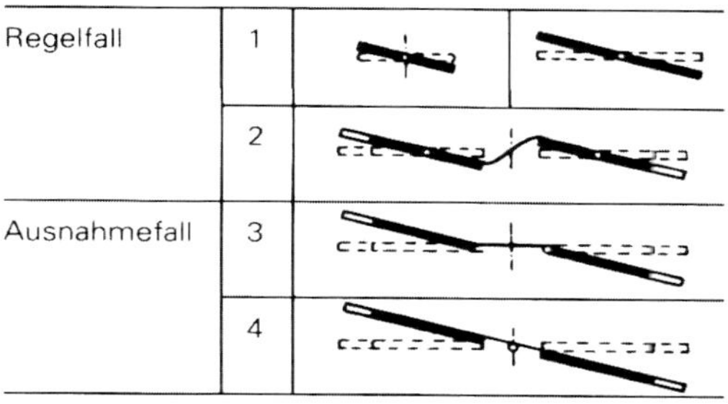

Regelfall	1	
	2	
Ausnahmefall	3	
	4	

Bild 7.36 Drehachsenlage in Verwindungsstrecken

Die einzelnen Schichten des Fahrbahnoberbaus werden parallel zur Fahrbahnoberfläche geführt. So ergibt sich nicht nur über die gesamte Fahrbahn eine gleichmäßige Schichtdicke, die für die gleichmäßige Lastverteilung notwendig ist, sondern auch für die Einbaugeräte eine einfache Handhabung der Höhenbestimmung. Da auch das Erdplanum bei Querneigungen ab 4,0 % parallel liegt, wird eine wirtschaftliche Bauweise erreicht. Zudem ist für alle Teilarbeiten eine zweckmäßige Wasserabführung gesichert.

Wählt man keine Asphalt- oder Zementbetondecke als Fahrbahnbefestigung, muss entsprechend der Rauhigkeit der Oberfläche eine größere Mindestquerneigung festgelegt werden. Für Pflasterdecken werden 4,0 % empfohlen.

Mit den bekannten Werten von Gradiente, Querneigung, Aufbau des Straßenoberbaus, Böschungsgestaltung und Gelände zeichnet man die Querschnitte an den einzelnen Stationen auf. Die Darstellung mit den notwendigen Einzelmaßen erleichtert die spätere Mengenberechnung. Im Unterschied zum Regelquerschnitt wird im Einzelquerschnitt das an dieser Stelle tatsächlich vorhandene Gelände und die sich aus der Lage ergebende tatsächliche Querneigung und Straßenbreite dargestellt.

Sind zusätzliche Fahrstreifen oder befestigte Seitenstreifen vorhanden, legt man sie in der gleichen Querneigung an wie die Hauptfahrbahn. Der Einbau kann dadurch zweckmässiger erfolgen. Aber auch für den Verkehrsablauf beim Überwechseln auf die Nebenspur ergeben sich Vorteile. Allerdings lässt sich die Bedingung der gleichgerichteten Querneigung bei Abbiegespuren in der Kurve nicht immer erfüllen. Falls die Abbiegespur eine entgegengesetzte Querneigung erfordert, kommt es zu einer Gratbildung. Die Summe der absoluten Querneigungen soll aber nicht größer als 5,0 %, bei der Kategoriengruppe LS nicht größer als 8 % werden.

Durch die notwendige Drehung der Fahrbahnfläche ergibt sich eine *Verwindung*, die eine *Anrampung* des Fahrbahnrandes bewirkt. Die Verwindung wird meist durch Drehung der Fahrbahnfläche um die Straßenachse erzeugt, weil dies beim Geräteeinsatz leicht herzustellen ist. Bei zweibahnigen Straßen dreht man meist um die Mittelachsen der Fahrbahnen. Den Innenrand als Drehachse benutzt man nur, wenn plangleiche Kreuzungen eine Unterbrechung des Mittelstreifens verlangen.

Die Verwindung erfolgt über die gesamte Länge des Übergangsbogens. Das gilt nicht nur für die einfache Klothoide, sondern auch für Wendeklothoide und Eilinie. Eine Verwindung in den davor liegenden oder folgenden Entwurfselementen muss vermieden werden, weil durch weitere Verwindung der Fahrbahnfläche im Bereich mit konstanter Krümmung wegen der Veränderung der Radialkräfte eine Änderung der Lenkarbeit auftreten würde. Auf ausreichenden Wasserabfluss muss dabei geachtet werden. Bei der Wendelinie tritt am Wendepunkt die Querneigung $q = 0{,}0\,\%$ auf. Damit fehlt dort die seitliche Abflussmöglichkeit.

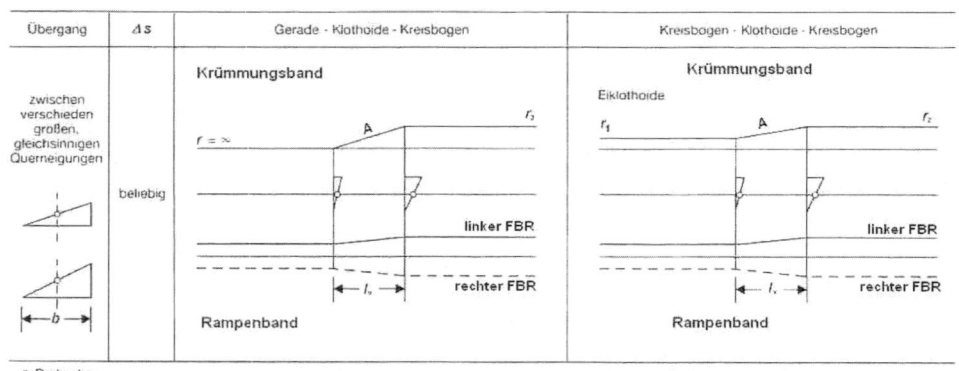

Bild 7.37 Krümmungs- und Rampenband in Verwindungsstrecken bei gleichgerichteter Querneigung

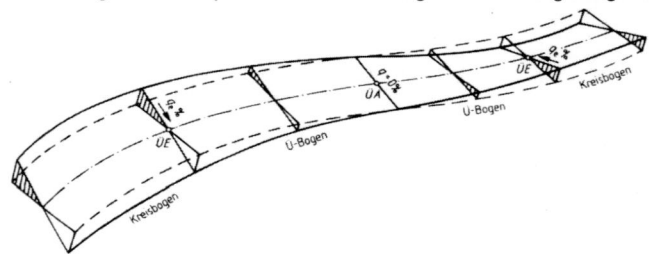

Bild 7.38 Isometrische Darstellung der Wendelinie mit kleinem Parameter A

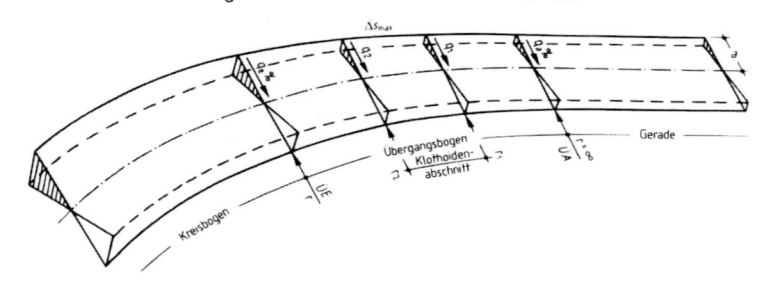

Bild 7.39 Isometrische Darstellung des einfachen Übergangsbogens

Unter der *Anrampungsneigung* Δs versteht man die Differenz zwischen der Längsneigung der Drehachse und derjenigen des Fahrbahnrandes. Man erhält sie aus

$$\Delta s = \frac{q_e - q_a}{l_v} \cdot a \quad \text{in \%} \tag{7.13}$$

Δh Höhenunterschied des Fahrbahnrandes zwischen Übergangsbogenanfang und -ende in cm
l_{ges} Länge des Übergangsbogens in m
q_e Querneigung der Fahrbahn am Ende der Verwindungsstrecke in %
q_a Querneigung der Fahrbahn am Anfang der Verwindungsstrecke in %
a Abstand des Fahrbahnrandes von der Drehachse in m

7.4 Linienführung

Einfache Übergangsbögen, bei denen die Querneigung am Anfang und Ende zwar verschieden groß, aber gleichgerichtet ist, bilden bei der Anrampung keine Schwierigkeiten.

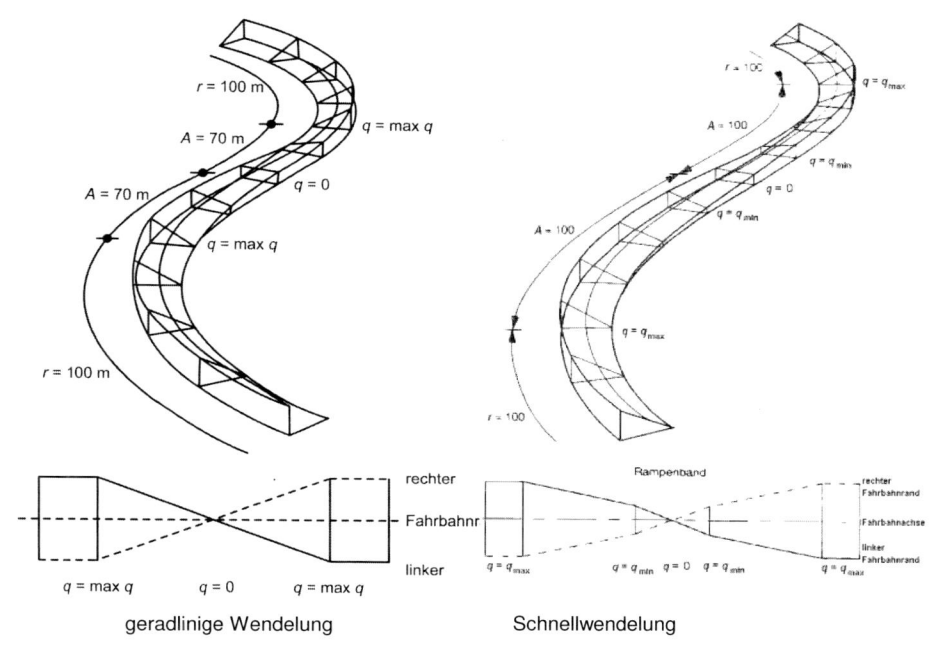

Bild 7.40 Darstellung der Verwindungsstrecke (Wendelinie)

Die Mindestlänge der Verwindungsstrecke berechnet man mit Gl. (7.15).

$$l_{V,min} = \frac{q_e - q_a}{\Delta s_{max}} \cdot a \quad \text{in m} \tag{7.15}$$

$l_{V,min}$ Mindestlänge der Verwindungsstrecke in m
Δs_{max} Anrampungshöchstneigung
q_e Querneigung der Fahrbahn am Ende der Verwindungsstrecke in %
q_a Querneigung der Fahrbahn am Anfang der Verwindungsstrecke in %
a Abstand des Fahrbahnrandes von der Drehachse in m

Je länger eine Wendeklothoide ist, desto flacher wird die Anrampung. Im Bereich des Wendepunktes entsteht dadurch eine große Fläche, auf der das Wasser nicht seitlich abfließen wird, weil die Querneigung zu gering ist, um die Oberflächenrauhigkeit zu überwinden. Aquaplaning-Gefahr ist die Folge. Bei der Überlagerung mit einem Kuppen- oder Wannenscheitel wird dieser Umstand noch verschärft. Diesen Nachteil kann man nur durch schnelles Verwinden der Fahrbahnfläche verringern. Das bedeutet wiederum, dass man ein rasches Anrampen der Fahrbahnränder vornehmen muss, bis man die Mindestquerneigung q_{min} = 2,5 % erreicht hat. Von dort aus kann dann bis zum Übergangsbogenende flacher angerampt werden.

Die Mindest-Anrampungsneigung ist
$$\Delta s_{min} = 0,1 \cdot a \quad \text{in \%} \tag{7.16}$$

a Abstand des Fahrbahnrandes von der Drehachse in m

Bei der Konstruktion des Rampenbandes, das unter dem Längsschnitt aufgetragen wird, zeichnet man zunächst von dem Punkt, an dem Fahrbahnränder und Drehachse gleiche Höhe haben (Nulldurchgang), bis zum Übergangsbogenende linear die Anrampung (Bild 7.40). Ist diese Längsneigung kleiner als min Δs, trägt man vom Nulldurchgang aus die Mindest-Anrampungsneigung ab, Diese „Schnellwendelung" ermöglicht das schnelle Ansteigen des Fahrbahnrandes bis zur Querneigung $q = 2{,}5$ %. Von diesem Punkt aus wird dann die Anrampung linear bis zum Übergangsbogenende verzogen, auch wenn dann die Mindestanrampungsneigung unterschritten wird. In diesem Bereich ist die Entwässerung durch eine Querneigung $q \geq 2{,}5$ % sichergestellt. Die Knickpunkte müssen nicht ausgerundet werden (Bild 7.41).

Bei gegensinniger Querneigung führt die Verwindung zu einem Nulldurchgang, der in der Klothoide liegt. Auch hier ist die Notwendigkeit der „Schnellwendelung" zu untersuchen.

Entwurfsklasse	Δs_{min} in % bei $q \leq 2{,}5$ %	Δs_{max} in % bei a < 4,00 m	a $\geq$ 4,00 m
EKA 1, EKA 2	$0{,}10 \cdot a$	$0{,}225 \cdot a$	0,9
EKA 3		$0{,}25 \cdot a$	1,0

a Abstand des Fahrbahnrandes von der Drehachse, $\Delta s_{max} \geq \Delta s_{min}$

Tabelle 7.32 Grenzwerte der Anrampungsneigungen

Aus fahrdynamischen und optischen Gründen darf eine maximale Anrampungsneigung nicht überschritten werden. Die Grenzwerte sind Tabelle 7.32 zu entnehmen.

Die Anrampungsneigung muss aus Gründen besserer Entwässerung mit der Längsneigung der Gradiente abgestimmt werden. Das kann man erreichen, wenn man die Tangentenschnittpunkte im Längsschnitt in den Kreisbogen legt. Die Wendepunkte im Lageplan sollten annähernd mit denen im Längsschnitt übereinstimmen oder wenigstens im Bereich der linearen Neigung liegen. Allgemein gilt:

$$s - \Delta s \geq 0{,}2 \text{ \%} \qquad (7.17)$$

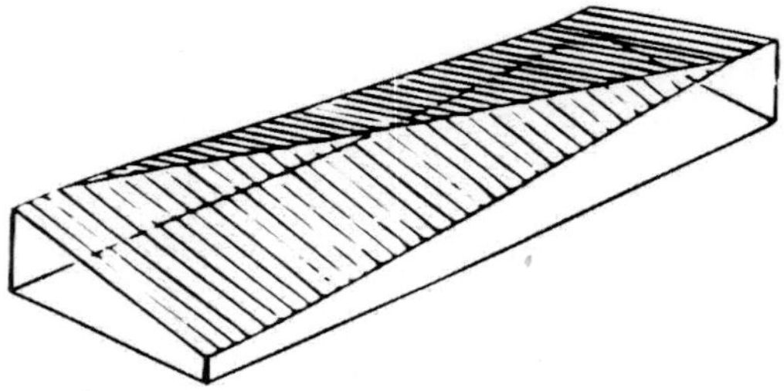

Bei Straßen mit Hochborden soll die Bedingung eingehalten werden

$$s - \Delta s \geq 0{,}5 \text{ \%} \qquad (7.18)$$

Eine Möglichkeit zur Verhinderung abflussschwacher Bereiche lässt sich durch die *Schrägverwindung* erreichen. Hierbei entsteht ein diagonal über die Fahrbahn verlaufender Grat (Bild 7.41).

Bild 7.41 Isometrische Darstellung der Schrägverwindung

Diese Ausbildung hat aber zwei Nachteile:

Einmal wechselt beim Überfahren des Grates plötzlich die Gewichtskomponente des Fahrzeugs ihre Richtung, so dass der Lenker das Abdriften, die seitliche Ablenkung, durch Gegenlenkung im Rahmen des Lenkspiels abfangen muss. Zum anderen ist ein Einbau der Fahrbahndecke mit dem Einbaugerät praktisch kaum möglich und erfordert viel Handarbeit. Damit wird diese Bauart unwirtschaftlich.

Damit möglichst eine ausreichende Entwässerung erreicht und der Wasserabfluss gewährleistet werden kann, darf der Unterschied zwischen Längsneigung und Anrampungsneigung nicht kleiner werden als 0,2 %. Ebenso ist darauf zu achten, dass die Fahrbahnränder keine der Gradiente gegenüber entgegengesetzte Längsneigung erhalten.

7.4 Linienführung

Um zu vermeiden, dass auf der Fahrbahn annähernd horizontale Flächen entstehen, die zu Aquaplaning führen können, sind folgende Bedingungen einzuhalten:

$$s_{\text{Fahrbahnmitte}} \leq 1{,}0\ \% \quad (\text{Ausnahme } 0{,}7\ \%) \tag{7.19}$$
$$s_{\text{Fahrbahnrand}} \leq 0{,}5\ \% \quad (\text{Ausnahme } 0{,}2\ \% \tag{7.20}$$

Wenn diese Bedingungen nicht erreichbar sind, darf der Nullpunkt der Querneigung verschoben werden um die Länge

$$l = 0{,}1 \cdot A \quad \text{in m} \tag{7.21}$$

Die *Schrägneigung* p ist eine resultierende Straßenoberflächen-Neigung. Man erhält sie aus Längs- und Querneigung der Fahrbahn.

$$p = \sqrt{s^2 + q^2} \quad \text{in \%} \tag{7.19}$$

Ein Nachweis wird nicht gefordert. Dennoch muss man sich besonders bei steilen Steigungen Klarheit verschaffen, ob nicht bergaufwärts fahrende Fahrzeuge in Kehren an der Innenseite zu steile Verhältnisse vorfinden. In diesen Fällen ist es vorteilhaft, im Kehrenbereich die Längsneigung so lange zu reduzieren, bis die Schrägneigung die maximal zulässige Längsneigung nicht überschreitet. Damit wird der Schwerverkehr im Gebirge etwas erleichtert.

Auch in Gebirgsstrecken, bei denen die Fahrbahnquerneigung gegen die bergseitige Stützmauer gerichtet ist, kann der Seitenstreifen zur Fahrbahn hin geneigt werden, sofern ein Hochbord die einwandfreie Wasserabführung gewährleistet.

Im innerörtlichen Bereich und an Knotenpunkten hat die Schrägneigung Bedeutung für die Wasserabführung. Durch mit CAD erstellte Höhenlinien im Fahrbahn-Deckenhöhenplan kann man erkennen, an welchen Stellen sich das Wasser stauen wird. Damit ist die genaue Lage von Einlaufschächten leicht bestimmbar.

Sonderfälle treten auf, wenn zwischen zwei Elementen die Übergangsbögen wegfallen. Hierbei legt man die Verwindungsstrecke so an, daß sie sich jeweils zur Hälfte in die Gerade und den Kreisbogen erstreckt. Wenn ein Anpassen an die vorhandenen Entwässerungseinrichtungen oder die örtliche Bebauung nötig wird, darf die Verwindung ausnahmsweise voll in der Geraden angelegt werden. Dabei ist immer auf eine gute Entwässerung im Bereich des Nulldurchgangs zu achten.

Sind neben der Fahrbahn Nebenspuren vorhanden, werden diese ebenfalls über die Gesamtlänge des Übergangsbogens verwunden. Für diese Teile des Querschnitts gelten keine Grenzbedingungen. Wird die Hauptfahrbahn aufgeweitet, berechnet man die Anrampungsneigung für die Breite der nicht aufgeweiteten Fahrbahn und führt die Fahrbahnränder unter Berücksichtigung der sich ergebenden Querneigung aus. Die Grundformen der Fahrbahnverwindung sind in Bild 7.42 dargestellt.

Seitenstreifen und Nebenspuren. Diese Querschnittsteile bedürfen besonderer Aufmerksamkeit bei ihrer Konstruktion. *Befestigte Seitenstreifen* werden meist als Kriech- oder Standspuren, manchmal auch als Abbiegespuren genutzt. In der Regel erhalten sie die gleiche Querneigung wie die Hauptfahrbahn. Trotzdem soll man beachten, daß im Winter der geräumte Schnee meist auf den Nebenspuren abgelagert wird. In Zeiten des Tau-Frostwechsels läuft dann das Schmelzwasser über die Fahrbahn und staut sich am tieferen Fahrbahnrand. Gibt man einer Nebenspur, auf die häufiger Fahrspurwechsel erfolgt (z.B. Abbiegespur), eine gegensinnige Querneigung zur Fahrbahn, wirkt sich das ungünstig auf die Fahrdynamik des Fahrzeugs aus, weil durch den plötzlichen Neigungswechsel eine Umkehrung des Querrucks auftritt. Der entwerfende Ingenieur muß an diesen Stellen abwägen, welchen genannten Faktoren er den Vorrang einräumen will.

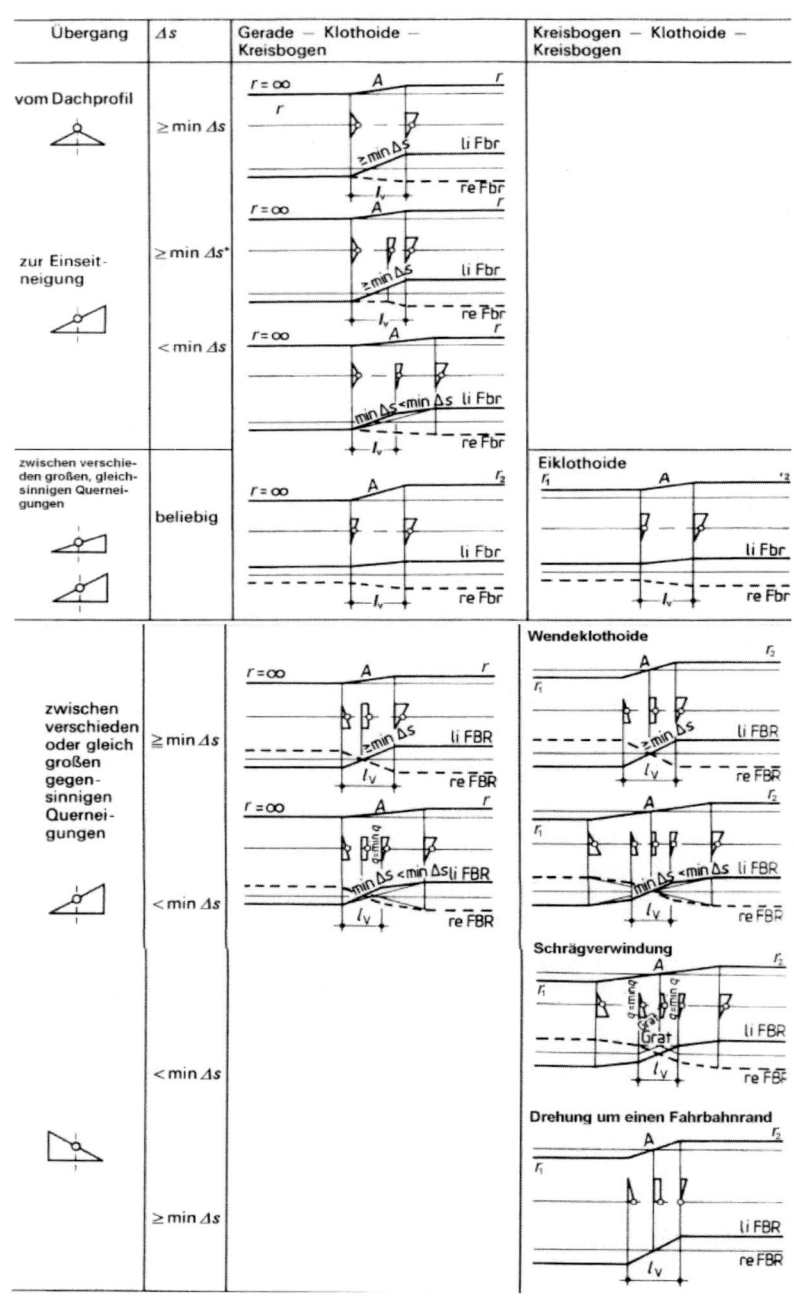

o   Drehachse   *   bautechnischer Vorteil ist ein kürzerer Grat in Fahrbahnachse;
                    Nachteil ist ein längerer Bereich mit min q im Übergangsbogen

Bild 7.42   Grundformen der Fahrbahnverwindung

Unbefestigte Seitenstreifen werden regelmäßig nach außen geneigt, um das Oberflächenwasser über die Böschung ablaufen zu lassen. Dadurch wird verhindert, daß ablaufendes Regen- oder Schmelzwasser den Wasserfilm auf der Fahrbahn verstärkt. Üblich für die Querneigung ist q_S = 12,0 %. Damit wird ein rascher Abfluß des Oberflächenwassers erzielt. Bei Seitenstreifen, die auf der höheren Fahrbahnseite geführt werden, ermäßigt man die Querneigung auf 6,0 %, sobald die Fahrbahnquerneigung 2,5 % übersteigt. Liegt neben der Fahrbahn ein bepflanzter Trennstreifen, läßt man diesen auch mit 6,0 % nach außen fallen. Rad- und Gehwege erhalten im nicht angebauten Bereich ebenfalls eine Neigung zum Kronenrand. Die Querneigung soll aber nur 2,5 % betragen. Im innerörtlichen Bereich sollen die Rad- oder Gehwege zur Fahrbahn geneigt werden. Meist sind sie ohnehin durch Hochborde begrenzt. Damit erreicht man, daß Hauswände nicht vom Straßenwasser durchnäßt und Regressforderungen der Anlieger nicht erhoben werden können. Außerdem läßt sich das Oberflächenwasser von Fahrbahn und Nebenspuren in einer Entwässerungsleitung zusammenfassen.

Fahrbahnaufweitungen. Eine Aufweitung oder Verziehung der Fahrbahnränder tritt auf, wenn
- ein Wechsel des Querschnitts auftritt,
- ein Zusatzfahrstreifen angelegt wird,
- ein Ein- oder Ausfädelungsstreifen

angelegt wird.

Die Konstruktionen der Aufweitung oder Fahrbahnrandverziehung sind in Abschnitt 4.4.3 beschrieben.

7.5 Linienführung und Landschaft

Verkehrswege sollen verbinden, nicht trennen. Sie sind in der Natur als dreidimensionale Gebilde vorhanden, werden aber im Entwurf in getrennten zweidimensionalen Zeichnungen (Lageplan, Längsschnitt, Querschnitt) in ihren für den Bau relevanten Angaben dargestellt. Um die Linienführung der Landschaft gut anzupassen, müssen die Entwürfe in ihrer räumlichen Wirkung überprüft werden. Die Überlagerung der verschiedenen Elemente läßt sich am besten in der Perspektivzeichnung erkennen. Solche Bilder, die mit CAD simuliert werden können, vermitteln den dreidimensionalen Eindruck, sind aber für die Bauausführung oder Abrechnung nicht brauchbar.

Da solche Bilder erst gezeichnet werden können, wenn der Entwurf schon in seinen Hauptteilen erstellt ist, sind nachstehend die wesentlichen Gesichtspunkte zusammengestellt, die geübte Ingenieure bei der Aufstellung des Entwurfes bereits beachten sollen.

Elemente räumlicher Linienführung. Die Raumelemente entstehen durch die Überlagerung von Lageplan- und Längsschnittelement. Beide Planarten enthalten Geraden und Bögen, die im Lageplan nach links oder rechts, im Längsschnitt konkav oder konvex gekrümmt sein können. Daraus ergeben sich verschiedene Wirkungen der Raumelemente.

Fahrraumgestaltung. Die Verkehrssicherheit und -qualität kann neben der Einhaltung der technischen Werte durch eine gute optische Führung noch wesentlich gesteigert werden. Ohne den Fahrzeuglenker durch eine große Vielfalt von Fahreindrücken zu überfordern, kann ihm durch gute Erkennbarkeit des Straßenrandes und durch Bepflanzung die Fortsetzung des Straßenzuges für eine überschaubare Strecke begreifbar verdeutlicht werden. Der Fahrraum und die anschließende Umgebung haben so einen großen Anteil am Fahrverhalten des Kraftfahrzeuglenkers. Sie müssen deshalb miteinander bedacht und entwickelt werden.

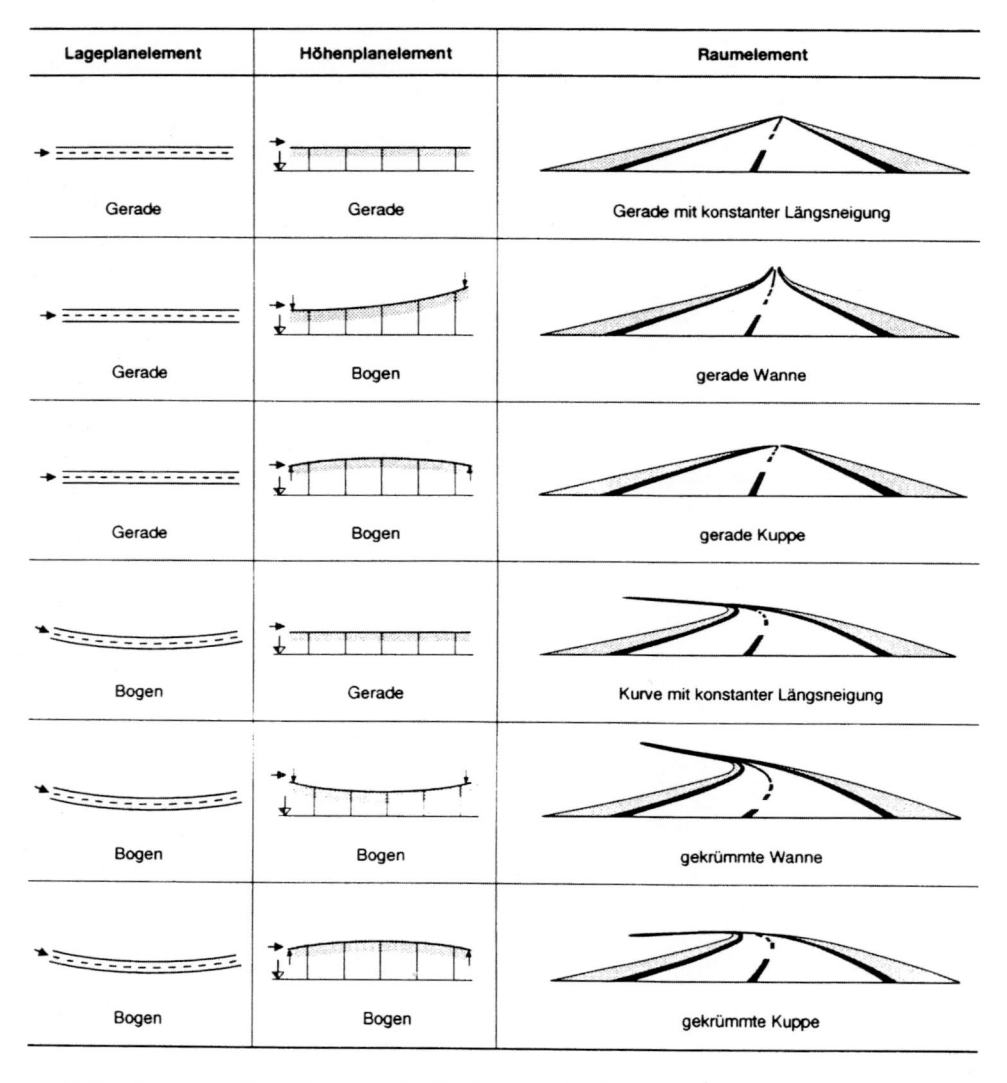

Lageplanelement	Höhenplanelement	Raumelement
Gerade	Gerade	Gerade mit konstanter Längsneigung
Gerade	Bogen	gerade Wanne
Gerade	Bogen	gerade Kuppe
Bogen	Gerade	Kurve mit konstanter Längsneigung
Bogen	Bogen	gekrümmte Wanne
Bogen	Bogen	gekrümmte Kuppe

Bild 7.43 Wirkung von Raumelementen bei Überlagerung der Entwurfselemente

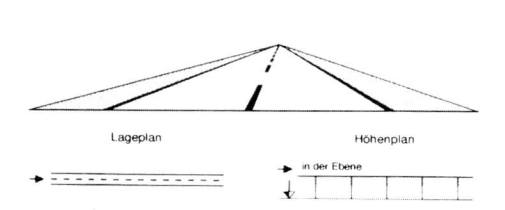

7.5 Linienführung und Landschaft

Raumwirkung einer Geraden in der Ebene

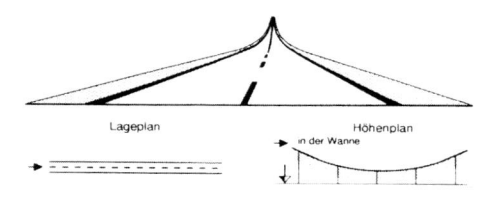

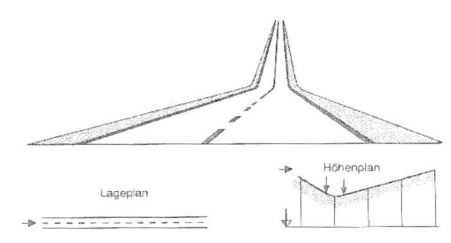

Optischer Knick durch zu kleinen Wannenhalbmesser

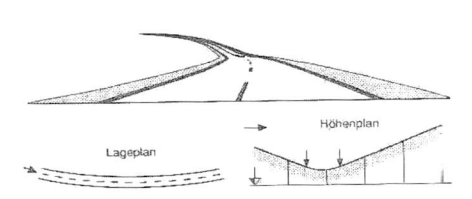

Raumwirkung einer Geraden in der Wanne

Lageplanfremde Abbildung der Wanne

Bild 7.44   Raumwirkung einer Geraden

Bild 7.45   Optische Knicke in der Linienführung

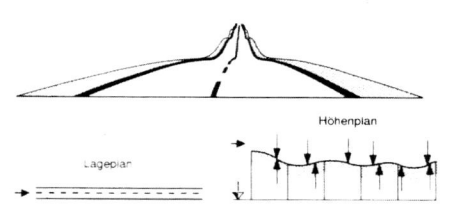

Flattern in der Geraden

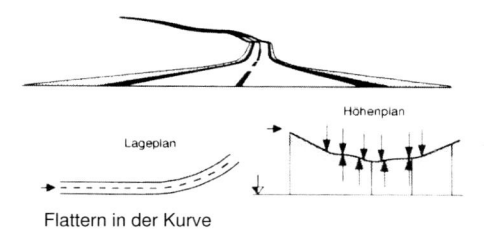

Flattern in der Kurve

Bild 7.46   Flattern der Fahrbahn

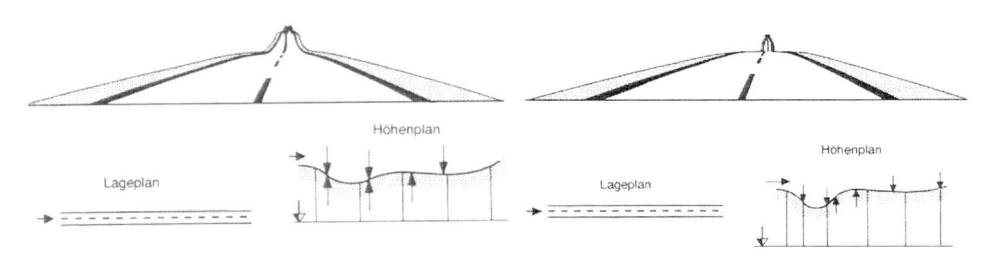

Bild 7.47   Aufwölbung der Fahrbahn

Bild 7.48   Tauchen in der Geraden

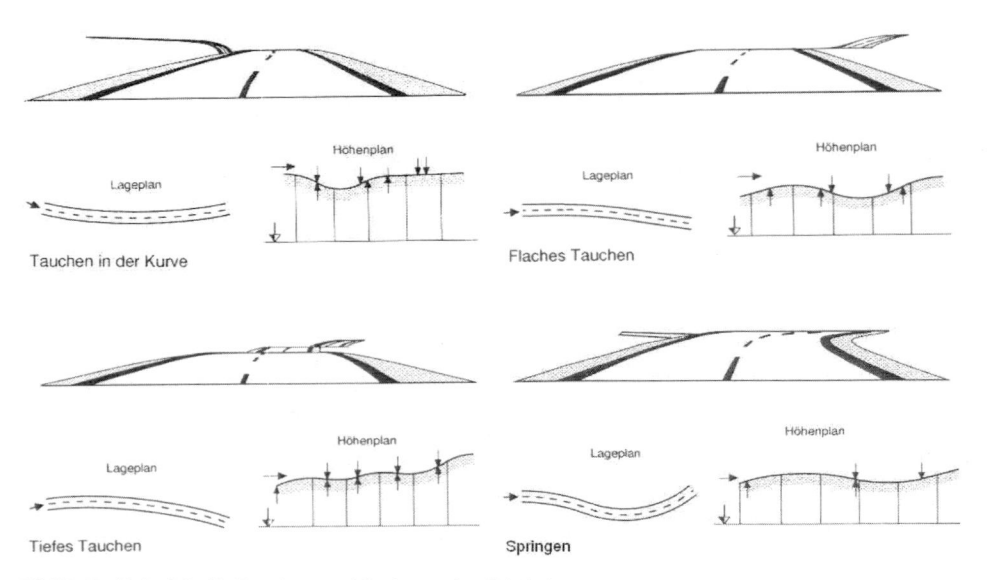

Bild 7.49 Beispiele für Tauchen und Springen der Fahrbahn

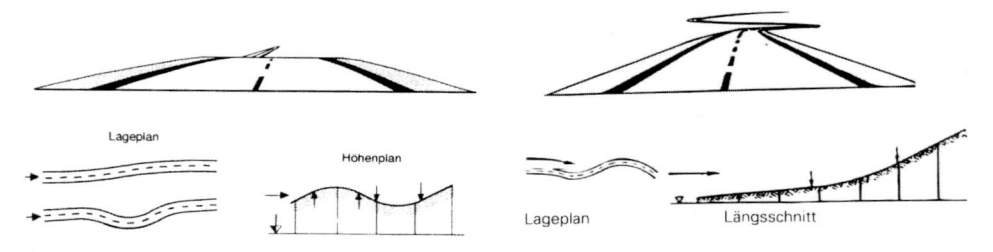

Bild 7.50 Springen der Fahrbahn mit Versatz

Bild 7.51 Schlängeln der Fahrbahn

Um im Sichtfeldbereich die Änderung der Richtung im Lageplan erkennen zu können, soll der Bogenanfangspunkt vor dem Kuppenbereich erkennbar werden. Dies erreicht man, wenn innerhalb der Sichtweite bereits eine Krümmung von 3,5 gon erfolgt.

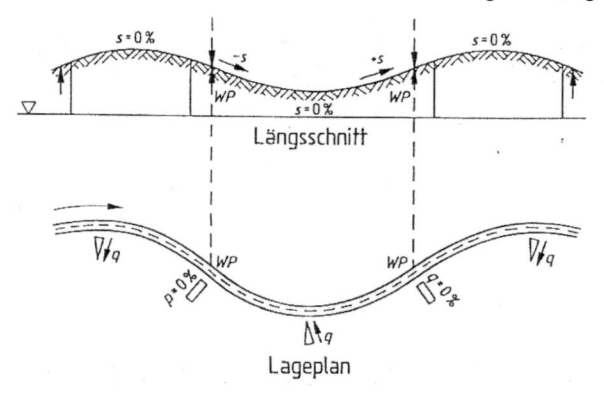

Bild 7.52 Erwünschte Lage der Wendepunkte in Grundriss und Längsschnitt

7.5 Linienführung und Landschaft

Die Konstruktion und Baudurchführung von Brückenbauwerken verführt gern dazu, sie als gerade Brücken zu planen, ohne sie in eine harmonische Gradientenführung einzubinden. Dadurch wird aber optisch oft eine Brettwirkung erzeugt. Bild (7.53) Solche Bauwerke sollte man nur dann planen, wenn sie in einer Strecke mit gleichmäßig gerader Neigung angelegt werden. In allen anderen Fällen sollten Brücken der Linienführung in Grundriss und Längsschnitt angepasst werden (Bild 7.54). Die modernen Berechnungsmethoden mit EDV können die Probleme gekrümmter Flächen ohne weiteres lösen.

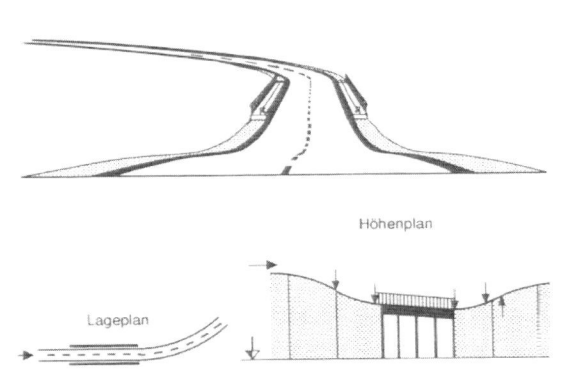

Bild 7.53 Brettwirkung durch gerade Konstruktion der Brücke

Die vorstehenden Bilder zeigen, dass auf eine gute optische Wirkung schon im Entwurfsstadium großer Wert gelegt werden muss. Eine Überprüfung kann mit 3D-Simulationen am Bildschirm vorgenommen werden.

Richtungsänderungen müssen für den Fahrzeuglenker frühzeitig erkennbar sein. Als Mindestforderung ist dabei die Sichtweite anzunehmen. Richtungswechsel hinter einer Kuppe sind besonders bei Nacht nicht erkennbar und verkehrsgefährdend

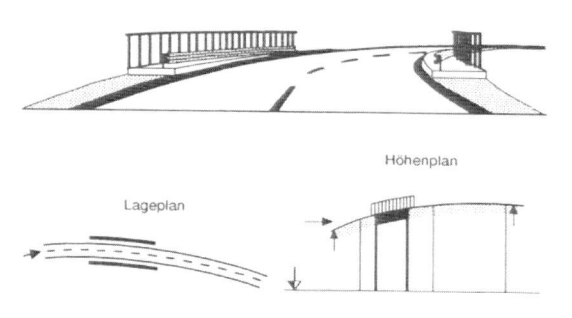

Bild 7.54 Lageplankonforme Einbindung der Brücke in die Linienführung

Hinweise für die Überlagerung von Lageplan und Längsschnitt
Die Entwurfselemente in Lageplan und Längsschnitt müssen gut aufeinander abgestimmt sein. Dabei soll eine lageplanverwandte Abbildung der Raumwirkung erreicht werden. Dies geschieht durch
- ein ausgewogenes Verhältnis zwischen Kurvenradius im Lageplan und Ausrundungshalbmesser im Längsschnitt,
- die Lage der Wendepunkte von Krümmungen in Lageplan und Längsschnitt. Sie sind möglichst an die gleiche Baustation zu legen,
- möglichst die gleiche Anzahl von Wendepunkten in beiden Plänen.

Das Verhältnis der Entwurfselemente zwischen Kurvenradius und Wannenhalbmesser soll gewählt werden in den Grenzen

$$\frac{r}{h} = 0{,}1 \text{ bis } 0{,}2 \tag{7.20}$$

r Kreisbogenradius im Lageplan in m
h Ausrundungshalbmesser im Längsschnitt in m

Je flacher das Gelände ist, desto größer wählt man die Werte für Kuppen- und Wannenhalbmesser gegenüber den Kurvenradien.

Liegen die Wendepunkte im Lageplan und Längsschnitt etwa an der gleichen Baustation, ist in der Regel eine günstige optische Linienführung gewährleistet. Auch fahrdynamisch und entwässerungstechnisch befriedigt der Entwurf dann die Anforderungen an einen harmonischen Entwurf. Deutlich werden so auch die Richtungsänderungen im Grundriß hervorgehoben (Bild 7.56). Werden in bewegtem Gelände zwischen Kuppe und Wanne Strecken mit linearer Veränderung der Längsneigung eingeschaltet, so legt man den Wannenanfang möglichst in die Nähe des Wendepunktes im Lageplan. Dadurch kann man noch die günstigste Längsneigung im Bereich minimaler Querneigung für die Entwässerung nutzen. Außerdem ist darauf zu achten, daß die Gefälleknickpunkte der Gradiente in den Kreisbogen gelegt werden, nicht jedoch in die Klothoide. Nur so können optische Knicke im Verlauf der Fahrbahnränder vermieden werden.

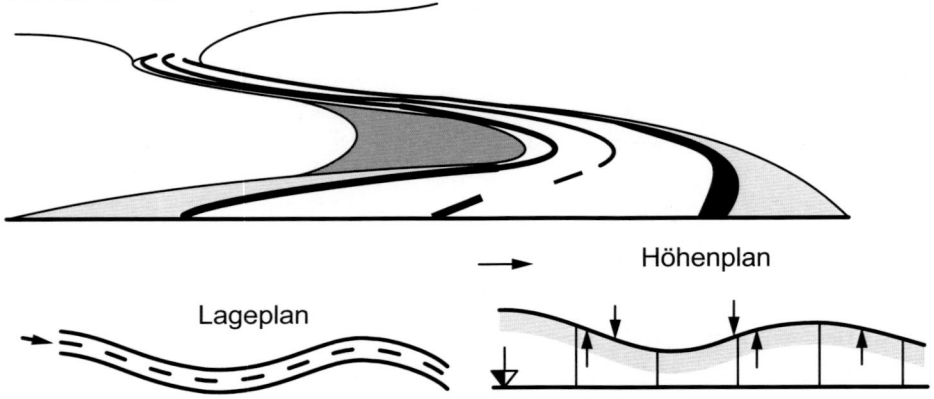

Bild 7.55 Darstellung der Linienführung mit optischer Übereinstimmung von Lageplan und Höhenplan

Im Bereich von Aufweitungen oder Fahrbahnrandverziehungen muß der optische Eindruck genau überprüft werden, um Aufwölben, Tauchen oder Knicken des Fahrbahnrandes in der Raumwirkung erkennen und durch Änderung der Entwurfselemente verbessern zu können. Hierbei ist der Einsatz von CAD-Darstellungen besonders vorteilhaft anzuwenden. Bild 7.55 zeigt ein Beispiel für eine optisch schöne Raumkurve. Die Wirkung wird durch eine entsprechende Einbindung in die Landschaft und durch gezielte Bepflanzungsauswahl noch verstärkt.

Landschaftsgestaltung. Straßen und Straßenverkehr beeinflussen Natur und Landschaftsbild. Umgekehrt gilt dies in gleicher Weise. Außer den technischen, fahrdynamischen, wirtschaftlichen und optischen Faktoren sind auch die morphologischen, biologischen und ökologischen Gesichtspunkte zu berücksichtigen. Nach dem Bundes-Naturschutzgesetz sind Natur und Landschaft im besiedelten und unbesiedelten Bereich zu schützen, zu pflegen und zu entwickeln. Störende Eingriffe durch Baumaßnahmen sollen möglichst klein gehalten werden und sind weitgehend auszugleichen. Die Umweltverträglichkeit ist deshalb bei Straßenplanungen nachzuweisen.

Die Landschaftsplanung umfasst
- Landschaftsprogramme,
- Landschaftsrahmenpläne und
- Landschaftspläne.

In der Regel erstellt man diese in Zusammenhang mit der Bauleitplanung. Es sind aber auch selbständige Planungen möglich. Der Landschaftsplan wird beim Straßenentwurf durch den landschaftspflegerischen Begleitplan ergänzt.

7.5 Linienführung und Landschaft

Die Voruntersuchung einer Straßenplanung als Grundlage für das Raumordnungsverfahren und Linienbestimmung führt zur *Umweltverträglichkeitsuntersuchung*. Dabei wird die Auswirkung der Wahllinien auf den Naturhaushalt, das Landschaftsbild, geschützte oder schützenswerte Bereiche, vorhandene oder künftige Belastungen und benachbarte Nutzungen geklärt.

Auf dieser Grundlage wird der *landschaftspflegerische Begleitplan* aufgestellt. Genau wie der technische Entwurf wird er für die Entwurfsunterlagen bei Vorentwurf und Bauentwurf erforderlich. Eine enge Zusammenarbeit mit einem Landschaftsplaner, den Naturschutz- und Umweltschutzbehörden und -verbänden ist anzustreben. Als Planungsmaßstab eignet sich der Maßstab 1:5000. In diesem Lageplan sind sowohl der Baukörper und die davon betroffenen Grundstücke darzustellen, als auch die ökologischen und landschaftsgestalterischen Zusammenhänge und die benachbarten Nutzungen einzuzeichnen. Die verdichtete Planung im Bauentwurf wird Teil der Planfeststellungsunterlagen. Hier sind auch die notwendigen Ersatz- und Ausgleichmaßnahmen darzustellen.

Die nachstehenden *Gestaltungsgrundsätze* gelten für Neu-, Umbau- und Ausbaumaßnahmen. Im *Lageplan* versucht man, geschützten oder schützenswerten Gebieten auszuweichen. Dies führt oft zu Interessenskonflikten, da aus z.B. ökologischen Gründen Feuchtegebiete erhalten werden sollen, andererseits Landwirte trockene Flächen nutzbringend verwenden wollen. Auch optische Durchschneidungen der Landschaft müssen gering gehalten werden.

Die Entwurfsplanung der Straße wird durch entsprechende Bepflanzung ergänzt. In Außenkurven kann dabei der Kurvenverlauf durch Hecken oder Bäume unterstrichen werden. Übergänge vom Damm zum Einschnitt oder zum Brückenbauwerk können durch Bepflanzung landschaftsgerecht gestaltet werden. Dabei ist der notwendige Flächenbedarf zu berücksichtigen, da diese Flächen auch gepflegt werden müssen. Oft kann man auch durch Rekultivierung wegfallender Straßenteile einen Ausgleich schaffen.

Im *Längsschnitt* soll die Gradiente geländenah geführt werden. So erhält man wegen geringer Erdbewegungen oft wirtschaftliche Lösungen. Trennende Dämme oder Einschnitte werden damit verhindert. Außerdem wird das Kleinklima nur geringfügig beeinflußt, während durch hohe Dämme Kaltluftstau oder Behinderung der Luftzirkulation entstehen können. Andererseits verringert die Lage einer Straße im tiefen Einschnitt die Lärmbelästigung durch den Verkehr. Bei zweibahnigen Strecken ist die getrennte Führung der Fahrbahnen am Berghang als gestaffelter Querschnitt sinnvoll. Talüberquerungen müssen nicht nur technisch, sondern auch in ihrer Auswirkung auf das Landschaftsbild untersucht werden. Perspektivbilder geben hierbei oft Entscheidungskriterien, ob ein Damm durch ein transparent erscheinendes Brückenbauwerk ersetzt werden sollte. Kuppenbereiche kann man durch seitliche Bepflanzung betonen.

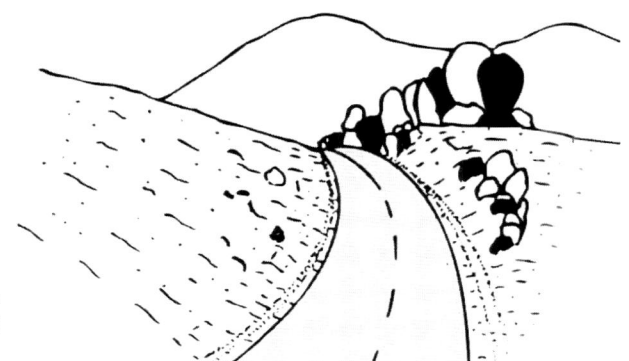

Bild 7.56 Betonen des Kuppenbereichs durch Bepflanzung

Der *Querschnitt* beeinflusst durch die Böschungen das Landschaftsbild erheblich. Gestalterische Gesichtspunkte wie Ausschlitzen des Geländes am Hang oder Auffüllen bergseitiger Mulden sind im Zusammenhang mit den notwendigen Lärmschutzmaßnahmen zu entscheiden.

Für einzelne Verkehrsarten (Fußgänger, Radfahrer) kann auch ein eigener Verkehrsraum mit unabhängig von der Straße geführter Gradiente vorgesehen werden.

Trenn- oder *Schutzstreifen* geben Raum für Bepflanzung, doch sollen Abstände zu dort stehenden Bäumen unter Beachtung der Verkehrssicherheit betrachtet werden. Es empfiehlt sich, den seitlichen Abstand der Bäume vom befestigten Fahrbahnrand nicht unter 4,50 m festzulegen. Damit wird erreicht, daß der Baum im Regelfall hinter der Entwässerungsmulde wächst und die Mäharbeiten am Bankett und der Mulde nicht beeinträchtigt. Außerdem verringert sich der Unterhaltungsaufwand, weil die Krone nicht in den Lichtraum der Straße wachsen soll.

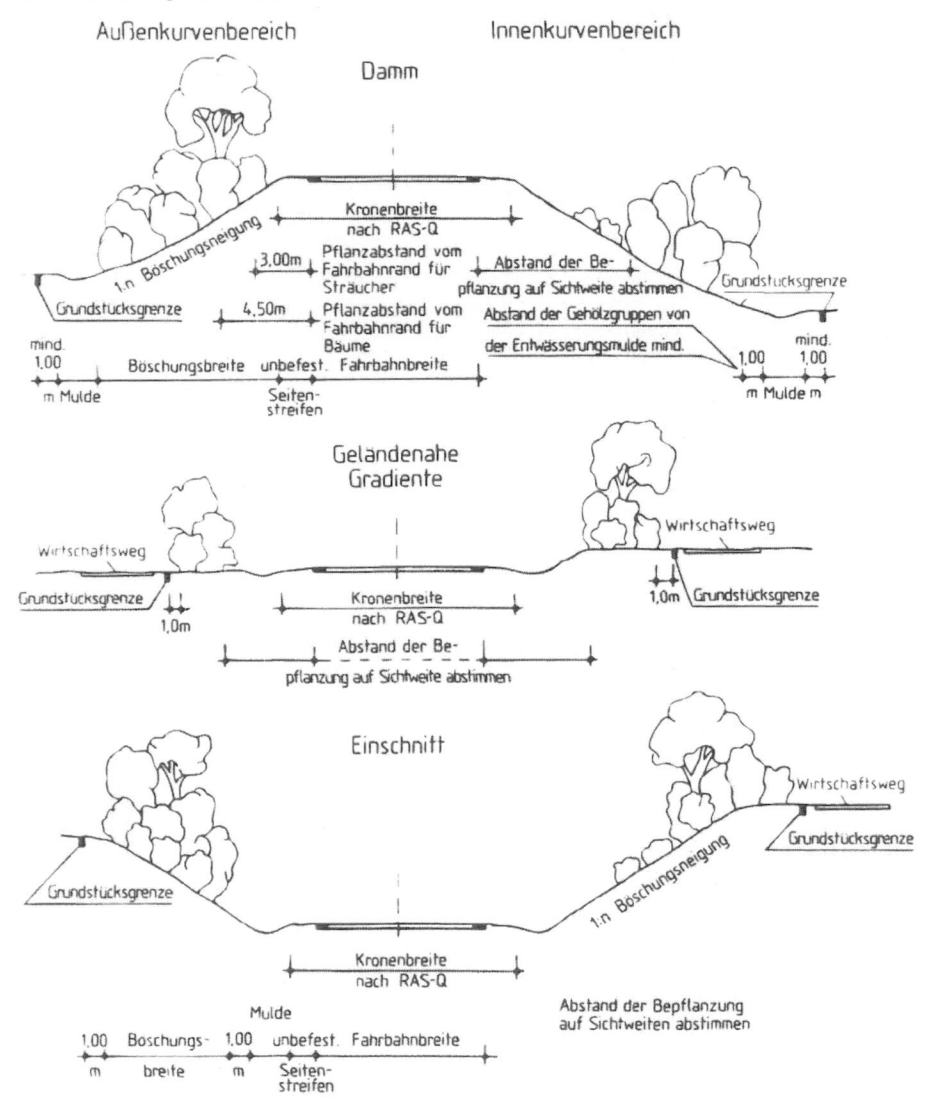

Bild 7.57 Bepflanzungsbeispiele im Querschnitt

7.5 Linienführung und Landschaft

Anforderung	der Verkehrstechnik	der Bautechnik	der Landschaftspflege
Wirkung der Bepflanzung	Optische Führung, Beeinflussung der Fahrgeschwindigkeit, Erkennbarkeit von Knotenpunkten, Blendschutz auf Mittel- und Trennstreifen, Auffangschutz Fahrzeuge, Wind- und Schneeschutz	Erosionsschutz, Rutschsicherung, Schutz gegen Steinschlag und Lawinen	Gliederung und Vielfalt der Landschaft, Erhaltung schutzwürdiger Flächen und Objekte, Lärmschutz, Schutz gegen Staub und Abgase, optische Abschirmung, Eingliederung von Bauwerken, Gestaltung von Seitenentnahmen und Deponien, Gestaltung von Rückhaltebecken, Schutz der Tierwelt, Verbesserung des Kleinklimas

Tabelle 7.33 Aufgaben der Bepflanzung bei der Landschaftsgestaltung

Seitenentnahmen und *Erddeponien* sind nach Ende der Baumaßnahme zu rekultivieren und ins Landschaftsbild einzubinden. Die erforderlichen Maßnahmen müssen im landschaftspflegerischen Begleitplan dargestellt werden. Die Ablagerung überschüssiger Erdmassen darf nur dort erfolgen, wo die zuständige Abfallwirtschaftsbehörde es erlaubt.

Knotenpunkte müssen besonders sorgfältig in die Bepflanzungsplanung einbezogen werden. Dort dürfen die Sichtfelder keinesfalls zuwuchern. Trotzdem kann durch geschickte Bepflanzung die rechtzeitige Erkennbarkeit und das Erfassen der Knotenpunktsgeometrie gefördert werden. Bei Einmündungen verbessert eine der untergeordneten Straße gegenüberliegende Bepflanzung die Verkehrssicherheit, weil der Kraftfahrzeuglenker zum Herabsetzen der Geschwindigkeit frühzeitig angeregt wird. Auch ein Verziehen der Bepflanzung auf der rechten Straßenseite der einmündenden Straße dämpft die Annäherungsgeschwindigkeit an den Knotenpunkt.

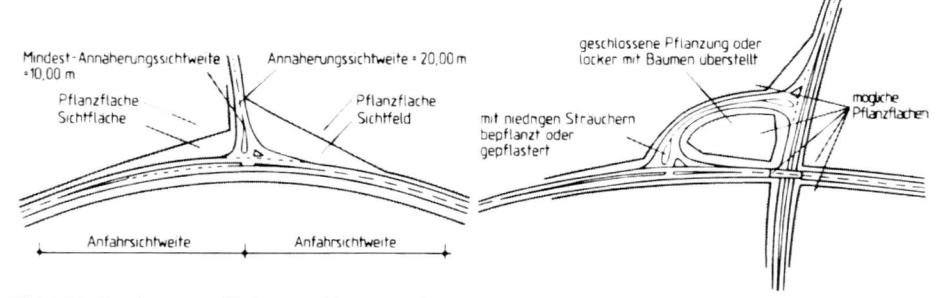

Bild 7.58 Bepflanzungsflächen am Knotenpunkt

Räumliche Darstellung
Die optische Kontrolle des Entwurfs kann nach einer Reihe verschiedener Methoden vorgenommen werden. Die Wahl der Methode hängt davon ab, welcher Zweck mit der Darstellung verfolgt wird und für welchen Personenkreis die Darstellung bestimmt ist.

Perspektiven. Verschiedene Darstellungsarten der Perspektive ermöglichen je nach Standpunkt und Betrachtungsrichtung Bilder der geplanten Baumaßnahme. Für den Straßenbau hat sich bei manueller Herstellung das Verfahren nach *Ch. von Ranke* als zweckmäßig erwiesen. Hierbei werden kennzeichnende Punkte eines Bauwerkes (Achse, Fahrbahnrand, Kronenrand usw.) mit ihrem Abstand von der Betrachtungsrichtung (Sehstrahl) graphisch bestimmt und die Höhe in Bezug zum Betrachterhorizont festgestellt. Mit Hilfe des Strahlensatzes werden die Punkte dann auf den Bildmaßstab umgerechnet. Die Verbindung zusammengehöriger Punkte ergibt schließlich das Perspektivbild. Mit Hilfe eines Perspektographen nach *Ranke* kann das

Gelände vom Standpunkt des Betrachters aus auf einer Glasplatte aufgetragen und mit dem Perspektivbild zur Deckung gebracht werden. Diese Methode wird heute jedoch nicht mehr angewendet

Mit Hilfe von CAD-Programmen kann die perspektivische Darstellung auch am Bildschirm erzeugt werden. Die Datenverarbeitung erlaubt es, solche Perspektivbilder rasch zu rechnen und aufzuzeichnen. Von einigen Softwarehäusern wird auch eine gute CAD-Software angeboten, die es ermöglicht, am Bildschirm sichtbar werdende optische Fehler interaktiv auszubessern. Die neuen Daten können dann als verbesserte Entwurfsdaten in die Eingabe- bzw. Ergebnisdateien zurückgeschrieben werden. Gibt man den Stationsabstand zweier Bilder so vor, daß er der Strecke entspricht, die ein Kraftfahrzeug in einer bestimmten Zeit bei gegebener Geschwindigkeit zurücklegt, kann man Bilder so erzeugen, daß die Darstellung den Eindruck des sich bewegenden Fahrzeugs simuliert. So kann man die räumliche Wirkung und die Sichtverhältnisse auf der künftigen Straße schon im Entwurfszustand kontrollieren. Mit bestimmten Programmen können Videoaufnahmen erstellt werde. Diese spielt man als Film ab und erhält so einen Eindruck eines fahrenden Kraftfahrzeuges.

Photomontagen ergeben gleichfalls ein Bild von der Wirkung des künftigen Bauwerkes in der Natur. Auch hier gestatten nach Scannen des Photos elektronische Programme, bei bekanntem geodätischem Standpunkt, der Horizonthöhe des Objektivs und Kenntnis der Lagekoordinaten von Häusern oder sonstiger markanter Gegenstände, die neue Straße mit ihrer Umgebung darzustellen. Am Bildschirm läßt sich dann leicht der Standpunkt wechseln und der Entwurf von allen Richtungen aus bis hin zum Schattenwurf vertikaler Gegenstände kontrollieren.

Modelle einer neuen Trasse und ihrer Umgebung erhöhen die Aussagekraft der Wirkung eines Entwurfes erheblich. Zwar ist die Herstellung eines Modells nicht billig, doch zeigen sich Vorteile, wenn der Entwurf in der Öffentlichkeit dargestellt werden muß. Allerdings machen CAD-Bilder heute diese Darstellung weitgehend überflüssig, zumal man eigentlich alle Dinge am Modell aus der Vogelschau, nicht aber aus der Sicht der Verkehrsteilnehmer betrachtet.

7.6 Nebenanlagen und Nebenbetriebe

Nebenanlagen sind bauliche Anlagen, die überwiegend Aufgaben der Straßenbauverwaltung dienen. Zu ihnen zählen Straßenmeistereien, Bauhöfe, Lagerplätze und sonstige Hilfseinrichtungen. Während Nebenanlagen auch in mehreren Landesstraßengesetzen verankert sind, werden Nebenbetriebe nur für die Bundesautobahnen im Bundesfernstraßengesetz behandelt.

Nebenbetriebe sind Einrichtungen, die Verkehrsteilnehmern als Dienstleistungsbetriebe dienen, wie Raststätten, Tankstellen, Park- und Rastplätze.

Rastanlagen werden unterschieden in

- *unbewirtschaftete* Rastanlagen, die für die Verkehrsteilnehmer zum Halten, Parken oder Rasten angelegt sind. Die Einteilung solcher Flächen weist Verkehrs-, Rast-, Trenn- und gegebenenfalls Flächen für den Hochbau aus. Auch auf unbewirtschafteten Rastanlagen sollten Toilettenhäuschen aufgestellt werden, um das Umfeld dieser Rastanlagen sauber zu halten. Wo es das Gelände erlaubt und der erforderliche Platz zu erwerben ist, werden Kinderspielplätze oder Fitness-Anlagen für die Entspannung des Körpers nach längerer Fahrt aufgebaut.
- *bewirtschaftete* Rastanlagen verfügen über Verkaufskioske mit Toiletten oder über Rasthöfe und Tankstellen, die manchmal durch Motels oder andere Beherbergungsbetriebe ergänzt werden.

7.6 Nebenbetriebe und Nebenbetriebe

Allgemein sollen Rastanlagen mit Rasthäusern an Autobahnen etwa alle 100 km geplant werden, dagegen sollten Rastanlagen mit Tankstelle und Kiosk aller 50 km vorhanden sein. Bei der Anlage von Toilettenbauten ist darauf zu achten, dass sie auch von Rollstuhlfahrern benutzt werden können.

Besondere Nebenanlagen sind die *Haltebuchten*, die mit Notrufsäulen ausgestattet sind. Hier ist die Möglichkeit gegeben, bei Unfällen oder Pannen die nächste Straßenmeisterei telefonisch zu verständigen und Hilfe herbeizurufen. Es hat sich bewährt, an den Leitpfosten kleine Richtungspfeile anzubringen, die andeuten, in welcher Richtung das nächste Notruftelefon zu erreichen ist. Außerhalb der Autobahnen werden auch Haltebuchten als Haltestellen für den Öffentlichen Personen-Nahverkehr genutzt.

Für die Anlage von Nebenanlagen hat die Forschungsgesellschaft für Straßen- und Verkehrswesen e.V. eine Reihe von Richtlinien aufgestellt. Darüber hinaus soll der entwerfende Ingenieur aber auch versuchen, vorhandene Geländesituationen auszunutzen. Stillgelegte Kiesgruben oder nicht benötigte alte Straßenflächen lassen sich oft günstig für Rastanlagen mit verwenden.

Haltestellen des Öffentlichen Personen-Nahverkehrs

Hauptsächlich im innerörtlichen Bereich werden die Haltestellen des Öffentlichen Personen-Nahverkehrs ab Hauptsammelstraßen als *Bushaltebuchten* ausgebildet. Hierdurch erreicht man, dass die haltenden Busse außerhalb des Fahrverkehrs stehen, wenn Fahrgastwechsel stattfindet oder eine Betriebspause eingelegt wird. An Sammel- und Anliegerstraßen sind meist *Bushaltestellen* ausreichend. Die Längenabmessungen sind geringer als bei Bushaltebuchten, die Fahrbahnbreite wird nicht verändert. Durch den haltenden Bus wird gleichzeitig eine Geschwindigkeitsdämpfung erzielt, weil nachfolgende Fahrzeuge auf den Gegenverkehr Rücksicht nehmen und gegebenenfalls anhalten müssen.

Gegenüberliegende Haltestellen legt man so an, dass in Fahrtrichtung die haltenden Busse sich bereits passiert haben. An Knotenpunkten sollen die Haltestellen hinter der gekreuzten Straße angeordnet werden, besonders dann, wenn eine Signalregelung vorhanden ist. Die Abfahrt der Busse wird dadurch erleichtert, wenn vor dem Knoten nicht gesondert signalgeregelte Haltestellenbuchten vorhanden sind, die gegenüber dem Individualverkehr Vorrang genießen.

Bushaltestellen gestaltet man möglichst attraktiv. Über die Größe des Fahrgastaufkommens werden die notwendigen Warteräume festgelegt. Ausgangsgröße ist 2 Personen/m². Die Warteraumbreite soll mindestens 1,60 m betragen. Diese Breite ist dem vorhandenen Verkehrsraum für den Fußgängerverkehr zuzuschlagen. Vorhandene Radwege werden hinter dem Warteraum vorbeigeführt. Dabei muss auf den entsprechenden Abstand und auch auf das Kreuzen der Verkehrsarten Fußgänger und Radfahrer gestalterisch geachtet werden. Um bei schlechtem Wetter oder starkem Wind die wartenden Fahrgäste zu schützen, legt man Schutzdächer mit entsprechenden Wandstellungen an. Die Tiefe des Schutzdaches wird mit mindestens 2,00 m bemessen. Standardisierte Wartehäuschen werden von verschiedenen Firmen angeboten.

(Besonderheiten bei der Planung von Autobahnen,. Land- und Stadtstraßen werden in den „Richtlinien für die Anlage von Autobahnen – RAA", den „Richtlinien für die Anlage von Landstraßen – RAL" und den „Richtlinien für die Anlage von Stadtstraßen – RASt" der Forschungsgesellschaft für Straßen- und Verkehrswesen e. V. beschrieben. Sie sind in den folgenden Abschnitten beschrieben.)

7.7 Entwurf von Autobahnen

7.7.1 Allgemeines

Unter *Autobahnen* versteht man alle anbaufreien zweibahnigen Straßen, deren Fahrbahnen mehrere Fahrstreifen besitzen. Sie werden durchgehend planfrei ausgeführt und sind ausschließlich für den schnellen Kraftfahrzeugverkehr bestimmt.

Für den Neubau, den Um- und Ausbau sind die Planungsgrundsätze in den "Richtlinien für die Anlage von Autobahnen − RAA" zusammengefasst. Sie bilden die Grundlage für den Entwurf sicher befahrbarer Autobahnen, die sich an der Netzfunktion orientieren. Der Geltungsbereich umfasst
- die Kategoriengruppe AS 0 für die kontinentalen Verbindungen,
- die Kategoriengruppe AS 1 für alle großräumigen Verbindungen,
- die Kategoriengruppe AS 2 für die überregionalen Verbindungen.
- die anbaufreien Stadtautobahnen.

Auch wenn Autobahnen für hohe Verkehrsleistungen angelegt werden, müssen sie umweltschonend entworfen werden und gut in das Landschaftsbild eingebunden werden. Deshalb empfiehlt es sich, schon beim Beginn der Planung einen erfahrenen Landschaftsarchitekten in das Entwurfsteam einzubinden und durch gezielte Ortsbegehungen sich von der Topographie, der Flächennutzung und Bodenbeschaffenheit und geologischen Verhältnissen ein Bild zu verschaffen.

Ziel der Planung soll eine bedarfsgerechte, verkehrsgerechte Autostraße sein, die eine sehr gute Qualität des Verkehrsablaufs und durch begreifbare Fahrraum−Erkennbarkeit auch eine hohe Verkehrssicherheit bietet.

Entwurfsstufen. Ehe mit dem Planentwurf begonnen werden kann, sind verschiedene Entwurfsstufen zu durchlaufen, um die planungsrechtliche Sicherheit zu erreichen.

Die *Bedarfsplanung* untersucht zunächst die verkehrliche und wirtschaftliche Notwendigkeit einer neuen Straße. Nach Abstimmung mit den verschiedenen Behörden, den Gebietskörperschaften, den Kommunen und Verbänden wird die Rechtssicherheit durch Gesetz festgestellt. Je nach der Zuständigkeit der Baulastträger müssen der Deutsche Bundestag oder die Bundesländer entsprechende Gesetze erlassen. Grundlage sind dazu der Bundesverkehrswegeplan und der Bedarfsplan für die Bundesfernstraßen. Die Planungsstufen und die zugehörigen Genehmigungsverfahren sind in Tabelle 7.34 zusammengefasst.

Planungs- und Entwurfsstufe	Unterlage	Verfahren
Bedarfsplanung	Bundesverkehrswegeplan/ Bedarfsplan (Bundesfernstraßen), Generalverkehrsplan (Städte) Verkehrsentwicklungspläne	Fernstraßenausbaugesetz, Landeswegegesetze
Vorplanung	Linienplanung/ Linienentwurf	Raumordnungsverfahren, Linienbestimmung
Entwurfsplanung	Vorentwurf nach RE/ Genehmigungsentwurf	Genehmigung der Auftragsverwaltung bzw. Landesstraßenbauverwaltung
Genehmigungsentwurf	Planfeststellungsentwurf/ Bebauungsplan	Planfeststellung, Plangenehmigung
Ausführungsplanung	Ausführungsentwurf/ Bauentwurf	Technische Freigabe

Tabelle 7.34 Planungs- und Entwurfsstufen überörtlicher Straßen

7.7 Entwurf von Autobahnen

Die *Vorplanung* dient im wesentlichen der Linienfindung. Hierbei werden auch Variantenlösungen untersucht. Im Raumordnungsverfahren wird dann die Raumverträglichkeit geprüft. Die Umweltverträglichkeitsprüfung zeigt dabei Defizite in der Landschaftsplanung auf. Darüber hinaus gibt sie Auskunft über die Lärmbelastung des Umfeldes und die Eingriffe in Biotope oder andere schützenswerte Bereiche.

Die Vorplanung beginnt mit der Abgrenzung und Analyse des Planungsraumes. Danach stellt man konfliktarme Bereiche fest. Oft entstehen dabei konfliktarme Planungskorridore. Mit der Umweltverträglichkeitsstudie kann man die verschiedenen Varianten bewerten.

Aus der Analyse entwickelt man für die Varianten die eigentliche Linienführung und legt entsprechend der Entwurfsklasse die Querschnitte und die Gradientenführung fest. Zur Vorpanung gehören auch die Überlegungen, an welchen Stellen Verknüpfungen mit dem vorhandenen Straßennetz notwendig werden und wie die Knotenpunkte gestaltet werden sollen. Brücken und Tunnelbauwerke sowie geplante Lärmschutzeinrichtungen stellt man ebenfalls dar. Die Vorentwurfspläne stellt man meist im Maßstab 1:10000 dar. Für großräumige Planungen verwendet man zweckmäßig den Maßstab 1:25000.

Je besser der Vorentwurf die verschiedenen Einflüsse, die Vor- und Nachteile beschreibt, umso leichter werden dann die Verhandlungen mit den Beteiligten und das Erzielen der Genehmigung.

Die Abwägung aller Faktoren endet schließlich bei Bundesfernstraßen mit der Linienbestimmung. Bei den Ländern richtet sich die Festlegung nach den jeweiligen Straßen- und Wegegesetzen.

Auch bei Umbauten der Straße ist eine Vorplanung erforderlich. Hier ist jedoch der Planungskorridor durch den vorhandenen Straßenzug meist kleinräumig vorbestimmt. In diesem Zusammenhang ist zu untersuchen, ob die vorhandene Straße wegen des starken Verkehrs zusätzliche Fahrstreifen (z.B. an langen Bergstrecken) braucht oder sogar ein zweibahniger Querschnitt notwendig wird.

Nach der Genehmigung der Vorplanung erfolgt die *Entwurfsplanung*. Diese legt nun weitere Einzelheiten der Vorplanungsvariante fest. Dafür wählt man nach den "Richtlinien für die Gestaltung von einheitlichen Entwurfsunterlagen im Straßenbau – RE" den Maßstab 1:1000. In besonderen Fällen können auch andere Maßstäbe gewählt werden. Je genauer der Entwurf ausgearbeitet wird, um so sicherer kann man sein, dass bei der Bauausführung keine umfangreichen Änderungen (und dabei evt. Nachforderungen der ausführenden Firma) notwendig werden.

Zu den Darstellungen im Lageplan, Längs- und Querschnitt gehört auch der Nachweis der Verkehrsqualität nach HBS.

Danach beginnt das *Genehmigungsverfahren*. Die Pläne werden öffentlich ausgelegt und alle Betroffenen haben die Möglichkeit, Anregungen und Einwände vorzubringen. Nach der Anhörung wird darüber entschieden. Abgeschlossen wird das Verfahren bei klassifizierten Straßen mit der Planfeststellung. Kommunale Baulastträger wenden auch das Bebauungsplanverfahren an. Damit ist die Entwurfsplanung rechtsgültig.

Die *Ausführungsplanung* umfasst alle für die Ausschreibung und Baudurchführung notwendigen Pläne und Berechnungen. Wird die Planung mit Software am Computer erstellt, sollten die notwendigen Daten vom Planverfasser an den Auftragnehmer übergeben werden. So kann nicht nur eine exakte Ausführung erfolgen, sondern auch eine erhebliche Erleichterung bei der Bauabrechnung erzielt werden.

7.7.2 Verkehrssicherheit

Der Fahrraum der Autobahnen und die großen Entwurfselemente der Trassierung geben dem Kraftfahrer das Gefühl, mit hoher Geschwindigkeit fahren zu können. Dazu kommt, dass es sich um reine Kraftfahrzeugstraßen handelt und langsame Verkehrsterilnehmer wie Radfahrer oder Fußgänger sowie langsame Motorfahrzeuge (z.B. Traktoren) den Verkehrsfluss nicht hemmen. Deshalb ziehen diese Verkehrsadern auch ein großes Verkehrsaufkommen an.

Autobahnen müssen deshalb sehr verkehrssicher sein. Die Entwurfs- und Betriebsmerkmale bestimmen weitgehend das Verhalten der Fahrzeuglenker. Sie sollen folgende Forderungen erfüllen:

- Über lange Streckenabschnitte soll die Streckencharakteristik möglichst gleich sein. Dadurch wird die Wiedererkennbarkeit und damit das Verkehrsverhalten in verschiedenen Gegenden gefördert. gleichzeitig wird die Aufmerksamkeit erhöht, sobald sich die Charakteristik ändert.
- Der Verkehrsteilnehmer soll sein Fahrverhalten rechtzeitig an Geschwindigkeitsänderungen und andere Verkehrssituationen anpassen können.
- Die Knotenpunkte mit ihren Aus- und Einfahrten müssen frühzeitig erkannt werden, damit der Fahrzeuglenker das Verhalten der Ab- und Einbieger abschätzen kann.
- Bei Pannen oder Unfällen soll ein Nothalt außerhalb der Fahrbahn möglich sein. Die Ausstattung mit Notrufsäulen unterstützt den Einsatz der Rettungsdienste und der Polizei.
- Schutzeinrichtungen außerhalb der Fahrbahn können abkommende Fahrzeuge zurückhalten und geben am Unfall Beteiligten bedingt Sicherheit, wenn sie sich hinter diesen aufhalten.

Der Entwurfsingenieur kann die Verkehrssicherheit schon in der Entwurfsphase durch die Wahl der gestalterischen Faktoren unterstützen. als Beispiele seien hier genannt:

- Die Folge der Lageplanelemente soll auf einander abgestimmt sein. Eine gestreckte Linienführung ohne Verwendung der Mindestgrößen der Entwurfselemente ist vorteilhaft.
- Der Höhenplan soll nicht nur die Belange der Umwelt erfüllen, sondern auch harmonisch auf die Lageplanelemente abgestimmt sein.
- Die Sichtweite auf den vorausliegenden Abschnitt soll möglichst groß sein. Sichthindernisse im Mittelstreifen sind zu vermeiden.
- Der Querschnitt soll auf die Breite der Fahrzeuge – besonders des Schwerverkehrs – abgestimmt sein und einen Standstreifen besitzen. Der Betrieb an Arbeitsstellen auf der Fahrbahn muss möglich sein.
- Das Oberflächenwasser muss auf kurzem Wege von der Fahrbahn abfließen können. (Auch im Winter kann von seitlichen Schneehaufen Wasser auf die Fahrbahn gelangen.)
- Bei starkem Schwerverkehr können an Steigungsstrecken zusätzliche Fahrstreifen erforderlich werden.
- Schutzeinrichtungen sollen den Anprall an seitliche Hindernisse verhindern.
- Die Beschilderung soll frühzeitig erkennbar und die Ziele eindeutig und begreifbar sein.
- Wildunfälle können vermieden werden, wenn Wildschutzzäune errichtet werden oder durch Wildbrücken oder Unterführungen der gefahrlose Wildwechsel erreicht werden kann.

Lassen sich Einschränkungen im Verkehrsablauf nicht vermeiden, müssen in Einvernehmen mit den Verkehrsbehörden Geschwindigkeitsbeschränkungen angeordnet werden. Diese werden besonders dann notwendig, wenn bei geringem Längsgefälle ein Wasserfilm auf der Fahrbahn entsteht. Der Einsatz von offenporigem Asphalt kann hierbei als technische Lösung hilfreich sein.

7.7 Entwurf von Autobahnen

7.7.3 Querschnitte der Autobahnen

Die Maße eines Autobahnquerschnittes entsprechen den zulässigen Abmessungen der Kraftfahrzeuge nach der Straßenverkehrs-Zulassungsordnung. Dort ist festgelegt:
- maximale Breite des Fahrzeugs 2,55 m, Ausnahme: maximale Kühlfahrzeugbreite 2,60 m,
- maximale Höhe des Fahrzeugs 4,00 m,
- maximale Sattelzuglänge 16,50 m, maximale Lastzuglänge 18,75 m.

Die Bestandteile des *Fahrraumes* sind
- Verkehrsraum,
- seitlicher Bewegungsspielraum,
- oberer Bewegungsspielraum.

Zum *Verkehrsraum* rechnet man den Raum, den die Fahrzeugabmessungen einnehmen, die oberen und seitlichen Bewegungsspielräume und die Räume über Rand- und Seitenstreifen.

Der *seitliche Bewegungsspielraum* umfasst den Raum seitlich des Fahrzeuges, der zum Ausgleich von Fahr- und Lenkungsungenauigkeiten oder seitlich überstehender Teile (Spiegel o.ä.) für das Schwerverkehrsfahrzeug gebraucht wird. Je nach Lage der Fahrstreifen im Querschnitt beträgt er 0,70 m, 0,95 m oder 1,20 m.

Der *obere Bewegungsspielraum* gleicht Ladungenauigkeiten oder Fahrzeugschwingungen aus. Die Schwingungen werden durch Unebenheiten der Fahrbahn, aber auch bei ruckartigen Bremsvorgängen durch die Reaktion der Achsfederung hervorgerufen.

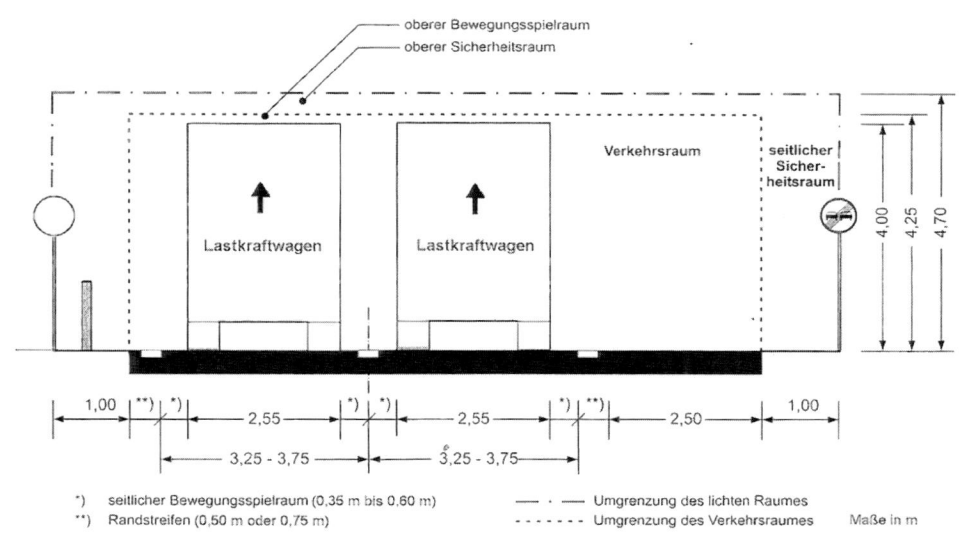

Bild 7.59 Grundmaße für den lichten Raum

Der *seitliche Sicherheitsraum* erhält eine Breite von 1,00 m. Fehlt aber ein Seitenstreifen, sind dafür 1,25 m vorzusehen.

Der *obere Sicherheitsraum* beträgt auf Autobahnen 0,45 m, um bei einer Erneuerung die Fahrbahn im Hocheinbau einbauen zu können.

Der *lichte Raum* setzt sich zusammen aus dem Verkehrsraum und den Sicherheitsräumen. Er muss von festen Hindernissen freigehalten werden. Schutzeinrichtungen und leicht verformbare Teile dürfen bis 0,50 m Abstand an den Verkehrsraum herangezogen werden. Die Pfosten der Verkehrszeichen dürfen mit der Mittelachse auf der Begrenzung des lichten Raumes stehen. Hochborde können auch an der Grenze des Verkehrsraumes versetzt werden. Für Tunnel gelten besondere Maße.

Die **Fahrbahn** umfasst die vorhandenen Fahrstreifen und die begrenzenden Randstreifen, Die Seitenstreifen, die als Standstreifen genutzt werden können, gehören nicht zur Fahrbahn. Sie bilden aber mit der Fahrbahn die befestigte Fläche.

Um an der Autobahn bei Erneuerungsarbeiten die Beeinträchtigung des Verkehrsflusses möglichst gering zu halten. werden für die Verkehrsführung verschiedene Breiten der befestigten Fläche vorgesehen:

- Verkehrsführung 4+0 Fahrstreifen: $b_{befestigt}$ = 12,00 m. (Es werden vier Fahrstreifen auf einer Seite des Mittelstreifens geführt. Die zweite Fahrbahn kann vom Baubetrieb genutzt werden.)
- Verkehrsführung 5+0 / 5+1 Fahrstreifen: $b_{befestigt}$ = 14,50 m. (Bei sechs Fahrstreifen wird entweder ein Fahrstreifen eingezogen und fünf werden auf einer Seite geführt oder fünf werden auf der einen, der sechste auf der anderen Seite für den Verkehr benutzbar gehalten.)
- Verkehrsführung 6+0 / 6+2 Fahrstreifen: $b_{befestigt}$ = 17,00 m. (Sinngemäße Führung bei acht Fahrstreifen)

Fahrstreifen für den Schwerverkehr erhalten eine Breite b_{Fstr} = 3,75 m. Für Autobahnen der EKA 1 mit vier oder sechs Fahrstreifen ist dieses Maß für den rechten Fahrstreifen notwendig. Bei achtstreifigen Fahrbahnen sind die beiden rechten Fahrstreifen so zu bemessen.

Die weniger stark vom Schwerverkehr genutzten Fahrstreifen der EKA 1 werden mit der Breite b_{Fstr} = 3,50 m angelegt. Bei der EKA 2 erhalten in der Regel alle Fahrstreifen b_{Fstr} = 3,50 m, um Kosten zu sparen. Die EKA 3 erhält rechts die Breite b_{Fstr} = 3,50 m, die übrigen Fahrstreifen sind mit b_{Fstr} = 3,25 m zu bemessen. *Zusatzfahrstreifen* an Steigungsstrecken erhalten die Breite b_{Fstr} = 3,50 m.

Randstreifen nehmen die Fahrbahnrandmarkierung in der Breite b_{Rand} = 0,50 m auf. Am Mittelstreifen werden sie auf 0,75 m vergrößert.

Seitenstreifen dienen der Verkehrssicherheit und werden auch vom Betriebsdienst bei Arbeiten außerhalb der Fahrbahn benutzt. Um sie bei Pannen auf den Fahrstreifen oder bei Arbeitsstellen mitbenutzen zu können, erhalten sie die gleiche Befestigung wie die Fahrbahn. Um Lastwagen dort sicher abstellen zu können, erhalten sie die Breite b_S = 2,50 m. Bei Autobahnen der EKA 3 reduziert man das Maß auf b_S = 2,00 m.

Mittelstreifen trennen die beiden Fahrbahnen. Sie können genutzt werden für
- Stützen der Überführungsbauwerke,
- Sicherheitsanlagen gegen das Überfahren aus der Gegenfahrbahn,
- Masten der Verkehrszeichenbrücken oder der Beleuchtung,
- Blendschutzzäune,
- Bepflanzung,
- Entwässerungsanlagen.

Mittelstreifen erhalten die Breite b_{Mstr} = 4,00 m. Bei Autobahnen der EKA 3 wird die Breite eingeschränkt auf b_{Mstr} = 2,50 m, um Fläche einzusparen. Hier werden an die Rückhaltekraft der Sicherheitseinrichtung hohe Anforderungen gestellt. Mittelstützen von Brücken oder sonstige Einbauten können nicht untergebracht werden.

7.7 Entwurf von Autobahnen

Bankette schließen den Querschnitt zum Kronenrand hin ab. Sie sind meist unbefestigt und nehmen Leiteinrichtungen, Verkehrszeichen, Rückhalteeinrichtungen und Pfosten für Verkehrszeichenbrücken auf. Die Regelbreite beträgt 1,50 m und wird zum Außenrand mit $s_{mir} = 6{,}0\,\%$ geneigt. Am befestigten Rand schließt das Bankett etwa 0,03 m tiefer an, damit auch bei „Hochwachsen" des Grases der Wasserabfluss gewährleistet bleibt.

Seitentrennstreifen trennen bei Autobahnen im Knotenpunktsbereich die durchgehende Strecke von der Verteilerfahrbahn. Sie erhalten eine Breite von $b_{Tr} = 3{,}00$ m.

Böschungen verbinden den Kronenrand mit dem Gelände. Ihre Regelneigung ist aus erdstatischen Gründen $n = 1 : 1{,}5$. Im Einschnitt schließt normalerweise die Entwässerungsmulde an. Übergänge zum Gelände werden ausgerundet. Einzelheiten zeigt Bild 7.60.

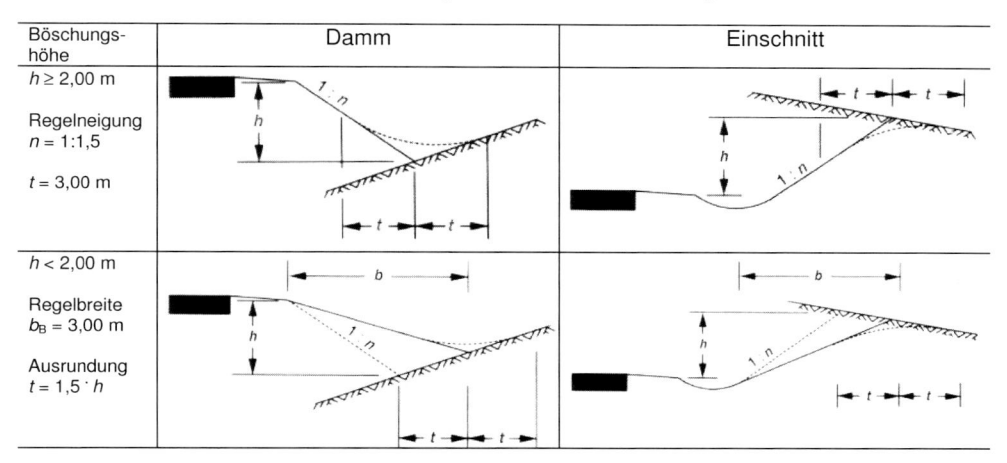

Böschungs-höhe	Damm	Einschnitt
$h \geq 2{,}00$ m Regelneigung $n = 1{:}1{,}5$ $t = 3{,}00$ m		
$h < 2{,}00$ m Regelbreite $b_B = 3{,}00$ m Ausrundung $t = 1{,}5 \cdot h$		

Bild 7.60 Ausbildung der Regelböschung

Regelquerschnitte

Um auf Autobahnen in den Entwurfsklassen einheitliche Querschnitte zu erreichen, sind für diese Regelquerschnitte festgelegt. Die Bilder 7.62 bis 7.67 zeigen für die verschiedenen Entwurfsklassen die Abmessungen der Regelbreiten. Die Wahl des Regelquerschnitts ist noch auf die Randbedingungen zu überprüfen. Beurteilungskriterien sind
- die Qualität des Verkehrsablaufs nach dem „Handbuch für die Bemessung von Straßenverkehrsanlagen – HBS",
- die angestrebte Reisegeschwindigkeit nach den „Richtlinien für die integrierte Netzgestaltung – RIN",
- die Überlegung, welche Spurenanordnung an Arbeitsstellen gewählt wird,
- die Prüfung auf notwendige Zusatzfahrstreifen in längeren Steigungsstrecken.

Die Einsatzbereiche der Regelquerschnitte sind abhängig von der Verkehrsstärke.

Regelquerschnitt	RQ 43,5	RQ 36	RQ 31
Verkehrsstärke DTV in Kfz/24h	95.000 (85.000) bis 120.000	62.000 (58.000) bis 102.000 (115.000)	18.000 bis 67.000 (73.000)

Klammerwerte in Sonderfällen

Tabelle 7.35 Einsatzbereiche der Regelquerschnitte der Entwurfsklasse EKA 1

RQ 43,5

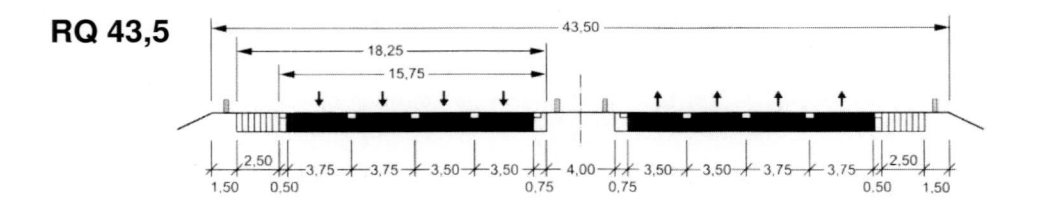

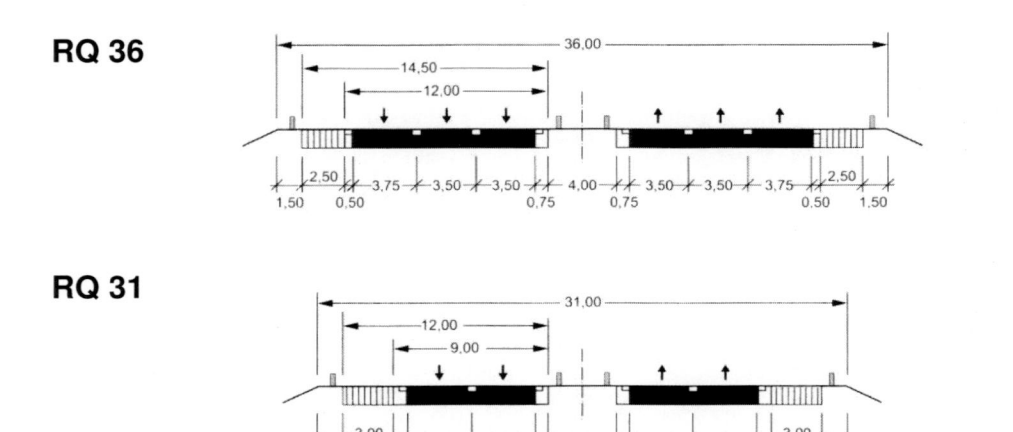

RQ 36

RQ 31

Bild 7.61   Regelquerschnitte für Autobahnen der Entwurfsklasse EKA 1

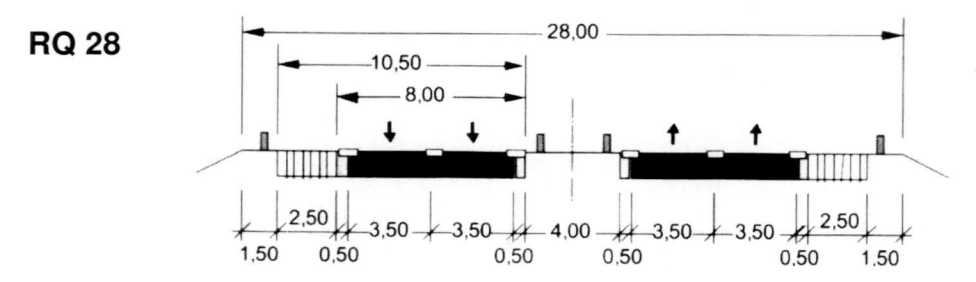

RQ 28

Bild 7.62   Regelquerschnitte für Autobahnen der Entwurfsklasse EKA 2

7.7 Entwurf von Autobahnen

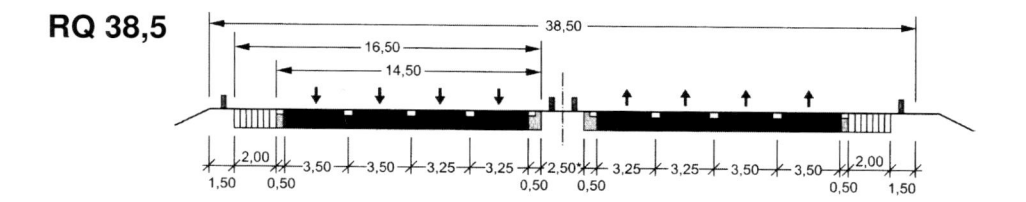

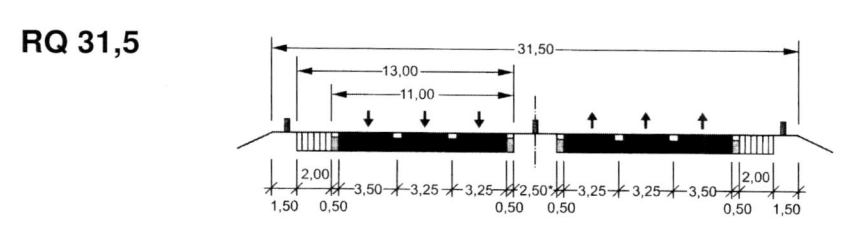

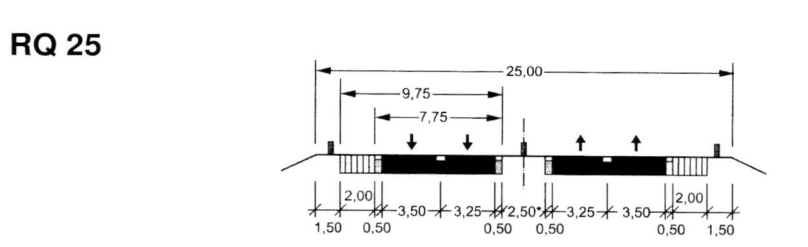

RQ 38,5

RQ 31,5

RQ 25

Bild 7.63 Regelquerschnitte für Autobahnen der Entwurfsklasse EKA 3

Die Einsatzbereiche der Regelquerschnitte sind abhängig von der Verkehrsstärke.

Regelquerschnitt	RQ 38,5	RQ 31,5	RQ 25
Verkehrsstärke DTV in Kfz/24h	95.000 (84.000) bis 120.000	70.000 (60.000) bis 103.000 (117.000)	20.000 (12.000) bis 73.000 (82.000)

Klammerwerte in Sonderfällen

Tabelle 7.36 Einsatzbereiche der Regelquerschnitte der Entwurfsklasse EKA 3

Querschnitte auf Brücken

Über Brücken werden die Querschnitte wie auf der Strecke weitergeführt. Doch sind wegen der Borde und Geländer geringe Abweichungen im Außenbereich gegenüber der Bankettbreite vorhanden. Unterscheiden sich die Querschnitte an den Brückenwiderlagern, sind entsprechende Verziehungen notwendig.

Die Regelquerschnitte der EKA 1 zeigt Bild 7.64. für die EKA 2 sollte der Querschnitt RQ 31 B gewählt werden, um die Verkehrsführung 4 + 0 zu ermöglichen, auch wenn für die anschließende Strecke der RQ 28 geplant wird (Bild 7.65).

Regelquerschnitte der EKA 3 zeigt Bild 7.66.

RQ 43,5 B

RQ 36 B

RQ 31 B

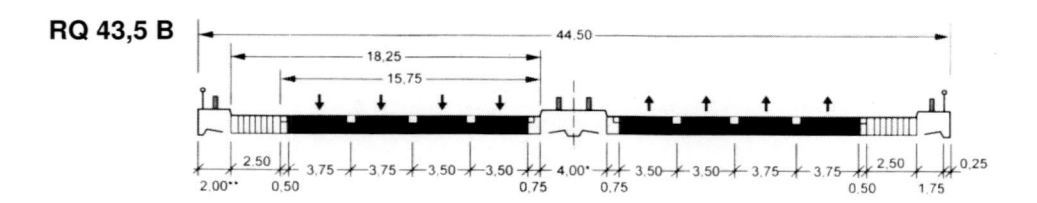

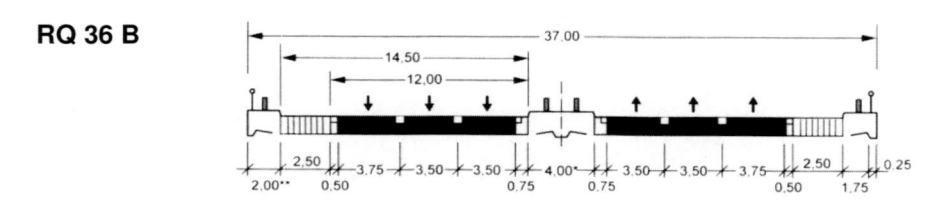

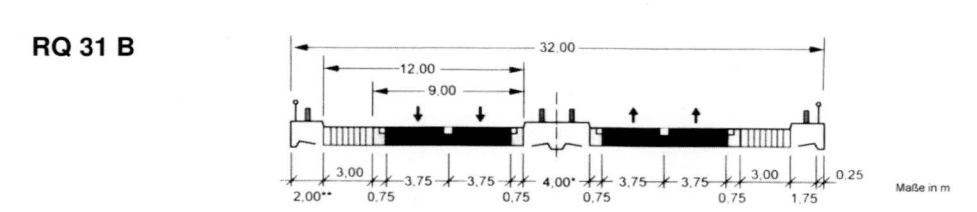

*) Bei einer lichten Weite zwischen den Widerlagern *l* > 100,00 m werden die Mittelkappen auf 3,50 m Breite reduziert
**) Abhängig vom gewählten System der passiven Schutzeinrichtung kann sich die Breite der Kappen und damit die Brückenbreite ändern

Bild 7.64   Regelquerschnitte für Autobahnbrücken der Entwurfsklasse EKA 1

RQ 28 B

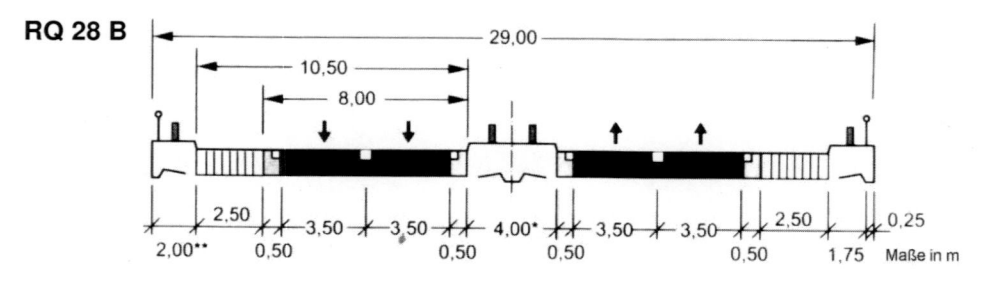

*) Bei einer lichten Weite zwischen den Widerlagern *l* > 100,00 m werden die Mittelkappen auf 3,50 m Breite reduziert
**) Abhängig vom gewählten System der passiven Schutzeinrichtung kann sich die Breite der Kappen und damit die Brückenbreite ändern

Bild 7.65   Regelquerschnitt für Autobahnbrücken der Entwurfsklasse EKA 2

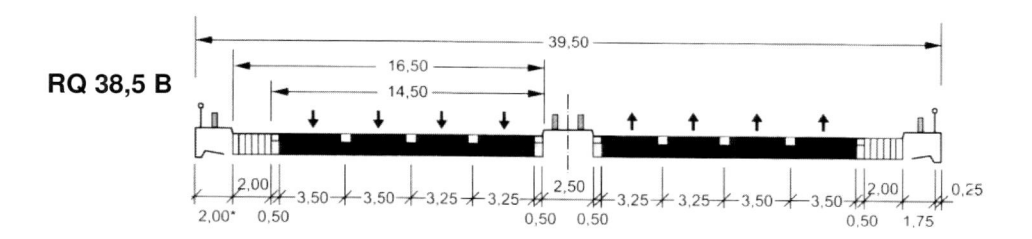

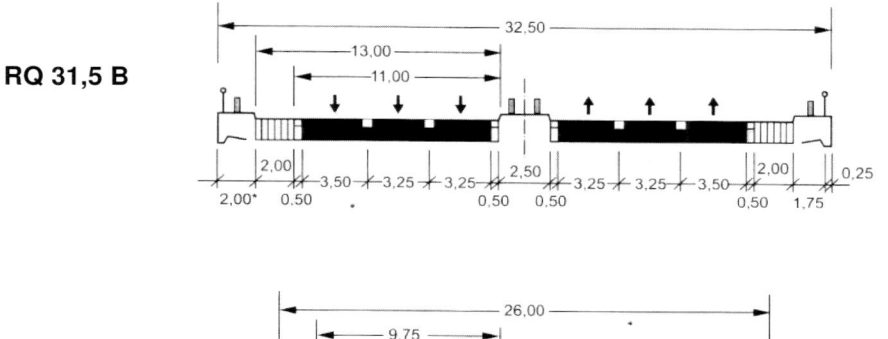

7.7 Entwurf von Autobahnen

RQ 38,5 B

RQ 31,5 B

RQ 25 B

Bild 7.66 Regelquerschnitte für Autobahnbrücken der Entwurfsklasse EKA 3

Querschnitte in Tunneln

Die Regelquerschnitte in Tunneln hängen in besonderen Maße von der Verkehrsstärke und der Bauweise ab. Aus Kostengründen werden die Abmessungen teilweise reduziert. Für jeden Regelquerschnitt kann man verschiede Tunnelquerschnitte wählen

Um die Verkehrssicherheit in Tunneln zu erhöhen, ist bei hoher Verkehrsbelastung die Führung als Richtungsfahrbahn in getrennten Tunnelröhren zu empfehlen.

RQ freie Strecke	Tunnelquerschnitt		Querschnitt nach RABT
RQ 36	36 t	Regellösung ohne Seitenstreifen	33 t
RQ 31,5	36 T	Regellösung mit Seitenstreifen	33 T
RQ 31	31 T	Regellösung mit Seitenstreifen	26 t
RQ 28	31 t	Regellösung ohne Seitenstreifen (mit Nothaltebuchten)	26 Tr
RQ 25	31 Tr	alternativ bei Schildvortrieb	26 T
	31 T+	Sonderlösung für 4+0 Verkehrsführung bei Arbeitsstellen	(29,5 T)

Tabelle 7.37 Zuordnung der Tunnelquerschnitte zu den Regelquerschnitten der freien Strecke

36 T

36 t

31 T+

31 T

31 t

31 Tr

(alternativ bei Schildvortrieb zu 31t)

Maße in m

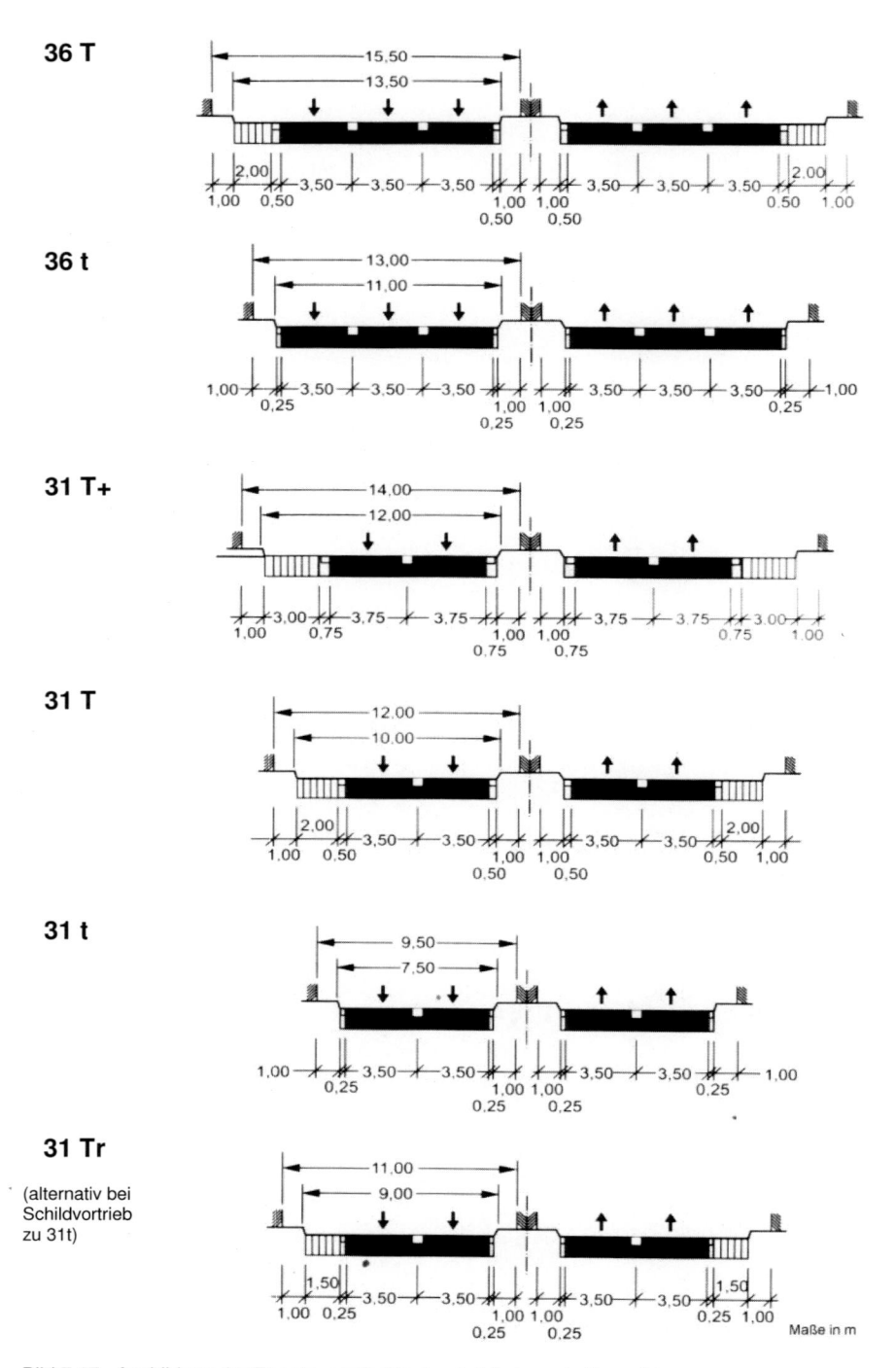

Bild 7.67 Ausbildung der Regelquerschnitte der Autobahnen in Tunneln

7.7.4 Linienführung

Die Entwurfselemente der Autobahnen sollen sicherheitstechnische und fahrdynamische Forderungen erfüllen. Je nach Entwurfsklasse legt man verschiedene Geschwindigkeiten zugrunde, die die sichere Fahrt bei nasser Fahrbahn ermöglichen. Hierbei ist aber zu berücksichtigen, dass auch die Fahreigenschaften des Fahrzeugs, die Art und Beschaffenheit der Reifen und die Fahrweise des Fahrzeuglenkers Einfluss auf die Verkehrssicherheit ausüben.

Für Autobahnen der EKA 1 A hat die Forderung nach hoher Geschwindigkeit bei der Elementenauswahl Vorrang. Für die EKA 1 B und EKA 2 stehen Gesichtspunkte der besseren Anpassung an die Umgebung und damit Kosteneinsparungen im Vordergrund. Die Autobahnen der EKA 3 sind dagegen an die örtlichen Randbedingungen gebunden und werden deshalb für die zulässige Höchstgeschwindigkeit entworfen.

Autobahnkategorie	Fernautobahn	Überregional-autobahn	autobahnähn-liche Straßen	Stadt-autobahn
Entwurfsklasse	EKA 1 A	EKA 1 B	EKA 2	EKA 3
zugrunde gelegte Geschwindigkeit v	130 km/h (Richtgeschwindigkeit)	120 km/h	100 km/h	80 km/h

Tabelle 7.38 Geschwindigkeiten zur Festlegung der Entwurfselemente

Lageplan und Höhenplan sind harmonisch auf einander abzustimmen. Außerdem sind die notwendigen Sichtweiten zu prüfen, da die Haltesichtweite von der gewählten Geschwindigkeit abhängt.

Lageplan

Die geometrischen Elemente im Lageplan sind
- Gerade,
- Kreisbogen und
- Übergangsbogen in Form der Klothoide.

Geraden sind zwar die kürzeste Verbindung zwischen zwei Punkten, haben aber neben einigen Vorteilen bei langen Strecken auch nachteilige Wirkungen. Sinnvoll sind sie anzuwenden, wenn
- die Gerade in der Ebene oder in weiten Talräumen liegt,
- im Knotenpunktsbereich das Kreuzen, Ein- und Ausfädeln der Fahrzeuge sicher verlaufen soll,
- eine bestehende Autobahn ausgebaut wird,
- örtliche oder städteplanerische Gegebenheiten zu berücksichtigen sind.

Nachteilig sind lange Geraden, weil
- selten dadurch eine harmonische Linienführung herzustellen ist,
- Geschwindigkeit und Entfernung entgegenkommender Fahrzeuge – besonders nachts – schwer abzuschätzen sind,
- leicht durch die Eintönigkeit der Strecke Unaufmerksamkeit oder Ermüdung hervorgerufen werden kann,
- der Kraftfahrer zu sehr hoher Geschwindigkeit verleitet wird.

Deshalb sollen Gerade höchstens die Länge l_{max} = 2000,00 m erhalten. Je länger die Gerade ist, um so größer müssen die anschließenden Elemente gewählt werden, um eine harmonische Führung zu erhalten und scharfes Bremsen am Ende der Geraden zu vermeiden.

Lassen sich Zwischengeraden zwischen gleichsinnig gekrümmten Bögen nicht vermeiden, müssen sie die Länge von l_{min} = 400,00 m erhalten.

Kreisbögen ermöglichen eine Richtungsänderung der Trasse. Die Radien sollen mit dem Umfeld in Einklang stehen. Besonders im Umfeld von Siedlungen oder in der EKA 3 sind die städteplanerischen Bedingungen und die Flächennutzung zu beachten. Die Mindestradien und ihre Bogenlängen entnimmt man Tabelle 7.39.

Um eine harmonische Fahrweise zu erzielen, wählt man die Größe der Radien zweier aufeinander folgender Kreise, falls $r_1 \leq 1500{,}00$ m ist, im Verhältnis

$$\frac{r_1}{r_2} = 1{,}5 \quad . \tag{7.21}$$

Auf Autobahnen ohne Geschwindigkeitsbegrenzung soll wegen der zu erwartenden hohen Geschwindigkeiten nach Geraden mit $l > 500{,}00$ m ein Mindestradius $r_{min} = 1300{,}00$ m eingehalten werden.

Entwurfsklasse	EKA 1 A	EKA 1 B	EKA 2	EKA 3
r_{min} in m	900,00	720,00	470,00	280,00
l_{min} in m	75,00		55,00	

Tabelle 7.39 Mindestradien und Mindestbogenlängen der Kreisbögen für die Querneigung $q = 6{,}0$ %

Übergangsbögen schaltet man als Übergang von der Geraden zum Kreisbogen oder zwischen zwei Kreisbögen ein. Sie erhalten die Form der Klothoide, weil diese Kurve der allmählichen Drehung des Lenkrades bis zur Endstellung im Kreisbogen oder der ausleitenden Geraden entspricht.

Im Übergangsbogen vollzieht sich die Verwindung zwischen unterschiedlichen Querneigungen in Gerader und Kreisbogen. Gleichzeitig ändert sich allmählich die Zentrifugalbeschleunigung bis zu ihrem Endwert im Kreisbogen. Darüber hinaus entsteht so ein optisch guter Gesamteindruck der Linienführung.

Für den Klothoidenparameter gilt die Beziehung

$$A \leq \frac{r}{3} \quad \text{in m} \tag{7.22}$$

r Radius des Kreises

Die Klothoide darf nur entfallen, wenn die Änderung des Richtungswinkels $\gamma < 10{,}0$ gon beträgt. Dann muss aber die Kreisbogenlänge $l_{min} = 300{,}00$ m vorhanden sein.

Entwurfsklasse	EKA 1 A	EKA 1 B	EKA 2	EKA 3
Mindestparameter A in m	300,00	240,00	160,00	90,00

Tabelle 7.40 Mindestparameter A von Klothoiden für Autobahnen

Der Übergangsbogen tritt bei Autobahnen in folgenden Elementen–Kombinationen auf:
- als einfacher Übergangsbogen in der Folge Gerade – Klothoide – Kreisbogen,
- als Wendeklothoide in der Folge Kreisbogen – Klothoide – Klothoide – Kreisbogen; hierbei sind die beiden Kreisbogenradien gegensinnig gekrümmt (nach rechts positiv, nach links negativ bezeichnet).
- als Eiklothoide in der Folge Kreisbogen – Klothoide – Kreisbogen; hier sind die Kreisbögen gleichsinnig gekrümmt.

Bei der Konstruktion der *Wendeklothoide* werden zwei Klothoidenäste mit ihrem Anfangspunkt ($r = \infty$) aneinander gekoppelt. Damit werden zwei gegensinnig gekrümmte Radien verbunden. Die Parameter müssen der Gl. (5.2) entsprechen, dürfen aber verschieden groß sein. Werden die Parameter gleich groß gewählt, hat dies den Vorteil, dass die Lenkbewegung im gesamten Übergangsbogen gleichmäßig ausgeführt wird.

Bei ungleichen Parametern der Wendelinie muss das Verhältnis $A_1 \leq 1{,}5 \cdot A_2$ bei $A_2 \leq 300{,}00$ m eingehalten werden.

7.7 Entwurf von Autobahnen

Mit der *Eiklothoide* verbindet man zwei gleichsinnig gekrümmte Kreise mit verschiedenen Radien. Die Kreise müssen ineinander liegen, dürfen sich nicht schneiden oder berühren und dürfen keinen gemeinsamen Mittelpunkt haben. Aus optischen Gründen soll die Richtungsänderung wenigstens $\tau = 3,5$ gon betragen

Korbbögen, also tangentiale Übergänge zweier Kreisbögen verschiedener Radien ohne Klothoiden sind bei Autobahnen nicht zulässig, weil im Kreisbogen plötzlich ein Nachlenken erforderlich wird.

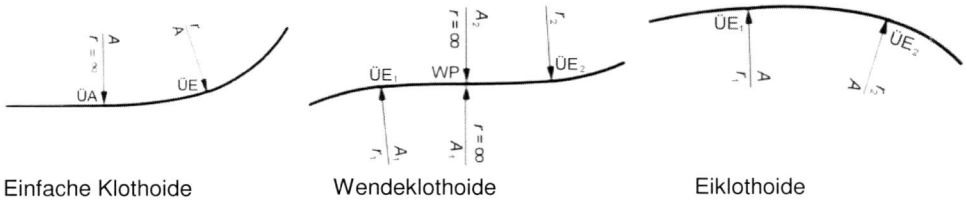

Einfache Klothoide   Wendeklothoide   Eiklothoide

ÜA Übergangsbogen – Anfang   ÜE Übergangsbogen - Ende

Bild 7.68 Formen der Übergangsbögen mit Klothoiden

Für die Fahrdynamik ist wichtig, dass der Kreis eine gleichbleibende Krümmung besitzt. Es gilt

$$k = \frac{1}{r} = \text{const} \tag{7.23}$$

Daraus folgt, daß der Fahrzeuglenker in der Kreisbogenfahrt sein Lenkrad still hält. Er stellt damit die Fahrzeuglängsachse parallel zur Kreistangente im jeweiligen Bogenpunkt. Ist diese Stellung erreicht, unterscheidet sich seine Lenkarbeit nicht von der Fahrt in der Geraden, denn mit $r = \infty$ gilt

$$k = \frac{1}{\infty} = 0 \tag{7.24}$$

Trägt man die Krümmungen aneinander tangential anschließender Geraden und Kreisbögen über einer Bezugsgeraden auf, so ergeben sich parallele Strecken, die an den tangentialen Übergängen zwischen Gerade und Kreisbogen Sprünge aufweisen. Theoretisch müsste der Fahrzeuglenker an diesen Stellen das Lenkrad in der Zeit $t = 0$ auf den Tangentenwinkel herumreißen, der nun der neuen Krümmung entspricht. Da das praktisch nicht möglich ist, muß eine Lösung angewendet werden, die dem tatsächlichen Fahrverhalten entspricht. Man schaltet deshalb einen Übergangsbogen dazwischen, der die Sprünge ausgleicht.

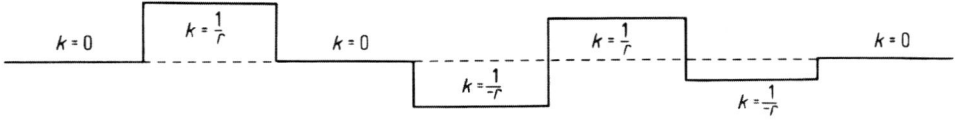

Bild 7.69 Krümmungsbild eines Linienzuges aus Geraden und tangential anschließenden Kreisbögen

In früheren Untersuchungen und Richtlinien wurde für Kreisbögen, die auf einander folgen, ein bestimmtes Verhältnis ihrer Radien zu einander gefordert. Die sog. *Relationstrassierung* sei deshalb als Ergänzung erläutert.

Folgen Kreisbögen aufeinander, sollen ihre Radien bestimmte Verhältnisse zu einander nicht über- oder unterschreiten. Die Bereichsgrenzen sind in Bild 7.70 dargestellt. Werden sie eingehalten, dann spürt der Fahrzeuginsasse das allmähliche Auftreten des Querrucks nicht als unangenehm, wenn das Fahrzeug aus der Geraden in die Kurve überwechselt. Ebenso führt die Lenkarbeit nicht zu abrupten Bewegungen und fördert somit ebenfalls das Wohlbefinden des Fahrzeuglenkers.

Die Abgrenzung der einzelnen Bereiche entspricht der Verkehrsqualität der jeweiligen Straßenkategorie. Ihre Möglichkeiten sind durch fahrdynamische oder landschaftspflegerische Ziele gegeben. Die Auswahl kann man nach der Tabelle 7.41 treffen.

Bereich	sehr gut	gut	brauchbar
Straßenkategorie	AS 0, AS I, AS II		Ls I, Ls II, LS III, VS II, VS III

Tabelle 7.41 Sinngemäß empfehlenswerter Einsatz der Relationstrassierung

Für die nahräumig und kleinräumigen Verbindungsfunktionskurven bedingen die örtlichen Verhältnisse die Anpassung an den Stadtraum.

Die Größe der Mindestradien bestimmt man mit

$$\min r = \frac{v^2}{127 \cdot (\max f_R \cdot n + q)} \quad \text{in m} \qquad (7.25)$$

max f_R maximaler radialer Kraftschlußbeiwert nach Gl.4.14

n Ausnutzung des radialen Kraftschlußbeiwertes in %
q Querneigung in %. Bei Neigung zur Kurvenaußenseite ist die Querneigung negativ einzusetzen.
v Geschwindigkeit in km/h

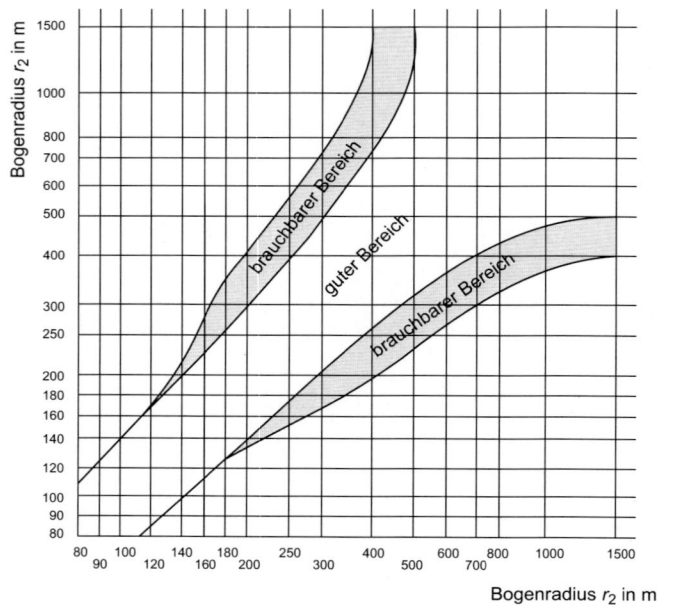

Bild 7.70 Abstimmung der Bogenfolge nach der Relationstrassierung

Wenn die Relationstrassierung heute bei Autobahnen nicht mehr gefordert wird, weil die Fahrdynamik im Autobahnentwurf der Verbindungsfunktion untergeordnet wird, kann sie dennoch zur Abschätzung der optischen Linienführung und einer gleichförmigen Fahrweise dienen.

7.7 Entwurf von Autobahnen

Höhenplan

Der Höhenplan stellt den Längsschnitt der Trasse dar. Die Darstellung bezieht sich in der Regel auf die Achse der Fahrbahn. Liegen die Fahrbahnen parallel auf gleicher Höhe, genügt eine Darstellung im Längsschnitt. Im bewegten Gelände kann es aus technischen oder landschaftsgestalterischen Gründen notwendig werden, für jede Fahrbahn eine eigene Gradierte zu entwickeln.

Die Längsneigung der Straße hat besonders Einfluss auf die Verkehrsgeschwindigkeit des Lastverkehrs. Geringe Längsneigungen haben Vorteile, weil sie
- die Verkehrsicherheit verbessern,
- die Qualität des Verkehrsablauf erhöhen,
- die Betriebs- und Straßennutzerkosten verringern,
- die Emissionen vermindern.

Wählt man dagegen höhere Längsneigungen, kann man
- eine bessere Anpassung an die Topographie erzielen,
- evt. weniger Landverbrauch erzielen,
- die Straße besser der Landschaft anpassen,
- die Baukosten reduzieren.

Im Hinblick auf den Schwerverkehr sind Höchstlängsneigungen einzuhalten.

Entwurfsklasse	EKA 1 A	EKA 1 B	EKA 2	EKA 3
Längsneigung max s in %	4,0	4,5	4,5	6,0

Tabelle 7.42 Höchstlängsneigung s_{max} auf Autobahnen

Sind Steigungsstrecken mit einer Längsneigung $s > 2,0$ % länger als 500,00 m, muss geprüft werden, ob ein Zusatzfahrstreifen erforderlich ist.

In Verwindungsstrecken zwischen gegensinnigen Querneigungen soll $s \geq 1,0$ % als Regelwert eingehalten werden. In Ausnahmefällen kann der Wert auf $s \geq 0,7$ % verringert werden. Hierdurch soll die Zone schlechten Wasserabflusses klein gehalten werden. Auf Brücken ist eine Mindestlängsneigung $s = 0,7$ % einzuhalten. Dieser Wert ist auch bei Entwässerung in Bordrinnen für die Wasserableitung günstig.

Kuppen und Wannen. Neigungswechsel werden durch die Verwendung von Kreisbögen mit möglichst großen Halbmessern h_K im Kuppenbereich und h_W in der Wanne durch tangentiales Einpassen ausgerundet. Sie werden näherungsweise als quadratische Parabeln berechnet. Die Längenentwicklung trägt man in der Zeichnung horizontal an, die Höhenunterschiede zur Ausrundungstangente vertikal. Weil die verwendeten Längsneigungen nur relativ kleine Werte gegenüber der Horizontalen annahmen, entstehen wegen $\tan \alpha = \sin \alpha$ für kleine Winkel vernachlässigbar kleine Abweichungen.

Die Größen werden so gewählt, dass
- die Entwurfselemente von Lageplan und Längsschnitt eine harmonische Raumkurve bilden,
- die Raumkurve die Topographie schont und sich der Landschaft anpasst,
- die Haltesichtweiten vorhanden sind.

Bei Autobahnen der EKA 3 ist auch das städtebauliche Umfeld zu beachten.

Entwurfsklasse	EKA 1 A	EKA 1 B	EKA 2	EKA 3
Tangentenlänge t_{min} in m	150 (120)	120	100	100

(Klammerwert als Ausnahme bei Um- und Ausbau)

Tabelle 7.43 Mindestlänge der Ausrundungstangenten

Entwurfsklasse		EKA 1 A	EKA 1 B	EKA 2	EKA 3
Mindesthalbmesser in m	Kuppe $h_{K,min}$	13 000	10 000	5 000	3 000
	Wanne $h_{W,min}$	8 800	5 700	4 000	2 600

Tabelle 7.44 Mindesthalbmesser von Kuppen und Wannen

Diese Mindestwerte berücksichtigen die Haltesichtweite in der Geraden. In Kurven muss die Haltesichtweite besonders nachgewiesen werden. In der Wanne ist dann auch die Sicht unter den Brücken gegeben

Entsteht auf der Autobahn ein Stau, so muss das Stauende im Kuppenbereich rechtzeitig erkannt werden. Deshalb nimmt man für die Ermittlung des Mindesthalbmessers eine Höhe des Augpunktes über der Fahrbahn h_A = 1,00 m an. Bei Tag und guter Sicht gilt auch für die Zielpunkthöhe h_Z = 1,00 m. Um aber auch bei Nacht oder Nebel bei schneller Fahrt ein Hindernis rechtzeitig zu erkennen, setzt man für diesen Fall die Zielpunkthöhe h_Z = 0,50 m an. Somit erhöhen sich die Mindest-Kuppenhalbmesser entsprechend Tabelle 7.44. Werden diese Werte eingehalten, ist nur im Lageplan die Sichtweite nachzuweisen.

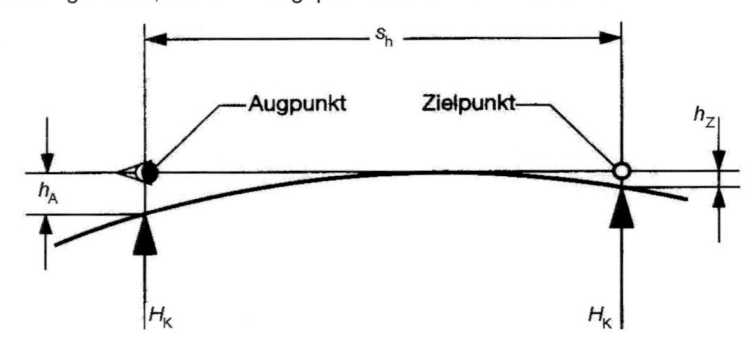

Bild 7.71 Modell der Haltesichtweite auf Kuppen

Es ist

$$h_{K,min} = \frac{s_h^2}{2 \cdot \left(\sqrt{h_A} + \sqrt{h_Z}\right)^2} \quad \text{in m} \tag{7.26}$$

$h_{K,min}$ Kuppenmindesthalbmesser in m $\qquad h_A$ Höhe des Augpunktes in m (h_A = 1,00 m)
s_h erforderliche Haltesichtweite $\qquad h_Z$ Höhe des Zielpunktes in m (h_Z = 0,50 m)

7.7.5 Querneigung

In der Geraden wird die Fahrbahn einseitig mit q = 2,5 % nach außen geneigt. In Kreisbögen neigt man die Fahrbahn zur Innenseite des Bogens, um der Fliehkraft entgegen zu wirken. Die Mindestquerneigung ist q_{min} = 2,5 %. Dieser Wert soll bei Nässe noch eine gute Wasserabführung garantieren. Die höchste Querneigung beträgt q_{max} = 6,0 %. (Nur bei Unterschreitung des Mindestradius kann sie ausnahmsweise auf 7,0 % erhöht werden.) Das ist notwendig, um bei einem Halt im Kreisbogen einem Abdriften des Fahrzeugs zum Innenrand vorzubeugen. Aus dem gleichen Grunde achtet man darauf, dass die Schrägneigung $p_{max} \leq$ 9,0 % nicht überschreitet. Auf Autobahnbrücken verringert man die Querneigung auf q_{max} = 5,0 %.

Die Abhängigkeit der Querneigung vom Radius ist in Bild 7.35 (Abschnitt 7.4.3) für die Entwurfskategorien EKA 1 bis EKA 3 dargestellt.

7.7 Entwurf von Autobahnen

Bei großen Radien ist es möglich, die Querneigung von $q = 2,5\ \%$ nach außen fallen zu lassen. Damit vermeidet man eine Verwindung mit Nulldurchgang und sichert eine gute Wasserabführung. Die erforderliche Geschwindigkeitsbeschränkung bei Nässe ist sicherzustellen. Die zulässigen Werte entnimmt man Tabelle 7.45.

Entwurfsklasse	EKA 1 A	EKA 1 B	EKA 2	EKA 3
Mindestradius r_{min} in m	4 000	3 200	1 900	1 050
Geschwindigkeit v_{zul} in km/h	–	120	100	80

Tabelle 7.45 Mindestradien für Querneigung zur Kurvenaußenseite

Bei Ausfädelungsstreifen in Knotenpunkten ist es manchmal nicht möglich, die Anrampung und Verwindung im Übergangsbogen der Ausfahrrampe unterzubringen. Dann darf der Ausfädelungsstreifen bereits vorher allmählich Querneigung nach außen erhalten. Gegenüber dem Fahrbahnrand der Hauptfahrbahn entsteht dadurch ein Grat. An der Sperrflächenspitze darf die Differenz der Querneigungen zwischen Hauptfahrbahn und Ausfädelungsstreifen nicht größer als 5,0 % sein. Man ordnet die Verwindung dann so an, dass am Beginn des Übergangsbogens die Querneigung des Ausfädelungsstreifens $q = 0,0\ \%$ beträgt.

7.7.6 Planfreie Knotenpunkte

Knotenpunkte der Autobahnen (Autobahnkreuze oder –dreiecke) werden stets planfrei ausgebildet. Das bedeutet, dass die Hauptfahrbahnen im Kreuzungsbereich sich auf Brücken in verschiedenen Höhen befinden und die Verkehrsströme der durchgehenden Strecken keine Konfliktpunkte miteinander aufweisen. Sie verknüpfen entweder Autobahnen oder Landstraßen der EKL I mit einander.

Die Knotenpunktssysteme bestehen aus mehreren Elementen. Man unterscheidet
- Hauptfahrbahnen,
- Streckenelemente (Rampen),
- Verknüpfungselemente (Aus- und Einfahrten),
- Verflechtungsbereiche.

Die Verflechtungsbereiche bestehen aus einem Rampenabschnitt und einer Einfahrt mit Fahrstreifenaddition am Anfang und einer Fahrstreifensubtraktion am Ende.

Als Anschlussstellen bezeichnet man teilplanfreie Knotenpunkte, die Autobahnen mit Land- oder Stadtstraßen verbinden. Die nachgeordnete Straße erhält einen plangleichen Anschluss an die Verbindungsrampe.

An Knotenpunkten ändert sich das Fahrverhalten der Verkehrsteilnehmer, die aus dem Hauptstrom ausscheren und in den Rampenbereich übergehen. Damit die Geschwindigkeit für die Ausfahrt rechtzeitig vermindert werden kann und der Knotenpunkt verkehrssicher befahren werden kann, müssen
- die Trennungs- und Verknüpfungselemente rechtzeitig erkennbar sein,
- die Ausfahrten frühzeitig durch Wegweisung angekündigt werden,
- die Streckenelemente übersichtlich und begreifbar sein,
- die Knotenpunktselemente sicher befahrbar und leistungsfähig sein.

Die Lage der Knotenpunkte ergibt sich im Allgemeinen aus der Netzstruktur. Außerhalb bebauter Gebiete strebt man Knotenpunktsabstände nach Tabelle 7.46 an.

Entwurfskategorie	EKA 1 A	EKA 1 B	EKA 2	EKA 3
Entfernung e in km	8,000	5,000		auch kleinere Abstände möglich

Tabelle 7.46 effektive Mindestabstände von Autobahnknotenpunkten

Die Entfernung *e* als Mindestabstand wird gemessen
- zwischen Ende des Beschleunigungsfahrstreifens (Einfädelungsstreifen) und Beginn der Verzögerungsstrecke (Ausfädelungsstreifen) des folgenden Knoten, oder
- von der Spitze der Inselspitze der Einfahrtrampe und der Sperrflächenspitze der Ausfahrtrampe bei einer parallel zur Hauptfahrbahn verlaufenden Verteilerfahrbahn.

Die effektivern Knotenpunktsabstände ermöglichen es, die wegweisende Beschilderung etwa in den Abständen der „Richtlinien für die wegweisende Beschilderung auf Autobahnen" aufzustellen. Für den Fall, dass zwei Anschlüsse zu dicht auf einander folgen, können als Abhilfe zwei Halbanschlüsse entworfen werden. Bild 7.72 zeigt entsprechende Beispiele.

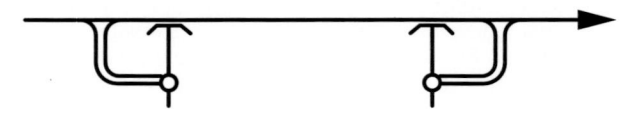

a) Belegung der Außenquadrantan (optimierte Rampenanordnung)

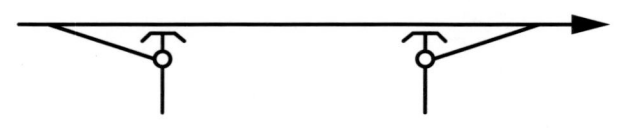

b) Halbanschlüsse (Bsp.: unvollständige Rauten)

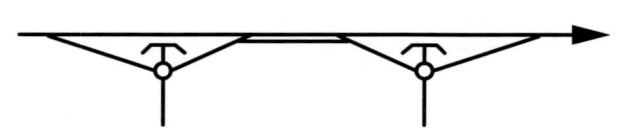

c) Verflechtungsstreifen an der durchgehenden Fahrbahn (Bsp.: 2 Anschlussstellen)

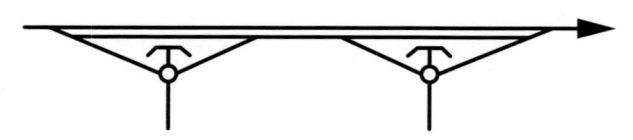

d) lange Verteilerfahrbahn (Bsp.: 2 Anschlussstellen)

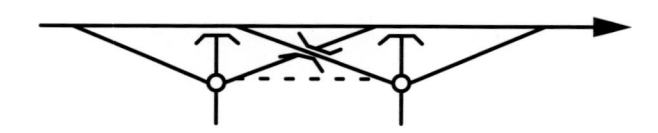

e) verschränkte Rampen (Bsp.: 2 Anschlussstellen)

Bild 7.72   Lösungsmöglichkeiten bei geringen Knotenpunktsabständen

7.7 Entwurf von Autobahnen

Autobahnkreuze

Die Systeme von Autobahnkreuzen und vierarmigen Verknüpfungen von Autobahnen mit Landstraßen der Entwurfskategorie EKL I berücksichtigen die Lage der vorhandenen Eckströme. Man kann diese Systeme unterteilen in
- die Kleeblatt-Grundform mit vier Verflechtungsbereichen,
- abgewandelte Kleeblatt-Formen mit halbdirekter Rampe für starke Eckströme,
- die Windmühlen-Form für etwa gleich starke Rampenströme in allen Quadranten,
- das Malteserkreuz.

Abhängig von den Eckströmen und den örtlichen Gegebenheiten sind Varianten und Abwandlungen möglich. Eine Systemübersicht bietet Bild 7.73.

Lage der starken Eckströme	geeignete Systeme	
(keine)	Kleeblatt-Grundform	
(ein Eckstrom)	abgewandeltes Kleeblatt	abgewandeltes Kleeblatt
(zwei Eckströme gegenüber)	abgewandelte Windmühle	abgewandeltes Kleeblatt
(zwei Eckströme benachbart)	abgewandelte Windmühle	abgewandeltes Kleeblatt
(drei Eckströme)	abgewandelte Windmühle	abgewandeltes Malteserkreuz
(vier Eckströme)	Windmühle	Malteserkreuz

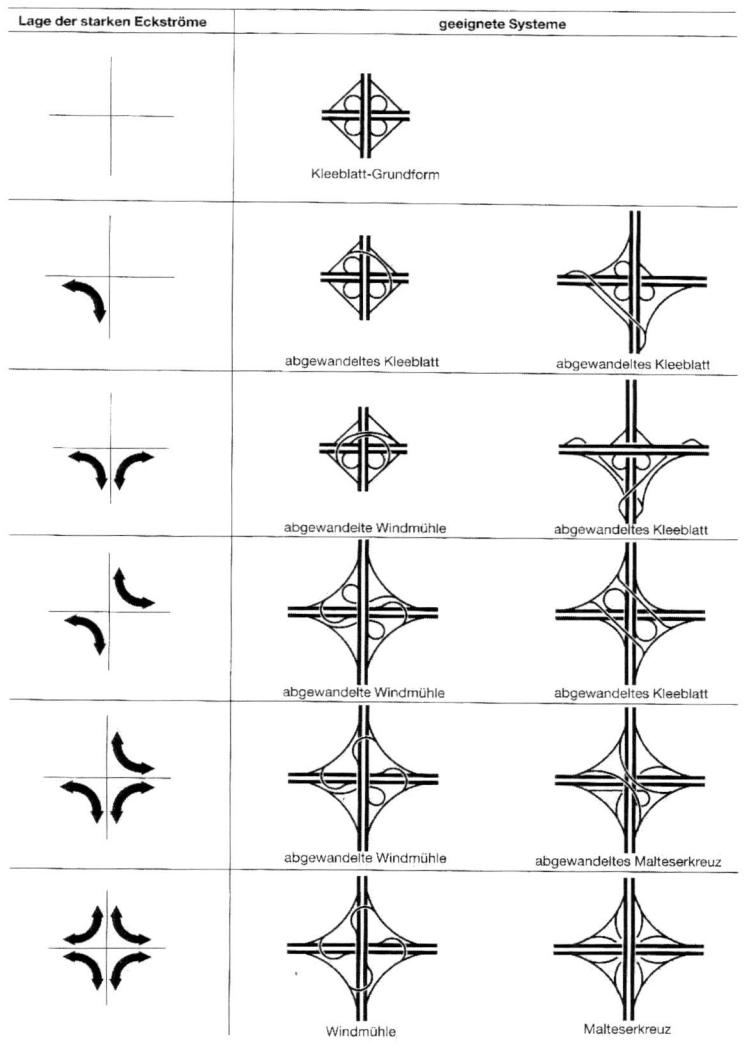

Bild 7.73 Übersicht über die Systeme der Autobahnkreuze

Als starken Eckstrom bezeichnet man eine Verkehrsstärke von 1200 bis 1400 Kfz/h. Die Leistungsfähigkeit ist nachzuweisen. Im Bild 7.73 wird mit der Lösung der rechten Spalte die höhere Leistungsfähigkeit erreicht. Während man das Kleeblatt kostengünstig einsetzt, ist das Malteserkreuz wegen seines hohen Aufwandes nur bei sehr hohen Knotenpunktsbelastungen vertretbar. Bild 7.74 zeigt die übliche Anlage einer Kreuzung von Autobahnen in einem Kleeblatt. Der Vorteil des Systems liegt darin, dass nur ein Überführungsbauwerk notwendig ist. Die Schleifenrampen erhalten relativ große Radien. Dadurch wird der Fahrtablauf nur wenig gebremst. Für den Betriebsdienst besteht eine Wendemöglichkeit.

Nachteilig wirkt sich der große Flächenverbrauch aus. Vier Verflechtungsstrecken verursachen Kapazitätsbegrenzungen für die Übereck-Verkehre. Das Bauwerk wird sehr großflächig.

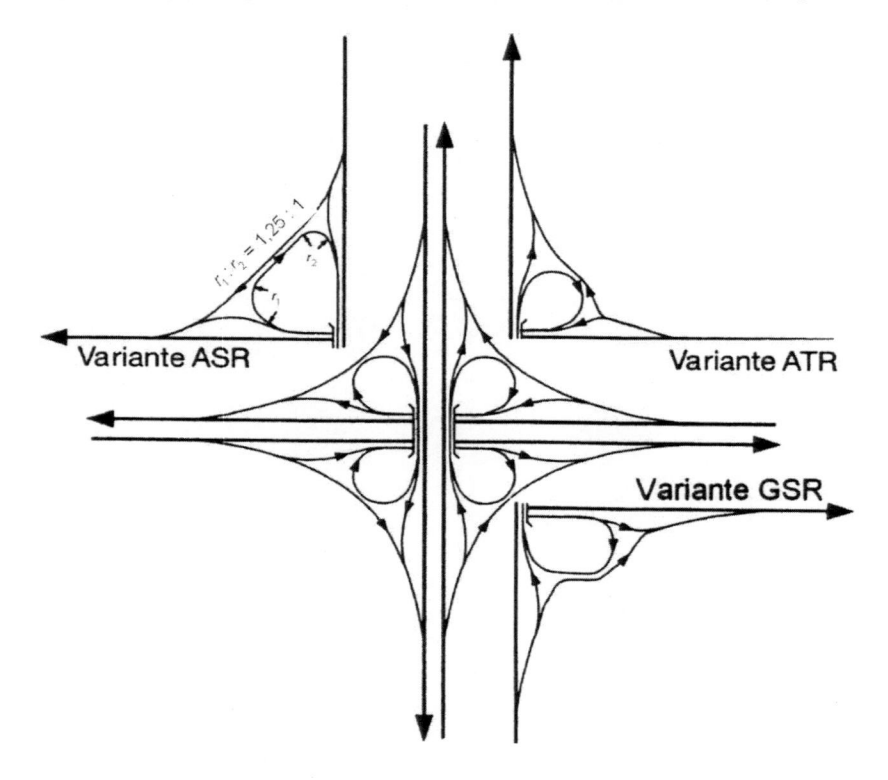

Variante GSR   gestreckte Schleifenrampe für EKA 1
Variante ASR   angepasste Schleifenrampe für EKA 2 und EKA 3
Variante ATR   angepasste Tangentialrampe

Bild 7.74   Prinzipskizze einer Kleeblatt – Grundform

Autobahndreiecke
Hier handelt es sich um dreiarmige Anschlüsse. Verflechtungsstrecken sind jedoch nicht vorhanden. Die Einsatzmöglichkeiten der Ausbildung zeigt Bild 7.75.

Kostengünstig ist die Lösung als *Trompetenform*. Allerdings muss im einarmigen Anschluss die Geschwindigkeit stark herabgesetzt werden. Eine Wendemöglichkeit besteht an dieser Anschlussform nicht.

7.7 Entwurf von Autobahnen

Vorteilhaft ist diese Lösung, da nur ein Bauwerk errichtet werden muss und der Flächenbedarf gering bleibt. Die linksliegende Trompete ist die Regellösung, während die rechtsliegende Trompete nicht so verkehrssicher ausgebildet werden kann und deshalb vermieden werden sollte. Als Nachteil kann der Übergang einer Richtungsfahrbahn in eine Einfahrt angesehen werden.

Die Form einer *Birne* ist für die Verkehrsströme deshalb günstig, weil der Verkehrsstrom von B nach C nicht eine Winkeldrehung von rd. 270 Grad befahren muss, sondern nur rd. 90 Grad mit größeren Radien zurück zu legen sind.

Als Vorteil gilt hier der geringe Flächenbedarf. Jedoch sind zwei Bauwerke erforderlich. Die parallele Führung einer steigenden und einer fallenden Rampe muss entwurfstechnisch gelöst werden.

Entwurfsklasse der durchgehenden Autobahn		EKA 1	EKA 1	EKA 1	EKA 2	EKA 2	EKA 3
Entwurfsklasse der stumpf angeschlossenen Autobahn („dritter Ast")		EKA 1	EKA 2	EKA 3	EKA 2	EKA 3	EKA 3
linksliegende Trompete	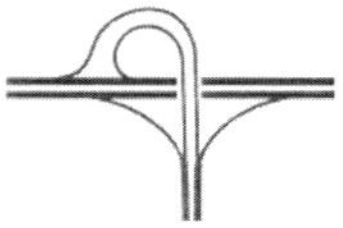	geeignet	geeignet	geeignet	geeignet	geeignet	geeignet
rechtsliegende Trompete (spiegelbildliche Variante)	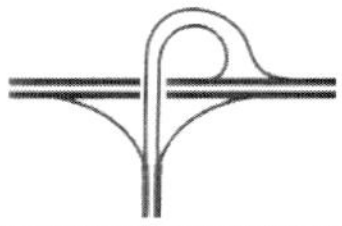	–	–	bedingt geeignet	bedingt geeignet	bedingt geeignet	bedingt geeignet
Birne	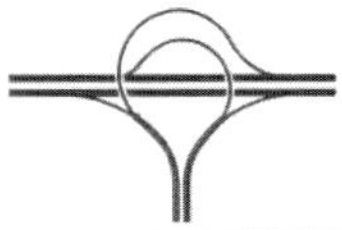	bedingt geeignet	bedingt geeignet	bedingt geeignet	bedingt geeignet	geeignet	geeignet
Dreieck mit einem Bauwerk	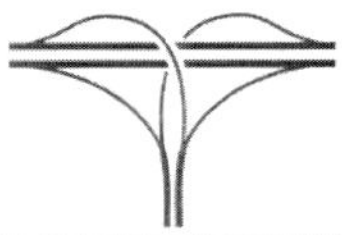	geeignet	geeignet	geeignet	geeignet	geeignet	geeignet
Dreieck mit drei Bauwerken	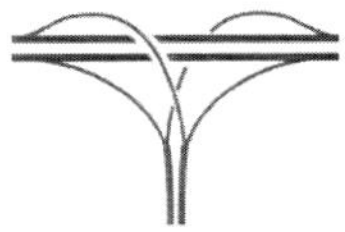	geeignet	geeignet	geeignet	geeignet	geeignet	geeignet
Dreieck ohne einheitliche Definition der Hauptfahrbahnen		–	–	–	–	–	+

Bild 7.75 Übersicht über die Systeme der Autobahndreiecke

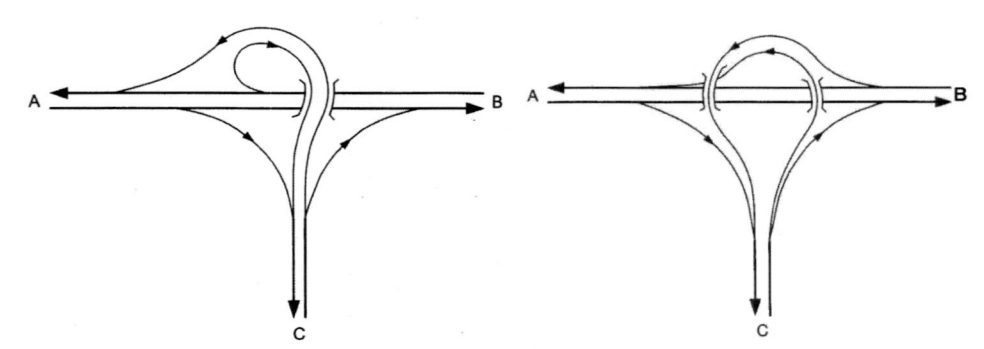

Bild 7.76 Systemskizze der linksliegenden Trompete

Bild 7.77 Systemskizze der Birnenlösung

7.7.7 Anschlussstellen

Wird eine Straße an eine andere angeschlossen, bei deren Einfahrt die Vorfahrt zu beachten ist, weil die Hauptströme auf dieser Straße gekreuzt werden, nennt man dieses System eine Anschlussstelle. Nur die Hauptströme beider Straßen werden kreuzungsfrei durch ein Bauwerk überführt. Die Abbiegeströme können nur an einer Straße durch Zusatzfahrstreifen in den Verkehr eingegliedert bzw. aus ihm ausgefädelt werden. Der Anschluss an die nachgeordnete Straße wird entweder als Einmündung ausgebildet oder mit ihr durch einen Kreisverkehr verknüpft. An Einmündungen werden bei starken Eckströmen meist Lichtsignalanlagen notwendig. Deshalb ist die Qualität des Verkehrsablaufes nachzuweisen, um zu verhindern, dass aus der Rampe ein Rückstau auf die durchgehende Autobahn entsteht. Die Wahl des Systems muss mit den Regeln der RAL oder RASt abgestimmt werden.

Teilplanfreie Anschlussstellenkönnen in verschiedenen Formen auftreten. Man unterscheidet:
- halbes Kleeblatt mit diagonaler Rampenbelegung,
- halbes Kleeblatt mit symmetrischer Quadrantenbelegung,
- Raute,
- Trompete.

Das halbe Kleeblatt mit diagonaler Quadrantenbelegung ist fahrdynamisch am günstigsten und wird meist mit Linksabbiegestreifen in der nachgeordneten Straße versehen. Das Brückenbauwerk ist schmal. Eine Wendemöglichkeit für den Betriebsdienst ist vorhanden.

Ein halbes Kleeblatt mit symmetrischer Quadrantenbelegung wird entworfen, wenn Flächen für eine diagonale Belegung nicht zur Verfügung stehen. Auch hier sind Wendemöglichkeiten gegeben.

Nachteile sind:
- keine in beiden Richtungen bevorzugte Eckbeziehung der Verkehrsströme,
- eine Ausfahrrampe ist fahrdynamisch ungünstig,
- die Brücke erhält wegen eines notwendigen Linksabbiegestreifens eine breitere Fahrbahntafel,
- nur bei geringen Ein- und Abbiegeströmen kommt man ohne Lichtsignalanlage aus.

Bildet man die Anschlüsse an die nachgeordnete Straße als kleine Kreisverkehre aus, kann der Linksabbiegestreifen auf der Brücke entfallen. Manchmal wird auch der Einsatz einer Lichtsignalanlage gespart.

7.7 Entwurf von Autobahnen

	Anschlussstellensystem		EKA 1	EKA 2	EKA 3
vierarmige Systeme	diagonales halbes Kleeblatt mit Ausfahrt vor Bauwerk	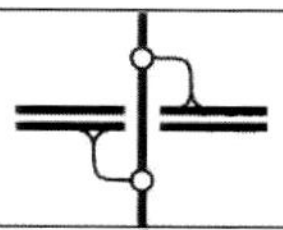	geeignet	geeignet	bedingt geeignet
	diagonales halbes Kleeblatt mit Ausfahrt nach Bauwerk	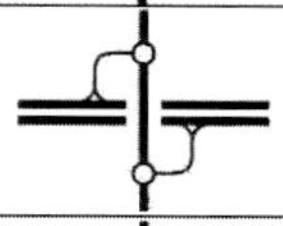	bedingt geeignet	geeignet	bedingt geeignet
	symmetrisches halbes Kleeblatt	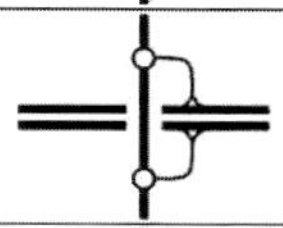	geeignet	geeignet	bedingt geeignet
	Raute mit zwei Kreuzungen	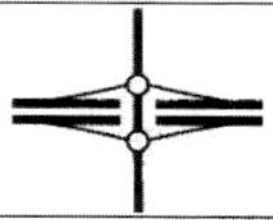	–	bedingt geeignet	geeignet
	Raute mit einer Kreuzung	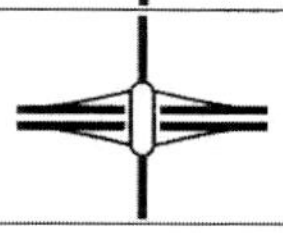	–	–	geeignet
	Raute mit zweiachsig aufgeweiteter Kreuzung	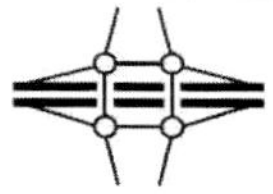	–	bedingt geeignet	geeignet
	Raute mit Verteilerkreis		–	bedingt geeignet	geeignet
	Sondersysteme (Mischformen)		bedingt geeignet	geeignet	geeignet
dreiarmige Systeme	AS in Trompetenform	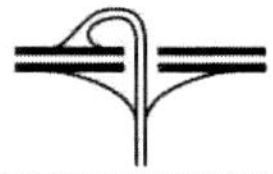	bedingt geeignet	geeignet	geeignet
	halbes Kleeblatt (dreiarmig)	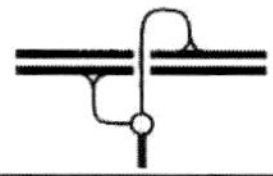	–	–	geeignet als Provisorium
	Raute (dreiarmig)	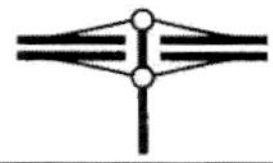	–	–	geeignet als Provisorium

Legende: o plangleicher Teilknotenpunkt

Bild 7.78 Übersicht über de Systeme teilplanfreier Knotenpunkte

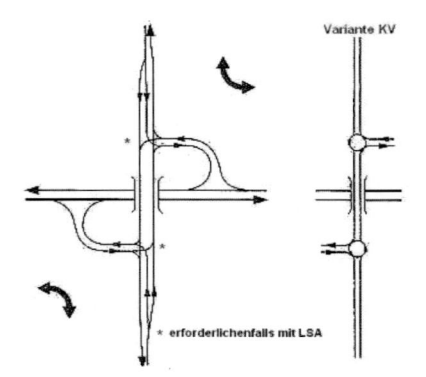

Variante KV Anschluss an nachgeordnete
Straße mit Kleinem Kreisverkehr

Bild 7.79 Prinzipskizze für ein diagonales halbes Kleeblatt

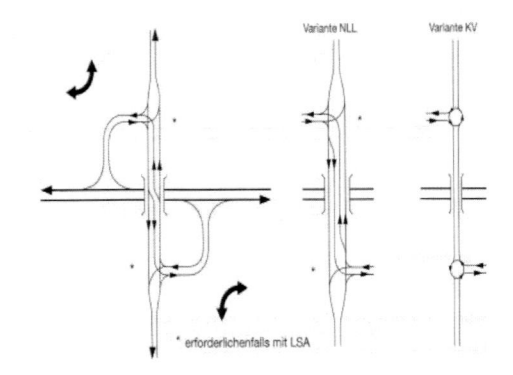

NLL nebeneinander liegende Linksabbiegestreifen

Bild 7.80 Prinzipskizze für ein symmetrisches Kleeblatt

7.7.8 Knotenpunktselemente

Alle Knotenpunktssysteme bestehen aus verschiedenen Elementen. Dies sind
- Rampen,
- Ausfahrten,
- Einfahrten,
- Verflechtungsbereiche.

Zu den **Rampen** zählen die *Verbindungsrampen* und die *Verteilerfahrbahnen*. Die Verbindungsrampen ermöglichen die Eckverkehre zwischen den Hauptfahrbahnen in Autobahnkreuzen oder bei Anschlussstellen dem ein- und ausfahrenden Verkehr.

Verteilerfahrbahnen haben die Aufgabe, die Hauptfahrbahnen von Verflechtungsvorgängen frei zu halten. Sie stellen die Regel „Ausfahrt vor Einfahrt" sicher. Darüber hinaus passen die Fahrzeuglenker in diesem Bereich die Geschwindigkeit von der Hauptfahrbahn auf den Abbiegeradius an.

Die *Rampengruppen* unterscheidet man nach der Art des Knotenpunktes. Rampengruppe I verbindet planfreie Knotenpunkte, Rampengruppe II wird bei teilplanfreien Anschlüssen eingesetzt. Gleichzeitig unterscheidet man verschiedene *Rampentypen* als direkte Rampen, halbdirekte Rampen oder indirekte Rampen.

Bei Kleeblattlösungen richtet sich der Entwurf außer nach den örtlichen Verhältnissen nach der Entwurfsklasse. Autobahnkreuzungen der EKA 1 sollen nicht angepasste kreisförmige Schleifenrampen erhalten, während man bei Autobahnen der EKA 2 und EKA 3 die Schleifenrampen stärker angepasst oder gedrückt entwerfen kann.

Alle Verbindungsrampen der Rampengruppe II sind anbaufrei zu halten. Anschlüsse oder Kreuzungen anderer Verkehrswege dürfen bis zum Anschluss an die nachgeordnete Straße nicht vorhanden sein. Innerhalb der Schleifenrampen sind nur ausnahmsweise Einrichtungen des Betriebsdienstes oder der Polizei zulässig.

Rampenquerschnitt. Die Anzahl der Fahrstreifen in der Rampe ist abhängig von der Verkehrsstärke auf der Rampe. Ist die Rampe sehr lang oder halbdirekt geführt, sind zwei Fahrstreifen vorteilhaft, weil dadurch eine Überholmöglichkeit besteht. Seitenstreifen ordnet man nur bei der Rampengruppe I oder Rampen in Tunneln an, um trotz liegengebliebener Pannen-

7.7 Entwurf von Autobahnen

fahrzeuge den Verkehrsfluss erhalten zu können. Bei Autobahnen der EKA 3 kann im Verflechtungsbereich der Verteilerfahrbahn der Seitenstreifen entfallen.

Rampentyp	Rampengruppe I (planfrei – planfrei)	Rampengruppe II (planfrei – plangleich)
direkt	$60 \leq v_{Rampe} \leq 80$ $50 \leq v_{Rampe} \leq 60$ 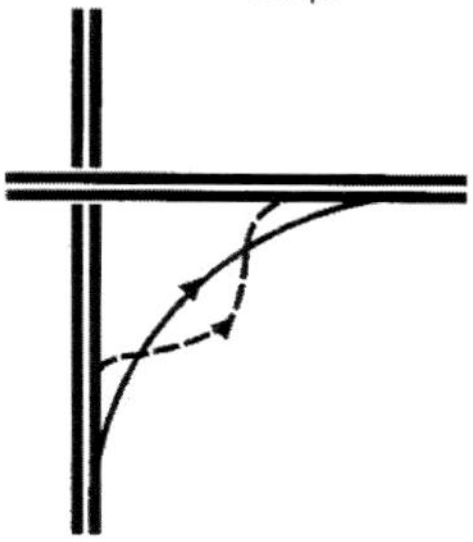	$v_{Rampe} \geq 80$ $40 \leq v_{Rampe} \leq 80$ 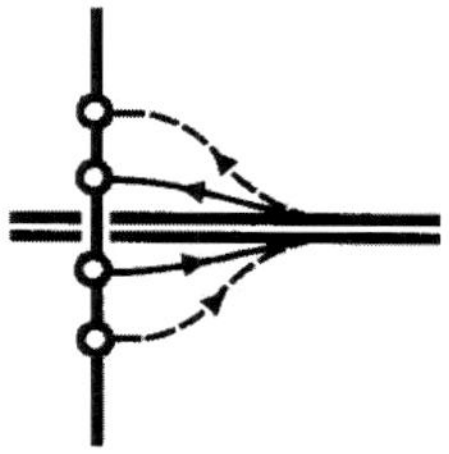
halbdirekt	$60 \leq v_{Rampe} \leq 70$ $40 \leq v_{Rampe} \leq 60$ 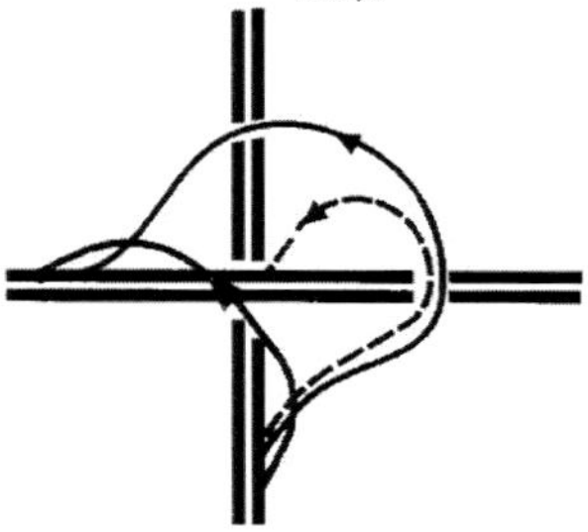	$40 \leq v_{Rampe} \leq 60$ 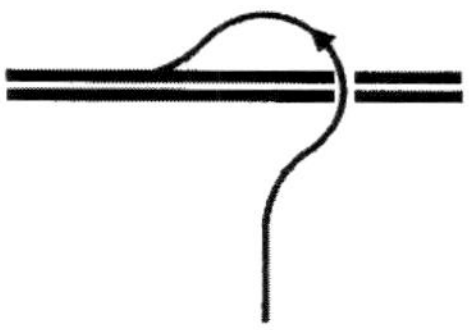
indirekt	$40 \leq v_{Rampe} \leq 50$ $30 \leq v_{Rampe} \leq 50$ (Einfahrt) $40 \leq v_{Rampe} \leq 50$ (Ausfahrt) 	$v_{Rampe} \geq 40$ $30 \leq v_{Rampe} \leq 40$ 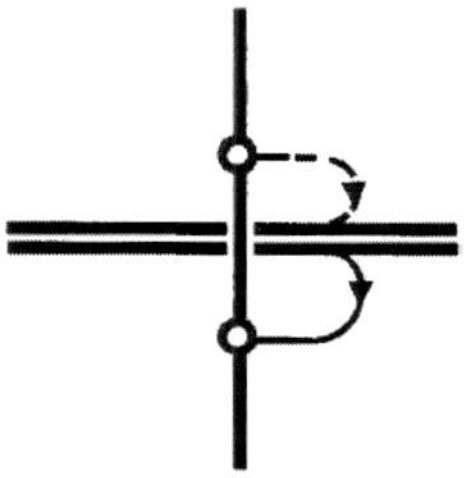

--------- v_{Rampe} bei nicht angepasster zügiger Linienführung (EKA 1)

- - - - - - v_{Rampe} bei angepasster nicht zügiger Linienführung (EKA 2 und EKA 3)

Bild 7.81 Einteilung der Rampengruppen und Rampentypen

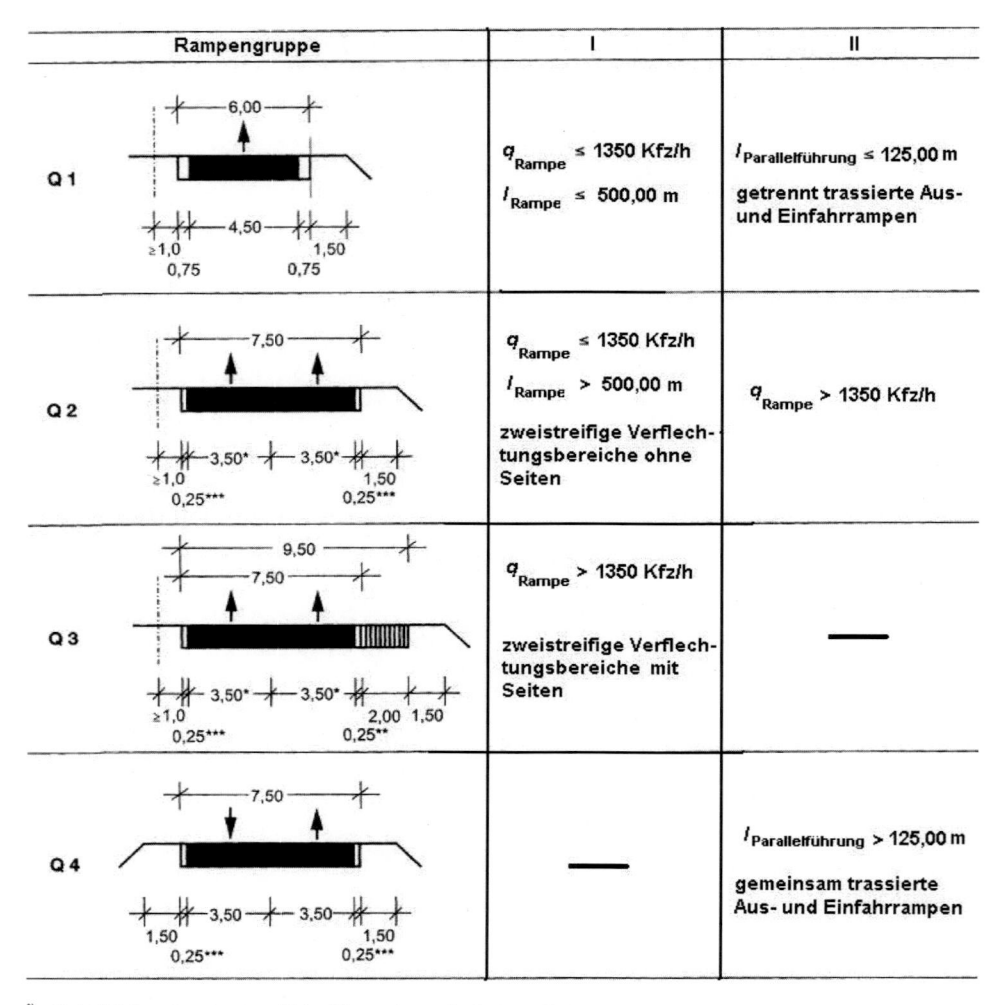

Rampengruppe		I	II
Q 1	(Querschnitt 6,00; 4,50; ≥1,0; 0,75; 1,50; 0,75)	$q_{Rampe} \leq 1350$ Kfz/h $l_{Rampe} \leq 500,00$ m	$l_{Parallelführung} \leq 125,00$ m getrennt trassierte Aus- und Einfahrrampen
Q 2	(Querschnitt 7,50; 3,50*; 3,50*; ≥1,0; 0,25***; 1,50; 0,25***)	$q_{Rampe} \leq 1350$ Kfz/h $l_{Rampe} > 500,00$ m zweistreifige Verflechtungsbereiche ohne Seiten	$q_{Rampe} > 1350$ Kfz/h
Q 3	(Querschnitt 9,50; 7,50; 3,50*; 3,50*; ≥1,0; 0,25***; 2,00; 1,50; 0,25**)	$q_{Rampe} > 1350$ Kfz/h zweistreifige Verflechtungsbereiche mit Seiten	—
Q 4	(Querschnitt 7,50; 3,50; 3,50; 1,50; 0,25***; 1,50; 0,25***)	—	$l_{Parallelführung} > 125,00$ m gemeinsam trassierte Aus- und Einfahrrampen

*) Bei EKA 3 und gestreckter Linienführung kann die Fahrstreifenbreite auf 3,25 m verringert werden
**) Die Breitstrichmarkierung erfolgt auf der Innenseite des Seitenstreifens
***) Auf Brücken beträgt der Randstreifen 0,50 m

Bild 7.82 Einsatzbereiche der Rampenquerschnitte

Einsatzbedingungen der Rampenquerschnitte in Rampengruppe I für Autobahnkreuze und Autobahndreiecke:
- Der Rampenquerschnitt **Q 1** wird einstreifig in den verflechtungsfreien Verbindungsrampen und Verteilerfahrbahnen verwendet. Die Rampenlänge soll aber 500,00 m nicht überschreiten und die Verkehrsstärke ≤ 1350 Kfz/h bleiben. Bei Bedarf kann der Fahrstreifen unsymmetrisch markiert werden.
- Der Rampenquerschnitt **Q 2** wird zweistreifig ohne Seitenstreifen ausgebildet und in den verflechtungsfreien Bereichen aller Rampentypen und in zweistreifigen Verflechtungsbereichen ohne Seitenstreifen vorgesehen, wenn die Rampenlänge $l_{Rampe} > 500,00$ m ist, aber die Verkehrsstärke 1350 Kfz/h nicht überschreitet.

7.7 Entwurf von Autobahnen

- Der Rampenquerschnitt **Q 3** besitzt zwei Fahrstreifen und außerdem Seitenstreifen in allen Rampentypen, wenn die Verkehrsstärke größer als 1350 Kfz/h ist. Auch in zweistreifigen Verflechtungsbereichen der Rampen wird er verwendet.

Die Einsatzbedingungen der Rampenquerschnitte in Rampengruppe II für Anschlussstellen sind:
- Der Rampenquerschnitt **Q 1** ist in der einstreifigen Ausbildung der Regelfall, wenn Ein- und Ausfahrrampen getrennt trassiert werden und die Länge der Parallelführung höchstens 125,00 m beträgt.
- Der Rampenquerschnitt **Q 2** als zweistreifiger Querschnitt mit Seitenstreifen ist erforderlich, wenn die Verkehrsstärke größer als 1350 Kfz/h ist und durch die Zweistreifigkeit Rückstau auf die durchgehende Hauptfahrbahn vermieden werden kann.
- Der Rampenquerschnitt **Q 4** lässt bei zwei Fahrstreifen Gegenverkehr zu. Die Ein- und Ausfahrrampe soll in einer Länge von mehr als 125,00 m gemeinsam geführt werden.
- Die Ein- und Ausfahrbereiche der Rampengruppe II erhalten an ihren Inselspitzen immer einen Querschnitt Q 1 oder Q 2 je nach Verkehrsbelastung.

Entwurfselemente der Rampen. Da im Rampenbereich mit geringeren Geschwindigkeiten gefahren wird, können auch die Entwurfselemente geringere Werte gegenüber der Hauptfahrbahn annehmen. Die erforderliche Sichtweite und die rechtzeitige Erkennbarkeit der kleineren Trassierungselemente haben Vorrang vor dem optischen Erscheinungsbild.

Rampengeschwindigkeit v in km/h		30	40	50	60	70	80
Scheitelradius der Rampe r_{min} in m		30	50	80	125	180	250
Kuppenmindesthalbmesser $h_{K,min}$ in m		1000	1500	2000	2800	3000	3500
Wannenmindesthalbmesser $h_{W,min}$ in m		500	750	1000	1400	2000	2600
Haltesichtweite s_H in m		30	40	55	75	100	115
Längsneigung	s_{max} in %	+ 6,0					
	s_{min} in %	- 7,0					
Mindestquerneigung [1)] q_{min} in %		2,5					
Höchste Querneigung q_{max} in %		6,0					
Anrampungsmindestneigung Δs in %		$0,1 \cdot a$					
Höchste Schrägneigung p_{max} in %		9,0					

[1)] außerhalb der Verwindungsbereiche
a Abstand des Fahrbahnrandes von de Drehachse in m

Tabelle 7.47 Grenzwerte der Entwurfselemente der Rampen an Autobahnen

Die Mindestlänge wird bestimmt durch
- den Rampentyp,
- die erforderliche Entwicklungslänge,
- die Lesewege für die Wegweisung,
- die räumliche Trennung der Entscheidungspunkte,
- die Vorsortierung zur Aufstellung auf besonderen Aufstellstreifen.

Die *Gerade* als Trassierungselement kann stets verwendet werden. Doch ist sie auf eine Länge von 300,00 m zu beschränken, um nicht den Eindruck einer parallel geführten Straße zu vermitteln.

Die *Übergangsbögen* in Form von Klothoiden erhalten möglichst kleine Parameter, um den folgenden Kreisbogen frühzeitig erkennbar zu machen. Man strebt das Verhältnis $\frac{r}{3} \leq A \leq r$ an. Bei schleifenförmigen Ausfahrrampen, die mit Radien zwischen $r = 40,00$ m und $r = 60,00$ m angelegt werden, ist das Verhältnis $A = r$ sinnvoll. In diesem Bereich muss die Fahrbahnverwindung erfolgen. An der Inselspitze soll ein Abgangswinkel von $\gamma \geq 12,0$ gon erreicht werden. Ausnahmsweise sind $\gamma = 6,0$ gon zulässig. Einfahrrampen schmiegen sich mit kleinem Winkel zwischen $\gamma = 3{,}0$ gon bis $\gamma = 5{,}0$ gon an. Dadurch wird das Sichtfeld im Rückspiegel auf die Hauptfahrbahn gesichert.

Im *Längsschnitt* gelten für die Rampe die gleichen Höchstwerte für die Steigung wie auf der freien Strecke. In *Tunneln* ist die maximale Längsneigung auf $s_{max,Tunnel} = 4{,}0$ % begrenzt.

Der *Querschnitt* erhält in der Rampe immer einseitige Querneigung mit $q_{min} = 2{,}5$ %. Der Höchstwert ist $q_{max} = 6{,}0$ %. Die Verwindung erfolgt innerhalb der Übergangsbögen. Als Drehachse kann neben der Fahrbahnachse auch der Fahrbahnrand verwendet werden. Die Querneigung in Abhängigkeit von Rampengeschwindigkeit und Radius entnimmt man Bild 7.83.

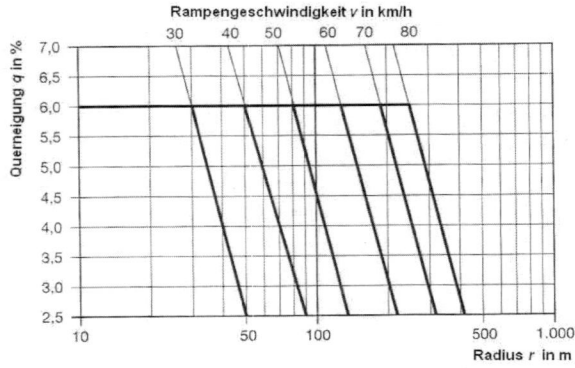

Bild 7.83 Querneigungen in Rampen

In Radien mir $r < 150{,}00$ m wird oft eine *Fahrbahnverbreiterung* erforderlich. Man ermittelt sie für n Fahrstreifen mit Gl. (7.27)

$$i = n \cdot \left(r_a - \sqrt{(r_a^2 - d^2)} \right) \text{ in m} \tag{7.27}$$

i Fahrbahnverbreiterung in m
n Anzahl der durchgehenden Fahrstreifen
r_A Radius des Außenrand-Kreisbogens in m
d Deichselmaß in m (Sattelzug 11,90 m)

Unter Deichselmaß versteht man die Größe des Radstandes zuzüglich des Überstandes des Fahrzeugs vorn.

Die Fahrbahnverbreiterung wird im Übergangsbogen vollzogen. Die Länge bestimmt man mit

$$l_z = \frac{l}{2} + 2 \cdot d \text{ in m} \tag{7.28}$$

l_z Länge der Verziehung in m
l Länge des Übergangsbogens in m
d Deichselmaß in m

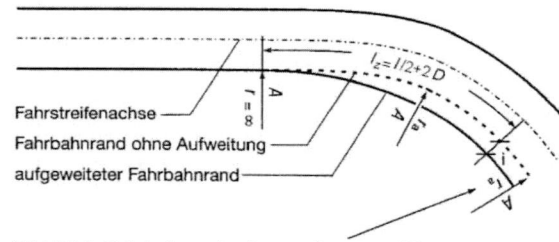

Bild 7.84 Fahrbahnverbreiterung in engen Bögen

Die Fahrbahnverbreiterung wird fast nur bei den Querschnitten Q 2, Q 3 und Q 4 notwendig.

Ausfahrten. Sie erhalten immer parallele Ausfädelungsstreifen, die als Verzögerungsstrecke dienen. Deshalb wird der Ausfädelungsstreifen genau so breit angelegt wie der äußere Fahrstreifen der durchgehenden Hauptfahrbahn. Die Länge hängt von der notwendigen Geschwindigkeitsdämpfung und dem jeweiligen Rampentyp ab.

Entwurfskategorie	Ausfahrttyp				Verziehungslänge l_z in m
	Länge des Ausfädelungsstreifens l_A in m				alle Typen
	alle A-Typen	AR 1, AR 3 (Q 2), AR 4 (Q 2)	AR 1*	AR 3 (Q3), AR 4 (Q 3)	
EKA 1/ EKA 2	250	150	–	200	60
EKA 3	150	100	100	125	30

l_A Länge des Ausfahrtstreifens vom Beginn der Verziehung bis zur Inselspitze in m
l_z Länge der Verziehungsstrecke in m

Tabelle 7.48   Abmessungen der Ausfädelungsstreifen und der Verziehungslängen an Ausfahrten

7.7 Entwurf von Autobahnen

Ist neben dem Ausfädelungsstreifen ein Seitenstreifen vorhanden, wird er in die abzweigende Rampe weiter geführt. Seine Breite beträgt $b_{Seitenstreifen}$ = 2,50 m. Ist kein Seitenstreifen vorhanden, wird ein befestigtes Bankett der Breite $b_{Bankett}$ = 2,00 m vorgesehen, hinter dem dann die Schutzeinrichtungen eingebaut werden können. Auf diese Weise ist für Pannenfahrzeuge wenigstens ein Nothalt möglich.

Die *Ausfahrttypen*, die an einer Hauptfahrbahn liegen, werden als A-Typen bezeichnet. Handelt es sich um Ausfahrttypen für das Rampensystem, so spricht man von AR-Typen. In den Bildern 7.85 bis 7.97 sind diese Typen dargestellt. Die anschließenden Rampenquerschnitte sind im Bild genannt. Die Länge der Verziehung l_Z und die Länge der parallel geführten Ausfahrtstreifen l_A entnimmt man Tabelle 7.48. Der Einsatzbereich wird nach der Kapazität gemäß dem HRB bestimmt. Die Einsatzgrenzen sind in Tabelle 7.49 zusammengefasst.

Autobahnknotenpunkte der Entwurfsklasse EKA 3 können auch Ausfahrten des Typs " AK* " erhalten. Dieser Typ lässt sich besser an die Verkehrsstrombelastung anpassen.

Abstand zur nächsten Ausfahrt in m		≥ 250			< 250		
Anzahl Fahrstreifen der Hauptfahrbahn vor/hinter der Ausfahrt		2/2 3/3 4/4	3/2 4/3	4/2	2/2 3/3 4/4	3/2 4/3	4/2
Verkehrsstärke der Ausfahrt in Kfz/h	≤ 1350	A 1, A2	A5, A6	–	A 1	A 6	–
	≤ 2300	A 2	A 5	A 7	A 3	A 4	A 7
	>2300	A 3					

Tabelle 7.49 Einsatzgrenzen für Ausfahrttypen an Hauptfahrbahnen

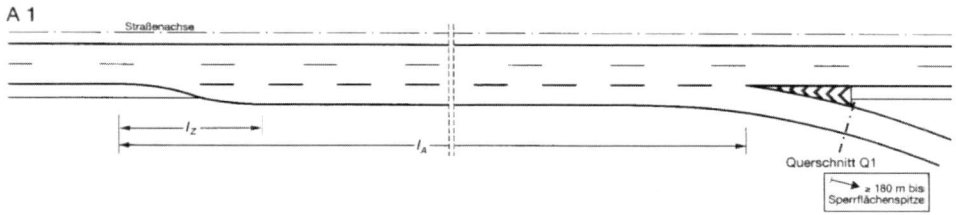

Bild 7.85 Ausfahrttyp A 1, Verkehrsstärke ≤ 1350 Kfz/h

Der Typ A 1 ist die Standardform für Anschlussstellen, wenn die Anzahl der durchgehenden Fahrstreifen gleich bleibt. Der Rampenquerschnitt Q 1 kann bei langen Rampen der Rampengruppe I in Q 2 übergeführt werden. Die Zweistreifigkeit darf aber erst hinter der Trenninselspitze beginnen.

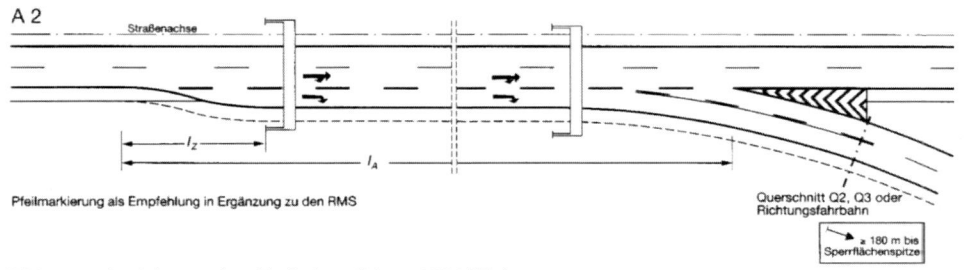

Bild 7.86 Ausfahrttyp A 2, Verkehrsstärke ≤ 1350 Kfz/h

Der Typ A 2 wird bei langen Rampen der Rampengruppe I mit dem Querschnitt Q 2 verwendet. Er bildet eine Alternative zum Typ A 1. Ist die Verkehrsstärke größer als 1350 Kfz/h, so wird der Querschnitt Q 3 verwendet. Die Anzahl der Fahrstreifen der Hauptfahrbahn bleibt unverändert. Bei Rampengruppe II des Typs A 2 ist der Rampenquerschnitt Q 2 zu verwenden.

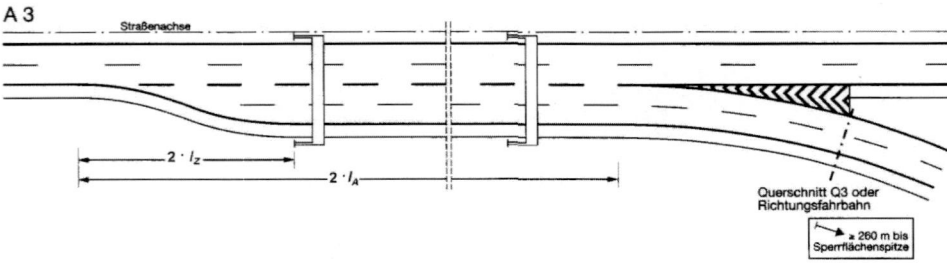

Bild 7.87 Ausfahrttyp A 3, Verkehrsstärke > 2300 Kfz/h

Bei dem Typ A 3 werden sofort nach der Verziehung zwei Ausfahrtstreifen angeboten, um die große Verkehrsstärke zu bewältigen. Der Ausfahrtquerschnitt Q 3 oder der Querschnitt der anschließenden Richtungsfahrbahn bestimmt die Fahrbahnbreite.

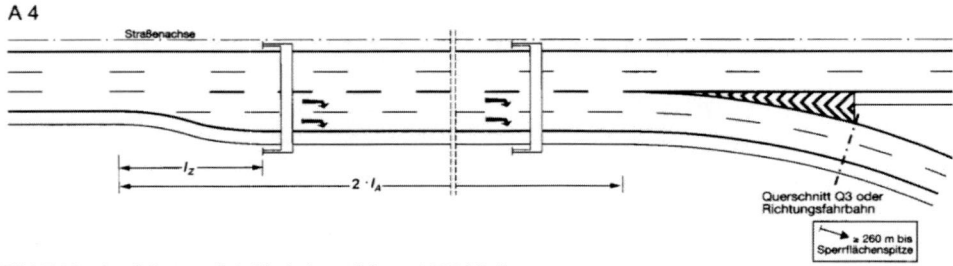

Bild 7.88 Ausfahrttyp A 4, Verkehrsstärke > 1350 Kfz/h

Den Ausfahrttyp A 4 wählt man, wenn bei der Verkehrsstärke über 1350 Kfz/h ein Fahrstreifen der Hauptfahrbahn subtrahiert wird. Dazu ist schon vor der Verzweigung eine Vorsortierung der Fahrzeuge notwendig. Der wegfallende Fahrstreifen der Hauptfahrbahn bildet den linken Fahrstreifen des Rampenquerschnitts. Der Ausfädelungsstreifen bildet den rechten Fahrstreifen in der Rampe.

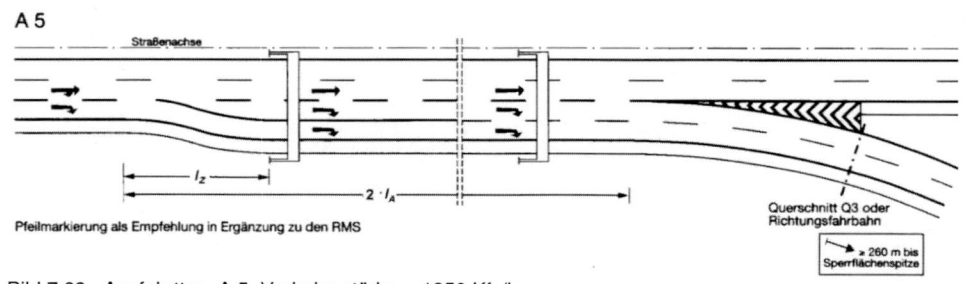

Bild 7.89 Ausfahrttyp A 5, Verkehrsstärke > 1350 Kfz/h

Der Typ A 5 wird verwendet, wenn keine Vorsortierung erfolgen muss, weil nur ein Ausfahrtziel angeschlossen werden muss. Die Zweistreifigkeit muss durch Markierung und Beschilderung verdeutlicht werden.

7.7 Entwurf von Autobahnen

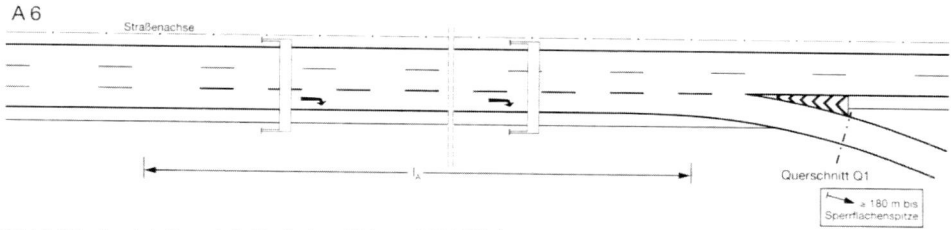

Bild 7.90   Ausfahrttyp A 6, Verkehrsstärke ≤ 1350 Kfz/h

Bei dem Typ A 6 wird ein Fahrstreifen der Hauptfahrbahn subtrahiert. Er geht direkt in die einstreifige Rampe des Rampentyps I mit dem Querschnitt Q 1 über. Bei langen Rampen der Rampengruppe I kann der Querschnitt Q 2 angewendet werden.

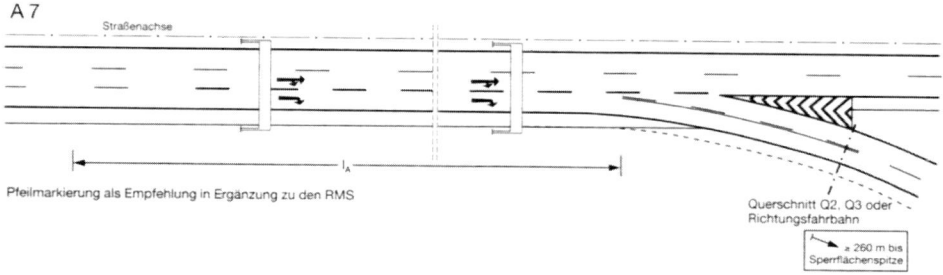

Bild 7.91   Ausfahrttyp A 7, Verkehrsstärke ≥ 1350 Kfz/h

Typ A 7 ist eine Sonderlösung für den Ausbau bestehender Autobahnen. Er entspricht dem Ausfahrttyp A 5, wird aber eingesetzt, wenn nur ein Ausfahrtziel gegeben ist.

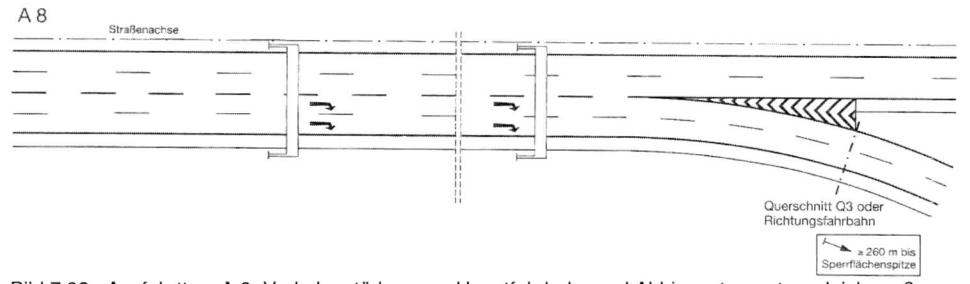

Bild 7.92   Ausfahrttyp A 8, Verkehrsstärken von Hauptfahrbahn und Abbiegestrom etwa gleich groß

Bei diesem Typ werden zwei Fahrstreifen in die Rampe überführt. Dies wird dann erforderlich, wenn die Verkehrsströme in beiden Richtungen etwa gleich groß sind. Der Ausfahrtquerschnitt erhält die Maße des Q 3 oder den des folgenden Regelquerschnitts.

Neben den Ausfahrttypen der Hauptfahrbahn gibt es im Rampenbereich weitere Verzweigungen. Die Trennung innerhalb der Rampen gehören zum Ausfahrttyp AR. Diese Typen sind in den Bildern 7.94 bis 7.98 dargestellt.

Die Qualität des Verkehrsablaufs ist in jedem Fall der Anwendungen nach dem HBS zu überprüfen.

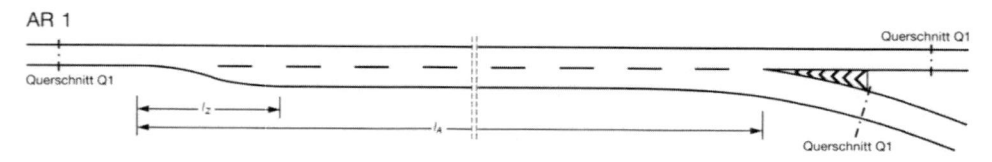

Bild 7.93 Ausfahrttyp AR 1

Mit dem Rampentyp AR 1 wird die Trennung der Verkehrsströme in zwei verschiedene Richtungen vollzogen. Das entspricht der Verkehrsführung im Kleeblatt. Die Ausfahrt für Linksabbieger erfolgt über einen Ausfädelstreifen, während der Rechtsabbieger in einer einstreifigen Parallelfahrbahn zum zweiten Ohr des Kleeblatts geführt wird. Die Anschlussquerschnitte erhalten den Typ Q 1.

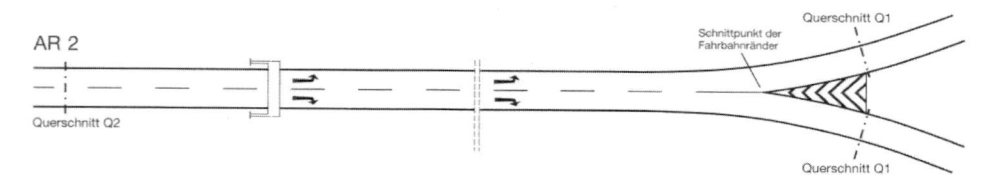

Bild 7.94 Ausfahrttyp AR 2

Den Ausfahrttyp AR 2 wendet man an, wenn der Abstand einer davor liegenden Verzweigung größer als 500,00 m ist oder bei einer verschwenkten Verteilerfahrbahn die Rampengabelung notwendig ist.

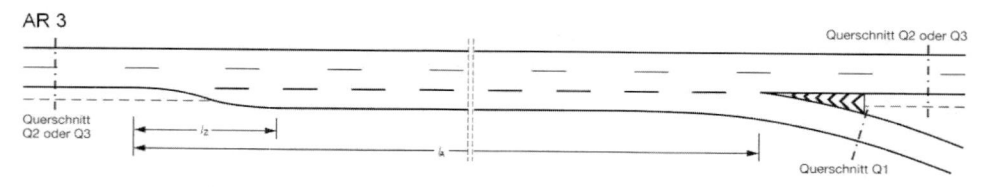

Bild 7.95 Ausfahrttyp AR 3

Der Ausfahrttyp AR 3 in einer Rampe wird dann entworfen, wenn von einer langen oder stark belasteten Rampe mit dem Querschnitt Q 2 oder Q 3 eine schwach belastete mit dem Querschnitt Q 1 abzweigt.

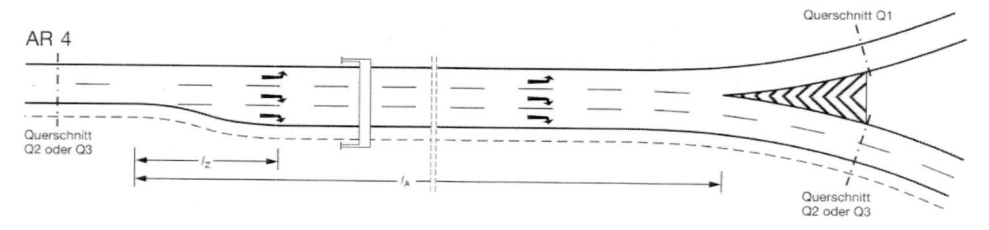

Bild 7.96 Ausfahrttyp AR 4

Der Ausfahrttyp AR 4 entspricht den Verhältnissen, wenn im Gegensatz zu AR 3 der stärkere Verkehr nach rechts abzweigt.

7.7 Entwurf von Autobahnen

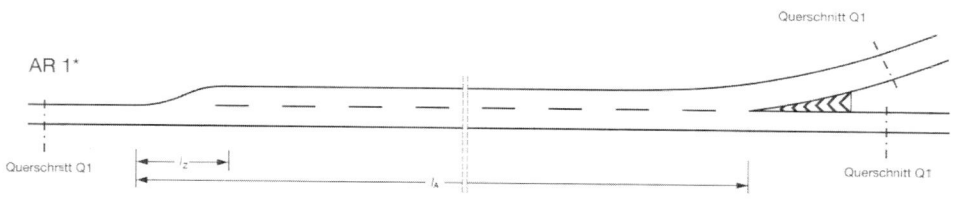

Bild 7.97 Ausfahrttyp AR 1*

Der Ausfahrttyp AR 1* kommt bei Autobahnen der EKA 3 zum Einsatz, z. B. bei Stadtautobahnen, wenn für die Verkehrsbelastung der Geradeausverkehr als Hauptstrom die Rampenlösung bestimmt.

Einfahrten. Auch für den Einfahrtbereich unterscheidet man verschiedene *Einfahrttypen*. Die Einfahrten erhalten immer einen parallel zur Hauptfahrbahn verlaufenden Einfädelungsstreifen. Damit erreicht man, dass einfädelnde Fahrzeuge sich der Geschwindigkeit auf der Hauptfahrbahn anpassen können und die Geschwindigkeitsdifferenz zwischen den Fahrzeugen möglichst gering ist.

Der Einfädelungsstreifen mit der gleichen Breite wie der äußere Fahrstreifen der Hauptfahrbahn erhält außen einen 0,50 m breiten Randstreifen. Seine Querneigung entspricht der der Hauptfahrbahn. Eine Ausbildung eines Grates ist zu vermeiden, da sich ein Überfahren beim Einfädeln ungünstig auf das Lenkverhalten auswirkt.

	Einfahrttyp	EKA 1/ EKA 2	EKA 3
Einfädelungslänge l_E in m	alle E- und E*– Typen alle EE-Typen	250 [1]	150
	ER 1, ER 3, ER 4	150	100
Verziehungslänge l_Z in m	alle Typen	60	30

[1] in Steigungsstrecken mit $s > 4,0 \%$ evt. verlängern oder bei verkehrstechnischem Nachweis

Tabelle 7.50 Maße für Einfädelungs- und Verziehungslängen der Einfahrttypen

Sind die Längsneigungen von Hauptfahrbahn und Einfädelungsstreifen verschieden, so muss manchmal die Länge des Einfädelungsstreifens vergrößert werden. Dies ist oft der Fall, wenn starker Schwerverkehr auf der Hauptfahrbahn in einer Steigungsstrecke vorhanden ist. Die erforderliche Länge bestimmt man mit dem HBS.

Hat die Rampe einen Seitenstreifen, wird er in einer Breite von 2,50 m auch im Einfädelungsstreifen mit geführt. Sonst genügt ein 2,50 m breites befestigtes Bankett als Nothalt neben den Schutzeinrichtungen. Hat bei Autobahnen der EKA 3 die Hauptfahrbahn keinen Seitenstreifen, ist im Anschluss an den Einfädelungsstreifen ein Seitenstreifen mit der Länge von ca. 150,00 m anzulegen.

Die Inselspitze muss von Sichtbehinderungen freigehalten werden. Das Sichtdreieck muss vorhanden sein und eine Parallelführung neben der Hauptfahrbahn ist möglichst früh anzustreben.

Die Einfahrttypen werden unterschieden als
- E – Typen, die als Einfahrt in Hauptfahrbahnen angelegt werden,
- EE – Typen, die bei hintereinander liegende Einfahrten eingesetzt werden,
- E* – Typen an Autobahnen der EKA 3,
- ER – Typen für Einfahrten im Rampensystem.

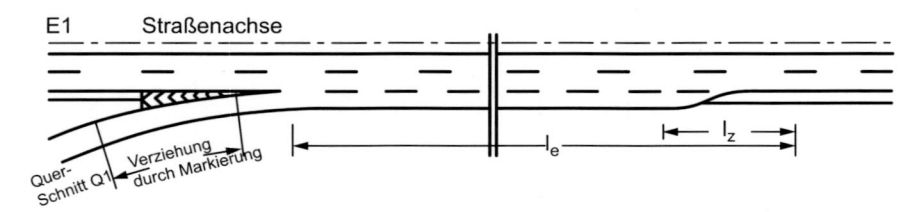

Bild 7.98 Einfahrttyp E 1

Der Einfahrttyp E 1 ist die Regellösung für Einfahrten. Die einstreifige Rampe erhält den Querschnitt Q 1 und wird vor Erreichen der Inselspitze auf die Breite des durchgehenden äußeren Fahrstreifens verzogen.

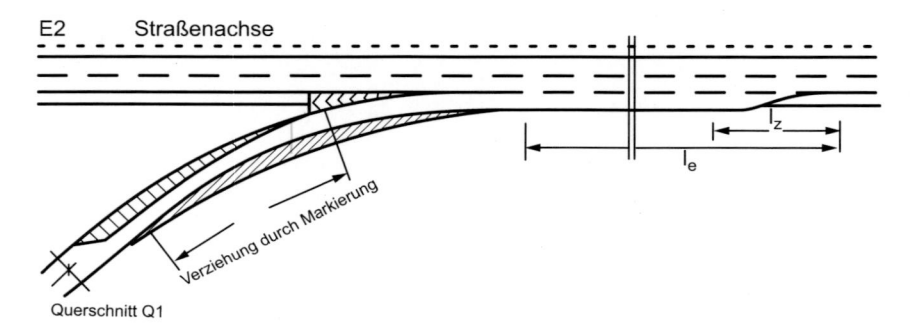

Bild 7.99 Einfahrttyp E 2

Wird der Rampenquerschnitt Q 2 an die Hauptfahrbahn angeschlossen, so wird der Einfahrttyp E 2 angewendet. Durch eine Abmarkierung eines Fahrstreifens wird das Einfädeln aus einem einstreifigen Einfädelungsstreifen erzwungen. Liegt die Verziehung in einer Kuppe oder im Kurvenbereich, ist der Beginn der Verziehung evt. vor zu verlegen, damit diese rechtzeitig erkannt werden kann.

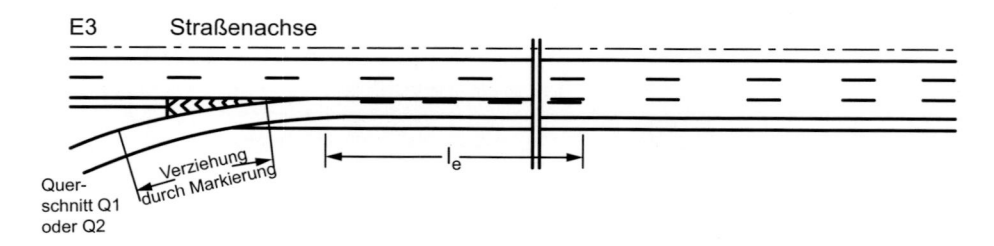

Bild 7.100 Einfahrttyp E 3

Der Einfahrttyp E 3 wird notwendig, wenn die Verkehrsstärke des Einfahrstromes so stark ist, dass sie von der Hauptfahrbahn nicht mehr aufgenommen werden kann und daher ein dritter Fahrstreifen notwendig wird. Die Rampenquerschnitte Q 1 oder Q 2 sind allerdings in der Lage, den Verkehrsstrom der Rampe aufzunehmen.

7.7 Entwurf von Autobahnen

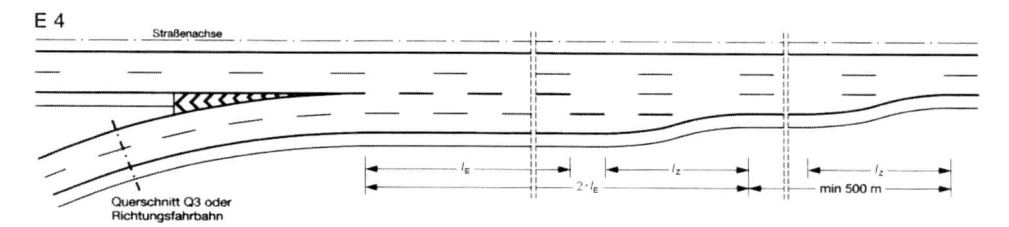

Bild 7.101 Einfahrttyp E 4

Bei dem Einfahrtyp E 4 wird wegen der Verkehrsbelastung der zweistreifige Rampenquerschnitt Q 3 erforderlich. Die Einfädelung in die zweistreifige Hauptfahrbahn erfolgt in zwei Abschnitten. Zunächst wird der äußere Fahrstreifen subtrahiert. Das Fahrzeug auf dem linken Rampenfahrstreifen hatte bereits ab der Inselspitze die Möglichkeit, in den Verkehrsstrom der Hauptfahrbahn zu wechseln. Fahrzeuge auf dem rechten Rampenfahrstreifen wechseln zunächst auf den parallelen, einstreifigen Einfädelungsstreifen und von dort schließlich in den Hauptverkehrsstrom.

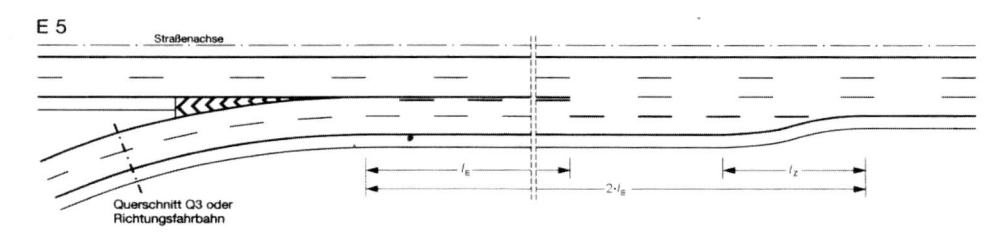

Bild 7.102 Einfahrttyp E 5

Der Einfahrttyp E 5 bringt ähnlich wie der Typ E 4 einen starken Verkehrsstrom in der Rampe mit, der bei einem starken Hauptverkehrsstrom in der Fortsetzung einen dritten Fahrstreifen erforderlich macht.

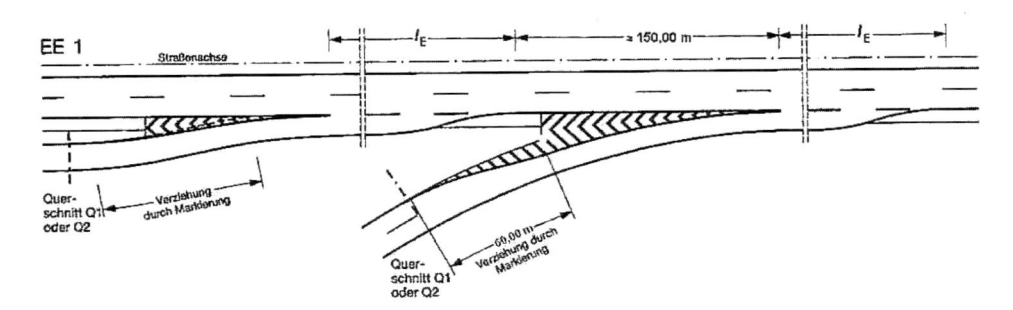

Bild 7.103 Einfahrttyp EE 1

Der Einfahrttyp EE1 zeigt die Ausbildung zweier hintereinander liegenden Einfahrten in den Hauptstrom. Dieser Fall kann dann auftreten, wenn man bei der Kleeblattlösung zunächst den Verkehrsstrom der Parallelfahrbahn in die Hauptfahrbahneinfädeln lassen will, um eine Verflechtung mit dem Rampenstrom zu vermeiden.

In der Regel reicht in beiden Rampen der Querschnitt Q 1 aus. Der Querschnitt Q 2 wird durch Markierung auf einen Fahrstreifen verzogen.

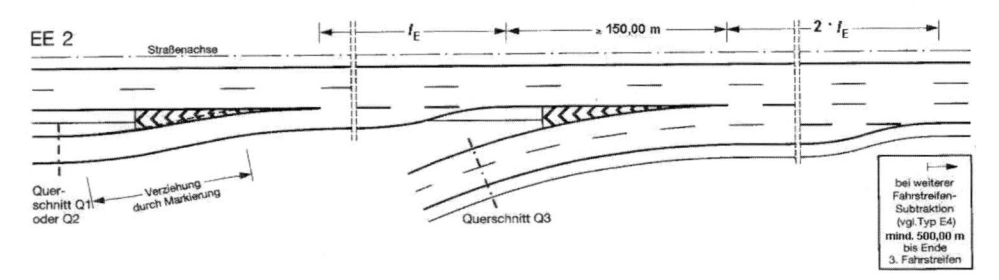

Bild 7.104   Einfahrttyp EE 2

Bei diesem Einfahrttyp EE 2 wird eine Rampe mit dem einstreifigen Querschnitt Q 1 oder Q 2 in die zweistreifige Hauptfahrbahn eingefädelt, während auf der rechts liegenden Rampe wegen der höheren Verkehrsbelastung der zweistreifige Querschnitt Q 3 erforderlich ist. Dieser wird in eine Dreistreifigkeit der Hauptfahrbahn übergeführt.

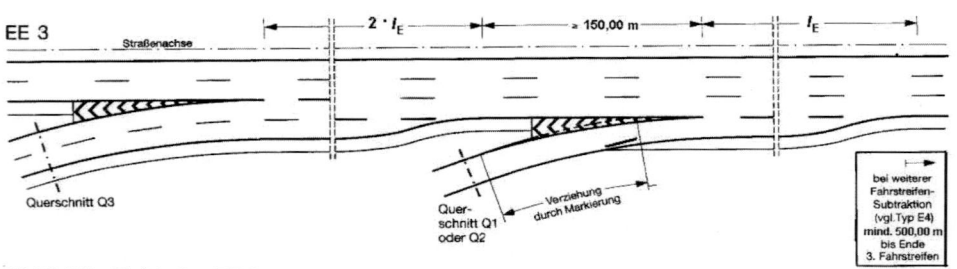

Bild 7.105   Einfahrttyp EE 3

Der Einfahrttyp EE 3 ist sinngemäß wie der Einfahrttyp EE 2 anzuwenden, wenn die links liegende Rampe wegen hoher Verkehrsbelastung den Querschnitt Q 3 erhält.

Die Einfahrttypen E 1*, E 3* und E 4* sind Typen die an Autobahnen der EKA 3 im städtischen Bereich eingesetzt werden.

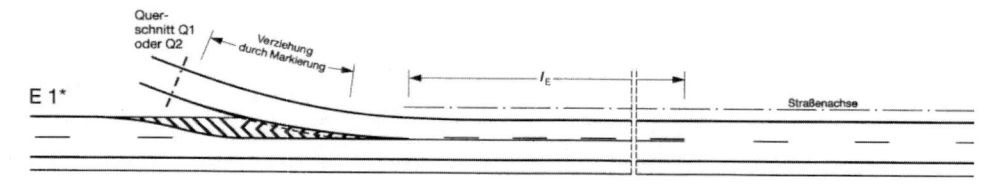

Bild 7.106   Einfahrttyp E 1*

Wird bei einer zweistreifigen Stadtautobahn eine Einfahrt mit einstreifigen Querschnitten Q 1 oder Q 2 von links notwendig, muss in der Hauptfahrbahn vorher der linke Fahrstreifen eingezogen werden, um dem einfahrenden Verkehrsstrom einen Fahrstreifen zur Verfügung zu stellen.

7.7 Entwurf von Autobahnen

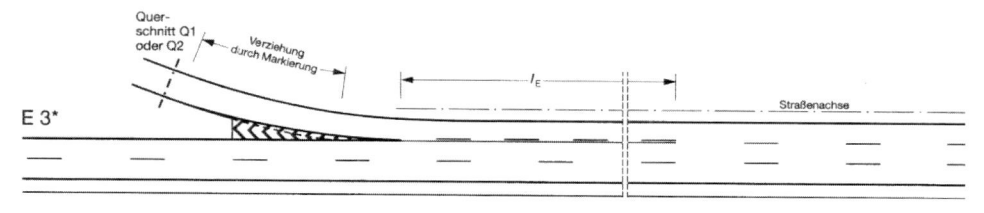

Bild 7.107 Einfahrttyp E 3*

Lässt die Verkehrsbelastung auf der Hauptfahrbahn eine Spurenreduktion nicht zu, muss der Einfahrtstrom in einen dritten Fahrstreifen eingeleitet werden.

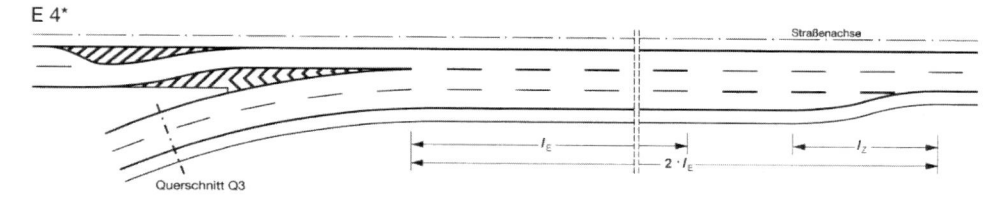

Bild 7.108 Einfahrttyp E 4*

Mit dem Einfahrttyp E 4* wird die von rechts kommende Zufahrt in die zuvor auf einen Fahrstreifen reduzierte Fahrbahn zweistreifig angeschlossen und erst allmählich in den Gesamtverkehr eingefädelt.

Die Einfahrten in den Rampensystemen erhalten die Bezeichnung ER.

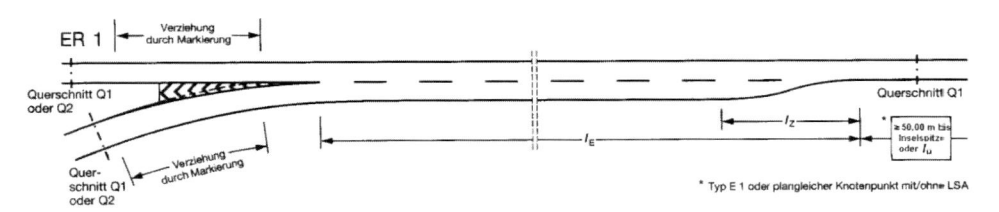

Bild 7.109 Einfahrttyp ER 1

Mit dem Einfahrttyp ER 1 werden zwei Rampenäste verbunden, die etwa gleich belastet sind und die einstreifigen Querschnitte Q 1 oder Q 2 besitzen.

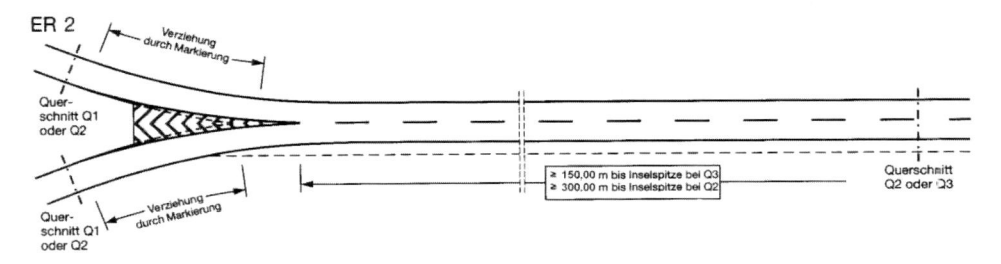

Bild 7.110 Einfahrttyp ER 2

Der Einfahrttyp ER 2 vereinigt zunächst die beiden Einfahrrampen zu einer zweistreifigen Fahrbahn, die mit dem Querschnitt Q 2 oder Q 3 fortgeführt wird.

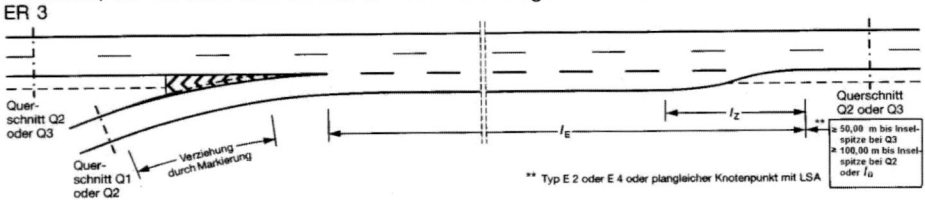

Bild 7.111   Einfahrttyp ER 3

Der Einfahrttyp ER 3 ist zweckmäßig, wenn der von rechts kommende Verkehr nur geringe Bedeutung hat, während für die andere Fahrbahn zwei Fahrstreifen notwendig sind.

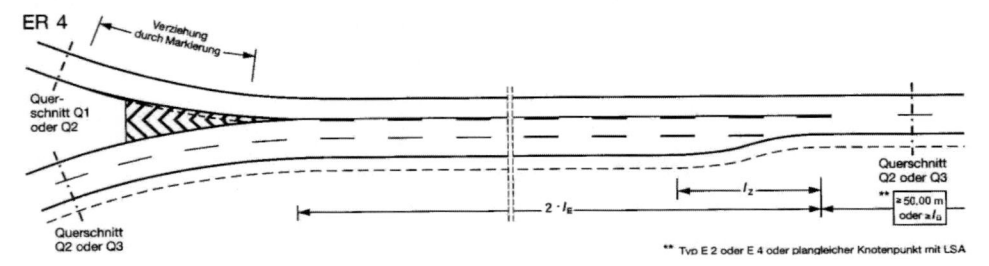

Bild 7.112   Einfahrttyp ER 4

Beim Einfahrttyp ER 4 hat die von rechts einmündende Rampe eine größere Verkehrsbelastung und wird von einer dreistreifig geführten Strecke in einen zweistreifigen Querschnitt eingefädelt.

Folgt auf die Einfahrt im Rampensystem eine Einfahrt in die Hauptfahrbahn, muss eine Zwischenstrecke mit einer Länge ≥ 50,00 m eingeschaltet werden. Außerdem ist das notwendige Sichtdreieck nach Bild 7.113 von Sichthindernissen frei zu halten.

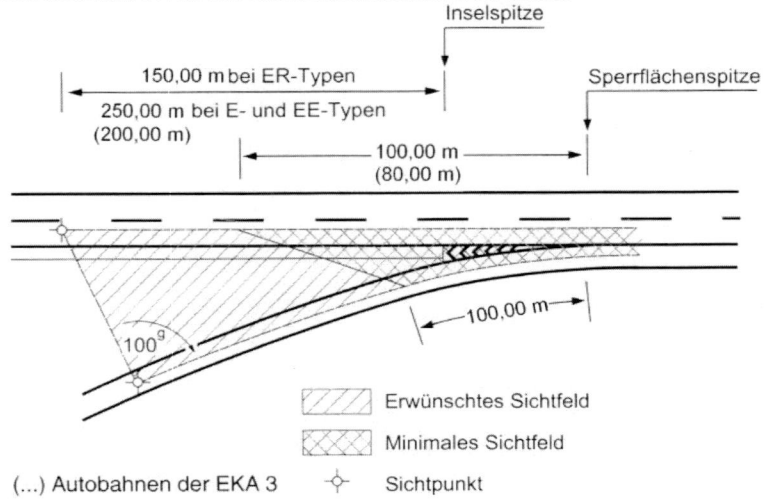

Bild 7.113   Sichtdreieck für Rampenanschlüsse

7.7 Entwurf von Autobahnen

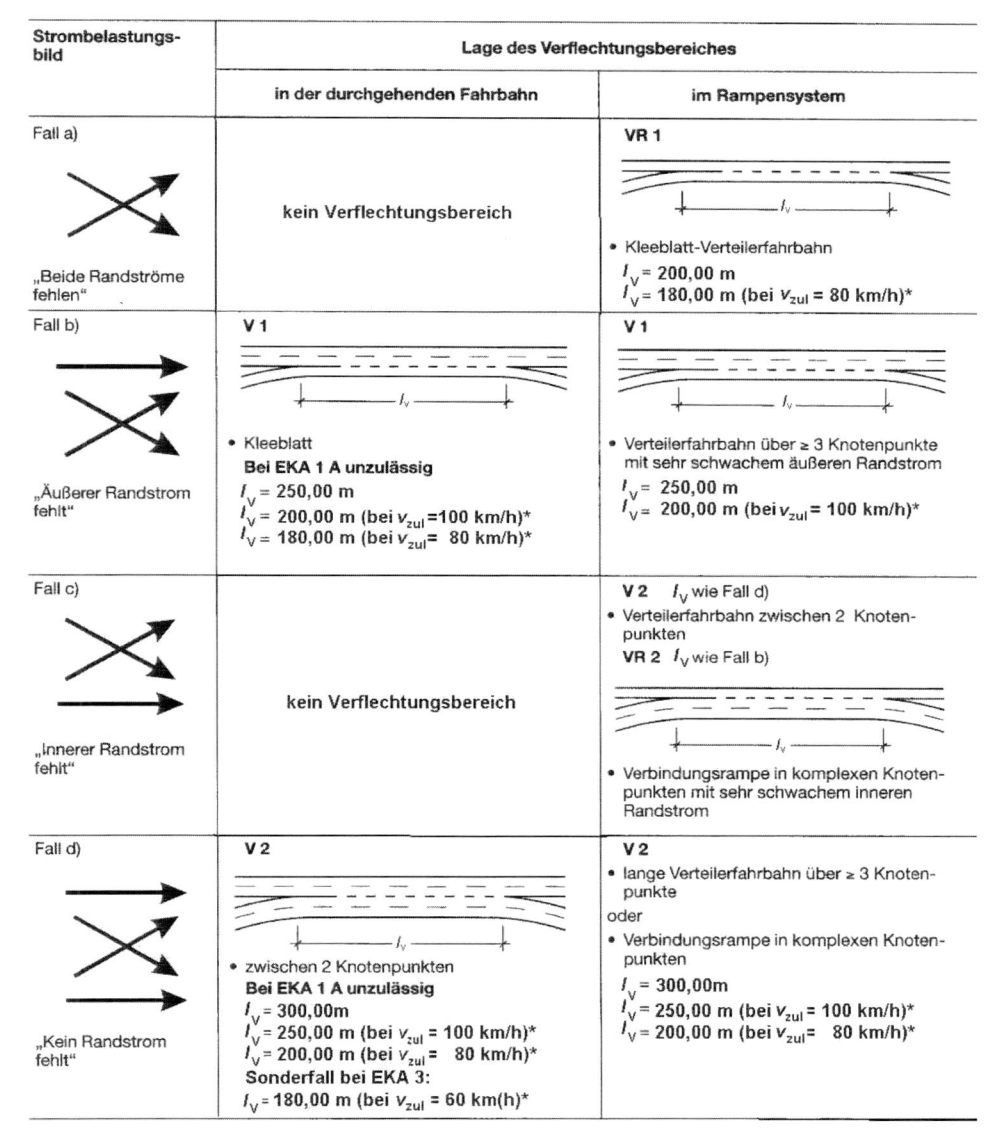

Strombelastungs-bild	Lage des Verflechtungsbereiches	
	in der durchgehenden Fahrbahn	im Rampensystem
Fall a) „Beide Randströme fehlen"	kein Verflechtungsbereich	**VR 1** • Kleeblatt-Verteilerfahrbahn $l_V = 200{,}00$ m $l_V = 180{,}00$ m (bei $v_{zul} = 80$ km/h)*
Fall b) „Äußerer Randstrom fehlt"	**V 1** • Kleeblatt **Bei EKA 1 A unzulässig** $l_V = 250{,}00$ m $l_V = 200{,}00$ m (bei $v_{zul} = 100$ km/h)* $l_V = 180{,}00$ m (bei $v_{zul} = 80$ km/h)*	**V 1** • Verteilerfahrbahn über ≥ 3 Knotenpunkte mit sehr schwachem äußeren Randstrom $l_V = 250{,}00$ m $l_V = 200{,}00$ m (bei $v_{zul} = 100$ km/h)*
Fall c) „Innerer Randstrom fehlt"	kein Verflechtungsbereich	**V 2** l_V wie Fall d) • Verteilerfahrbahn zwischen 2 Knotenpunkten **VR 2** l_V wie Fall b) • Verbindungsrampe in komplexen Knotenpunkten mit sehr schwachem inneren Randstrom
Fall d) „Kein Randstrom fehlt"	**V 2** • zwischen 2 Knotenpunkten **Bei EKA 1 A unzulässig** $l_V = 300{,}00$ m $l_V = 250{,}00$ m (bei $v_{zul} = 100$ km/h)* $l_V = 200{,}00$ m (bei $v_{zul} = 80$ km/h)* **Sonderfall bei EKA 3:** $l_V = 180{,}00$ m (bei $v_{zul} = 60$ km(h)*	**V 2** • lange Verteilerfahrbahn über ≥ 3 Knotenpunkte oder • Verbindungsrampe in komplexen Knotenpunkten $l_V = 300{,}00$ m $l_V = 250{,}00$ m (bei $v_{zul} = 100$ km/h)* $l_V = 200{,}00$ m (bei $v_{zul} = 80$ km/h)*

Bild 7.114   Einsatzgrenzen der Verflechtungsbereiche

Verflechtungsbereiche

Folgt an einer mehrstreifigen Richtungsfahrbahn auf eine Einfahrt in kurzem Abstand eine Ausfahrt, ohne dass sich dazwischen der ungestörte Verkehrsfluss einstellen kann, handelt es sich um eine Verflechtung der Verkehrsströme.

Der Verflechtungsbereich umfasst am Anfang eine Fahrstreifenaddition. Daran schließt die eigentliche Verflechtungsstrecke an. Schließlich folgt die ausleitende Spurensubtraktion. Innerhalb des Verflechtungsbereiches gibt es vier Möglichkeiten der Fahrzeugbewegung:
- die Durchfahrt auf der Richtungsfahrbahn,
- die Möglichkeit, dass ein Einfahrer an der nächsten Ausfahrt wieder ausfährt und daher den Fahrstreifen nicht verlässt,
- das Ausfahren von der Richtungsfahrbahn und Wechseln des Fahrstreifens nach rechts,
- das Einfahren und Überwechseln in einen Fahrstreifen der Richtungsfahrbahn.

Die Ausbildung der Verflechtungsbereiche hängt stark von der Verkehrsbelastung ab. Ein Nachweis der Verkehrsqualität ist meist erforderlich. Dieser hat wiederum Einfluss auf die Längenausdehnung der Verflechtungslänge l_v. Überlange Verflechtungsstrecken sind verkehrstechnisch nicht notwendig und ergeben oft nur Sinn, wenn eng aufeinander folgende Ein- und Ausfahrten mit einander verbunden werden. Die maximale Länge wird 1500 m selten überschreiten. Die Breite der Verflechtungsstreifen entspricht der Fahrstreifenbreite der durchgehenden Fahrbahn. Außen schließt ein 0,50 m breiter Randstreifen an. Die Verflechtungsstreifen werden gegen die Hauptfahrbahn durch unterbrochene Breitstrichmarkierung abgegrenzt.

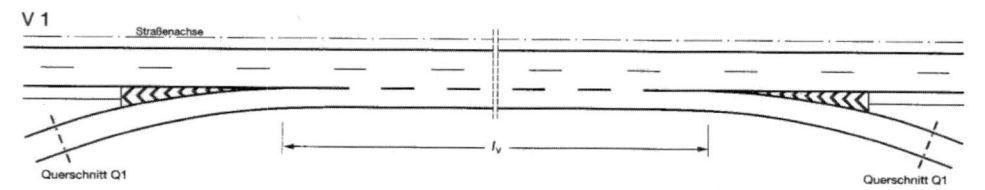

Bild 7.115 Verflechtungsstrecke mit einem Fahrstreifen zur Verflechtung mit der Hauptfahrbahn

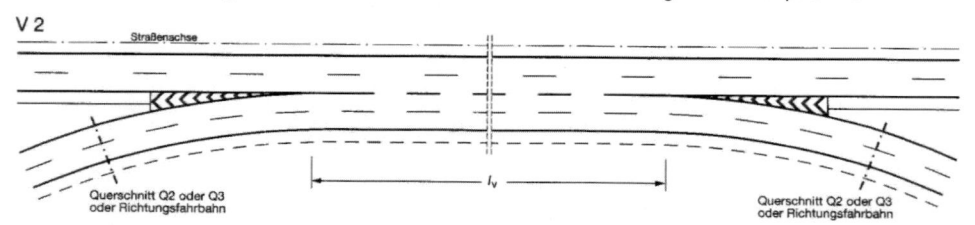

Bild 7.116 Verflechtungsstrecke mit zwei Fahrstreifen zur Verflechtung mit der Hauptfahrbahn

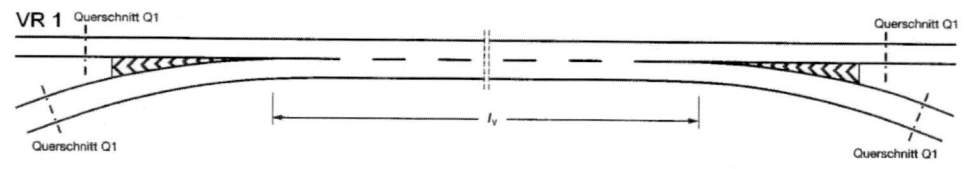

Bild 7.117 Verflechtungsstrecke von einstreifiger Rampenfahrbahnen

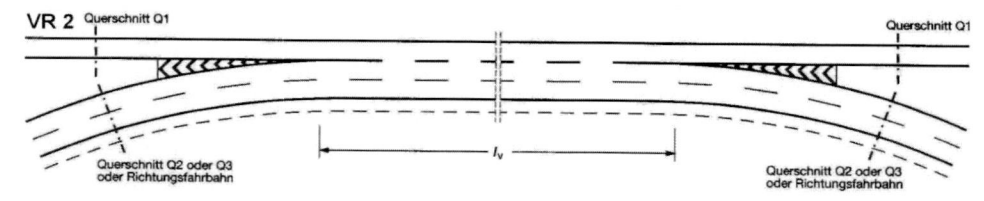

Bild 7.118 Sonderfall einer Verflechtungsstrecke im Rampenbereich

7.7 Entwurf von Autobahnen

Entwurfsmerkmale		Entwurfsklasse			
		EKA 1 A	EKA 1 B	EKA 2	EKA 3
Netzfunktion		Fernautobahn	Überregionalautobahn	Autobahnähnliche Straße	Stadtautobahn
Höchstgeschwindigkeit v_{zul} in km/h			keine		100
Arbeitsstellenführung		4 + 0 in der Regel erforderlich			4 + 0 nicht zwingend erforderlich
Lageplan	Höchstlänge der Geraden l_{max} in m	900	2000	470	280
	Mindestradius r in m bei Querneigung zur Kurvenaußenseite				
	Klothoidenmindestparameter A_{min} in m	300	4000	160	1050
			240		90
Längsschnitt	Höchstlängsneigung s_{max} in %	4,0		4,5	6,0
	Kuppenmindesthalbmesser h_K in m	13000	10000	5000	3000
	Wannenmindesthalbmesser h_W in m	8800	5700	4000	2600
Sichtweite	Haltesichtweite s_h in m bei $s = 0.0\%$		250		110
Querschnitt:	zweibahnig	RQ 43,5 ; RQ 36,0 ; RQ 31,00		RQ 28,0	RQ 38,5 ; RQ 31,5 ; RQ 25,0
	Mindestquerneigung q_{min} in %		2,5		
	Höchstquerneigung in Kurven q_{max} in %		6,0		
	Anrampungshöchstneigung Δs_{max} in %	0,9 (für $a \geq 4{,}00$ m) 0,225 · a (für $a < 4{,}00$ m)			0,9 (für $a \geq 4{,}00$ m) 0,25 · a (für $a < 4{,}00$ m)
	Anrampungsmindestneigung Δs_{min} in %		0,10 · a		
Knotenpunkte		planfrei			
	empfohlener Knotenpunktabstand e in m	> 8000	> 5000		keine

Tabelle 7.51 Zusammenstellung der Entwurfsmerkmale

7.7.9 Entwurfstechnische Besonderheiten

Große Längsneigungen führen bei starkem Schwerverkehr zur Beeinträchtigung der Verkehrsqualität. Deshalb versucht man, den schnellen und den langsameren Verkehr durch einen *Zusatzfahrstreifen* zu entflechten.

Zusatzfahrstreifen sind Fahrstreifen, die Richtungsfahrbahnen an Steigungsstrecken um einen Fahrstreifen erweitern. Sie werden dann eingesetzt, wenn Längsneigungen mit $s > 2{,}0\ \%$ auftreten. Sie sollen mindestens die Länge $l_{ZFS} = 1500{,}00$ m haben. Die Breite des Zusatzfahrstreifens ist $b_{ZFS} = 3{,}50$ m. Dabei ist zu untersuchen, ob man den Zusatzfahrstreifen vor dem Anfang der Steigung bereits anlegt, um den Schwerverkehr frühzeitig zu entflechten, oder ob er über das Steigungsende verlängert werden muss, um eine verkehrssichere Verflechtung zu gewährleisten. Die Verkehrsqualität ist nach HSB zu ermitteln. Die Verkehrsqualität der Stufe C soll erreicht werden.

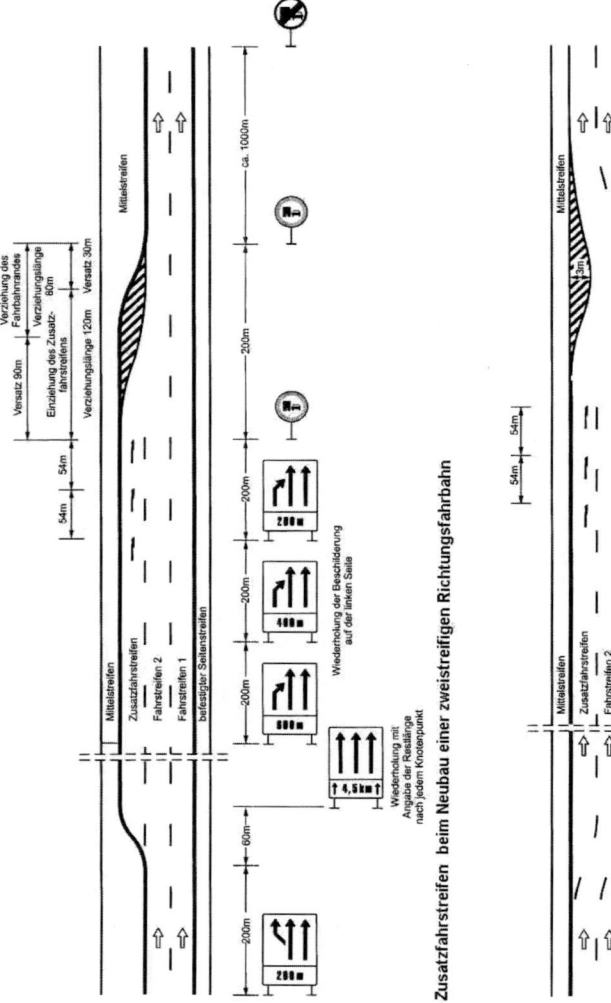

Bild 7.119 Ausbildung von Zusatzfahrstreifen

7.7 Entwurf von Autobahnen

Bei einem Neubau einer Autobahn legt man den Zusatzfahrstreifen an der Innenseite der Richtungsfahrbahn an. Die Verziehung am Innenrand erstreckt sich über eine Länge l_z = 60,00 m. Die Rückverziehung erfolgt mit einer Sperrfläche in einer Länge von 120,00 m.

Erfolgt ein Um- oder Ausbau einer Autobahn, wird der Zusatzfahrstreifen am Außenrand der Fahrbahn angeordnet. Die Verziehung erfolgt allmählich über eine Länge $l_z \geq$ 200,00 m. Durch Markierung wird die Verziehung kenntlich gemacht. Auch hier wird zunächst durch eine Sperrfläche der Zusatzfahrstreifen in einer Länge l_z = 120,00 m eingezogen und dann die Richtungsfahrbahn zurückverschwenkt.

Mittelstreifenüberfahrten ermöglichen eine Überleitung des Verkehrs von einer Richtungsfahrbahn auf die Gegenfahrbahn, wenn größere Baumaßnahmen an einer Richtungsfahrbahn notwendig werden. Sie sind anzuordnen
- vor Autobahnknotenpunkten,
- vor Talbrücken mit einer Lichtweite l $\geq$ 100,00 m,
- vor Staffelstrecken,
- vor Tunneln.

Werden zwei Fahrstreifen übergeleitet, wird bei Mittelstreifenbreite von 4,00 m die Länge der Überfahrt $l_\text{Ü}$ = 135,00 m. Bei drei Fahrstreifen ist dann eine Länge $l_\text{Ü}$ = 220,00 m erforderlich. Die Überleitung bilden zwei Radien mit r=350,00 m, die tangential aneinander gestoßen werden.

Die *Entwässerung* der Fahrbahn erfolgt über die Bankette. In Kurven mit der Querneigung nach Innen fasst man das Wasser in Entwässerungsrinnen vor Borden. Durch Straßenabläufe führt man es dann über eine Rohrleitung dem Regenrückhaltebecken und danach dem Vorfluter zu. Gegebenenfalls ordnet man Ablaufbuchten an. Sie haben den Vorteil, dass bei einer Verkehrsführung 4+0 im Baubereich die Einläufe vom Schwerverkehr nicht überfahren werden. Der Zugang zu den Kontrollschächten im Mittelstreifen darf nicht durch die Schutzeinrichtungen behindert werden.

Entwässerungsmulden werden im gewachsenen Boden angelegt. Sie werden am Böschungsfuß notwendig, wenn das Gelände zum Böschungsfuß geneigt ist.

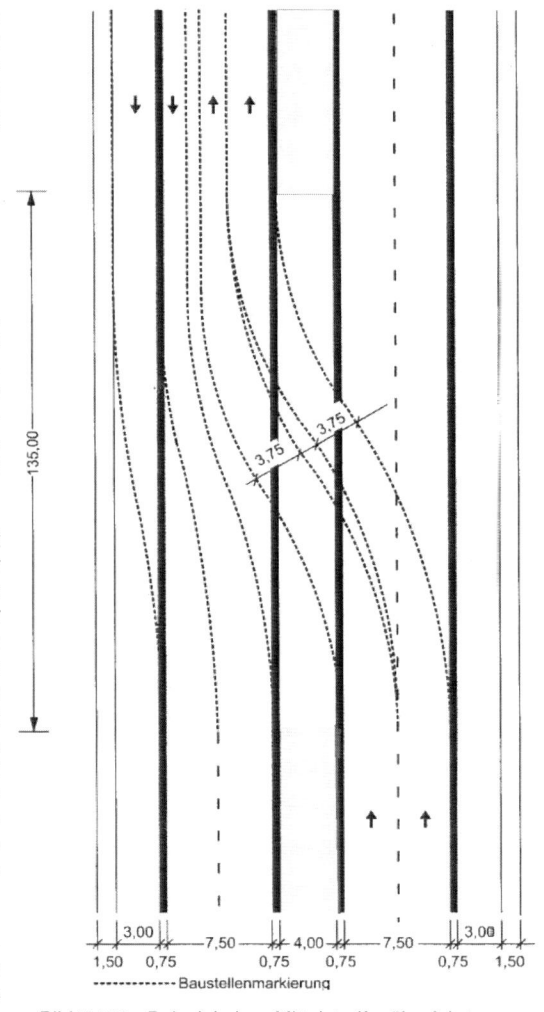

Bild 7.120 Beispiel einer Mittelstreifenüberfahrt

Bei tiefen Einschnitten und zum Einschnitt geneigten Gelände sind auch Fanggräben oberhalb der Böschung sinnvoll..

7.7.10 Besonderheiten beim Umbau

Gestiegene Verkehrsbelastungen führen auf Autobahnen älterer Bauart nicht nur zu Schäden des Fahrbahnbelages, sondern durch die Verkehrsdichte zu Verkehrsbehinderungen oder Staus. Manche älteren Autobahnen besitzen auch noch keine ausreichenden Standstreifen. Deshalb wird ein Umbau nötig, der sowohl die Anlage weiterer Fahr- und Standstreifen notwendig macht, als auch eine Erneuerung des Straßenaufbaus erfordert.

Das Problem beim Um- oder Ausbau liegt allerdings in der Notwendigkeit, die betreffenden Strecken unter Verkehr zu bauen. Das bedingt eine Verlegung des Verkehrs im Baustellenbereich entweder teilweise (3+1 Verkehrsführung) oder vollständig (4+0 Verkehrsführung) auf die Gegenfahrbahn. Die Überleitung findet in der Regel an vorhandenen Mittelstreifenüberfahrten statt. Auf die notwendige Sicherheit des Verkehrs nimmt man Einfluss durch Geschwindigkeitsbeschränkungen, gelbe Markierung auf der Fahrbahn und flexible Sicherheitseinrichtungen zwischen Fahrstreifen, die im Gegenverkehr befahren werden. Eben so wichtig ist aber die Arbeitsstellensicherung, damit der Baubetrieb zügig und sicher abgewickelt werden kann.

Für den Umbau einer vierstreifigen Autobahn auf sechs Fahrstreifen und äußeren Standstreifen gibt es drei Möglichkeiten:
- die eine Fahrbahn voll zu sperren und auszubauen.
- zunächst eine einseitige provisorische Verbreiterung unter seitlicher Einschränkung der Fahrstreifen vorzunehmen, um dann den Verkehr auf die andere Fahrbahn und das Provisorium umzulegen,
- die Verbreiterungen nacheinander beidseitig vorzunehmen.

Bei der einseitigen Verbreiterung unterscheidet man den Fall, dass die Verbreiterung auf eine Breite von 14,50 m möglich ist, oder den Fall, dass man zunächst nur eine knappe Verbreiterung von 11.50 m anlegen kann. Diese knappe Verbreiterung führt allerdings dazu, dass eine dritte Bauphase erforderlich wird und der Verkehr dreimal umgelegt werden muss. Auch bei einer beidseitigen, symmetrischen Verbreiterung erfolgt die Verkehrsführung in drei Bauphasen. Die Bilder 7.121 bis 7.123 zeigen die unterschiedlichen Bauvorgänge.

Der Vorteil der einseitigen Verbreiterung liegt in der kürzeren Bauzeit. Dadurch ist sowohl der fließende Verkehr als auch der Geräteeinsatz der Baufirma weniger beeinträchtigt. Durch den bessern Baufortschritt ist ein wirtschaftliches Arbeiten und eine gleichmäßige Qualität über die gesamte Baubreite zu erzielen.

Der einseitige Vollausbau erfordert aber das Verlegen der Achse für die Fahrbahn in der ersten Bauphase. Eine größere Inanspruchnahme von Flächen ist die Folge. Deshalb wählt man diese Methode meist dann, wenn schmale Ausgangsquerschnitte vorliegen.

	Verbreiterung	
	einseitig	symmetrisch
geringe Abstände von Zwangspunkten	ungünstig	möglich
mögliche Verbreiterung vorhandener Überführungsbauwerke	ungünstig	möglich
vorhandene Überführungsbauwerke zu schmal für 4+0-Führung	möglich	ungünstig
Unterführungen erneuerungsbedürftig	möglich	ungünstig
Gradientenänderung erforderlich	möglich	ungünstig
Einrichtung, Änderung provisorischer Verkehrsführung	möglich	ungünstig
Baustellenerschließung von außen schwierig	möglich	ungünstig
Durchschneiden von Waldgebieten	möglich	ungünstig
Kosten	Einzelentscheidung	Einzelentscheidung
Bauzeit	möglich	ungünstig
Flächenbedarf	ungünstig	möglich

Tabelle 7.52 Kriterien für die Wahl der Bauweise zum sechstreifigen Ausbau

7.7 Entwurf von Autobahnen

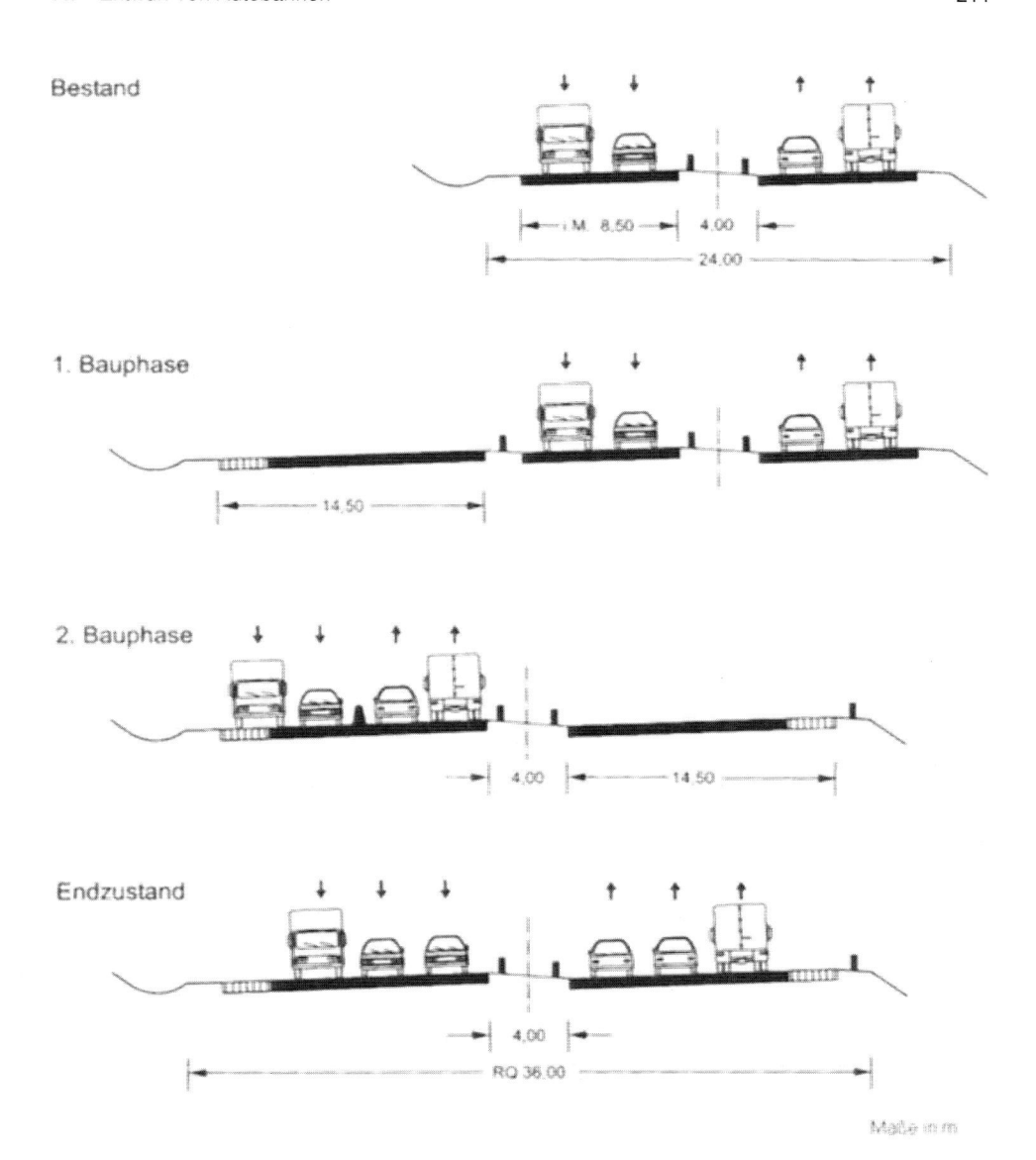

Bild 7.121 Bauablauf bei voller einseitiger Verbreiterung

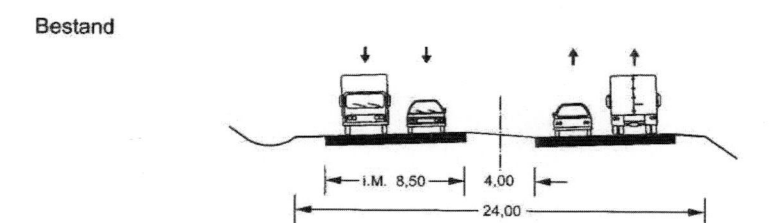

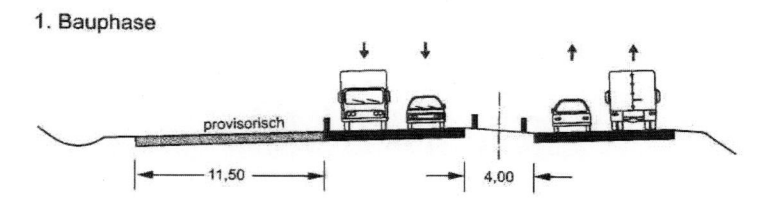

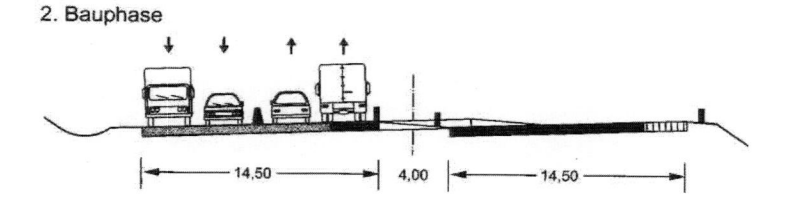

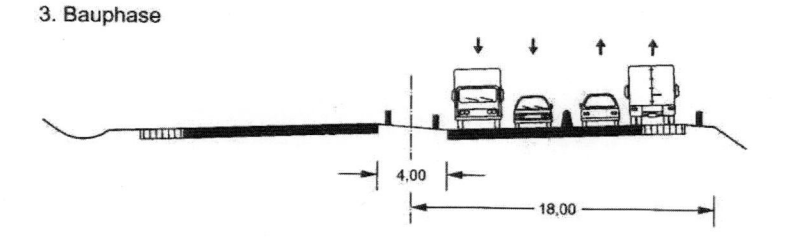

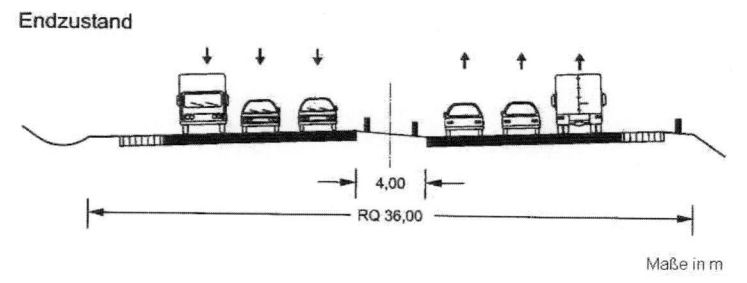

Bild 7.122 Bauablauf bei knapper einseitiger Verbreiterung

7.7 Entwurf von Autobahnen

Bestand

i.M. 8,50 | 4,00
24,00

1. Bauphase

5,75
provisorisch
14,50 | 4,00

2. Bauphase

4,00 | 14,50

3. Bauphase

4,00
18,00

Endzustand

4,00
RQ 36,00

Maße in m

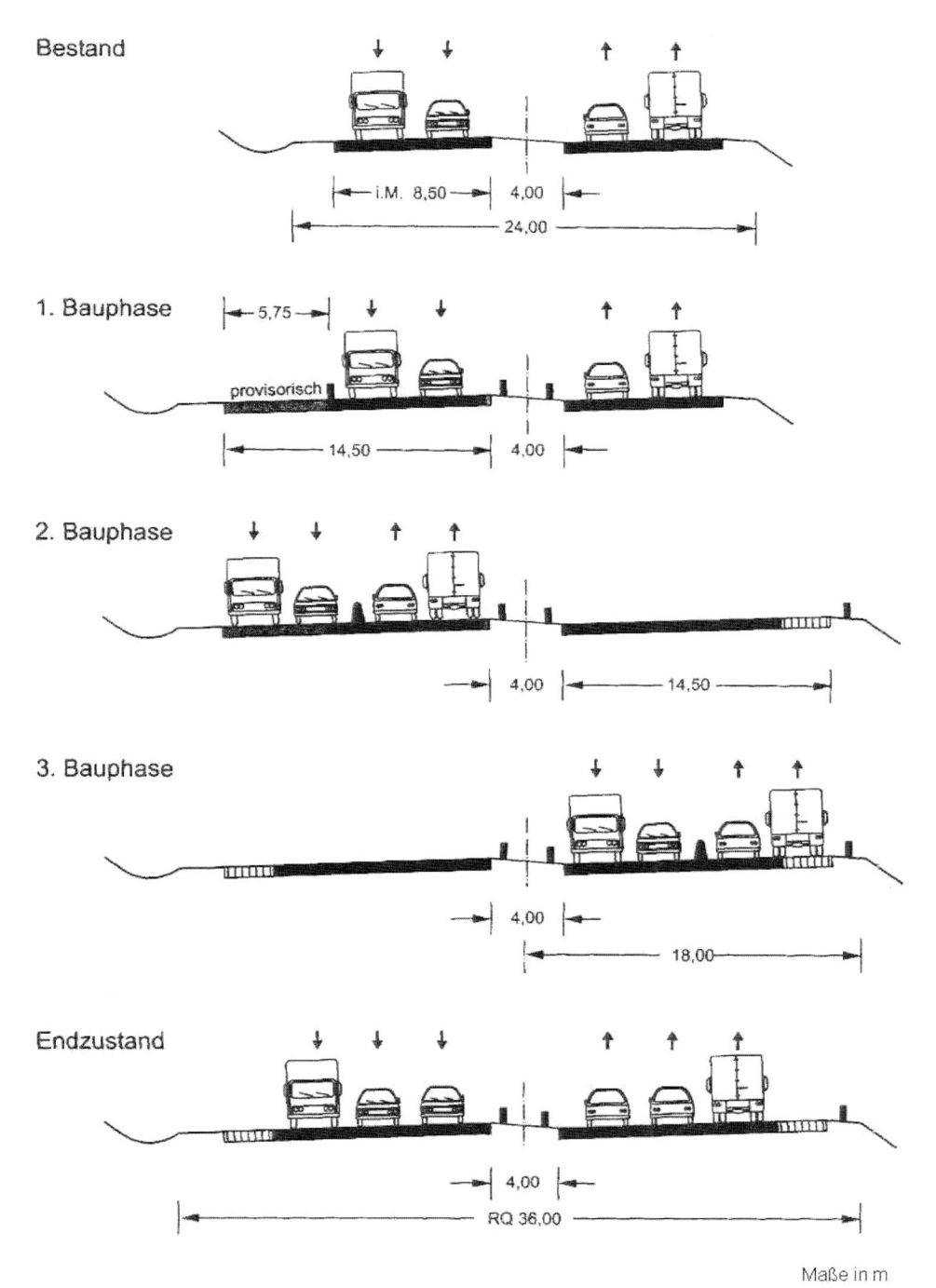

Bild 7.123   Bauablauf bei symmetrischer Verbreiterung

7.7.11 Straßenausstattung

Markierung. Um die Verkehrssicherheit zu gewährleisten, werden die Fahrstreifen weiß markiert. Gelbe Markierung wird als vorübergehende Markierung im Baustellenbereich eingesetzt. Wesentlich ist für die Wahl des Materials die Nachtsichtbarkeit. Die Markierung soll aus einer Entfernung von 70,00 m bis 100,00 m erkennbar sein. Riffel oder kleine Erhebungen in der Markierung reflektieren das Scheinwerferlicht, verbessern die Nachtsichtbarkeit und weisen den Fahrer durch ein Geräusch auf das Überfahren hin, so dass er gegebenenfalls seine Fahrtrichtung korrigieren kann.

Beschilderung. Die Wegweiser sind Verkehrszeichen und müssen die Regeln der Straßenverkehrs-Ordnung erfüllen. Die Genehmigung erfolgt durch die Straßenverkehrsbehörde. Den Entwurfsplänen wird der Verkehrszeichenplan beigefügt.

Auf Autobahnen haben *Wegweiser* eine besondere Bedeutung. Sie zeigen dem Fahrzeuglenker die Zielführung an und veranlassen ihn, sich rechtzeitig auf dem richtigen Fahrstreifen einzuordnen. Auf den Vorwegweisern und Wegweiser sollen maximal vier Ausfahrtziele genannt werden.

Leitpfosten werden im Abstand von 50,00 m in Richtung der Hauptfahrbahn aufgestellt. In kleinen Abbiegeradien empfiehlt sich eine Verdichtung am Außenrand der Kurve. Manchmal können auch *Leitbaken* den kleinen Radius verdeutlichen.

Fahrzeug-Rückhaltesysteme sollen verhindern, dass Fahrzeuge von der Fahrbahn abkommen oder sogar über den Mittelstreifen in den Gegenverkehr geraten. Man unterscheidet starre und nachgiebige Rückhaltesysteme.

Starre Systeme sind Betonfertigteile, die beim Anprall schwerer Fahrzeuge nur wenig nachgiebig sind und nur geringfügig aus ihrer Lage verschoben werden. Für Pkw-Insassen entsteht aber beim Aufprall eine höhere Belastung und erheblicher Reparaturbedarf am Fahrzeug.

Starre Systeme werden an Autobahnbaustellen oft auch zur Trennung der Verkehrsströme eingesetzt.

Nachgiebige Systeme sind Stahlleitplanken. Auch sie sollen Lkw-Anfahrten aushalten. Im Mittelstreifenbereich werden sie jedoch kaum eingesetzt, da schwere Fahrzeug sie manchmal sogar überrollen.

Rückhaltesysteme sollen die Höhe von 0,90 m nicht überschreiten, um in Kurven die Haltesicht zu gewährleisten.

Weitere Ausstattungselemente sind
- Blendschutzeinrichtungen,
- Wildschutzzäune,
- Fernmeldeeinrichtungen und
- Verkehrsbeeinflussungsanlagen.

Diese Einrichtungen sind örtlich im Einzelfall festzulegen.

Eine *Bepflanzung* des Mittelstreifens ist für die Pflege sehr aufwendig. Hier pflanzt man niedrig wachsende Gehölze, die selten geschnitten werden müssen. Hoher Wuchs kann auch die Haltesicht beeinträchtigen. Andererseits fördert die Bepflanzung eine gute Einbindung in das Landschaftsbild.

7.8 Entwurf von Landstraßen (nach RAL - Entwurf 2008)

7.8.1 Allgemeines

Landstraßen entwirft man nach den „Richtlinien für die Anlage von Landstraßen – RAL". Unter Landstraßen versteht man – unabhängig von der Straßenbaulast – anbaufreie, einbahrige Straßen mit plangleichen oder planfreien Knotenpunkten außerhalb bebauter Gebiete. Auch zweibahnige Abschnitte im Zuge dieser Straßen werden nach den RAL entworfen, wenn sie nicht länger als 15 km sind.

Die Festlegungen verfolgen das Ziel, funktionsgerechte und sichere Landstraßen zu erstellen und zugleich das äußere Erscheinungsbild des Straßenraumes zu standardisieren. Dazu erfolgt die Einteilung in vier Entwurfsklassen. Sie entsprechen den Netzfunktionen der RIN. So kann man die Zugehörigkeit zur jeweiligen Straßenkategorie verdeutlichen und eine angemessene Fahrweise unterstützen.

Die RAL werden angewendet für Landstraßen der Kategorie LS I bis LS IV. Für die Kategorie LS V gelten die „Richtlinien für den ländlichen Wegebau – RLW".

Der Planungsprozess bedeutet die Erarbeitung von Varianten, die die Ziele
- Verkehrssicherheit,
- Verkehrsqualität,
- Umweltverträglichkeit,
- Baulastträgerkosten

zu einem günstigen Kosten – Nutzen – Verhältnis verbinden.

7.8.2 Verkehrssicherheit

Die Linienführung, der Querschnitt, die Knotenpunktsgestaltung und die Ausstattung einer Landstraße sollen dem Fahrzeuglenker das Fahren mit angemessener Geschwindigkeit nahe legen. Durch die Einheitlichkeit der standardisierten Entwurfsmerkmale kann der Straßennutzer die Unterschiede der einzelnen Kategorien erkennen und sein Verhalten danach richten. In Netzabschnitten einer Kategorie soll Kontinuität angestrebt werden. Auch die Seitenräume sollen für abkommende Fahrzeuge möglichst wenig Gefahrenstellen bieten.

7.8 3 Verkehrsqualität

In den RIN sind die Zielgrößen für die Erreichbarkeit Zentraler Orte festgelegt. Diese Festlegungen bilden die Grundlage für die angemessene Geschwindigkeit. Die Kategorie ergibt sich so aus der Bedeutung der Verbindung zwischen den Orten und hat damit auch Einfluss auf die angestrebte Fahrzeit zwischen den Zielen. Straßenausbildung und Qualitätsstufe sind nach dem „Handbuch für die Bemessung von Straßenverkehrsanlagen – HBS" zu überprüfen.

7.8.4 Umweltverträglichkeit

Die Gestaltung der Landstraßen soll nach dem Umweltverträglichkeitsgesetz die Schutzgüter Menschen, Tiere, Pflanzen, Boden, Wasser Luft, Klima, Landschaft, Kultur und sonstige Sachgüter nur wenig beeinträchtigen. Deshalb muss der Entwurf einer Landstraße auch auf die Siedlungsentwicklung und den Naturschutz Rücksicht nehmen. Die Planung muss deshalb mit den zuständigen Behörden abgestimmt werden. In Wasserschutzgebieten ist zu bedenken, dass bei Unfällen eine Verunreinigung des Trinkwassers auftreten kann. Entsprechende Sicherheitsmaßnahmen müssen vorgesehen werden.

Um die Ziele des Umweltschutzes weitgehend zu erreichen, können folgende Maßnahmen dienen:
- Wertvolle Flächen sollen nur in geringem Umfang in Anspruch genommen werden.
- Die natürliche Umgebung soll wenig verändert werden. Eingriffe sind landschaftsgestalterisch anzupassen.
- Eine Durchschneidung von landwirtschaftlichen Flächen in der Nähe des Bauernhofes ist möglichst zu vermeiden. Die Trasse soll negative Effekte auf wenige Betroffene ausüben.
- Dämme oder Einschnitte sollen niedrig gehalten werden, um das Landschaftsbild nicht zu zerstören oder wie Schneisen zu trennen. Lässt sich dies nicht vermeiden, ist die Anlage von Querungshilfen für Wildtiere zu prüfen
- Seitliche Schutzbepflanzung verbessert die Wirkung des Straßenraumes.
- Bei Bedarf sind Lärmschutzeinrichtungen vorzusehen.

7.8.5 Baulastträgerkosten

Um eine Kosten–Nutzen–Analyse zu erstellen, müssen außer den reinen Baukosten der Baumaßnahme auch die laufenden Kosten für die Unterhaltung und Erneuerung der Straße berücksichtigt werden. Danebern fallen oft auch Kosten für Ausgleichs- oder Ersatzmaßnahmen an, die wegen der Forderungen der Umweltschutzgesetze oder dem Ersatz von Lebensräumen in der Natur notwendig werden.

7.8.6 Planungs- und Entwurfsstufen

Ehe der Entwurf einer Landstraße begonnen werden kann, ist eine Bedarfsplanung notwendig. Diese wird auf der Grundlage des Bundesverkehrswegeplans erstellt. Für Bundesstraßen entsteht der Bedarfsplan für Bundesfernstraßen. Für die Landesstraßen (Staatsstraßen), Kreisstraßen oder Gemeindestraßen werden entsprechende Bedarfsplanungen aufgestellt und beschlossen.

Die einzelnen Planungsstufen entsprechen der in Abschnitt 5 dargestellten Entwurfsabläufen. Neben der Linienfindung in der *Vorplanung* ist eine *Umweltverträglichkeitsstudie* auszuführen, um die Einflüsse auf die Umgebung zu ermitteln. In dieser Entwurfsphase sind bereits die Verknüpfungen mit dem bestehenden Verkehrswegenetz festzulegen. Nach Prüfung aller Varianten wird dann der Linienentwurf im Maßstab 1:5000 festgelegt.

In der folgenden *Entwurfsplanung* gemäß RE werden Regelquerschnitt, Linienführung und Ausbildung der Knotenpunkte mit den Entwurfselementen festgelegt, die sich aus dem Entwurfsstandard der Entwurfsklasse ergeben. Der *Vorentwurf* im Maßstab 1:1000 dient dann auch der *Genehmigungsplanung* durch den Baulastträger.

Die *Ausführungsplanung* legt alle Angaben fest, die für die Ausschreibung, Baudurchführung und Abrechnung der Baumaßnahme benötigt werden. Hierbei sind die Maßstäbe den Erfordernissen anzupassen. Bestimmte Details werden mit M.: 1:100, M.: 1:50 oder sogar M.: 1:10 dargestellt. (Siehe z. B. Bilder 7.10 bis 7.13)

Im Prinzip gelten für den Entwurf von Landstraßen die gleichen geometrischen Bedingungen wie für Autobahnen. Da jedoch für Landstraßen geringere Wunsch–Geschwindigkeiten angenommen werden. sind geringere Abmessungen möglich. Dies zeigt sich besonders bei den Querschnitten, die entsprechend den Entwurfsklassen EKL 1 bis EKL 4 auch dreistreifige oder zweistreifige Fahrbahnen erhalten. Ebenso sind die Knotenpunktsarten teilweise einfacher konstruiert.

7.8 Entwurf von Landstraßen

Die Straßenkategorie nach RIN bestimmt die Eingangsgrößen der Entwurfsklasse. Bei außergewöhnlich hoher oder niedriger Belastung kann auch eine höhere oder niedrigere Kategorie geplant werden.

Straßenkategorie	LS I	LS II	LS III	LS IV
Entwurfsklasse	EKL 1	EKL 2	EKL 3	EKL 4
Geschwindigkeit v in km/h	110	100	90	70
Linienführung	sehr gestreckt	gestreckt	angepasst	sehr angepasst
Radienbereich r in m	≥ 500	350 bis 900	250 bis 600	150 bis 300
Längsneigung max s in %	4,5	5,5	6,5	8,0
Kuppenhalbmesser h_K in m	≥ 8.000	≥ 6.000	≥ 5.000	≥ 3.000

Tabelle 7.53 Elemente der Straßenkategorien und Entwurfsklassen

Manchmal – besonders bei bestehenden Netzabschnitten einer Entwurfsklasse – kann es sinnvoll sein, durch Geschwindigkeitsbegrenzung das Einhalten einer angemessenen Geschwindigkeit zu unterstützen.

7.8.7 Entwurfsklassen

Zur Entwurfsklasse EKL 1 zählen die dreistreifigen Straßen. Die Knotenpunkte werden planfrei ausgeführt. Ihr Querschnitt erhält einen abmarkierten Mittelstreifen. Durch die Einteilung 2+1 Fahrstreifen ist dem Verkehr eine Überholmöglichkeit gegeben, für den zwei Fahrstreifen ausgewiesen sind. Die Aufteilung erfolgt im ständigen Wechsel, so dass eine Überholmöglichkeit je Fahrtrichtung von rd. 40 % der Streckenlänge zur Verfügung steht.

Straßen der EKL 1 werden als Kraftfahrzeugstraße betrieben. Der landwirtschaftliche und der nicht motorisierte Verkehr müssen auf besonderen Verkehrswegen geführt werden. Als planerische Geschwindigkeit wird v = 110 km/h zugrunde gelegt. Regelquerschnitt ist der RQ 15,5.

Die Entwurfsklasse EKL 2 umfasst zweistreifige Straßen, die in Teilabschnitten durch Überholfahrstreifen auf drei Fahrstreifen verbreitert werden. Die Richtungstrennung wird durch einen geschlossenen Doppelstrich in Fahrbahnmitte markiert. Überholmöglichkeiten sind auf rd. 20 % der Streckenlänge möglich. Nach der Netzfunktion und den damit verbundenen Fahrweiten wird dem Entwurf v = 100 km/h zugrunde gelegt. Knotenpunkte sollen teilplanfrei entworfen werden. Im Knotenpunktsbereich setzt man die zulässige Geschwindigkeit auf v = 70 km/h herab. Der landwirtschaftliche Verkehr soll nach Möglichkeit und der nicht motorisierte Verkehr auf jeden Fall auf besonderen Verkehrswegen geführt werden. Als Regelquerschnitt setzt man den RQ 11,5+ ein.

Zur Entwurfsklasse EKL 3 gehören zweistreifige Straßen, bei denen der Überholvorgang auf dem Fahrstreifen des Gegenverkehrs erfolgt. Um die Verkehrssicherheit zu gewährleisten, muss das Überholen dort verboten werden, wo die Sichtweite zum Überholen nicht gegeben ist.
Außerdem ist zu prüfen, ob wegen der Verkehrsstärke der landwirtschaftliche oder nicht motorisierte Verkehr einen gesonderten Verkehrsweg erhalten muss. Die planerische Geschwindigkeit ist v = 90 km/h. Als Regelquerschnitt verwendet man den RQ 11.

Die Verknüpfung mit dem Verkehrswegenetz erfolgt überwiegend durch die Konstruktion von Kreisverkehren, sonst durch plangleiche Knotenpunkte.

In die Entwurfsklasse EKL 4 werden die einbahnigen Straßen mit geringer Belastung eingeordnet. Sie erhalten keine Mittellinie als Markierung und sollen so den Nutzer zu besonderer Aufmerksamkeit und langsamer Fahrweise anregen. Bei der untergeordneten Netzfunktion wird als Geschwindigkeit v = 70 lm/h angesetzt. Die Knotenpunkte werden plangleich ausgebildet. Lichtsignalregelung wird normalerweise nicht notwendig. Die Linienführung kann weitgehend an die vorhandene Topographie angepasst werden. Für diese Entwurfsklasse ist der Regelquerschnitt RQ 9 vorgesehen.

Straßen der EKL 4 werden sowohl vom landwirtschaftlichen als auch vom nicht motorisierten Verkehr mit benutzt. Gesonderte Rad- und Gehwege werden meist nicht gebraucht.

Tragen Straßen der Entwurfsklassen EKL 1 bis EKL 3 sehr hohe Verkehrsbelastungen auf kurzer Streckenlänge bis etwa 15 km, können sie besonders in der Nähe von Siedlungsräumen zweibahnig mit Mittelstreifen als Regelquerschnitt RQ 21 ausgebildet werden. Die Entwurfsmerkmale werden nach der höheren Entwurfsklasse der anschließenden Abschnitte, mindestens aber nach EKL 2 festgelegt.

7.8.8 Querschnitte

Der Querschnitt von Landstraßen wird festgelegt nach der Entwurfsklasse und der Verkehrsstärke. Die Streckencharakteristik soll in aufeinander folgenden Streckenabschnitten möglichst gleich bleiben. Deshalb hat hier die Relationstrassierung auch großen Einfluss auf den Entwurf. Den vier Entwurfsklassen sind die streckencharakteristischen Querschnitte der Landstraßen zugeordnet.

Die Grundmaße und Bestandteile des Fahrraumes entsprechen den Definitionen, die in Abschnitt 7.7.3 für Autobahnen erläutert werden, sind aber auf den einbahnigen Querschnitt abgestimmt.

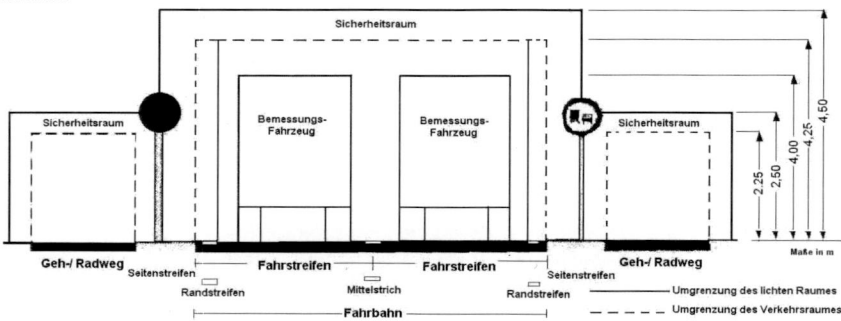

Bild 7.124 Lichtraummaße des Querschnitts von Landstraßen

Für die Abmessungen gelten folgende Grundsätze:
- Die *Fahrstreifen* erhalten eine Regelbreite b_F = 3,50 m. Die Überholfahrstreifen werden mit der Breite $b_{ÜF}$ = 3,25 m ausgelegt, weil hier nicht regelmäßig mit Schwerverkehr zu rechnen ist.
- Die *Randstreifen* werden mit b_R = 0,50 m ausgebildet. Auf diesen wird die Fahrbahnbegrenzung als Breitstrich markiert. Bei einstreifigen Straßen wird die Breite auf 0,75 m erhöht, um Raum für das Abstellen der Fahrzeuge des Betriebsdienstes zu schaffen.
- Die *Mittelstreifen* trennen die Fahrtrichtungen der Verkehrsteilnehmer. Sind Richtungsfahrbahnen vorhanden, werden sie als *bauliche* Mittelstreifen ausgebildet. Die Breite beträgt b_M = 2,50 m.
- Ist nur eine Fahrbahn vorhanden, werden durch Markierung *verkehrstechnische* Mittelstreifen gebildet. Meist werden sie optisch durch eine Sperrflächenmarkierung hervorgehoben. Für diesen Mittelstreifen setzt man die Breite von 1,00 m an.

7.8 Entwurf von Landstraßen

- Bankette erhalten die Breite b_B = 1,50 m und werden möglichst so befestigt, dass Pannen- oder Betriebsdienst-Fahrzeuge darauf abgestellt werden können. Im Einschnitt kann die Breite auf 1,00 m verringert werden.

Die Entwässerung der Oberfläche erfolgt in der Regel über *Rasenmulden*. In Ausnahmefällen sind *Bord-, Pendel-* oder *Spitzrinnen* erforderlich, wenn das Oberflächenwasser nicht im Boden versickern kann. Die Rinnen werden in den Entwurfsklassen EKL 1 bis EKL 3 neben der Fahrbahn angeordnet. Um ihre Breite wird die des Bankettes oder Mittelstreifens verringert. Nur bei der EKL 4 dürfen diese Rinnenformen auch innerhalb der Fahrbahn angeordnet werden.

Fahrbahnnahe Geh- oder Radwege werden außerorts in der Regel nur einseitig angeordnet. (Siehe Bild 7.9) Im Bereich der Landstraßen wird ihre Breite $b_{G,R}$ = 2,50 m ausgeführt. Der Abstand zur Fahrbahn wird durch einen *Trennstreifen* mit der Breite b_{Tr} = 1,75 m hergestellt. Die Bankette sollen 0,50 m breit sein. Je nach Geländeform kann der Abstand zur Fahrbahn auch wechseln. Doch ist zu berücksichtigen, dass Radfahrer nicht durch den Kfz-Gegenverkehr unzumutbar geblendet werden.

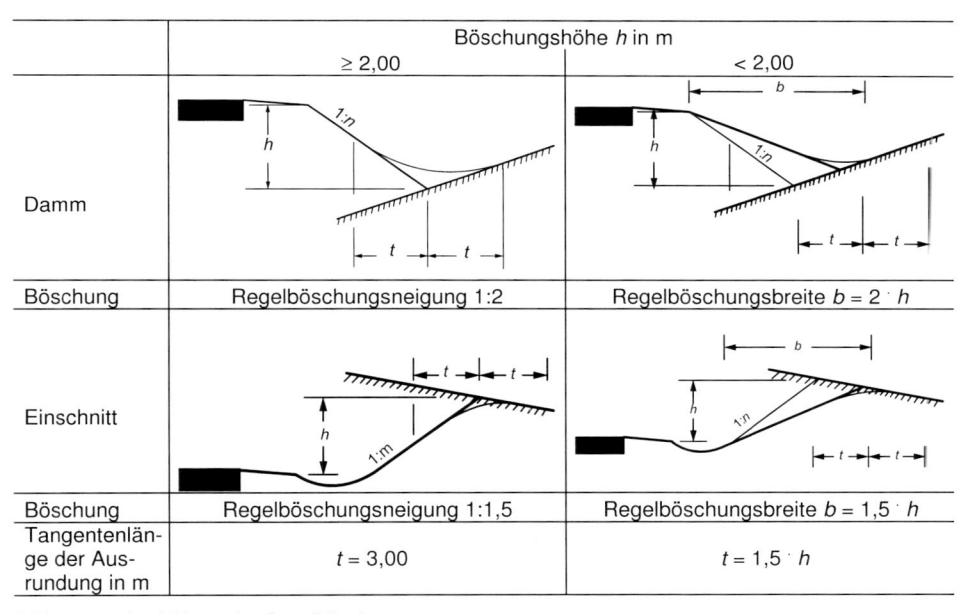

	Böschungshöhe *h* in m	
	≥ 2,00	< 2,00
Damm		
Böschung	Regelböschungsneigung 1:2	Regelböschungsbreite $b = 2 \cdot h$
Einschnitt		
Böschung	Regelböschungsneigung 1:1,5	Regelböschungsbreite $b = 1,5 \cdot h$
Tangentenlänge der Ausrundung in m	t = 3,00	$t = 1,5 \cdot h$

Bild 7.125 Ausbildung der Regelböschungen

Die Ausbildung der Regelböschungen erfolgt nach Bild 7.125. Die Regelneigung hat bei Dämmen das Verhältnis 1:2, im Einschnitt 1:1,5. Andere Neigungsverhältnisse können durch die erdstatischen Verhältnisse des anstehenden Bodens bedingt werden. Der Übergang von der Böschung in das Gelände ist auszurunden.

Entwässerungsmulden oder *Entwässerungsgräben* werden am Böschungsfuß angelegt. Der Übergang zwischen Einschnitt und Damm wird verzogen. Das gesammelt geführte Wasser wird entweder dem Vorfluter zugeführt oder in einer geschlossenen Rohrleitung einem Abwasserkanal zugeführt, Wenn das Grundwasser durch die Zuleitung gefährdet wird, muss das Oberflächenwasser in ein Klärbecken geleitet werden. Die „Richtlinien für die Anlage von Straßen – Teil: Entwässerung – RAS-Ew" sind dabei zu beachten.

Regelquerschnitte

Entwurfsklasse EKL 1

Einbahnige Straßen der EKL 1 werden durchgängig einseitig im Wechsel mit Überholfahrstreifen ausgestaltet. Die Länge der Überholfahrstreifen sollte mindestens 1000 m, bei einer Verkehrsstärke von 15.000 Kfz/24h wenigstens 1200 m betragen. Längen über 2000 m sind zu vermeiden, um ein Übertreten des Überholverbotes zu verhindern. Im einstreifigen Bereich werden Nothaltebuchten von 2,50 m Breite und 50,00 m Länge vorgesehen.

Der RQ 15,5 wird verwendet bis zu einer Verkehrsstärke von 20.000 Kfz/24h.

Die Längenbestimmung des Überholabschnittes gilt für Strecken höher belasteter Bundesfernstraßen, wenn
- die Straße als Kraftfahrzeugstraße ausgewiesen ist,
- die Höchstgeschwindigkeit beschränkt ist auf v_{zul} = 100 km/h,
- die Knotenpunkte planfrei angelegt sind,
- die Längsneigung $s \leq 2{,}0$ % ist,
- die Kurvigkeit gering ist.

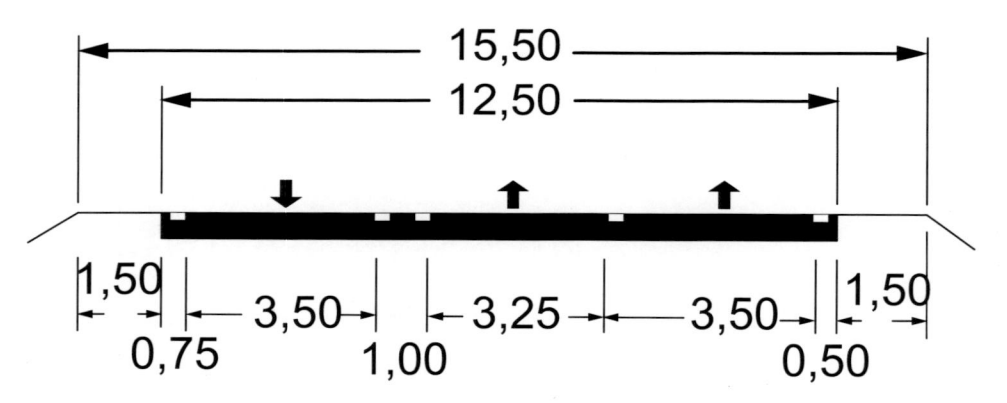

Bild 7.126 Regelquerschnitt RQ 15,5

Der RQ 21 ist den Landstraßen der Entwurfsklasse EKL 1 zugeordnet. Im Normalfall handelt es sich dabei um reine Kraftfahrzeugstraßen außerhalb bebauter Gebiete, wenn die Verkehrsbelastung 15.000 Kfz/24h überschreitet.. Im Unterschied zu Autobahnquerschnitten ist der Mittelstreifen schmaler. Außerdem sind keine Standstreifen vorgesehen. Wird die Strecke als Kraftfahrzeugstraße betrieben, werden bei einer Verkehrsbelastung bis 30.000 Kfz/ 24h beidseitig Nothaltebuchten angelegt. Ihr Abstand soll etwa 500 m bis 1000 m betragen. Übersteigt die Verkehrsbelastung 30.000 Kfz/24h, sind auch kurze Abschnitte nach den RAA zu planen.

7.8 Entwurf von Landstraßen

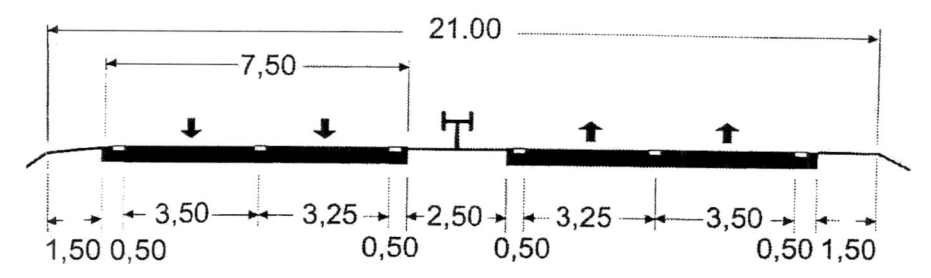

Bild 7.127 Regelquerschnitt RQ 21

Entwurfsklasse EKL 2

Der Regelquerschnitt RQ 11,5+ ist für die Entwurfsklasse EKL 2 als Standardquerschnitt vorzusehen. Er eignet sich für eine Verkehrsbelastung bis 17.000 Kfz/24h. Hierbei werden zusätzliche Überholstreifen nur in bestimmten Abschnitten angelegt. Um ein geregeltes Überholen zu erreichen. ist durch entsprechende Markierung das Überholverbot deutlich zu machen (z.B. durch eine doppelte Sperrlinie). Die Kreuzungen mit Straßen der Entwurfsklassen EKA 2 und EKA 3 werden teilplanfrei ausgebildet. Plangleiche Kreuzungen und Einmündungen werden aus Gründen der Verkehrssicherheit mit Lichtsignalanlagen zur Verkehrsregelung ausgestattet.

Obwohl Straßen mit dem Querschnitt RQ 11,5+ für den allgemeinen Verkehr zugelassen sind, soll der Radverkehr außerhalb des Querschnitts auf selbstständigen Fahrstreifen abgewickelt werden.

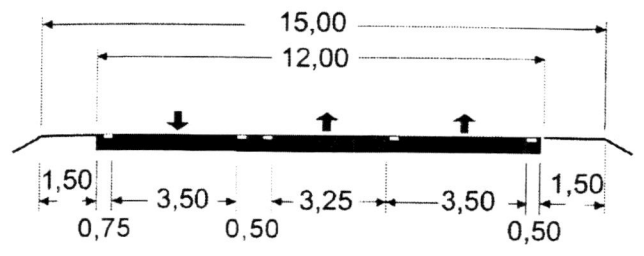

mit Überholfahrstreifen

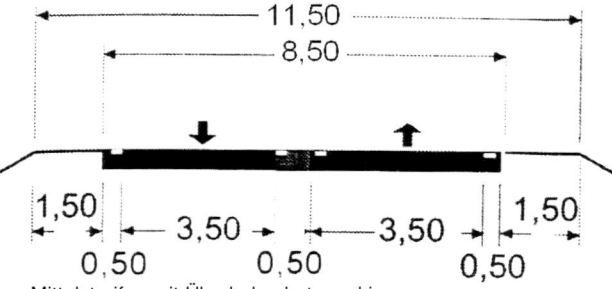

ohne Überholstreifen, Mittelstreifen mit Überholverbotsmarkierung

Bild 7.128 Regelquerschnitt RQ 11,5+

Entwurfsklasse EKL 3

Der Regelquerschnitt RQ 11 ist auf der gesamten Strecke einbahnig mir zwei Fahrstreifen. Er kann Verkehrsbelastungen bis 15.000 Kfz/24h aufnehmen. Wenn keine ausreichenden Sichtweiten vorhanden sind. wird das Überholen durch eine ununterbrochene Mittelstrichmarkierung eingeschränkt.

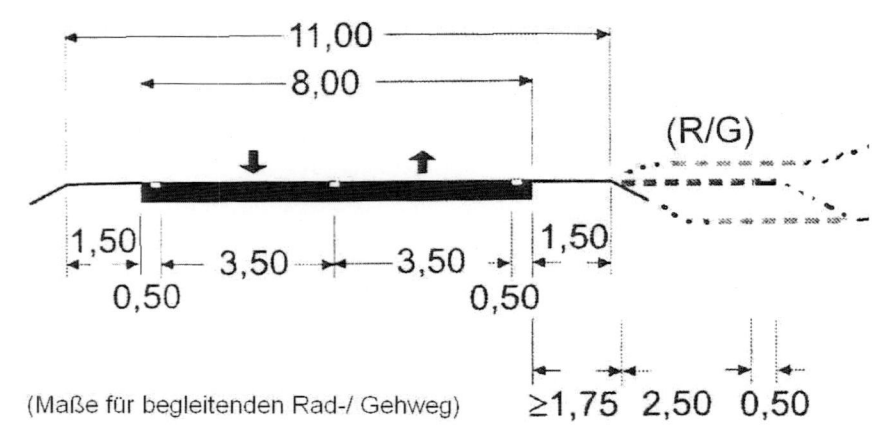

Bild 7.129   Regelquerschnitt RQ 11

Entwurfsklasse EKL 4

Der Regelquerschnitt RQ 9 reicht in der Regel bei einer Verkehrsbelastung bis 3.000 Kfz/24h und der Schwerverkehrsstärke bis 150 Lkw/24h aus. Bei diesem Querschnitt entfällt die Mitteltrennung durch Markierung.

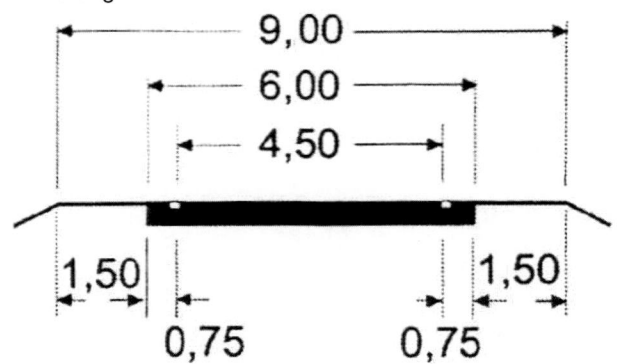

Bild 7.130   Regelquerschnitt RQ 9

Regelquerschnitte auf Brücken

Entsprechend den Regelquerschnitten der freien Strecke sind auch Regelquerschnitte im Bauwerksbereich vorgegeben. Hier muss berücksichtigt werden, dass auf den Kragarmen der Brücken sowohl das Geländer als auch die passive Leiteinrichtung und ein Notgehweg vorhanden sein müssen. Die Abmessungen sind den Bildern 7.131 bis 7.135 zu entnehmen.

7.8 Entwurf von Landstraßen

Entwurfsklasse EKL 1

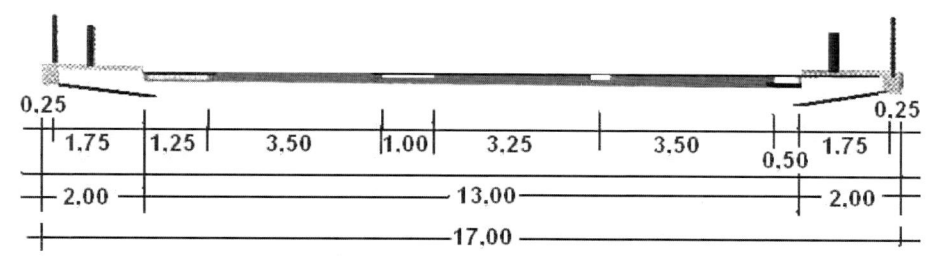

| 0,25 | 1,75 | 1,25 | 3,50 | 1,00 | 3,25 | 3,50 | 0,50 | 1,75 | 0,25 |

2,00 — 13,00 — 2,00
17,00

Bild 7.131 Regelquerschnitt RQ 15,5B

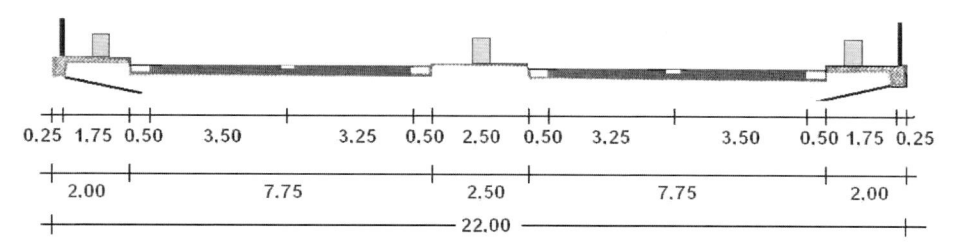

0,25 1,75 0,50 3,50 3,25 0,50 2,50 0,50 3,25 3,50 0,50 1,75 0,25

2,00   7,75   2,50   7,75   2,00
22,00

Bild 7.132 Regelquerschnitt RQ 21B

Entwurfsklasse EKL 2

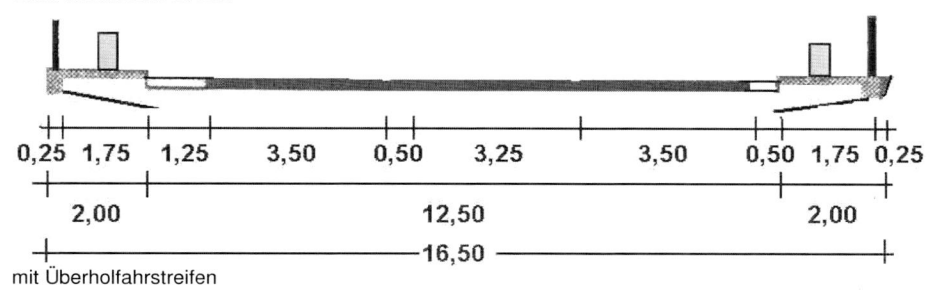

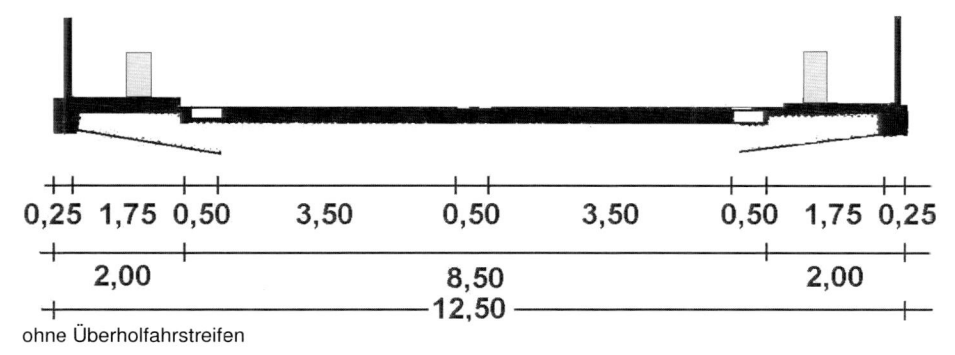

0,25 1,75 1,25 3,50 0,50 3,25 3,50 0,50 1,75 0,25

2,00   12,50   2,00
16,50

mit Überholfahrstreifen

0,25 1,75 0,50 3,50 0,50 3,50 0,50 1,75 0,25

2,00   8,50   2,00
12,50

ohne Überholfahrstreifen

Bild 7.133 Regelquerschnitt RQ 11,5B

Entwurfsklasse 3

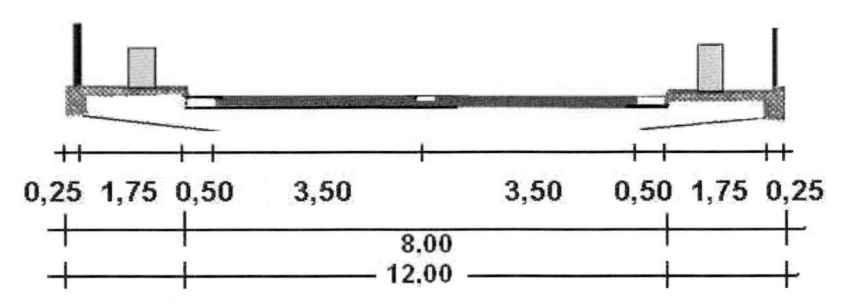

Bild 7.134   Regelquerschnitt 11B

Entwurfsklasse 4

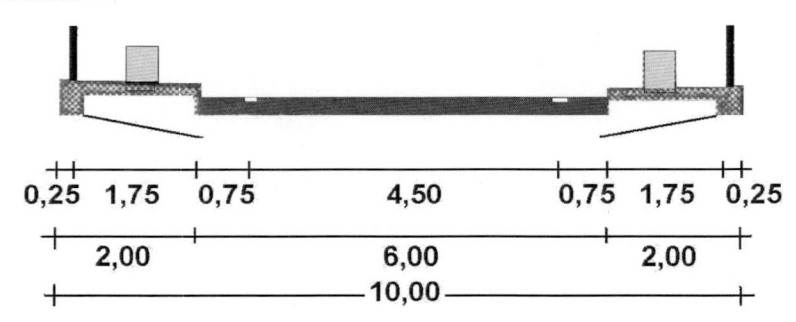

Bild 7.135   Regelquerschnitt RQ 9B

Regelquerschnitte im Tunnel

Sinngemäß sind auch die Regelquerschnitte im Tunnel ausgestaltet. Aus Kosten- und Betriebsgründen erhält der Querschnitt statt des Randstreifens 1,00 m breite Notgehwege. Für alle einbahnigen Querschnitte wird der RQ 11T eingesetzt. Der RQ 21T ist den zweibahnigen Strecken vorbehalten.

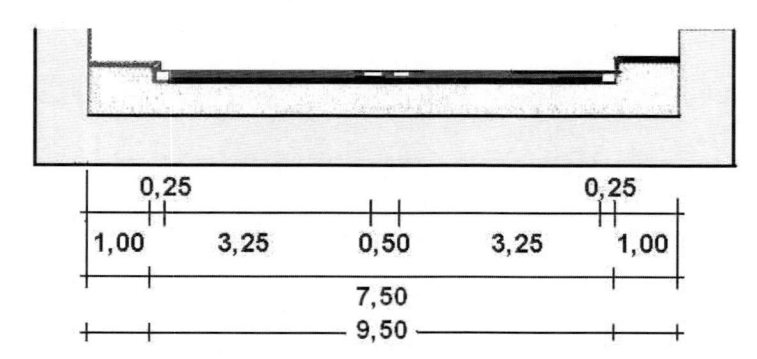

Bild 7.136   Regelquerschnitt RQ 11T

7.8 Entwurf von Landstraßen

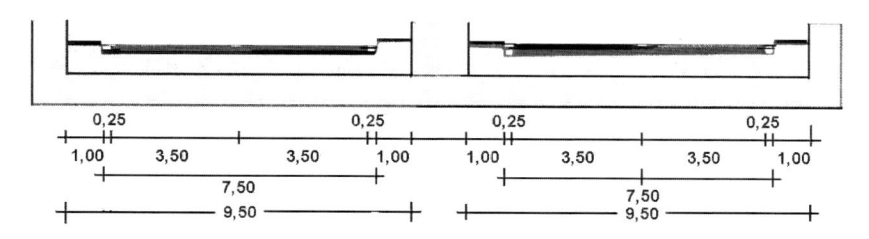

Bild 7.137 Regelquerschnitt RQ 21T

7.8.9 Linienführung

Lageplan

Geraden sind in flachen Landschaften oder weiten Talauen möglich. Manchmal kann man sie neben Bahnlinien einsetzen, um so das Landschaftsbild zu schonen. Lange Geraden sind aber besonders bei Nacht durch die Blendgefahr nicht empfehlenswert. Außerdem lässt sich auf ihnen die Geschwindigkeit entgegen kommender Fahrzeuge schlecht abschätzen. Die Verkehrssicherheit beim Überholen wird dadurch vermindert. Deshalb soll die maximale Länge der Geraden auf max l_G = 1500 m eingeschränkt werden. Der Übergang in den Kreisbogen soll ein ausgewogenes Verhältnis von Geradenlänge und Bogenradius bilden. Einen Anhalt gibt das Bild 7.138.

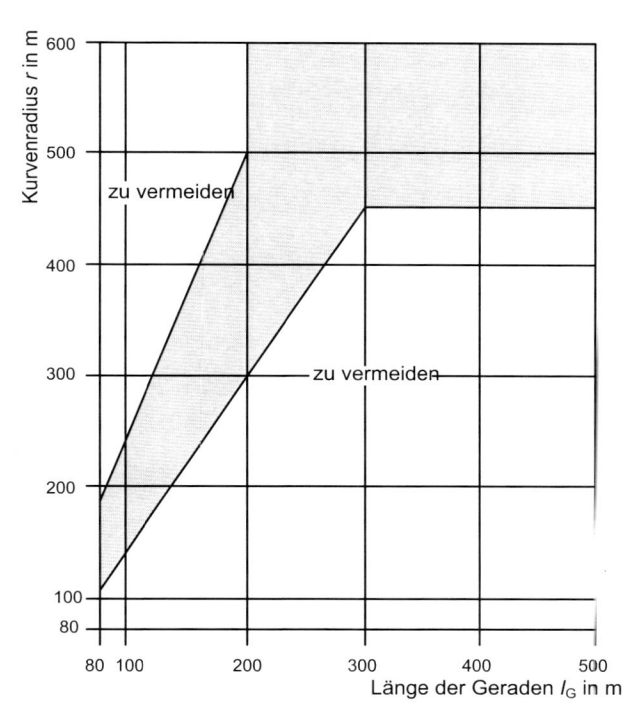

Bild 7.138 zulässige Radien im Anschluss an eine Gerade

Gerade zwischen gleichsinnig gekrümmten Bögen sind zu vermeiden und möglichst durch einen Korbbogen zu ersetzen. Ist das nicht möglich, soll die Mindestlänge min l_G = 1,5 · r des kleineren Kreises sein.

Kreisbögen sollen nach ihrer Größe und in der Bogenfolge die angemessene Geschwindigkeit der jeweiligen Entwurfsklasse zulassen. Sie bilden hintereinander rechtsdrehende Bögen (in der Datenverarbeitung (positives *r*) und linksdrehende Bögen (negatives *r*).

Für die verschiedenen Entwurfsklassen werden Mindestradien empfohlen, die den angemessenen Geschwindigkeiten der Entwurfklasse zugeordnet sind. Zwar können auch größere

Radien verwendet werden, doch soll eine gestreckte Linienführung in den Entwurfsklassen EKL 3 und EKL 4 die angestrebte Wirkung dieser Straßentypen nicht verändern.

Damit der Fahrzeuglenker eine Richtungsänderung auch optisch deutlich wahrnimmt, müssen die Kreisbögen eine gewisse Mindestlänge aufweisen. Dadurch wird die Änderung des Richtungswinkels der Trasse sichtbar.

Entwurfsklasse	EKL 1	EKL 2	EKL 3	EKL 4
Radienbereiche in m	≥ 500	350 bis 900	250 bis 600	150 bis 300
Mindestlänge des Kreisbogens min l in m	70	60	50	40

Tabelle 7.54 Radien und Mindestlängen von Kreisbögen

Die Verkehrssicherheit bedingt, dass auf einander folgende Kreisbögen in einem ausgewogenen Verhältnis zu einander stehen. Es ist zweckmäßig, die Relationstrassierung (Abschnitt 7.7.4, Bild 7.70) anzuwenden. Für die Entwurfsklassen EKL 1 und EKL 2 ist der gute Bereich einzuhalten. In EKL 3 ist er anzustreben. Es kann aber auch einmal der brauchbare Bereich verwendet werden. Der brauchbare Bereich ist für die Entwurfsklasse EKL 4 ausreichend.

Müssen die Werte in Zwangslagen unterschritten werden, sind verkehrstechnische Maßnahmen (z. B. Geschwindigkeitsbeschränkung, Gefahrenzeichen) anzuordnen.

Übergangsbögen werden angeordnet, damit das Fahrzeug allmählich aus der Richtung der Geraden in den Kreisbogen gelenkt werden kann. Als Übergangsbogen wird die Klothoide verwendet, bei der sich der Wert $1/r$ konstant verändert und somit dem allmählichen Lenkradeinschlag entspricht. (siehe Abschnitt 4.4.1).

Klothoiden müssen nicht eingeschaltet werden, wenn
- der Radius $r > 1000$ m ist oder
- die Winkeländerung des Bogens ≤ 10 gon beträgt.

Diese *Flachbögen* sollen in den Entwurfsklassen EKL 1 und EKL 2 eine Mindestlänge von 200,00 m besitzen. In der Entwurfsklasse EKL 3 sollen sie mindestens 150,00 m und in EKL 4 mindestens 100,00 m lang sein.

Längsschnitt

Mit der *Längsneigung* passt man die Trasse an die Geländeformen an. Geringe Längsneigungen sind vorteilhaft weil sie die Verkehrssicherheit verbessern. Die Qualität des Verkehrsablaufes und die Leistungsfähigkeit der Straße wird erhöht. Der Schadstoffausstoß der Kfz wird verringert und die Wirtschaftlichkeit des Straßenzuges optimiert. Vorteilhaft sind deshalb Längsneigungen $s ≤ 4,0$ %. Höhere Längsneigungen werden im bewegten Gelände erforderlich, um eine bessere Geländeanpassung zu erzielen. So können tiefe Geländeeinschnitte oder hohe Dämme vermieden werden. Aber die Überholmöglichkeiten, besonders in EKL 3 oder EKL 4, werden dann stark verringert.

Entwurfsklasse	EKL 1	EKL 2	EKL 3	EKL 4
Höchstlängsneigung max s in %	4,5	5,5	6,5	8,0
Längsneigung s in % im Tunnel bei $l_T > 400,00$ m	3,0			
Längsneigung s in % im plangleichen Knotenpunkt	≤ 4,0			

Tabelle 7.55 maximale Längsneigung

7.8 Entwurf von Landstraßen

Im Ausnahmefall können die Höchstwerte der freien Strecke überschritten werden. Dann muss aber gesichert sein, dass die maximale Schrägneigung $p \leq 10{,}0\ \%$ eingehalten wird. In den Verwindungsstrecken mit Nulldurchgang soll eine Mindestlängsneigung $s_{min} = 1{,}0\ \%$, besser aber $s = 1{,}5\ \%$ vorhanden sein. Dadurch kann die Zone, in der das Wasser nur langsam abfließt, kurz gehalten und Wasserstau oder Flächen mit Vereisungsgefahr gering gehalten werden. Um für ausreichenden Wasserabfluss zu sorgen, soll die Differenz zwischen Längsneigung und Anrampungsneigung

$$s - \Delta s \geq 0{,}4\ \% \qquad (7.29)$$

s Längsneigung in % Δs Anrampungsneigung in %

betragen. Wird die Fahrbahn durch Borde begrenzt, muss eine Längsneigung der Bordrinne vorhanden sein, um die Wasserabführung zu gewährleisten. Bei einer Längsneigung $s \leq 0{,}5\ \%$ legt man die Bordrinne als Pendelrinne mit $s_{Pend} = 0{,}5\ \%$ an. Diese Mindestlängsneigung ist auch auf Brücken vorzusehen, weil hier die Vereisungsgefahr im Winter besonders groß ist.

Kuppen und Wannen
Die Ausrundung der Kuppen und Wannen ist im Abschnitt 4.4.3 beschrieben. Um die erforderliche Sichtweite zu gewährleisten, sind die Halbmesser genügend groß zu wählen. Die empfohlenen Halbmesser sind in Tabelle 7.56 zusammengestellt.

Entwurfsklasse	EKL 1	EKL 2	EKL 3	EKL 4
Kuppenhalbmesser h_K in m	≥ 8000	≥ 6000	≥ 5000	≥ 3000
Wannenhalbmesser h_W in m	≥ 4000	≥ 3500	≥ 3000	≥ 2000
Mindestlänge der Tangenten t_{min} in m	100	85	70	55

Tabelle 7.56 Empfohlene Werte für Kuppen- und Wannenausrundung

In Zwangslagen können die Halbmesser um 15 % kleiner angesetzt werden. Dann ist aber eine ausreichende Sichtweite unbedingt einzuhalten. Die Überlagerung von Elementen des Lageplanes mit denen des Längsschnittes ist in diesen Fällen besonders gut aufeinander abzustimmen.

7.8.10 Räumliche Linienführung

Durch die Raumgestaltung des Straßenraumes kann man Einfluss auf das Fahrverhalten des Kraftfahrers nehmen. Durch die Geländemodellierung und Bepflanzung erhöht man die Erkennbarkeit und Begreifbarkeit des Linienverlaufs. Besonders an Stellen, die nicht auf weite Entfernung einzusehen sind, aber auch bei Fahrten in der Nacht erzielt man z.B. durch Baumpflanzung am Außenrand einer Kurve gute Orientierungsmöglichkeiten über den Trassenverlauf.

Die Raumwirkung wird unterstützt, wenn die Wendepunkte im Lageplan ungefähr an der gleichen Stelle liegen wie die Tangentenschnittpunkte im Längsschnitt.

Standardraumelemente
Fallen Beginn und Ende der Kurven im Lageplan mit denen der Kuppen und Wannen im Längsschnitt zusammen, spricht man von *Standardraumelementen* (SRE). Dazu zählt man auch Elemente, wenn die Anfangs- und Endpunkte nicht mehr als 20 % der Länge des Lageplanelementes gegeneinander verschoben sind.

Damit der Fahrer den Beginn einer Kurve frühzeitig erkennen kann, muss manchmal der Kurvenbeginn bereits vor den Kuppenbeginn gelegt werden. Die Verschiebungswerte sind abhängig vom Kuppenhalbmesser und dem Klothoidenparameter. Die Werte entnimmt man Tabelle 7.57.

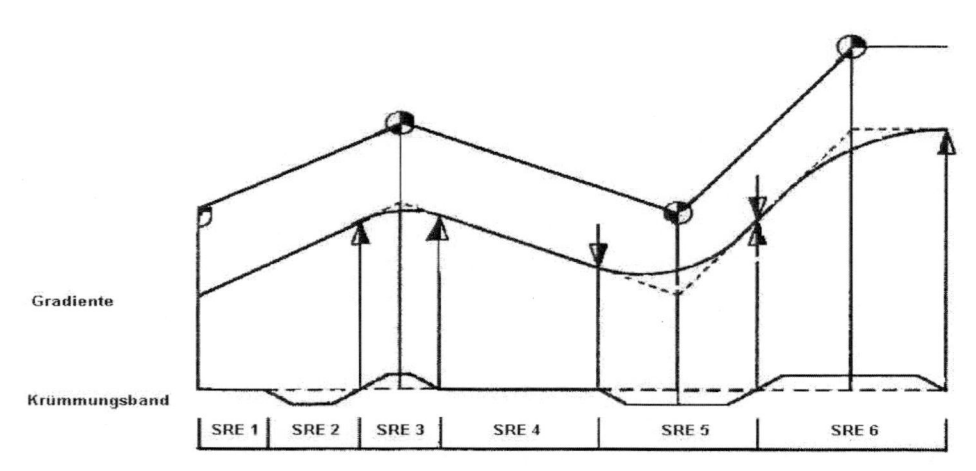

Bild 7.139   Beispiel für die Folge von Standardraumelementen

		Verschiebung des Kuppenbeginns in m hinter den Kurvenbeginn							
Kuppenhalbmesser h_K in m		3000	4000	5000	6000	7000	8000	9000	10000
Klothoidenparameter A in m	150	25	15	keine Verschiebung erforderlich					
	200	50	35	25	15				
	250	65	55	50	40	30	20	10	
	≥ 300	80	75	70	60	55	465	40	30

Tabelle 7.57   Erforderliche Verschiebung des Kuppenbeginns hinter den Bogenbeginn beim Übergang von der Geraden über die Klothoide in den Kreisbogen

Sichtschatten

Bei kleinen Kuppenhalbmessern kann ein *Sichtschatten* auftreten. Damit wird eine Strecke des Fahrraumes bezeichnet, bei der der Fahrzeuglenker nach einer überschaubaren Strecke von 75,00 m einen weiteren Bereich bis 600,00 m nicht überschauen kann. Diese Sichtschatten können bei „Springen" oder „Tauchen" der Fahrbahn entstehen (Bild 7.48 bis 7.50). Um Gefährdung beim Überholen auf einer zweistreifigen Straße zu vermeiden, darf der Höhenunterschied zwischen Sehstrahl und Fahrbahnfläche die *Sichtschattentiefe* s_t = 0,75 m nicht überschreiten Bei größerer Tiefe muss das Überholen durch Markierung oder Verkehrszeichen verboten werden.

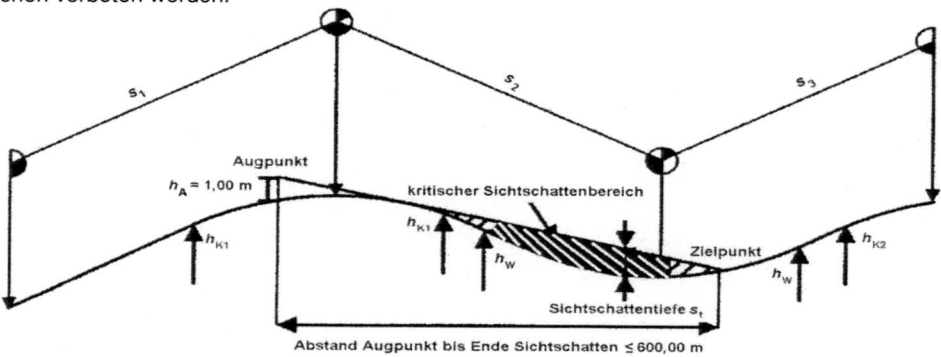

Bild 7.140   Definition des Sichtschattenbereiches

7.8 Entwurf von Landstraßen

Sichtweite

Um die Verkehrssicherheit bei angemessener Geschwindigkeit auch auf nasser Fahrbahn zu ermöglichen, muss die erforderliche *Haltesichtweite* vorhanden sein. Dadurch soll der Kraftfahrer rechtzeitig ein Hindernis erkennen und den Bremsvorgang einleiten können, um vor diesem zum Halten zu kommen. Die Größe der erforderlichen Strecke ist abhängig von der Geschwindigkeit in der Entwurfsklasse, der Längsneigung der Straße, der Reaktionszeit und dem Bremsweg. Sie kann in Bild 7.141 abgelesen werden.

Damit sich der Kraftfahrer rechtzeitig auf Hindernisse einstellen kann, sind in der Regel größere Streckenlängen der Sichtweite notwendig. Diese Entfernungen nennt man *Orientierungssichtweite*. Die Länge liegt für die einzelnen Entwurfsklassen etwa 30 % über den erforderlichen Haltesichtweiten. Sie sollen auf dem größten Teil der Gesamtstrecken zur Verfügung stehen..

Die *vorhandene Sichtweite* ergibt sich aus den Verhältnissen der Linienführung, dem Querschnitt und in Einschnitten auch aus der Lage der Böschungen. Die Sichtweite ist die Entfernung zwischen Augpunkt und Zielpunkt. Beide werden in der Mitte des rechten Fahrstreifens in der Höhe $h_A = h_Z = 1,00$ m angenommen. Nur bei der Entwurfsklasse EKL 4 liegen sie in der Mitte der Fahrbahn.

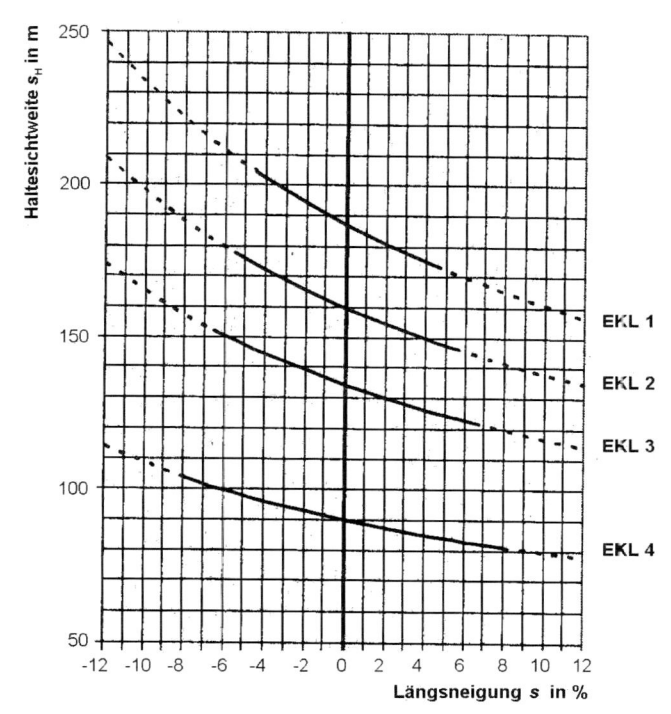

Bild 7.141 Erforderliche Haltesichtweiten s_K auf Landstraßen

Die vorhandene Sichtweite ist abschnittsweise für jede Fahrtrichtung getrennt zu ermitteln. Hierbei sind auch Einbauten (z. B. Mauern, Lärmschutzwände Brückenwiderlager o.ä.) zu berücksichtigen. Kann die erforderliche Sichtweite nicht erreicht werden, sind verkehrliche Maßnahmen anzuordnen.

Wird in der Entwurfsklasse EKL 3 die vorhandene Sichtweite von 300,00 m in Kuppen unterschritten, wird zunächst eine 105,00 m lange Warnlinie mit drei Vorankündigungspfeilen markiert. Daran schließt sich eine Fahrstreifenbegrenzungslinie an. Diese Linie markiert man so lang, bis die vorhandene Sichtweite 450,00 m überschreitet.

7.8.11 Gestaltung der Straßenflächen

Die Gestaltung der *Querneigung* entspricht den Kriterien, die im Abschnitt 7.2 behandelt sind. Die Höchstquerneigung in Kurven beträgt hier $q_{max} = 7,0$ %. Die Schrägneigung darf dann $p_{max} = 10,0$ % betragen. Die Größe der Querneigung q der Fahrbahn entnimmt man dem Bild 7.142.

Bei zweibahnigen Straßen mit einem Radius $r > 3000,00$ m ist eine nach außen geneigte Querneigung $q = -2,5\ \%$ zulässig. Dadurch kann eine Entwässerungsleitung im Mittelstreifen entfallen.

Um im Knotenpunktsbereich eine zu große Querneigung in der übergeordneten Straße zu vermeiden, wendet man die Werte der gestrichelten Linie im Bild 7.142 an. Die zulässige Geschwindigkeit muss dann auf $v_{zul} = 70$ km/h beschränkt werden. Außerdem darf die Querneigung im Kreisbogen sich nicht ändern.

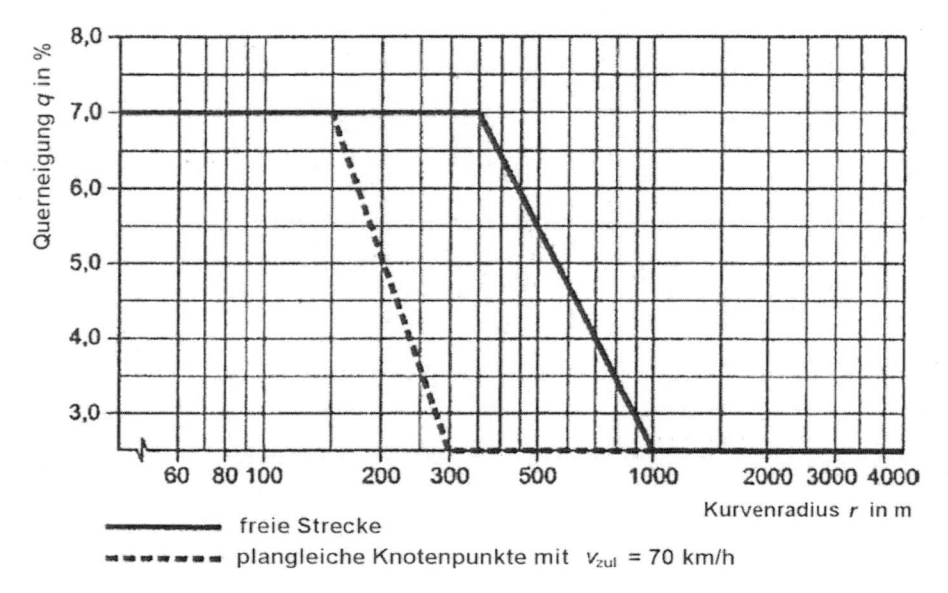

Bild 7.142 Querneigung im Kreisbogen für Landstraßen

Die *Verwindung* vollzieht man im Übergangsbogen. In der Regel dreht man um die Fahrbahnachse. Wenn kein Übergangsbogen zwischengeschaltet ist, beginnt die Verwindungsstrecke zur Hälfte vor dem Stoßpunkt der Trassierungselemente und endet mit der Hälfte im anstoßenden Element.

Die *Anrampungsneigung* soll maximale Grenzwerte nicht überschreiten. Die Mindestlänge bestimmt man mit Gl. 7.15. Liegt die Drehachse nicht in der Fahrbahnmitte, wählt man beim Überschreiten der Maximalwerte größere Klothoidenparameter.

Entwurfsklasse		EKL 1/ EKL 2	EKL 3	EKL 4
Anrampungsneigung	max Δs in %	0,8	1,0	1,5
	min Δs in %	$0,10 \cdot a$		

Tabelle 7.58 Grenzwerte der Anrampungsneigung

Im Bereich des Wendepunktes einer Klothoide entsteht eine Fahrbahnfläche mit sehr geringer Querneigung. Um auch dort den Wasserabfluss von der Fahrbahn zu erreichen, muss im Bereich zwischen den gegensinnigen Querneigungen möglichst rasch die Querneigung vom Wert $q = -2,5\ \%$ auf $q = + 2,5\ \%$ gebracht werden. Deshalb muss die Anrampungs – Mindestneigung Δs_{min} nach Tabelle 7.58 unbedingt eingehalten werden. Ergibt sich aus der Länge des Übergangsbogens, dass die Anrampungsneigung kleiner ist als die notwendige Anram-

7.8 Entwurf von Landstraßen

pungs–Mindestneigung, erfolgt die Anrampung zunächst mit Δs_{min}, bis die Querneigung der Fahrbahn $q = \pm 2{,}5\ \%$ erreicht hat. Von diesem Punkt aus wird der Fahrbahnrand dann bis zum Bogenanfang linear verzogen.

Wird eine ausreichende Entwässerung wegen der Überlagerung in einer Wanne nicht erreicht, darf der Querneigungs–Nulldurchgang gegenüber dem Wendepunkt der Klothoide um die Strecke $l = 0{,}1 \cdot A$ verschoben werden.

Entsteht eine Anrampung im Bereich einer Aufweitung der Fahrbahn oder beim Beginn eines Zusatzfahrstreifens, ist die Anrampungsneigung so zu konstruieren, wie es der Rand der nicht verbreiterten Fahrbahn verlangt.

Die Grundformen der Fahrbahnverwindung sind im Bild 7.144 dargestellt.

Die Drehachsen für den Übergang der Querneigungen in die entgegengesetzte Richtung liegen in Regelfall in Fahrbahnmitte. Die Drehung um einen Fahrbahnrand kommt nur in Ausnahmefällen zur Anwendung.

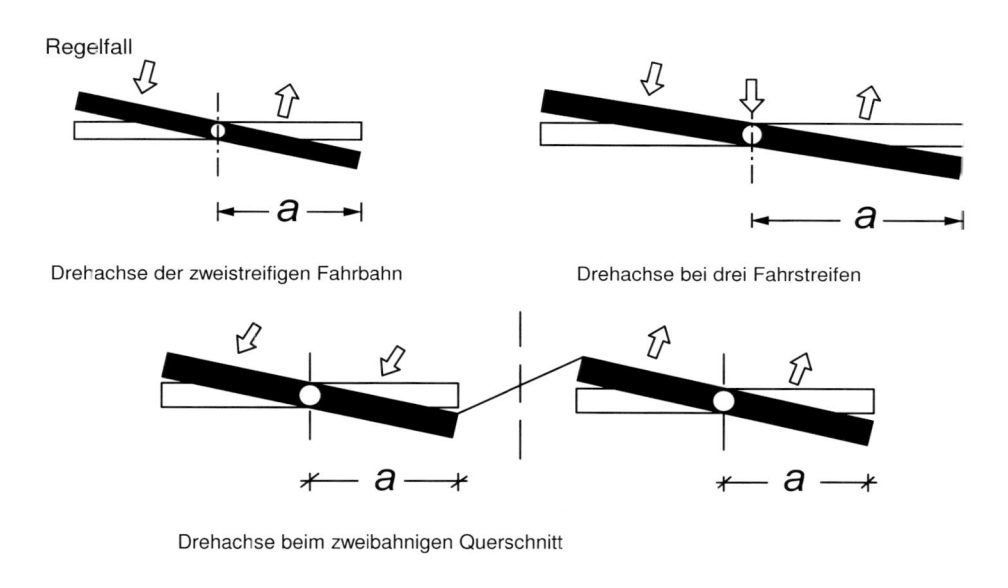

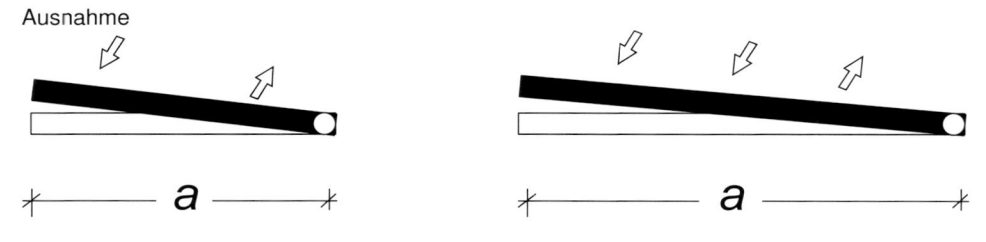

Regelfall

Drehachse der zweistreifigen Fahrbahn   Drehachse bei drei Fahrstreifen

Drehachse beim zweibahnigen Querschnitt

Ausnahme

Drehachse am Fahrbahnrand

Bild 7.143 Anordnung der Drehachsen in Verwindungsstrecken

Übergang	Δs	Gerade - Klothoide - Kreisbogen	Kreisbogen - Klothoide - Kreisbogen
zwischen verschieden oder gleichgroßen, gegensinnigen Querneigungen	$\geq \min \Delta s$		Wendeklothoide
	$< \min \Delta s$		
	$\geq \min \Delta s$		Drehung um einen Fahrbahnrand
zwischen verschieden großen, gleichsinnigen Querneigungen	beliebig		Eiklothoide
vom Dachprofil (Zweiseitneigung)	$\geq \min \Delta s$		
zum Pultprofil (Einseitneigung)	$\geq \min \Delta s$		
	$< \min \Delta s$		

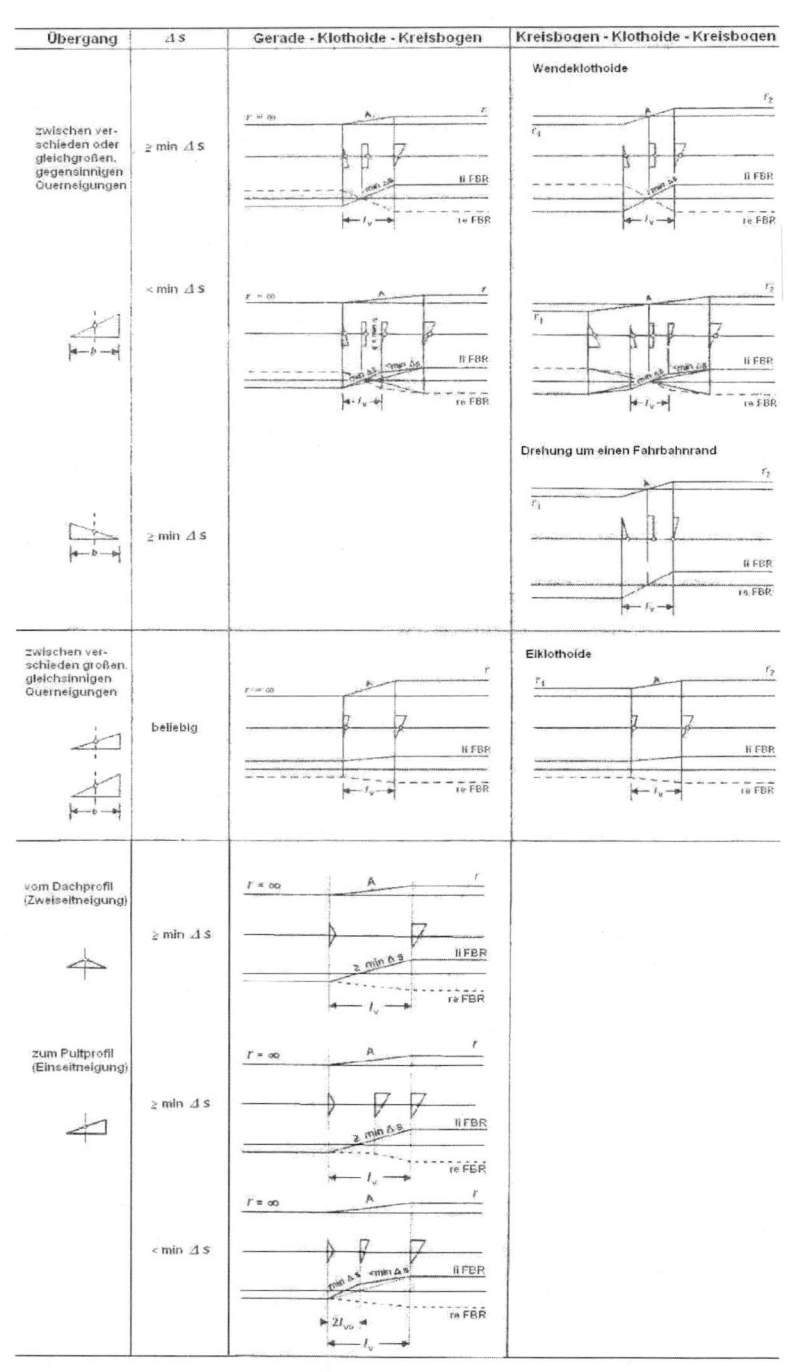

Bild 7.144 Grundformen der Fahrbahnverwindung

7.8 Entwurf von Landstraßen

Die *Fahrbahnverbreiterung* und die *Fahrbahnaufweitung* sind in Abschnitt 4.4.4 beschrieben. Die Verbreiterung in Kreisbögen mit r< 200,00 m berechnet man mit Gl. (7.29).

$$i = \frac{100}{r} \text{ in m} \tag{7.29}$$

i Fahrbahnverbreiterung in m
r Kreisbogenradius in m

Die Verbreiterung muss auf der gesamten Länge des Kreisbogens vorhanden sein und wird am Kurveninnenrand angetragen. Die Verziehung von der normalen Fahrbahnbreite auf die Breite einschließlich der Verziehung erfolgt linear über die gesamte Länge des Übergangsbogens.

Werden Überholfahrstreifen oder Fahrbahnteiler angelegt, werden die Fahrbahnränder beidseits verzogen. Nur bei Radien r < 300,00 m wird die Fahrbahnaufweitung am Innenrand in voller Breite ausgeführt. Bei Überholfahrstreifen ordnet man die Aufweitung auf der Seite des Fahrstreifens an, an den der Überholfahrstreifen anschließt. Sind Linksabbiegestreifen vorgesehen, wird die Aufweitung sinngemäß vorgenommen. Entsprechend den angemessenen Geschwindigkeiten der Entwurfsklassen sind die empfohlenen Verziehungslängen festgelegt.

Fahrbahnverbreiterung *i* in m		≤ 1,5	≤ 2,5	≤ 3,5	> 3,5
Länge der Verziehungsstrecke l_z in m	EKL 1/ EKL 2	80	100	120	170
	EKL 3	60	80	100	140
	EKL 4	50	60	70	–

Tabelle 7.59 Länge der Verziehungsstrecke bei Fahrbahnaufweitungen

7.8.12 Knotenpunkte

Straßenknotenpunkte sind Stellen im Verkehrswegenetz, an denen sich Verkehrsströme kreuzen, vereinigen oder trennen. Sie werden innerhalb und außerhalb bebauter Gebiete nach gleichen Grundprinzipien konstruiert. Dadurch wird erreicht, dass die Verkehrsteilnehmer nach Verkehrscharakter und vorhandenem Umfeld ähnliche Merkmale vorfinden und sich während der Fahrt im Knotenbereich sicher fühlen.

Straßenknoten müssen sicher, leistungsfähig und wirtschaftlich angelegt werden. Die *Verkehrssicherheit* lässt sich erreichen, wenn der Knoten
- rechtzeitig erkennbar,
- übersichtlich,
- begreifbar,
- befahrbar

ist. Für Fahrzeuge mit Vorfahrt ist die rechtzeitige *Erkennbarkeit* notwendig, damit sie sich auf die erforderlichen Fahrbewegungen früh genug einstellen können. Solche Fahrbewegungen sind z.B. das Einordnen, Bremsen, Kreuzen oder Abbiegen. Wartepflichtige Fahrzeuge können außerdem nahende Fahrzeuge der übergeordneten Straße erkennen und die Vorfahrt dieser Verkehrsteilnehmer beachten.

Die *Übersichtlichkeit* des Knotens verdeutlicht die möglichen Kollisionspunkte der im Knoten zusammenlaufenden Straßenäste und gibt wiederum dem wartepflichtigen Verkehrsstrom die Möglichkeit, abzuschätzen, ob Vorfahrt beachtet werden muss. Darüber hinaus soll der Verkehrsteilnehmer auch den Fahrstreifen erkennen, auf dem er den Knoten verlassen muss. Für die Einhaltung der Sichtweiten müssen die Sichtfelder freigehalten werden.

Begreifbarkeit wird durch die bauliche Gestaltung und eine korrespondierende Verkehrsregelung erreicht. So kann richtiges Fahrverhalten im Knotenpunktsbereich erwartet werden.

Die *Befahrbarkeit* hängt ab von fahrgeometrischen und fahrdynamischen Bedingungen. Ausreichende Entwässerung im Knoten ist unerlässlich. Die Fahrbahnmarkierung führt den Verkehrsteilnehmer über den Knoten. Trotzdem ist auch dieser Bereich des Straßennetzes als Straßenraum zu gestalten und dem Umfeld anzupassen.

Ein Knotenpunkt ist dann leistungsfähig, wenn für alle Verkehrsteilnehmer ein zumutbarer Zeit- und Wegaufwand entsteht. Wartezeiten sollen für alle Verkehrsteilnehmer minimiert werden. Je nach Knotenpunktsbelastung muss entschieden werden, ob der Knoten *plangleich*, also nur in einer Ebene, oder *planfrei* in verschiedenen Ebenen ausgebildet wird. Innerhalb bebauter Gebiete muss dabei die Auswirkung auf die städtebauliche Wirkung und das Umfeld genau untersucht werden.

Eine wirtschaftliche Knotenpunktslösung wird immer dann erzielt, wenn ein vertretbares Kosten–Nutzen-Verhältnis erreicht wird. Hierbei sind nicht nur die Kosten für den Baulastträger, sondern auch die Straßennutzerkosten einzubeziehen.

Knotenpunkte werden in ihrer Gestaltung dann die Anforderungen erfüllen, wenn die Maßstäblichkeit der Verkehrsanlage mit dem Umfeld gewahrt wird. Weiträumige Kreuzungsanlagen mit vielen Fahrstreifen in einer engen Dorflage widersprechen vernünftigen gestalterischen Gesichtspunkten.

Als Gestaltungsmerkmale sind folgende Maßnahmen denkbar:
- Wahl eines situationsgerechten Knotenpunktes,
- Veränderung der Entwurfselemente, notfalls bis an die Grenze der Befahrbarkeit,
- Vereinfachung des Knotens durch Verkehrslenkung (Einbahnsysteme, Abbiegeverbote)
- Verbesserung der Leistungsfähigkeit durch Lichtsignalanlagen oder Fußgängerunterführungen zur Vermeidung von Eingriffen in die Bebauung,
- Ausbildung als Knoten in mehreren Ebenen,
- Rücksichtnahme auf Stadtbild und städtebauliche Räume, Baudenkmäler, Grünbestände, Naturdenkmäler und Flächenqualitäten,
- Erhaltung zusammenhängender Bereiche und Landschaftsräume,
- Minimierung von Lärm, Staub und Abgasen.

Aus den jeweiligen Randbedingungen entstehen Bindungen für Ausbildung und Gestaltung, die unter Abwägung von deren Wichtung sich aus verschiedenen Kriterien ergeben.

Die Örtlichkeit übt Einfluss aus durch
- die Lage des Knotens im Straßennetz und die davon abhängige Größe der Verkehrsströme und ihrer Zusammensetzung,
- den Anteil des Fußgänger- und Radverkehrs,
- die Anzahl der im Knoten zusammenlaufenden Straßenäste, die verbunden oder geplant sind,
- die vorhandene Bebauung, deren Nutzung und deren Verkehrsbedürfnissen,
- die vorhandenen erhaltenswerten Grünflächen,
- die bestehenden Eigentumsverhältnisse der Anlieger,
- die vorliegenden Höhenverhältnisse von Gelände und Bebauung.

Schließlich sind aber auch rechtliche Gegebenheiten zu beachten, weil der Grunderwerb in der Regel erst nach Durchführung eines Planfeststellungs- oder Bebauungsplanverfahrens begonnen werden kann.

Die Knotenpunkte der Landstraßen werden in Abhängigkeit von der Bedeutung der Entwurfsklassen der kreuzenden oder einmündenden Straßen konstruiert. Dabei unterscheidet man die baulichen Grundformen:

7.8 Entwurf von Landstraßen

- planfrei,
- teilplanfrei,
- teilplangleich,
- plangleich,
- Kreisverkehre.

Bei den drei erstgenannten Grundformen ergeben sich Teilknotenpunkte durch die Ein- und Ausfahrten und die Rampen. Bei entsprechenden Verkehrsstärken muss durch Verkehrszeichen oder Lichtsignalanlagen die Vorfahrt eindeutig geregelt werden.

Eine Verknüpfung von Straßen der Entwurfsklasse EKL 1 mit der EKL 4 soll vermieden werden, auch bei der EKL 2 wird die Verknüpfung mit der EKL 4 nicht empfohlen. Die Art der Knotenpunkte und ihre Abstände werden so gewählt, dass auf der übergeordneten Straße die angestrebte Reisegeschwindigkeit eingehalten werden kann. Bei der EKL 1 ordnet man möglichst die Knotenpunkte in Abständen $l_{Knot} \geq 3000$ m an. Bei der EKL 2 sollte ein Knotenpunktsabstand $l_{Knot} \geq 2,0$ km erreicht werden.

Bauliche Grundform	Führung im Kotenpunkt/ Teilknotenpunkt übergeordnete Straße	untergeordnete Straße	Beispiele
planfrei	Einfädeln/ Ausfädeln	Einfädeln/ Ausfädeln	
teilplanfrei	Einfädeln/ Ausfädeln	Einbiegen/ Abbiegen/ Kreisverkehr	
teilplangleich	Einbiegen/ Abbiegen	Einbiegen/ Abbiegen/ Kreisverkehr	
plangleiche Einmündung	Einbiegen/ Abbiegen	Einbiegen/ Abbiegen	
plangleiche Kreuzung	Einbiegen/ Abbiegen/ Kreuzen	Einbiegen/ Abbiegen/ Kreuzen	
Kreisverkehr	Kreisverkehr		

* Ausführung auch als Raute möglich
Die vorfahrtberechtigte Straße ist als Breitstrich dargestellt

Tabelle 7.60 Grundformen der Knotenpunkte

Linienführung im Knotenpunkt

Um eine gute Übersicht über den Knotenpunktsbereich anzubieten und dem Fahrzeuglenker die Abschätzung über die Bewegung anderer Fahrzeuge und mögliche Kollisionsgefahren zu erleichtern, sind bestimmte Grundsätze zu beachten:

- Achsen sich schneidender Straßen sollen möglichst rechtwinklig zu einander liegen. Ist das nicht möglich, strebt man Kreuzungswinkel zwischen $\alpha = 80$ gon und $\alpha = 120$ gon an.
- Die übergeordnete Straße soll im Knotenpunkt möglichst gestreckt geführt werden.
- Einmündungen in engen Innenkurven vermindern die Sicht für den Wartepflichtigen.
- Einmündungen an Außenkurven lassen manchmal den Überblick auf die Fahrbahnfläche der übergeordneten Straße nicht zu. Für die Ein- und Abbieger ergeben sich der Fahrdynamik entgegengesetzte Querneigungen.
- Knotenpunkte sollen nicht im Kuppenscheitel angeordnet werden, weil dadurch Verkehrsgefährdung wegen mangelnder Sicht auftreten kann.
- Die Längsneigung der übergeordneten Straße sollte im Knotenpunktsbereich mit Rücksicht auf einbiegende Lastkraftwagen $s = 4,0$ % nicht überschreiten.
- Die Querneigung der untergeordneten Straße ist der Längsneigung der übergeordneten Straße anzupassen. Deshalb muss manchmal im Knotenbereich in der untergeordneten Straße ein Querneigungswechsel vollzogen werden. Geradlinige Anschlussarme sind dann von Vorteil.
- Die Längsneigung der untergeordneten Straße ist zur besseren Übersicht auf den Knoten auf eine Strecke $l \geq 25,00$ m vom Rand der übergeordneten Straße auf $s_{max} = 2,5$ % zu beschränken. Mögliche Anschlussarten zeigt Bild 7.145.
- Um die Verkehrssicherheit zu erhöhen, sollen Knotenpunkte in Straßen der Entwurfsklassen EKL 1 und EKL 2 aus einer Entfernung $l \geq 300,00$ m, bei denen der Entwurfsklassen EKL 3 und EKL 4 aus $l \geq 200,00$ m erkennbar sein.
- Knotenpunkte im Wannenbereich sind gut erkennbar.

Beim Anschluss der untergeordneten an die übergeordnete Straße muss die Längsneigung der untergeordneten Straße an die Querneigung der übergeordneten Straße angepasst werden. Es können drei Fälle auftreten:

- *Tangentialer Anschluss.* Die Gradiente der untergeordneten Straße besitzt eine Längsneigung, die der Querneigung der übergeordneten Straße entgegengesetzt gerichtet ist. Dann wird an den Fahrbahnrändern der übergeordneten Straße auf der einen Seite eine Kuppe, auf der anderen eine Wanne erzeugt mit Kuppen- und Wannenhalbmessern $h_K = h_W = 500,00$ m. Die Tangenten der Ausrundungen beginnen dann jeweils am Fahrbahnrand.
- *Anschluss mit Knick.* Ist die Neigungsdifferenz zwischen Längsneigung der untergeordneten Straße und Querneigung der übergeordneten Straße $\Delta s \leq 2,5$ %, kann die Längsneigung ohne Ausrundung angeschlossen werden. Für Fahrzeuge, die am Fahrbahnrand diesen Knick überfahren, treten wegen der geringen Geschwindigkeit keine unangemessenen Schwierigkeiten auf. Im Einzelfall muss aber auf eine gute Wasserableitung am Tiefpunkt geachtet werden.
- *Anschluss mit Knick und anschließender Ausrundung.* Wenn die Neigungsdifferenz Δs zwischen Längsneigung und Querneigung größer als 2,5 % ist, nimmt man zunächst einen Knick mit $\Delta s = 2,5$ % in Kauf und rundet dann den verbleibenden Neigungsunterschied als Kuppe oder Wanne aus.

7.8 Entwurf von Landstraßen

Tangentialer Anschluss

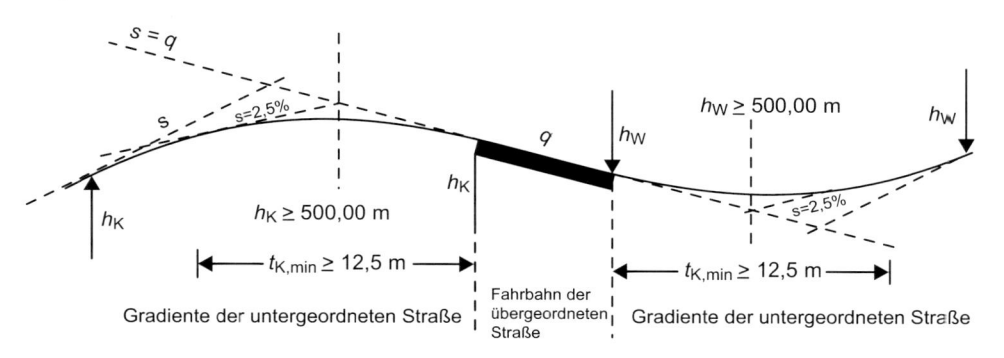

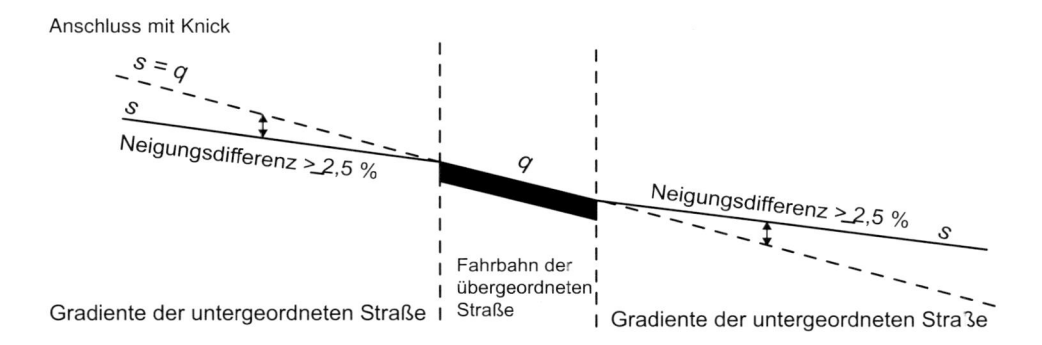

Anschluss mit Knick

Anschluss mit Knick und anschließender Ausrundung

Maße in m

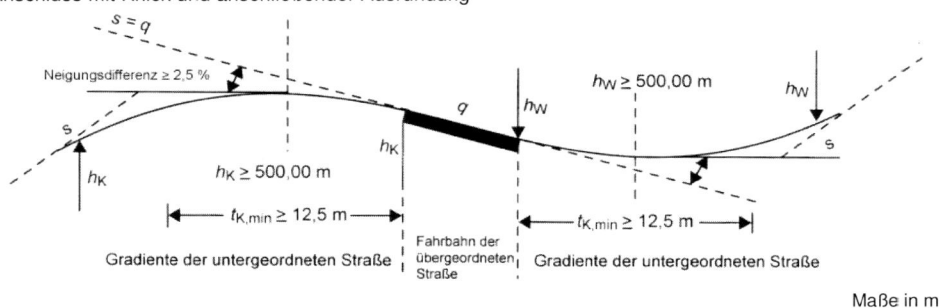

Bild 7.145 Lösungsmöglichkeiten für den Anschluss untergeordneter Knotenpunktszufahrten an die Fahrbahn der übergeordneten Straße

7.8.11 Knotenpunkte

Die *Knotenpunktsarten* werden bestimmt durch die Verkehrsführung der Straßen, die mit einander verbunden werden, und aus der Betriebsform. Die *Regeleinsatzbereiche* sind in Tabelle 7.61 dargestellt.

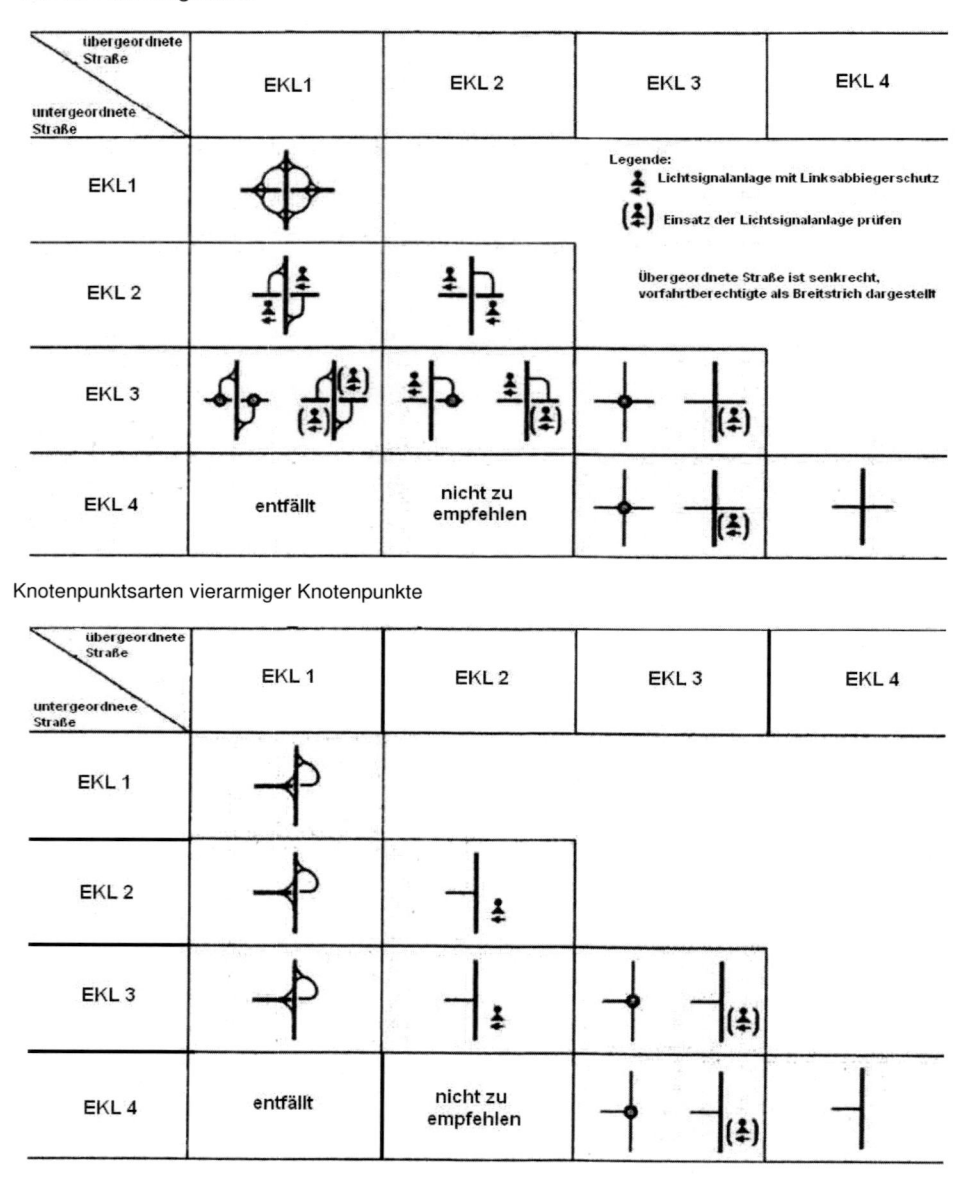

Knotenpunktsarten vierarmiger Knotenpunkte

Knotenpunktsarten dreiarmiger Knotenpunkte

Tabelle 7.61 Regeleinsatzbereiche der Knotenpunktsbereiche

7.8 Entwurf von Landstraßen

Planfreie Knotenpunkte. Straßen der Entwurfsklasse EKL 1 werden mit einander und mit Autobahnen planfrei verbunden. Das bedeutet, dass sich die durchgehenden Fahrbahnen in zwei Ebenen kreuzen. Dort entstehen Aus- und Einfahrbereiche. Der Übergang von einer Straße zur anderen geschieht durch Verbindungsrampen. Die Regellösung bildet das „Kleeblatt", bei dem in allen vier Quadranten Verbindungsrampen vorhanden sind. Man spricht auch von einem vierarmigen Knotenpunkt.

Liegt die Einmündung einer Landstraße in die Autobahn oder eine Straße der EKL 1 vor, entsteht ein dreiarmiger Knotenpunkt. Hierfür ist die linksliegende „Trompete" die übliche Lösung.

Die planfreien Knotenpunkte werden wie die planfreien Knoten der Autobahn entworfen (siehe Abschnitt 7.7.5). Aus wirtschaftlichen und betrieblichen Gründen führt man aber die Verbindungsrampen angepasst an die Kreisradien, die das eigentliche Kleeblatt bilden.

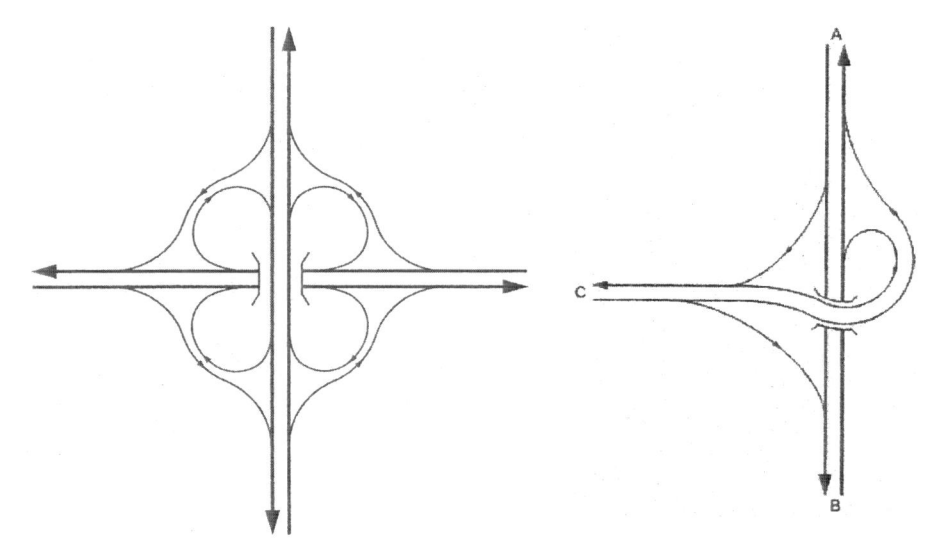

Bild 7.146 Beispiel einer Kleeblattlösung   Bild 7.147 Beispiel einer linksliegenden Trompete

Teilplanfreie Knotenpunkte. Diese Knotenpunktsart entsteht, wenn an die übergeordnete Straße planfrei geführt wird und über Aus- und Einfahrbereiche und Verbindungsrampen an die untergeordnete Straße angeschlossen wird. An der untergeordneten Straße sorgen plangleiche Teilknotenpunkte oder Kreisverkehre für die Verknüpfung. Die Rampen werden angepasst, symmetrisch oder auch unsymmetrisch geführt. Die Ausfahr- und Einfahrbereiche in die übergeordnete Straße werden sinngemäß wie bei den Autobahnen angelegt.

Diese Knotenpunktsart dient der Verbindung von Straßen der Entwurfsklasse EKL 1 oder einer Autobahn mit Straßen der Entwurfsklassen EKL 2 oder EKL 3. Die plangleiche Einmündung in eine Straße der EKL 2 wird meist mit einer Lichtsignalanlage ausgestattet. Für die EKL 3 hat sich die Kreisverkehrslösung bewährt. Die Anschlüsse der Rampen an das untergeordnete Netz erfolgt wie ein Anschluss an die EKL 3.

Als Regellösung kommt das halbe Kleeblatt infrage. Dabei soll darauf geachtet werden, dass starke Eckströme nicht als Linkseinbieger auftreten. Bei der Anordnung von Linksabbiegestreifen ist darauf zu achten, dass sie möglichst nicht auf oder unter Brücken auftreten.

Bild 7.148 Beispiel für ein halbes Kleeblatt

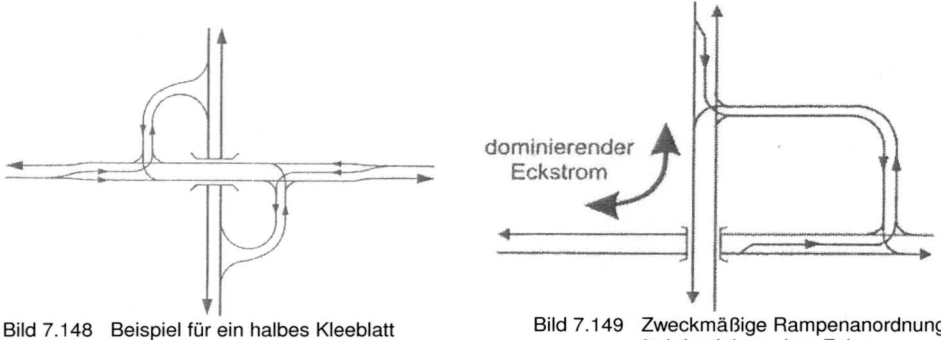

Bild 7.149 Zweckmäßige Rampenanordnung bei dominierendem Eckstrom

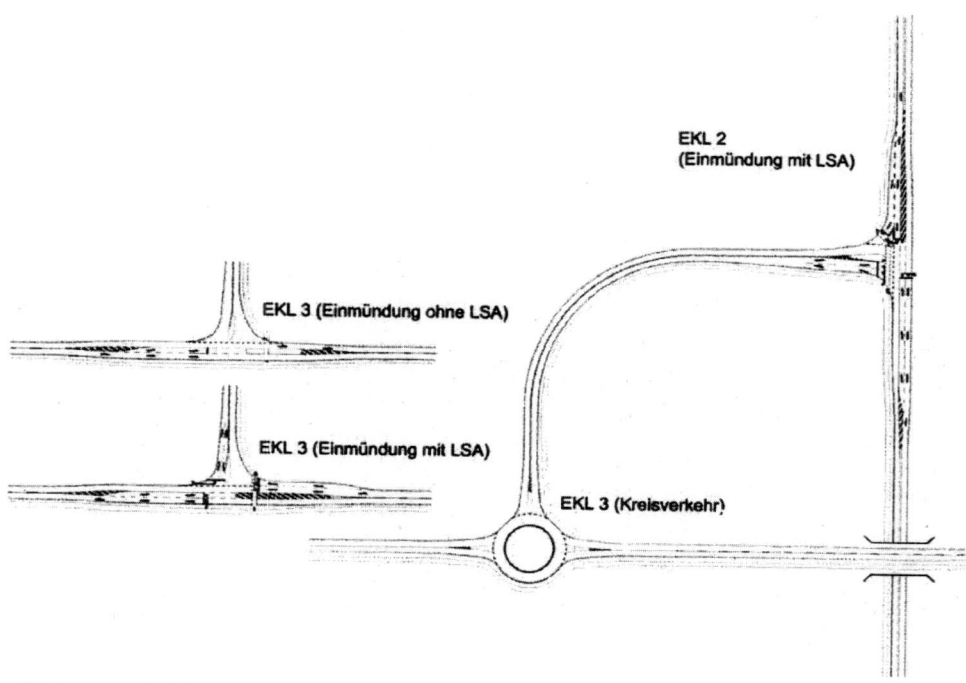

Bild 7.150 Beispiele für eine teilplangleiche Lösung (EKL 2 mit EKL 3)

Plangleiche Einmündungen oder *Kreuzungen mit Lichtsignalanlagen.* Solche Anschlüsse werden immer ausgeführt, wenn eine Straße der EKL 2 mit einer Straße der EKL 1 oder EKL 2 verbunden wird. Auch bei plangleicher Einmündung einer Straße der EKL 3 in eine der EKL 2 wird stets eine Lichtsignalregelung vorgesehen.

7.8 Entwurf von Landstraßen

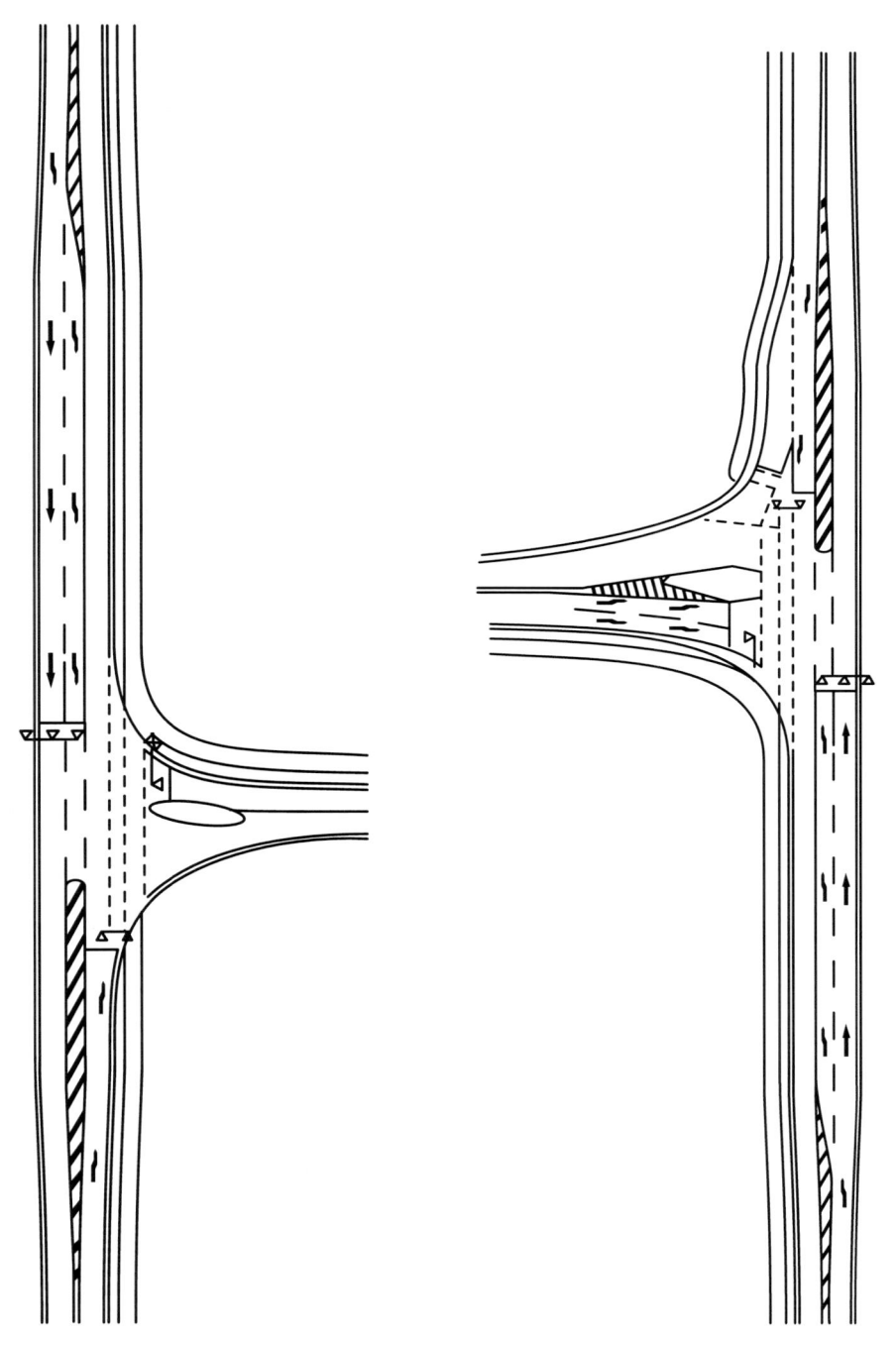

Bild 7.151 Plangleiche Einmündung mit LSA bei einer Straße der EKL 2 mit EKL 3

Bild 7.152 Plangleiche Einmündung mit LSA bei einer Straße der EKL 3 mit EKL 3

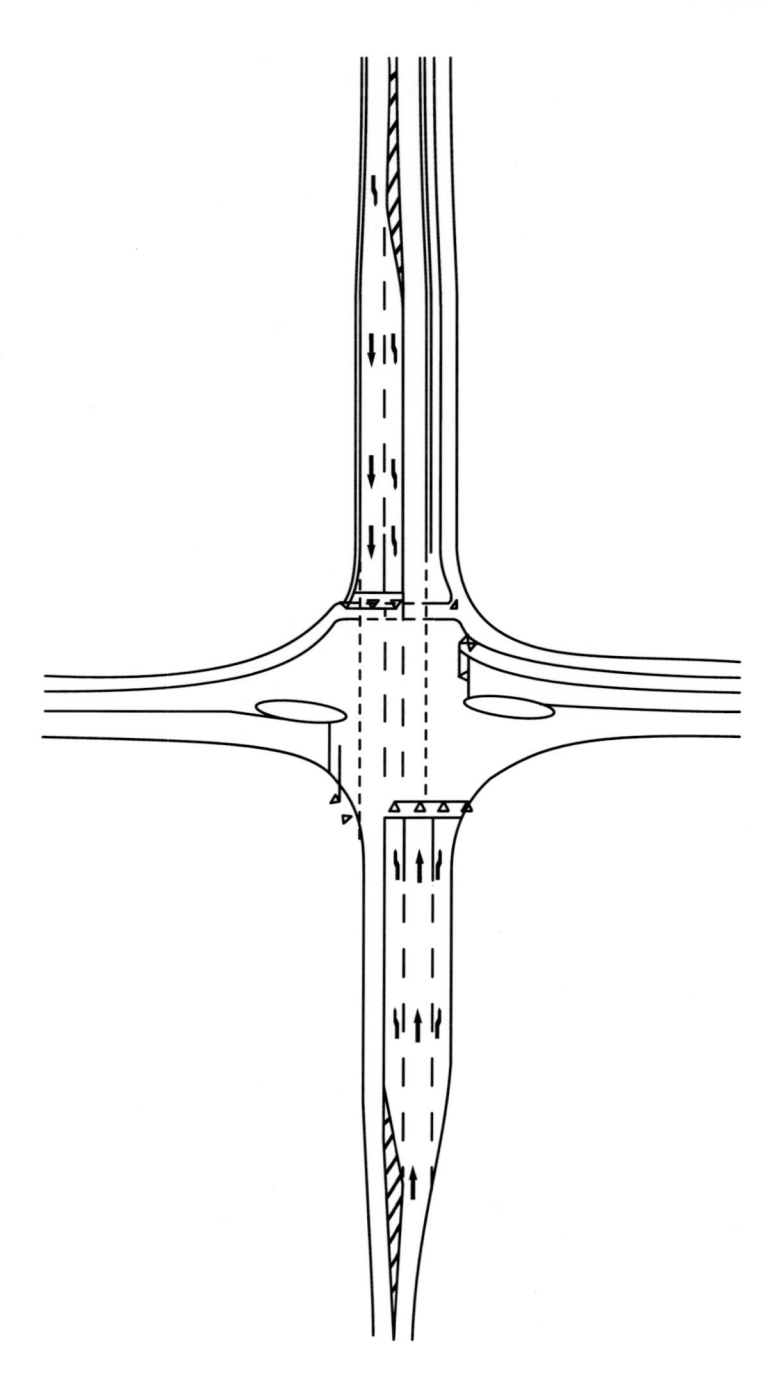

Bild 7.153   Plangleiche Kreuzung mit Lichtsignalanlage bei einer Straße der EKL 3 mit EKL 3

7.8 Entwurf von Landstraßen

Lichtsignalanlagen sind möglichst verkehrsabhängig zu steuern. Linksabbieger erhalten dabei eine eigene Phase. Auch der Rad- und Fußgängerverkehr muss in die Signalregelung einbezogen werden. Im Knotenpunktsbereich beschränkt man die zulässige Höchstgeschwindigkeit auf 70 km/h.

Die Längsneigungen der untergeordneten Straße bei Einmündungen und Kreuzungen sind so auszubilden, wie es im Bild 7.145 dargestellt ist. Da wegen der Lichtsignalanlage die Schwerfahrzeuge auch aus dem Stand anfahren müssen, ist die Anschlusslösung mit Knick ohne Ausrundung nicht geeignet.

Plangleiche Einmündungen oder *Kreuzungen ohne Lichtsignalanlagen*. Eine Lichtsignalregelung ist an plangleichen Kreuzungen oder Einmündungen meist nicht erforderlich bei Verknüpfungen von Straßen der
- EKL 3 mit EKL 3,
- EKL 3 mit EKL 4,
- EKL 4 mit EKL 4.

Lässt sich die Anlage eines Knotenpunktes in einer engen Kurve nicht vermeiden, ist durch verbesserte Erkennbarkeit dafür zu sorgen, dass der wartepflichtige Verkehrsteilnehmer den Knotenpunkt rechtzeitig erkennt. Das kann man z. B. durch einen verlängerten Verkehrsteiler erreichen. Außerdem stellt man dem Wartepflichtigen nur eine einstreifige Zufahrt zur Verfügung. Hat die Mittelinsel auch die Aufgabe der Querungshilfe für den nicht motorisierten Verkehr, soll die Geschwindigkeit im Knotenpunktsbereich herabgesetzt werden auf v_{zul} = 70 km/h.

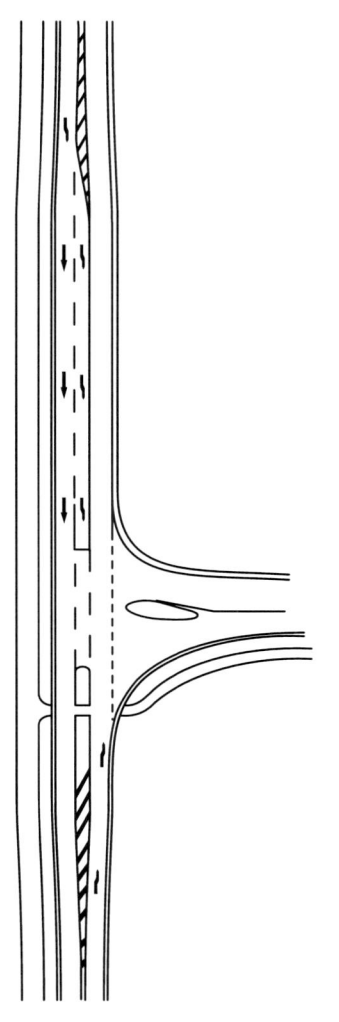

Bild 7.154 Plangleiche Einmündung ohne LSA bei einer Straße der EKL 3 mit EKL

Kreisverkehre. Kreisverkehre werden meist entworfen, wenn Straßen der EKL 3 mit einander oder mit Straßen der EKL 4 verbunden werden. Auch beim Anschluss einer Straße der EKL 3 an einem Knotenpunkt mit einer teilplanfreien oder teilplangleichen Straße einer höheren Entwurfsklasse ist ein Kreisverkehr möglich. Bei Anschlüssen der EKL 2 an eine EKL 2 oder EKL 3 wird diese Form nur ausnahmsweise eingesetzt.

Kreisverkehre sind dann gut geeignet, wenn die Verkehrsbelastungen auf den einmündenden Straßen etwa gleich groß sind. Reicht die Verkehrsqualität nicht aus, kann man durch eine zusätzliche Abbiegefahrbahn (Bypass) die Leistungsfähigkeit erhöhen. Einzelheiten entnimmt man dem „Merkblatt für die Anlage von Kreisverkehren" der FGSV.

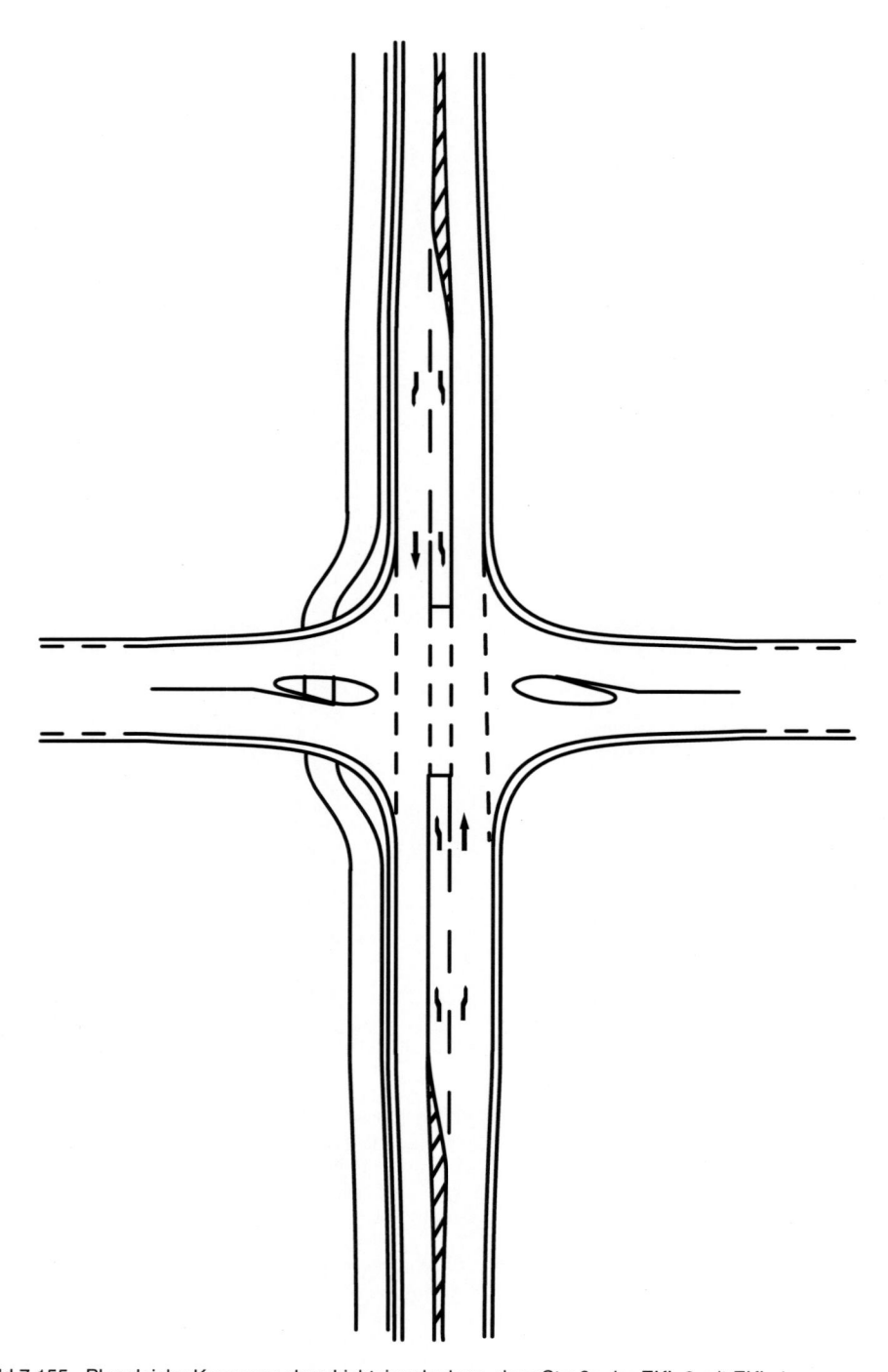

Bild 7.155 Plangleiche Kreuzung ohne Lichtsignalanlage einer Straße der EKL 3 mit EKL 4

7.8 Entwurf von Landstraßen

Knotenpunktselemente. An den Knotenpunktsarmen planfreier und teilplanfreier Knoten unterscheidet man
- durchgehende Fahrstreifen,
- Ausfädelungsstreifen,
- Einfädelungsstreifen,
- Rampen.

Die Entwurfskriterien entsprechen sinngemäß den Autobahnknotenpunkten. Die durchgehenden Fahrstreifen werden in der Breite durchgezogen, die auf der freien Strecke vorhanden sind. Nur bei Zwangslagen kann man sie um 0,25 m verringern, wenn dadurch Abbiegestreifen geschaffen werden können. Für Linksabbiegestreifen sind Aufweitungen notwendig. (Siehe Abschnitt 4.4.4)

Am rechten Fahrbahnrand darf zum Ausfädelungs- bzw. Einfädelungsstreifen hin ein Grat entstehen, wenn die Verwindung dieser Streifen eine der Hauptfahrbahn entgegengesetzte Querneigung erzeugt. Die Differenz dieser Querneigungen darf aber den Wert $\Delta q = 5,0$ % nicht überschreiten, weil beim Überfahren sonst der Querruck zu groß wird.

Ausfahrbereiche erhalten einen parallel verlaufenden Ausfädelungsstreifen. Dieser gibt dem Fahrzeuglenker die Möglichkeit, seine auf der Hauptfahrbahn gefahrene Geschwindigkeit der dem Abbiegebogen angepassten zu verringern. Durch das Überwechseln der Abbieger wird der Verkehrsstrom auf der Hauptfahrbahn entlastet und die Fahrweise dieser Fahrzeuge nicht beeinträchtigt. Die Regellösung ist im Bild 7.156 dargestellt.

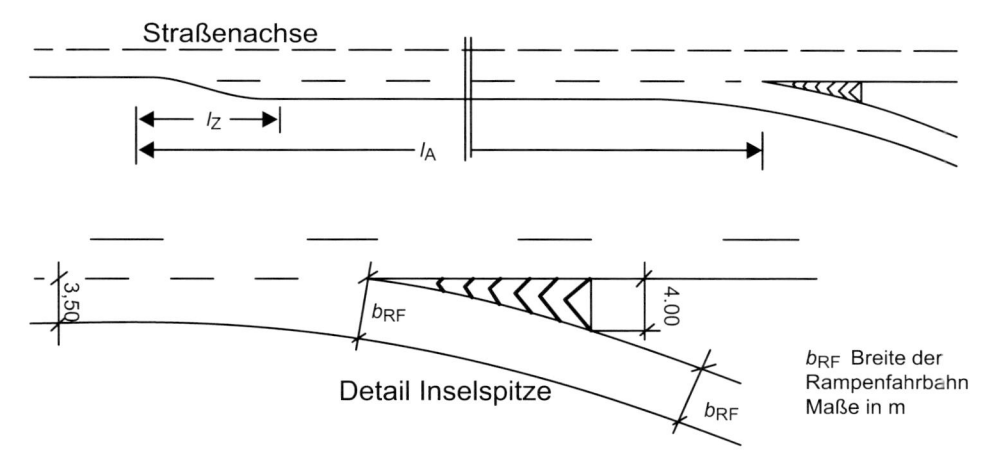

Bild 7.156 Konstruktion des Ausfädelungsstreifens

	Verziehungsstrecke l_Z in m	Länge des Ausfädelungsstreifens l_A in m		Breite der Rampenfahrbahn in m
		einbahnige Fahrbahn	zweibahnige Fahrbahn	
Ausfädelungsstreifen	30,00	150,00	200,00	3,50
Einfädelungsstreifen				

Tabelle 7.62 Abmessungen der Ausfädelungs- und Einfädelungsstreifen

Sinngemäß wie bei den Autobahnen werden an den planfreien und teilplanfreien Knotenpunkten Einfädelungsstreifen neben der Hauptfahrbahn angeordnet. Auf diesen Fahrstreifen soll der Verkehrsteilnehmer seine Geschwindigkeit der auf der durchgehenden Strecke vorhandenen durch Beschleunigen anpassen.

Bei Straßen der EKL 1 mit dem Regelquerschnitt RQ 15,5 kann der Einfädelungsstreifen auch als Überholfahrstreifen durch Spurenaddition ausgebildet werden. Dadurch werden Verflechtungsvorgänge vom Knotenpunkt weg verlagert.

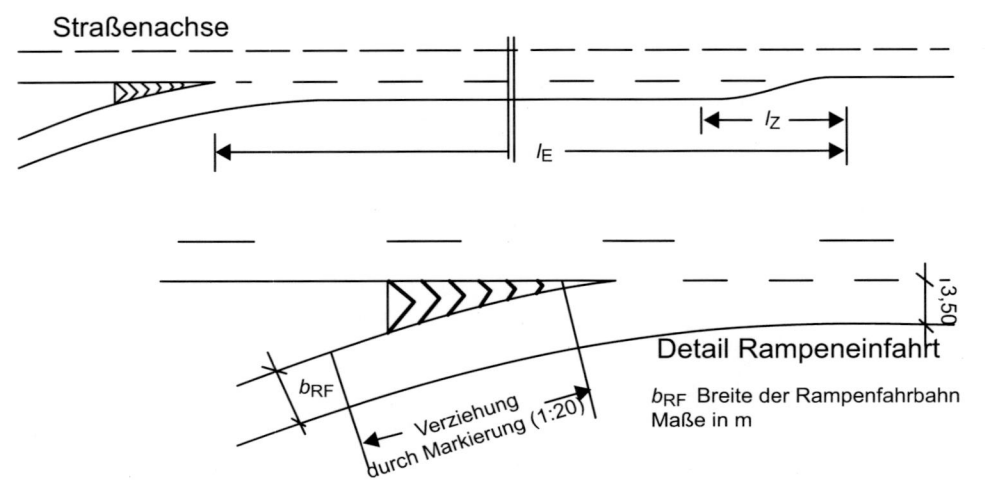

Bild 7.157   Konstruktion des Einfädelungsstreifens

Verbindungsrampen. Die Rampen der planfreien oder teilplanfreien Rampen werden regelmäßig angepasst geführt. Die Radienbereiche zeigt die Tabelle 7.63. Man unterscheidet
- direkte Rampen,
- halbdirekte Rampen,
- indirekte Rampen.

Bei den *direkten* Rampen wird das Fahrzeug von einer Straße in dem Quadranten des Knotens geführt, in dem es zur anderen einen Winkel von rund 100 gon fahren muss.

Die *halbdirekte* Rampe tritt bei planfreien Einmündungen auf. Hierbei wird die übergeordnete Straße erst planfrei gekreuzt und dann die Rampe in der richtigen Fahrtrichtung angeschlossen.

Bei indirekten Rampen muss das Fahrzeug etwa einen Dreiviertelkreis durchfahren, um den Fahrstreifen auf der anderen Fahrbahn zu erreichen.

Die Verbindungsrampen dürfen weder Einmündungen noch Kreuzungen erhalten. Deshalb können die von der Rampe eingeschlossenen Teile nicht landwirtschaftlich genutzt werden. Ausnahmsweise sind dort Lagerflächen für den Betriebsdienst möglich.

Bei Einmündungen, Kreuzungen und Kreisverkehren behandelt man Rampen als Knotenpunktszufahrten wie Straßen der Entwurfsklasse EKL 3.

7.8 Entwurf von Landstraßen

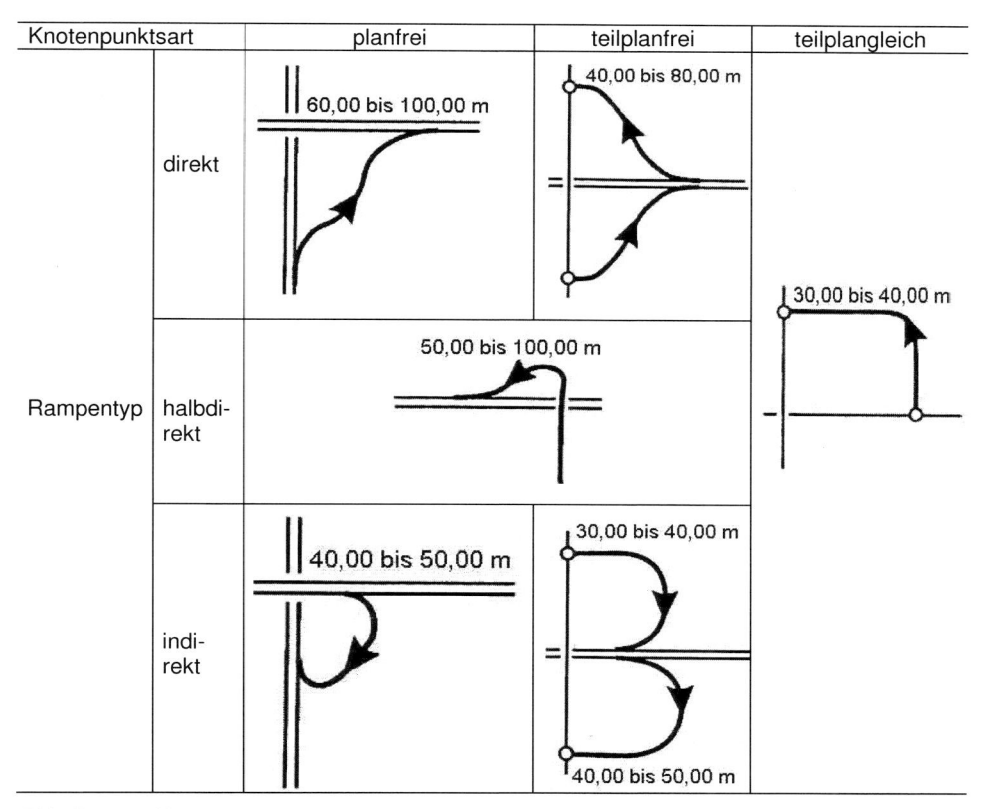

Knotenpunktsart		planfrei	teilplanfrei	teilplangleich
Rampentyp	direkt	60,00 bis 100,00 m	40,00 bis 80,00 m	30,00 bis 40,00 m
	halbdirekt	50,00 bis 100,00 m		–
	indirekt	40,00 bis 50,00 m	30,00 bis 40,00 m / 40,00 bis 50,00 m	

Tabelle 7.63 Knotenpunktsarten und Rampentypen

Radius r der Rampe in m		100	80	60	50	40	30
Längsneigung max s in %	Steigung	6,0					
	Gefälle	7,0					
Querneigung q in %	min q in Geraden	2,5					
	max q im Kreisbogen	6,0					
Höchstschrägneigung max p in %		10,0					
Mindestanrampungsneigung min Δs in %		$0{,}1 \cdot a$					
Haltesichtweite s_H in m		80	55	50	40	35	30
Kuppenmindesthalbmesser min h_K in m		2000	1750	1500	1000	750	500
Wannenmindesthalbmesser min h_W in m		1000	900	750	500	400	300
Kurvenverbreiterung im RRQ 2 in m					0,5	1,0	2,0

a Abstand der Drehachse vom Fahrbahnrand in m

Tabelle 7.64 Grenzwerte der Rampenentwurfselemente

Rampenquerschnitte.
Es werden zwei Rampenquerschnitte unterschieden.
- **RRQ 1** wird in planfreien Knotenpunkten eingesetzt. Ebenso findet er Verwendung in teilplanfreien Knotenpunkten mit kurzen Abschnitten parallel verlaufender Aus- und Einfahrrampen.

- **RRQ 2** wird eingesetzt bei teilplanfreien Knotenpunkten mit gemeinsam trassierten Aus- und Einfahrrampen und bei teilplangleichen Knotenpunkten.

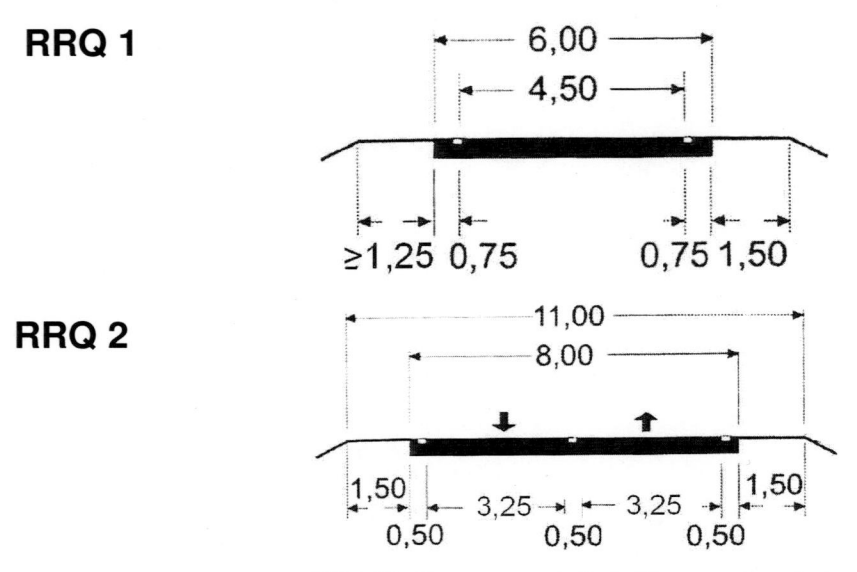

RRQ 1

RRQ 2

Bild 7.158 Rampenquerschnitte bei Knotenpunkten der Landstraßen

Beim Entwurf der Rampen sind folgende Bedingungen einzuhalten:
- Es müssen ausreichende Sichtweiten vorhanden sein.
- Vor plangleichen Teilknotenpunkten sind Rampen so gestreckt zu führen, dass Wegweiser aus einer Entfernung von 50,00 m gelesen werden können.
- Enge Radien sollen deutlich sichtbar werden.
- Die Rampenlänge muss für die Vorsortierung und den Aufstellraum vor Lichtsignalanlagen ausreichen.
- Die Grenzwerte der Tabelle 7.64 gelten als Grundlage für den Entwurf und werden vom Rampentyp bestimmt. Dabei geht man vom kleinsten vorhandenen Radius aus.
- Bei direkten und halbdirekten Ausfahrrampen soll das Verhältnis $A = r/3$ nach der Inselspitze verwendet werden, um die Krümmung der Ausfahrt früh zu erkennen.
- Die Verwindung soll im Übergangsbogen erfolgen. Die Schrägneigung $p_{max} = 10,0$ % und $p_{min} = 0,5$ % müssen eingehalten werden.

Fahrstreifenverbreiterungen werden nur im Regelquerschnitt RRQ 2 angeordnet.

Linksabbiegen. Das verkehrssichere Linksabbiegen wird je nach Entwurfsklasse entweder mit oder ohne Lichtsignalregelung vollzogen. es werden drei Linksabbiegetypen gebildet:
- **LA1** besitzt einen Linksabbiegestreifen, der sich zusammensetzt aus einer Verziehungsstrecke l_Z, einer Verzögerungsstrecke l_V und einer Aufstellstrecke l_A.
- **LA2** besitzt nur einen Linksabbiegestreifen, der die Verziehungsstrecke l_Z und die Aufstellstrecke l_A umfasst.
- **LA3** erhält keinen Linksabbiegestreifen. Er wird nur durch vorfahrtregelnde Verkehrszeichen und durch eine durchgehende Fahrstreifenmarkierung gebildet. Eine Beeinträchtigung des Geradeaus-Verkehrs wird dabei in Kauf genommen.

Straßen des kleinräumigen Bereichs der Straßenkategorie LS V, die nach den „Richtlinien für den landwirtschaftlichern Wegebau – RLW" entworfen werden, behandelt man wie Straßen der Entwurfsklasse EKL 4.

7.8 Entwurf von Landstraßen

Der Linksabbiegetyp LA1 wird immer in Verbindung mit einer Lichtsignalanlage eingesetzt. Er findet Anwendung bei den Entwurfsklassen EKL 2, EKL 3 und EKL 4 sowie bei Rampen. Für die Linksabbieger wird ein zusätzlicher Fahrstreifen zwischen den Geradeausfahrstreifen angelegt mit der Breite b_{LA} = 3,25 m. Dieser kann entweder einseitig oder je zur Hälfte beidseitig der Fahrbahnachse angeordnet werden. Die Länge der Verziehungsstrecke l_Z beträgt bei einseitiger Verziehung 70,00 m, bei beidseitiger 50,00 m. Eingeleitet wird die Verziehung durch eine Sperrfläche, bis deren Breite etwa 2,00 m erreicht. Dann beginnt die Rückverziehung der Sperrlinie auf die Trennlinie zum Gegenfahrstreifen. Bei beidseitiger Verziehung beginnt sie nach 30,00 m, bei einseitiger nach 40,00 m.

An die *Verziehungsstrecke* schließt sich eine *Verzögerungs*strecke mit der Länge l_V = 40,00 m an, wenn aus Straßen der EKL 2 in solche der EKL 2 oder EKL 3 abgebogen wird. Beim Abbiegen aus Straßen der EKL 3 oder aus Rampen in Straßen der EKL 3 oder EKL 4 wird die Verzögerungsstrecke auf 20,00 m verkürzt.

Da der Linksabbiegeverkehr oft getrennt vom Geradeausverkehr geregelt wird, muss zusätzlich eine *Aufstellstrecke* min l_A = 20,00 m vorhanden sein. Bei starkem Linksabbiegeverkehr berechnet man die Aufstellstrecke nach HBS.

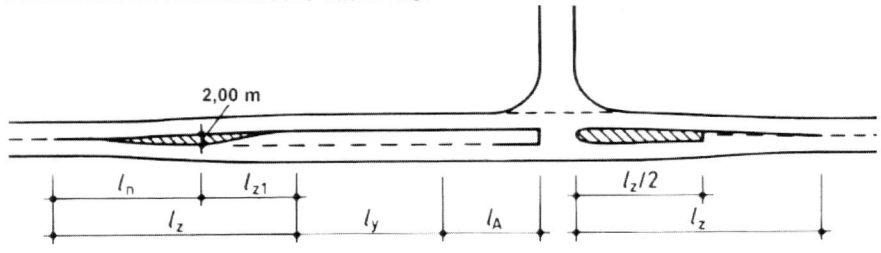

Bild 7.159   Linksabbiegetyp LA1

Der Linksabbiegetyp LA2 erhält keine Lichtsignalanlage. Hier werden Straßen der EKL 3 oder Rampen mit Straßen der EKL 3 oder EKL 4 verbunden. Dieser Linksabbiegetyp besteht nur aus der Verziehungsstrecke und der Aufstellstrecke. Die Länge der Verziehung entnimmt man Tabelle 7.59. Die Einleitung erfolgt wie bei LA1. Die Länge der Aufstellstrecke ist bei der EKL 3 min l_A = 20,00 m, bei der EKL 4 min l_A = 10,00 m. Diese Längen werden jeweils von der Wartelinie rückwärts gemessen.

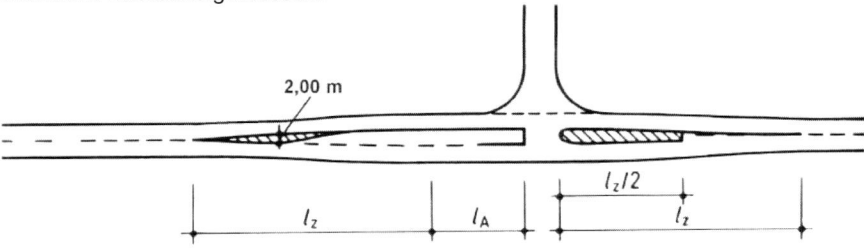

Bild 7.160   Linksabbiegetyp LA2

Der Linksabbiegetyp LA3 verbindet Straßen der Entwurfsklasse EKL 4 miteinander. Bei dieser Lösung werden keine zusätzlichen Fahrstreifen angelegt. Der Linksabbieger blockiert bei Gegenverkehr den Geradeausverkehr.

Rechtsabbiegen. Die RAL unterscheidet sechs Rechtsabbiegetypen. Die Typen RA1 bis RA3 sind lichtsignalgeregelt, die anderen Typen besitzen keine Lichtsignalanlage. Der Rechtsabbiegetyp **RA1** besitzt neben der Hauptfahrbahn einen Parallelfahrstreifen der Breite b_{RA} = 3,25 m. An dessen Ende schließt sich eine Dreiecksinsel an. In der Straße, in die abgebogen wird, trennt ein Tropfen den Verkehr. Sinngemäß wie bei Linksabbiegestreifen wird der Rechtsabbiegestreifen durch eine Verziehungsstrecke mit l_Z = 30,00 m eingeleitet. Daran schließt sich die Verzögerungsstrecke l_V an, die bei der EKL 2 mit der Länge l_V =40,00 m, bei der EKL 3 mit 20,00 m ausgeführt wird. Die Länge der Aufstellstrecke l_A wird gemäß HBS bemessen und endet an der Wartelinie der Lichtsignalanlage.

Zwischen der Dreiecksinsel und dem Fahrbahnrand im Abbiegebogen beträgt die Fahrbahnbreite b_F = 5,50 m. Die Eckausrundung wird durch einen einfachen Kreisbogen gebildet.

Der Rechtsabbiegetyp **RA2** besitzt gegenüber dem Typ RA1 keine Dreiecksinsel. Außerdem wird nur die Konstruktion des kleinen Tropfens angewandt. Verziehungs-, Verzögerungs- und Aufstellstrecke entsprechen den Angaben zu RA1.

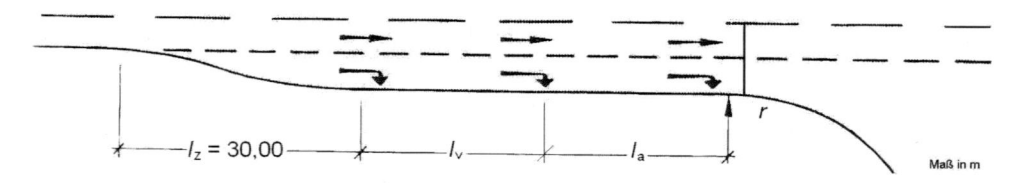

Bild 7.161 Konstruktion des Rechtsabbiegestreifens des RA2

Der Rechtsabbiegetyp **RA3** erhält keinen Parallelfahrstreifen. Die Eckausrundung erfolgt mit einem dreiteiligen Korbbogen mit dem Radienverhältnis $r_1 : r_2 : r_3$ = 2: 1: 3. In der Straße, in die nach rechts abgebogen wird, wird ein kleiner Tropfen als Fahrbahnteiler verwendet. Sind neben der Hauptfahrbahn Rad- oder Gehwege vorhanden, werden diese in geringem Abstand vor dem kleinen Tropfen weitergeführt.

Der Rechtsabbiegetyp **RA4** wird aus einem Kreisbogen mit r = 25,00 m, einer Dreiecksinsel und großem Tropfen gebildet. Die Fahrbahnbreite im Bereich der Dreiecksinsel beträgt b_F = 5,50 m.

Der Rechtsabbiegetyp **RA5** erhält als Eckausrundung einen dreiteiligen Korbbogen wie der Typ RA3. Außerdem wird der kleine Tropfen eingesetzt. Geh- und Radwege werden im Abstand von 4,00 m bis 6,00 m von der bevorrechtigten Straße über die Abbiegefahrbahn geführt.

Der Rechtsabbiegetyp **RA6** erhält nur den dreiteiligen Korbbogen als Eckausrundung. Ein Fahrbahnteiler in der untergeordneten Straße ist nicht erforderlich.

Kreuzen und *Einbiegen.* Für die Verkehrsteilnehmer der wartepflichtigen Verkehrsströme an plangleichen Einmündungen oder Kreuzungen und bei plangleichen Teilknotenpunkten bilden die Fahrstreifen den Stauraum. Deshalb werden in der Regel Fahrbahnteiler angelegt. Bei Kreuzungen ordnet man sie so an, dass kreuzende Fahrzeuge die übergeordnete Straße möglichst geradlinige überqueren können.

Sind keine Lichtsignalanlagen vorhanden, wird der Fahrstreifen vom Geradeaus- und Einbiegeverkehr gemeinsam benutzt. Deshalb begrenzt man den einstreifigen Bereich auf die Breite von 4,50 m, um eine Vorbeifahrt am wartenden Fahrzeug zu unterbinden.

7.8 Entwurf von Landstraßen

Wird der Verkehr mit Lichtsignalanlagen geregelt, können für die einzelnen Verkehrsströme mehrere Fahrstreifen angeordnet werden. Die Länge der Aufstellstrecken wird je nach Erfordernissen nach HBS festgelegt.

Es werden wie beim Abbiegen für das Einbiegen und Kreuzen mehrere Typen unterschieden, die sich in der Zufahrt zum Knoten und dem Rechtsabbiegetyp unterscheiden. Die Typen KE1 bis KE3 sind signalgeregelt, die anderen Typen erhalten nur Verkehrszeichenregelung.

Der Zufahrttyp **KE1** weist gesonderte Fahrstreifen für die Linksabbieger, für die kreuzenden Fahrzeuge und für die Rechtsabbieger auf. Die Eckausrundung wird von einem dreiteiligen Korbbogen gebildet. Die Zufahrt erhält den großen Tropfen beim Einbiegetyp RA1. Wird der RA3 verwendet, konstruiert man einen kleinen Tropfenteiler. Der Zufahrttyp KE1 erhält nur dann eine Lichtsignalregelung, wenn dadurch die Kapazität des Knotens erhöht werden kann.

Der Zufahrttyp **KE2** besitzt nur einen Zufahrtfahrstreifen. Die Eckausrundung ist dreiteilig, aber die Radien werden in Abhängigkeit von den Schleppkurven möglichst klein gehalten. Dem RA2 wird der kleine Tropfen zugeordnet. Die Fahrbahn neben dem Tropfen ist 4,50 m breit.

Der Zufahrttyp **KE3** entspricht sinngemäß dem KE2. Allerdings werden Geh- und Radwege der bevorrechtigten Straße möglichst nahe der Fahrbahn vor dem Tropfen vorbei geführt. Die Lichtsignalanlage schützt hier den nicht motorisierten Verkehr.

Der Zufahrttyp **KE4** erhält ebenfalls die dreiteilige Kreisbogenfolge und außerdem den großen Tropfen als Fahrbahnteiler. Auch hier ist die Fahrbahnbreite auf 4,50 m zu begrenzen. Falls die übergeordnete Fahrbahn eine große Längsneigung besitzt und einbiegender Schwerverkehr das erfordert, ordnet man einen zusätzlichen Einfädelungsstreifen an. Dessen Länge sollte dann $l_E = 150,00$ m betragen.

Der Zufahrttyp **KE5** unterscheidet sich vom Typ KE4 dadurch, dass der Geh- und Radverkehr, in 4,00 m bis 6,00 m Entfernung von der bevorrechtigten Straße abgesetzt, über die wartepflichtige Straße geleitet wird. Auch bei diesem Kreuzungstyp kann ein Einfädelstreifen bei starker Steigung zweckmäßig sein.

Der Zufahrttyp **KE6** erhält nur den dreiteiligen Korbbogen, aber keinen Fahrbahnteiler.

Inseln und Fahrbahnteiler. Sie dienen der Führung der Fahrzeugströme, Verkürzung der Überquerungswege, als Aufstellflächen für Fußgänger- und Radverkehr, als Standorte für Verkehrszeichen, Lichtsignalanlagen oder Beleuchtung und als Bepflanzungsflächen, wenn sie eine ausreichende Größe haben. Nur bei Straßen der Entwurfsklasse EKL 4 kann man auf Fahrbahnteiler verzichten.

Fahrbahnteiler. In den untergeordneten Knotenpunktsarmen dienen sie für die kreuzenden und einbiegenden Fahrzeuge zur Verdeutlichung der Wartepflicht und zur besseren Verkehrsführung, indem sie auch die Geschwindigkeit dämpfen.

Sie werden von Flachborden eingefasst. An den Überquerungsstellen senkt man sie auf Fahrbahnhöhe ab, um diese Stellen behindertengerecht auszubilden. Nur bei Knotenpunkten der Rechtsabbiegetypen RA1 und RA3 führt man die Geh- oder Radwege vor dem Tropfen auf der übergeordneten Strasse vorbei. In den anderen Fällen führt man Fußgänger und Radfahrer über den Fahrbahnteiler. Die sie umschließenden Borde werden an Fußgänger- und Radüberwegen abgesenkt. Um ihre Lage deutlich erkennbar zu machen, ist die Einleitung durch Markierung und Sperrflächen vorteilhaft.

Außerhalb bebauter Gebiete erhält der Fahrbahnteiler eine Tropfenform, die von den verkehrenden Fahrzeugen und deren Häufigkeit des Abbiegens abhängig ist. An Einmündungen von Wirtschaftswegen sind keine Tropfenteiler notwendig. Um die Erkennbarkeit rechtzeitig anzuzeigen, werden die Tropfen durch einen Sperrstrich, bei großen Tropfen zusätzlich durch eine Sperrfläche eingeleitet. Bei großen Tropfen wird zusätzlich die Dreiecksinsel angeordnet, um dem Linksabbieger aus der übergeordneten Straße auf seiner rechten Seite eine Führung zu geben und die Vorfahrt gegenüber dem entgegengesetzten Rechtsabbieger zu verdeutlichen.

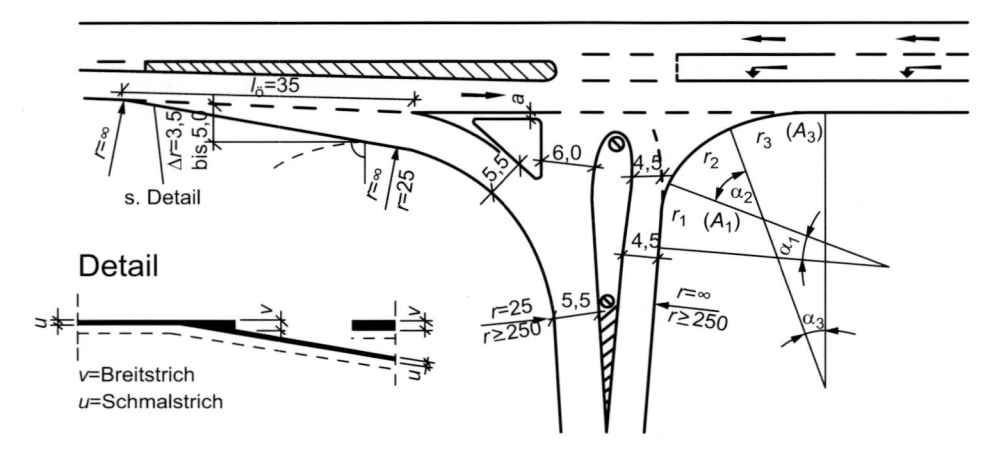

Bild 7.162   Konstruktion einer Einmündung mit Rechtsabbiegekeil und Linksabbiegestreifen

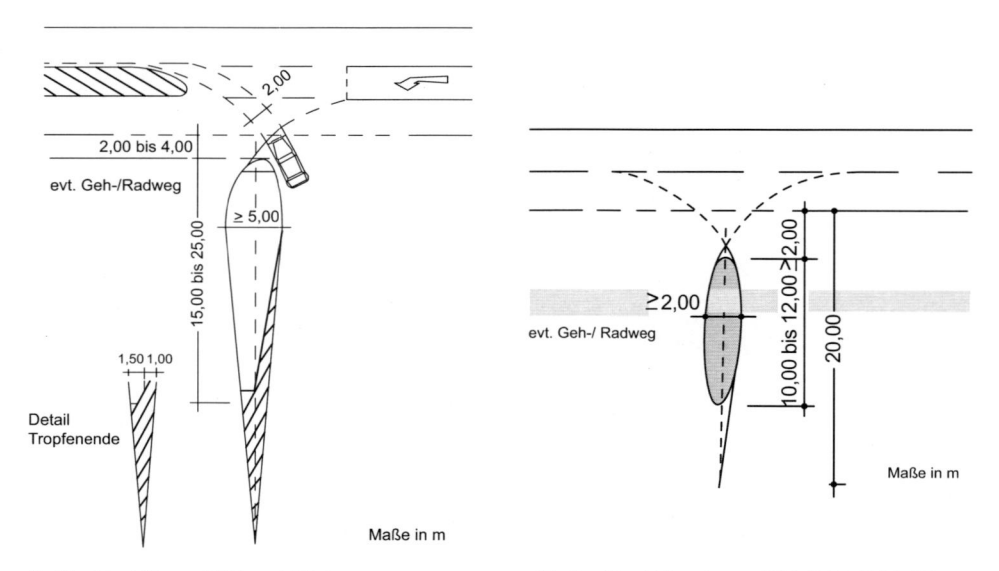

für Rechtsabbieger RA1 und RA4   für Rechtsabbiegetypen RA2, RA3, RA5, RA6

Bild 7.163   Konstruktion des großen und kleinen Tropfens

7.8 Entwurf von Landstraßen

Konstruktion des Fahrbahnteilers in der untergeordneten Fahrbahn (Tropfen)
Der Fahrbahnteiler in der untergeordneten Straße dient sowohl dem besseren Erkennen der Wartepflicht am Fahrbahnrand der übergeordneten Straße als auch der Führung der Fahrzeuge beim Einbiegen in diese. Ebenso werden die Linksabbieger in die untergeordnete Straße deutlich geführt und ein "Schneiden" der Kurve unterbunden. Der Fahrzeuglenker wird dadurch zur Geschwindigkeitsverminderung gezwungen. Als Bezugslinie für die Konstruktion verwendet man die Achse der untergeordneten Fahrbahn. Wird eine Kreuzung durch Lichtsignale gesteuert und neben dem tropfenähnlichen Fahrbahnteiler die Knotenpunktszufahrt zweistreifig ausgebildet, bei der ein Fahrstreifen für den Linksabbieger reserviert ist, so wählt man als Bezugslinie eine Parallele, die einen Rechtsversatz ergibt. Dann stehen die Linksabbieger dem Tropfen in der gegenüberliegenden Knotenpunktszufahrt gegenüber und erkennen deutlich ihre Fahrstromführung. Sinngemäß verfährt man, wenn in der übergeordneten Fahrbahn ebenfalls Fahrbahnteiler angeordnet werden.

Nach der Verkehrsbedeutung des Knotenpunktes wendet man die Konstruktion des kleinen oder großen Tropfens an.

Die **Konstruktion des kleinen Tropfens** erfolgt nach Bild 7.164. Es wird hier der Fall für den Bereich des Kreuzungswinkels α zwischen 80 gon und 120 gon erläutert. Kleinere oder größere Winkel sollten bei Neuanlagen nicht auftreten.

(Bei bestehenden Knotenpunkten kröpft man die untergeordnete Fahrbahn mit $r = 50,00$ m ab, um möglichst rechtwinklige Kreuzungswinkel zu erhalten.)

1. Man legt die Achse des untergeordneten Knotenpunktarmes fest.
2. Auf der Achse markiert man einen Punkt, der 10,00 m vom Rand der übergeordneten Straße entfernt liegt.
3. Durch diesen Punkt legt man eine Gerade, die um 6 gon gegenüber der Straßenachse der untergeordneten Straße nach rechts verschwenkt wird. Diese Gerade wird die Tropfenachse.

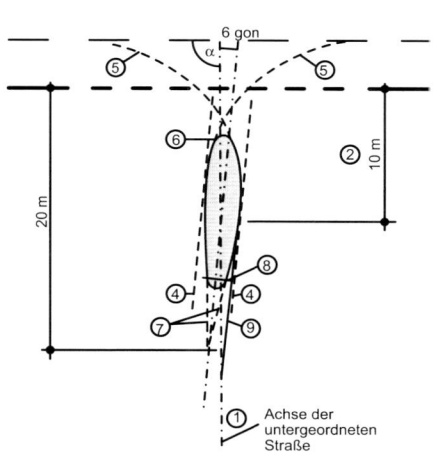

Bild 7.164   Konstruktionsgang des kleinen Tropfens

4. Zur Tropfenachse zieht man zwei Parallelen im Abstand von 1,50 m links und rechts der Achse.
5. Danach konstruiert man zwei Kreisbögen als Fahrstreifeninnenränder mit $r = 12,00$ m, die die Mittellinie der übergeordneten Fahrbahn und die zugehörige Parallele tangieren. Bei Kreuzungswinkeln α<100 gon kann die Verkleinerung des Einbiegeradius auf 8,00 m notwendig werden.
6. Ausrunden des Inselkopfes mit eine Radius $r = 0,75$ m.
7. Festlegen eines Punktes auf der Tropfenachse im Abstand von 20,00 m vom Rand der übergeordneten Fahrbahn aus. Von diesem Punkt aus zeichnet man die Tangenten an die Kreisbögen der Fahrbahninnenränder.
8. Man zeichnet zwei Parallelen zur Tropfenachse im Abstand von 0,75 m. Die Senkrechte auf die Tropfenachse durch die Schnittpunkte der Parallelen mit den Tangenten ergeben den Mittelpunkt der Ausrundung der Inselspitze. Die Ausrundung erfolgt mit $r = 0,75$ m.
9. Zeichnen der Fahrstreifenbegrenzung (Sperrlinie, Zeichen 295 der StVO), die von der Achse der untergeordneten Straße am Tropfen vorbei leitet.

(Überprüfung mit den Schleppkurven in „Bemessungsfahrzeuge und Schleppkurven zur Überprüfung der Befahrbarkeit von Verkehrsflächen", Forschungsgesellschaft für Straßen- und Verkehrswesen, 2001/ 2005)

Für die **Konstruktion des großen Tropfens** geht man folgendermaßen vor:
1. Man bestimmt den Schnittpunkt des Randes der übergeordneten mit der Achse der untergeordneten Straße.
2. Nun zeichnet man eine Parallele zur Achse (in Zufahrtrichtung rechts von derselben). Den Abstand entnimmt man Bild 7.166.
3. Nun konstruiert man den Fahrstreifeninnenrand für den Linkseinbieger, indem man einen Kreis mit dem Radius r_i tangential sowohl an die entsprechende Parallele zur Achse als auch an den Innenrand des Fahrstreifens einpuffert, in den er in die übergeordnete Straße einbiegt. Den Radius r_i entnimmt man Bild 7.167, wenn es sich um eine Einmündung handelt. Für Kreuzungen gilt Tabelle 7.65. Danach legt man den Mittelpunkt M_{LE} fest.
4. Zu diesem Kreis zeichnet man einen konzentrischen Kreis mit dem Radius $r = r_i + 2,00$ m. Dieser Kreis erzeugt den Schnittpunkt P_R mit dem Rand der übergeordneten Straße.
5. Danach zeichnet man die Verbindungslinie von diesem Schnittpunkt aus zum Kreismittelpunkt M_{LE}, der den Kreis mit r_i im Punkte P_{LE} schneidet.
6. Danach konstruiert man einen Kreis mit r_i, der durch P_{LE} geht und den Innenrand des Fahrstreifens der übergeordneten Straße berührt, aus dem links abgebogen wird.
7. Ausrunden des Inselkopfes mit dem Radius $r = 0,75$ m. Der Radius wird so gewählt, dass der Inselkopf einen Abstand von 2,00 m vom Rand der übergeordneten Straße entfernt liegt, aber nicht weiter als 4,00 m.
8. Auf der Achse der untergeordneten Straße legt man einen Punkt fest, der 40,00 m vom Fahrbahnrand der übergeordneten entfernt ist. Von dort zeichnet man die Tangenten an die Kreisbögen mit r_i.
9. An der Stelle, an der diese beiden Geraden - rechtwinklig zur Achse gemessen - den Abstand von 2,50 m bilden, legt man einen Punkt im Abstand 1,00 m links von der Tangente in Richtung auf die Achse der Nebenstraße fest, die den linken Fahrstreifenrand für den Linkseinbieger bildet. Von dort legt man eine neue Tangente an den Einbiegekreis und rundet das verbleibende Inselende mit $r = 0,75$ m aus.
10. Die nicht von der Insel überdeckte Fläche der Konstruktion nach Punkt 8 wird als Sperrfläche markiert.

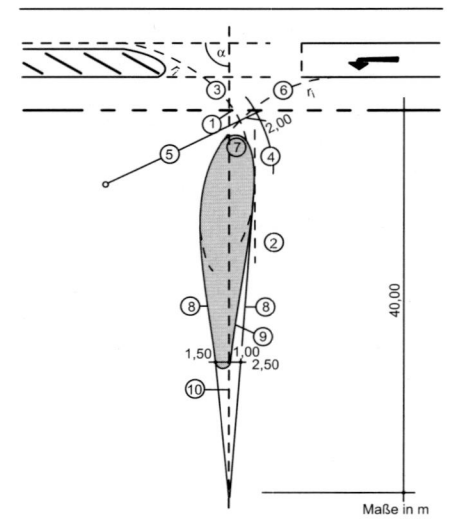

Bild 7.165 Konstruktionsgang des großen Tropfens

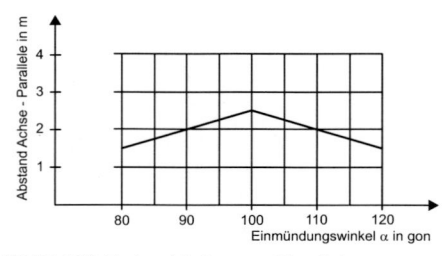

Bild 7.166 Abstand Achse zur Parallelen

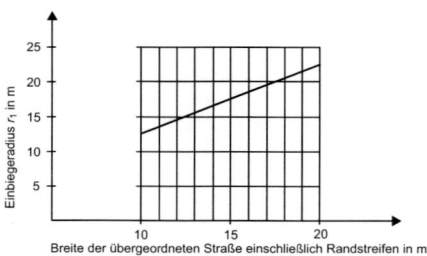

Bild 7.167 Einbiegeradius aus der untergeordneten Knotenpunktszufahrt bei einer Einmündung

7.8 Entwurf von Landstraßen

In der untergeordneten Knotenpunktszufahrt markiert man ca. 100,00 m vor dem Fahrbahnteiler eine geschlossene Mittellinie auf. So kann die Gefahr eines Auffahrens auf den Tropfen weitgehend vermieden werden.

Liegt die Zufahrt der untergeordneten Straße in einer Rechtskurve, ist die rechtzeitige Erkennbarkeit des Verkehrsteilers zu überprüfen. Man legt dazu eine Tangente, die den Fahrbahninnenrand des Rechtsabbiegestreifens und die Fahrlinie des auf den Knoten zufahrenden Fahrzeugs berührt. Wenn diese Linie den Fahrbahnteiler nicht schneidet, muss dieser entsprechend verlängert werden.

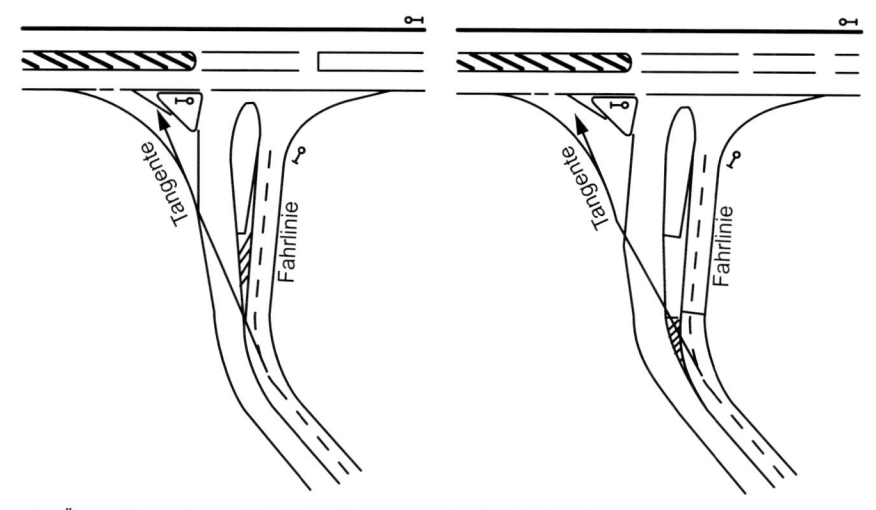

Bild 7.168 Überprüfung des rechtzeitigen Erkennens des Fahrbahnteilers

Inseln werden in der Regel als Dreiecksinseln verwendet. An ihren Dreiecksseiten soll nur der Verkehr in einer Richtung fließen. Deshalb teilen sie in Verbindung mit einem Ausfahrkeil oder einem Rechtsabbiegestreifen meist nur Rechtsabbieger vom Geradeausverkehr ab. Zusätzlich werden in den untergeordneten Straßen Fahrbahnteiler eingesetzt, um den Einbiegeverkehr der Nebenstraße und den Abbiegeverkehr der übergeordneten Straße zu leiten. In großen Knoten
punkten sind sie günstig für die Aufnahme von Rad- und Gehwegen. Sie verkürzen dadurch auch die Wege bei der Überquerung der Fahrstreifen.

Dreiecksinseln werden 0,50 m von der Außenkante des durchgehenden Fahrstreifen parallel angeordnet, sonst an der Kante des vorhandenen Mehrzweckstreifens. Die Dreiecksseiten dürfen nicht kürzer als 5,00 m sein. Sie sollen aber auch nicht länger als 20,00 m werden.

Konstruktion der Dreiecksinsel

Es sind zwei Möglichkeiten zu unterscheiden, die Konstruktion ohne und mit vorgegebener Kantenlänge der Dreiecksinsel, die den Einbiegeradius des Linksabbiegers in die untergeordnete Straße nach außen begrenzt.

Die Konstruktion ohne vorgegebene Kantenlänge erfolgt nach Bild 7.169.
1. Man schlägt einen Hilfskreis mit dem Radius $r_{h1} = r_{LA} + 6,00$ m $+ 0,50$ m um den Mittelpunkt M_{LA}.
2. Man zeichnet einen weiteren Hilfskreis vom Übergangspunkt der hinteren Tropfenkante in die Ausrundung des Tropfenendes mit dem Radius $r_{h2} = 5,50$ m [1].

3. Die Parallele zum Fahrbahnrand der übergeordneten Straße wird gezeichnet im Abstand von 3,50 m bis 5,00 m für die Festlegung des Ausfahrkeils. Ist ein Rechtsabbiegestreifen vorgesehen, so entspricht der Abstand dieser Fahrstreifenbreite.
4. Zwischen den Hilfskreis mit r_{h2} und die Parallele passt man den Radius r_{RA} für den Rechtsabbieger aus der übergeordneten Fahrbahn ein und legt den Mittelpunkt M_{RA} fest.
5. Um M_{RA} schlägt man einen Kreis mit $r_{h3} = r_{RA} + 5{,}50$ m [1]. Dieser Kreis schneidet den Hilfskreis mit r_{h1}. Damit liegt der Mittelpunkt der Ausrundung der Dreiecksinsel M_i an dieser Stelle fest. Der Ausrundungsradius beträgt $r_a = 0{,}50$ m.
6. Tangentiales Einpassen des Übergangsbogens mit $r_ü$ an den Kreis mit r_{RA} und den Fahrbahnrand der untergeordneten Straße.
7. Nun verbindet man die Mittelpunkte M_{LA} und M_{RA} mit M_i. Die Schnittpunkte mit dem Kreis mit r_a ergeben die Tangentenberührungspunkte der Dreiecksseiten. Dort konstruiert man die Senkrechten zu den Verbindungsgeraden in Richtung auf den Fahrbahnrand der übergeordneten Straße.
8. Die zum Fahrbahnrand parallele Seite der Dreiecksinsel wird festgelegt. Ist eine Bordrinne vorhanden, liegt die Dreiecksinsel an deren Außenseite.
9. Die Schnitte der Dreiecksseiten werden anschließend ausgerundet mit $r_a = 0{,}50$ m.
10. Man schlägt um den Punkt M_{RA} einen Kreis mit $r = r_{RA} + 5{,}50$ m [1]. Vom Schnittpunkt mit dem Fahrbahnrand bis zur Berührung mit der Dreiecksseite der Insel wird eine Sperrfläche markiert zwischen dem Kreisbogen und dem Fahrbahnrand der übergeordneten Straße.
11. Vom ermittelten Schnittpunkt aus trägt man entgegen der Fahrtrichtung die Ausfahröffnung $l_ö = 35{,}00$ m ab, wenn ein Ausfahrkeil entworfen wird. Oder man setzt die Strecke $l_{RA} = l_v + l_z$ ab, wenn ein Rechtsabbiegestreifen konstruiert wird.
12. Beim Ausfahrkeil wird nun vom Beginn der Ausfahröffnung die Tangente an den Rechtsabbiegekreis gelegt.

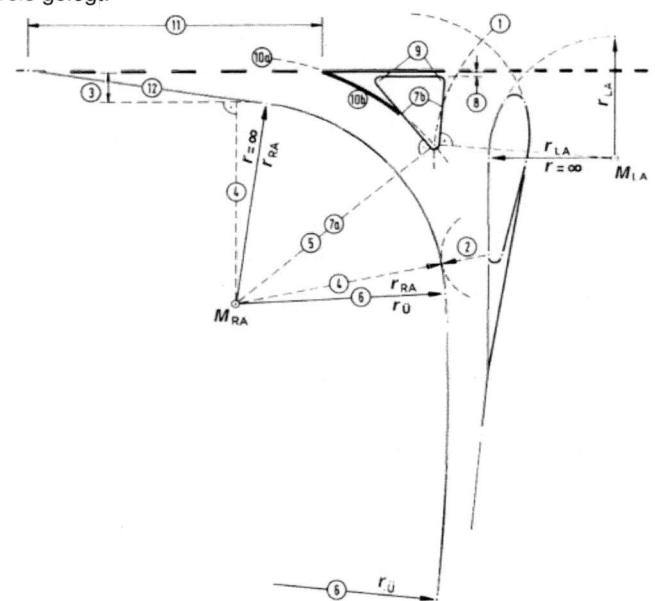

Bild 7.169   Konstruktionsgang der Dreiecksinsel ohne Vorgabe der Kantenlänge [1]

---

[1] Bei fahrgeometrischer Bemessung die Maße entsprechend verkleinern. Überprüfung mit den Schleppkurven in "Bemessungsfahrzeuge und Schleppkurven zur Überprüfung der Befahrbarkeit von Verkehrsflächen", Forschungsgesellschaft für Straßen- und Verkehrswesen, 2001/2005

7.8 Entwurf von Landstraßen

Die **Konstruktion mit vorgegebener Kantenlänge** erfolgt nach Bild 7.170.

1. Man schlägt einen Hilfskreis um den Mittelpunkt M_{LA} mit $r_{h1} = r_{LA} + 6,00$ m $+ 0,50$ m.
2. Man zeichnet einen weiteren Hilfskreis vom Übergangspunkt der hinteren Tropfenkante in die Ausrundung des Tropfenendes mit dem Radius $r_{h2} = 5,50$ m.
3. Eine Parallele g_{hf} zum Fahrbahnrand der übergeordneten Straße wird gezeichnet im Abstand von 3,50 m bis 5,00 m für die Festlegung des Ausfahrkeils. Ist ein Rechtsabbiegestreifen vorgesehen, so entspricht der Abstand dieser Fahrstreifenbreite.
4. Es wird eine Parallele zum Außenrand der übergeordneten Fahrbahn in Richtung auf die Nebenstraße gezeichnet, deren Abstand der vorgegebenen Kantenlänge der Insel entspricht. Der Schnittpunkt mit dem Hilfskreis mit r_{h1} ergibt den Mittelpunkt für die hintere Ausrundung des Inselkopfes. Um diesen Punkt schlägt man einen Hilfskreis mit $r_{h3} = 0,50$ $+ 5,50$ m geschlagen.
5. Man passt einen Hilfskreis so ein, dass er die Parallele g_{hf} tangiert und ebenso die Hilfskreise mit r_{h2} und r_{h3} berührt. Der gefundene Radius r_{RA} wird gegebenenfalls gerundet und der Mittelpunkt M_{RA} festgelegt.
6. Tangentiales Einpassen des Übergangsbogens mit $r_ü$ an den Kreis mit r_{RA} und den Fahrbahnrand der untergeordneten Straße.
7. Nun verbindet man die Mittelpunkte M_{LA} und M_{RA} mit M_i. Die Schnittpunkte mit dem Kreis mit r_a ergeben die Tangentenberührungspunkte der Dreiecksseiten. Dort konstruiert man die Senkrechten zu den Verbindungsgeraden in Richtung auf den Fahrbahnrand der übergeordneten Straße.
8. Die zum Fahrbahnrand parallele Seite der Dreiecksinsel wird festgelegt. Ist eine Bordrinne vorhanden, liegt die Dreiecksinsel an deren Außenseite.
9. Die Schnitte der Dreiecksseiten werden anschließend ausgerundet mit $r_a = 0,50$ m.
10. Man schlägt um den Punkt M_{RA} den Kreis mit $r = r_{RA} + 5,50$ m [1]. Vom Schnittpunkt mit dem Fahrbahnrand bis zur Berührung mit der Dreiecksseite der Insel wird eine Sperrfläche markiert zwischen Kreisbogen und Fahrbahnrand der übergeordneten Straße.
11. Vom ermittelten Schnittpunkt aus trägt man entgegen der Fahrtrichtung die Ausfahröffnung $l_ö = 35,00$ m ab, wenn ein Ausfahrkeil entworfen, oder die Strecke $l_{RA} = l_v + l_z$ ab, wenn ein Rechtsabbiegestreifen konstruiert wird.
12. Beim Ausfahrkeil wird nun vom Beginn der Ausfahröffnung die Tangente an den Rechtsabbiegekreis gelegt.

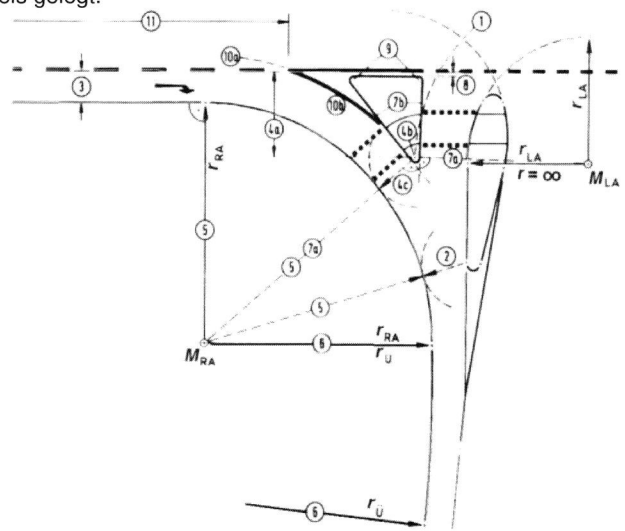

Bild 7.170 Konstruktionsgang der Dreiecksinsel mit Vorgabe der Kantenlänge

Eckausrundungen. Zwei Knotenpunktsarme werden miteinander durch Bögen verbunden. Tritt kein Eckverkehr auf, kann dies mit $r = 1{,}00$ m geschehen. In allen anderen Fällen wird die Ausrundung fahrgeometrisch angelegt. Eckausrundungen, bei denen ein Kreisbogen tangential an die Fahrbahnränder angeschlossen wird, sind in wenig befahrenen Straßen und fast auschließlichem Pkw-Verkehr möglich. Dabei muß aber darauf geachtet werden, daß der Radius dem inneren Radius der überstrichenen Fläche bei der Fahrt mit dem Wendekreisradius entspricht.

Um eine bessere Anpassung der Ausrundung an die Schleppkurve bei Veränderung des Lenkeinschlages zu erreichen, wendet man eine dreiteilige Bogenfolge in Form eines Korbbogens an. Dabei stehen die drei Radien in dem Verhältnis $r_1 : r_2 : r_3 = 2 : 1 : 3$. Die Radienfolge entspricht der Fahrtrichtung des Rechtsabbiegers bzw. Rechtseinbiegers. Im Bild 7.171 sind die notwendigen Werte zur Berechnung der Konstruktion und der Absteckung zusammengestellt.

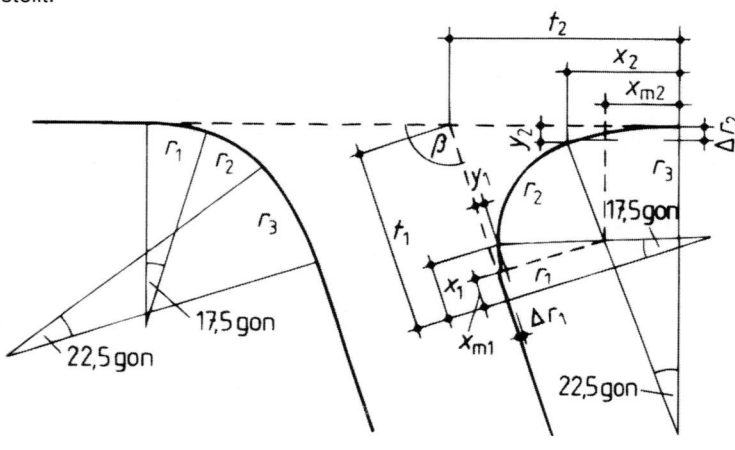

Bild 7.171
Konstruktionselemente für die Eckausrundung der Rechtsab- und Rechtseinbieger im Verhältnis 2:1:3

$\Delta r_1 = 0{,}0375 \cdot r_2$ $\Delta r_2 = 0{,}1236 \cdot r_2$ $x_{m1} = 0{,}2714 \cdot r_2$ $x_{m2} = 0{,}6922 \cdot r_2$
$y_1 = 0{,}0750 \cdot r_2$ $y_2 = 0{,}1854 \cdot r_2$ $x_1 = 0{,}5428 \cdot r_2$ $x_2 = 1{,}0383 \cdot r_2$

$$t_1 = r_2 \cdot \left(0{,}2714 + 1{,}0375 \cdot \tan\frac{\beta}{2} + \frac{0{,}0861}{\sin\beta}\right) \qquad t_2 = r_s \cdot \left(0{,}6922 + 1{,}1236 \cdot \tan\frac{\beta}{2} - \frac{0{,}0861}{\sin\beta}\right)$$

Als hauptsächliche Radien für ein zügiges Abbiegen werden folgende Radienfolgen empfohlen: 16,00 m : 8,00 m : 24,00 m für Personenkraftwagen
20,00 m : 10,00 m : 30,00 m für Lastkraftwagen
24,00 m : 12,00 m : 36,00 m für Lastzüge und Sattelschlepper

Dabei erhalten die Radien r_1 immer einen Öffnungswinkel von 17,5 gon, die Radien r_3 stets einen solchen von 22,5 gon. Der Restwinkel wird mit r_2 ausgeglichen

Für die Bemessung des maßgebenden Radius r_2 wählt man das Bemessungsfahrzeug, das den üblichen Verkehrsbedürfnissen entspricht. Für Knotenpunkte von Straßen der Entwurfsklassen EK1 und EK2 legt man in der Regel das größte zulässige Fahrzeug nach der StVZO, den Lastzug, zugrunde. Sonderfahrzeuge, wie Langholzwagen, erfordern, dass senkrechte Einbauten im Knotenpunktsbereich nicht in solchen Flächen angeordnet werden, die die Ladung überstreichen könnte. Sonst ist das Bemessungsfahrzeug nach den Nutzungsansprüchen und dem Umfeld zu wählen. Ob an solchen Knotenpunkten für Ein- und Abbiegevorgänge die Mitbenutzung der Gegenfahrstreifen geduldet werden kann, hängt von der Häufigkeit dieser Vorgänge und der dadurch hervorgerufenen Behinderung des Gegenverkehrs ab.

7.8 Entwurf von Landstraßen

Typ	Abbiegetyp		Zufahrttyp	
	RA2, RA3, RA5	RA6	KE1, KE2, KE3, KE4	KE6
Hauptbogenradius r_2 in m	15,00	12,00	12,00	10,00

Tabelle 7.65 Empfohlene Hauptbogenradien r_2

Kreisfahrbahn. Sie wird als einstreifige Fahrbahn mit konstantem Radius angelegt. Nur in Ausnahmefällen bildet man die Kreisfahrbahn zur Erhöhung der Kapazität zweistreifig aus. Die Querneigung der Fahrbahn wird mit $q = 2,5\ \%$ nach außen entwässert. Liegt der Kreisring nicht in einer Ebene, darf die Schrägneigung nur $p \leq 6,0\ \%$ sein.

An Knotenpunkten von Landstraßen werden Kleine Kreisverkehre eingesetzt. Nur bei Straßen der Entwurfsklasse EKL 2 ist die Verwendung des großen Kreisverkehrs sinnvoll.

Typ	Kleiner Kreisverkehr	
Außendurchmesser d in m	$35,00 \leq d < 40,00$	$40,00 \leq d \leq 50,00$
Breite der Kreisfahrbahn b_K in m	7,00	6,00

Tabelle 7.66 Zuordnung der Kreisfahrbahnbreite zum Außendurchmesser des Kreises

Die Kreisinsel wird mit Flachborden eingefasst. Sie darf beim Kleinen Kreisverkehr nicht überfahrbar gestaltet werden. Eine kalottenförmige Aufschüttung und Bepflanzung verdeutlicht die abgelenkte Zufahrt. Feste Einbauten oder Gegenstände gegenüber der Zufahrt bedeuten bei Auffahrunfällen eine große Gefahr.

Die Zufahrten und Ausfahrten des Kreisverkehrs sind einstreifige Fahrbahnen. Zu- und Ausfahrt werden durch einen Fahrbahnteiler getrennt. Dieser kann gleichzeitig als Überquerungshilfe für Fußgänger und Radfahrer dienen. Deren Übergänge werden in der Bordsteinführung auf das Fahrbahnniveau abgesenkt.

Die Fahrbahnbreite muss neben dem Fahrbahnteiler min $b_{F,Zu} = 3,75$ m betragen, soll aber die Breite von 4,50 m nicht überschreiten, um unerwünschtes Vorbeifahren am wartenden Kfz zu verhindern.

Liegt die Achse der untergeordneten Straße in einer Rechtskurve, muss der Fahrbahnteiler zum rechtzeitigen Erkennen evt. verlängert werden.

Die Eckausrundungen werden als einfache Kreisbögen angelegt. Für die Kreiseinfahrt wählt man Radien mit $r_E = 14,00$ m bis 16,00 m. Die Kreisausfahrt erhält Radien von $r_A = 16,00$ m bis 18,00 m. Größere Radien sind möglich, wenn die Ausfahrt von Fußgängern oder Radfahrern nicht überquert wird.

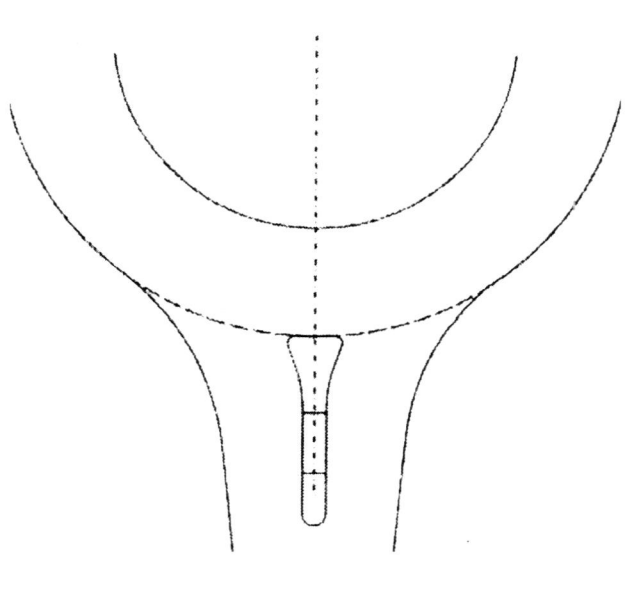

Bild 7.172   Fahrbahnteiler der Kreisaus- und -einfahrt

Bei starkem Eckverkehr kann man die Kapazität durch einen Bypass erhöhen. Die Konstruktion ist in Bild 7.173 dargestellt. Es muss aber überprüft werden, ob der in die Kreisfahrbahn einfahrende Verkehr nicht den Abbiegeverkehr blockiert. In diesem Fall vergrößert man die Möglichkeit zum Abbiegen.

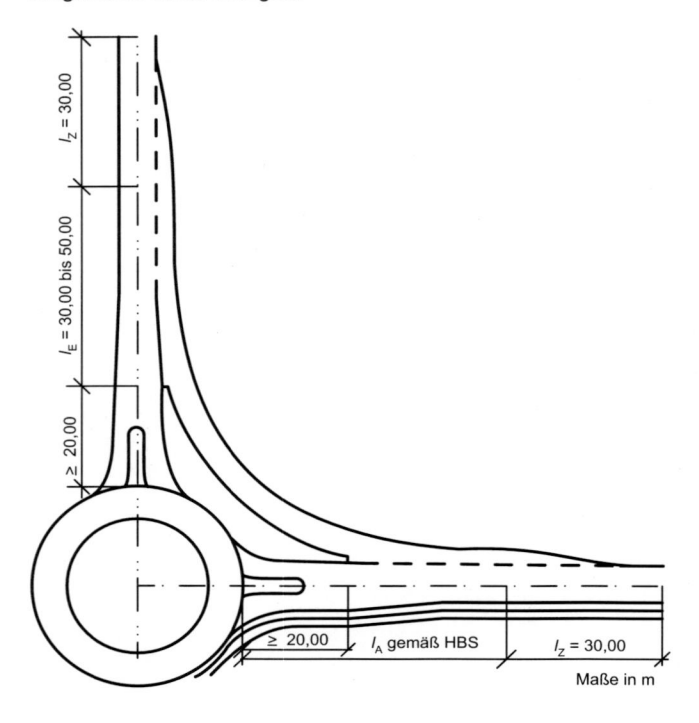

Der Bypass wird durch einen Trennstreifen von der Kreisfahrbahn abgesetzt. Seine Fahrbahnbreite beträgt $b_{By} = 5{,}50$ m, um die Möglichkeit zu schaffen, an einem Pannenfahrzeug vorbei zu fahren.

Kreuzen Fußgänger oder Radfahrer den Bypass, sind sie dem Fahrzeugverkehr gegenüber wartepflichtig. Dies ist durch Verkehrszeichen zu verdeutlichen.

Kann der Verkehr auch mit einem Bypass nicht bewältigt werden, muss eine andere Knotenpunktsart gewählt werden.

Bild 7.173
Bypass zum Kreisverkehr

Die Sichtweiten müssen in allen Knotenpunktszufahrten vorhanden sein. Die erforderlichen Haltesichtweiten entnimmt man Bild 7.141. Ist das Sichtfeld aus örtlichen Gegebenheiten nicht herzustellen, muss die Vorfahrt vorangekündigt werden. Die Beschränkung der Geschwindigkeit ist zu prüfen.

Die Sichtfelder an den Knotenpunktszufahrten sind im Kapitel 7.9.4 ausführlich beschrieben. Die drei Kategorien
- Haltesicht,
- Annäherungssicht und
- Anfahrsicht

sind abhängig von der Entwurfsklasse und den gefahrenen Geschwindigkeiten.

Das Sichtfeld für die Annäherungssicht muss für Fahrzeuge in 15,00 m Entfernung vom Rand der übergeordneten Straße überschaubar sein. Bei Schwerverkehr erhöht man den Abstand auf 20,00 m. Wenn die ausreichende Schenkellänge nicht erzielt werden kann, muss ein Anhaltegebot mit einer Haltelinie eingesetzt werden. Dann gelten die Werte für die Anfahrsicht.

Das Sichtfeld für die Anfahrsicht muss so groß sein, dass der Kraftfahrer – selbst mit zumutbarer Behinderung des Verkehrs auf der übergeordneten Straße – in die Straße einfahren oder sie überqueren kann. Das gilt auch für Knoten mit Lichtsignalregelung.

7.8 Entwurf von Landstraßen

Wird die Geschwindigkeit im Knotenpunktsbereich nicht auf 70 km/h beschränkt, wird die Schenkellänge *l* der übergeordneten Straße auf *l* = 200,00 m erhöht.

Die Befahrbarkeit überprüft man mit Schleppkurven. Dazu wählt man die Fahrweise, bei der der Lenkradeinschlag während der Fahrt erfolgt.

Fußgänger- und *Radverkehr.* Den nicht motorisierten Verkehr leitet man an Kreuzungen und Einmündungen nur einseitig im Zweirichtungsverkehr über den Knoten. Damit verringern sich die Kollisionspunkte.

Fußgänger und Radfahrer auf Sonderwegen parallel zur übergeordneten Fahrbahn werden an Knoten ohne Lichtsignalanlagen in 6,00 m Abstand vom Fahrbahnrand über die untergeordnete Fahrbahn und den Fahrbahnteiler geführt. Fußgänger und Radfahrer erhalten Wartepflicht. Nur bei den Typen KE6 und RA6 erhält der Radfahrer die Vorfahrt. Dann wird aber die Überquerung in ca. 1,00 m bis 2,00 m vom Fahrbahnrand der übergeordneten Straße angelegt und farbig markiert. Beim Linksabbiegetyp LA2 kann die Querungshilfe über die Sperrfläche bei der Einleitung des Linksabbiegestreifens geführt werden. Ist eine Mittelinsel vorhanden, wird die zulässige Höchstgeschwindigkeit auf 70 km/h begrenzt.

An Knotenpunkten mit Lichtsignalanlage wird der nicht motorisierte Verkehr verkehrsabhängig mitgeführt. Dort legt man die Überquerung vor den Kopf des Tropfenteilers der untergeordneten Knotenpunktszufahrt an.

Haltestellen des ÖPNV sollen bei Straßen der EKL 1 nicht an der Fahrbahn angelegt werden, sondern in die plangleichen Teilknotenpunkte verlegt werden. Bei den Entwurfsklassen EKL 2 und EKL 3 konstruiert man Bushaltebuchten, wenn diese Straßen übergeordnete Bedeutung haben. Gehört die untergeordnete Straße zur EKL 3, kann je nach Verkehrsbelastung und Bedienhäufigkeit auch eine Haltestelle am Fahrbahnrand vorgesehen werden. Diese Haltestellenart ist die Regellösung bei der Entwurfsklasse EKL 4.

An Knotenpunkten ohne Lichtsignalanlage erfolgt die Anlage der Haltestelle zweckmäßig hinter der Einmündung oder Kreuzung. Auch bei einer vorhandenen Lichtsignalanlage ist die Lage hinter dem Knoten von Vorteil, weil das Ein- und Ausfädeln des ÖPNV erleichtert wird.

Im Kreisverkehr wählt man die Lage der Haltestelle so, dass diese entweder 15,00 m vor der Kreisfahrbahn endet oder 15,00 m hinter der Kreisfahrbahn in der Ausfahrt beginnt.

7.8.13 Ausstattung

In allen Entwurfsstufen darf man nicht allein den reinen Straßenentwurf betrachten. Auch die verkehrsrechtlichen Aspekte wie Markierung, Beschilderung, Bepflanzung, Lichtsignalanlagen und sonstige Verkehrseinrichtungen müssen zu einem einheitlichen Entwurf vereinigt werden. Die verkehrsrechtlichen Anordnungen durch die Verkehrsbehörde im Einvernehmen mit Polizei und Baulastträger werden erteilt auf der Grundlage eines Markierungs- und Beschilderungsplanes, der die erforderlichen Angaben enthält.

Die Markierung sorgt mit ihrer visuellen Führung für die Sicherheit des Verkehrs und hat großen Anteil an der Unterscheidung der Entwurfsklassen. Der Kraftfahrer erkennt dabei die jeweilige Netzfunktion, kann seine Geschwindigkeit danach einrichten und wird auf freier Strecke und im Knotenpunktsbereich deutlich geleitet.

Fahrbahnmarkierungen sollen nicht nur bei Tage, sondern auch bei Nacht ihre Leitwirkung erfüllen. Hier hat sich eine aufgeraute, reflektierende Oberfläche bewährt. Diese macht den Fahrer auch durch eine veränderte Geräuschentwicklung auf die Begrenzung des Fahrstreifens aufmerksam. Für die Entwurfsklassen EKL 1 und EKL 2 soll diese erhöhte Nachtsichtbarkeit eingesetzt werden, bei EKL 3 ist sie vorzuziehen. Die einzelnen Markierungsarten der Entwurfsklassen beschreibt die RAL ausführlich.

Verkehrszeichen und Beschilderung sind notwendig, um dem Kraftfahrer das richtige Verhalten im Knotenpunktsbereich und die richtige Fahrstreifenwahl zu ermöglichen. Geben die Verkehrszeichen Hinweise auf Geschwindigkeit oder Vorfahrtberechtigung an, so geben Wegweiser Hinweise auf die Fahrentscheidung. Besonders bei Wegweisern muss darauf geachtet werden, dass sie nicht das Sichtfeld einschränken.

Straßen der EKL 1 bis EKL 3 stattet man immer mit Vorwegweisern aus. Bei der EKL 4 sind sie meist entbehrlich. An großen Knotenpunkten sind Schilderbrücken vorteilhaft. Sie müssen bei Fahrstreifensubtraktion immer aufgestellt werden.

Leiteinrichtungen. Um die optische Führung der Fahrzeuglenker zu unterstützen, werden zusätzlich zur Markierung des Fahrbahnrandes senkrechte Leitpfosten im Abstand von 50,00 m aufgestellt. Der Abstand kann in engen Kurven verringert werden. Richtungstafeln kommen zum Einsatz, wenn die Elementenfolge außerhalb des brauchbaren Bereiches der Relationstrassierung liegt.

Fahrzeug-Rückhaltesysteme sollen ein Abkommen von der Fahrbahn verhindern. Es stehen stählerne „Leitplanken" und Betonleitschwellen zur Verfügung. Regelmäßig setzt man sie ein, wenn die Kronenränder 2,00 m über dem umgebenden Gelände liegen. Im Mittelstreifen zweibahniger Straßen sollen die Rückhaltesysteme ein Überfahren des Mittelstreifens und damit Unfälle mit dem Gegenverkehr verhindern. Ebenso schützt man Pfeiler von Brücken oder andere Einbauten vor dem Anprall abirrender Fahrzeuge. Schutzeinrichtungen im Mittelstreifen dürfen die Höhe von $h = 0{,}95$ m nicht überschreiten, um in Kurven die notwendige Sichtweite nicht einzuschränken.

7.9 Entwurf von Stadtstraßen

7.9.1 Entwurfsziele

Während auf Autobahnen und Landstraßen die Fortbewegung und die Reisezeit eine Hauptaufgabe des Verkehrsweges bedeuten, stehen sich im angebauten Bereich verschiedene Nutzungsansprüche gegenüber. So müssen in den Gemeinden die Ansprüche des motorisierten Individualverkehrs an Geschwindigkeit und Komfort gegebenenfalls hinter den Ansprüchen des öffentlichen Nahverkehrs, des Rad- und Fußgängerverkehrs und – bei angebauten Straßen – den Ansprüchen der Anlieger und des ruhenden Verkehrs zurückstehen. Außerdem sind die regionalen und kommunalen Entwurfsvorgaben zu berücksichtigen.

Das Hauptziel ist die Verträglichkeit aller Nutzungsansprüche einschließlich des Umfeldes. Gleichzeitig müssen die städtebaulichen Bedingungen beim Entwurf von Stadtstraßen beachtet werden. Der Entwurf von Stadtstraßen erfordert also interdisziplinäres Denken!

Auf den Straßenraum wirken folgende Zielfelder ein:
- Straßenraumgestalt,
- Brauchbarkeit für alle Verkehrsarten,
- Barrierefreiheit,
- Verkehrsablauf und –sicherheit,
- Umweltverträglichkeit,
- Wirtschaftlichkeit.

Dabei kann man unterscheiden zwischen verkehrlichen und städtebaulichen Merkmalen. Für den Verkehr erfüllen die Stadtstraßen entweder die Erschließungs- oder Verbindungsfunktion.

Die *Erschließungsfunktion* dient der Art und dem Maß der baulichen Nutzung der Anliegergrundstücke. Hier beginnen und enden die Wege der Menschen, unabhängig davon, ob sie sich mit einem Verkehrsmittel oder zu Fuß bewegen. Darüber hinaus kann über Erschließungsstraßen die Versorgung der Anlieger sicher gestellt werden. Allerdings kann sich die Erschließungsfunktion auch mit der Verbindungsfunktion überschneiden.

Die *Verbindungsfunktion* dient dagegen der räumlichen Verbindung von Zielen und hat ihre Bedeutung meist als Hauptverkehrsstraße. Sie ist auch von der Stärke der Verkehrsbeziehungen abhängig. Der Grad der Auslastung durch die verschiedenen Verkehrsmittel kann unterschiedlich sein. Damit ergeben sich verschiedene Stufen für den Verkehrsablauf und den Straßenentwurf.

Die *Verkehrsbelastung* setzt sich aus Durchgangs-, Ziel- und Quellverkehr zusammen. Entsprechend der Belastung unterscheiden sich die Merkmale für die einzelnen Straßenfunktionen. Auch die Nutzungsansprüche für den ruhenden Verkehr sind ein wichtiges Merkmal für den notwendigen oder vorhandenen Straßenraum.

Zu den städtebaulichen Merkmalen zählen der Gebietscharakter, die Art und das Maß der Umfeldnutzung und die Situation des Straßenraumes in seinem Verlauf und der seitlichen Begrenzung.

Der *Gebietscharakter* wird oft aus der historischen Entstehung erkennbar sein. Enge Straßenräume wechseln mit Aufweitungen und Plätzen. Diese dienen meist dem Aufenthalt der Bewohner oder bilden örtliche Mittelpunkte (Rathaus- oder Kirchenvorplatz, Marktplatz). Hier muss bei Umbauten des Straßennetzes sehr feinfühlig mit der vorhandenen Bausubstanz und deren Eingliederung vorgegangen werden. Nicht allein die Ansprüche des Verkehrs sind dominierend.

Die *Umfeldnutzung* bestimmt ebenfalls den Straßenraum. In den Kerngebieten fordert oft die Aufenthaltsfunktion besondere Flächen. Aber auch die Nutzung der Grundstücke selbst hat Einfluss auf die Einteilung der Räume für motorisierten, Rad- und Fußgängerverkehr. Die Zusammenarbeit mit den Städteplanern ist hier unbedingt notwendig.

Vom Straßenraum hängt die Konzeption des Entwurfs ab. Von der vorhandenen Fläche werden bestimmt:
- die seitliche Begrenzung,
- die Breite und
- der Verlauf.

Durch die Verschiedenheit der Funktionen und ihr Zusammentreffen im bebauten Gebiet entstehen typische Entwurfssituationen. Diesen werden die Straßenkategorien zugeordnet.

Typische Entwurfssituation	Straßenkategorie	Typische Entwurfssituation	Straßenkategorie
Anbaufreie Straße	VS II, VS III	Quartierstraße	ES IV, HS IV
Verbindungsstraße	HS III, HS IV	Sammelstraße	ES IV
Hauptgeschäftsstraße	HS IV, ES IV	Wohnstraße	ES V
Örtliche Geschäftsstraße	HS IV, ES IV	Wohnweg	ES V
Örtliche Einfahrtstraße	HS III, HS IV	Industriestraße	ES IV, ES V, (HS IV)
Dörfliche Hauptstraße	HS IV, ES IV	Gewerbestraße	ES IV, ES V, (HS IV)
VS anbaufreie Hauptverkehrsstraße		HS angebaute Hauptverkehrsstraße	ES Erschließungsstraße

Tabelle 7.67 Zuordnung der Typischen Entwurfssituationen zu Straßenkategorien

Die Typischen Entwurfssituationen können bei längeren Straßenzügen wechseln und müssen nach den städtebaulichen Gegebenheiten differenziert und abschnittsweise entworfen werden. Doch auch hierbei ist zu empfehlen, das Bild des Straßenraumes über längere Strecken der gleichen Straßenkategorie zuzuordnen. Erschließungsstraßen oder kurze Ortsdurchfahrten sollen möglichst nur in einer Straßenkategorie verlaufen.

7.9.2 Stadtstraßenentwurf

Entwurfsaufgaben. Drei Hauptaufgaben treten im bebauten Gebiet auf:
- Neubau von Straßen bei neuer Flächennutzung oder Anschluss an eine neue Ortszufahrt,
- Umbau vorhandener Straßenabschnitte,
- Rückbau vorhandener Straßenabschnitte, wenn sich die Nutzungsansprüche ändern.

Unter Neubau von Stadtstraßen versteht man die Integration des Straßenraumes in das Umfeld. Schon in der Entwurfsphase ist die Abwägung der Nutzungsansprüche zugrunde zu legen und die Entwurfselemente sind der Entwurfssituation anzupassen.

Der Umbau und Ausbau von bestehenden Straßen ist die Umgestaltung des Straßenraumes. Er wird notwendig, wenn unter Berücksichtigung des Umfeldes verkehrliche Maßnahmen oder eine Änderung des Verkehrsablaufes eintritt.

Der Rückbau eines Straßenraumes wird möglich, wenn die Straße ihre Verkehrsbedeutung ändert. Meist hängt dies mit einer Abstufung für den Kraftfahrzeugverkehr zusammen.

Die RASt unterscheidet zwei Entwurfsmethoden, den Entwurf der Typischen Entwurfssituation und das Verfahren der städtischen Bemessung.

Die Bezeichnung der Entwurfsmethodik impliziert deutlich, dass im bebauten Bereich eine enge Zusammenarbeit zwischen dem städtischen und dem Verkehrsplaner entstehen muss.

7.9 Entwurf von Stadtstraßen

Entwurfsgrundlagen. Man unterscheidet beim Straßenraumentwurf überörtliche Vorgaben:
- regionale Entwurfsvorgaben,
- gemeindliche Entwurfsvorgaben und
- teilräumliche Entwurfsvorgaben.

Für den Straßenentwurf ergeben sich die Vorgaben aus:
- den Nutzungsansprüchen,
- dem Unfallgeschehen,
- dem vorhandenen Straßenraum und
- der Nutzung des Umfeldes.

Für manche dieser Punkte liegen Gutachten, Entwicklungspläne oder Bilder vor. Dies entbindet den Entwurfsingenieur aber nicht von der Pflicht, sich genaue Ortskenntnis zu verschaffen. Darüber hinaus sind Kontakte mit den Menschen im Planungsbereich von Vorteil. Von ihnen können oft zusätzliche Hinweise oder Wünsche ausgehen, die dem Entwerfenden ein einfühlsames Herangehen an die Aufgabe erleichtern.

Entsprechend den Entwurfsgrundlagen gibt es für die Entwurfsaufstellung zwei verschiedene Möglichkeiten. Der „geführte" Entwurf verlangt eine Einordnung der Entwurfsaufgabe in die Auswahl Typischer Entwurfssituationen. Gegebenenfalls muss dabei die Gesamtstrecke in Einzelabschnitte zerlegt werden. Ist die Typische Entwurfssituation festgelegt, wählt man den empfohlenen Querschnitt, die Knotenpunktsarten und den Übergang von der Strecke zum Knotenpunkt nach vorgeschlagenen Musterlösungen aus.

Beim „individuellen" Entwurfsvorgang werden die Nutzungen und damit die Abmessungen der befahrenen Fahrbahnflächen den Seitenräumen nach der städtebaulichen Bemessung gegenüber gestellt. Hier üben Einfluss aus
- der Bereich zwischen Gehbereich und dem äußeren Rand des Straßenraumes, der für die bauliche Nutzung, Aufenthalts-, Wirtschaftsflächen oder Vorgärten angelegt werden soll,
- der Bereich für den Fußgänger- und gegebenenfalls Radverkehr auf gesonderten Flächen im Seitenraum,
- der Gesamteindruck des Straßenraumes. Hier ist das Verhältnis der Seitenräume zur Fahrbahn bei der Einteilung 30 : 40 : 30 eine Aufteilung, die städtebaulich ein angenehmes Straßenbild erzeugt.

b_{Fb} Fahrbahnbreite
b_S Breite der seitlichen Nutzung

$b_{Rad/Fußg}$ Erforderliche Breite für Rad- und/oder Gehweg

Optimale Aufteilung des Straßenraumes

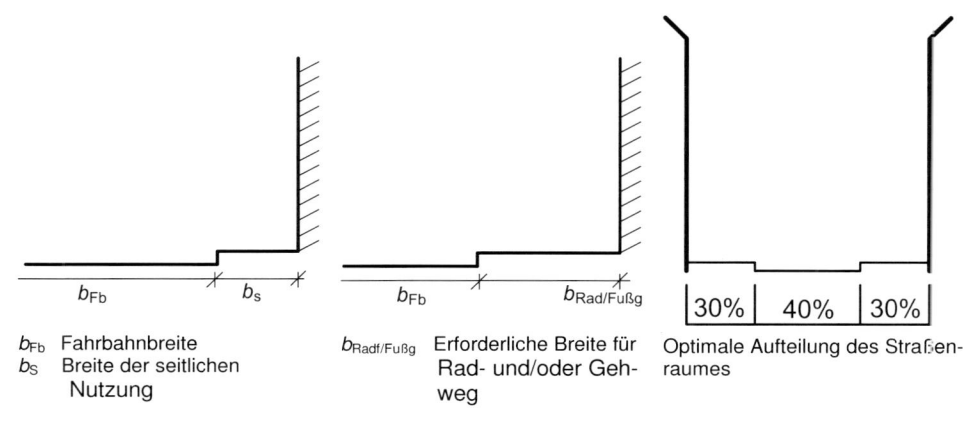

Bild 7.174 Städtebauliche Bemessung

Die städtebauliche Bemessung setzt sich damit aus den im Bild 7.174 gezeigten Faktoren zusammen. Die optimale, anzustrebende Verteilung von Seitenräumen und Verkehrsraum muss sich an den örtlichen Gegebenheiten ausrichten. Aufweitungen mit platzartigen Räumen macht den Straßenverlauf interessanter. Beim individuellen Straßenentwurf ist zwischen den Nutzungsansprüchen im Seitenraum und denen im Verkehrsraum sorgsam abzuwägen, da im Bestand manchmal nicht alle Ansprüche erfüllt werden können.

Die Bewertung erstreckt sich auf die Wirkung
- der Barrierefreiheit für Rollstuhl- und Radfahrer sowie Kinderwagen,
- einer für die Benutzer freundliche und behindertengerechte Gestaltung des Straßenraums. (Das kann z. B. durch Signalanlagen für Sehbehinderte oder Veränderung der Oberfläche durch geriffelte Steine erzielt werden. Ebenso sind farbige Einfärbung des Belags möglich.)
- der Straßenraumgestaltung nach der städtebaulichen Bemessung,
- der Umweltverträglichkeit,
- des Verkehrsablaufes. (Hier muss unterschieden werden, ob eine Verkehrsberuhigung oder ein guter Verkehrsfluss notwendig ist. Dabei ist auch die Wirkung und Wirtschaftlichkeit von Signalanlagen zu untersuchen. Das erfordert eine verkehrstechnische Bemessung.)

Berücksichtigt werden muss auch der Anspruch des ruhenden Verkehrs hinsichtlich
- der Leichtigkeit im Betriebsablauf des ÖPNV,
- der Verkehrssicherheit,
- der Wirtschaftlichkeit von Bau und Betrieb.

Besonderes Augenmerk ist beim individuellen Entwurf auf die Verkehrssicherheit zu richten. Oft verlangen Fuß- oder Radverkehr Querungshilfen in Form von Trenninseln oder Überweg-Markierung Eingriffe in die Fahrbahngestaltung.

Grundmaße für die Verkehrsräume. Die notwendigen Abmessungen der Verkehrsräume werden bestimmt durch die Abmessungen der Fahrzeuge, dem seitlichen und oberen Bewegungsspielraum bei gerader Fahrt, der Breite bei Kurvenfahrt und beim Ein- und Ausparken.

Je nach Zusammensetzung der verschiedenen Straßennutzungen muss ein Lichter Raum vorhanden sein. (Bild 7.175)

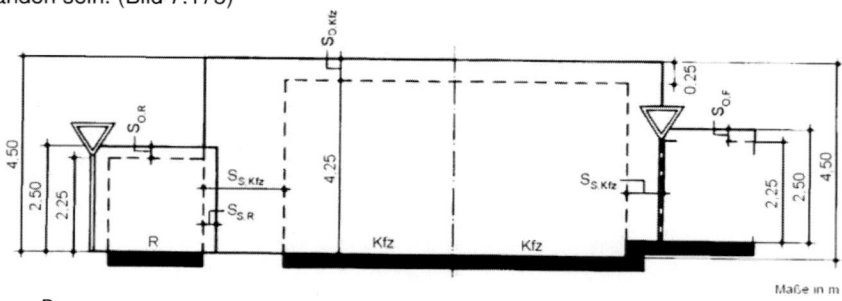

---------- Begrenzung des lichten Raumes   -- -- -- -- Begrenzung des Verkehrsraumes

F   Fußgänger   R   Radfahrer   Kfz   Kraftfahrzeug
$S_{S, Kfz}$ seitlicher Sicherheitsraum für Kfz $S_{o, F}$ oberer Sicherheitsraum für Fußgängerverkehr
$S_{S, R}$ seitlicher Sicherheitsraum für Radverkehr $S_{o, R}$ oberer Sicherheitsraum für Radverkehr
$S_{o, Kfz}$ oberer Sicherheitsraum für Kfz S_{VR} Sicherheitsraum zwischen Verkehrsräumen

Bild 7.175   Lichtraumumgrenzung

Der Verkehrsraum setzt sich zusammen aus der Fahrzeugbreite und den Bewegungsspielräumen neben und über dem Fahrzeug (Tabelle 7.68). In beengten Querschnitten können sie ausnahmsweise verringert werden.

7.9 Entwurf von Stadtstraßen

Fahrzeugart	Pkw	Lieferwagen	Lkw	Linienbus	Straßenbahn
Bewegungsspielraum b in m	0,25	0,25	0,25	0,25	0,30
eingeschränkter Bewegungsspielraum (b) in m	0,15	0,20	0,20	0,20	–

Tabelle 7.68 Bewegungsspielräume b und eingeschränkte Bewegungsspielräume (b)

Zum Lichtraum gehören neben dem Verkehrsraum die Sicherheitsräume neben und über dem Verkehrsraum. Die seitlichen Sicherheitsräume sind abhängig von den Fahrzeugarten, die sich begegnen und den Nutzungen an den äußeren Rändern durch fahrende oder haltende Kraftfahrzeuge bzw. Radfahrer. Bei beengten Verhältnissen ist die Anordnung beschränkter Bewegungsspielräume möglich.

Sicherheitsraum	S_{VR}	$S_{s, Kfz}$	$S_{o, Kfz}$
Kraftfahrzeugen	0,25 (0,00[1])	0,50 (0,25)	0,30
Linienbussen	0,40	0,50	0,30

Maße in m

[1] bei Anwendung eingeschränkter Bewegungsspielräume oder bei Begegnung von Kraftfahrzeugen untereinander

Tabelle 7.69 Sicherheitsräume für Kraftfahrzeuge

Für Fußgänger ist die Breite des Verkehrsraumes $b_{Fußg} = 1,00$ m, bei zweispurigem Gehweg wird $b_{Fußg} = 1,80$ m. Die Höhe des Verkehrsraumes wird mit $h = 2,00$ m angesetzt. Die Sicherheitsräume werden sinngemäß wie bei Radfahrern angesetzt.

Verkehrsraum		Sicherheitsraum	
einspurig	zweispurig	Lage	Breite in m
1,00	2,00 (2,30 [1])	neben der Fahrbahn	0,50
		neben parkenden Fahrzeugen in Längsaufstellung	0,75
		neben parkenden Fahrzeugen in Schräg-/ Senkrechtaufstellung	
		neben Verkehrsräumen des Fußgängerverkehrs	
		bei Gebäuden, Einfriedigungen, Verkehrseinrichtungen, Einbauten	0,25

[1] mit Fahrradanhänger

Tabelle 7.70 Verkehrs- und Sicherheitsräume für Radverkehr

Die Verkehrsräume für Fahrzeuge des öffentlichen Nahverkehrs sind abhängig von den Fahrzeugabmessungen, den Bewegungsspielräumen, den Sicherheitsräumen und den erforderlichen Verbreiterungen bei der Kurvenfahrt. Gegebenenfalls sind auch Fahrleitungsmasten zwischen den Gleisen oder Mittelbahnsteige zu berücksichtigen. Die Fahrzeugabmessungen sind von den eingesetzten Fahrzeugen des jeweiligen Unternehmens abhängig. Die folgenden Bilder 7.176 und 7.177 können nur als Anhalt dienen. Die tatsächlichen Maße müssen direkt erhoben werden..

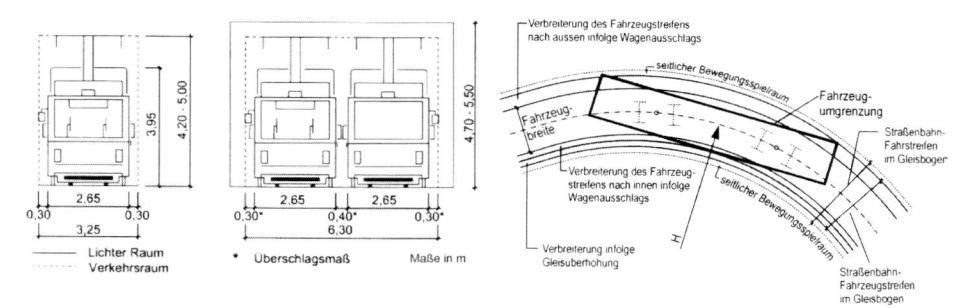

Bild 7.176 Verkehrs- und Lichträume von Straßenbahnen

Bild 7.177 Verbreiterung des Verkehrsraumes in Bögen

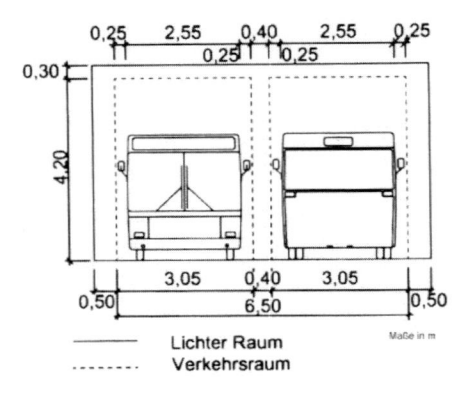

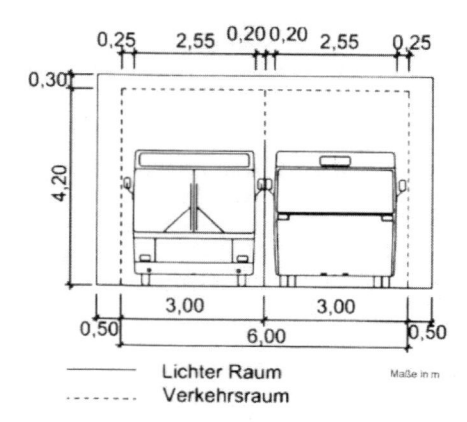

Bild 7.178 Lichtraummaße für Linienbusse

Bild 7.179 Lichtraummaße für Linienbusse bei eingeschränkten Bewegungsspielräumen

Die Abmessungen für den Lichtraum von Linienbussen kann man dem Bild 7.178 entnehmen. Ist nur eine geringe Fahrzeugfolge oder eine geringe Begegnungshäufigkeit zu erwarten, kann mit beschränkten Bewegungsräumen gearbeitet werden (Bild 7.179). Um den Flächenbedarf bei einer Kurvenfahrt von Bussen zu ermitteln, verwendet man zweckmäßig Schleppkurven. („Bemessungsfahrzeuge und Schleppkurven zur Überprüfung der Befahrbarkeit von Verkehrsflächen", Forschungsgesellschaft für Straßen- und Verkehrswesen e. V., Köln, 2001/2005)

Nutzungsansprüche des fließenden Kraftfahrzeugverkehrs unterscheiden sich aus ihrer Bedeutung für die Erschließungs- oder die Verbindungsfunktion. Nicht in jedem Fall wird der notwendige Straßenraum zur Verfügung stehen, um die Nutzung zügig zu gewährleisten. Dann kann man evt. auf Sicherheitsräume verzichten oder mit eingeschränkten Bewegungsspielräumen arbeiten.

Werden jedoch die Lichträume eingeschränkt, bedingt das in der Regel auch ein Herabsetzen der zulässigen Geschwindigkeit. Es verlangt aber auch vom Fahrzeuglenker ein besonders vorsichtiges Verhalten. Verkehrsrechtliche Anordnungen sollen die Planung unterstützen.

Im Bild 7.180 sind Beispiele für die Bemessung der Verkehrsräume dargestellt. Mit diesen Beispielen kann auch der Verkehrsraum vorhandener innerörtlicher Straßen überprüft werden. Die Erschließungsfunktion einer Straße erfordert auch die Notwendigkeit für Flächen des ruhenden Verkehrs. Hier müssen die Abmessungen der Kfz berücksichtigt werden, auch das Parken in Längs-, Schräg- oder Senkrechtaufstellung. Besondere Bedeutung kommt hierbei den Bewegungsspielräumen beim Ein- und Ausparken und beim Rangieren zu. Das Erreichen des Stellplatzes neben der durchgehenden Fahrbahn hat Auswirkungen auf den fließenden Verkehr. Der Abstand zwischen den Fahrzeugen und von seitlichen Hindernissen sollte mindestens 0,75 m betragen, um ein bequemes Ein- und Aussteigen zu ermöglichen.

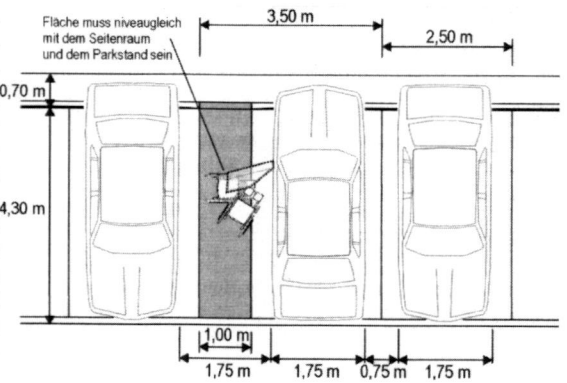

Bild 7.180 Grundmaße der Parkstände für Rollstuhlfahrer

7.9 Entwurf von Stadtstraßen

Begegnen

Nebeneinanderfahren

Vorbeifahren

Maße in m

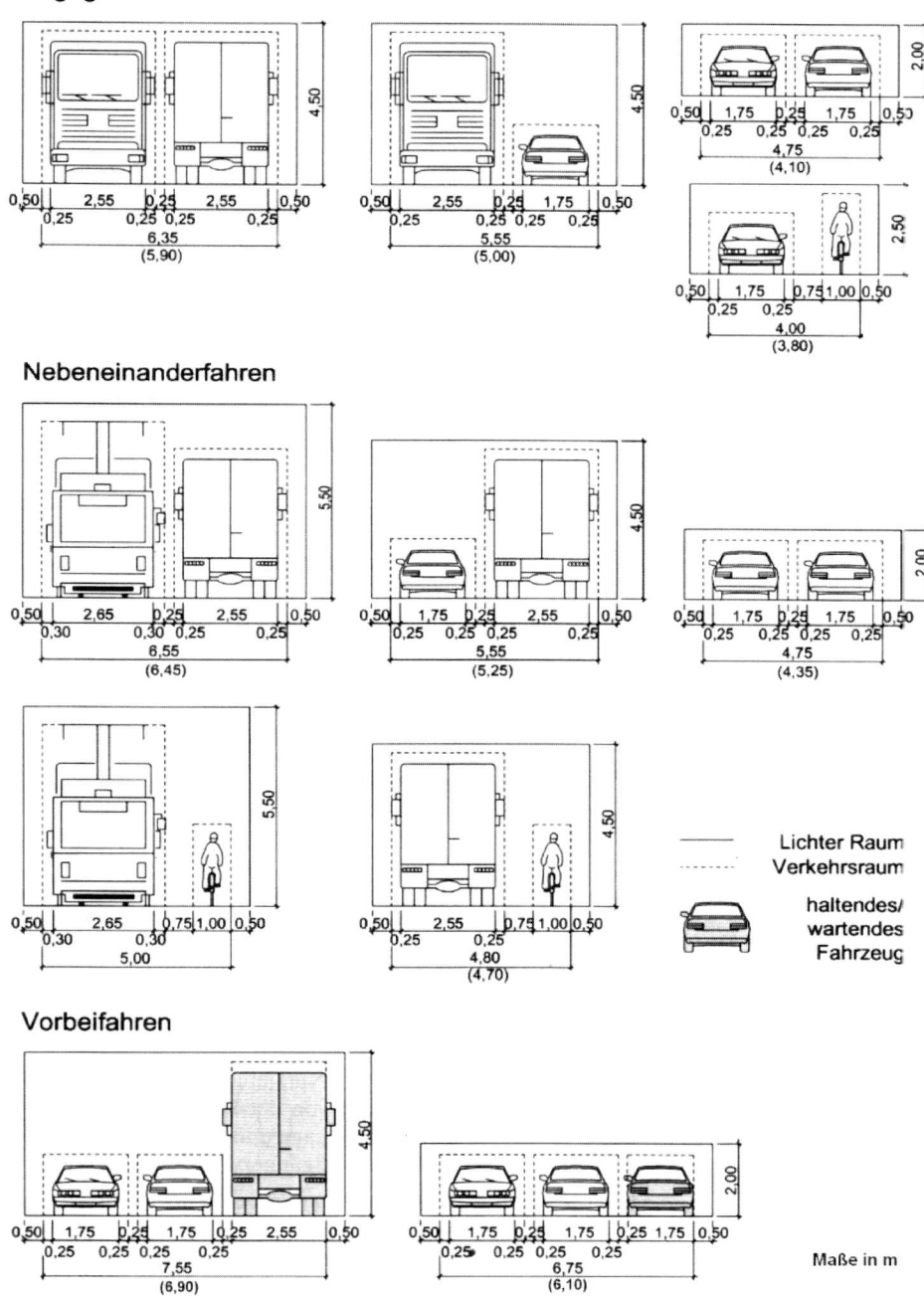

Bild 7.181 Beispiele für Verkehrs- und lichte Räume bei verschiedenen Fahrzeugtypen

Fußgängerverkehr tritt im bebauten Gebiet an allen Straßen auf. Die Nutzungen sind sehr unterschiedlich. Beim Entwurf ist auf eine Vernetzung der Gehwege Wert zu legen. Die Grundmaße für die Verkehrsräume entnimmt man Bild 7.182. In der Regel plant man Gehwege mit einer Breite $b_{Fußg}$ = 2,50 m. Bei kurzen Engstellen kann diese Maß zurückgenommen werden. Dann muss allerdings bei Begegnungen von zwei Personen meist der Sicherheitsraum in Anspruch genommen werden.

Bei wenig befahrenen Straßen kann es zweckmäßig sein, Fußwege nur einseitig zu führen. Werden Straßen im Mischungsprinzip entworfen, müssen Gehwege nicht besonders ausgewiesen werden.

Da Straßen auch von behinderten Menschen benutzt werden, sollen sie barrierefrei angelegt werden.

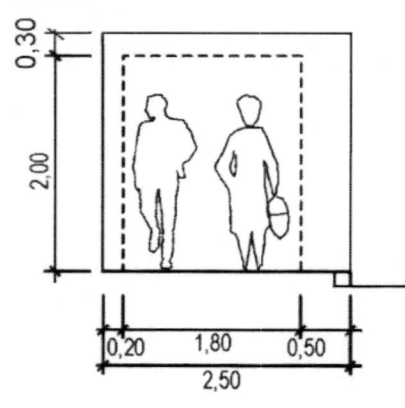

Bild 7.182 Grundmaße für Fußgängerverkehr

Art der Behinderung		Breite in m	Länge in m
Blinde Person	mit Langstock	1,20	–
	mit Führhund	1,20	–
	mit Begleiter	1,30	–
Person	mit Stock	0,85	–
	mit Armstützen	1,00	–
	im Rollstuhl	1,10	–
	mit Kinderwagen	1,00	2,00
Rollstuhl mit Begleitperson		1,00	2,50

Tabelle 7.71 Breiten- und Längenbedarf für Mobilitätsbehinderte

Maximale Belastung durch Fußgänger und Radfahrer/ Spitzenstunde [1]	erf $b_{Fußg.,Rad}$ einschl. Sicherheitstrennstreifen
70 Fußg. + Radf./h	≥ 2,50 m bis 3,00 m
100 Fußg. + Radf./h	≥ 3,00 m bis 4,00 m
150 Fußg. + Radf./h	≥ 4,00 m

(Anteil Radfahrer ≤ ein Drittel)

Tabelle 7.72 Breiten gemeinsamer Geh- und Radwege

Barrierefreiheit bedeutet:
- Gehwege sollen hindernisfrei, abtastbar und optisch kontrastierend abgegrenzt sein,
- es gibt wenig Richtungsänderungen,
- es sollen nur geringe Schrägneigungen vorhanden sein (0,5 % bis maximal 3,0 %) bei Grundstücksausfahrten mit Gehwegabsenkung,
- Bordsteinhöhe an Überquerungsstellen 0,00 m bis 0,03 m (Wasserführung),
- ertastbare Hilfen wie Bordkanten, Pflastersteifen, geriffelte Platten usw.,
- Orientierungsstreifen bei Elementen des Straßenraumes (Überquerungsstellen, Haltestellen, Masten, Sitzbänken, Pflanzkübeln u. ä.),
- trotzdem Ruhebänke in angemessenem Abstand.

Gehwege an anbaufreien Hauptverkehrsstraßen trennt man durch Grünstreifen. Diese können durch Saumborde von 0,03 m Höhe abgegrenzt werden. Soll der Grünstreifen vom Gehweg aus bewässert werden, ist der Mutterboden 0,03 m tiefer als die Gehwegbefestigung einzubauen. Der Saumbord ist dann höhengleich mit der befestigten Gehwegfläche einzubauen.

Die Bauart gemeinsamer Geh- und Radwege wird nur bei geringem Belastungen durch Fußgänger und Fahrradfahrer angelegt. Die erforderlichen Breiten sind in Tabelle 7.72 aufgeführt.

7.9 Entwurf von Stadtstraßen

Aus Gründen der Verkehrssicherheit darf die Benutzungspflicht für Radfahrer auf gemeinsamen Rad-/ Gehwegen nicht angeordnet werden bei Straßen
- mit intensiver Geschäftsnutzung,
- mit überdurchschnittlicher Benutzung durch Behinderte, Senioren oder Kinder,
- mit Längsgefälle s > 3,0 %,
- mit dichter Folge von Hauseingängen, die unmittelbar am Gehweg liegen,
- mit vielen Grundstückszufahrten oder untergeordneten Knotenpunkten,
- mit stark belasteten Bus- oder Straßenbahnhaltestellen,
- im Zuge von Hauptverbindungen des Radverkehrs.

Der Radverkehr kann auf verschiedene Weise geführt werden:
- auf der Fahrbahn,
- auf der Fahrbahn mit Schutzstreifen,
- auf besonderen Radfahrstreifen,
- auf straßenbegleitenden Radwegen (Fahrradstraßen).

Auf der Fahrbahn kann der Radverkehr relativ sicher geführt werden, wenn die Verkehrs-Gesamtbelastung gering ist und die zulässige Geschwindigkeit gedrosselt ist („Tempo 30 – Zone')

Fahrstreifen mit b = 3,00 m bis 3,50 m bieten beim Überholen des Radfahrers durch Kfz einen geringen Sicherheitsabstand. Bei Fahrbahnen mit b_F = 6,00 m sollte die Verkehrsbelastung nicht größer als 500 Kfz/h sein. Bei b_F = 7,00 m ist eine Belastung von 800 Kfz/h bis 1000 Kfz/h möglich.

Wird der Radverkehr mit Schutzstreifen geführt (Bild 7.183, Klammerwerte sind Mindestmaße), können Fahrzeuge beim Begegnen seitlich ausweichen, wenn kein Radfahrer sich auf diesem Streifen bewegt. Auf zweistreifigen Straßen mit Mischverkehr kann man sie einrichten, wenn für Radfahrstreifen nicht genügend Raum zur Verfügung steht. und für Radfahrer eine Fläche wegen der Verkehrssicherheit ausgewiesen werden soll. Da auf den Schutzstreifen nicht gehalten werden darf, müssen für den ruhenden Verkehr entsprechende Parkbuchten angeordnet werden.

Die Verkehrsbelastung mit Bussen und Lkw sollte kleiner als 1000 Kfz/Tag betragen. Bei zweistreifigen Fahrbahnen muss für den Kfz-Verkehr eine Restbreite von 4,50 m bleiben. Die Leitlinien (0,12 m breit) wechseln jeweils von 1,00 m Länge zu 1,00 m Zwischenraum.

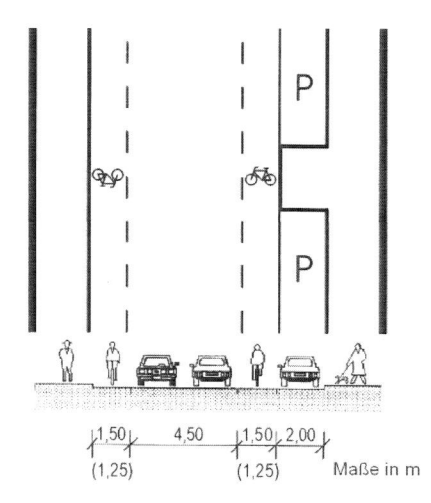

Bild 7.183 Beispiel für die Aufteilung einer Straße mit Schutzstreifen für Radfahrer

Ist die Restbreite der Fahrbahn kleiner als 5,50 m, darf keine Mittelmarkierung aufgebracht werden. Piktogramme unterstützen die Erkennbarkeit der Nutzung.

Radfahrstreifen werden von der Fahrbahn durch nicht unterbrochenen Breitstrich (0,25 m) abgegrenzt. Bei Überquerungen im Knotenpunktsbereich werden Radfurten neben dem Fußgängerüberweg mit zwei unterbrochenen Breitstrichen markiert. Die Furt soll 2,00 m breit sein.

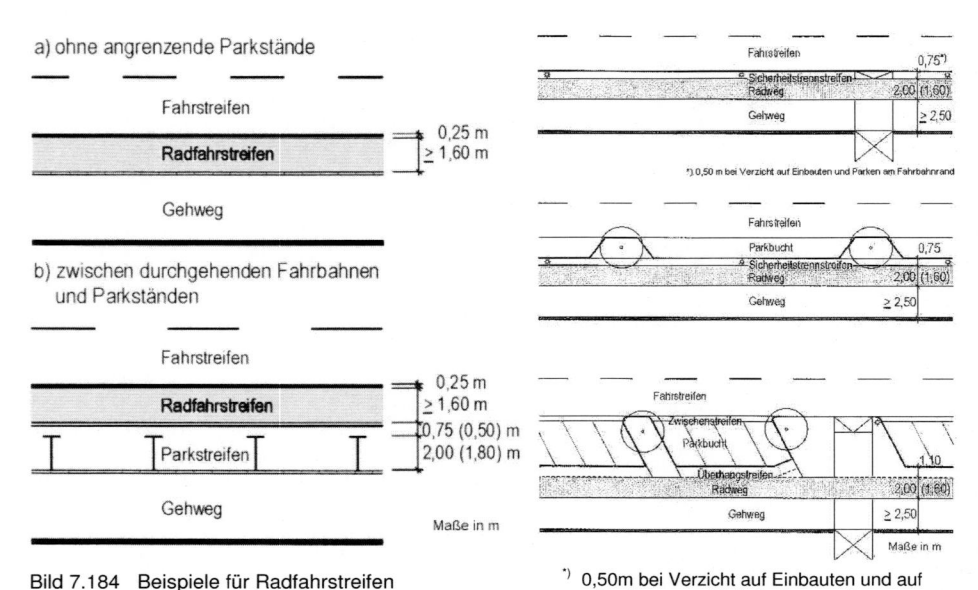

Bild 7.184 Beispiele für Radfahrstreifen zwischen Verkehrsräumen

*) 0,50 m bei Verzicht auf Einbauten und auf Parken am Fahrbahnrand

Bild 7.185 Beispiele für straßenbegleitende Radwege

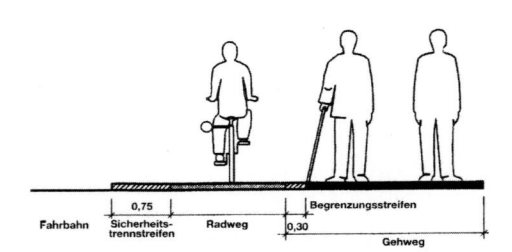

Bild 7.186 Begrenzungsstreifen für Sehbehinderte

Straßenbegleitende Radwege liegen auf gleicher Höhe wie die Fahrbahn oder der Parkstreifen. Sie sind in der Regel vom Gehweg durch einen 0,30 m breiten Begrenzungsstreifen getrennt. Werden Radwegbreiten in beengten Verhältnissen $b_R \leq 1,60$ m notwendig, können sich Benutzer nicht mehr gefahrlos überholen.

Die Gradiente der fahrbahnbegleitenden Radwege entspricht derjenigen der Fahrbahn. Bei Längsneigungen $s \geq 3,0$ % wird man den Straßenquerschnitt für bergwärts fahrende Radfahrer anders ausbilden als talwärts. Die Möglichkeiten richten sich nach dem Schutzbedürfnis der Fußgänger, weil bergab fahrende Radfahrer oft hohe Geschwindigkeiten erreichen.

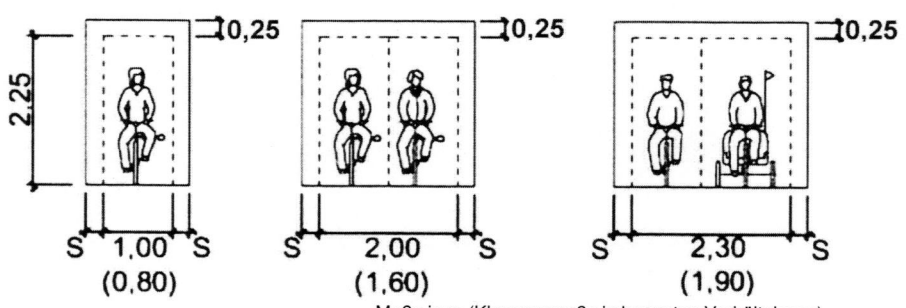

Maße in m (Klammermaße in beengten Verhältnissen)
Bild 7.187 Verkehrsräume für Radfahrer (Sicherheitsräume S nach Tabelle 7.73)

7.9 Entwurf von Stadtstraßen

Abstand	Sicherheitsraum in m
vom Fahrbahnrand	0,50
von parkenden Fahrzeugen in Längsaufstellung	0,75
von parkenden Fahrzeugen in Schräg- oder Längsaufstellung	
von Verkehrsräumen des Fußgängerverkehrs	0,25
von Gebäuden, Zäunen, Einbauten u.ä.	

Tabelle 7.73 Sicherheitsräume für Radverkehrsanlagen

Schutzbe-dürfnis	Ausbildung für den Radverkehr bergwärts	talwärts
Hoch	Radweg oder gemeinsamer Geh- und Radweg	Radfahrstreifen, Schutzstreifen
Mittel	Radfahrstreifen	Mischverkehr
Gering	Breiterer Fahrstreifen, evt. verbunden mit einem Gehweg, den Radfahrer mitbenutzen dürfen	normaler oder schmalerer Fahrstreifen

Tabelle 7.74 Vorschläge für die asymmetrische Querschnittsausbildung bei Längsneigungen $s \geq 3,0$ %

Radverkehr	Regelbreite in m	Sicherheitstrennstreifenbreite in m neben Fahrbahn oder Längsparken	bei Senkrecht-/ Schrägparken[3]
Einrichtungsverkehr	2,00 (1,60)[1]	0,75 (0,50) [1] [2]	1,10
Zweirichtungsverkehr	2,50 (2,00)[1]	0,75	

[1] bei geringer Radverkehrsbelastung
[2] bei Verzicht auf Einbauten im Sicherheitstrennstreifen
[3] Überhangstreifen kann angerechnet werden

Tabelle 7.75 Abmessungen straßenbegleitender Radwege

Die straßenbegleitenden Radwege sollen die Regelbreite über den gesamtern Streckenabschnitt erhalten. Einschränkungen wegen besonderen Zwangspunkten sind auf kurze Strecken zu beschränken. Radwege, die unmittelbar an Fußwege oder Aufenthaltsflächen angrenzen, sind mit diesen höhengleich auszubilden. Eine Radwegbreite von $b_R = 2,00$ m ist für eine wirksame Trennung von Vorteil (Bild 7.185).

Der Übergang des Radwegs in einen Radfahrstreifen soll aus Gründen der Sichtbarkeit und Verkehrssicherheit 10,00 m bis 20,00 m parallel zum Fahrstreifen des motorisierten Verkehrs geführt werden.

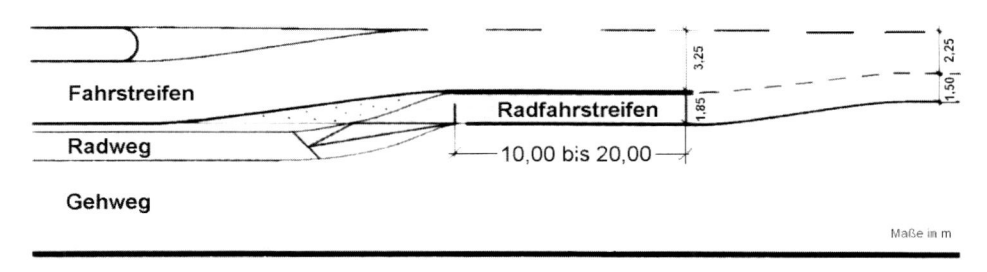

Bild 7.188 Beispiel für den Übergang vom Radweg zum Radfahrstreifen

Fahrradstraßen bieten dem Radverkehr hohe Reisegeschwindigkeiten und sind dann sinnvoll, wenn der Radverkehr die dominierende Verkehrsart ist. In Erschließungsstraßen soll die Belastung durch Kfz kleiner als 400 Kfz/h sein. Die Geschwindigkeit wird dort aber auf 30 km/h begrenzt. Die Nutzungsansprüche des motorisierten Verkehrs sind durch entsprechende Verkehrsführung zu gewährleisten.

Im Straßenraum müssen auch *Leitungsnetze* zur Ver- und Entsorgung untergebracht werden. Nach DIN 1998 sind Fernmelde- und Stromkabel 0,60 m, Gasleitungen 1,00 m zu überdecken.
Für Wasserleitungen ist die Frosteindringtiefe der jeweiligen Region zu berücksichtigen. Diese kann zwischen 1,00 m und 1,40 m Tiefe liegen. Es ist darauf zu achten, dass die Abwasserleitungen immer tiefer liegen als die Wasserversorgung, um zu verhindern, dass bei Rohrbrüchen Abwasser sich mit Trinkwasser vermischen kann.

Versorgungsleitungen bringt man im Gehwegbereich unter, damit bei Reparaturarbeiten der Fahrverkehr nicht übermäßig beeinträchtigt wird. Abwasserleitungen führt man dagegen in der Fahrbahn. Man ordnet sie möglichst so an, dass die Schachtdeckel oder Schieber nicht im Bereich der Radspuren oder in Bordrinnen liegen. Auch hier achtet man darauf, bei Reparatur- oder Reinigungsarbeiten den Verkehrsfluss nicht wesentlich zu stören. Sind Pflanzflächen für Bäume geplant, ist ein Abstand der Stammachse a = 2,50 m von der Außenhaut der Leitungen einzuhalten. Sonst müssen Schutzmaßnahmen gegen eine Durchwurzelung eingesetzt werden.

Oberirdisch sind die Anforderungen der Gehwegreinigung durch Spezialfahrzeuge, die Aufstellmöglichkeiten für Fernmeldeeinrichtungen (Verteilerkästen, öffentliche Fernsprecher u.ä.) und der Müllabfuhr zu berücksichtigen. Im Bestand können auch Aufstellflächen für die Feuerwehr nötig sein. Hierzu muss der Entwurfsingenieur den Kontakt mit den jeweiligen Betreibern oder Unternehmen aufnehmen.

Die Lagen der Leitungen im Straßenkörper nach DIN 1998 sind im Bild 7.189 dargestellt.

E = Strom
G = Gas
W = Wasser
FH = Fernheizung
P = Fernmeldekabel
KM = Mischwasserkanal
KS = Schmutzwasserkanal
KR = Regenwasserkanal
F = Fußgänger
R = Radfahrer
Kfz = Kraftfahrzeug
P/G = Park- bzw. Grünstreifen

Maße in m

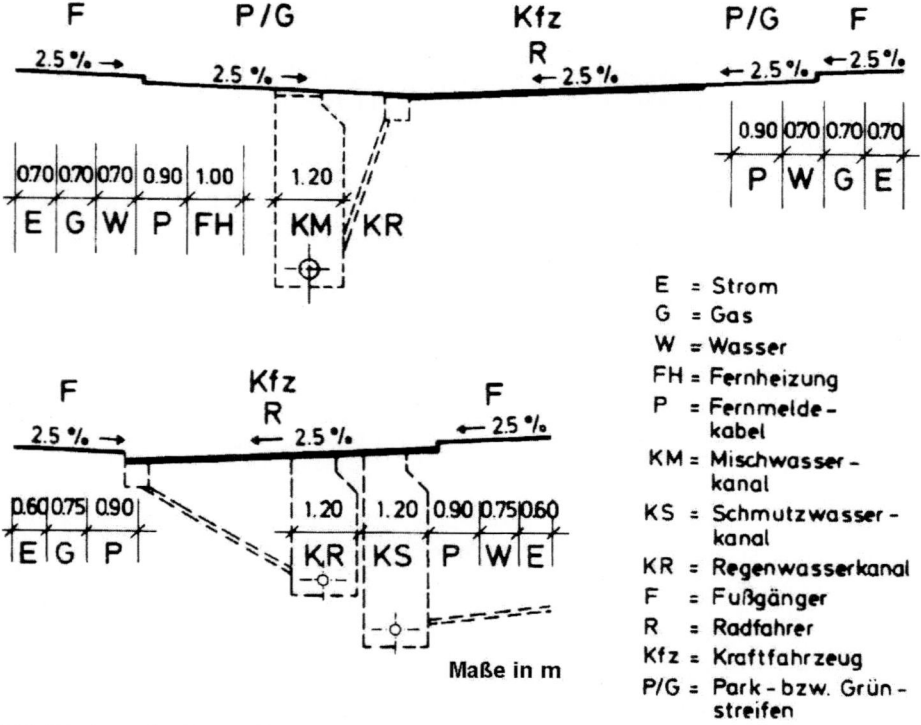

Bild 7.189 Lage der Ver- und Entsorgungsleitungen nach DIN 1998

7.9 Entwurf von Stadtstraßen

Wenn genügend Straßenraum zur Verfügung steht oder zur Geschwindigkeitsdämpfung Verengungen in die Fahrbahn eingebaut werden, kann durch Baumpflanzungen das Umfeld angenehmer gestaltet werden. Um den Bäumen genügend Lebensraum zu geben, sind entsprechend große Pflanzgruben nach Bild 7.190 anzulegen. Außerdem ist bei der Auswahl der Bäume darauf zu achten, dass die Krone sich nicht zu breit ausbreitet und Äste in das Lichtraumprofil hineinragen.

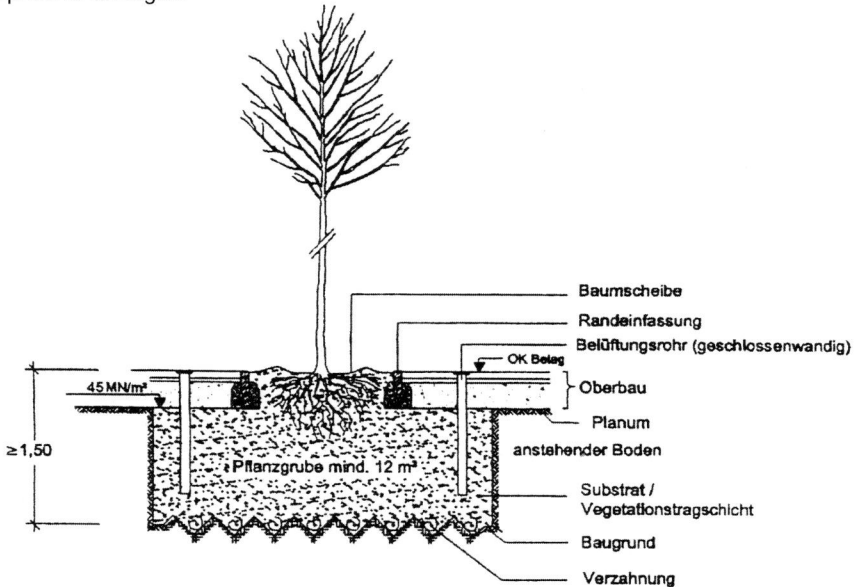

Bild 7.190 Pflanzgrube bei teilweiser oder ganzer Überbauung

Aufenthaltsräume. Außer den Verkehrsräumen bestehen auch Nutzungsansprüche für den Aufenthalt der Menschen. So ist in Geschäftsstraßen mit Schaufenstern oft ein überbreiter Gehweg sinnvoll. Vor den Geschäften bleiben die Menschen stehen, um die Auslagen zu betrachten. Platzartige Aufweitung des Straßenraumes gibt die Möglichkeit des Verweilens und der Kommunikation, wenn durch entsprechende Gestaltung und Sitzgelegenheiten zum Innehalten oder Treffen mit Bekannten eingeladen wird. In Wohngebieten muss für Kinder die Möglichkeit gesicherter Spielbereiche vorhanden sein.

Die Lage, Art und Gestaltung der Aufenthaltsräume ist der örtlichen Situation anzupassen und kann nicht modellhaft entworfen werden. Kontakte mit dem Städteplaner und den Anliegern sind hierbei unbedingt notwendig, um die Ansprüche an den Aufenthaltsraum mit den Ansprüchen der Verkehrsteilnehmer abzuwägen und abzustimmen. Oft überschneiden sich hier auch die Ansprüche des ruhenden Verkehrs, der oft solche freien Flächen zum Parken benutzt.

Typische Entwurfssituationen

In der RASt sind zwölf Typische Entwurfssituationen dargestellt, die ca. 70 % bis 80 % aller auftretenden Fälle abdecken. Wird nach diesen Situationen entworfen, erzielt man weitgehende Einheitlichkeit und gibt dem Verkehrsteilnehmer eine gute Orientierungs- und Verhaltenshilfe bei gleichzeitiger günstiger Berücksichtigung der Nutzungsansprüche. Die Auswahl der empfohlenen Querschnitte erfolgt in verschiedenen Stufen. Die Nutzungsansprüche des Fußgänger- und Radverkehrs, des ruhenden Verkehrs und des Aufenthaltes sind darin berücksichtigt.

Für die Entscheidung, welcher Querschnitt angewendet werden kann, müssen die Nutzungsansprüche des ÖPNV geklärt werden. Es treten folgende Fälle auf:
- Kein oder nicht regelmäßig auftretender ÖPNV,
- Linienbusverkehr,
- Straßenbahnverkehr.

Außerdem ist der entwurfsprägende Nutzungsanspruch des Kraftfahrzeugverkehrs zu ermitteln. Man unterscheidet nach der Verkehrsbelastung der Spitzenstunde fünf Stufen, die sich auch überschneiden können:
- < 400 Kfz/h,
- 400 Kfz/h bis 1000 Kfz/h,
- 800 Kfz/h bis 1800 Kfz/h,
- 1600 Kfz/h bis 2600 Kfz/h,
- > 2600 Kfz/h.

Schließlich ist die Breite des vorhandenen Straßenraums von Bedeutung. Im innerstädtischen Bereich ist dies meist der Gebäudeabstand der gegenüberliegenden Straßenseiten. Ist die Bebauung aufgelockert, bestimmen die Grundstücksgrenzen dieses Maß. Die empfohlenen Querschnitte beziehen sich auf das Mindestmaß. Ist das nicht zu erreichen, muss geprüft werden, ob einzelne Querschnittselemente ganz oder teilweise wegfallen können (z.B. Parkstreifen) Ortsdurchfahrten von Bundesstraßen und Straßen mit Verbindungsfunktion werden wie Straßen mit Linienbusverkehr behandelt. Dadurch wird dem Schwerlastverkehr Rechnung getragen.

Wenn die *Randbedingungen* des geführten Entwurfes nicht erreicht werden können, muss der Querschnitt individuell entworfen werden.

Für die Abmessungen der Fahrbahnbreite sind maßgebend:
- Fahrbahnen mit Mischungsprinzip werden nur angewendet, wenn die Verkehrsbelastung kleiner als 400 Kfz/h beträgt und die Geschwindigkeitsbeschränkung auf 30 km/h festgelegt wird.
- Linienbusverkehr erfordert bei zweistreifigen Straßen eine Fahrbahnbreite b_{Fb} = 6,50 m. Werden beidseitig Sicherheitsstreifen markiert, wird die Fahrbahnbreite auf b_{Fb} = 7,50 m erhöht.
- Richtungsfahrbahnen mit Mitteltrennung erhalten bei Einstreifigkeit die Breite b_{Fb} = 3,25 m, mit markiertem Schutzstreifen b_{Fb} = 3,75 m. Neben Radfahrstreifen genügt b_{Fb} = 3,00 m.
- Zweistreifige Richtungsfahrbahnen werden mit b_{Fb} = 5,00 m bis b_{Fb} = 6,50 m geplant. Das Maß von 6,50 m gilt als Regelbreite.

Für Radverkehrsanlagen gilt:
- Bei einer Verkehrsbelastung < 400 Kfz/h benutzen Radfahrer die Fahrbahn.
- Bei einer Verkehrsbelastung zwischen 400 Kfz/h und 1000 Kfz/h ordnet man Schutzstreifen an.
- Bei einer Verkehrsbelastung > 1000 Kfz/h ordnet man Radfahrstreifen oder Radwege an.

Bei Parkstreifen, die mit Radverkehrsanlagen kombiniert werden, wendet man folgende Grundmaße an:
neben einem Parkstreifen mit der Breite b_P = 2,00 m
- wird der Schutzstreifen 1,50 m breit,
- bemisst man einen Radfahrstreifen statt mit einer Breite b_{Rad} = 1,60 m mit b_{Rad} = 2,10 m,
- wird zwischen dem Parkstreifen und einem Radweg mit b_{Rad} = 1,60 m ein Sicherheitsstreifen mit der Breite 0,75 m angeordnet.

Gehwege sollen eine Breite $b_{Fußg}$ = 2,50 m erhalten. Bei engen Straßenräumen verringert man das Maß auf 1,50 m. In Geschäftsstraßen erhöht man die Breite auf 4,00 m, in Hauptge-

7.9 Entwurf von Stadtstraßen

schäftsstraßen auf 5,00 m. Sollen anliegende Radwege angeordnet werden, kann man die Breite des Gehweges auf 3,00 m bzw. auf 4,00 m verringern.

Die empfohlenen Querschnitte stellen keine Regelquerschnitte dar. Sie sind abschnittsweise den vorhandenen Straßenraumverhältnissen anzupassen. Sie sind aber Beispiele, um den Entwurf zu erleichtern und den jeweiligen entwurfsprägenden Nutzungsansprüchen anzupassen. Sie gliedern sich nach Ihrer Bedeutung im Umfeld in zwölf verschiedene Gruppen entsprechend der Nutzungsansprüche.

Verkehrsstärke in Kfz/h	Fahrbahnbreite bei zweistreifiger Fahrbahn	Fahrstreifenbreite bei Richtungsfahrbahnen	Radverkehrsführung
< 400	Mischungsprinzip, Tempo 30 km/h	–	auf der Fahrbahn
400 bis 1000	bei Linienbusverkehr b_{Fb} = 6,50 m, bei beidseitig markierten Schutzstreifen b_{Fb} = 7,50 m	einstreifig b_{Fb} = 3,25 m, mit Schutzstreifen b_{Fb} = 3,75 m, bei Radfahrstreifen b_{Fb} = 3,00 m, zweistreifig b_{Fb} ≥ 5,00 m bis b_{Fb} = 6,50 m	Schutzstreifen bei ≥ 1000 Kfz/h Radfahrstreifen oder Radwege
800 bis 1800			
1600 bis 2600			
> 2600			

Tabelle 7.76 Entwurfsgrundsätze bei Typischen Entwurfssituationen

Typische Entwurfssituationen

Wohnwege. Sie gehören als Erschließungsstraßen zur Straßenkategorie ES V. Die Nutzung dient nur dem Wohnen und Aufenthalt. Die Verkehrsstärke liegt unterhalb 150 Kfz/h. Für die Aufenthaltsfunktion wird verkehrlich das Mischungsprinzip angewandt.

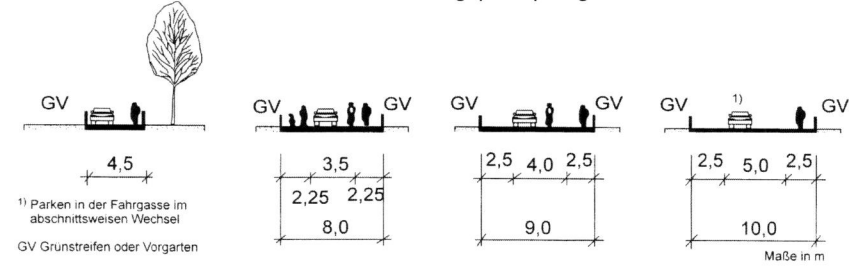

Bild 7.191 Querschnitte von Wohnwegen

Wohnstraßen sind Erschließungsstraßen der Straßenkategorie ES V. Die Nutzungsansprüche leiten sich aus der Wohnbebauung her. Die Länge der Straße l ≤ 300,00 m. Man unterscheidet

kein ÖPNV: Nutzungsansprüche:
Radverkehr, Aufenthalt, Parken, geringer Fußgänger-, Liefer– und Ladeverkehr,
Verkehrsbelastung < 400 Kfz/h

Diese Querschnitte können auch als Fahrradstraßen eingesetzt werden. Sie finden Verwendung bei Straßenraumbreiten von 9,00 m bis 14,5 m.

mit ÖPNV: Nutzungsansprüche:
Radverkehr, Aufenthalt, Parken, Linienbusverkehr, geringer Fußgänger-, Liefer- und Ladeverkehr, Verkehrsbelastung < 400 Kfz/h

Diese Querschnitte können ebenfalls als Fahrradstraßen eingesetzt werden. Sie finden Verwendung bei Straßenraumbreiten von 11,00 m bis 16,50 m und berücksichtigen den Raumbedarf für den Linienbus.

Querschnitte einer Wohn- oder Fahrradstraße

Querschnitte für Wohnstraßen mit Busverkehr

Querschnitte von Wohnstraßen

G Gehweg
P Parkstreifen mit Pflanzbuchten oder Baumscheiben

Querschnitte von Wohnstraßen

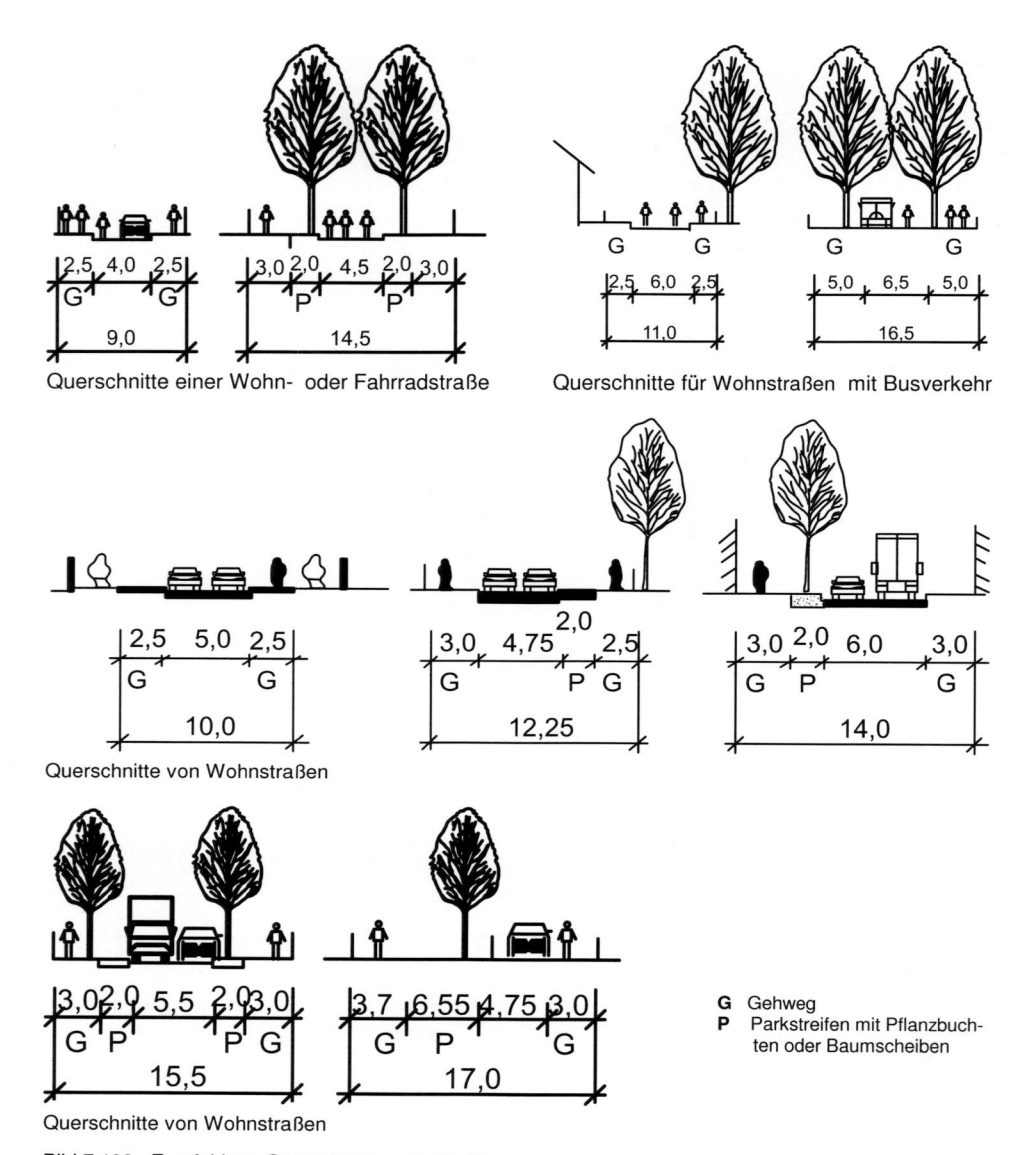

Bild 7.192 Empfohlene Querschnitte nach RASt

Wohnstraßen liegen häufig in Tempo – 30 - Zonen. Es soll Raum für Begegnungen von zwei Pkw gegeben sein. Für Lastfahrzeuge sind bei Bedarf Ausweichstellen vorzusehen.

Sammelstraßen haben die Aufgabe, den Verkehr eines Siedlungsgebietes erschließend dem übergeordneten Straßennetz zuzuführen. Sie gehören zur Straßekategorie ES IV. Die Nutzungsansprüche werden überwiegend durch Wohnen und einige Geschäfte bestimmt. Die Straßenlänge liegt je nach Siedlungsgröße zwischen l_{min} = 300 m und l = 1000,00 m. Es sollte eine genaue Abschnittsbildung angestrebt werden.

7.9 Entwurf von Stadtstraßen

Auch bei Sammelstraßen unterscheidet man motorisierten Verkehr ohne ÖPNV und mit ÖPNV.

1. **kein ÖPNV:** Nutzungsansprüche: Fußgängerlängs- und -querverkehr, Radverkehr,
   Verkehrsbelastung 400 Kfz/h bis 1000 Kfz/h
2. **mit ÖPNV:** Nutzungsansprüche: Fußgängerlängs- und -querverkehr, Radverkehr, Linienbusverkehr,
   Verkehrsbelastung 400 Kfz/h bis 1000 Kfz/h

G Gehweg **P** Parkstreifen **M** Mittelinsel

Querschnitte mit oder ohne Mittelinsel als Überquerungshilfe ohne ÖPNV

G* Gehweg für Radfahrer frei
P Parken
R Radweg/ Radfahrstreifen
1) Vorbeifahrmöglichkeit für Busse ca. aller 100,00 m
2) Parken auf privater Vorfläche

Querschnitte mit ÖPNV

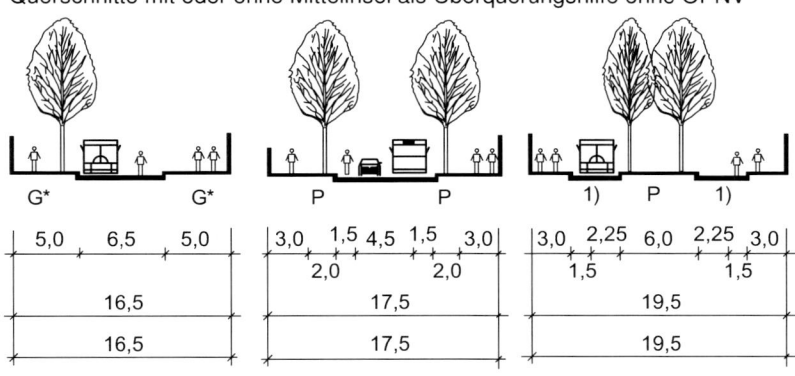

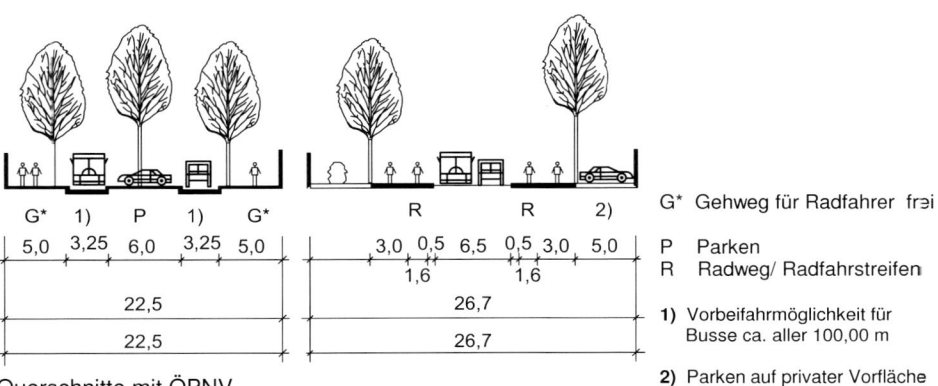

Bild 7.193 Querschnitte für Sammelstraßen

Quartierstraßen haben Funktionen als Erschließungsstraßen, können aber auch Hauptverkehrsstraßen sein. Sie werden den Straßenkategorien ES IV oder HS IV zugeordnet. Sie weisen eine geschlossene dichte Bebauung auf. Neben der Wohnnutzung sind aber auch Gewerbe- und Dienstleistungsbetriebe vorhanden. Die Länge liegt zwischen 100,00 m und 300,00 m.

1. **kein ÖPNV**: Nutzungsansprüche: Fußgängerlängs- und Querverkehr, Radverkehr
   Verkehrsbelastung 400 Kfz/h bis 1000 Kfz/h
2. **mit ÖPNV**: Nutzungsansprüche: Fußgängerlängs- und Querverkehr, Radverkehr, Linienbusverkehr, Verkehrsbelastung 800 Kfz/h bis 1800 Kfz/h.

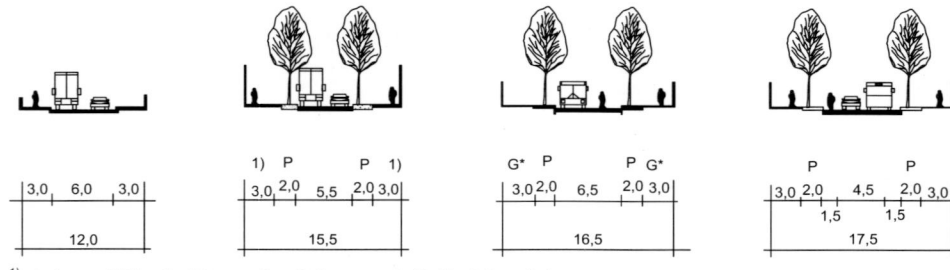

[1] bei v_{zul} > 30 km/h gibt man den Gehweg auch für Radfahrer frei

P Parken   G* Gehweg, frei für Radfahrer   R Radweg/ Radfahrstreifen   Maße in m

Quartierstraßen mit geringer Belastung (zum Teil Linienbusverkehr)

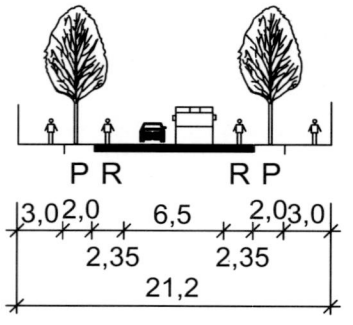

Quartierstraße mit hoher Verkehrsbelastung

Bild 7.194   Querschnitte von Quartierstraßen

Quartierstraßen haben naturgemäß eine große Parkraumnachfrage. Ihre Gestaltung soll zur Verbesserung der Freiräume beitragen. Überquerungen bündelt man an Knotenpunkten.

Der Typ *Dörfliche Hauptstraße* tritt in der ländlichen Siedlungsstruktur auf. Er ist in der Regel über lange Zeit gewachsen und spiegelt auch das dörfliche Leben vergangener Zeiten wider.

Nutzungsansprüche sind hier nicht dominierend. Oft hängt die Verkehrsbelastung vom anschließenden Straßennetz ab. Die vorgeschlagenen Querschnitte haben eine Belastung von 200 Kfz/h bis 1000 Kfz/h zur Grundlage

An den Ortseinfahrten muss die Verkehrsgeschwindigkeit wirksam gedämpft werden. Kreisverkehre an diesen Stellen sind üblich, wenn der erforderliche Raum zur Verfügung steht. In besonderen Fällen ist auch eine eingeschränkte Fahrbahnbreite denkbar.

Sind außerorts besondere Radwege vorhanden, so muss der Übergang in die innerörtliche Fahrbahn so gestaltet werden, dass eine sichere Verflechtung der Verkehrsströme gewährleistet wird.

Überquerungshilfen für den Rad- und Fußgängerverkehr können geschwindigkeitsdämpfend wirken. Sie hängen von den örtlichen Gegebenheiten ab. Multifunktionale Seitenräume sind gestalterisch wünschenswert.

7.9 Entwurf von Stadtstraßen

Querschnitte ohne ÖPNV

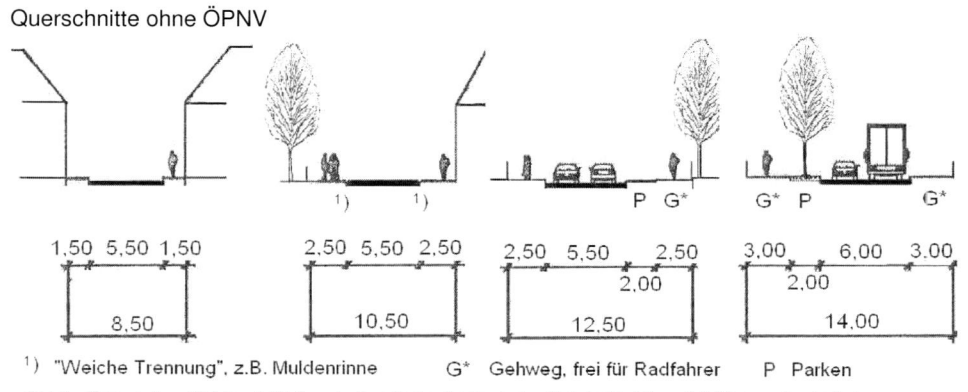

1,50 5,50 1,50	2,50 5,50 2,50	2,50 5,50 2,50	3,00 6,00 3,00
8,50	10,50	2,00 / 12,50	2,00 / 14,00

¹⁾ "Weiche Trennung", z.B. Muldenrinne   G* Gehweg, frei für Radfahrer   P Parken

Abhängig von den Sichtverhältnissen sind Aufweitungen der Fahrbahn bis auf 6,50 m erforderlich

Querschnitte mit ÖPNV

6,5	6,5	3,0 4,5 3,0
14,5	11,5	1,5 1,5 / 13,5

nur bei Verkehrsbelastung < 400 Kfz/h   ¹⁾ „Weiche Separation", z. B. Muldenrinne
G* Gehweg, frei für Radfahrer

3,00 4,50 3,00	6,00 4,50 6,00
1,50 2,00 1,50	1,50 1,50
15,50	19,50

P Parken   GV Grünstreifen oder private Vorfläche

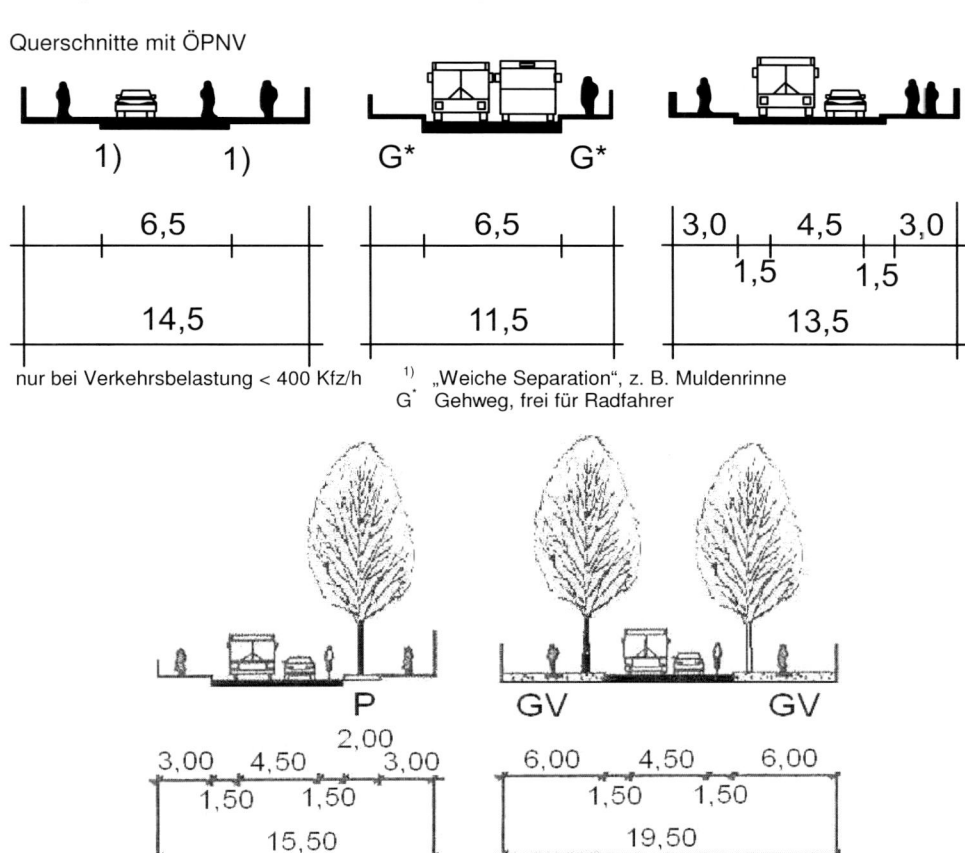

Bild 7.195 Querschnitte dörflicher Hauptstraßen, Verkehrsbelastung 400 Kfz/h bis 1000 Kfz/h

Örtliche Einfahrtstraßen sind Hauptverkehrsstraßen der Kategorien HS IV und HS III. Sie sind manchmal geschlossen, manchmal halboffen angebaut und dienen dem Wohnen. Gewerbebetriebe sind vereinzelt vorhanden. Sie tragen meist Linienbusverkehr bei einer Verkehrsstärke von 400 Kfz/h bis 1000 Kfz/h. Geschwindigkeitsdämpfende Maßnahmen sind oft erforderlich, da meist die ursprüngliche Linienführung geradlinig verläuft. Für örtliche Einfahrtstraßen ist das Trennungsprinzip maßgebend. Die Nutzungsansprüche werden durch den Fußgänger- und Radverkehr sowie den Linienbusverkehr bestimmt.

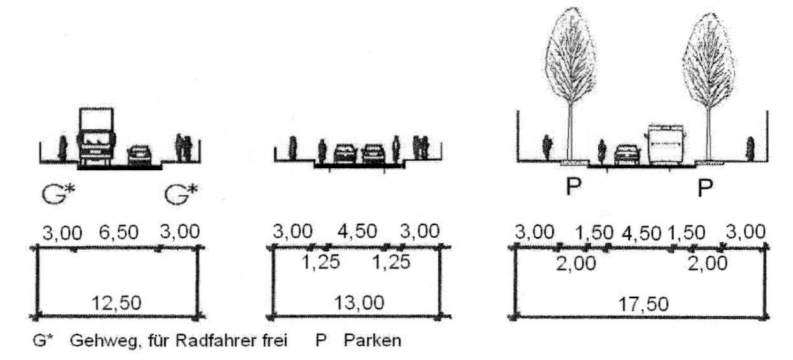

Querschnitte für Verkehrsbelastungen von 400 Kfz/h bis 1000 Kfz/h

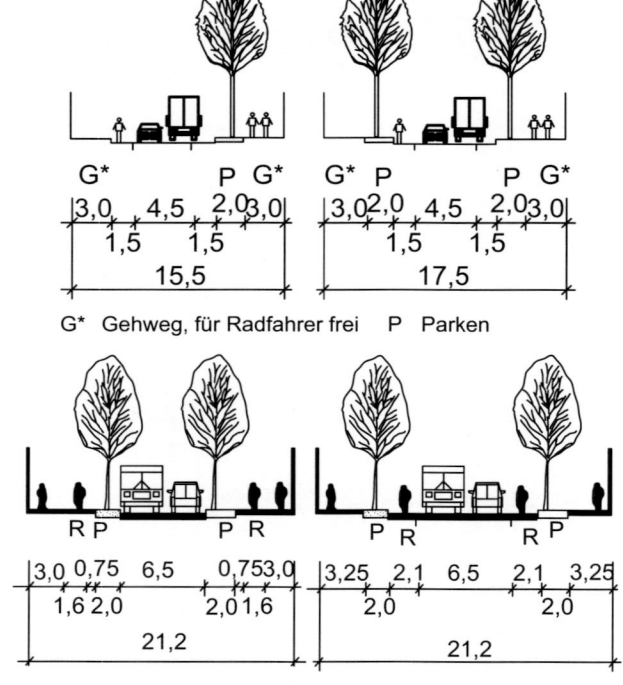

G* Gehweg, für Radfahrer frei   P Parken

Querschnitte für Verkehrsbelastungen von 800 Kfz/h bis 1800 Kfz/h

Bild 7.196   Querschnitte örtlicher Einfahrtstraßen

7.9 Entwurf von Stadtstraßen

P/L Flächen zum Parken, Liefern und Laden
P Parken
R Radweg/ Radfahrstreifen
M Mittelstreifen

Querschnitte für Verkehrsbelastungen von
800 Kfz/h bis 1800 Kfz/h
mit Linienbusverkehr

(Verkehrsberuhigter Geschäftsbereich)

Verkehrsbelastungen von 1600 Kfz/h bis 2600 Kfz/h

Verkehrsbelastungen > 2600 Kfz/h

Verkehrsbelastung 800 Kfz/h bis 1600 Kfz/h

Verkehrsbelastung 1600 Kfz/h bis 2600 Kfz/h

Verkehrsbelastung > 2600 Kfz/h

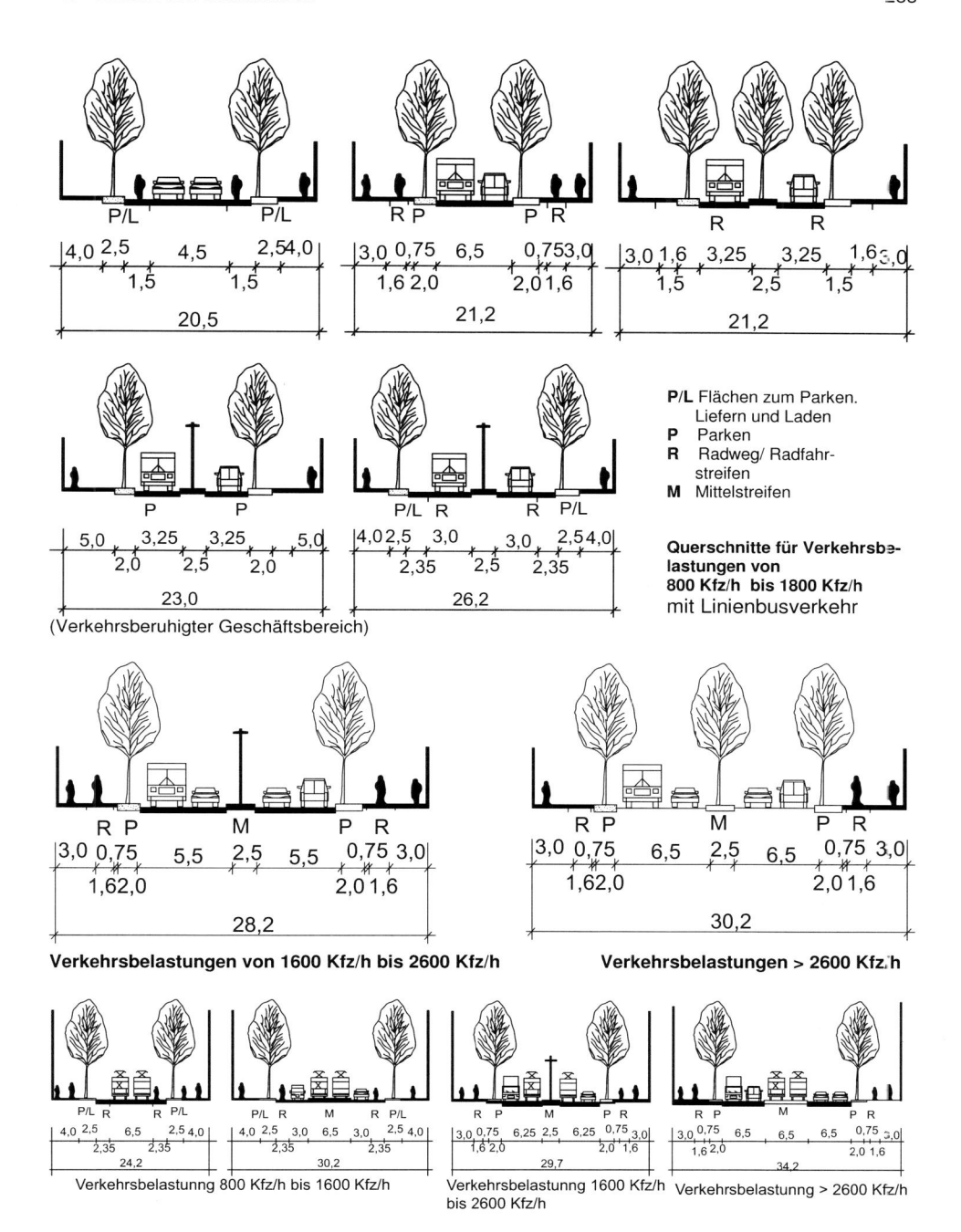

Querschnitte örtlicher Geschäftsstraßen mit Straßenbahn - Gleiskörper

Bild 7.197   Querschnitte örtlicher Geschäftsstraßen

Örtliche Geschäftsstraßen dienen der Erschließung, haben oft aber auch die Bedeutung einer Hauptverkehrsstraße. Sie gehören in die Straßenkategorien ES IV oder HS IV. Solche Geschäftsstraßen entwickeln sich in Stadtteilzentren oder als Zentren in kleineren Städten. Sie sind oft bis 600,00 m lang. Die Verkehrsstärken können bis 2600 Kfz/h betragen. Die Nutzungsansprüche werden ausgelöst durch den Fußgänger längs- und -querverkehr, das Parken, Liefern und Laden und den öffentlichen Nahverkehr. In größeren Städten treten manchmal auch Straßenbahnlinien auf. Dafür werden in den Seitenräumen Flächen für das Aufstellen der Leitungsmasten erforderlich. Auf gute Überquerungsmöglichkeiten ist im Entwurf Wert zu legen.

Hauptgeschäftsstraßen haben die Aufgaben von Erschließungs- und Hauptverkehrsstraßen. Sie liegen meist in städtischen Zentren. Die Wohnnutzung tritt hinter der für Geschäfte zurück. Die Verkehrsbelastung liegt zwischen 800 Kfz/h und 2600 Kfz/h. Für Hauptgeschäftsstraßen gelten vielfältige Nutzungsansprüche: Fußgängerlängs- und –querverkehr, Parken, Liefern und Laden, Radverkehr, öffentlicher Nahverkehr und Aufenthalt.

Diese Straßenart muss ausreichende Seitenräume besitzen und übersichtlich sein, damit die Fußgänger sichere Überquerungsmöglichkeiten haben. Fahren in diesen Straßen Straßenbahnen, ist das Aufstellen von Fahrleitungsmasten zu berücksichtigen.

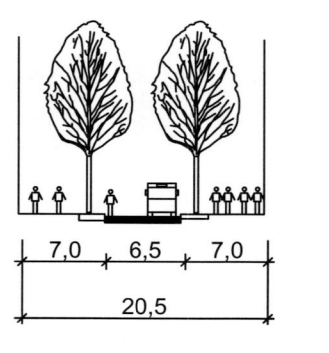

Umweltstraße
Verkehrsbelastung < 400 Kfz/h

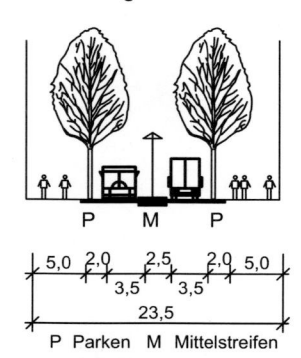

Verkehrsberuhigter Geschäftsbereich (30 km/h)
Verkehrsbelastung 400 Kfz/h bis 1000 Kfz/h

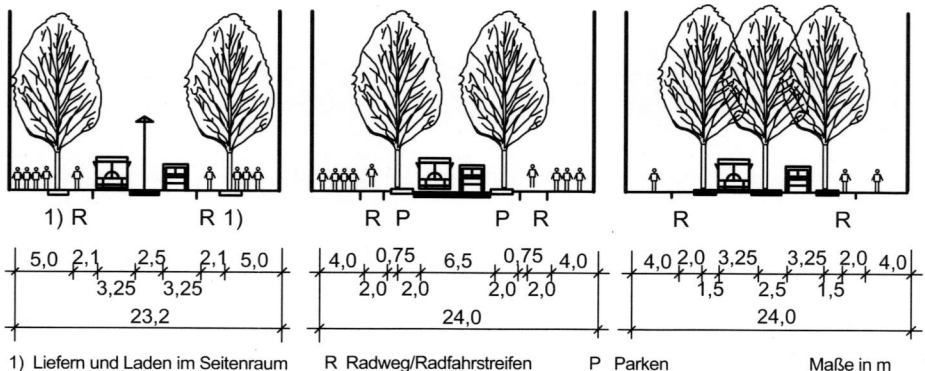

P Parken M Mittelstreifen

1) Liefern und Laden im Seitenraum   R Radweg/Radfahrstreifen   P Parken   Maße in m

Querschnitte abschnittsweise kombinieren

Querschnitte für Verkehrsbelastungen von 800 Kfz/h bis 1800 Kfz/h

Bild 7.198 Querschnitte von Hauptgeschäftsstraßen

7.9 Entwurf von Stadtstraßen

(Bild 7.198, Fortsetzung)

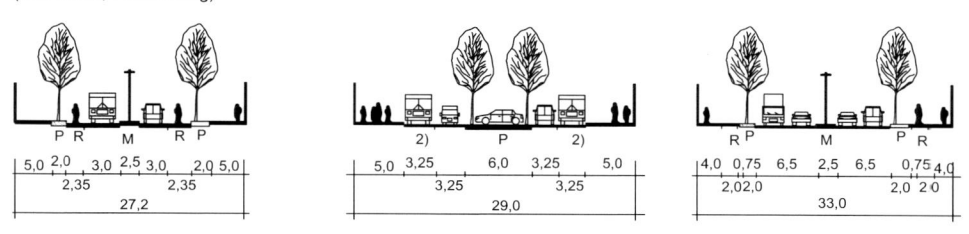

Verkehrsbelastung 800 Kfz/h bis 1800 Kfz/h | Verkehrsbelastung 1600 Kfz/h bis 2600 Kfz/h

Querschnitte mit Linienbusverkehr z.T. mit Bussonderfahrstreifen

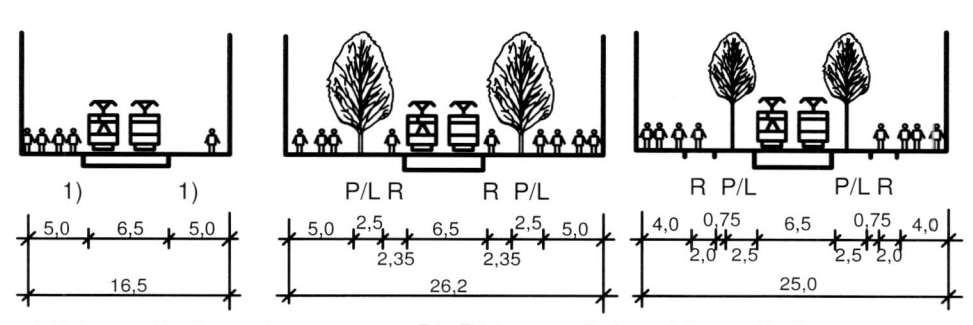

1) Liefern und Laden im Seitenraum   P/L Flächen zum Parken, Liefern und Laden
R Radweg/Radfahrstreifen

Verkehrsbelastung
< 400 Kfz/h   400 Kfz/h bis 1000 Kfz/h   800 Kfz/h bis 1800 Kfz/h

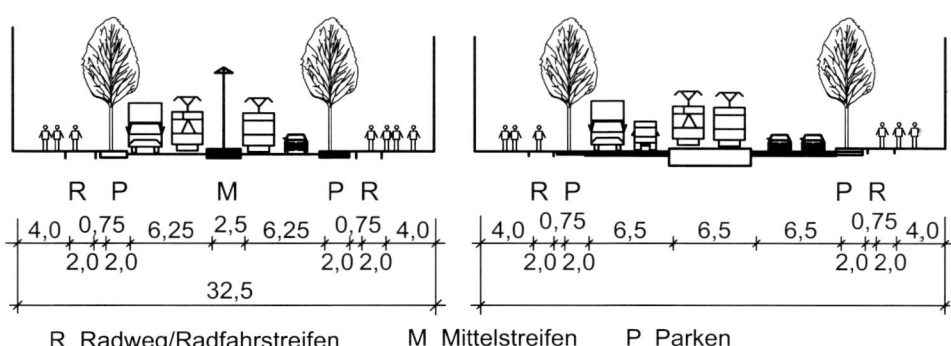

R Radweg/Radfahrstreifen   M Mittelstreifen   P Parken

Verkehrsbelastung 1600 Kfz/h bis 2600 Kfz/h

Querschnitte mit Straßenbahnverkehr, z. T. auf eigenem Bahnkörper

Bild 7.198 Querschnitte von Hauptgeschäftsstraßen

Gewerbestraßen können Erschließungsstraßen oder Hauptverkehrsstraßen sein. Sie gehören zu den Straßenkategorien ES IV, ES V oder HS IV. Sie dienen der gewerblichen Nutzung, dem Handel oder Dienstleistern in Bürogebäuden. Manchmal sind auch Freizeitanlagen vorhanden. Ein besonderes Merkmal sind die stark belasteten Grundstückszufahrten. Hier sind Kollisionspunkte mit dem Fußgänger- und Radverkehr möglich. Die Verkehrsbelastung auf Gewerbestraßen umfasst den Bereich von 400 Kfz/h bis 1800 Kfz/h. Die Nutzungsansprüche sind vor allem das Liefern und Laden, evt. auch Linienbusverkehr. Außerdem entsteht hier ein Bedarf an Parkflächen für Besucher.

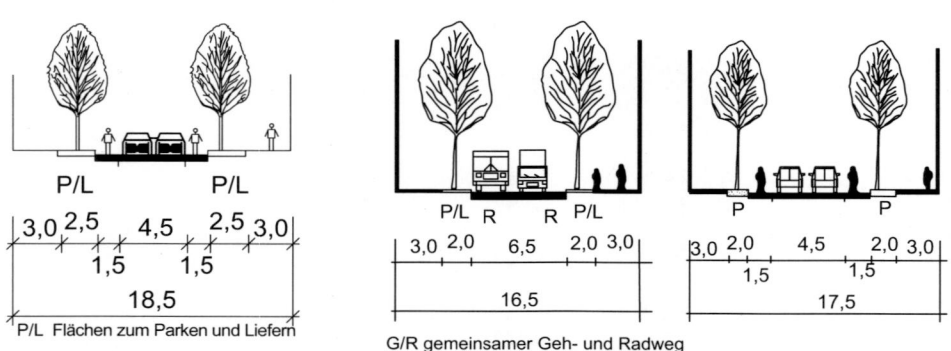

P/L Flächen zum Parken und Liefern
Verkehrsbelastung 400 Kfz/h bis 1000 Kfz/h

G/R gemeinsamer Geh- und Radweg
P Parken   R Radweg/Radfahrstreifen
Verkehrsbelastung 800 Kfz/h bis 1800 Kfz/h

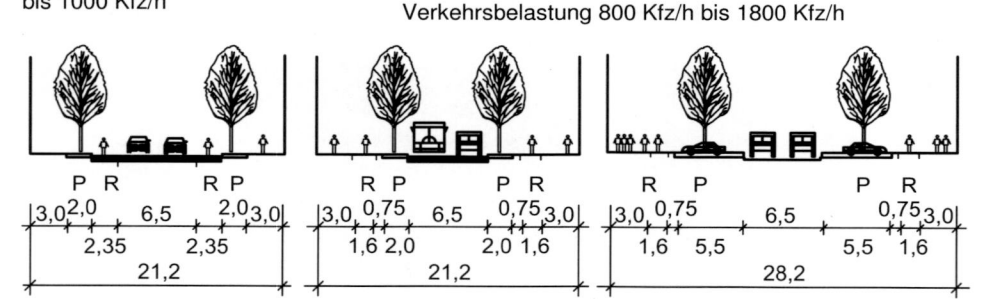

Verkehrsbelastung 800 Kfz/h bis 1800 Kfz/h

GV Grünstreifen/ Vorgarten   1) Anliegerfahrbahn

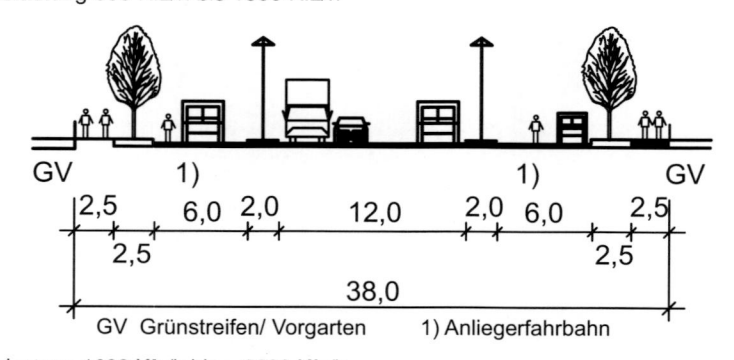

Verkehrsbelastung 1600 Kfz/h bis > 2600 Kfz/h

Bild 7.199   Querschnitte von Gewerbestraßen

7.9 Entwurf von Stadtstraßen

Industriestraßen haben ebenfalls die Funktionen als Erschließungs- oder Hauptverkehrsstraßen. Sie gehören auch zu den Straßenkategorien ES IV, ES V oder HS IV. Hier findet man größere Industrieanlagen und produzierendes Gewerbe. Das Verkehrsaufkommen liegt zwischen 800 Kfz/h und 2600 Kfz/h, wobei der Anteil des Schwerverkehrs deutlich dominiert. Oft ist auch Linienbusverkehr vorhanden. Die Breite der Fahrbahn ist auch abhängig von der notwendigen Breite für parkende Lkw.

Verbindungsstraßen sind Hauptverkehrsstraßen. Sie weisen verschiedene Formen der Bebauung mit mittlerer oder geringer Dichte auf. Wohnnutzung und gewerbliche Nutzung wechseln miteinander ab. Die Verkehrsstärken können 800 Kfz/h bis 2600 Kfz/h betragen. Ihre Aufgabe ist die Verbindungsfunktion. Die besonderen Nutzungsansprüche sind Radverkehr und Linienbusverkehr.

Anbaufreie Straße. Sie gehört zur Straßenkategorie VS II oder VS III. Die Anliegergrundstücke sind entweder unbebaut oder von der Straße abgewandt. Grundstückszufahrten sind in der Regel kaum vorhanden. Die Verkehrsbelastung beträgt 800 Kfz/h bis 2600 Kfz/h und ist häufig durch viel Schwerverkehr gekennzeichnet. Nutzungsansprüche stellt höchstens der Linienbusverkehr. Bei hohem Verkehrsaufkommen wählt man den Ausbau mit Richtungsfahrbahnen. Die Anordnung von Schutzeinrichtungen ist zu prüfen. Fußgänger und Radfahrer werden oft auf eigenen Geh- und Radwegen geführt.

Alle empfohlenen Querschnitte kann der Entwurfsingenieur einsetzen, wenn genügend Raumbreite für die Straße vorhanden ist. Selbstverständlich lassen sich die Querschnitte auch abschnittsweise kombinieren. Immer sollte dabei aber der städtebauliche Gesamteindruck im Auge behalten werden. Straßenentwurf und städtebauliche Planung sollen eine Einheit bilden. Daher ist interdisziplinäre Teamarbeit der Fachleute unbedingt notwendig.

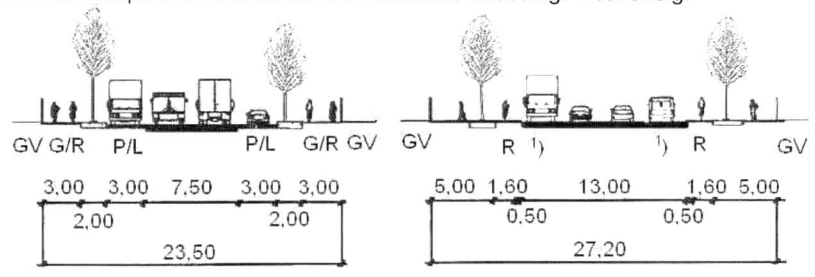

Verkehrsbelastung 800 Kfz/h bis 1800 Kfz/h
[1]) Parken auf der Fahrbahn

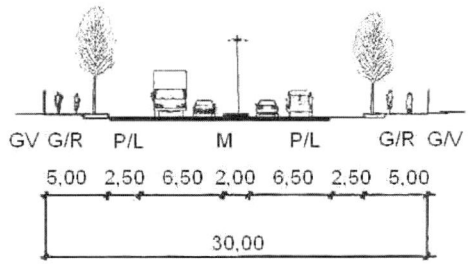

Verkehrsbelastung 1600 Kfz/h bis > 2600 Kfz/h

GV Grünfläche/ Vorgarten   G/R gemeinsamer Geh- und Radweg
P/L Parken, Liefern und Laden   R Radweg   M Mittelstreifen

Bild 7.200 Querschnitte von Industriestraßen

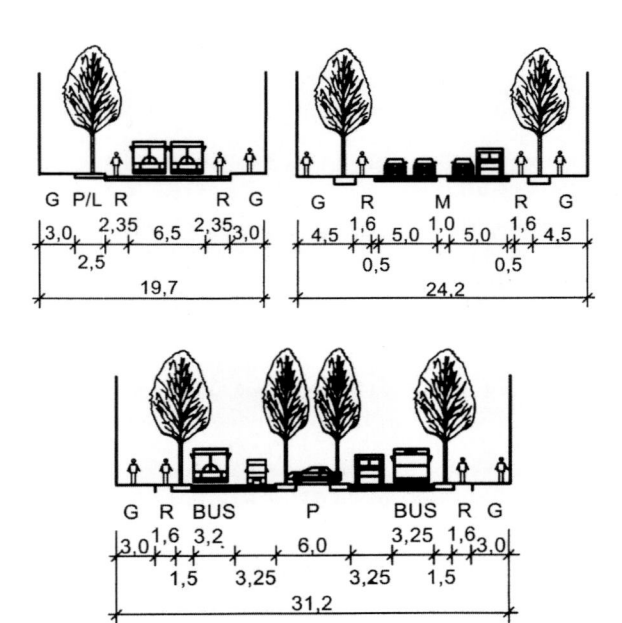

Verkehrsbelastung 800 Kfz/h bis 1800 Kfz/(h

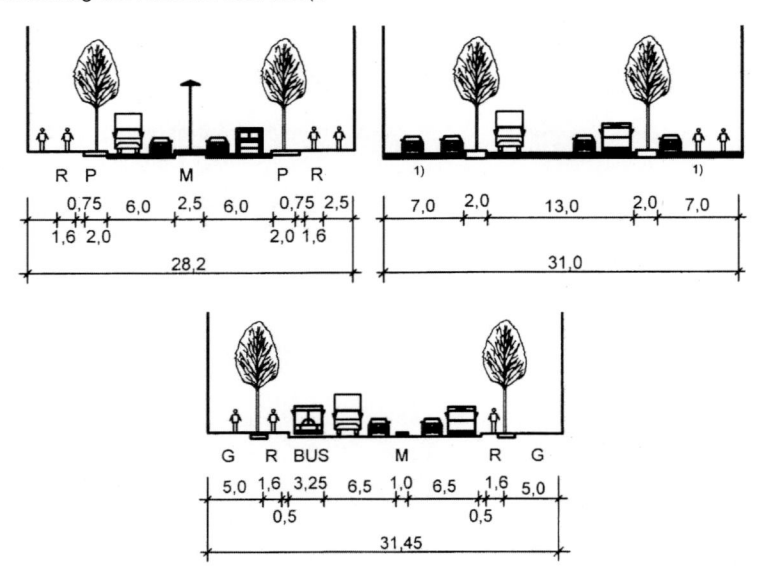

Verkehrsbelastung 1600 Kfz/h bis >2600 Kfz/h

G   Gehweg   P/L   Flächen für Parken, Liefern und Laden   M   Mittelstreifen
P   Parken   R   Radweg/ Radfahrstreifen   BUS   Bussonderstreifen

Bild 7.201a   Querschnitte von Verbindungsstraßen mit Linienbusverkehr

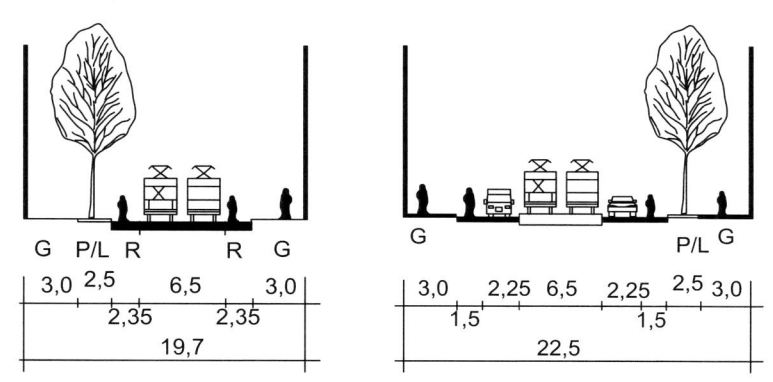

7.9 Entwurf von Stadtstraßen

Verkehrsbelastunng 400 Kfz/h bis 1000 Kfz/h

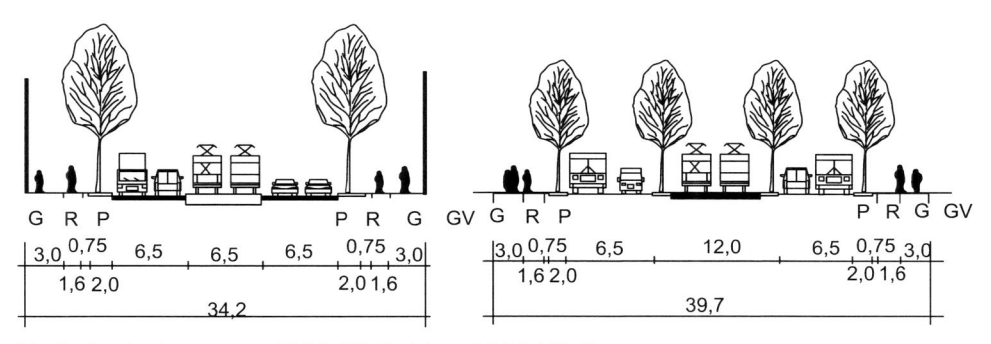

Verkehrsbelastunng 1800 Kfz/h bis >2600 Kfz/h

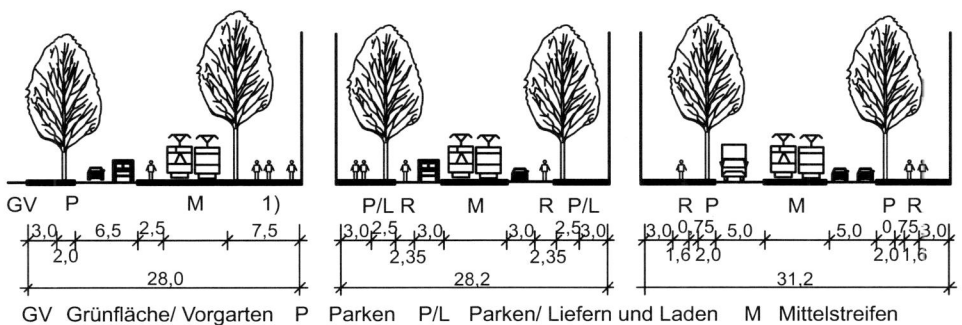

| GV | Grünfläche/ Vorgarten | P | Parken | P/L | Parken/ Liefern und Laden | M | Mittelstreifen |
| 1) | Seitenraum mit Anliegerfahrbahn | | | R | Radweg/ Radfahrstreifen | | |

Verkehrsbelastung 800 Kfz/h bis 1800 Kfz/h

Bild 7.201b Querschnitte von Verbindungsstraßen mit Straßenbahn

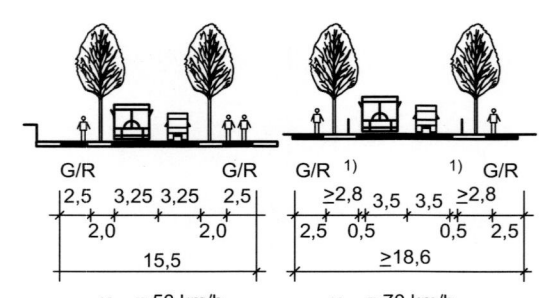

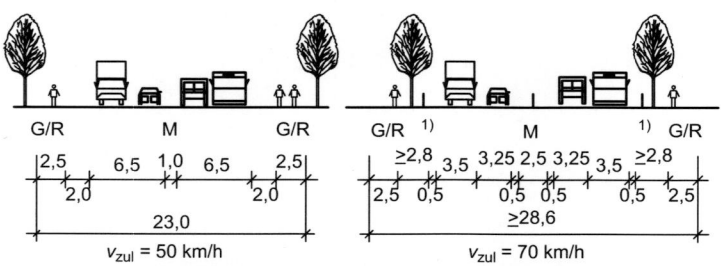

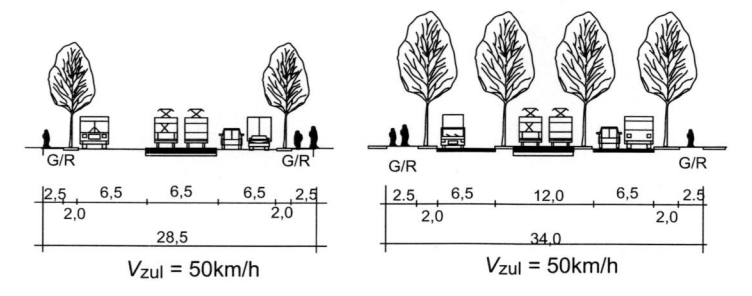

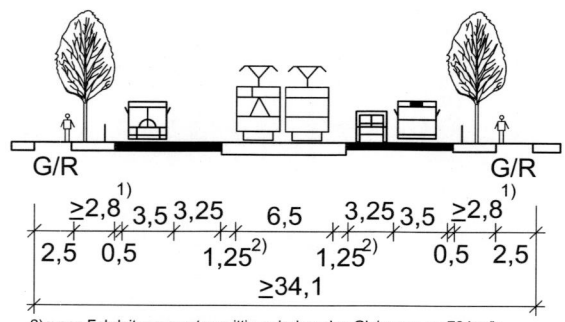

Bild 7.202 Anbaufreie Straßen

Individueller Entwurf

In Altbaugebieten der Städte und Dörfer stehen nicht überall ausreichende Straßenraumbreiten zur Verfügung, um empfohlene Querschnitte zu verwenden. Dann muss der Straßenentwurf individuell mit Hilfe der städtebaulichen Bemessung gestaltet werden.

Bei diesem Verfahren werden die befahrenen Flächen, also Fahrbahn (evt. mit Fahrradstreifen) und Sonderfahrstreifen für den ÖPNV den Seitenräumen gegenübergestellt. Dieses Verhältnis Seitenraum zu Fahrbahn zu Seitenraum sollte mit 30:40:30 angestrebt werden.

Beim gesamten Straßenraum müssen die Nutzungsansprüche für
- Fußgängerverkehr,
- Aufenthaltsflächen,
- Wirtschaftsflächen,
- Distanzbereich,
- vorhandene Vorgärten oder Grünstreifen

so gut wie möglich erfüllt werden. Dabei sind die Ansprüche gegen einander abzuwägen. Hierbei ist auch die verkehrlich notwendige Breite der Fahrbahn mit der städtebaulich möglichen in den Abwägungsprozess einzubeziehen. Um möglichst objektiv entscheiden zu können, ist eine genaue Ortskenntnis notwendig. Hierbei können auch "Blickachsen" in den Entwurf einfließen, die z. B. den Blick auf ein interessantes Gebäude oder einen Turm zur Wirkung kommen lassen. Schließlich ist die Frage der Verkehrssicherheit zu klären. Für alle Verkehrsteilnehmer muss gute Sicht an Überquerungsstellen (Unfallhäufigkeit!) vorhanden sein.

7.9.3 Knotenpunkte

Allgemeines. Die Verknüpfung innerörtlicher Straßen bezeichnet man als Knotenpunkt. Die Auswahl der geometrischen Form hängt ab von
- der Netzfunktion der Straßen,
- den Verkehrsstärken des motorisierten und nicht motorisierten Verkehrs,
- dem erfassten Unfallgeschehen,
- der straßenräumlichen Situation,
- und der städtebaulichen Situation.

Ist die geeignete Knotenpunktsform festgelegt, wird der Knotenpunkt nach den städtebaulichen Gesichtspunkten und der verkehrstechnischen Bemessung entworfen. Sind verschiedene Alternativen möglich, versucht man, die Folge der Knotenpunkte möglichst mit der gleichen Art zu entwerfen, um ein gutes Erkennen des Fahrverhaltens der Fahrzeuglenker zu erreichen. Eine Anpassung an den Gebietscharakter und den vorhandenen Straßenraum ist erforderlich.

Folgende Knotenpunktsformen treten auf:
- Einmündungen oder Kreuzungen mit Rechts-vor-links-Regelung,
- Einmündungen oder Kreuzungen mit Vorfahrt regelnden Verkehrszeichen,
- Einmündungen oder Kreuzungen mit Lichtsignalanlagen,
- Kreisverkehre.

Die geeigneten Knotenpunktsarten können der Tabelle 7.77 entnommen werden.

Knotenpunkt für	Einmündungen und Kreuzungen			Kreisverkehre			Teil-planfreie Lösung
	Rechts–vor Links–Regelung	vorfahrt-geregelt	mit LSA	Minikreisverkehr	Kleiner Kreisverkehr	Großer Kreisverkehr mit LSA	
Erschließungsstraßen							
gleichrangig	geeignet *)	bedingt *) geeignet	nicht geeignet	geeignet *)	geeignet)	nicht geeignet	nicht geeignet
unterschiedlicher Rang	bedingt geeignet	geeignet	bedingt geeignet	geeignet	geeignet)	nicht geeignet	nicht geeignet
Anschluss Erschließungstraße an Hauptverkehrsstraße							
Erschließungsstraße/ zweistreifige Hauptverkehrsstraße	nicht geeignet	geeignet	geeignet	bedingt geeignet	geeignet	nicht geeignet	nicht geeignet
Erschließungsstraße/ ≥ vierstreifige Hauptverkehrsstraße	nicht geeignet	bedingt geeignet **)	geeignet	nicht geeignet	nicht geeignet	nicht geeignet	nicht geeignet
Hauptverkehrsstraßen							
beide zwei Fahrstreifen	nicht geeignet	bedingt geeignet	geeignet	bedingt geeignet	geeignet	nicht geeignet	nicht geeignet
eine zwei Fahrstreifen / eine vier Fahrstreifen	nicht geeignet	nicht geeignet	geeignet	nicht geeignet	bedingt geeignet	geeignet	bedingt geeignet
beide ≥ vier Fahrstreifen	nicht geeignet	nicht geeignet	geeignet	nicht geeignet	nicht geeignet	geeignet	bedingt geeignet
Rampen Stadtautobahn an Hauptverkehrsstraße	nicht geeignet	nicht geeignet	geeignet	nicht geeignet	geeignet	geeignet	bedingt geeignet

*) Knotenpunktfolge abstimmen, Gebietscharakter erhalten
**) evt. geeignet bei Ortsdurchfahrten klassifizierter Straßen mit mittlerer oder geringer Verkehrsstärke

Tabelle 7.77 Eignung der Knotenpunktsarten

Knotenpunkte mit Rechts–vor–Links–Regelung. Diese Knotenpunktsart ist der Regelfall für die Verknüpfung von Erschließungsstraßen. Sie ist in 30-km-Zonen durch die Straßenverkehrsordnung vorgeschrieben. Die Bedeutung der verknüpften Straßen ist gleichrangig. Die Verkehrsbelastung als Summe aller angeschlossenen Äste soll nicht größer als 800 Kfz/h sein. Im Annäherungsbereich soll der Fahrzeuglenker die Geschwindigkeit herabsetzen. Außerdem soll ein gutes Sichtfeld die Verkehrssicherheit erhöhen.

Verkehrt auf einer dieser Straßen ein Linienbus, so ist die Rechts–vor–Links–Regelung nur im Ausnahmefall möglich, wenn die Zahl der von rechts kommenden Fahrzeuge nur sehr gering ist. Bei Straßenbahnverkehr ist dieser immer die Vorfahrt durch Verkehrszeichen zu gewähren

Knotenpunkte mit vorfahrtregelnden Verkehrszeichen. Sind die zu verknüpfenden Straßen im Rang unterschiedlich, ist die Vorfahrt durch Verkehrszeichen zu regeln. Meist unterscheiden sich die Anschlussäste durch unterschiedliche Verkehrsbelastungen. Es empfiehlt sich, den Straßen mit Linienverkehr des Öffentlichen Personen – Nahverkehrs den Vorrang zu geben. In den Nebenstraßen sollte die Fahrbahnbreite im Einmündungsbereich so eng sein, dass zwei Fahrzeuge nicht nebeneinander warten können. Ein Sonderfall ist die Kreuzung mit Fahrradstraßen, denen der Vorrang eingeräumt werden soll.

Sind auf der untergeordneten Straße große Verkehrsstärken vorhanden, ist die Knotenpunktsart mit Vorfahrtregelung nicht geeignet. Es kann zu Unfällen im Knotenpunktsbereich kommen, weil einfahrende Fahrzeuge aus der Nebenstraße zu kleine Zeitlücken im Verkehr der übergeordneten Straße nutzen, obwohl auf dieser meist hohe Geschwindigkeiten gefahren werden.

7.9 Entwurf von Stadtstraßen

Knotenpunkte mit Lichtsignalanlagen. Ist eine Beeinträchtigung der Verkehrssicherheit schon bei der Planung des Knotens zu erkennen oder ereigneten sich an einem bestehenden Knoten wiederholt Unfälle, setzt man die Regelung durch Lichtsignale ein. Sind die Anschlussäste stark belastet, lässt sich durch die Lichtsignalregelung eine zu lange Wartezeit vermeiden.

Diese Knotenpunktsart ermöglicht es, die Verkehrsströme entsprechend ihrer Größe zu koordinieren. Fahrzeuge des ÖPNV können bevorrechtigt werden. Fußgängern und Radfahrern kann ein sicheres Überqueren ermöglicht werden.

Bei der Anlage eines solchen Knotens hat der Ablauf des Signalprogramms großen Einfluss auf die Ausbildung der Fahrstreifen. Die Länge der Umlaufzeiten erfordert unter Umständen mehrere oder lange Aufstellstreifen. Ebenso sind bei gesondert geregeltem Abbiegeverkehr entsprechende Abbiegestreifen notwendig. Der größere Platzbedarf ist im Straßenraum zu berücksichtigen und hat oft Einfluss auf den städtebaulichen Charakter. Die „Richtlinien für Lichtsignalanlagen – RiLSA" geben weitere Hinweise.

Kreisverkehre. Im bebauten Gebiet werden Kreisverkehre eingesetzt, um an der Ortseinfahrt die Geschwindigkeit einfahrender Fahrzeuge zu dämpfen. Gleichzeitig bilden sie dort einen Hinweis auf den Übergang des städtebaulichen Charakters. Die Platzsituation ermöglicht es, lange, gerade durchlaufende Straßenabschnitte aufzulösen und zu gliedern.

Die Leistungsfähigkeit der Kreisverkehre hängt von der Belastung der Zufahrten und der Kreisfahrbahn ab. Da eine geringe Geschwindigkeit auf der Kreisfahrbahn herrscht, können sich wartende Fahrzeuge schnell einfädeln. Je nach Größe unterscheidet man:
- Minikreisverkehre,
- Kleine Kreisverkehre,
- zweistreifig befahrene Kleine Kreisverkehre,
- große Kreisverkehre mit Lichtsignalanlagen.

Die Bezeichnungen für den Kreisverkehr sind in Bild 7.203 dargestellt.

Die *Kreisinsel* zwingt die Fahrzeuge zur Richtungsänderung. Die Umfahrung wird – außer beim Minikreisverkehr – durch eine Erhöhung gegenüber der Fahrbahn erzwungen. Die Insel kann durch Bepflanzung oder Plastiken deutlich gemacht werden. Jedoch soll immer eine ausreichende Sicht auf die Zu- und Abfahrten vorhanden sein.

Die *Kreisfahrbahn* dient zum Umfahren der Kreisinsel. Bei kleinem Kreisverkehr ist sie einstreifig. Ein Innenring kann durch Markierung oder einen Bord zusätzlich angebracht werden. Die Breite der Kreisringfahrbahn b_K umfasst die Kreisfahrbahn und gegebenenfalls den gepflasterten Innenring.

Der *Außendurchmesser d* beschreibt das Maß der Kreisgröße. Der *Innendurchmesser* d_i ist der Durchmesser der Kreisinsel.

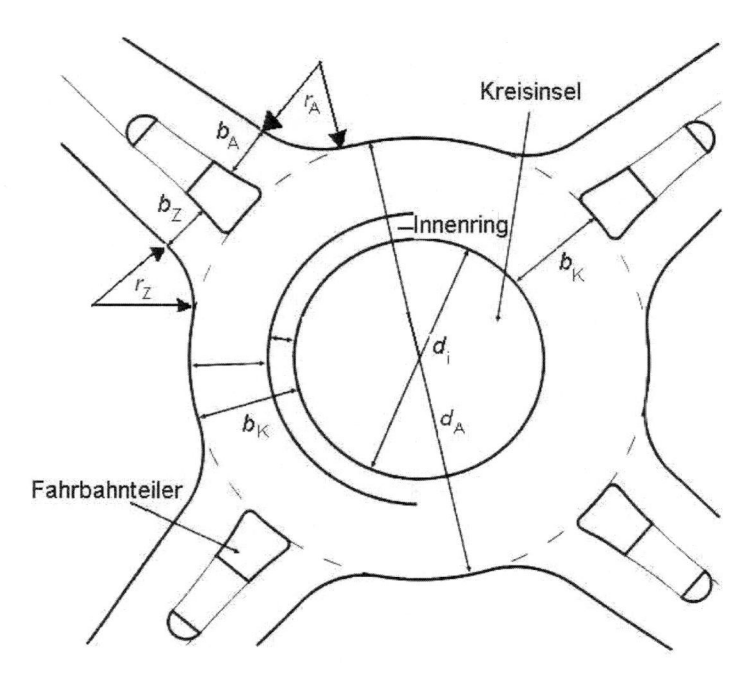

b_A Fahrstreifenbreite der Kreisausfahrt
b_K Breite des Kreisrings
d_A Außendurchmesser der Kreisfahrbahn
r_A Radius der Eckausrundung der Kreisausfahrt

b_Z Fahrstreifenbreite der Kreiszufahrt
d_i Innendurchmesser der Kreisinsel

r_Z Radius der Eckausrundung der Kreiszufahrt

Bild 7.203 Definition der Elemente des Kreisverkehrs

Die Fahrstreifenbreite der *Kreiszufahrt* b_Z und der *Kreisausfahrt* b_A wird am Beginn bzw. am Ende der Eckausrundung gemessen.

Die *Eckausrundungen* der Kreiszufahrt r_Z und Kreisausfahrt r_A sind die Radien, die den rechten Fahrbahnrand der Zufahrt bzw. Ausfahrt mit dem rechten Rand der Kreisfahrbahn verbinden. Beim dreiteiligen Korbbogen ist es der mittlere Radius r_2. Wird eine Schleppkurve verwendet, ist es der kleinste Radius des Fahrbahnrandes.

Minikreisverkehre. Mit Kreisverkehr bezeichnet man den Anschluss mehrerer Knotenpunktsarme durch eine kreisförmige Verbindung. Der Minikreisverkehr wird eingesetzt, wenn die räumlichen Verhältnisse sehr beschränkt sind. Der Außendurchmesser beträgt 13,00 m bis 22,00 m. Der Durchmesser der Kreisinsel soll mindestens 4,00 m betragen. Sie wird als Kalotte mit einer Höhe h = 0,20 m gepflastert und soll für große Schwerlastfahrzeuge und Busse überfahrbar befestigt sein. Die Pflasterung beginnt am inneren Fahrbahnrand hinter einem ca. 0,04 m hohen Bordstein als Abgrenzung gegen die Fahrbahn. Der Kreisel muss gut erkennbar sein, da auch Pkw die Pflasterung überfahren können. Der Fahrstreifen des Minikreisels erhält die Breite von 3,75 m. Durch den Kreisverkehr wird die Herabsetzung der Geschwindigkeit veranlasst. Die Leistungsfähigkeit ist bis zu einer Verkehrsbelastung mit 1200 Kfz/h gegeben.

An Ortseinfahrten darf zur Geschwindigkeitsdämpfung kein Minikreisel angewendet werden. Tritt am Knotenpunkt starker Schwerlastverkehr auf oder wird er durch die Straßenbahn befahren, ist die Anlage eines Minikreisels nicht geeignet.

7.9 Entwurf von Stadtstraßen

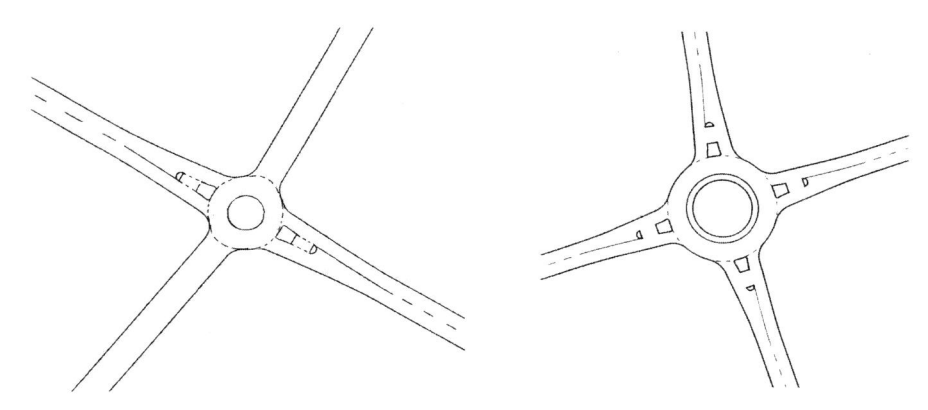

Bild 7.204 Minikreisel

Bild 7.205 Beispiel für Kleinen Kreisverkehr

Kleine Kreisverkehre sind plangleiche Knotenpunkte ohne Lichtsignalanlagen. Sie besitzen eine einstreifige Fahrbahn. Die Kreisinsel ist nicht überfahrbar. Der minimale Außendurchmesser ist d_{min} = 26,00 m. Bei starken Abbiegeverkehr oder zur Verbesserung der Leistungsfähigkeit können Bypässe angeordnet werden. Muss die Leistungsfähigkeit noch weiter erhöht werden, erhält die Kreisfahrbahn zwei Fahrstreifen. Zur weiteren Erhöhung ordnet man zweistreifige Zufahrten an. Die Ausfahrten sind immer einstreifig auszuführen. Werden kleine Kreisverkehre zweistreifig entworfen, muss der Außendurchmesser der Kreisfahrbahn d_{min} = 40,00 m betragen.

Wegen des großen Platzbedarfs sind Kleine Kreisverkehre meist am Ortseingang üblich. Innerorts sind sie nur bei Plätzen möglich. Hier ist auf die sichere Führung des Fußgänger und Radverkehrs zu achten.

Große Kreisverkehre mit Lichtsignalanlagen werden mit zwei oder mehr Fahrstreifen angelegt. Die Verkehrssteuerung der Lichtsignalanlage muss auf die Verkehrsbelastung der Knotenpunktsarme und die Weiterführung im Straßennetz abgestimmt werden

Die großen Kreisverkehre sind eine Alternative zu plangleichen Kreuzungen mit Lichtsignalanlagen. Die Leistungsfähigkeit ist deshalb genau zu untersuchen.

Die Kapazität für Kreisverkehrsanlagen ist zu ermitteln aus der Summe des zuführenden Verkehrs aller Knotenpunktszufahrten. Mit geringen Wartezeiten können beim Minikreisverkehr 12000 Kfz/ 24 h, beim Kleinen Kreisverkehr bis 15000 Kfz/ 24 h abgewickelt werden. Größere Verkehrsstärken verlangen einen exakten Leistungsfähigkeitsnachweis.

Die *Einsatzkriterien* für Kleine Kreisverkehre sind abhängig von der Verkehrssituation, den städtebaulichen Gegebenheiten und dem Umfeld des Straßenraumes. Kreisverkehre können
- die Verkehrssicherheit erhöhen,
- die Verkehrsverhältnisse bei abgeknickter Vorfahrt verbessern,
- die Geschwindigkeit im Knotenpunkt reduzieren,
- zum Wegfall der Kosten für den Betrieb einer Lichtsignalanlage führen,
- die Kapazität steigern, wenn am vorhandenen Knotenpunkt lange Wartezeiten und Rückstau auftreten,
- zu einer einfachen und gut begreifbaren Verknüpfung von mehr als vier Knotenpunktsarmen führen.

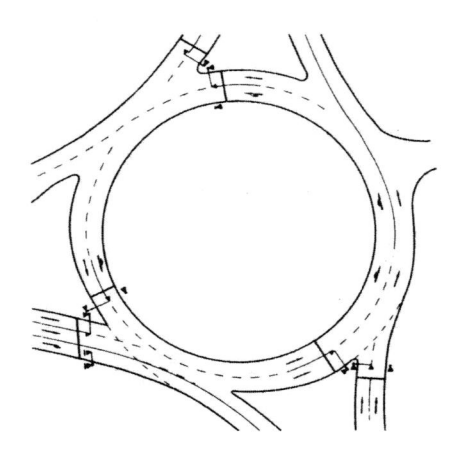

Bild 7.206 Beispiel für Großen Kreisverkehr

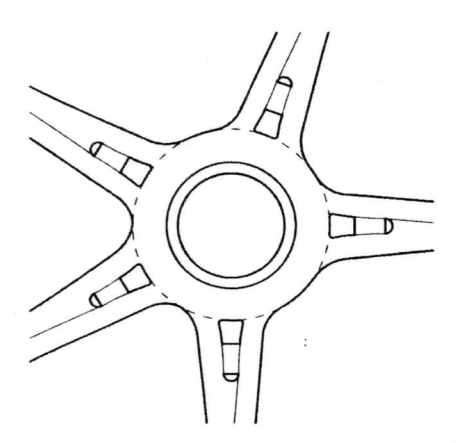

Bild 7.208 Kreisverkehr bei mehr als vier Zufahrten

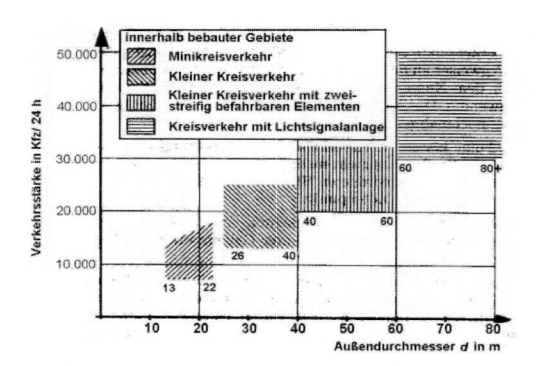

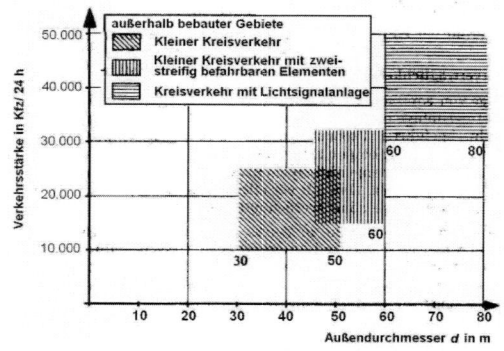

Bild 7.207 Orientierungswerte für die Kapazität der Kreisverkehre

Kreisverkehre sind städtebaulich vorteilhaft, wenn sie auf runden Plätzen oder solchen mit regelmäßigen Vielecken angelegt werden. Auch städtebaulich markante Merkmale wie Denkmäler, Kunstwerke, Brunnen o.ä. können so hervorgehoben werden. Ebenso setzt man sie zur Abschnittsbildung im Straßennetz ein. Innerorts werden Kreisverkehrsplätze nachts beleuchtet. Auf gute Vorwegweisung ist zu achten. Nach der StVO hat der Kreisverkehr Vorfahrt

Wenn es erforderlich wird, werden für den Linienbusverkehr Haltestellen angeordnet. Liegt diese vor dem Kreis, ordnet man sie aus Sicherheitsgründen in der Zufahrt neben dem Fahrbahnteiler an. Ein Überholen des Busses ist dann nicht möglich. Bei Lage in der Ausfahrt ist eine besondere Haltebucht notwendig, um einen Rückstau auf den Kreisverkehr zu vermeiden.

In der Regel werden kleine Kreisverkehrsplätze nicht signalgesteuert. Die Wartezeiten für einbiegenden Verkehr sollen 45 sec nicht überschreiten. Ist dies der Fall, muss untersucht werden, ob ein "Bypass", d. h. eine Verbindung der einmündenden Straße außerhalb der Kreisfahrbahn, Abhilfe schaffen kann. Meist bedingt diese Lösung ein starker Eckverkehr im Knotenpunkt.

Minikreisverkehre mit Außendurchmessern d = 13,00 m bis 22,00 m sind dann einsetzbar, wenn die Einsatzbedingungen für Kleine Kreisverkehre vorhanden sind und der Knotenpunkt

7.9 Entwurf von Stadtstraßen

im Bereich einer Geschwindigkeitsbegrenzung $v \leq 50$ km/h für alle Zufahrten liegt und die Anlage eines Kleinen Kreisverkehrs wegen zu enger Raumverhältnisse nicht möglich ist.

7.9.4 Entwurfselemente

Straßenknotenpunkte sind Stellen im Verkehrswegenetz, an denen sich Verkehrsströme kreuzen, vereinigen oder trennen. Sie werden innerhalb und außerhalb bebauter Gebiete nach gleichen Grundprinzipien konstruiert. Dadurch wird erreicht, dass die Verkehrsteilnehmer nach Verkehrscharakter und vorhandenem Umfeld ähnliche Merkmale vorfinden und sich während der Fahrt im Knotenbereich sicher fühlen.

Straßenknoten müssen sicher, leistungsfähig und wirtschaftlich angelegt werden. Es lässt sich die *Verkehrssicherheit* erreichen, wenn der Knoten
- rechtzeitig erkennbar,
- übersichtlich,
- begreifbar,
- befahrbar ist.

Um einen Knotenpunkt verkehrssicher zu entwerfen, führt man die Knotenpunktszufahrten möglichst senkrecht an die Kreisfahrbahn heran. Durch die Kreisinsel wird damit eine deutliche Umlenkung der Fahrtrichtung signalisiert. Knotenpunktsausfahrten werden einstreifig ausgebildet, damit im Ausfahrbereich Überholvorgänge ausgeschlossen werden.

Die Erkennbarkeit muss auch bei Nacht gewährleistet sein. Innerorts wird der Kreisel beleuchtet. Außerorts muss durch entsprechende Hinweisschilder bzw. Wegweiser der Kreisverkehr angekündigt werden. Der Kraftfahrzeuglenker muss auch Fußgänger und Radfahrer auf den gesonderten Wegen gut erkennen und die Bevorrechtigung oder Wartepflicht anderer Verkehrsteilnehmer gut beurteilen können. Die Ringfahrbahn ist kreisrund auszubilden. Nur in Ausnahmefällen kann sie elliptisch geformt werden. Sie besteht dann aus zwei Halbkreisen mit gleichem Radius, zwischen denen Gerade der Länge $l_{Gerade} \geq r_A$ eingefügt werden.

Beim Entwurf ist zu beachten, dass angegebene Mindestwerte nicht unterschritten werden dürfen, Obergrenzen nur in begründeten Ausnahmefällen überschritten werden. Regelwerte stellen eine vorteilhafte Gestaltung dar.

Abmessungen des Kreisverkehrs. Die Größe des Außendurchmessers hängt von den Verkehrsbedingungen und der Verkehrsbelastung ab. Große Durchmesser erleichtern besonders dem Schwerverkehr die Befahrbarkeit. Aber die Kosten und der Flächenverbrauch müssen berücksichtigt werden.

	Kreistyp	Kreisverkehr – Außendurchmesser d_A in m		
		Minikreisverkehr	Kleiner Kreisverkehr	Kleiner Kreisverkehr, zweistreifig befahrbare Kreisfahrbahn
innerorts bebauter Gebiete	Mindestwert	13,00	26,00	40,00
	Regelwert		30,00 bis 35,00	50,00
	Obergrenze	22,00	40,00	60,00
außerorts bebauter Gebiete	Mindestwert	–	30,00	45,00
	Regelwert	–	35,00 bis 45,00	55,00
	Obergrenze	–	50,00	60,00

Tabelle 7.78 Außendurchmesser von Minikreisverkehren und Kleinen Kreisverkehren

Typ	Minikreisverkehr	Kleiner Kreisverkehr				Kleiner Kreisverkehr, zweistreifig befahrbare Kreisfahrbahn
Außendurchmesser d_A in m	13,00 bis 22,00	26,00	30,00	35,00	$\geq 40,00$	40,00 bis 60,00
Breite des Kreisrings b_K in m	4,00 bis 5,00	9,00	8,00	7,00	6,50	8,00 bis 10,00

Tabelle 7.79 Abhängigkeit der Breite b_K der Ringfahrbahn vom Außendurchmesser d_A

Die Breite der Fahrbahn im Kreisring b_K ist abhängig vom Außendurchmesser d_A. Die Ringfahrbahn soll die Befahrbarkeit für große Kraftfahrzeuge ermöglichen. Da überwiegender Pkw-Verkehr dies nicht benötigt, wird innerorts ein Innenring abmarkiert oder durch einen Bord von 0,04 m Höhe abgegrenzt werden. Das Verhältnis Kreisfahrbahn zu Innenring soll ungefähr 3:1 betragen. Der Innenring erhält eine Querneigung $q = 2,5\ \%$ wie die Kreisfahrbahn nach außen. Außerorts legt man in der Regel keinen Innenring an.

Bemessung der Aus- und Zufahrten der Knotenpunkte

Die Knotenpunktszu- und Ausfahrten beim Kreisverkehr sollen möglichst senkrecht ausgebildet werden. Das bedeutet, dass man die Achsen der Knotenpunktsarme möglichst radial auf den Kreismittelpunkt führt. Zweistreifige *Zufahrten* können die Leistungsfähigkeit verbessern. Sie dürfen nur bei zweistreifigen Kreisfahrbahnen verwendet werden. Bei regelmäßigem Rad- oder Fußgängerverkehr sind zweistreifige Zufahrten nicht vorteilhaft. *Kreisausfahrten* werden immer nur einstreifig ausgebildet.

	Fahrstreifenbreite in m in der	Minikreisverkehr	Kleiner Kreisverkehr	Kleiner Kreisverkehr, Zufahrt zweistreifig
innerhalb bebauter Gebiete	Zufahrt b_Z	3,25 bis 3,75	3,25 bis 3,75	6,50
	Ausfahrt b_A	3,50 bis 4,00	3,50 bis 4,00	3,50 bis 4,00
außerhalb bebauter Gebiete	Zufahrt b_Z	–	3,50 bis 4,00	6,50 bis 7,00
	Ausfahrt b_A	–	3,75 bis 4,50	3,75 bis 4,50

Tabelle 7.80 Fahrstreifenbreiten der Kreiszufahrten und Kreisausfahrten

Die Knotenpunktsarme werden innerorts in der Regel mit einfachen Kreisbögen angelegt. Nur bei starkem Schwerlastverkehr wendet man auch Schleppkurven an. Die Größen der Ausrundungsradien zeigt Tabelle 7.81. Diese Werte können außerorts um 30 % überschritten werden, wenn die Kreisausfahrt nicht von Fußgängern oder Radfahrern überquert wird.

	Fahrstreifenbreite in m in der	Minikreisverkehr	Kleiner Kreisverkehr	Kleiner Kreisverkehr, Zufahrt zweistreifig
innerhalb bebauter Gebiete	Zufahrt r_Z	8,00 bis 10,00	10,00 bis 14,00	12,00 bis 16,00
	Ausfahrt r_A	8,00 bis 10,00	12,00 bis 16,00	12,00 bis 16,00
außerhalb bebauter Gebiete	Zufahrt r_Z	–	14,00 bis 16,00	14,00 bis 16,00
	Ausfahrt r_A	–	16,00 bis 18,00	16,00 bis 18,00

Tabelle 7.81 Radien für die Eckausrundungen der Kreisverkehrszufahrten und Kreisausfahrten

Die Kapazität für den Rechts-Abbiege-Verkehr lässt sich durch einen sog. *Bypass* erhöhen. Hierdurch wird der Rechtsabbieger außerhalb des Kreisverkehrs auf einer gesonderten Fahrbahn geführt. Allerdings sind die Konfliktpunkte mit kreuzenden Radfahrern oder überquerenden Fußgängern besonders übersichtlich zu gestalten. Dazu muss auch geklärt werden, ob der Radfahr- oder Fußgängerverkehr bevorrechtigt oder untergeordnet über den Bypass geführt werden soll.

Die Einfädelung des Verkehrs aus dem Bypass in die Knotenpunktsausfahrt unterstützt man durch Einfädelstreifen mit einer Länge $l = 30,00$ m bis $50,00$ m.

7.9 Entwurf von Stadtstraßen

Fahrbahnteiler verbessern die Erkennbarkeit des Knotenpunktes und führen den Verkehr durch die Trennung der Fahrstreifen im Knotenpunktsarm. Sie dienen gleichzeitig als Überquerungshilfe für Fußgänger und Radfahrer und als Standort für Verkehrszeichen. So verdeutlichen sie auch die Wartepflicht für den einmündenden Verkehr. Bei sehr geringen Verkehrsstärken kann er durch eine Sperrflächenmarkierung ersetzt werden.

Variante mit spitzwinkliger Einführung bei nicht zügig geführtem Bapass

Die Achse des Fahrbahnteilers soll möglichst senkrecht auf den Rand der Kreisfahrbahn gerichtet sein. Ihre Mindestbreite beträgt b_{FT} = 1,60 m. Für Fußgängerüberquerungen wählt man die Breite b_{FT} = 2,00 m, für Radfahrer b_{FT} = 2,50 m. Damit werden auf dem Teiler Warteflächen geschaffen, um motorisierte Fahrzeuge vorbei zu lassen. Der Teiler erhält als Begrenzung Schrägborde. Außerhalb bebauter Gebiete dürfen keine Hochborde verwendet werden.

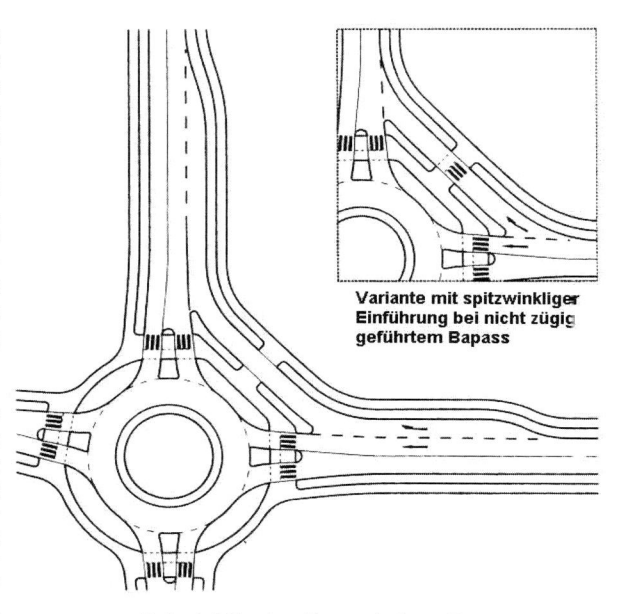

Bild 7.209 Beispiel für den Entwurf eines Bypasses

Die *Kreisinsel* dient im wesentlichen der Erkennbarkeit des Knotenpunktes. Eine Bepflanzung unterstützt diese Wirkung und veranlasst den Kraftfahrzeuglenker zur Richtungsänderung. Die Insel wird zur Mitte hin erhöht.. Die Begrenzung soll mit Schrägborden gegenüber der Kreisfahrbahn erfolgen. Bäume, Mauern, Masten oder Kunstwerke werden in der Weise angeordnet, dass bei Unfällen keine schweren Unfallfolgen entstehen können. Der Außenrand der Kreisinsel erhält einen Radius $r_i \geq 2{,}0 \cdot b_Z$ in m. Der Radius der Kreisinsel muss als größer als die Breite der Kreiszufahrt sein.

Bei Minikreisverkehren soll der Durchmesser der Kreisinsel $d_i \geq 4{,}00$ m betragen. Die Insel wird zur besseren Erkennbarkeit aufgepflastert und kann von großen Fahrzeugen überfahren werden. Der Rand wird mit Borden der Höhe 0,04 m bis 0,05 m eingefasst und davor eine durchgehende Fahrbahnbegrenzung markiert, um den Pkw-Verkehr zur Richtungsänderung zu veranlassen.

Führung des Fußgängerverkehrs im Kreisverkehr

Für den *Fußgängerverkehr* sind innerhalb bebauter Gebiete in den Knotenpunktsarmen Fahrbahnteiler als Überquerungshilfen vorzusehen. Dazu ist folgendes zu beachten:
- Überquerungsstellen sollen nah an der Kreisfahrbahn liegen. Der Abstand von der Kreisfahrbahn liegt optimal bei 4,00 m bis 5,00 m.
- Überquerungsstellen mit einem Abstand von 7,00 m bis 8,00 m sind möglich, wenn zuvor eine Überquerungsstelle für den Radverkehr vorhanden ist.

Innerhalb bebauter Gebiete markiert man die Überquerungsstellen einstreifiger Zufahrten als Fußgängerüberwege. Bodenplatten für Sehbehinderte verbessern die Brauchbarkeit.

Besonderes Augenmerk muss man auf eine gute Sicht des Fahrzeuglenkers auf die Aufstellbereiche der Fußgänger sowohl am Fahrbahnrand als auch auf dem Fahrbahnteiler richten. Pfeilwegweiser sollen die Sicht nicht verstellen.

Außerhalb bebauter Gebiete sind Fahrbahnteiler immer vorzusehen. Die Markierung von Fußgängerüberwegen ist außerorts nicht erlaubt.

Fußgängerfurten werden mit Lichtsignalanlagen dann ausgestattet, wenn Fußgänger- oder Radverkehrsströme in besonderen Fällen gesichert werden müssen, z. B. bei kreuzenden Schulwegen. Um Rückstau in die Kreisfahrbahn zu vermeiden, legt man diese Überquerungsstellen mindesten 20,00 m von der Kreisfahrbahn entfernt an.

Führung des Radverkehrs im Kreisverkehr
Im Kreisverkehr kann man den Radverkehr entweder
- auf der Fahrbahn oder
- auf Radwegen

führen. Radfahrstreifen oder Schutzstreifen können im Kreisverkehr nicht markiert werden.

In Kleinen Kreisverkehren ist die Führung des Radverkehrs auf der Fahrbahn möglich, vor allem dann, wenn der Radverkehr schon auf den zuführenden Knotenpunktsarmen geführt wird. Allerdings soll die Verkehrsstärke von 15000 Kfz/ 24h nicht überschritten werden. Bei größeren Verkehrsstärken ist die Anlage von Radwegen oder die Freigabe der Gehwege für den Radverkehr in Erwägung zu ziehen.

Innerhalb bebauter Gebiete kann der Radverkehr auf der Kreisfahrbahn geführt werden, wenn beim Kleinen Kreisverkehr die Radfahrer in den Knotenpunktsarmen auf Radwegen geführt werden. Dabei ist aber zu beachten:
- Radfahrstreifen in den Zufahrten enden vor dem Kreisverkehr und werden als Schutzstreifen bis zum Fahrbahnteiler geführt.
- In den Knotenpunktsausfahrten beginnen die Radfahrstreifen 10,00 m hinter dem Fahrbahnteiler.
- Bei straßenbegleitenden Radwegen muss die Überleitung des Radverkehrs auf die Fahrbahn bereits in den Knotenpunktszufahrten erfolgen. Der Radweg geht hier über in einen Radfahrstreifen, dessen Ende 10,00 m vor dem Fahrbahnteiler liegt.

Die Führung des Radverkehrs auf der Fahrbahn ist bei zweistreifig befahrbaren Kreisfahrbahnen nicht anzuwenden. In diesem Fall sind Radverkehrsanlagen erforderlich.

Bei Minikreisverkehren ist die Benutzung der Fahrbahn durch Radfahrer der Regelfall.

Außerhalb bebauter Gebiete wird der Radverkehr auf der Fahrbahn möglich, wenn in den Knotenpunktsarmen keine Radwege vorhanden sind. Die Verkehrsstärke muss dann aber gering sein.

Werden straßenbegleitende Radwege vor dem Kreisverkehr nicht auf die Fahrbahn geführt, wird der Radweg um den Kreisring geführt. Da sich der Radfahrer bei dieser Lösung sicher fühlt, nimmt er den größeren Weg jedoch gern an. Allerdings ist nicht auszuschließen, dass Radfahrer als Linksabbieger den Radweg dann auch in Gegenrichtung benutzen.

Innerhalb bebauter Gebiete werden Fußgänger und Radfahrer an Überquerungsstellen nebeneinander geführt. Der Radweg soll stets näher an der Kreisringfahrbahn liegen als der Fußgängerüberweg.

7.9 Entwurf von Stadtstraßen

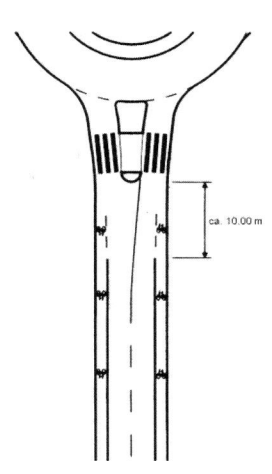

Bild 7.210 Beispiel für Radverkehrsführung im Knotenpunktsarm mit Radfahrstreifen innerorts

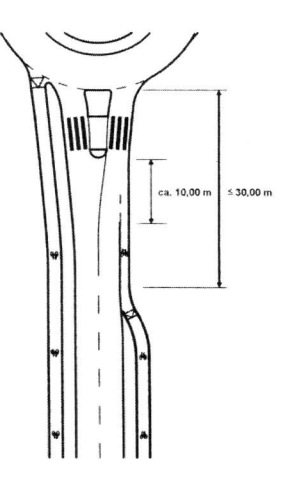

Bild 7.211 Beispiel für Radverkehrsführung im Knotenpunktsarm mit straßenbegleitendem Radweg innerorts

Zweirichtungsradwege sind im Kreisverkehr nicht geeignet, weil für den entgegen dem Verkehr fahrenden Radfahrer die weitere Führung am Knotenpunktsarm nicht deutlich erkennbar ist. Sind außerorts Radwege oder gemeinsame Geh- und Radwege vorhanden, ist die Führung auf Radwegen der Regelfall.

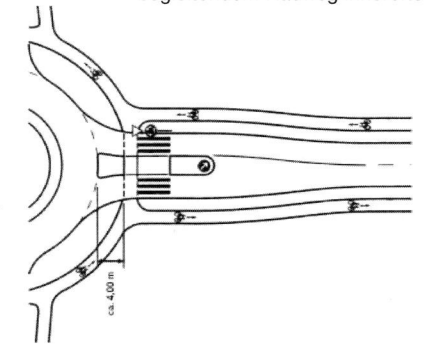

Bild 7.212 Beispiel der Radverkehrsführung am Knotenpunktsarm mit straßenbegleitenden Radwegen innerorts

Führung des Öffentlichen Nahverkehrs im Kreisverkehr
Werden über einen Knotenpunkt mit Kreisverkehr Linienbusse geführt, wendet man mindestens die Regelmaße für den Kreisring an. Kleinere Maße beeinträchtigen den Fahrkomfort für die Fahrgäste. Um den ÖPNV zu beschleunigen, können Bus-Sonderfahrstreifen angelegt werden. Diesen Sonderfahrstreifen verbindet man vor der Knotenpunktszufahrt mit dem Fahrstreifen der anderen Kraftfahrzeuge, um die Zweistreifigkeit in der Zufahrt zu vermeiden

Haltestellen für den Busverkehr können vor oder hinter dem Kreisverkehr angelegt werden. Es sind Haltestellenbuchten, aber auch an den Zufahrten Halte am Straßenrand möglich. Dabei ist zu berücksichtigen, dass dadurch Rückstau in die einstreifige Zufahrt entstehen kann.

Zur Sicherung der Fahrgäste soll die Haltestelle dicht an der Überquerungsstelle für den Fußgängerverkehr liegen. Wird die Haltestelle an der Kreisausfahrt geplant, muss eine Haltebucht vorgesehen werden, damit der Kreisverkehr nicht gestaut wird.

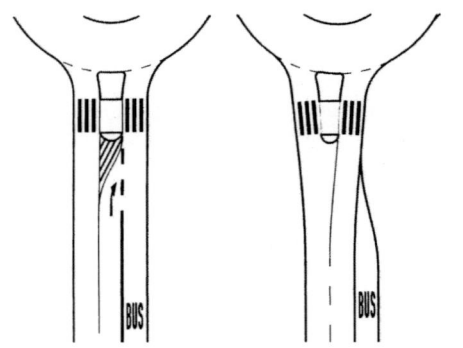

Bild 7.213 Varianten für die Einführung der Bussonderspur in den Fahrstreifen für den Kraftfahrzeugverkehr

Straßen- oder Stadtbahnen werden radial durch den Kreisring geführt. Zur Sicherung werden entweder alle Zufahrten signalgesteuert oder die Kreisfahrbahn für die Überquerung gesperrt. Letzteres wendet man nur dann an, wenn die Geschwindigkeit der Bahn gering und der Kreisdurchmesser $d \geq 35{,}00$ m ist.

Entwurfselemente der Strecke
Fahrbahnen mit konstanter Breite sind im innerörtlichen Bereich nicht immer durchführbar. Verschiedene Nutzungsansprüche und die bauliche Umgebung bedingen manchmal Änderungen. Doch sollten die Abmessungen durchgehender Fahrbahnen nicht ohne Grund verändert werden. Gegebenenfalls sind Teilabschnitte zu bilden.

Die Abgrenzung von Stadtstraßen erfolgt entweder nach dem
- Trennungsprinzip oder dem
- Mischprinzip.

Beim *Trennungsprinzip* erfolgt die äußere Begrenzung der Fahrbahn durch Hochborde, Bordrinnen oder Rinnen von den Flächen für Gehwege, Radwege, Aufenthaltsbereiche und sonstige Nutzungen.

Beim *Mischungsprinzip* werden verschiedene Nutzungen im gleichen Straßenraum möglichst verträglich miteinander verbunden. Durch geschwindigkeitsdämpfende Maßnahmen muss erreicht werden, dass die Bewegungen des motorisierten und nichtmotorisierten Verkehrs möglich sind und bestimmte Flächen mehreren Nutzern zur Verfügung stehen.

Straßen mit Verkehrsbelastungen zwischen 1400 Kfz/h und 2200 Kfz/h werden in der Regel mit zwei Fahrstreifen ausgeführt

	Fahrbahnbreit b_{Fb} in m	
	Hauptverkehrsstraßen	Erschließungsstraßen
Regelfall	6,50 [1]	4,50 bis 5,50
mit Linienbusverkehr	6,50 [1]	6,50
geringem Linienbusverkehr [2]	6,00	6,00
geringe Begegnungshäufigkeit von Lkw	5,50 [3]	–
große Begegnungshäufigkeit von Lkw	7,00	–
Schutzstreifen für Radfahrer	7,50 (7,00 [4])	–

[1] benutzungspflichtige Radverkehrsanlagen vorsehen
[2] z.B. ausschließlich Erschließungsfunktion
[3] bei verminderter Geschwindigkeit
[4] nicht neben Parkstreifen mit häufigen Parkwechseln

Tabelle 7.82 Fahrbahnbreiten zweistreifiger Stadtstraßen

7.9 Entwurf von Stadtstraßen

Fahrbahnbreite/ befahrbare Breite in m neben Fahrbahnteilern	
Regelfall an Hauptverkehrsstraßen	3,00 bis 3,50
bei Linienbusverkehr	mindestens 3,25
landwirtschaftlicher Verkehr, Schwer- und Großraumtransporte	3,75
Winterdienst – Fahrzeuge	Einzelfallprüfung
Straßen des Militärgrundnetzes	4,00 bis 4,75 [1)]

[1)] kann auf eine Fahrtrichtung beschränkt werden, wenn Militärfahrzeuge im Bedarfsfall entgegen der üblichen Fahrtrichtung an der Insel vorbeifahren können

Tabelle 7.83 Fahrbahnbreiten neben Mittelinseln oder Fahrbahnteilern

	Begegnung zweier Lkw neben haltendem Lkw	starker Busverkehr neben haltendem Pkw
Breite in m	9,00 bis 10,00	8,50

Tabelle 7.84 Überbreite zweistreifiger Fahrbahnen

Vierstreifige Fahrbahnen erhalten in der Regel einen Mittelstreifen. Nur bei beschränkten Raumbreiten bildet man sie ohne Mittelstreifen aus. Die Kapazität vierstreifiger Strecken liegt zwischen 1800 Kfz/h und 2600 Kfz/h.

Vierstreifiger Fahrbahnen ohne Mittelstreifen erhalten eine Fahrbahnbreite von 13,00 m. Nur bei beengten Verhältnissen und geringer Verkehrsbelastung durch Schwerverkehr oder Busse kann man sie auf 12,00 m verringern.

Einstreifige Richtungsfahrbahnen und Einbahnstraßen erhalten Fahrbahnbreiten, die je nach örtlichen Ansprüchen zwischen 3,00 m und 4,75 m liegen.

	Fahrbahnbreite b_{Fb} in m	
	Hauptverkehrsstraßen	Erschließungsstraßen
Radfahrer auf der Fahrbahn	4,25 (3,00)	3,50 (3,00)
Radverkehr gegenläufig auf der Fahrbahn	nicht anwendbar	3,50, 3,00 [1)]
Fahrbahn mit Schutzstreifen	3,75 (2,25 bis 1,50) [2)]	kaum vorkommen

[1)] mit ausreichenden Ausweichmöglichkeiten Klammerwerte bei eingeschränkter Flächenverfügbarkeit
[2)] Schutzstreifen bei geringem Gegenverkehr

Tabelle 7.85 Fahrbahnbreite b_{Fb} einstreifiger Richtungsfahrbahnen

Überbreite einstreifige Richtungsfahrbahnen sind durch Mittelstreifen getrennt. In diesen Mittelstreifen können auch die Bahnkörper für Straßen- oder Stadtbahnen untergebracht werden. Die Kapazität solcher Richtungsfahrbahnen liegt zwischen 1400 Kfz/h und 2200 Kfz/h in jeder Richtung. Ist wenig Lkw-Verkehr vorhanden, ist eine Leistungssteigerung bis auf 2600 Kfz/h möglich. Die Fahrbahnbreite b_{Fb} wird bei zweistreifigem Pkw-Verkehr 5,00 m breit. Bei stärkerem Lkw-Verkehr wählt man b_{Fb} = 5,50 m.

Neben den Richtungsfahrbahnen können an Hauptverkehrsstraßen auch Anliegerfahrbahnen geführt werden. Dadurch wird die Erschließungsfunktion von der Verbindungsfunktion der Hauptstraße getrennt. Zweckmäßig wickelt man den Erschließungsverkehr auch im Richtungsverkehr wie die Richtungsfahrbahn ab und bindet ihn im Knotenpunktsbereich an den Hauptverkehr an. Die Breite der Anliegerfahrbahn wird b_{Fb} = 4,75 m.

Stichstraßen sind Erschließungsstraßen, die den Durchgangsverkehr verhindern. In Wohngebieten ist zu überlegen, ob man die Enden zweier Stichstraßen durch Geh- und Radwege verbindet, um dem nicht motorisierten Verkehr kurze Wege anzubieten. Für den motorisierten Verkehr bietet man am Ende der Stichstraße Wendeanlagen an. Manchmal lässt sich diese mit einer Platzgestaltung verbinden.

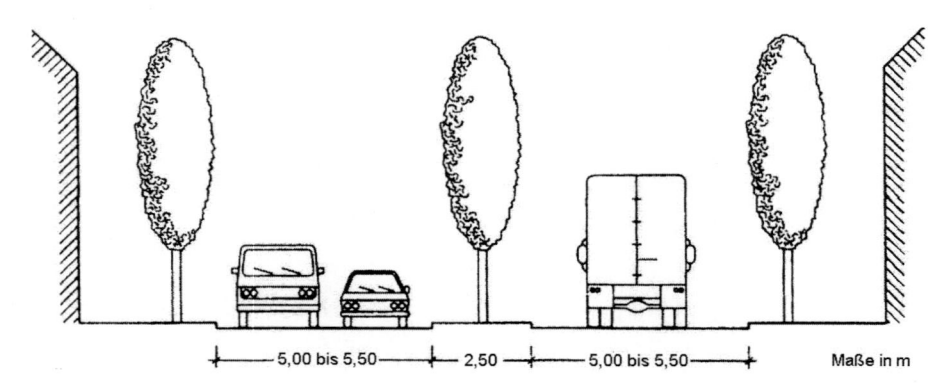

Bild 7.214 Beispiel des Querschnitts einer Straße mit zweistreifigen Richtungsfahrbahnen

Wendeanlagen werden ausgebildet als
- Wendehammer,
- Wendekreis oder
- Wendeschleife.

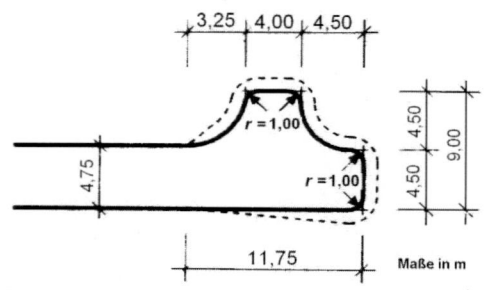

Bild 7.215 Abmessungen eines Wendehammers für Pkw

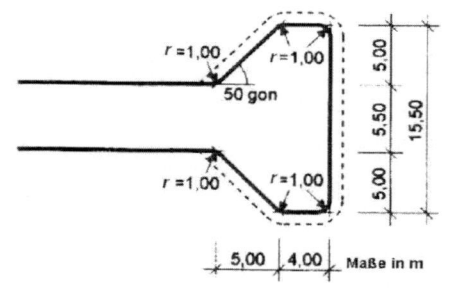

Bild 7.216 Abmessungen eines Wendehammers für Kfz bis 9,00 m Länge (2-achsiges Müllfahrzeug)

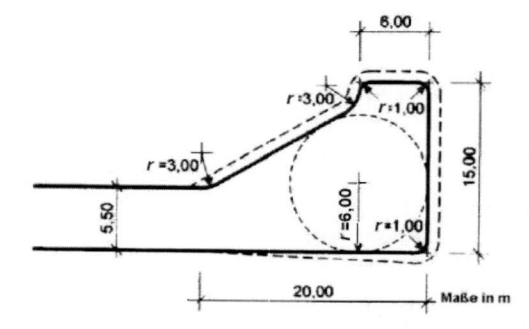

Bild 7.217 Einseitiger Wendehammer für Fahrzeuge ≤ 10,00 m (3-achsiges Müllfahrzeug)

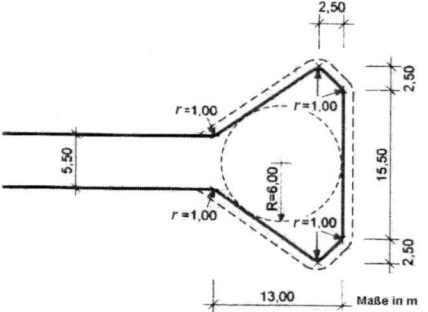

Bild 7.218 Zweiseitiger Wendehammer für Fahrzeuge ≤ 10,00 m (3-achsiges Müllfahrzeug)

7.9 Entwurf von Stadtstraßen

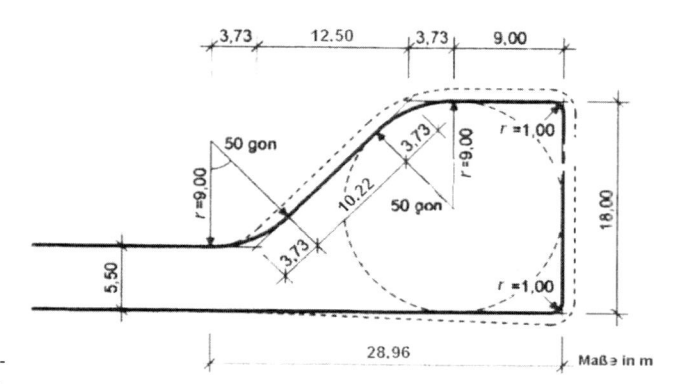

Bild 7.219 Wendekreisabmessungen für ein 2-achsiges Müllfahrzeug

Gehwege sind nicht dargestellt, Freihaltezone 1,00 m

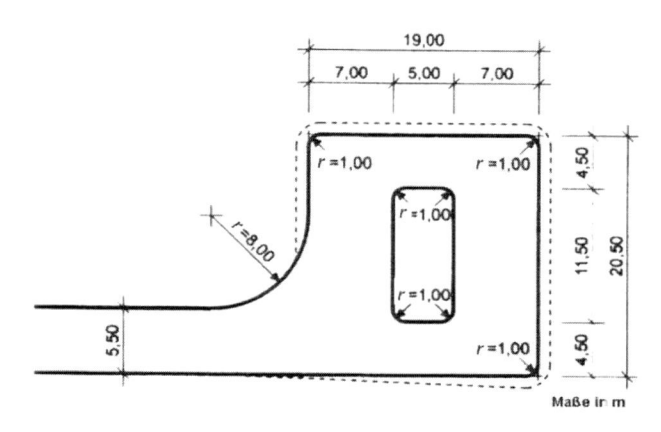

Bild 7.220 Wendekreisabmessungen für ein 3-achsiges Müllfahrzeug

Gehwege sind nicht dargestellt, Freihaltezone 1,00 m

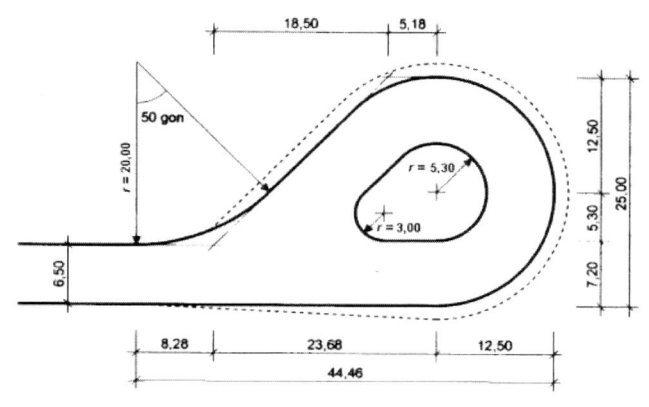

Bild 7.221 Abmessung einer Wendeschleife für Lastzüge

Gehwege sind nicht dargestellt, Freihaltezone 1,00 m

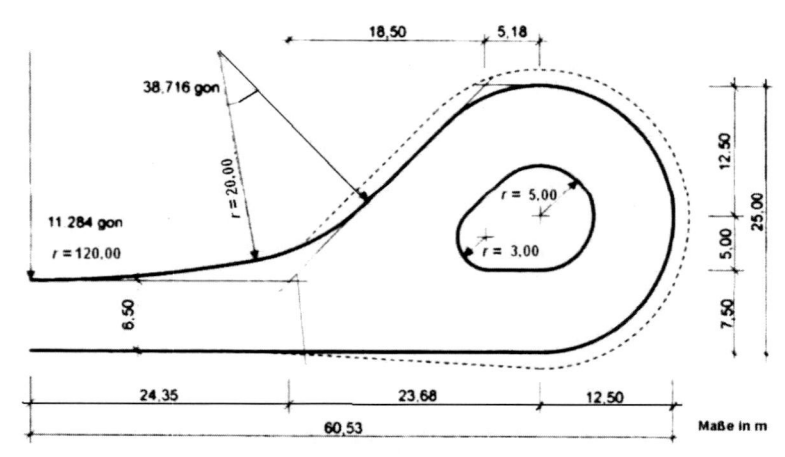

Gehwege sind nicht dargestellt, Freihaltezone 1,50 m

Bild 7.222 Abmessungen einer Wendeschleife für Gelenkbusse

Wendeanlagen bilden das Ende von Stichstraßen. Um Parken in diesem Bereich zu verhindern, können Parkstände seitlich außerhalb der Freihaltezone angeordnet werden. Für das Bemessungsfahrzeug soll ein Wenden ohne zurücksetzen möglich sein.

Bemessungsfahrzeug	Länge in m	Äußerer Wendekreisradius[2] in m
Pkw	4,74	5,85
Lieferwagen	6,89	7,35
3-achsiger Lkw	10,10	10,05
Lastzug	18,71	10,30
Bus	12,00	10,50
Müllfahrzeug, 2-achsig	9,03	9,40
3-achsig	9,90	10,25
3-achsig [1]	9,95	8,60

1) mit Nachlaufachse   2) Freihaltezonen zusätzlich bemessen

Tabelle 7.86 Abmessungen von Wendkreisradien

Fahrbahnbegrenzung. Um die Trennung von Fahrbahn und den Seitenräumen deutlich erkennbar zu gestalten, setzt man Borde, Bordrinnen oder Muldenrinnen ein.

Bordsteine können als Hochborde, halbhohe Borde oder Tiefborde eingesetzt werden. Hochborde stehen 0,10 m bis 0,15 m über die Fahrbahnoberfläche heraus. Die Begrenzung ist zwar deutlich sichtbar, bildet jedoch für Behinderte eine spürbare Barriere. Für Pkw sind sie an Garagenzufahrten sehr unangenehm. Deshalb senkt man bei Einfahrten den Bordstein ab.

Abgesenkte Borde erhalten eine Höhe von 0,03 m bis 0,05 m über der Fahrbahnoberfläche. Dadurch wird ein Überfahren auch für Radfahrer leichter. Die Bordsteinhöhe dient gleichzeitig als Führung für den Wasserablauf und sorgt bei normalem Regen dafür, dass kein Niederschlagswasser von der Fahrbahn in den Seitenraum läuft. Aber auch die abgesenkten Borde ergeben keine Barrierefreiheit. Deshalb senkt man im Einmündungsbereich den Bord völlig ab.

Tiefborde werden in gleicher Höhe wie der Fahrbahnrand versetzt. Sie bilden damit nur eine optische Trennung zwischen Fahrbahn und Seitenraum. Für Gehbehinderte und Rollstuhlfahrer bilden sie kein Hindernis. Für Radfahrer ist der Übergang sehr angenehm.

7.9 Entwurf von Stadtstraßen

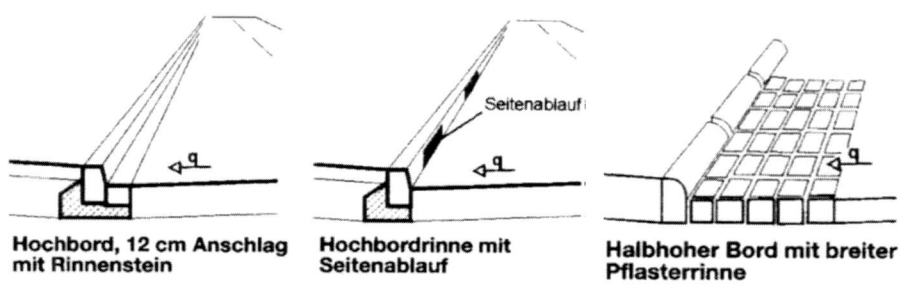

Hochbord, 12 cm Anschlag mit Rinnenstein

Hochbordrinne mit Seitenablauf

Bild 7.223 Beispiele für Hochborde

Halbhoher Bord mit breiter Pflasterrinne

Bild 7.224 Bordsteinausbildung bei Zufahrten

Bei Flächen, die nach dem Mischungsprinzip entworfen werden, bieten sich Muldenrinnen aus Großpflaster als Trennung zwischen Fahrbahnbereich und Seitenraum an. Diese Abgrenzung kann überfahren werden, dient aber gleichzeitig als Führung für die Entwässerung. An der Muldenrinne kann der Querneigungswechsel für den anschließenden Seitenraum vorgenommen werden.

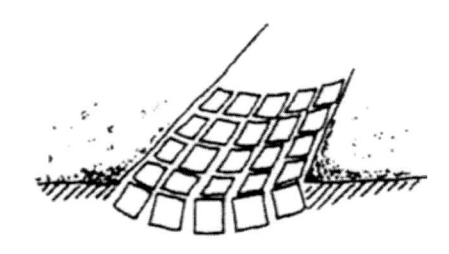

Bild 7.225 Muldenrinne aus Großpflaster

Pendelrinne

Spitzrinne

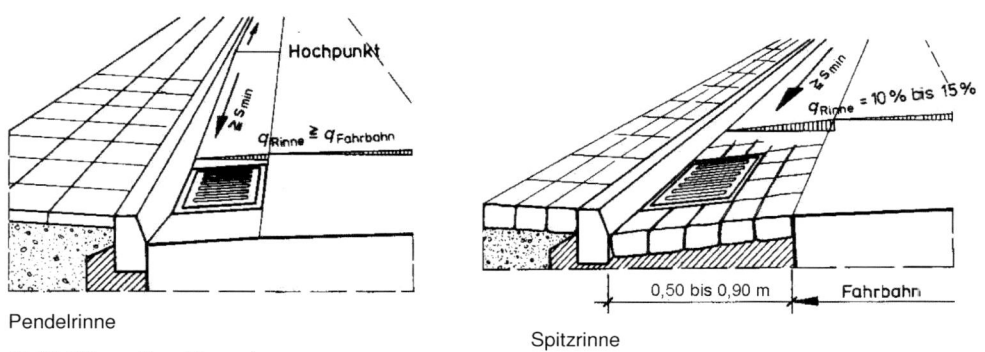

Bild 7.226 weitere Rinnenformen

Eine andere Form der Rinnenbildung ist die sog. Spitzrinne. Hierbei wird der Rinnenbereich gegenüber der Querneigung mit $s_{Rinne} = 10{,}0\,\%$ abgeknickt. Die Einläufe für das Regenwasser liegen in der gepflasterten Rinne und hindern den Fahrverkehr nicht, da die Rinne nicht überfahren wird.

Bei sehr geringem Längsgefälle legt man wegen der besseren Wasserabführung die Pendelrinne an. Hierbei wird die Rinnentiefe im Wechsel von 0,18 m auf 0,08 m Bordsteinhöhe verändert. Danach folgt dann wieder eine Erhöhung auf 0,18 m Bordhöhe. Die Längsneigung in der Rinne muss $s_{Rinne} \geq \min s$ betragen

Trassierungsgrenzwerte der Stadtstraßen

Für den Entwurf von Stadtstraßen gelten Trassierungsgrenzwerte. Man unterscheidet nach dem Umfeld Grenzwerte für angebaute Stadtstraßen und anbaufreie Hauptverkehrsstraßen. Innerorts ist mit geringeren Geschwindigkeiten (≤ 50 km/h bzw. 30 km/h) zu rechnen, während man bei anbaufreien Hauptverkehrsstraßen nach v_{zul}=50 km/h und v_{zul}=70 km/h unterscheidet.

Querneigung. Fahrbahnen werden in der Regel nach einer Seite geneigt. Um eine rasche seitliche Abführung des Oberflächenwassers zu erzielen, ist die Mindestquerneigung auf 2,5 % festgelegt. In Kurven kann in Abhängigkeit vom Radius und der Entwurfsgeschwindigkeit eine höhere Querneigung erforderlich werden. Doch darf diese feste Maximalwerte nicht überschreiten.

Befestigte Seitenstreifen erhalten die gleiche Querneigung wie die Fahrbahn sowohl in Größe wie Richtung. Bei Abbiegespuren kann eine Neigung nach außen, unabhängig von der Querneigungsrichtung, sinnvoll sein. Da dadurch aber ein Grat entsteht, der für ausscherende Fahrzeuge ungünstig ist, darf der Gesamtknick, d.h. die absolute Summe der Querneigungen, nicht mehr als 8,0 % betragen. Parkbuchten an Bushaltestellen erteilt man ein Gefälle von 2,5 % zur Fahrbahn hin, um ein Bespritzen wartender Fahrgäste bei Regen durch heranfahrende Busse zu vermeiden.

	Entwurfselemente		Grenzwerte für Fahrbahnen		
			anbaufreie Hauptverkehrsstraßen		angebaute Stadtstraßen
			v_{zul} = 50 km/h	v_{zul} = 70 km/h	
Lageplan	Mindestradius	min r in m	80	190	10
	Mindestradius bei Querneigung zur Kurvenaußenseite	min r in m	250	700	
	Mindest-Klothoidenparameter	min A in m	50	90	
	Höchste Längsneigung	max s in %	8,0 (12,0)	6,0 (8,0)	8,0 (12,0)
Höhenplan	Mindestlängsneigung in Verwindungsstrecken	min s in %	0,7 für s-Δs ≥ 0,8 bis 0,2 % (ohne Hochbord) 0,5 für s-Δs ≥ 0,5 % (mit Hochbord)		
	Kuppen – Mindesthalbmesser	min h_K in m	900	2200	250[1]
	Wannen – Mindesthalbmesser	min h_W in m	500	1200	150[1]
Querschnitt	Mindestquerneigung	min q in %	2,5		2,5
	Höchste Querneigung in Kurven	max q in %	6,0 (7,0)		
	Höchste Anrampungsneigung	max Δs in %	0,50 · a; 2,0 bei a ≥ 4,00 m	0,40 · a; 1,6 bei a ≥ 4,00 m	
	Mindest – Anrampungsneigung	min Δs in %	0,10 · a		
Sicht	Mindest – Haltesichtweite bei s = 0,0 %	min S_h in m	47	80	22 bei v_{zul} = 30 km/h 47 bei v_{zul} = 50 km/h

[1] In Erschließungsstraßen mit fast ausschließlichem Pkw-Verkehr können geringere Halbmesser gewählt werden. Es dürfen h_K = 50,00 mm und h_W = 20,00 m nicht unterschritten werden

Tabelle 7.87 Entwurfsgrenzwerte für Fahrbahnen im städtischen Bereich

7.9 Entwurf von Stadtstraßen

Rad - und Gehwege erhalten 2,5 % Querneigung. Bei nicht angebauten Straßen neigt man sie meist nach außen. Werden sie frei trassiert, so ist zu prüfen, ob der breitere Trennstreifen als Entwässerungsmulde ausgebildet werden kann. In diesem Fall erhält der Rad- und Gehweg eine Querneigung dorthin. Im angebauten Bereich muss darauf geachtet werden, dass kein Regenwasser von ihm gegen die Hauswand laufen kann, da sonst die Hauseigentümer Feuchteschäden an den Kellerwänden oder Fundamenten geltend machen können. Zudem kann das Wasser den Einlaufschächten an der Fahrbahnkante zugeführt werden.

Querneigung in der Geraden. Um das Oberflächenwasser abzuleiten, müssen die Fahrbahn und die daran anschließenden Nebenspuren und befestigten Randstreifen ein Quergefälle aufweisen. Bei zweistreifigen Straßen legt man einseitiges Quergefälle an. Ein Dachprofil ist möglich, wenn im angebauten Bereich durch Schwellenhöhen der Eingangstüren oder -tore Zwangspunkte vorgegeben sind. Außerdem kann man verhindern, dass seitlich zufließendes Wasser, besonders bei der Schneeschmelze, über die Fahrbahn läuft und durch Nachtfröste Glatteisbildung auftritt. Vierstreifige Straßen ohne Mittelstreifen erhalten in der Geraden grundsätzlich Dachformprofil, um die Baukosten zu minimieren. Bei zweibahnigen Querschnitten erhält jede Fahrbahn einseitige Querneigung. Die Mindestquerneigung beträgt q_{min} = 2,5 %.

Querneigung im Kreisbogen. Im Kreisbogen tritt die Oberflächenentwässerung als Kriterium für die Querneigung hinter dem Einfluss der Radialkraft zurück. Deshalb wird eine Erhöhung der Querneigung in Abhängigkeit von den gewählten Kreisradien erforderlich. Die notwendige Querneigung entnimmt man Bild 7.227.

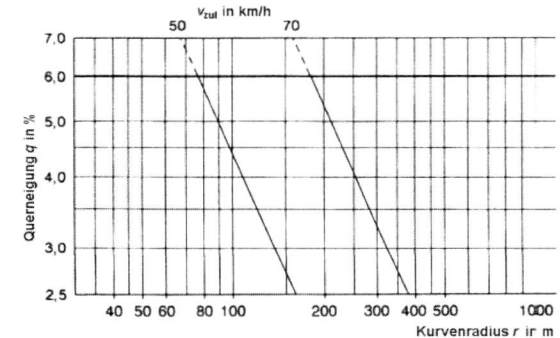

Bild 7.227 Querneigung der Fahrbahn anbaufreier Hauptverkehrsstraßen

Die Kurvenquerneigung wird zur Innenseite geneigt, um der Fliehkraft entgegen zu wirken. In Ausnahmefällen kann zur Vermeidung abflussschwacher Zonen im Bereich geringer Längsgefälle oder in Knotenpunkten ein nach außen gerichtetes Quergefälle in Kauf genommen werden.

Fahrbahnverbreiterungen. In engen Kurven ist es möglich, dass die nachgeschleppten Achsen langer Fahrzeuge nicht in der Spur der Vorderräder laufen, sondern zur Kurveninnenseite ausscheren. Diesem Zustand begegnet man durch die Fahrbahnverbreiterung. Der Fahrbahnrand wird so an die Schleppkurve der Hinterräder angepasst. Bei Erschließungsstraßen und angebauten Hauptverkehrsstraßen erhält die Verziehung eine Länge von l_Z = 20,00 m. Bei anbaufreien Hauptverkehrsstraßen berechnet man die Verziehungslänge mit Gl. (7.30)

$$l_Z = v_{zul} \cdot \sqrt{\frac{i}{3}} \qquad (7.30)$$

l_Z Verziehungslänge in m v_{zul} zulässige Höchstgeschwindigkeit in km/h i Verbreiterungsmaß in m

Die Fahrbahnverbreiterung ermittelt man als Summe der Verbreiterungen für die Begegnungsfälle. Sind Begegnungen selten, kann der Gegenfahrstreifen vom Bemessungsfahrzeug mitbenutzt werden. Die maximale Fahrbahnverbreiterung im Kreisbogen berechnet man mit

$$i_{max} = r_a - \sqrt{(r_a^2 - D^2)} \qquad (7.31)$$

i_{max} maximale Fahrstreifenverbreiterung in m r_a überstrichener Außenradius in m
D Radstand + vorderer Fahrzeugüberhang (Deichselmaß) in m

Die volle Fahrbahnverbreiterung tritt auf, wenn die Richtungswinkeländerung bis zur vollen Verbreiterung den Wert

$$\gamma_{i_{max}} = 2 \cdot \frac{200 \cdot D}{r_a \cdot \pi} \text{ in gon} \qquad (7.32)$$

erreicht. Zwischenwerte für kleinere Richtungswinkeländerungen erhält man mit Gl. (7.33).

$$i_{erf} = \sqrt{\frac{\gamma_{vorh}}{\gamma_{i,max}}} \cdot i_{max} \text{ in m} \qquad (7.33)$$

i_{erf} erforderliche Fahrstreifenverbreiterung bei χ_{vorh} in m χ_{vorh} vorhandener Richtungsänderungswinkel in gon
$\gamma_{i_{max}}$ Richtungsänderungswinkel bei i_{max} in gon

Bei Fahrbahnbreiten $b_{Fb} \leq 6{,}00$ m kann man Verbreiterungen $i < 0{,}25$ m vernachlässigen. Bei Breiten $b_{Fb} > 6{,}00$ m können sie bei $i = 0{,}50$ m entfallen. Die gesamte Verbreiterung nimmt man am Fahrbahninnenrand vor, obwohl sich die Werte auf die Fahrbahnachse beziehen.

Bemessungs-fahrzeug	Pkw	Lkw, 2-achsig	Lkw, 3-achsig	Standard-bus	Gelenk-bus	Bus 15,00 m
Deichselmaß D in m	3,64	6,60	6,78	8,72 [1]	9,11 [1]	10,05

[1] nach StVO

Tabelle 7.88 Deichselmaße für einteilige Bemessungsfahrzeuge

Für Lastzüge, Sattelschlepper u.ä. Fahrzeuge untersucht man die Verbreiterung mit Schleppkurven. (FGSV, 287, Bemessungsfahrzeuge und Schleppkurven zur Überprüfung der Befahrbarkeit von Verkehrsflächen, 2001)

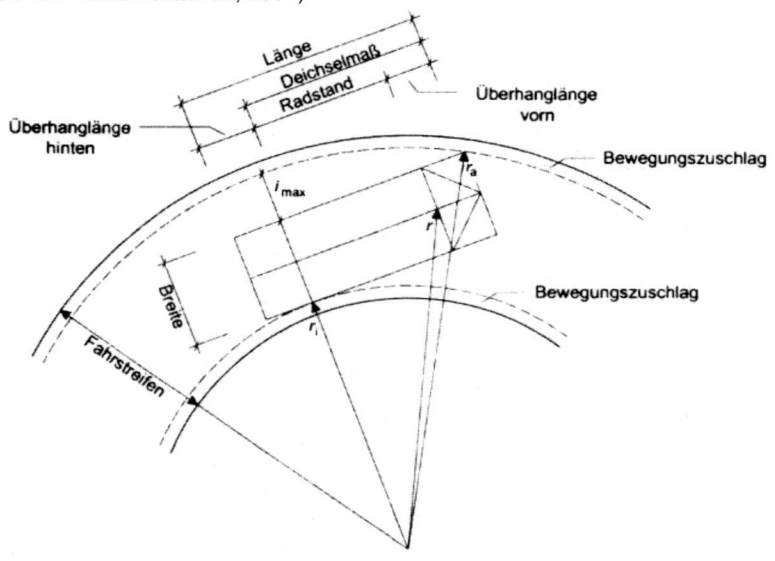

Bild 7.228 Geometrie der Kurvenfahrt

7.9 Entwurf von Stadtstraßen

Aufweitung. Außer der Verbreiterung in der Kurve kann beim Anlegen von zusätzlichen Fahrstreifen, Mittelstreifen, Abbiege- oder Einfädelspuren eine Aufweitung der Fahrbahn erforderlich werden. Diese bildet man durch Aneinanderstoßen zweier Parabeläste. Der Stoßpunkt liegt genau in der Mitte der Verziehungsstrecke. Die Länge der Verziehungsstrecke l_z richtet sich nach der Geschwindigkeit im Aufweitungsbereich, der Sichtweite und den örtlichen Möglichkeiten. Vielfach werden Aufweitungen im Knotenpunktsbereich notwendig. Die Länge der Verziehungsstrecke außerhalb bebauter Gebiete legt man mit Gl. (7.30) fest. Bei kleinen Kurvenradien können größere Längen notwendig werden, um die Mindestradien am Bogeninnenrand zu gewährleisten.

Die Interpolation zur Berechnung der Einzelpunkte ist in Abschnitt 4.4.4 beschrieben

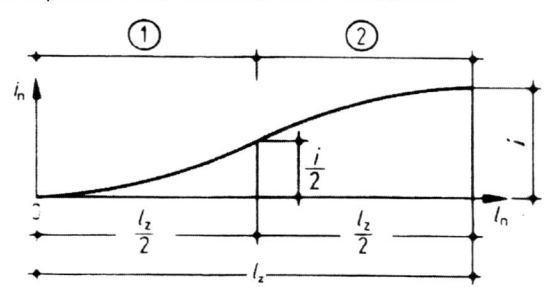

Bild 7.229 Systemskizze der Fahrbahnaufweitung

Die Fahrbahnaufweitung konstruiert man, wie es in Bild 7.229 dargestellt ist. Es werden zwei Parabeln so gegeneinander gesetzt, dass sie tangential an den Fahrbahnrand ohne bzw. mit voller Aufweitung anschließen und am Stoßpunkt in der Mitte ebenfalls tangential in einander übergehen. Im Bogen lässt sich eine optisch unschöne Gegenkrümmung des Fahrbahnrandes gegenüber der Achse vermeiden, wenn für den Radius r am Ende der Verziehung folgende Bedingung erfüllt ist:

$$r < v_{zul} \cdot \frac{l_z^2}{4 \cdot l} \quad \text{in m} \qquad (7.34)$$

Der zulässige Mindestradius wird am inneren Rand nicht unterschritten, wenn gewährleistet ist, dass

$$\frac{1}{\min r} \geq \frac{1}{r} + \frac{4 \cdot i}{l_z^2} \qquad (7.35)$$

r Radius der Kreisbogen in m i Verbreiterungsmaß in m l_z Länge der Verziehungsstrecke in m

Die Berechnung von Einzelwerten erfolgt mit den Gln. (4.104) und (4.105) oder mit Tabelle 4.6. Für Rechtsabbiegestreifen wird l_z = 30,00 m festgelegt. Bei beengten Verhältnissen in bebauten Gebieten kann der Rechtsabbiegestreifen auch durch Verziehung im Winkel von 50 gon ausgebildet werden, da hier geringe Geschwindigkeiten gefahren werden und die Optik des Fahrbahnrandes wegen evtl. parkender Fahrzeuge keine große Rolle spielt. Die Gesamtlänge des Linksabbiegestreifens ist

$$l_{Ab,li} = l_z + l_A \quad \text{in m} \qquad (7.36)$$

Die Aufweitung wird links oder rechts der durchgehenden Fahrstreifen angeordnet, wenn zusätzlich Abbiegestreifen erforderlich werden. Linksabbiegestreifen werden je zur Hälfte beidseits der Achse vorgesehen, um die Verschwenkung der Fahrbahnränder gering zu halten. In der Kurve kann eine andere Aufteilung gewählt werden und sogar eine Aufweitung zum Kurveninnenrand hin vollständig neben der Achse angeordnet werden. Dabei soll allerdings keine schärfere Krümmung entstehen. Rechtsabbiegestreifen werden immer außen am Fahrbahnrand angesetzt. Innerorts sind bei bestimmten örtlichen Verhältnissen diese Regeln nicht immer durchführbar. In diesem Fall sollte man aber auch das künftige Bild der Fahrbahnränder im Stauraum überprüfen.

Fahrstreifenausbildung. Der Querschnitt im Knotenpunktsbereich umfasst die *Geradeausfahrstreifen* und, falls erforderlich Zusatz- und Sonderfahrstreifen für den ÖPNV.

Zusatzfahrstreifen sind
- Linksabbiegestreifen,
- Rechtsabbiegestreifen,
- Einfädelungsstreifen für Rechtseinbieger.

Die Anzahl der Fahrstreifen und die Anordnung von Zusatzfahrstreifen sind von den Bedingungen der Verkehrssicherheit, der Verkehrsstärke des motorisierten und den Bedürfnissen des nicht motorisierten Verkehrs abhängig. Dazu kommen erforderliche Gesichtspunkte des Öffentlichen Personennahverkehrs und des Umfeldes. Innerhalb bebauter Gebiete werden die Leistungsfähigkeit, notwendige Stauräume, Zwangslagen des Umfeldes und fahrgeometrische Bedingungen stärker gewichtet, während außerorts die Verkehrssicherheit und fahrdynamische Forderungen mehr in den Vordergrund treten.

Bei Knotenpunkten mit geringer Verkehrsbelastung und geringer Knotenpunktsgeschwindigkeit sind Zusatzfahrstreifen nicht notwendig. Im Gegenteil kann hier sogar in Kauf genommen werden, dass ein- oder abbiegende Fahrzeuge die Gegenfahrstreifen der anderen Straße mitbenutzen.

Liegen einstreifige Fahrbahnen zwischen Fahrbahnteilern oder Hochborden, sind die Fahrstreifenbreiten nach Tabelle 7.89 zu bemessen. Größere Breiten sollen außerorts vermieden werden, damit sich nicht Links- und Rechtseinbieger nebeneinander aufstellen und damit die Sicht nehmen.

Verkehrsgeschwindigkeit v_{zul} in km/h	50 [1]	70	90
Fahrstreifenbreite b in m	unverändert	4,50	5,50

[1] für Sonderfahrzeuge min $b = 3,75$ m

Tabelle 7.89 Breite einstreifiger Fahrbahnen im Knotenpunkt

Durchgehende Fahrstreifen. Sie sind in der Zufahrt zum Knotenpunkt wie in der Ausfahrt in gleicher Anzahl anzulegen, um plötzlichen Fahrstreifenwechsel zu vermeiden. Wenn solch ein Fahrstreifen in einen Abbiegestreifen übergeht, ist dies rechtzeitig durch Markierung und Beschilderung kenntlich zu machen. Wird hinter einem lichtsignalgeregelten Knotenpunkt die Anzahl der Fahrstreifen vermindert, so soll das Zusammenziehen erst in einer Entfernung l_{z1} nach Gl. (7.37) hinter dem Knotenpunkt erfolgen. Die Verziehung soll sich symmetrisch über eine Länge $l_{z1} = 40,00$ m bis $60,00$ m erstrecken.

$$l_{z1} = 2 \cdot t_{grün} \quad \text{in m} \tag{7.37}$$

$t_{grün}$ Grünzeit für den Fahrstrom in s

In der Regel wird die Breite durchgehender Fahrstreifen mit demselben Maß über den Knotenpunkt geführt, das auf der anschließenden Strecke davor und dahinter vorhanden ist. Um die Geschwindigkeit zu dämpfen oder bei beengten Verhältnissen können Fahrstreifenbreiten $b_{FStr} = 3,25$ m um $0,25$ m verringert werden. Im innerörtlichen Bereich mit $v_{zul} \leq 50$ km/h ist bei mehrstreifigen Zufahrten eine weitere Verringerung auf $b_{FStr} = 3,00$ m möglich. Bei mehr als zweistreifigen Fahrbahnen dürfen die inneren Fahrstreifen sogar auf $2,75$ m beschränkt werden. Abbiegestreifen dürfen schmaler als durchgehende Fahrstreifen ausgebildet werden. Die Mindestbreite von $b_{Ab,min} = 2,75$ m, bei Linienbusverkehr $b_{Ab,min} = 3,00$ m darf nicht unterschritten werden.

Gilt an Knotenpunkten die Verkehrsregel „Rechts–vor–Links", sollen die Sichtverhältnisse das Einhalten der Regel – besonders in Tempo–30–Zonen – unterstützen. Fahrgassen – Linksversätze oder Aufpflasterungen unterstützen die Erkennbarkeit und beeinflussen das Fahrverhalten der Verkehrsteilnehmer. Die Versätze erleichtern dem Fußgänger die Überquerung.

7.9 Entwurf von Stadtstraßen

	Stärke des Linksabbiegestroms q_L in Kfz/h	Verkehrsstärke des Hauptstroms MSV in Kfz/h 						
		≤ 100	≤ 200	≤ 300	≤ 400	≤ 500	≤ 600	> 600
Angebaute Hauptverkehrsstraße	> 50					A	L	L
	20 bis 50					A	A	A
	< 20	keine bauliche Maßnahme						
Anbaufreie Hauptverkehrsstraße	> 50	A	A	L	L	L	L	L
	20 bis 50	A	A	A	A	A	A	L
	< 20	keine bauliche Maßnahme						A

A Aufstellbereich notwendig **L** Linksabbiegestreifen anordnen

Tabelle 7.90 Einsatzkriterien für Aufstellbereiche und Linksabbiegestreifen an zweistreifigen Fahrbahnen

Bei Geschwindigkeiten $v > 50$ km/h ist zu prüfen, ob aus Gründen der Verkehrssicherheit auch bei geringer Verkehrsbelastung Aufstellbereiche oder Abbiegestreifen notwendig werden.

Linksabbiegestreifen dienen der Verkehrssicherheit und der Qualität des Verkehrsablaufes. Man legt sie stets links vom geradeaus führenden Fahrstreifen an. Dort können die Linksabbieger warten, bis ein gefahrloses Kreuzen des Gegenfahrstreifens möglich ist. Reicht der vorhandene Platz für das Anlegen des Linksabbiegestreifens nicht aus, so ist zu prüfen, ob das Linksabbiegen verboten werden und eine sog. "Blockumfahrung" eingerichtet werden kann. Hierbei werden Linksabbiegeströme zunächst in Rechtsabbieger verwandelt, die am nächsten Knoten als kreuzender Verkehr auftreten, nachdem der Häuserblock umfahren wurde. Wenn zwar Rechts- und Linksabbiegestreifen nötig werden, aus Platzmangel aber nur ein Abbiegestreifen angelegt werden kann, ist dem Linksabbiegestreifen der Vorzug zu geben.

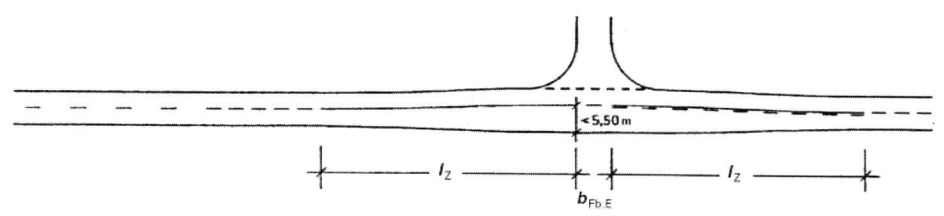

l_Z Länge der Verziehungsstrecke $b_{Fb,E}$ Fahrbahnbreite der einmündenden Straße

Konstruktion des Aufstellbereichs

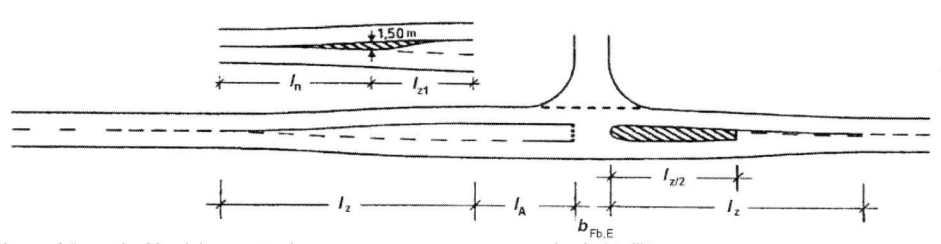

l_Z Länge der Verziehungsstrecke l_A Aufstelllänge
l_n Länge der Verziehung bis zur Verbreiterung um 1,50 m l_{z1} Länge der Rückverziehung der Sperrfläche
$b_{Fb,E}$ Fahrbahnbreite der einmündenden Straße

Konstruktion des Linksabbiegestreifens ohne Verzögerungsstrecke (Detail für geschlossene Einleitung)

Bild 7.230 Grundformen für Linksabbiegestreifen an Hauptverkehrsstraßen

Linksabbiegestreifen erhalten eine Verziehungsstrecke l_Z und eine Aufstellstrecke l_A. Bei angebauten Hauptverkehrsstraßen reicht eine Länge der Verziehungsstrecke zwischen l_Z = 10,00 m bis 20,00 m. Die Länge l_Z bei anbaufreien Hauptverkehrsstraßen bestimmt man mit Gl. (7.30).

Wird eine Sperrfläche abmarkiert, so wird der Gegenfahrstreifen in seiner normalen Breite mit einer Sperrlinie begrenzt. Eine weitere Sperrlinie wird vom sich aufweitenden Fahrbahnrand ebenfalls in normaler Fahrstreifenbreite so lange geführt, bis der Abstand zur anderen Sperrlinie 1,50 m beträgt. Von dort wird diese Sperrlinie bis zum Ende der Verziehungsstrecke l_Z, maximal aber 30,00 m lang zurück verzogen. Die so begrenzte Fläche wird mit einem *Schrägstrichgatter* - von innen nach außen zeigend – ausgefüllt.

Die Gegensperrfläche kann auf die halbe Länge der Verziehung begrenzt werden. Dort wird sie abgebrochen und durch einseitige Fahrstreifenbegrenzung nach Bild 296 StVO ersetzt, um das Überholen nicht zu lange einzuschränken.

Innerhalb bebauter Gebiete ist zwischen den Verkehrsbelangen und der Umweltbelastung durch die Verkehrsmenge abzuwägen, ob Linksabbiegestreifen ausgeführt werden. Die Wirkung auf das Ortsbild kann auch zu kleineren Abmessungen zwingen.

Die Abmessung der Aufstellstrecke l_A des Linksabbiegestreifens richtet sich nach der Anzahl der Fahrzeuge, die abbiegen wollen. Bei signalgeregelten Knotenpunkten berechnet man diesen Stauraum nach dem „Handbuch zur Bemessung von Straßenverkehrsanlagen – HBS". Ohne Nachweis wird in der Regel eine Länge von l_A = 20,00 m angesetzt. Die Mindestlänge beträgt $l_{A,min}$ = 10,00 m. Diese Maße werden von der Haltelinie aus entgegen der Fahrtrichtung abgetragen. Ist auch Fußgänger- und Radverkehr mit zu berücksichtigen, wird die Haltelinie 0,50 m vor Erreichen der Fußgängerfurt markiert. Dem Linksabbiegestreifen legt man die Fahrstreifenbreite $b_L \geq 3{,}00 m$ zugrunde. Bei engen Verhältnissen kann die Breite um 0,25 m verringert werden. Die Anzahl der durchgehenden Fahrstreifen der Zufahrt muss hinter dem Knoten noch 50,00 m erhalten bleiben. Bei Signalregelung wird

$$l = 3{,}0 \cdot t_{gr} \quad \text{in m} \tag{7.38}$$

t_{gr} Grünzeit in s

Wird nur ein Aufstellbereich angelegt, erhält der durchgehende Fahrstreifen die Breite von 5,50 m am Endpunkt der Verziehung. Ist nicht genug Platz vorhanden, ist eine Mindestbreite von min b = 4,75 m einzuhalten.

Einsatzkriterien für Linksabbiegestreifen
Straßen mit vier oder mehr Fahrstreifen erhalten Linksabbiegestreifen, auch wenn die Ausstattung mit Lichtsignalanlagen erst später erfolgt. Auf sie kann verzichtet werden, wenn
- Linksabbieger bei Lichtsignalsteuerung ungehindert abfließen können,
- im eigentlichen Knotenpunktsbereich genügend Platz zum Aufstellen der Linksabbieger vorhanden ist,
- wenige Linksabbieger vorhanden sind und die Geradeausfahrstreifen nicht voll ausgelastet sind,
- wartende Linksabbieger keine unzumutbare Behinderung darstellen.

Für zweistreifige Straßen hängt die Anlage von Linksabbiegestreifen ab von
- der Lage des Knotenpunktes innerhalb oder außerhalb bebauter Gebiete oder im Übergangsbereich,
- der Netzfunktion der übergeordneten Straße,
- der Zahl der Linksabbieger im Verhältnis zur Verkehrsstärke auf der übergeordneten Straße,
- der rechtzeitigen Erkennbarkeit der auf dem Fahrstreifen wartenden Linksabbieger,
- der Einbindung in das städtebauliche Gesamtbild,
- den Belangen des Öffentlichen Personennahverkehrs.

7.9 Entwurf von Stadtstraßen

Eckausrundung. Zwei Knotenpunktsarme werden miteinander durch Bögen verbunden. Tritt kein Eckverkehr auf, kann dies mit $r = 1{,}00$ m geschehen. In allen anderen Fällen wird die Ausrundung fahrgeometrisch angelegt. Eckausrundungen, bei denen ein Kreisbogen tangential an die Fahrbahnränder angeschlossen wird, sind in wenig befahrenen Straßen und fast auschließlichem Personenwagenverkehr möglich. Dabei muss aber darauf geachtet werden, dass der Radius dem inneren Radius der überstrichenen Fläche bei der Fahrt mit dem Wendekreisradius entspricht.

Um eine bessere Anpassung der Ausrundung an die Schleppkurve bei Veränderung des Lenkeinschlages zu erreichen, wendet man eine dreiteilige Bogenfolge in Form eines Korbbogens an. Dabei stehen die drei Radien in dem Verhältnis $r_1 : r_2 : r_3 = 2 : 1 : 3$. Die Radienfolge entspricht der Fahrtrichtung des Rechtsabbiegers bzw. Rechtseinbiegers. Im Bild 7.231 sind die notwendigen Werte zur Berechnung der Konstruktion und der Absteckung zusammengestellt.

Als hauptsächliche Radienfolge für ein zügiges Abbiegen werden folgende Radien empfohlen:
16,00 m : 8,00 m : 24,00 m für Personenkraftwagen
20,00 m : 10,00 m : 30,00 m für Lastkraftwagen
24,00 m: 12,00 m: 36,00 m für Lastzüge und Sattelschlepper

Dabei erhalten die Radien r_1 immer einen Öffnungswinkel von 17,5 gon, die Radien r_3 stets einen solchen von 22,5 gon. Der Restwinkel wird mit r_2 ausgeglichen

Für die Bemessung des maßgebenden Radius r_2 wählt man das Bemessungsfahrzeug, das den üblichen Verkehrsbedürfnissen entspricht. Für Knotenpunkte von Straßen der Straßenkategorien VS legt man in der Regel das größte zulässige Fahrzeug nach der StVZO, den Lastzug, zugrunde. Sonderfahrzeuge, wie Langholzwagen, erfordern, dass senkrechte Einbauten im Knotenpunktsbereich nicht in solchen Flächen angeordnet werden, die die Ladung überstreichen könnte. Bei Straßen der Kategoriengruppe HS und ES ist das Bemessungsfahrzeug nach den Nutzungsansprüchen und dem Umfeld zu wählen. Ob an solchen Knotenpunkten für Ein- und Abbiegevorgänge die Mitbenutzung der Gegenfahrstreifen geduldet werden kann, hängt von der Häufigkeit dieser Vorgänge und der dadurch hervorgerufenen Behinderung des Gegenverkehrs ab. Für Rechtsabbieger und Rechtseinbieger treten die in Bild 7.233 dargestellten vier Fälle auf.

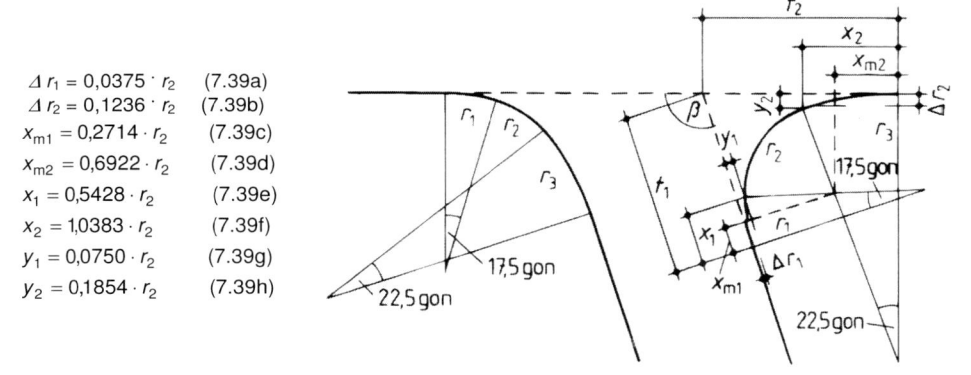

$\Delta r_1 = 0{,}0375 \cdot r_2$ (7.39a)
$\Delta r_2 = 0{,}1236 \cdot r_2$ (7.39b)
$x_{m1} = 0{,}2714 \cdot r_2$ (7.39c)
$x_{m2} = 0{,}6922 \cdot r_2$ (7.39d)
$x_1 = 0{,}5428 \cdot r_2$ (7.39e)
$x_2 = 1{,}0383 \cdot r_2$ (7.39f)
$y_1 = 0{,}0750 \cdot r_2$ (7.39g)
$y_2 = 0{,}1854 \cdot r_2$ (7.39h)

$$t_1 = r_2 \cdot \left(0{,}2714 + 1{,}0375 \cdot \tan\frac{\beta}{2} + \frac{0{,}0861}{\sin\beta} \right) \quad (7.39i) \quad t_2 = r_2 \cdot \left(0{,}6922 + 1{,}1236 \cdot \tan\frac{\beta}{2} - \frac{0{,}0861}{\sin\beta} \right) \quad (7.39j)$$

Bild 7.231 Konstruktionselemente der Eckausrundung der Rechtsab- und Rechtseinbieger im Verhältnis $r_1 : r_2 : r_3 = 2 : 1 : 3$

Für die Eckausrundung sind verschiedene Formen konstruktiv möglich.

- Form 1: Die Eckausrundung erzielt man durch tangentiales Einpassen eines Kreisbogens.
- Form 2: Es wird ein Ausfahrkeil am Außenrand angeordnet, an den die Eckausrundung mit einem Radius tangential anschließt.
- Form 3: Neben der Fahrbahn wird ein paralleler Rechtsabbiegestreifen angelegt, der in eine Eckausrundung der Form 1 übergeht. Er kann mit oder ohne Dreiecksinsel ausgeführt werden. Ein Fahrbahnteiler in der untergeordneten Straße wird stets angelegt.
- Form 4: Die Eckausrundung wird gebildet durch einen dreiteiligen Korbbogen (Fahrgeometrie). Die Größe des Radius soll den regelmäßig abbiegenden Fahrzeugen angepasst
 sein. In der untergeordneten Straße bewirkt eine Sperrlinie oder ein Fahrbahnteiler die Führung der Verkehrsströme.
- Form 5: Sie entspricht der Form 4. Die Sperrlinie wird durch einen Fahrbahnteiler ersetzt. Ist eine Mitbenutzung des Gegenfahrstreifens in der Hauptverkehrsstraße nicht zulässig, legt man gesonderte Rechtsabbiege- oder Rechtseinbiegestreifen an. Die Überprüfung der Befahrbarkeit kann mit Hilfe von Schleppkurvenschablonen vorgenommen werden.

Rechtsabbieger können meist mit auf dem Geradeausfahrstreifen geführt werden, weil sie beim Abbiegen den Verkehrsstrom wenig stören. Rechtsabbieger müssen ja nicht auf den Gegenverkehr Rücksicht nehmen. Sie müssen lediglich auf geradeaus geführte Radfahrer und Fußgänger achten. Ist der Rechtsabbiegeverkehr nicht wartepflichtig, was im bebauten Gebiet meist vorkommt, kann er zügig über Eck geführt werden. Ist er gegenüber Fußgängern oder Radfahrern wartepflichtig oder darf er wegen des vorhandenen Grünpfeils auch bei Rot abbiegen, so wird man für eine weniger zügige Fahrweise entwerfen. Die Eckausrundung erzielt man durch tangentiales Einpassen eines Kreisbogens oder des dreiteiligen Korbbogens.

Die Größe des Radius soll den regelmäßig abbiegenden Fahrzeugen angepasst sein. (r = 8,00 m für Personenkraftwagen, r = 10,00 m für Lastkraftwagen, r = 12,00 m für Lastzüge und Gelenkbusse). Bei Knotenpunkten an schnell befahrenen Straßen mit geringem Rechtsabbiegeverkehr kann diese Form dann gewählt werden, wenn man den Mittelradius des Korbbogens mit r_2 = 12,00 m festlegt.

Ob an Knotenpunkten für Ein- und Abbiegevorgänge die Mitbenutzung der Gegenfahrstreifen geduldet werden kann, hängt von der Häufigkeit dieser Vorgänge und der dadurch hervorgerufenen Behinderung des Gegenverkehrs ab. Für Rechtsabbieger und Rechtseinbieger treten die in Bild 7.233 gezeigten vier Fälle auf. Diese Verknüpfungen bedingen immer Eckausrundungen für Rechtsabbieger bzw. Rechtseinbieger nach Fall 1. Oft werden hier gesonderte Rechtsabbiege- und Einfädelspuren angelegt.

Außerhalb bebauter Gebiete werden fahrdynamische Gesichtspunkte die Führung der Fahrbahnränder bestimmen. Die Gerade als Ausfahrkeil bildet bewusst einen Knick mit dem Fahrbahnrand. Der Abgangswinkel wird so gewählt, dass von seiner Wurzel bis zum Erreichen der vorgesehenen Fahrstreifenbreite eine Ausfahröffnung von $l_ö$ = 35,00 m entsteht. An diese Gerade schließt dann der Abbiegeradius tangential an. Die Lage des Bogens wird festgelegt, indem man – je nach gewählter Breite des Abbiegestreifens – eine Abrückung Δr = 3,50 m bis 5,00 m von der durchgehenden Strecke und einen Abstand von 5,50 m vom Fahrbahnteiler in der untergeordneten Straße einhält. Der Übergang auf den Fahrbahnrand erfolgt durch einen entsprechend großen Übergangsradius, der tangential zwischen dem Abbiegekreisbogen und dem Fahrbahnrand der untergeordneten Straße eingepasst wird.

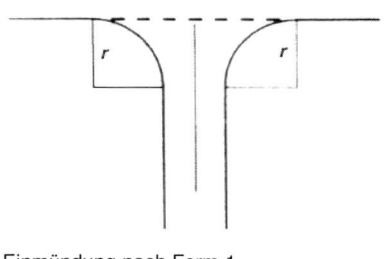

7.9 Entwurf von Stadtstraßen

Einmündung nach Form 1

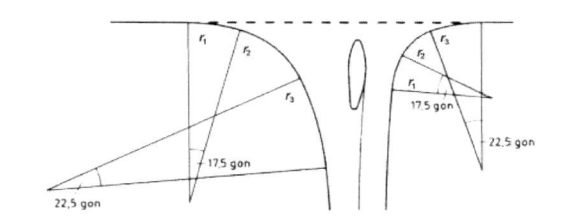

Einmündung nach Form 3

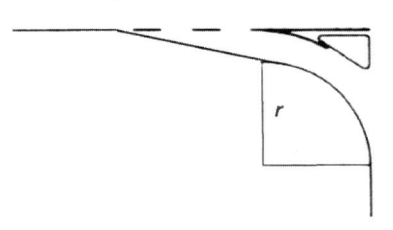

Einmündung nach Form 2

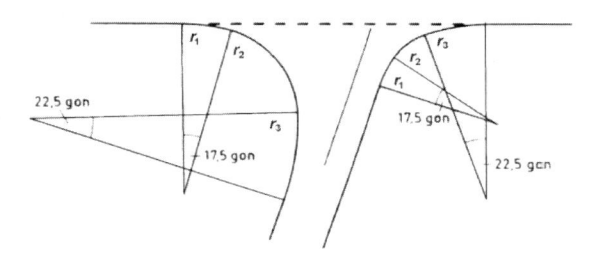

Einmündung nach Form 4

Bild 7.232 Konstruktion der Einmündung

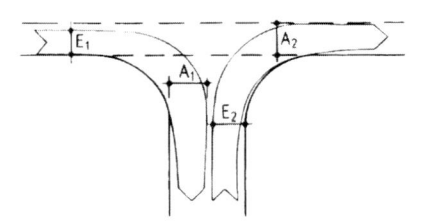

Fall 1

keine Mitbenutzung des Gegenfahrstreifens.

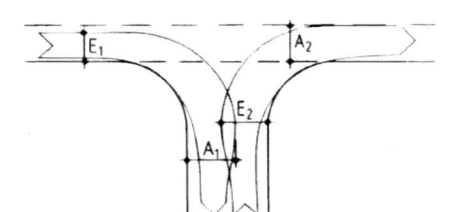

Fall 2

Mitbenutzung des Gegenfahrstreifens der untergeordneten Straße

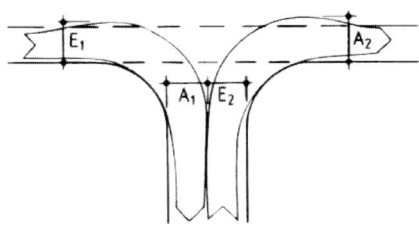

Fall 3

Mitbenutzung eines Gegenfahrstreifens der übergeordneten Straße

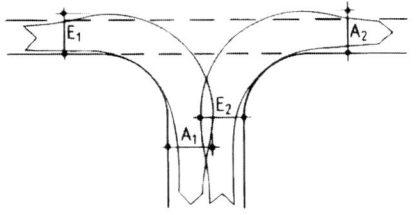

Fall 4

Mitbenutzung der Gegenfahrstreifen in beiden Straßen

Bild 7.233 Fahrtmöglichkeiten beim Ein- und Abbiegen

Innerorts werden bei Lichtsignalsteuerung auch kurze Ausfahrkeile mit Rechtsabbiegefahrbahnen angeordnet, um das Rechtsabbiegen ohne Lichtsignalregelung zu ermöglichen. Es ist dabei abzuwägen, ob es die Leistungsfähigkeit des Knotenpunktes erhöht und der geradeaus führende Fußgänger- oder Radverkehr nicht beeinträchtigt wird. Oft lässt sich auch der Flächenbedarf reduzieren, wenn man den grünen Pfeil bei Rot für den Geradeausverkehr einsetzt.

Rechtsabbiegestreifen verbessern den Verkehrsablauf und erhöhen an lichtsignalgesteuerten Knotenpunkten die Leistungsfähigkeit. Außerhalb bebauter Gebiete ordnet man sie an schnell befahrenen Straßen an. Sie werden durch eine Fahrbahnrandverziehung von 30,00 m Länge eingeleitet. Daran schließt sich die Verzögerungsstrecke als parallel zur Fahrbahn liegender Fahrstreifen an. Deren Länge l_v richtet sich nach der erforderlichen Stauraumlänge. An die Verzögerungsstrecke schließt dann die Eckausrundung nach Form 1 an. Die Breite der Rechtsabbiegespur kann bis auf 2,75 m reduziert werden, wenn abbiegender Schwerlastverkehr nur in geringem Maße auftritt, sonst wählt man 3,00 m.

Rechtseinbieger. Für den Verkehrsstrom entwirft man die Eckausrundung möglichst klein und nach rein fahrgeometrischen Gesichtspunkten. Dadurch erzwingt man eine geringe Verkehrsgeschwindigkeit, verdeutlicht die Wartepflicht und ermöglicht eine gute Sicht auf die übergeordnete Straße. Deshalb wählt man in der Regel den Ausbaustandard nach Form 1 oder 5. Die Fahrstreifenbreite von 3,50 m neben dem Tropfenteiler und ein dreiteiliger Korbbogen mit $r_2 = 10,00$ m ist auch bei regelmäßigem Schwerverkehr ausreichend. Allerdings wird dann der Gegenverkehrsstreifen geringfügig mitbenutzt.

Bei Knotenpunkten außerhalb bebauter Gebiete in Straßen mit $v_{zul} > 70$ km/h wird die einstreifige Knotenpunktszufahrt der untergeordneten Straße neben dem Tropfen 4,50 m breit angelegt. Hierin ist aber die Breite des Randstreifens oder der Randmarkierung bereits enthalten. Einfädelstreifen für den Rechtseinbieger legt man nur dann an, wenn dadurch der Verkehrsablauf wesentlich verbessert wird und ausreichende Länge dafür zur Verfügung steht. Dort soll zunächst die Geschwindigkeit des Fahrzeugs auf diejenige der übergeordneten Straße gebracht werden, ehe eine Lücke zwischen zwei Fahrzeugen zum Einscheren gefunden werden kann.

Wohnwege schließt man zur Verdeutlichung der Vorfahrtregelung oft mit Teilaufpflasterungen an die übergeordnete Straße an. Die Aufpflasterung erhält eine Rampenneigung von 1:10 bis 1:7. Dadurch erreicht man außerdem eine Geschwindigkeitsdämpfung. Die Bordabsenkung ist über die Breite der Fahrgasse auszubilden und muss mindestens 3,00 m breit ausgeführt werden. Grundstückszufahrten werden wie Rad- oder Gehwegsüberfahrten an Erschließungs- und Hauptverkehrsstraßen angeschlossen. An diesen Stellen senkt man den

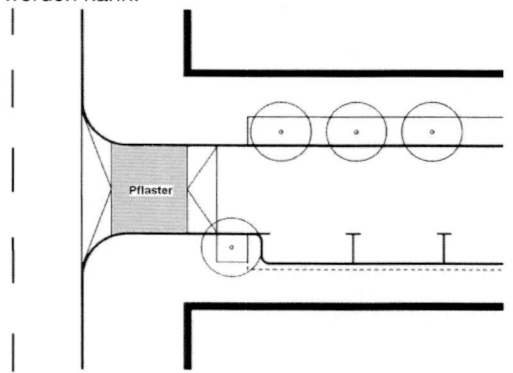

Bild 7.234 Teilaufpflasterung einer einmündenden untergeordneten Straße

Randstein ab. Radwege sind durch Randmarkierungen oder farbliche Oberflächen zu markieren. Die Bordabsenkung erfolgt im Sicherheitsstreifen. Die Absenkung des Bordsteins erhält eine Länge von 3,00 m.

Bei Form a) bleiben Gehweg und Radweg von Schrägneigungen frei.
Für Form b) und c) ist die Länge $l_2 \geq 2,00$ m anzustreben. Für Form b) reicht $l_2 = 1,00$ m aus.
Form d) wird bei schwach belasteten Grundstückszufahrten angewendet.

7.9 Entwurf von Stadtstraßen

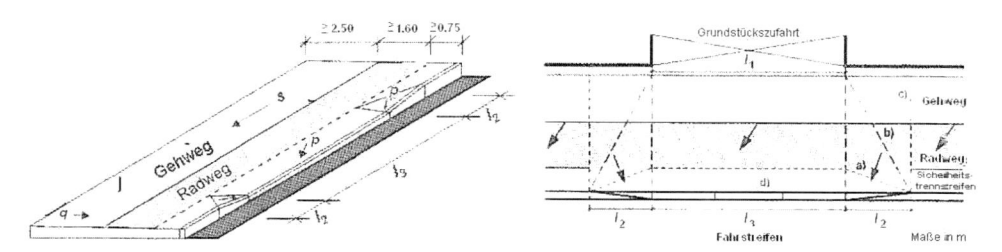

a) Abschrägung nur im Bereich eines Sicherheitsstreifens

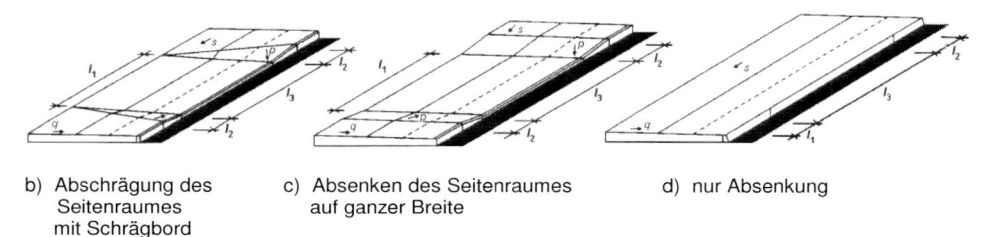

b) Abschrägung des Seitenraumes mit Schrägbord

c) Absenken des Seitenraumes auf ganzer Breite

d) nur Absenkung

Bild 7.235 Bordabsenkung bei Grundstückszufahrten und Radweg- oder Gehwegüberfahrten

Fahrbahnteiler zur Trennung von Fahrstreifen erhöhen die Verkehrssicherheit an Knotenpunkten und erleichtern den Übergang für Fußgänger und Radfahrer. In der übergeordneten Straße sichern sie den Linksabbiegestreifen und verdeutlichen die Wartepflicht. In untergeordneten Straßen sind Fahrbahnteiler auch bei lichtsignalgeregelten Kreuzungen anzutreffen. Um einen Sicherheitsraum für Fußgänger zu schaffen, die zunächst nur die halbe Fahrbahnbreite überschritten haben, ist der Fahrbahnteiler mindesten mit einer Breite von 2,00 m anzulegen.

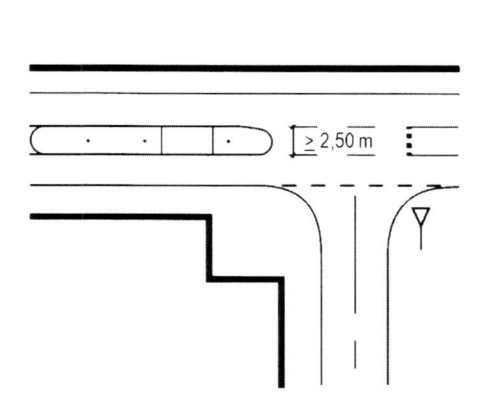

Bild 7.236 Fahrbahnteiler im übergeordneten Knotenpunktsarm

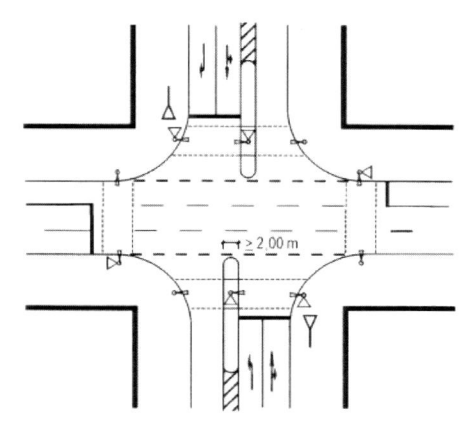

Bild 7.237 Fahrbahnteiler bei einem lichtsignalgeregelten Knotenpunkt

Fahrbahnteiler und Inseln. Sie dienen der Führung der Fahrzeugströme, Verkürzung der Überquerungswege, als Aufstellflächen für Fußgänger- und Radverkehr, als Standorte für Verkehrszeichen, Lichtsignalanlagen oder Beleuchtung und als Bepflanzungsflächen, wenn sie eine ausreichende Größe haben. Die sie umschließenden Hochborde werden an Fußgänger- und Radüberwegungen abgesenkt. Um ihre Lage deutlich erkennbar zu machen, ist die Einleitung durch Markierung und Sperrflächen vorteilhaft.

Fahrbahnteiler können innerorts und außerorts angeordnet werden. In den untergeordneten Knotenpunktsarmen dienen sie für die kreuzenden und einbiegenden Fahrzeuge zur Verdeutlichung der Wartepflicht und zur besseren Verkehrsführung, indem sie auch die Geschwindigkeit dämpfen. In übergeordneten Straßen sollen sie nur an beleuchteten Knotenpunkten eingesetzt werden, um ein Auffahren schneller Fahrzeuge bei Nacht zu verhindern. Hier müssen an unbeleuchteten Knotenpunkten Sperrflächen eingesetzt werden. Bei $v_{zul} \leq 50$ km/h reicht die Beleuchtung des Inselkopfes bzw. des rechts vorbeiweisenden Richtungspfeiles aus.

Die Fahrbahnteiler besitzen innerhalb bebauter Gebiete meist eine gestreckte, parallel zur Achse verlaufende Form, die am Anfang und Ende mit Kreisbögen abgerundet ist. Ihre Breite muss so bemessen werden, dass unter Wahrung der Sicherheitsräume mindestens die Verkehrszeichen untergebracht werden können. Also wird die Breite min $b_{FT} = 1,60$ m. Warteflächen für Fußgänger, Rad- und Rollstuhlfahrer erfordern $b_{FT} = 2,50$ m. Die Fahrbahnteiler sollen beidseits der Überwege für den nicht motorisierten Verkehr um 1,50 m hinausragen. Der Ausrundungsradius errechnet sich aus der Hälfte der Breite des Fahrbahnteilers. An zweistreifigen Nebenstraßen werden selten Teiler eingesetzt.

Außerhalb bebauter Gebiete erhält der Fahrbahnteiler eine Tropfenform, die von den verkehrenden Fahrzeugen und deren Häufigkeit des Abbiegens abhängig ist. Nur an Einmündungen von Wirtschaftswegen sind keine Tropfenteiler notwendig. Um die Erkennbarkeit rechtzeitig anzuzeigen, werden die Tropfen durch einen Sperrstrich, bei großen Tropfen zusätzlich durch eine Sperrfläche eingeleitet. Bei großen Tropfen wird zusätzlich die Dreiecksinsel angeordnet, um dem Linksabbieger aus der übergeordneten Straße auf seiner rechten Seite eine Führung zu geben und die Vorfahrt gegenüber dem entgegengesetzten Rechtsabbieger zu verdeutlichen.

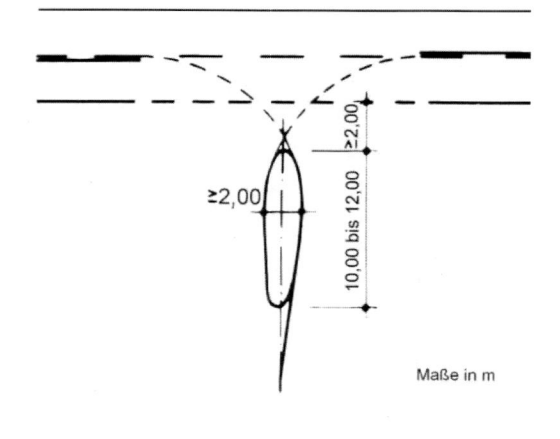

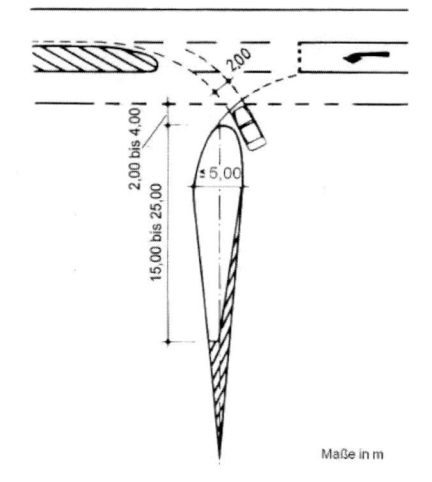

Kleiner Tropfen in der untergeordneten Straße

Bild 7.238 Fahrbahnteiler innerhalb bebauter Gebiete

großer Tropfen bei Linksabbiegestreifen

Bild 7.239 Fahrbahnteiler außerhalb bebauter Gebiete

7.9 Entwurf von Stadtstraßen

Inseln werden in der Regel als Dreiecksinseln verwendet. An ihren Dreiecksseiten soll nur der Verkehr in einer Richtung fließen. Deshalb teilen sie in Verbindung mit einem Ausfahrkeil oder einem Rechtsabbiegestreifen meist nur Rechtsabbieger vom Geradeausverkehr ab. Zusätzlich werden in den untergeordneten Straßen Fahrbahnteiler eingesetzt, um den Einbiegeverkehr der Nebenstraße und den Abbiegeverkehr der übergeordneten Straße zu leiten. In großen Knotenpunkten sind sie günstig für die Aufnahme von Rad- und Gehwegen. Sie verkürzen dadurch auch die Wege bei der Überquerung der Fahrstreifen.

Dreiecksinseln werden 0,50 m von der Außenkante des durchgehenden Fahrstreifen parallel angeordnet, sonst an der Kante des vorhandenen Mehrzweckstreifens. Die Dreieckseiten dürfen nicht kürzer als 5,00 m sein. Sie sollen aber auch nicht länger als 20,00 m werden.

Konstruktive Elemente plangleicher Knotenpunkte

Die Konstruktion des Anschlusses eines Knotenpunktarmes kann prinzipiell am Beispiel einer Einmündung erläutert werden. Sinngemäß lässt sich diese auf die Kreuzung übertragen.

Eckausrundung durch den Kreisbogen. Sie bildet die einfachste Form der Eckausrundung und wird bei Knotenpunkten geringer Bedeutung verwendet. Als Radius r wählt man denjenigen, der dem Wendekreishalbmesser des Bemessungsfahrzeugs entspricht. Diesen Kreis puffert man tangential an die Achse - oder die linke Begrenzung des äußeren Fahrstreifens - sowohl der übergeordneten als auch der untergeordneten Straße an. Der dazu konzentrische Kreis mit dem Abstand der Fahrstreifenbreite muss dann um das Maß der Kurvenverbreiterung verändert werden. Der Breitenzuschlag kann Tabelle 7.91 entnommen werden. Der so sich ergebende Fahrbahnrand wird dann ersetzt durch einen Radius, der größer als der zugrunde gelegte Wendekreisradius ist.

Wende-kreisradius r_W in m	Breitenzuschlag i in m bei einem Achsenschnittwinkel α in gon von				
	150	125	100	75	50
6,00	1,75	1,25	1,00	0,50	0,25
8,00	2,00	1,75	1,50	1,00	0,50
10,00	3,00	2,00	1,75	1,50	1,00
12,00	3,00	2,50	2,00	1,50	1,00

Tabelle 7.91 Breitenzuschlag für verschiedene Wendekreisradien

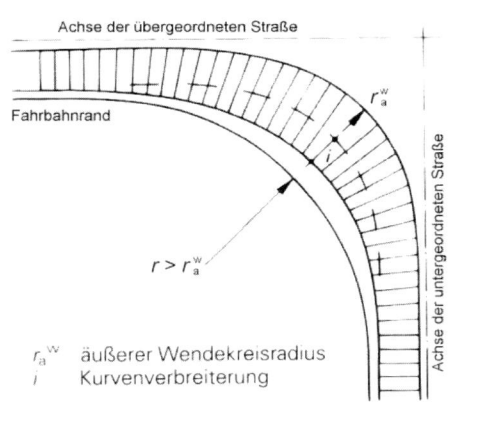

Bild 7.240 Prinzip der Eckausrundung mit einfachem Kreisbogen

Ist für den Rechtsabbieger ein Ausfahrtkeil oder ein Rechtsabbiegestreifen vorgesehen, passt man einen Abbiegeradius zwischen Keil bzw. Rand des Abbiegestreifens und Fahrbahnrand der untergeordneten Straße ein. Zwischen dem konstruierten Fahrbahnrand und dem Tropfen in der Nebenstraße oder einer Dreiecksinsel soll die Fahrbahnbreite von 5,50 m vorhanden sein. Die Lage des Abbiegekreises erhält man, indem man die Parallele von 3,50 m bis 5,00 m zum Fahrbahnrand der übergeordneten Straße zeichnet und danach den Radius mit r_i = 25,00 m zwischen die Parallele und den untergeordneten Fahrbahnrand tangential einpasst. Die Begrenzung der Dreiecksinsel erhält man durch Abtragen eines konzentrischen Kreises mit dem Radius $r = r_i + 5,50$ m um den Mittelpunkt des Abbiegeradius r_i. Damit hat man die äußere Begrenzung für die Rechtsabbiegefahrbahn in der Ausrundung. Man erhält dabei Schnittpunkte mit den entsprechenden Fahrbahnrändern der über- und untergeordneten Straße. Die anderen Dreiecksseiten entsprechen den durchgehenden Fahrbahnrändern, gegebenenfalls parallel abgesetzt um die Breite von 0,50 m

Sicherheitsstreifen. Die entstehenden Ecken rundet man mit $r = 0{,}50$ m aus. Vom Schnittpunkt des linken Außenrandes des Abbiegekreises aus trägt man die Ausfahrtöffnung $l_ö = 35{,}00$ m entgegen der Fahrtrichtung des übergeordneten Fahrstreifens an. Dies ist der Beginn des Ausfahrtkeils. Von dort aus konstruiert man den Fahrbahnrand im Keil als Gerade.

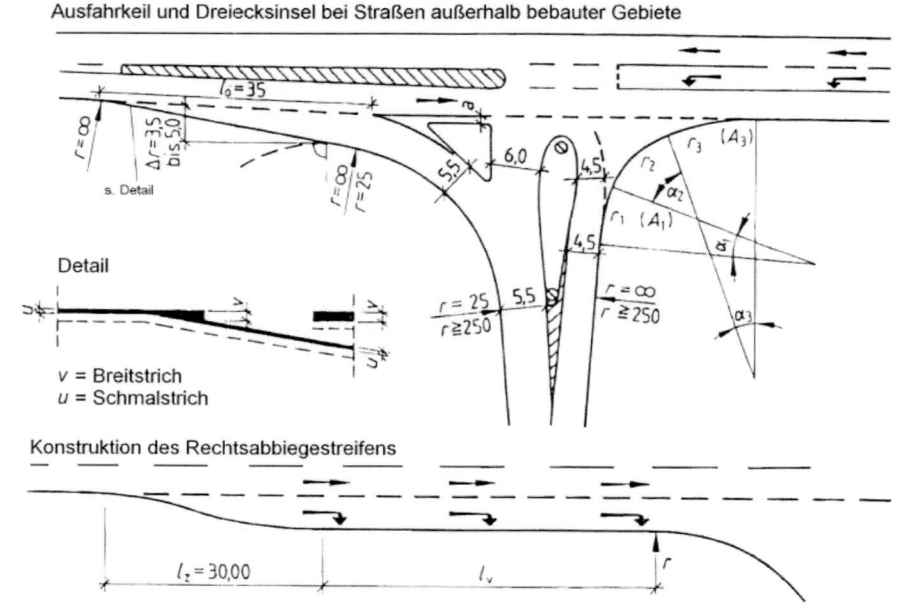

Bild 7.241 Konstruktion der Eckausrundungen für Rechtsabbiegeverkehr

Angebaute Hauptverkehrsstraßen erhalten Dreiecksinseln nur ausnahmsweise, da die Führung der Radfahrer und Fußgänger problematisch ist. Statt am Tropfenteiler wird entweder versucht, entlang des durchgehenden Fahrstreifens zu fahren oder über die Insel zu laufen.

Wird der Rechtsabbiegestreifen nicht signalgesteuert, wird er einstreifig ausgeführt. Der Abbiegeradius wird zur Geschwindigkeitsdämpfung und der Beachtung des Fußgängerüberwegs möglichst klein gewählt.

Die Kanten der kleinen Dreiecksinseln können als Gerade ausgebildet werden. Sie erhalten aber eine Mindestlänge von $l_{Insel} \geq 5{,}00$ m. Werden Rad- oder Fußwege über die Insel geführt, müssen die Kanten beidseits mindestens um 1,50 m über die Überwegbreite hinausragen.

Richtungsänderungswinkel in gon	80	100	120
Hauptbogenradius r in m	20,00	25,00	25,00

Tabelle 7.92 Hauptbogenradien bei Eckausrundung mit Dreiecksinseln

Wendeverkehr. Besitzen Straßen einen Mittelstreifen, der nicht überfahren werden kann, wie dies z.B. bei Straßenbahnen in Mittellage der Fall ist, schafft man innerhalb bebauter Gebiete in Abständen Wendemöglichkeiten. Wendeverkehr kann zugelassen werden, wenn
- Linksabbiegestreifen vorhanden sind und auch für den Wendeverkehr ausreichen,
- Wenden für alle Fahrzeuge ohne Rangieren möglich ist,
- durch wendende Fahrzeuge nicht gleichzeitig Fußgängerströme durchsetzt werden.

7.9 Entwurf von Stadtstraßen

An lichtsignalgesteuerten Knotenpunkten sollten Wendefahrbahnen vor Erreichen der Fußgängerfurten angeordnet werden. Die Abstände der Fahrstreifenaußenkanten a und Fahrbahnbreite im Wendebereich b entnimmt man Tabelle 7.93. Vorteilhaft ist es, wenn die Wendemöglichkeit unter Signalschutz vorgesehen wird, besonders beim Queren von Bahnanlagen.

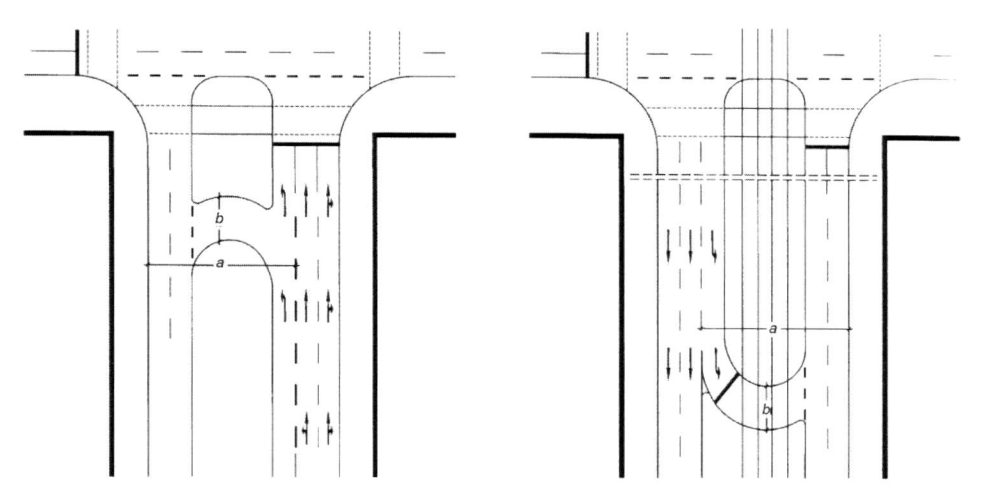

Bild 7.242 Anordnung von Wendefahrbahnen

Bemessungsfahrzeug	Bus	Lastzug	Lieferwagen	Pkw
Abstand a in m	≥ 26,50	≥ 25,00	≥ 12,20	≥ 11,60
Wendefahrbahnbreite b in m	≥ 7,50	≥ 7,50	≥ 4,00	≥ 3,00

Tabelle 7.93 Abmessungen bei Wendefahrbahnen

Die Wendefahrbahn ist nach dem größten auftretenden Bemessungsfahrzeug zu bemessen. Eine Signalregelung für die Wendefahrbahn wird nötig, wenn
- im Gegenverkehrsstrom nicht genügend Zeitlücken vorhanden sind, um in den durchgehenden Verkehr einzufädeln,
- ungenügende Sicht auf den Gegenverkehrsstrom das Wenden behindert,
- vor Wendefahrbahnen nicht ausreichend Stauraum vorhanden ist.

Wird auf dem Mittelstreifen der ÖPNV, der Fußgänger- oder Radverkehr geführt, ist durch Verkehrszeichen der Vorrang zu verdeutlichen oder eine Lichtsignalregelung vorzusehen.

Sichtfelder. Ein Knotenpunkt muss aus Gründen der Verkehrssicherheit schon so frühzeitig erkennbar sein, dass der Fahrzeuglenker mögliche Kollisionspunkte frühzeitig wahrnimmt und andere Verkehrsteilnehmer erkennt, die sich ebenfalls auf den Knotenpunkt zu bewegen. Er muss in der Lage sein, zu erkennen, ob er die Vorfahrt achten muss und gegebenenfalls abschätzen können, ob Wartepflichtige ihm die Vorfahrt lassen. Beim Fehlverhalten anderer sollte er rechtzeitig reagieren können, um einen Unfall zu vermeiden.

Die Sichtfelder an Knotenpunkten müssen in der Höhe von 0,80 m bis 2,50 m über Fahrbahn von Sichtbehinderungen wie Bewuchs, parkenden Fahrzeugen oder Mauern freigehalten werden. Stämme von Einzelbäumen oder Lichtmasten sind nicht sichtbehindernd, da Fahrzeuge hinter diesen nicht verdeckt sein können.

Um das Sichtfeld nachzuweisen, nimmt man die Augenhöhe eines Fahrers im Pkw mit 1,00 m an, die Augenhöhe des Lkw-Lenkers wird bei 2,00 m festgelegt. Die Höhe des Fahrzeugs auf der bevorrechtigten Straße wird mit 1,00 m angesetzt. Die Größe der Sichtfelder hängt ab von
- der Geschwindigkeit v_{zul},
- der Haltesichtweite s_h,
- der Anfahrsichtweite s_A,
- der Annäherungssichtweite s_{An},
- dem Vorfahrtgebot "rechts vor links".

Wenn die erforderlichen Sichtfelder nicht zu realisieren sind, müssen geschwindigkeitsdämpfende Maßnahmen und oft auch Ankündigung durch Verkehrszeichen vorgesehen werden.

Haltesichtweite s_h nennt man die Strecke, die der Fahrzeuglenker übersehen muss, um rechtzeitig anzuhalten, wenn ein Hindernis vorhanden ist. Sie ist für die Verkehrssicherheit eine Mindestanforderung, die nicht unterschritten werden darf. Ist sie nicht herzustellen, müssen flankierende Maßnahmen ergriffen werden, damit der Fahrzeuglenker die Vorfahrtregelung rechtzeitig erkennen kann.

Anfahrsichtweite s_A nennt man die Strecke, die ein Fahrzeuglenker in 3,00 m Abstand vom Rand der bevorrechtigten Straße übersehen muss, um bei zumutbarer Behinderung der darauf fahrenden Fahrzeuge aus dem Stand in die übergeordnete Straße einfahren zu können. Sind Radfahrfurten nicht vom Fahrbahnrand abgesetzt, ist es zweckmäßig, den Abstand auf 5,00 m zu erhöhen. Dadurch wird die Furt von wartepflichtigen Kraftfahrzeugen freigehalten.

Die Anfahrsichtweite wird eingehalten, wenn auf der übergeordneten Straße eine Schenkellänge des Sichtdreiecks vorhanden ist, die den Werten der Tabelle 7.94 entspricht. Sind Radfahrfurten nicht vom Fahrbahnrand abgerückt, ist der Abstand so zu vergrößern, dass Radfahrer auf der bevorrechtigten Straße vor den wartenden Fahrzeugen vorbeifahren können.

Straßenkategorie	v_{zul} in km/h	Erforderliche Haltesichtweite s_h in m bei einer Straßenlängsneigung s in %				
		− 8,0	− 4,0	0,0	+ 4,0	+ 8,0
Erschließungsstraßen, angebaute Hauptverkehrsstraßen	30	–	–	22	–	–
	40	–	–	33	–	–
	50	–	–	47	–	–
Anbaufreie Hauptverkehrsstraßen	50	54	50	47	44	42
	60	73	67	63	59	56
	70	94	86	80	75	71

Tabelle 7.94 Erforderliche Haltesichtweite

v_{zul} in km/h	30	40	50	60	70
Schenkellänge l in m	30	50	70	85	110

Tabelle 7.95 Schenkellänge der Sichtfelder auf bevorrechtigte Kraftfahrzeuge

Die Schenkellänge für bevorrechtigte Radfahrer soll mit l_R = 30,00 m angesetzt werden. Dieses Maß kann bei beengten Verhältnissen auf 20,00 m herabgesetzt werden. Sind die erforderlichen Sichtfelder wegen örtlicher Verhältnisse nicht zu erreichen, werden flankierende Maßnahmen in Form von Geschwindigkeitsbeschränkungen, Halteverboten, gegebenenfalls auch Signalregelung des Knotenpunktes angewendet.

Die Lage der Sichtdreiecke zeigt Bild 7.243, Sichtfelder an Überquerungsstellen sind in Bild 7.244 dargestellt.

7.9 Entwurf von Stadtstraßen

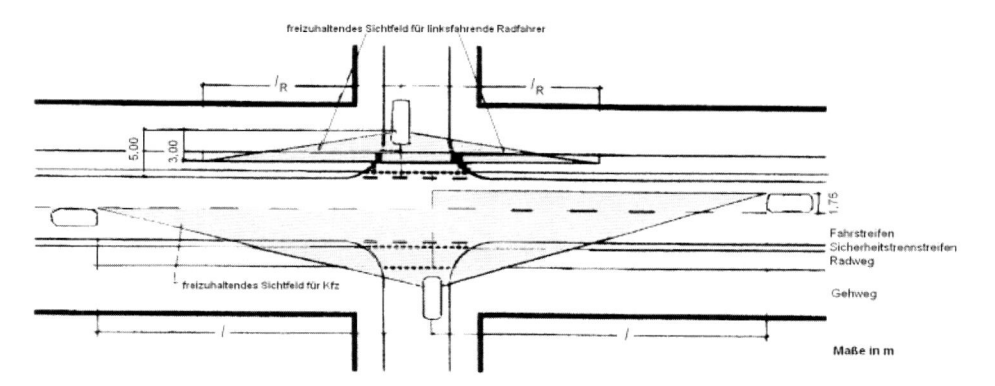

Bild 7.243 Anfahrsichtfelder für Kraftfahrzeuge und Radfahrer auf die übergeordnete Straße

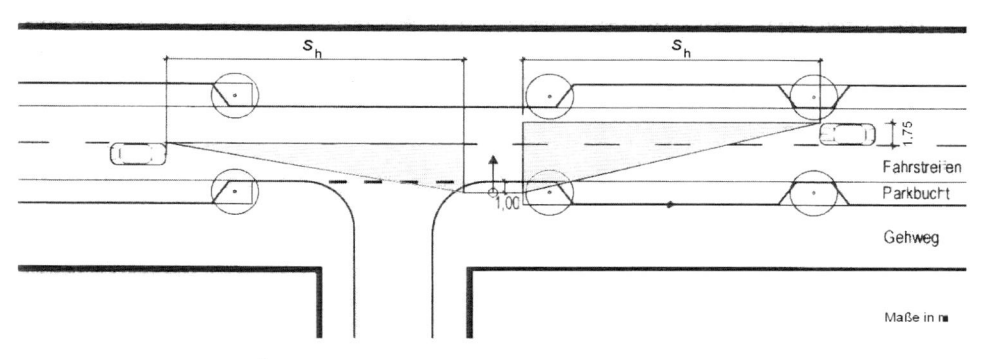

Bild 7.244 Sichtfelder an Überquerungsstellen für Fußgänger und Radfahrer

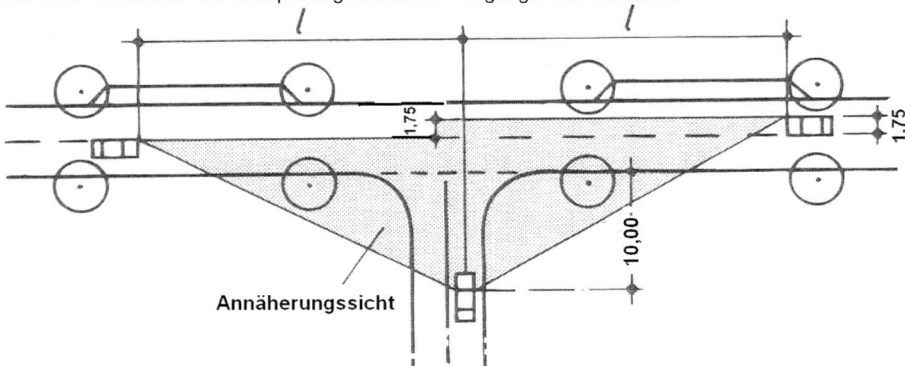

Bild 7.245 Sichtfeld für die Annäherung an den Knotenpunkt

Annäherungssichtweite s_{An} ist die Strecke, die ein wartepflichtiger Fahrzeuglenker aus einer Entfernung von 10,00 m vom Rand der bevorrechtigten Straße auf dieser übersehen muss, um zu entscheiden, ob er ohne Halt in die übergeordnete Straße einbiegen kann.

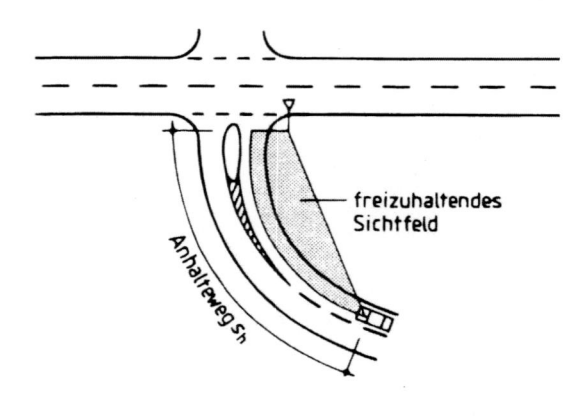

Bild 7.246 Notwendiges Sichtfeld bei gekrümmter Zufahrt

Fußgänger, Radfahrer und Rollstuhlfahrer sollen ohne große Umwege bequem über den Knotenpunkt geführt werden. Wird diese Bedingung nicht erfüllt, ist mit "wilden" Überquerungen zu rechnen, da Fußgänger und Radfahrer bei geringem Kraftfahrzeugverkehr nicht einmal das Rotsignal respektieren. Außerdem sollte darauf geachtet werden, die Verkehrsflächen für die schwächsten Verkehrsteilnehmer auch in Wegenetze einzubinden, die die wichtigen Ziele für diese Menschen, wie zentrale Einrichtungen, Einkaufs- oder Freizeitbereiche, auf kurzem Wege erschließen.

Außerorts werden die Belange des nicht motorisierten Verkehrs dem Kraftfahrzeugverkehr untergeordnet. Hier kann auch der Bau von Unter- oder Überführungen sinnvoll sein. Innerorts werden Unterführungen, besonders bei Nacht, nicht angenommen. Deshalb soll immer zusätzlich für eine ebenerdige Überquerung gesorgt werden

Straßenbegleitende Gehwege werden an angebauten Straßen immer angelegt. Wenn die örtlichen Verhältnisse es erfordern, werden diese wenigstens einseitig geführt. Nur in Erschließungsstraßen nach dem Mischungsprinzip sind Anlagen für den Fußgängerverkehr nicht notwendig.

Die Breite des Seitenraumes muss für Fußgänger ausreichend sein und auch die notwendigen Abstände umfassen. Ebenso sind Sicherheitsabstände zur Fahrbahn und der Grundstücksbegrenzung oder der Hauswand vorzusehen (s. Bild 7.182). Die Regelbreite entspricht damit der Breite b_F = 2,50 m. Andere Standardbreiten sind in den Typischen Entwurfssituationen wiedergegeben.

Ist auf besondere Gegebenheiten Rücksicht zu nehmen, können punktuelle Verengungen in Kauf genommen werden. Sind die Änderungen linienhaft, so hält man sich an die Richtwerte der Tabelle 7.96.

Anforderung im Seitenraum	Raumbedarf in m
Flächen für Kinderspiel	≥ 2,00
Verweilflächen vor Schaufenstern	≥ 1,00
Grünstreifen	≥ 1,00
Grünstreifen mit Baumpflanzung	≥ 200 bis 2,50
Ruhebänke	≥ 1,00
Warteflächen an Haltestellen	≥ 2,50
Nutzung durch Auslagen im Freien	1,50
Stellflächen für Fahrräder, Aufstellwinkel 100 gon,	2,00
Aufstellwinkel 50 gon	1,50
Fahrzeugüberhang bei Senkrecht- oder Schrägparken	0,70

Tabelle 7.96 Richtwerte für zusätzlichen Raumbedarf

7.9 Entwurf von Stadtstraßen

Führung der Fußgänger. An angebauten Straßen richtet sich die Führung der Fußgänger nach der Funktion der Straße, der Verkehrsmenge und der Größe des Fußgängerverkehrs. An Hauptverkehrsstraßen wird der Fahrzeugverkehr ausschlaggebend sein. Doch manchmal sind auch linienhafte Fußgängerströme zu erwarten, die die dort befindlichen Einrichtungen und Firmen zum Ziele haben. Längere Umwege für Fußgänger und größere Wartezeiten an lichtsignalgesteuerten Knotenpunkten dürfen nicht unzumutbar werden. Bei Sammel- und Anliegerstraßen kann sich der entwerfende Ingenieur mehr an den Anforderungen der Fußgänger orientieren.

Bei Knotenpunkten mit Lichtsignalanlagen sollten die Fußgänger möglichst die gesamte Fahrbahn in einem Zuge überqueren können. Nur bei unzumutbar langen Wartezeiten für die Kraftfahrzeuge unterteilt man die Überwege durch Einbau von Inseln. Die Fahrbahnteiler müssen aber ausreichend groß ausgebildet werden, um dem Benutzer ein besonderes Sicherheitsgefühl zu vermitteln und ihn zu veranlassen, den Überweg und die Signalregelung auch anzunehmen. Der Einbau zu vieler Inseln bei großflächigen Knotenpunkten ist wegen der vermindernden Übersichtlichkeit und Begreifbarkeit nicht vorteilhaft. An den Überquerungsstellen darf der Längsverkehr auf dem Gehweg nicht behindert werden. Deshalb sind dort ausreichend große Warteflächen einzuplanen.

Um Behinderten die Benutzung der Gehwege zu erleichtern, muss auf eine hindernisfreie Gestaltung Wert gelegt werden. Plötzliche Richtungsänderungen sind zu vermeiden. Besondere Begrenzung des Gehwegbereiches durch geriffelte Steine erleichtert das Ertasten, farbige Gestaltung unterstreicht die Gehwegführung. Die Schrägneigung des Gehwegs legt man wegen der Abführung des Niederschlagswassers zur Fahrbahn hin an. Sie soll aber 3,0 % nicht überschreiten. An Grundstückszufahrten und Überquerungsstellen werden die Borde entweder vollständig oder bis zu einer Höhe von 0,03 m abgesenkt. In diesen Fällen muss die Gehwegneigung allmählich angeglichen werden.

Bei anbaufreien Hauptverkehrsstraßen führt man den Gehweg hinter einem Grünstreifen. Um das Regenwasser zu nutzen legt man den Grünstreifen 0,03 m tiefer an. Dabei ist zu berücksichtigen, dass durch das Mähen aber der Oberboden langsam „hoch wächst". Nach ein paar Jahren wird ein Abschälen erforderlich.

Gemeinsame Geh- und Radwege sollten nur dann angelegt werden, wenn die Verkehre schwach sind und aus Platzgründen getrennte Wege nicht möglich sind. Durch eine Markierung oder farbliche Trennung sind die Verkehrsräume abzugrenzen. Radfahrer müssen trotzdem auf Fußgänger Rücksicht nehmen.

Gemeinsame Geh- und Radwege sind nicht zu planen, wenn
- in den Häusern, an die der Seitenraum grenzt, starke Geschäftsnutzung vorhanden ist,
- viele Hauseingänge an den Seitenraum angrenzen,
- starker Fußgängerverkehr von Behinderten, Schulkindern oder Senioren erwartet wird,
- die Straße Gefälle > 3,0 % aufweist,
- zahlreiche untergeordnete Grundstücks- oder Knotenpunktszufahrten im Streckenabschnitt vorhanden sind,
- Haltestellen des ÖPNV ohne besondere Warteflächen Gefahrenpunkte darstellen,
- es sich bei dem Radverkehr um eine Hauptverbindung handelt.

Maximale Seitenraumbelastung von Fußgängern und Radfahrern in der Spitzenstunde [1]	70 (Fg+R)/h	100 (Fg+R)/h	150 (Fg+R)/h
Erforderliche Breite zuzüglich Sicherheitsstreifen in m	≥ 2,50 bis 3,00	≥ 3,00 bis 4,00	≥ 4,00

[1] Anteil der Radfahrer an der Gesamtbelastung ≤ 33 %

Tabelle 7.97   Breiten gemeinsamer Geh- und Radwege

Radverkehr mit Schutzstreifen auf der Fahrbahn wird auf zweistreifigen Straßen eingesetzt. Diese Streifen werden von Pkw selten befahren, Lkw und Busse haben aber die Möglichkeit der Mitbenutzung im Begegnungsverkehr. Schutzstreifen können auch bei einstreifigen Richtungsfahrbahnen und in mehrstreifigen Knotenpunkten abmarkiert werden,

Die Breite des Schutzstreifens beträgt b_{Si} = 1,50 m. Daneben muss eine Fahrbahnbreite von b_{Fb} = 4,50 m vorhanden sein. Bei einstreifigen Richtungsfahrbahnen muss die Restfahrbahnbreite mindestens b_{Fb} = 2,25 m betragen. Auf dem Schutzstreifen darf nicht gehalten werden.

Deshalb müssen bei Bedarf für Lieferverkehr und Parken zusätzlich Parkbuchten angelegt werden. Sind neben einem Radfahrstreifen Längsparkstände angelegt, so muss die Radwegfläche mindestens b_{Si} = 1,75 m betragen. Die Schutzstreifen werden durch Schmalstriche von 0,25 m Breite und einer Folge von Strichlänge l_{Strich} = 1,00 m und einer Lücke von l_L = 1,00 m abmarkiert. Radfahrpiktogramme auf dem Schutzstreifen machen die Zweckbestimmung deutlich.

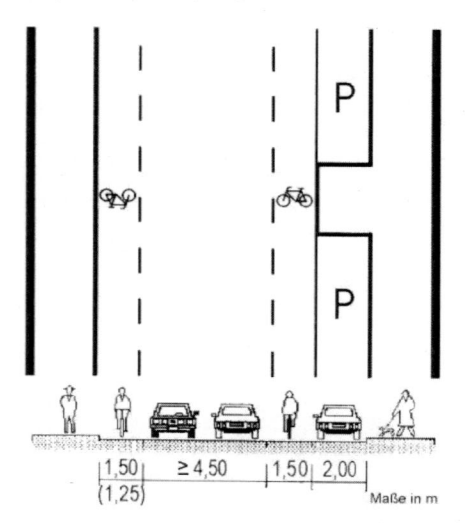

(Klammermaße sind Mindestmaße)

Bild 7.247 Abmessungen für Straßen mit Radfahrschutzstreifen

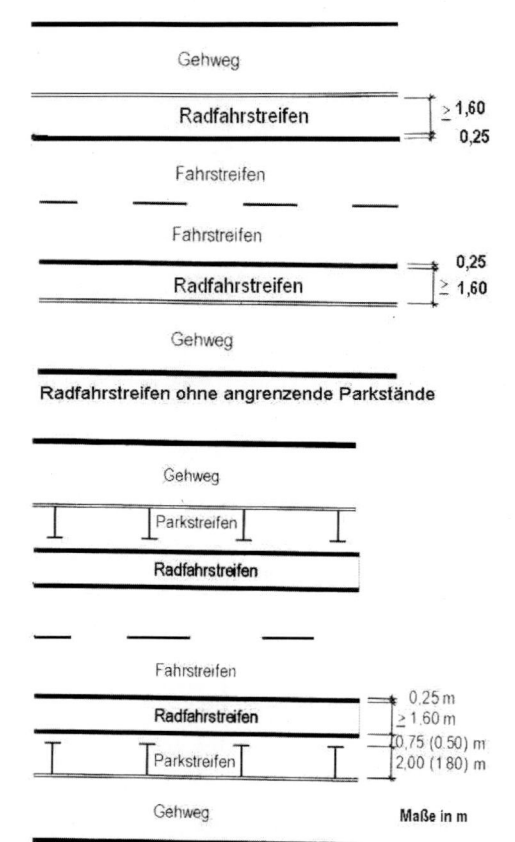

Radfahrstreifen ohne angrenzende Parkstände

Radfahrstreifen zwischen Fahrbahn und Parkständen

(Klammermaße sind Mindestmaße)

Bild 7.248 Abmessungen der Radfahrstreifen

Radfahrstreifen werden auf der Fahrbahn mit durchgehendem Schmalstrich (Breite 0,25 m) markiert. Die Benutzerpflicht muss durch das Zeichen 237 der StVO angezeigt werden. Im Radfahrstreifen sollen keine Entwässerungsrinnen oder Straßenabläufe vorhanden sein.

Radfahrfurten werden bei gekennzeichneten Vorfahrtstraßen an Knotenpunktsarmen markiert. Die Markierung besteht aus zwei Breitstrichen von 0,50 m Länge und dazwischen einer Lücke von 0,25 m. Die Breite der Radfahrfurt beträgt 2,00 m.

7.9 Entwurf von Stadtstraßen

Straßenbegleitende Radwege sind von der Fahrbahn oder einem Parkstreifen durch einen Sicherheitsstreifen getrennt. Soweit es der Straßenraum zulässt, werden sie beidseits der Straße angelegt. Gegenüber dem Gehweg müssen sie deutlich abgegrenzt werden.

Radweg	Regelbreite in m	Sicherheitstrennstreifen in m
Einrichtungsradweg	2,00 (1,60) [1]	0,75 (0,50) [2] bei angrenzender Fahrbahn oder Längsparken
		1,10 bei Senkrecht- oder Schrägparkständen [3]
Zweirichtungsradweg	2,50 (2,00) [1]	0,75

[1] bei geringem Radverkehr
[2] bei Verzicht auf Einbauten im Sicherheitstrennstreifen, Klammerwert bei geringer Radverkehrsbelastung
[3] Überhangstreifen darf darauf angerechnet werden

Tabelle 7.98 Maße für straßenbegleitende Radwege

Der Radweg soll höhengleich mit dem Gehweg geführt werden, um die Sturzgefahr für Radfahrer an einer Kante auszuschließen. Für Sehbehinderte ist ein tastbarer Begrenzungsstreifen vorteilhaft. Eine optische Trennung durch Markierung oder unterschiedliche Farbgebung der Oberfläche soll immer vorhanden sein.

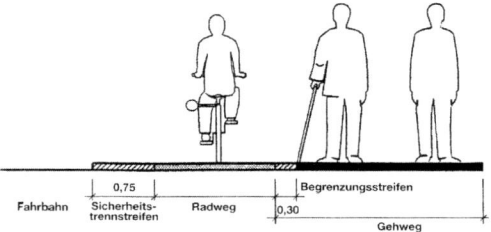

Bild 7.249 Maße für Begrenzungs- und Sicherheitstrennstreifen

Bei Einbahnstraßen ist ein gegengerichteter Radverkehr möglich. Dabei sind folgende Punkte zu beachten:
- in der Einbahnstraße ist die Geschwindigkeit auf v_{zul} = 30 km/h zu beschränken,
- auf der Fahrbahn muss eine Mindestbreite für den motorisierten Verkehr von 3,00 m vorhanden sein, in der Regel aber 3,50 m, damit auch Busse und Lkw genügend Bewegungsspielraum haben.
- für das Einbiegen der Radfahrer in die Gegenrichtung und die Ausfahrt sind abgetrennte Fahrbereiche vorteilhaft.
- an Knotenpunkten ist die Vorfahrtregelung und die Wartepflicht der Radfahrer deutlich zu machen,
- in Kurven kann zum Verhindern des Kurvenschneidens eine bauliche Trennung des Radverkehrs nötig werden.

Die Verkehrsqualität von Radverkehrsflächen im Knotenpunktsbereich soll der auf den davor und dahinter liegenden Strecken entsprechen. Daher sollen vorhandene Radwege nicht am Knotenpunkt enden. Der Übergang auf einen fahrbahnbegleitenden Radfahrstreifen ist durch eine einleitende Sperrfläche am besten erst hinter dem Knotenpunkt zu vollziehen. Linksabbiegende Radfahrer können direkt oder indirekt geführt werden.

Die *direkte Führung* führt die Radfahrer zusammen mit dem linksabbiegenden Kraftverkehrsstrom in die neue Richtung. Unter Umständen sind auch eigene Linksabbiegestreifen für Radfahrer links neben dem Fahrstreifen für den Geradeausverkehr machbar. Das lässt sich in der Regel dann anwenden, wenn keine Radwege oder an die Fahrbahn anschließende Radfahrstreifen vorhanden sind. Die Radfahrer müssen sich dabei in Abhängigkeit vom Kraftfahrzeugverkehr gut einordnen können. Deshalb werden solche Lösungen auch vorzugsweise in bebauten Gebieten angelegt.

Die *indirekte Führung* führt den linksabbiegenden Radverkehr zunächst als Geradeausverkehr über den Knotenpunkt. Danach wird er senkrecht zur durchgehenden Fahrbahn in den anderen Knotenpunktsarm geleitet. Für den Radfahrer bedeutet das, dass er nach der ersten

Überquerung des von rechts kommenden Knotenpunktsarmes zunächst warten muss, bis der Geradeausverkehr und dessen Gegenverkehr den Knoten geräumt haben, um gefahrlos in die neue Richtung abbiegen zu können. Diese Lösung empfiehlt sich, wenn gesonderte Radwege vorhanden sind und am Knotenpunkt ausreichende Warteflächen geschaffen werden können. Im Gegensatz zur direkten Führung kann hier eine vom Kraftverkehr unabhängige Signalregelung vorgesehen werden. Untergeordnete Knotenpunktsarme können auch auf einer deutlich erkennbaren Furt überquert werden.

Sind am Knotenpunkt Dreiecksinseln vorhanden, nützt man diese auch für die Radwegüberquerungen aus. Bei kleinen Inseln fasst man diese mit den Fußgängerüberquerungen zusammen. Außerhalb bebauter Gebiete legt man dem Radfahrer die Wartepflicht auf. An allen Stellen, an denen der Radweg über die fahrbahnbegrenzenden Bordsteine geführt werden muss, sind diese abzusenken. Auf die Probleme einer einwandfreien Führung des Oberflächenwassers ist dabei zu achten, damit am Übergang kein Wasser stehen bleibt.

Überquerungen. Um Fußgängern das Überqueren der Fahrbahn zu erleichtern und die Sicherheit zu erhöhen, kann man verschiedene Möglichkeiten schaffen:
- Anlegen von Fußgängerfurten an Knotenpunkten mit Lichtsignalregelung,
- Markieren von Fußgängerüberwegen,
- Einengen der Fahrbahn durch vorgezogene Seitenräume,
- Einbau von Mittelinseln,
- Anlegen von Mittelstreifen.

Furten an Knotenpunkten mit Lichtsignalregelung werden meist mit Furten für den Radverkehr verbunden. In diesen Fällen sind die Bordsteine im Bereich der Radfahrerfurt auf Fahrbahnhöhe abzusenken. Im Fußgängerbereich genügt eine Absenkung auf 0,06 m. Sind Mittelinseln vorhanden, soll die Grünzeit für Fußgänger so eingestellt werden, dass die gesamte Fahrbahn überquert werden kann und die Fußgänger nicht auf der Mittelinsel zum Warten gezwungen werden. Lichtsignalgeregelte Fußgängerüberquerungen, die nicht am Knotenpunkt liegen, brauchen einen Mindestabstand von 200,00 m vom ungeregelten Knotenpunkt.

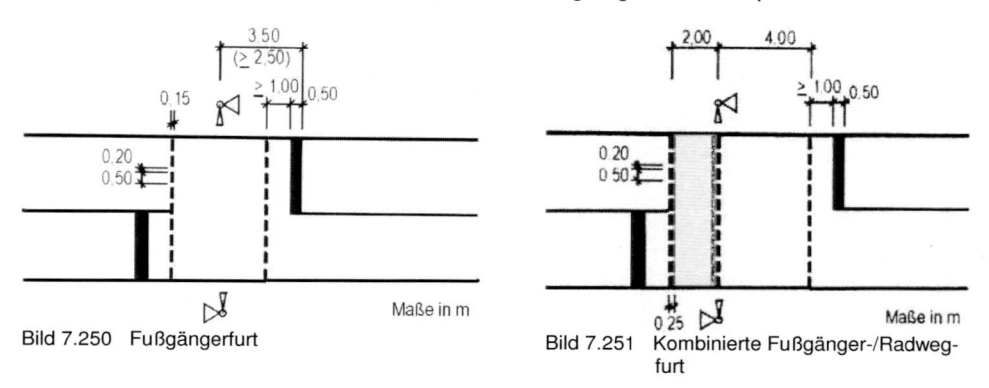

Bild 7.250 Fußgängerfurt

Bild 7.251 Kombinierte Fußgänger-/Radwegfurt

Für Warteflächen sollen für zwei Fußgänger 1,00 m² und für einen Radfahrer 2,00 m² vorgesehen werden.

Überquerungsstellen an Straßen, bei denen schienengebundener Öffentlicher Personennahverkehr in Mittellage vorhanden ist, werden in „Z – Form" angelegt. Dabei sind die Wartebereich mit einer Breite von 2,50 m zu versehen, um Kinderwagen, Rollstühle oder Fahrrädern genug Aufstellfläche vorzuhalten. Die Überquerungsstellen können mit Haltestellen des ÖPNV verbunden werden. Lichtsignalregelung im Bereich der Gleistrasse erhöht die Verkehrssicherheit.

7.9 Entwurf von Landstraßen

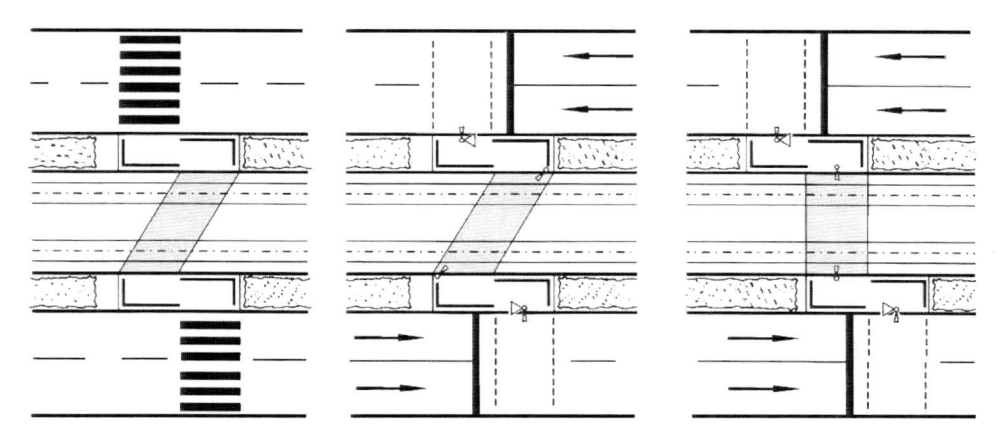

Bild 7.252 Mögliche Konstruktion von Überquerungsstellen

Mittelinseln dienen oft als Überquerungsanlage für Fußgänger an nicht signalgeregelten Knotenpunkten oder an breiten Straßen mit beidseitigem Geschäftsbesatz. Bild 7.253 zeigt ein Beispiel, wie durch eine Mittelinsel eine überbreite Fahrbahn auf einen Fahrstreifen je Fahrtrichtung eingeengt wird und Fußgängern die Möglichkeit gibt, in Straßenmitte zu warten, bis eine entsprechende Lücke im Verkehr die endgültige Überquerung der Fahrbahn zulässt.

Die Inselköpfe müssen deutlich erkennbar sein. Eine Ausbildung mit Randsteinen oder Schrägborden mit Weißvorsatz unterstützt die Erkennbarkeit. Verkehrszeichen auf der Insel dürfen die Sicht sowohl auf den Kfz-Verkehr als auf wartende Fußgänger nicht verdecken.

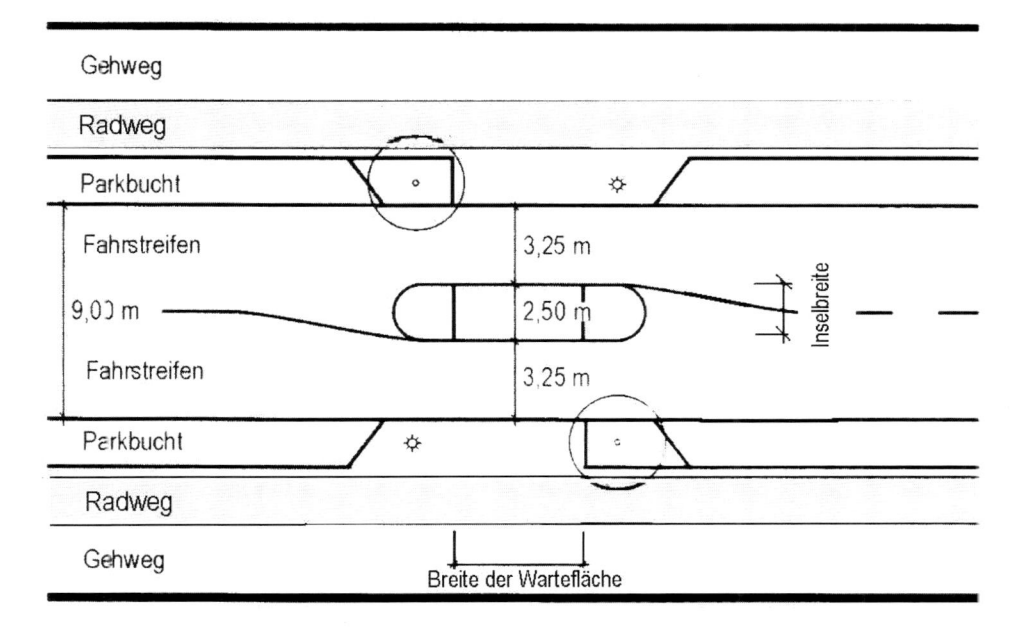

Bild 7.253 Mittelinsel in überbreiter Fahrbahn

Mittelstreifen werden zur Trennung der Richtungsverkehre oder zur Aufnahme des Gleiskörpers von Schienenverkehr angelegt. Außerdem ermöglichen sie den Überquerungsbedarf bei beidseitigem Geschäftsbesatz. Um ein gutes Stadtbild zu erhalten, bepflanzt man den Mittelstreifen. Bäume erzeugen das Bild einer Allee. Die Masten für die Straßenbeleuchtung, manchmal auch Versorgungsleitungen können hier untergebracht werden. Überbreite Mittelstreifen nutzt man auch als Gehwege oder für Parkstände.

Nutzung	Überquerung		Parkstreifen	Gehweg in Längsrichtung
	Fußgänger	Radfahrer		
Breite in m	2,00	2,50	6,00	> 6,00

Tabelle 7.99 Abmessungen für Mittelstreifen

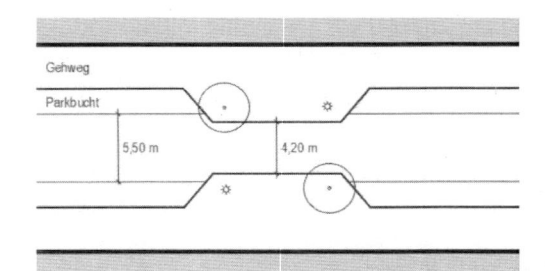

Bild 7.254 Vorgezogener Seitenraum

Einengungen der Fahrbahn erreicht man durch vorgezogene Seitenräume. Die seitlich vorhandenen Parkstände werden abschnittsweise unterbrochen und der Seitenraum über deren Tiefe hinaus in die Fahrbahn verlängert. Die Vorsprünge sollen mindesten 5,00 m in Straßenlängsrichtung betragen. Bei Schräg- oder Senkrechtparken kann das Vorsprungmaß bis 1,20 m betragen. Vorgezogene Seitenräume müssen für den Kraftfahrzeugverkehr deutlich erkennbar sein.

In Hauptverkehrsstraßen hält man die Standard – Fahrbahnbreite an der Engstelle ein. In Erschließungsstraßen tragen Einengungen nicht unbedingt zur Geschwindigkeitsdämpfung bei, weil der Verkehr dort gering ist. Hier ist die Geschwindigkeit durch Verkehrszeichen einzuschränken und gegebenenfalls durch Pflasterstreifen oder Teilaufpflasterung zu erzwingen.

Unterführungen und Überführungen. Planfreies Kreuzen von Fußgänger- und Radverkehr wird nur in besonderen Fällen sinnvoll sein. Unterführungen werden vom Fußgänger – besonders bei Nacht – nicht angenommen. Überführungen sind wegen des Höhenunterschiedes unangenehm. Für Behinderte sind lange Rampen, Aufzüge oder Rolltreppen notwendig, die in anbaufreien Strecken sehr störanfällig und unwirtschaftlich in der Unterhaltung sind. Unterführungen ersetzt oder ergänzt man durch plangleiche Überquerungen. Damit werden Gefahren durch kriminelle Handlungen verringert.

Die Lichte Höhe in Unterführungen soll mindestens h_{min} = 2,50 m betragen. Aus psychologischer Sicht sind h = 3,00 m besser. Das Verhältnis Breite zu Länge wählt man nicht kleiner als 1:4.

Die Geländerhöhe bei Fußgängerbrücken beträgt mindestens 1,00 m, bei Radverkehr 1,30m.

Nutzung	Unterführung		Überführung
	Länge in m	Lichte Breite in m	Lichte Breite zwischen Geländern in m
nur Fußgänger	kurz	≥ 3,00	2,50
	bis 15,00	≥ 5,00	
	lang	≥ 6,00	
Fußgänger und Radfahrer	kurz	≥ 4,00	4,00

Tabelle 7.99a Abmessungen für planfreie Überquerungen für Fußgänger und Radfahrer

7.9 Entwurf von Landstraßen

Rampen bilden für Rollstuhlfahrer ein Hindernis. Deshalb legt man sie mit $s_{max} = 6,0$ % an. Nach einer Rampenlänge von $l_{max} = 6,00$ m wird ein 1,50 m langes horizontales Podest hergestellt. In Verlängerung der Rampe darf keine abwärts führende Treppe folgen. Rampenenden sind auszurunden

Eigenschaften	Abmessungen in m
s_{max} in %	6,0
Zwischenpodest	$l_{min} = 1,50$, Abstand maximal 6,00
Mindestnutzbreite der Lauffläche	1,20
Mindestnutzbreite der Podeste	1,50
Radabweiser an Rampenlauf und Podest	beidseitige Höhe 0,10; bei Wandabstand von mindestens 0,08
Handläufe an Rampenlauf und Podest	beidseitige Höhe 0,85, Wandabstand 0,08

Tabelle 7.100 Maße für barrierefreie Rampen

Steigung : Auftrittbreite Verhältnis in cm	Einsatzbedingungen
≤ 14,5 : 34	Regelfall
15:33 oder 16:31	$\Delta h_{max} = 4,00$ m, nach 15 bis 18 Stufen Zwischenpodest mit $l_{min} \geq 1,35$ m

Tabelle 7.101 Maße für Treppen mit Fahrschienen (Zwei Stufenhöhen (Steigung) und eine Auftrittstiefe $b = 0,63$ m)

Treppen überwinden Höhenunterschiede zwischen zwei Ebenen. Sie sind aber Barrieren für Behinderte. Wenn keine plangleichen Überquerungen vorhanden sind, müssen Rampen oder Aufzüge sie ergänzen. Rolltreppen sind nur bedingt dazu brauchbar.

Gewendelte Treppen sind zu vermeiden. Dagegen sind Richtungsänderungen bei Podesten möglich. Eine minimale Steigung der Stufe von 0,145 m erleichtert das Gehen für Senioren, erfordert aber eine größere Länge. Angenehm wird empfunden, wenn die Anzahl der Stufen einen ungeraden Wert aufweist. Der Antritt oder Austritt der Stufen muss farblich einen Kontrast bilden, um die Erkennbarkeit zu steigern. Die Lichte Breite zwischen Handläufen muss mindestens 1,50 m betragen, doch wählt man größere Breiten nach der Stärke des Fußgängerstroms. Bei Breiten > 2,50 m empfiehlt sich zusätzlich ein Geländer in Treppenmitte. Für kleine Kinder sind Handläufe in 0,40 m bis 0,50 m Höhe vorteilhaft.

7.9.5 Anlagen für den ruhenden Verkehr

Als Anlagen für den ruhenden Verkehr bezeichnet man Flächen, die im öffentlichen Straßenraum, der Öffentlichkeit zur Benutzung zugänglichen Plätzen, in Parkbauten oder auf zum Parken geeigneten Flächen oder Bauten auf privatem Grund liegen können. Sie schließen neben den Parkflächen für motorisierte Fahrzeuge auch die Abstellflächen für Fahrräder ein.

Die Anlagen für den ruhenden Verkehr haben Einfluss auf den Gesamtverkehr in einem Siedlungsgebiet. Im öffentlichen Straßenraum geparkte Fahrzeuge beeinträchtigen unter Umständen das städtebauliche Gesamtbild, beeinflussen die Sicherheit und Leichtigkeit des Verkehrs, können die Attraktivität von Geschäften auf den Grundstücken verbessern oder beeinträchtigen und haben Einfluss auf die Akzeptanz des öffentlichen Personennahverkehrs. So ziehen Parkhäuser in der Innenstadt den motorisierten Individualverkehr an, veranlassen Parkplätze an Bahnhöfen des Öffentlichen Personennahverkehrs die Stadtbesucher zum Umsteigen, erhöhen private Parkplätze auf Firmengelände den Wunsch, mit dem Kraftfahrzeug zur Arbeit zu fahren.

Es ist deshalb notwendig, neben der Erschließungs- und Verkehrsplanung für Siedlungs- und Gewerbegebiete auch die Erfordernisse für das Unterbringen des ruhenden Verkehrs von Anfang an zu berücksichtigen. Die Parkraumplanung ist gleichzeitig ein Instrument für die Steuerung des Stadtverkehrs. Sie findet ihren Niederschlag in den Flächennutzungsplänen und Bebauungsplänen. Die Bedarfsdeckung richtet sich nach den Möglichkeiten, die Nachfrage auf die Benutzung öffentlicher Verkehrsmittel umzulagern und der Parkraumbewirtschaftung. Die Parkraumplanung ist eingehend beschrieben in den "Empfehlungen für Anlagen des ruhenden Verkehrs - EAR".

Anlagen des ruhenden Verkehrs legt man dort an, wo in kurzer, fußläufiger Verbindung die Zentren oder hauptsächlichen Ziele eines Ortes erreicht werden können. Sie müssen vom Kraftfahrer leicht zu finden und gut zu erreichen sein. Parkleitsysteme helfen hierbei in größeren Städten, den einpendelnden Verkehr über die Belegung der öffentlichen Anlagen für den ruhenden Verkehr zu informieren.

Der erforderliche Parkraumbedarf kann überschläglich ermittelt werden mit
$$\text{erf } P = c \cdot B \tag{7.40}$$

erf P Anzahl der erforderlichen Abstellstände c Gleichzeitigkeitsfaktor (0,08 bis 0,15)
B Gesamtbestand der Kraftfahrzeuge in der Stadt

Weitere Verfahren sind in den EAR angegeben.

Park- und Einstellmöglichkeiten sind unter sorgfältiger Beachtung des städtebaulichen Gesamtbildes und der Umgebung zu planen. Flächen hohen Nutzungsgrades erzeugen eine große Nachfrage. Untersuchungen über die Möglichkeiten der Erschließung für den Öffentlichen Personennahverkehr sind dort immer notwendig.

Parkflächen im *öffentlichen Straßenraum* müssen gestalterisch mit dem Stadtbild und dem Umfeld abgestimmt werden. Dabei kann eine Unterbrechung durch bepflanzte Flächen mithelfen. Die Nutzungsvorgänge für Parken, Liefern und Laden sind auf verschiedene Arten möglich:
- Halten auf der Fahrbahn ohne Markierung,
- Halten auf markierten Parkstreifen am Fahrbahnrand,
- Halten in Parkbuchten neben der Fahrbahn,
- Halten auf markierten Stellplätzen im Mittelstreifen,
- Halten im Seitenraum.

Parkbauten entwirft man wegen der Einfügung in das Orts- oder Landschaftsbild unter Berücksichtigung folgender Kriterien:
- sorgfältige Standortwahl der Parkierungsanlage,
- geschickte Anordnung durch Ausnützen topographischer Gegebenheiten,
- verträgliche Größe für das Umfeld,
- Wahrung der Maßstäblichkeit hinsichtlich Form und Gliederung der Anlage und Anpassen der Fassade an die Umgebung,
- Dach- oder Fassadenbegrünung oder Eingrünung der Anlage, evt. Nutzung für andere Zwecke des Aufenthaltes (Spielplatz, Wäscheplatz, Grünanlage)
- wenn keine andere Nutzung möglich, Umbauen der Anlage mit integrierbaren Bauwerken (Geschäfte, Bürobauten),
- Berücksichtigung von Denkmalschutz oder Ensemblewirkung,
- Baumaterialauswahl unter Berücksichtigung anschließender Bebauung, sorgfältiges Anpassen von außerhalb liegenden Rampen, Zu- und Abgängen, Lüftungsanlagen an die Umgebung.

Entwurf von Parkflächen

Flächenbedarf. Für die Fahrzeugaufstellung unterscheidet man drei Möglichkeiten, bezogen auf die Achse der Fahrbahn oder Fahrgasse, die

7.9 Entwurf von Landstraßen

- Längsaufstellung ($\alpha = 0{,}0$ gon),
- Schrägaufstellung ($50{,}0$ gon $\leq \alpha \leq 70{,}0$ gon),
- Senkrechtaufstellung ($\alpha = 100{,}0$ gon).

Die *Längsaufstellung* wendet man meist direkt am Fahrbahnrand an, um Parken, Ent- und Beladen zu erleichtern, ohne den Straßenraum zu breit zu gestalten. Durch das Rückwärtseinparken kann sie zu unerwünschten Beeinträchtigungen des Fahrverkehrs führen.

Für Pkw genügt eine Parkstandsbreite $b_P = 2{,}00$ m. Bei Lieferfahrzeugen kann $b_P = 2{,}30$ m bis $2{,}50$ m angesetzt werden. Lkw erhalten eine Regelparkstandsbreite $b_P = 3{,}00$ m. Befinden sich neben den Parkstreifen Gehwege, Radwege oder Pflanzflächen, muss für das Öffnen der Türen noch ein Sicherheitszuschlag von $0{,}75$ m geplant werden.

Die *Schrägaufstellung* fördert das zügige Ein- und Ausparken. Damit werden Nutzflächen beliebiger Breite oft optimal nutzbar. Am Fahrbahnrand wird beim Parkierungsvorgang der Verkehr nur relativ gering behindert.

Die *Senkrechtaufstellung* erlaubt die Nutzung auch im Zweirichtungsverkehr. Nicht immer ist dabei ein zügiges Ein- und Ausparken möglich. Der Verkehr auf der Fahrbahn wird gegebenenfalls stark gestört. Beim Rückwärtsausparken sind die Sichtverhältnisse auf den fließenden Verkehr für den Fahrzeuglenker sehr beschränkt. Dagegen ist die Nutzung der Stellflächen in Sackgassen günstig, weil der Fahrzeuglenker dann ohne Wendemanöver auskommt.

Abmessungen. Die notwendigen Abmessungen der Parkstände sind abhängig von
- der Art der Aufstellung,
- den Abmessungen des Bemessungsfahrzeugs,
- den Abständen zwischen den Fahrzeugen und der Fahrgasse,
- den Abständen von Bauwerksteilen.

Abmessungen der Parkstände und Fahrgassen entnimmt man Tabelle 7.102. Bei Längsaufstellung soll für Pkw eine Parkstandsbreite von $2{,}30$ m vorhanden sein, wenn diese neben festen Begrenzungen oder Bauwerksteilen liegt. Bei Schräg- oder Senkrechtaufstellung sollte der seitliche Abstand zu solchen Begrenzungen $0{,}75$ m betragen, bei beengten Verhältnissen kann man auf $0{,}55$ m herabgehen. Dabei verliert man jedoch an Qualität beim Ein- und Ausparken des Fahrzeugs und beim Verlassen und Einsteigen. Parkstände für Rollstuhlfahrer müssen breiter angelegt werden (Bild 7.255). Bei Nutzfahrzeugen soll zwischen den Fahrzeugen $1{,}00$ m Abstand verbleiben, so dass bei diesen Aufstellarten die Parkstandsbreite $3{,}50$ m beträgt.

Für Doppelaufstellung gilt:
$$t_2 = 2 \cdot (s_1 + m + 0{,}5 \cdot (n + s_2 \cdot \sin \alpha)) \quad \text{in m} \tag{7.41}$$
Für Einzelaufstellung gilt:
$$t_1 = m + n + s_1 + s_2 \quad \text{in m} \tag{7.42}$$

$m = 4{,}70$ m $\cdot \sin \alpha$ $\quad n = 1{,}75$ m $\cdot \cos \alpha$ $\quad s_1 = 0{,}10$ m $\quad s_2 = 0{,}20$ m

Fahrzeugüberhang $0{,}50$ m
Sicherheitsabstand $s_2 = 0{,}20$ m

Parkflächen im öffentlichen Straßenraum

Die *Parkflächen* können als Parkstreifen unmittelbar neben der Fahrbahn oder als Parkbuchten angelegt werden. Parkbuchten ermöglichen eine Bepflanzung in den vorgezogenen Bereichen und verbessern meist das Bild des Straßenraumes. Außerdem verbessert man damit die Sichtverhältnisse an Knotenpunkten. Die Radwege können vor dem Übergang in Radfahrerfurten an den Fahrbahnrand herangeführt werden. Dazu verkürzt man die Überweglänge für Radfahrer und Fußgänger. Schließlich lassen sich auch durch die hervorspringenden Einengungen geschwindigkeitsdämpfende Effekte erzielen.

Aufstellwinkel	Tiefe ab Fahrgassenrand	Überhangstreifen	bequemes Ein- und Ausparken				beengtes Ein- und Ausparken[2]				
			Breite des Parkstands	Straßenfrontlänge l in m		notwendige Fahrgassenbreite g in m		Breite des Parkstands	Straßenfrontlänge l in m		notwendige Fahrgassenbreite g in m
				beim Einparken		beim Einparken			beim Einparken		beim Einparken
a in gon	t-$\ddot{u}$ in m	$\ddot{u}$ in m	b[1]) in m	vorwärts	rückwärts	vorwärts	rückwärts	b[1]) in m	vorwärts	rückwärts	vorwärts	rückwärts
0		einheitlich 0,70 (0,50)	2,00		5,75		3,50	1,80		5,25		3,50
50	4,15 (3,95)		2,50	3,54		2,40		2,30	3,25		2,60 (2,50)	
60	4,45 (4,20)		2,50	3,09		2,90		2,30	2,84		3,30 (3,00)	
70	4,60 (4,30)		2,50	2,81		3,60		2,30	2,58		4,30 (3,50)	
80	4,60 (4,30)		2,50	2,63		4,20		2,30	2,42		5,40 (4,10)	
90	4,50 (4,20)		2,50	2,53		5,00		2,30	2,33		6,60[3]) (4,80)	
100	4,30 (4,00)		2,50	2,50	2,50	6,00	4,50	2,30	2,30	2,30	7,70[3]) (5,50)	5,00 (4,50)
100	4,30 (4,00)		2,50	7,90	7,15	6,00	4,50	2,30	– (6,65)	7,40	– (5,50)	5,00 (4,50)

Längsaufstellung

Schrägaufstellung $l = \dfrac{b}{\sin \alpha}$

Senkrechtaufstellung

Blockaufstellung $(2\ddot{u}\text{-}0{,}2)$

[1]) im Sonderfall, um beim Rückwärtseinparken Behinderungen des Radverkehrs zu vermeiden   [2]) Durchschnittswert ohne Markierung
[3]) nur bei niedrigem Umschlagsgrad   [4]) nur zur Überprüfung des Flächenbedarfs bei vorhandenen Fahrbahnen geeignet
Klammerwerte gelten für Bemessungsfahrzeuge mit reduzierten Abmessungen

Tabelle 7.102 Abmessungen der Parkstände und Fahrgassen für Pkw

7.9 Entwurf von Landstraßen

Parkstände für bequemes Ein- und Ausparken

Parkstände für beengtes Ein- und Ausparken

Parkstände mit Bordsteinbegrenzung

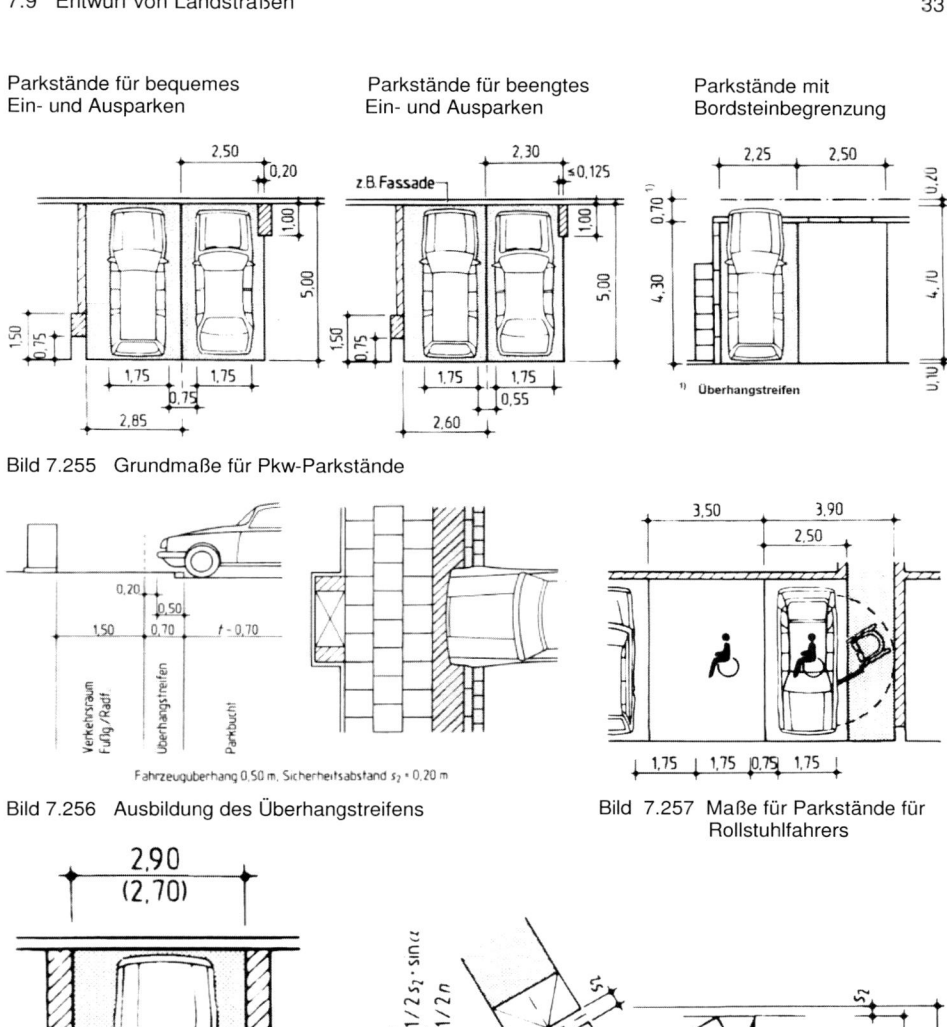

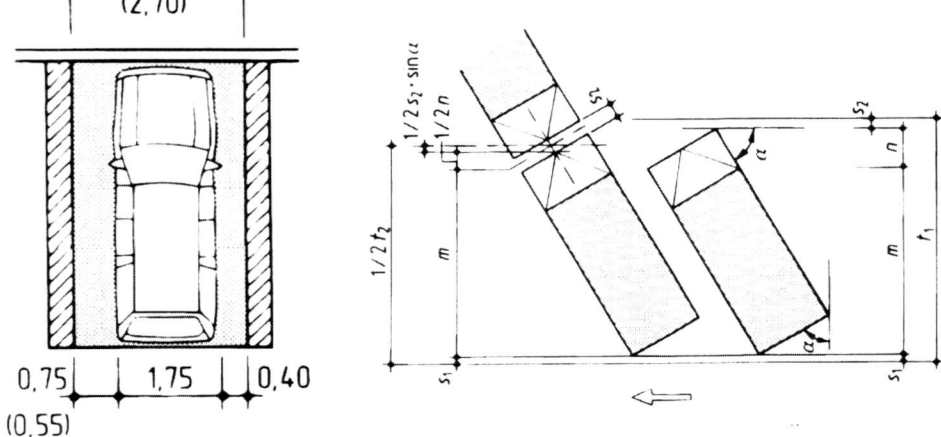

Bild 7.255 Grundmaße für Pkw-Parkstände

Bild 7.256 Ausbildung des Überhangstreifens

Bild 7.257 Maße für Parkstände für Rollstuhlfahrers

(Klammerwerte bei beengten Verhältnissen)

Bild 7.258 Parkbox (Einzelgarage)

Bild 7.259 Geometrische Zusammenhänge der Parkstandstiefe

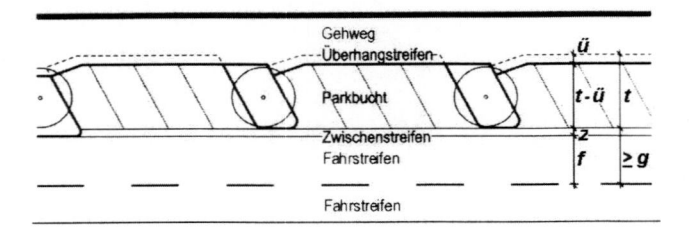

Bild 7.260 Parkbuchten mit Schrägaufstellung

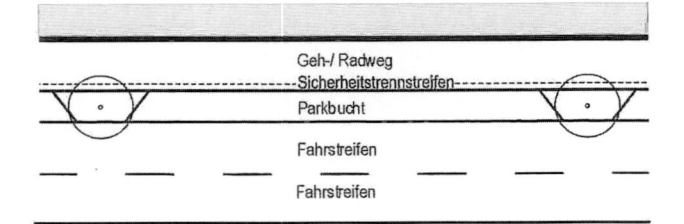

Bild 7.261 Parkbuchten mit Längsaufstellung

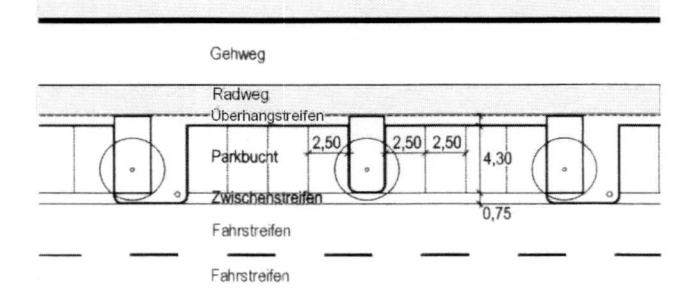

Bild 7.263 Parkbuchten mit Senkrechtaufstellung

In Tabelle 7.102 sind die verschiedenen Aufstellarten zusammengefasst. Bei der *Längsaufstellung* muss gute Sicht auf den fließenden Verkehr gegeben sein. Der Vorteil ist dabei die relativ geringe Breite, um die der Verkehrsraum im Straßenraum erweitert werden muss. Nachteilig wirkt sich das Rückwärtseinparken auf den Verkehrsfluss und auf der Fahrbahn sich bewegende Radfahrer aus. Außerdem werden beim Öffnen der Wagentüren meist andere Verkehrsräume überstrichen und rufen bei unachtsamen Gebrauch Gefahren hervor. Deshalb muss zwischen dem Längsparkstreifen ein Schutzstreifen vorgesehen werden, der zum Radweg die Breite von $b_{SR} = 0{,}75$ m, gegen einen Gehweg aber die Breite von $b_G = 0{,}50$ m erhält.

Die Bemessungsgrößen der verschiedenen Fahrzeugarten sind im Anhang A 3 zusammengestellt. Die Abmessungen der Bemessungsfahrzeuge entsprechen dem 85 % - Kollektiv der einzelnen Fahrzeuggruppen, die im Verkehr vorhanden sind. Damit werden die Entwurfelemente des fließenden und ruhenden Verkehrs nicht mehr nach dem Maximalfahrzeug ausgerichtet.

7.9 Entwurf von Landstraßen

Für die Länge eines Parkstandes einschließlich der erforderlichen Abstände für Ein- und Ausparken rechnet man 5,50 m. Damit sind rd. 18 Pkw auf 100,00 m Streifenlänge unterzubringen

Die *Schrägaufstellung* erfordert neben der Fahrbahn eine breitere Fläche für die Aufstellung, die mit Winkeln α = 50,0 gon bis α = 80,00 gon ausgeführt wird. Da das Ein- und Ausparken verhältnismäßig leicht durchführbar ist, kann sich die Aufstellart

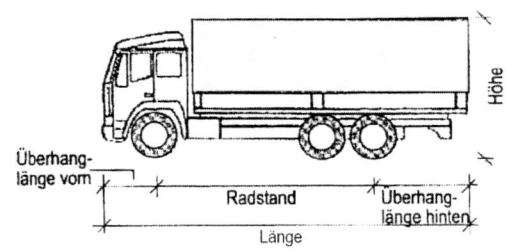

Bild 7.263 Maßbezeichnung des Bemessungsfahrzeugs

den örtlichen Verhältnissen gut anpassen. Besonders das Einparken geht fast ohne Störung des fließenden Verkehrs vor sich. Voraussetzung ist allerdings, dass das einparkende Fahrzeug nicht den Fahrstreifen des Gegenverkehrs für diesen Vorgang mitbenutzen muss. Bei engen Fahrbahnen ist dann die Anordnung eines Zwischenstreifens erforderlich.

Vorteilhaft ist, dass ein ungefährdetes Ein- und Aussteigen möglich ist und Fußgänger am spontanen Betreten der Fahrbahn gehindert werden. Als Nachteil könnte angesehen werden, dass die Parkstände eigentlich nur aus einer Richtung angefahren werden können, und bei starker Belegung auch manchmal versucht wird, unmittelbar auf der Fahrbahn zu wenden, um auf der gegenüberliegenden Seite den Parkstand anzufahren. Beim Ausparken ist die Sicht auf den fließenden Verkehr ungünstiger als beim Längsparken.

Bei großen Aufstellwinkeln α wird bei schmaler Fahrbahn der Fahrstreifen für den Parkerungsvorgang nicht ausreichen. Hierzu gleicht man den Unterschied zwischen der vorhandenen Fahrstreifenbreite f und der benötigten Fahrgassenbreite g durch einen *Zwischenstreifen* aus. Ist genügend Platz vorhanden, lässt sich dieser auch so vergrößern, dass er als Ladestreifen bei einer Einschränkung der Fahrbahn auf 6,50 m benutzt werden kann. Er soll aber möglichst die Breite von 0,75 m nicht überschreiten, um dort ein unerwünschtes Parken zu verhindern. Ist die vorhandene Fahrbahnbreite f schmaler als die notwendige Fahrgassenbreite g, dann muss der Zwischenstreifen mindestens die Breite $b_Z = g - f$ erhalten.

Zwischenstreifen in Fahrgassenbreite bringen einen bedeutenden Platzbedarf mit sich. Sie werden deshalb kaum angewendet. Wenn sie auch trotz parkender Fahrzeuge günstig für den Ladeverkehr sind, so ist doch ein Freihalten von zusätzlich parkenden Fahrzeugen, die die Fahrzeuge in den Parkständen blockieren, nur bei ständiger Überwachung zu erzwingen. Eine Blockaufstellung wäre in diesem Fall vorzuziehen.

Die *Senkrechtaufstellung* wird meist dann angewandt, wenn die Parkstände aus beiden Fahrtrichtungen erreichbar sein sollen. Allerdings darf dann die Verkehrsbelastung der Straße nur gering sein. Auch hier ist das Ein- und Aussteigen unproblematisch. Die Anzahl der möglichen Parkstände beträgt auf 100,00 m Straßenlänge 40 Pkw.

Als Nachteil ist die große Parkstandstiefe anzusehen, die sich im Gesamtbild der Straße nicht immer vorteilhaft unterbringen lässt. Der Radverkehr auf der Fahrbahn wird beim Ausparken sehr gefährdet.

Bei Straßen mit überwiegender Aufenthaltsfunktion kann die Unterbringung der Parkstände auch hinter dem Gehweg erfolgen. In diesen Straßen wird wegen der geringen Verkehrsdichte und Verkehrsgeschwindigkeit die Gefährdung der Fußgänger beim Ein- und Ausparken klein bleiben. Diese Parkstände sind besonders geeignet, wenn dort Langzeitparker (z.B. Anwohner) ihre Fahrzeuge abstellen können.

Blockaufstellung kann eingesetzt werden, wenn Grundstückszufahrten oder sonst verfügbare Flächen den Entwurf von zusammenhängenden Parkbuchten verhindern und breite Seitenräume die Zusammenfassung einer größeren Zahl von Parkständen ermöglicht. Zwischen den Blöcken können dann Flächen für andere Nutzungen entstehen (Straßencafé, Grünflächen). Bild 7.264 zeigt Formen der Anordnung von Parkständen in Blockaufstellung.

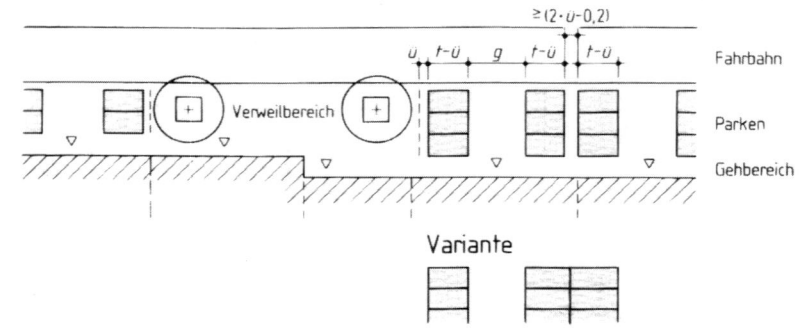

Bild 7.264   Parkstände in Blockaufstellung

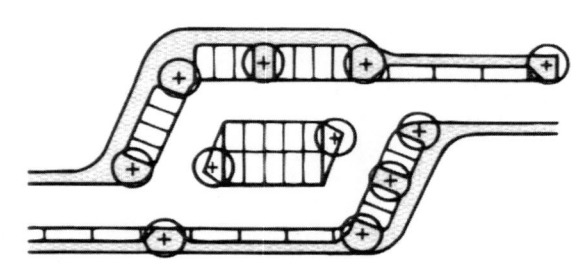

Bild 7.265   Anordnung von Parkständen seitlich und in der Mittelinsel

Wenn es der Straßenraum gestattet, können Parkstände auch von Anliegerfahrbahnen erschlossen werden, die von der durchgehenden Fahrbahn räumlich getrennt geführt werden. Der Trennstreifen ist dann so zu bemessen, dass das Aufstellen von Verkehrszeichen oder Beleuchtungsmasten, das Anpflanzen von Bäumen oder Sträuchern und der Überhangstreifen berücksichtigt werden. Parkstände sind auch im Bereich einer vorhandenen Mittelinsel möglich.

Parkflächen außerhalb des öffentlichen Straßenraumes

Parkplätze. Außerhalb des öffentlichen Straßenraumes können für den ruhenden Verkehr bei Bedarf Parkplätze angelegt werden. Diese werden mit deutlich erkennbaren Ein- und Ausfahrten an das öffentliche Straßennetz angeschlossen. Sie sollen eindeutig begrenzt sein und markierte Fahrgassen und Parkstände erhalten. Aus stadtbildgestalterischen Überlegungen ist eine Bepflanzung von entsprechenden Freiflächen anzustreben.

Grundgedanke der Verkehrsführung ist die Übersichtlichkeit und Leistungsfähigkeit der Fahrgassen. Sie soll ein Erreichen des Zieles für die Fußgänger auf kurzem Wege ermöglichen und ein Auffüllen vom Zielort aus in die entfernter liegenden Parkstände bewirken. Als Regelaufstellung wählt man die Anordnungen nach Bild 7.266. Sind mehr als zwei Fahrgassen gewünscht, wählt man die Grundeinteilung nach Bild 7.266 und berücksichtigt die Tabellen A 3.2 und A 3.3.

Grundgedanke der Verkehrsführung ist die Übersichtlichkeit und Leistungsfähigkeit der Fahrgassen. Sie soll ein Erreichen des Zieles für die Fußgänger auf kurzem Wege ermöglichen und ein Auffüllen vom Zielort aus in die entfernter liegenden Parkstände bewirken. Als Regelaufstellung wählt man die Anordnungen nach Bild 7.266. Sind mehr als zwei Fahrgassen gewünscht, wählt man die Grundeinteilung nach Bild 7.266 und berücksichtigt die Tabellen A 3.2 und A 3.3.

7.9 Entwurf von Landstraßen

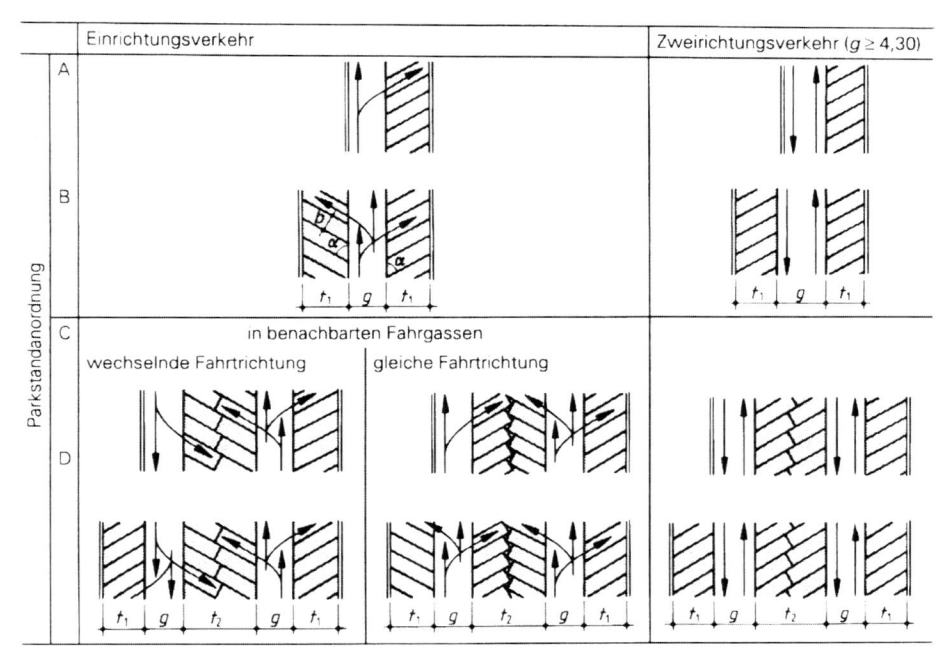

Bild 7.266 Regelaufteilung von Parkplätzen

Innerhalb des Parkplatzes sollen *Fahrgassen* wegen der Übersichtlichkeit geradlinig verlaufen. Eine Änderung des Aufstellwinkels darf nur über die Fahrgasse hinweg erfolgen. Dazu muss das größere Maß der Fahrgasse in Abhängigkeit vom Aufstellwinkel vorhanden sein. Einbauten oder Bäume sind so anzuordnen, dass sie nicht angefahren werden. Das Schrammbordmaß von 0,30 m vom Rand der Verkehrsflächen muss vorhanden sein. (S. auch Bild A 3.1 im Anhang)

Das in Amerika übliche Kolonnenparken auf Betriebsparkplätzen, bei dem die Fahrzeuge dicht an dicht aufgestellt werden, hat sich in Deutschland nicht durchsetzen können. Es hat zwar den Vorteil, dass mehr Fahrzeuge auf der Fläche untergebracht werden können. Bedingung dafür ist aber, dass die Benutzer alle fast gleichzeitig kommen und ebenfalls wieder wegfahren. Bei der Tendenz, die Arbeitszeiten flexibler zu gestalten, wird dies auch künftig nur bedingt möglich sein.

Parkplätze für Omnibusse und Nutzfahrzeuge. Die Fahrzeuge müssen die Parkstände vorwärts anfahren und vorwärts verlassen können. So wird der Parkstand beidseits von einer Fahrgasse begrenzt. Günstig ist die Anfahrt des Parkstands mit linkem Lenkradeinschlag, während die Abfahrt mit Rechtseinschlag erfolgt. Ein Aufstellwinkel von $\alpha = 50,0$ gon ist günstig. Die Grundmaße sind in Bild 7.267 dargestellt. Zum Beladen oder Ein- und Aussteigen bei Bussen erhöht man die Parkstandsbreite auf 4,00 m bis 4,50 m.

An den Randflächen können auch Längsparkstreifen für Busse angelegt werden. Der Rangierzuschlag beträgt 3,00 m, so dass sich für den Standardbus eine Parkstandslänge von 15,00 m ergibt, für den Gelenkbus 21,00 m. Die Breite des Längsparkstreifens wird 3,00 m breit ausgeführt. Soll man auch aussteigen können, muss daneben eine entsprechende Gehwegfläche vorhanden sein. Neben dem Längsparkstreifen wird eine 3,50 m breite Fahrgasse angelegt.

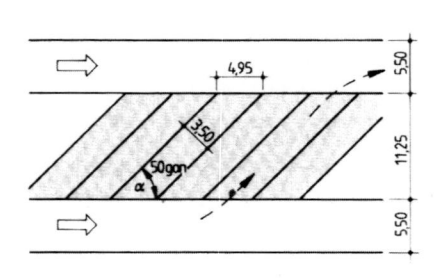

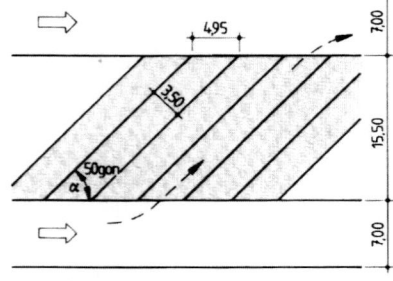

Bild 7.267 Parkstandsabmessungen für Nutzfahrzeuge   Maße in m

Abstellanlagen für Zweiradfahrzeuge. Vor Bahnhöfen, Park-and-Ride-Plätzen oder größeren zentralen Einrichtungen werden oft Anlagen eingerichtet, auf denen Fahrräder oder Motorräder abgestellt werden. Die Abmessungen entnimmt man Bild 5.96.

Für *Fahrräder* werden entweder Bügel oder Vorderradhalterungen aufgestellt. Die Anlehnbügel haben den Vorteil, dass man Fahrräder beidseitig aufstellen und anschließen kann. Dazu bieten sie höhere Sicherheit gegen das Kippen der Räder. Nachteilig sind höhere Kosten gegenüber der Vorderradhalterung. Die Halterungen sollen alle gängigen Reifenbreiten und -größen aufnehmen können. Die Möglichkeit des Kippens des abgestellten Rades ist naturgemäß erheblich größer als beim Anlehnbügel. Die Aufstellung wird so festgelegt, dass Passanten nicht beeinträchtigt oder verletzt werden können. Abstellanlagen können offen, überdacht oder als abschließbare Boxen ausgebildet werden.

Für *Motorräder* genügt es, Abstellflächen frei zu halten. Es bieten sich dafür Restflächen von Parkplätzen oder Parkstreifen an.

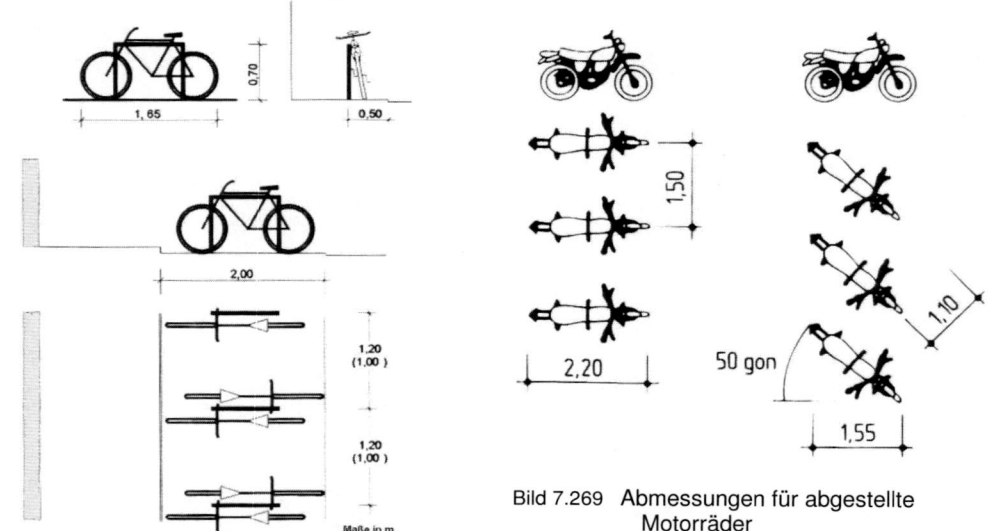

Bild 7.269 Abmessungen für abgestellte Motorräder

Klammerwerte bei Zugänglichkeit von beiden Seiten

Bild 7.268 Maße für Fahrradabstellung

7.9 Entwurf von Landstraßen

Aufstellung mit Vorderradhalterung   Aufstellung an Haltebügeln

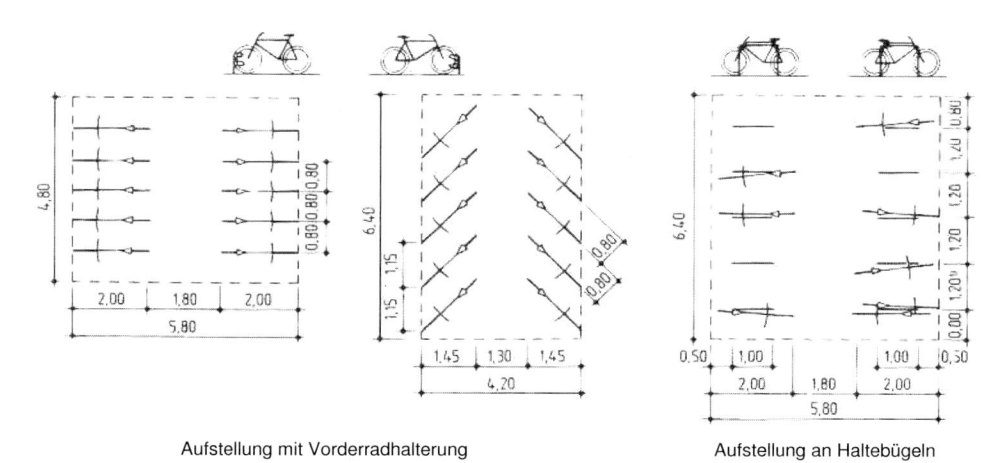

Bild 7.270   Abstellanlagen für Fahrräder

Parkbauten.
Als Parkbauten bezeichnet man Gebäude, die zum Einstellen von Personenkraftwagen errichtet werden. Sie können öffentlich zugänglich oder nur für private Benutzer errichtet sein. Besonders dort, wo durch Massierung von Wohnungen oder Geschäftsbereichen eine große Nachfrage nach Parkflächen auftritt, sind sie trotz der hohen Baukosten sinnvoll. Beim Entwurf sind die Garagenverordnungen der Länder zu beachten.

Parkbauten werden hauptsächlich von Langzeitparkern aufgesucht. Die einzelnen Geschosse werden sinngemäß wie Parkplätze aufgeteilt. Dabei muss aber beachtet werden, dass außer dem Platz für die notwendigen lastübertragenden Teile auch Flächen für Treppenanlagen, Rampen und Technik- und Betriebsräume eingeplant werden. Da Parkbauten besonders bei Nacht nur ungern aufgesucht werden, ist für eine gute Übersicht auf dem Parkdeck und helle Beleuchtung Sorge zu tragen. Tiefgaragen sind wesentlich teurer als oberirdische Anlagen. Dafür muss bei letzteren auf eine gute städtebildliche Einbindung geachtet werden.

Die Ein- und Ausfahrten sind nicht nur unter technischen Gesichtspunkten zu entwerfen, sondern hängen in ihren Abmessungen stark von betrieblichen Faktoren ab. Zweckmäßige Betriebsformen und die davon abhängigen Dimensionierungen sind in den EAR ausführlich beschrieben. Sofern es sich um Parkbauten mit Einfahrtkontrolle handelt, muss dafür gesorgt werden, dass im Zufahrtbereich genügend Stauraum vorhanden ist.

Der Fahrverkehr in Parkbauten mit hohem Umschlagsgrad soll folgende Kriterien erfüllen:
- Führung als Einbahnverkehr,
- Kreuzungen oder Sackgassen vermeiden,
- das Verkehrssystem ist mit Linkskurven zu führen,
- einfahrende und ausfahrende Verkehrsströme dürfen sich nicht überlagern,
- deutliche Wegweisung,
- bei großen Parkbereichen Kennzeichnung durch Buchstaben, damit der Benutzer das Fahrzeug leicht wiederfindet.

Die *Rampen* in Parkbauten teilt man in vier Gruppen ein. Welche Form angewendet wird, richtet sich nach
- der Größe und Form des Grundstücks,
- der Aufteilung der Geschossflächen in Parkstände und Fahrgassen,
- der Verkehrsführung für Fahrzeuge und Fußgänger,
- der Anzahl der Parkstände,
- der Nutzungsart als Kurzpark- oder Mietparkplätze.

Je nach der Ausführungsform bezeichnet man die einzelnen Rampengruppen als Vollrampe, Halbrampe, Wendelrampe oder Parkrampe.

Von *Vollrampe* spricht man, wenn die Rampe einen geraden Lauf aufweist und dabei die volle Geschosshöhe im Parkbau überwindet. Solche Rampen sind sehr leistungsfähig und übersichtlich. Allerdings muss der Verkehr dann in den Geschossen durch Fahrgassen fahren, in denen er durch Rangiervorgänge ein- und ausparkender Fahrzeuge behindert wird.

Die *Halbrampe* verbindet Parkebenen miteinander, bei denen die Geschosse nur um halbe Stockwerkshöhe gegen einander versetzt sind. Sie wird allerdings sehr steil angelegt, um Platz zu sparen, erfordert aber beim Übergang in die senkrecht dazu angeordneten Fahrgassen maximale Lenkradeinschläge. Die Länge einer Halbrampe entspricht der Tiefe von zwei Parkständen und evt. der Dicke der tragenden Bauteile, auf die sich die verschieden hohen Geschoßdecken abstützen. Man verwendet sie in der Regel nur in kleinen Parkbauten. Ein Beispiel für eine Halbrampe im Zweirichtungsverkehr zeigt Bild 7.274.

Die *Wendelrampe* verbindet zwei Geschosse schraubengangförmig mit einander. Bei Einrichtungsfahrbahnen hat man die Möglichkeit, sie im Linksbogen sowohl für die Einfahrt wie für die Ausfahrt anzulegen. Das System zeigt Bild 7.275. Wird die Rampe im Zweirichtungsverkehr ausgeführt, muss ein Fahrzeugstrom die Rampe in der Rechtskurve befahren. Die beiden Fahrtrichtungen werden in der Mitte durch einen Sicherheitsstreifen zwischen Hochborden oder einen Schrammbord getrennt. Die Radien für die Wendelrampen sind von den Fahrzeugabmessungen bestimmt. Werden diese Maße unterschritten, so ist mit Beschädigungen großer Personenwagen durch Berühren der seitlichen Begrenzungen zu rechnen. Die Mindestabmessungen sind im Bild 7.272 abzulesen.

Die Steigung in der Wendelrampe ist abhängig von der Richtungsänderung innerhalb des Wendels. Bei eingängigen Wendelrampen wird durch eine volle Umdrehung das nächste Geschoss erreicht, bei zweigängigen wird der Höhenunterschied durch eine halbe Umdrehung überwunden. Letztere werden im Einrichtungsverkehr betrieben. Zweirichtungsverkehr ist in großen Parkbauten bei Wendelrampen nicht vorteilhaft, wenn ein hoher Umschlaggrad vorhanden ist.

Parkrampen erhalten Abmessungen, die auch im Rampenbereich das Parken neben der Fahrgasse zulassen. Durch die geringe Längsneigung sind solche Rampen bequem befahrbar, doch beeinträchtigen die Ein- und Ausparkvorgänge den Fahrverkehr. Parkbauten mit Parkrampen benötigen ein gutes Orientierungssystem wegen der großen Ausdehnung des Bauwerkes. Das System ist wegen der Flächenausnützung sehr wirtschaftlich.

Rampenneigung. Die *Längsneigung* von Rampen wird mit höchstens 15,0 % angelegt. Nur kurze Rampen in kleinen Parkbauten können ausnahmsweise bis 20,0 % Neigung bemessen werden. Parkrampen erhalten maximal 6,0 %, Rampen im Freien wegen der Glättegefahr bei schlechter Witterung höchstens 10,0 % Längsgefälle. Die Verkehrssicherheit kann hierbei durch Querriffelung, Beheizung oder Überdachung verbessert werden. In Wendelrampen gilt als Bezugsachse die Fahrstreifenachse.

Neigungswechsel zwischen Parkdeck und Rampe, deren Summe 8,0 % überschreitet, werden ausgerundet, damit die Fahrzeuge auf der Fahrbahn nicht aufsitzen. Bei Neigungswechseln bis 15,0 % kann man an Stelle einer Ausrundung einen doppelten Neigungswechsel vorsehen. Dazu lässt man die Rampe bei Kuppen auf eine Länge von 1,50 m zunächst um die Größe der halben Summe ansteigen und erhöht dann nochmals die Längsneigung auf das endgültige Steigungsmaß. Bei Wannen muss die Länge auf 2,50 m ausgedehnt werden.

7.9 Entwurf von Landstraßen

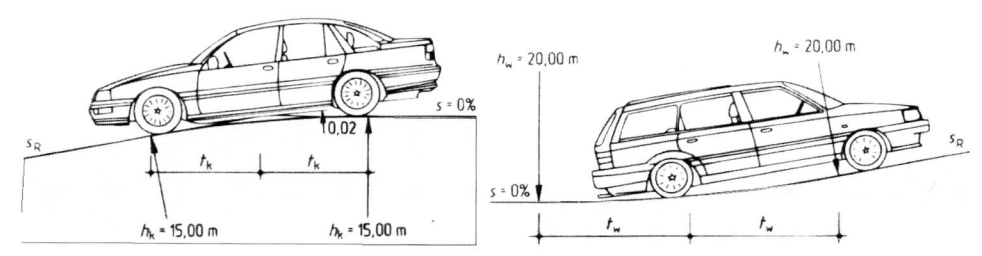

Bild 7.271 Ausrundung der Neigungswechsel von Rampen in Parkbauten

Fahrbahnbreite. Gerade Rampen im Einrichtungsverkehr werden 3,00 m breit angelegt, gerade Gegenverkehrsrampen erhalten 6,00 m Breite. Sofern dies erforderlich wird, trennt man beide Fahrstreifen durch einen Schrammbord von 0,50 m Breite. An der Seite werden 0,25 m Schrammbord angeordnet. Sollen die Rampe auch Fußgänger benutzen, muss einseitig ein Gehweg von 0,80 m Breite vorhanden sein.

Fahrgassen, die im Bogen befahren werden und gekrümmte Rampen werden so entworfen, dass der Radius des inneren Randes des Fahrstreifens nicht kleiner als r_i = 5,00 m gewählt wird.
Für die Berücksichtigung der Kurvenverbreiterung entnimmt man die Fahrbahnbreite der Tabelle 7.103. Zwischenwerte können dann interpoliert werden

Innenradius r_i in m	5,00	6,00	7,00	8,00	9,00	10,00
Fahrbahnbreite f in m	4,00	3,80	3,60	3,40	3,20	3,00

Tabelle 7.103 Fahrbahnbreiten in gekrümmten Rampen bei Einrichtungsverkehr

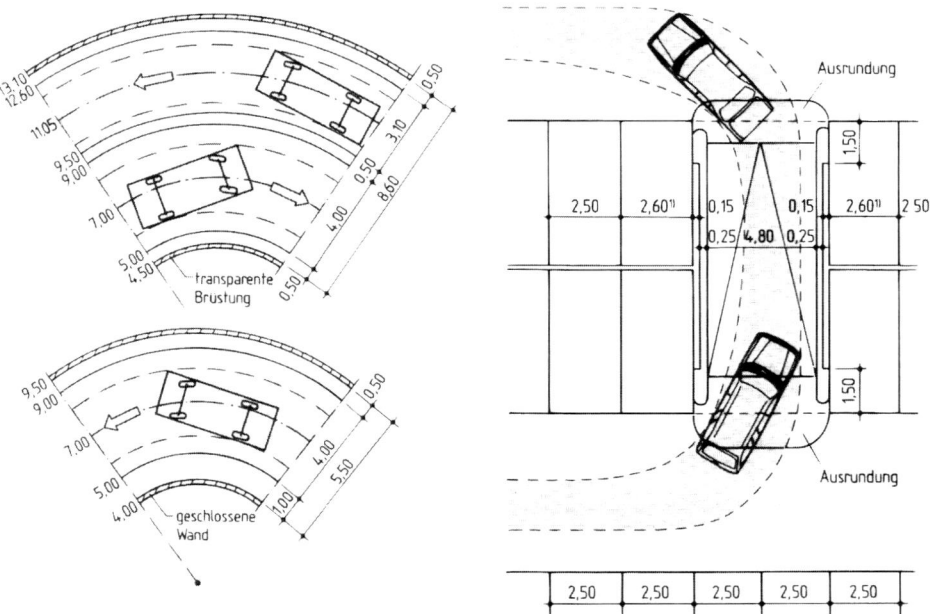

Bild 7.272 Mindestabmessungen für im Bogen geführte Rampen

Bild 7.273 Beispiel einer Halbrampe im Einrichtungsverkehr

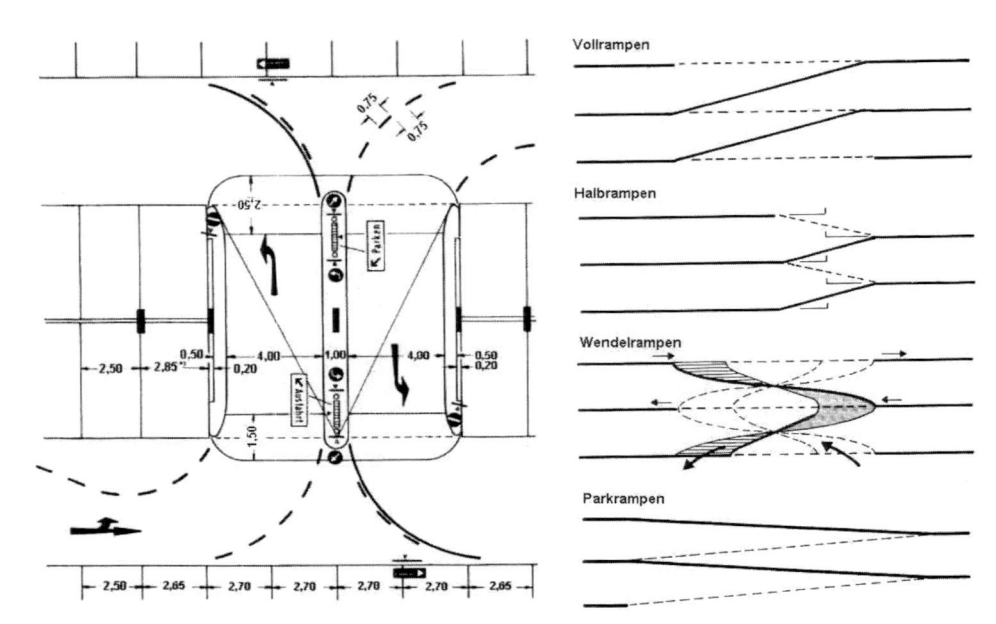

Bild 7.274 Halbrampe im Zweirichtungsverkehr als Linksverkehr

Bild 7.275 Systemskizze der Rampenformen

Als *Lichte Höhe* sind 2,10 m notwendig. Diese Höhe muss unter allen Einbauten vorhanden sein. Bei stärkeren Neigungswechseln sind 2,30 m einzuhalten. Vouten oder sonstige Einbauten dürfen in Bereichen niedriger herabgezogen sein, in denen keine Fahrzeuge durchfahren. Damit können bei vorwärts eingeparkten Fahrzeugen im Abstand von 0,75 m von der Vorderkante solche Teile bis auf 1,50 m Höhe vorhanden sein. Sie müssen dann aber durch schwarz-gelbe Schraffur besonders kenntlich gemacht werden.

Parkbauten wirken dann bequem und übersichtlich, wenn die Parkstände einschließlich der Fahrgassen freitragend überspannt sind. Das lässt sich bei Tiefgaragen, über denen Wohn- oder Geschäftshäuser errichtet werden, nicht immer durchhalten. Die erforderlichen Stützen sollen aber wenigstens 0,75 m von der Fahrgasse abgerückt stehen. Je weiter man sie abrückt, um so einfacher wird das Einparken.

Brüstungen oberirdischer Parkbauten müssen einmal den baurechtlichen Höhen für Geländer oder Brüstungen entsprechen. Sie sollen aber auch so ausgebildet werden, dass durch die Scheinwerfer bei Nacht die Nachbarschaft nicht belästigt wird.

Treppen, Fußgängerrampen und Aufzüge sollen die Wege zwischen Fahrzeug und Aufgang kurz halten. Sie sollten möglichst eine Breite von 1,50 m besitzen, damit sich Personen mit Gepäck ohne Schwierigkeiten begegnen können. Rampen für Rollstuhlfahrer werden nicht steiler als 8,0 % ausgeführt.

Aufsichtsräume ordnet man in der Nähe der Ausfahrten an. Andere Bereiche kann man durch Monitore und Videokameras überwachen. Die Räume sollen auch für die Parkhausbenutzer leicht erreichbar und auffindbar sein. An Kassenautomaten ist für Gepäckablagen zu sorgen, auf denen man beim Zahlvorgang Gepäckstücke abstellen kann.

Mechanische Parkanlagen sind in den EAR beschrieben.

7.9 Entwurf von Landstraßen

Oberflächenbefestigung. Gegenüber Fahrbahnen mit fließendem Verkehr werden Flächen auf Parkplätzen anders beansprucht. Einmal läuft der Verkehr langsam, zum anderen ist aber mit Tropfölen zu rechnen, die den Belag beeinflussen. In der Regel kann man die Oberflächen nach den "Richtlinien für die Standardisierung des Oberbaus von Verkehrsflächen - RStO" ausbilden. Gegen die Tropföle hilft oft das Versiegeln mit kraftstoffresistenter Schlämme. Bei Parkplätzen mit Pflaster muss damit gerechnet werden, dass die Tropföle durch die Fugen in die ungebundene Tragschicht oder sogar in den Untergrund gelangen.

Der Oberbau kann zwischen Fahrgasse und Abstellflächen verschieden dick ausgebildet werden, wenn dies wesentliche Einsparung bei den Kosten ergibt. Eine Änderung der Belagsart ist oft günstig für die Erkennbarkeit von Fahrgassen und Abstellflächen.

Um eine gute Entwässerung zu gewährleisten, müssen Abstellflächen mit der Neigung von $q = 2,5$ % versehen werden. Das führt bei großen Flächen dazu, dass dachförmige Parkstreifen entstehen. Günstig ist bei doppelt beparkten Flächen, die Hochpunkte als Grat zwischen die Parkstände zu legen und die Tiefpunkte am Rand der Fahrgasse anzuordnen. Eine Pflastermulde führt dort das Wasser den Schächten zu und dient gleichzeitig als optische Trennung In Parkbauten zwischen Parkstand und Fahrgasse.

können die Betondecken als unmittelbar befahrene Platten ausgeführt werden. Es ist aber notwendig, wegen der höheren Abgaskonzentrationen den Beton sorgfältig gegen Abplatzungen und Korrosionswirkungen des Betonstahls zu schützen. Da bei Regen große Mengen Wasser von den Fahrzeugen abtropfen, muss auf den Parkflächen die Neigung von $q = 2,0$ % vorhanden sein. Fugen und Anschlüsse von tragenden Bauteilen sind sorgfältig abzudichten.

Da im Parkhaus nur geringe Wassermengen anfallen, kann mit offenen oder durch Roste abgedeckten Rinnen gearbeitet werden. Wegen eingeschlepptem Sand oder Streusplitt müssen alle Entwässerungseinrichtung gut zugänglich für die Reinigung sein. Bei Rampen im Freien muss das Regenwasser am Übergang zum Bauwerk abgefangen werden, wenn es in das Gebäude hineinfließen kann.

7.9.6 Anlagen des Öffentlichen Nahverkehrs

Allgemeines
Fahrzeuge des ÖPNV können auf Stadtstraßen entweder auf der Fahrbahn im Individualverkehr oder auf besonderen ÖPNV-Fahrstreifen verkehren. Für Straßenbahnen sollen eigene Bahnkörper angelegt werden, um einen möglichst ungehinderten Verkehrsablauf der Bahnen zu garantieren. Dies gilt besonders für Straßen mit mehr als zwei Fahrstreifen. Nur bei engen Verhältnissen legt man die Gleise direkt in die Fahrbahn.

Fahrstreifen, die nur dem ÖPNV dienen, findet man in der Regel in Hauptverkehrsstraßen. Sie sind dann den Straßenbahnen oder Linienbussen vorbehalten. Die Sonderfahrstreifen können entweder in Mittellage oder an der Außenseite der Fahrbahn angeordnet werden.

Liegt der Fahrstreifen für den ÖPNV in der Mitte des Verkehrsraumes, kann der Verkehrsablauf dieser Fahrzeuge nicht durch haltende Kfz gestört werden. In Seitenlage muss verhindert werden, dass auf den Sonderfahrstreifen Fahrzeuge weder parken, liefern oder laden. Wechselt der Sonderfahrstreifen von der Mittel- in die Seitenlage (oder umgekehrt), muss dies wegen der Verkehrssicherheit immer unter Signalschutz erfolgen.

Benutzen Straßenbahn und Kraftfahrzeugverkehr die Fahrbahn gemeinsam, legt man die Gleise in die Mitte höhengleich mit dem Fahrbahnbelag. Um den ÖPNV zu beschleunigen, ist der Einsatz der dynamischen Straßenraumfreigabe zu prüfen.

Sonderfahrstreifen für schienengebundene Fahrzeuge
In der Regel liegt der Bahnkörper für die Straßenbahn in der Straßenmitte. Die Seitenlage ist in Sonderfällen möglich. Die Elemente der Linienführung sind nach den BOStrab – Trassierungsrichtlinien zu wählen. Dürfen auch Linienbusse den Bahnkörper mitbenutzen, sind die Bedingungen für deren Verkehrsraum ebenfalls maßgebend.

Bahnkörper mit geschlossenem Oberbau werden mit der für den Straßenoberbau üblichen Bauweise als Asphalt-, Beton- oder Pflasterdecke hergestellt. Die Trennung von den Fahrstreifen des motorisierten Verkehrs erfolgt durch Bordsteine.

Bahnkörper mit geschottertem Oberbau können bei anbaufreien Hauptverkehrsstraßen ausgeführt werden. Für Fußgänger und Radfahrer sind dann genau begrenzte Überquerungsstellen anzulegen. Die Ausführung als Schotterrasen oder das Einbringen von Humus mit Raseneinsaat bietet eine weitere Alternative der Stadtbildgestaltung.

Sonderfahrstreifen für Busse
Liegt der Sonderfahrstreifen in Mittellage, sind Beeinträchtigungen durch widerrechtlich parkende oder haltende Fahrzeuge auf dem Sonderfahrstreifen nicht zu erwarten. Wird der Sonderfahrstreifen an der Außenseite der Fahrbahn angelegt, ist es zweckmäßig, für den Liefer- und Anliegerverkehr eigene Straßenräume zu schaffen. Der Vorteil der Seitenlage besteht im Haltestellenbereich. Die Fahrgäste können hier direkt im Gehwegbereich warten, ein- und aussteigen, ohne Fahrstreifen überqueren zu müssen. Radfahrer sind neben Bussonderfahrstreifen auf getrenntem Radweg zu führen. In Sonderfällen ist zu prüfen, ob Radfahrer den Sonderfahrstreifen oder den Gehweg mitbenutzen können.

Die Breite des Sonderfahrstreifens wird von den Abmessungen des Busses abgeleitet. Im Regelfall ist b_S = 3,50 m. Ist nicht genügend Platz vorhanden, kann diese Breite bis auf 3,00 m reduziert werden.

Haltestellen
Die Lage von Haltestellen muss für die Verkehrsteilnehmer gut sichtbar sein. Die Abstände zwischen diesen sollen eine Erreichbarkeit auf kurzem Wege sicherstellen. Meist werden sie im Knotenpunktsbereich angelegt, um die Haltestelle mit den Überquerungsstellen und evt. mit dem Umsteigeverkehr ohne lange Wege zu verbinden. Die Anlage vor oder hinter der Kreuzung hängt von den örtlichen Gegebenheiten ab. Gute Sicht auf die Haltestelle ist gegeben, wenn sich der Haltestellenbereich in einer Geraden befindet. Die Längsneigung soll s = 5,0 % nicht überschreiten.

Die Bushaltestelle hinter dem Knotenpunkt hat den Vorteil, dass besonders bei zweistreifigen Fahrbahnen und einer Halttestellenbucht der abfließende Verkehr kaum behindert wird. Für Fußgänger besteht außerdem die Möglichkeit, hinter dem Bus die Fahrbahn zu überqueren und gleichzeitig den Fahrverkehr in gleicher Richtung zu beobachten.

Liegt die Haltestelle mit Busbucht oder Sonderfahrstreifen vor dem Knotenpunkt, ist bei Lichtsignalregelung die Möglichkeit gegeben, dem Bus mit einem Vorrangsignal freie Fahrt zu geben, so dass er vor dem Individualverkehr den Knotenpunkt überquert.

Haltestellen für Straßenbahnen in Seitenlage erfordern Haltestellenkaps. Der fließende Kraftfahrzeugverkehr wird dabei durch die haltende Straßenbahn allerdings gestaut. Der Vorteil ist aber, dass die Straßenbahn vor den übrigen Verkehrsteilnehmern fährt.

7.9 Entwurf von Landstraßen

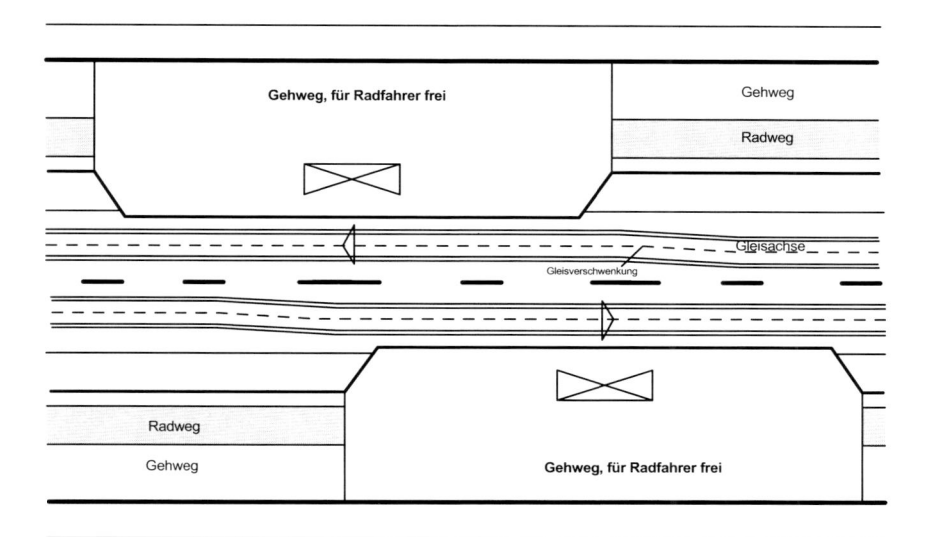

Bild 7.276 Haltestellenkap für Straßenbahn in Seitenlage

Haltestellenkaps für Busse entstehen durch Unterbrechen des Parkstreifens. Der Bordstein wird bis an den Fahrbahnrand herangezogen und ermöglicht dadurch ein genaues Anfahren des Busses und ein bequemes Ein- und Aussteigen. Vorteilhaft ist ein Kap wegen der geringen Länge, da keine Flächen für das Ein- und Ausfahren benötigt werden. Außerdem entsteht eine große Wartefläche. Der Radverkehr ist in diesem Bereich leicht zu führen.

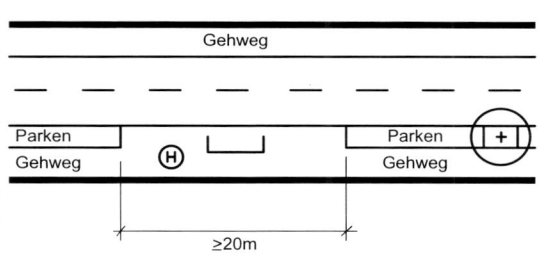

Bild 7.277 Haltestellenkap für Gelenkbusse

Bushaltestellen am Fahrbahnrand sind oft ohne größere Warteflächen vorhanden. Meist dient dafür nur der Gehweg. Die Haltestelle ist durch Markierungen mit Halteverbot freizuhalten.

Bushaltebuchten sind vorteilhaft bei hohen Verkehrsstärken oder dann, wenn die Haltezeit des Busses einen Stau der folgenden Fahrzeuge hervorrufen würde. Haltebuchten im Knotenpunktsbereich vor der einmündenden oder kreuzenden Straße haben den Vorteil, dem Bus eine Freigabe durch Signalregelung geben zu können, ehe der gleichgerichtete Individualverkehr anfahren darf. Hinter dem Knotenpunkt ist die Ausfahrt aus der Haltebucht günstig, wenn der Querverkehr freigegeben ist. Die Regelmaße einer Busbucht entnimmt man Tabelle 7.104

Haltestellen in Mittellage für Straßenbahnen oder Busse liegen meist in der Knotenpunktszufahrt. Dafür entwirft man eine mindestens 2,50 m breite Haltestelleninsel, damit für wartende Fahrgäste genug Warteraum zur Verfügung steht. Die Haltelinien am Knotenpunkt müssen so gelegt werden, dass vor der haltenden Bahn oder dem Bus noch die Fußgängerfurt angelegt werden kann. Damit ist dann auch meist das Sichtfeld für die Linksabbieger gesichert. Allgemein sollten an solchen Knotenpunkten Lichtsignale den Verkehr regeln, um dem Öffentlichen Nahverkehr den Vorrang geben zu können

Bild 7.278 Bushaltestelle am Fahrbahnrand

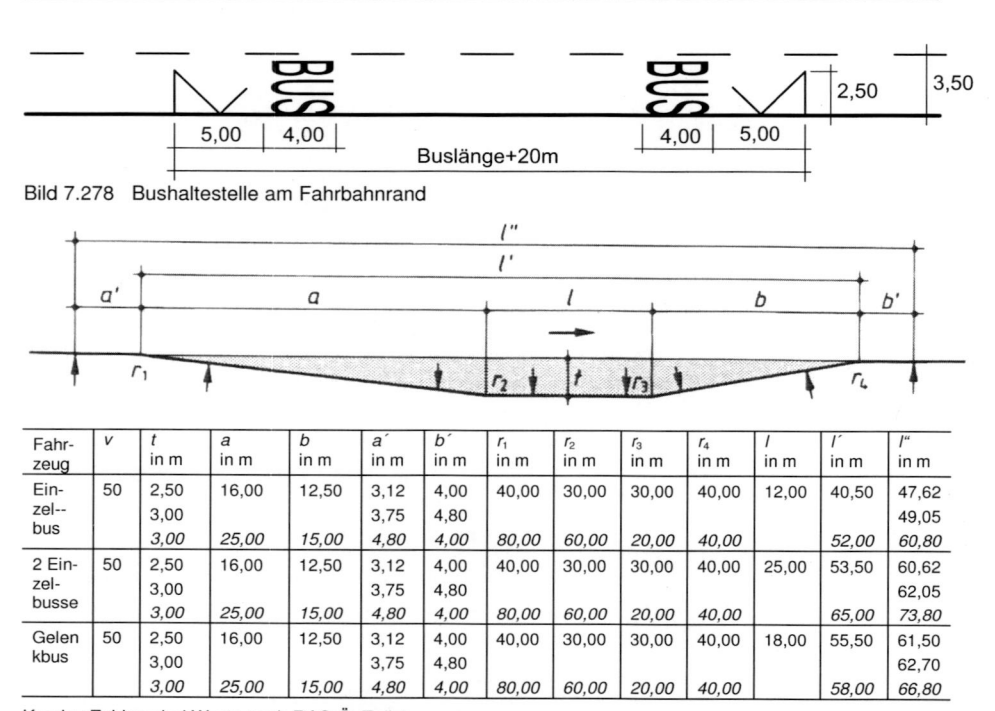

Fahr-zeug	v	t in m	a in m	b in m	a´ in m	b´ in m	r_1 in m	r_2 in m	r_3 in m	r_4 in m	l in m	l´ in m	l´´ in m
Ein-zel-bus	50	2,50 3,00 *3,00*	16,00 *25,00*	12,50 *15,00*	3,12 3,75 *4,80*	4,00 4,80 *4,00*	40,00 *80,00*	30,00 *60,00*	30,00 *20,00*	40,00 *40,00*	12,00	40,50 *52,00*	47,62 49,05 *60,80*
2 Ein-zel-busse	50	2,50 3,00 *3,00*	16,00 *25,00*	12,50 *15,00*	3,12 3,75 *4,80*	4,00 4,80 *4,00*	40,00 *80,00*	30,00 *60,00*	30,00 *20,00*	40,00 *40,00*	25,00	53,50 *65,00*	60,62 62,05 *73,80*
Gelenkbus	50	2,50 3,00 *3,00*	16,00 *25,00*	12,50 *15,00*	3,12 3,75 *4,80*	4,00 4,80 *4,00*	40,00 *80,00*	30,00 *60,00*	30,00 *20,00*	40,00 *40,00*	18,00	55,50 *58,00*	61,50 62,70 *66,80*

Kursive Zahlen sind Werte nach RAS-Ö, Teil 2

Tabelle 7.104 Abmessungen von Busbuchten

Fußgänger- und Radverkehrsflächen. Straßenbegleitende Gehwege sind bei Straßen mit Trennprinzip immer notwendig. Gehwege, die durch Parkanlagen oder hinter den Grundstücken geführt werden, nehmen die Bewohner nachts auch bei ausreichender Beleuchtung nicht an. Die begleitenden Gehwege erhalten mindestens eine Breite von 2,00 m. Sie setzt sich zusammen aus der Mindestbreite von 1,50 m und 0,50 m Schutzabstand zur Fahrbahn. Bei Straßen mit Mischprinzip ordnet man ebenfalls Gehstreifen an, die durch Abgrenzungen wie Pfosten, Poller, Grünflächen oder Bäume abgesichert werden und die Eingangsbereiche der Häuser freihalten. In Baugebieten mit einer Geschoßflächenzahl GFZ = 0,6 und in Bereichen mit großem Fußgängerverkehr sollten Gehwege auf mindestens 3,00 m verbreitert werden.

Selbständig geführte Geh- und Radwege erhalten in angemessenen Abständen platzartige Aufweitungen, um Bepflanzungs- und Ruheräume für die Benutzer zu schaffen. Unter Berücksichtigung der Nutzungsbedingungen ergeben sich Richtwerte für Fußgänger- und Radverkehrsflächen, die in Tabelle 7.106 zusammengestellt sind.

Bebauung	Länge in m
ein- bis zweigeschossig	80
dreigeschossig	60
vier- und mehrgeschossig	50

Tabelle 7.105 Längen nicht befahrener Wohnwege

Nicht befahrbare Wohnwege erschließende Grundstücke, sollen aber vom Kraftverkehr nicht befahren werden. Ihre Länge soll die Werte der Tabelle 7.105 nicht überschreiten.

7.9 Entwurf von Landstraßen

Wohnwege werden in der Regel auf 1,50 m bis 2,00 m Breite befestigt. Auch Spurwege zum Befahren mit Möbelwagen oder Müllfahrzeugen sind möglich

Versätze sind Gestaltungselemente, die in sich geschlossene Teilräume einer Straße bilden, Kraftfahrer zu langsamer Fahrweise veranlassen und sich auf unmittelbar überschaubare Nahbereiche konzentrieren. Ihre Wirkung soll mit der Bebauung oder Bepflanzung harmonieren. Oft lässt sie sich durch seitlich angeordnete Stellflächen erzielen, die durch Strauch- oder Baumpflanzung unterbrochen werden. Hierbei sind senkrechte Elemente zur Betonung des Versatzes eine gute Erkennungshilfe.

Versätze verhindern den Überblick über die gesamte Straßenausdehnung. Um diese Wirkung zu erzielen, engt man den Fahrraum auf die unbedingt notwendige Straßenbreite ein. Durch abwechselnde Anordnung der Parkstände auf der einen oder anderen Seite der Fahrbahn entstehen die gewünschten Sichtbremsen. In Altbaugebieten mit breiteren Straßenzügen können oft auch die vorhandenen Gehwege verbreitert, Radwege angelegt oder Grünstreifen angeordnet werden. Manchmal läßt sich sogar ein befestigter zusätzlicher Sicherheitsstreifen als Haltestreifen für Lieferverkehr nutzen.

An Knotenpunkten lassen sich Versätze verkehrstechnisch leicht anordnen. Bei größeren Knotenpunktsabständen ordnet man dazwischen kurze Versätze mit fahrdynamischer Wirkung oder lange als Fahrbahnverschwenkung an. Die Bilder 7.279 und 7.280 zeigen Beispiele für die Ausführung von Versätzen, dem Bild 7.281 können Abmessungen entnommen werden.

Versätze können bei Fahrgassen auch als Ausweichstellen dienen. Beim Begegnungsfall Lkw/ Lkw muss die Versatzlänge l_v mindestens 15,00 m betragen.

Einengungen haben ähnliche Wirkung wie Versätze und sollen den Kraftfahrer zum Einhalten niedriger Geschwindigkeiten veranlassen. Die Einengung erzielt man durch Hereinführen der Bordsteine in den Fahrbereich oder durch Verengen der Fahrbahn mit Hilfe eines Mittelteilers. Dadurch entstehen für den Kraftfahrer "optische Bremsen", für den Fußgänger kurze Überquerungsstrecken. Werden zur Verdeutlichung der Einengung Bäume gepflanzt, so muss man auf gute Sichtverhältnisse Wert legen, um den Sichtkontakt zu ermöglichen. Die Einengung soll bei Nacht durch ausreichende Beleuchtung kenntlich gemacht werden. Einengung auf eine Spur kann aber durch Anhalten und erneutes Anfahren wartender Fahrzeuge zu Lärm- und Abgasbeeinträchtigungen führen.

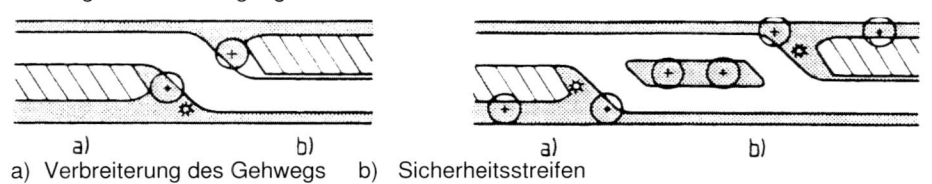

a)   b)   a)   b)
a) Verbreiterung des Gehwegs b) Sicherheitsstreifen

Bild 7.279 Einfacher und doppelter Versatz auf Strecken zwischen Knotenpunkten

Teilaufpflasterungen erleichtern Fußgängern und Radfahrern das Überqueren der Fahrbahn. Sie veranlassen den Kraftfahrer optisch und fahrdynamisch zum Herabsetzen der Geschwindigkeit. Ihre Anordnung erfolgt im Zuge der Hauptrichtungen der Wege für den Geh- und Radverkehr. Die Anwendung ist bei Knotenpunkten, Versätzen, beim Übergang zu höherrangigen Straßen mit höherer zulässiger Geschwindigkeit, aber auch an Punkten zwischen den Knotenpunkten möglich. Eine Teilpflasterung beim Übergang zur höherrangigen Straße sollte 5,00 m bis 10,00 m vor der übergeordneten Straße liegen. So können abbiegende oder querende Fahrzeuge günstig beschleunigen und kommen auf der höherrangigen Straße nicht zum Stehen, wenn sie die Rampensteigung der Aufpflasterung überwinden wollen. Außerdem kann der Eindruck nicht entstehen, dass der Gehweg über die einmündende Straße bevorrechtigt ist. Beispiele für eine Teilaufpflasterung sind in Bild 7.283 angegeben.

	Querschnitt [1] (Klammerwerte: Mindestmaße in bestehenden Baugebieten bzw. bei beengten Verhältnissen)	Richtwerte der Entwurfselemente				
		min r_i in m	max s^2) in %	min h_K in m	min h_w in m	Lichte Höhe min in m
straßenbegleitender Gehweg	≥2,25; ≥0,50 (≥0,75)[9] ≥0,25[5] ≥1,50		6 (12)[8]			2,50
straßenbegleitender Radweg	≥0,75[5] 2,00 ≥0,25[5] (≥0,50) (1,50) ≥1,50 (1,00)	10 (2)[7]	wie entsprechende Straßenart	30	10	2,50
gemeinsamer Geh- und Radweg	≥0,75[5] 2,50 ≥0,75[5] (≥0,50) (2,00) (≥0,50)	10 (2)[7]	3 (4 auf < 250 m)[8] (8 auf < 30 m)[8]	30	10	2,50
Fahrradstraße	≥0,75[5] 4,00 ≥0,75[5] (≥0,50) (≥0,50)	10 (2)[7]	3 (4 auf < 250 m)[8] (8 auf < 30 m)[8]	30	10	2,50
selbständig geführter Gehweg	≥0,75[5] ≥0,25[5] (≥0,50) ≥1,50		6 (12)[8]			2,50
selbständig geführter Radweg	≥0,75[5] 2,00 ≥0,25[5] (≥0,50) (1,50)	10 (2)[7]	3 (4 auf < 250 m)[8] (8 auf < 30 m)[8]	30	10	2,50
nichtbefahrbarer Wohnweg[3]	≥3,00[4] 2,00 (1,50)		6 (12)[8]			3,50 (2,50)

[1] geringfügige Abweichungen von den Breitenmaßen können wegen der Plattenmaße erforderlich werden
[2] s_{min} = 0,5 % (Entwässerung)
[3] Länge der nicht befahrenen Wohnwege: 1 bis 2 Geschosse ≤ 80,00 m
　　　　　　　　　　　　　　　　　　　3 Geschosse ≤ 60,00 m
　　　　　　　　　　　　　　　　　　　4 und mehr Geschosse ≤ 50,00 m
[4] bei Trennkanalisation 4,00 m bis 4,50 m
[5] sonstige Breitenzuschläge beachten. Durchlaufende Baumreihen erfordern 2,50 m, breite Pflanzstreifen.
[6] Zweirichtungsverkehr nur in Ausnahmefällen
[7] Ausrundungsradius in Knotenpunktsbereichen
[8] in Ausnahmefällen
[9] bei Aufnahme von Lichtmasten, Schaltkästen u. ä.

Abkürzungen: F = Fußgänger　　R = Radfahrer　　r_i = Kurvenradius　　s = Längsneigung
　　　　　　h_k = Kuppenausrundungshalbmesser　　h_w = Wannenausrundungshalbmesser

Tabelle 7.106　Richtwerte für Fußgänger und Radverkehrsflächen

7.9 Entwurf von Landstraßen

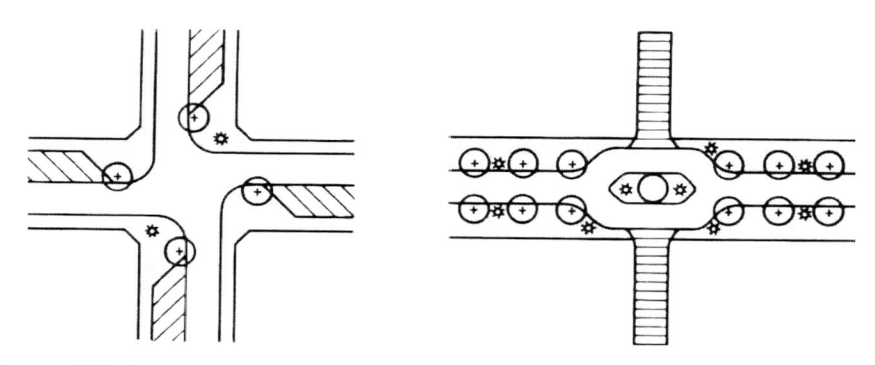

Bild 7.280 Einfacher und doppelter Versatz in Knotenpunkten

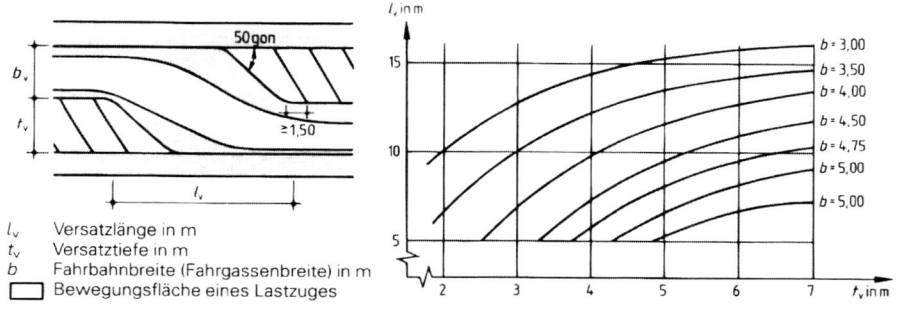

l_v Versatzlänge in m
t_v Versatztiefe in m
b Fahrbahnbreite (Fahrgassenbreite) in m
☐   Bewegungsfläche eines Lastzuges

Bild 7.281 Abmessungen fahrdynamisch wirksamer Versätze

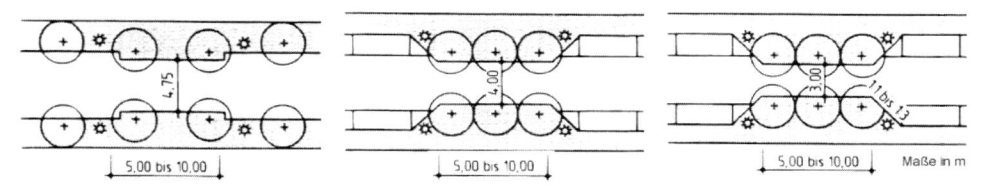

Bild 7.282 Beispiele für Einengungen

Einsatzbereich	fahrdynamische Geschwindigkeitsdämpfung	Befahrbarkeit durch	
		Standardlinienbus	Gelenkbus
Rampenneigung	1:7 bis 1:10	1:25 und flacher	
horizontale Mindestlänge in m	5,00	7,00	12,00

Tabelle 7.107 Maße für Teilaufpflasterung zur Geschwindigkeitsdämpfung

Beträgt die Höhendifferenz zwischen der Teilaufpflasterung und dem Rand der einmündenden Straße 0,03 m, können Sehbehinderte den Rand ertasten.

Schwellen wirken nur an der Einbaustelle. Sie müssen zur Geschwindigkeitsdämpfung in einer Folge < 80,00 m wiederholt werden. Nach dem Überfahren soll die nächste Schwelle bereits erkennbar sein. Außerdem müssen folgende Bedingungen erfüllt sein:
- die Verkehrsbelastung soll ≤ 70 Kfz/Spitzenstunde sein,
- der Schwerverkehr muss sehr gering sein,
- es darf kein öffentlicher Nahverkehr in der Straße verkehren,
- ein intaktes Wohnumfeld soll vorhanden sein.

Die Schwellen werden ausgebildet als Kreissegmente, deren Sehnenlänge 3,60 m und deren Stichmaß 0,10 m beträgt. Eine andere Form der Schwelle ist der sog. "Delfter Hügel".

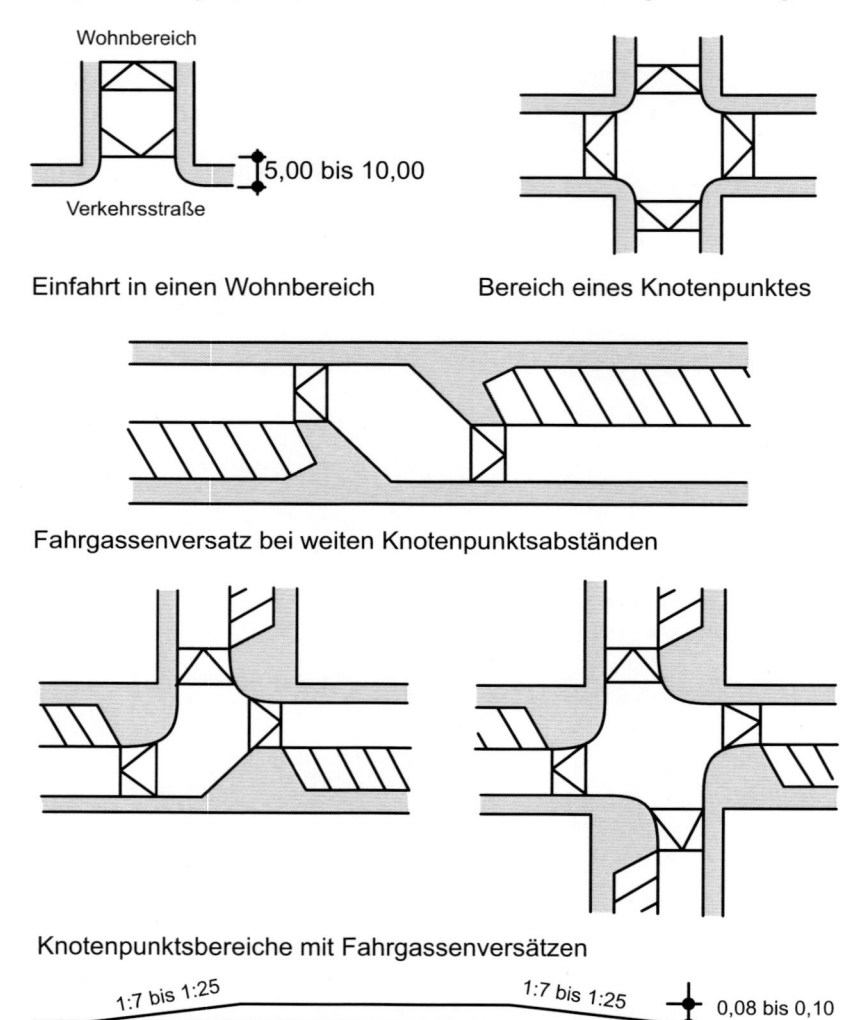

Einfahrt in einen Wohnbereich

Bereich eines Knotenpunktes

Fahrgassenversatz bei weiten Knotenpunktsabständen

Knotenpunktsbereiche mit Fahrgassenversätzen

Bild 7.283 Abmessungen und Anordnung von Teilaufpflasterungen

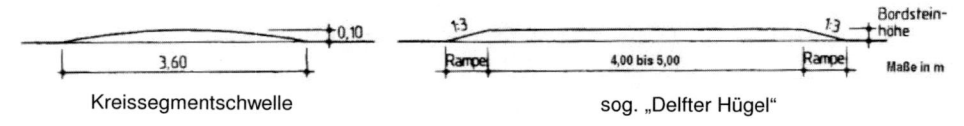

Kreissegmentschwelle

sog. „Delfter Hügel"

Bild 7.284 Konstruktion der Kreissegmentschwelle und des "Delfter Hügels"

7.9 Entwurf von Landstraßen

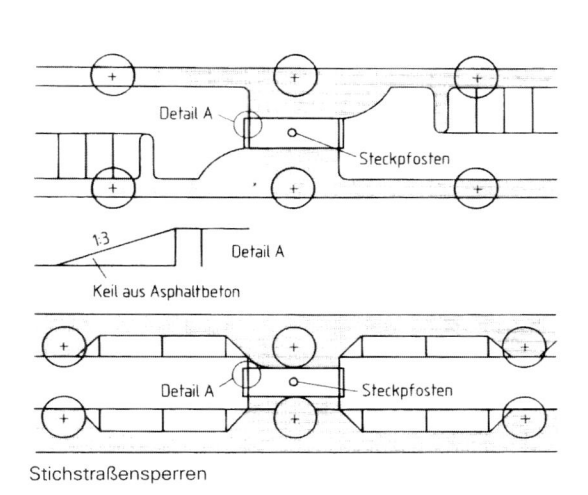

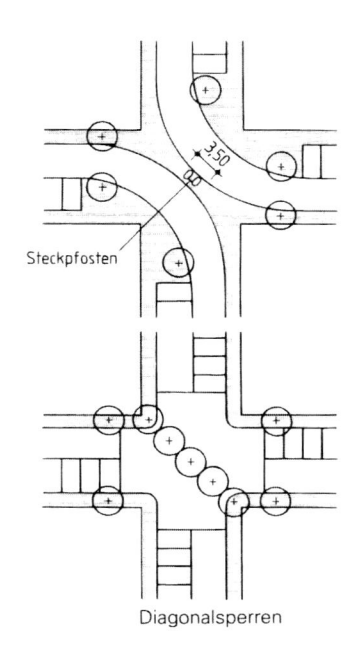

Bild 7.285 Beispiele für Stichstraßen- und Diagonalsperren

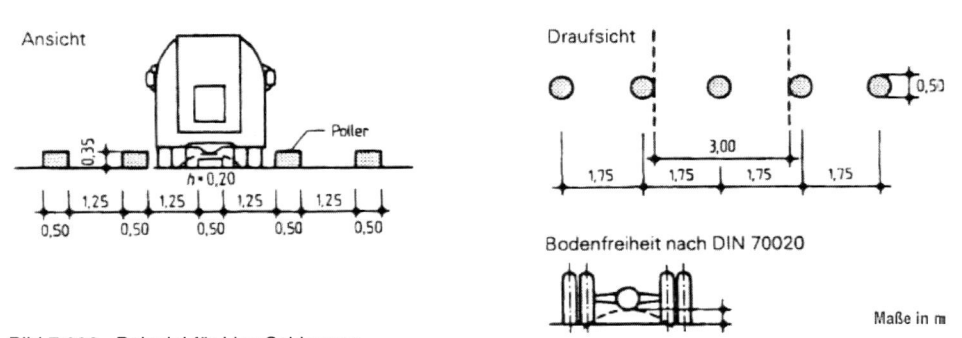

Bild 7.286 Beispiel für Lkw-Schleusen

Sperren müssen bei Tag und Nacht eindeutig erkennbar sein. Deshalb muss neben der Bepflanzung auch für die notwendige Beleuchtung gesorgt werden. Fußgängern, Rad- und Mopedfahrern müssen durch bauliche Gestaltung Wege durch die Sperre offen gehalten werden.

Die Überfahrten sollen durch Pfosten, Poller oder Bepflanzung zwar den Kraftfahrzeugverkehr verhindern, doch kann durch Steckpfosten oder eine *Lkw-Schleuse* die Durchfahrt für den Straßenunterhaltungsdienst oder Notdienstfahrzeuge gesichert werden.

7.9.7 Ausstattung von Stadtstraßen

Borde. Die Führung im Fahrraum erzeugt ein Gefühl der Sicherheit für alle Verkehrsteilnehmer und weist den Verkehrsarten bestimmte Bewegungsräume zu. Nur bei Mischflächen ist dieses Prinzip durchbrochen.

Die Abgrenzung des Straßenraumes erfolgt in der Regel durch *Borde*. Die Höhe der Borde über der Fahrbahn richtet sich nach der Bedeutung des Verkehrsweges und der Funktion. Die Bordhöhe soll 0,15 m nicht überschreiten. Richtwerte für Bordhöhen enthält Tabelle 7.108.

Bordhöhe in m	angeordnet bei
0,12 bis 0,15	Trennung von Fahrbahn und Gehweg, Radweg oder Grünstreifen an anbaufreien Hauptsammelstraßen und angebauten Hauptsammelstraßen mit großem Stellplatzbedarf
0,08 bis 0,10	Trennung von Fahrbahn und Gehweg, Radweg oder Grünstreifen, Trennung von Parkstreifen und Gehweg, Radweg oder Grünstreifen an angebauten Sammelstraßen und angebauten Hauptsammelstraßen mit geringem Stellplatzbedarf
0,06 bis 0,08	Trennung von Fahrbahn und Gehweg, Radweg oder Grünstreifen, Trennung von Parkstreifen und Gehweg, Radweg oder Grünstreifen an Anliegerstraßen und angebauten Sammelstraßen mit geringem Stellplatzbedarf
0,02 bis 0,03	Gehwegüberfahrt, Trennung von Fahrbahn und Parkstreifen, Bordabsenkung an Überquerungsstellen für Radfahrer (Kante abrunden)
0,00 bis 0,02	Rasenkantenstein zur Trennung von Gehweg und Grundstück, Schrammbord und Grundstück, Grünfläche und Geh- oder Radweg, Gehweg von Radweg

Tabelle 7.108 Bordhöhen im bebauten Bereich

Im Bereich von Knotenpunkten und bei Grundstückszufahrten werden Borde an der Fahrbahn abgesenkt (Bild 7.287 und 7.288). Wird dabei die Höhe bis auf das Niveau des Fahrbahnrandes herabgezogen, ergibt das zwar einen guten Übergang für Radfahrer, aber Sehbehinderte können die Begrenzung nur schwer wahrnehmen. Außerdem geht die Führung des Straßenwassers in diesem Bereich verloren. Das kann zu Pfützenbildung und unerwünschter Spritzbelästigung führen.

Beleuchtung. Die Beleuchtung der Straße richtet sich nach verkehrstechnischen und gestalterischen Gesichtspunkten. Dazu sind beleuchtungstechnische und wirtschaftliche Faktoren zu beachten. Hauptverkehrsstraßen mit einer Belastung > 1500 Kfz/h leuchtet man hell, blendungsfrei und gleichmäßig aus. Dabei versucht man auch, durch die Leuchtenanordnung *Lichtbänder* zu erzeugen, die die Linienführung der Straße bei Nacht leicht erkennen lassen. Hauptverkehrsstraßen mit einer Belastung < 800 Kfz/h. Erschließungsstraßen und Seitenräume verlangen in hohem Maße die Beachtung gestalterischer Gesichtspunkte. Lichtbänder sind hier nicht erforderlich. Charakter und Bebauung an der Straße sowie die Verkehrssicherheit auf Wegen und Freiflächen treten in den Vordergrund.

Als Ziele der Beleuchtung in Wohngebieten sind zu berücksichtigen
- gleichmäßiges Ausleuchten der Verkehrsflächen trotz Baumbestandes,
- die Übersicht über den Straßenraum,
- die Erleichterung der Orientierung,
- Verbesserung des Schutzes vor Belästigungen und Überfällen,
- Gewährleistung der Sicherheit des Verkehrsablaufes.

Deshalb müssen die Leuchten so angeordnet werden, dass auch bei Nässe Hindernisse auf der Fahrbahn und querende Verkehrsteilnehmer erkennbar sind. Die Lichtmasten dürfen dabei keine Gefahrenpunkte durch Einschränkung des Lichtraumes bilden. Andererseits soll durch die Anordnung der Leuchten auch der Gehweg ausreichend erhellt werden.

7.9 Entwurf von Landstraßen

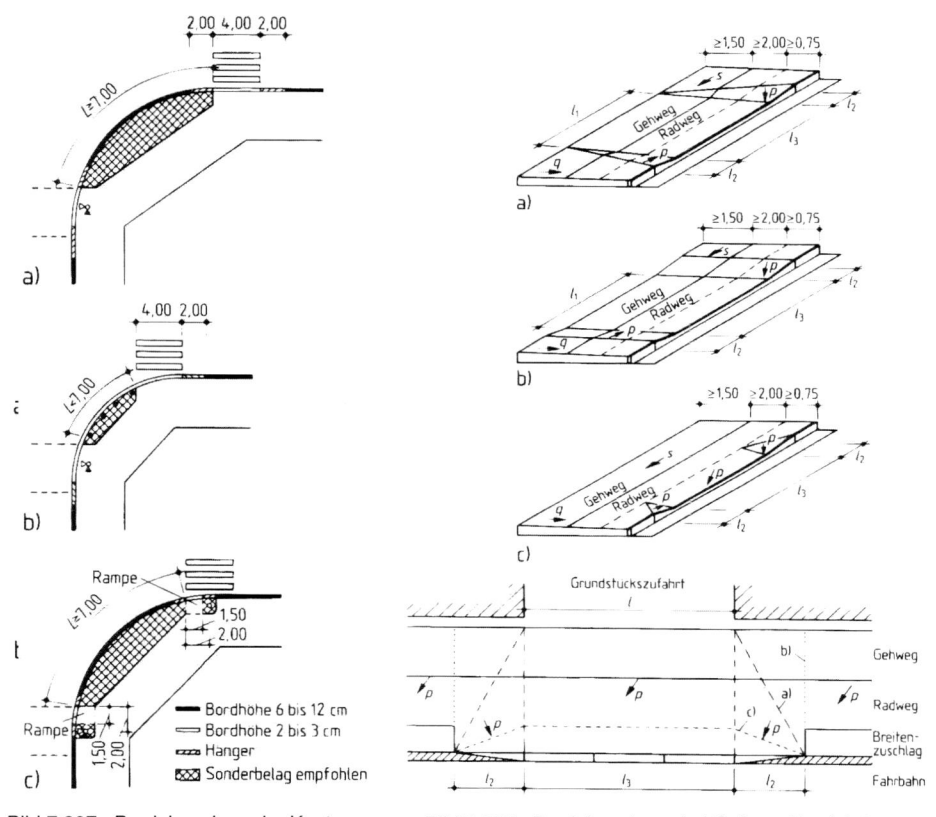

Bild 7.287 Bordabsenkung im Knotenpunkt

Bild 7.288 Bordabsenkung bei Gehwegüberfahrten

Grünpflanzungen tragen in bebauten Gebieten wesentlich zur Auflockerung und Verbesserung des Umfeldes bei. Sie werden gebildet durch Bäume, Hecken und Sträucher, Pflanzflächen und Grünstreifen sowie Fassadenbegrünung.

Bäume kann man als Alleepflanzung oder Baumgruppe auf Pflanzflächen anordnen. Hierbei ist auf einen ausreichenden Pflanzraum zu achten, der bei engen Verhältnissen durch Sicherung der Pflanzscheiben gegen Befahren und Verdichten des Mutterbodens gesichert werden muss.

Außerdem ist der Pflanzraum gegen das Eindringen von Schadstoffen aus dem Straßenraum (Streusalz, Tropföl) zu schützen. Die Verkehrssicherheit erfordert das Einhalten von Mindestabständen zwischen Verkehrsraum und Stammmitte. Auch Beleuchtungsmasten oder Leitungen (Freileitung, Telefon- und Energiever- sorgungskabel, Wasser, Gas, Abwasser) beeinflussen die Baumpflanzung an der Straße, da bei Reparaturarbeiten oft der Wurzelballen beschädigt wird. Die Min- destabstände entnimmt man Tabelle 7.109.

In Altbaugebieten lassen sich diese Abstände manchmal nicht einhalten. Wenn eine wasser- und luftdurchlässige Fläche von mindestens 4,00 m² nicht angelegt werden kann, müssen die Lebensbedingungen der Bäume durch besondere Maßnahmen wie Befestigung mit durchlässigen Formsteinen oder Gittern, Bewässerungseinrichtungen, Leer- oder Schutzrohren verbessert werden. Der verantwortungsbewusst planende Ingenieur strebt hierbei eine enge Zusammenarbeit mit dem Landschaftsplaner an.

Bäume sind Bestandteile der Raumplanung und dienen
- der Raumbildung,
- der Straßenraumgliederung, besonders durch Unterbrechen von Parkstreifen, Verdeutlichen von Einengungen, Mittelinseln oder Kreisverkehrsplätzen,
- Betonung besonderer Seitenräume und zur Platzgestaltung.

Abstandsbedingung	Mindestabstand in m
Radweg	0,50
Fahrbahn-, Fahrgassenrand	1,00
begehbarer Kabeltunnel	1,50
unterirdische Leitungen	2,00
Gebäude	3,00 bis 6,00 [1]
Leuchten	3,00

[1] je nach Kronendurchmesser des Baumes

Tabelle 7.109 Mindestabstand der Bäume von Einbauten

Bei der Auswahl der Baumarten ist neben den Standortverhältnissen auch der Pflegeaufwand zu berücksichtigen. Die Lichte Höhe der Verkehrsräume ist zu beachten. Für den Kraftfahrzeugverkehr sind 4,50 m freizuhalten, bei Geh- und Radwegen genügen meist 2,50 m. Da der Wurzelraum sich unterirdisch ausbreitet, muss auf die Lage der Ver- und Entsorgungsleitungen geachtet werden. Werden diese vom Wurzelwerk umfasst, ergeben sich Probleme bei notwendigen Reparaturarbeiten. Bei der Bepflanzung ist die Beratung und Mitarbeit des Landschaftsarchitekten von großem Vorteil.

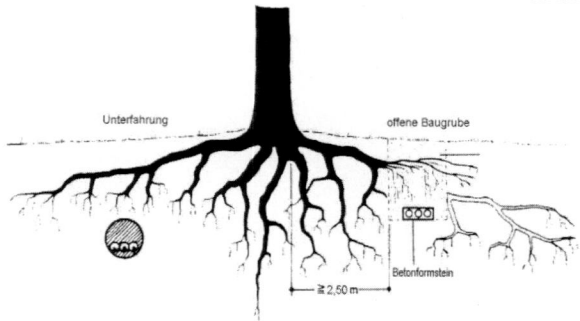

Bild 7.289
Sicherung der Leitungen im Wurzelraum

Im vorhandenen Baumbestand wird der Wurzelballen mit einem Schutzrohr unterfahren. In offener Baugrube (Handschacht) sind die Starkwurzeln zu belassen. Evt. ist eine Wurzelbehandlung vorzunehmen.

Leitungen im Straßenraum dienen der Ver- und Entsorgung. Nach DIN 1998 ergeben sich die Grundbreiten und ihre zweckmäßige Anordnung im Straßenraum, wie sie in Bild 7.290 dargestellt sind.

Wasserleitungen, Abwasserkanäle, Ferngas- und Fernwärmeleitungen liegen in der Regel in der Fahrbahn. Für die Anlieger entstehen dadurch auf beiden Seiten etwa die gleichen Anschlusskosten. Die übrigen Versorgungsleitungen werden, so weit möglich, im Gehweg untergebracht. Wegen ihrer geringen Verlegetiefe sind auch kleinere Grabenbreiten erforderlich. So können Verlegung und Reparatur ohne große Beeinträchtigung des Fahrverkehrs vorgenommen werden. Bei Neubau von Straßen empfiehlt es sich, Leerrohre und Kabelkanäle gleich mit einzulegen, damit die Verkabelung auch nachträglich erfolgen kann. Verkabelte Hochspannungsleitungen dürfen nicht zu nahe an Fernmeldeleitungen verlegt werden, um Störungen für den Fernmeldebetrieb durch Magnetfelder zu vermeiden. Auch Fernwärmelei-

7.9 Entwurf von Landstraßen

tungen sollen wegen der thermischen Beeinflussung ausreichende Abstände zu den anderen Leitungen einhalten.

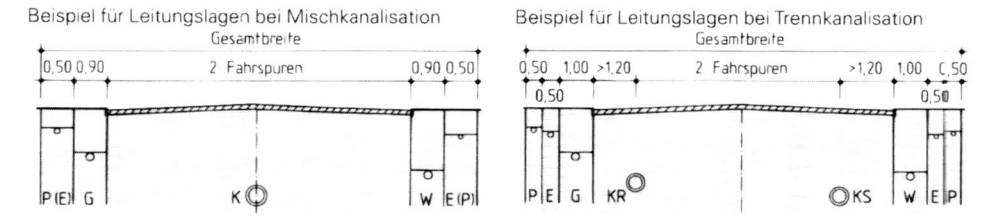

Bild 7.290 Anordnung der Leitungen im Straßenbereich

Leitungsart	Tiefe in m	Regelbreite in m	Überdeckung in m
Post	0,50; 0,60 *); 1,10; 1,40; 1,80	0,70	0,50
Strom	0,60; 1,60		0,60
Gas	1,10		1,10
Wasser **)	1,00; 1,80		1,00 bis 1,80

*) Erdkabel   **) Oberkante Kanalrohr muss tiefer als die Wasserleitung liegen

Tabelle 7.110 Tiefenlage der Leitungen im Gehweg

Außerdem müssen die Ver- und Entsorgungsleitungen so angeordnet werden, dass bei Reparaturarbeiten der Verkehr möglichst wenig beeinträchtigt wird. Um jederzeit Instandhaltungsmaßnahmen ausführen zu können, sollen sie auf öffentlichem Grund geführt werden. Um alle Gesichtspunkte berücksichtigen zu können, ist enge Zusammenarbeit und Abstimmung mit den Versorgungsträgern wichtig.

Grünstreifen mit Grasbewuchs oder Bodendeckern oder erhöhte Pflanzbeete tragen zu einem guten Breitenverhältnis des Straßenraumes bei. Sie dienen außerdem der optischen Trennung der verschiedenen Verkehrsräume.

Werden in Grünstreifen auch Sträucher oder Bäume gepflanzt, ist die Sicht auf Verkehrszeichen oder Überquerungsstellen zu überprüfen. Deshalb sollen die Sträucher nicht höher als 0,70 m wachsen.

Entwurfselemente und mögliche Querschnittsausbildungen von Straßen in bebauten Gebieten sind den alten "Empfehlungen für die Anlage von Erschließungsstraßen – EAE – 85/95" entnommen und im Anhang aufgeführt. Der Entwurfsingenieur kann diese als Anhalt für die Gestaltung des Straßenraumes heranziehen und als Hintergrundinformationen benutzen.

7.9.8 Städtebauliche Verkehrsnetze

Für zweckmäßige Netzformen gibt es in bebauten Gebieten keine allgemeingültigen Systeme. Die Vor- und Nachteile verschiedener Netze sind so abzuwägen, dass nachstehende Faktoren optimal erfüllt werden:
- Verkehrssicherheit,
- gute Orientierungsmöglichkeit,
- Anpassungsmöglichkeit an sich wandelnde Bedürfnisse,
- Erschließungsaufwand,
- städtebauliches Gesamtbild,
- Entwurf und Gestaltung des Straßenraumes.

Für die verschiedenen Verkehrsarten entwickelt man Netze, die zunächst gewissermaßen in verschiedenen Ebenen entworfen werden, ehe man sie überlagert. Dazu muss man klären, ob für verschiedene Verkehrsarten getrennte Netze entwickelt werden müssen, oder ob Überlagerungen möglich sind, weil
- die Netzelemente hierarchische Differenzierung verlangen,
- die Erschließung von außen (peripher) oder von innen (zentral) günstiger durchgeführt werden kann,
- die Netze miteinander vermascht werden können.

In Altbaugebieten werden meist alle Verkehrsarten auf dem gleichen Netz abgewickelt. Allerdings kann für Rad- oder Fußgängerverkehr auch eine Netzergänzung durch Treppen, Gänge und Passagen vorhanden sein. Die Vor- und Nachteile der verschiedenen Netzarten sind in Tabelle 7.111 zusammengestellt. Nach diesen Gesichtspunkten ergeben sich fünf typische Netzformen, die je nach Notwendigkeit der hierarchischen Differenzierung auch modifiziert werden können.

Netzart	Vorteile	Nachteile
Deckungsgleich für alle Verkehrsarten	Grundstücke für alle Verkehrsarten gut zugänglich, Zusammenhang zwischen Straße und Bebauung bleibt erhalten, belebte Straßenräume durch Nutzungsvielfalt, Erschließungsaufwand relativ gering	Gefährdung und Belästigung der Fußgänger und Radfahrer, Nutzungskonflikt zwischen motorisiertem und nicht motorisiertem Verkehr
Getrennte Netze für verschiedene Verkehrsarten	Netze können optimal gestaltet werden, Nutzungskonflikte entstehen nur an wenigen Stellen, Straßen und Wege unterscheiden sich deutlich durch Gestaltung	Relativ hohe Erschließungskosten, Fußgänger- und Radverkehrsnetze in verkehrsschwachen Zeiten wenig belebt, Abwendung der Bebauung von der Straße fördert Auflösung der Straßenräume
Hierarchische Differenzierung	Abstufung der Netzelemente nach der Verkehrsstärke, Bündelung des Kraftfahrzeugverkehrs auf wenige Netzelemente, Begrenzung des Kraftfahrzeugverkehrs in untergeordneten und schutzbedürftigen Bereichen, günstige Führung der Linienbusse, Differenzierung des Ausbaustandards nach Verkehrsbedeutung, Anpassung an den Bedarf von Sammel- und Hauptsammelstraßen	Überhöhte Fahrgeschwindigkeiten sind möglich, größere Umfeldbelastung durch Lärm und Abgase
Zentrale Erschließung	Städtebauliche Betonung des zentralen Bereiches, gute Orientierung im Netz möglich, günstige Führung des Personen-Nahverkehrs, ungestörte Randbereiche mit Verbindung zur Umgebung, relativ geringer Erschließungsaufwand	Große Verkehrsstärken im zentralen Bereich beeinträchtigen Verkehrssicherheit, Umfeldqualität und Überquerung des höherwertigen Netzelementes, Belastung des zentralen Bereiches durch gebietsfremden Verkehr
Periphere Erschließung	Fernhalten gebietsfremden Verkehrs aus dem zentralen Bereich, sichere Verkehrsführung für Fußgänger und Radfahrer	Große Weglängen für den Kraftfahrzeugverkehr, ungünstige Führung der Linienbusse, relativ großer Erschließungsaufwand

Tabelle 7.111 Kriterien für Netzformen in bebauten Gebieten

7.9 Entwurf von Landstraßen

Typische Netzelemente

Verkehrswegenetze treten als vermaschte oder nichtvermaschte Netze auf.

Vermaschte Netze kommen der Forderung der Fußgänger und Radfahrer entgegen, die Weglänge zu minimieren, häufige Verknüpfungen und eine gute Durchlässigkeit zu bieten. Allerdings ist es schwierig, aus vermaschten Netzen den gebietsfremden Kraftverkehr heraus zu halten.

Nichtvermaschte Netze lassen eine gute Differenzierung der Zugänglichkeit zu. Sie kommen damit dem Sicherheitsbedürfnis der Anlieger und deren Anforderungen an ein angenehmes Umfeld entgegen. Die eingeschränkte Durchlässigkeit führt aber zu größeren Weglängen für den Kraftfahrzeugverkehr und zu erschwerter Orientierung im Netz. Dagegen kann gebietsfremder Verkehr weitgehend von den Wohngebieten ferngehalten werden.

Netzelemente sind
- Einhangstraßen,
- Stichstraßen,
- Schleifenstraßen.

Einhangstraßen sind Straßenverbindungen zwischen zwei höher- oder gleichrangigen Netzelementen. Durch die beidseitigen Anschlüsse ans Netz sind auch bei Baumaßnahmen in der Fahrbahn die Zufahrten zu den Grundstücken möglich. Außerdem entstehen keine toten Enden von Ver- und Entsorgungsleitungen. Für die Verkehrsabwicklung stehen kurze, direkte Verbindungen zur Verfügung. Wendefahrten sind nicht notwendig. Dagegen kann der gebietsfremde Durchgangsverkehr nur sehr schlecht aus dem jeweiligen Gebiet ferngehalten werden. Die Doppelerschließung von Grundstücken bedingt jedoch höhere Kosten.

Stichstraßen sind nur einseitig angeschlossene Straßen. Sie benötigen an ihrem Ende eine Wendemöglichkeit. Die Länge ist abhängig von der Fußwegentfernung zu der übergeordneten Straße und den dort befindlichen Haltestellen des Öffentlichen Personen-Nahverkehrs, dem Maß und der Art der baulichen Nutzung und der Leistungsfähigkeit des Anschlussknotens. Die Verkehrssicherheit und die ruhige Wohnlage zeichnen diese Straßenart besonders aus.

Schleifenstraßen sind beidseitig an dieselbe gleich- oder höherrangige Straße angeschlossen. Sie verbinden weitgehend die Vorteile von Stich- und Einhangstraßen. Allerdings kommen hier mehr Doppelerschließungen und manchmal Umfahrungen stark belasteter Knotenpunkte durch ortskundige Fahrer vor.

Aus den genannten Typen lassen sich auch Mischformen bilden. Bei Schleifen-Stichstraßen ist allerdings die Beeinträchtigung der Grundstücke in der Schleife bei Bauarbeiten in der Fahrbahn in dem Verbindungsstück zwischen Erschließungsstraße und Schleife erheblich. Beispiele solcher Netzelemente sind in Bild 7.291 dargestellt.

Bei der Anlage neuer Siedlungen oder deren Erweiterung muss der Straßenplaner eng mit den Kollegen der Stadt- und Raumplanung zusammenarbeiten, um eine hohe Wohnqualität des Umfeldes zu erzielen.

	Vorteile	Nachteile
a) Rasternetz 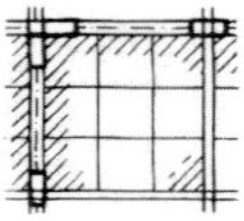	– kurze Wege für alle Verkehrsarten – Flexibilität bei Störungen – gleich gute Erreichbarkeit der Grundstücke – viele Netzelemente für ÖV geeignet – gleichmäßige Verteilung der Verkehrsbelastungen – abschnittsweiser Ausbau einfach – einfache Orientierung – Eck- und Platzbildungen möglich	– Verteilung des Kraftfahrzeugverkehrs schwer zu beeinflussen – gebietsfremder Kraftfahrzeugverkehr nicht auszuschließen – bevorrechtigte Führung des ÖV erfordert Hierarchisierung – zahlreiche Überschneidungen zwischen Fahrbahnen und Wegen – bei geringer Maschenweite aufwendige Doppelerschließung
b) achsiales Netz 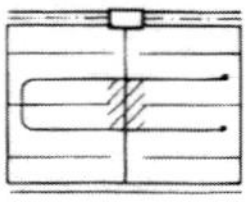	– direkte Straßenführung – günstige Verbindung mit der Umgebung über das Wegenetz – günstige Erschließung durch Linienbusse möglich – einfache Orientierung	– schwierige Zuordnung zentraler Einrichtungen zur Bebauung – Trennwirkung der zentralen Sammelstraße, städtebaulich und für nichtmotorisierte Verkehrsteilnehmer – gebietsfremder Kraftfahrzeugverkehr bei beidseitigem Anschluß nicht auszuschließen
c) Verästelungsnetz 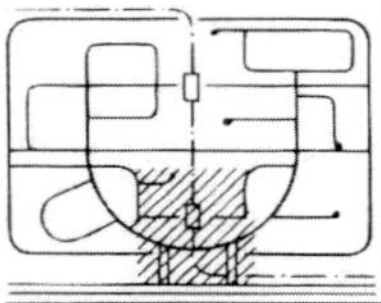	– straßenbegleitende Geh- und Radwege leicht zu vermaschtem Netz ergänzbar – In Teilbereichen günstige Verbindung mit der Umgebung über das Wegenetz – gebietsfremder Kraftfahrzeugverkehr auf der Sammelstraße in der Regel nicht möglich	– lange Wege im Binnenverkehr mit Kraftfahrzeugen – Verkehrskonzentrationen im Verknüpfungsbereich Sammelstraße/höherrangige Straße nicht auszuschließen – Erschließung durch Linienbusse ungünstig
d) Innenringnetz 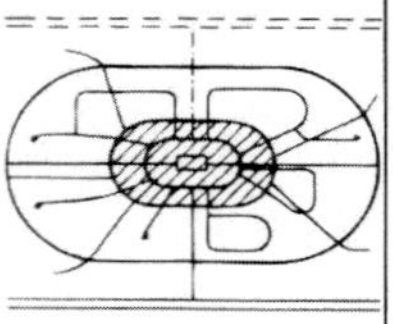	– Erschließung zentraler Einrichtungen über Sammelstraßen – fahrverkehrsfreie Zone im zentralen Bereich möglich – günstige Verbindung mit der Umgebung über das Wegenetz – Erschließung durch Linienbusse günstig (zweiseitiges Einzugsgebiet)	– Trennwirkung der Sammelstraße zwischen Wohnungen und Zentrum – starke Verkehrskonzentrationen im Bereich des Zentrums zu erwarten – geringe Knotenpunktabstände an Sammelstraßen – gebietsfremder Kraftfahrzeugverkehr bei mehrfachem Anschluß nicht auszuschließen
e) Außenringnetz 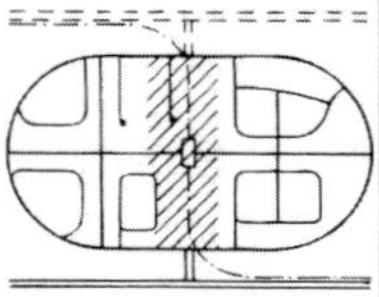	– straßenbegleitende Geh- und Radwege leicht zu vermaschtem Netz ergänzbar – Erschließung des zentralen Bereiches durch zusammenhängendes Wegenetz – Randlage der stark belasteten Sammelstraße	– Erschließung der zentralen Einrichtungen im Kraftfahrzeugverkehr nur über Anliegerstraßen – Trennwirkung der Sammelstraße zur Umgebung – lange Wege im Binnenverkehr mit Kraftfahrzeugen – Erschließung durch Linienbusse ungünstig (einseitiges Einzugsgebiet) – gebietsfremder Kraftfahrzeugverkehr nicht auszuschließen – unwirtschaftliche periphere Erschließung

═══ Hauptstraße
──── Sammelstraße
──── Anliegerstraße

········ wichtige Geh- und Radwege
──☐── Straßenbahn/Stadtbahn
▨▨▨▨ denkbarer Bereich zentraler Einrichtungen

Bild 7.291   Typische Netzformen größerer Wohngebiete

7.9 Entwurf von Landstraßen

Rasternetze

achsiale Netze

Verästelungsnetze

Innenringnetze

Außenringnetze

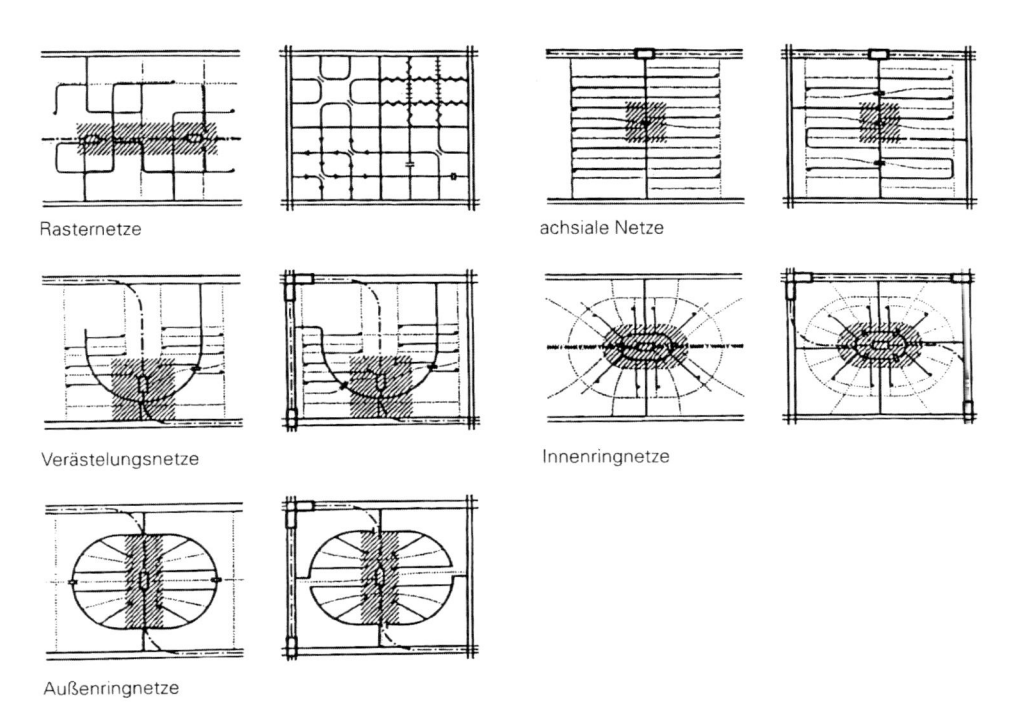

a) Modifizierte Netzformen mit hierarchischer Differenzierung

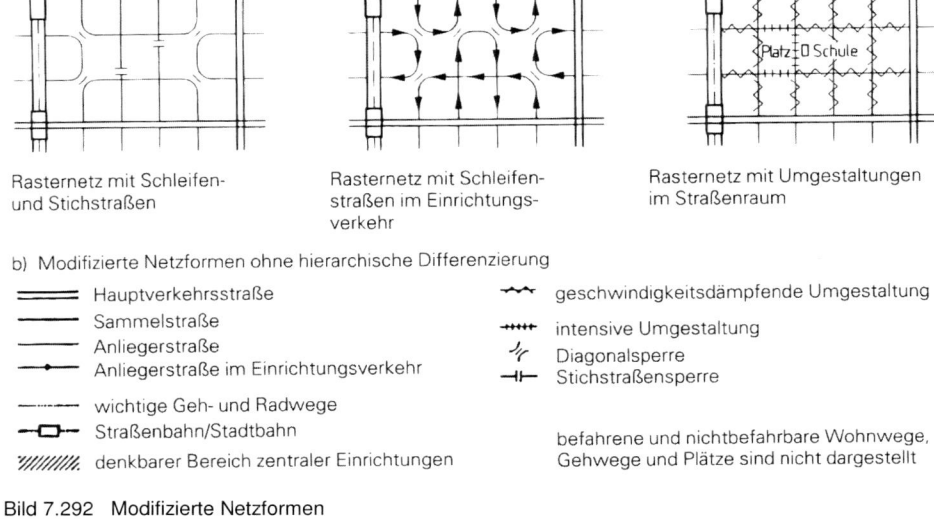

Rasternetz mit Schleifen- und Stichstraßen

Rasternetz mit Schleifenstraßen im Einrichtungsverkehr

Rasternetz mit Umgestaltungen im Straßenraum

b) Modifizierte Netzformen ohne hierarchische Differenzierung

- ═══ Hauptverkehrsstraße
- ──── Sammelstraße
- ──── Anliegerstraße
- ─•─ Anliegerstraße im Einrichtungsverkehr
- ------ wichtige Geh- und Radwege
- ─☐─ Straßenbahn/Stadtbahn
- ▨▨▨ denkbarer Bereich zentraler Einrichtungen

- ∼∼ geschwindigkeitsdämpfende Umgestaltung
- ++++ intensive Umgestaltung
- ⁄⁄ Diagonalsperre
- ─╫─ Stichstraßensperre

befahrene und nichtbefahrbare Wohnwege, Gehwege und Plätze sind nicht dargestellt

Bild 7.292 Modifizierte Netzformen

Erläuterungen:
Durchfahrt nur für bestimmte Fahrzeugarten

Straße bzw. befahrbarer Wohnweg mit Erschließungszone

Überlagerungen der Erschließungszonen

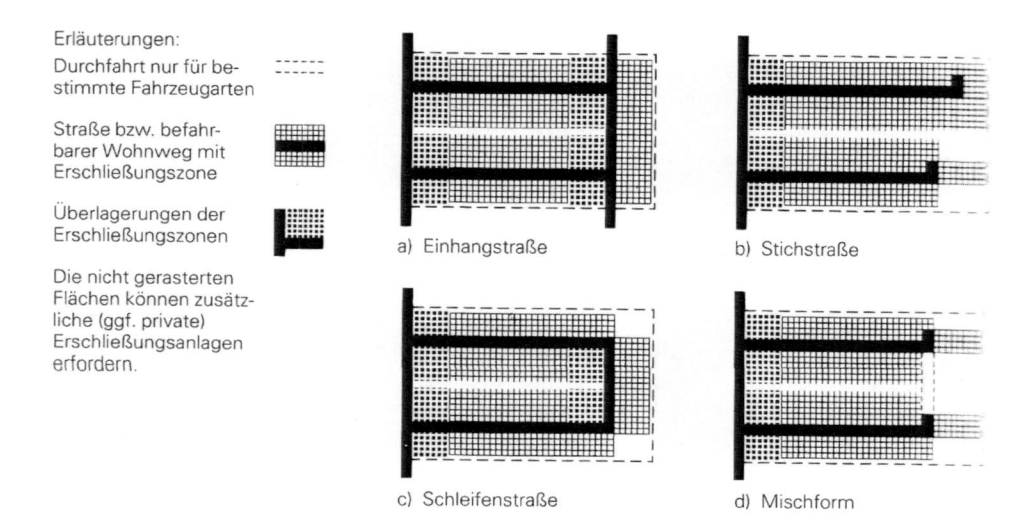

Die nicht gerasterten Flächen können zusätzliche (ggf. private) Erschließungsanlagen erfordern.

a) Einhangstraße

b) Stichstraße

c) Schleifenstraße

d) Mischform

Bild 7.293 Beispiele für Netzelemente

8 Kunstbauten

8.1 Allgemeines

Zu den Kunstbauten im Straßenbau zählt man Brücken, Stützmauern, Tunnel, Lärmschutzeinrichtungen und Durchlässe. Sie sind im Rahmen der Entwurfsbearbeitung für den Straßenentwurf notwendig, um kreuzende Verkehrswege, die nicht plangleich ausgeführt werden, und Wasserläufe zu überwinden. Die moderne Linienführung, aber auch Einwände der Anlieger führen zu tieferen Einschnitten, die zur Verminderung des Flächenverbrauchs teilweise durch Stützmauern abgefangen werden müssen. Werden die Einschnitte tiefer als 15,00 m, so prüft man, ob ein Tunnel technisch ausführbar und wirtschaftlich vertretbar ist. In bebauten Gebieten werden vielfach Lärmschutzwälle oder -wände erforderlich. Schließlich sind kleinere Bauwerke für kreuzende Wasserläufe, die Straßenentwässerung oder für Wildwechsel anzulegen. Wenn auch vom Straßenentwurfs-Ingenieur die statische Berechnung und konstruktive Ausbildung solcher Bauwerke nicht erwartet wird, muss er doch einige Grundsätze beherrschen, um seine Linienführung den konstruktiven Erfordernissen der Kunstbauten anzupassen.

8.2 Brücken

Von wesentlichem Einfluss auf *Brücken* ist die Höhenlage der Gradiente, weil von dieser und der vorgesehenen Spannweite des Tragwerkes die lichte Höhe unter dem Bauwerk abhängig ist. Die Höhe der Tragkonstruktion ermittelt man überschläglich für schlaff bewehrte Brücken mit

$$h = \frac{l}{15} \text{ bis } \frac{l}{18} \quad \text{in m} \tag{8.1}$$

für vorgespannte Brücken mit

$$h = \frac{l}{22} \text{ bis } \frac{l}{25} \quad \text{in m} \tag{8.2}$$

h Konstruktive Bauhöhe des Tragwerks
l Stützweite des Tragwerks über dem Feld

Für die Brückenklasse 60 können die Konstruktionshöhen den Bildern 8.1a und 8.1b entnommen werden.

Bei der Festlegung der Gradiente auf Straßenbrücken ist zu berücksichtigen
- die erforderliche lichte Höhe für den Verkehrsweg unter der Brücke,
- die Längsneigung des unten liegenden Verkehrsweges,
- die Querneigung des unten liegenden Verkehrsweges,
- die Bauhöhe des Tragwerkes,
- die Längsneigung auf der Brücke,
- die Querneigung der Fahrbahn auf der Brücke,
- die Abmessungen der Dichtung und des Fahrbahnbelages.

Bei schiffbaren Wasserläufen hängt die Höhe von den lichten Höhen für die Schifffahrt ab. Sie ist mit der Wasserschifffahrtsbehörde abzustimmen.

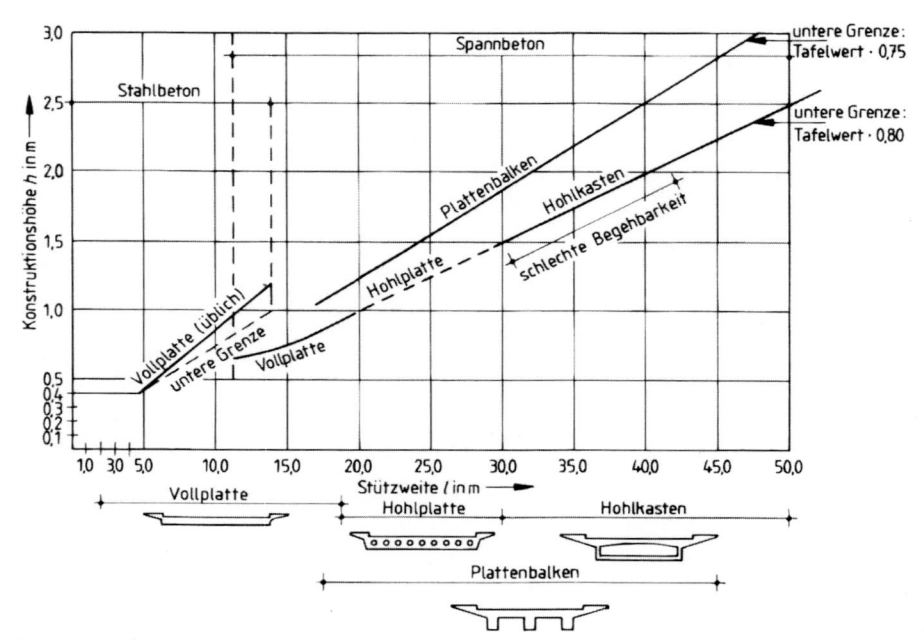

Bild 8.1a Konstruktionshöhen einfeldiger Stahlbeton- und Spannbetonüberbauten
(Brückenklasse 60)

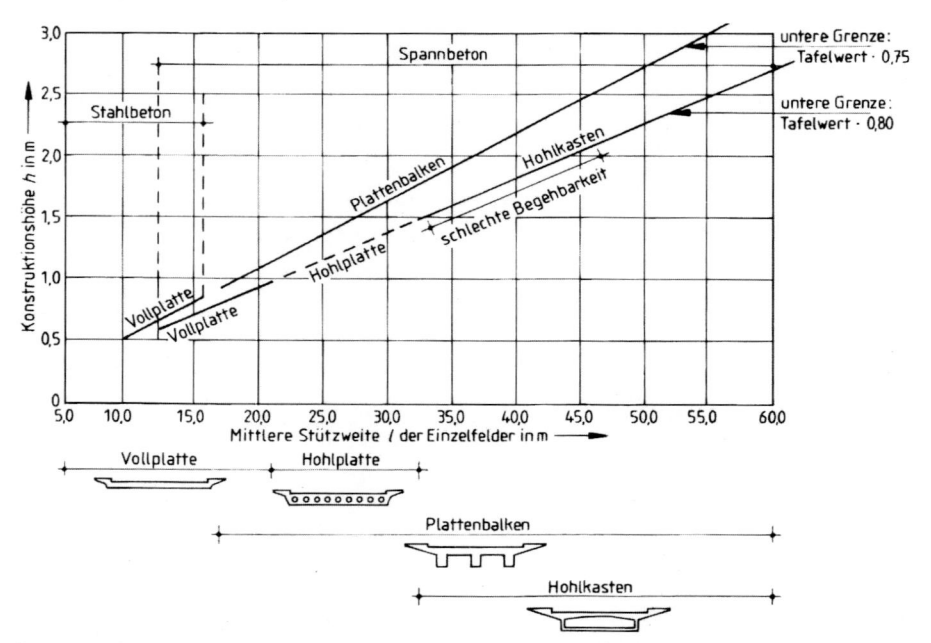

Bild 8.1b Konstruktionshöhen mehrfeldiger Stahlbeton- und Spannbetonüberbauten
(Brückenklasse 60)

8.2 Brücken

Für Brücken über öffentliche Straßen und Wege sowie für Eisenbahnen sind folgende lichte Höhen an der ungünstigsten Stelle einzuhalten:

Brücke über	erforderliche lichte Höhe in m	Brücke über	erforderliche lichte Höhe in m
Autobahn, Bundesstraße	≥ 4,70	elektrifizierte Eisenbahnen im Bahnhofsbereich	≥ 6,15 ≥ 6,50
sonst. öffentlichen Straßen	≥ 4,50	nicht elektrifizierte Eisenbahnen im Bahnhofsbereich	≥ 4,80 ≥ 5,50
landwirtschaftliche Wege	≥ 4,50 (4,00)	HHW des Wasserlaufes	≥ 1,00

Tabelle 8.1 Erforderliche Lichthöhen unter Brücken

Die lichten Weiten der Brücken oder Brückenfelder richten sich nach den Regelquerschnitten der unterführten Verkehrswege und dem Kreuzungswinkel. Dabei ist zu überlegen, ob man die lichte Weite so weit öffnet, dass auch die Entwässerungsmulde noch innerhalb der lichten Weite überbrückt wird. Auf diese Weise vermeidet man Schwierigkeiten in der Längsentwässerung, da das Stützen- oder Widerlagerfundament dann keinen Einfluß auf die Wasserführung hat. Stehen die Fundamente dagegen im Raum der Entwässerungsmulde, muss das Wasser mit einer Rohrleitung durch das Fundament oder daran vorbei geführt werden. Bei der erstgenannten Lösung entstehen Erschwernisse bei der Ausbildung der Bewehrung, bei der zweiten sind schlecht kontrollierbare Verschwenkungen der Rohrleitung unter das Bankett erforderlich. Bei Verstopfungen oder sonstigen Reparaturen wird sofort der Verkehr auf der Fahrbahn behindert.

Auf Brücken oder im Tunnel wird in der Regel der vorhandene Regelquerschnitt des anschließenden Verkehrsweges beibehalten. Der unbefestigte Seitenstreifen wird dabei hinter Hochborden geführt, die 0,20 m hoch über den Fahrbahnrand konstruiert werden. Dieser Hochbord dient gleichzeitig als Schrammbord. Die Breite des unbefestigten Seitenstreifens entspricht dem Abstand zwischen Bordkante und Geländer. Dabei muss man aber berücksichtigen, ob über die Brücke starker Rad- oder Fußgängerverkehr geführt wird, der einen Rad- oder Fußweg erforderlich macht, oder ob ein Notgehstreifen ausreicht. Außerhalb bebauter Gebiete wird die Leitplanke über die Brücke als zusätzliche Sicherung mitgeführt. Sie folgt dabei dem Anzug der Bordsteine, die auf etwa 10,00 m Länge von der Höhe des Fahrbahnrandes auf ihre Sollhöhe am Beginn des betonierten Seitenstreifens verzogen werden.

Brücken werden der Linienführung der Straße angepasst. Das darf aber nicht zu unwirtschaftlichen Konstruktionen des Bauwerks führen. Spitzwinklige Kreuzungen sind deshalb zu vermeiden. Ebenso ist anzustreben, dass die Brücke nicht im Bereich eines Übergangsbogens liegt, weil dies erhebliche Erschwernisse beim Einschalen der Brückentafel und damit hohe Kosten verursacht. In der Geraden oder im Kreisbogen kann dagegen die Unterseite der Brückentafel zur Fahrbahnquerneigung parallel gelegt werden. Ebenso bleiben in der Krümmung die Stichmaße der Außenschalung bei gleichen Längen konstant, so dass die Schalelemente wieder verwendet werden können. Als Längsgefälle ist $s_B = 0,5$ %, besser 1,0 % anzulegen. Für die Wahl des statischen Systems sind neben den Abmessungen der Straße Geländeform, Baugrund und vorhandene Zwangspunkte maßgebend.

Tragwerksquerschnitte. Ihre Auswahl ist abhängig von der notwendigen Breite des Bauwerkes, der Größe der Stützweite und dem statischen Gesamtsystem. In der Regel führt man sie in Stahl- oder Spannbeton aus.

Vollplatten sind einsetzbar, wenn die Bemessungsgrößen klein bleiben. Ihre Abhängigkeit von der Stützweite geht aus den Bildern 8.1a und 8.1b hervor. Da sie ein hohes Eigengewicht aufweisen, werden sie nur bei einbahnigen Straßen eingesetzt. Bei zweibahnigen Straßen ist ihr Einsatz nur dann sinnvoll, wenn das Brückentragwerk in Längsrichtung im Mittelstreifen getrennt ist, also aus zwei Einzeltragwerken besteht.

Hohlplatten entstehen durch Einbau einer "verlorenen Schalung" in kreiszylindrischer Form. Hiermit kann das Eigengewicht um etwa 25,0 % verringert werden. Als Vorteil ergibt sich dann eine größere Stützweite. Nachteilig ist aber, dass die Schalung gegen das Aufschwimmen beim Betonieren gesichert werden muss und die Schalung selbst gegen mechanische Beschädigung empfindlich ist. Wird die Schalung dabei durchlöchert, kann sie sich mit Beton füllen. Dieser Fall hat schon zu Brückeneinstürzen während oder kurz nach dem Betoniervorgang geführt, weil der statischen Berechnung geringeres Eigengewicht zugrunde lag.

Der Vorteil von Plattenkonstruktionen liegt in der geringen Bauhöhe. Auf Straßen außerhalb bebauter Gebiete werden dadurch die Erdarbeiten geringer als bei anderen Querschnitten. Innerhalb bebauter Gebiete ist dies für die städtebauliche Gestaltung günstig.

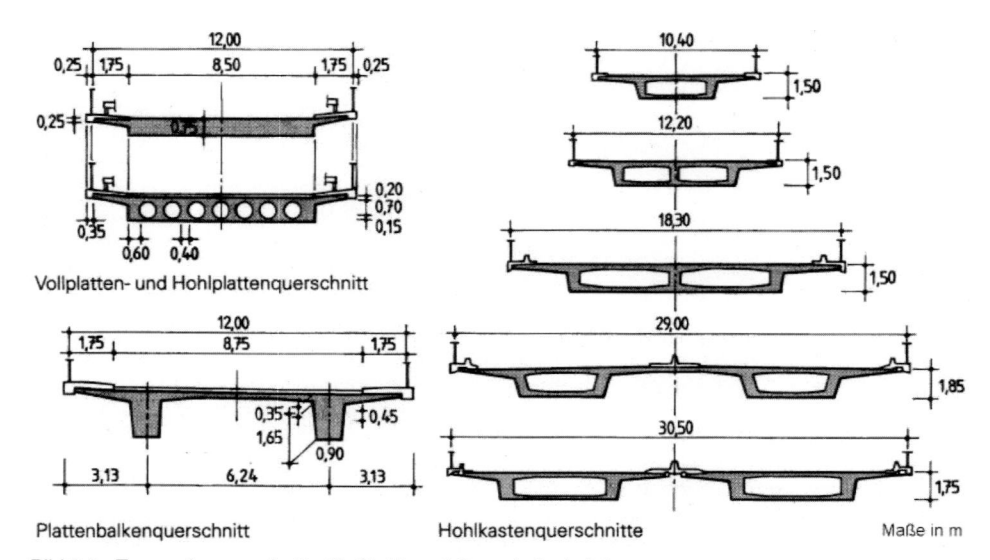

Bild 8.2 Tragwerksquerschnitte für Stahl- und Spannbetonbrücken

Plattenbalken sind aus einer Kombination vom Flächentragwerk der Platte mit dem Tragverhalten eines Balkens zu verstehen. Die Platte leitet die örtliche Belastung in die Balken als Hauptträger, die die Lasten zu den Auflagern weiterleiten. Für einbahnige Straßen wird meist der zweistegige Plattenbalkenquerschnitt eingesetzt. Je nach Gestaltung können die Balken mehr höhen- oder breitenbetont ausgebildet werden. Bei höhenbetonten Querschnitten sollten möglichst breite Kragarme dafür sorgen, dass das Bauwerk nicht zu massig wirkt. Breitenbetonte Hauptträger mindern die Gesamtbauhöhe. In zu schlanken Hauptträgern ist oft auch die Spannbewehrung schlecht unterzubringen. Einstegige Plattenbalken können für Fußgängerbrücken eingesetzt werden. Die Formen von vier- und mehrstegigen Brückentragwerken werden heute kaum noch angewandt.

Der *Hohlkasten* ist die Weiterentwicklung des Plattenbalkens, dem man eine untere Druckplatte einzieht. Der Kasten ist torsionssteif. Dadurch werden auch außermittige Belastungen gut auf die Hauptträger übertragen. Durch die geschlossene Unterseite hat er sich im städtischen Hochstraßenbau als häufige Anwendungsform entwickelt. Die Torsionssteifigkeit begünstigt auch weit ausladende Kragarme. Durch die Kombination von mehreren Zellen zu einem Tragwerk sind Hohlkastenbrücken auch zur Aufnahme von zweibahnigen Straßen geeignet. Sein Einsatz bei großen Straßenbreiten und Stützweiten ist vorteilhaft auch für die Gestaltung von Brücken für Talübergänge oder schiffbare Wasserstraßen. Nachteilig sind der

8.2 Brücken

deutliche höhere Kostenaufwand gegenüber anderen Querschnitten und die Tatsache, dass er nicht in einem Zuge betoniert werden kann.

Tragwerk im Längsschnitt. Nach der Form der Brücke im Längsschnitt unterscheidet man
- Balkenbrücken,
- Rahmenbrücken,
- Bogenbrücken,
- Fachwerkbrücken.

Einfeld-Balkenbrücke

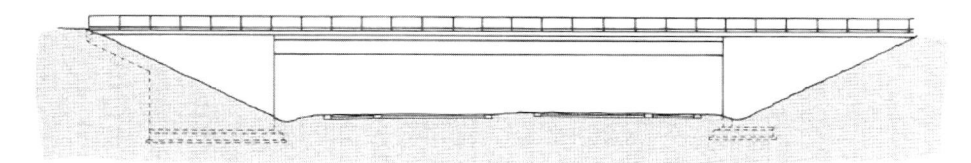

Zweifeld-Balkenbrücke

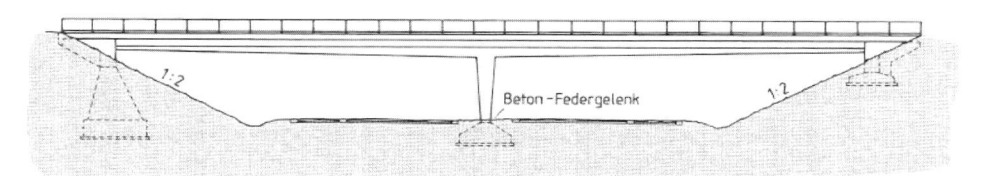

Beton-Federgelenk

Dreifeld-Balkenbrücke

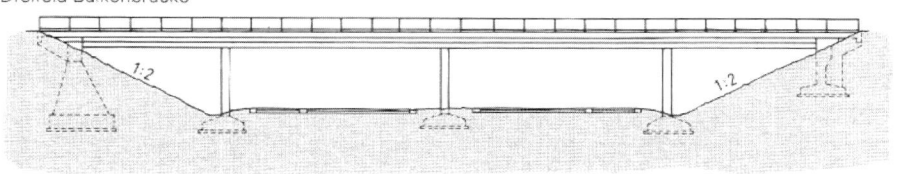

Bild 8.3 Beispiele für Balkenbrücken

Alle Brücken können als Einfeldsysteme oder Mehrfeldsysteme ausgeführt werden. Dies ist abhängig von der Stützweite und den Bedingungen für Auflagermöglichkeiten, um die Korstruktionshöhen nicht unangemessen wachsen zu lassen oder das Material nicht zu überanspruchen. Außerdem soll auf ein gutes Erscheinungsbild des Gesamtbauwerkes großer Wert gelegt werden. Bei Großbrücken werden oft auch Architekten zu Rate gezogen. Für drei der genannten Gruppen sind Beispiele in den Bildern 8.3 bis 8.5 gezeigt.

Bei *Balkenbrücken* über einbahnigen Straßen ist das Einfeldsystem häufig anwendbar. Doch muß man darauf achten, ob die hohen Flügelmauern der Widerlager das Bauwerk nicht zu klobig erscheinen lassen. Um die Kosten für die Platte gering zu halten, werden die Widerlager meist dicht an den Lichtraum heran gerückt. Trotzdem sollte aber die Mulde neben dem Kronenrand weitergeführt werden, um eine Wasserführung im Rohr durch das Widerlager zu vermeiden. Einfeldbrücken mit dicht herangerückten Widerlagern wirken auf den Fahrzeuglenker einengend und können in der Kurve das Sichtfeld beeinträchtigen.

Setzt man die Widerlager dagegen zurück in die anschließenden Dämme der Rampen oder in die Einschnittsböschung, wirkt das Bauwerk für den unten liegenden Verkehrsweg leicht und offen. Ein Widerlager sollte aus ästethischen Gründen nur soweit zurückgesetzt werden, daß seine sichtbare Höhe bis zum Tragwerk etwa der Höhe des sichtbaren Balkens entspricht. Derart zurückgesetze Widerlager führen in der Regel zum Dreifeldsystem.

Bei *Rahmenbrücken* ist der tragende Überbau mit den Stützen des Unterbaus biegesteif verbunden. Diese Bauweise führt in den Feldern zu geringeren Konstruktionshöhen als bei Balkenbrücken und hat wechselnde Konstruktionshöhen. Wegen der in den Auflagern auftretenden Horizontalkräften verlangen Rahmenkonstruktionen einen sicheren und belastungsfähigen Baugrund.

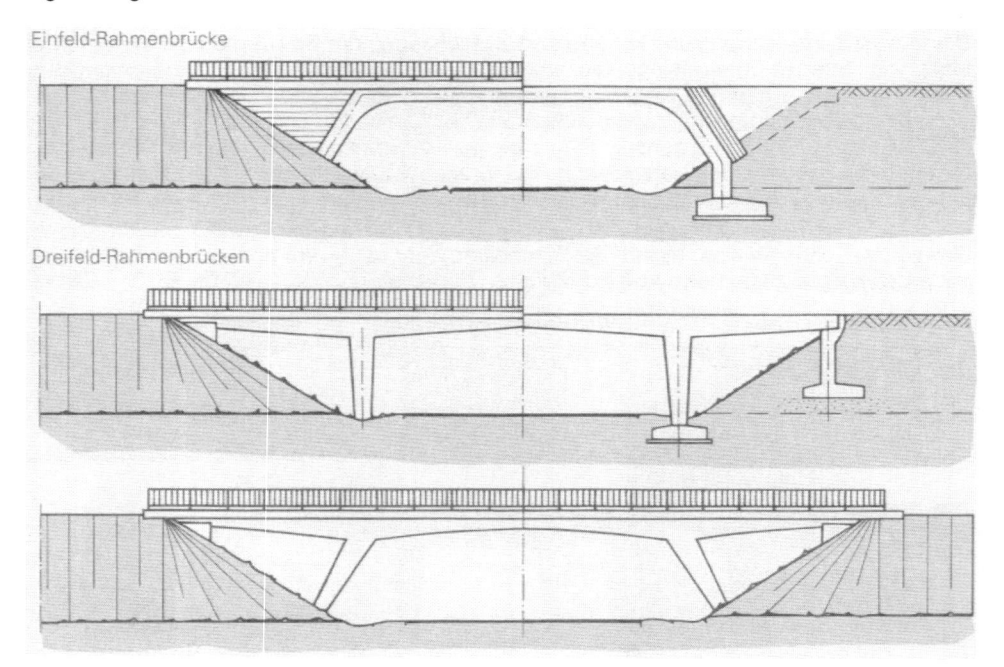

Bild 8.4 Beispiele für Rahmenbrücken

Bogenbrücken entsprechen der früher üblichen Gewölbeform. Als Tragwerk dient ein Bogen, auf den die eigentliche Fahrbahn durch Zwischenstützen aufgeständert ist. Sie werden heute wegen der geringeren Baukosten von Balkenbrücken nur selten angewendet. Für Talüberquerungen bilden sie aber noch heute ein ästhetisches Element in der Gestaltung.

Fachwerkbrücken sind aus dem Stahlbau übernommen. Wegen des vorteilhaften statischen Systems wurden sie besonders dann angewendet, wenn schlechter Baugrund für die Gründung vorhanden war. Aus Beton werden solche Tragwerke heute nicht mehr hergestellt.

8.2 Brücken

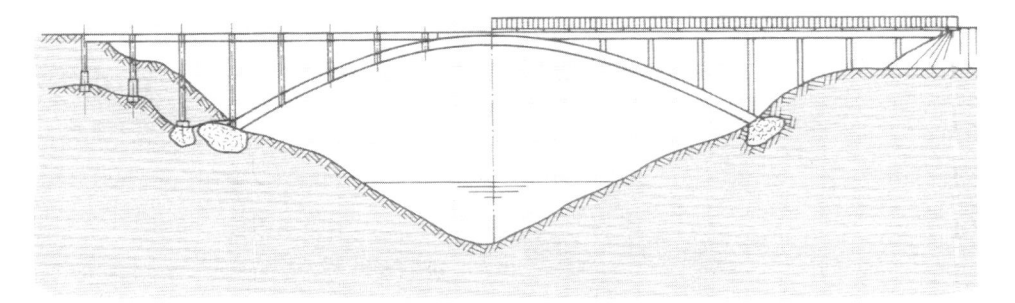

Bild 8.5 Beispiel einer Bogenbrücke

Die statische Berechnung und konstruktive Durchbildung der Bauwerke wird in der Regel nicht vom Straßen-Entwurfsingenieur durchgeführt. Trotzdem sollte er berücksichtigen, daß bei Mehrfeldsystemen wegen der auftretenden Stützen- und Feldmomente die Feldweiten nicht beliebig gewählt werden können. Für Dreifeldbrücken ist das Verhältnis der Stützweiten 1,0 : 1,35 : 1,0 günstig. Für vorgespannte Brücken kann man das Verhältnis zu Gunsten des Mittelfeldes verschieben. Als Grenze ist wohl 1,0 : 2,5 : 1,0 anzusehen. Sonst müssen die Endlager gegen Abheben gesichert werden.

Ein gestalterischer Gesichtspunkt ist die Form und Anordnung der Stützen. Sie können als Einzelstütze, Stützenreihe, Wand, Wandscheiben oder in V-Form entworfen werden. Damit erzielt man willkommene Abwechslung.

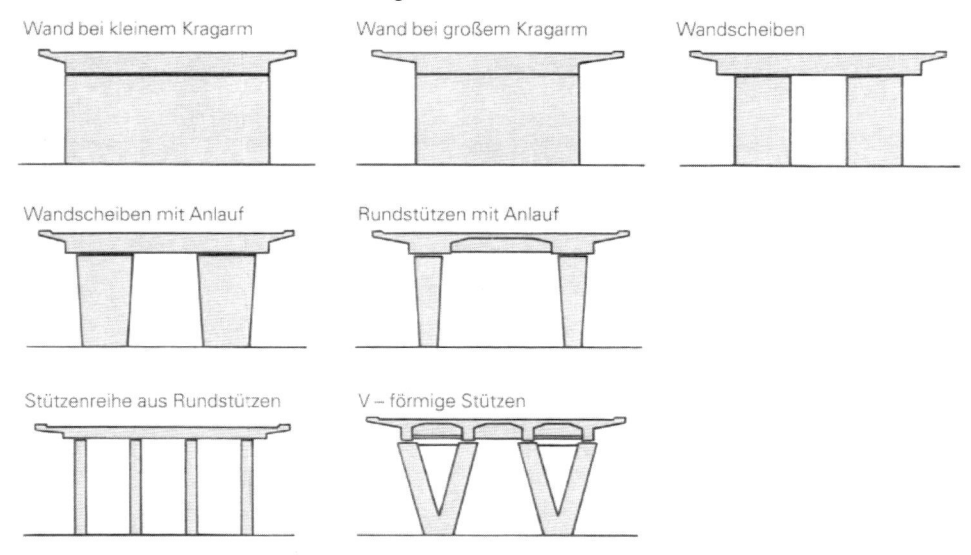

Bild 8.6 Beispiele für Stützenausbildungen bei Balkenbrücken

Stahlbrücken. Brücken mit einer Tragkonstruktion aus Stahl werden im Straßenbau nur selten eingesetzt. Zwar ist Stahl bei weitgespannten Bauwerken wirtschaftlich und führt zu kleineren Konstruktionshöhen als bei Stahlbetonbrücken. Doch ist die Unterhaltung und Sicherung gegen Rost sehr aufwendig. Außerdem ist die Stahlkonstruktion gegenüber den außermittigen Verkehrslasten sehr biegeweich. Dies kann zu Rissen im bituminösen Fahrbahnbelag und wiederum zu aufwendigen Reparaturen führen.

8.3 Durchlässe

Damit bezeichnet man kleine Bauwerke bis 2,00 m lichte Weite. Eingesetzt werden sie, um Fußwege, nicht befahrene landwirtschaftliche Wege oder Viehdriften und kleine Wasserläufe unter dem Straßendamm durchzuführen. Querschnittsbeispiele sind im Bild 8.7 dargestellt.

Eine Sonderform stellen die Durchlässe aus gewelltem Stahlblech der Firma Armco-Thyssen dar, die nach Bestellung entsprechend der Böschungsneigung geschnitten werden. Sie werden auf der Baustelle aus Einzelblechen montiert, beidseitig gleichmäßig angeschüttet und am Kopf durch Pflasterung eingefasst. (Bild 8.8)

Auch die Straßenentwässerung, die in eine Rohrleitung im Muldenbereich entlastet wird, erfordert Rohrdurchlässe, sobald die Querneigung der Straße in der Wendelinie wechselt. Die Querdurchlässe aus Betonrohren sollen dann den Mindestquerschnitt DN 400 erhalten, damit eine leichte Reinigung möglich ist. Sofern die Längsleitung bereits einen größeren Querschnitt besitzt, ist die Wahl eines um 0,10 m größeren Durchmessers vorteilhaft, um auftretenden Rückstau zu vermeiden. Die Rohre werden unter der Fahrbahn als Schutz und zur besseren Lastverteilung mit einer Betonummantelung versehen. Das Rohr wird auf einem Streifenfundament aus C 12/15 verlegt und entsprechend dem Rohrdurchmesser seitlich und im Scheitel mit C 12/15 umgeben (Bild 8.9). Für die Dicke der Ummantelung können aus Tabelle 8.2 Werte entnommen werden, die sich als Erfahrungswerte bewährt haben. Für solche Rohrdurchlässe kann die Bruchlast nach Gl. (8.3) angenommen werden.

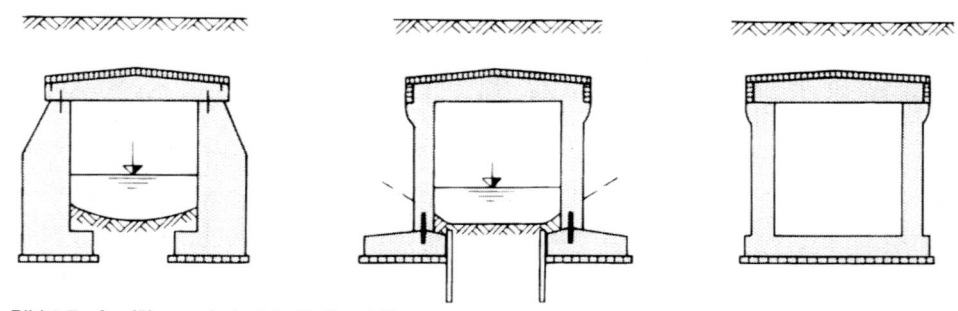

Bild 8.7 Ausführungsbeispiele für Durchlässe

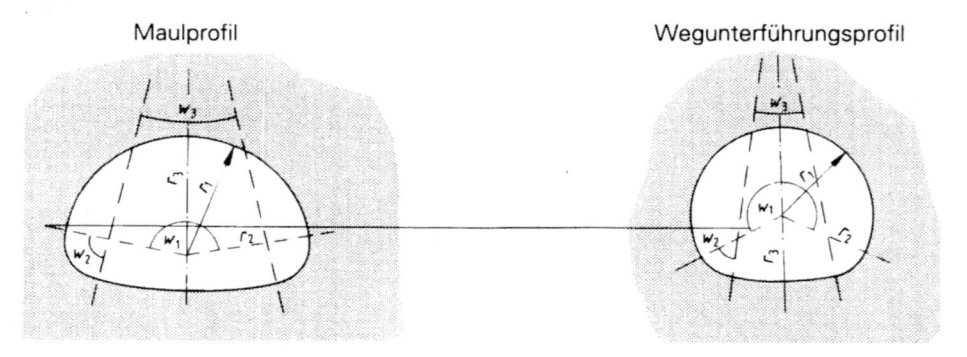

Maulprofil

Wegunterführungsprofil

Bild 8.8 Systemskizzen von Armco-Thyssen-Durchlässen

$P_B = 7{,}0 \cdot F_n$ in kN/m   (8.3)

P_B Bruchlast in kN/m
F_n Scheiteldruckkraft in kN/m

Rohr	Ummantelung d in m
DN ≤ 500	0,12
500 ≤ DN ≤ 1000	0,25 ·DN, min d = 0,15
DN > 1000	0,25

Tabelle 8.2 Dicke der Rohrummantelung

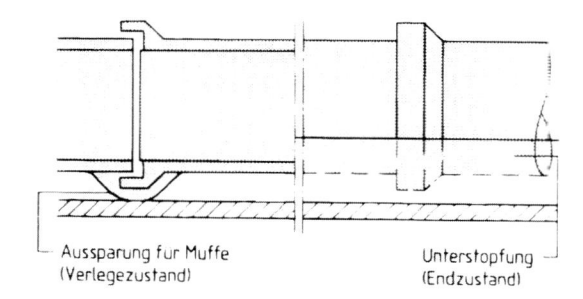

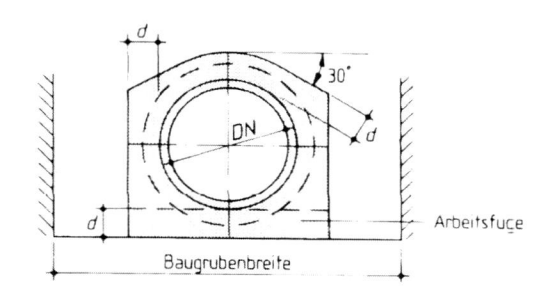

Bild 8.9 Beispiel für einen betonummantelten Durchlass

8.4 Stützmauern

Stützmauern fangen Einschnitts- oder Dammböschungen ab, wenn wegen der vorhandenen Platzverhältnisse eine durchgehende Böschung nicht angelegt werden kann. In bebauten Gebieten kann es zweckmäßig sein, durch Mauern den Grunderwerb zu verringern. Ab 1,00 m Höhe sind Stützmauern statisch zu untersuchen.

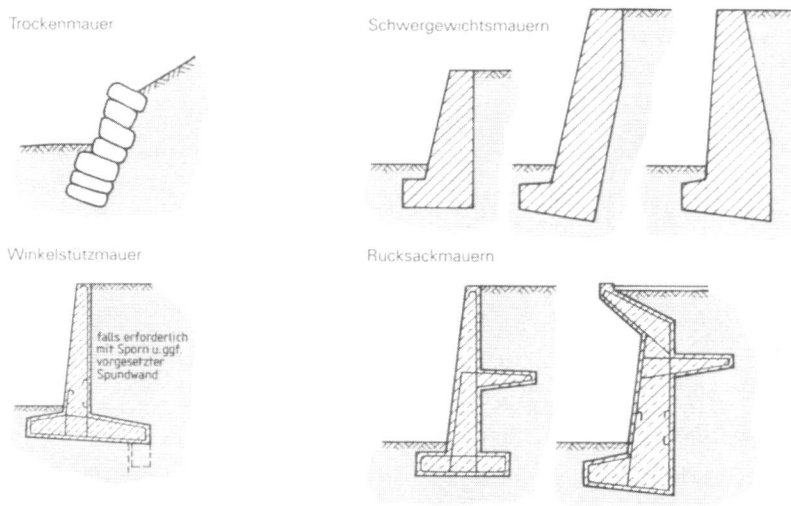

Bild 8.10 Ausbildung von Stützmauern

Je nach Ausführungsform unterscheidet man (s. Bild 8.10)
- Trockenmauern,
- Schwergewichtsmauern,
- Winkelstützmauern,
- Rucksackmauern.

Trockenmauern und Schwergewichtsmauern müssen durch ihr Gewicht dem Erddruck des dahinter liegenden Bodens entgegen wirken. Winkelstützmauern und Rucksackmauern erhalten ihre Wirkung durch die Auflast auf die nach hinten auskragenden Teile, die biegesteif mit der Stützmauer verbunden sind. Um den Erddruck möglichst klein zu halten und das Ausbilden von Gleitflächen zu verhindern, muss durch eine rückseitige Drainage das ankommende Sickerwasser einwandfrei abgeführt werden.

Trockenmauern sind nur für geringe Höhen geeignet. Ihr Vorteil ist die Verwendung von örtlich anstehendem Naturgestein, welches sich in die Umgebung sehr günstig einbinden lässt. Solche Mauern erhalten eine Neigung gegen den abzustützenden Teil von $m \leq 4:1$.

Schwergewichtsmauern werden aus Beton hergestellt. Die sichtbare Seite erhält meist eine Neigung $m = 4:1$ bis $8:1$. Aber auch eine senkrechte Vorderseite kann ausgeführt werden. Wegen der großen Betonmenge sind Schwergewichtsmauern teuer. Dafür kann der Erdaushub gering gehalten werden.

Winkelstützmauern haben an der Sohle einen gegen das Erdreich auskragenden Arm, der mit dem aufgehenden Teil biegesteif verbunden ist. Während das Gewicht des Stahlbetons gering bleibt, sorgt der auf den Kragarm lagernde Boden der Hinterfüllung für die erforderliche Eigenlast. Die Neigung der Vorderseite legt man mit $m = 6:1$ bis $12:1$ an. Wegen der großen Aufstandsfläche sind Winkelstützmauern auch auf schlechterem Baugrund einsetzbar. Wegen des großen Bereiches hinter der Mauer, der abgetragen und dann wieder verfüllt werden muss, verwendet man sie hauptsächlich bei Aufschüttungen oder in kleinen Einschnitten.

Eine Sonderform der Winkelstützmauer sind die Stuttgarter Mauerscheiben. Hierbei handelt es sich um Betonfertigteile, die in einer Breite von 0,49 m und den Höhen zwischen 0,55 m und 1,55 m geliefert werden. Die Elemente werden durch Rundstahl mit einander verbunden, der durch einbetonierte Ösen gesteckt wird. Sie werden im bebauten Gebiet häufig auch als Begrenzung von Grünflächen eingesetzt und dienen dann gleichzeitig als Schrammbord.

Rucksackmauern sind Winkelstützmauern, die einen weiteren Kragarm auf der Rückseite aufweisen. Durch die Kragplatte wird der Erddruck auf die Mauerrückseite verringert und gleichzeitig ein gegendrehendes Moment erzeugt, das die Standsicherheit erhöht.

Bei hohen Belastungen der Stützmauer kommt auch eine Rückverankerung in den Boden als zusätzliche Maßnahme in Frage.

Überschlägig kann die Dicke der Schwergewichtsmauer mit $d = 0,33 \cdot h$ angesetzt werden. Hierbei ist h die Mauerhöhe über Gelände. Die Gründung erfolgt frostfrei. Außerdem muss die Grundbruchsicherheit gewährleistet sein. Der Fundamentvorsprung zur Straße hin wird mit $a = 0,6 \cdot h_F$ in m angesetzt, wobei h_F die Fundamenthöhe ist. Die Mauerkrone ist optisch schmal zu halten und sollte etwa 0,25 m bis 0,35 m breit gewählt werden. Alle 6,00 m bis 10,00 m sind Dehnfugen anzuordnen. Ein städtebaulich aufgelockertes Bild stellen Raumgitterwände aus Fertigteilen dar.

8.5 Straßentunnel

Die Netzverdichtung und die zunehmende Lärmbelästigung der Anwohner führt in immer stärkerem Maße zur Anlage von Straßentunneln. Sie werden teilweise durch die örtlichen Geländeverhältnisse und die festgelegten Maximalwerte der Längsneigungen erforderlich. Zum Teil führen auch die Einsprüche beim Planfeststellungsverfahren dazu, von der offenen Bauweise abzugehen. Tunnel verursachen aber sowohl beim Bau als auch im Betrieb erhebliche Kosten. Dabei ist zu überlegen, ob man in der Zukunft aus Gründen der Energieersparnis auf die Beleuchtung verzichten kann, wie dies in einigen Ländern Europas bereits üblich ist. Man unterscheidet folgende Ausführungsarten:

Transversaltunnel: Sie entstehen, wenn trotz Anwendung der Maximalwerte von Steigung und Krümmung Berge durchfahren werden müssen.

Hangtunnel: Man setzt sie ein, wenn Stützmauern oder Lehnbrücken zu hoch und damit unwirtschaftlich werden.

Tunnel als Schutzanlage: Mit ihnen schützt man Streckenteile gegen Steinschlag oder Lawinen, wenn Hangverbauung oder Galerien zu hohe Kosten verursachen. Ebenso verhindert man damit Lärmbelästigungen in bebauten Gebieten.

Tunnel im welligen Gelände: Hier ergibt sich nach wirtschaftlichen Gründen die Wahl zwischen Einschnitt oder Tunnel.

Straßentunnel werden weitgehend bergmännisch hergestellt. Sie müssen aber durch ausführliche geologische Untersuchungen so entworfen werden, dass der anstehende Untergrund standfest und möglichst ohne wasserführende Schichten ist. Bei standfestem Gebirge kann man schon bei einer Überdeckung von 8,00 m bis 10,00 m den Tunnel bergmännisch auffahren. Geringere Überdeckungen sind in offener Baugrube herzustellen.

Beim bergmännischen Vortrieb werden bestimmte Fachausdrücke verwendet. Die Bezeichnungen sind Bild 8.11 zu entnehmen.

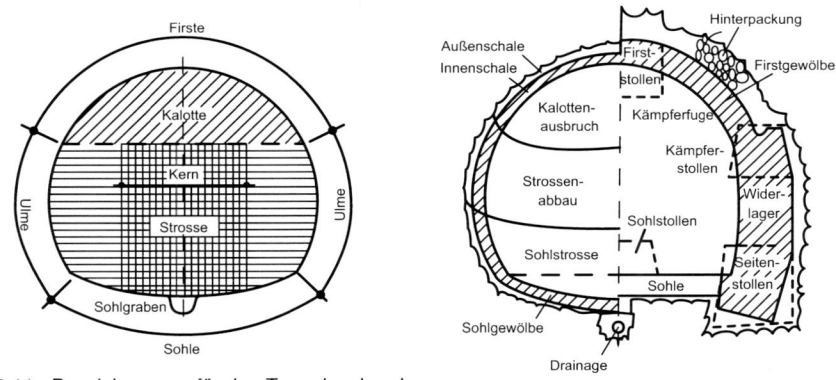

Bild 8.11 Bezeichnungen für den Tunnelausbruch

Darüber hinaus werden noch folgende Begriffe bei der Baudurchführung verwendet:
- Abschlag ist der Vortrieb je Angriff.
- Angriff nennt man das Lösen des Gesteins durch Bohren, Sprengen oder Fräsen.
- Ausbau ist die Konstruktion des Tunnels einschließlich des Sicherns der Hohlräume zwischen Tunnelaußenwand und dem stehen gebliebenen Gebirge.
- Bewetterung heißt das Absaugen der verbrauchten Luft und des Staubes an der Ortbrust und das Zuführen von Frischluft dorthin.
- Ortbrust nennt man den gesamten Querschnitt für den Vortrieb.
- Schutterung bedeutet das Aufnehmen und Verladen der Ausbruchsmassen an der Ortbrust.
- Vortrieb bezeichnet die Abschlagstiefe je Angriff.

Bei Straßentunneln treten außer den technischen Problemen auch Fragen auf, die im Hinblick auf den Verkehr zu lösen sind.

Besonders wichtig ist die *Belüftung*. Sowohl bei Fahrbetrieb als auch beim Stau werden im Tunnel Abgase von den Fahrzeugen ausgestoßen, die unbedingt abgeführt werden müssen. Deshalb müssen bei Tunneln über 600,00 m Länge in jedem Fall Absaugeinrichtungen oder Ventilatoren vorgesehen werden, die die verbrauchte Luft ins Freie transportieren. Um den Einsatz der Entlüftungsgeräte zu koordinieren und den jeweiligen Verhältnissen anzupassen, werden CO_2 - Messgeräte erforderlich. Bei kürzeren Tunneln versucht man die Tunnelachse so zu legen, dass sie parallel zur Hauptwindrichtung liegt und so ein Ausblasen gefördert wird. In kurzen Tunneln mit Einrichtungsverkehr übernimmt diese Aufgabe manchmal auch der Fahrtwind, der vom Verkehr erzeugt wird.

Außerdem müssen Überlegungen angestellt werden, wie beim *Unfall* im Tunnel die Hilfsdienste an den Unfallort gelangen können. Ein Stau im Tunnel darf den schnellen Einsatz nicht behindern. Bei einem langen Tunnel sind Notausstiege vorzusehen. Die gleichen Überlegungen gelten auch für den Fall eines *Feuers*. Deshalb sind Rauchmelder erforderlich, die im Bedarfsfall durch Lichtsignale den Verkehr vor dem Tunnelmund stoppen.

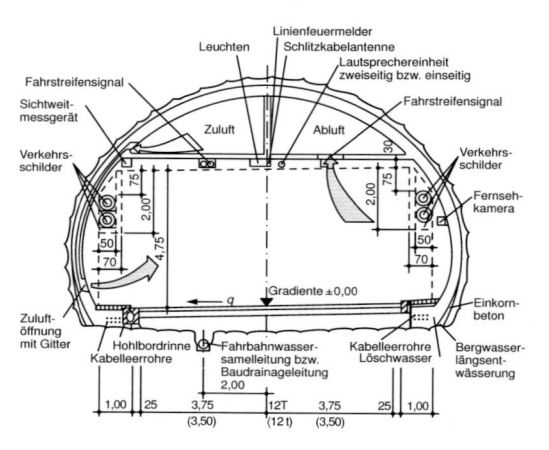

Bild 8.12   Beispiel eines Straßentunnels im Gebirge

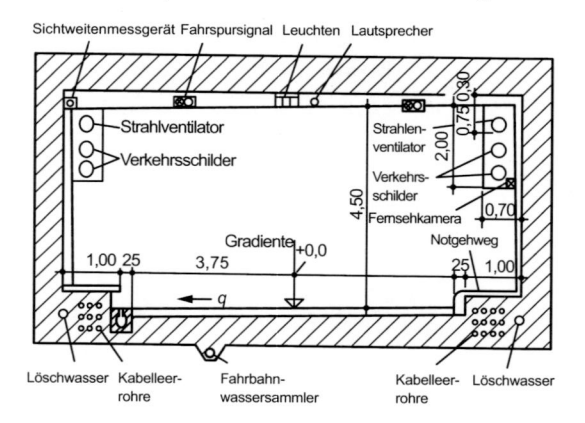

Bild 8.13   Beispiel offener Bauweise

Wenn die Überdeckung eines Tunnels gering ist, wird er in einer offenen Baugrube hergestellt. Wichtig sind dann die Sicherung der Grubenwände gegen Einsturz, die Beseitigung des auftretenden Oberflächenwassers und die Sicherung gegen das Grundwasser. Senkt man das Grundwasser über längere Zeit ab, bildet sich um die Baugrube ein Absenktrichter in der Umgebung aus. Dies kann in bebauten Bereichen zu Setzungen der Häuser führen. Doch muss darauf geachtet werden, dass der Grundwasserstrom weder blockiert noch verschmutzt wird.

Fußgängertunnel werden wie Straßentunnel in offener Bauweise errichtet. Oft verwendet man als statisches System einen geschlossenen Rahmen, der sich sehr gut gegen Grundwasser sichern lässt. Es sind aber auch Trogbauwerke möglich, bei denen die Decke gelenkig aufgelagert wird. Ist mit Wasserandrang nicht zu rechnen, können die Tunnelwände auch als Stützmauern aus Ortbeton oder Fertigteilen ausgebildet werden, zwischen die man die Sohlplatte einzieht und die Tunneldecke gelenkig lagert.

8.4 Stützmauern

Fußgängertunnel werden bei Nacht ungern angenommen. Um diese psychologischen Barrieren etwas abzubauen, ist er hell zu beleuchten. Das Verhältnis von Länge zu Breite soll wenigstens 4 : 1 sein. Kurze Unterführungen erhalten eine Mindestbreite von 3,50 m. Längere Unterführungen baut man 6,00 m breit. In städtischen Bereichen kann man durch Einbau von Läden eine gewisse Attraktivität und Belebtheit erzielen.

Die Tunnelachse soll geradlinig gelegt werden, so dass man beim Betreten den ganzen Tunnel übersieht. Die Zugänge sind neben einer Treppe mit Rampen für Rollstuhlfahrer und das Schieben von Kinderwagen und Fahrrädern auszustatten. Um die Treppen auch für alte Leute bequem begehbar zu gestalten, ist die Steigung einer Stufe nicht größer als 0,145 m zu empfehlen. Nach 14 bis 18 Stufen ist ein Zwischenpodest mit einer Tiefe von mindestens 1,35 m anzuordnen. Treppen erhalten mindestens einseitig einen Handlauf in der Höhe von 0,80 m bis 0,90 m über der Stufe. Für kleine Kinder ist ein weiterer Handlauf in 0,40 m Höhe vorteilhaft.

Bei tiefliegenden Fußgängertunneln werden auch *Rolltreppen* eingesetzt. Hierfür ist ein erheblicher Wartungsaufwand notwendig. Außerdem ist mit unbefugtem Betätigen des Nothaltschalters zu rechnen. Rolltreppen eignen sich deshalb nur dort, wo starker Fußgängerverkehr herrscht und eine Überwachung möglich ist.

Mit Keramikbelag ausgestattete Tunnel lassen sich leicht reinigen.

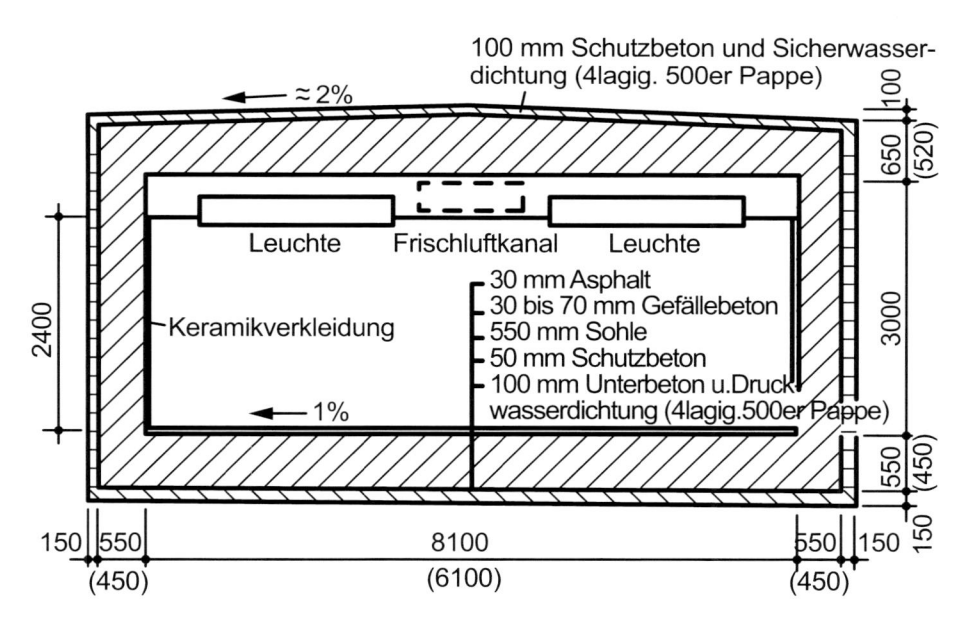

Bild 8.14 Beispiel eines Fußgängertunnels in Rahmenkonstruktiion

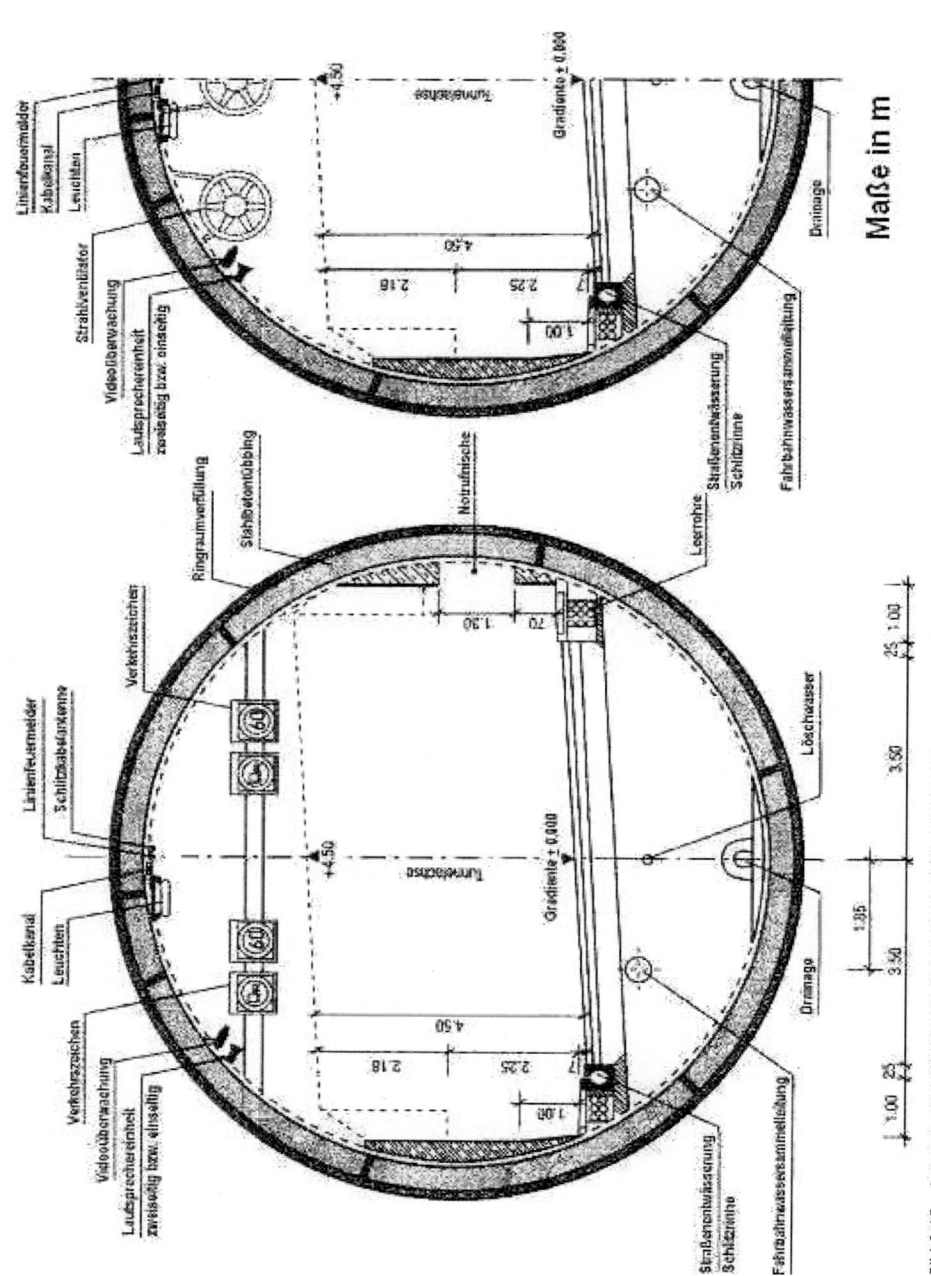

Bild 8.15 Ausstattungsbeispiel eines Tunnels mit Kreisquerschnitt

9 Straßenentwässerung

9.1 Planungsgrundsätze

Wasser stellt eine Gefahr für die Lebensdauer der Straße und ihrer Bauwerke dar und beeinträchtigt die Sicherheit der Verkehrsteilnehmer. Bei der Planung von Straßen sind darüber hinaus die Einwirkungen des Bauwerks und der dafür erforderlichen Arbeiten auf Gewässer und Grundwasser zu berücksichtigen. Daneben sind die schädlichen Einflüsse des Wassers auf den Straßenbestand gering zu halten.

Beim Entwurf von Straßen sind deshalb auch die klimatischen Verhältnisse zu ermitteln, denn die Menge der örtlichen Regenspende, deren Dauer und die Verzögerung, mit der das Wasser die Entwässerungseinrichtungen der Straße erreicht, haben Einfluss auf die Bemessung der Rohrleitungen und Schächte. Hierbei sind die Erfahrungen der Wasserwirtschaftsbehörden und Wetterämter zu nutzen. Die Größe des Einzugsgebietes kann mit Hilfe von Karten aus dem Verlauf der Höhenschichtlinien gewonnen werden. Die Geologischen Landesämter geben Auskunft über wasserführende Schichten.

Ein Wasserfilm auf der Fahrbahn vermindert die Verkehrssicherheit. Deshalb dürfen Flächen außerhalb der Fahrbahn kein Wasser auf die Fahrbahn leiten. Ausnahmen bilden Rad- und Gehwege in bebauten Gebieten. Wasser muss schadlos zum Vorfluter abgeleitet werden. Die Leistungsfähigkeit vorhandener Kanalleitungen ist zu überprüfen! Während innerhalb bebauter Gebiete das auf die Straße fallende Regenwasser in der Regel zuerst der Kläranlage zugeführt wird, wird es außerhalb bebauter Gebiete dem nächsten Vorfluter zugeleitet. Aus Gründen des Umweltschutzes sollte es vorher von grober Verunreinigung gereinigt sein. In Sonderfällen ist Versickerung möglich.

Die Trasse führt man am besten so, dass Wassergewinnungsgebiete nicht berührt werden. Ist dies ausnahmsweise doch der Fall, sind die "Richtlinien für bautechnische Maßnahmen an Straßen in Wassergewinnungsgebieten (RiStWag)" der Forschungsgesellschaft für Straßen- und Verkehrswesen zu beachten. Für die Wasserschutzzonen gilt:

Wasserschutzzone I: In diesem Bereich darf keine Straße angelegt werden, sonst muss der betroffene Teil der Trinkwassergewinnung stillgelegt werden.

Wasserschutzzone II: In diesem Bereich soll keine Straße geplant werden. Ist dies unumgänglich, müssen Schutzmaßnahmen für das Bauwerk und alle erforderlichen Maßnahmen während der Baudurchführung vorgesehen werden.

Wasserschutzzone III: Schutzmaßnahmen sind auch hier notwendig, doch gelten zum Teil Erleichterungen.

Die Unterkante des Straßenaufbaus soll Grundwasser nicht anschneiden. Dabei treten allerdings Interessenkonflikte auf, wenn aus Lärmschutzgründen eine Tieferlegung der Straße verlangt wird.

Querneigungswechsel müssen in Bereichen ausreichender Längsneigung liegen. Bei Strecken mit geringem Längsgefälle ist die Mindestquerneigung der Fahrbahn abhängig von der Wahl der Fahrbahnbefestigung. Kann diese nicht erreicht werden, muss die Schrägneigung der Fahrbahn die in Tabelle 9.1 aufgeführten Werte einhalten. In Ausnahmefällen kann die Querneigung zum Außenrand der Kurve gerichtet bleiben, wenn damit der Querneigungswechsel vermieden werden kann oder bei zweibahnigen Straßen die Mittelstreifenentwässerung entfällt. Es ist aber darauf zu achten, dass stets das Wasser auf kurzem Wege den Entwässerungseinrichtungen zugeführt wird. Im Knotenpunktsbereich sind Höhenlinienpläne zur Beurteilung herzustellen.

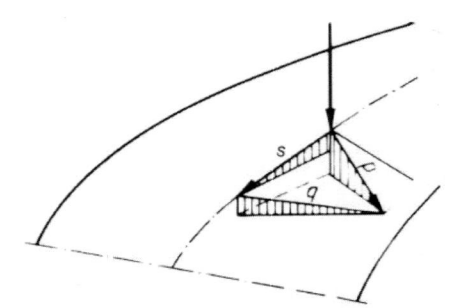

	Fahrbahnbelag		
	Asphalt	Beton	Pflaster
Mindestquerneigung min q in %	2,5	2,5	3,0
Mindestschrägneigung min p in %	2,0	2,0	3,0
in Verwindungsstrecken	0,5		

Tabelle 9.1 Erforderliche Fahrbahnquerneigung bei geringer Längsentwässerung

Bild 9.1 Schrägneigung der Fahrbahn

Entwässerungseinrichtungen sollen leicht zu warten sein. Oberirdische Ableitungen sind deshalb besser als unterirdische. Die Lage im Querschnitt ist so zu wählen, dass die Wartungsarbeiten ohne nennenswerte Störung des Verkehrs durchzuführen sind. Außerorts strebt man die Versickerung des Oberflächenwassers über die Grabenmulde an. Wenn es der Untergrund erlaubt, kann das Wasser auch über Versickerungsgruben dem Grundwasser zugeleitet werden, sonst muss es dem Vorfluter zugeleitet werden. Sind Verunreinigungen des Wassers zu erwarten, müssen diese durch Rückhalte- und Klärbecken aufgefangen werden. Auf eine landschaftsgerechte, naturnahe Ausgestaltung ist zu achten.

9.2 Bemessung

Die Abfluss-Wassermenge ist abhängig von Regenspende, Regenhäufigkeit und Abflussbeiwert. Als Regenspende ist die Regenmenge zugrunde zu legen, die sich nach *Reinhold* für den 15-min-Regen ergibt, der nicht mehr als einmal im Jahr auftritt.

$$r_{T(n)} = r_{15(n=1)} \cdot \varphi_{T(n)} \quad \text{in l/(s·ha)} \tag{9.1}$$

r_T Regenspende im Zeitraum T in min
$r_{15(n=1)}$ Basisregen mit einer Häufigkeit von einem Mal /Jahr und einer Dauer von 15 min
n Anzahl der Häufigkeiten pro Jahr
φ_T Zeitbeiwert

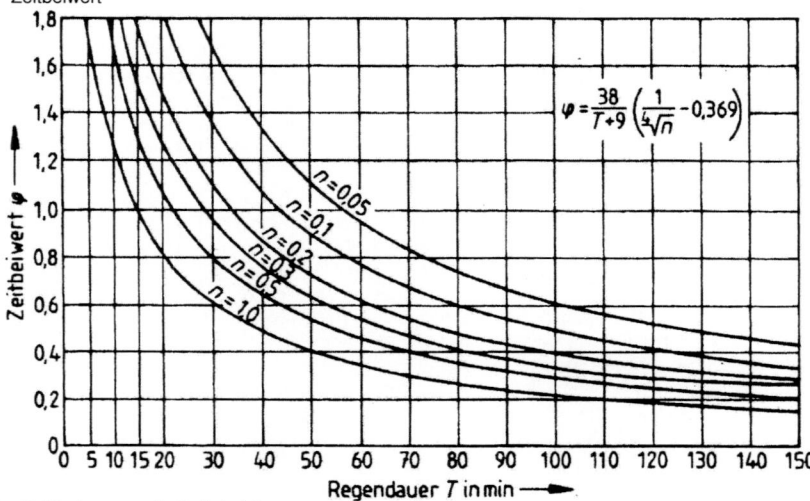

$$\varphi = \frac{38}{T+9}\left(\frac{1}{\sqrt[4]{n}} - 0{,}369\right)$$

Bild 9.2 Zeitbeiwert nach *Reinhold*

9.2 Bemessung

Lage	Entwässerungseinrichtung	Regenhäufigkeit n
außerorts	Mulden, Gräben, Rohrleitungen	1,0
	Rohrleitungen in Mittelstreifen	0,3
	Straßentiefpunkte	0,2
	Trogstrecken	0,1 bis 0,05
innerorts	allgemeine Bebauung	1,0 bis 0,5
	Innenstadt, Industriegebiete	1,0 bis 0,2

Tabelle 9.2 Regenhäufigkeit

Die Regenhäufigkeit legt man fest nach dem Grad der gewünschten Sicherheit gegen Überschreitungen. Übliche Werte für die Entwässerung von Straßen entnimmt man Tabelle 9.2.

Das Ableitungsvermögen eines Gebietes erfasst man durch den *Abflussbeiwert*. Der Spitzenabflussbeiwert ψ_s kann nach Tabelle 9.3 festgelegt werden. Die Berechnung des Regenabflusses erfolgt nach dem Zeitbeiwertverfahren. Das Zeitabflussfaktoren-Verfahren nach Arbeitsblatt A 118 des ATV-Regelwerkes findet für die Berechnung städtischer Kanalnetze Anwendung. Für die Berechnung des Straßenabwassers ist es wenig geeignet.

Fläche	Abflussbeiwert ψ_s
Fahrbahn	1,0
unbefestigte Horizontalflächen	0,05 bis 0,1
Böschungen im Dammbereich	0,3
Böschungen im Einschnitt	0,3 bis 0,5
Entwässerung befestigter Flächen über unbefestigte Seitenstreifen, Mulden mit Muldenabläufen (Einschnitt)	0,7
Entwässerung befestigter Flächen über unbefestigte Seitenstreifen, Dammböschungen und Fußmulden	0,6
Grünzone der Seiten- oder Mittelstreifen	0,2

Tabelle 9.3 Abflussbeiwerte für Straßenflächen

Die Abflussmenge berechnet man nach der Gl. 9.2.

$$Q = r \cdot \varphi \cdot \sum_{i=1}^{i=n} A_E \cdot \psi_s \quad \text{in l/s} \tag{9.2}$$

Q Oberflächenabfluss in l/s
r Regenspende in l/(s·ha)
φ Zeitbeiwert
A_E Größe der Entwässerungsfläche in ha
s Spitzenabflusswert für A_E

9 Straßenentwässerung

Beispiel

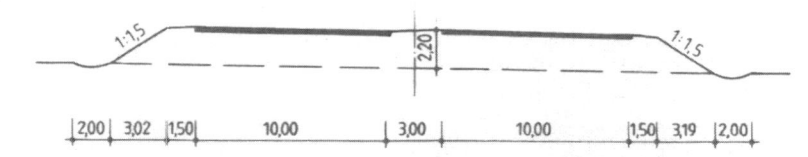

|2,00| 3,02 |1,50| 10,00 | 3,00 | 10,00 |1,50| 3,19 |2,00|

Länge der Straße 1000 m,   RQ 26,0 als Sägequerschnitt,   Dammhöhe 2,00 m,
Böschungsneigung 1:1,5,   Regenspende r_{15} = 120 l/(s.ha),
Regenhäufigkeit für Rohrleitungen im Mittelstreifen n = 0,3, für Mulden n=1,0. (Tabelle 9.2)

Berechnung der Einzugsflächen:

befestigte Flächen: 10,00 · 1000 = 10000 m² je Seite
Böschung rechts: 3,19 · 1000 = 3190 m²
Böschung links: 3,02 · 1000 = 3020 m²
Seitenstreifen: 1,50 · 1000 = 1500 m² je Seite
Mulde am Dammfuß: 2,00 · 1000 = 2000 m² je Seite
Mittelstreifen: 3,00 · 1000 = 3000 m²
Zeitbeiwert: φ_T = 1

Berechnung der Abflussmengen:

Abfluss hohe Seite: Q_1 = 120 · 1 · (1500 + 3020 + 2000) · 10^{-4} · 0,3 = 23,5 l/s

Abfluss über Mittelstreifen: Q_2 = 120 · (10000 · 1,0 + 3000 · 0,3) · 10^{-4} = 130,8 l/s

Mit der Regenhäufigkeit n = 0,3 erhält man aus Bild 9.2 φ = 1,46

Mit diesem Faktor ist die Abflussmenge des Mittelstreifens zu erhöhen:

$Q_2(n)$ = 1,46 · 130,8 = 191 l/s

Abfluss tiefe Seite: Q_3 = 120 · 1 · (10000 · 0,7 + ((1500 + 3190 + 2000) · 0,3) · 10^{-4} = 10,1 l/s

Die Berechnung der Rohrleitungen kann mit einer Listenberechnung vorgenommen werden.

Hydraulische Berechnung Regenspende $r_{T,n=1}$ = ... l/s· ha; k_B = ...										Anlage	
Schacht Nr.		Fahrbahnentwässerung über			Böschungs-entwäs-serung über Mulde	Grünzone, Seiten-/ Mittel-Streifen	Zulauf von Schacht	Ge-samt-abfluss	Rohr-ge-fälle	Rohr DN	mögl. Abfluss menge
		Einlauf mit Bord stein	Mulde im Ein-schnitt	Mulde am Damm-fuß				Q_{vorh}	I		Q_M
								l/s	‰	mm	l/s
von	bis	ψ_S=1,0	ψ_S=0,7	ψ_S=0,6	ψ_S=0,3	ψ_S=0,2	Nr.	Nr.			

Tabelle 9.4   Liste zur Bemessung der Straßen-Entwässerungsrohre

9.2 Bemessung

Die Bemessung der Entwässerungseinrichtungen erfolgt mit Hilfe der Abflussformel *nach Manning-Strickler* für offene Gerinne und nach *Prandtl-Colebrook* bei Rohrleitungen. Offene Gerinne sind Entwässerungsmulden, Gräben und Rinnen. Die abführbare Wassermenge ist abhängig vom durchflossenen Querschnitt, dem benetzten Umfang, der Fließgeschwindigkeit und der Rauhigkeit der Gerinnewandung.

Entwässerungsmulden werden als Kreissegmente ausgebildet. Ihr nutzbarer Querschnitt ergibt sich aus Gl. 9.3, den Radius der Mulden erhält man aus Gl. (9.4), den Mittelpunktswinkel aus Gl. (9.5) und den benetzten Umfang aus Gl. (9.6)

$$A = \frac{r^2}{2} \cdot \left(\frac{\pi \cdot \alpha}{200} - \sin\alpha \right) \quad \text{in m}^2 \tag{9.3}$$

$$r = \left(\frac{s}{2}\right)^2 \cdot \frac{1}{2 \cdot p} + \frac{p}{2} \quad \text{in m} \tag{9.4}$$

$$\sin\frac{\alpha}{2} = \frac{s}{2 \cdot r} \quad \text{in gon} \tag{9.5}$$

$$l_u = \frac{\pi \cdot r \cdot \alpha}{200} \quad \text{in m} \tag{9.6}$$

A Durchflussquerschnittsfläche in m²
r Ausrundungsradius der Mulde in m
s Sehnenlänge (Muldenbreite) in m
p Pfeilhöhe (Tiefe) der Mulde in m
α Mittelpunktswinkel zur Sehne in gon
l benetzter Umfang (Bogenlänge) in m

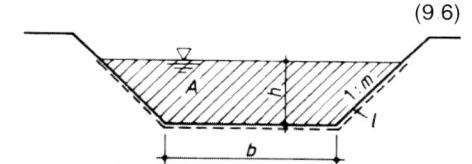

Bild 9.3 Abfluss in offenen Gerinnen

Straßengräben können die Form von Rechteck-, Trapez- oder Dreiecksquerschnitten erhalten. Die notwendigen Werte entnimmt man Tabelle 9.5.

Profilform	Rechteck	Trapez	Dreieck
Flächeninhalt A in m	$b \cdot h$	$h \cdot \left(\frac{a+b}{2}\right)$	$\frac{b \cdot h}{2}$
benetzter Umfang l_u in m	$2 \cdot h + b$	$b + 2\sqrt{h^2 + \left(\frac{a-b}{2}\right)^2}$	$2\sqrt{h^2 + \left(\frac{b}{2}\right)^2}$

Tabelle 9.5 Berechnungsformeln für verschiedene Grabenquerschnitte

Aus den voran stehenden Werten berechnet man den hydraulischen Radius r_{hy} mit

$$r_{hy} = \frac{A}{l_u} \quad \text{in m} \tag{9.7}$$

Die mögliche Abflussmenge ist abhängig vom benetzten Umfang, der Rauhigkeit des Gerinnes und dem Energiegefälle. Letzteres kann im Straßenbau dem Sohlgefälle gleichgesetzt werden. Für die einzelnen Querschnittsformen gelten folgende Gleichungen:

für Entwässerungsmulden, Rechteck-, Trapez- oder Dreiecksgräben:

$$Q = A \cdot k_{St} \cdot r_{hy}^{2/3} \cdot I_E^{1/2} \quad \text{in m}^3/\text{s} \tag{9.8}$$

für Bord- oder Spitzrinnen am Randstein

$$\max Q = k_{St} \cdot h^{8/3} \cdot I_E^{1/2} \cdot \frac{0{,}315}{q} \quad \text{in m}^3/\text{s} \tag{9.9}$$

9 Straßenentwässerung

für Muldenrinnen

$$\max Q = k_{St} \cdot h^{8/3} \cdot I_E^{1/2} \cdot \frac{b}{2 \cdot h} \quad \text{in m}^3/\text{s} \tag{9.10}$$

k_{St} Rauhigkeitsbeiwert nach *Strickler* in m$^{1/3}$/s (Tabelle 9.6)
h Wassertiefe am Randstein oder Muldenmitte in m
I_E Sohlgefälle des Gerinnes in o/oo
r_{hy} hydraulischer Radius in m
q Querneigung des Gerinnes in %
b Muldenbreite in m

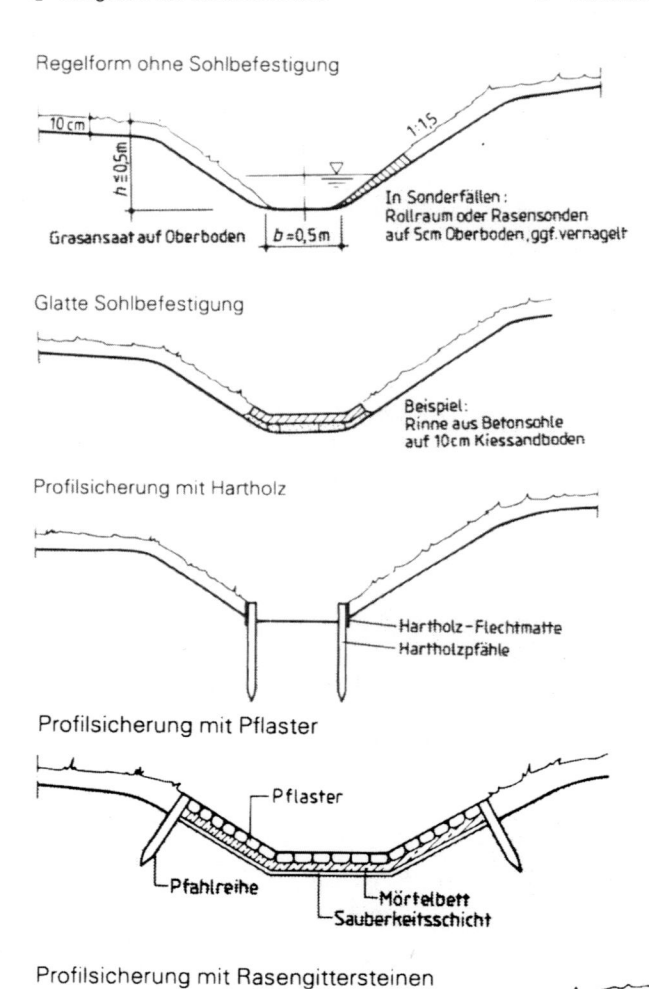

Die Fließgeschwindigkeit v kann man mit Hilfe des Nomogramms in Bild 9.5 ermitteln. Sie hat Einfluss auf die Schleppkraft und damit auf die Erosionssicherheit der Grabensohle. Bei Längsgefälle der Sohle $s \leq 0{,}5$ % soll diese wegen des besseren Wasserabflusses mit Sohlschalen oder -platten belegt werden. Bei Längsgefälle $s > 4{,}0$ % muss die Sohle, manchmal auch die Grabenböschung durch Pflaster oder Rauhpflaster gegen das Ausspülen gesichert werden.

Bild 9.4 Befestigungsformen der Sohle des Straßengrabens

9.2 Bemessung

Gerinneart	Wandbeschaffenheit	k_{St} in m$^{1/3}$/s
natürliches Flussbett	feste, regelmäßige Sohle	40
	mäßig Geschiebe oder verkrautet	30 bis 35
	stark Geschiebe führend	28
Wildbäche	grobes Geröll (kopfgroße Steine) in Ruhe	25 bis 28
	grobes Geröll in Bewegung	19 bis 22
Erdkanäle	fester Sand mit etwas Ton oder Schotter	50
	Sohle Sand und Kies, Böschungen gepflastert	45 bis 50
	Grobkies (etwa 50/100/150 mm)	35
	scholliger Lehm	30
	Sand, Lehm oder Kies, stark bewachsen	20 bis 25
Gemauerte Kanäle	Ziegelmauerwerk, auch Klinker, gut gefugt	75
	Mauerwerk normal	60
	Grobes Bruchsteinmauerwerk mit Pflaster	50
Betonkanäle	Stahlschalung oder Zementglattstrich	90
	Holzschalung, ohne Verputz	65 bis 70
	alter Beton, saubere Flächen	60
	ungleichmäßige Betonflächen	50
Mulden	Sohlschale je nach Ablagerung	30 bis 50
	Rasen	20 bis 30
	Schotter	25 bis 30
	Bruchsteinpflaster	40 bis 50

Tabelle 9.6 Rauhigkeitsbeiwerte nach *Strickler*

$$v = k_{St} \, r_{hy}^{2/3} \, I_E^{1/2}$$

Beispiel
Gegeben: $I_E = 0{,}15$ o/oo,
$r_{hy} = 1{,}25$ m
$k_{St} = 70$ m$^{1/3}$/s

Lösung:

Man zieht von dem Wert $I_E = 0{,}15$ zum Wert $r_{hy} = 1{,}25$ die Linie a, die die unbeschriftete Linie schneidet.

Dann verbindet man den Wert $k_{St} = 70$ mit dem Schnittpunkt der Linie a und verlängert die Linie b bis zum Schnitt mit der Linie v und liest dort den Wert 1,00 m/s ab.

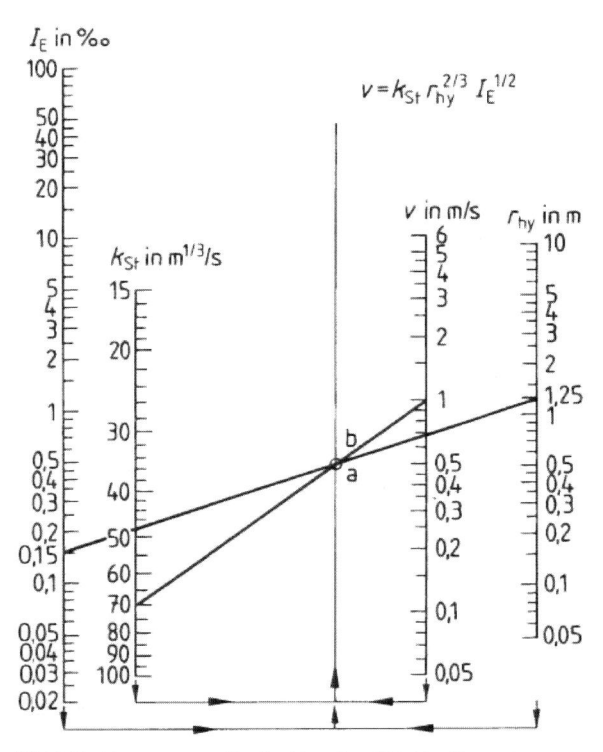

Bild 9.5 Nomogramm für die *Manning-Strickler*-Formel

9 Straßenentwässerung

Der Bemessung von Rohrleitungen liegt die Annahme der Vollfüllung zugrunde. Sie erfolgt nach *Prandtl-Colebrooke* mit Gl. (9.11).

$$Q = \frac{\pi \cdot d^2}{4} \cdot \left[-2 \cdot \log\left(\frac{2{,}51 \cdot v}{d \cdot \sqrt{2 \cdot g \cdot l_r \cdot d}} + \frac{k_b}{3{,}71 \cdot d} \right) \right] \cdot \sqrt{2 \cdot g \cdot l_r \cdot d} \quad \text{in m}^3/\text{s} \quad (9.11)$$

Q Durchflussmenge in m3/s
d Rohrinnendurchmesser in m
v kinematische Viskosität in m²/s
g Fallbeschleunigung in m/s²
l_r Gefälle in %
k_b Betriebliche Rauhigkeit in mm

Bei Teilfüllung der Rohre wendet man die Kurven in Bild 9.6 an

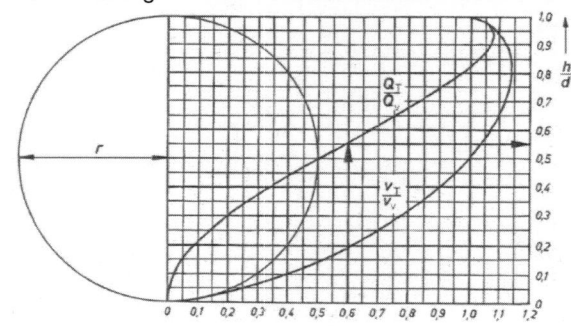

d Innendurchmesser des Rohres in m
h Füllhöhe in m
Q_v Durchfluss bei Vollfüllung in m³/s
Q_T Durchfluss bei Teilfüllung in m³/s
v_v Fließgeschwindigkeit bei Vollfüllung in m/s
v_T Fließgeschwindigkeit bei Teilfüllung in m/s

Bild 9.6   Füllungskurven für Kreisquerschnitte

Beispiel: Mulde am Dammfuß des RQ 25 im vorhergehenden Beispiel.
Sohlgefälle l_E = 1,5 %,
Breite 2,0 m, Tiefe 0,3 m,
Rauhigkeitsbeiwert nach Tabelle 9.6 bei Rasen k_{St} = 25 m$^{1/3}$/s.
Radius der Mulde nach Gl. (9.4).

$$r = \left(\frac{2{,}0}{2}\right)^2 \cdot \frac{1}{2 \cdot 0{,}3} + \frac{0{,}3^2}{2 \cdot 0{,}3} = 1{,}817 \text{ m}$$

Mittelpunktswinkel nach Gl. (9.5)

$$\sin\frac{\alpha}{2} = \frac{2{,}0}{2 \cdot 1{,}817} = 0{,}550358 \, ; \alpha = 74{,}20346 \text{ gon}$$

Benetzter Umfang bei Vollfüllung nach Gl. (9.6)

$$l_u = \frac{3{,}14 \cdot 1{,}817 \cdot 74{,}20346}{200} = 2{,}118 \text{ m}$$

Durchflussquerschnitt nach Gl. (9.3)

$$A = \frac{1{,}817^2}{2} \cdot \left(\frac{3{,}14 \cdot 74{,}20346}{200} - 0{,}919 \right) = 0{,}407 \text{ m}^2$$

Hydraulischer Radius nach Gl. (9.5)

$$r_{hy} = \frac{0{,}407}{2{,}118} = 0{,}192 \text{ m}$$

Die abführbare Wassermenge nach Gl. 9.8 wird
$Q = 0{,}407 \cdot 25 \cdot 0{,}192^{2/3} \cdot 0{,}015^{1/2} = 0{,}415 \text{ m}^3/\text{s}$

Das anfallende Oberflächenwasser von 106 l/s (s. Beispiel S. 382) kann somit abgeführt werden.

9.2 Bemessung

Kreuzungsbauwerke mit Wasserläufen sind Brücken, Durchlässe und Düker. Diese sind in jedem Fall mit der Wasserwirtschaftsverwaltung abzustimmen. Die Abmessungen sind abhängig von
- Bemessungsdurchfluss,
- Fließgeschwindigkeit,
- Durchflussquerschnitt,
- zulässigem Aufstau.

Die Lichte Weite von Brücken und rechteckigen Durchlässen, deren Konstruktionsunterkante höher liegt als das Bemessungshochwasser des Wasserlaufes, bestimmt man mit Gl. (9.12). Eine vereinfachte Form der Berechnung unter Berücksichtigung des Aufstaus erhält man mit Gl. (9.13).

$$l_w = \frac{Q}{h \cdot \sqrt{\frac{2 \cdot g \cdot \Delta h}{1{,}5 + \frac{2 \cdot g \cdot l}{k_{St} \cdot r_{hy}^{4/3}}}}} \quad \text{in m} \tag{9.12}$$

l_w Lichte Weite des Bauwerkes in m
h Abflusstiefe im unverbauten Querschnitt in m
r_{hy} hydraulischer Radius im Bauwerk in m
l durchflossene Bauwerkslänge in m

k_{St} Rauhigkeitsbeiwert in m$^{1/3}$/s (meist 65 angenommen)
g Fallbeschleunigung in m/s²
Δh Spiegeldifferenz Oberwasser/ Unterwasser einschl. Aufstau

$$l_w = \frac{Q}{\mu \cdot h \cdot \sqrt{2 \cdot g \cdot z + v_0^2}} \quad \text{in m} \tag{9.13}$$

h Abflusstiefe im Querschnitt in m
μ Einschnürungsbeiwert nach Tabelle 9.7
g Fallbeschleunigung in m/s²

z Aufstau in m
v_0 Fließgeschwindigkeit im unverbauten Querschnitt in m/s

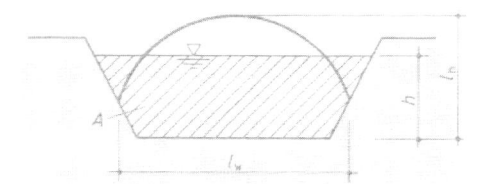

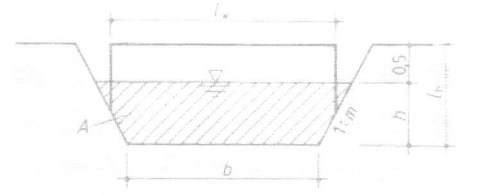

Bild 9.7 Bemessungselemente für Brücken und Durchlässe

Die lichte Weite für Bauwerke ohne Aufstau ergibt sich vereinfacht aus Gln. (9.14) und (9.15) (siehe Bild 9.7).

$$l_w = \frac{A}{\mu \cdot h} \quad \text{in m} \tag{9.14}$$

A durchflossene Querschnittsfläche in m²

Für Brücken über Wasserläufe mit Trapezprofil gilt

$$l_w = \frac{(b + m \cdot h) \cdot h}{\mu \cdot h} \quad \text{in m} \tag{9.15}$$

l_h lichte Höhe des Bauwerks in m
μ Einschürungsbeiwert nach Tabelle 9.7
h Füllhöhe in m

b Sohlbreite des Trapezquerschnitts in m
m Wert des Divisors der Böschungsneigung

9 Straßenentwässerung

Widerlagerform	gerade (Regelfall)	Halbkreisförmig	stumpfwinklig	gleichseitig eintauchende Kämpfer
μ	0,80	0,95	0,90	0,70

Tabelle 9.7 Einschnürungsbeiwert μ

Die lichte Höhe von Brücken und Durchlässen soll mindestens 0,50 m über dem Wasserspiegel bei maximalem Abfluss festgelegt werden, damit Schwemmgut nicht den Brückenquerschnitt einengt.

Für Rohrdurchlässe müssen ebenfalls die Eintritts-, Wandreibungs- und Austrittsverluste berücksichtigt werden, die bei eingestautem Querschnitt zu einem Aufstau führen. Wendet man Gl. (9.16) an, sind diese Verluste bereits berücksichtigt.

$$Q = \left[\frac{\Delta h}{\frac{8}{g \cdot h \cdot d^4} \cdot \left(1{,}5 + \frac{2 \cdot g \cdot l}{k_{St}^2 \cdot \left(\frac{d}{4}\right)^{4/3}} \right)} \right]^{1/2} \quad \text{in m}^3/\text{s} \qquad (9.16)$$

I	Gefälle des Rohrdurchlasses in %
Δh	Wasserspiegeldifferenz zwischen Ober- und Unterwasser einschließlich zulässigem Aufstau in m
l	Bauwerkslänge in m
g	Fallbeschleunigung in m/s²
d	Rohrinnendurchmesser in m
k_{St}	Rauhigkeitsbeiwert (=65) in m$^{1/3}$/s

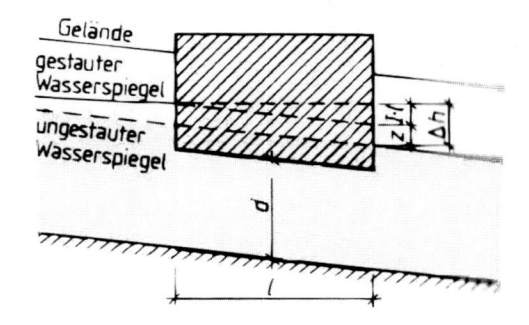

Bild 9.8 Bemessungswerte für Durchlässe

Typ	Reinigung von Hand	mechanisch
Rohrdurchlass in Wirtschaftswegen in Straßen und Rampen in Bundesfernstraßen und größeren Längen	bekriechbar LH >0,80 m LW >0,60 m begehbar LH >1,80 m	DN 400 DN 500 DN 800
Rechteckdurchlass (Rahmen)	LH >2,00 m, LW >1,00m	

Tabelle 9.8 Mindestabmessungen für Durchlässe

9.3 Darstellung im Entwurf

Die Entwässerung der Straße ist in allen drei Zeichenebenen darzustellen. Bei der Eintragung sind die Planzeichen von Tabelle 9.9 zu verwenden. Im Regelquerschnitt sind außerdem die Querneigung der Fahrbahn und das Planum einzutragen. Für größere Knotenpunkte mit schwierigen Fließverhältnissen verwendet man Höhenschichtenpläne im Maßstab 1:250, um die Lage der Einlaufschächte festzulegen. Falls durch die Eintragungen die Entwurfspläne unübersichtlich werden, fertigt man besondere Entwässerungspläne.

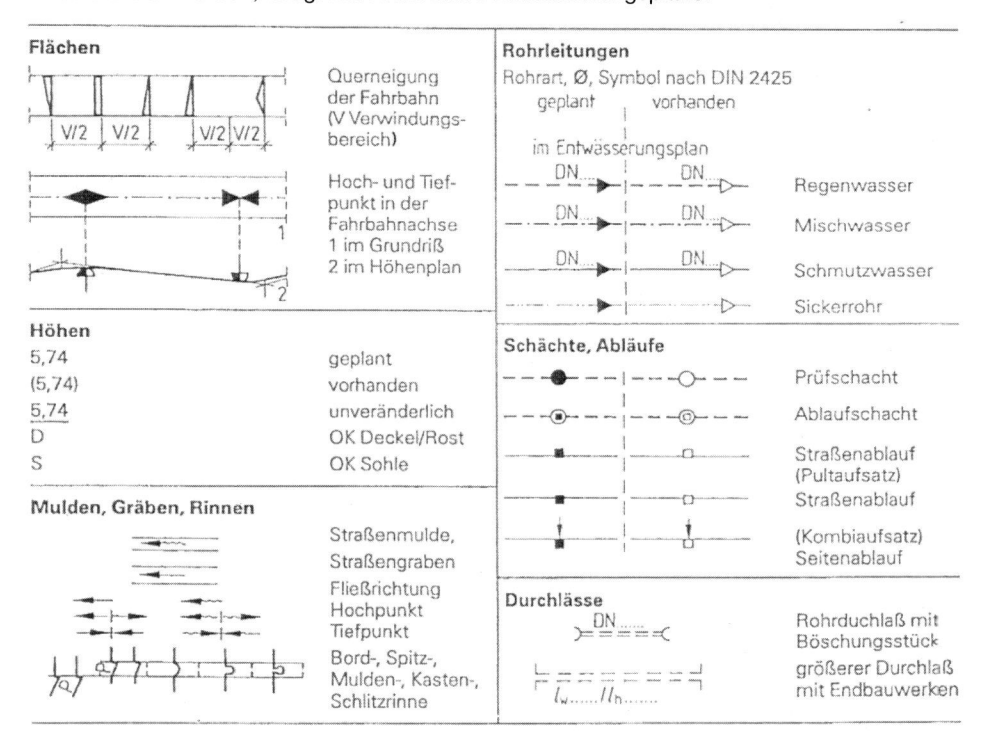

Tabelle 9.9 Planzeichen für die Darstellung der Entwässerung

9.4 Oberirdische Entwässerungsanlagen

Oberflächenwasser wird abgeleitet durch Straßenmulden, -gräben, -rinnen und -abläufe. Regelformen sind in Bild 9.9 und 9.10 dargestellt.

Straßenmulden schließen beim Damm am Böschungsfuß, im Einschnitt am Kronenrand an. Die Breite beträgt 1,00 bis 2,50 m, die Tiefe min $h = 0{,}20$ m, max $h = b/5$ in m. Bei sehr geringem Längsgefälle wird die Sohle durch eine glatte Oberfläche befestigt, um besseren Abfluss zu erzielen, bei hohem Gefälle muss die Sohle durch rauhe Befestigung vor Erosion geschützt werden. Richtwerte entnimmt man Tabelle 9.10.

Gräben werden dann ausgebildet, wenn die Querschnittsfläche von Straßenmulden nicht zur Wasserabführung ausreicht. Sie erhalten eine Sohlbreite von 0,50 m, die Tiefe soll 0,50 m nicht überschreiten. Die Sohle ist nach Tabelle 9.10 auszubilden. Die Böschungsneigung wird meist an die der anschließenden Böschung angeglichen. Wenn aus dem Gelände viel Oberflächenwasser der Böschung zufließt, legt man am Durchstoßpunkt durch das Gelände einen Abfanggraben an. Bei ungünstigen Untergrundverhältnissen müssen Mulden und Gräben durch bindigen Boden oder Folien abgedichtet werden.

Straßenrinnen werden meist an Hochborden oder zwischen Verkehrsflächen angelegt. Sie leiten das Oberflächenwasser den Straßenabläufen zu (min s = 0,5 %). Man unterscheidet
- Bordrinne,
- Spitzrinne,
- Muldenrinne,
- Kastenrinne,
- Schlitzrinne.

Die Rinnenformen entnimmt man Bild 9.11.

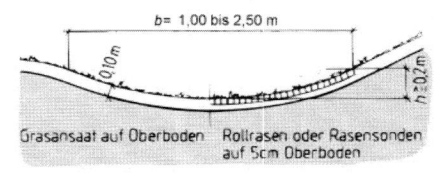

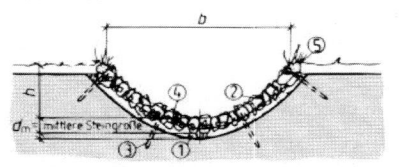

Bild 9.9   Regelform der Straßenmulden

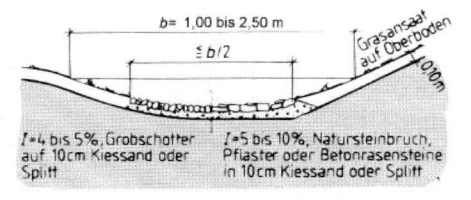

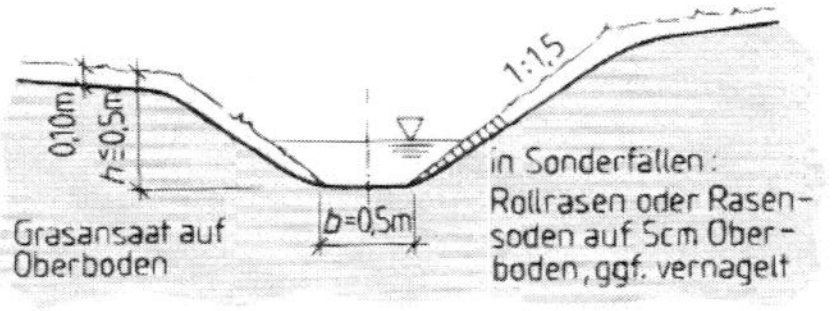

Längsgefälle der Sohle I_S in %	Befestigung
0,3 bis 1,0	glatt, z.B. Sohlschale,
1,0 bis 4,0	Platten
4,0 bis 10,0	Rasen
10,0	Raue Sohle, z.B. Pflaster Rauhbettmulde

Bild 9.10   Regelform des Straßengrabens   Tabelle 9.10   Sohlbefestigung von Straßenmmulden

Die *Bordrinne* wird aus der gleichen Befestigung wie die Fahrbahn hergestellt und durch einen Hochbord abgeschlossen. Sie erhält die Quer- und Längsneigung der Fahrbahn und eine Breite zwischen 0,15 m und 0,50 m.

Die *Spitzrinne* gehört nicht zur Fahrbahn. Sie wird deshalb mit einer anderen Befestigung als die Fahrbahn versehen. Die Breite wählt man zwischen 0,30 m und 0,90 m. Die Querneigung beträgt je nach Befestigungsart 10,0 % bis 15,0 %. Als Befestigung dienen Fertigteile oder in Beton versetztes Pflaster. Dann wird sie durch einen Hochbord abgeschlossen.

Eine *Muldenrinne* legt man zwischen unterschiedlichen Verkehrsflächen an. Sie wird zwischen 0,50 m und 1,00 m breit. Die Tiefe wird mit b/15 festgelegt, muss aber mindestens 0,03 m betragen. Sie kann von Verkehrsteilnehmern überfahren werden und wird zur Verbesse-

9.4 Oberirdische Entwässerungsanlagen

rung der Sichtbarkeit in Pflaster ausgeführt. Häufig wird sie auf Parkflächen und in verkehrsberuhigten Bereichen ausgeführt.

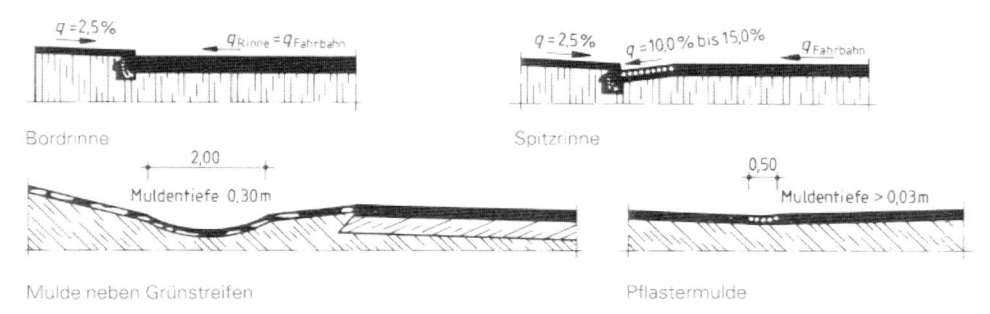

Bild 9.11 Rinnenformen im angebauten Bereich

Eine *Muldenrinne* legt man zwischen unterschiedlichen Verkehrsflächen an. Sie wird zwischen 0,50 m und 1,00 m breit. Die Tiefe wird mit $b/15$ festgelegt, muss aber mindestens 0 03 m betragen. Sie kann von Verkehrsteilnehmern überfahren werden und wird zur Verbesserung der Sichtbarkeit in Pflaster ausgeführt. Häufig wird sie auf Parkflächen und in verkehrsberuhigten Bereichen ausgeführt.

Kastenrinnen sind Straßenrinnen aus Fertigteilen, die mit Gitterrosten oder Lochplatten abgedeckt sind. Die Lichte Weite soll > 0,10 m, die Mindesthöhe h_{min} = 0,06 m betragen. Das Schlgefälle ist in die Fertigteile meist eingearbeitet und unabhängig von der Straßenlängsneigung. Kastenrinnen werden meist überfahren und müssen statische und dynamische Kräfte aufnehmen. Außerdem müssen die Roste so gestaltet sein, dass für Zweiradfahrer keine Gefahren entstehen.

Schlitzrinnen sind ebenfalls Straßenrinnen aus Betonfertigteilen, die auf der Oberseite einen Eintrittsschlitz für das Wasser besitzen. Sie sind auf Verkehrsflächen, auf denen auch Radfahrer verkehren, nicht einzusetzen. Der Schlitz darf 0,013 m bis 0,03 m breit sein. Der Innenquerschnitt hat einen Durchmesser $d > 0,10$ m. Die Fertigteile werden auch mit vorgefertigtem Sohllängsgefälle geliefert. In Sonderfällen werden die Fertigteile mit einem angeformten Hochbord geliefert.

Pendelrinnen sind eine Sonderform der Spitzrinne. Sie werden bei sehr geringem Gefälle eingesetzt ($q \leq 0,5$ %). Ihre Gestaltung entspricht der Spitzrinne. Um das Rinnenlängsgefälle zu erhöhen, werden zwischen den Einläufen Hochpunkte angeordnet und die Rinnenquerneigung entsprechend verwunden. Die Bordsteinhöhe schwankt dabei zwischen 0,07 m und 0,14 m.

Straßenabläufe führen das Oberflächenwasser den unterirdischen Entwässerungseinrichtungen zu. Sie bestehen aus Straßenablauf, Schaft und Boden. Im Ablauf wird ein Eimer mit Schlitzen eingehängt, damit kein Grobschmutz in das Leitungsnetz eingespült wird. Bei rechteckigen Einläufen sitzt der Aufsatz des Ablaufes auf einem Schachtkonus.

Naßschlammabläufe kommen nur selten zum Einsatz. Straßenabläufe werden als Fertigteile nach DIN 4052 geliefert. Der Abstand der Einläufe richtet sich nach der anfallenden Wassermenge, dem Straßenlängsgefälle und dem Schluckvermögen. Er kann nach den RAS-Ew bestimmt werden. In Wannen müssen Einläufe dichter gesetzt werden. Bei großen Wassermengen können Bergeinläufe eingesetzt werden, bei denen der Einlaufrost gegenüber dem Normaleinlauf vergrößert ist. Besondere Ablaufbuchten verbessern meist das Schluckvermögen. Abläufe liegen in der Regel in der Straßenrinne. Sie dürfen nicht auf Fußgänger- oder Radfahrerüberwegen angeordnet werden. Verschiedene Einlaufformen sind

Radfahrerüberwegen angeordnet werden. Verschiedene Einlaufformen sind in Bild 9.14 dargestellt.

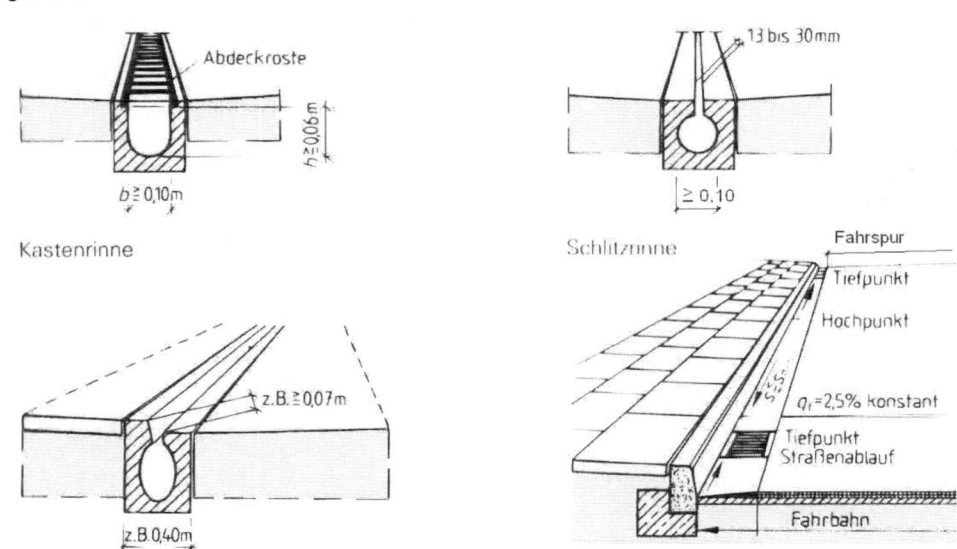

Bild 9.12 Sonderformen für Rinnen aus Fertigteilen

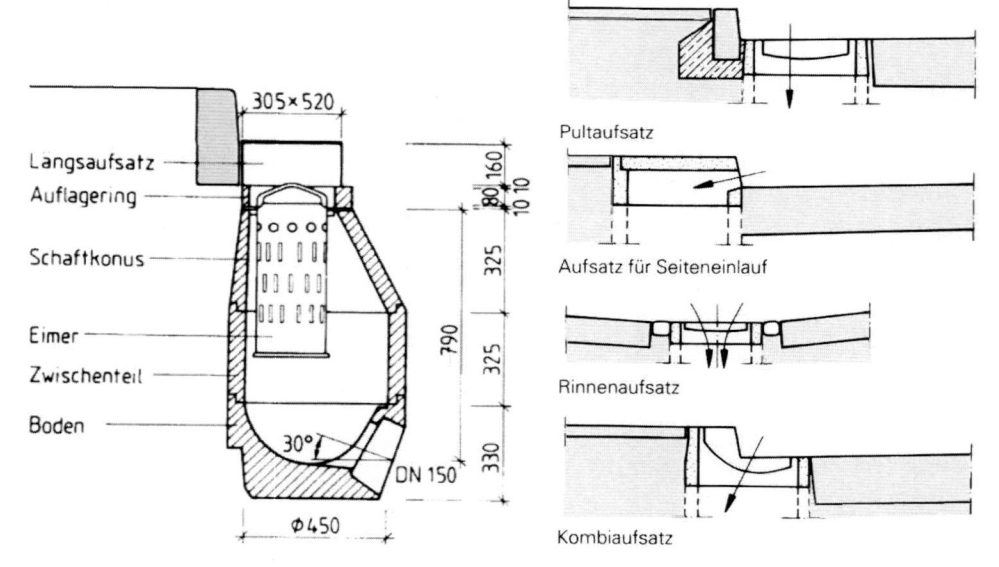

Bild 9.13 Regelform des rechteckigen Straßenablaufs

Bild 9.14 Regelformen der Aufsätze von Straßenabläufen

9.5 Unterirdische Entwässerungsanlagen

Unterirdische Rohrleitungen. Sie führen das Oberflächenwasser im bebauten Bereich meist zur Kläranlage, außerorts zum Vorfluter ab. Es werden Beton-, Steinzeug- oder Kunststoffrohre verwendet, die zwischen den Schächten geradlinig verlegt werden. Der Mindestdurchmesser beträgt bei Steinzeug- oder Kunststoffrohren DN 250, bei Betonrohren DN 300, um eine mechanische Reinigung zu ermöglichen. Die Fließgeschwindigkeit v soll nicht weniger als 0,5 m/s betragen, um unerwünschtes Absetzen der Sinkstoffe bei Trockenwetter zu verhindern. Fließgeschwindigkeiten $v > 6,0$ m/s bedingen besonders abriebfestes Rohrmaterial. Bei $v > 8,0$ m/s ordnet man zur Energievernichtung Absturzschächte an.

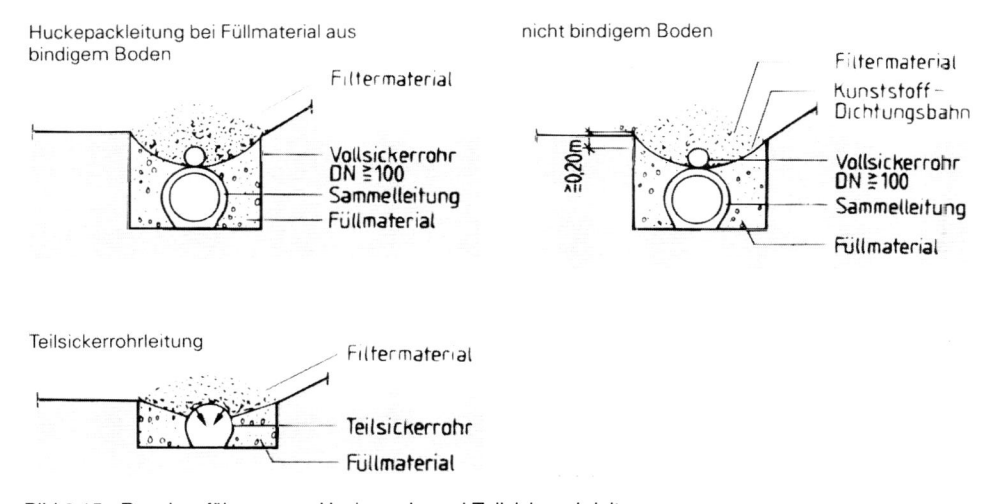

Bild 9.15 Regelausführung von Huckepack- und Teilsickerrohrleitungen

Beim Leitungssystem unterscheidet man Sammelleitungen, Huckepackleitungen und Teilsickerrohrleitungen. Regelausführungen sind in Bild 9.15 dargestellt.

Sammelleitungen sind geschlossene Rohrleitungen zur Wasserabführung. Ihr Durchmesser soll aus Gründen leichter Reinigung nicht unter DN 300 gewählt werden.

Huckepackleitungen bestehen aus einer Sammelleitung, auf der eine mit Filtermaterial umhüllte Sickerleitung liegt. Diese nimmt in der Regel das Sickerwasser der Frostschutzschicht auf. Bei nichtbindigem Füllboden ist eine Kunststoff-Dichtungsbahn über der Sammelleitung einzubauen.

Teilsickerrohrleitungen vereinigen die Funktionen von Sammel- und Sickerleitungen. Hierbei verwendet man meist an der Oberfläche geschlitzte oder gelochte Rohre.

Schächte unterscheidet man als Ablauf-, Prüf- oder Absturzschächte. Sie werden meist aus Fertigteilen aufgebaut, in Sonderfällen gemauert oder betoniert. Für Sonderschächte wird der Schachtboden bis 0,15 m über Rohrscheitel betoniert und dann der Fertigteilschacht aufgesetzt.

Ablaufschächte bieten die Möglichkeit, Wasser durch einen Ablaufrost im Deckel der Rohrleitung zuzuführen. Gleichzeitig ermöglichen sie Wartung und Durchlüftung der Leitung. Der Ablaufrost sitzt mit einem Konus und Schlammfänger auf dem Schaft. Ablaufschächte werden in Straßenmulden, Muldenrinnen und Ablaufbuchten verwendet. Der Einlauf wird durch eine Pflasterung umgeben und sitzt zur Verbesserung des Schluckvermögens 0,03 m bis 0,05 m tiefer als die Muldensohle.

Prüfschächte erfüllen außer der Wasseraufnahme die gleichen Funktionen wie Ablaufschächte. Man ordnet sie bei Richtungsänderungen der Leitungsführung, Änderung des Rohrdurchmessers, Einführung von Sammelleitungen und vor querenden Bauwerken an. Der maximale Abstand soll 80,0 m nicht überschreiten. Üblich sind Abstände von 50,00 m.

Absturzschachte werden bei großem Sohlgefälle der Leitung zur Energievernichtung angeordnet.

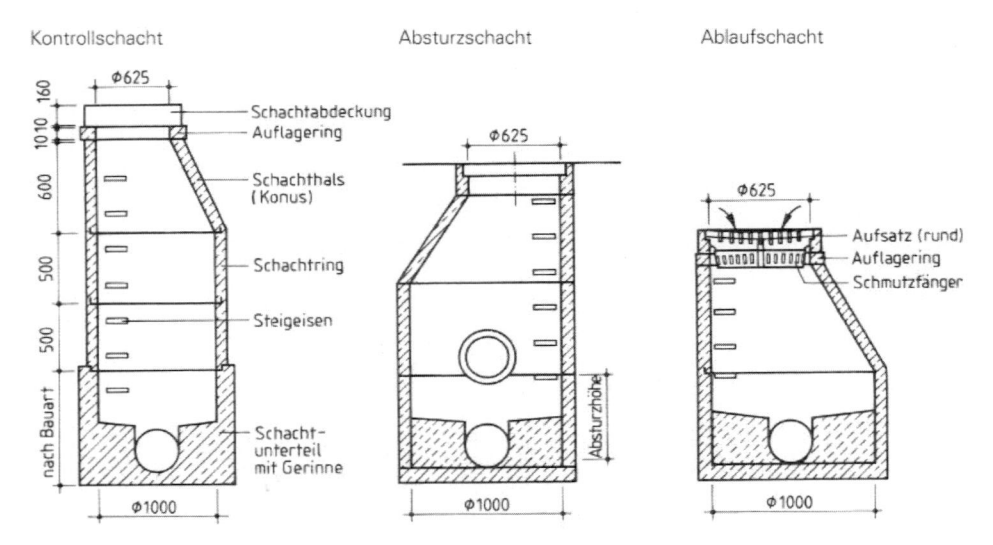

Bild 9.16 Regelformen für Schächte

9.6 Sickeranlagen

Sickeranlagen fassen ungebundenes Wasser im Untergrund oder Straßenkörper und werden aus Filtermaterial hergestellt, das filterstabil, grobkörniger als der zu entwässernde Boden und so feinkörnig sein muss, dass die Feinteile des Bodens nicht eingeschwemmt werden. Häufig setzt man auch Geotextilien als Filter oder Schutz der Filterschicht gegen Feinstteile ein. Die Sickeranlagen sollten mit einer bindigen Schicht von 0,20 m Stärke gegen das Oberflächenwasser abgedichtet sein, wenn die Oberfläche selbst nicht gedichtet ist, z.B. bei Pflasterdecken.

Sickeranlagen sind anzuordnen, wenn der Untergrund bzw. Unterbau nicht aus grobkörnigem Material nach DIN 18196 besteht und das Erdplanum unterhalb des vorhandenen Geländes oder geländegleich liegt. Bei zweibahnigen Straßen gilt das auch für den Bereich unter dem Mittelstreifen. Um Sickerwasser im hochliegenden Seitenstreifen vom Oberbau fernzuhalten, wird das Erdplanum dort mit 4 % Querneigung nach außen angelegt. Der Hochpunkt liegt dabei unter der Fahrbahn im Abstand von 1,00 m vom Fahrbahnrand. Im Einschnitt sind Längsentwässerungen unter der Mulde anzuordnen. Der Rohrscheitel soll 0,20 m unter der zu entwässernden Schicht liegen.

9.6 Sickeranlagen

Der *Sickerstrang* sammelt das im Boden vorhandene Wasser und leitet es weiter. Meist wird ein Sickerrohr DN 100 verwendet, das mit Filtermaterial umhüllt wird. Längere Stränge enden in Schächten des Leitungsnetzes, kurze können ins Freie geführt werden, erhalten am Auslauf aber ein Froschklappe. Das Sohlgefälle darf 0,3 % nicht unterschreiten. Bei Einführung der Sickerleitung in Schächte der Straßenentwässerung ist darauf zu achten, dass die Sickerleitung nicht überstaut wird, da sich sonst dort Feinteile absetzen könnten. Sind keine Ablaufschächte vorhanden, sind Wartungsschächte anzuordnen.

Ein *Sickergraben* ist technisch oft besser, wenn anfallendes Grundwasser gefasst werden muss. Die Regelausführung ist in Bild 9.18 dargestellt.

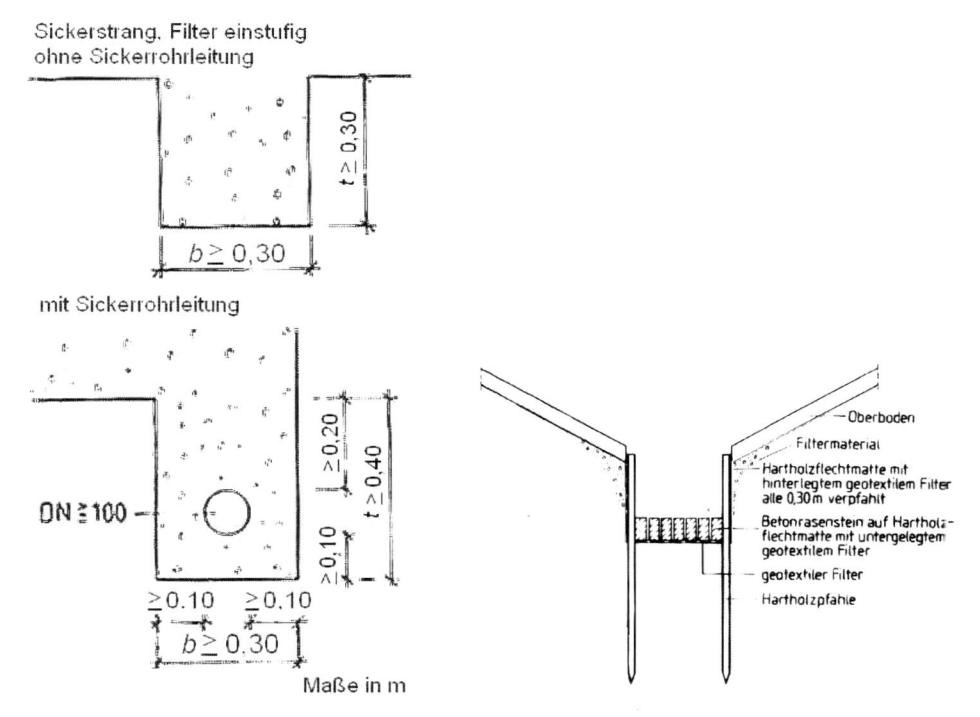

Bild 9.17 Ausbildung von Sicksträngen

Bild 9.18 Sickergraben

Die **Sickerschicht** kann als Tragschicht, Planums-, Böschungs-, Tiefensickerschicht oder Sickerstützscheibe eingesetzt werden. Ungebundene Tragschichten übernehmen bei entsprechendem Kornaufbau die Funktion der Sickerschicht. Man bezeichnet sie dann als Frostschutzschicht.

Die *Planumssickerschicht* wird unter einer Frostschutzschicht angeordnet, wenn das Erdplanum zeitweilig oder ständig unter dem Grundwasserspiegel liegt. Sie soll mindestens 0,50 m dick sein. Diese Dicke darf nicht auf die Dicke der Frostschutzschicht angerechnet werden.

Die *Böschungssickerschicht* leitet Schichtwasser in der Böschung ab (Bild 9.19). Die Dicke des Filterkörpers hängt ab von der Scherfestigkeit des Filtermaterials und dem Strömungsdruck. Sie soll aber wenigstens 0,50 m betragen. Gegen das Oberflächenwasser ist sie durch bindigen Boden abzudichten.

Die *Tiefensickerschicht* sichert den Untergrund gegen seitlich andrängendes Wasser und entwässert vorwiegend tiefere Schichten. (Bild 9.20) Sie wird meist senkrecht zur Achse der Straße, manchmal auch parallel zur Böschung angelegt. Die Mindestbreite beträgt bei mehrschichtigem Filterkörper und Sickerstrang min $b = 1{,}00$ m. Gegen Oberflächenwasser ist sie mit 0,20 m dickem bindigen Boden zu sichern. Das Wasser wird durch ein Sickerrohr abgeführt.

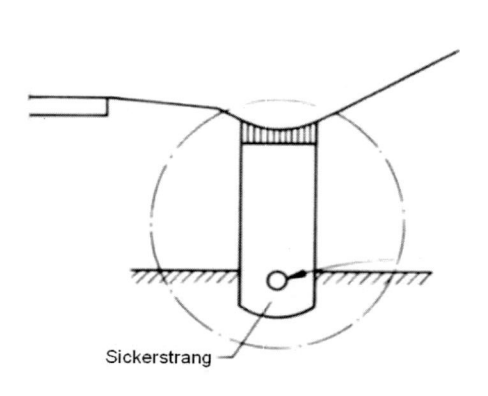

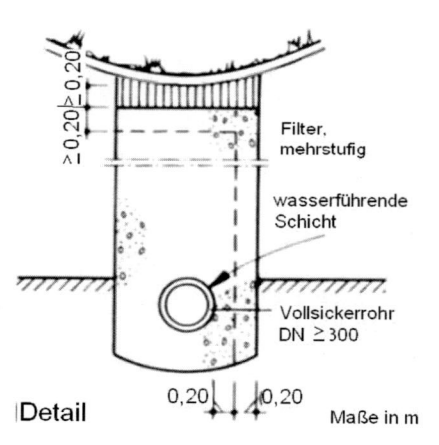

Die *Sickerstützscheibe* wird in Fallinie in die Böschung senkrecht eingebaut (Bild 9.21). Sie besteht entweder aus einer Schotterschicht oder aus Einkornbeton. Sie stützt rutschgefährdete Böschungen durch Abbau des Wasserdrucks. Der Abstand der Scheiben untereinander beträgt 10,00 m bis 20,00 m, die Mindestbreite 1,20 m. Auch hier ist eine Abdichtung gegen Oberflächenwasser vorzusehen. Die erdstatische Gleitsicherheit muss immer untersucht werden.

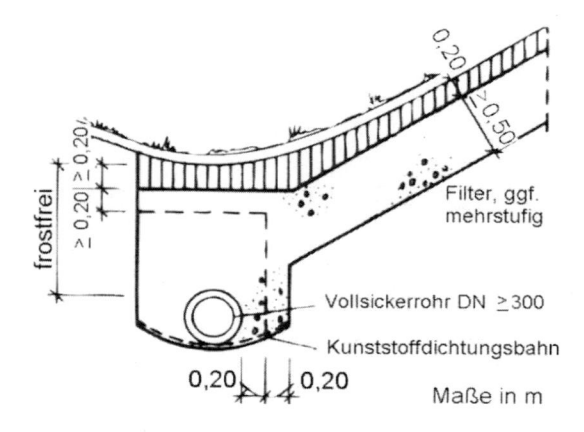

Bild 9.19 Böschungssickerschicht

Bild 9.20 Tiefensickerschicht

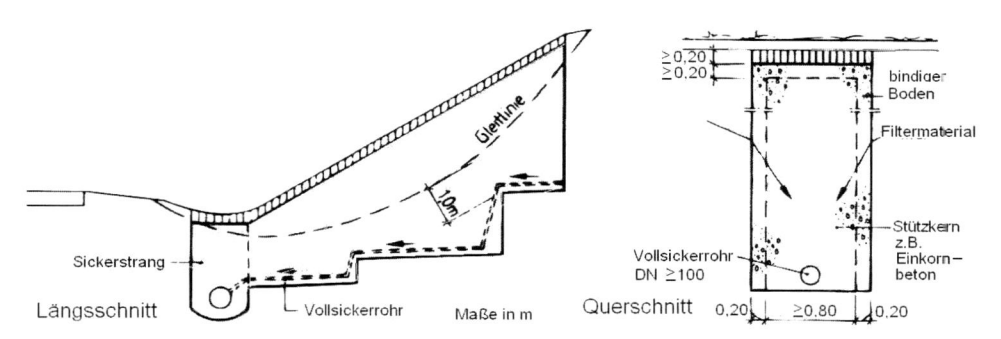

Bild 9.21 Sickerstützscheibe

9.7 Bauwerke

Oberflächenwasser wird durch *Regenrückhaltebecken*, große Graben- oder Rohrleitungsprofile gesammelt und zeitverzögert zum Vorfluter weitergeleitet, um dessen hydraulische Überlastung zu verhindern. Die Bemessung der Regenrückhaltebecken erfolgt nach dem Arbeitsblatt A 117 des ATV-Regelwerkes. Ein Beispiel für ein Regenrückhaltebecken zeigt Bild 9.22.

Rückhaltegräben und *-kanäle* sind nach den Grundsätzen für Entwässerungsgräben und Rohrleitungen zu entwerfen.

Absetzanlagen trennen die Sedimente vom Straßenwasser. Hierzu verwendet man Absetzbecken, Regenwasserklärbecken oder Absetzschächte bei Versickeranlagen. Sie werden wie Absetzbecken in der Abwassertechnik ausgebildet.

Abscheider für Leichtflüssigkeiten reinigen Oberflächenwasser, das durch Leichtflüssigkeiten verunreinigt ist. Sie sind nach den Baugrundsätzen der DIN 1999 oder den "Richtlinien für bautechnische Maßnahmen in Wassergewinnungsgebieten"(RiStWag) zu gestalten.

Auf Brücken ist besonders sorgfältig zu entwässern, da im Winter erhöhte Glatteisgefahr besteht. Außerdem darf kein Wasser ins Bauwerk eindringen. Anfallendes Wasser ist durch Brückeneinläufe vor dem Überbauende zu sammeln. Um stauende Nässe hinter den Widerlagern zu vermeiden, ist hinter diesen eine Kiesschüttung von mindestens 1,00 m einzubauen. Das anfallende Sickerwasser ist abzuleiten.

Oberflächenwasser, das auf Tunnel oder Trogstrecken zuströmt, muss vorher abgefangen werden.

Mit Erdbecken gestaltet man Rückhaltebauwerke landschaftsgerecht. Im Uferbereich und bei geplanten Inseln wird das Gelände modelliert, so dass unregelmäßig geschwungene Linien entstehen. Ein Dauerstau ist in Flachwasser- und tiefe Zonen aufzuteilen. Standortgerechte Bepflanzung unterstützt das Entstehen von Biotopen. Zur Wartung sind begrünbare Zufahrten notwendig.

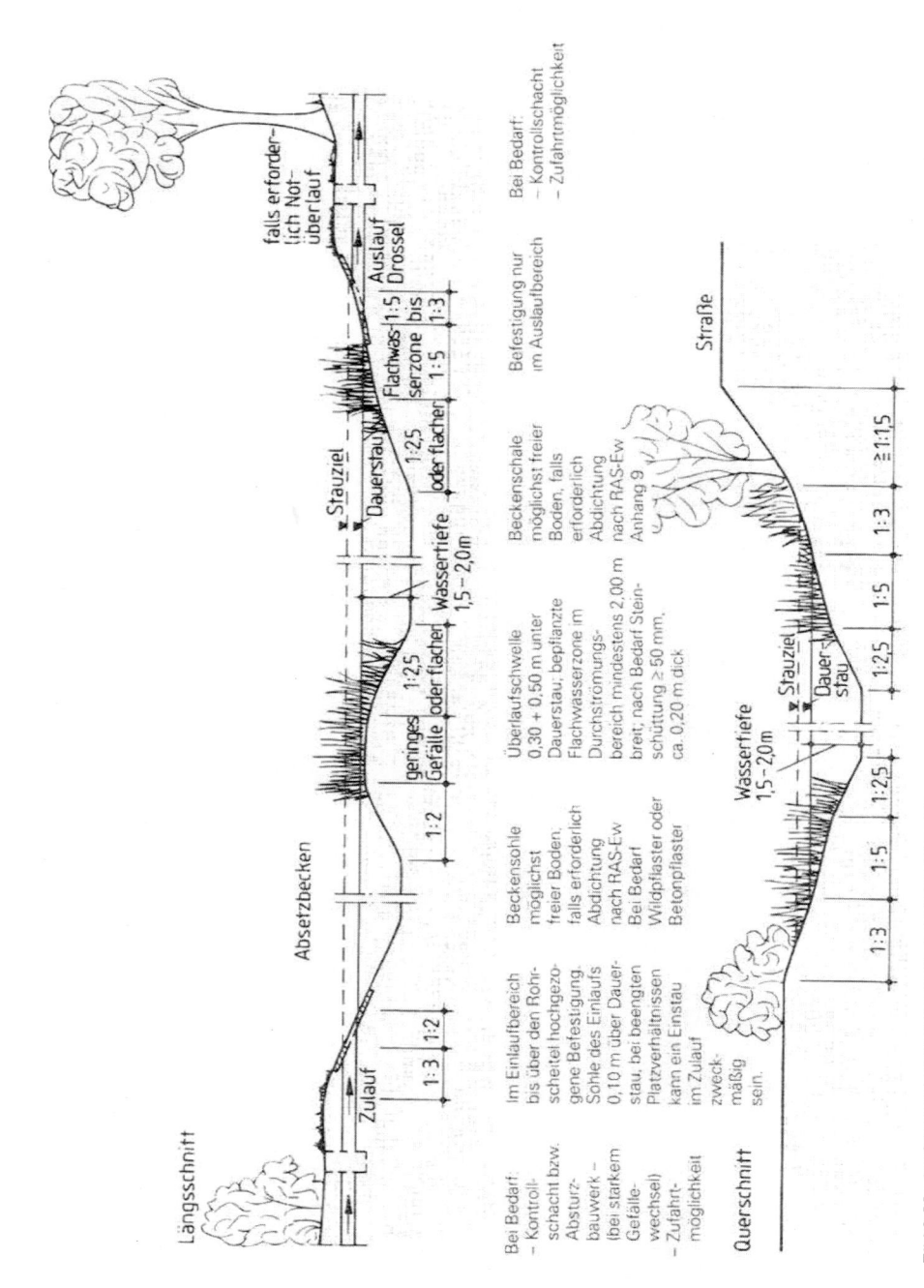

Bild 9.22 Ausführungsbeispiel für ein Regenrückhaltebecken

10 Landschaftspflege

Die Straße soll verbinden, nicht trennen. Dieses Ziel steht oft im Konflikt mit der Realität des Bauwerkes Straße, weil beim Bau einer neuen Strecke Felder, Wiesen oder Wälder durchschnitten, Wasserläufe unterbrochen oder gar Biotope zerstört werden müssen. Hier muß der Entwurfsingenieur ansetzen, wenn der Bevölkerung das Gefühl behutsamer und einfühlender Planung vermittelt werden soll. Die schönste, sich der Landschaft anpassende Straße ist diejenige, die nach ihrer Fertigstellung allen Menschen den Eindruck vermittelt, sie wäre schon seit Urzeiten an dieser Stelle vorhanden gewesen. Dies versucht man zu erreichen, indem man durch topographisch geschickte Anpassung von Linienführung und Gradiente, technisch überzeugende Ausführung der Böschungen und landschaftsgerechte Bepflanzung den Typus der Umgebung erhält und das neue Bauwerk darin einbindet.

Die Forschungsgesellschaft für Straßen- und Verkehrswesen hat mit den "Richtlinien für die Anlage von Straßen - Teil Landschaftspflege - RAS-LP" (Teile 1, 2 und 4) und den "Richtlinien für die Anlage von Straßen - Teil Landschaftsgestaltung - RAS-LG" (Teil 3) Anregungen ausgearbeitet, die bei der Ausarbeitung eines landschaftspflegerischen Begleitplans als Anhalt dienen können. Ratsam ist es immer, schon in einem frühen Entwurfsstadium den Landschaftsarchitekten heranzuziehen. So können schutzbedürftige Biotope, Pflanzen oder Bäume festgehalten und bei der Trassierung berücksichtigt werden.

10.1 Landschafts- und Straßenplanung

Zur Erhaltung und zum Schutz von Natur und Umwelt ist eine Reihe von Gesetzen und Verordnungen durch die Bundesrepublik Deutschland oder die Bundesländer erlassen worden. Die Landschaftsplanung gliedert sich nach dem Bundes-Naturschutz-Gesetz in
- Landschaftsprogramme,
- Landschaftsrahmenpläne,
- Landschaftspläne.

Die *Landschaftsrahmenpläne* sind Teil der Landschaftsprogramme der Länder und umfassen in der Regel eine Region. Die Landschaftspläne wiederum konkretisieren die erforderlichen örtlichen Maßnahmen, um die Ziele des Naturschutzes und der Landschaftspflege zu erreichen. Dem Straßenentwurf muß deshalb ein landschaftspflegerischer Begleitplan beigefügt werden.

Im *Landschaftsplan* wird der vorhandene Zustand der Natur sowie geschützte und schutzwürdige Gebiete oder Einzelobjekte (z.B. Solitärbäume, Wasserfälle, Einzelfelsen) dargestellt. Es muß erläutert werden, wie sich menschliche Eingriffe auf den Naturhaushalt auswirken. Aus der Bestandsaufnahme und der die Fakten bewertenden Landschaftsdiagnose werden dann die Maßnahmen entwickelt, die zum Schutz der Landschaft durchgeführt werden müssen.

Für die Straßenplanung ist zunächst eine Voruntersuchung durchzuführen, die die Grundlage für das Raumordnungsverfahren und Linienbestimmung ergibt. Zur Voruntersuchung gehören *Umwelterheblichkeitsstudie* und die *Umweltverträglichkeitsprüfung*. Dabei sind neben den Auswirkungen auf die Umwelt und den Menschen auch diejenigen Faktoren zu untersuchen und zu bewerten, die die verschiedenen Wahllinien auf den Naturhaushalt, das Landschaftsbild und benachbarte Nutzungen ausüben.

Für den **Vorentwurf** der Straße ist der landschaftspflegerische Begleitplan aufzustellen. Der Maßstab und die Ausdehnung des Interessenstreifens müssen so gewählt werden, daß sich alle lanchaftsökologischen und landschaftsgestalterischen Zusammenhänge darstellen und beurteilen lassen. Flächenbedarf, Seitenentnahmen oder -ablagerungen und alle Schutzmaßnahmen, Rekultivierungen, Ausgleichs-, Ersatzmaßnahmen und Bepflanzungen sind darzustellen.

Der so erarbeitete landschaftspflegerische Begleitplan (M 1:5000) wird beim **Bauentwurf** entsprechend angepaßt und den Planfeststellungsunterlagen beigefügt. Nach dessen Feststellung werden daraus die Bepflanzungspläne entwickelt.

10.2 Landschaftsgestaltung im Straßenbau

Man versteht unter Landschaftsgestaltung im Straßenbau den Ausgleich störender Eingriffe in Natur und Landschaft durch das neue Verkehrsbauwerk und die Einbindung desselben in die Landschaft. Da die Beeinträchtigung des Naturhaushaltes und des Landschaftsbildes gering gehalten werden sollen, sind bereits bei der Wahl der Entwurfsgeschwindigkeit für die neue Trasse diese Belange zu berücksichtigen. Eine geländenahe Gradiente hält die Erdbewegungen gering, verringert den Bedarf an Flächen für Seitenentnahmen oder -ablagerungen, muß aber wegen den auftretenden Lärmbelästigungen in Kauf genommen werden. Hierbei ist eine ausgewogene Abwägung zwischen ökonomischen und ökologischen Zielkonflikten notwendig.

Im Lageplan sind die Trassierungselemente sowohl nach den bautechnischen Gesichtspunkten als auch einer harmonischen Eingliederung in das Landschaftsbild entsprechend festzulegen. Pflanzungen sind nicht als "Dekoration" der Straße aufzufassen, sondern als ergänzende Gestaltungselemente. In Kurven verdeutlichen sie am Außenrand die Linienführung, während sie am Innenrand die Sicht beeinträchtigen können. Einzelne Baumstämme behindern die Sicht nicht, dagegen sind Hecken oder große Büsche im Sichtfeld nicht erwünscht. Hohe Dämme oder Einschnitte sind landschaftsgerecht zu bepflanzen. Dabei können wieder kleine Biotope für Kleingetier und Insekten entstehen. Auch die Flächen im Inneren von Kleeblatt-Lösungen planfreier Knotenpunkte bieten sich als interessante Pflanzflächen an. Werden beim Ausbau alte Straßenteile aufgelassen, ist zu überlegen, ob man sie nach der Rekultivierung den Nachbargrundstücken zuschlägt oder sie als Pflanzflächen im Eigentum des Straßenbaulastträgers beläßt.

Im Längsschnitt gelten ähnliche Überlegungen. Besonders bei Überquerung von Tälern ist zu untersuchen, ob eine längere Talbrücke mit kleineren Anschlußdämmen eine bessere Einbindung in das Landschaftsbild bietet, eine bessere Luftzirkulation und eine geringere Einschränkung der Durchflußöffnung für Wasserläufe bildet als der Bau hoher Erddämme.

Im Querschnitt achtet man auf eine landschaftsgerechte Böschungsausformung. Im niedrigen Einschnitt kann eine Böschungsneigung m = 1:10 bis 1:15 die Bearbeitung mit Großgeräten durch die Anlieger ermöglichen und damit sowohl den Grunderwerb gering halten als auch die Einbindung in die Landschaft unterstützen. Während der Baumaßnahme müssen diese Flächen nur vorübergehend für den Nutzungsausfall entschädigt werden.

Im geneigten Gelände bleiben bei Einschnitten manchmal kleine Resterhebungen stehen. Die landschaftsgerechte Einbindung kann hier ein Ausschlitzen dieser Erdmassen erforderlich machen. Ebenso ist es manchmal sinnvoll, daß man bei Dämmen flache Restmulden auffüllt.

Bei zweibahnigen Straßen oder Straßen mit abgesetztem Geh- und Radweg kann durch Aufweitung des Mittelstreifens oder des Trennstreifens für Bepflanzungsflächen gesorgt werden. Gestalterisch können am Hang Staffelung der Fahrbahnen oder höhenverschiedene Gradienten für Fahrbahn und Geh- und Radweg sehr gut wirken.

Knotenpunkte können durch geschickte Bepflanzung rechtzeitig erkannt werden. Dabei dürfen aber die notwendigen Sichtfelder nicht eingeschränkt werden. Innerhalb der Rampenbögen von planfreien Knotenpunkten ist auf eine gute Ausformung der Rampenböschungen und innerhalb gelegenen Flächen zu achten. Die Innenflächen der Kleeblätter sind keine Auffüllplätze für überschüssiges Material!

Rastanlagen. Für die Bepflanzung und Grüngestaltung von Rastanlagen wird sich das Hinzuziehen eines Landschaftsarchitekten stets empfehlen. Außerdem können Gestaltungsgrundsätze den "Richtlinien für Rastanlagen an Straßen – RR 1" und den "Empfehlungen für Anlagen des ruhenden Verkehrs - EAR" entnommen werden.

Kunstbauwerke wie Brücken, Stützmauern, Gabionen, Lärmschutzwände o.ä. sind zwar nach technischen und wirtschaftlichen Gesichtspunkten zu entwerfen. Dennoch ist deren Auswirkung auf das Landschaftsbild zu untersuchen. Dies gilt besonders für Bauwerke aus Fertigteilen. Eine gute Einbindung kann durch Verblenden mit örtlich anstehendem Gestein erzielt werden.

Lärmschirme sollen sich durch Material, Form und Farbgebung der Umgebung anpassen. Statt hoher Wände ist auch die Kombination Wall und Wand gestalterisch zu untersuchen. Die Bepflanzung soll mit örtlichen Pflanzen und rankenden Gewächsen ausgeführt werden. Dabei ist sicherzustellen, daß die Lärmschutzeinrichtung überall zur Überprüfung zugänglich bleibt. Ebenso ist die Möglichkeit von Fluchtwegen dem Straßenbenutzer erkennbar zu machen.

10.3 Ziele der Bepflanzung an Straßen

Die anzustrebenden Ziele der Bepflanzung an Straßen lassen sich in drei Gruppen zusammenfassen:
- verkehrstechnische Aufgabenstellung,
- bautechnische Aufgabenstellung,
- landschaftspflegerische Aufgaben.

Wenn die **verkehrstechnischen Funktionen** unterstützt werden sollen, müssen Pflanzungen in ihrer Art und am richtigen Standort eingesetzt werden. Diese Planungen werden im landschaftspflegerischen Begleitplan dargestellt. Sie werden auch aus diesem Grund in die Planfeststellung einbezogen. Der Einfluß der Bepflanzung wird auf den Verkehrsteilnehmer in verschiedener Hinsicht wirksam.

Pflanzungen wirken bei der Gestaltung des Straßenraumes in vielerlei Hinsicht mit. Sie geben dem Fahrzeuglenker *optische Führung*. Bei Tage wird ihm durch eine Baumreihe die Linienführung auf größere Entfernung signalisiert. Bei Nacht oder schlechter Sicht wird ihm durch Bepflanzung die Fahrbahnbegrenzung erkennbar. Gleichzeitig beugt sie der Ermüdung des Kraftfahrers durch abwechslungsreiche Gestaltung vor.

Die Eingrenzung des Fahrraumes durch Bepflanzung an den Rändern und deren Abstand führen zur *Beeinflussung der Verkehrsgeschwindigkeit*. Dadurch kann man auch Änderungen in der Streckencharakteristik oder geschwindigkeitsdämpfende Maßnahmen deutlich machen. Ebenso erlaubt eine Reihenpflanzung die Abschätzung der Geschwindigkeit anderer Verkehrsteilnehmer.

Die *Erkennbarkeit* von Knotenpunkten wird durch entsprechende Gehölzpflanzung häufig verbessert.

Bei zweibahnigen Straßen bewirkt die Bepflanzung des Mittelstreifens, wenn sie dicht genug steht, den *Blendschutz* für den Fahrzeuglenker bei Nacht. Doch muß darauf geachtet werden, dass die Pflanzen in Linkskurven ausreichende Sichtweiten für den Fahrer garantieren, der auf dem Überholstreifen meist mit hoher Geschwindigkeit fährt.

Die Verkehrssicherheit kann durch geeignete Heckenpflanzung bei tiefer Staffelung auch einen gewissen *Auffangschutz* bieten. Allerdings darf man den Erfolg nicht überbewerten, da er für Lastkraftwagen meist nicht ausreicht.

Gehölzpflanzungen können auf windgefährdeten Abschnitten gegen Seitenwind *Windschutz* gewähren. Allerdings muß an den Enden sichergestellt sein, daß dort kein Windschutz mehr nötig ist oder der Kraftfahrer durch verkehrliche Hinweise das Auftreten von Seitenwind erwartet.

In schneereichen Gebieten können Gehölzpflanzungen *Schutz gegen Schneeverwehungen* bieten. Allerdings können Unterbrechungen dieses Schneeschutzes durch Weidetore oder Einmündungen von Feldwegen oft zu richtigen Fallen werden, weil gerade dort der Wind hohe Schneewehen zusammenbläst.

Als **bautechnische Maßnahmen** erfüllen Pflanzungen und Aussaat von Gräsern und Kräutern wichtige Aufgaben. Manchmal können dadurch künstliche Bauten ersetzt werden.

Der *Lebendverbau* soll die Oberfläche des Bauwerks und die oberflächennahe Zone schützen und stabilisieren. Sie machen aber nicht nur Böschungen standfest, sondern können auch die Wirkung von Entwässerungsmaßnahmen fördern oder entbehrlich machen. Wichtig ist dabei auch die Auswahl der Pflanzen, da sie standortgerecht gewählt werden müssen. Diese Maßnahmen sind im landschaftspflegerischen Begleitplan darzustellen. Hinweise dazu bieten die "Richtlinien für die Anlage von Straßen - RAS-LG 3".

Sehr wichtig ist – auch schon bei der Bauausführung – der *Schutz gegen Erosion*. Mit der Ansaat der Mutterbodenandeckung sollte so rasch wie möglich begonnen werden. Dauerlupinen bieten durch ihre bodendeckendes Blattwerk und die tiefe Bewurzelung eine rasche Sicherung gegen Regenfälle. Außerdem fördert die Bildung von Wurzelknollen die Anreicherung des Mutterbodens mit natürlichem Stickstoff.

Tiefwurzende Gehölze setzt man an rutschgefährdeten Böschungen oder Hängen im Zusammenwirken mit Lebendverbau als *Schutz gegen Rutschungen* ein.

Im Gebirge bieten dichte, geschlossene Gehölzflächen an Einschnittsböschungen und steilen Hängen *Schutz gegen Steinschlag*.

Die **landschaftspflegerischen Aufgaben** sind durch biologische Maßnahmen im Sinne von Natur- und Landschaftschutz zu lösen. Sie dienen damit allgemein dem Umweltschutz.

Die *Gliederung der Landschaft* und ihre Vielfalt wird durch die verschiedenen Pflanzungen, wie Gehölze, Sträuchern, Gräsern und Kräutern erhalten oder gestaltet. Vorhandene Gehölze können erweitert werden. Das Anlegen von Biotopen als Naß- oder Trockenbiotope trägt zur Erhaltung der Artenvielfalt von Tier- und Pflanzenwelt bei. Sie können als Ausgleichsmaßnahmen unvermeidliche Eingriffe in die Landschaft mildern.

Als eine weitere Aufgabe ist die *Erhaltung schutzwürdiger Flächen* und Objekte zu nennen. Auch hier sind Ausgleichsmaßnahmen notwendig, wenn Beeinträchtigungen unvermeidbar werden.

Lärmschutz geben Gehölze erst dann, wenn sie sich genügend weit vom Straßenrand ausdehnen. Hierzu sind oft Streifen von 100,00 m Breite nötig. Dabei muß berücksichtigt werden, daß durch den Laubfall im Herbst solche Schutzmaßnahmen fragwürdig werden.

10.3 Ziele der Bepflanzung an Straßen

Der *Schutz* gegen *Staub* und *Abgase* wird durch Gehölzpflanzungen vermindert. Durch Herabsetzen der Windgeschwindigkeit fällt ein Teil der Schadstoffe zu Boden, andere werden durch das Laub gebunden.

Pflanzungen dienen auch als *optische Abschirmung*, wenn die Sicht aus bebauten Bereichen auf die Straße oder umgekehrt verhindert werden soll.

Eine geschickte Bepflanzung fördert auch die *Eingliederung von Kunstbauten* oder Nebenanlagen und ihre harmonische Verbindung mit der Landschaft.

Besondere Aufmerksamkeit erfordert die *Gestaltung* von *Seitenentnahmen* und *Deponien*. Sie sind durch Rekultivierung einer sinnvollen Nutzung durch Land- oder Forstwirtschaft oder als Naherholungsgebiete zuzuführen.

Oberflächenwasser der Straße soll nicht unmittelbar dem Vorfluter zugeführt werden. Durch das Anlegen von *Regenrückhaltebecken* kann man einmal eine Vorklärung des Abwassers erreichen. Andererseits kann man aber auch eine Verzögerung des Zuflusses zum Vorfluter erzielen und meist gleichzeitig auch Feucht- oder Wasserbiotope anlegen.

Durch Bepflanzung kann man auch Einfluß auf das *Geländeklima* nehmen. Durch Windschutz kann man unerwünschte Erosionen verhindern oder bessere Bodennutzung erreichen. Es besteht aber auch die Gefahr, dadurch Kaltluft- oder Warmluftstau zu erzeugen.

Schließlich bieten neue standortgemäße Pflanzungen oder Wasserflächen der *Tierwelt* Unterschlupf und Lebensraum. Schützenswerte Flächen sollen deshalb möglichst nicht beeinträchtigt werden. Zerschnittene Lebensräume kann man durch sog. "Grünbrücken" oder Tunnelanlagen mit entsprechenden Sperrzäunen miteinander verbinden, wenn sie an Stellen von Wildwechseln oder Strecken zu den Laichplätzen von Kröten o.ä. angelegt werden.

Die Führung der Trasse soll *Waldgebiete* umgehen. Dies hält nicht nur Erholungsgebiete von störendem Verkehr frei, sondern erhält auch scheuen Tierarten ihre Schutzzonen. Der Anschnitt des Waldrandes, der sogenannten "Traufkante" muss vermieden werden. Besonders an den Stellen, an denen der Wind aus der Hauptwindrichtung angreifen kann, müssen die natürlich aufgewachsenen Kleingehölze und Hecken erhalten bleiben. Sonst ist die Gefahr von Windbruchschäden sehr groß. Läßt sich die Durchquerung nicht umgehen, muß ein deutlicher Abstand zum Waldrand gewahrt bleiben. Auch bei der Straßenverbreiterung auf Strecken durch den Wald sollte diese möglichst auf der Seite der Hauptwindrichtung vorgenommen werden, damit auch hier die Traufkante Schutz gegen einfallende Böen bietet.

Um möglichst wenig Wald zu zerstören, führt man die Gradiente möglichst geländenah. Hierbei ist aber zu berücksichtigen, daß durch Wildwechsel die Möglichkeit von Verkehrsunfällen gegeben ist. In diesen Bereichen werden häufig Zäune eingesetzt, die auch Großwild nicht überspringen kann. Bei wichtigen Wildwechseln werden sogenannte "Grünbrücken" eingeplant, die auf großer Breite die im Einschnitt liegende Straße überbrücken. Auf der massiven Konstruktion muß durch Andecken von Boden und Bepflanzung für einen naturnahen Bewuchs gesorgt werden.

Den Übergang vom Waldbereich in das freie Gelände versieht man mit einer Bepflanzung, die allmählich aufgelockert wird. Dadurch vermeidet man beim Verlassen des Waldes schlagartige Windeinwirkung auf die Kraftfahrzeuge. Außerdem wird dadurch die optische Führung verbessert.

Weiterführende Hinweise und Gestaltungsbeispiele findet man in den genannten Richtlinien der RAS-LP 1, RAS-LP 2, RAS-LG 3 und RAS-LP 4.

11 Straße und Umwelt

Straßen sind Bindeglieder der menschlichen Gesellschaft. Sie dienen vielen Bedürfnissen. Aber es sind auch Interessenkollisionen zwischen verschiedenen Gruppen von Nutzern und zwischen Nutzern und dem gesamten Umfeld nicht auszuschließen. Ein ausgewogener Straßenentwurf trägt dem Rechnung. Deshalb sind vor der eigentlichen Planung die Auswirkungen eines Verkehrsweges auf die Umwelt zu untersuchen. Es ist gesetzlich vorgeschrieben, im Rahmen einer **Umweltverträglichkeitsprüfung**, die Auswirkungen eines Vorhabens auf

- Menschen, Tiere und Pflanzen, Boden, Wasser, Luft, Klima und Landschaft, einschließlich der jeweiligen Wechselwirkungen,
- Kultur- und sonstige Sachgüter

in geeigneter Weise zu ermitteln, zu beschreiben, zu bewerten und Be- und Entlastungswirkungen zu berücksichtigen. Der Baulastträger muss diese Informationen für die notwendigen Erörterungen und Planfeststellungsverfahren zur Verfügung stellen.

11.1 Umweltverträglichkeitsstudie

Vor dem Entwurf oder der Änderung von Straßen führt man daher zunächst eine Umweltverträglichkeitsstudie durch. Ihr Ziel ist,

- eine möglichst umweltschonende Planung der Straße zu gewährleisten,
- die Auswirkungen mit allen Vor- und Nachteilen für die Umwelt darzustellen und zu bewerten,
- Möglichkeiten und Ausgleichsmaßnahmen zur Vermeidung von Beeinträchtigungen zu zeigen.

Dazu muss man konfliktarme Trassenkorridore suchen und verschiedene Lösungsvarianten miteinander vergleichen. Den systematischen Ablauf für die Linienfindung einer neuen Straße zeigt Bild 11.1. Die verschiedenen Arbeitsschritte des Vorgehens zur Ermittlung konfliktarmer Korridore gibt Bild 11.2 wieder.

Die Abgrenzung des Untersuchungsraumes wird interdisziplinär mit allen Institutionen vorgenommen, die von dem Neubau einer Straße betroffen werden könnten. Man erhält so einen Kriterienkatalog zur Ermittlung der einzelnen Faktoren. Außerdem muss in der Netzplanung untersucht werden, auf welchen Bereich sich der Neubau auswirken kann. Auch die spätere Weiterführung der Maßnahme ist zu bedenken.

Danach werden die Flächen im Untersuchungsraum festgelegt, die umweltrelevante Funktionen aufweisen. Hierbei finden besondere Beachtung

- geschützte oder schützenswerte Flächen oder Objekte, seien sie bebaut oder unbebaut,
- Flächen mit hoher Empfindlichkeit oder Bedeutung für die Umwelt,
- Flächen, für die in Raumordnungsplänen bereits vorrangige Flächennutzung bestimmt wurde,
- vorhandene oder geplante Flächennutzungen.

Für jeden Funktionsbereich ist dann eine Bewertung getrennt vorzunehmen. Dabei ist festzustellen, ob gegen die Straßenbaumaßnahme daraus ein hoher, mittlerer oder geringer Widerstand wegen der Interessenkonflikte zu erwarten ist.

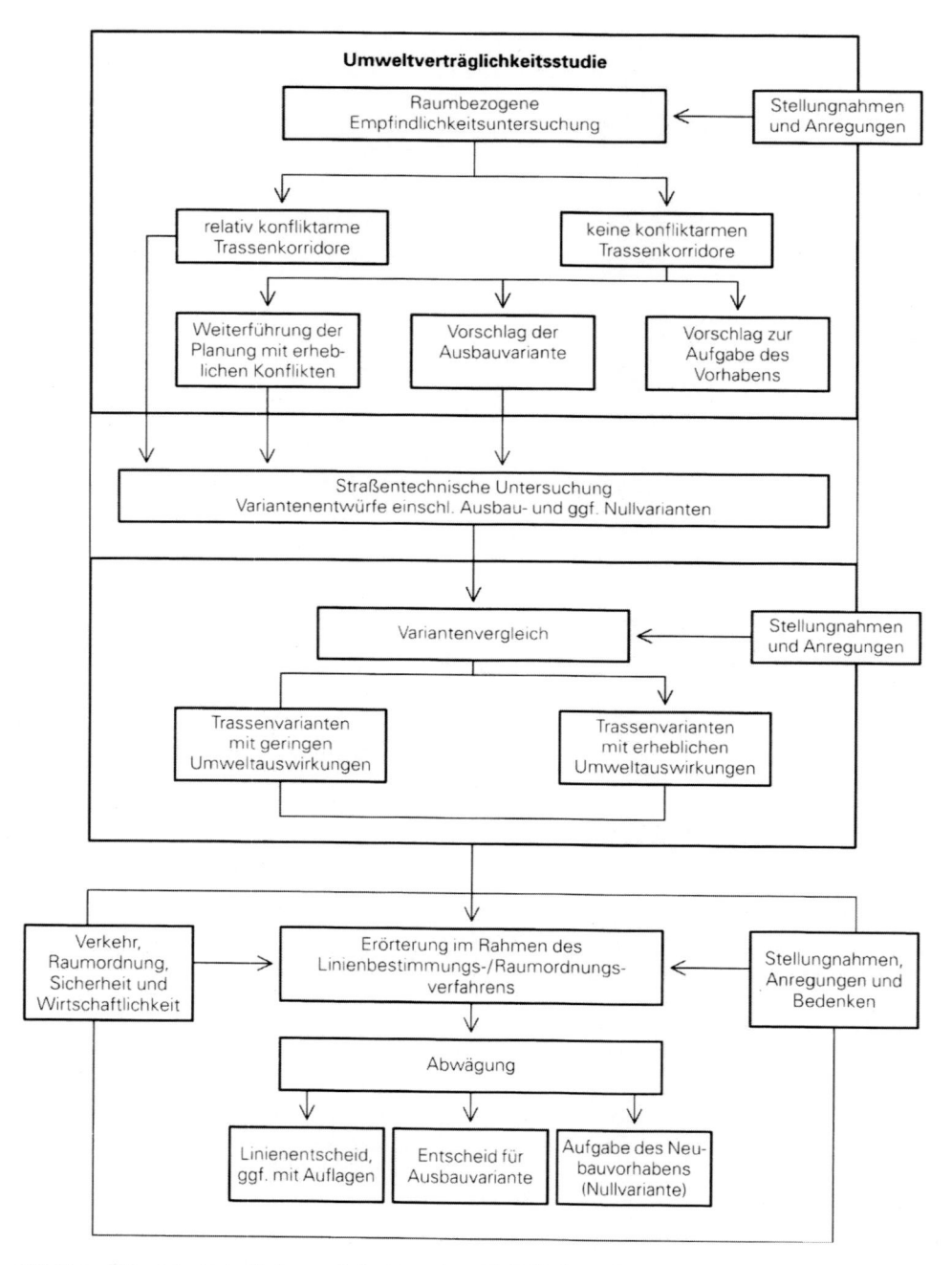

Bild 11.1 Ablauf der Linienfindung mit der Umweltverträglichkeitsstudie

11.1 Umweltverträglichkeitsstudie

Abgrenzung des Untersuchungsraumes

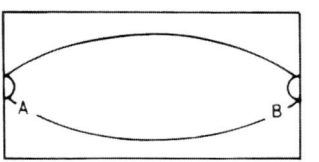

Ermittlung, Darstellung und Bewertung aller Flächen mit umweltrelevanten Funktionen im Untersuchungsraum

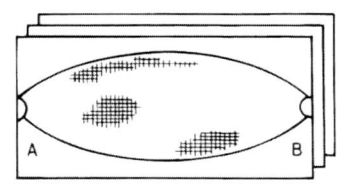

Ermittlung relativ konfliktarmer Korridore nach Überlagerung aller Flächen mit umweltrelevanten Funktionen

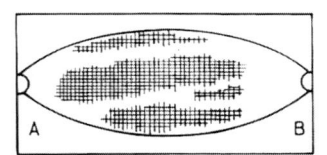

Planung von Trassenvarianten innerhalb der konfliktarmen Korridore

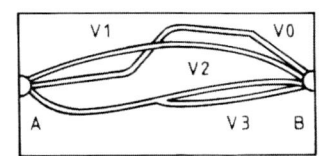

Darlegung der Vor- und Nachteile sowie Bewertung der Umweltverträglichkeit der Varianten

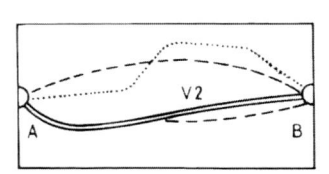

Bild 11.2 Ermittlung der konfliktarmen Korridore

Die Ermittlung der konfliktarmen Korridore nimmt man ähnlich wie bei einem CAD-Programm in Folientechnik vor, aus der man durch Überlagerung die Bereiche erkennen kann, die stark oder schwach durch die Neuplanung betroffen werden. Schematisch ist das in Bild 11.3 dargestellt.

Der Straßenentwurf soll dann Lösungen finden, die unter Ausnutzung konfliktschwacher Gebiete mögliche Trassen ergeben. Diese Varianten werden nun auch auf ihre verkehrs- und bautechnische Realisierbarkeit untersucht und danach miteinander verglichen. Die Ergebnisse dieser Vergleiche dienen dann der Entscheidungsfindung für die Auswahl der zu entwerfenden Linie, für die im Rahmen der hoheitlichen Aufgaben die Planfeststellung eingeleitet wird.

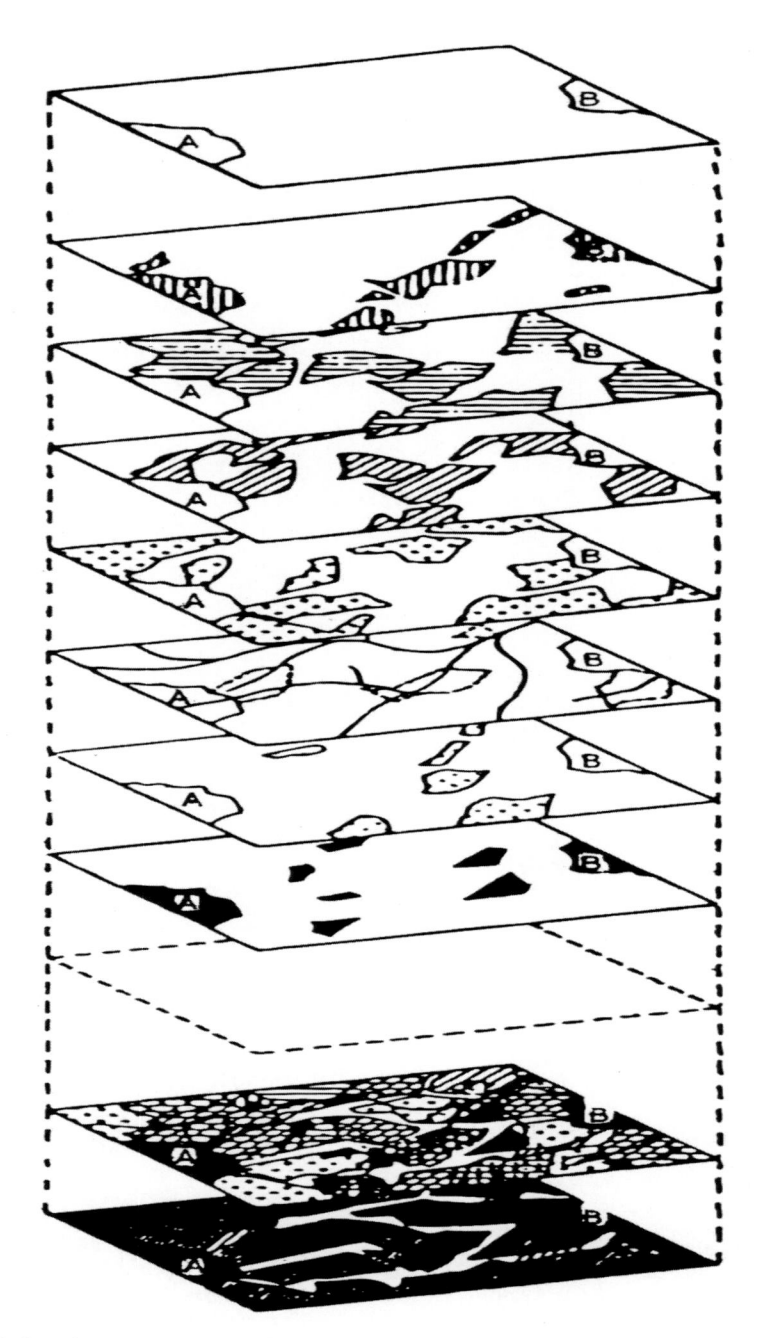

Bild 11.3 Aufbau der unterschiedlichen Faktoren mit „Folientechnik" innerhalb der Umweltverträglichkeitsstudie

11.2 Verkehrslärm

Verkehrsemissionen sind Geräusche, Abgase und Staub. Alle drei Faktoren beeinflussen das Wohlempfinden der Bürger und müssen daher auf ein Minimum an Störeinfluß herabgemindert werden. Dabei ist der Verkehrslärm wohl das Kriterium, das wegen der Schallausbreitung am störendsten empfunden wird. In bebauten Bereichen ist aber auch das Vorhandensein von Abgasen deutlich wahrnehmbar, besonders dann, wenn bei stehender Luft oder Inversionswetterlage Motorfahrzeuge im Stau stehen. Außerhalb bebauter Gebiete sind die Auswirkungen der Abgase als Schäden an den Pflanzen zu erkennen. Aber auch Fragen des Treibhauseffektes oder anderer Wirkungen auf das Klima zeigen, daß eine Minderung der schädlichen Einflüsse unbedingt erreicht werden muß. Solange keine neuen Fortbewegungsmittel von der Industrie erzeugt werden, kann man im Straßenbau lediglich versuchen, die Immissionen herabzudrücken.

Die Schallemission einer Straße oder eines Fahrstreifens wird durch den Emissionspegel $L_{m,E}$ beschrieben. Über den *Beurteilungspegel* L_r kann er mit den Immissionsgrenzwerten verglichen werden. Beurteilungspegel werden getrennt für Tag und für Nacht (6.00 Uhr bis 22.00 Uhr und 22.00 Uhr bis 6.00 Uhr) berechnet. Zwischenwerte und Pegeldifferenz sind auf 0,1 dB(A) aufzurunden. Treten mehrere Lärmquellen auf (Straße, Parkplatz, Spiegelschallquellen), sind die einzelnen Beurteilungspegel $L_{r,j}$ zu ermitteln und daraus der resultierende Beurteilungspegel nach Gl. (11.1) zu berechnen.

Lärmschutzmaßnahmen sind notwendig, wenn durch Änderung oder Neubau von Verkehrswegen der Beurteilungspegel um mindestens 3 dB(A) oder bei Tage auf 70 dB(A) oder bei Nacht auf 60 dB(A) erhöht wird.

Den Beurteilungspegel mehrerer Schallquellen berechnet man mit

$$L_r = 10 \cdot \lg \sum_j 10^{0,1 \cdot L_{r,j}} \quad \text{in dB(A)} \tag{11.1}$$

Der Beurteilungspegel einer Straße wird mit Gl. (11.2) bestimmt.

$$L_r = L_m + K \quad \text{in dB(A)} \tag{11.2}$$

L_m Mittelungspegel nach Gl. 11.3
K Zuschlag für Lichtsignalregelung nach Tabelle (11.2)

	Immissionsgrenzwerte in dB(A)	
	bei Tag	bei Nacht
an Krankenhäusern, Schulen, Kur- und Altenheimen	57,0	47,0
in reinen und allgemeinen Wohn- und Kleinsiedlungsgebieten	59,0	49,0
in Kerngebieten, Dorf- und Mischgebieten	64,0	54,0
in Gewerbe- und Industriegebieten	69,0	59,0

Tabelle 11.1 Immissionsgrenzwerte

a in m	von 0 bis 40	über 40 bis 70	über 70 bis 100	> 100
K in dB(A)	+3,0	+2,0	+1,0	0,0

a Abstand zwischen zu schützender baulicher Anlage und Schnittpunkt der Achsen der beiden zusammentreffenden Straßen, gemessen in Achsrichtung in m
K Zuschlag in dB(A)

Tabelle 11.2 Zuschlag K für erhöhte Störwirkung an signalgesteuerten Kreuzungen

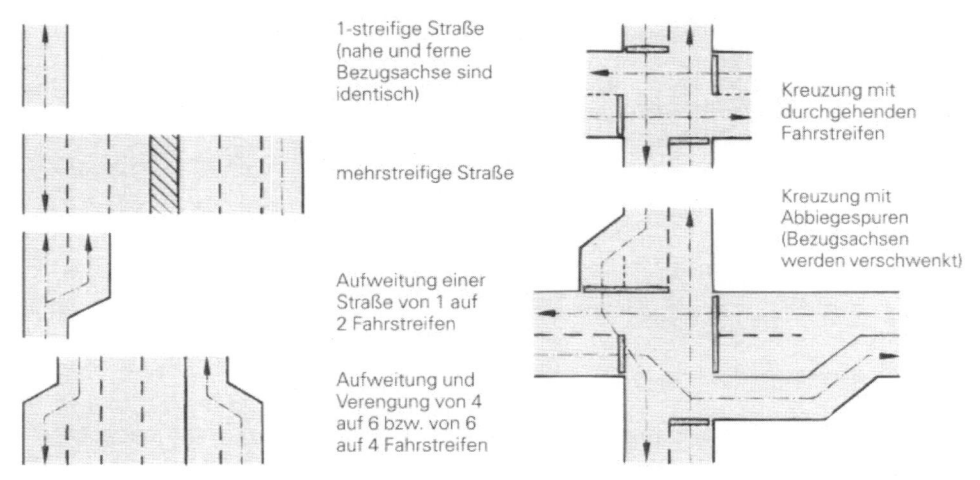

Bild 11.4 Fahrstreifenachsen für die Berechnung des Mittelungspegels

Nach der 16. Verkehrslärmschutzverordnung - 16.BImSchV werden die Beurteilungspegel bei Tag oder Nacht mit Gln. (11.3) und (11.4) berechnet.

$$L_{r,T} = L_{m,T}^{(25)} + D_v + D_{StrO} + D_{Stg} + D_{s\perp} + D_{BM} + DB + K \quad \text{in dB(A)} \tag{11.3}$$

$$L_{r,N} = L_{m,N}^{(25)} + D_v + D_{StrO} + D_{Stg} + D_{s\perp} + D_{BM} + DB + K \quad \text{in dB(A)} \tag{11.4}$$

$L_{r,T}, L_{r,N}$ Beurteilungspegel bei Tag bzw. Nacht in dB(A)
$L_{m,T}^{(25)}, L_{m,N}^{(25)}$ Mittelungspegel bei Tag bzw. bei Nacht in dB(A)
D_v Korrektur für unterschiedliche Höchstgeschwindigkeiten in dB(A)
D_{StrO} Korrektur für unterschiedliche Straßenoberflächen in dB(A)
D_{Stg} Korrektur für Längsneigung in dB(A)
$D_{s\perp}$ Korrektur für unterschiedliche Abstände von Mitte Fahrstreifen (Höhe 0,50 m) bis Immissionsort in dB(A) (0,20 m über Fensteroberkante)
D_{BM} Korrektur durch Boden und Meteorologiedämpfung in dB(A)
D_B Pegeländerung durch topographische Gegebenheiten in dB(A)
K Zuschlag für Störwirkung an lichtzeichengeregelten Kreuzungen in dB(A)

Die Höhe der Schallquelle wird 0,50 m über den Mitten der äußeren Fahrstreifen angenommen. Für eine einbahnige Straße ergibt dies

$$L_m = 10 \cdot \lg\left(10^{0,1 \cdot L_{m,n}} + 10^{0,1 \cdot L_{m,f}}\right) \quad \text{in dB(A)} \tag{11.5}$$

$L_{m,n}$ Mittelungspegel des nahen äußeren Fahrstreifens
$L_{m,f}$ Mittelungspegel des fernen äußeren Fahrstreifens

Die Berechnung des *Mittelungspegels* eines Fahrstreifens erfolgt entweder nach dem Verfahren des langen, geraden Fahrstreifens oder dem Teilstückverfahren.

Das **Verfahren des langen, geraden Fahrstreifens** wird angewendet, wenn der Immissionspunkt

- nach beiden Seiten auf eine Länge l_z eingesehen werden kann,
- der Fahrstreifen nach Bild 11.5 im angegebenen Bereich liegt,
- die Schallausbreitung etwa konstant bleibt.

11.2 Verkehrslärm

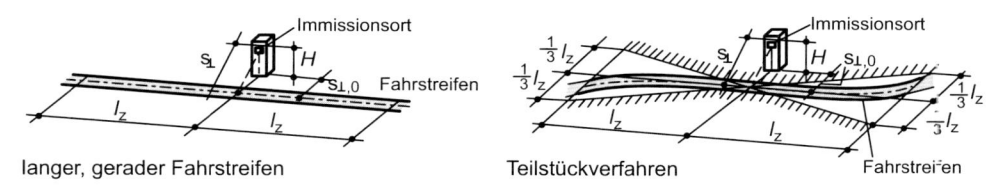

langer, gerader Fahrstreifen   **Teilstückverfahren**

Bild 11.5 Definition des langen geraden Fahrstreifens

$$l_z = 48 \cdot \frac{s_\perp}{\sqrt{100 + s_\perp}} \quad \text{in m} \tag{11.6}$$

$s_\perp$ senkrechter Abstand des Immissionspunktes zur Straßenachse in m

Ist eine dieser Bedingungen nicht erfüllt, muß nach dem *Teilstückverfahren* vorgegangen werden. Hierbei wird die Strecke in etwa gleiche Teilabschnitte aufgeteilt, bei denen Emission und Schallausbreitung fast gleich sind. Die Teilabschnitte sollen eine Länge von $l_i = 0{,}5 \cdot s_i$ in m erhalten. Dabei entspricht die Strecke s_i der Entfernung Emissionsort bis Immissionsort in der Mitte des Teilstücks.

Der Mittelungspegel eines langen, geraden Fahrstreifens ist

$$L_m = L_{m,E} + D_{s^-} + D_{BM} + D_B \quad \text{in dB(A)} \tag{11.7}$$

$L_{m,E}$ Emissionspegel in dB(A)
$D_{s\perp}$ Pegeländerung zur Berücksichtigung des Abstandes von Fahrstreifenachse bis zum Immissionsort in dB(A)
D_{BM} Pegeländerung durch Boden- und Meterologiedämpfung in dB(A)
D_B Pegeländerung durch Topographie und bauliche Maßnahmen in B(A)

Den Emissionspegel berechnet man mit Gl. (11.8).

$$L_{m,E} = L_m^{(25)} + D_v + D_{Stro} + D_{Stg} + D_E \quad \text{in dB(A)} \tag{11.8}$$

$L_m^{(25)}$ Mittelungspegel in dB(A) in 25 m Entfernung, Fahrbahn aus nicht geriffeltem Gußasphalt, zul $v = 100$ km/h, $s \leq 5$ %, $h_m = 2{,}25$ m
h_m mittlere Höhe zwischen Gelände und Schallstrahl zwischen Emissions- und Immissionsort in m
D_v Korrektur für unterschiedliche Geschwindigkeiten in km/h
D_{Stro} Korrektur für unterschiedliche Straßenoberflächen in dB(A)
D_{Stg} Zuschlag für Steigung oder Gefälle in dB(A)
D_E Korrektur bei Spiegelschallquellen in dB(A)

Den Mittelungspegel $L_{m,T}^{(25)}$ bzw. $L_{m,N}^{(25)}$ für Tag oder Nacht berechnet man mit Gl. (11.9).

Straßengattung	tags (6 bis 22 Uhr)		nachts (6 bis 22 Uhr)	
	M in Kfz/h	p in %	M in Kfz/h	p in %
Bundesautobahn	$0{,}06 \cdot DTV$	25	$0{,}014 \cdot DTV$	45
Bundesstraße	$0{,}06 \cdot DTV$	20	$0{,}011 \cdot DTV$	20
Landes-, Kreis-, Gemeindeverbindungsstraße	$0{,}06 \cdot DTV$	20	$0{,}008 \cdot DTV$	10
Gemeindestraße	$0{,}06 \cdot DTV$	10	$0{,}011 \cdot DTV$	3

Tabelle 11.3 Maßgebende Verkehrsstärken M und maßgebende Lkw-Anteile p (über 2,8 t zulässiges Gesamtgewicht)

$$L_{m,T}^{(25)} = L_{m,N}^{(25)} = 37{,}3 + 10 \cdot \lg(M \cdot (1 + 0{,}082 \cdot p)) \quad \text{in dB(A/)} \tag{11.9}$$

M maßgebende Verkehrsstärke in Kfz/h
p maßgebender Lkw-Anteil (> 2,8 t zul Gesamtgewicht) in %

Die maßgebende stündliche Verkehrsstärke *M* und den maßgebenden Lkw-Anteil *p* entnimmt man Tabelle 11.3.

Das Verkehrsaufkommen einer Straße wird den beiden äußeren Fahrstreifen je zur Hälfte zugeordnet.

Die mittlere Höhe h_m ist bei ebenem Gelände

$$h_m = 0{,}50 \cdot (h_{GE} + h_{GI}) \quad \text{in m} \tag{11.10}$$

und bei Tallagen, Senken oder Bodenerhebungen

$$h_m = 0{,}25 \cdot (h_{GE} + 2 \cdot h_T + h_{GI}) \quad \text{in m} \tag{11.11}$$

h_{GE} Höhe des Emissionsortes (0,50 m über Mitte Fahrstreifen) in m
h_{GI} Höhe des Immissionsortes über Grund in m
h_T bei Tallagen: größte Höhe der Verbindungslinie vom Emissionsort zum Immissionsort über Grund, bei Bodenerhebungen: kleinste Höhe über Grund

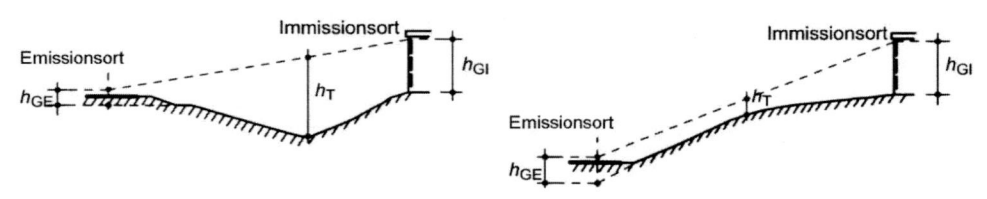

Bild 11.6 Bestimmung der mittleren Höhe h_m

Die Korrekturen für unterschiedliche Geschwindigkeiten entnimmt man Bild 11.8. Die Gleichungen für die einzelnen Berechnungen lauten:

$$D = L_{Pkw} - 37{,}3 + 10 \cdot \lg\left(\frac{100 + (10^{0{,}1 \cdot D} - 1) \cdot p}{100 + 8{,}23 \cdot p}\right) \tag{11.12}$$

$$L_{Pkw} = 27{,}7 + 10 \cdot \lg(1 + (0{,}02 \cdot v_{Pkw})^3) \tag{11.13}$$
$$L_{Lkw} = 23{,}1 + 12{,}5 \cdot \lg(v_{Lkw}) \tag{11.14}$$
$$D = L_{Lkw} - L_{Pkw} \tag{11.15}$$

D_v Geschwindigkeitskorrektur in dB(A)
L_{Pkw}; L_{Lkw} Mittelungspegel $L_m^{(25)}$ für 1 Pkw/ h bzw. 1 Lkw/ h
v_{Pkw} zulässige Höchstgeschwindigkeit für Pkw, jedoch mindestens 30 km/h und höchstens 130 km/h
v_{Lkw} zulässige Höchstgeschwindigkeit für Lkw, jedoch mindestens 30 km/h und höchstens 80 km/h

Die Pegeländerung für unterschiedliche Abstände $s_\perp$ beträgt für lange gerade Strecken

$$D_{s\perp} = 15{,}8 - 10 \cdot \lg(s_\perp) - 0{,}0142 \cdot (s_\perp)^{0{,}9} \quad \text{in dB(A)} \tag{11.16}$$

und für das Teilstückverfahren

$$D_s = 11{,}2 - 20 \cdot \lg(s) - \frac{s}{200} \quad \text{in dB(A)} \tag{11.17}$$

11.2 Verkehrslärm

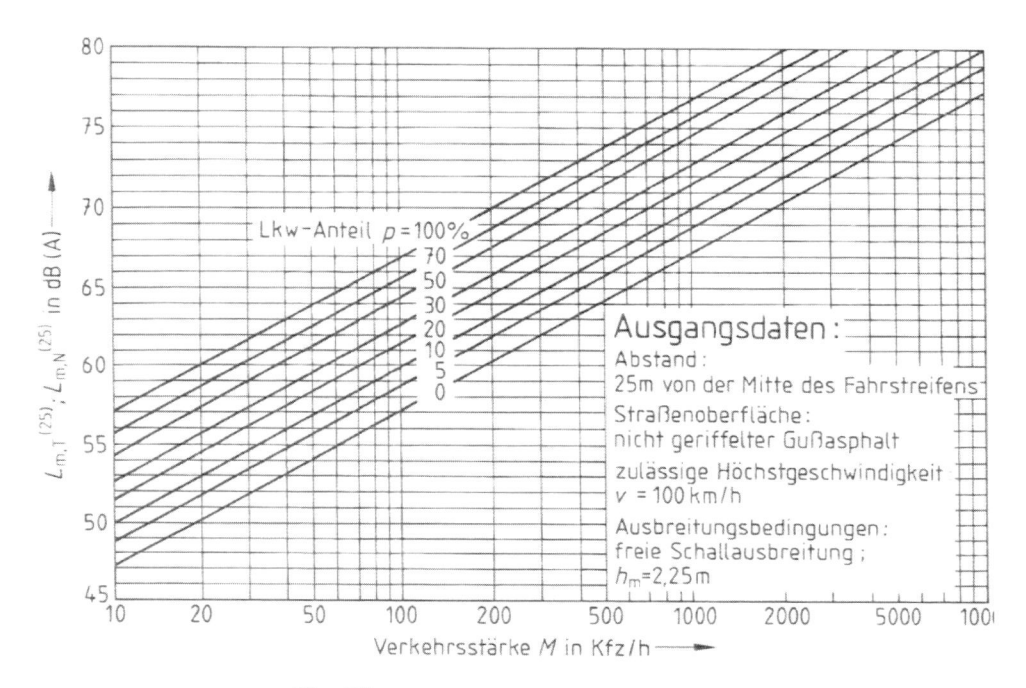

Bild 11.7 Mittelungspegel $L_{m,T}^{(25)}$; $L_{m,N}^{(25)}$ in Abhängigkeit von der Verkehrsstärke M

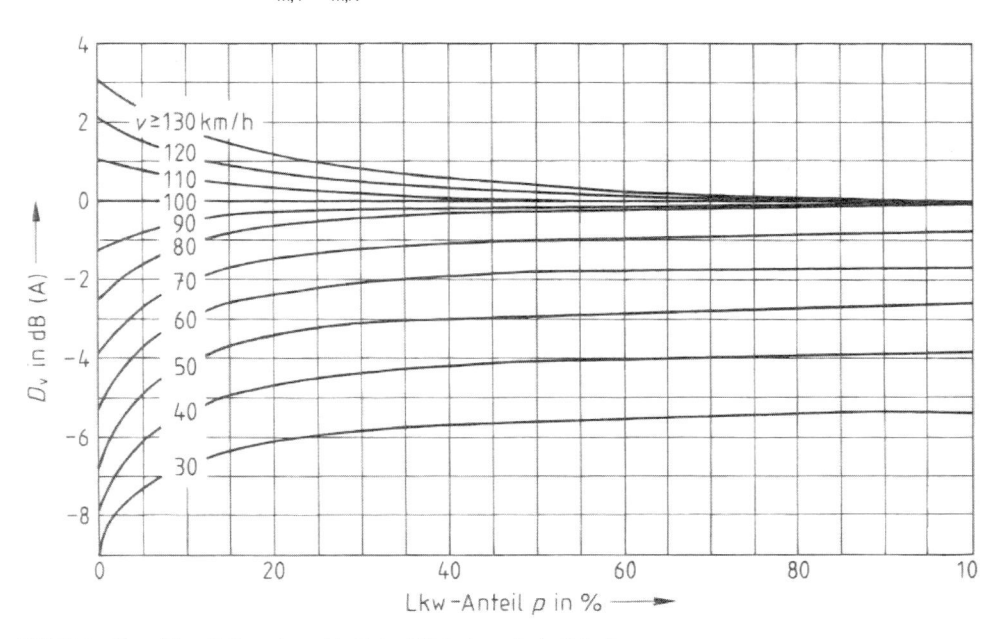

Bild 11.8 Korrektur D_v für unterschiedliche Höchstgeschwindigkeiten v

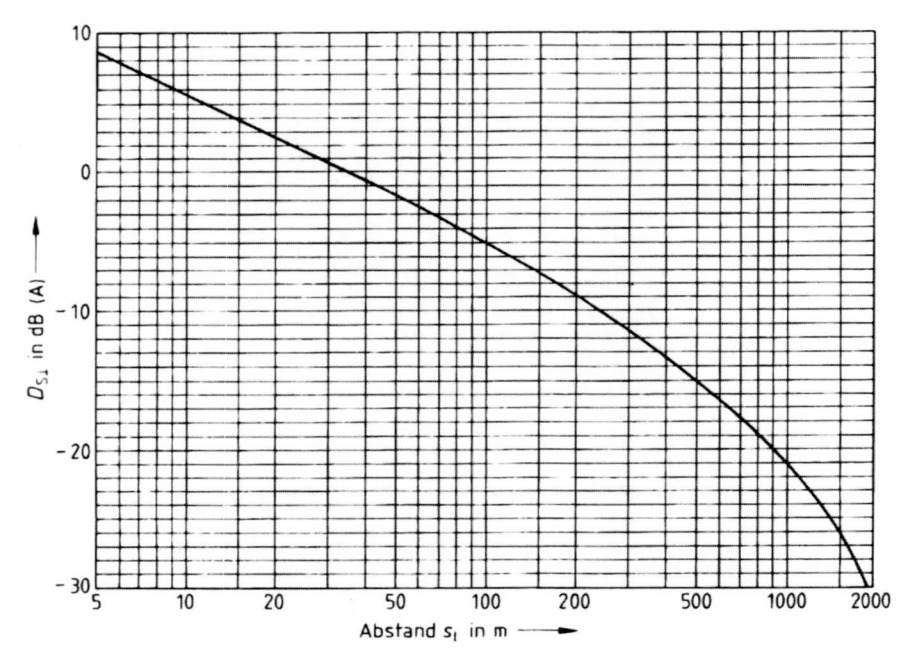

Bild 11.9 Pegeländerung $D_{s\perp}$ durch unterschiedliche Abstände $s_\perp$ zwischen Emissionsort (0,50 m über Mitte Fahrstreifen) und maßgebendem Immissionsort

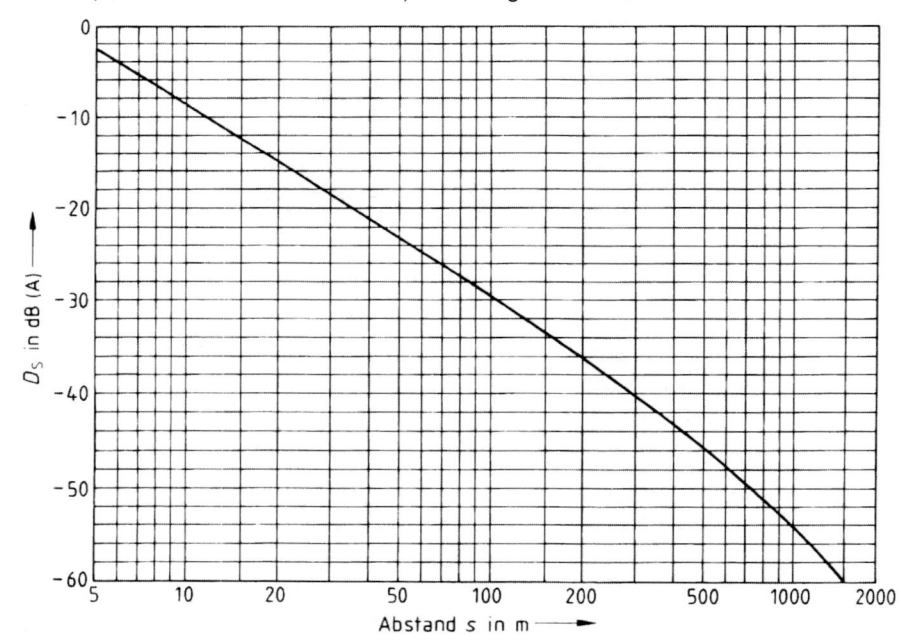

Bild 11.10 Pegeländerung D_s bei unterschiedlichen Abständen s zwischen Emissionsort und

11.2 Verkehrslärm

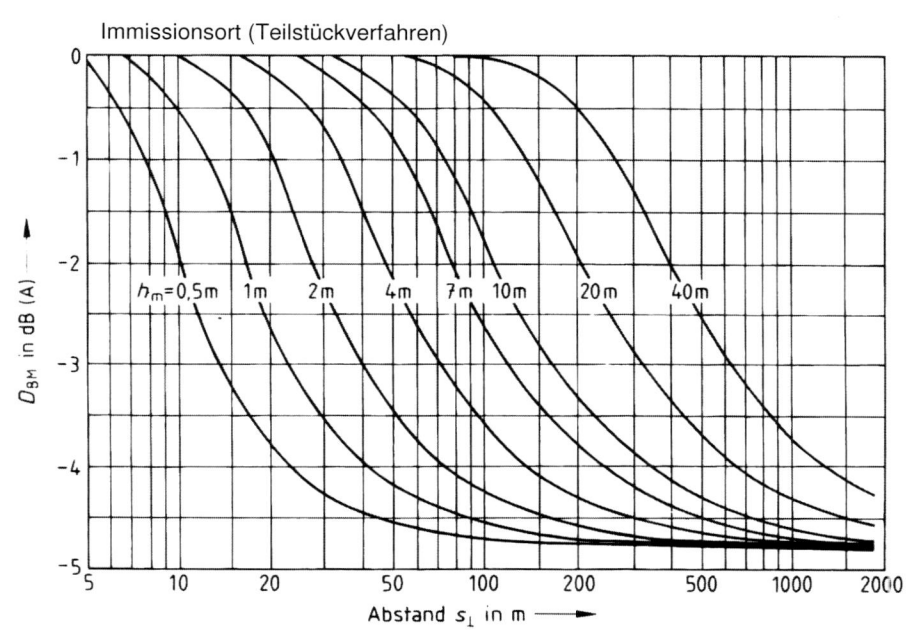

Bild 11.11 Pegeländerung D_{BM} in Abhängigkeit von der mittleren Höhe h_m für lange, gerade Fahrstreifen

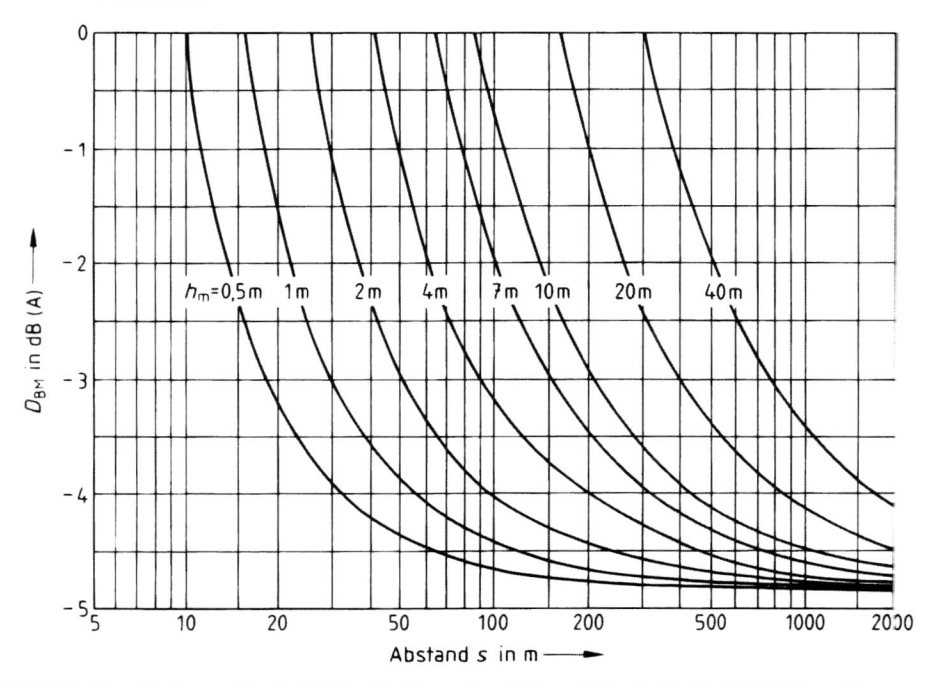

Bild 11.12 Pegeländerung D_{BM} in Abhängigkeit von der mittleren Höhe h_m für das Teilstückverfahren

Die Pegeländerung D_{BM} durch Boden- und Meterologiedämpfung in Abhängigkeit von der mittleren Höhe h_m ist in Bild 11.11 bzw. 11.12 abzulesen. Berechnet wird sie für "lange, gerade Fahrstreifen" mit Gl. (11.18)

$$D_{BM,\perp} = -4{,}8 \cdot 2{,}718^{\left(\frac{h_m}{s_\perp}\left(8{,}5+\frac{100}{s_\perp}\right)\right)^{1,3}} \quad \text{in dB(A)} \tag{11.18}$$

Beim Teilstückverfahren arbeitet man mit Gl. (11.19). Bei Abschirmung vernachlässigt man D_{BM}.

$$D_{BM} = \left(\frac{h_m}{s}\right) \cdot \left(34 + \frac{600}{s}\right) - 4{,}8 \leq 0 \quad \text{in dB(A)} \tag{11.19}$$

h_m mittlere Höhe zwischen Gelände und Schallstrahl zwischen Emissions- und Immissionsort in m
$s_\perp$ senkrechter Abstand des Immissionspunktes zur Straßenachse in m
s Abstand zwischen Emissions- und Immissionsort

Die Korrekturwerte für unterschiedliche Straßenoberflächen D_{Stro} und für Steigungen D_{Stg} sind in den Tabellen 11.4 und 11.5 zusammengestellt.

Straßenoberfläche	D_{StrO} in dB(A), zul. Höchstgeschwindigkeit			
	30 km/h	40 km/h	>50 km/h	>60 km/h
nicht geriffelter Gussasphalt, Asphaltbeton, Splittmastixasphalt	0	0	0	
Beton, geriffelter Gussasphalt	1,0	1,5	2,0	
Pflaster mit ebener Oberfläche	2,0	2,5	3,0	
Pflaster mit unebener Oberfläche	3,0	4,5	6,0	
Beton nach ZTV Beton mit Stahlbesenstrich mit Längsglätter				+1,0
Beton nach ZTV Beton ohne Stahlbesenstrich mit Längsglätter und Längstexturierung mit Jutetuch				-2,0
Asphaltbeton < 0/11, Splittmastixasphalt 0/8 und 0/11 ohne Absplittung				-2,0
Offenporige Asphaltdeckschicht, Einbauhohlraum > 15 %, Kornaufbau 0/11 0/8				-4,0 -5,0

Tabelle 11.4   Korrektur D_{StrO} für unterschiedliche Straßenoberflächen

Steigung s in %	≤ 5,0	6,0	7,0	8,0	9,0	10,0	jedes weitere Prozent
D_{Stg} in dB(A)	0,0	0,6	1,2	1,8	2,4	3,0	0,6

Tabelle 11.5   Korrektur D_{Stg} für Steigungen

Die Pegeländerung $D_{B\perp}$ durch topographische Gegebenheiten und bauliche Maßnahmen wird bei "langen, geraden Fahrstreifen" mit Gl. (11.20) berechnet.

$$D_{B\perp} = D_{refl} - D_{z\perp} \quad \text{in dB(A)} \tag{11.20}$$

Beim Teilstückverfahren verwendet man Gl. (11.21).

$$D_B = D_{refl} - D_z \quad \text{in dB(A)} \tag{11.21}$$

D_{refl} Pegelerhöhung durch Mehrfachreflexion zwischen parallelen Wänden in dB(A)
$D_{z\perp}$ Abschirmmaß in dB(A) nach Gl. (11.24)
D_z Abschirmmaß in dB(A) nach Gl. (11.25)

11.2 Verkehrslärm

Stehen in der Nähe der Fahrbahn Hauswände, Stützmauern o.ä., so wird daran der Schall reflektiert. Die *Reflexion* ist zu berücksichtigen, wenn die Höhe der reflektierenden Wand $h_R \geq 0{,}3 \cdot \sqrt{a_R}$ ist. Dabei ist a_R der Abstand zwischen Schallquelle und reflektierender Wand. Die Ermittlung der Reflexion erfolgt durch die Darstellung im Spiegelbild der Straße nach Bild 11.13. Die gespiegelten Schallquellen werden wie Originalschallquellen berechnet. Da aber Energieverluste durch die Reflexion auftreten, werden diese durch den Korrekturfaktor D_E nach Tabelle 11.6 ausgeglichen. *Mehrfachreflexionen* werden durch den Faktor D_{refl} erfasst.

Reflexionsart	D_E in dB(A)
glatte Gebäudefassaden, reflektierende Lärmschutzwände	-1,0
gegliederte Hausfassaden (Erker, Balkone)	-2,0
absorbierende Lärmschutzwände	-4,0
hochabsorbierende Lärmschutzwände	-8,0

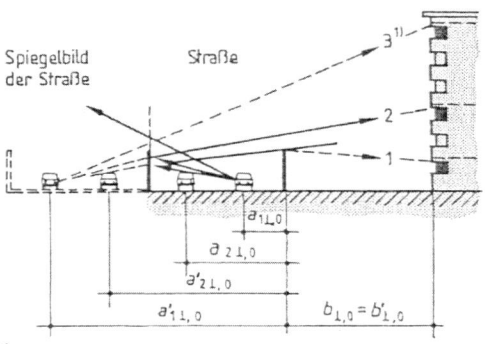

[1] Schallstrahl unwirksam, da nicht reflektiert

Bild 11.13 Reflexion und Spiegelbild der Straße

Tabelle 11.6 Korrektur D_E zur Berücksichtigung der Absorptionseigenschaften reflektierender Flächen bei Spiegelschallquellen

Mehrfachreflexion tritt zwischen parallelen, reflektierenden Stützmauern, Lärmschutzwänden oder Hausfassaden auf. Ein Lückenanteil von < 30 % bleibt unberücksichtigt. Der Mittelungspegel erhöht sich um den Faktor

$$D_{refl} = 4 \cdot \frac{h_{Beb}}{w} \leq 3{,}2 \quad \text{in dB(A)} \tag{11.22}$$

h_{Beb} Mittlere Höhe der reflektierenden niedrigeren Fläche
w Abstand der reflektierenden Flächen

Bei absorbierenden Wänden wird D_{refl} nur mit dem halben Wert angesetzt. Bei hochabsorbierenden Wänden setzt man keine Mehrfachreflexion an.

Eine Abschirmung tritt auf, wenn zwischen dem Fahrstreifen und dem Immissionsort ein Hindernis liegt. Das *Abschirmmaß* eines Schirmes gleicher Höhe ist bei "langen, geraden Fahrstreifen"

$$D_{z\perp} = 7 \cdot \lg \left[5 + \left(\frac{70 + 0{,}25 \cdot s_\perp}{1 + 0{,}2 \cdot z_\perp} \right) \cdot z_\perp \cdot K_{w\perp}^2 \right] \quad \text{in dB(A)} \tag{11.23}$$

$s_\perp$ Abstand zwischen Emissions- und Immissionsort in m
$z_\perp$ Schirmwert in m
$K_{w\perp}$ Witterungskorrektur

Beim Teilstückverfahren wendet man Gl. (11.24) an.

$$D_z = 10 \cdot \lg (3 + 80 \cdot z \cdot K_w) \quad \text{in dB(A)} \tag{11.24}$$

Die Werte z und K_w entsprechen sinngemäß den Werten des "langen, geraden Fahrstreifens" $z_\perp$ und $K_{w\perp}$.

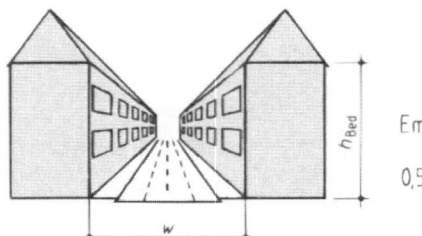

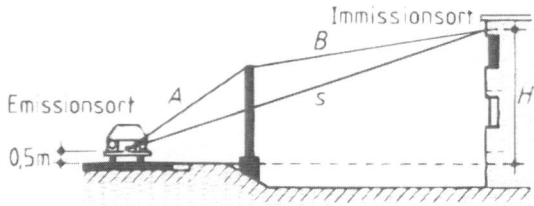

Bild 11.14 Mehrfachreflexion zwischen Wänden

Bild 11.15 Schirmwert $z_\perp$ bei einer Beugungskante

Diese Werte werden berechnet mit den Gln. (11.25) und (11.26).

$$z_\perp = A_\perp + B_\perp - s_\perp \quad \text{in m} \tag{11.25}$$

$$K_{w\perp} = \frac{1}{2,3} \cdot \left(\frac{1}{2000}\sqrt{\frac{A_\perp \cdot B_\perp \cdot s_\perp}{2 \cdot z_\perp}}\right) \tag{11.26}$$

(Erläuterung der Werte A, B und s siehe Bild 11.15)

Das Abschirmmaß nach Gln. (11.23) und (11.24) wird eingehalten, wenn Fahrstreifen und Schirm über den zu schützenden Immissionsort um die Länge

$$d_\ddot{u} = \left(\frac{34 + 3 \cdot D_{z\perp}}{\sqrt{100 + s_\perp}}\right) \cdot B_\perp \quad \text{in m} \tag{11.27}$$

$D_{z\perp}$ Abschirmmaß in dB(A)
$B_\perp$ Abstand der letzten Beugungskante vom Immissionsort in m
$s_\perp$ Entfernung zwischen Emissionsort und Immissionsort in m

hinausragen. Für mehrstreifige Straßen wird die Überstandslänge aus dem Mittelwert der *Überstandslängen* des näheren und ferner gelegenen Fahrstreifen gebildet.

Das Teilstückverfahren wird angewendet, wenn die Linienführung so geschwungen verläuft, daß nach beiden Seiten vom Immissionsort die Länge l_z (Gl. (11.6)) nicht eingesehen werden kann. Dann wird die Strecke zunächst in etwa gleichlange Teilstücke $l_i \leq 0,5 \, s_\perp$ unterteilt. Dabei ist $s_\perp$ der Abstand zwischen Emissionsort und Immissionsort. Die Emissions- und Ausbreitungsbedingungen des Schalls sollen darin etwa gleich sein. Für jedes Teilstück werden die Mittelungspegel $L_{m,i}$ berechnet und energetisch zum Mittelungspegel zusammengefasst.

$$l_m = 10 \cdot \lg \sum_i 10^{0,1 \cdot L_{m,i}} \quad \text{in dB(A)} \tag{11.28}$$

Der Mittelungspegel des Teilstücks ist dann

$$L_{m,i} = L_{m,E} + D_l + D_s + D_{BM} + D_B \quad \text{in dB(A)} \tag{11.29}$$

D_l Korrektur zur Berücksichtigung der Teilstücklängen; $D_l = 10 \cdot \lg(l)$
D_s Pegeländerung zur Berücksichtigung des Abstandes und der Luftabsorption nach Gl. (11.17)
D_{BM} Pegeländerung zur Berücksichtigung der Boden- und Meterologiedämpfung nach Gl. (11.19)
D_B Pegeländerung durch topographische und bauliche Gegebenheiten nach Gl. (11.21)

Die Reflexionen werden wie bei "langen, geraden" Fahrstreifen bestimmt.

11.2 Verkehrslärm

Parkplätze werden als Flächenschallquellen behandelt. Man berechnet die Emission wie eine Einzelschallquelle, wenn $l \leq 0{,}5\,s$ ist, wobei l die größte Längsausdehnung des Parkplatzes, s die Entfernung von Parkplatzmitte bis Immissionsort bedeutet. Wird die Bedingung nicht erfüllt, muß die Parkfläche in Teilflächen zerlegt werden. Der Beurteilungspegel wird mit Gl. (11.30) bestimmt.

$$L_r = L_{m,E} + D_s + D_{BM} + D_B + 17 \quad \text{in dB(A)} \tag{11.30}$$

$L_{m,E}$ Mittelungspegel nach Gl. (11.31) in dB(A)
D_s Pegeländerung nach Gl. (11.17) oder (11.18) in dB(A)
D_{BM} Pegeländerung nach Gl. (11.20) in dB(A)
D_B Pegeländerung nach Gl. (11.22) in dB(A)

Der Emissionspegel $L_{m,E}$ wird mit Gl. (11.31) berechnet.

$$L_{m,E} = 37 + 10 \cdot \lg(N \cdot n) + D_p \quad \text{in dB(A)} \tag{11.31}$$

N Anzahl der Fahrzeugbewegungen je Stellplatz und Stunde nach Tabelle 11.7
n Anzahl der Stellplätze
D_p Zuschlag nach Tabelle 11.8 für unterschiedliche Parkplatztypen

Parkplatztyp	Fahrzeugbewegungen N je Stellplatz/h	
	6 bis 22 Uhr	22 bis 6 Uhr
P+R – Plätze	0,3	0,06
Tank- und Rastanlagen	1,5	0,8

Parkplatz für	Zuschlag D_P in dB(A)
Pkw	0,0
Motorräder	5,0
Lkw und Busse	10,0

Tabelle 11.7 Anhaltswerte für Fahrzeugbewegungen N je Stellplatz/ Stunde

Tabelle 11.8 Zuschlag D_P für unterschiedliche Parkplatztypen

Die Ergebnisse schalltechnischer Berechnungen werden in tabellarischer Übersicht zusammengestellt.

Beispiel:

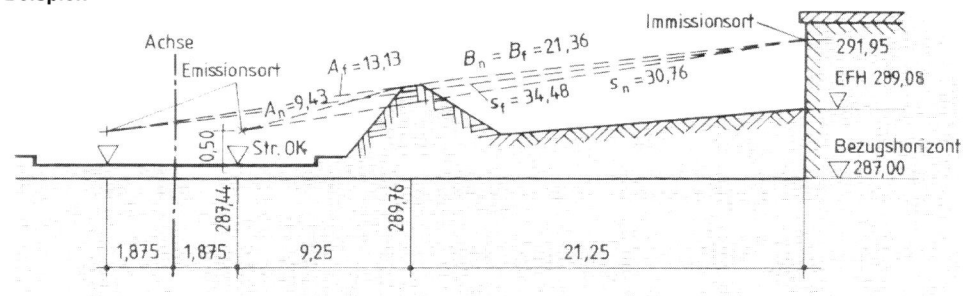

Für eine Gemeindestraße entlang einem allgemeinem Wohngebiet (WA) – mit gerader Achse, 600,00 m lang – ist die Lärmbelastung zu ermitteln. Das nächstgelegene Wohnhaus liegt in der Mitte dieser Strecke. Die zulässige Geschwindigkeit $v_{zul} = 70$ km/h. Die einbahnige Straße hat zwei Fahrstreifen, der Fahrbahnbelag besteht aus Asphaltbeton 0/ 11 mm, die Längsneigung beträgt $s = 7{,}0$ %. Der Abstand zur signalgeregelten Kreuzung $a = 30{,}00$ m. Die zulässigen Immissions-Grenzwerte sind am Tag 59 dB(A), bei Nacht 49 dB(A) nach der 16. Bundeslärmschutzverordnung (BImSchV).

Aus einer Verkehrszählung liegen folgende Daten vor:
Verkehrsmengen : 2578 Kfz/24 h Personenverkehr   = 1289 Kfz/24 h je Fahrstreifen
<u>306 Kfz/24 h Güterverkehr</u>   = <u>153 Kfz/24 h je Fahrstreifen (~10,6 %)</u>
DTV = 2884 Kfz/24 h   = 1442 Kfz/h je Fahrstreifen

Die maßgebende Verkehrsmenge ist damit nach Tabelle 11.3
$M_{Tag} = 0,06 \cdot DTV$, $M_{nacht} = 0,011 \cdot DTV$
bei Tag: $M_{T,li} = M_{T,re} = 0,06 \cdot 1442 = 86,5$ Kfz/h, bei Nacht: $M_N = 0,011 \cdot 1442 = 15,9$ Kfz/h
und der Lastwagenanteil

bei Tag: $p_T = \dfrac{306}{2884} = 10,6\%$, bei Nacht: $p_N = 3\%$

Die Mittelungspegel $L_{m,T}^{25}, L_{m,N}^{25}$ sind

$L_{m,T}^{25} = 37,3 + 10 \cdot \lg(M \cdot (1 + 0,082 \cdot p)) = 37,3 + 10 \cdot \lg(86,5 \cdot (1 + 0,082 \cdot 10,6)) = 59,4$ dB(A)

$L_{m,N}^{25} = 37,3 + 10 \cdot \lg(15,9 \cdot (1 + 0,082 \cdot 3,0)) = 50,3$ dB(A)   (siehe Gl. (11.9))

Die Korrektur D_v zur Berücksichtigung der Geschwindigkeit erfolgt mit den Gleichungen

$L_{Pkw} = 27,7 + 10 \cdot \lg(1 + (0,02 \cdot v_{Pkw})^3) = 27,7 + 10 \cdot \lg(1 + (0,02 \cdot 70)^3) = 33,4$ dB(A)

$L_{Lkw} = 23,1 + 12,5 \cdot \lg(70) = 46,2$ dB(A)   (siehe Gl. (11.13) bis Gl. (11.15))

$D = L_{Lkw} - L_{Pkw} = 46,2 - 33,4 = 12,8$ dB(A)

$D_{v,T} = L_{Pkw} - 37,3 + 10 \cdot \lg\left(\dfrac{100 + (10^{0,1 \cdot D} - 1) \cdot p}{100 + 8,23 \cdot p}\right) = 33,4 - 37,3 + 10 \cdot \lg\left(\dfrac{100 + (10^{0,1 \cdot 12,8} - 1) \cdot 10,6}{100 + 8,23 \cdot 10,6}\right) =$

= −2,0 dB(A),

Die Korrektur für die Straßenoberfläche ist D_{StrO} = −2,0 dB(A)   (siehe Tabelle 11.4)
Die Korrektur für die Längsneigung ist $D_{Stg} = 0,6 \cdot 7,0 − 3,0 = 1,2$ dB(A).   (siehe Tabelle 11.5)
Da keine Spiegelschallquelle vorhanden ist, wird D_E = 0 dB(A).
Damit wird der Emissionspegel   (siehe Gl. (11.8))

$L_{m,E,T} = L_m^{(25)} + D_v + D_{StrO} + D_{Stg} + D_E = 59,4 − 2,0 + 0 + 1,2 + 0 = 58,6$ dB(A),

$L_{m,E,N} = 48,5$ dB(A)

Der Korrekturfaktor K für die signalgesteuerte Kreuzung ist K = 3,0 dB(A).   (s. Tabelle 11.2)

Die Abstände $s_\perp$ zwischen Emissions- und Immissionsort betragen nach der Zeichnung

$s_{\perp,0,n} = 21,25 + 9,25 = 30,50$ m, $s_{\perp,0,f} = 30,50 + 3,75 = 34,25$ m

Die Höhe des Immissionsortes über der Schallquelle beträgt

$H = 291,95 − 287,44 − 0,50 = 4,01$ m.

Damit werden die Schrägentfernungen

$s_{\perp,n} = \sqrt{(s_{\perp,0,n})^2 + H^2} = \sqrt{30,5^2 + 4,01^2} = 30,76$ m, $s_{\perp,f} = 34,48$ m

Prüfung für die Bedingung "langer, gerader Fahrstreifen":

$L_{z,f} = 48 \cdot \dfrac{34,48}{\sqrt{100 + 34,48}} = 142,72$ m < 300,00 m   (siehe Gl. (11.6))

Die Pegeländerung $D_{s\perp}$ infolge Abstand und Luftabsorption ist für den nahen und fernen Fahrstreifen:

$D_{s,\perp,n} = 15,8 − 10 \cdot \lg s_\perp − 0,0142 \cdot (s_\perp)^{0,9} = 15,8 − 10 \cdot \lg(30,76) − 0,0142 \cdot (30,76)^{0,9} = 0,6$ dB(A)

$D_{s,\perp,f} = 0,1$ dB(A)   (siehe Gl. (11.16))

$D_{v,N} = −3,0$ dB(A)

11.2 Verkehrslärm

Die Abstände für den Schallstrahl über die Beugungskante sind

$$A_{\perp,0,n} = 9{,}25 \text{ m}, \quad A_{\perp,0,f} = 9{,}25 + 3{,}75 = 13{,}00 \text{ m}$$

$$A_{\perp,n} = \sqrt{9{,}25^2 + (289{,}76 - (287{,}44 + 0{,}50))^2} = 9{,}43 \text{ m}$$

$$A_{\perp,f} = \sqrt{13{,}00^2 + 1{,}82^2} = 13{,}13 \text{ m}$$

$$B_{\perp,n} = B_{\perp,f} = \sqrt{21{,}25^2 + (291{,}25^2 - 289{,}76)^2} = 21{,}36 \text{ m}$$

Der Schirmwert $z_\perp$ ist

$$z_{\perp,n} = 9{,}43 + 21{,}36 - 30{,}76 = 0{,}03 \text{ m}, \quad z_{\perp,f} = 13{,}13 + 21{,}36 - 34{,}48 = 0{,}01 \text{ m} \quad \text{(s. Gl. (11.25))}$$

und die Witterungskorrektur $K_{w,\perp}$

$$K_{w,\perp,n} = \frac{1}{2{,}3}\left(\frac{1}{2000}\sqrt{\frac{9{,}43 \cdot 21{,}36 \cdot 30{,}76}{2 \cdot 0{,}03}}\right) = 1{,}14 \text{ dB(A)}, \quad K_{w,\perp,f} = 1{,}28 \text{ dB(A)} \quad \text{(siehe Gl. (11.26))}$$

Das Abschirmmaß $D_{z,\perp}$ ist

$$D_{z,\perp,n} = 7 \cdot \lg\left(5 + \frac{70 + 0{,}25 \cdot 30{,}76}{1 + 0{,}2 \cdot 0{,}03} \cdot 0{,}03 \cdot 1{,}14^2\right) = 6{,}3 \text{ dB(A)}, \quad D_{z,\perp,f} = 6 \text{dB(A)}$$

(siehe Gl. (11.24))

Der Einfluss topographischer und baulicher Gegebenheiten $D_{B\perp}$ beträgt

$$D_{B,\perp,n} = 0 - 6{,}3 = -6{,}3 \text{ dB(A)}, \quad D_{B,\perp,f} = -6{,}6 \text{ dB(A)} \quad \text{(siehe Gl. 11.20)}$$

$D_{refl} = 0$ dB(A), da keine Reflektion vorhanden

Die Überstandslänge $d_ü$ muss über das zu schützende Objekt hinausragen.

$$d_{ü,n} = \left(\frac{34 + 3 \cdot 6{,}3}{\sqrt{100 + 30{,}76}}\right) \cdot 21{,}36 = 98{,}81 \approx 100{,}00 \text{ m}, \quad d_{ü,f} = 99{,}10 \approx 100{,}00 \text{ m}$$

(siehe Gl. (11.27))

Die Mittelungspegel L_m der Fahrstreifen sind

$$L_{m,T,n} = 59{,}4 + 0{,}6 - 6{,}3 = 53{,}7 \text{ dB(A)}, \quad L_{m,N,n} = 44{,}3 \text{ dB(A)} \quad \text{(siehe Gl. (11.9))}$$

$$L_{m,T,f} = 59{,}4 + 0{,}1 - 6{,}6 = 52{,}9 \text{ dB(A)}, \quad L_{m,N,f} = 43{,}8 \text{ dB(A)}$$

D_{BM} wird in Einschnittslage nicht berücksichtigt.

Zusammengefasst ergibt das die Mittelungspegel

$$L_{m,T} = 10 \cdot \lg\left(10^{0{,}1 \cdot 53{,}7} + 10^{0{,}1 \cdot 52{,}9}\right) = 56{,}3 \text{ dB(A)},$$

$$L_{m,N} = 47{,}1 \text{ dB(A)} \quad \text{(siehe Gl. (11.5))}$$

Die Beurteilungspegel sind somit

$$L_{r,T} = 56{,}3 + 3{,}0 = 59{,}3 \text{ dB(A)} > 59{,}0 \text{ dB(A)} \quad \text{(siehe Gl. (11.2))}$$

$$L_{r,N} = 47{,}1 + 3{,}0 = 50{,}1 \text{ dB(A)} > 49{,}0 \text{ dB(A)}$$

Ergebnis: Der vorhandene Lärmschutzwall muß erhöht werden, um den notwendigen Lärmschutz zu gewährleisten.

Ergebnisse schalltechnischer Berechnungen

Straße: _____ DTV: _____ Kfz/h V_{zul}: _____ km/h $D_{v,T}$ _____ dB(A) $D_{v,N}$ _____ dB(A)

Ort: _____ p_T: _____ % p_N: _____ % Straßenoberfläche: _____ D_{Stro}: _____ dB(A)

Berechnungspunkt (Stat.)	Fahrstreifen	Emmissionspegel		ohne Lärmschirm					Beurteilungspegel				mit Lärmschirm						Beurteilungspegel				Immissionsgrenzwerte		Bem.
		Fahrstreifen		$s_\perp$	$D_{s,\perp}$	H	h_m	D_{BM}	Fahrstreifen		Straße		h	D_B	Fahrstreifen	d_b Straße	Fahrstreifen		Straße		Tag	Nacht	
		Tag	Nacht						Tag $L_{r,T}$	Nacht $L_{r,N}$	Tag $L_{r,T}$	Nacht $L_{r,N}$					Tag $L_{r,T}$	Nacht $L_{r,N}$	Tag $L_{r,T}$	Nacht $L_{r,N}$			
		dB(A)	dB(A)	m	dB(A)	m	m	dB(A)	dB(A)	dB(A)	dB(A)	dB(A)	m	dB(A)	m	m	dB(A)	dB(A)	dB(A)	dB(A)	dB(A)	dB(A)	
	Dim.																						
	nah																						
	fern																						
	nah																						
	fern																						

Tabelle 11.9 Formular für schalltechnische Berechnungen

12. Straßenausstattung

Um einen verkehrssicheren Ablauf der Bewegungsvorgänge auf der Straße zu sichern, müssen eine Reihe von Maßnahmen getroffen werden, die das Verhalten der Verkehrsteilnehmer regeln oder beeinflussen. Man bezeichnet dies als Ausstattung einer Straße. Dazu gehören in der Regel
- die Verkehrsbeschilderung,
- die Markierung,
- die Wegweisung,
- die Leiteinrichtungen,
- die Signalisierung,
- die Beleuchtung.

Zum Teil sind dazu amtliche Verordnungen (z.B. die Straßenverkehrsordnung - StVO) erlassen worden, die bestimmte Maßnahmen und ihre Form regeln (z.B. Verkehrszeichen), zum Teil sind eine Reihe von Richtlinien, Merkblättern und Hinweisen von der Forschungsgesellschaft für Straßen- und Verkehrswesen aufgestellt worden, die dem Entwurfsingenieur als Anhalt für die Ausführung dienen.

12.1 Verkehrsbeschilderung

International strebt man an, verbale Aussagen durch Symbole oder Piktogramme zu ersetzen, um dem sprachunkundigen Fahrzeuglenker im Ausland Verkehrszeichen verständlich zu machen. Zusatzschilder bringen oft eine Begründung für die Vorschrift- oder Gefahrenzeichen. In Deutschland ist Form, Art, Einsatzort und Farbgebung vorgeschrieben. Die Abmessungen sind im Verkehrszeichenkatalog des Bundesverkehrsministeriums festgelegt.

Verkehrszeichen sind notwendige Bestandteile der Straße. Es sollen so wenig wie möglich, aber so viel wie nötig aufgestellt werden. Zu vermeiden ist wegen der Übersichtlichkeit eine Häufung von Verkehrszeichen und viel Text. Aufstellorte, die Art und der Inhalt der Verkehrszeichen wird in der Entwurfsmappe durch den *Verkehrszeichenplan* festgelegt. Dieser dient auch der Abstimmung mit der Straßenverkehrsbehörde.

Für die *Anordnung* der Verkehrszeichen gelten folgende Grundsätze:
- Nicht mehr als drei Schilder am gleichen Pfosten unmittelbar neben- oder übereinander anbringen (z.B. Engstelle, Gegenverkehr).
- Nicht mehr als zwei Vorschriftenzeichen am gleichen Pfosten unmittelbar neben- oder übereinander anbringen (z.B. Stop, Gegenverkehr hat Vorfahrt, vorgeschriebene Fahrtrichtung).
- Das Andreaskreuz an Schienenübergängen (Zeichen 201), Fußgängerüberweg (Zeichen 350) und andere besonders wichtige Gebote müssen immer allein aufgestellt werden.
- Die Verkehrszeichen sind entweder retroreflektierend oder beleuchtet auszustatten.
- Richtzeichen nach § 42 der StVO sollen den Verkehr auf bestimmte Situationen hinweisen (z.B. Vorfahrtstraße, verkehrsberuhigter Bereich, Kraftfahrstraße).

Die *Abmessungen* der Verkehrsbeschilderung sind so ausgelegt, dass sie für die meisten Situationen im Geschwindigkeitsbereich zwischen 50 km/h und 80 km/h anwendbar sind. Um die Erkennbarkeit den verschiedenen Geschwindigkeiten anzupassen, wurden drei Größenklassen festgelegt. Die Abmessungen der Verkehrszeichen kann man Tabelle 12.1 entnehmen, die der Zusatzschilder sind in Tabelle 12.2 zusammengestellt. Ihren Einsatz in Abhängigkeit von der Geschwindigkeit entnimmt man den Tabellen 12.3 und 12.4. Werden die den Geschwindigkeitsbereichen zugeordneten Größenklassen eingesetzt, entspricht dies den verkehrstechnischen, lichttechnischen und wahrnehmungspsychologischen Forderungen. Es kann ein ungerechtfertigter Schilderaufwand vermieden und eine bessere Akzeptanz erreicht werden. Das führt wieder zur Erhöhung der Verkehrssicherheit.

Verkehrszeichen	Größe in mm		
	1 (70 %)	2 (100 %)	3 (125 % bzw. 140 %)
Ronde (Durchmesser)	420	600	750 (125 %)
Dreieck (Seitenlänge)	630	900	1260 (140 %)
Quadrat (Seitenlänge)	420	600	840 (140 %)
Rechteck (Höhe/Breite)	630/420	900/600	1260/840 (140 %)

Tabelle 12.1 Abmessungen von Verkehrszeichen

Zusatzschild	Größenklasse (Höhe/ Breite) in mm		
	1 (70 %)	2 (100 %)	3 (125 % bzw. 140 %)
Höhe 1	231/420	330/600	412/750
Höhe 2	630	900	1260
Höhe 3	420	600	840

Tabelle 12.2 Abmessungen von Zusatzzeichen

Geschwindigkeitsbereich in km/h	Größenklasse
0 bis 20	1
≥ 20 bis 80	2
≥ 80	3

Tabelle 12.3 Anwendungsbereiche der Größen bei Ronden

Geschwindigkeitsbereich in km/h	Größenklasse
20 bis < 50	1
50 bis 100	2
≥ 100	3

Tabelle 12.4 Anwendungsbereiche der Größen für Dreiecke, Quadrate, Rechtecke

12.2 Markierung

Für die sichere und eindeutige Verkehrsführung außerhalb bebauter Gebiete, in Knotenpunkten und auf Straßen mit mehr als einem Fahrstreifen in jeder Richtung bringt man Fahrbahnmarkierungen auf. Bei zweistreifigen Fahrbahnen setzt man sie ab der Fahrbahnbreite von b = 5,50 m ein. Rechtsverbindliche Fahrbahnmarkierungen werden durch die Straßenverkehrsbehörde angeordnet. Oft wird der *Markierungsplan* mit dem Verkehrszeichenplan vereinigt, weil manche Markierungen mit den zugehörigen Verkehrszeichen zusammenhängen (z.B. Fußgängerüberwege). Er dient als Bauunterlage für die Markierungsfirma. Markierungsfarben und -stoffe müssen von der Bundesanstalt für Straßenwesen zugelassen sein. Wesentliche Anforderungen an die Fahrbahnmarkierung sind:
- Gewährleistung des Sollbildes durch Widerstand gegen Verformung,
- gute Sichtbarkeit bei Tag und Nacht,
- Griffigkeit,
- Haltbarkeit gegen Abrieb und Witterungseinflüsse,
- Alterungsbeständigkeit,
- Ebenheit und nur geringfügige Höhenunterschiede gegenüber der Fahrbahn.

Die Markierungsstoffe und ihre Einbauverfahren sollen folgenden Anforderungen genügen:
- hohe Haftfähigkeit bei jeder Witterung, (Temperaturen zwischen −25 °C und +70 °C), unter Einfluss von Abgasen und Tausalz und dynamischen Radlasten bis 8 kN,
- Haftfähigkeit auf vorhandener Markierung bei Nachmarkierung,
- Lagerfähigkeit mindestens sechs Monate im ungeheizten Schuppen, kurze Trockenzeit,
- keine Rissbildung in der Fahrbahndecke durch Ausdehnung oder Zusammenziehen des Markierungsstoffes,
- Einbaumöglichkeit bei Lufttemperaturen zwischen +10 °C und + 35 °C und maximal 85 % relativer Luftfeuchtigkeit.

Die Markierung wird in Deutschland in weißer Farbe aufgetragen. Gelb verwendet man im Baustellenbereich für vorübergehende Fahrbahnmarkierung. Je nach dem Einsatzort und der Beanspruchung setzt man verschiedene Materialien ein. Dies sind entweder

12.2 Markierung

- aufgespritzte Farbe, evt. mit Glasperlenzusatz,
- Heißspritzplastik,
- eingelegte Heißplastik,
- Kaltplastik,
- Folien,
- Markierungsknöpfe.

Wird die Markierung selten überfahren und unterliegt somit kaum dem Verschleiß, setzt man aus wirtschaftlichen Gründen Farben ein. Bei ständig überfahrenen Markierungen sind Pastikmassen bis zu einer Dicke von 10 mm vorteilhafter. Auf die Fahrbahnoberfläche aufgelegte Massen sollen nicht höher als 3 mm über diese hinausragen. Markierungsknöpfe sind auf Strecken außerhalb bebauter Gebiete durch die Schneeräumung gefährdet. Innerhalb der Ortslage sind Metallknöpfe in Pflasterstrecken vorteilhaft.

Markierungszeichen sind
- Strichmarkierungen als Längs- oder Quermarkierung,
- Sperrflächenmarkierungen,
- Grenzmarkierungen,
- Pfeile, Buchstaben, Zahlen, Symbole.

Längsmarkierungen erhalten je nach Straßentyp Breiten nach Tabelle 12.5

Die Längsmarkierung besteht aus durchgehenden oder unterbrochenen Strichen. Je nach ihrer Bedeutung erhalten unterbrochene Linien verschiedene Verhältnisse von Strichlänge zu Lückenlänge. Diese Verhältnisse sind in Tabelle 12.7 zusammengestellt.

Fahrbahnrand. Außerhalb geschlossener Ortschaften wird der Fahrbahnrand mit einer 0,12 m breiten, geschlossenen Linie gekennzeichnet. Ist die Fahrbahnbreite < 5,00 m, kann auf die Markierung verzichtet werden. Bei $b = 6,50$ m mit Randstreifen wird die Linie am inneren Rand des Randstreifens aufgetragen. An Grundstückszufahrten oder Einmündungen von Wirtschaftswegen wird die Linie in der Regel nicht unterbrochen.

	Strichbreite in m	
	...hnen	Straßen
Schmalstrich (S)	0,15	0,12
Breitstrich (B)	0,30	0,25

Tabelle 12.5 Strichbreite für Längsmarkierung

Leitlinie: Sie wird außerhalb geschlossener Ortslage eingesetzt als Mittellinie ab einer Fahrbahnbreite $b = 5,50$ m, soweit sie nicht durch andere Markierung ersetzt wird. In Ortsdurchfahrten ist die Leitlinie immer notwendig, wenn Fahrbahnen mit mehr als zwei Fahrstreifen vorhanden sind. Zur Dämpfung der Geschwindigkeiten wird auf zweistreifigen Fahrbahnen auch auf die Leitlinie verzichtet. Die Leitlinie ist ein Schmalstrich im Verhältnis von Strichlänge : Lückenlänge wie 1 : 2.

Warnlinie: Warnlinien leiten Fahrstreifenbegrenzungen ein. Sie werden verwendet vor Fußgängerüberwegen, Fußgänger oder Radfahrerfurten. Sie werden als Schmalstrich im Verhältnis von Strichlänge : Lückenlänge wie 2 : 1 ausgeführt.

Doppellinie: Durchgehende Doppellinien auf einbahnigen Straßen mit mehr als zwei Fahrstreifen markieren die Trennung zwischen den beiden Fahrtrichtungen. Sie bestehen aus zwei nebeneinander liegenden durchgezogenen Schmalstrichen mit der Breite von 0,12 m und werden im Abstand von 0,12 m aufmarkiert.

Benennung	Grundformen in m	Markierungszeichen
durchgehender Schmalstrich (S)	————————————	Fahrstreifenbegrenzung Fahrbahnbegrenzung Radfahrstreifenbegrenzung Parkflächenbegrenzung
unterbrochener Schmalstrich 1:2 außerhalb von Knotenpunkten (S)	— — — 1 : 2 : 1	Leitlinie
unterbrochener Schmalstrich 1:1 innerhalb von Knotenpunkten (S)	— — — 1 : 1 : 1	Leitlinie
unterbrochener Schmalstrich 2:1 (S)	—— — —— 2 : 1 : 2	Warnlinie
durchgehender Breitstrich (B)	▬▬▬▬▬▬▬▬▬▬	Fahrbahnbegrenzung Sonderfahrstreifenbegrenzung Radfahrstreifenbegrenzung
unterbrochener Breitstrich 1:1 (B)	▬ ▬ ▬ 1 : 1 : 1	unterbrochene Fahrbahnbegrenzung
unterbrochener Breitstrich 2:1 (B)	▬▬ ▬ ▬▬ 2 : 1 : 2	unterbrochene Sonderfahrstreifenbegrenzung
Doppelstrich aus einem durchgehenden und einem unterbrochenen Schmalstrich 1:2 (B)	——— ——— ——— ≠ — 0,12/0,15 1 : 2 : 1	einseitige Fahrstreifenbegrenzung
Doppelstrich aus zwei durchgehenden Schmalstrichen (S)	═══════════════ ≠ — 0,12/0,15	Fahrstreifenbegrenzung
Doppelstrich aus zwei unterbrochenen Schmalstrichen 2:1 (S)	══ ═ ══ ≠ — 0,12/0,15 2 : 1 : 2	Fahrstreifenmarkierung für den Richtungswechselbetrieb/ Wechselfahrstreifen

Tabelle 12.6 Längsstrichmarkierung nach den Richtlinien für die Markierung von Straßen RMS-1

Quermarkierungen dienen als Kennzeichnung querender Verkehrsstreifen für Fußgänger und Radfahrer oder als Haltlinien an signalgeregelten Knotenpunkten. Ihre Abmessungen entnimmt man Bild 12.8.

Fußgängerüberwege werden in zweistreifigen Straßen als sog. "Zebrastreifen" markiert. Sind mehrere Fahrstreifen vorhanden, sind solche Überwege nicht zulässig. In diesem Falle oder bei stärkerem Fahrzeugverkehr legt man in Fahrbahnmitte Schutzinseln von mindestens 2,00 m Breite an, damit der Fußgänger oder Radfahrer die Fahrbahn getrennt nach Fahrtrichtungen in mehreren Abschnitten überqueren kann. Bei sehr starkem Fahrzeugverkehr sind Lichtzeichenanlagen erforderlich. Als Grenzwerte gelten für mehr als 100 Fußgänger/h, dass bei Verkehrsstärken zwischen 300 Kfz/h und 600 Kfz/h Fußgängerüberwege, bei Verkehrs-

12.2 Markierung

stärken über 600 Kfz/h Lichtzeichenanlagen eingesetzt werden. Beispiele für die Ausführung von Fußgängerüberwegen zeigt Bild 12.1.

Die *Sperrflächenmarkierung* dient dazu, bestimmte befestigte Flächen von überfahrenden Fahrzeugen frei zu halten. Sie wird durch Schrägstrichgatter kenntlich gemacht, das von durchgezogenen Linien parallel zum Fahrstreifen umgeben ist. Ein Schrägstrichgatter soll mindestens aus drei Schrägstrichen bestehen, sonst wird die Sperrfläche nicht schraffiert, sondern nur durch durchgezogene Linien markiert. Die Schrägstriche verlaufen unter einem Winkel von 29,5 gon Neigung (2:1) gegenüber der durchgehenden Achse, und zwar so, dass sie in Fahrtrichtung das Fahrzeug von der Sperrfläche abweisen. Die Anordnung und die Abmessungen sind in Tabelle 12.9 dargestellt.

Verhältnis Strichlänge/ Lückenlänge	Anwendungsbereich		Länge der Striche in m / Länge der Lücke in m			
			Autobahnen[1]	andere Straßen außerorts	andere Straßen innerorts	Radfahrstreifen, Radwege
1 : 2	Leitlinie der knotenpunktfreien Strecke[2], unterbrochener Strich einseitiger Fahrstreifenbegrenzung		6,00/ 12,00	4,00/ 8,00	3,00/ 6,00	–
	Leitlinie für Radwege		–	–	–	1,00/2,00
	unterbrochene Fahrbahnbegrenzung der knotenpunktfreien Strecke		–	–	1,00/0,50	
2 : 1	generell		6,00 / 3,00	4,00/2,00	3,00/1,50	–
1 : 1	Verbindungsrampe, Zusatzstreifen		6,00 / 6,00	–	–	–
	unterbrochene Radfahrstreifenbegrenzung im Knotenpunktbereich		–	–	–	0,50/0,50
	Leitlinie im Knotenpunktsbereich		–	3,00 / 3,00		–
	unterbrochene Fahrbahnbegrenzung	weiterer Knotenpunktbereich[3]	6,00 / 6,00	3,00 / 3,00		–
		engerer Knotenpunktbereich[3]		1,50 / 1,50		

1) und entsprechende Straßen im Sinne der Verwaltungs-Vorschrift zur StVO zu § 42, Zeichen 330,III
2) auf Autobahnen auch auf den durchgehenden Fahrbahnen in Knotenpunkten
3) zum engeren Knotenpunktsbereich gehören die Flächen, die von kreuzenden und abbiegenden Verkehrsströmen befahren werden; der weitere Knotenpunktsbereich erstreckt sich von dort bis zum Beginn der baulichen Aufweitung

Tabelle 12.7 Verhältnisse Strichlänge zu Lückenlänge bei Längsmarkierungen

Grenzmarkierungen verwendet man, um Halt- oder Parkverbotszonen deutlich abzugrenzen. Sie werden entweder als Zick-Zack-Strich mit senkrecht zur Achse stehendem Abschluss oder als gekreuzte Linien ausgeführt. An Haltestellen des Öffentlichen Personenverkehrs werden meist noch Buchstaben zusätzlich aufgemalt, die das Verkehrsmittel bezeichnen. Die Ausführung zeigt Tabelle 12.10.

Zu den *Sonderzeichen* zählen Pfeile, Verkehrszeichen, Piktogramme, Zahlen oder Buchstaben. Sie sollen den Verkehrsablauf verdeutlichen und dem Verkehrsteilnehmer das Gefühl der Sicherheit oder die Verkehrsführung vermitteln. Bei Wiederholung von Verkehrszeichen auf der Fahrbahn und bei Beschriftung sind die Buchstaben und Ziffern unter Berücksichtigung der gefahrenen Geschwindigkeit zu verzerren. Einzelheiten entnimmt man den "Richtlinien für die Markierung von Straßen - RMS" der Forschungsgesellschaft für Straßen- und Verkehrswesen.

Benennung	Grundformen in m	Markierungszeichen
Querstrich	0,50	Haltlinie
unterbrochener Querstrich 2:1	0,25 0,50 0,50	Wartelinie
unterbrochener Querstrich 2,5:1	0,20 0,50 0,12	Fußgängerfurt
unterbrochener Querstrich 2,5:1	0,20 0,50 0,25	Radfahrerfurt
Zebrastreifen	≥3,00 0,50 0,50 0,50	Fußgängerüberweg

Tabelle 12.8   Grundformen der Quermarkierung

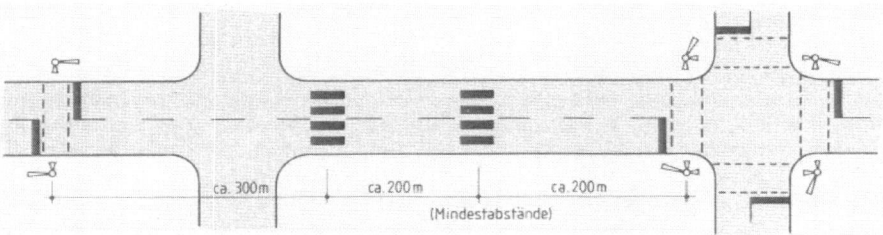

ca. 300 m   ca. 200 m   ca. 200 m
(Mindestabstände)

Anordnung von Fußgängerfurten mit Lichtsignalsteuerung oder Fußgängerüberwegen

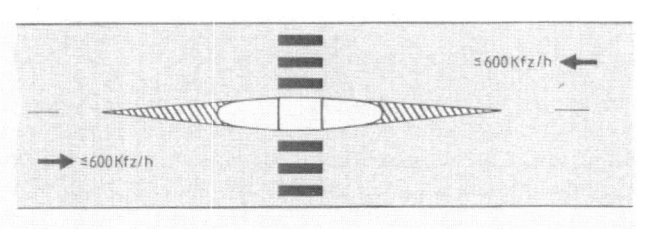

≤ 600 Kfz/h
≤ 600 Kfz/h

Fußgängerüberweg mit Schutzinsel

Bild 12.1   Ausführungsmöglichkeiten für Fußgängerfurten und –überwege

12.3 Wegweisung

Benennung	Grundformen in m	Markierungszeichen
Schrägstrichgatter		Sperrfläche
kleines Schrägstrichgatter		kleine Sperrfläche

Tabelle 12.9 Sperrflächenmarkierung

Benennung	Grundformen in m	Markierungszeichen
Zick-Zack-Linie Strichbreite 0,12 m		Grenzmarkierung für Halt- und Parkverbote
unterbrochene Zick-Zack-Linie Strichbreite 0,12 m		
N- oder X-Form Strichbreite 0,12 m		

Tabelle 12.10 Markierung von Halte- und Parkverbotszonen

12.3 Wegweisung

Die Wegweisung ist notwendig, um dem Verkehrsteilnehmer während der Fahrt die Richtung zu seinem Fahrziel zu zeigen. Diese Anforderung betrifft besonders ortsunkundige Fahrzeuglenker. Eine gute, übersichtliche und eindeutige Wegweisung erhöht nicht nur die Verkehrsqualität, sondern verhindert auch Falschfahrten oder Fehlreaktionen. Die wesentlichen Merkmale sind in den " Richtlinien für wegweisende Beschilderung außerhalb von Autobahnen - RWB" und den "Richtlinien für die wegweisende Beschilderung auf Bundesautobahnen RWBA" zusammengestellt. Wegweisung muss einfach und einheitlich sein, damit der Fahrzeuglenker auch im angebauten Bereich mit seiner Reizüberflutung sowohl amtliche Verkehrszeichen wie die angebotene Verkehrsführung wahrnehmen, erkennen, lesen und richtg interpretieren kann. Deshalb soll der Beschilderungsumfang nur so gewählt werden, dass dem Fahrzeuglenker das Notwendige und Ausreichende mitgeteilt wird. In diesen Richtlinien sind visuelle Leitsysteme, wie sie in großen Städten heute vorhanden sind, nicht behandelt.

Die wegweisende Beschilderung ist die systematische Anordnung von Richtzeichen nach § 42 der Straßenverkehrsordnung. Sie muss deshalb inhaltlich und bildlich den dort gemachten Vorgaben entsprechen.

Die Wegweisung hat die Aufgabe,
- den gewünschten Zielort richtig und sicher zu finden,
- den eigenen Ort zu bestimmen,
- Sicherheit und Leichtigkeit des Verkehrs auf möglichst umwegfreien Strecken zu erreichen,
- manchmal eine gewünschte Verteilung des Verkehrs im Straßenraum oder im Teilnetz zu erreichen.

Vorwegweiser haben die Aufgabe, die Verkehrsteilnehmer frühzeitig auf eine Abzweigung oder die Spurführung aufmerksam zu machen. Im Knotenpunkt sind die abzweigenden Zielrichtungen durch Wegweiser zu bestätigen.

Die Beschilderung von Umleitungen sind in den "Richtlinien für die Umleitungsbeschilderungen - RUB" beschrieben.

Der Systematik der Wegweisung liegen folgende Grundregeln zugrunde:

Einheitlichkeitsregel: Der Verkehrsteilnehmer muss im gesamten Verkehrsnetz eine in Aufbau und Inhalt einheitliche Beschilderung vorfinden.

Wahrnehmbarkeitsregel: Die Wegweisung muss bei Tag und Nacht gleich gut sichtbar und lesbar sein.

Lesbarkeitsregel: Um die Aufnahmefähigkeit des Fahrers nicht zu überfordern, sollen die Zielangaben auf Wegweisern beschränkt werden. Außerorts sollte nur ein Fern- und ein Nahziel angegeben werden. Innerorts sollte durch Zielbündelung oder Piktogramme nur ein Ziel angegeben werden. Auf dem Wegweiser dürfen nicht mehr als zehn Ziele in zehn Zeilen angegeben werden. Dabei sollen für jede Fahrtrichtung nicht mehr als vier Ziele in vier Zeilen auftreten. Je Farbgruppe sollen nur zwei Pfeilwegweiser erscheinen.

Zielauswahlregel: Man unterscheidet Fernziel (nächster verkehrswichtiger Ort) und Nahziel (nächster Ort an der Straße). Für Bundesstraßen liegt ein Verzeichnis der Fern- und Nahziele vor. Dies soll bei der Wegweisungsbeschilderung beachtet werden. In der Regel sollen pro Fahrtrichtung nur ein Fernziel und ein Nahziel angezeigt werden. Dabei wird das Fernziel über dem Nahziel genannt.

Kontinuitätsregel: Ein einmal in die Beschilderung aufgenommenes Ziel muss in jeder folgenden Wegweisung wiederholt werden, bis das Ziel erreicht ist. Dies gilt auch für die Vorwegweiser.

Umklappregel: Das Bild eines Wegweisers wird so dargestellt, dass beim Umklappen in die Fahrbahnebene die tatsächlichen Fahrtrichtungen angezeigt werden.

Pfeilregel: Der senkrecht nach oben zeigende Pfeil weist auf Ziele hin, die in geradeaus führender Richtung zu erreichen sind. Vor oder unmittelbar nach dem waagerechten Querpfeil muss zum genannten Ziel in Pfeilrichtung abgebogen werden. Der Schrägpfeil kündigt eine Richtungsänderung mit vorwegweisendem, der gebogene mit wegweisendem Charakter an.

Kombinationspfeile werden aus den Typen Geradeauspfeil und gebogener Pfeil zusammengesetzt. Auf Tabellenwegweisern dürfen nur senkrechte und waagerechte Pfeile verwendet werden. Auf Autobahnen ist die Überkopf-Beschilderung vorteilhaft.

12.3 Wegweisung

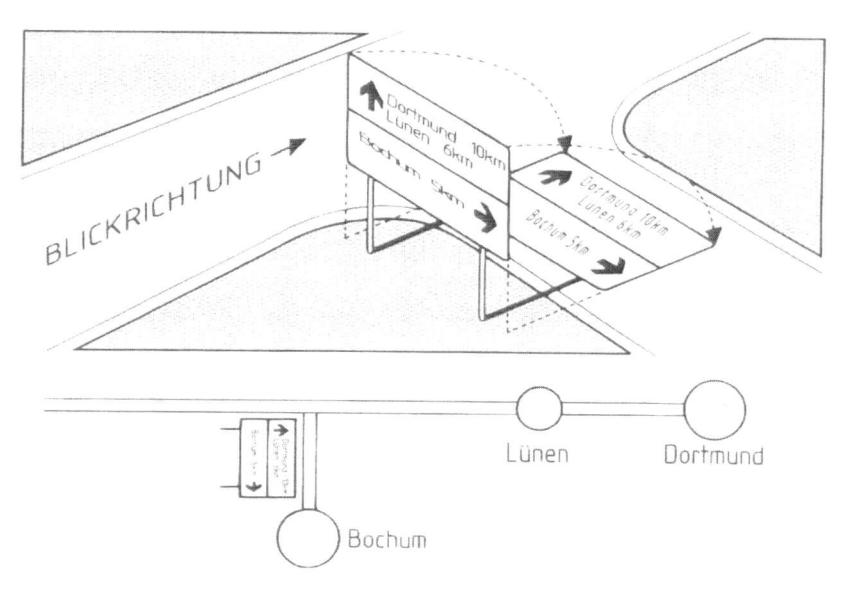

Bild 12.2 Skizze für die „Umklappregel"

Außerhalb der Autobahnen wird bei wegweisender Beschilderung der sog. "Herzpfeil" (Bild 12.3) verwendet. Bei kleinen Schilderformaten ist der ISO-genormte "ISO-Pfeil" besser erkennbar. Daneben gibt es noch "Kurzpfeile", die sich an Autobahnen bei der Überkopf-Beschilderung bewährt haben. Deren Abmessungen entnimmt man den "Richtlinien für die wegweisende Beschilderung auf Autobahnen - RWBA".

Herzpfeil   ISO-Pfeil   Kurzpfeile

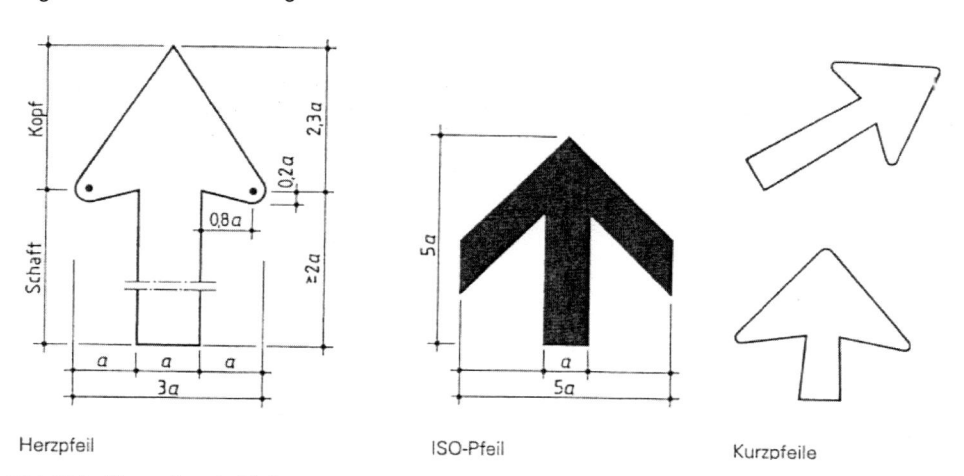

Bild 12.3 Wegweisende Pfeile

Farbregel: Für Verkehrszeichen sind nur Farben nach DIN 6171 "Aufsichtfarben für Verkehrszeichen; Farben und Farbgrenzen" zulässig, die folgender Systematik folgen:
- - Autobahnen blau
- - Bundes-, Landes-, Staats-, Kreisstraßen gelb
- - Innerortsstraßen (auch klassifiziert) weiß

Schilderarten. Für die Wegweisung unterscheidet man
- Ankündigungstafeln (bei autobahnähnlichen, zweibahnigen Straßen),
- Vorwegweisertafeln,
- Wegweisertafeln,
- Fernzieltafeln (bei autobahnähnlichen, zweibahnigen Straßen),
- Ortstafeln und Ortsendetafeln,
- Ortsteiltafeln,
- Straßennamensschilder,
- Schilder mit Hausnummern.

Im allgemeinen werden alle Informationen auf einer Schilderfläche dargestellt. Daraus entsteht der *Tabellenwegweiser*. Hierbei werden die Ziele in einer rechteckigen Tafel untereinander aufgeführt und die Fahrtrichtungen durch daneben gezeichnete Pfeile angegeben.

Die einfachere Form ist der *Pfeilwegweiser*. Durch die Schilderform ist er auffälliger, da sich diese von der Umgebung deutlich abhebt und die Spitze des Schildes in die entsprechende Abbiegerichtung zeigt. Pfeilwegweiser dürfen nicht mehr als zwei Zeilen Inhalt erhalten.

Die Schilderabmessungen sind abhängig von der Schriftgröße. Diese muss entsprechend den Geschwindigkeiten ausgewählt werden.

Größe	1	2	3	Schilderbrücken
Geschwindigkeit in km/h	$20 < v < 50$	$50 \leq v \leq 80$	> 80	
Schriftgröße h in mm	84	126	175	210

Tabelle 12.11 Schriftgröße auf Wegweisern

Die Bemessungswerte für Tabellenwegweiser in aufgelöster Form und Pfeilschilder entnimmt man den Tabellen 12.12 und 12.13. Weitere Angaben findet man in den RWB und RWBA. Die Größen der Symbole sind in Einheiten $E = 1/7 \cdot h$ angegeben. Weitere Einzelheiten können den RWB entnommen werden.

Schild-größe	Höhe/Breite	Schrift-größe h	Rand [1]	Kontraststreifen $1^{[1]}$	$2^{[2]}$	Ziffern-höhe A-B-E-Nr.	Schrift-höhe "km"	Pfeil-symbol	Symbolfeld	Höhe Autobahnsymbol	Eckradius r
1	350/1400	84	20	15	25	63	63	$14 \cdot h/7$	$14 \cdot h/7$	$14 \cdot h/7$	40
2	500/2000	126	25	15	30	91	91	$14 \cdot h/7$	$14 \cdot h/7$	$14 \cdot h/7$	60

[1] bei gelb- und weißgrundigen Schildern   [2] bei blau und braungrundigen Schildern

Tabelle 12.12 Maße der Tabellenwegweiser in aufgelöster Form (Maße in mm)

Schild-größe	Höhe/Breite	Schrift-größe h	Rand[1]	Kontraststreifen $1^{[1]}$	$2^{[2]}$	Ziffern- und Schrifthöhe A-B-E-Nr. und "km"	Pfeil-symbol	Symbolfeld	Höhe Autobahn-symbol	Eckradius r_1	r_2
1	350/1400	84	20	15	25	63	$14 \cdot h/7$	$14 \cdot h/7$	$14 \cdot h/7$		
2	500/2000	126	25	15	30	91	$14 \cdot h/7$	$14 \cdot h/7$	$14 \cdot h/7$		
3	700/2800	175	35	25	40	126	$14 \cdot h/7$	$14 \cdot h/7$	$14 \cdot h/7$	60	180

[1] bei gelb- und weißgrundigen Schildern   [2] bei blau und braungrundigen Schildern

Tabelle 12.13 Maße der Pfeilschilder (Maße in mm)

12.4 Leiteinrichtungen

Materialien. Die Haltbarkeit des Materials muss gewährleisten, dass die Wegweisung ihre Funktionsfähigkeit sehr lange behält. Sonst können die Farben vorzeitig verblassen, Kontraste verblassen, Oberflächen stumpf werden, reißen und korrodieren oder die Reflexion nachlassen.

Die Schilder werden mindestens mit Reflexfolien nach Typ 1 oder 2 nach DIN 67 520 ausgestattet. Darüber hinaus können die Schilder zur besseren Erkennbarkeit bei Nacht von außen beleuchtet werden (Soffiten) oder als innenbeleuchtete Schilder (Transparente) ausgeführt werden. Welche Ausführung man wählt, hängt von den Umfeldbedingungen ab. Je heller dies ist oder je stärker Störungen durch Blendung sich auswirken, um so größer muss die Leuchtdichte der Beschilderung sein.

Lastannahmen, statische Berechnung. Da die Schilder an Tragkonstruktionen wie Pfosten, Gitterrohrmasten, Schilderbrücken oder Auslegern in Form von Kragarmen angebracht werden, sind diese Aufstellvorrichtungen statisch zu bemessen. Hierfür ist neben dem Gewicht der Tragkonstruktion das Eigengewicht der Schilder zu berücksichtigen. Es können folgende Ersatzlasten für das Schildergewicht angenommen werden:
- - retroreflektierende Schilder   150 N/m²
- - innenbeleuchtete Schilder   400 N/m²
- - Wechselverkehrszeichen   600 N/m²

Dabei wird vorausgesetzt, dass die tatsächlichen Schildergewichte nicht größer als die Ersatzlasten sind und ihr Abstand von der Tragkonstruktion $a \leq 0{,}10$ m ist. Als Schneelast ist auf alle waagerechten und bis 50 gon geneigten Flächen $p = 750$ N/m² anzusetzen.

Aufstellung der wegweisenden Beschilderung. *Wegweiser* werden meist seitlich neben der Fahrbahn aufgestellt. Pfeilwegweiser stehen in der Regel so, dass das Abbiegen davor vollzogen wird. An Einmündungen hat sich als günstig erwiesen, die Schilder nicht in Verlängerung der Achse der untergeordneten Straße aufzustellen, sondern sie soweit nach links zu versetzen, dass man von einem Fahrzeug, das hinter einem an der Einmündung haltenden Fahrzeug steht, die Wegweiser noch lesen kann.

Vorwegweiser erhalten einen Abstand zum Wegweiser, der der gefahrenen Geschwindigkeit auf der Strecke und der damit verbundenen Erkennbarkeit und Lesbarkeit entspricht. Innerorts genügen dafür in der Regel 50,00 m.

Vorwegweiser zur Autobahn werden zwischen 150,00 m und 250,00 m vor der ersten Rampe zur Anschlussstelle aufgestellt. .

maßgebende Geschwindigkeit v_k in km/h	50	60	70	80	90	100	120
Vorwegweiserabstand in m	100	125	150	175	200	225	250

Tabelle 12.14 Wegweiserabstände

12.4 Leiteinrichtungen

Die Markierung wird durch senkrechte Leiteinrichtungen unterstützt und ergänzt. Dazu gehören u.a. Leitpfosten, Leittafeln, Borde, Geländer, Leitwände, Betongleitwände, Leitplanken. Auf einige soll nachstehend eingegangen werden.

Leitpfosten sind Pfosten, die in der Regel aus Kunststoff hergestellt sind und am Fuß eine Sollbruchstelle haben, um beim Anprall von Fahrzeugen keine größeren Schäden zu verursachen. Die Oberkanten der Pfosten sind zur Fahrbahn hin abgeschrägt. Die weißen

Pfosten haben einen dreieckigen Querschnitt mit abgerundeten Ecken und tragen 0,30 m unter Oberkante einen zur Fahrbahn hin fallenden schwarzen Spiegel, in dem auf der rechten Fahrbahnseite ein rechteckiges, auf der linken zwei kreisförmige Reflexzeichen sitzen. An Knotenpunkten erhält der letzte Pfosten, hinter dem abgebogen werden soll, gelbe Reflektoren. Die Leitpfosten stehen 0,50 m neben dem befestigten Fahrbahnrand oder dem Nebenstreifen. Ihr Abstand untereinander beträgt in der Geraden 50,00 m, in engen Kurven und Kuppen mit kleinen Halbmessern werden die Abstände verringert, um auch hier eine eindeutige Seitenführung, besonders bei Nacht, zu erreichen.

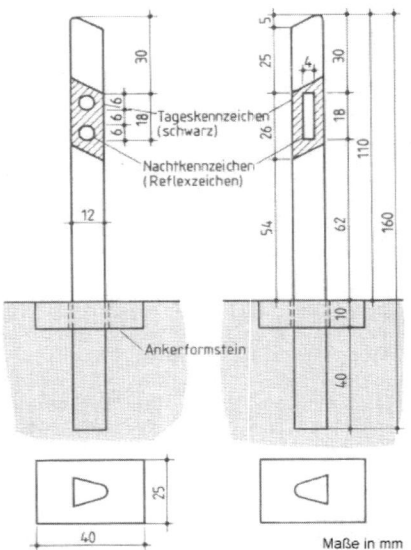

Bild 12.4 Abmessungen der Leitpfosten

Schutzplanken sollen die Fahrzeuge daran hindern, von der Fahrbahn abzukommen. Bei Autobahnen sind sie auch als Überfahrschutz des Mittelstreifens aufgestellt. Sie stehen ebenfalls 0,50 m neben dem befestigten Fahrbahnrand. Die Gesamthöhe über Fahrbahn beträgt 0,75 m. In Deutschland verwendet man allgemein Stahlleitplanken, die sich bei einem Anprall verformen und dabei verhindern sollen, dass das Unglücksfahrzeug auf die Fahrbahn zurückgefedert wird. Bei sehr schweren Lastkraftwagen ist allerdings ein Überrollen der nachgebenden Planke nicht ausgeschlossen. Die einfache Distanzleitplanke ist 0,50 m breit, die doppelte 0,80 m. Der Regelabstand der Pfosten beträgt 4,00 m. Dazwischen werden in 2,00 m Abstand Distanzzwischenstücke befestigt. Sind Hochborde am Fahrbahnrand vorhanden, dürfen diese nur 0,07 m hoch sein, um ein Überspringen der Planke durch die Räder beim Anprall zu verhindern.

Schutzplanken werden zum Schutz von Bauwerken, Lärmschutzwänden, Masten, Bäumen, an Geh- und Radwegen und Dämmen eingesetzt, die höher als 3,00 m sind.

Werden auf zweibahnigen Straßen Baustellen von längerer Dauer eingerichtet, kann man den Überleitungsbereich auch mit mobilen Stahlgleitschwellen sichern.

Die tragende Mindestlänge l_1 einer Schutzplanke, also die Länge, die in voller Höhe ohne die Absenkungen am Beginn oder Ende der Plankenstrecke ausgeführt wird, soll die Wirkung als Zugband sicherstellen. Ist diese Länge nicht ausführbar, muss durch Verringern der Pfostenabstände und den Einbau von Pfosten mit Fußplatten die Wirkung sichergestellt werden.

Schutzplanken müssen in ausreichender Länge vor der Stelle beginnen, die geschützt werden soll oder von der eine Gefährdung ausgeht, um zu verhindern, dass von der Fahrbahn abkommende Fahrzeuge auf die Schutzplanke im Bereich der Absenkung auffahren und auf ihr entlanggleitend gegen das Hindernis prallen. Ebenso soll verhindert werden, dass sie die Schutzplanke hinterfahren.

12.4 Leiteinrichtungen

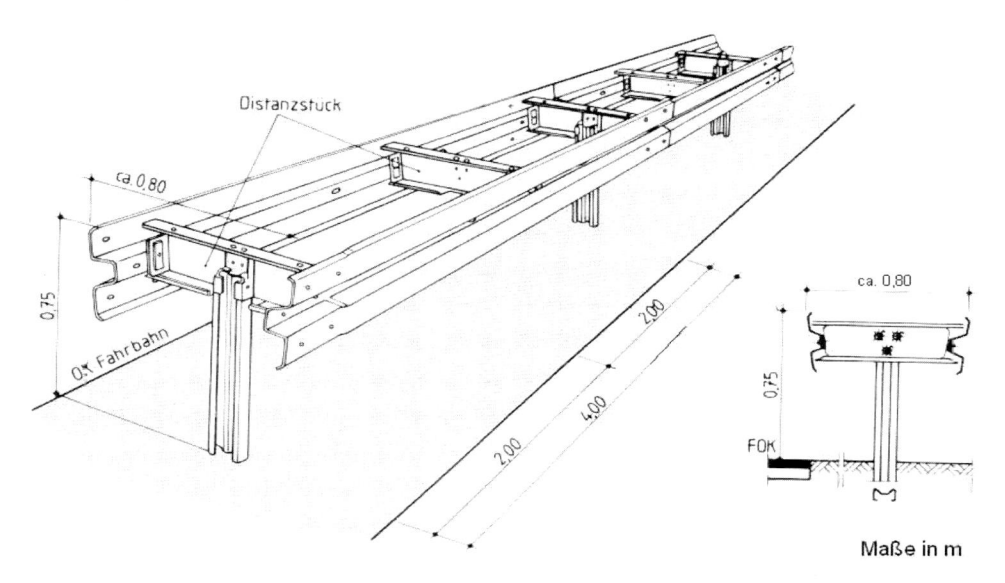

Bild 12.5 Doppelte Distanzleitplanke, Pfostenabstand 4,00 m

Bild 12.6 Einbaubeispiel für Schutzplanken bei Mittelstreifen < 4,00 m

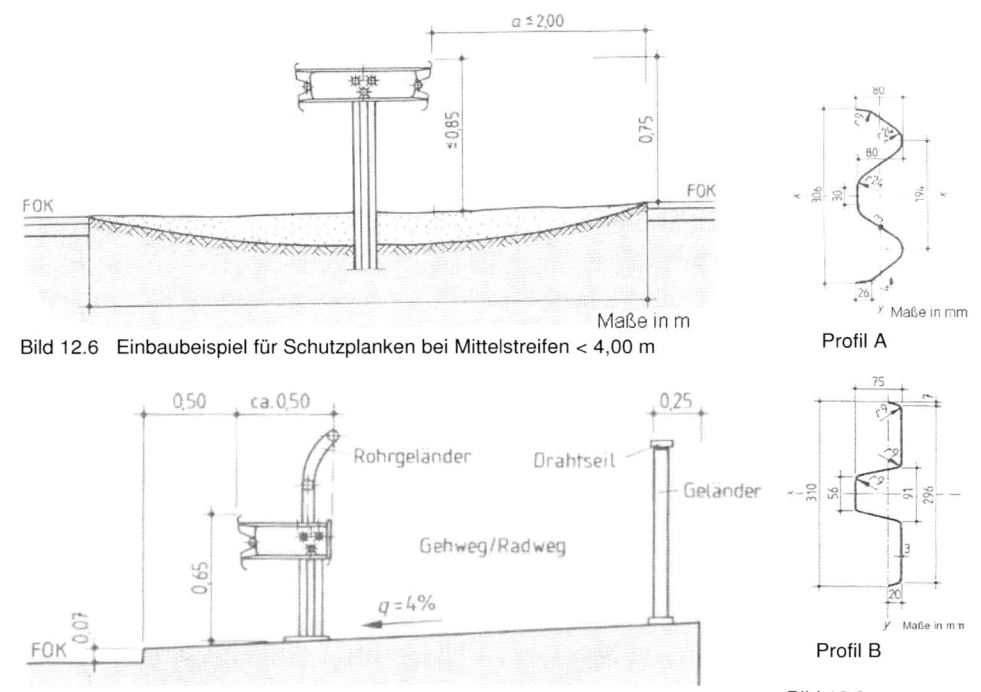

Profil A

Bild 12.7 Einfache Distanzschutzplanke auf Brücken mit vorhandenem Geh-/ Radweg

Profil B

Bild 12.8 Profile von Schutzplanken

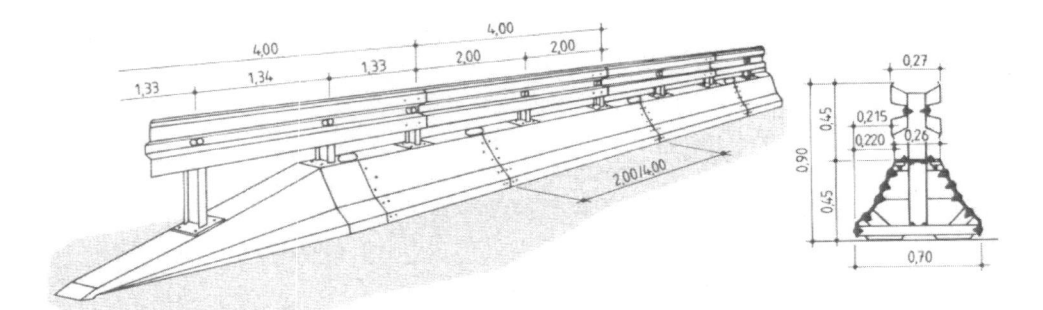

Bild 12.9   Beispiel einer mobilen Stahlgleitschwelle

zul v in km/h	≤ 70	> 70 bis ≤ 100	> 100
tragende Mindestlänge l_1 in m	28	48	60

Tabelle 12.15   Tragende Mindestlänge der Schutzplankenstrecke

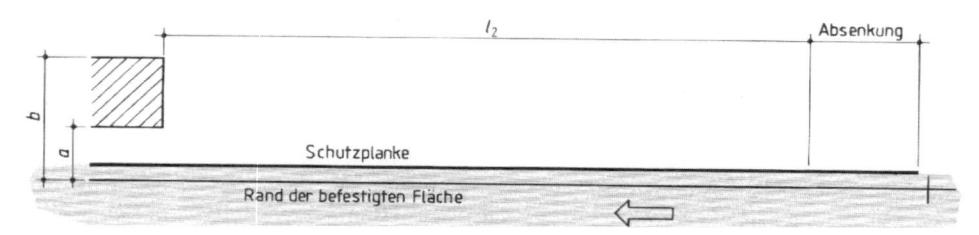

Bild 12.10   Länge l_2 der Schutzplankenstrecke gegen Auffahren

Gefahr	vorhandener Abstand a oder b in m	Länge l_2 ohne Absenkung in m	
		zweibahnige Straße	einbahnige Straße
Aufgleiten	$a < 2{,}00$	140,00	100,00
Hinterfahren	$2{,}00 < b < 4{,}00$	84,00	64,00
	$4{,}00 < b \leq 6{,}00$	92,00	72,00
	$b > 6{,}00$	100,00	80,00

Tabelle 12.16   Abmessungen der Länge l_2

Zum Schutz von Pfeilern in Bankett oder Mittelstreifen wird die Schutzplanke oft auch im Winkel von 3,0 gon bis 5,0 gon vom befestigten Fahrbahnrand abgeschwenkt. Dann kann die Strecke l_2 auf das Maß l_3 verkürzt werden. Vor dem jeweiligen Hindernis ist die Plankenstrecke 8,00 m parallel zum befestigten Fahrbahnrand zu führen, ehe mit der Verschwenkung begonnen werden darf. Liegt der Beginn der Schutzplankenstrecke im Bereich einer aufsteigenden Böschung, kann man die Schutzplanke auch in die Böschung einbinden.

12.4 Leiteinrichtungen

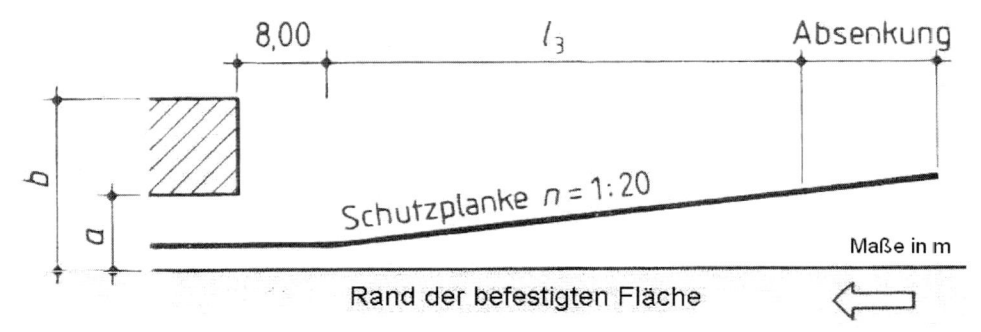

Bild 12.11 Länge l_3 der Schutzplankenstrecke bei Verschwenken

vorhandener Abstand	Länge l_3 ohne Absenkung in m	
a oder b in m	zweibahnige Straße	einbahnige Straße
$b < 4,00$	40,00	36,00
$4,00 < b \leq 6,00$	52,00	44,00
$b > 6,00$	60,00	52,00

Tabelle 12.17 Abmessungen der Länge l_3

Betonschutzwände gehören im Gegensatz zu den regulären Stahlschutzplanken zu den starren Schutzeinrichtungen. Sie kommen zum Einsatz, wenn
- durch das Abkommen der Fahrzeuge von der Fahrbahn besondere Gefahren entstehen (z.B. Wasserschutzgebiete),
- gefährliche Absturzstellen vorhanden sind (z.B. Gebirgsstraßen, Gewässerufer)
- Lärmschutzwände geschützt werden müssen.

Die Höhe der Betonschutzwand beträgt im Regelfall $h = 0,81$ m. Um ein Ausbrechen schwerer Lastkraftwagen mit möglichst hoher Wahrscheinlichkeit zu verhindern, kann die Betonschutzwand bis zur Höhe $h = 1,15$ m ausgeführt werden. Im Mittelstreifen und zum Schutz des Gegenverkehrs auf mehr als zweistreifigen Straßen werden doppelseitige Betongleitwände aufgestellt. Ihre Fußhöhe soll nicht mehr als 0,08 m über die Fahrbahn herausragen. Am Fahrbahnrand verwendet man zum Schutz von Lärmschutzeinrichtungen einseitige Betongleitwände.

Die Betoneigenschaften müssen einem C 35/45 entsprechen mit einem Zementgehalt von 320 kg/m³. In 0,82 m hohen Betonschutzwänden sind zwei Stabstähle $\varnothing$ 12 mm, bei 1,15 m hohen vier Stabstähle einzulegen.

Betonschutzwände aus *Fertigteilen* werden häufig bei Arbeitsstellen an der Straße eingesetzt, um die beiden Fahrtrichtungen sicher zu trennen. Für ihre Herstellung gelten gleiche Vorschriften wie für Betonschutzwände aus Ortbeton.

Im Baustellenbereich werden an Autobahnen transportable Schutzeinrichtungen als Fahrzeug-Rückhaltesysteme aus Beton eingesetzt, um die Sicherheit des sich begegnenden Verkehrs und gegenüber der Arbeitsstelle zu gewährleisten. Ihr Einsatz wird nach den „Zusätzlichen Technischen Vertragsbedingungen und Richtlinien für Sicherungsarbeiten an Arbeitsstellen an Straßen–ZTV–SA " durchgeführt.

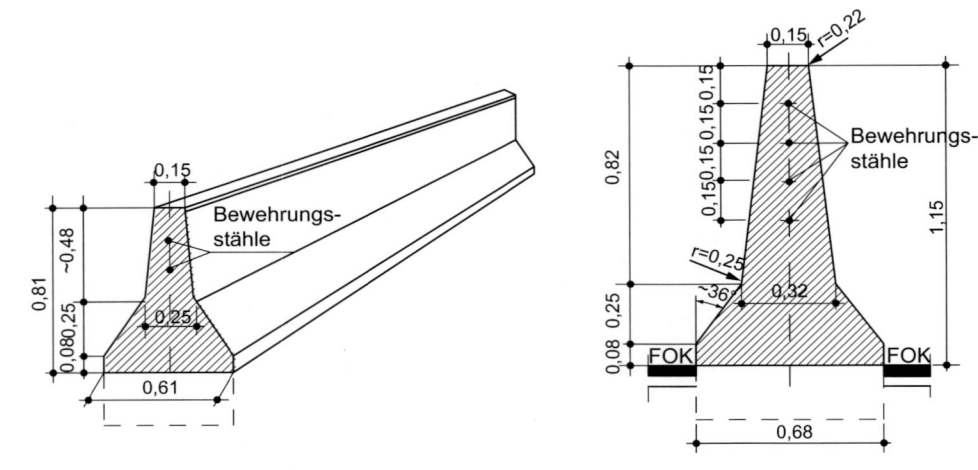

Bild 12.12 Doppelseitige Betonschutzwand

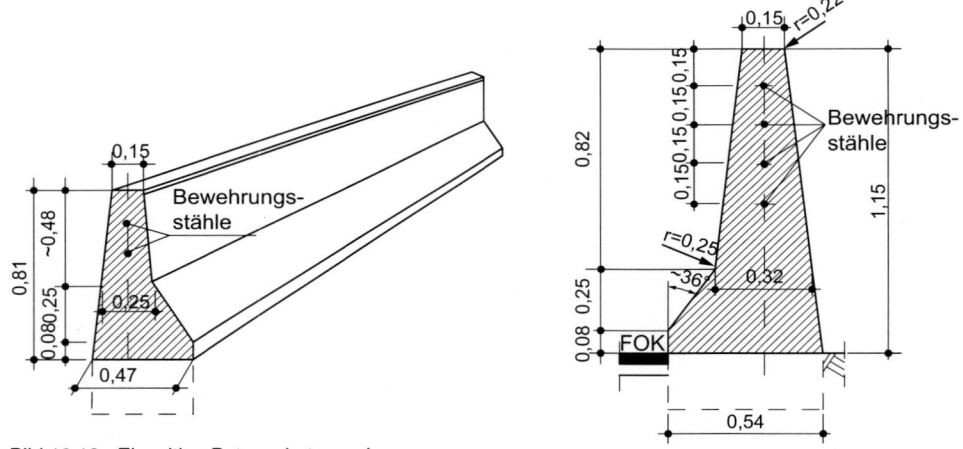

Bild 12.13 Einseitige Betonschutzwand

12.5 Lichtsignalsteuerung

Um die ständig zunehmende Verkehrsnachfrage betrieblich abwickeln zu können, müssen an stark belasteten Punkten Verkehrsströme angehalten oder freigegeben werden. Dafür setzt man Lichtsignalanlagen ein. Sie müssen besonders sorgfältig entworfen, gebaut und betrieben werden und dem jeweiligen Stand der verkehrswissenschaftlichen Erkenntnisse und des technischen Fortschritts entsprechen.

Wenn auch der Entwurf der Lichtsignalanlagen Aufgabe des Verkehrsingenieurs ist, so muss der Entwurfsingenieur für den Straßenbau die Kriterien für den Einsatz einer solchen Anlage kennen. Meist hängt schon von der Planung neuer Straßen und der damit sich ergebenden Verkehrsverteilung im Netz die Erfordernis der Steuerung des Verkehrs durch Lichtzeichen ab.

Einige Kriterien für den Einsatz von Lichtsignalanlagen sind
- die Verkehrsstärke der Verkehrsströme,
- die Führung des Kraftfahrzeugverkehrs im Straßennetz,
- die Zahl der Unfälle und ihre Schwere im Knotenpunktsbereich,
- die Sichtverhältnisse in den Knotenpunktszufahrten,
- die Verkehrsabwicklung der öffentlichen Verkehrsmittel,
- das Schutzbedürfnis der Fußgänger und Radfahrer
- der Verkehrsablauf des nichtmotorisierten Verkehrs,
- der Schutz von Teilen des Straßennetzes vor Überlastung,
- die Geschwindigkeitsdämpfung in schutzbedürftigen Ortsteilen,
- die Umweltbelastung.

Im Straßenentwurf müssen die Standorte der Signalmasten im Verkehrszeichenplan eingetragen werden. Ebenso sind Leerrohre und Verteilerschächte für das spätere Einziehen der notwendigen Kabelstränge bereits im Lageplan einzuzeichnen, da diese während der Baudurchführung in den Straßenkörper eingebaut werden müssen. Ebenso sind die Standplätze für die Schaltkästen festzulegen. Oft werden auch Induktionsschleifen erforderlich, wenn Lichtsignalanlagen verkehrsabhängig gesteuert werden sollen. Auch diese müssen während der Bauzeit verlegt werden, wenn spätere Verletzungen der Fahrbahndecke vermieden werden sollen.

12.6 Straßenbeleuchtung

Die Beleuchtung der Straßen bei Nacht dient der Verkehrssicherheit, indem sie dem Verkehrsteilnehmer die Oberfläche und die Begrenzung der Fahrbahnfläche besser erkennen lässt. Durch die Lage der Lichtpunkte im Straßenraum erkennt der Fahrzeuglenker über eine größere Strecke die Trassenführung und kann sein Fahrverhalten entsprechend einrichten. Er kann Hindernisse oder Knotenpunkte rechtzeitig erkennen und die Positionen und das Verkehrsverhalten anderer Teilnehmer deutlich wahrnehmen. Allgemein werden Straßen und Wege innerhalb bebauter Gebiete beleuchtet. Auf den Außenstrecken erfolgt der Einsatz der Beleuchtung aus Kostengründen nur in besonderen Fällen.

Für die Beleuchtung gilt DIN 5044, Teil 1 und 2, "Beleuchtung von Straßen für den Kraftfahrzeugverkehr". Für die Beleuchtung der Fußwege und Fußgängerbereiche zieht man die "Richtlinien für die Beleuchtung in Anlagen für Fußgängerverkehr" der Forschungsgesellschaft für Straßen- und Verkehrswesen heran.

Die Anforderungen an die Straßenbeleuchtung sind um so höher, je höher die gefahrenen Geschwindigkeiten sind, je häufiger bei Dunkelheit Geschwindigkeitsdifferenzen durch schnelle, langsame oder haltende Fahrzeuge auftreten, Fußgänger die Straße überschreiten und je gefährlicher die dadurch entstehenden Störungen des Verkehrsablaufes sind.

Die Straßenbeleuchtung soll über den ganzen Straßenraum eine möglichst gleiche Leuchtdichte besitzen und blendungsfrei sein. Durch farbliche Unterschiede können Knotenpunkte oder andere Gefahrenstellen optisch hervorgehoben werden. Die Wirkung der Beleuchtung hängt auch zum Teil von der Art (Spiegelung bei Regen) und der Farbe der Fahrbahnoberfläche ab.

Anordnung der Beleuchtung. Beleuchtungseinrichtungen müssen so angebracht werden, dass der Verkehrsteilnehmer die beste Wahrnehmung dort erhält, wo die starken Konfliktbereiche liegen . Dies sind
- bei Straßen mit Fußgängerverkehr die Fahrbahnränder,
- bei Straßen ohne Fußgängerverkehr der Bereich der am schnellsten befahrenen Fahrstreifen.

In der Geraden ordnet man bei einbahnigen Straßen die Leuchten meist in der Fahrbahnmitte an. Dies geschieht durch seitliche Masten mit Ausleger. Diese Ausführung ist günstig, wenn die Straße beidseitig angebaut ist. Hat die Straße mehr als zwei Fahrstreifen, kann es sinnvoll sein, die Leuchten beidseitig zu installieren, um auf Fahrbahn und begleitenden Geh- und Radwegen ausreichender Leuchtdichte zu erreichen. Sind zweibahnige Straßen mit Mittelstreifen vorhanden, können entweder Einzelleuchten in der Mitte installiert oder Masten mit beidseitigen Auslegern aufgestellt werden.

In Kurven ist die Leuchtenanordnung so zu wählen, dass der auf die Kurve zu fahrende Fahrzeuglenker mindestens zwei Leuchten sieht, die in der Krümmung stehen, damit er die Richtungsänderung rechtzeitig erkennen kann. Die Aufstellung erfolgt am besten auf der Außenseite. In Kurven mit $r < 500,00$ m ist mit Bild 12.14 zu prüfen, ob der Leuchtenabstand verkleinert werden muss.

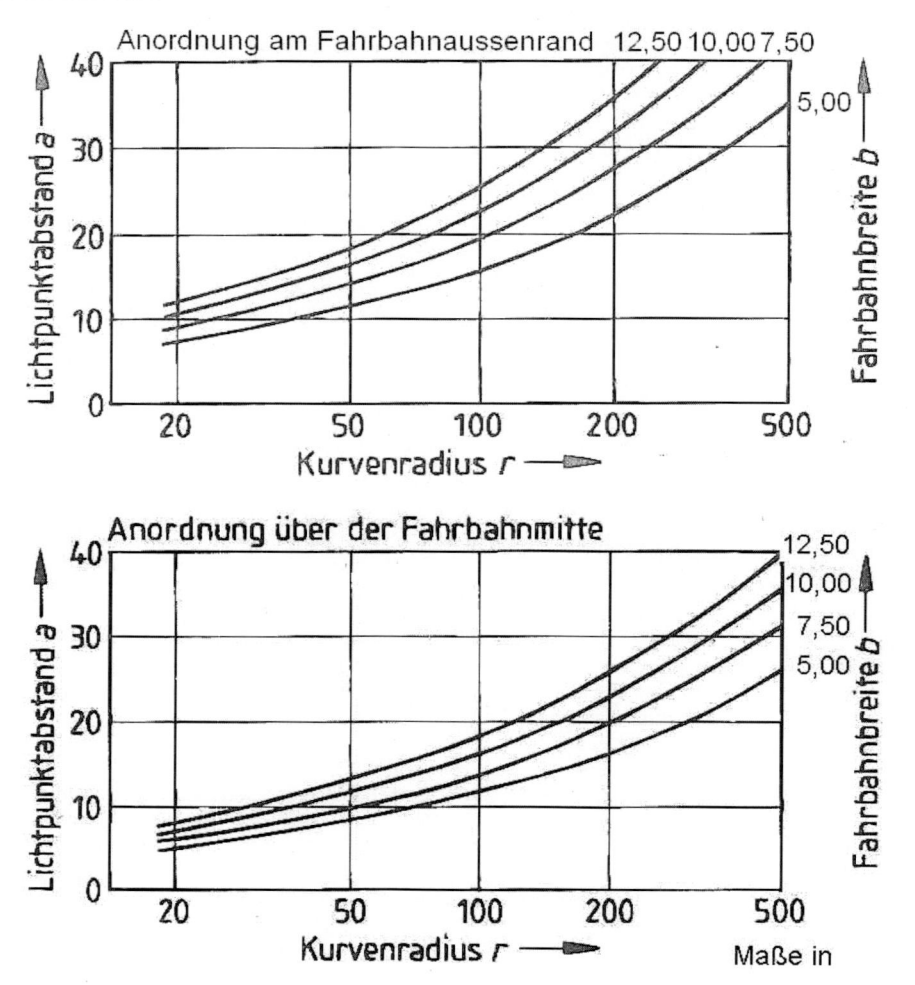

Bild 12.14 Lichtpunktabstand a in Kurven von Straßen mit größerer Verkehrsbedeutung

13 Straßenbaustoffe

Der Straßenkörper besteht aus einer Anzahl übereinander liegender Schichten. Je nach Verkehrsbedeutung wird ein unterschiedlicher Aufbau des Straßenoberbaus gewählt. Der Aufbau der Schichten soll bewirken, dass
- anfallendes Oberflächen- oder Kapillarwasser aus dem Untergrund bzw. Unterbau ab-gefangen und den Entwässerungseinrichtungen zugeführt wird,
- die auf die Fahrbahnoberfläche wirkenden Lasten auf die darunter liegenden Schichten so verteilt werden, dass keine Verdrückungen oder Bruchbeschädigungen auftreten,
- die Oberfläche eben und verkehrssicher über möglichst lange Zeit erhalten bleibt.

Die wichtigsten Straßenbaustoffe sind *Gesteinskörnungen* und Bindemittel. Davon gelangen ca. 90 % bis 95 % Gesteinsbaustoffe zum Einsatz. Den Rest bildet das Bindemittel. In Einzelfällen werden auch zusätzlich nichtmineralische Zusatzstoffe eingesetzt.

Die Qualität der Baustoffe, ihre Verwendung und die Einbauverfahren sind durch eine große Anzahl von Vorschriften und Vertragsunterlagen der Straßenbauverwaltungen, Richtlinien, Merkblätter und Hinweise der Forschungsgesellschaft für Straßen- und Verkehrswesen festgelegt oder beschrieben.

Als "Allgemeine technische Vorschriften" (ATV) gelten u.a.:
ATV DIN 18299 Allgemeine Regelungen für Bauarbeiten jeder Art
ATV DIN 18315 Verkehrswegebauarbeiten; Oberbauschichten ohne Bindemittel,
ATV DIN 18316 Verkehrswegebauarbeiten; Oberbauschichten mit hydraulischen Bindemitteln,
ATV DIN 18317 Verkehrswegebauarbeiten; Oberbauschichten aus Asphalt,
ATV DIN 18318 Verkehrswegebauarbeiten; Pflasterdecken, Plattenbeläge, Einfassungen

Ebenso sind in verschiedenen DIN-Vorschriften die Anforderungen an die Baustoffe und die Prüfmethoden für die Qualitätsanforderungen enthalten. Ergänzend dazu gelten "Zusätzliche technischen Vorschriften" (ZTV), und "Technische Lieferbedingungen" (TL), die als Vertragsbestandteile bei der Bauausführung zu beachten sind.

Die wichtigsten Vorschriften für die Straßenbefestigung sind in Tabelle 13.1 zusammen gefasst.

Vorschrift		Bezeichnung	
ZTV Beton		Fahrbahndecke	
TL Beton		Vollgebundener Oberbau [1]	
		Tragschicht	
ZTV Asphalt	RStO	Asphaltdeckschicht	Oberbau
		Asphalttragdeckschicht	
		vollgebundener Oberbau [2]	
TL Asphalt		Asphaltbinderschicht	
		Asphalttragschicht	
ZTV SoB		Schotter-/ Kiestragschicht, Frostschutzschicht	
ZTV Pflaster		Fahrbahndecke	

[1] Betondecke, Vliesstoff und Tragschicht mit hydraulischem Bindemittel direkt auf dem Planum
[2] Asphaltdecke und Asphalttragschicht direkt auf dem Planum

Tabelle 13.1 Nomenklatur der Straßenbefestigung und wichtige technische Vorschriften

13.1 Gesteinskörnungen

Naturgestein
Mineralstoffe im Straßenoberbau haben die Aufgabe, statische und dynamische Lasten von der Fahrbahnoberfläche auf das Erdplanum zu übertragen. Sie müssen dabei lastverteilend wirken, um die hohen Auflasten durch Mitwirkung einer größeren Auflagerfläche so zu reduzieren, dass die erforderlichen Tragwerte des Bodens nicht überschritten werden. Deshalb sind nicht alle Gesteine für den Straßenbau brauchbar. Als Kriterien für die Einsatzmöglichkeit werden angesehen:
- Härte,
- Druckfestigkeit,
- Zähigkeit,
- Frostbeständigkeit,
- Schlagfestigkeit,
- Beständigkeit gegen Schadstoffe.

Die Gesteine (Gesteinskörnungen) werden als Rundkorn aus Sand- oder Kiesgruben oder in gebrochener Form aus dem Steinbruch geliefert. Da sich gebrochene Gesteinskörnungen besser verkeilen, sind sie für Fahrbahndeckschichten bindend vorgeschrieben. Für Tragschichten kann auch Rundkorn verwendet werden.

Zum Rundkorn zählen Grubensand und Kiese, gebrochene Gesteine sind Brechsand, Splitt und Schotter. Zugesetzt wird im Asphaltdeckenbau auch Steinmehl, das man als "Füller" bezeichnet.

Gestein/ Gesteinsgruppe	Rohdichte ρ_R in Mg/m³	LA (10/14) Kategorie	SZ_{SP} (8/12,5) Kategorie	Widerstand gegen Zertrümmerung Schotterschlagwert SD 10 (35,5/45) M.-%	Los Angeles-Koeffizient (35,5/45) M.-%
Erstarrungsgestein					
Granit, Syenit	2,60 bis 2,80	LA_{30}	SZ_{26}	≤ 22	≤ 22
Diorit, Gabbro	2,70 bis 3,00	LA_{25}	SZ_{22} [1)]	≤ 18	
Quarzporphyr, Porphyrit, Andesit	2,50 bis 2,85	LA_{25}	SZ_{22}	≤ 22	≤ 15
Basalt, Melaphyr	2,85 bis 3,05	LA_{25}	SZ_{22} [1)]	≤ 17	≤ 13
Basaltlava	2,40 bis 2,85	LA_{25}	SZ_{22}	≤ 20	
Diabas	2,75 bis 2,95	LA_{25}	SZ_{22} [1)]	≤ 17	≤ 14
Schichtgestein					
Kalkstein, Dolomit	2,65 bis 2,85	LA_{30}	SZ_{32} [2)]	≤ 30	≤ 33
Quarzit, Grauwacke quarzige Sandsteine	2,60 bis 2,75	LA_{30}	SZ_{26}	≤ 22	≤ 15
Metamorphes Gestein					
Gneis, Amphibolith	2,65 bis 3,10	LA_{30}	SZ_{26}	≤ 22	≤ 18
Kiese					
Kies, gebrochen	2,60 bis 2,75	LA_{30}	SZ_{26}	–	–
Kies, rund	2,55 bis 2,75	LA_{40}	SZ_{35}	–	–

[1)] Nur SZ-Werte bis maximal 20 M,-% zulässig
[2)] Nur SZ-Werte bis maximal 28 M,-% zulässig
LA Los Angeles-Wert
SZ Schlagzertrümmerungswert

Tabelle 13.2 Grenzwerte für Straßenbaugesteine (nach TL Gestein-StB 2004/2007)

Hierbei wird als Schotterschlagfestigkeit SD 10 der Siebdurchgang durch das 10-mm-Sieb verstanden, der bei der Schotterherstellung der Korngröße 35/45 mm auftritt. Bei der Splittherstellung mit der Korngröße 8/12 mm wird der Schlagzertrümmerungswert als Mittel der Siebdurchgänge durch die fünf Prüfsiebe unter 11,2 mm verstanden.

13.1 Gesteinskörnungen

Die Kornform soll möglichst gedrungen sein. Ihre größte Abmessung soll zur kleinsten im Verhältnis 3:1 stehen. Plattige, spießige oder stengelige Körner können leichter unter Druck zerbrechen und legen in Mischungen mit Bindemitteln Flächen frei, die das Bindemittel nicht umhüllt. Damit wird die Festigkeit der Schicht verringert. Die früher übliche Einteilung in Sande, Splitte, Schotter und Füller ist ersetzt worden durch die Einteilung in Füller, feine und grobe Gesteinskörnungen.

Die Bezeichnung *Lieferkörnung* umfasst die Gesteinskörnung mit dem Unterkorn und Überkorn. Hierbei werden die Siebgrößen-Durchmesser angegeben, durch die das Unterkorn (d) fällt oder auf dem das Überkorn (D) liegen bleibt.

Einsatzbereich	Gesteinskörnung in mm			
	fein		grob	
	d	D	d	D
Asphalt	–	≤ 2	≥ 2	≥ 45
Beton	–	≤ 4	≥ 2	≥ 4
Pflasterdecken und –beläge, Schichten ohne Bindemittel, hydraulisch gebundene Schichten	0,0	$\leq 6,3$	≥ 1	> 2

Tabelle 13.3 Gesteinskörnungen im Straßenbau

Vorschriften für die Anforderungen an Gesteinskörnungen sind die
- DIN EN 12620 Gesteinskörnungen für Beton,
- DIN EN 13043 Gesteinskörnungen für Asphalt und Oberflächenbehandlungen für Straßen, Flugplätze und andere Verkehrsflächen,
- DIN EN 13242 Gesteinskörnungen für ungebundene und hydraulisch gebundene Gemische für Ingenieur- und Straßenbau.

Technischen Prüfvorschriften für Gesteinskörnungen im Straßenbau, TP Gestein-StB

Schichten ohne Bindemittel	Korngruppe d/D in mm	0/5	5/11; 11/22; 22/32; 32/45; 45/56					0/2; 0/4	2/4; 4/8; 8/16; 16/32; 32/63
	Kategorie	$G_F 80$	$G_C 80/20$					$G_F 85$	$G_C 85/20$
Asphalt	Einsatzart	AC T	AC TD	AC B	AC D	SMA	MA	PA	Abstreumaterial
	Kategorie	$G_F 85; G_A 85; G_C 90/20$			$G_F 85; G_C 90/10; G_C 90/15$				$G_C 85; G_C 90/10^{1)}$
Beton	Einsatzart	Verfestigung	Hydraulisch gebundene Tragschicht	Betontragschicht		Unterbeton		Oberbeton	
	Kategorie	$G_F 80; G_C 80/20$		$G_F 85; G_C 90/10; G_C 90/15; G_C 85/20$					

[1)] für die Lieferkörnungen 1/3, 2/3 und 2/4
große Zahl   Differenz zu 100 M.-% zulässig für Überkorn
kleine Zahl   Differenz zu 100 M.-% zulässig für Unterkorn

G_A feine Gesteinskörnung
G_C grobe Gesteinskörnung

Tabelle 13.4 Lieferkörnungen für den Straßenbau

Mit *Füller* bezeichnet man das Gesteinsmehl $\leq 0,063$ mm Korndurchmesser. Füller wird entweder als Steinmehl geliefert (Fremdfüller), hängt als Staub an den anderen Körnungen oder ist als Staub beim Erhitzen des Gesteins bei der Asphaltherstellung abgesaugt worden (Eigenfüller). Will man bei Mischungszusammensetzungen sicher gehen, ist dem Fremdfüller aus verschiedenen Gründen der Vorzug zu geben

Künstliche Steine
Künstliche Steine sind nicht natürlich vorkommende Zusammensetzungen aus Gesteinskörnungen und Bindemittel sowie Gesteinsschmelzen.

Betonstein - Erzeugnisse im Straßenbau müssen der Güteüberwachung unterliegen. Sie werden hauptsächlich eingesetzt als:
- Bordsteine, Rinnensteine, Betonpflastersteine, Gehwegplatten,
- Beton- und Stahlbetonrohre, Kanalschacht-Fertigteile,
- Formteile für Versorgungsleitungen,
- Licht- und Leitungsmasten,
- Bahnübergänge und Schienen in der Fahrbahn,
- kleine Stützmauern,
- Abweiseinrichtungen.

Hochofenschlacken sind bei der Verhüttung der Erze zurückbleibende erkaltete Gesteinsschmelzen. Sie werden heute als Schotter oder Splitt in den gleichen Körnungen wie Naturgestein geliefert. Da sie zunächst flüssig den Hochofen verlassen, weisen sie nur einen geringen Porengehalt auf. Dies führt zu einer hohen Dichte und damit zu einem höheren Schüttgewicht als bei Naturstein. Wenn die Ausschreibung bestimmte Schichtdicken vorschreibt, muss das bei der Mischungszusammensetzung berücksichtigt werden.

Kornzusammensetzung
Je nach der Aufgabe, die eine Schicht im Straßenoberbau zu erfüllen hat, müssen die verschiedenen Körnungen zu einem Gesteinskörnungsgemisch zusammengesetzt werden. Dies geschieht durch Einwaage der getrennt silierten Korngruppen nach den Anteilen in Masseprozenten der Gesamtmischung. Hierbei lassen sich die Hohlraumanteile beeinflussen und variieren.

Die Kornzusammensetzung wird in der *Sieblinie* dargestellt. Diese ist die Summenlinie aller Körnungsanteile. Die Prozentanteile trägt man an der Ordinate im linearen Maßstab auf. Die Korngrößen werden auf der Abszisse bei Asphaltmischungen und Zementbetonmischungen verschieden aufgetragen. Ein lineares Auftragen würde für die kleinen Korndurchmesser bedeuten, dass die Sieblinie dafür nur wenig Aussagekraft bietet. (Siehe Anhang 5)

Für **Beton** trägt man die Sieblinie im Wurzelmaßstab auf. Dies führt im Bild zu einer linearen Verbindung von 0,0 % bis 100,0 % Kornanteil. In der Praxis erreicht man bei Einhalten dieser Sieblinie, dass die jeweils kleinere Korngröße die Hohlräume der größeren ausfüllt. Es entsteht also ein sehr dichtes Gefüge, das für die Lastübertragung vorteilhaft ist. Man bezeichnet diese Linie als "Fullerparabel" nach dem Amerikaner *Fuller*, der dieses Prinzip zuerst eingeführt hat.

Bei **Asphaltmischungen** sind meist bestimmte Hohlraumgehalte gefordert, um einen größeren Anteil des Bindemittels in der Mischung aufnehmen zu können. Deshalb werden hier die Korngrößen auf der Abszisse im logarithmischen Maßstab aufgetragen. Damit erhält man im Kornbereich unter 1,0 mm Korndurchmesser eine starke Dehnung der Sieblinie. Der Anfang wird bei der Korngröße der abschlämmbaren Bestandteile $d = 0,063$ mm begrenzt, da der Nullpunkt gegen ∞ geht.

In den Richtlinien sind *Grenzsieblinien* festgelegt, zwischen denen die angewendeten Sieblinien liegen müssen. Mathematisch kann man die stetige Sieblinie mit Gl. (13.1) beschreiben.

$$y = \left(\frac{d}{D}\right)^q \quad \text{in Massen-\%} \tag{13.1}$$

y Summe des Korndurchgangs bei Siebgröße *d*
d Grenzsiebgröße für das betrachtete Prüfkorn in mm
D Größtkorn der Mineralmischung in mm
q Exponent, der die Feinkörnigkeit des Gemisches angibt

$q = 0,4$ bis $0,5$ Feinkornreiche Mischung, viele Mikrohohlräume
$q = 0,5$ Fullerparabel, sehr hohlraumarm
$q = 0,5$ bis $0,6$ Splittreiche Mischungen mit größeren Hohlräumen

Unstetige Sieblinien führen unter Verkehrsbelastung zu einer allmählichen Zerstörung des Korngerüstes. Die zersplitterten Körner fallen in die vorhandenen Hohlräume. Dadurch tritt eine unregelmäßige Nachverdichtung ein, die zu Verdrückungen und schließlich zur Zerstörung der Schicht führen.

13.2 Bindemittel

Um die Tragfähigkeit der Korngemische zu erhöhen und die Umlagerung der Gesteinskörner zu verhindern, werden in den Schichten des Oberbaus Bindemittel eingesetzt. Man unterscheidet:
- Bindemittel mit Bitumen nach DIN 1995 und
- hydraulische Bindemittel.

Bitumenhaltige Bindemittel
Destillationsbitumen. Straßenbaubitumen werden bei der Rohöldestillation gewonnen. Der Herstellungsprozess ist in Bild 13.1 dargestellt. Das Straßenbaubitumen nach DIN 1995 wird zur Mischung mit den Zuschlägen und zum Einbau auf der Baustelle erhitzt. Wegen seiner Eigenschaft, bei Erwärmung vom festen Aggregatzustand in den flüssigen überzugehen, zählt Bitumen zu den plastisch verformbaren Bindemitteln. Die Bindemittelsorte muss deshalb den Belastungen und möglichen Witterungsbedingungen entsprechend gewählt werden.

Bitumen sind die bei schonender Aufarbeitung von Erdölen gewonnenen dunkelfarbigen, halbfesten bis springharten, schmelzbaren, hochmolekularen Kohlenwasserstoffgemische und die in Schwefelwasserstoff löslichen Anteile der Naturasphalte.

Je nach Herstellungsart unterscheidet man die Bindemittel als
- Straßenbaubitumen (Destillationsbitumen) – DIN EN 12591,
- Polymermodifizierte Bitumen – DIN EN 14023,
- Bitumenemulsion,
- Fluxbitumen,
- Kaltbitumen – DIN 1995 – 4,
- Hartbitumen,
- geblasene Bitumen (durch Oxidation verändertes Industriebitumen).

Straßenbaubitumen. Bei der Destillation entstehen Bitumen verschiedener Härte. Es ist aber auch kein eindeutiger Schmelzpunkt vorhanden. Deshalb wird Bitumen nach DIN 1995 mit einer Reihe physikalischer Eigenschaften beschrieben und danach in bestimmte Sorten eingeordnet. Die wichtigsten Anforderungen an Straßenbaubitumen sind in Tabelle 13.5 zusammengefasst.

Eigenschaft	Sorte					Prüfung nach DIN EN 12 591
	160/ 220	70/100	50/ 70	35/ 45	20/ 30	
Nadelpenetration in 1/10 mm	160 bis 220	70 bis 100	50 bis 70	35 bis 45	20 bis 30	DIN EN 1426
Erweichungspunkt Ring und Kugel in °C	35 bis 43 (37 bis 43)	43 bis 51 (43 bis 49)	46 bis 54 (48 bis 54)	52 bis 60 (53 bis 59)	55 bis 63 (57 bis 63)	DIN EN 1427
Brechpunkt nach *Fraaß* in °C höchstens	$\leq -15{,}0$	$\leq -10{,}0$	$\leq -8{,}0$	$\leq -5{,}0$	–	DIN EN 12 593
Dichte bei 25 °C in g/cm^3 mindestens	1,000					DIN 52 004

Klammerwerte: Freiwillige Einschränkung der Produktionsspannen der deutschen Bitumenhersteller

Tabelle 13.5 Eigenschaften verschiedener Bitumensorten

Unter Berücksichtigung der örtlichen Witterungs- und Temperaturverhältnisse werden vorwiegend die Sorten 70/100 und 50/70 eingesetzt. Das "weichere" Bitumen 70/100 hat den Vorteil, dass in kalten Wintern weniger Sprödbrüche in der Decke auftreten werden. Andererseits ist die plastische Verformung schon bei geringeren Oberflächentemperaturen zu erwarten als bei 50/70. Die Verarbeitungstemperaturen der Normenbitumen liegen je nach Witterung und Mischgut zwischen 250 °C und 170 °C bei Verlassen des Silos der Mischanlage.

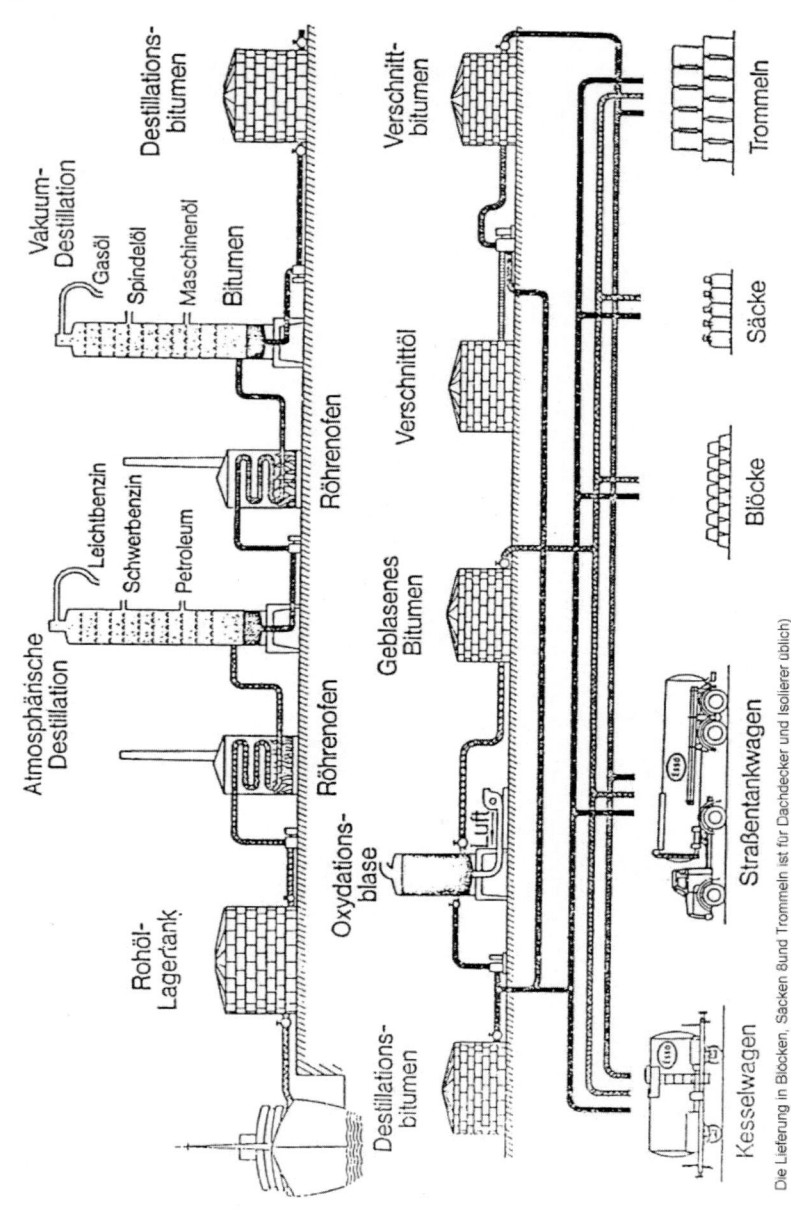

Bild 13.1   Schema der Bitumengewinnung

13.2 Bindemittel

Fluxbitumen. Das Bindemittel wird aus Straßenbaubitumen hergestellt, indem dieses durch Zusatz schwerflüchtiger Fluxöle auf Mineralölbasis in seiner Viskosität herabgesetzt wird. In Deutschland wird handelsüblich FB 500 eingesetzt. (Obwohl die Nadelpenetration nicht festgesetzt ist, weist Fluxbitumen einen Wert von etwa 500/10 mm auf.) Nach einer gewissen Zeit, in der das Bindemittel noch sehr plastisch auf Temperatur oder Belastung reagiert, verdunstet das Fluxöl, so dass danach die Wirkung des zurückbleibenden 70/100 mit allen Eigenschaften zur Wirkung kommt.

Bitumenemulsion. Hierbei handelt es sich um eine feine Verteilung von Bitumen in Wasser, die durch Emulgatoren und gegebenenfalls Stabilisatoren im Wasser schwebend erhalten wird. Man unterscheidet nach der Ladungsart der Bitumenteilchen
- anionische Emulsionen, mit guter Haftung an basischem Gestein,
- kationische Emulsionen, mit allen Gesteinsarten gut verarbeitbar,
- nichtionische Emulsionen.

Im Straßenbau wird kationische Bitumenemulsion eingesetzt. Die Bitumenteilchen sind positiv geladen. Der Ladungszustand bewirkt, dass beim Berühren mit dem Gestein die Emulsionen zerfallen und das Bitumen am Gestein haftet. Diesen Vorgang bezeichnet man mit "Brechen" der Emulsion. Dadurch entsteht ein zusammenhängender Bitumenfilm auf dem Gestein, während das Wasser verdunstet.

Da Emulsionen Wasser enthalten, müssen sie frostfrei gelagert werden. Sobald das Wasser gefriert, verschwindet der Einfluss der Emulgatoren und die feinverteilten Tröpfchen des Bitumens setzen sich ab und verkleben, so dass die Emulsion unbrauchbar wird. Auch bei der Sonderemulsion "F" (frostbeständig) ist bei tiefen Temperaturen Vorsicht geboten.

Polymermodifizierte Bitumenemulsion enthält Polymermodifiziertem Bitumen. Es kann auch durch die Zugabe von Latex hergestellt worden sein.

Kurzbezeichnungen beschreiben die wesentlichen Eigenschaften der Bitumenemulsion:

Art	Zahl	Bindemittel	Brechwertklasse	Einsatzart
C	Bindemittelgehalt in M.-%	B; P; F	1 bis 7	-S; -DSH-V; -REP; -OB; -DSK; -BEM; -N

C	Kationische Bitumenemulsion	B Straßenbaubitumen	P Poymerzugabe F > 2,0 M.-% Fluxmittel
-S	Schichtenverbund	-DSH-V	Dünne Asphaltdeckschichten im Heißeinbau auf Versiegelung
-REP	Anspritzen und Abstreuen	-DSK	Dünne Asphaltdeckschichten in Kalteinbauweise
-OB	Oberflächenbehandlung	- N	Nachbehandlung hydraulisch gebundener Schichten
-BEM	Mischgut mit Bitumenemulsion		

Beispiel: C65BP5-DSVH-V   Kationisch, Bindemittelgehalt 65 M.-%, Polymermodifiziertes Bitumen, Brechwert der Klasse 5, für dünne Asphaltdeckschichten im Heißeinbau auf Versiegelung

Haftkleber. Hierbei handelt es sich um Bitumenemulsionen, die bis zu 40,0 Gewichtsprozent Lösungsmittel enthalten. Durch das Lösungsmittel wird die Fließfähigkeit des Bindemittels nochmals gegenüber der Emulsion erhöht, so dass man eine besonders dünne Umhüllung der Mineralstoffe erzielt.

Kaltbitumen. Im Gegensatz zum gefluxten Bitumen, bei dem das Flüssigmachen des Bitumens durch Öle auf Mineralölbasis geschieht, setzt man bei Kaltbitumen Lösungsmittel mit einem Anteil bis 20 % als Verflüssiger ein. Die Viskosität, also die Zähigkeit des Bindemittels, der gegenseitigen laminaren Verschiebung zweier benachbarter Schichten durch innere Reibung einen Widerstand entgegenzusetzen, wird so weit herabgesetzt, dass das Kaltbitumen bei normaler Lufttemperatur gemischt, aufgestrichen oder aufgespritzt werden kann. Die Lösungsmittel verdunsten meist sehr rasch. Deshalb können sich auch bei der Lagerung leicht brennbare Dämpfe entwickeln. Beim Verarbeiten muss daher der Umgang mit offenem Feuer vermieden werden. Sobald die Lösungsmittel verdunsten, wird die Klebkraft des Bitumens wirksam. Das Kaltbitumen muss daher schnell und zügig eingebaut werden. Für eine gute Umhüllung des Gesteins und die bessere Haftfähigkeit an der Oberfläche werden vielfach auch Haftmittel zusätzlich eingemischt. Der Einsatz des Kaltbitumens beschränkt sich auf kleine Schadstellen der Fahrbahnoberfläche.

Straßenbaubitumen mit Polymerzusätzen

Polymermodifiziertes Bitumen ist ein Gemisch aus Bitumen und Polymersystemen oder ein Reaktionsprodukt zwischen Bitumen und Polymeren, die das elasto-viskose Verhalten des Bitumens verändern. Polymere sind umwelt- und bitumenverträgliche, heißlagerbeständige Elastomere und Thermoplaste. Gebrauchsfertige polymermodifizierte Bitumen müssen den "Technischen Lieferbedingungen für Straßenbaubitumen und gebrauchsfertige Polymermodifizierte Bitumen TL Bitumen – StB" entsprechen

Diese Lieferbedingungen unterscheiden drei Typen (A, B und C). Die Typen A und B enthalten Elastomere, die sich in der Herstellungsart und Duktilität unterscheiden. Typ C umfasst die Thermoplast-Zusätze.

Mischgut mit Polymermodifiziertem Bitumen ist in der Wärme standfester und bei Kälte weniger spröde als Destillationsbitumen gleicher Penetration. Das Bindemittel bleibt aber weiterhin thermoplastisch. Wegen der hohen Kosten der synthetisch hergestellten Polymere wird der Einsatz dann sinnvoll, wenn der Asphalt hohen Belastungen ausgesetzt ist. Die längere Dauerhaftigkeit wiegt dann die höheren Bauaufwendungen auf.

Außer den polymermodifizierten Bitumen wurde früher manchmal Naturkautschuk (Latex) eingesetzt. Will man Temperaturunabhängigkeit des Mischguts erreichen, verwendet man besser als Zusatz *Epoxidharze*. Damit ist aber als Bindemittel ein völlig neuer Stoff entstanden.

Eigenschaft	120/200-40 A		45/80-50 A		25/55-55 A		10/40-65 A		40/100-65 A	
	KL		KL		KL		KL		KL	
Penetration in 0,1 mm	9	120 bis 200	4	45 bis 80	3	25 bis 55	2	10 bis 40	5	40 bis 100
Erweichungspunkt Ring und Kugel in °C	10	≥ 40	8	≥ 50	7	≥ 55	5	≥ 65	5	≥ 65
Brechpunkt nach Fraaß in °C	9	≤ -20	7	≤ -15	5	≤ -10	5	≤ -5	7	≤ -15
Elastische Rückstellung bei 25 °C in %	5	≥ 50	5	≥ 50	5	≥ 50	3	≥ 50	3	≥ 70

Eigenschaft	45/80-50 C		25/55-55 C		10/40-65 C	
	KL		KL		KL	
Penetration in 0,1 mm	4	45 bis 80	3	25 bis 55	2	10 bis 40
Erweichungspunkt Ring und Kugel in °C	8	≥ 50	7	≥ 55	5	≥ 65
Brechpunkt nach Fraaß in °C	7	≤ -15	5	≤ -10	3	≤ -5
Elastische Rückstellung bei 25 °C in %	0	keine Anforderung	0	Ar eine	0	keine Anforderung

A elastomermodifiziertes Bitumen   C plastomermodifiziertes Bitumen

Tabelle 13.6 Eigenschaften polymermodifizierter Bitumensorten

13.2 Bindemittel

Naturbitumen. Naturasphalt ist ein Gemisch aus Naturbitumen und feinen, gleichmäßig verteilten Mineralstoffen, das auf natürliche Weise entstanden ist. Er wird im Straßenbau als Zusatz zum Straßenbaubitumen in Gussasphalt, Asphaltmastix und Walzasphalt hochbeanspruchter Deckschichten zugegeben, übt auf den Asphaltmörtel eine stabilisierende Wirkung aus und erleichtert die Verarbeitung der Asphaltmischung. In Deutschland hat sich nur Trinidad Naturasphalt durchgesetzt mit dem Füller-Bitumenverhältnis 1:1 bis 1:2.

Trinidad Naturasphalt wird in den Handelsformen
- Trinidad Epuré,
- Trinidad Epuré Z
- Trinidad-Pulver
- Trinidad NAF 501

geliefert. Für die Verarbeitung ist unerheblich, welche Art dem Straßenbaubitumen zugesetzt wird. Von Einfluss ist die Handelsform auf die Lagerhaltung und Zugabe zum Asphaltmischer.

Trinidad Epuré besteht aus rd. 54 Massen-% Naturbitumen und 46 Massen-% Mineralstoffe, die der Korngröße Durchmesser < 0,09 mm zuzurechnen sind. Es wird in Hartfaserfässern geliefert und besitzt bei Normaltemperaturen feste Konsistenz. Das Epuré muss vor dem Mischen aufgeschmolzen werden. Um den Prozess zu beschleunigen, wird es vorher zerkleinert. Die hohen Schmelztemperaturen verlangen eine gute Wärmeisolierung der Anlage, weil sonst die Zuleitungen zum Mischtrog verstopfen.

Trinidad Epuré Z ist ein Epuré, das bereits auf Splittkorngröße von 0/12 mm gebrochen ist. Dadurch wird der Aufschmelzprozess im Mischbehälter verkürzt. Es enthält einen Kieselgur-Zusatz von 3,0 Massen-%, der das Wiederverkleben des gebrochenen Trinidad Epuré verhindern soll. Es wird in Kunststoffsäcken geliefert.

Trinidad-Pulver 50/ 50 ist gemahlenes Trinidad Epuré, das mit 50 Massen-% Steinmehl als Trennmittel gemischt ist. Es wird entweder lose oder in Kunststoffsäcken geliefert. Loses Trinidad-Pulver 50/50 wird im Füllerturm gelagert. Es sollte innerhalb von 6 Tagen verarbeitet werden, um ein Zusammenkleben zu verhindern. Die Kunststoffsäcke müssen vor Sonneneinstrahlung und Feuchtigkeit geschützt werden. Bei der Verwendung ist zu beachten, dass in der Masse nur rd. 27 Massen-% Naturbitumen enthalten sind und rd. 73 Massen-% der Korngruppe mit dem Durchmesser < 0,09 mm hinzuzurechnen sind.

Trinidad-Pulver TP 60/40 besteht aus 60 Massen-% Trinidad Epuré und 40 Massen-% Diatomeenerde, einer amorphen Kieselsäuremodifikation. Es enthält nur rd. 32,4 M.-% Naturbitumen und rd. 67,6 M.-% der Korngruppe mit dem Durchmesser < 0,09 mm. Dieser Kornanteil ist bei der Füllerzugabe zu berücksichtigen.

Trinidad NAF 501 ist ein Granulat aus 5 Teilen **N**atur **A**sphalt und 1 Teil Celllulose – **F**aser, bestehend aus rd. 45 M.-% Bitumen, rd. 38,3 M.-% Trinidad Epuré – Füller, und 16,7 M.-% Cellulose – Faser. Es wird als Schüttgut oder in PE-Säcken geliefert und soll vor Feuchtigkeit oder Wärmestau geschützt gelagert werden. Bei der Verwendung des Trinidad NAF 501 ist zu beachten, dass in der Masse nur rd. 45 M.-% Naturbitumen enthalten sind und rd. 55 M.-% der Korngruppe mit dem Durchmesser < 0,09 mm hinzuzurechnen sind.

Die Mitverwendung von Trinidad Naturasphalt macht die Asphaltmischung geschmeidiger beim Einbau. Deshalb kann das Destillationsbitumen eine Stufe härte gewählt werden

Hydraulische Bindemittel
Hydraulische Bindemittel für den Straßenbau sind Zement, Mischbindemittel und Baukalk. Während Zement sowohl in den Trag- wie in den Deckschichten eingesetzt werden kann, wird Baukalk nur für die Verfestigung von Untergrund oder Unterbau verwendet. Das hängt mit seiner Eigenschaft zusammen, bei Wasserzutritt seine Bindekraft zu verlieren.

Zement. Für das Bindemittel gelten im Straßenbau die gleichen Normen wie im Hochbau:
- DIN EN 197-1 Zement – Teil 1, Zusammensetzung Anforderungen und Konformitätskriterien von Normalzement
- DIN 1045 Tragwerke aus Beton, Stahlbeton und Spannbeton
- DIN 18506 Hydraulische Boden- und Tragschichtbinder – Zusammensetzung, Anforderungen und Konformitätskriterien

Als Bindemittel dürfen Zemente der Festigkeitsklassen CEM I 32,5 verwendet werden. Hochofenzemente müssen der Festigkeitsklasse CEM III/A 42,5 entsprechen. Über die Forderungen der DIN hinaus müssen folgende Werte erfüllt sein:
- Die Mahlfeinheit, bestimmt nach DIN EN 196 Teil 6, darf 4000 cm^2/g nicht überschreiten,
- das Erstarren bei 20°C darf bei der Prüfung nach DIN EN 196 Teil 3 frühestens zwei Stunden nach dem Anmachen beginnen.

Hydraulischer Boden- und Tragschichtbinder. Er wird nur zur Verfestigung des Bodens eingesetzt, um die Tragfähigkeit einzelner oder nur der obersten Einbaulage zu erhöhen. Als Bindemittel in der Deckschicht kann er nicht verwendet werden, da die Bindefähigkeit bei Wasserzutritt verloren geht. In der Regel wird Weißfeinkalk untergemischt, selten Kalkhydrat.

13.3 Asphaltmischungen

Der größte Teil der Straßen in Deutschland besitzt einen Asphaltoberbau. Beim Einsatz des Bindemittels Bitumen (Teerhaltige Mischungen werden wegen gesundheitsgefährdender Stoffe nicht mehr verwendet) strebt man eine Straßenbefestigung an, die standfest, wenig verformbar und widerstandsfähig gegen Abrieb ist.

Um die richtige Zusammensetzung des Mischgutes aus Gesteinskörnung und Bindemittel zu finden, werden vor dem Einbau *Eignungsprüfungen* vom Auftragnehmer durchgeführt. Die Zusammensetzung wird Teil des Bauvertrages. Vom Auftraggeber wird die Einhaltung durch *Kontrollprüfungen* überwacht. Während des Einbaus werden die Lieferungen durch *Eigenüberwachungsprüfungen* des Auftragnehmers kontrolliert.

Tragschichten
Tragschichten mit bitumenhaltigem Bindemittel sind mit Straßenbaubitumen gebundene Gesteinskörnungsgemische. Sie werden im Heißeinbau hergestellt. Als Bindemittel verwendet man Bitumen 70/100 oder 60/70, bei Asphaltoberbau kann in der untersten Tragschicht auch 30/45 eingesetzt werden. Die Mineralstoffzusammensetzung wird durch die Sieblinie bestimmt (Siehe Anhang, Ziff. 5.3). Die Anforderungen und Einsatzmöglichkeiten sind in Tabelle 13.7 zusammengestellt.

Tragdeckschicht
Die Tragdeckschicht vereinigt, wie ihr Name sagt, Trag- und Deckschicht und wird meist in einer Lage eingebaut. Verwendet wird sie auf Verkehrsflächen untergeordneter Bedeutung, Rad- und Gehwegen und ländlichen Wegen, da sie nur für leichten Verkehr geeignet ist. Die Anforderungen entnimmt man ebenfalls der Tabelle 13.7.

Die Tragdeckschicht wird mit rohem oder bindemittelumhüllten Abstreumaterial der Lieferkörnungen 1/3 oder 2/5 abgestreut und im heißen Zustand eingewalzt. Damit erhöht man die Anfangsgriffigkeit der Oberfläche.

Der Einbau der Tragschichten bzw. Tragdeckschichten darf nur erfolgen, wenn auf der Unterlage kein Wasserfilm, Schnee oder Eis vorhanden ist. Bei Temperaturen < - 3,0°C ist der Einbau einzustellen, da das Erstarren des Bindemittels vor Ende der Verdichtung auftreten.

13.3 Asphaltmischungen

Abhängig von Schichtdicke und Einbautechnologie wird die Asphalttragschicht ein- oder mehrlagig eingebaut. Bei mehreren Lagen muss für einen guten Verbund durch Ansprühen mit Bindemittel (z.B. Haftkleber) gesorgt werden. Die zulässigen Einbautemperaturen sind in Tabelle 13.8 zusammengestellt

Schichteigenschaften	Asphalt - Tragschicht			Asphalt-Tragdeckschicht
	AC 32 T S AC 22 T S	AC 32 T N AC 22 T N	AC 32 T L AC 22 T L	AC 16 TD
Einsatz bei Bauklasse	SV, I bis III	IV bis VI	Rad- und Gehwege	VI, Rad- und Gehwege, ländliche Wege
Mindest-Einbaudicke in cm	8,0			5,0 bis 10,0
Mindesteinbaumenge in kg/m²	185			125 bis 250
Verdichtungsgrad	≥ 97,0			≥ 96,0
Hohlraumgehalt in Vol.-%				≥ 6,5

AC Asphaltmischgut (Asphalt Concrete)   Zahl Größtkorn in mm   T Asphalttragschichtmischgut
S   schwere Beanspruchung   N   normale Beanspruchung   L leichte Beanspruchung

Tabelle 13.7 Anforderungen an Asphalt–Tragschichten und Asphalt–Tragdeckschichten

Besondere Beanspruchungen des Asphaltoberbaus sind
- spurfahrender Schwerverkehr,
- langsam fahrender Schwerverkehr,
- häufige Brems- und Beschleunigungsvorgänge,
- Standverkehr, besonders dann, wenn hohe Temperaturen über längere Zeiträume auftreten oder intensive Sonneneinstrahlung die Asphaltschichten aufheizt.

Die Dicke der Asphaltschichten bestimmt den Durchmesser des Größtkorns. Sie soll mindestens das 2,5-fache des Größtkorns betragen, damit beim Verdichten zwei zufällig übereinander liegende Größtkörner nicht zerquetscht werden oder scharfkantige Zacken abbrechen. Dickere Schichten können mehrlagig gebaut werden. Dabei sind die Liefertemperaturen der Tabelle 13.8 zu beachten.

Art und Sorte des Bindemittels	Mischgut – Temperatur in °C bei			
	Asphaltbeton für Asphaltdeckschichten, Asphaltbinder, Asphalttragschicht, Asphalttragdeckschicht	Splittmastix-asphalt	Gussasphalt	Offenporiger Asphalt
20/30	–	–	210 bis 230	–
30/45	155 bis 195	–	200 bis 230	–
50/70	140 bis 180	150 bis 190	–	–
70/100	140 bis 180	140 bis 180	–	–
40/100-6 [*)]	–	–	–	140 bis 170
10/40-65	160 bis 190	–	210 bis 230	–
25/55-55	150 bis 190	150 bis 190	200 bis 230	–

Untere Grenzwerte gelten für Anlieferung auf der Baustelle, obere bei Herstellung und Verlassen der Mischanlage
[1)] Zusätzlich Angaben des Herstellers beachten

Tabelle 13.8 Zulässige Temperaturspanne des Asphaltmischgutes

Außerdem ist beim Einbau die Lufttemperatur zu beachten. Werden die in Tabelle 13.9 genannten Werte unterschritten, kühlt das angelieferte Mischgut beim Einbau zu rasch ab und lässt sich nicht mehr ausreichend verdichten. Dadurch können im heißen Sommer Verdrückungen durch Nachverdichten unter Verkehr entstehen.

Asphaltschicht	Dicke in cm	Mindest – Lufttemperatur in °C			
		−3	0	+5	+10 [1)]
Asphalttragschicht		x			
Asphaltbinderschicht			x		
Asphaltdeckschicht aus Walzasphalt	≥ 3			x	
	< 3				x
Asphaltdeckschicht aus Gussasphalt	≥ 3	x			
	< 3				x
Asphaltdeckschicht aus offenporigem Asphalt			x		
Asphalttragdeckschicht			x		
Kompakte Asphaltbefestigung			x		

[1)] Temperatur der Unterlage mindestens + 5 °C

Tabelle 13.9 Bedingungen für die Temperaturen beim Einbau

Asphaltbinder
Während die Tragschicht lastverteilende Aufgaben von vertikalen Druckkräften auf den Unterbau zu übernehmen hat, muss die Deckschicht die Verschleißfestigkeit und Wasserdichtheit garantieren.

Um eine bessere Verbindung beider Schichten durch Verzahnung zu erzielen und eine Aufnahme der Horizontalkräfte zu erreichen, schaltet man die Binderschicht dazwischen. Sie besitzt mehr Hohlräume als Trag- oder Deckschicht, so dass sich die Kornspitzen in die beiden anderen Schichten eindrücken können und damit eine höhere Sicherheit gegen Verschieben bewirken. Die Lagerungsdichte und die Korngrößenverteilung dürfen sich unter Verkehr nicht mehr verändern. Die Anforderungen an Asphaltbinder entnimmt man der Tabelle 13.10. Die Sieblinienbereiche sind im Anhang dargestellt.

Das Größtkorn wird in Abhängigkeit von der Gesamtdicke der Binderschicht gewählt. Asphaltbinder 0/11 kann auch als Profilausgleich eingebaut werden. Für das Gesteinskörnungsgemisch verwendet gebrochene Gesteinskörnungen.

Schichteigenschaften	AC 22 B S	AC 16 B S	AC 16 B N
Einbaudicke in cm	7,0 bis 10,0	5,0 bis 9,0	5,0 bis 6,0
Einbaumenge in kg/m²	175 bis 250	125 bis 225	125 bis 150
Verdichtungsgrad	≥ 97,0		

AC Asphaltmischgut (Asphalt Concrete)   Zahl Größtkorn   B Asphaltbinderschicht
S   schwere Beanspruchung   N   normale Beanspruchung

Tabelle 13.10 Anforderungen an Asphaltbinderschichten

Asphaltdeckschicht
Eine Deckschicht aus Asphaltbeton ist ein kornabgestuftes Gesteinskörnungsgemisch mit Straßenbaubitumen oder Polymermodifiziertem Bitumen als Bindemittel. Es wird heiß gemischt und eingebaut. Die Zusammensetzung wird so gewählt, dass ein widerstandsfähiger Baustoff entsteht, der nur einen geringen Hohlraum besitzt und bei dem sich Lagerungsdichte und Korngrößenverteilung unter Verkehr möglichst nicht verändern.

Für Straßen mit besonderen Belastungen ist die ausschließliche Verwendung von Edelbrechsand zu empfehlen. Sonst wird neben Edelsplitt und Gesteinsmehl auch Natursand beigemischt. Auch hier strebt man ein Verhältnis Brechsand zu Natursand = 1:1 an. Als Bindemittel wird in der Regel Bitumen 70/100 oder 50/70 verwendet.

13.3 Asphaltmischungen

Bauklasse Flächenart	Asphalt-tragschicht	Asphalt-binderschicht	Asphalt-tragdeckschicht	Asphaltdeckschicht aus			
				Asphaltbeton	Splittmastix-Asphalt	Gussasphalt	Offenporiger Asphalt
SV und I	AC 32 T S	AC 22 B S		–	SMA 11 S	MA 11 S	PA 11
II	AC 22 T S	AC 16 B S		AC 11 D S	SMA 11 S	MA 8 S	PA 11
III		AC 16 B S	–	AC 11 D S	SMA 8 S	MA 5 S	PA 8
IV	AC 32 T N	(AC 16 B N)		AC 11 D N		(MA 11 N)	
V	AC 22 T N	–		AC 8 D N	(SMA 8 N)	(MA 8 N)	
VI		–	AC 16 TD		(SMA 8 N)	(MA 5 N)	–
				AC 8 D L	(SMA 5 N)		
Rad- und Gehwege	AC 32 T N AC 22 T L	–		AC 5 D L	–	(MA 5 N)	

AC Asphaltmischgut Zahl Größtkorn T Tragschicht TD Tragdeckschicht B Asphaltbinderschicht
D Asphaltdeckschicht SMA Splittmastixasphalt PA Offenporiger Asphalt MA Gussasphalt
S schwere Beanspruchung N normale Beanspruchung L leichte Beanspruchung

Tabelle 13.11 Zweckmäßige Mischgutarten im Heißeinbau nach ZTV Asphalt-StB

Schichteigenschaften	AC 16 D S	AC 11 D S	AC 11 D N AC 11 D L	AC 8 D N AC 8 D L	AC 5 D L
Einbaudicke in cm	5,0 bis 6,0	4,0 bis 5,0	3,5 bis 4,5	3,0 bis 4,0	2,0 bis 3,0
Einbaumenge in kg/m²	125 bis 150	100 bis 125	85 bis 115	75 bis 100	50 bis 75
Verdichtungsgrad	≥ 97,0					
Hohlraumgehalt in Vol.-%	≤ 6,5		≤ 5,5		

AC Asphaltmischgut Zahl Größtkorn D Asphaltdeckschicht
S schwere Beanspruchung N normale Beanspruchung L leichte Beanspruchung

Tabelle 13.12 Anforderungen an Asphaltdeckschichten aus Asphaltbeton

Der Asphaltbeton ist die bevorzugte Deckenbauweise im Straßenbau. Dafür gibt es mehrere Gründe:
- die Dicke der Schichten lässt sich an die Belastungen anpassen,
- Asphaltbeton besitzt eine griffige Oberfläche,
- der Einbau mit dem Fertiger ergibt eine sehr ebene Fahrbahn,
- Asphaltbeton kann aus stationären Mischwerken leicht bezogen werden,
- der Einbau ist sehr leicht, er kann in Sonderfällen auch von Hand vorgenommen werden,
- Asphaltbeton kann fugenlos verlegt werden,
- Asphaltbeton dichtet gegen Wasserandrang des Oberflächenwassers,
- Asphaltbeton kann schon bald nach dem Einbau befahren, die Verkehrssperrung kurz gehalten werden,
- Schäden können leicht behoben werden,
- Asphaltbeton kann bei größeren Erneuerungen gefräst und wieder verwendet werden.

Splittmastixasphalt

Splittmastixasphalt unterscheidet sich vom Asphaltbeton durch eine Ausfallkörnung und besondere stabilisierende Zusätze. Er besitzt einen hohen Splittanteil bis 80 Massen-%.

Der hohe Bindemittelgehalt erfordert viel Füller und weitere stabilisierende Zusätze. Eine heute seltene Zugabe von Trinidad Naturasphalt wirkt sich nur auf das Bindemittelgemisch und die Fülleranteile aus. Sie ersetzt die Zugabe von stabilisierenden Zusätzen nicht. Nach dem Einbau stumpft man die dichte Oberfläche durch Einstreuen mit rohem oder bindemittelumhüllten Abstreumaterial der Lieferkörnung 1/3, bei SMA 11 S auch mit der Lieferkörnung 2/5 ab und walzt dieses in das heiße Material ein.

Da Splittmastixasphalt in dünnen Schichten (1,5 cm bis 2,5 cm) aufgetragen werden kann, eignet er sich sehr gut auch für Reparaturarbeiten oder Beläge, die bis zur Grundsanierung der Straße eine dichte Oberfläche erhalten sollen. Die Anforderungen an das Mischgut entnimmt man Tabelle 13.13. (Die Sieblinien zeigt Bild A 5.24).

Bei Herstellung und Einbau muss auf die Temperaturgrenzen genau geachtet werden. Erhitzt man den Splittmastixasphalt über 180 °C, kann Entmischung durch Ablaufen des Bindemittels von den Zuschlagstoffen auftreten. Die Verdichtung soll bei 100 °C abgeschlossen sein. Vibrations- oder Gummiradwalzen dürfen dabei nicht verwendet werden.

Schichteigenschaften	SMA 11 S	SMA 8 S	SMA 8 N	SMA 5 N
Einbaudicke in cm	3,5 bis 4,0	3,0 bis 4,0	2,0 bis 3,5	2,0 bis 3,0
Einbaumenge in kg/m²	85 bis 100	75 bis 100	50 bis 85	50 bis 75
Verdichtungsgrad	$\geq 97{,}0$			
Hohlraumgehalt in Vol.-%	$\leq 5{,}0$			

SMA Splittmastixasphalt   S schwere Beanspruchung   N normale Beanspruchung

Tabelle 13.13   Anforderungen an Asphaltdeckschichten aus Splittmastixasphalt

Gussasphalt

Gussasphalt ist ein Gemisch aus Splitt, Sand, Füller und Bitumen, das sehr hohlraumarm hergestellt wird. Der Bindemittelgehalt füllt im Einbauzustand die Hohlräume ganz aus. Auch ein geringer Bindemittelüberschuss (1,0 Vol.-% bis 4,0 Vol.-%) ist möglich. Die Anforderungen entnimmt man Tabelle 13.14. Das Bindemittel ist möglichst hart zu wählen.

Gussasphalt ist im heißen Zustand gieß- oder streichbar und braucht keine Verdichtung. Die Oberfläche wird durch Einwalzen von Abstreusplitt abgestumpft. Er bildet eine gegen Verformungen widerstandsfähige und verkehrssichere Deckschicht. Wegen seiner hohen Kosten setzt man ihn nur dann ein, wenn sehr schwerer Verkehr dies notwendig macht. Er wird maschinell, nur in Ausnahmen von Hand eingebaut. Die Dicke beträgt 3,5 cm bis 4,0 cm. Auf Gehwegen kann sie auf 2,0 cm bis 3,0 cm verringert werden.

Durch den hohen Fülleranteil ist die Masse auch im heißen Zustand sehr steif und damit schwer verarbeitbar. Da mit Erhöhen des Bindemittelanteils die Verformbarkeit bei thermischer Beanspruchung zunimmt, kann dieser nicht beliebig erhöht werden. Der Zusatz von Trinidad Epuré gestattet es, die weichere Bindemittelsorte zu verwenden, weil nach dem Erkalten sich die Masse so verhält, als hätte man Destillationsbitumen der um einen Wert härteren Sorte eingesetzt.

Durch die Dichtigkeit der Masse schützt Gussasphalt die darunter liegenden Schichten vor Oberflächenwasser. Ist beim Einbau aber in der Binderschicht noch Feuchtigkeit verblieben, so kann bei Erwärmung durch sommerliche Temperaturen der Dampfdruck des Wassers zur Blasenbildung führen oder die Kanülenbildung fördern. Deshalb muss die Unterlage beim Einbau stets trocken sein.

Schichteigenschaften	MA 11 S / MA 11 N	MA 8 S / MA 8 N	MA 5 S / MA 5 N
Einbaudicke [1] in cm	3,5 bis 4,0	2,5 bis 3,5	2,0 bis 3,0
Einbaumenge [1] in kg/m²	85 bis 100	65 bis 85	50 bis 75

[1] einschließlich gebundenem Abstreumaterial
MA Mastic Asphalt   S schwere Beanspruchung   N normale Beanspruchung

Tabelle 13.14   Schichteigenschaften für Deckschichten aus Gussasphalt

13.3 Asphaltmischungen

Asphaltmastix
Sie besteht aus Sand, Füller und Bitumen und ist ebenso wie Gussasphalt eine dichte Masse und in heißem Zustand gieß- und streichbar. Beim Einbau wird Splitt eingestreut und eingedrückt.

Durch die geringen Korndurchmesser des Sandes ist ein Einbau in Schichten von 1,5 cm bis 2,0 cm möglich. Damit eignet sich Asphaltmastix besonders dort, wo nur geringe Einbauhöhen zur Verfügung stehen. Allerdings sollte sie nicht auf Straßen mit schnellem Verkehr verwendet werden. Die Anforderungen sind in Tabelle 13.15 enthalten. Der Einbau erfolgt in der Regel mit Schiebern bei rd. 200 °C. Anschließend wird sofort mit Splitt 5/8 mm, 8/11 mm oder 11/16 mm abgestreut und dieser eingewalzt. Da dünne Schichten schnell erkalten, muss der Einbau rasch und zügig erfolgen

Schichteigenschaften	SMA 11 S	SMA 8 S	SMA 8N	SMA 5 N
Einbaudicke in cm	3,5 bis 4,0	3,0 bis 4,0	2,0 bis 3,5	2,0 bis 3,0
Einbaumenge in kg/m³	85 bis 100	75 bis 100	50 bis 85	50 bis 75
Verdichtungsgrad in %	$\geq 97,0$			
Hohlraumgehalt in Vol.-%	$\leq 5,0$			

Tabelle 13.15 Anforderungen an Asphaltdeckschichten aus Splittmastixasphalt

Offenporige Asphaltdeckschichten
Offenporige Deckschichten sind auch unter den Namen "Dränasphaltdeckschicht" oder „Lärmmindernde Deckschicht" bekannt. Dabei wird das Mischgut der Deckschicht so zusammengesetzt, dass nach der Verdichtung rd. 20, 0 % Hohlräume verbleiben, die auch untereinander meist zusammenhängen. Dadurch ist es möglich, dass das Oberflächenwasser in der Deckschicht abgeführt wird. Bedingung dafür ist aber, dass das Wasser am Fahrbahnrand abfließen kann. Bei unbefestigten Seitenstreifen muss das Material aus frost- und verwitterungsbeständigen Mineralstoffen bestehen. Der Seitenstreifen selbst soll vom Bewuchs freigehalten werden und möglichst 1,0 cm tiefer als die Fahrbahnbefestigung liegen. Sind die Fahrbahnränder durch Randsteine begrenzt, muss vor diesen durch poröses Material das Sammeln des Wassers und die Ableitung in Entwässerungsleitungen vorgesehen werden. Da die Deckschicht mit Wasser gefüllt sein kann, muss der Binder durch eine polymermodifizierte Bitumenmembran versiegelt werden, damit kein Wasser in die Binderschicht eindringen kann.

Durch den hohen Porenanteil kann sich auf der Deckschicht kein Wasserfilm bilden. Die Gefahr des Aquaplaning ist deshalb nicht zu befürchten. Offenporige Asphaltdeckschichten vermindern bei Regen die Sprühfahnenbildung, weil das Wasser in die Deckschicht versickert. Außerdem wirkt sie als lärmmindernde Ausführung, da die Rollgeräusche abnehmen, weil die unter dem Reifen eingepresste Luft durch das Porengefüge entweichen kann. Ebenso werden die Motorengeräusche durch die vielen Poren gestreut und damit vermindert. Voraussetzung ist aber, dass die Oberfläche regelmäßig vom Schmutz gereinigt wird. Wird das nur unzureichend beachtet, so nimmt die Lärmschutzwirkung nach einigen Jahren ab. Bei neuen Decken dürfen bei der Lärmberechnung folgende Korrekturwerte angesetzt werden, wenn der Hohlraumgehalt der Deckschicht = 15,0 Vol.-% ist beim Körnungsbereich

 0/11 mm $\rightarrow$ D_{StrO} = - 4,0 dB(A),
 0/ 8 mm $\rightarrow$ D_{StrO} = - 5,0 dB(A).

Die Mineralstoffe müssen sehr gute Qualität aufweisen. Da die Lasten nur über die Splittkörner übertragen werden, muss das gebrochene Gestein hohe Kantenfestigkeit aufweisen, sonst sind Verformungen durch Zerbrechen der Körner zu erwarten. Wegen der Griffigkeit dürfen sie nicht polierbar sein. Die Mischguttemperatur sollte 150 °C nicht überschreiten. Bei Lufttemperaturen unter 10 °C darf nicht eingebaut werden. Der Einbau sollte in voller Breite "heiß an heiß" erfolgen, also mit mehreren nebeneinander versetzt fahrenden Fertigern. Zur Verdichtung verwendet man Glattmantelwalzen ohne Vibration.

Bezeichnung	PA 16	PA 11	PA 8
Lieferkörnung			
Anteil gebrochener Kornoberflächen	$C_{100/0}$		
Widerstand gegen Zertrümmerung	SZ_{18}/LA_{20}		
Bindemittel	40/100-65		
Gesteinskörnungsgemisch Siebdurchgang in M.-% bei 22,4 mm	100		
16,0 mm	90 bis 100	100	
11,2 mm	5 bis 15	90 bis 100	100
8,0 mm		5 bis 15	90 bis 100
5,6 mm			5 bis 15
2,0 mm	5 bis 10	5 bis 10	5 bis 10
0,063 mm	3 bis 5	3 bis 5	3 bis 5
Mindest-Bindemittelgehalt in M.-%	$B_{min\,5,5}$	$B_{min\,6,0}$	$B_{min\,6,5}$
minimaler Hohlraumgehalt MPK in Vol.-%	$V_{min\,24}$		
maximaler Hohlraumgehalt MPK in Vol.-%	$V_{max\,28}$		

Tabelle 13.16   Anforderungen an offenporigen Asphalt

Bindemittelwahl

Die Auswahl der Mischgutarten ist abhängig von der zu erwartenden Verkehrsbelastung. Sie richtet sich deshalb nach der Bauklasse. Deshalb gelten die Bauklassen SV, I bis III als besonders, die Bauklassen IV und V als normal und die Bauklasse VI, Rad- und Gehwege als leicht belastet. Die zweckmäßige Auswahl der Bindemittel richtet sich nach der zu erwartenden Beanspruchung.

Bauklasse Flächenart	Asphalt-tragschicht	Asphalt-binderschicht	Asphalt-tragdeckschicht	Asphaltdeckschicht aus			
				Asphalt-beton	Splitt-mastix-asphalt	Guss-asphalt	Offen-porigem-Asphalt
SV, I	50/70 (30/ 45)	25/55-55 30/45 (10/40-65)	–	–	25/55-55	20/30 (10/40-65)	40/100-65
II				25/55-55		20/30 (25/55-55)	
III			–	25/55-55 50/70	25/55-55 (50/70)		
IV	70/100 (50/70)	50/70		50/70 (70/100)	50/70	30/45	–
V	70/100	–	70/100	50/70 70/100	70/100		
IV Rad- und Gehwege				70/100	–		

Klammerwerte nur in Ausnahmefällen

Tabelle 13.17   Zweckmäßige Bindemittelart und –sorte, abhängig von der Beanspruchung

Oberflächenschutzschichten

Oberflächenschutzschichten sind dünne Schichten, die als Oberflächenbehandlung oder Schlämmen bei der Erhaltung von Verkehrsflächen Verwendung finden.

Als *Oberflächenbehandlung* bezeichnet man das Anspritzen der Unterlage mit Bindemittel, das mit rohem oder bindemittelumhüllten Splitt abgestreut wird. Nach der Anzahl der Arbeitsgänge unterscheidet man:
- Oberflächenbehandlung mit einfacher Splittabstreuung,
- Oberflächenbehandlung mit doppelter Splittabstreuung,
- Oberflächenbehandlung mit Splittvorlage.

13.3 Asphaltmischungen

Oberflächenbehandlungen werden eingesetzt, um reparaturbedürftige Fahrbahnen für eine gewisse Zeit vor Eindringen von Oberflächenwasser oder Abnutzung durch Verkehr zu schützen, bis die Grunderneuerung durchgeführt wird. Auch zur Verbesserung der Griffigkeit können sie dienen. Man verwendet sie für Straßen der Bauklassen IV bis VI, auf Wegen oder Plätzen.

Schlämmen dienen ebenfalls der Versiegelung der Oberfläche und sollen sowohl gegen eindringendes Oberflächenwasser schützen als auch die Rauhigkeit und Ebenheit der befestigten Flächen verbessern. Da hier nur Sand als Zuschlagstoff verwendet wird, können Schlämmen sehr dünn mit Besen oder Gummischiebern aufgetragen werden. Handeinbau soll aber die Ausnahme bilden. Man unterscheidet:
- kationische Schlämme,
- treibstoffbeständige Schlämme.

Gesteinskörnung			Bindemittel Art/ Sorte bei			Einbaumenge
Art	Körnung in mm	Kornanteil > 2,0 mm in Massen-%	Temperatur > 15°C	Temperatur 5 bis 15°C	Bindemittelgehalt in Trockenmase[1] in Gew.-%	Trockenmasse in kg/m²
Edelbrechsand und/ oder Natursand, Gesteinsmehl[2]	0/ 2	≤ 20	Bitumenemulsion, stabil, kationisch,	Bitumenemulsion, kationisch	≥ 14,0	2,0 bis 4,0

[1] Bindemittel ohne Wasseranteil (Wasseranteil ≥ 20,0 Gew.-%)
[2] Edelbrech- oder Natursand und Additive ≥ 55 Gew.-%

Tabelle 13.18 Baustoffe für Schlämmen

Einsatzart	Bezeichnung	Mögliche Verwendung der Bitumenermulsionssorten			
Schichtenverbund	-S	C60BP1-S	C40BF1-S	C60B1-S	
dünne Asphaltdeckschichten in Heißbauweise auf Versiegelung	-DSH-V	C67BP5-DSH-V			
Anspritzen und Abstreuen	-REP	C60B5-REP	C67B4-REP	C60BP5-REP	C67BP4-REP
Oberflächenbehandlung	-OB	C67B4-OB	C69BP4-OB	C70BP4-OB	
Bitumenemulsionsgebundenes Mischgut	-BEM	C60B1--BEM			
dünne Asphaltdeckschichten in Kaltbauweise	-DSK	C65BP1-DSK			
Nachbehandlung hydraulisch gebundener Schichten	-N	C60B1-N			

C Kationische Bitumenemulsion B Straßenbaubitumen P Poymerzugabe F > 2,0 M.-% Fluxmittel
Zahl Bindemittelgehalt in M.-%

Tabelle 13.19 Einsatzmöglichkeiten der Bitumenemulsionen

Wiederverwendung von Asphaltaufbruch

Mit den vorhandenen Rohstoffen muss sparsam umgegangen werden, um unsere Umwelt nicht unnötig auszubeuten. Deshalb wird beim Umbau einer Straßen das Aufbruchmaterial nicht zur Kippe gefahren, sondern der Wiederverwendung zugeführt. Soweit es sich um bitumenhaltigen Straßenaufbruch handelt, wird die Asphaltmasse zu Granulat zerkleinert und dem neuen Mischgut in bestimmter Menge wieder beigegeben.

Aufbruchasphalt wird durch Aufbrechen des Schichtenpaketes in Schollen gewonnen. Er muss dann zu Granulat gebrochen werden. *Fräsasphalt* wird mit speziellen Kaltfräsen und Ladeband aufgerissen. Dadurch entsteht bereits bei diesem Vorgang das *Asphaltgranulat*. Das kann entweder sofort wieder an Ort und Stelle eingebaut oder zu einem Zwischenlager abtransportiert werden. Die Frästechnik wird meist eingesetzt, wenn die alte Fahrbahnhöhe nicht verändert werden kann. Im innerstädtischen Bereich ist dies meist der Fall. Jedoch verursachen dabei Einbauten (z.B. Schachtdeckel, Einlaufroste o.ä.) im Straßenraum Erschwernisse.

Die Stückgrößenverteilung des Granulats entspricht den Prüfsieben der ZTV Asphalt-StB und kann nach Eignungsuntersuchungen dem Mischgut bei Kaltgranulat bis zu 30,0 Massen-%, bei erwärmten Granulat auch mehr als 30,0 Massen-% zugegeben werden. In Tragschichtmischgut sind unter Verwendung von Paralleltrommeln schon bis zu 60,0 Massen-% erfolgreich eingemischt worden.

Asphaltgranulat darf umweltverträglich wieder verwertet werden. Will man die vorhandenen Eigenschaften besonders gut ausnutzen, wird es dem Mischgut für
- Gussasphalt,
- Walzasphalt,
- Asphaltbinder- und –deckschichten,
- Asphalttrag- und –deckschichten,
- Asphaltfundationsschichten

zugegeben.

In Durchlaufmischanlagen kann die Zugabemenge bis 50 M.-% betragen. Wird das Granulat besonders erhitzt und der heißen Gesteinskörnung zugegeben, ist die Zugabemenge bei Asphalttragschichten bis 80 M.-%, bei Asphaltfundationsschichten sogar bis 100 M.-% möglich.

In Chargenmischanlagen kann die Zugabemenge je nach Temperatur der Gesteinskörnungen und dem Wassergehalt des Asphaltgranulats zwischen 10 M.-% und 30 M.-% betragen.

Wird der Asphaltaufbruch zunächst zwischengelagert. muss er vor Wasserzutritt geschützt werden. Dadurch wird ein Auswaschen oder Herauslösen umweltschädlicher Bestandteile vermieden.

Um alte Straßenflächen unter Wiederverwendung des Aufbruchmaterials mit einer neuen Asphaltschicht zu versehen, wird auch ausnahmsweise das Rückformen der Asphaltschicht durchgeführt. Dafür stehen drei Verfahren zur Auswahl:

Reshape ist das Rückformen ohne Mischgutzugabe. Dabei wird das vorhandene Mischgut ausgefräst und mit verbesserter Ebenheit wieder eingebaut.

Repave nennt man das Rückformen der Oberfläche unter Mischgutzugabe ohne Mischen. Nachdem das erwärmte Asphaltmaterial wieder eben eingebaut ist, wird sofort - heiß auf heiß - eine dünne Lage aus neuem Mischgut darüber eingebaut.

Remix bedeutet ein Rückformen der Oberfläche, wobei gleichzeitig neues Mischgut mit dem erwärmten Altmischgut vermischt wird. Dabei kann man die bestehenden Eigenschaften des wiedergewonnenen Materials gezielt verändern.

Für die Erhaltungsarbeiten ist das Remix-Verfahren sicher das günstigste, weil durch die gezielte Veränderung Asphaltschichten erzeugt werden können, die den modernen Ansprüchen genügen. Der Einbau und die Verdichtung stellen wieder gute Oberflächeneigenschaften her.

Voraussetzung für das Rückformen ist, dass es sich dabei um große Flächen handelt, keine Einbauten vorhanden sind und ausreichende Tragwerte der unbehandelten Asphaltschichten nachgewiesen sind.

Asphalt im Bereich von Gleisen

Im Schienenverkehr können Asphaltschichten sowohl im Unterbau wie zum Höhenausgleich im Straßenraum verwendet werden. Für Tragschichten unter den Gleisen sind sie zur Lärmdämpfung im Tunnel in Versuchsstrecken eingesetzt worden. Der Einsatz im schienengebundenen öffentlichen Nahverkehr hat sich bewährt, wenn die Schienen in der Fahrbahn verlegt werden müssen und ein eigener Gleiskörper nicht ausgebildet werden kann.

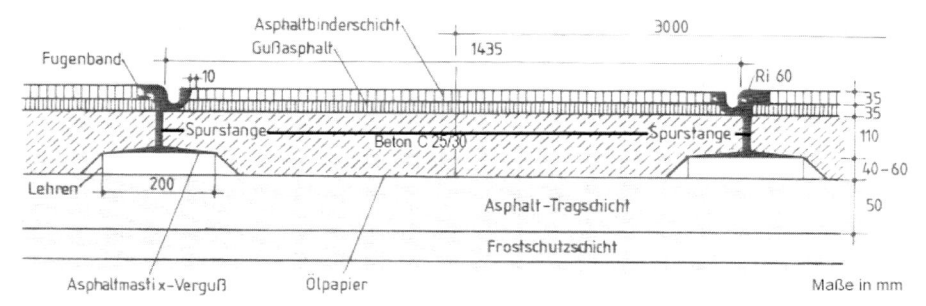

Bild 13.2 Ausbildung der Befestigung im Schienenbereich einer Fahrbahndecke aus Asphalt
(nach "Shell Bitumen für den Straßenbau und andere Anwendungsgebiete", 7. Aufl., 1994)

13.4 Fahrbahndecken aus Beton

Auf Straßen mit sehr hoher Belastung haben sich Fahrbahndecken aus Beton ausgezeichnet bewährt. Dies beruht auf der guten Lastverteilung durch die Plattenwirkung. Außerdem sind sie unempfindlich gegen spurfahrenden Verkehr (Spurrillen) und gegen die Witterung. Verformungen treten nur im elastischen Bereich auf. Die helle und griffige Oberfläche erhöht die Verkehrssicherheit. Die Nutzungsdauer einer Betonfahrbahn ist erheblich länger als bei den meisten Asphaltdecken.

Nachteilig ist der etwas höhere Preis, der aber der längeren Lebensdauer und den dadurch geringeren Wiederherstellungskosten gegenüber gestellt werden muss. Ein weiterer Punkt ist die Fugenkonstruktion. Die Fugen müssen die Ausdehnungen und Verkürzungen der Betonplatten bei Temperaturschwankungen ausgleichen. Hierfür ist eine sorgfältige Pflege der Fugen unerläßlich. Über undichte Fugen kann Wasser unter die Decke eindringen. Dadurch kann die Tragschicht geschädigt und die Auflagerverhältnisse der Decke können ungünstig verändert werden.

Es ist notwendig, für eine gute Auflagerung der Platten auf der Tragschicht zu sorgen. Eine gute Auflage vermeidet nicht nur die Gefahr wilden Reißens.

Sind Reparaturen notwendig, erstrecken sie sich meist auf die ganze Dicke der Platte. Das führt zu längeren Verkehrsbehinderungen auf der Fahrbahn, da neben der reinen Reparaturzeit auch noch das Erreichen einer ausreichenden Anfangsfestigkeit nach dem Abbinden abgewartet werden muss. In innerstädtischen Straßen ist die Betondecke schlecht einzusetzen, da bei Leitungsaufgrabungen die Betondecke zerstört werden muss und die spätere Verdichtung der Gräben die gleichmäßige Auflage der Platten verhindert.

Für den Bau von Betondecken gelten die "Zusätzlichen Technischen Vertragsbedingungen und Richtlinien für den Bau von Fahrbahndecken aus Beton - ZTV Beton-StB", die DIN 18 299 und DIN 18 316. Die Unterlage, der Bereich unter der herzustellenden Decke muss standfest, profilgerecht, eben, tragfähig und erosionsbeständig sein. Unerwünschte Rissbildungen in der Decke können verhindert werden durch das Entspannen der Tragschicht, den Einbau einer Asphalttrennschicht, Folie oder Geotextilbahn.

Die Dicke der Betondecke legt man nach den Tafeln der RStO fest (siehe Tabelle 7.18). Auf gute Entwässerung – auch im Seitenraum – muss besonderer Wert gelegt werden, da Frosthebungen unter der Fahrbahn oder Erosionsschäden zu schneller Rissbildung führen.

Wegen der Längenänderungen unter Temperatureinfluß und Schwinden muss die Betondecke mit Fugen in Längs- und Querrichtung versehen werden. Die Plattenabmessungen sollen etwa das 25-fache der Plattendicke nicht überschreiten. Allgemein hat sich eine Plattenlänge von 5,00 m herausgebildet. Die Längsfuge wird oft Mitte Fahrbahn angeordnet. Bei Autobahnen mit drei Fahrstreifen je Fahrbahn läuft eine weitere Fuge zwischen Fahrbahnrand und Standstreifen. Der Standstreifen selbst wird zweckmäßig in gleicher Dicke wie die Fahrstreifen ausgeführt, weil die Materialeinsparung gegenüber dem höheren Arbeitsaufwand für die verschiedenen Deckendicken kaum Kostenersparnisse bringt. Außerdem kann dann bei Baumaßnahmen an einer Fahrbahn der Standstreifen als Fahrstreifen dienen, der den schweren Lastverkehr aufnehmen muss. Einschichtig hergestellte Platten erhalten keine Stahleinlagen.

Bei den Bauklassen SV und I bis III wird unter der Betondecke entweder eine hydraulisch gebundene Tragschicht gebaut oder eine Bodenverfestigung mit hydraulischem Bindemittel vorgenommen. Ein Einkerben der Tragschicht an den Stellen, an denen später die Fugen der Fahrbahn liegen, führt zu einer gezielten Rissbildung der Deckschicht. Bei Asphalttragschichten kann die Rissbildung nicht gezielt gefördert werden. Zwischen Tragschicht und Decke wird ein Geotextil eingelegt.

Während des Deckeneinbaus bildet die hydraulisch gebundene Tragschicht auch eine gut befahrbare Baustraße, auf der die Transportfahrzeuge das Material rasch heranbringen. Vor dem Einbau der Betondecke muss aber darauf geachtet werden, dass keine Unebenheiten in der Tragschicht entstanden sind und dass Verschmutzungen beseitigt wurden. Bei den Bauklassen IV bis VI wird auf die gebundene Tragschicht verzichtet.

Fugen. Zur Vermeidung von wilden Rissen und für den Ausgleich durch Längenänderungen werden in Betondecken Längs- und Querfugen angeordnet. Man unterscheidet dabei:

Scheinfugen, die Sollbruchstellen in der Decke erzeugen. Sie werden spätestens 24 Stunden nach dem Einbau durch Schneiden in den Beton hergestellt und mit Fugenvergussmasse oder einem speziellen Fugenprofil ausgefüllt. In Abhängigkeit von der Rissweite wird die Spaltbreite und Fugentiefe geschnitten.

Raumfugen, die die Platten in voller Deckendicke trennen. Man wendet sie in der Regel nur am Ende einer Tagesleistung oder vor Bauwerken an. Eine doppelte Raumfuge vor und hinter der letzten Fahrbahnplatte verhindert, dass Längsspannungen in der Fahrbahndecke auf das Tragwerk der Brücke übertragen werden.

Pressfugen. Sie entstehen, wenn gegen erhärteten Beton direkt anbetoniert wird. Da hierbei nur eine schwache Verbindung entsteht und über den Fugenspalt Wasser eindringen könnte, ist die bessere Lösung, eine Fuge auszubilden, die durch Fugenverguß sicher abgedichtet werden kann. Preßfugen entstehen, wenn der Standstreifen unabhängig von der Fahrbahn betoniert wird.

Querfugen werden in der Regel senkrecht zur Straßenachse angeordnet. Nur bei schiefwinkligen Bauwerken legt man sie auch schräg an. Die entstehenden rechteckigen Platten sollen das 25-fache, bei quadratischen das 30-fache der Plattendicke nicht überschreiten. Im Regelfall werden Querfugen aller 5,00 m vorgesehen. Die Kantenlänge darf aber 7,50 m nicht überschreiten. Wird das Verhältnis Länge : Breite < 0,4, so ist eine obere Betonstahlbewehrung einzulegen.

13.4 Fahrbahndecken aus Beton

Längsfugen sollen nicht unter den Radspuren der Fahrstreifen liegen, da sonst eine Beschädigung im Fugenbereich möglich ist. Außerdem sind Querfugen an der Längsfuge nicht versetzt anzuordnen.

Feste Einbauten (Straßenabläufe, Schächte, Entwässerungsrinnen) sollen nicht in der Platte liegen. Spitz zulaufende Zwickel sind zu vermeiden. Auf Parkflächen wählt man die Plattenabmessungen so, dass sie mit den Stellplätzen übereinstimmen.

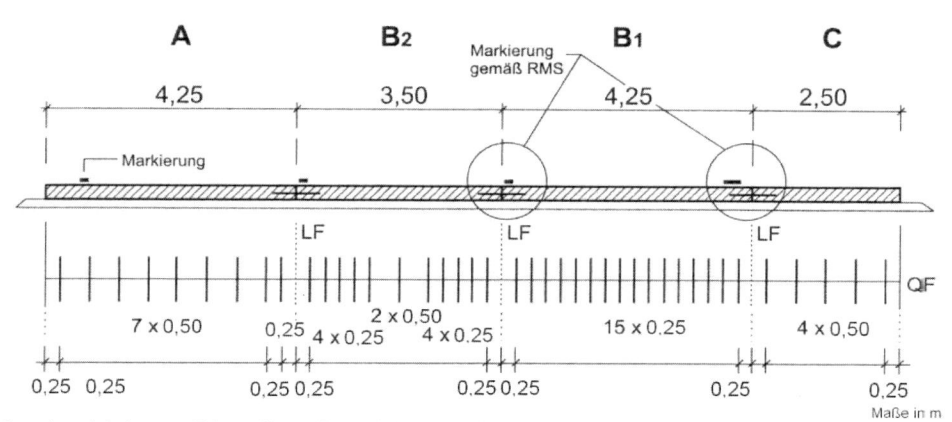

A schwach belasteter Fahrstreifen   B stark belasteter Fahrstreifen (B_2 nicht im rechten Fahrstreifen)
C Seitenstreifen

Bild 13.3 Anordnung der Fugen im Querschnitt und die Dübelverteilung in der Querfuge in der Draufsicht

In Querfugen werden in der Regel Dübel (Länge = 500 mm, Durchmesser 25 mm) eingerüttelt. Sie übertragen Vertikalkräfte und verhindern eine gegenseitige Höhenänderung der Plattenenden. Längsfugen erhalten Anker, damit sich die Fugen nicht durch "Wandern" unter horizontalen Schubkräften öffnen können. Sie werden im Abstand von 0,25 m auf Körben verlegt oder als Schraubanker in den erhärteten Beton gebohrt. Auf schwach belasteten Fahrstreifen darf der Dübelabstand verdoppelt werden (Bild 13.3)

Press- und Längsscheinfugen erhalten Anker (Durchmesser 20 mm bei Bauklasse SV, I bis III, Länge mindestens 0,80 m; sonst Durchmesser 16 mm, Länge mindestens 0,60 m). Bei Raumfugen erhält jeder Dübel eine Hülse, die einen Dehnungsraum von min l = 5 mm zulassen muss. Längsfugen erhalten dagegen Anker, die eine Öffnung der Fuge verhindern sollen. In den Bauklassen SV, I bis III werden in den Längspressfugen fünf, sonst drei Anker vorgesehen.

Am Ende einer Betonfahrbahn wird entweder ein Endsporn ausgebildet, der den Übergang zur anschließenden Strecke sichert, oder man verstärkt die Platte selbst mindestens um die Stärke der gebundenen Tragschicht, um genügend Gewicht für die Erzeugung der Gegenreibung bei der Ausdehnung des Betons zu erhalten.

In den Bauklassen SV, I bis III werden in den Längspressfugen fünf, sonst drei Anker vorgesehen.

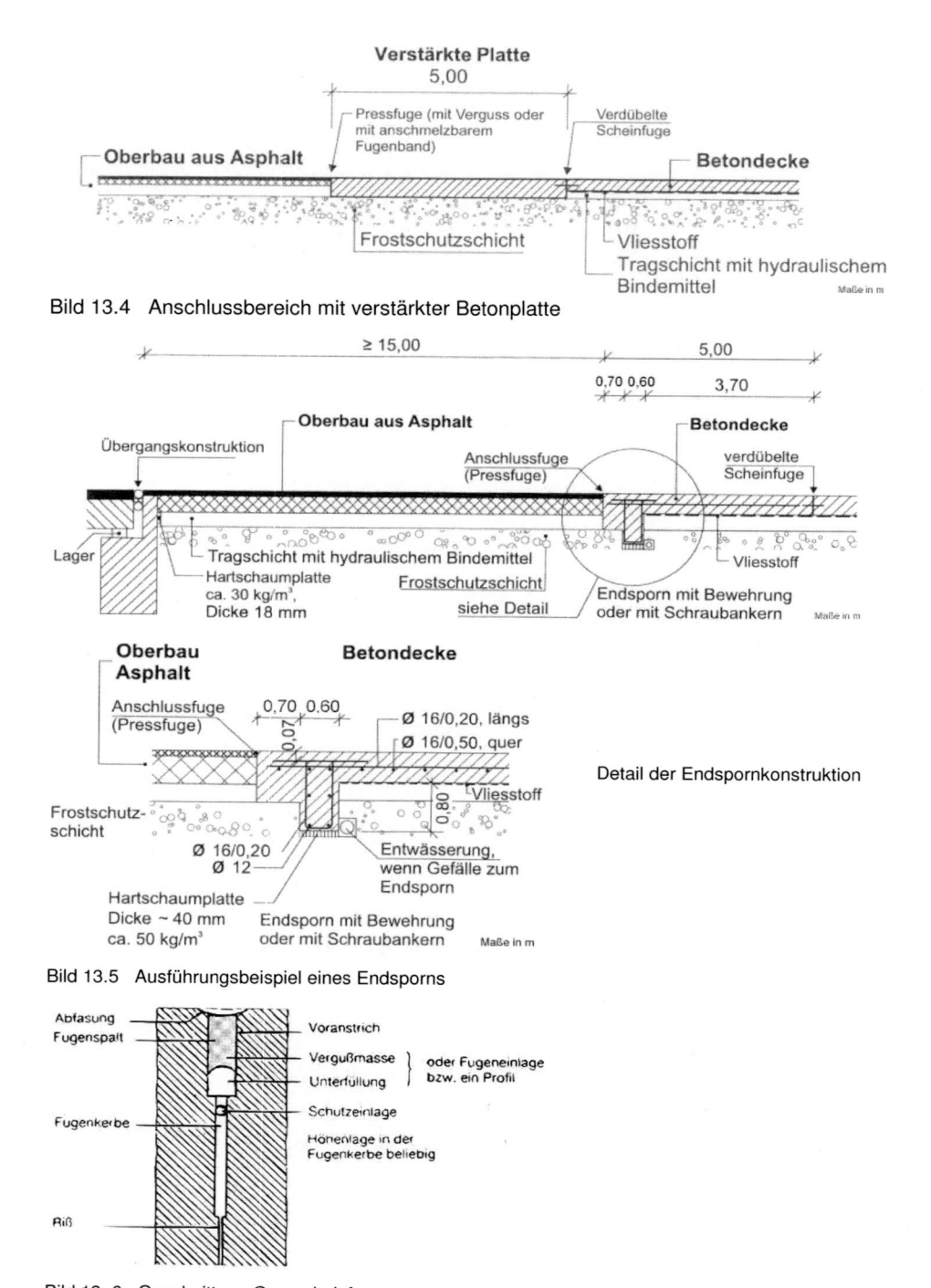

Bild 13.4 Anschlussbereich mit verstärkter Betonplatte

Bild 13.5 Ausführungsbeispiel eines Endsporns

Bild 13.6 Geschnittene Querscheinfuge

13.4 Fahrbahndecken aus Beton

Rissweite in mm	Fugenspaltbreite in mm	Fugenspalttiefe in mm
< 1,0	8,0	25,0
1,0 bis 2,0	12,0	30,0
> 2,0	15,0	35,0

Tabelle 13.20 Maße für die geschnittene Fuge

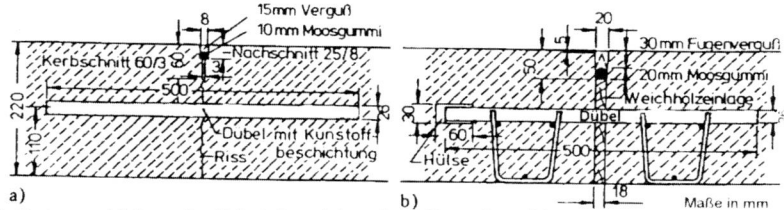

Bild 13.7 Fugenausbildung der Scheinfuge (a) und der Raumfuge (b)

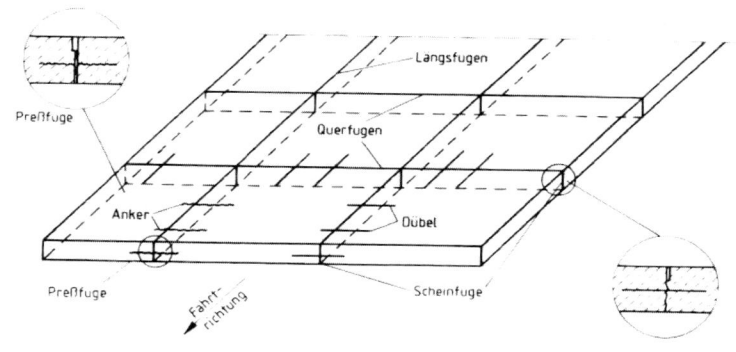

Bild 13.8 Beispiel für die Fugenanordnung in der Fahrbahn

Beton. Beton ist nach DIN EN 206-1 und DIN 1045-2 herzustellen und muss die dort geforderten Werte erfüllen. Als Zement wird CEM I 32,5 R (CEM I 42,5 R für schnell hochfesten Beton) verwendet. Bei zweischichtigen Betondecken werden in beiden Schichten die gleichen Festigkeitsklassen verwendet.

Die genannten Normen unterteilen den Beton in verschiedene Klassen:
- Expositions- und Feuchtigkeitsklassen,
- Konsistenzklassen,
- Druckfestigkeitsklassen,
- Rohdichteklassen bei Leichtbeton,
- Größtkornklassen.

Um eine lange Liegedauer der Fahrbahndecke zu erzielen, sind die Umgebungsbedingungen zu berücksichtigern. Durch Feuchtigkeit und Tausalze ist eine Korrosion der Bewehrung nicht auszuschließen. Die Zusammensetzung des Betons muss darauf abgestimmt werden. Die Anforderungen an den Beton sind in Tabelle 13.21 zusammengestellt.

Es bedeuten: Klasse XF4   Betonkorrosion durch Frostangriff mit oder ohne Taumittel und hohe Wassersättigung
Klasse XM2   starke Verschleißbeanspruchung durch den Verkehr
Klasse WA   Tausalzeinwirkung auf feuchten Flächen ohne hohe dynamische Beanspruchung
Klasse WS   Tausalzeinwirkung auf feuchten Flächen mit hoher dynamischer Beanspruchung

Bau-klasse	Expositionsklasse	Druckfestigkeitsklasse	Kornzusammensetzung in mm	Mehlkornanteil in kg/m³	Mindestluftgehalt in Vol.-%	Druckfestigkeit nach 28 Tagen in N/mm²	Biegezugfestigkeit in N/mm²
SV, I bis III	XC4,XF4,XM2 [1]	C 30/37	0/2, 2/8, > 8 0/4, 4/8, > 8 0/2, ≤ 8 [2]	≤ 450 ≤ 500 bei 0/8 mm	≥ 3,5 Tagesmittelwert ≥ 4,0	$f_{ck,cube}$ = 37	f_{cbt} ≥ 4,5
IV bis VI	XM1	C 30/37	0/4, > 4 [3]	≤ 450 ≤ 500 bei 0/8 mm	≥ 3,5 Tagesmittelwert ≥ 4,0	$f_{ck,cube}$ = 37	f_{cbt} ≥ 3,5

[1] nur für Oberbeton [2] Größtkorn 8 mm, 16 mm, 22 mm oder 32 mm [3] Größtkorn 16 mm, 22 mm oder 32 mm

Tabelle 13.21 Anforderungen an Fahrbahndeckenbeton

13.5 Verfestigungen und Tragschichten mit hydraulischen Bindemitteln

Zum *Oberbau* zählen
- Asphaltdeckschicht, evt. Asphaltbinderschicht, Betondecke, Pflasterdecke, Plattenbelag,
- Asphalttragschicht, Tragschicht mit hydraulischem Bindemittel (Verfestigung, hydraulisch gebundene Tragschicht, Betontragschicht),
- Schichten ohne Bindemittel.

Die *hydraulisch gebundenen Schichten* unterscheiden sich nach ZTV Beton-StB 07 in der Technologie, dem Ausgangsmaterial und dem Mischverfahren in
- Bodenverfestigungen mit hydraulischen Bindemitteln,
- hydraulisch gebundene Tragschichten (HGT),
- Betontragschichten,
- Fahrbahndecken aus Beton

Bodenverfestigungen werden nach den Grundsätzen der Bodenmechanik, Betontragschichten nach den Grundsätzen der Betontechnologie hergestellt.

Bei der *Bodenverfestigung* werden anstehende Böden mit hydraulischem Bindemittel vermischt. Dies geschieht durch maschinelles Verteilen des Bindemittels und homogenes Einmischen in die oberste Schicht. Die aufgelockerte Masse muss eben eingebaut, mit ausreichender Querneigung versehen und verdichtet werden. Dies nennt man das *Baumischverfahren* oder mixed-in-place. Für die Zugabe von Zement ist auch das *Zentralmischverfahren* üblich. Hierbei wird das anstehende Material in einen Zwangsmischer gegeben, dort mit dem Bindemittel gemischt und dann maschinell auf dem Planum eingebaut.

Beim Mischverfahren ist die Mindestdicker abhängig vom Größtkorn. Sie beträgt beim
- Baustoffgemisch 0/32 mindestens 0,12 m,
- Baustoffgemisch 0/45 mindestens 0,15 m,
- Baustoffgemisch > 0/45 mindestens 0,20m.

Je nach der Bodenart unterscheiden sich die zugemischten Zementanteile. Anhaltswerte sind in Tabelle 13.22 zusammengefasst.

Bodenart nach DIN 18 196	GW, GI, GE, SW, SI	SE	GU, GT, SU, ST	GU, GT, SU, ST	UL, TL	UM, TM, TA
Zementanteil in Gew.-T.	4,0 bis 7,0	8,0 bis 12,0	6,0 bis 10,0	7,0 bis 12,0	7,0 bis 12,0	10,0 bis 16,0
Gewicht in kg/m³	80 bis 120	150 bis 200	120 bis 160	120 bis 200	120 bis 200	180 bis 240

Tabelle 13.22 Anhaltswerte für Zementanteile bei der Bodenverfestigung

13.5 Verfestigungen und Tragschichten mit hydraulischen Bindemitteln

Als maßgebende Vorschriften für die Bodenverfestigung gelten die
- ZTVE-StB – Zusätzliche Technische Vertragsbedingungen und Richtlinien für Erdarbeiten im Straßenbau
- ZTV Beton-StB – Zusätzliche Technische Vorschriften und Richtlinien für Tragschichten und Fahrbahndecken im Straßenbau.

Die Verfestigung der oberen Zone von Unterbau bzw. Untergrund soll den dort liegenden, oft frostempfindlichen oder nicht tragfähigen Boden so verändern, daß die Tragfähigkeits- und Verdichtungsanforderungen nach ZTVE-StB erfüllt werden und die Schicht als frostunempfindlich angesehen werden kann, da ein kapillares Aufsteigen des Wassers zum Planum verhindert wird. Diese Schicht kann dann auch als Tragschicht dem Oberbau zugerechnet werden. Der Verformungsmodul auf dem Planum soll dann den Wert $E_{v2} = 45\,0$ MN/m² einhalten.

Die Bodenverfestigung setzt man auch ein, wenn nach Abschluß der Erdarbeiten nicht sofort der gesamte Oberbau aufgebaut wird. Die Verbesserung schützt dann in regenreichen Perioden den Boden vor großer Wasseraufnahme. Damit wird die kostentreibende Arbeit der Planumsnachverdichtung im Frühjahr eingespart. Außerdem bildet die verbesserte Schicht in trockenen Zeiten eine tragfähige Baustraße oder bei Umbaumaßnahmen eine willkommene Möglichkeit für die Umleitung des Verkehrs.

Hydraulisch gebundene Tragschichten und Betontragschichten bestehen aus einem Mineralstoffgemisch mit festgelegten Korngrößen und Kornaufbau und Zement. Es dürfen nur güteüberwachte Mineralstoffe verwendet werden, die den "Technischen Lieferbedingungen für Gesteinskörnungen im Straßenbau - TL Gestein-.StB " und der DIN 4226, Teil 1 entsprechen. Außerdem sind die "Richtlinien für die Standardisierung des Oberbaus von Verkehrsflächen - RStO" zu beachten (Tabellen 7.17 bis 7.25). Hydraulisch gebundene Tragschichten können bereits vor Erreichen der Endfestigkeit befahren werden. Dadurch tritt die erwünschte Öffnung der Scheinfugen frühzeitig ein.

Sollen Kerben in der Tragschicht hergestellt werden, muss das im frischen Zustand durch Einrütteln oder Einschneiden in Abständen von max $a_K = 5{,}00$ m geschehen. Die Lage ist vor der Bauweise der darüber liegenden Schicht abhängig.

Beim Bau von Fahrbahndecken aus Beton ist für die Bauklassen SV, I, II und III in der Regel die Bodenverfestigung mit Zement oder die HGT vorzusehen. Neben der Erhöhung der Tragfähigkeit wird gleichzeitig eine Öffnung der Scheinfugen unterstützt. Die Verbundwirkung zwischen HGT und Betondecke fördert das gleichzeitige Reißen der Querscheinfugen. Dadurch wird eine bessere Kraftübertragung und eine geringere Beanspruchung der Fugenvergussmasse erzielt. Der Einsatz der HGT im Oberbau ist in den Tabellen 7.17 bis 7.25 dargestellt.

Tragschichten in ländlichen Wegen sind vorteilhaft als hydraulisch gebundene Tragschichten herzustellen. Hierbei sind insbesondere die "Zusätzlichen Technischen Vorschriften und Richtlinien für die Befestigung ländlicher Wege - ZTV-LW" und die "Richtlinien für den ländlichen Wegebau - RLW" für die Ausbildung der Konstruktion heranzuziehen. Um nicht zu viel Fläche zu "versiegeln", empfiehlt es sich, auf ländlichen Wegen nur die *Fahrspuren* als hydraulisch gebundene Tragdeckschicht auszuführen und den Zwischenraum mit Rasen auszufüllen. Eine einwandfreie Drainage des Planums ist dafür natürlich Voraussetzung.

Auch für Geh- und Radwege und Parkflächen hat sich die Tragschicht als HGT bewährt. Im Gleisbau wurden ebenfalls schon Schichten als HGT angewandt. Bild 13.9 zeigt dafür ein Beispiel.

Nach dem Einbau ist für die HGT eine Nachbehandlung erforderlich. Entweder hält man die Oberfläche drei Tage feucht oder sprüht einen geschlossenen Film aus Bitumenemulsion auf.

```
Technisches      Durchdringung von              Verformung im
Problem          Untergrund u. Bettung          Unterbauplanum
```

Bauliche Lösung

```
                                                     0,15        0,20
                        0,15
                                       0,15
          └─ anstehender Boden mit    └─ eingebrachter Boden mit
             Bodenverfestigung           Bodenverfestigung
          └─ leicht mischbarer Boden  └─ anstehender Boden mit
                                         Kalk stabilisiert
                                      └─ bindiger Boden im bildsamen Bereich    Maße in m
```

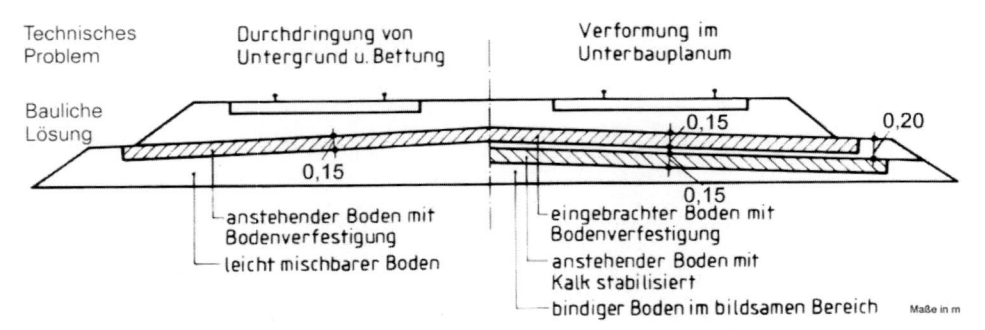

Bild 13.9 Beispiel für hydraulisch gebundene Tragschichten im Gleisoberbau

Bei Aufgrabungen für Rohrgräben bringt die Wiederverfüllung mit HGT den großen Vorteil, dass eine Nachverdichtung des Füllbodens verhindert wird und das Auftreten von Senken in der Fahrbahn entfällt.

Walzbeton ist eine Verbindung der wirtschaftlichen Eigenschaften und der Zusammensetzung einer HGT mit den Vorteilen einer Betondecke. Zwar gelten für ihn die Gesichtspunkte der Bodenmechanik, doch wird die Zementzugabe entsprechend der gewünschten Festigkeit (15,0 N/mm² bis 35,0 N/mm²) festgelegt. Der Einbau geschieht mit einem Straßenfertiger mit Hochverdichtungsbohle. Danach wird der frische Beton sofort mit einer Gummiradwalze oder mit einer Vibrationswalze mit 10 t Dienstgewicht verdichtet, wobei die Vibrationswalze zunächst zwei Übergänge ohne Vibration ausführt. Weitere vier Übergänge mit Vibration sollen dann eine Verdichtung von mindestens 98 % der modifizierten Proctordichte erreichen. Einkerbungen bewirken eine gezielte Risssteuerung.

Nach der Verdichtung ist eine Nachbehandlung notwendig, um schädliche Wasserverdunstung zu verhindern. Am besten ist dies mit Wasser möglich. Allerdings sind dafür wenigstens fünf Tage anzusetzen.

Als Anhalt für die Zusammensetzung einer Tragschicht aus Walzbeton können die Werte der Tabelle 13.23 dienen. Die Bauweisen für Walzbeton sind in Tabelle 13.24 dargestellt.

	Sand	Kies	Kalksteinsplitt		
Korndurchmesser in mm	0/2	2/8	8/11	11/16	16/22
Kornanteil in Massen-%	32,0	23,0	10,0	10,0	25,0
Zementzugabe CEM I 32,5 in kg/m³	300				
Wasserzugabe in kg/m³	110				

Tabelle 13.23 Mischungszusammensetzung einer Walzbetontragschicht

Wärmedämmende Tragschichten bestehen aus Polystrolschaumstoffperlen und Feinsand oder Füller und Zement. Auch hier sind Korngröße und Kornaufbau vorgegeben. Die Ausführung erfolgt nach den Grundsätzen der Betontechnologie.

Wärmedämmende Tragschichten vermindern die erforderliche frostsichere Mindestdicke des Fahrbahnoberbaus wesentlich. Durch die Eigenschaft der Wärmedämmung wird im Winter zwar das Absinken der Bodenwärme verhindert, jedoch ist dafür die Vereisungsgefahr der darüberliegenden Schichten größer. Um ein Eindringen des Frostes von der Seite zu verhindern, müssen wärmedämmende Tragschichten seitlich mindestens 0,50 m über die normale Breite einer Tragschicht verlängert werden. Der Rand wird durch Anspritzen mit kationischer Bitumenemulsion gesichert. Der Einsatz des sog. EPS-Betons bleibt auf Sonderfälle beschränkt.

13.5 Verfestigungen und Tragschichten mit hydraulischen Bindemitteln

Zeile	Bauklasse	I				II				III				IV				V				VI		
	Bemessungsrel. Beanspruchung B in Mio.	>10 bis 32				>3 bis 10				>0,8 bis 3				>0,3 bis 0,8				>0,1 bis 0,3				<0,1		
	Dicke des frostsich. Oberbaus	50	60	70	80	50	60	70	80	50	60	70	80	50	60	70	80	40	50	60	70	40	50	60	70
1	Walzbeton auf Frostschutzschicht — Dicken in cm; Verformungsmodul E_{v2} in MN/m²																								
	Splitt-Asphaltmastix / Walzbeton / Frostschutzschicht					4 / 120 / 24 / 28 / 45								4 / 120 / 20 / 24 / 45								4 / 100 / 16 / 20 / 45 $^{1)}$		
	Dicke der Frostschutzschicht	22$^{3)}$	32$^{3)}$	42$^{4)}$	52	22$^{3)}$	32$^{3)}$	42$^{4)}$	52	26$^{3)}$	36$^{4)}$	46	56	26$^{3)}$	36$^{4)}$	46	56	20$^{3)}$	30	40	50	20$^{3)}$	30	40	50
2	Walzbeton für den vollgebundenen Oberbau — Dicken in cm; Verformungsmodul E_{v2} in MN/m²																								
	Splitt-Asphaltmastix / Walzbeton / Bodenverfestigung mit hydr. Bindemittel					$^{2)}$ 4 / 28 / 15 / 45 / 43								4 / 22 / 15 / 41								4 / 15 / 15 / 34		

$^{1)}$ statt Splittmastixasphalt auch doppelte Oberflächenbehandlung einsetzbar (Legende s. Tabelle 13.26)
$^{2)}$ Untergrund bzw. Unterbau entsprechend den RStO
$^{3)}$ nur mit gebrochenen Mineralstoffen und bei örtlicher Bewährung anwendbar
$^{4)}$ mit rundkörnigen Mineralstoffen nur bei örtlicher Bewährung anwendbar

Tabelle 13.24 Bauweisen mit Walzbeton

Zeile	Bauklasse	I	II	III	IV	V	VI
	Bemessungsrel. Beanspruchung B in Mio. Äv/Nutzungszeitraum	>10 bis 32	>3 bis 10	>0,8 bis 3	>0,3 bis 0,8	>0,1 bis 0,3	≤0,1
	Dicke des frostsicheren Oberbaus in cm	≤70					
2.0	Fahrbahndecke aus Beton auf wärmedämmender EPS-Betonschicht		22 / 17$^{1)}$ / 39	20 / 17$^{1)}$ / 37		16 / 17$^{1)}$ / 33	
	Dicke des frostsicheren Oberbaus in cm	≤70					
2.1	Fahrbahndecke aus Beton auf wärmedämmender EPS-Betonschicht		22 / 20$^{1)}$ / 42	20 / 20$^{1)}$ / 40		16 / 20$^{1)}$ / 36	

$^{1)}$ $E_{v2} \geq 45{,}0$ MN/m²; $D_{Pr} \geq 100$ % bzw. 97 % gem. ZTVE-StB,

Tabelle 13.25 Bauweisen mit Betonfahrbahn und EPS-Beton

Zeile	Bauklasse	I	II	III	IV	V	VI
	Bemessungsrel. Beanspruchung B in Mio. Äü/Nutzungszeitraum	> 10 bis 32	> 3 bis 10	> 0,8 bis 3	> 0,3 bis 0,8	> 0,1 bis 0,3	≤ 0,1
	Dicke des frostsicheren Oberbaus in cm	≤ 70					
1.0	Bituminöse Tragschicht (> 70,0 Massen-% gebrochenes Korn) auf EPS-Betonschicht		4/8/11/17/40	4/8/8/17/34		4/4/9/17/34	
1.1	Bituminöse Tragschicht (> 45,0 Massen-% gebrochenes Korn) auf EPS-Betonschicht		4/8/13/17/42	4/8/10/17/39		4/4/11/17/36	
	Dicke des frostsicheren Oberbaus in cm	≥ 80					
1.2	Bituminöse Tragschicht (> 70,0 Massen-% gebrochenes Korn) auf EPS-Betonschicht		4/4/10/20/38	4/8/9/20/43		4/4/8/20/36	
1.3	Bituminöse Tragschicht (> 45,0 Massen-% gebrochenes Korn) auf EPS-Betonschicht		4/8/11/20/43	4/4/12/20/40		4/4/10/20/38	

[1]) E_{vs} ≥ 45,0 MN/m²; D_{Pr} ≥ 100,0 % bzw. 97,0 % gemäß ZTVE-StB (Legende s. Tabelle 13.27)

Tabelle 13.26   Bauweisen mit Asphalt-Deckschicht und EPS-Beton

Legende:
- Asphalt - Deckschicht
- Walzbeton
- Frostschutzschicht
- Binderschicht
- Tragschicht
- EPS-Betonschicht
- Betondeckschicht
- hydraulisch geb. Bodenverfestigung (Tab. 13.25)
- wärmedämmende Betonschicht

Legende zu den Tabellen 13.24 bis 13.26

13.6 Tragschichten ohne Bindemittel

Tragschichten dienen der Spannungsverteilung der auf die Fahrbahn wirkenden Verkehrslasten. Wird kein Bindemittel zugegeben, das die Mineralstoffe aneinander bindet, so müssen alle Kräfte durch die Reibung und Abstützung zwischen den Körnern in den Untergrund abgetragen werden. Die Verdichtung beim Einbau sorgt für eine enge Lagerung der Einzelkörner und verbessert damit die Reibung. Sie erhöht den Reibungswinkel und lässt nur geringe Verschiebungen der Körner gegeneinander zu. Um diese Eigenschaften zu erreichen, sind einige Grundsätze des Kornaufbaus einer ungebundenen Tragschicht einzuhalten:

13.6 Tragschichten ohne Bindemittel

- die Menge grober Körner soll möglichst groß gewählt werden, um das Traggerüst zu bilden,
- die Körner sollen eine möglichst rauhe und kantige Oberfläche besitzen, um sich gegenseitig gut zu verzahnen,
- die Kornabstufung soll so gewählt werden, dass die jeweils kleinere Korngruppe die Hohlräume zwischen der größeren ausfüllt, um die Hohlräume gering und die Berührungsstellen groß zu halten,
- Feinststoffe sind stark zu begrenzen, um Wasseranreicherungen oder Quellvorgänge zu verhindern,
- der Wasseranteil ist so einzustellen, dass sich das Korngemisch gut verdichten lässt, ohne dass Gleitflächen durch den Wasserfilm entstehen,
- der Hohlraumanteil soll so groß sein, dass kein Kapillarwasser aufsteigen, aber von oben eindringendes Wasser rasch abgeführt werden kann,
- die Größe des Größtkorns soll auf die Dicke der Schicht abgestimmt sein.

Frostschutzschichten
Als Frostschutzschichten bezeichnet man nichtgebundene Tragschichten, die Frostschäden am Oberbau vermeiden sollen. Als Bestandteile verwendet man frostunempfindliche Mineralstoffgemische, die auch im verdichteten Zustand noch wasserdurchlässig sind. Verwendet werden Sande, Kiese oder gebrochene Körnungen, denen auch je nach Verwendungsart und Schichtdicke regionale gebrochene Mineralstoffe aus Naturgestein, Hochofenstück-, Metallhüttenstück-, Lavaschlacke oder Recycling–Material zugemischt werden.

Das Planum unter der Frostschutzschicht erhält eine Querneigung $q = 4,0$ %. Es muss so eben ausgeführt werden, dass das durchsickernde Wasser schnell zur Seite abgeführt und dort einer Entwässerungsleitung zugeführt werden kann. Auf der hohen Seite der Straße wird im Planum die Querneigung ebenfalls mit $q = 4,0$ % nach außen geführt. Der Knickpunkt des Planums liegt dabei 1,00 m vom Fahrbahnrand zur Mitte versetzt.

Damit das Mineralstoffgemisch die *Frostempfindlichkeitsgrenze* nicht überschreitet, darf das Feinkorn mit einem Durchmesser < 0,063 mm den Anteil von 5,0 Massen-% nicht übersteigen. Im Lieferzustand dürfen nicht mehr als 7,0 Massen-% vorhanden sein. Es muss auch darauf geachtet werden, dass bei feinkörnigem Erdplanum kein Material in die Frostschutzschicht aufsteigen kann. Der Einbau einer Zwischenlage aus Geotextil ist dazu vorteilhaft.

Als Material lassen sich folgende Gemische verwenden:
- Kiese und Kies-Sand-Gemische der Gruppen GE, GI, GW,
- Sande und Sand-Kies-Gemische der Gruppen SE, SI, SW,
- Gemische aus Schotter, Splitt und Brechsand, Lieferkörnungen 0/32, 0/45 und 0/56.

In den oberen 0,20 m der Frostschutzschicht müssen mindestens 30,0 Massen-% eine Korngröße über 2,0 mm besitzen. Für Kies-Sand-Gemische liegt die Obergrenze dieser Korngrößen bei 75,0 Massen-%, bei Splitt/Brechsand-Mischungen bei 85 Massen-%.

Frostschutzschichten unter Geh- und Radwegen erhalten beim Größtkorn von 22 mm eine Mindestdicke von 0,10 m. Die Mindestwerte für den Verdichtungsgrad sind in Tabelle 13.28 zusammengefasst. Die Oberfläche der Frostschutzschicht darf nicht mehr als ± 2 cm von der Sollhöhe abweichen.

Größtkorn in mm	32	45	56	63
Schichtdicke in m	0,12	0,15	0,18	0,20

Tabelle 13.27 Mindest-Schichtdicken der Frostschutzschichten in Abhängigkeit vom Größtkorn

Bereich	Baustoffgemische	D_{Pr} in % der Bauklassen		
		SV, I bis IV	V	VI[1]
Oberfläche Frostschutzschicht bis 0,20 m Tiefe	GW, GI, Gemische aus Brechsand, Splitt, evt. Schotter, 0/5 bis 0/56	103		100
	GE, SE, SW, SI	100		
unterhalb 0,20 m Tiefe	alle Gemische wie oben	100		
Verformungsmodul E_{v2} in MN/m² auf Oberfläche Frostschutzschicht bei E_{v2} = 45 MN/m² auf Erdplanum [2]		120		100

1) auch bei Geh- und Radwegen und sonstigen Verkehrsflächen
2) Bei Geh- und Radwegen entfällt der Nachweis des Verformungsmoduls

Tabelle 13.28 Mindestanforderungen an Verdichtungsgrad und Verformungsmodul bei Frostschutzschichten

Kiestragschichten und Schottertragschichten

Kiestragschichten bestehen aus einem Kies - Sand - Gemisch der Lieferkörnungen 0/32, 0/45 oder 0/56, dem manchmal auch gebrochenes Material zugesetzt wird. Mit Schottertragschicht bezeichnet man eine Schicht aus einem Schotter - Splitt - Sand - Gemisch der Lieferkörnungen 0/45 oder 0/56 oder aus einem Splitt - Sand - Gemisch der Lieferkörnung 0/32. Aufgrund der Zusammensetzung erfüllen sie die Aufgaben der Lastverteilung und der Frostsicherheit.

Die optimale Dicke einer Schicht unter Be-rücksichtigung einer einwandfreien Verdichtung liegt zwischen 0,20 m und 0,25 m. Durch das Verdichten verringert sich die Schichtdicke etwa um 15 %.

Größtkorn in mm	32	45	56
Schichtdicke in m	0,12	0,15	0,18

Tabelle 13 29 Mindest-Schichtdicken der Kies- und Schottertragschichten in Abhängigkeit vom Größtkorn

	Dicke der Kiestragschicht in m		Dicke der Schottertragschicht in m		Verdichtungsgrad D_{Pr} in %	$E_{v2}:E_{v1}$
	0,20 bis 0,25	> 0,25	0,15 bis 0,20	> 0,20		
Verformungsmodul E_{v2} in MN/m² (E_{v2} = 120 MN/m² auf der Frostschutzschicht)	150	180	150	180	103	< 2,2
Verformungsmodul E_{v2} in MN/m² (E_{v2} = 100 MN/m² auf der Frostschutzschicht)	120	150	120	150	100	< 2,5

Tabelle 13.30 Anforderungen an Kies- oder Schottertragschichten

Kombinierte Frostschutz-Kies-Tragschichten

Bei dieser Bauart wird keine besondere Frostschutzschicht als untere Tragschicht eingebaut. Die Wahl der kombinierten Kies–Frostschutz–Tragschicht (KFT) ist dann wirtschaftlich, wenn geeignete Kiese und Sande in der Nähe der Baustelle nicht zur Verfügung stehen und gebrochenes Material die Bedingungen der Frostsicherheit erfüllt. Ebenso wird der Einsatz sinnvoll, wenn die Gesamtkonstruktion von Decke bis oberer Tragschicht so groß wird, daß für die Frostschutzschicht nur noch eine dünne Schicht übrig bleibt. Die KFT wird dann unmittelbar auf das Erdplanum aufgebracht.

	auf dem Erdplanum	auf der Tragschicht von		Geh- oder Radwegen
		Straßen der Bauklasse		
		SV, I bis IV	V und VI[1]	
Verformungsmodul E_{v2} in MN/m²	45	150	120	80

1) auch sonstige Verkehrsflächen

Tabelle 11.31 Verformungsmodul für kombinierte Kies-Frostschutztragschichten

13.6 Tragschichten ohne Bindemittel

Die zulässige Abweichung der Oberfläche der Tragschichten von der Ebenheit oder der Sollhöhe der Oberfläche von Tragschichten darf nicht größer als ± 2,0 cm sein.
Die Ausführungen der Randausbildung für die verschiedenen Bauweisen sind nachfolgend dargestellt.

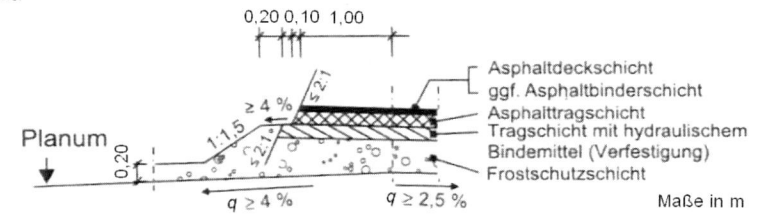

Bild 13.10   Asphaltbefestigung auf Bodenverfestigung

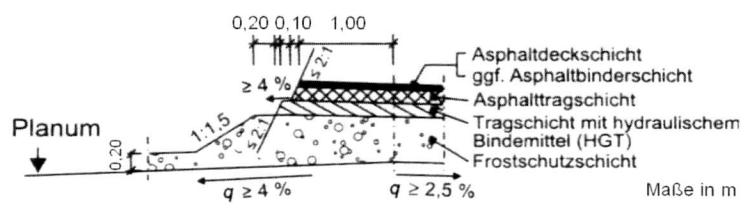

Bild 13.11   Asphaltbefestigung auf hydraulisch gebundener Tragschicht

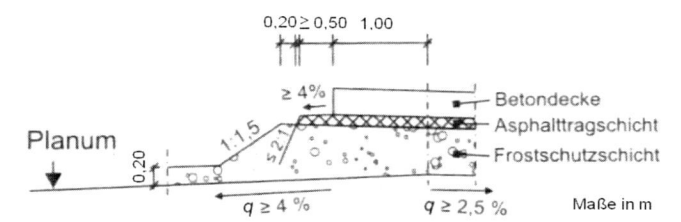

Bild 13.12   Betondecke auf Asphalttragschicht

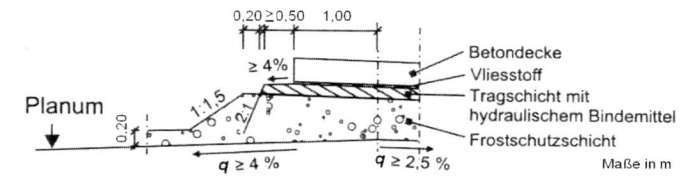

Bild 13.13   Betondecke auf hydraulisch gebundener Tragschicht

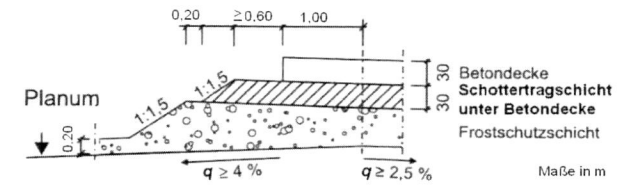

Bild 13.14   Betondecke auf Schottertragschicht

14 Bauausführung

Grundlage für jede Bauausführung sind vollständige und einwandfreie Baupläne. In ihnen sollen alle Bauaufgaben und -leistungen enthalten sein, die im Leistungsverzeichnis beschrieben sind. Dabei ist anzustreben, dass elektronisch berechnete Daten dem Auftragnehmer vom planenden Ingenieur übergeben werden, um einerseits die Baudurchführung zu unterstützen, andererseits Irrtümern vorzubeugen. Während der Baudurchführung können dann die Aufmaßdaten fertig gestellter Leistungen hinzugefügt und schließlich die Schlussabrechnung ausgeführt werden.

Der Auftragnehmer hat im Rahmen der Gesetze und Vorschriften und den Regeln der Technik eine einwandfreie Leistung abzuliefern. Nachbesserungen als Garantieleistungen verursachen ihm oft erhebliche Kosten. Andererseits muss der Auftraggeber durch ständige Bauüberwachung die Qualität der Leistung überprüfen. Eine intensive Bauaufsicht kann dem Auftraggeber viel Geld und Zeit ersparen. Bauleiter und Bauaufsicht sollen als Partner sich gemeinsam für das Gelingen des Bauwerks verantwortlich fühlen.

14.1 Vermessungsarbeiten

Für die Planung und den Bau von Straßen sind für die Übertragung der Zeichnung in die Örtlichkeit Angaben notwendig, die die Lage und die Höhe jedes Punktes festlegen. In der Regel schließt man an das Lage- und Höhenfestpunktfeld der Vermessungsverwaltung an. Bautechnische Vermessungen im Verkehrswesen schließt man an das vorhandene Koordinatennetz an. Verwendet werden in der Bundesrepublik Deutschland Koordinaten *nach Gauß-Krüger*. Für andere bautechnische Vermessungen sind auch örtliche Netze möglich.

Die Festpunktfelder werden durch weitere trigonometrische Aufnahmen zum Aufnahmepunktfeld (AP-Feld) verdichtet. Reicht dies nicht aus, kann das AP-Feld durch Poligonisierung verdichtet werden. Diese Verdichtung erfolgt heute meist durch eine satellitengestützte Vermessung. In Deutschland kann man sich des Satellitenpositionierungsdienstes *SAPOS*® bedienen. Dazu ist ein GPS-Empfänger und die Verbindung zu einer, besser zu mehreren Referenzstationen erforderlich. Hierbei setzt man meist die eigene Vermessungsabteilung oder Vermessungsbüros ein. In Waldgebieten oder in Straßen mit hoher Blockbebauung ist die Sicht zu den Satelliten behindert. Dort ist die konventionelle Vermessung mit Theodolit, Nivelliergerät oder elektro-optischen Messgeräten notwendig.

Grundlagenvermessung

Festpunktfeld. Grundlage für die Vermessung von Ingenieurbauten ist das Festpunktfeld. Dazu benutzt man die Festpunkte der Vermessungsverwaltung. Sind keine vorhanden oder liegen diese ungünstig, muss ein Festpunktfeld durch eine Grundlagenvermessung erstellt werden. Bei Straßen ist das Festpunktfeld auf die Linienführung abzustimmen und in das Netz der Vermessungsverwaltung einzubinden. Folgemessungen sind an das Festpunktfeld anzuschließen. Das gilt dafür als fehlerfrei. Für die Erkundung ist zu beachten:

- Die Punkte müssen gute Sichten zu den Nachbarpunkten und möglichst auch zu Anschlusspunkten gewährleisten. Dabei ist die Belaubung in der Sommerzeit zu berücksichtigen.
- Bei freier Standpunktwahl für das Messgerät müssen die Sichten nach mehreren Festpunkten sowohl für die Aufnahme als auch für die Absteckung vorhanden sein. Das gilt auch für die Einbindung ins Festpunktfeld.
- Alle Punkte sind leicht zugänglich anzuordnen.
- Als Anschlusspunkte sind Festpunkte zu verwenden, die Sichten zu Fernzielen zulassen.
- Der Abstand der Lagefestpunkte soll maximal 250,00 m betragen

Festpunkte müssen vor Zerstörung geschützt werden. Deshalb bindet man sie in Betonsockel ein, die bodeneben abschließen und ca. 0,60 m tief in die Erde reichen. Zusätzlich werden sie auf Sicherungspunkte eingemessen. Die Maße werden in einem Protokoll mit Vermaßungsskizze festgehalten.

Soll das Gelände durch Befliegung aufgenommen werden, müssen möglichst alle Festpunkte aus der Luft sichtbar sein.
- Das Festpunktfeld ist mit den zugehörigen Punktnummern zu kartieren. Das kann mit Hilfe elektronischer Auswertung und der automatischen Zeichnungserstellung zeitsparend erreicht werden.
- Bei Straßen setzt man die Festpunkte als Polygonzug außerhalb des Baubereiches. Sie sollen während der Bauzeit erhalten bleiben. Außerdem ist zu beachten, dass erforderliche Sichten nicht durch Materiallagerungen, vorübergehende Bauten o.ä. behindert werden.
- Höhenfestpunkte sollen höchstens 300,00 m Abstand von einander haben. In der Nähe von Bauwerken sind zwei Höhenfestpunkte einzumessen.
- Die Messungen müssen die für das jeweilige Bauwerk erforderliche Genauigkeit garantieren. Messgeräte und Messanordnung sind darauf abzustimmen.

Polygonzug. Um bestimmte Punkte einer Kurve oder bestimmte Messpunkte abzustecken, benutzte man früher im Straßenbau einen trassennahen Polygonzug. Er wurde in das bestehende Festpunktnetz eingebunden und möglichst gestreckt angelegt. Mit dem modernen Global Positioning System (GPS) führt man die Absteckung von einem beliebigen Standort als Polarabsteckung aus. Trotzdem kann die Einmessung eines Polygonzuges notwendig werden, um das Festpunktfeld zu verdichten, oder in Geländeabschnitten, in denen keine Sicht zu Satelliten oder Referenzpunkten besteht. Allerdings muss er dann nicht zwingend trassennah verlaufen.

Ausgangspunkt ist ein Punkt mit bekannten Koordinaten (y_0; x_0) und eine bekannte Anschlussrichtung. Die Richtung kann auch aus den Koordinaten eines zweiten Punktes, dem *Anschlussziel* berechnet werden. Es gilt dann für die Richtung von P_i nach P_{i+1}

$$t_0 = \arctan \frac{y_{i+1} - y_i}{x_{i+1} - x_i} \tag{14.1}$$

Die Entfernung zwischen den Punkten ist

$$s = \sqrt{(y_{i+1} - y_i)^2 + (x_{i+1} - x_i)^2} \tag{14.2}$$

t_0 Richtungswinkel in gon
s Strecke in m

Vom Ausgangspunkt zielt man den nächsten Punkt des Polygonzuges an und liest *den Brechungswinkel* β zwischen Anschlussziel und Neupunkt ab. Außerdem misst man die Strecke zwischen den beiden Punkten. Dazu benutzt man Theodolite mit elektrooptischen Entfernungsmessern, die die Horizontalentfernung oder Schrägdistanz zeigen. Im letzten Falle muss auch der Zenitwinkel abgelesen und die Horizontalentfernung berechnet werden. Moderne Geräte registrieren alle Messwerte automatisch, manche werten sie bereits im Feld elektronisch aus. Die Richtung zum neuen Punkt errechnet man mit

$$t_i = t_{i-1} - 200 + \beta_i \, (\pm 400) \quad \text{in gon} \tag{14.3}$$

t_i Richtung zum Neupunkt in gon
t_{i-1} Richtung zum vorhergehenden Punkt in gon
β_i abgelesener Brechungswinkel in gon

14.1 Vermessungsarbeiten

Die Messung des Polygonzuges wird nun so lange fortgesetzt, bis ein bekannter Festpunkt erreicht ist, von dem als *Abschlussziel* ein Fernziel angezielt werden kann. Danach müssen die ablesebedingten Messungenauigkeiten ausgeglichen werden.

Die *Winkelabschlussverbesserung* v_β wird mit Gl. (14.4) bestimmt. Sie ergibt sich aus dem Unterschied zwischen der abgelesenen Abschlussrichtung und der aus den bekannten Koordinaten errechneten.

$$v_\beta = t_0 - t_E - \left(\beta_1 - n \cdot 200 + \sum_{i=1}^{n} \beta_i \pm 400\right) \text{ in gon} \tag{14.4}$$

t_0 Anschlussrichtungswinkel $\beta_1 \ldots \beta_n$ gemessene Brechungswinkel
t_E Abschlussrichtungswinkel n Anzahl der gemessenen Brechungswinkel

Sind die zulässigen Fehlergrenzen eingehalten, wird die Winkelabschlussverbesserung gleichmäßig auf die gemessenen Winkel verteilt. Dann wird die Verbesserung für den Winkel

$$v_\beta = \frac{v_\beta}{n} \quad \text{in gon} \tag{14.5}$$

und die verbesserten Richtungswinkel

$$t_{i,korr} = t_i + v_\beta \quad \text{in gon} \tag{14.6}$$

Daraus ergeben sich die vorläufigen Koordinatenunterschiede (Bild 14.1)

$$\Delta y_i = s \cdot \sin t_{i,korr} \tag{14.7}$$

$$\Delta x_i = s \cdot \cos t_{i,korr} \tag{14.8}$$

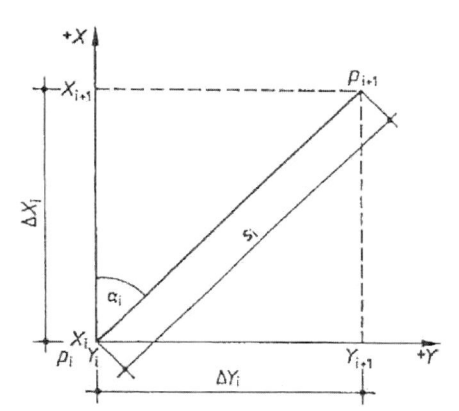

Bild 14.1 Koordinatenunterschied zweier Messpunkte

Die Koordinatenanschlussverbesserungen erhält man aus den Gln. (14.9) und (14.10).

$$v_y = y_n - y_1 - \sum_{i=1}^{i=n-1} \Delta y_i \tag{14.9}$$

$$v_x = x_n - x_1 - \sum_{i=1}^{i=n-1} \Delta x_i \tag{14.10}$$

Die Längs- und Querabweichung (F_L, F_Q) bestimmt man aus dem Richtungswinkel zwischen Anfangs- und Endpunkt und erhält so die Längsabweichung

$$W_L = W_y \cdot \sin t + W_x \cdot \cos t \tag{14.11}$$

und die Querabweichung

$$W_Q = W_y \cdot \cos t - W_x \cdot \sin t \tag{14.12}$$

Für die vorläufigen Koordinatenunterschiede sind die Verbesserungen

$$v_{y,i} = W_y \cdot \frac{s_i}{\sum s} \tag{14.13}$$

$$v_{x,i} = W_x \cdot \sum \frac{s_i}{\sum s} \tag{14.14}$$

s_i Strecke zwischen zwei gemessenen Punkten $\sum s$ Summe aller Seitenlängen

Mit den Glg. (14.7) und (14.8) werden die endgültigen Koordinatenunterschiede

$$Dy_i = \Delta y_i + W_{y,i} \qquad (14.15)$$

$$Dx_i = \Delta x_i + W_{x,i} \qquad (14.16)$$

Die endgültigen Punktkoordinaten der einzelnen Polygonpunkte ergeben sich mit den Gln. (14.17) und (14.18).

$$y_{i+1} = y_i + Dy_i \qquad (14.17)$$

$$x_{i+1} = x_i + Dx_i \qquad (14.18)$$

Fehlertoleranzen. Für die Grenzen der tolerierten Fehler wurden von den Vermessungsverwaltungen der einzelnen Bundesländer Grenzwerte festgelegt. Als Anhalt können die Werte der baden-württembergischen Vermessungsverwaltung dienen. Es werden unterschieden
- Genauigkeitsstufe 1 für besonders festgelegte Gebiete,
- Genauigkeitsstufe 2 für die übrigen Gebiete.

Die zulässige Längsabweichung Z_L beträgt für Genauigkeitsstufe 1

$$Z_{L1} = \frac{2}{3} \cdot \sqrt{0,03^2 \cdot (n-1) + 0,06^2} \qquad \text{in gon} \qquad (14.19a)$$

und für die Genauigkeitsstufe 2

$$Z_{L2} = \sqrt{0,03^2 \cdot (n-1)^2 + 0,06^2} \qquad \text{in gon} \qquad (14.19b)$$

Z_L zulässige Längsabweichung in m
n Anzahl der Brechungspunkte des Polygonzuges einschließlich Anfangs- und Endpunkt

Die zulässige lineare Querabweichung Z_Q beträgt für Genauigkeitsstufe 1

$$Z_{Q1} = \frac{2}{3} \cdot \sqrt{0,003^2 \cdot n^3 + 0,00005^2 \cdot s^2 + 0,06^2} \qquad \text{in m} \qquad (14.20a)$$

Die zulässige lineare Querabweichung Z_Q beträgt für Genauigkeitsstufe 2

$$Z_{Q2} = \sqrt{0,003^2 \cdot n^3 + 0,00005^2 \cdot s^2 + 0,06^2} \qquad \text{in m} \qquad (14.20b)$$

Bei Bestimmung der Polygonpunkte im Soldnernetz erhöht sich die zulässige Längsabweichung auf den doppelten Wert.

Die zulässigen Winkelabweichungen sind für Genauigkeitsstufe 1

$$Z_{W1} = \frac{2}{3} \cdot \sqrt{\frac{600^2}{(\sum s)^2} \cdot (n-1)^2 \cdot n + 10^2} \qquad \text{in mgon} \qquad (14.21a)$$

und für Genauigkeitsstufe 2

$$Z_{W2} = \sqrt{\frac{600^2}{(\sum s)^2} \cdot (n-1)^2 \cdot n + 10^2} \qquad \text{in mgon} \qquad (14.21b)$$

Für Vermessungsarbeiten im Straßenbau sind Fehlergrenzen auch in den "Richtlinien für die Anlage von Straßen - Teil Vermessung (RAS-Verm)" angegeben. Sie betragen für die

Längsabweichung: W_L = 0,05 m, Querabweichung: W_Q = 0,05 m
Standardabweichung: σ_p = 0,015 m Winkelabweichung: W_W = 0,005 gon

dabei ist: $\sigma_p = \sqrt{\sigma_x^2 + \sigma_y^2}$; mit σ_x Standardabweichung in x – Richtung
σ_y Standardabweichung in y – Richtung

14.1 Vermessungsarbeiten

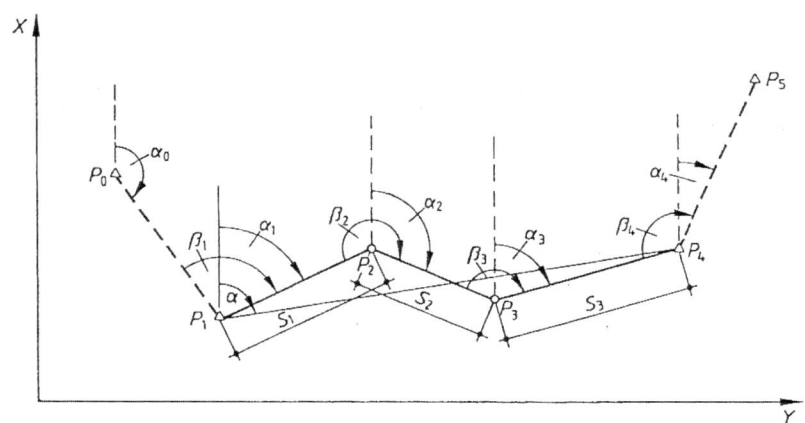

Bild 14.2 Beispiel für einen Polygonzug

Beispiel: Im Bild 14.2 ist die Messung eines Polygonzugs dargestellt. Die gemessenen Werte sind

	Koordinaten Y	X	Gemessene Werte bei Punkt	Strecke in m	Winkel t in gon
Anschlussziel P_0	12131,19	20219,05	P_1	212,67	101,391
Ausgangspunkt P_1	12520,78	20219,02	P_2	173,28	196,909
Endpunkt P_4	12652,68	20654,48	P_3	140,92	278,743
Abschlussziel P_5	12982,79	20714,83	P_4		211,436

Als Anschluss- bzw. Abschlussrichtung ergeben sich aus

$$t_0 = \arctan \frac{y_0 - y_A}{x_0 - x_A} = \frac{12520,78 - 12131,19}{20219,02 - 20219,05} = \arctan \frac{389,59}{-0,03} = \arctan(-12986,3333) = 100,0049 \text{ gon},$$

$t_4 = 88,4886$ gon

Die Winkelabschlussverbesserung wird

$w_\beta = t_0 - t_E - (t_1 + t_2 + t_3 + t_4 - n \cdot 200) - a \cdot 400 = 100,0049 - 88,4886 - (101,391 + 196,909 + 278,743 + 211,436 - 4 \cdot 200)$
$= 0,0047$ gon $= 4,7$ mgon $<$ zul $w = 9,0$ mgon nach RAS-Verm-90

Die Verbesserung der Brechungswinkel ergibt

$$v_\beta = \frac{w_b}{n} = \frac{0,0047}{4} = 0,00118 \text{ gon} = 1,18 \text{ mgon}$$

Damit werden die verbesserten Brechungswinkel
$t_{1,\text{korr}} = t_1 + v_\beta = 101,391 + 0,00118 = 101,39218$ gon, $t_{2,\text{korr}} = 196,91018$ gon, $t_{3,\text{korr}} = 278,74418$ gon,
$t_{4,\text{korr}} = 11,43718$ gon

und die Richtungswinkel der Polygonseiten
$t_2 = 201,39708$ gon; $t_3 = 77,05144$ gon, $t_4 = 88,48862$ gon.

Die Koordinatenunterschiede sind
$\Delta y_2 = s \cdot \sin t_{1,\text{korr}} = 212,67 \cdot 0,02194 = 4,667$ m, $\Delta y_3 = -4,607$ m, $\Delta y_4 = 131,863$ m,
$\Delta x_2 = s \cdot \cos t_{1,\text{korr}} = 212,67 \cdot 0,99976 = -212,619$ m, $\Delta x_3 = 173,219$ m, $\Delta x_4 = 48,705$ gon

Die Koordinatenanschlussverbesserungen sind dann

$$W_y = y_4 - y_1 - \sum_{i=1}^{i=4} \Delta y_i = 12652,68 - 12520,78 - (4,666 - 4,607 + 131,863) = -0,022 \text{ m},$$

$$W_x = x_4 - x_1 - \sum_{i=1}^{i=4} \Delta x_i = 20654,48 - 20219,02 - (212,619 + 173,219 + 48,705) = -0,083 \text{ m}$$

Der Richtungswinkel von P_1 nach P_4 ist

$$t_1^4 = \arctan \frac{y_4 - y_1}{x_4 - x_1} = \frac{12652,68 - 12520,78}{20654,48 - 20219,02} = \frac{131,90}{435,46} = 0,302898 \quad = 18,7238 \text{ gon}$$

und die Entfernung

$$s = \sqrt{(y_4 - y_1)^2 + (x_4 - x_1)^2} = \sqrt{(12652{,}68 - 12520{,}78)^2 + (20654{,}48 - 20219{,}02)^2} =$$
$$= \sqrt{17397{,}61 + 189625{,}41} = 454{,}998 \text{ m}.$$

Die Längsabweichung beträgt
$$W_L = W_y \cdot \sin t + W_x \cdot \cos t = -0{,}025 \cdot 0{,}28989 + (-0{,}083 \cdot 0{,}95706) = -0{,}087 \text{ m} < \text{zul } W_L$$

Die Querabweichung ist
$$W_Q = W_y \cdot \cos t - W_x \cdot \sin t = -0{,}0239 + 0{,}0241 = 0{,}002 \text{ m} < 0{,}09 \text{ m}.$$

Verteilt man die Längsabweichung anteilig auf die gemessenen Seiten, erhält man
$$s_1 = 212{,}67 - 0{,}029 = 212{,}641 \text{ m}, \quad s_2 = 173{,}251 \text{ m}, \quad s_3 = 140{,}891 \text{ m}.$$

Es werden die Koordinatenverbesserungen
$$v_{y,2} = W_{y,2} \cdot \frac{s_2}{\Sigma s} = -0{,}025 \cdot \frac{212{,}635}{526{,}783} = -0{,}01 \text{ m},$$

$$v_{x,2} = W_x \cdot \frac{s_2}{\Sigma s} = -0{,}083 \cdot \frac{212{,}635}{526{,}783} = -0{,}083 \cdot 0{,}39613 = -0{,}034 \text{ m},$$

$v_{y,3} = -0{,}008$ m, $v_{x,3} = -0{,}027$ m,
$v_{y,4} = -0{,}007$ m, $v_{x,4} = -0{,}022$ m

Die endgültigen Koordinatenunterschiede sind dann
$Dy_2 = \Delta y_2 + v_{y,2} = 4{,}666 - 0{,}01 = 4{,}656$ m,
$Dx_2 = \Delta x_2 + v_{x,2} = 212{,}619 - 0{,}034 = 212{,}585$ m,
$Dy_3 = -4{,}615$ m, $Dy_4 = 131{,}856$ m,
$Dx_3 = 173{,}192$ m, $Dx_4 = 49{,}683$ m.

Die abgeglichenen Neupunkt-Koordinaten sind
$y_2 = y_1 + Dy_2 = 12520{,}78 + 4{,}66 = 12525{,}44$, $x_2 = x_1 + Dx_2 = 20219{,}02 + 212{,}585 = 20431{,}61$,
$y_3 = y_2 + Dy_3 = 12525{,}44 - 4{,}62 = 12520{,}82$, $x_3 = x_2 + Dx_3 = 20431{,}61 + 173{,}192 = 20604{,}80$.

Zur Probe werden die Koordinaten des Endpunktes errechnet.
$Y_4 = 12520{,}82 + 131{,}856 = 12652{,}68$, $x_4 = 20604{,}80 + 49{,}683 = 20654{,}48$.

Das entspricht dem Sollwert.

Nivellementszug. Um ein Bauwerk höhengerecht einzumessen, werden Nivellementszüge von bekannten Höhenpunkten zu dauerhaft vermarkten Punkten in Bauwerksnähe eingemessen. Diese neuen Höhenpunkte müssen bis zur Beendigung der Baustelle erhalten bleiben.

Die *Messgenauigkeit* ist aus der Bautoleranz abzuleiten und die Auswahl der Geräte darauf abzustimmen. An- und Abschlusspunkte dürfen nicht identisch sein. In der Regel sind die Nivellementszüge hin und zurück zu messen. Die gemessenen Punkte ergeben das *Höhenfestpunktfeld*.

SD in mm	D in mm	σ
$\leq 5 \cdot \sqrt{s}$	$\leq (2 + 5 \cdot \sqrt{s})$	$\dfrac{0{,}001 \text{ m}}{\sqrt{1{,}0 \text{ km}}}$

Tabelle 14.1 Grenzwerte für Messgenauigkeiten von Nivellementszügen (nach RAS-Verm)

SD Widerspruch des Hin- und Rücknivellements zwischen zwei aufeinander folgenden Punkten
D Widerspruch zwischen Messergebnis und vorgegebenem Höhenunterschied zwischen An- und Abschlusspunkt
s einfacher Messweg in km
σ Standardabweichung eines Höhenfestpunktes

Der Fehler wird gleichmäßig auf alle Standpunkte verteilt.

Zur Darstellung des Geländes im Längsschnitt braucht man die Geländehöhen in Straßenachse oder der gewählten Bezugslinie. Für dieses Liniennivellement gilt entsprechend Bild 14.3

$$\sum_{1}^{n} h = h_1 + h_2 + \ldots + h_n.$$

14.1 Vermessungsarbeiten

Das entspricht der Summe aller Lattenablesungen des Rückblicks abzüglich der Summe aller Ablesungen im Vorblick. Beim Anschluß des Liniennivellements an Höhenmarken am Anfang und am Ende entspricht der Wert $\sum h$ dem Höhenunterschied beider Marken.

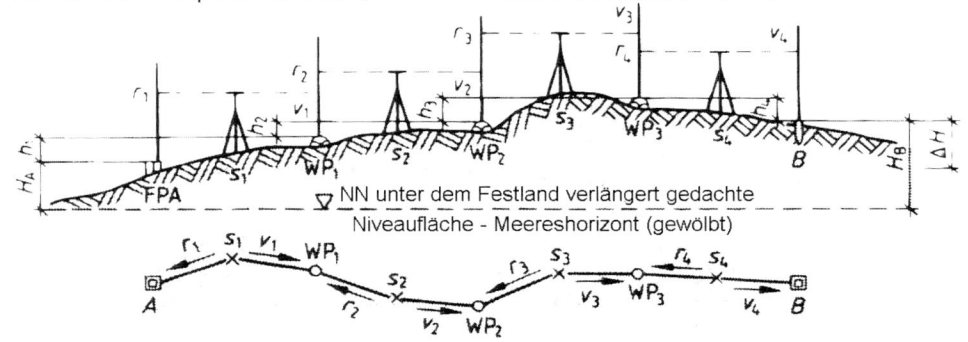

Für steigendes Gelände ist $\sum h$ positiv, für fallendes Gelände negativ einzusetzen.
Es bedeuten r_1 bis r_n die Rückblicke, v_1 bis v_n die Vorblicke. Mit WP sind die Wechselpunkte bezeichnet.

Bild 14.3 Schematische Darstellung eines Liniennivellements

Geländeaufnahme

Terrestrische Geländeaufnahme. Einzelpunkte werden vom Lage- bzw. Höhenfestpunktfeld aus eingemessen. Sie treten als Zwangspunkte für die Linienführung und Höhenlage des Bauwerks, als Paßpunkte für die Befliegung bei photogrammetrischer Aufnahme oder als Punkte zur Katastereinpassung auf. Folgende Standardabweichungen sollen nach den "Richtlinien für die Anlage von Straßen - Teil Vermessung (RAS-Verm)" nicht überschritten werden:

Tachymeteraufnahme. Ausgangspunkt ist das Festpunktfeld. Alle Geländepunkte und topographischen Objekte sind nach Lage und Höhe zu erfassen, soweit sie zur Geländebeschreibung notwendig sind. Da die Auswertung in der Regel elektronisch erfolgt, sind erforderliche Codierungen und die Formate der Schnittstellen für die Registrierung und das Auflisten der

Punktart	Standardabweichung σ in m	
	Lage	Höhe
Zwangspunkt	0,02	0,01
Passpunkt für Modellorientierung	0,03	0,03
Passpunkt für Luftbildentzerrung	0,10	0,10
Punkt zur Katastereinpassung	0,10	

Tabelle 14.2 Zulässige Standardabweichungen für Einzelpunkte (nach RAS-Verm)

Messpunkte programmkompatibel abzustimmen. Manche Software – Hersteller bieten Umsetzprogramme an, die auf die verschiedenen möglichen Aufnahmegeräte abgestimmt sind. (Die Daten sollen den Schnittstellenbeschreibungen des "Objekt-Katalog Straßenbau – OKSTRA" des Bundesministeriums für Verkehr, Bau- und Wohnungswesen entsprechen, um eine fehlerfreie Übergabe der Daten zu gewährleisten. Zwischen zwei Punkten soll das Gelände geradlinig beschrieben werden können. Die Punktdichte ist abhängig von der Geländeform.

Geländebruchkanten, Rücken-, Muldenlinien, besondere Hoch- und Tiefpunkte, in Ortslagen auch Bordsteine, Hauseingänge, Treppen u.ä. müssen zusätzlich erfaßt werden, da sie später bei der Auswertung des Digitalen Geländemodells notwendig sind. Zur Kontrolle mißt man von jedem Messungsstandpunkt aus benachbarte Standpunkte. Hierbei ist darauf zu achten, dass das DV-Auswerteprogramm diese Punkte nicht doppelt registriert, weil sonst Fehler beim Interpolieren auftreten können. Bei Bordsteinen müssen die Koordinaten der Oberkante des Steines ebenfalls unterschiedlich zu denen am Fahrbahnrand sein, damit das Programm die richtige Reihenfolge der Punkte im Querprofil erkennt. Beide Linien sind als Bruchkanten zu definieren.

Soll die Geländeaufnahme als Digitales Geländemodell ausgewertet werden, ist die Aufnahme entsprechend weit über den Interessenstreifen auszudehnen, damit auch die Randbereiche sicher berechnet werden können. Die Aufnahme kann entweder in einem festen Raster erfolgen, wenn die gleich weit entfernten Rasterpunkte das Gelände eindeutig wiedergeben. Es ist aber auch eine unregelmäßige Punktaufnahme möglich, besonders, wenn das Gelände sehr bewegt ist. Erfahrungsgemäß sollten die Punktentfernungen ca. 10,00 m bis 15,00 m betragen. Bei der Auswertung als DGM bildet das Rechenprogramm Dreiecke zwischen drei benachbarten Punkten. Sollen Höhen zwischen den gemessenen Punkten berechnet werden, werden diese auf der Ebene interpoliert, die das Dreieck aufspannt. Für diese Art der Geländeaufnahme ist das Einmessen eines Polygonzuges nicht erforderlich. Das DGM wird auch zur Auswertung eingesetzt, wenn das Gelände durch Befliegen aufgenommen wurde. Bei der Auswahl der Software ist große Sorgfalt angebracht, da nicht alle Hersteller Programme liefern, die die nötige Genauigkeit bei der Auswertung garantieren.

Geländeform	eben	bewegt	schwierig	Ortslage
Punktdichte/ ha	20 bis 40	30 bis 60	> 50	> 100
Punktabstand bei quadratischem Raster in m	15 bis 22	13 bis 18	14	10

Tabelle 14.3 Punktdichte in Abhängigkeit von der Geländeform

Bei *Querprofilaufnahmen* senkrecht zur Straßenachse mit Hilfe der Tachymetrie misst man die Abstände vom Bezugspunkt (Achspunkt) entweder direkt und durch Feststellen der Winkeldifferenz zwischen der Richtung vom Standpunkt zum Bezugspunkt und derjenigen vom Standpunkt zum Messpunkt. Oder man misst die Winkeldifferenz und die Entfernung vom Standpunkt zum Messpunkt durch Tachymetrieren. In diesem Fall muss sich der Messgehilfe auf der Senkrechten zur Achse bewegen, weil DV-Programme meist nicht prüfen, ob der Punkt auf dieser Linie liegt. Bild 14.4 zeigt die schematische Darstellung der tachymetrischen Querprofilmessung.

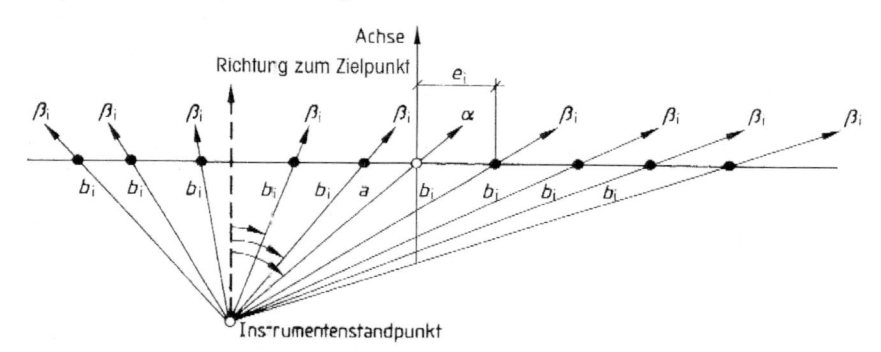

Bild 14.4 Schema der tachymetrischen Querprofilmessung

Die Entfernung vom Bezugspunkt zum Meßpunkt erhält man mit Gl. (14.22).

$$e_i = \sqrt{a^2 + b_i^2 - 2 \cdot a \cdot b_i \cdot \cos(t - \beta_i)} \tag{14.22}$$

Ist die Standpunkthöhe bekannt, kann man die Höhe des Meßpunktes mit Gl. (14.23) berechnen. Verwendet man einen Reduktionstachymeter, so erhält man statt der Schrägentfernung e die Entfernung e_{hor}. Der Anteil $e \cdot \cos z$ entfällt dann. Das Instrument muß dabei nicht auf dem Polygonzug oder im Querprofil stehen.

$$H_P = H_s + i + D \cdot \cos z - t \tag{14.23}$$

14.1 Vermessungsarbeiten

Lage- und Höhengenauigkeit sind auf den Verwendungszweck abzustimmen. Die Genauigkeit nimmt mit Vergrößerung des Abstandes des Messpunktes vom Standpunkt ab.

Querprofile werden allgemein senkrecht zu einer Leitlinie (Achse, Fahrbahnrand, Parallele dazu) aufgenommen. Meist werden vorher die Stationspunkte auf der Leitlinie abgesteckt und danach alle für das Geländequerprofil relevanten Punkte eingemessen. Beim Standpunktwechsel ist der Bezugspunkt des letzten gemessenen Profils zur Kontrolle erneut aufzunehmen.

Bei Achsverschiebungen oder -änderungen können mit Hilfe einer Umformung im Digitalen Geländemodell die Querprofile senkrecht auf die neue Achse berechnet werden. Die Umformung von Punkten, die senkrecht zu einem Polygonzug aufgenommen wurden, ist wesentlich aufwendiger.

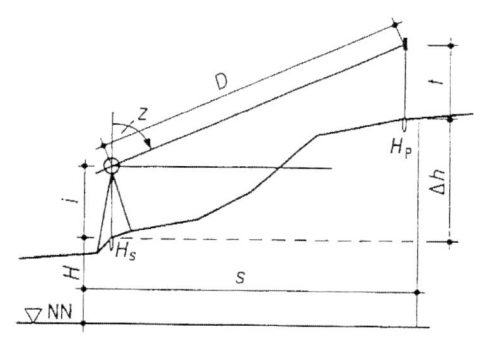

Bild 14.5 Schema der Höhenmessung mit dem Tachymeter
H_P Höhe des Neupunktes
H_s Höhe des Standpunktes in m
i Instrumentenhöhe über dem Standpunkt in m
D Schrägentfernung vom Standpunkt zum Zielpunktt in m
i Instrumentenhöhe über dem Standpunkt in m
z Zenitwinkel zum Zielpunkt
t Zielpunkthöhe über dem Messpunkt

Die Höhengenauigkeit ist bei nivellitischer Aufnahme besser. Aufnahmepunkte sind hierbei die Bezugspunkte der Querprofile auf der Achse in regelmäßigen Abständen und alle Geländeknickpunkte im Querprofil über die zu erwartende Breite des Interessenkorridors. Außerdem sind Querprofile auch an unregelmäßigen Stationen einzumessen, wenn sich wesentliche Knicke in der Geländeoberfläche ergeben. Allgemein ist aber festzustellen, daß heute die Stationsentfernung zwischen zwei Querprofilen nicht mehr wichtig ist, weil die Auswertung in der Regel elektronisch erfolgt.

Nivellementsaufnahme. Die Nivellementsaufnahme von Querprofilen wird heute nur noch in Einzelfällen angewendet. Die Querprofilpunkte werden senkrecht zur Achse gemessen. Die Entfernungen der Geländepunkte werden horizontal mit dem Maßband gemessen. Die Punkthöhe wird auf einen bekannten Höhenpunkt bezogen. Die Ziellinie liegt dabei horizontal. Durch Aufstellen der Nivellierlatte auf den Geländepunkt lässt sich die Punkthöhe berechnen aus dem Instrumentenhorizont und der Lattenablesung (Bild 14.6).

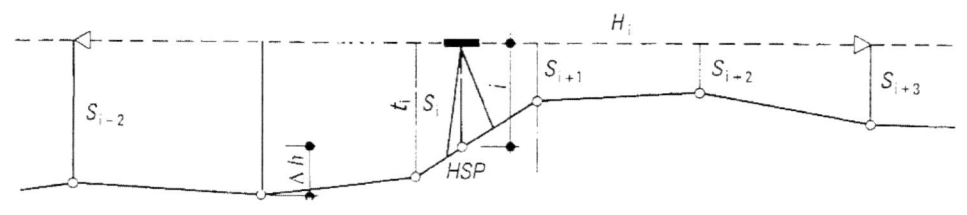

HSP Höhe des Bezugspunktes über NN in m
S_i Höhe der Lattenablesung am Zielfaden des Fernrohrs in m
H_i Instrumentenhorizont = $HSP + i$ in m
H_P Höhe des Geländepunktes in m
i Instrumentenhöhe
Δh Höhendifferenz HSP zu t_i
t_i Zielpunkthöhe

Bild 14.6 Nivellitische Querprofilmessung

Die Geländehöhe berechnet man mit Gl. 14.24.
$$H_P = H_i - S_i \quad \text{in m} \tag{14.24}$$

Beim Standpunktwechsel ist der Nullpunkt des vorhergehenden Profils nochmals einzumessen.

Jedes *Liniennivellement* ist am Anfang und Ende an einen bekannten Höhenpunkt anzuschließen. Oft tritt dabei ein Widerspruch durch Messungenauigkeiten auf. Dann muss eine Höhenverbesserung ermittelt werden.

$$v_H = (H_E - H_A) - \Sigma R - \Sigma V \text{ in m} \tag{14.25}$$

H_A Höhe am Anfangspunkt $\quad$ H_E Höhe am Endpunkt
ΣR Summe aller Rückblickablesungen $\quad$ ΣV Summe aller Vorwärtsablesungen

Photogrammetrische Aufnahme. Für die Orientierung der Stereomodelle sind vier *Lagepaßpunkte* je Modell, für die Bildentzerrung sieben vorzusehen. Drei sollen in beiden Fällen in der Nähe des Bauwerkes liegen. Sie sind mit der Genauigkeit nach Tabelle 14.2 terrestrisch zu bestimmen. Die Paßpunkte sind für die Befliegung zu signalisieren.

Beim *Bildflug* soll die Trasse in der Mitte des Flugkorridors liegen. Die mittlere Überdeckung der Luftbilder muss in Längsrichtung mindestens 60 %, die Überlappung in Querrichtung mindestens 20 % betragen.

	Höhe befestigter Straßen, Wege	Geländepunkte	Höhen--schichtlinien	Lagepasspunkte
Standardabweichung in ‰ der Flughöhe über Grund	± 0,15	± 0,20	± 0,3	± 1,5 ‰ der Bildmaßstabszahl

Tabelle 14.4 Zulässige Standardabweichungen stereoskopischer Luftbildauswertung

Bei der Auswertung der Luftbilder soll die Modellorientierung mindestens über drei Lagepaßpunkte und über sechs Höhenfestpunkte erfolgen. Es sind alle Geländepunkte und topographischen Gegebenheiten auszuwerten, die zur Geländedarstellung erforderlich sind. Die stereoskopische Auswertung muß die Genauigkeiten der Tabelle 14.4 einhalten.

Längs- und Querprofile können direkt aus Luftbildern ausgemessen werden. Um spätere Änderungen besser berücksichtigen zu können, ist die Speicherung als Digitales Geländemodell zweckmäßig. Bruchkanten, Rand- und Gerippelinien sowie Straßenränder sind gesondert zu erfassen. Die DV-Schnittstellen des anzuwendenden Programmsystems sind zu beachten. Nach der Auswertung ist ein Feldvergleich durchzuführen

Digitalisierung. Bei der Digitalisierung werden Punkte aus vorhandenen Karten oder Zeichnungen mit ihren Lage- bzw. Höhenkoordinaten entnommen. Sie können am Digitalisiertisch oder von einem Scanner elektronisch erfaßt werden. Die Auflösung des Digitalisiergeräts muß besser als 0,1 mm sein. Bei Punkten darf eine Standardabweichung von 0,2 mm nicht überschritten werden. Die gespeicherten digitalisierten Punkte werden durch Codes oder Punktnummer ergänzt, welche die Punktart (z.B. Grenzpunkt, Hauseckpunkt, Passpunkt, Festpunkt o.ä.) erkennen lassen. Das gespeicherte Punktfeld wird dann mit dem Digitalen Geländemodell weiter bearbeitet. (Auch hierbei ist OKSTRA zu beachten!)

Koordinatentransformation. Nicht immer werden Messdaten auf das überregionale System der Vermessungsverwaltung bezogen. Besonders im Hochbau wählt man oft örtliche Aufnahmeachsen. Zur Einrechnung ins überörtliche Netz bedarf es dann der Koordinatentransformation. Es sind zwei Freiheitsgrade vorhanden, um das gegebene Netz in das gesuchte zu überführen (Bild 14.7). Dies sind die *Translation* (Hierbei handelt es sich um eine Verschiebung des Koordinatenursprungs parallel zu den Koordinatenachsen, bis die Nullpunkte identisch sind), oder die *Rotation* (Dabei sind die Koordinatennullpunkte identisch, aber die Koordinatenachsen müssen um den Winkel α verdreht werden, um ebenfalls übereinander zu liegen).

14.1 Vermessungsarbeiten

Translation

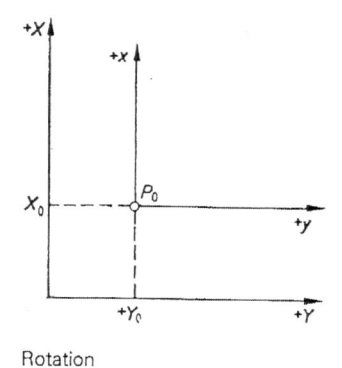

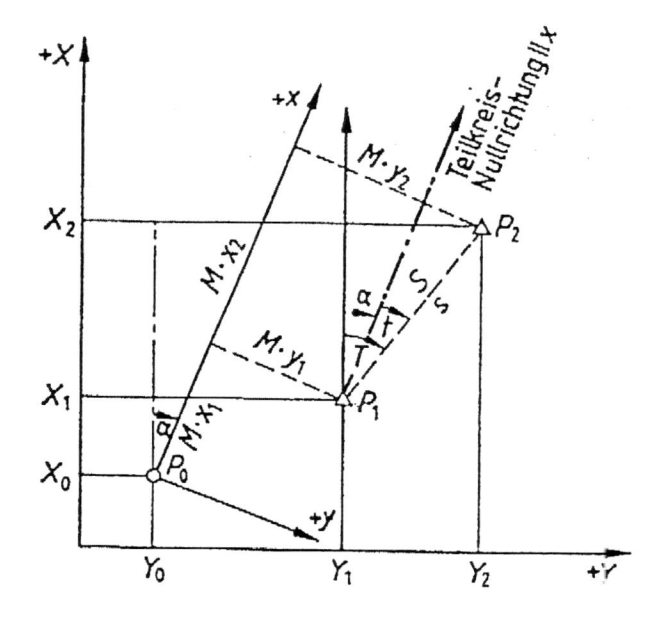

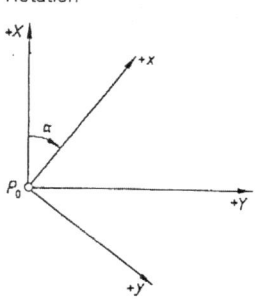

Rotation

Bild 14.7 Koordinatentransformation

Bild 14.8 Skizze zur Bestimmung der Transformationsparameter mit identischen Punkten

Kombiniert man beide Methoden, ergibt sich die *Transformation*. Diese ist in Bild 14.8 dargestellt. Die vier Transformationsparameter Y_0, X_0, M und α kann man bestimmen, wenn mindestens zwei Punkte des Festpunktnetzes mit ihren Koordinaten in beiden Systemen bekannt sind, also identische Punkte darstellen. Setzt man

$$a = \cos \alpha \cdot M \qquad (14.26a)$$
$$o = \sin \alpha \cdot M \qquad (14.26b)$$

erhält man

$$Y_i = Y_0 + o \cdot x_i + a \cdot y_i \qquad (14.27a)$$
$$X_i = X_0 + a \cdot x_i - o \cdot y_i \qquad (14.27b)$$

Aus a und o lassen sich der Maßstabfaktor M und der Drehwinkel α bestimmen.

$$M = \sqrt{a^2 + o^2} \qquad (14.28)$$

$$\alpha = \arctan \frac{o}{a} \quad \text{in gon} \qquad (14.29)$$

Nach Bild 14.8 ist

$$(Y_2 - Y_1)^2 + (X_2 - X_1)^2 = (M \cdot y_2 - M \cdot y_1) + (M \cdot x_1)^2$$

oder

$$M = \frac{S}{s} \qquad (14.30)$$

Außerdem erhält man mit

$$T = \arctan\frac{Y_2 - Y_1}{X_2 - X_1} \tag{14.31}$$

und $\quad t = \arctan\dfrac{y_2 - y_1}{x_2 - x_1}$ (14.32)

$$\alpha = T - t \tag{14.33}$$

t, T	gemessener Winkel im Ausgangs- bzw. Zielsystem	y, x	Punktkoordinaten im Ausgangssystem
s, S	gemessene Strecken im Ausgangs- bzw. Zielsystem	Y, X	Punktkoordinaten im Zielsystem

Mit den Gln. (14.26) und (14.27) und den Koordinaten eines identischen Punktes berechnet man den Koordinatennullpunkt des Systems.

$$Y_0 = Y_1 - o \cdot x_1 - a \cdot y_1 \tag{14.34a}$$
$$X_0 = X_1 - a \cdot x_1 + o \cdot y_1 \tag{14.34b}$$

Die Koordinaten eines beliebigen Punktes P1 werden dann

$$Y_i = Y_1 + M \cdot s_i \cdot \sin(\alpha + t_i) \tag{14.35a}$$
$$X_i = X_1 + M \cdot s_i \cdot \sin(\alpha + t_i) \tag{14.35b}$$

Freie Standpunktwahl. Die freie Standpunktwahl (in der Literatur auch "freie Stationierung") wird durch den Einsatz elektronischer Messgeräte in Verbindung mit einem Feldcomputer zur Absteckung besonders günstig eingesetzt. Voraussetzung dafür ist, dass außer der elektronischen Mess- und Datenverarbeitungs-Ausrüstung ein Lagefestpunktfeld und mehrere gut sichtbare Anschlussziele vorhanden sind. Der Standpunkt bildet den Koordinaten-Nullpunkt für ein örtliches System mit beliebig festgelegten Richtungen. Die Koordinaten des Standpunktes werden über die Richtungen und Entfernungen zu bekannten Lagefestpunkten errechnet.

Das örtliche System ist das Ausgangssystem, das übergeordnete Landessystem ist das Zielsystem. Die vom Standpunkt polar gemessenen Anschlusspunkte müssen identischen Punkte sein. Ihnen können sowohl im Ausgangs- wie im Zielsystem Lagekoordinaten zugeordnet werden.

Die Berechnung der Koordinaten weiterer polar gemessener Punkte erfolgt zunächst durch Koordinierung im Ausgangssystem. Anschließend nimmt man die Umformung ins Zielsystem mit Transformationsparametern vor, die man mit der *Helmert-Transformation* gewinnt. Dafür müssen die Standpunktkoordinaten nicht unbedingt bekannt sein. Je nach Aufgabe kann auch die Messung eines Polygonzuges bei freier Standpunktwahl entfallen. Bild 14.9 zeigt die Systematik des Verfahrens.

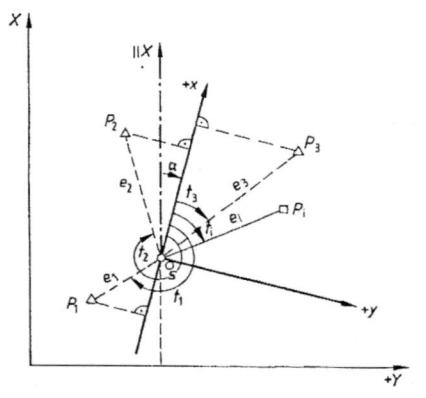

○	Standpunkt
	nichtidentischer Punkt
△	identische Punkte
$y; x$	Ausgangssystem
$Y; X$	Zielsystem
t_i	Richtungsablesung am Teilkreis
e_i	Entfernung zum gemessenen Punkt
α	Drehwinkel zwischen Ausgangs- und Zielsystem

Bild 14.9 Standpunktsystem bei freier Standpunktwahl

14.1 Vermessungsarbeiten

Global Positioning System (GPS). Das satellitengestützte Vermessungssystem ermöglicht es, beliebige Standpunkte im Gelände zur Vermessung und Absteckung aufzusuchen, auch wenn im Gegensatz zur terrestrischen Vermessung eine Sichtverbindung zu den zu vermessenden Punkten nicht besteht. Es muss lediglich Sichtverbindung zwischen den GPS-Empfängern und den Satelliten gegeben sein.

Dem Ingenieur stehen geeignete Vermessungsgeräte mit ausgefeilter Software für die Auswertung zur Verfügung, die auf die jeweiligen Geräte sorgfältig abgestimmt sein muss. Die Bedienung im Felde ist relativ einfach. Allerdings müssen für die Messung mindestens zwei Empfänger gleichzeitig registrieren können. Dagegen verlangt die Auswertung besondere Erfahrung. Die Lage der Aufstellpunkte muss so gewählt werden, dass „Abschattungen" durch Sichthindernisse zu den Satelliten (Hauswände, Hecken, Bäume, Mauern) keine Störungen der Signale hervorrufen. Bei der Beobachtung sollen mindestens vier, besser sechs Satelliten in der Beobachtungszeit sichtbar sein.

Bei Vermessungsaufgaben ist die Auswertezeit für gemessene Daten und die Berechnung der Koordinaten ein maßgebender Faktor. Die Forderungen an die *Echtzeitfähigkeit* von GPS-Messungen hängen von der Aufgabe ab. Für die Absteckung sollen die Werte in wenigen Sekunden vorliegen, bei Aufmessungen ist ein Bereich von ein bis zwei Minuten noch hinnehmbar. In der Regel wird die *Real-Time-Kinematik* (RTK) eingesetzt. Dabei wird eine Messstation auf einen Punkt mit bekannten Koordinaten aufgestellt. Eine zweite oder mehrere Messstationen werden dann auf die neu zu messenden Punkte gestellt.

Bauer schreibt in „Vermessung und Ortung mit Satelliten, 4. Aufl., H. Wichmann Verlag, Heidelberg: „RTK-Vermessung ist unbestritten ein Verfahren, welches unter idealen GPS – Bedingungen sehr gute Ergebnisse liefert. Punktlagen in freier Feldlage sind ideal für GPS - Messungen." Aus wirtschaftlichen Gründen ist aber eine GPS-Vermessung in großem Umfang problematisch. Die Aufnahme sollte von wenigen Anschlusspunkten, die mit GPS für den Straßenbau sehr genau bestimmt werden können, im Anschluss daran mit herkömmlichen terrestrischen Verfahren durchgeführt werden.

In den „Zusätzlichen Technischen Vertragsbedingungen und Richtlinien für die Bauvermessung im Straßen- und Brückenbau – ZTV Verm-StB" werden die in Tabelle 14.5 zusammengestellten Genauigkeiten verlangt. Diese Werte können bei GPS-Messungen eingehalten werden.

In der Praxis wird die Absteckung heute meist mit GPS durchgeführt. Dabei greift man an Stelle der bisher üblichen topographischen oder Polygonpunkte auf *Referenzstationen* zu, die von den Vermessungsverwaltungen im deutschen Bundesgebiet zur Verfügung gestellt werden. Wegen der Kosten für die Messgeräte werden solche Vermessungsaufgaben in der Regel von Vermessungsbüros, weniger von den Firmenbauleitern oder – vermessungsingenieuren durchgeführt.

	Bei der Lage von			Bei der Höhe im		
	Achspunkten	sonstigen Punkten				
		Erdbau	Oberbau	Erdbau	Tragschichten	Deckschichten
Grenzabmaß [1] in mm	± 40	± 100	± 20	± 30	± 20	± 10
Maßtoleranz [2] in mm	80					
Standardabweichung [3] in mm	16					

[1] Differenz zwischen Höchstmaß und Sollmaß bzw. Mindestmaß und Sollmaß
[2] Differenz zwischen Höchstmaß und Mindestmaß
[3] Statistisches Maß für die Streuung der Messdaten um den Erwartungswert (früher: mittlerer Fehler)

Tabelle 14.5   Zulässige Abmaße und Toleranzen

Achsberechnung

Die Entwurfselemente der Achsen von Verkehrswegen sind Gerade, Kreis und Klothoide. Um eine Straße ins Gelände übertragen zu können, muss deshalb die Achse oder eine Parallele dazu als Bezugslinie berechnet werden. Gewöhnlich gibt man die Baustationen im regelmäßigen Abstand an. Diese Punkte nennt man *Kleinpunkte*. Dazu kommen noch besondere Punkte wie Hauptpunkte (*ÜA, ÜE, WP*), Achsschnittpunkte, Lage der Brückenwiderlager usw.

Zur Berechnung von Kleinpunkten auf der *Geraden* verwendet man die Gln. (14.1), (14.2), (14.17) und (14.18).

Zur Berechnung der Kleinpunkte im Kreisbogen kann man auf verschiedene Weise vorgehen. In der Regel geht man vom Bogenanfang und der dort vorhandenen Tangentenrichtung aus. Nach Bild 4.10 ergibt sich als

Tangentenlänge $\quad t = r \cdot \tan\dfrac{\alpha}{2} \quad$ in m $\qquad$ s. Gl. (4.50)

Bogenlänge $\quad b = \dfrac{\pi \cdot r \cdot \alpha}{200} \quad$ in m $\qquad$ s. Gl. (4.55)

Für einen beliebigen Bogenpunkt P_i gilt, dass für die Entfernung x_i des Lotes durch P_i auf die Tangente die Ordinate y nach Gl. (4.56) bestimmt wird.

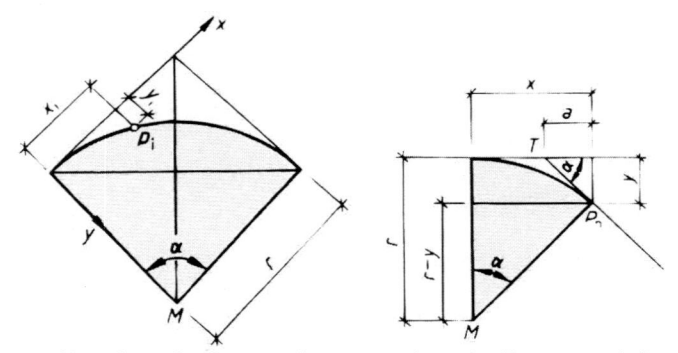

Absteckung des Bogenpunktes $\qquad$ Lage des Tangentenschnittpunkts

$$y_i = r - \sqrt{r^2 - x_i^2} \quad \text{in m} \qquad \text{s. Gl. (4.56)}$$

Für beliebige Werte x berechnet man die Ordinaten mit

$$y_i = \frac{x_i^2}{2 \cdot r} + \frac{x_i^4}{8 \cdot r^3} + \frac{x_i^6}{16 \cdot r^5} + \ldots \quad \text{in m} \qquad \text{s. Gl. (4.57)}$$

oder näherungsweise, wenn $x \leq \dfrac{r}{5}$ ist, mit Gl. (4.58)

$$y_i = \frac{x_i^2}{2 \cdot r} + \frac{1}{2 \cdot r} \cdot \left(\frac{x_i^2}{2 \cdot r}\right) \quad \text{in m} \qquad \text{s. Gl. (4.58)}$$

x in m, r in m

Für den Bereich $x \leq \dfrac{r}{10}$ genügt die Genauigkeit des ersten Gliedes. Die Lage des Tangentenschnittpunkts T bestimmt man mit Gl. (4.59).

14.1 Vermessungsarbeiten

$$a = \frac{y \cdot (r - y)}{\sqrt{y \cdot (2 \cdot r - y)}} \quad \text{in gon} \qquad \text{s. Gl. (4.59)}$$

Will man die *Kleinpunkte in gleicher Bogenlänge* angeben, legt man zuerst den Mittelpunktswinkel mit Gl. (4.60) fest.

$$\varphi = \frac{200 \cdot b}{\pi \cdot r} = 63{,}661977 \cdot \frac{b}{r} \quad \text{in gon} \qquad \text{s. Gl. (4.60)}$$

Für den Einzelpunkt gilt dann

$$x_n = r \cdot \sin(n \cdot \varphi) \quad \text{in m} \qquad \text{s. Gl. (4.61)}$$
$$y_n = r \cdot [1 - \cos(n \cdot \varphi)] \quad \text{in m} \qquad \text{s. Gl. (4.62)}$$

n Anzahl der Einzelstrecken, die vom Bogenanfang mit gleichem Zentriwinkel abgesetzt werden
x_n Abszisse des Punktes P_n auf der Bogentangente vom Bogenanfang aus
y_n Ordinate des Punktes P_n auf der Bogentangente vom Bogenanfang aus

Die vorgenannten Gleichungen lassen sich leicht auf einem Taschenrechner für die Arbeit auf der Baustelle programmieren, so dass man auf die früher üblichen Bogen-Abstecktafeln verzichten kann.

Beispiel: Gegeben: $r = 400{,}00$ m. Gesucht: y für $x = 50{,}00$ m.
    Da $x < r/5$ ist, wird nach Gl. (4.58)
    $y = 3{,}125 + 0{,}012 = 3{,}137$ m   nach Gl. (4.57) ist $y = 3{,}137$ m

    Für $x = 40{,}00$ m ergibt sich mit Gl. (4.58), da $x = r/10$ ist
    $y = 2{,}00$ m.

Da alle Werte x_i auf der Tangente vom Bogenanfangspunkt aus abgetragen werden, lassen sich die Koordinaten der Bogenpunkte mit den Gleichungen für die Gerade berechnen.

Will man statt der Punkte im Abstand gleicher Bogenlängen beliebige Stationen im Kreisbogen berechnen, kann man zunächst vom Bogenanfang aus die Bogenlänge bis zur gewünschten Station feststellen. Dann ergibt sich der Mittelpunktswinkel φ mit Gl. (4.60). Die Koordinaten des Mittelpunktes berechnet man mit den Gln. (14.17) und (14.18), wenn man zur Richtung im Bogenanfangspunkt BA jeweils 100,0 gon für Rechtsbögen oder 300,0 gon für Linksbögen addiert und als Entfernung den Radius r einsetzt. Danach addiert man zu der Winkelrichtung, mit der man den Kreismittelpunkt errechnete, den Winkel $\varphi + 200{,}0$ gon hinzu und nimmt als Ausgangspunkt die Koordinaten des Kreismittelpunktes.

Die Ordinaten y lassen sich nur durch Reihenentwicklung mit den Gln. (4.67) bis 4.69) lösen. Elektronischem Rechenprogramme übernehmen die Arbeit. Dem Ingenieur stehen dann die Ergebnislisten zur Verfügung.

Absteckung

Zur Achsabsteckung berechnet man die Achshauptpunkte ÜA, ÜE, WP und die Kleinpunkte. Sofern die Geländeform dies erlaubt, wählt man einen Querprofilabstand von 20,0 m, weil sich dann Mengenermittlungen leicht im Kopf berechnen und überprüfen lassen. Für elektronische Berechnungen ist dies nicht ausschlaggebend. Liegen Anfangspunkt und -richtung fest, kann zur Koordinatenberechnung das Tangentenpolygon der Achse herangezogen werden. Da heute elektronische Messgeräte verwendet werden, ist die Absteckung als *Polarabsteckung* (z.B. von einem Polygonpunkt aus, aber auch von Punkten der Freien Standpunktwahl) gebräuchlich. Die Absteckwerte für Entfernung und Richtungswinkel werden aus den Koordinaten von Standpunkt und Kleinpunkt mit den Gln. (14.1) und (14.2) berechnet. Vom Standpunkt aus braucht man zusätzlich den Richtungswinkel zu einem Anschlußziel. Von dieser Richtung setzt man den Richtungswinkel zum Kleinpunkt ab und korrigiert den Standpunkt des Reflektors so lange, bis die angezeigte Entfernung e mit dem Rechenwert übereinstimmt

Bei der ersten Absteckung der Achse und wichtiger Punkte kann im freien Gelände die Absteckung mit Hilfe des GPS-Systems über die Punktkoordinaten erfolgen. In Waldgebieten oder bei vorhandener Bebauung, die die Sicht auf eine ausreichende Zahl von Satelliten verhindert, ist jedoch die althergebrachte Arbeit mit dem Tachymeter notwendig. Ebenso können mit dieser Methode einzelne verloren gegangene Punkte wieder hergestellt werden.

Bei Bauwerken kleinerer Ausdehnung kann auch die *Orthogonalabsteckung* zweckmäßig eingesetzt werden. Hierzu ist auf der nächstliegenden Polygonseite, deren Anfangs- und Endkoordinaten sowie Richtung bekannt sind, und aus den Koordinaten des Kleinpunktes der Lotfußpunkt zu berechnen. Sind auch diese Koordinaten bekannt, kann die Lotlänge ermittelt werden. (Bild 14.10). Dazu berechnet man die Transformationskonstanten auf das örtliche System der Polygonseite mit den Gln. (14.36) und (14.37).

$$o = -\frac{Y_E - Y_A}{s} \cdot \frac{D}{s} \qquad (14.36)$$

$$a = \frac{X_E - X_A}{s} \cdot \frac{D}{s} \qquad (14.37)$$

Zum Ausgleich von Längenänderungen (z.B. ausgeglichener Polygonzug, anderes verwendetes Messwerkzeug) muss multipliziert werden mit dem Faktor

$$V_D = \frac{D}{s} \qquad (14.38)$$

s berechnete Strecke $\qquad D$ gemessene Strecke

Auf der Polygonseite wird die Entfernung u vom Anfangspunkt aus abgesetzt und dort rechtwinklig das Lot mit der Länge v errichtet. Die Strecke vom Lotfußpunkt zum Endpunkt P_n bezeichnet man mit w.

$$u = (X_P - X_A) \cdot a - (Y_P - Y_A) \cdot o \qquad (14.39)$$
$$v = (X_P - X_A) \cdot o + (Y_P - Y_A) \cdot a \qquad (14.40)$$
$$w = s - u \qquad (14.41)$$

Die Koordinaten des Lotfußpunktes erhält man aus
$$Y_F = Y_A - o \cdot u \qquad (14.42)$$
$$X_F = X_A + o \cdot a \qquad (14.43)$$

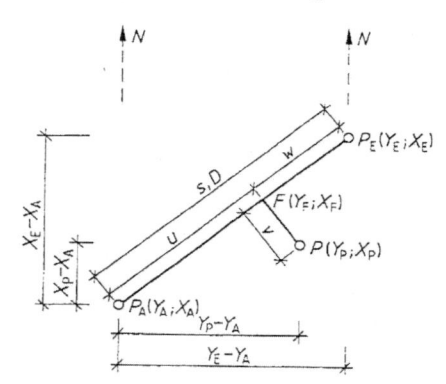

Bild 14.10 Orthogonalabsteckung

Beispiel: Gegeben: Die Polygonpunkte P_1 und P_2 mit ihren Koordinaten und die Koordinaten eines Schachtes P_S. Gesucht: alle Absteckwerte für die Orthogonal- und Polarabsteckung von P_1 aus.

Punkt	P_1	P_2	P_S
Y	12652,680	12982,790	12710,173
X	20654,480	20714,830	20673,632

Es wird
$$o = \frac{12982,79 - 12652,68}{335,581} = -0,983697$$

$$a = \frac{20714,83 - 20654,8}{335,581} = 0,179837$$

Die Entfernung u des Lotfußpunktes F von P_1 auf dem Polygonzug und der Abstand v vom Lotfußpunkt sind dann
$$u = 19,152 \cdot 0,179837 - 57,493 \cdot (-0,983697) = 63,444 \text{ m}$$
$$v = 19,152 \cdot (-0,983697) + 57,493 \cdot 0,179837 = -8,50 \text{ m}.$$

(Das negative Vorzeichen bedeutet, dass der Schacht links von der Polygonseite von P_1 nach P_2 liegt)

14.1 Vermessungsarbeiten

Für die Polarabsteckung stellt man die Richtung der Polygonseite fest.

$$\tan\alpha = \frac{12982{,}79 - 12652{,}68}{20714{,}83 - 20654{,}48} = 5{,}4699254$$

Damit ist der Richtungswinkel $\alpha = 88{,}488577$ gon. Die Zielrichtung zum Schacht ist dann

$$\tan\beta = \frac{57{,}493}{19{,}152} = 3{,}00193 \text{ und damit } \beta = 79{,}529 \text{ gon.}$$

Die Entfernung D vom Polygonpunkt P_1 zum Schacht ist

$$D = \sqrt{57{,}493^2 + 19{,}152^2} = 60{,}599 \text{ m}$$

Sind bei der Kreisbogenabsteckung die Station des Bogenanfangspunktes BA, seine Koordinaten und die Tangentenrichtung in BA bekannt, kann man von der Kreisbogentangente orthogonal abstecken. Man berechnet zuerst die Bogenlänge b_1 von BA aus bis zur nächsten runden Station. Mit den Gln. (4.61) und (4.62) ermittelt man die weiteren Absteckwerte für die erste runde Station, bezogen auf die Tangente. Dieser Fall tritt immer dann auf, wenn BA nicht genau mit einer runden Station zusammenfällt. Von der nächsten runden Station kann man dann auch mit konstantem Bogenintervall arbeiten. Mit Gl. (4.60) erhält man den Mittelpunktswinkel α_{ks}. Zur weiteren Berechnung benutzt man die Gln. (14.44) und (14.45).

$$x_n = r \cdot \sin(\alpha_1 + n \cdot \alpha_{ks}) \text{ in m} \tag{14.44}$$
$$y_n = r \cdot (1 - \cos(\alpha_1 + n \cdot \alpha_{ks}) \text{ in m} \tag{14.45}$$

x_n Abstand des Lotfußpunktes durch P_n von BA auf der Tangente in m $\quad y_n$ Abstand vom Lotfußpunkt bis P_n in m
α_1 Mittelpunktswinkel für die Bogenlänge b_1 $\quad r$ Kreisbogenradius
α_{ks} Mittelpunktswinkel für Stationsentfernung $\quad b_1$ Bogenlänge von BA bis P_n
n Anzahl der Winkel mit gleicher Bogenlänge (= regelmäßige Stationsentfernung)

Beispiel: Gegeben: $r = 40{,}00$ m, Station des Bauanfangs $BA = 104{,}362$ m.
Gesucht: die Absteckwerte für die Stationen 0+120,00, 0+140 und 0+160

Berechnung für Baustation 0+120,00:

Bogenlänge BA bis Station 0+120,00: $b = 120{,}00 - 104{,}362 = 15{,}638$ m

Nach Gl. (4.55) wird $\alpha_1 = \dfrac{15{,}638 \cdot 200}{\pi \cdot 40{,}00} = 24{,}8887$ gon

Mit Gl. (4.61) wird $x_n = 40{,}00 \cdot 0{,}38107 = 15{,}243$ m

Mit Gl. (4.62) wird $y_n = 40{,}00 \cdot (1 - 0{,}92455) = 3{,}018$ m

Berechnung für Baustation 0+140,00:

Nach Gl. (4.55) wird $\alpha_{ks} = \dfrac{20{,}000 \cdot 200}{\pi \cdot 40{,}00} = 31{,}8310$ gon

Mit Gl. (14.44) wird $x_n = 40{,}00 \cdot \sin(24{,}8887 + 1 \cdot 31{,}831) = 31{,}107$ m
Mit Gl. (14.45) wird $y_n = 40{,}00 \cdot (1 - \cos 56{,}7197) = 14{,}853$ m

Berechnung für Baustation 0+160,00:

Mit Gl. (14.44) wird $x_n = 40{,}00 \cdot \sin(24{,}8887 + 2 \cdot 31{,}831) = 39{,}355$ m
Mit Gl. (14.45) wird $y_n = 40{,}00 \cdot (1 - \cos 88{,}5507) = 32{,}845$ m

Für die Berechnung der Absteckung von Stationen in der Klothoide verwendet man die Gln. (4.67) bis (4.69) sinngemäß.

Die Bogenlänge von ÜA bis zur ersten runden Baustation berechnet man mit Gl. (14.46) und errechnet die Werte x_n und y_n nach Desenritter. Für weitere Stationen mit konstanter Stationsentfernung ermittelt man die Absteckwerte mit den Gln. (14.47) und (14.48).

$$l_{en} = l_a + n \cdot l_{ks} \tag{14.46}$$

l_e Klothoidenlänge von ÜA bis zur ersten runden Station $\quad l_{ks}$ Bogenlänge mit konstanter Stationsentfernung
n Anzahl der konstanten Stationsentfernungen

Für gleiche Bogenlängen gibt *Desenritter* [Straßen- und Tiefbau 37,3/83] Polynome an, die auch auf Taschenrechnern zu programmieren sind.

$$x_n = A \cdot \sum_{i=1}^{i=n} a_i \cdot l_e^{4n-3} \qquad (14.47)$$

$$y_n = |A| \cdot \sum_{i=1}^{i=n} b_i \cdot l_e^{4n-1} \qquad \text{dabei ist} \quad l_e = \frac{l}{A} \qquad (14.48)$$

i	a	b
1	$1{,}000\,000\,000 \cdot 10^{-0}$	$1{,}666\,666\,667 \cdot 10^{-1}$
2	$-2{,}500\,000\,000 \cdot 10^{-2}$	$-2{,}976\,190\,476 \cdot 10^{-3}$
3	$2{,}893\,518\,519 \cdot 10^{-4}$	$2{,}367\,424\,242 \cdot 10^{-5}$
4	$-1{,}669\,337\,607 \cdot 10^{-6}$	$-1{,}033\,399\,471 \cdot 10^{-7}$
5	$5{,}698\,894\,141 \cdot 10^{-9}$	$2{,}862\,783\,637 \cdot 10^{-10}$
6	$-1{,}281\,497\,360 \cdot 10^{-11}$	$-5{,}318\,467\,304 \cdot 10^{-13}$
7	$2{,}038\,745\,799 \cdot 10^{-14}$	$7{,}260\,490\,797 \cdot 10^{-16}$

Tabelle 14.6   Koeffizienten des Klothoidenpolynoms nach *Desenritter*

Die weiteren Klothoidenwerte x_M, Δr, t_K und t_L erhält man mit den Gln. (14.48) bis (14.51).

$$x_M = x_{ÜE} - r \cdot \sin \tau \qquad (14.48)$$

$$\Delta r = y_{ÜE} - r \cdot (1 - \cos \tau) \qquad (14.49)$$

$$t_k = \frac{y_{ÜE}}{\sin \tau} \qquad (14.50)$$

$$t_l = x_{ÜE} - y_{ÜE} \cdot \frac{\cos \tau}{\sin \tau} \qquad (14.51)$$

Beispiel: Berechnung der Koordinaten eines Klothoidenpunktes bei vorgegebener Klothoidenlänge

Gegeben: $A = 250{,}00$ m, $l = 50{,}00$ m
Gesucht: $r, x, y, t_K, t_L, x_M, \Delta r$

Nach Gl. (4.63) ist $r = \dfrac{A^2}{l} = \dfrac{62500}{50} = 1250{,}00$ m.

Es wird mit $l_e = \dfrac{50}{250} = 0{,}2$ nach Gl. (14.47) und (14.48)

$x = 0{,}199992 \cdot 250 = 49{,}998$ m
$y = 0{,}00133329 \cdot 250 = 0{,}333$ m

Mit Gl. (4.68) berechnet man den Tangentenschnittwinkel

$$\tan \tau = 0{,}5 \cdot \left(\frac{49{,}998}{250}\right)^2 \cdot \left(1 - 0{,}27271 \cdot \left(\frac{46{,}998}{250}\right)^4\right)^{-0{,}487134} = 0{,}0200027$$

Damit ist der Tangentenschnittwinkel der Klothoide $\tau = 1{,}27324$ gon.

Die übrigen Werte erhält man mit den Gln. (14.48) bis (14.51)
$x_M = 49{,}998 - 1250 \cdot 0{,}01999 = 25{,}000$ m
$\Delta r = 0{,}333 - 1250 \cdot (1 - 0{,}9998) = 0{,}083$ m

$$t_K = \frac{0{,}333}{0{,}01999} = 16{,}666 \text{ m}$$

$$t_L = 49{,}998 - 0{,}333 \cdot \frac{0{,}9998}{0{,}01999} = 33{,}335 \text{ m}$$

14.1 Vermessungsarbeiten

Beispiel: Berechnung von Klothoidenstationen bei unrunder Station am Klothoidenanfang

Gegeben: $A = 150{,}00$ m, Station bei $ÜA$ 0+205,733

Gesucht: orthogonale Absteckmaße, bezogen auf die lange Klothoidentangente für die Stationen 0+220,00, 0+240,00 und 0+260,00

Berechnung für Station 0+220,00:

$l_{en} = 220{,}000 - 205{,}733 = 14{,}267$ m

$l_e = \dfrac{14{,}267}{150} = 0{,}09511333$

Mit Gln. (14.47) und (14.48) werden

$x_n = 150{,}00 \cdot 0{,}0951131 = 14{,}267$ m
$y_n = 150{,}00 \cdot 0{,}0001434 = 0{,}022$ m

Berechnung für Station 0+240,00:

$l_{en} = 14{,}267 + 1 \cdot 20{,}000 = 34{,}267$ m
$x_n = 150{,}00 \cdot 0{,}2284311 = 34{,}265$ m
$y_n = 150{,}00 \cdot 0{,}0019869 = 0{,}298$ m

Berechnung für Station 0+260,00:

$l_{en} = 14{,}267 + 2 \cdot 20{,}000 = 54{,}267$ m
$x_n = 150{,}00 \cdot 0{,}3616251 = 54{,}244$ m
$y_n = 150{,}00 \cdot 0{,}0078943 = 1{,}184$ m

Sind die Koordinaten des Punktes $ÜA$ bekannt, kann man die Koordinaten der Baustationen berechnen.

Gegeben: Koordinaten Station 0+205,733: $Y_{ÜA} = 12525{,}44$; $X_{ÜA} = 30431{,}65$
Richtungswinkel der Tangente in $ÜA$: $\varphi = 65{,}4236$ gon

Gesucht: Koordinaten der Station 0+260

Mit Gln. (14.42) bis (14.43) erhält man den Fußpunkt des Lotes auf der Klothoide

$Y_F = 12525{,}44 + (54{,}244 \cdot 0{,}856098) = 12571{,}878 \quad X_F = 30431{,}65 + (54{,}244 \cdot 0{,}516814) = 30459{,}684$

Wenn die Klothoide nach rechts gekrümmt ist, wird die neue Richtung $\varphi_{260} = 165{,}4236$ und der Klothoidenpunkt bei Station 0+260
$Y_{260} = 12572{,}49$; $X_{260} = 30458{,}67$.

Das Abstecken dieses Punktes von $ÜA$ aus mit der Polarabsteckung erfordert die Bestimmung des Richtungswinkels von $ÜA$ nach Punkt 0+260. Diesen berechnet man aus

$\alpha = \arctan\left(\dfrac{1{,}184}{54{,}244}\right) = 1{,}38935$ gon

und zählt ihn zum Richtungswinkel in $ÜA$ hinzu. Damit ergibt sich die Richtung $ÜA$ zum neuen Punkt 0+260 mit

$\varphi + \alpha = 66{,}8129$ gon

Die Länge der Klothoidensehne ist dann mit Gl. (14.2) $s = 54{,}257$ m.

Damit werden die Polarkoordinaten der Station 0+260

$Y_{260} = (54{,}257 \cdot 0{,}86717) + 12525{,}44 = 12572{,}49$
$X_{260} = (54{,}257 \cdot 0{,}39373) + 30431{,}65 = 30458{,}67$

Für die Absteckgenauigkeit gelten folgende Werte für die Standardabweichung:

Objekt	Bauwerkspunkte	Achsen, Leitlinien	Leitlinien im Erdbau	Tragschicht	Deckschicht
σ der Lage in m	< 0,01	< 0,03	< 0,04	< 0,03	< 0,03
σ der Höhe in m	< 0,002	< 0,01	< 0,012	< 0,008	< 0,004

Tabelle 14.7 Zulässiger Toleranzwerte bei der Absteckung

Diese Werte können bei GPS-Messungen eingehalten werden.

Schnittpunktberechnung. Kreuzende Verkehrswege erfordern die Bestimmung des Schnittpunktes beider Achsen oder Parallelen dazu. Handelt es sich dabei um Geraden, so berechnet man die Steigung derselben nach Bild 14.11 mit

$$m_1 = \frac{y_a - y_b}{x_a - x_b} \quad \text{und} \quad m_2 = \frac{y_d - y_c}{x_d - x_c}$$

Die y-Achse schneidet die Geraden in den Entfernungen b_1 und b_2 vom Nullpunkt.

$$b_1 = y_a - m_1 \cdot x_a = y_b - m_1 \cdot x_b \tag{14.52}$$
$$b_2 = y_c - m_2 \cdot x_c = y_d - m_2 \cdot x_d \tag{14.53}$$

Die Koordinaten des Schnittpunktes erhält man mit den Gln. (14.54) und (14.55)

$$x_s = \frac{b_2 - b_1}{m_2 - m_1} \tag{14.54}$$

$$y_s = m_1 \cdot x_s + b_1 = m_2 \cdot x_s + b_2 \tag{14.55}$$

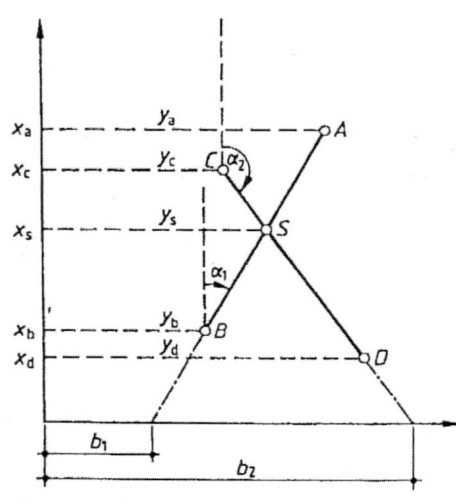

Böschungs-Durchstoßpunkte berechnet man sinngemäß unter Verwendung der Böschungsneigung und der Geländeneigung im Schnittpunktbereich.

Schneidet eine Gerade einen Kreisbogen (Bild 14.12), legt man zuerst die Gerade von P_1 nach P_2 als x-Achse eines örtlichen Koordinatensystems fest. Auf die Achse wird mit dem Drehwinkel ε_1, der dem Richtungswinkel im übergeordneten Koordinatensystem entspricht, und den Koordinatenunterschieden $Y_M - Y_1$ und $X_M - X_1$ der Kreismittelpunkt transformiert.

Mit $o = \sin \varepsilon$ und $a = \cos \varepsilon$ werden

$$y_m = (Y_M - Y_1) \cdot a + (X_M - X_1) \cdot o \tag{14.56a}$$
$$x_m = (Y_M - Y_1) \cdot o + (X_M - X_1) \cdot a \tag{14.56b}$$

Bild 14.11 Schnittpunktberechnung

Y, X Koordinaten im übergeordneten System
x, y Koordinaten im örtlichen System

Die x-Koordinaten der Schnittpunkte im örtlichen System berechnet man mit

$$x_{S1}, x_{S2} = x_m \pm \sqrt{r^2 - y_m^2} \tag{14.57}$$

Damit werden die Schnittpunkte für $i = 1, 2$

$$Y_{S,i} = Y_1 + x_{S,i} \cdot o \tag{14.58a}$$
$$X_{S,i} = X_1 + x_{S,i} \cdot a \tag{14.58b}$$

Die Schnittpunkte zwischen Gerade und Kreis bestimmt man nach Bild 14.12. Mit $o = \sin \varepsilon$ und $a = \cos \varepsilon$ sind

$$y_M = (Y_M - Y_1) \cdot a - (X_M - X_1) \cdot o \tag{14.59a}$$
$$x_M = (Y_M - Y_1) \cdot o + (X_M - X_1) \cdot o \tag{14.59b}$$

Für das örtliche System, bezogen auf die Gerade von P_1 nach P_2, das um den Winkel ε verdreht ist, werden die x-Koordinaten

$$x_{S1}, x_{S2} = x_m \pm \sqrt{r^2 - y_m^2}$$

14.1 Vermessungsarbeiten

und damit die Schnittpunkt-Koordinaten

$$Y_{Si} = Y_1 + x_{Si} \cdot o \qquad (14.60a)$$
$$X_{Si} = X_1 + x_{Si} \cdot a \qquad (14.60b)$$

Für die Berechnung aller Achs- und Absteckwerte steht heute leistungsfähige Anwender-Software zur Verfügung.

Außerdem gibt es zur Absteckung moderne Geräte, bei denen der Ingenieur das Gerät zur freien Stationierung auf einen beliebigen Punkt zur Absteckung aufstellt und das Gerät über die GPS-Orientierung die Standpunktkoordinaten automatisch berechnet. Auf diese Weise ist es ohne Messgehilfen möglich, verloren gegangene Punkte wieder herzustellen

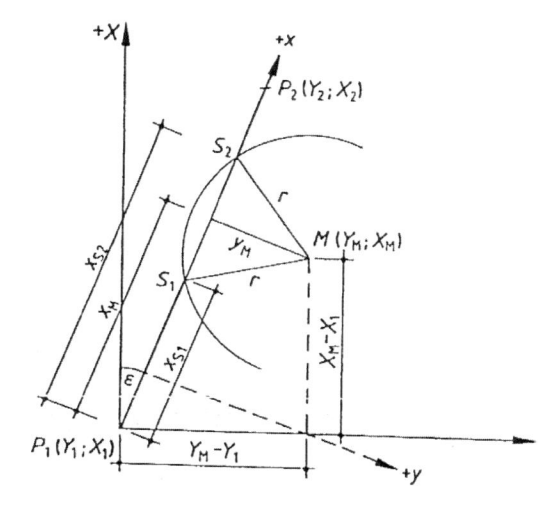

Bild 14.12 Schnittpunkte zwischen Gerade und Kreis

Mengenberechnung

Flächenberechnung. Zwei Einsatzgebiete finden bei der Mengenberechnung besondere Anwendung:
- Berechnung von Grundstücksflächen,
- Berechnung von Baukörper-Volumen.

Für Flächenberechnungen von Grundstücken teilt man die jeweilige Fläche entweder in Dreiecke oder Trapeze auf (Bild 14.13). Summiert man die Einzelflächen zur Gesamtfläche, erhält man die *Gauß'schen* Flächenformeln.

Dies sind für Dreiecke

$$A = \frac{1}{2}\sum_{i=1}^{n} x_i \cdot (y_{i+1} - y_{i-1}) \qquad (14.61a)$$

oder

$$A = \frac{1}{2} \cdot \sum_{i=1}^{n} y_i \cdot (x_{i-1} - x_{i+1}) \qquad (14.61b)$$

Für die Trapezformel lautet die Gleichung

$$A = \frac{1}{2} \cdot \sum_{i=1}^{n} (y_i + y_{i-1}) \cdot (x_i - x_{i-1}) \qquad (14.62)$$

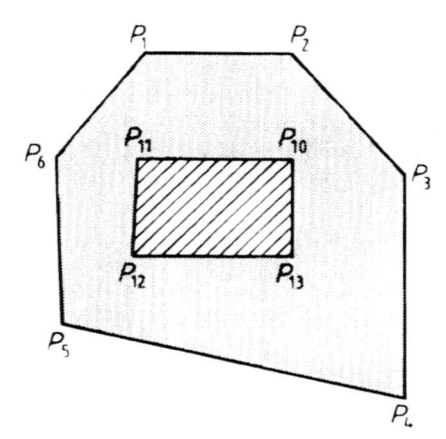

Bild 14.13 Flächenberechnung nach *Gauß*

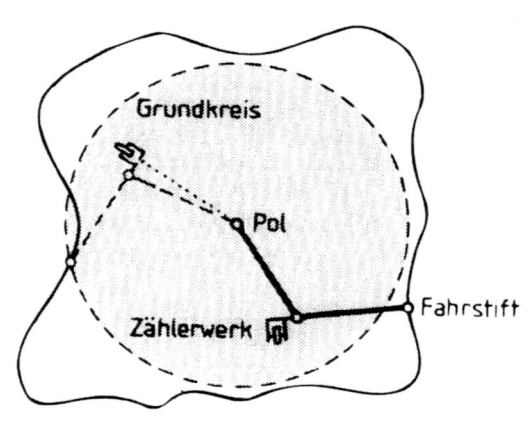

Bild 14.14 Planimetermessung

Die Punkte einer polygonal begrenzten Fläche werden dabei im Uhrzeigersinn durchnumeriert. Die Koordinaten des Anfangspunktes werden nochmals als Endpunktkoordinaten angegeben. Damit ist die Fläche geschlossen. Sollen innerhalb einer Fläche Flächenteile nicht berechnet werden, sind für deren Umgrenzung die Koordinaten ihrer Eckpunkte entgegen dem Uhrzeigersinn einzugeben.

Für Querprofilflächen wendet man bei der Berechnung nach den "Regelungen für die elektronische Bauabrechnung - REB" ebenfalls die Trapezformel nach *Gauß* an. Hierbei benutzt man als Abszisse den Abstand von der Bauwerksachse und als Ordinate die Höhe über NN. Damit wird die Querprofilfläche berechnet.

$$A = \frac{1}{2} \cdot \sum_{i=1}^{n} (y_i + y_{i-1}) \cdot (z_i - z_{i-1}) \qquad (14.63)$$

Planimetermessung. Aus Karten oder Plänen kann die Fläche durch Planimetrieren gewonnen werden. Dazu verwendet man meist den Polarplanimeter, weil mit ihm nicht nur geradlinig, sondern auch durch Kurven begrenzte Flächen ausgemessen werden können. Ein Planimeter besteht aus zwei gelenkig verbundenen Armen. An einem Ende befindet sich ein Fahrstift zum Umfahren der Fläche. Das andere Ende liegt drehbar auf einem festliegenden Pol.

Mit einem Fahrstift wird die betreffende Fläche umfahren, dabei vom Gerät integriert und auf einer Registrierrolle angezeigt als Differenz von Anfangs- und Endablesung. Die Umfahrung geschieht im Uhrzeigersinn. Um Abweichungen auszugleichen, ist die Fläche zweimal zu umfahren und der Mittelwert zu bilden (Bild 14.14). Negative Flächen werden entgegen dem Uhrzeigersinn planimetriert.

Digitalisieren. Die Datenverarbeitung ermöglicht es, auf einem Digitalisiertisch Punkte mit einem Fadenkreuz in einer Lupe anzufahren und dessen Koordinaten elektronisch zu registrieren. Dazu müssen einige bekannte Punkte als Passpunkte vorher eingegeben werden, damit Papierverzerrung oder andere Ungenauigkeiten eliminiert werden können. Mit entsprechender Anwender-Software lässt sich die Fläche rechnerisch bestimmen. Aber auch diese Methode wird heute durch die Anwendung elektronischer Software kaum noch angewandt.

Mengenermittlung. Um die Menge eines Körpers zu berechnen, der von zwei Querprofilen begrenzt wird, verwendet man bei gerader Achse Gl. (14.64)

$$M = \frac{A_1 + A_2}{2} \cdot l \qquad (14.64)$$

l Abstand der beiden Querprofilstationen auf der Achse

14.1 Vermessungsarbeiten

Da aber die Mengen über das Querprofil nicht symmetrisch verteilt liegen, muss besonders bei engen Radien der Schwerpunktabstand der Querprofilfläche von der Achse berücksichtigt werden. Dessen seitliche Lage bestimmt man mit Gl. (14.85).

$$y_s = \frac{\frac{1}{6} \cdot \sum_{i=1}^{n}\left(y_i^2 + y_i \cdot y_{i+1} + y_{i+1}^2\right) \cdot (z_i - z_{i+1})}{A} \quad \text{in m} \tag{14.65}$$

y_s senkrechter Abstand des Flächenschwerpunkts von der Achse in m
y, z Abstand bzw. Höhe der Querprofilpunkte

Bei gekrümmter Achse ist ein Verbesserungsfaktor anzusetzen. Dieser berücksichtigt, dass die Querprofilflächen nicht parallel zu einander stehen.

$$k = \frac{r - y_s}{r} \tag{14.66}$$

y_s senkrechter Abstand des Flächenschwerpunkts von der Achse in m
r Radius an der Station des Querprofils (auch bei Klothoiden)

Die verbesserte Menge ist dann mit $k_{mittel} = (k_i + k_{i+1}) \cdot 0{,}5$
$$m_v = m \cdot k_{mittel} \tag{14.67}$$

Geländequerprofile misst man so ein, dass sie den Verlauf des Geländes genügend genau repräsentieren. Nur so ist eine genaue Leistungsberechnung zu erzielen. Da Mengenberechnungen heute meist mit Hilfe der Datenverarbeitung durchgeführt werden, kann von dem Regelabstand von 20.00 m abgewichen werden. Das bedeutet aber, dass die Berechnung der Achsabsteckung die unrunden Stationen erfassen muss.

Beispiel: Die Fläche der in Bild 14.15 dargestellten Querprofile ist zu bestimmen und der Erdabtrag dazwischen zu berechnen. Die Querprofile liegen in einem Kreisbogen mit r = 300,00 m. Bei Station 0+420 entsteht ein Anschnittsprofil. Ein Ausgleich durch Quertransport soll nicht vorgenommen werden. Die Mengen sind getrennt zu ermitteln und nur der Abtrag soll in der Berechnung berücksichtigt werden.

Station	0 + 400					
Punkt	0	1	2	3	4	5
Achsabstand in m	0,00	7,75	10,50	7,00	-7,00	-11,30
Höhe in m	500,00	500,19	501,40	499,07	498,88	501,75
Station	0+420					
Punkt	0	1	2	3	4	5
Achsabstand in m	0,00	6,50	12,35	10,85	-7,00	-10,00
Höhe in m	500,50	501,00	502,25	500,75	500,30	497,96

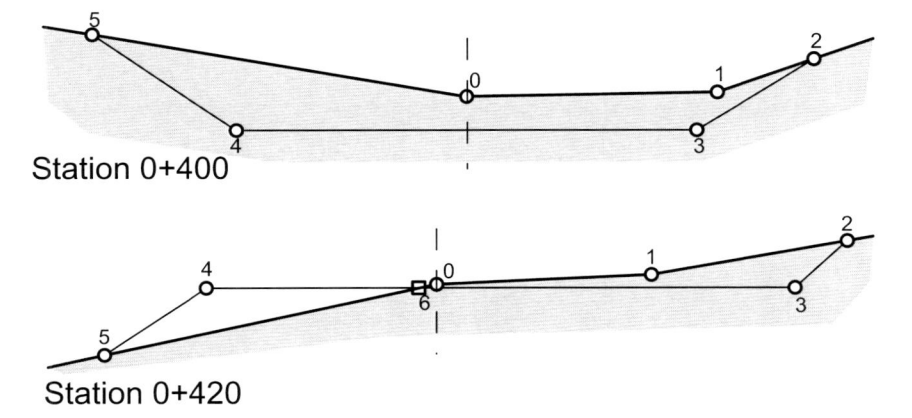

Bild 14.15 Skizze zum Beispiel für die Mengenberechnung

Der Schnittpunkt des Planums mit dem Gelände ist nach den Gln. (14.52) bis (14.55) zu berechnen.

$$m_1 = \frac{0{,}00 - 6{,}50}{500{,}50 - 501{,}00} = 13{,}00$$

$$m_2 = \frac{-7{,}00 - 10{,}85}{500{,}30 - 500{,}75} = 39{,}6667$$

$$b_1 = 0{,}00 - 13{,}00 \cdot 500{,}50 = -6506{,}50$$

$$b_2 = 7{,}00 - 39{,}667 \cdot 500{,}30 = -19852{,}25$$

$$z_s = \frac{19852{,}25 + 6506{,}50}{13{,}00 - 39{,}6667} = 500{,}465$$

$$y_s = 13{,}00 \cdot 500{,}465 - 6506{,}50 = -0{,}455 \text{ m}$$

Statt der Punkte 4 und 5 ist bei Station 0+420 in die Flächenbegrenzung der Punkt 6 mit den Koordinaten

$y_6 = -0{,}455$ und $z_6 = 500{,}465$ einzuführen.

Die Flächenberechnung für Profil 0+400 ergibt

von Punkt P_i nach Punkt P_{i+1}	$y_i + y_{i+1}$	$z_i - z_{i+1}$	Produkt
0 bis 1	7,75	- 0,19	- 1,4725
1 bis 2	18,25	- 1,21	- 22,0825
2 bis 3	17,50	2,33	40,7750
3 bis 4	0,00	0,19	0,0000
4 bis 5	- 18,30	- 2,87	52,5210
5 bis 0	- 11,30	1,75	- 19,7750
		Summe	49,966

$$A = \frac{49{,}966}{2} = 24{,}983 \text{ m}^2$$

Die Schwerpunktlage wird in nachstehender Tabelle bestimmt.

von Punkt P_i nach Punkt P_{i+1}	y_i	y_{i+1}	$y_i \cdot y_{i+1}$	y_i^2	y_{i+1}^2	Summe	$z_i - z_{i+1}$	Produkt
0 bis 1	0,00	7,75	0,000	0,000	60,063	60,063	- 0,19	11,4119
1 bis 2	7,75	10,50	81,375	60,063	110,250	251,688	- 1,21	- 304,5419
2 bis 3	10,50	7,00	73,500	110,250	49,000	232,750	2,33	542,3075
3 bis 4	7,00	-7,00	- 49,000	49,000	49,000	49,000	0,19	9,3100
4 bis 5	- 7,00	- 11,30	79,100	49,000	127,690	255,790	- 2,87	- 734,1173
5 bis 0	-11,30	0,00	0,000	127,690	0,000	127,690	1,75	233,4575
							Summe	- 274,9961

$$y_s = \frac{-274{,}9661}{6 \cdot 24{,}983} = -1{,}835$$

Das bedeutet, dass der Flächenschwerpunkt 1,835 m links von der Achse liegt. Für den Kreisbogen mit $r = 300$ m ergibt das den Korrekturwert

$$K_{400} = \frac{300 + 1{,}835}{300} = 1{,}0061$$

Auf gleiche Weise verfährt man mit der Berechnung für Profil 0+420. Die Werte dafür sind

$$A = 5{,}484 \text{ m}^2; \; y_s = 8{,}316 \text{ m}; \; k_{420} = 0{,}9723$$

$$k_{mittel} = \frac{1{,}0061 + 0{,}9723}{2} = 0{,}9892$$

Zwischen den beiden Profilen liegt dann die Aushubmenge

$$m = \frac{24{,}983 + 5{,}484}{2} \cdot 20{,}00 \cdot 0{,}9892 = 301{,}380 \text{ m}^3$$

Ohne Berücksichtigung des Korrekturfaktors würde die Berechnung eine Aushubmenge $m = 304{,}670$ m, also 3,290 m³ mehr ergeben!

14.1 Vermessungsarbeiten

Digitale Geländemodelle (DGM). Sie stellen das Gelände durch Koordinaten-Tripel ($y; x, z$) dar. Die Punkte werden als Festpunktfeld aufgenommen und mit elektronischer Datenverarbeitung zu einem Dreiecksmaschennetz verknüpft. Jede Dreiecksfläche wird dabei als eben angenommen und der Übergang zur nächsten durch Parameter nachbarschaftstreu ausgeglichen. Die Anordnung der Punkte kann im Raster mit gleichen Seitenlängen oder auch unregelmäßig vorliegen (Bild 14.16). Geländequerschnitte erhält man aus senkrechten Schnitten durch das Dreiecksmaschennetz, wobei auf jeder geschnittenen Dreiecksseite die Höhen interpoliert werden. Das DGM wird nun mit dem geplanten Kunstkörper überlagert und die Durchstoßpunkte ermittelt. Die Mengenermittlung erfolgt dann in der vorher beschriebenen Weise mit elektronischer Datenverarbeitung.

-------- äußere Begrenzung des zu berechnenden Erdkörpers
(ist für alle Horizonte gleich)
- - - - - Dreiecksnetz eines Bodenhorizontes
• Aufnahmepunkte des Urgeländes
o Aufnahmepunkte eines Bodenhorizontes
• A Aufnahmepunkte des Urgeländes außerhalb des zu berechnenden Erdkörpers.

Anmerkung: Die als Urgelände aufgemessenen Punkte A liegen außerhalb der äußeren Begrenzung und werden für die Mengenberechnung nicht herangezogen

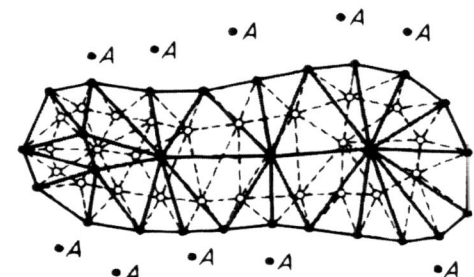

Bild 14.16 Messfeld digitaler Punkte

Mengenermittlung zwischen Schichten. Will man die Mengen verschiedener Schichten (Erdabtrag, Fels, Frostschutz u.ä.) getrennt ermitteln, beschreibt man diese durch Begrenzungslinien ebenfalls wie die Umgrenzung des Sollprofils und ermittelt deren Flächen. Desgleichen kann man auch aus Höhenlinienplänen grobe Mengenberechnungen erstellen, wenn man die Flächen der von gleichen Höhenlinien umschlossenen Flächen planimetriert und mit den äquidistanten vertikalen Abständen multipliziert. Die Menge ist dann nach der Trapezregel

$$m_n = \frac{1}{2} \cdot h_{ad} \cdot (A_1 + 2 \cdot A_2 + 2 \cdot A_3 \ldots + 2 \cdot A_{n-1} + A_n) \qquad (14.68)$$

m_n Menge zwischen mehreren Höhenlinien in m³
h_{ad} äquidistante Höhe zwischen zwei Höhenlinien in m
A_1 bis A_n Flächen, die von den Höhenlinien eingeschlossen werden

Für Baugruben mit unregelmäßigen Abmessungen verwendet man die Berechnung mit Hilfe von Dreiecksprismen. Die Grundlage bildet dafür das Dreiecksmaschennetz. Die im Raum aufgespannten Dreiecke des Netzes werden auf eine horizontale Bezugshöhe projiziert. Verbindet man die Dreiecke mit der Projektion durch senkrechte Kanten, entstehen Prismen, deren Inhalt leicht ermittelt werden kann. Bezeichnet man die Punkte des Dreiecks der Geländefläche mit

$P_1 (X_1; Y_1; Z_1), P_2 (X_2; Y_2; Z_2), P_3 (X_3; Y_3; Z_3)$ und

die Eckpunkte der Projektion in Höhe des Bezugshorizontes h_{BH} mit

$p_1 (x_1; y_1; z_1), p_2 (x_2; y_2; z_2), p_3 (x_3; y_3; z_3)$

wird der Flächeninhalt des Projektionsdreiecks nach Bild 14.17

$$A_{Pr} = \frac{1}{2} \cdot [x_1 \cdot (y_2 - y_3) + x_2 \cdot (y_3 - y_1) + x_3 \cdot (y_1 - y_2)] \quad \text{in m} \qquad (14.69)$$

und der Inhalt des Prismas zwischen den Dreiecken

$$m_{Pr} = \frac{1}{3} \cdot (z_1 + z_2 + z_3) - 3 \cdot h_{BH} \cdot |A_{Pr}| \quad \text{in m} \qquad (14.70)$$

Sinngemäß lassen sich auch Mengen zwischen zwei Dreiecksmaschennetzen berechnen, wenn man diese auf einen gemeinsamen Horizont bezieht und dann die Differenz der ermittelten Mengen bildet. Will man Einschnitt und Auftrag getrennt ermitteln, müssen allerdings vorher die Verschneidungen der Prismen ermittelt werden. Dies wird von guter Anwender-Software berücksichtigt. Die in der REB, Ziff. 22.013, angegebenen Schnittstellenbeschreibungen sind dabei zu beachten.

Das Volumen zwischen Gelände und horizontaler Bezugsfläche ist dann bei n Prismen

$$m = \sum_{i=1}^{n} m_i \quad \text{in m} \quad (14.71)$$

A_{Pr} Projektionsfläche des Dreiecks auf dem Bezugshorizont in m²
m_{Pr} Prismeninhalt zwischen Projektions- und Geländedreieck in m³
m Summe aller Dreiecksprismen in m³

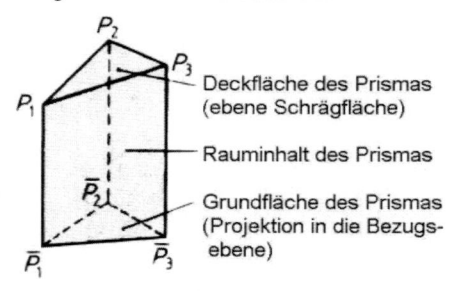

Bild 14.17 Mengenberechnung mit Dreiecksprismen

Hinweise für die Praxis. In der Regel werden für die wichtigen Vermessungsarbeiten Ingenieure des Vermessungsfaches eingesetzt. Trotzdem muss auch der Bauingenieur auf der Baustelle in der Lage sein, kleine Absteckarbeiten durchzuführen, weil es oft unwirtschaftlich ist, für die Herstellung von wenigen Punkten den Vermessungsingenieur anzufordern. Deshalb sollen einige Hinweise die Arbeit des örtlichen Bauleiters unterstützen.

Die Achsabsteckung für eine Baumaßnahme erfolgt in der Regel durch den Auftraggeber. Ist wegen besonderer Umstände die Achsabsteckung nicht möglich, muss eine Parallele dazu dem Auftragnehmer übergeben werden. Die Übernahme der Punkte hält man zweckmäßig in einem gemeinsamen Protokoll fest, da vom Zeitpunkt der Übernahme der Auftragnehmer für den Erhalt der abgesteckten Punkte verantwortlich ist. Wurde die Absteckung elektronisch berechnet, ist es vorteilhaft, nicht nur das Feldbuch, sondern auch die notwendigen Daten auf Datenträger zu übergeben. Dann kann später darauf die elektronische Bauabrechnung aufgebaut werden. Dieses Ziel verfolgt die Straßenbauverwaltung auch mit dem Programmsystem OKSTRA©.

Der Auftragnehmer muss die wesentlichen Punkte (Achshauptpunkte, Schnittpunkte von Achsen, Polygonpunkte und Höhenfestpunkte) so sichern, dass sie möglichst die gesamte Bauzeit erhalten bleiben. Auf die vorhandenen Sichten zu nebenliegenden Punkten ist zu achten, damit beim Verlust eines Punktes dieser wieder hergestellt werden kann.

Werden zur Achsabsteckung bei Geländeaufnahmen Pflöcke verwendet, die auf landwirtschaftlich genutzten Flurstücken gesetzt werden, sind die Pflöcke bodeneben einzuschlagen, damit landwirtschaftliches Gerät nicht beschädigt wird und die Pflöcke in ihrer Lage möglichst erhalten bleiben. Bewährt haben sich Rohre aus Kunststoff, die in 0,10 m langen Teilen zusammengesteckt ca. 0,60 m tief eingetrieben werden. Sollte diese Röhre von der Pflugschar getroffen werden, bleibt der untere Teil im Boden stecken, und der Punkt kann exakt wiederhergestellt werden. Die Köpfe der Pflöcke oder die Umgebung von Bodennägeln signalisiert man durch wetterbeständige Farbe, damit man sie leicht wieder findet.

Polygonpunkte und sonstige Festpunkte umgibt man gern mit einem Betonmantel, um ihre Lage zu sichern. Außerdem signalisiert man sie durch ein sichtbares Dreieck aus Latten, die an Holzpflöcken um den Punkt so befestigt werden, dass das Aufstellen eines Fluchtstabes über dem Punkt möglich ist. Zur Sicherheit sollte aber ein Polygonpunkt immer in der Nähe natürlicher Hindernisse gesetzt werden (z.B. dicht an einem Baum), die vor einem Anfahren durch landwirtschaftliche Fahrzeuge schützen. In befestigten Flächen verwendet man meistens Bodennägel. Die Polygon- oder Festpunkte sind durch Einmessen auf andere Punkte abzusichern, falls kein Gerät mit GPS-Funktionen vorhanden ist.

Bei der Absteckung werden in den Boden nur kleine Pflöcke eingetrieben, neben die ein weiterer Pflock gesetzt wird, auf den die Baustation geschrieben wird. Achshauptpunkte, Höhenfest- und Polygonpunkte erhalten entsprechende Bezeichnungen.

Da bei der Baudurchführung zunächst Maschinen eingesetzt werden, bei denen mit großen Toleranzen in der Genauigkeit zu rechnen ist, wird auch die Absteckung weiterer Punkte nur allmählich gesteigert. Für die Angabe der Grenzen des Mutterbodenabtrags genügt meist schon die Markierung mit in den Boden gesteckten Ästen. Manchmal gibt man auch für den Erdbau den Durchstoßpunkt und die Böschungsneigung durch Böschungslehren an. Bei hohen Dämmen und Einschnitten wird die Lehre entsprechend dem Baufortschritt verlängert. Bei entsprechender Maschinenausrüstung können niedrige Dämme oder kleinere Einschnitte mit Planierschilden in entsprechender Schrägstellung hergestellt werden. Die Böschungslehren geben nur die Durchstoßpunkte zwischen der Böschung und dem Gelände an. Die Ausrundungen sind zusätzlich anzubringen.

Für den Einbau der Tragschichten und des gebundenen Oberbaus werden Stahlstäbe eingeschlagen, die den Fahrbahnrand und dessen Höhe exakt kennzeichnen. Die Höhenangaben an den Stahlstäben werden durch straff gespannten Draht verbunden. Der Einbaufertiger kann durch einen Abnehmer die richtige Schichtdicke herstellen. Moderne Geräte verfügen heute über elektronische Steuerung oder Lasergeräte, die einen exakten Einbau mit Hilfe des GPS ermöglichen.

14.2. Bodenuntersuchungen

Für den Straßenbau sollten immer im Bereich der Baubreiten Bodenuntersuchungen vorgesehen werden. Dabei entnimmt man sowohl gestörte wie ungestörte Proben durch Bohrungen. Die Untersuchungen dürfen entfallen, wenn auf andere Weise die Art und Lagerung des Untergrundes bekannt ist. Durch die Bohrungen erhält man einen Überblick, welche Bodenarten im Untergrund vorhanden sind, in welche Richtung die einzelnen Schichten fallen und ob Grundwasser anzutreffen ist.

Die Proben bewahrt man zweckmäßig auf, um sie bei der Ausschreibung den Bewerbern zur Einsicht zur Verfügung zu stellen. Damit können manche Nachtragsangebote mit dem Hinweis auf den Einblick in das Probenmaterial vermieden werden. An den ungestörten Proben können Kennwerte für die Tragfähigkeit und das bodenmechanische Verhalten bestimmt werden. Geologische Landesämter oder private Speziallabore begutachten die vorgelegten Proben.

Die Anzahl und die Abstände der Bohrlöcher sind von den angetroffenen Bodenarten abhängig. In bindigen Bereichen haben sich Abstände von etwa 50,00 m in der Achse bewährt. Um die Bodenschichtung quer zur Achse zu erkennen, teuft man im Abstand von 100,00 m am Rande des Baufeldes links und rechts der Achse weitere Bohrungen ab. Die Tiefe der Bohrung soll bis mindestens 2,00 m unter dem späteren Aushubplanum liegen. In der Nähe von Brückenbauwerken setzt man Bohrungen in die Ecken der Widerlager und unter die Stützen Hier muss die Bohrtiefe 2,00 m unter die tragfähige Schicht reichen, auf der gegründet werden soll.

Außer Bohrungen kann man zur Bodenerkundung auch Schürfgruben anlegen. Auf diese Weise gewinnt man einen guten Einblick in die Bodenarten und –schichtungen. Schürfen kommen oft an den Stellen zum Einsatz, an denen Fundamente für Bauwerke erstellt werden sollen.

14.3 Erdbau

Der Boden bildet als Untergrund nicht nur das Fundament für das Bauwerk Straße. Er ist zugleich auch Baustoff. Der Abtrag im Einschnitt und die Auffüllung im Damm unterliegen den bodenmechanischen und geotechnischen Bedingungen. Die technischen und vertraglichen Bedingungen sind in den "Zusätzlichen Technischen Vertragsbedingungen und Richtlinien für Erdarbeiten im Straßenbau – ZTVE-StB " zusammengefasst.

Der größte Teil der Arbeiten wird maschinell durchgeführt. Trotzdem muss die Baudurchführung den Boden- und Witterungsbedingungen angepasst werden. Während bei sandigem und kiesigem Boden das Niederschlagswasser meist rasch absickert, muss man bei bindigen Bodenarten verhindern, dass sich während der Bauzeit Wasser auf dem Erdplanum sammelt. Bei den Böden ist darauf zu achten, dass bei ihrer Verdichtung nicht zu viel Wasser im Boden vorhanden ist. Ebenso darf durch die Verdichtung, besonders beim Einsatz von Rüttelgeräten, kein Grundwasser nach oben gezogen werden. Wassergesättigter Boden hat keine ausreichende Tragfähigkeit. Er darf von Baufahrzeugen nicht befahren werden, weil diese mit ihrer Knetwirkung der Reifen Spurrillen erzeugen, in denen sich das Wasser sammeln kann und dadurch den bindigen Boden für den Einbau oder als tragende Schicht unbrauchbar macht.

Auch im Dammbereich muss manchmal der Untergrund nach dem Mutterbodenabtrag verdichtet werden, wenn seine natürliche Lagerung den Tragfähigkeitswerten der ZTVE-StB nicht entspricht.

Ist die Witterungslage unbeständig, muss ständig für ein ebenes Planum gesorgt werden. Hier lohnt es sich, einen Grader einzusetzen, dessen Aufgabe darin besteht, die Fahrtrasse der Baufahrzeuge im bindigen Boden ständig von Fahrspuren der Baufahrzeuge frei zu halten. Dabei soll gleichzeitig das Planum mit mindestens 4,0 % Querneigung zum Rand ausgebildet werden. Dorthin muss Oberflächenwasser abfließen können. Das bedeutet aber, dass an den Rändern während der Bauzeit eine Entwässerungsmöglichkeit vorhanden sein muss. Eine behelfsmäßige Mulde mit Gefälle muss deshalb rechtzeitig angelegt werden, die so lange in Betrieb bleibt, bis die endgültigen Entwässerungseinrichtungen eingebaut sind. Es ist deshalb sinnvoll, den Erdeinschnitt so anzulegen, dass man vom Tiefpunkt aus den Abtrag beginnt und auch die Gräben für die Entwässerungsleitungen vom Tief- zum Hochpunkt anlegt. So kann bei Gewittergüssen das Wasser immer abfließen.

Während des Regens ist der Fahrbetrieb auf bindigem Planum einzustellen, damit der Boden nicht mit Wasser angereichert wird und als nicht brauchbar später abtransportiert werden muss. Nach dem Regen ist eine angemessene Zeit mit dem Beginn des Befahrens zu warten. Will man sich gegen zu lange Wartezeiten absichern, so kann man durch Einarbeiten von ungelöschtem Kalk dem Boden Wasser entziehen. Die Oberfläche muss aber ständig eben gehalten und verdichtet werden.

Die Böschungsneigung muss dem verwendeten Material entsprechen. Bei bindigen Böden ist die Neigung m = 1:1,5 meist ausreichend. Bei hohen Dämmen empfiehlt es sich, durch nach unten flachere Neigungen ein Widerlager gegen Grundbruch zu schaffen. Bei hohen Einschnitten oder Dämmen legt man auch Bermen an, um ein Abrutschen des Materials zu verhindern.

Beim Aufschütten von Dämmen wird lagenweise eingebaut. Die Dicke einer Schicht ist den vorhandenen Verdichtungsgeräten anzupassen. Wenn die Erdbaustelle über den Winter gelegen hat, ist damit zu rechnen, dass die oberste Schicht durch Frosthebungen aufgelockert wurde. Dann muss unbedingt erneut verdichtet werden. Die in den ZTVE-StB geforderten Tragfähigkeitswerte sind stets nachzuweisen.

14.3 Erdbau

Verschiedene Böden sind mit der Neigung $m = 1:1,5$ nicht standfest, wenn Oberflächenwasser eintritt und die innere Reibung verringert. Hier kann man Abhilfe schaffen, indem man entweder die im Abschnitt Entwässerung beschriebenen Sickerscheiben oder -schichten einbaut oder durch die Herstellung von Rigolen das Wasser ableitet. Werden die Rigolen aus Geflecht von Weidenzweigen hergestellt, bilden diese Reiser nach einiger Zeit Wurzeln und entwickeln ein Strauchwerk, das dem Boden auf natürliche Weise Wasser entzieht. Wenn im Untergrund Gips angeschnitten wird, führt dies bei Wasserzutritt immer zu erheblichen Quellvorgängen, die über viele Jahre andauern können und ständig zu Schäden führen. Deshalb sollte in diesen Fällen eine wasserundurchlässige Schicht ausreichender Dicke über Gipsböden erhalten bleiben. Notfalls ist die Gradiente anzuheben.

Aus baubetrieblichen Gründen werden Leitungsgräben oft erst dann ausgehoben, wenn die Einschnittsohle erreicht ist. Wenn solche Gräben tiefer als 1,25 m werden ist eine Grabensicherung durch Verbau notwendig. Ohne Verbau ist die Neigung der Grabenböschung vom inneren Reibungswinkel des Bodens abhängig. Das Verfüllen der Leitungsgräben muss sehr sorgfältig ausgeführt werden, damit durch Nachverdichtung keine Setzungen im Straßenoberbau entstehen können.

Mutterboden ist für die landschaftspflegerischen Arbeiten sehr kostbar. Er wird deshalb seitlich der Baubreite in Mieten zwischengelagert und später wieder angedeckt. Die Mieten sollen nicht höher als 1,50 m angelegt werden, um eine übermäßige Verdichtung durch Eigengewicht zu vermeiden. Die Oberfläche der Miete wird leicht eingemuldet, damit Regenwasser aufgefangen wird und die Miete nicht austrocknet. Nach dem Aufsetzen der Miete empfiehlt sich sofort die Ansaat mit Lupinen oder ähnlichen Leguminosen. Dadurch wird die Oberfläche der Miete schnell gegen Austrocknen geschützt und gleichzeitig für die spätere Weiterverwendung die Gründüngung vorbereitet. Die rasch wachsenden Dauerlupinen verhindern auch das unerwünschte Auftreten von Feldunkräutern im Mutterboden.

Die Andeckung des Mutterbodens erfolgt in etwa 0,15 m Dicke, wenn nur Rasen angesät wird. Für Pflanzflächen sind größere Dicken vorn Vorteil. Auf den Banketten ist eine Andeckung von 0,05 m ausreichend, da hierdurch viel Mäharbeit eingespart wird. Der Mutterboden wird nicht verdichtet. Die Ansaat nimmt man möglichst schnell nach dem Einbau vor, sofern die Witterung eine Verwurzelung noch vor der Winterpause zulässt.

Vor Beginn der Erdarbeiten ist mit den Trägern von Versorgungsleitungen (Wasser, Abwasser, Telefon, Elektrizitäts- und Gasversorgung) abzuklären, wo im Baufeld Leitungen zu erwarten sind. Man muss sich von den Versorgungsträgern Bestandspläne geben lassen und die Lage der Leitungen entsprechend vermarken. Die Zerstörung derselben während der Bauzeit führt oft zu erheblichen Beeinträchtigungen der Versorgung und verursacht meist hohe Kosten.

Bei Erdarbeiten ist darauf zu achten, dass der außerhalb der Baubreite stehende Bewuchs geschont wird. Bäume sind gegebenenfalls durch besondere Maßnahmen vor Beschädigungen zu schützen. Dabei sind die „Richtlinien für die Anlage von Straßen, Abschn. 4: Schutz von Bäumen, Vegetationsbeständen und Tieren bei Baumaßnahmen – RAS-LP 4" besonders zu beachten.

Meist wird der im Einschnitt gewonnene Boden als Dammmaterial wieder verwendet. Beim Einbau der einzelnen Schichten, aber auch bei der Herstellung des Planums im Einschnitt, ist auf sorgfältige Verdichtung zu achten. Darauf ist auch die Geräteauswahl abzustimmen. Der Verdichtungsgrad D_{Pr} wird mit dem Proctorgerät überprüft. Er soll die in Tabelle 14.8 festgelegten Werte erreichen.

Bodenart	Bereich des Planums	Bodengruppen	D_{Pr} in %
grobkörnig	bis 1,00 m Tiefe bei Dämmen	GW, GI, GE	100
	Bis 0,50 m Tiefe bei Einschnitten	SW, SI, SE	
	1,00 m unter Planum bis Dammsohle	GW, GI, GE, SW, SI, SE	98
gemischt- und feinkörnig	Planum bis 0,50 m Tiefe	GU, GT, SU, ST	100
		GU*, GT*, SU*, ST*, U, T, OK, OU, OT [1)]	97
	0,50 m unter Planum bis Dammsohle	GU, GT, SU, ST, OH, OK [1)]	97
		GU*, GT*, SU*, ST*, U, T, OU, OT [1)]	95

[1)] Für Böden der Bodengruppen OH, OK, OU, OT gelten die Anforderungen nur, wenn Eignung und Einbaudingungen gesondert untersucht werden.

Tabelle 14.8   Anforderungen an das 10 %-Mindestquantil für den Verdichtungsgrad D_{Pr}

Bei Lärmschutzwällen wird ein Proctorwert D_{Pr} = 95 % gefordert.

Die verlangten Verformungsmoduln E_{v2} des Erdkörpers für den Straßenoberbau entnimmt man den Tabellen 7.17 ff. Das Anschneiden oder Einbauen von Gipsböden ist zu vermeiden. Gips quillt bei Wasserzutritt auf und führt zu Hebungen, die sich bis zur Straßenoberfläche fortsetzen und zu ständigen Reparaturarbeiten führen. Der gute Planer berücksichtigt solche Schichten schon beim Festlegen der Gradiente. In besonderen Fällen sind Abdichtungen, Sicker- oder Filterschichten vorzusehen, die einen Wassereintritt in das Erdplanum verhindern.

Hinterfüllungen von Bauwerken in Lagen von 0,30 m sind besonders sorgfältig auszuführen, damit der Übergang vom Erdkörper zur Brücke keine Unebenheiten durch nachträgliche Verdichtung des Schüttmaterials erleidet. Der Hinterfüllbereich beginnt gegenüber dem Erdkörper 1,00 m hinter Fundamenthinterkante (oder der auf die Ebene projizierten hinteren Flügelkante). Wird der Damm nachträglich geschüttet, ist die Neigung des Schüttmaterials von m = 1:2, in Einschnittern oder bei gleichzeitiger Dammschüttung von m = 1:1 vorzusehen. Im Hinterfüllbereich muss ein Verdichtungsgrad von D_{Pr} = 100 % erreicht werden. Als Baustoff wählt man Böden, die filterstabil sind. Eine Dränage am Fundament ist zur Wasserableitung erforderlich.

14.4   Straßenoberbau

Je näher eine Schicht der Fahrbahnoberfläche liegt, um so größer muss ihre Ebenheit und die Genauigkeit ihrer Höhenlage sein. Daher sind in den ZTV Asphalt-StB Kriterien festgelegt, die durch entsprechende Kontrollprüfungen nachgewiesen werden müssen. Werden diese Forderungen nicht eingehalten, besteht vertraglich ein Mangel, der den Auftraggeber zu Abzügen am vereinbarten Preis berechtigt.

Es ist deshalb notwendig, für die Schichten des Straßenoberbaus die Genauigkeit der Absteckung zu erhöhen und gegebenenfalls die Punktfolge zu verdichten.

Frostschutzschicht. Frostschutzmaterial muss frei von bindigen Bestandteilen sein, wenn es ein Durchsickern von Oberflächenwasser ermöglichen soll. Eigentlich ist die Bezeichnung "Frostschutzschicht" nicht korrekt, da in der Bundesrepublik Deutschland der Frost durchaus tiefer als diese Schicht eindringt, wenn keine Schneedecke auf dem Boden liegt. Vielmehr hat diese Schicht die Aufgabe, in der feuchten Jahreszeit Wasser, das in diese Schicht gelangt, auf dem Erdplanum schnell in die seitlichen Entwässerungseinrichtungen abzuleiten. Damit wird die Bildung von Eislinsen in dieser Schicht verhindert und Frosthebungen der Fahrbahndecke vorgebeugt. Erst beim Auftauen der Eislinsen, die sich ohne Frostschutzschicht dicht unter der Deckschicht bilden können, würden die entstandenen Hohlräume durch den Verkehr zum Einsturz gebracht und damit die bekannten Frostschäden an den Straßen hervorgerufen.

14.4 Straßenoberbau

Durch die Risse in der Deckschicht kann neues Wasser in die Oberbaukonstruktion eindringen und in der Tau-Frost-Wechselperiode zur weiteren Zerstörung der Straße beitragen.

Die Dicke der Frostschutzschicht oder einer kombinierten Frostschutztragschicht richtet sich nach den RStO. Um die Ebenheit des Erdplanums zu erhalten, muss man besonders bei wechselhafter Witterung verhindern, dass beim Einbau Reifenspuren darauf erzeugt werden. Dazu wählt man die Einbauweise "vor Kopf", d.h. die Kiestransportfahrzeuge kippen das Material auf der festen Unterlage ab. Es wird danach von der Planierraupe über das Erdplanum geschoben. Auf der eingebauten Schicht können dann die Radfahrzeuge weiteres Material einbringen, das wieder von der Raupe nach vorn gedrückt wird.

Die Ebenheit und Genauigkeit des Frostschutzplanums wird in der Regel vom Grader hergestellt. Dieser braucht dazu die Absteckung des befestigten Randes mit der Höhenlage des Frostschutzes an dieser Stelle. Auf der hohen Seite der Fahrbahn böscht man das Material im Winkel seiner inneren Reibung ab. Auf der tiefen Seite muss das Material in verminderter Dicke soweit unter den Bankett hinausgezogen werden, dass das Sickerwasser die seitliche Drainage erreicht. Wenn die Verhältnisse es zulassen, können statt dessen auch in Abständen von etwa 10,00 m Sickerschlitze ausgeführt werden. Dadurch wird an Material gespart und die Ausbeutung der Kiesvorkommen eingeschränkt. Wenn Aufbruchmaterial alter Straßen umweltverträglich ist und die Forderungen an eine Frostschutzschicht erfüllt, trägt dies ebenfalls zur Schonung der Kiesvorkommen bei.

Die Verdichtung soll spätere Einsenkungen unter Verkehr verhindern. Sie wird durch mehrere Übergänge mit schwerem Rüttelgerät oder Rüttelwalzen erzielt. Das Erreichen der in den ZTV Asphalt-StB geforderten Werte wird durch den Plattendruckversuch nachgewiesen. In neuerer Zeit werden auch flächendeckende dynamische Prüfverfahren angewendet. Sie beruhen auf der Tatsache, dass zwischen einer fahrenden Vibrationswalze und dem sich ergebenden Schwingungssystem Walze/ Boden ein Austausch der Bewegungsenergie stattfindet. Durch die verbrauchte Energie werden die Körner in ihre dichte Lagerung bewegt, das System selbst gedämpft. Die verbrauchte Energie wird durch den Antrieb der Walze aufgebracht und kann gemessen werden. Aus dem Schwingungsverhalten kann man dann auf den Verdichtungszustand des Bodens schließen.

Die Ebenheit des Frostschutzplanums und seine profilgerechte Lage dürfen nicht mehr als ± 2.0 cm abweichen. Ist ein Feinplanum vorgeschrieben ändert sich die Toleranz auf ± 1,0 cm. Die Ebenheit wird durch Abschnüren oder durch Auflegen eines 4,00 m langen Richtscheits gemessen. Die genaue Höhenlage des Frostschutzplanums beeinflusst auch die Exaktheit der Dicke der darüber liegenden Schichten und deren Ebenheit.

Bleibt die Frostschutzschicht über den Winter offen liegen, muss sie nach der Tau-Frost-Periode nochmals verdichtet werden.

Asphaltbauweisen. Asphalttragschichten werden mit dem Fertiger eingebaut. Dieser verteilt das Mischgut gleichmäßig über seine Einbaubreite und drückt es gleichmäßig an. Die Höhenlage wird von am Fahrbahnrand gespannten Drähten durch Fühler abgenommen. Moderne Fertiger sind lasergesteuert. Es sind auch Geräte vorhanden, die die GPS-Daten umsetzen können.

Das Asphaltmischgut wird in der Regel aus einer Mischanlage heiß angeliefert. Bei einer Temperatur von etwa 130 °C beginnt man mit der Verdichtung. Diese sollte beendet sein, wenn die Temperatur auf 100 °C herabgesunken ist. Danach ist der Verdichtungsanteil, der durch einen Walzübergang noch erreicht werden kann, sehr gering. Für die Verdichtung setzt man Glattmantelwalzen ein, deren Dienstgewicht auf die Dicke der Schicht abgestimmt werden muss. Ebenso kommen Vibrationswalzen oder Gummiradwalzen zum Einsatz.

Der Walzvorgang setzt sich aus drei Teilarbeiten zusammen:
- Vorwalzen oder Zusammendrücken
- Hauptverdichtung
- Glätten.

Das Vorwalzen mit statischen Dreiradwalzen (10,0 t bis 14,0 t) oder Tandem-Vibrationswalzen (4,0 t bis 7,0 t) soll die Asphaltmasse bei hoher Temperatur möglichst dicht zusammendrücken. Der Walzvorgang beginnt stets auf der voll verdichteten Schicht und wird so eng wie möglich bis an den Fertiger herangeführt. In der gleichen Spur fährt die Walze wieder zurück. Das Versetzen in die nächste Spur darf erst auf der endgültig verdichteten Schicht erfolgen, um die Einwirkung von Horizontalkräften beim Lenken zu vermeiden. Gegen das Ankleben des Asphaltes an die Bandage schützt die Anfeuchtung des Stahlmantels. Für die Walztechnik gilt:
- Am Anschluss zum erkalteten Mischgut fährt die Walze senkrecht zur Achse allmählich im Vor- und Rücklauf so lange in das heiße Mischgut ein, bis sie voll im frisch eingebauten Material läuft. Erst dann wird sie gewendet und fährt parallel zur Achse.
- Der erste Walzgang erfolgt auf der tiefen Seite der Fahrbahn. Er bildet für die weitere Arbeit ein Widerlager aus verdichteter Masse. Die angetriebene Achse soll immer, zum Fertiger hin gerichtet, vorn liegen.
- Beim Übergang von Vorwärts- auf Rückwärtsfahrt und umgekehrt soll die Maschine ruckfrei umgesteuert werden.
- Bei Vibrationswalzen muss beim Umsteuern die Vibration abgeschaltet werden, damit die Verdichtung nicht ungleichmäßig erfolgt.

Schiebt die Walze beim Beginn der Verdichtung eine Welle von Mischgut vor sich her, ist das Mischgut noch zu heiß. Dann muss der Abstand zum Fertiger noch vergrößert werden. Entstehen beim Walzen kleine Risse in der Oberfläche, ist das Mischgut schon zu stark abgekühlt. Es ist dann kaum noch verdichtbar.

Für die Hauptverdichtung werden gern schwere Gummiradwalzen eingesetzt. Durch ihre Knetwirkung erreichen sie eine Verringerung der Hohlräume bis zur von den ZTV Asphalt-StB vorgegebenen Größe. Bilden sich beim Walzen zu tiefe Rillen, muss der Reifendruck herabgesetzt werden. Auch der Einsatz von Vibrationswalzen erzielt bei der Hauptverdichtung gute Erfolge. Da sich die Gummireifen durch die Temperatur des Mischgutes während der Fahrt stark erwärmen, kann man das Befeuchten der Reifenflächen nach Erreichen der gleichen Temperatur wie das Mischgut einstellen. Das Befahren mit trockenen Gummirädern nennt man das "Hot and Dry-Verfahren". Es soll nicht unerwähnt bleiben, dass manche Baufirmen bereits die Vorverdichtung durch Gummiradwalzen ausführen lassen und den Walzvorgang unmittelbar bis zum Ende der Hauptverdichtung weiterführen. Das Ende wird dadurch kenntlich, dass die Reifen in der verdichteten Masse keine Spuren mehr eindrücken.

Das Glätten der eingebauten und verdichteten Schicht ist für die Ebenheit der Oberfläche notwendig, wenn vorher mit Gummiradwalzen gearbeitet wurde. Hierfür setzt man meist Tandemwalzen ein. Diese walzen so lange, bis keine Unebenheiten mehr sichtbar sind.

Die Abweichung von der Solldicke bei Tragschichten darf höchstens ± 1,0 cm, Unebenheiten dürfen höchsten 1,0 cm betragen. Für Binderschichten gelten 0,6 cm bei gebundener Unterlage, 1,0 cm bei nicht gebundener Unterlage als zulässige Abweichungen von der Ebenheit. Die Ebenheit der Deckschicht darf maximal 0,4 cm betragen.

Die Schichtdicken können bei Kontrolluntersuchungen entweder radiometrisch gemessen oder am Bohrkern bestimmt werden. Die radiometrische Messung ist zerstörungsfrei. Ehe das Asphaltmischgut eingebaut wird, werden auf das Planum der ungebundenen obersten Tragschicht Metallplatten als Reflektoren gelegt, deren genaue Lage eingemessen werden muss. An dieser Stelle wird später die radiometrische Sonde aufgesetzt. Die Entnahme von *Bohrkernen* lässt sowohl die Messung der Schichtdicke als auch der anderen geforderten Eigenschaften wie Bindemittelgehalt, Kornverteilung oder Hohlraumgehalt zu.

14.4 Straßenoberbau

Die geforderte Zusammensetzung wird ebenfalls an Proben untersucht, die dem unverdichteten Mischgut vor dem Einbau entnommen werden. Dabei werden jeweils drei Eimer mit ca. 20 kg Inhalt gefüllt und mit der Baustation beschriftet, an der sie entnommen wurden. Einen Eimer erhält der Auftraggeber, um seine Kontrolluntersuchungen durchzuführen. Den zweiten Eimer stellt man dem Auftragnehmer zur Verfügung, um ihm die Gegenkontrolle zu ermöglichen. Die dritte Probe ist die Rückstellprobe, die dann gebraucht wird, wenn der Auftraggeber die Qualität der Probe bemängelt und der Auftragnehmer die von diesem gemessenen Ergebnisse anzweifelt. Dann wird die Rückstellprobe einem unabhängigen Prüfinstitut übergeben, das damit eine Schiedsuntersuchung durchführt.

Auf die Entnahme von Mischgutproben und Bohrkernen sollte nicht verzichtet werden, um stets die Qualität der Arbeit zu überwachen. Wird dies nicht durchgeführt, können bei später auftretenden Schäden Ansprüche an den Unternehmer nur schwer durchgesetzt werden, weil sich durch die Liegezeit Alterungserscheinungen bemerkbar machen können.

Zur Erhöhung der Verkehrssicherheit wird ein Griffigkeitswert der fertigen Decke verlangt, der mit dem „Sideway-force Coefficient Routine Investigation Machine (SCRIM)" – Gerät gemessen wird. Werte siehe Tabelle 14.9.

bei	Abnahme			Ablauf der Verjährungsfrist		
Geschwindigkeit in km/h	40	60	80	40	60	80
μ_{SCRIM}	0,60	0,53	0,46	0,56	0,50	0,43

Tabelle 14.9 Grenzwerte μ_{SCRIM} für die Feststellung der Griffigkeit bei Asphalt- und Betondecken

Betonoberbau. Wegen der hohen Widerstandsfähigkeit des Betons gegen Druckbeanspruchung und der langen Lebensdauer werden Betondecken meist an Straßen mit sehr hohem und schwerem Verkehr eingesetzt. Auch im militärischen Bereich, wo Kettenfahrzeuge ständig fahren, verwendet man Betondecken, weil diese den Drehbewegungen dieser Fahrzeuge besser widerstehen als Asphaltdecken. Aber auch dort, wo nur sehr wenig Verkehr herrscht, können Betonfahrbahnen sinnvoll sein, weil wenig belastete Asphaltdecken an der Oberfläche Poren aufweisen, in die sich Staub setzt. Dieser wiederum bietet für Samenkörner Nährboden. Da aber auch Bitumen auf Gräser und Buschwerk wie Dünger wirkt, ist die Möglichkeit der Zerstörung des Asphaltes durch Pflanzenwurzeln gegeben. Dieses Problem tritt bei der Betondecke nicht auf. Deshalb ist auch ein Einsatz im ländlichen Wegebau oder bei Wirtschaftswegen möglich, weil dadurch wenig Unterhaltungsdienst erforderlich wird.

Da der Beton noch vor dem Erstarrungsbeginn verarbeitet und verdichtet sein muss, dürfen die Transportentfernungen von der Mischanlage bis zur Einbaustelle nicht zu groß werden. Wegen der Gefahr, dass das Anmachwasser im Beton bei niederen Temperaturen gefriert, bei hohen Temperaturen aber verdunstet und durch die Abbindewärme ungeregelte Rissbildung auftritt, kann eine Betondecke nur bei Lufttemperaturen zwischen +5 °C und +30 °C eingebaut werden.

Der Einbau erfolgt mit Betondecken-Fertigern. Diese laufen entweder auf Schienen, die mit der Schalung höhengerecht verlegt werden müssen, oder auf Raupenfahrwerken. In diesem Falle werden sie über Leitdrähte an den Seiten oder Laserstrahlen gesteuert. Die Schalung ist in diesem Falle am Fertiger montiert. Man spricht dann von Gleitschalungsfertigern. In diesem Fall muss der Beton so steif eingestellt werden, dass er nach der Verdichtung mit senkrechten Seiten als Platte stehen bleibt, sobald er die Schalung verlässt. Moderne Fertiger können auch elektronisch gewonnene Entwurfsdaten auswerten. Sie werden dabei über GPS gesteuert. Beim schienengeführten Fertiger werden die Höhen der Schalung mit den Schienen exakt einnivelliert und die Stöße gut verlascht. Während des Einbaus ist ausreichend Schalmaterial vorzuhalten, weil erst nach dem Erstarren die Schalung entfernt und wieder nach vorn transportiert werden kann, nachdem sie gereinigt ist. Bei den hohen Gewichten der Schalung sind entweder Lkw oder besonders konstruierte Transportwagen notwendig.

Der Gleitschalungsfertiger spart die lohnintensive Arbeit des Schalungsauf- und -abbaus ein. Die fertige Decke weist eine besonders gute Ebenheit aus.

Der Beton wird vor dem Einbaugerät abgekippt und mit einem Schwertverteiler gleichmäßig dick der Fertigerbohle vorgelegt. Kann der Beton seitlich der Fahrbahn transportiert werden, so verwendet man einen Kübelverteiler, der seitlich beladen werden kann. Am Fertiger selbst ist eine Schaufelwalze angebracht, die den Beton über die ganze Einbaubreite eben abgleicht. Danach folgt eine Einrichtung, die das Einschneiden der Querscheinfugen, das Setzen und Einrütteln der Dübel und Anker und manchmal das Einlegen von Fugeneinlagen ausführt. Dahinter läuft die Vibrationsbohle. Diese rüttelt den Beton mit ihrer Schwingungsenergie ein. Die Glättung der Oberfläche erfolgt durch eine Abziehbohle, die meist im Schräglauf zur Einbaurichtung arbeitet. Sie soll nochmals Unebenheiten ausgleichen.

Unter einem Arbeitszelt befinden sich eine Arbeitsbühne für den Besenstrich und das Sprühgerät für das Nachbehandlungsmittel. Der Besenstrich beseitigt aufgetretene Betonschlämpe an der Oberfläche, die sonst bei Frosteinbruch zu Abplatzungen führen und die Fahrbahn uneben machen könnte. Manchmal wird der Besenstrich durch ein nachgeschlepptes Jutetuch oder Kunststofffrasenteppich ersetzt. Die Sprühmittel verhindern ein Verdunsten des Wassers während des Abbindevorgangs. Hinter dem Arbeitszelt wird ein Schutzzelt mit einer Länge bis zu 200,00 m gezogen, das den Beton vor Sonnenschein, Regen oder starkem Wind schützen soll. Wird kein Sprühmittel eingesetzt, muss der Beton mit Matten abgedeckt werden, die drei Tage lang nass gehalten werden müssen.

Sobald der Beton genügend Festigkeit erlangt hat, wird mit dem Schneiden der Querscheinfugen begonnen. Beim sog. Stufenschnitt muss nur die erste Stufe eingeschnitten werden, um die gezielte Rissbildung zu erreichen. Das Nachschneiden und Abphasen der Fugenränder folgt dann, wenn die Längs- und Pressfugen geschnitten werden. Anschließend werden alle Fugen mit Fugenvergussmasse gefüllt.

Die Kontrolle der Deckendicke und der erreichten Festigkeit wird an Bohrkernen geprüft, die die Anforderungen der ZTV Beton-StB erfüllen müssen.

14.5 Befestigung von Rad- und Gehwegen

Die Befestigung von Rad- und Gehwegen kann wegen der geringeren Belastungen entsprechend dünn ausgeführt werden. Oft wird hier nur eine Tragdeckschicht eingesetzt, die mit einem schmalen Schwarzdeckenfertiger eingebaut wird. Innerhalb bebauter Ortslagen ist zu prüfen, ob gegebenenfalls die Decke verstärkt werden muss, wenn Fahrzeuge des Straßenunterhaltungsdienstes darüber fahren. Gleiches gilt für den Lieferverkehr in den Fußgängerzonen. Die RStO hat die Befestigungen standardisiert. Asphaltdeckschichten werden ausreichend verdichtet. Poren an der Oberfläche sind mit Schlämme oder Porenfüller zu verschließen. Die Ränder werden mit Borden eingefasst.

Betondecken werden mit dem Gleitschalungsfertiger hergestellt. Der Scheinfugenabstand soll 3,00 m betragen. Der Herstellungsgang entspricht sinngemäß dem der Fahrbahnen, doch werden die entstehenden Fugen nicht vergossen. Der Einsatz von Fließbeton ist bei schmalen Wegen sinnvoll, weil dabei die Schalung aus entsprechend hohen Holzbalken bestehen kann.

Natursteinpflaster ist für Radwege wegen der Unebenheit der Oberfläche schlecht. Die Wege werden dann nicht angenommen.

14.6 Befestigung ländlicher Wege

Ländliche Wege dienen der Erschließung der Flurmark und werden entsprechend für die geringen und langsamen Belastungen angelegt. Die Befestigung kann hergestellt werden als Wegebefestigung
- ohne Bindemittel,
- mit hydraulischen Bindemitteln,
- mit Asphalt.

Wegebefestigung ohne Bindemittel ist wasser- und frostempfindlich. Beim Einbau darf die Unterlage nicht feucht sein. Auf eine gute Wasserableitung ist zu achten. Als Tragschicht st deshalb frostunempfindliches Material als Frostschutzschicht vorteilhaft. Auch Kies- oder Schottertragschichten unter Deckschichten ohne Bindemittel oder hydraulisch gebundenen Schichten und Deckschichten aus Asphalt oder Beton finden Verwendung.

Größtkorn in mm	32	45	56	65
Mindesteinbaudicke in cm	12	15	18	20

Tabelle 14.10 Mindesteinbaudicken ungebundener Schichten

Für *Bodenverfestigungen* werden Zement oder Tragschichtbinder in den Boden entweder örtlich eingemischt (Baumischverfahren) oder in der Mischanlage (Zentralmischverfahren) hergestellt und mit dem Fertiger eingebaut.

Hydraulisch gebundene Tragschichten (HGT), hydraulisch gebundene Tragdeckschichten (HGTD) und hydraulisch gebundene Deckschichten (HGD) werden immer im Zentralmischverfahren hergestellt, zur Einbaustelle gefahren und dort verdichtet. Die HGT muss 100 % der Proctorwerte des Bodens erreichen. HGTD und HGD werden mit dem Fertiger mit hoher Vorverdichtung eingebaut und mit Vibrationswalzen > 8 t oder Gummiradwalzen verdichtet. Die Dicke der HGTD muss mindestens 0,12 m, bei der HGD 0,08 m erreichen. Die Ränder werden im Verhältnis 1:1 abgeböscht. Für eine gute Entwässerung durch ausreichende Querneigung und Entwässerungseinrichtungen am Kronenrand ist Sorge zu tragen.

Betondecken und *Betonspuren* sind zugleich Deck- und Tragschicht. Betondecken erhalten eine Mindestschichtdicke von 0,14 m, die Betonspuren eine von 0,12 m. Im Beton sind Fugen erforderlich, um wilde Risse zu vermeiden. Als Bindemittel verwendet man CEM I 32,5. Wird CEM III/A eingesetzt, muss die Festigkeitsklasse 42,5 erreicht werden. Der Beton muss den Anforderungen nach DIN 1045-2 der Festigkeitsklasse C 25/30 und der Expositionsklasse XF 3 genügen. Die Sieblinien sind im Anhang 5 dargestellt.

Wegebefestigung mit *Asphalt* wird heiß eingebaut. Auch hier unterscheidet man
- Tragdeckschichten und
- zweilagigen Aufbau als Trag- und Deckschichten.

Der Vorteil mit Asphaltbau ist die Möglichkeit, dass die hergestellten Schichten kurz nach dem Einbau befahren werden können. Wenn durch Nachgeben des Untergrundes Setzungen entstehen, ist eine Verstärkung bzw. ein Ausgleich der Oberfläche stets möglich. Mit Asphalt ist auch der Bau von Spurwegen möglich. Für gute Entwässerung ist auch hier zu sorgen.

Als Bindemittel können je nach örtlichen Verhältnissen die Sorten 160/200, 70/100 oder 50/70 eingesetzt werden. Das Mischgut wird mit dem Fertiger eingebaut und mit Walzen verdichtet. Die Gesteinskörnung setzt sich aus Edelsplitt, Edelbrechsand, Natursand und Gesteinsmehl zusammen. Für Asphaltspuren hat sich die Mischgutzusammensetzung nach Tabelle 14.11 bewährt.

| Gesteins- | Kornanteil in M.-% | | Bitumensorte | Bindemittelge- | Hohlraumgehalt |
körnung	> 2 mm	< 0,09 mm		halt in M.-%	in Vol.-%
0/16	50 bis 60	10 bis 13	70/100	6,0	1,0 bis 2,0

Tabelle 14.11 Mischgutzusammensetzung für Asphaltspuren

Pflasterdecken vereinigen die Aufgaben von Trag- und Deckschicht. Auf einer Bettungsschicht werden entweder Pflastersteine aus Beton oder Platten aus Beton verlegt. Betonplatten verwendet man hauptsächlich bei Spurwegen. Auch Rasenverbundsteine finden bei geringer Beanspruchung Anwendung.

Pflasterdecken können sofort nach dem Einbau befahren werden. Die Unterlage muss aber den Wert $E_{v2} \geq 80$ MN/m² besitzen. Sie muss beidseitig 0,25 m über die Pflasterdecke hinausragen und bei Spurwegen auch zwischen den Spuren vorhanden sein.

Mindestdicke in cm	Pflasterbett	Betonverbundpflaster	Rasenverbundsteine	Betonplatten
	3 ± 1	8	10	12

Tabelle 14.12 Mindestdicken von Pflasterdecken

Das Bettungsmaterial ist eine gut abgestufte Gesteinkörnung 0/8, die filterstabil sein muss, um das Oberflächenwasser gut abzuführen. Meist verwendet man das gleiche Material auch für die Fugenfüllung.

Bordsteine geben dem Pflaster ein seitliches Widerlager. Sie werden in einem 0,20 m dicken Betonbett der Festigkeitsklasse C 12/15 vor dem Erhärten eingesetzt. Außerdem erhalten sie eine Rückenstütze von 0,10 m Stärke, deren Höhe sich nach der Dicke der Flächenbefestigung richtet.

Pflasterdecken ohne Verbund werden mit einem Fugenabstand 3 mm $\leq b_F \leq$ 5 mm verlegt. Danach wird das Material zur Verfüllung aufgestreut und entweder eingekehrt oder eingeschlämmt. Schließlich rüttelt man die Fläche vom Rand zur Mitte hin ab und schließt die Fugen erneut durch Absanden.

Rasenverbundsteine werden erst nach dem Abrütteln mit geeignetem Boden aufgefüllt, dem evt. bereits Grassamen beigemischt wurde. Um den Gaswuchs zu begünstigen, füllt man die Öffnungen der Rasenverbundsteine 1 cm bis 2 cm tiefer als die Steinoberkante auf. Dadurch wird der Wurzelballen durch überfahrende Fahrzeuge nicht beschädigt.

Betonplatten erhalten bei der Verlegung ein Quergefälle $q = 3,0$ %.

15. Verdingung

Wenn ein Verkehrsbauwerk errichtet werden soll, holt man von verschiedenen Baufirmen Preise ein, um im Wettbewerb der Anbieter untereinander ein kostengünstiges und wirtschaftliches Angebot zu erhalten. Für öffentliche Bauleistungen ist die Ausschreibung von Bauleistungen Pflicht.

15.1 Verdingungsordnung für Bauleistungen

Um eine einheitliche Handhabung für das Einholen von Angeboten und die Erteilung von Bauaufträgen zu besitzen, wurden für die Vergabe öffentlicher Aufträge Vorschriften eingeführt, die als "Verdingungsordnung für Bauleistungen - VOB" bekannt sind. Sie gliedert sich in drei Teile:
- "VOB Teil A, Allgemeine Bestimmungen für die Vergabe von Bauleistungen - DIN 1960"
- "VOB Teil B, Allgemeine Vertragsbedingungen für die Ausführung von Bauleistungen – DIN 1961"
- "VOB Teil C, Allgemeine Technische Vertragsbedingungen für Bauleistungen - ATV – DIN 18 299 bis DIN 18451

Im Teil A sind die Verfahren geregelt, nach denen eine Ausschreibung von Bauleistungen zu erfolgen hat. Dabei sind folgende Arten möglich:
- Öffentliche Ausschreibung,
- Beschränkte Ausschreibung,
- Freihändige Vergabe.

Die *Öffentliche Ausschreibung* ist das hauptsächliche Verfahren. Nach Bekanntmachung können sich beliebig viele Anbieter um die Vergabe der Bauleistung bemühen. Von einer bestimmten Kostenanschlagssumme an müssen die Bauleistung europaweit ausgeschrieben werden.

Bei *Beschränkter Ausschreibung* wird eine beschränkte Anzahl von Unternehmen zur Angebotsabgabe aufgefordert. Diese Art wird dann angewendet, wenn die Bauleistungen besondere Fachkenntnis oder Ausrüstung erfordern, oder wenn die Ausarbeitung des Angebots einen ungewöhnlich hohen Aufwand für den Bieter erfordert.

Die *Freihändige Vergabe* wird dann angewendet, wenn ein bestimmtes Bauverfahren angewendet werden soll, für das nur ein Bewerber in Betracht kommt, eine Leistung besonders dringlich ist oder weil sich die Bauleistung von einer bereits vergebenen Leistung nicht trennen lässt.

Bei der Vergabe der Bauleistungen im *Offenen Verfahren*, das der öffentlichen Ausschreibung folgt, soll derjenige Bieter den Zuschlag erhalten, der das günstigste Angebot gemacht hat. Das heißt, dass bei der Bewertung der Angebote nicht nur die rechnerische Richtigkeit geprüft werden muss, sondern auch, ob offensichtlich Fehlkalkulationen vorliegen oder ob annehmbare Nebenangebote die Gesamtsumme des Hauptangebotes verändern. Außerdem muss der Bieter nach seiner Ausrüstung und personellen Ausstattung in der Lage sein, die Durchführung in der geforderten Frist zu gewährleisten. Beim offenen Verfahren können die Bieter an der Angebotseröffnung teilnehmen. Dort werden auch die Endsummen aller Angebote bekannt gegeben.

Das *Nichtoffene Verfahren* entspricht der beschränkten Ausschreibung. Da hier eine beschränkte Ausschreibung vorausging und der Auftraggeber durch die Auswahl die gleiche Leistungsfähigkeit aller Beteiligten voraussetzt, erhält der billigste Bieter in der Regel den Zuschlag. Das nichtoffene Verfahren kann auch angewendet werden, wenn ein vorhergehendes Offenes oder Nichtoffenes Verfahren aufgehoben wurde.

Das *Verhandlungsverfahren* wird angewendet, wenn bei einem Offenen oder Nichtoffenen Verfahren kein annehmbares Angebot vorhanden war, für die Ausführung Spezialwissen erforderlich ist oder die Wagnisse beim Bau nicht eindeutig beschrieben werden können. Der Teil A enthält darüber hinaus noch Bestimmungen,
- wie die Leistungen zu beschreiben sind,
- welche formalen Unterlagen für die Vergabe erforderlich sind,
- welche Fristen einzuhalten sind,
- ob Vertragsstrafen und Beschleunigungsvergütungen vorgesehen werden,
- wie die Ausschreibungs- und Vergabeverfahren abgewickelt werden.

Die VOB Teil A wird kein Vertragsbestandteil des Bauvertrages.

Im Teil B sind die allgemeinen Vertragsbedingungen zusammen gefasst, die für die auszuführenden Leistungen gelten. Diese umfassen im wesentlichen die Vertragsabwicklung.

Der Teil C umfasst eine große Anzahl von DIN-Vorschriften, die die einzelnen Gewerke beschreiben. Für den Straßenbau sind hierbei besonders hervorzuheben:

DIN 18 299 Allgemeine Regelungen für Bauarbeiten jeder Art
DIN 18 300 Erdarbeiten
DIN 18 306 Entwässerungskanalarbeiten
DIN 18 315 Straßenbauarbeiten; Oberbauschichten ohne Bindemittel
DIN 18 316 Straßenbauarbeiten; Oberbauschichten mit hydraulischen Bindemitteln
DIN 18 317 Straßenbauarbeiten; Oberbauschichten mit bituminösen Bindemitteln
DIN 18 318 Straßenbauarbeiten; Pflasterdecken und Plattenbeläge
DIN 18 320 Landschaftsbauarbeiten
DIN 18 331 Beton- und Stahlbetonarbeiten

15.2 Ausschreibung und Vergabe

In den VOB/B ist gefordert, dass für Bauleistungen Angebote eingeholt werden. Damit die Bieter exakt kalkulieren können, müssen die Leistungen eindeutig beschrieben werden. Dies geschieht in einem *Leistungsverzeichnis* . Diese Leistungsverzeichnisse erstellt man zweckmäßig mit der elektronischen Datenverarbeitung. Die Straßenbauverwaltung hat dafür den Standardleistungskatalog erarbeitet, der in einem DV-Programm gespeichert ist und entsprechend den örtlichen Gegebenheiten durch das Programm zusammengestellt wird. Der Bewerber um die Bauleistung erhält zwei Ausfertigungen des Leistungsverzeichnisses, den Langtext und den Kurztext.

Im Langtext ist jede Position im vollen Wortlaut mit allen Einzelheiten gedruckt. Der Langtext bildet bei Widersprüchen und Streitigkeiten die Vertragsgrundlage.

Im Kurztext werden die Leistungen nur stichwortartig beschrieben. In ihn trägt der Bieter die Angebotspreise verbindlich ein und gibt ihn bis zum Eröffnungstermin bei der ausschreibenden Stelle ab. Die Preise werden ebenfalls Vertragsbestandteil.

Jede Position ist durch eine Nummer gekennzeichnet. Diese besteht wiederum aus der Katalognummer und den Folgetextnummern. Die Katalognummer ist zusammengesetzt aus der Leistungsbereichnummer (LB-Nr.) und der Grundtextnummer (GT-Nr.). Die Folgetextnummer (FT-Nr.) gibt nähere Erläuterungen an. Folgetexte können verkettet werden. Sie sind deshalb in acht Folgetextgruppen zusammengefasst, von denen man bei der Ausschreibung die Teilbeschreibung auswählt. Aus jeder vorhandenen Folgetextgruppe ist ein Folgetext auszuwählen, gegebenenfalls ist eine Null zu ergänzen.

Beispiel:

Erdbewegung:	100000 m³
Leistungsbereich "Erdbau"	LB-Nr. 106
Grundtext "Boden lösen und einbauen"	GT-Nr. 211
Katalognummer :	106 211
Folgetext 1: "Klasse 3 bis 5"	FT-Nr. 1.07
Folgetext 3 bis 5: nicht gebraucht	FT-Nr. 3.0
	FT-Nr. 4.0
	FT-Nr. 5.0
Folgetext 6: "Das Herstellen des Planums wird gesondert berechnet"	FT-Nr. 6.1
Folgetext 7: "Abgerechnet wird nach Abtragsprofilen"	FT -Nr. 7.01
Die gesamte Positionsnummer ist dann	106 211 0700 0101

Der volle *Langtext* lautet dann für diese Position:

"100 000 m³
Boden aus Abtragsstrecken profilgerecht lösen, innerhalb der Baustelle fördern, in die Auftragsstrecken profilgerecht einbauen und verdichten. Klassen 3 bis 5. Das Herstellen des Planums wird gesondert berechnet. Abgerechnet wird nach Abtragsprofilen"

Der *Kurztext* heißt in diesem Fall:
"100 000 m³
Boden lösen und einbauen, Klassen 3 bis 5, Planum gesondert, Aufmaß Abtrag".

Die Vergabe der Arbeiten erfolgt durch einen formalen Hoheitsakt durch den schriftlichen Auftrag. Die Durchführung erfolgt dann nach den geltenden Vertragsbedingungen und den Regeln der Technik. Der Auftragnehmer hat für einwandfreie Qualität, zügige Baudurchführung und die Sicherheit auf der Baustelle zu sorgen. Dazu gehört auch die Absperrung oder Abschrankung sowie die Verkehrsregelung, die mit der zuständigen Straßenverkehrsbehörde abzustimmen ist.

Während der Baudurchführung wird die sachgemäße Herstellung durch die Bauaufsicht des Auftraggebers überwacht. Bei Fehlern wird der Aufsichtsführende den örtlichen Bauleiter zur Änderung auffordern. Nur zur Abwendung akuter Gefahr hat er auch ein Weisungsrecht gegenüber den Mitarbeitern der Firma. Außerdem hat der Ingenieur der Bauaufsicht gemeinsam mit dem Bauleiter der Firma die Aufgabe, alle Maße für die Abrechnung aufzuehmen, besonders die Maße, die später durch andere Schichten verdeckt und somit nicht mehr nachgemessen werden können. Darüber hinaus bedarf es seiner Zustimmung, wenn Arbeiten auf Nachweis ausgeführt werden sollen. Schließlich werden in seinem Beisein die Kontrollprüfungen durchgeführt oder Materialproben entnommen.

15.3 Bauabrechnung

Die Bauabrechnung ist für den Bauingenieur meist eine unbeliebte Arbeit, weil sie ihn für längere Zeit an den Schreibtisch bindet und viel Formalismus seinen Tatendrang auf der Baustelle hemmt. Dennoch ist sie für den Auftragnehmer und Auftraggeber wichtig, damit er schnell seine erbrachten Leistungen vergütet erhält. Unter wirtschaftlichen Gesichtspunkten ist es nicht günstig, wenn die Abrechnung einer Baustelle und die Bauleitung einer neuen Baustelle gleichzeitig durchgeführt wird. Häufig werden dann kleinere Dinge in der Abrechnung zum Nachteil des Auftragnehmers vergessen.

Die Abrechnung erfolgt auf Grund der Aufmaßunterlagen, die während der Bauzeit aufgenommen wurden. Sie müssen von der Bauaufsicht gegengezeichnet sein, um bei der Prüfung der Schlussrechnung anerkannt zu werden. Deshalb ist es notwendig, während der Baudurchführung laufend gemeinsam aufzumessen, um spätere Streitigkeiten über die Leistungen zu vermeiden. Dem Auftraggeber werden mit der Schlussrechnung alle Aufmaße und Berechnungsunterlagen, wie Querprofile, Lieferscheine oder Nachweise über geleistete Stundenlohnarbeiten, übergeben. Er vergleicht diese mit den Durchschriften, die er während der Bauzeit gesammelt hat.

Nachdem heute in der Regel viele Daten der Baustelle mit der elektronischer Datenverarbeitung bearbeitet werden und deshalb auch auf Datenträgern gespeichert sind, ist es günstig, auch die Bauabrechnung elektronisch durchzuführen. Das bedingt, dass der Auftraggeber die vorhandenen Entwurfsdaten (Geländeaufnahme, Fahrbahn-Deckenbuch, Querprofilauswertung, Festpunkte u.a.) dem Auftragnehmer bei Baubeginn übergibt. Während der Bauzeit werden alle Aufmaße in Formulare eingetragen und gegengezeichnet. Der Auftragnehmer überträgt diese auf Datenträger und händigt dem Auftragnehmer eine Fertigung davon zur Prüfung aus. Schon während der Bauzeit können so Unstimmigkeiten bereinigt werden.

Die ständige Fortführung der Aufmaße hat den Vorteil, dass der tatsächliche Leistungsstand stets erkennbar ist und in Abschlagsrechnungen die tatsächlichen Leistungen eingesetzt werden können. Sicherheitsabschläge müssen deshalb nicht geschätzt werden. Der Vorteil für beide Seiten ist deutlich: Der Unternehmer erhält den Gegenwert seiner wirklichen Leistung, der Auftraggeber kann die Kostenentwicklung der Baustelle mit großer Sicherheit verfolgen. Kostenüberschreitungen werden frühzeitig erkannt. Die Daten sollen im OKSTRA – Format übergeben werden.

15.4 Qualitätskontrolle

Im Leistungsverzeichnis sind die Arbeiten, die erwartet werden, einzeln aufgeführt. Der Auftraggeber geht davon aus, dass er einwandfreie Arbeit erhält. Der Auftragnehmer hat ihm dafür den Preis genannt, den er braucht, um die einzelnen Arbeiten sach- und fachgerecht auszuführen. Um sicher zu sein, dass die erwartete Qualität geliefert wurde, werden verschiedene Kontrollen und Prüfverfahren während der Bauzeit erforderlich. Erst nach Vorliegen aller Ergebnisse wird der Auftraggeber entscheiden können, ob die Schlussrechnung angewiesen werden kann. Dazu müssen durch Prüfungen die geforderten Werte nachgewiesen werden.

Die geforderten Werte sind Vertragsbestandteil. Sie sind in einer Reihe von Zusätzlichen Vertragsbedingungen festgeschrieben. Es seien hier als Beispiel die ZTVE-StB oder ZTV Asphalt-StB genannt. Die Prüfungen und ihre Methoden werden zum Teil auch in einer Reihe von DIN-Vorschriften beschrieben. Für den Auftraggeber sind sie ein wichtiger Bestandteil der Bauaufsicht. Deshalb darf er nicht auf sie verzichten.

Aber auch der Auftragnehmer sollte die Prüfungen nicht als lästig ansehen. Einmal kann beobachtet werden, dass auf Baustellen, auf denen ständig Prüfungen vorgenommen werden, die Arbeiter sich um qualitative Arbeit bemühen, um Nacharbeiten zu vermeiden. Andererseits wird so die Gewährleistung des Auftragnehmers gut abgesichert, weil er schon während der Bauzeit die Gewissheit erhält, dass Mängel am Bauwerk vermieden wurden. Schließlich kann er, sofern dies zulässig ist, Mehrmengen seiner Lieferungen einfordern, wenn er sie nachweisen kann, wie das nach ZTV Asphalt-StB in bestimmten Fällen möglich ist.

Zwei verschiedene Kontrollmaßnahmen werden unterschieden. Entweder führt man Prüfungen direkt auf der Baustelle durch (Plattendruckversuch auf dem Planum, Ebenheitskontrollen, Nachmessen der Höhen der Schichten u.ä.), oder man entnimmt Materialproben, um sie im Labor zu untersuchen. In beiden Fällen sind gemeinsam Protokolle über die Untersuchungen und deren Ergebnisse zu fertigen und in die Bauakte aufzunehmen. Werden Mängel entdeckt, kann die Abnahme verweigert werden. Das bedeutet, dass sich die Gewährleistungsfrist verlängert. Oder es erfolgen Preisabzüge, die sich dann auf das wirtschaftliche Gesamtergebnis auswirken.

16 Straßeninstandhaltung und Betrieb

Verkehrsflächen unterliegen einer ständigen Abnutzung. Außerdem sind sie der Witterung ausgesetzt. Durch die Kräfte der Natur entstehen somit Schäden, die die Lebensdauer verkürzen. Um eine Erneuerung möglichst lange hinauszuschieben, sind deshalb ständig Pflege- und Instandsetzungsarbeiten durchzuführen.

Man unterscheidet:
- Unterhaltung,
- Instandsetzung,
- Erneuerung.

Die *Unterhaltung* einer Straße nennt man die Anwendung baulicher Sofortmaßnahmen zur Erhaltung der Verkehrssicherheit einer Straße. Außerdem zählen Maßnahmen dazu, die Reparaturen kleinen Umfangs ohne nennenswerte Erhöhung des Gebrauchswertes umfassen.

Unterhaltungsarbeiten bestehen häufig im Beseitigen von Schäden in der Fahrbahndecke (Schlaglöcher). Bei diesen kleinen Flächen, die geflickt werden müssen, lassen sich in Asphaltdeckschichten Mischungen verwenden, die oft auf Emulsionsbasis im Kalteinbau oder im Warmeinbau mit gefluxtem Bitumen eingebaut werden. Die Schadenstellen müssen ausgefräst werden, damit scharfe Kanten im rechten Winkel entstehen. Danach wird das Mischgut eingelegt und verdichtet. Der Verkehr sorgt dann für die Nachverdichtung.

Mit *Instandsetzung* bezeichnet man Maßnahmen zur Erhöhung des Gebrauchswertes, der durch den Gebrauch oder Umwelteinflüsse gesunken ist. Sie gehen deutlich über den Umfang einer Unterhaltungsmaßnahme hinaus, stellen aber noch keine direkte Erneuerung der Verkehrsfläche dar.

Erneuerung ist die vollständige Wiederherstellung des Gebrauchswertes, wenn mehr als die Asphaltdeckschicht ersetzt wird oder bei Betonstraßen die gesamte Betondecke erneuert werden muss. Dies kann im Hocheinbau durch Auflegen von Schichten über 4,0 cm Dicke oder im Tiefeinbau durch vollständigen Ersatz einer vorhandenen Befestigung geschehen.

16.1 Fahrbahndecken

Die Erneuerung von Fahrbahndecken und Verkehrsflächen sind in den RStO-01 beschrieben. Die Möglichkeiten sind je nach der Bauweise in den Tabellen 7.21 und 7.22 dargestellt.

Die Auswahl zwischen den drei Möglichkeiten der Wiederherstellung des Gebrauchswertes hängt ab von einer *Bewertung* der Restsubstanz der Verkehrsfläche. Die technisch und wirtschaftlich zweckmäßige Art und Bauweise hängt ab von:
- Oberflächenzustand,
- Tragfähigkeit, soweit sich diese ermitteln lässt,
- Art und Zustand der befestigten Schichten und des Unterbaus oder Untergrundes,
- Zustand der Entwässerungseinrichtungen,
- Verkehrsbelastung nach Durchführung der Erneuerungsmaßnahme.

Erneuerungsbauweisen
Eine Erneuerung kann sowohl in Asphalt- wie in Betonbauweise erfolgen. Pflasterdecken sollten wegen der geringen Verzahnung und Haftfähigkeit nicht überbaut werden. Die Wahl ist auch abhängig von der Länge des Erneuerungsabschnittes, der möglichen Verkehrsführung während der Bauzeit und der Dauer der Baumaßnahme.

Erneuerungsklasse	1	2	
Merkmalskombinationen Hauptmerkmal	Netzrisse, Risshäufungen, Längsrisse neben Rollspuren	Spurrinnen	Längsunebenheit
Zusätzliche Merkmale	Spurrinnen, Längsunebenheit, Flickstellen, Ausmagerung, Splittverlust	Längsunebenheit, Flickstellen, Ausmagerung, Splittverlust	Flickstellen

Tabelle 16.1 Merkmale der Erneuerungsklassen vorhandener Asphaltschichten, Erneuerung in Asphaltbauweise im Hocheinbau

Erneuerungsklasse	1	2	
Merkmalskombinationen Hauptmerkmal	Längsrisse, Querrisse	Eckabbrüche	Kantenschäden
Zusätzliche Merkmale	Eckabbrüche, Kantenschäden, Längsunebenheit, Plattenversatz, Plattenbewegung [1)]	Längsunebenheit, Kantenschäden, Plattenversatz, Plattenbewegung [1)]	Längsunebenheit, Plattenversatz, Plattenbewegung [1)]

[1)] Vor der Durchführung der Erneueungsmaßnahme sind die Ursachen zu beseitigen

Tabelle 16.2 Merkmale der Erneuerungsklassen vorhandener Betonfahrbahnen; Erneuerung in Asphaltbauweise im Hocheinbau

In der RStO werden zwei Erneuerungsklassen unterschieden. Die Kriterien dafür entnimmt man den Tabellen 16.1 und 16.2.

Die Bauweise und Schichtdicken für die *Erneuerung in Asphaltbauweise* im Hocheinbau sind in Tabelle 7.21 dargestellt. Bei Hocheinbau kann die Dicke einer Ausgleichschicht auf die Dicke der Asphalttragschicht angerechnet werden. Andererseits muss darauf geachtet werden, dass nach der Erneuerung die frostsichere Gesamtdicke des Oberbaus nach RstO erreicht wird. Sonst sind die Schichten zu verstärken. Wird Tiefeinbau durchgeführt, ist die Oberbaudicke nach RStO auszuführen.

Im Zuge der Erneuerung ist auch die Funktionsfähigkeit der Entwässerungseinrichtungen zu prüfen.

Zur *Erneuerung in Betonbauweise* ist es notwendig, dass zunächst die vorhandene Betondecke in Schollen $\leq 0{,}25$ m² gebrochen und damit entspannt wird. Meist geschieht die Erneuerung als Hocheinbau. Wird dabei die Gradiente oder die Querneigung verbessert, ist entweder auf die zertrümmerte Decke eine Betontragschicht aus C 20/25 mit Luftporenbildner oder eine Asphalttragschicht als Ausgleichschicht aufzubringen. Wird eine Betontragschicht eingesetzt, ist sie unter den Fugen der neuen Decke einzukerben.

Weist die zertrümmerte Betondecke keine großen Unebenheiten auf und sind auch sonst keine Veränderungen an Querneigung oder Gradiente geplant, kann statt der Ausgleichschicht alkalibeständiges Geotextil mit einem Gewicht von 500 g/m² eingelegt werden. Dann muss aber die Dicke der Betondecke, die sich nach der RStO ergibt, um 1,0 cm erhöht werden.

Der Fall der Erneuerung einer Asphaltdecke durch eine Betondecke wird sicher sehr selten vorkommen. Dann sind vorher schadhafte Stellen wie bei einer Unterhaltungsmaßnahme auszubessern, ehe die Betondecke darauf gelegt wird. Bei Gradienten- oder Querneigungsveränderungen kann auch eine Ausgleichschicht notwendig werden.

Im Tiefeinbau wird die Erneuerung nach den Vorgaben der RStO durchgeführt. Liegt die neue Betondecke auf einer nicht gebundenen und wasserdurchlässigen Tragschicht (z.B. Verwendung des Betonaufbruchs), wird in den Bauklassen SV, I bis III die Dicke des Betons um mindestens 4,0 cm erhöht.

Der übliche Nutzungszeitraum beträgt zwanzig Jahre. Soll eine kürzere Lebensdauer der Maßnahme zugrunde gelegt werden, kann die Dicke bei zehnjähriger Dauer um 0,10 m, bei fünfjähriger um 0,15 m dünner gewählt werden.

16.2 Bepflanzung

Der Unterhaltungsdienst umfasst auch die Pflege der Bepflanzung der nicht befestigten Flächen. In den ersten Jahren nach der Neupflanzung obliegt die Pflege meist noch der Gartenbaufirma, die den landschaftgärtnerischen Auftrag ausgeführt hat. Später muss mehrmals im Jahr vom Unterhaltungsdienst gemäht werden. Hierbei ist darauf zu achten, dass durch hochwachsendes Gras nicht die Sichtfelder beeinträchtigt werden.

Wenn die Bankette nur mit einer dünnen Mutterbodenschicht angedeckt wurden, kann ein mehrmaliges Mähen meist entfallen. Dafür sind aber die Entwässerungsgräben freizuhalten, um die ständige Wirksamkeit zu gewährleisten und Überflutungen vorzubeugen. Das Mähgut ist sofort zur Kompostierung abzufahren, damit es bei Regen nicht in die Entwässerungsrohre gespült wird.

Zwischen dem Buschwerk braucht meist wenig gearbeitet zu werden. Dagegen muss gesichert werden, dass der Lichtraum von hereinhängenden Ästen freigehalten wird. Ebenso sind alte Bäume daraufhin zu prüfen, ob sie noch standfest sind und von Windböen nicht umgeworfen werden können oder die Gefahr besteht, dass durch starken Wind, Schnee- oder Eisbehang Äste herabbrechen.

16.3 Straßenreinigung

Die Straßenreinigung außerhalb bebauter Gebiete obliegt dem Straßenbaulastträger. Dort anfallenden Arbeiten umfassen u.a. die Freiräumung der Verkehrsflächen nach Unwettern oder Unfällen. Im letzten Falle ist häufig ausgeflossenes Öl schnell zu binden, damit die Asphaltschicht nicht dadurch aufgeweicht wird und Oberflächenschäden entstehen. Darüber hinaus müssen nach einem bestimmten Untersuchungsplan die Querdolen, Durchlässe und Rohrleitung auf die Funktionsfähigkeit untersucht werden. Manchmal verkriechen sich Tiere in trockenen Zeiten darin oder bauen dort Nester. Bei plötzlich auftretendem Gewitterregen ertrinken diese unerwünschten Bewohner und behindern dann den Wasserabfluss. Ebenso können Rohre wegen Alterung zerstört oder Durchlässe umspült werden . Wenn zu viel Boden weggespült wurde, ist die Gefahr gegeben, dass der Straßenoberbau beim Überfahren schwerer Fahrzeuge einbricht. Bei der Feldarbeit aufgetretene Verunreinigungen müssen die Verursacher beseitigen.

Innerhalb bebauter Gebiete regelt die Gemeinde durch Satzung, wer die Reinigung zu übernehmen hat. Meist werden die Fahrbahnen von der Gemeinde gereinigt, während die Gehwege von den Anliegern sauber zu halten sind. Hierunter fällt auch das Zurückschneiden des Gartenbewuchses, der in den Lichtraum hineinwuchert. Grünanlagen in kommunalem Besitz also Trennstreifen und Verkehrsinseln sowie die Straßenbäume werden von den Gemeinden unterhalten. Für die Straßenreinigung werden meist eine größere Anzahl Geräte vorgehalten. Jedoch behindern am Straßenrand parkende Autos die Kehrmaschinen häufig.

Soweit die Straßen durch Bauverkehr verschmutzt werden, sind die bauausführenden Firmen verpflichtet, diesen Schmutz umgehend zu beseitigen, um Unfälle zu vermeiden.

16.4 Winterdienst

Der Winterdienst ist nicht nur eine umfangreiche, sondern auch kostenträchtige Arbeit. Er dient auch der Verkehrssicherheit. Der Autofahrer erwartet auch in der kalten Jahreszeit Straßen mit sommerlichen Fahrbedingungen. Ob diese Erwartung berechtigt ist, soll hier nicht untersucht werden. Deshalb sind im Winter Schneepflüge, Schneefräsen und Schneeschleudern im Einsatz, um die Fahrbahnen vom Schnee zu räumen. Treten Schneeverwehungen auf, die nicht schnell beseitigt werden können, müssen die Verkehrsteilnehmer oft viele Stunden in ihren Fahrzeugen zubringen. Da dem Schneesturm stehende Hindernisse Widerstände bilden, hinter denen sich Schnee ablagern kann, werden stauende Kolonnen schnell eingeweht und versperren den Räumfahrzeugen den Weg.

An verwehungsgefährdeten Strecken werden deshalb schon im Herbst Schneegitter oder Schneezäune aufgestellt, die für eine Schneeablagerung außerhalb des Verkehrsraumes sorgen sollen. Während der Winterzeit unterhalten die Straßenbauverwaltungen Warndienste, über die die Räumfahrzeuge rechtzeitig eingesetzt werden können. Die Salzstreuung gegen Glatteis ist in den letzten Jahren wesentlich eingeschränkt worden, um die Umwelt zu schonen. Bei Vereisungsgefahr sprüht man eine Salzlösung auf die kalte Fahrbahn, die den Gefrierpunkt des Regenwassers herabsetzt.

Die Räumung der Fahrbahn hat neben dem Vorteil einer höheren Verkehrssicherheit aber den Nachteil, dass der Frost tiefer in den Untergrund eindringen kann, als wenn eine Schneedecke die Fahrbahnoberfläche abschirmt. Entsprechend ist bei schlechtem Untergrund die Gefahr von Frostschäden erhöht.

16.5 Beleuchtung und Signalanlagen

Eine ortsfeste Verkehrsbeleuchtung erleichtert dem Fahrzeuglenker das Wahrnehmen der Straßenoberfläche, ihrer Begrenzung, die Lage von Knotenpunkten und die Bewegung anderer Verkehrsteilnehmer bei Nacht. Da die Straßenbeleuchtung Energie verbraucht und Kosten verursacht, außerdem die Leuchten einem Verschleiß unterliegen und gewartet werden müssen, werden in der Regel nur im angebauten Bereich Beleuchtungseinrichtungen angeordnet. Die lichttechnischen Gütemerkmale und Hinweise für den Entwurf sind in DIN 5044 enthalten.

Die Unterhaltung der Beleuchtung bedingt eine ständige optische Kontrolle der Anlagen. Schadhafte Leuchtmittel können durch Blinken den Verkehrsteilnehmer irritieren und seine Aufmerksamkeit ablenken. Erloschene Lampen bewirken eine Unregelmäßigkeit in der Leuchtdichte. Im Fußgängerbereich erzeugen sie außerdem psychologische Hemmschwellen, die dazu führen, dass bei Nacht der Fußweg nicht benutzt wird. Deshalb sollen schadhafte Beleuchtungseinrichtungen unverzüglich ausgewechselt werden. Dabei kann an die Mitarbeit der Bevölkerung appelliert werden, schadhafte Lampen zu melden.

Noch wichtiger ist die ständige Überprüfung der Signalanlagen. Da diese verkehrsregelnde und damit verkehrsrechtliche Aufgaben zu erfüllen haben, müssen sie sich stets in betriebsbereitem Zustand befinden. Aus Kostengründen ist es selbstverständlich notwendig, in verkehrsschwachen Nachtzeiten Signalanlagen abzuschalten. Dann muß aber die Verkehrsregelung durch Verkehrszeichen eindeutig erkennbar sein.

Um eine sinnvolle Programmgestaltung der Signalzeiten zu erreichen, müssen auch durch örtliche Beobachtungen die Belastungen an den Knotenpunkten überprüft werden. Manchmal ergibt sich durch neue Werksanlagen oder Dienstleistungsgebäude, aber auch durch geänderte Verkehrsführung im Netz, dass vorhandene Signalprogramme nicht mehr mit der tatsächlichen Verkehrssituation am Knotenpunkt übereinstimmen. Die Signalprogramme sind deshalb der neuen Lage anzupassen.

16.6 Straßentunnel

Der Betrieb von Straßentunneln ist sehr anspruchsvoll. Hierbei geht es um die Wartung vieler Betriebselemente, die die Verkehrssicherheit in der Tunnelröhre garantieren.

Für die Übersicht im Tunnel werden im Gegensatz zum Ausland in der Bundesrepublik Deutschland relativ hohe Leuchtdichten eingesetzt. Deshalb müssen auch die Lampen und Leuchten ständig überprüft werden, weil bei ihrer Alterung die Leuchtdichte deutlich abnimmt. Das Auswechseln oder Reinigen bedingt, dass durch die Arbeitsfahrzeuge Fahrstreifen eingeengt oder gesperrt werden müssen. In zweistreifigen Tunnels mit Gegenverkehr ordnet man deshalb die Leuchten über einem Fahrstreifen, also außermittig oder seitlich an. Sind Standstreifen vorhanden, sollten diese Räume für die Anbringung der Leuchten genutzt werden.

Neben der Beleuchtung sind die Lüftungsanlagen von erheblicher Bedeutung. Es geht bei der Funktion nicht nur um die Erhaltung der Versorgung mit Frischluft für Fahrzeuginsassen und Betriebspersonal, sondern auch um gute Sichtverhältnisse und Verringerung von Rauch oder Hitzeeinwirkungen, falls ein Fahrzeugbrand im Tunnel entsteht. Die Steuerungsorgane müssen dauernd auf ihre Betriebssicherheit geprüft werden. Die Eintritts- und Austrittsöffnungen der Lüftungskanäle müssen in regelmäßigen Abständen gesäubert werden.

Als weitere Einrichtung werden bei größeren Tunnels Verkehrsleiteinrichtungen installiert. Sie sollen dem Verkehrsstrom eine möglichst gleichmäßige Geschwindigkeitsverteilung geben, aber auch bei Wartungsarbeiten durch Hinweise auf Beschränkungen und durch eindeutige Verkehrsführung die Verkehrssicherheit gewährleisten. Schließlich soll bei Unfällen oder Pannen im Tunnel die Störstelle schnell gesichert werden. Auch diese Systeme müssen ständig kontrolliert werden. Dazu sind Einrichtungen in einer Leitwarte vorzusehen, an der alle Meldungen zusammenlaufen. Von der Leitwarte aus werden auch die Kommunikationseinrichtungen wie Lautsprecher, Überwachungskameras und Notruftelefone gesteuert.

Das Bauwerk selbst ist nach DIN 1076 "Ingenieurbauwerke im Zuge von Straßen und Wegen -Überwachung und Prüfung" regelmäßig zu untersuchen. Darunter fällt besonders die Untersuchung der Bauteile auf Korrosionsschäden, Schmutz oder Autoabgase. Wände, Fahrbahnen und Entwässerungseinrichtungen sind in bestimmten Zeitabständen zu reinigen. Dafür werden meist Reinigungsfahrzeuge eingesetzt, die in verkehrsschwachen Zeiten diese Arbeiten durchführen.

Grundsatz bei Betrieb und Erhaltung aller Tunnelanlagen muß sein, aufgetretene Schäden schnell zu beseitigen, damit nicht durch größere Instandsetzungs- oder Erhaltungsarbeiten das Bauwerk voll gesperrt werden muss.

Weiterführende Literatur

Akademischer Verein Hütte (Hersg.) „Hütte" Des Ingenieurs Taschenbuch, 1908,
        Verlag von Wilhelm Ernst & Sohn, Berlin
Arbeitsgemeinschaft der Bitumen-Industrie, Hefte der Arbit -Schriftenreihe,
        Hrsg. Arbeitsgemeinschaft der Bitumenindustrie e.V., Hamburg
        Bitumen in unserer Umwelt, (1978)
        Bitumen und Asphalt Taschenbuch, 5. Aufl., (1976), Bauverlag GmbH,
        Wiesbaden und Berlin
Arnold, G., Netz, H Formeln der Mathematik, (1963), Georg Westermann Verlag,
        Braunschweig
        Formeln der Technik, (1963), Georg Westermann Verlag, Braunschweig
Auberlen, R.   Die Ausbildung von Übergangsbögen in der Praxis, Allgemeine Vermes-
        sungs-Nachrichten, (1957), H.11, Herbert Wichmann Verlag GmbH, Berlin
Auberlen, R.   Fahrt formt Fahrbahn, Forschungsarbeiten aus dem Straßenwesen, (1965),
        Neue Folge H. 59, Kirschbaum Verlag, Bad Godesberg
Schriftenreihe der Bauberatung Zement, Beton-Verlag, Düsseldorf
        Beton – Herstellung nach Norm, (2009), Verlag Bau + Technik, Düsseldorf
        Betonpraxis – Leitfaden für die Baustelle, 7. Auflage, (1997), Beton-Verlag,
        Düsseldorf
        Lärmschutz an Straßen Planungsgrundlagen Systeme aus Beton,
        (1983/ 1988), Beton-Verlag, Düsseldorf
        Tragschichten mit hydraulischen Bindemitteln, (1990) Beton-Verlag,
        Düsseldorf
        Vorgefertigte Betonbauteile, (1990) Beton-Verlag, Düsseldorf
        Straßenbau heute – Betondecken, 5. Auflage, (2004), Verlag Bau + Technik,
        Düsseldorf
        Straßenbau heute – Tragschichten, 3. Aufl., (2006), Verlag Bau + Technik,
        Düsseldorf
Bauer, M.   Vermessung und Ortung mit Satelliten, 4. Auflage, H. Wichmann Verlag,
        Hüthig GmbH, Heidelberg
Baumann, E.   Vermessungskunde, Band 1, 2.Auflage, (1989), Band 2, 3. Auflage, (1992),
        Dümmlers Verlag, Bonn
Baumbach, H.   Ausbildung und Absteckung von Bögen im Straßenbau, Allgemeine Vermes-
        sungs-Nachrichten, Nr. 11, Herbert Wichmann Verlag, Berlin
Beeken, G. u.a. Shell Bitumen für den Straßenbau und andere Anwendungsgebiete, 7.Aufl. ,
        (1994), Deutsche Shell AG, Hamburg
Beller, M. u.a.   Grundlagen der Straßentrassierung, Berichte der Planungstagung 1968 der
        Forschungsgesellschaft für das Straßenwesen, (1968), Kirschbaum Verlag,
        Bad Godesberg
Bickelhaupt, R.   Beurteilung des dreistreifigen Querschnittyps b2+1 unter besonderer
        Berücksichtigung des Schwerverkehrs, (1991), Institut für Straßen- und
        Eisenbahnwesen der Universität Karlsruhe (TH)
Bitzl, F. u.a.   Straßenplanung, Vorträge der Planungstagung 1965 der Forschungsgesell-
        schaft für das Straßenwesen, (1966), Kirschbaum Verlag, Bad Godesberg
Borchardt, D, Bosch, E. u.a.   RAL-L-1 Kommentar zu den Richtlinien für die Anlage von
        Landstraßen, Teil: Linienführung, Abschnitt: Elemente der Linienführung,
        Ausgabe 1973, Forschungsgesellschaft für das Straßenwesen,
        AG Straßenentwurf, (1979), Köln
Breuer, P., Hirle, M., Joeckel, R.   Freie Stationierung. Dt. Verein für Vermessungswesen,
        Landesverein Baden-Württemberg e.V., (1983)
Böhnki, E.   Technologie des Straßenbaus,, 3. Aufl. (1974), VEB Verlag für Bauwesen,
        Berlin
Brüssel, W.   Baubetrieb von A bis Z, (1992), Werner Verlag, Düsseldorf

Buchholz, H. Der Deutsche und seine Straßen, Sonderdruck aus "Deutsche Annalen 1981", (1981), Druffel Verlag, in der Schriftenreihe der Aktionsgemeinschaft Straße e.V., Düsseldorf

Bundesanstalt für Straßenbau Überprüfung der Erkennbarkeit von Fahrbahnmarkierungen auf aufgehellten Deckschichten, (1985), Druck und Verlagshaus Wienand, Köln

Bundesminister für Verkehr, Abt. Straßenbau, (Hrsg.), HAFRABA – Rückblick auf 30 Jahre Autobahnbau,, 1962 Bauverlag GmbH, Wiesbaden – Berlin

Bundesverband d. dtsch. Kalkindustrie Bodenverbesserung – Bodenverfestigung mit Kalk, 2. Auflage, (1982)

Bundesverband d. dtsch. Kalkindustrie Kalkstein für den kommunalen Straßenbau, (1986, Köllen Druck und Verlag, Bonn

Bundesverband Naturstein – Industrie e.V.(Hrsg.) Bauen mit Splittbeton, 2. Aufl., (1984) Mineralbeton – Tragschichten ohne Bindemittel aus Naturgestein, 4. Aufl., (1987)

Damianoff, N. Beeinflussung und Schätzung von Fahrgeschwindigkeiten in Kurven, (1981), Institut für Straßenbau und Eisenbahnwesen der Universität Karlsruhe

Desenritter DV-gerechte Funktionen für Klothoidenberechnungen, Straßen- und Tiefbau, H.37, (3/1983), Giesel Verlag für Publizität, Isernhagen

Deutsche Shell AG Straßenbau mit Shell Bitumen – Der Asphalt-Unterbau, 2. Aufl., (1958) Materialbedarf für Asphaltbauweisen

Deutscher Asphalt Verband Schichtenverbund – Nähte – Anschlüsse, 3. Auflage, (1992) Tipps für den Einbau, 3. Aufl., (1992)

DEUTAG Asphalttechnik GmbH, Technische Informationen – Wege für die Zukunft, Köln, (Loseblattsammlung)

Dittrich, R., Autobahn – Fahrbahndecken 1934 – 1956, (1964), Teil I – Text, Teil II – Tafeln Kirschbaum Verlag, Bad Godesberg

Dunker, L. Untersuchungen zur Bemessung von Verkehrsflächen und Abfertigungsanlagen für Personenkraftwagen in Anlagen für den ruhenden Verkehr, Schriftenreihe Straßenbau und Straßenverkehrstechnik, 1971, Heft 123, BMV, Bonn

Dunker, L. Wacker, M. Parkraumplanung und Parkflächenentwurf nach den neuen "Empfehlungen für Anlagen des ruhenden Verkehrs - EAR 91", Straße und Autobahn (1992), H.6, Kirschbaum Verlag GmbH, Bonn

Dunker, L: u. a. Straßenverkehrsanlagen – Entwurf, Bemessung, Betrieb, (1975), Dr. Lüdecke Verlagsgesellschaft, Heidelberg

Eichler, J. Physik - Grundlagen für das Ingenieurstudium, Friedr. Vieweg & Sohn Verlagsgesellschaft mbH, Braunschweig/Wiesbaden, (1993)

Esso AG Ebano-Bitumen – verschiedene Hefte der Schriftenreihe

Fachverband Hochofenschlacke Hochofenschlacke im Straßenbau, Hefte 1,2,3,5

Fachverb. Kaltasph. Industrie Straßen- und Wegebau mit Bitumenemulsion, (1971)

Freising, F., Die Bernsteinstraße aus der Sicht der Straßentrassierung, (1977), Kirschbaum Verlag, Bonn – Bad Godesberg

Forschungsberichte aus dem Forschungsprogramm des Bundesverkehrsministeriums und der Forschungsgesellschaft für das Straßenwesen e.V., Hersg. Bundesminister für Verkehr, Abt. Straßenbau, Bonn - Bad Godesberg

Antusch, G., Keudel, W. Beiträge zur Problematik der Bemessung von Straßen, Heft 320, (1981)

Durth, W. Ein Beitrag zur Erweiterung des Modells für Fahrer, Fahrzeug und Straße in der Straßenplanung, Heft 163, (1974)

Durth, W., Bald, J.S., Wolff, N. Wirksamkeit von trassierungstechnischen Ausgleichsmaßnahmen bei Unter- oder Überschreitung von Trassierungsgrenzwerten, Heft 520, (1988)

Kalender, U. Querneigung und Fahrsicherheit - Mögliche Einflüsse der negativen Querneigung, Heft 173, (1974)

Krebs, H.G., Herring, H.E Die simultane Kraftübertragung zwischen Fahrzeug und Fahrbahn, Heft 295, (1980)
Nies, V. Lärmmindernde dichte Fahrbahnbeläge, Heft 648, (1993)
Richter, T., Hüsken, B. Einsatzkriterien für Kreisverkehrsplätze außerhalb bebauter Gebiete, Heft 757, (1998)
Schnüll, R., Goltermann, S. Einsatzkriterien für große Kreisverkehrsplätze mit und ohne Lichtsignalanlage an klassifizierten Straßen, Heft 788, (2000)
Schnüll, R., Lenart, R. Anpassung der Entwurfsrichtlinien für planfreie Knotenpunkte (RAL-K-2 1976) an jüngere Entwurfsrichtlinien, Heft 589, (1990)
Fachverb. Hochofen-Schlacke Hochofenschlacke im Straßenbau Hefte 1, 2, 3, 5
Fachverb. Kaltasphalt–Industrie Straßen- und Wegebau mit Bitumenemulsion, (1971)
Haller, W., Lange, J. Fußgänger- und Radverkehrsführung an Kreisverkehrsplätzen, Heft 793, (2000)
Innenministerium Baden Württemberg Straße und Verkehrssicherheit
Winkelbrand, A. Landschaftsplanung und Straßenplanung, Heft 236, (1980)
FGSV Bibliographie Veröffentlichungen der Forschungsgesellschaft für Straßen- und Verkehrswesen 1924 bis 1999, Köln
Forschungsgesellschaft für Straßen- und Verkehrswesen e.V., Veröffentlichungen der Forschungsgesellschaft für Straßen- und Verkehrswesen im FGSV Verlag, (Jan. 2006), Köln
[Anmerkung: Die Technischen Regelwerke (Richtlinien, Merkblätter, Hinweise, Empfehlungen, DIN, EN) und sonstige Veröffentlichungen sind in diesem Heft zusammengestellt.]
Freising, F. Die Bernsteinstraße aus der Sicht der Straßentrassierung, (1977), Kirschbaum Verlag GmbH, Bonn
Gelhaus, R., Kolouch, D. Vermessungskunde für Architekten und Bauingenieure. (1991), Werner Verlag, Düsseldorf
Gütegemeinschaft AKB für Asphalt-Kaltbauweisen zur Erhaltung von Straßen e.V. Handbuch der Gütegemeinschaft AKB für Asphaltbauweisen – Dünne Schichten im Kalteinbau, (1992), Gütegemeinschaft AKB, Ludwigshafen
Handbuch für die Bemessung von Straßenverkehrsanlagen (HSB), (2001), FGSV Verlag, Köln,
Handbuch für städtisches Ingenieurwesen, (1982) Otto Elsner Verlagsgesellschaft, Darmstadt
Handbuch des Straßenbaus, (1977/1979), Springer Verlag, Berlin-Heidelberg-New York
Heimes, A., Vom Saumpfad zur Transportindustrie, (1978), Kirschbaum Verlag GmbH, Bonn
Hennecke, W., Ingenieur-Geodäsie - Anwendungen im Bauwesen und Anlagenbau. 2. Auflage, (1986), VEB Verlag für Bauwesen, Berlin
E. Herring Simultane Erfassung der Kraftübertragung zwischen Fahrzeug und Fahrbahn, (1977), Institut für Straßenbau und Eisenbahnwesen der Universität Karlsruhe
Heuer, H. u. a. Baumaschinen Taschenbuch, 3. Auflage, (1984), Bauverlag GmbH, Wiesbaden – Berlin
Hiersche, R. U. Straße und Denkmal, (1983), Institut für Straßenbau und Eisenbahnwesen der Universität Karlsruhe
Hitzer, H., Die Straße, (1971), Verlag Georg D.W. Callwey, München
Holst, K., Brücken aus Stahlbeton und Spannbeton, (1985), Ernst & Sohn Verlag für Architektur und technische Wissenschaften, Berlin
Kasper, H., Schürba, W., Lorenz, H., Die Klothoide als Trassierungselement, 5. Aufl., (1968), Ferd. Dümmlers Verlag, Bonn
Klöckner, J. H., Untersuchungen über Unfallraten in Abhängigkeit von Straßen- und Verkehrsbedingungen außerhalb geschlossener Ortschaften, (1976), Institut für Straßenbau und Eisenbahnwesen der Universität Karlsruhe
Knoll, E. (Hrsg.). Der Elsner, Handbuch für Straßen- und Verkehrswesen, Otto Elsner Verlagsgesellschaft, Darmstadt (verschiedene Jahrgänge)

Korte, J.W., u.a. Grundlagen der Straßenverkehrsplanung in Stadt und Land, (1958),
　　　　　　Bauverlag, Wiesbaden – Berlin
Krell, K.,　　Handbuch für Lärmschutz an Straßen und Schienenwegen, 2. Auflage, (1990),
　　　　　　Otto Elsner Verlag, Darmstadt
*Kühn, H., (*Bearb.*)* Straßenbau von A-Z, Loseblattsammlung, Erich Schmidt Verlag,
　　　　　　Berlin-Bielefeld-München
Kühn, G.:　　Der maschinelle Erdbau, B.G.Teubner, Stuttgart, (1984)
Kuratorium für Wasser und Kulturbauwesen e.V., Deutscher Verband für Wasserwirtschaft
　　　　　　e.V., (KWK-DVWW) , Richtlinien für den ländlichen Wegebau RLW 1975,
　　　　　　(1976), Verlag Paul Parey, Hamburg und Berlin
R. Lamm　　Geschwindigkeit, Fahrdynamik, Sicherheit, Institut für Straßenbau und Eisen-
　　　　　　bahnwesen der Universität Karlsruhe, Heft 6, (1971)
Lay, M. G.,　Die Geschichte der Straße, 2. Aufl., (1992), Campus Verlag, GmbH,
　　　　　　Frankfurt/(Main
Leibbrand, K.: Verkehrsingenieurwesen, (1957), Birkhäuser Verlag, Basel und Stuttgart
Leimböck, E. Bauwirtschaft, (2000), B.G.Teubner, Stuttgart – Leipzig
Leupold, W. u.a.: Algebra und Geometrie für Ingenieure, (1978), Harri Deutsch Verlag, Thun
Lorenz, H. u.a. Trassierungsgrundlagen der Reichsautobahnen, 1943, Volk und Reich Verlag,
　　　　　　Berlin
Lorenz, H.　Trassierung und Gestaltung von Straßen und Autobahnen, (1971),
　　　　　　Bauverlag GmbH, Wiesbaden und Berlin
Lutz/ Jenisch u. a. Lehrbuch der Bauphysik, 5. Aufl., (2002), B.G.Teubner, Stuttgart – Leipzig
Martin, E.　　Verkehrswegenetze in Siedlungen, (1971), Institut für Städtebau und
　　　　　　Landesplanung der Universität Karlsruhe
Matthews, V.: Vermessungskunde. Teil 1, 29. Auflage, (2003), Teil 2, 17. Auflage, (1997),
　　　　　　B.G.Teubner, Stuttgart - Leipzig
Meschik, M.: Simulation von Schleppkurven verschiedener Fahrzeuge, Mitteilungen des
　　　　　　Institutes für Verkehrswesen, Universität für Bodenkultur Wien, Heft 22,
　　　　　　(1992), Wien
Müller :　　　Ingenieur-Geodäsie -Verkehrsbau -Grundlagen, 1.auflage, (1984), - Straßen-
　　　　　　bau, 1. Auflage, (1988), VEB Verlag für Bauwesen, Berlin
Natzschka, H. Straßenbau – Entwurf und Bautechnik, 2. Aufl., (2003), B.G.Teubner,
　　　　　　Stuttgart – Leipzig – Wiesbaden
H. Naumann Entwicklung eines Programmsystems zur Herstellung von computererzeugten
　　　　　　Perspektivfilmen, (1977), Institut für Straßenbau und Eisenbahnwesen der
　　　　　　Universität Karlsruhe
Neumann, E., Neuzeitlicher Straßenbau, 4.Auflage, (1959), Springer-Verlag,
　　　　　　Berlin/Göttingen/Heidelberg
Oberbach, J., Teer- und Asphaltstraßenbau, 2. Aufl., (1950), Straßenbau Chemie und Tech-
　　　　　　nik Verlagsgesellschaft mbH, Heidelberg
Osterloh :　　Erdmassenberechnung. 4.Auflage, (1985), Bauverlag, Wiesbaden
Osterloh :　　Straßenplanung mit Klothoiden und Schleppkurven. 5. Auflage, (1991),
　　　　　　Bauverlag, Wiesbaden
Pietzsch, W.　Straßenplanung, 5. Aufl., (1989), Werner Verlag GmbH, Düsseldorf
Piltz, H., Härig, S., Schulz, W., Technologie der Baustoffe, 5. Auflage, (1977),
　　　　　　Dr. Lüdecke - Verlagsgesellschaft mbH, Heidelberg
Popp, K., Schiehlen, W.: Fahrzeugdynamik - Eine Einführung in die Dynamik des Systems
　　　　　　Fahrzeug-Fahrweg (1993), B.G.Teubner, Stuttgart
Rektor FH Aachen (Hrsg.) Aktuelle Erkenntnisse zu Radverkehrsanlagen, (1987),
　　　　　　Straßen für einen Stadtgerechten Verkehr, (1988), Verkehrs- und
　　　　　　Straßenbauseminar des Fachbereichs Bauingenieurwesen der FH Aachen.
Retzko, Hans-Georg u.a. Planungs- und Entwurfsgrundsätze für umweltgerechte Stadtauto-
　　　　　　bahnen, Forschungsarbeiten aus dem Straßenwesen, Heft 97, (1982),
　　　　　　Kirschbaum Verlag, Bonn-Bad Godesberg

Richter, T. Entwurfsstandards für Knotenpunkte an Ortsumgehungen, Straße und Autobahn, (1993), H.10, Kirschbaum Verlag GmbH, Bonn
Roske, K. Betonrohr Taschenbuch, (1956), Bundesverband der Betonsteinindustrie, Bonn
Schleicher, F., (Hersg.), Taschenbuch für Bauingenieure, 2. Aufl., (1955), Springer Verlag, Berlin – Göttingen - Heidelberg
Ruck, R. Schlämmebeton, (1959), Strabag Bau AG
Schlichter, H.-Gg., Räumliche Linienführung von Verkehrswegen, Schriftenreihe der Ingenieurberatung Straße + Verkehr (1985), Hrsg. Dr.-Ing. habil. Hans Gg. Schlichter Karlsruhe
Schlichter, H.-Gg., Empirischer Zusammenhang zwischen Geschwindigkeitsprofilen in querschnittsbezogenen Geschwindigkeitsverteilungen von Fahrzeugkollektiven auf Landstraßen mit Gegenverkehr, (1977), Institut für Straßenbau und Eisenbahnwesen der Universität Karlsruhe
Schnädelbach Zur Berechnung von Schnittpunkten mit der Klothoide. Zeitschrift für Vermessungswesen, 3/83, (1983), Konrad Wittwer Verlag, Stuttgart
Schriftenreihe der Bauberatung Zement, H. 2, (1990), Beton-Verlag, Düsseldorf
Schnüll, R. (Hersg.) Beiträge zum Straßen- und Verkehrswesen, (1968), Institut für Straßenverkehrstechnik der Universität Stuttgart
Schütte, K. Verkehrsberuhigung im Städtebau, (1982), Deutscher Gemeindeverlag, Köln
Sill, Otto Parkbauten, (1968(, Bauverlag, Wiesbaden
Simmer, K., Grundbau, Band 1, 18. Aufl. (1987), Band 2, 16. Aufl. (1985), B.G. Teubner Stuttgart
R. Springenschmidt Praktische Hinweise für den Bau von Boden – Zementverfestigungen mit Mehrgangmischern, (1961), Beton Verlag, Düsseldorf
Springer, J. F., /Huizinga, K. F., Das Straßenbild als Prüfstein für die Straßengestaltung, Teile 1 und 2, (1975), Rijkswaterstraat Communications, Staatlicher Verlag, Haag, Niederlande
Steffens, J. u. a. Straßenbau – Grundlagen, (1966), Georg Westermann Verlag, Braunschweig
A. Stellwag Aufbau und Prüfung von Schwarzstraßen, (1937), Allg. Industrie Verlag, Knorre & Co. Berlin
Stiegler, W. Erddrucklehre, 2. Aufl., (1984), Werner Verlag, Düsseldorf
Stingl, P. Mathematik für Fachschulen – Technik und Informatik, 3. Aufl., (1988), Carl Hanser Verlag, München – Wien
Striegler, W. Tunnelbau, (1993), Verlag für Bauwesen, Berlin, München
Taubmann, A. Unfallgeschehen innerhalb bebauter Gebiete in Abhängigkeit von Straßen- und Verkehrsbedingungen, (1987), Institut für Straßenbau und Eisenbahnwesen der Universität Karlsruhe (TH)
Teerbau Veröffentlichungen Hefte 18, 19, 20, 26, 28, 32, 33, 34, 35, 36, 38, 39, 40, 44
Teltscher, C. Fahrbahndecken aus Beton - Untersuchungen des Betons für den Flughafen Stuttgart, (1994), Diplomarbeit an der Fachhochschule für Technik Stuttgart, (unveröffentlicht)
Tophinke, G. Die neuen ZTVE-StB 94, Straße und Autobahn, Heft 1/95, (1995), Kirschbaum Verlag, Bonn
Unger, P. Tabellen zur hydraulischen Bemessung von Rohrleitungen aus Beton und Stahlbeton, (1969), Straßenbau, Chemie und Technik Verlagsgesellschaft mbH, Heidelberg
Urban, R. Beitrag zu einer Optimierung der Systeme zur Qualitätskontrolle von Asphalt unter Berücksichtigung einer angemessenen Risikoverteilung, (1984), Arbit
Vassiliou, K. Bautechnische Eigenschaften von ungebundenen Tragschichten aus wiederverwendbaren Baustoffen, (1989), Institut für Straßenbau und Eisenbahnwesen der Universität Karlsruhe (TH)

V.A.T Bitumuls – K Straßenbau, Ausschreibungsmuster für die kationischen
Emulsionen, (1959)
Produkte für den Straßenbau – Verbrauchsmengen für die Praxis, (1986)
Velske, S. Straßenbautechnik, 5. Aufl., (2002), Werner-Verlag GmbH, Düsseldorf
Wehner, B., Siedeck, P., Schulze, K.-H., u. a. Handbuch des Straßenbaus,
Band 1 bis 3, (1977), Springer Verlag, Berlin-Heidelberg-New York
Wagner, A. Produktionsorganisation im Straßenbauunternehmen, (1988),
Bauverlag GmbH, Wiesbaden und Berlin

Wagner, A. Produktionsorganisation im Straßenbauunternehmen, (1988),
Bauverlag GmbH, Wiesbaden und Berlin
Westmeyer, R. Stadtstraßenbau, (1956), Westermann Fachbücher für Bautechnik,
Westermann Verlag, Braunschweig
Wetzel, O.W., Natzschka, H., u.a. Wendehorst, Bautechnische Zahlentafeln, 31.Auflage,
(2004), B. G. Teubner, Stuttgart – Leipzig
Wetzel, O.W., Natzschka, H., u.a. Wendehorst, Beispiele aus der Bau-Praxis, 2. Auflage,
B. G. Teubner, Stuttgart – Leipzig
T. Wörner Umweltverträglichkeit alternativer Baustoffe für den Straßenbau, (1988),
Institut für Straßenbau und Eisenbahnwesen der Universität Karlsruhe (TH)

Abkürzungen

DBT	Merkblatt für Drainbetontragschichten, 1996
EAE	Empfehlung für die Anlage von Erschließungsstraßen, 1995
EAHV	Empfehlung für die Anlage von Hauptverkehrsstraßen, 1998
EAÖ	Empfehlungen für anlagen des öffentlichen Personennahverkehrs, 2003
EAR	Empfehlung für Anlagen des ruhenden Verkehrs, 2005
EFA	Empfehlungen für Fußgängerverkehrsanlagen, 2002
ERA	Empfehlung für Radverkehrsanlagen, 1995
ESG	Empfehlungen zur Straßenraumgestaltung innerhalb bebauter Gebiete, 1996
HBS	Handbuch für die Bemessung von Straßenverkehrsanlagen, 2005
MAFS-H	Merkblatt für Asphaltfundationsschichten im Heißeinbau, 1997
MEB	Merkblatt für die Erhaltung von Verkehrsflächen aus Beton, 1994
M OB	Merkblatt für die Herstellung von Oberflächentexturen auf Fahrbahndecken aus Beton, 2000
M UVS	Merkblatt zur Umweltverträglichkeitsstudie in der Straßenplanung, 2001
OKSTRA	Objekt – Katalog – Straßenbau, Symposium 2001
RABT	Richtlinien für die Ausstattung und den Betrieb von Straßentunneln, 2003
RAS-Ew	Richtlinien für die Anlage von Straßen, Teil Entwässerung, 2005
RAS-LG 3	Richtlinien für die Anlage von Straßen, Teil Landschaftspflege, Abschnitt 3: Lebendverbau, 1983
RAS-LP	Richtlinien für die Anlage von Straßen, Teil: Landschaftspflege, Abschnitte 1, 2, 4, 1996, 1993, 1999
RAS-N	Richtlinien für die Anlage von Straßen, Teil Leitfaden für die funktionale Gliederung des Straßennetzes, 1988
RAS-Verm	Richtlinien für die Anlage von Straßen, Teil Vermessung, 2001
REB	Sammlung REB, Regelungen für die Elektronische Bauabrechnung, 1997
RLS	Richtlinien für den Lärmschutz an Straßen, 1992
RLW	Richtlinien für den ländlichen Wegebau, 2005
RMS	Richtlinien für die Markierung von Straßen, Teile 1 und 2, 1993, 1980
RPS	Richtlinien für passive Schutzeinrichtungen an Straßen, 1996
RStO	Richtlinien für die Standardisierung des Oberbaus von Verkehrsflächen, 2001
TL Asphalt	Technische Lieferbedingungen für Asphaltmischgut für den Bau von Verkehrsflächenbefestigungen, 2007
TL Beton	Technische Lieferbedingungen für Baustoffe und Baustoffgemische für Tragschichten mit hydraulischen Bindemitteln und Fahrbahndecken aus Beton, 2007
TP Griff	Technische Prüfvorschriften für Griffigkeitsmessungen im Straßenbau, Teil: Messverfahren SCRIM, 2001
ZTV A	Zusätzliche Technische Vertragsbedingungen und Richtlinien für Aufgrabungen in Verkehrsflächen, 1997
ZTV Asphalt	Zusätzliche Technische Vertragsbedingungen und Richtlinien für den Bau von Verkehrsflächenbefestigungen aus Asphalt, 2007
ZTV-BEA	Zusätzliche Technische Vertragsbedingungen und Richtlinien für die Bauliche Erhaltung von Verkehrsflächen – Asphaltbauweisen, 1998
ZTV Beton	Zusätzliche Technische Vertragsbedingungen und Richtlinien für den Bau von Verkehrsflächenbefestigungen aus Beton, 2007
ZTV E	Zusätzliche Technische Vertragsbedingungen und Richtlinien für Erdarbeiten im Straßenbau, 2009
ZTV LW	Zusätzliche Technische Vertragsbedingungen und Richtlinien für die Befestigung ländlicher Wege, 2001
ZTV P	Zusätzliche Technische Vertragsbedingungen und Richtlinien für den Bau von Pflasterdecken und Plattenbelägen, 2000

Anhang 1

Zusammenstellung der Unterlagen für den Entwurf nach den Richtlinien für die Gestaltung von einheitlichen Entwurfsunterlagen im Straßenbau (RE)

Ziffer	Inhalt	Musternummer	Bezeichnung
1	**Entwurfsunterlagen**		
1.1	Erläuterungsbericht	1	Gliederung des Erläuterungsberichts
1.2	Übersichtskarte	2	Übersichtskarte M = 1:100000
1.3	Übersichtslageplan	3a, 3b	Übersichtslageplan M = 1:25000 (1:10000)
1.4	Übersichtshöhenplan	4a, 4b	Übersichtshöhenplan M = 1:25000/2500 (1:10000/1000)
1.5	Kostenberechnung	-	
1.6	Straßenquerschnitt	6a	Straßenquerschnitt M = 1:50
		6b	Straßenquerschnitt mit aktiven Lärm-Schutzmassnahmen M = 1:50
1.7	Lageplan	7a bis 7d	Lageplan M = 1:5000 (1:1000, 1:500)
1.8	Höhenplan	8a, 8b	Höhenplan M = 1:5000/500 (1:1000/100)
1.9	Bodenuntersuchungen	-	
	Ingenieurbauwerke		
1.10.1	Verzeichnis der Brücken und der anderen Ingenieurbauwerke	10.1	Verzeichnis der Brücken und anderen Ingenieurbauwerke
1.10.2	Bauwerksskizze	10.2	Bauwerksskizze
1.10.3	Bauwerksplan	10.3	Bauwerksplan
	Ergebnisse schalltechnischer Untersuchungen		
1.11.1	Ergebnisse schalltechnischer Berechnungen	11.1	Ergebnisse schalltechnischer Berechnungen
1.11.2	Lageplan der Lärmschutzmaßnahmen	-	
1.11.3	Höhenplan der Lärmschutzmaßnahmen	-	
	Ergebnisse der landschaftspflegerischen Begleitplanung		
1.12.1	Landschaftspflegerischer Bestands- und Konfliktplan	-	
1.12.2	Lageplan der landschaftspflegerischen Maßnahmen	12.2	Lageplan der landschaftspflegerischen Maßnahmen M 1:5000
	Ergebnisse wassertechnischer Untersuchungen		
1.13.1	Ergebnisse wassertechnischer Berechnungen	-	
1.13.2	Lageplan der Entwässerungsmaßnahmen	-	
1.13.3	Höhenplan der Entwässerungsmaßnahmen	-	
	Grunderwerb		
1.14.1	Grunderwerbsplan	14.1	Grunderwerbsplan (Maßstab wie Nr. 7a bis 7d)
1.14.2	Grunderwerbsverzeichnis	14.2	Grunderwerbsverzeichnis
	Sonstige Pläne		
1.15.1	Knotenpunkte	-	
1.15.2	Querprofile	-	
1.15.3	Rastanlagen, Rastplätze	-	
1.15.4	Sonderpläne und besondere Unterlagen	-	

Anhang 2

Entwurf mit Hilfe der elektronischen Datenverarbeitung

Durch die Entwicklung der elektronischen Hard- und Software werden heute die Entwürfe kaum noch manuell gezeichnet. Schnelle Rechner und komfortable Software mehrerer Anbieter ermöglicht es, Straßenentwürfe am Bildschirm zu gestalten.

Im Lageplan konstruiert man die Achse mit den Elementarten
- Festelement,
- Schwenkelement,
- Pufferelement,
- Koppelelement.

Das *Festelement* wird bestimmt durch die Lagekoordinaten von zwei Punkten, die auf dem Element liegen, dem Radius und der Drehrichtung in Stationierungsrichtung. Linksdrehende Elemente erhalten negative Vorzeichen. Die Gerade definiert man mit $r = 0$, weil die Maschine den Wert „∞" nicht verarbeiten kann.

Das *Schwenkelement* wird bestimmt durch die Lagekoordinaten eines Punktes auf dem Element, dem Radius und der Drehrichtung. Um den eingegebenen Punkt dreht das Element so lange, bis es tangential an das vorangehende Element anschließt.

Das *Pufferelement* wird nur bestimmt durch seinen Radius und seine Drehrichtung. Es wird so lange verschoben, bis es tangential an das vorangehende und das folgende Element anschließt.

Das *Koppelelement* wird bestimmt durch die Angabe des Punktes, an dem es anschließen soll, seinem Radius und evt. seiner Länge.

Die Klothoiden als Übergangsbögen sind keine selbständigen Elemente. Sie werden ja durch ihren Parameter *A* und den Radius *r* des Hauptbogens bestimmt. Damit sind die Werte Δr und τ vorgegeben, die bei der tangentialen Einfügung automatisch berücksichtigt werden.

Über diese Grundformen hinaus gibt es je nach Software – Programm noch verschiedene Kombinationen, die den Entwurf der Achse erleichtern. Ebenso ist es möglich, zunächst einzelne Fixpunkte festzulegen und von der Maschine eine *Spline-Kurve* errechnen zu lassen, die man danach in Entwurfselemente umsetzt.

Manche Software macht es möglich, neben den Lagekoordinaten auch Höhenangaben für die Punkte festzulegen. Dadurch entsteht bereits beim Entwurf im Grundriss die Möglichkeit *Raumkurven* zu entwickeln. Mit deren Hilfe lassen sich virtuelle Bilder erzeugen, die später die Überprüfung des Entwurfs, der Sichtweiten oder die Simulierung des Fahrteindrucks zulassen. Auch für die Demonstration geplanter Maßnahmen im Rahmen von Bürgerinformationen kann die räumliche Darstellung gute Dienste leisten.

Im Längsschnitt genügen die Angaben der Station der Tangentenschnittpunkte und deren geodätische Höhe sowie der Ausrundungshalbmesser *h*, um daraus die Höhe der Gradiente an den Querprofilstationen automatisch zu berechnen.

Die Querprofile werden durch verschiedene Module zusammengesetzt. Dadurch kann man die Breite und Anzahl der Fahrstreifen und deren Querneigung, die Seitenstreifen und die Böschungen festlegen. Dazu ist es möglich, die Dicken der Schichten von Oberbau, Unterbau und Mutterboden vorzugeben. Das sogenannte *Planumsbuch* ist ein Protokoll, in dem die für die Baudurchführung notwendigen Breiten- und Höhenangaben (bezogen auf die Achse) aufgelistet werden. Daraus lässt sich dann die Mengenberechnung ableiten.

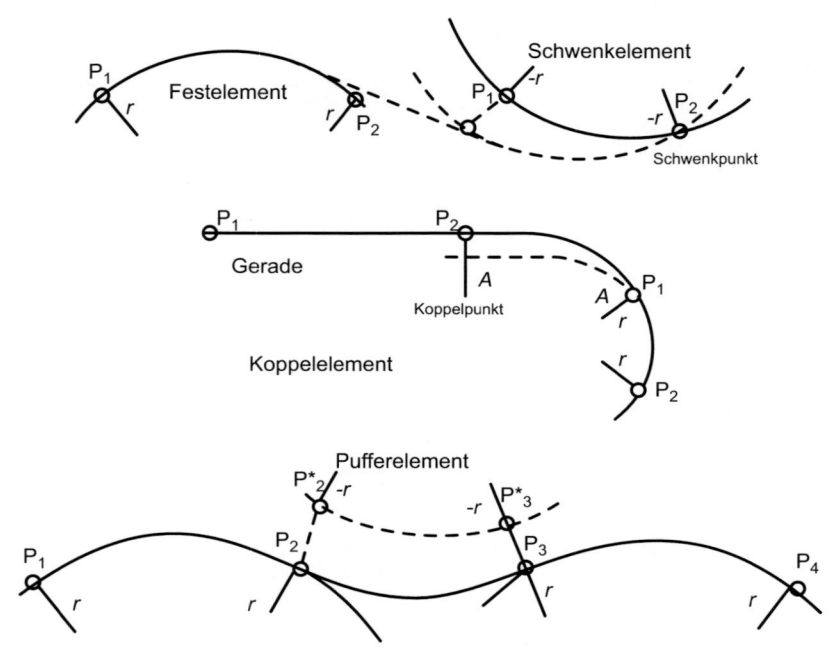

Bild A 2.1   Konstruktionselemente für den Straßenentwurf mit EDV

Es ist ein **O**bjekt **K**atalog **STRA**ßenbau (OKSTRA) in Arbeit. Das Ziel ist dabei, alle relevanten Daten einer Straßenbaumaßnahme, wie Geländedaten, Raumdaten, Entwurfsdaten, Bestandsdaten usw. in einer Datenbank zu speichern und sie von der Geländeaufnahme über den Entwurf, die Ausschreibung, Baudurchführung und –abrechnung bis zum Bestandsplan den jeweiligen Bearbeitern zur Verfügung zu stellen. Damit werden viele Irrtümer oder Widersprüche vermieden und Doppelbearbeitung sowie Bauabwicklung vereinfacht. Dafür bedarf es aber einer sensiblen Behandlung der Daten auch im Hinblick auf den Datenschutz.

Anhang 3

Geometrische Kenngrößen der Bemessungsfahrzeuge

Fahrzeugart	Außenabmessungen						
	Länge	Radstand	Überhanglänge		Breite[*)]	Höhe	Wendekreis-radius außen
			vorn	hinten			
	[m]	[m]	[m]	[m]	[m]	[m]	[m]
Personenkraftwagen	4,74	2,70	0,94	1,10	1,76	1,51	5,85
Lastkraftwagen:							
Transporter/Wohnmobil	6,89	3,95	0,96	1,98	2,17	2,70	7,35
Kleiner Lkw (2-achsig)	9,46	5,20	1,40	2,86	2,29	3,80	9,77
Großer Lkw (3-achsig)[1)]	10,10	5,30[1)]	1,48	3,32	2,50[4)]	3,80	10,05
Lastzug:	18,71						
Zugfahrzeug (3-achsig)[1)]	9,70	5,28[1)]	1,50	2,92	2,50[4)]	4,00	10,30
Anhänger (2-achsig)	7,45	4,84	1,35[3)]	1,26	2,50	4,00	10,30
Sattelzug:	16,50						
Zugmaschine (2-achsig)	6,08	3,80	1,43	0,85	2,50[4)]	4,00	7,90
Auflieger (3-achsig)[1)]	13,61	7,75[1)]	1,61	4,25	2,50	4,00	7,90
Kraftomnibusse:							
Reise-, Linienbus 12,00 m	12,00	5,80	2,85	3,35	2,50[4)]	3,70[6)]	10,50
Reise-, Linienbus 13,70 m[2)]	13,70	6,35[2)]	2,87	4,48	2,50[4)]	3,70[6)]	11,25
Reise-, Linienbus 15,00 m[2)]	14,95	6,95[2)]	3,10	4,90	2,50[4)]	3,70[6)]	11,95
Gelenkbus	17,99	5,98/5,99	2,65	3,37	2,50[4)]	2,95	11,80
Müllfahrzeuge:							
2-achsig (2 Mü)	9,03	4,60	1,35	3,08	2,50[4)]	3,55	9,40
3-achsig (3 Mü)	9,90	4,77[1)]	1,53	3,60	2,50[4)]	3,55	10,25
3-achsig (3 MüN)[2)]	9,95	3,90	1,35	4,70	2,50[4)]	3,55	8,60
Höchstwerte der StVZO:							
Kraftfahrzeug	12,00						
Anhänger	12,00				2,55[4)][5)]	4,00[6)]	12,50
Lastzug	18,75						
Sattelzug	16,50						
Gelenkbus	18,00						

[1)] Bei dreiachsigen Fahrzeugen ist die hintere Tandemachse zu einer Mittelachse zusammengefasst
[2)] Bei dreiachsigen Fahrzeugen mit Nachlaufachse entspricht der Radstand dem Wert zwischen der Vorderachse und der vorderen Achse der hinteren Tandemachse
[3)] Ohne Deichsellänge
[4)] Ohne Außenspiegel
[5)] Aufbauten von klimatisierten Fahrzeugen bis 2,60 m
[6)] Als Doppelstock-Bus 4,00 m
[7)] Die Breite von 2,50 m für die Bemessungsfahrzeuge entspricht dem „85 % Fahrzeug" zum Zeitpunkt der Erstellung der Schleppkurve. Mit zunehmenden zeitlichen Abstand ist davon auszugehen, dass immer mehr Fahrzeuge die nach StVZO zulässige Breite von 2,55 m (siehe letzte Zeile der Tabelle) ausnutzen werden. Wenn die empfohlenen seitlichen Toleranzen nicht reduziert werden sollen, sind die Schleppkurven zu verbreitern.

Tabelle A 3.1 Bemessungsfahrzeuge und Schleppkurven zur Überprüfung der Befahrbarkeit von Verkehrsflächen (FGSV, 287, 2001)

Anordnung	Nutz-flächen-breite in m	a in gon	t_1 in m	g in m	a in gon	t_2 in m	g in m	a in gon	t_1 in m	Zahl der Parkstände je 100 m²
Einrichtungsverkehr										
A	6,00	0	2,50	3,50						2,9
	7,25	50	4,85	2,40						3,9
	8,05	60	5,15	2,90						4,0
	8,90	70	5,30	3,60						4,0
	9,50	80	5,30	4,20						4,0
B	8,50	0	2,50	3,50				0	2,50	4,1
	10,85	0	2,50	3,50				50	4,85	4,2
	11,15	0	2,50	3,50				60	5,15	4,5
	11,40	0	2,50	3,60				70	5,30	4,7
	12,10	50	4,85	2,40				50	4,85	4,7
	12,70	0	2,50	5,00				90	5,20	4,5
	13,20	60	5,15	2,90				60	5,15	4,9
	14,20	70	5,30	3,60				70	5,30	5,0
	14,80	80	5,30	4,20				80	5,30	5,1
C	16,65			2,40	50	8,25	3,50	0	2,50	4,4
	17,90			2,40	50	8,25	2,40	50	4,85	4,7
	19,25			3,60	70	9,55	3,60	0	2,50	4,6
	19,95			2,90	60	9,00	2,90	60	5,15	4,9
	20,75			4,20	80	9,85	4,20	0	2,50	4,5
	22,05			3,60	70	9,55	3,60	70	5,30	4,8
	22,45			5,00	90	9,95	5,00	0	2,50	4,3
	23,55			4,20	80	9,85	4,20	80	5,30	4,8
	25,15			5,00	90	9,95	5,00	90	5,20	4,7
	21,30			4,50	100R	9,80	4,50	0	2,50	4,6
	23,80			4,50	100R	9,80	4,50	100R	5,00	5,0
D	20,25	0	2,50	3,50	50	8,25	3,50	0	2,50	4,5
	21,00	0	2,50	3,50	60	9,00	3,50	0	2,50	4,7
	21,50	0	2,50	3,50	50	8,25	2,40	50	4,85	7,8
	21,75	0	2,50	3,60	70	9,55	3,60	0	2,50	4,9
	22,75	50	4,85	2,40	50	8,25	2,40	50	4,85	5,0
	23,05	0	2,50	3,50	60	9,00	2,90	60	5,15	5,0
	23,25	0	2,50	4,20	80	9,85	4,20	0	2,50	4,8
	24,55	0	2,50	3,60	70	9,55	3,60	70	5,30	5,1
	25,10	60	5,15	2,90	60	9,00	2,90	60	5,15	5,2
	26,05	0	2,50	4,20	80	9,85	4,20	80	5,30	5,1
	27,35	70	5,30	3,60	70	9,55	3,60	70	5,30	5,2
	28,85	80	5,30	4,20	80	9,85	4,20	80	5,30	5,3
Zweirichtungsverkehr										
A	10,20	90	5,20	5,00						3,9
	11,00	100	5,00	6,00						3,6
	9,50	100R	5,00	4,50						4,2
B	9,30	0	2,50	4,30				0	2,50	3,7
	12,70	0	2,50	5,00				90	5,20	4,5
	13,50	0	2,50	6,00				100	5,00	4,3
	15,40	90	5,20	5,00				90	5,20	5,1
	16,00	100	5,00	6,00				100	5,00	5,0
	12,00	0	2,50	4,50				100R	5,00	4,8
	14,50	100R	5,00	4,50				100R	5,00	5,5
D	24,95	0	2,50	5,00	90	9,95	5,00	0	2,50	4,6
	26,80	0	2,50	6,00	100	9,80	6,00	0	2,50	4,3
	27,65	0	2,50	5,00	90	9,95	5,00	90	5,20	4,9
	29,30	0	2,50	6,00	100	9,80	6,00	100	5,00	4,7
	30,35	90	5,20	5,00	90	9,95	5,00	90	5,20	5,2
	31,80	100	5,00	6,00	100	9,80	6,00	100	5,00	5,0
	23,80	0	2,50	4,50	100R	9,80	4,50	0	2,50	4,8
	26,30	0	2,50	4,50	100R	9,80	4,50	100R	5,00	5,2
	28,80	100R	5,00	4,50	100R	9,80	4,50	100R	5,00	5,6
	29,95	100R	5,00	5,00	90	9,95	5,00	100R	5,00	5,3

Tabelle A 3.2   Parkstandsanordnungen bei der Parkstandsbreite $b = 2{,}50$ m

Anhang 3

Anordnung	Nutz-flächen-breite in m	a in gon	t_1 in m	g in m	a in gon	t_2 in m	g in m	a in gon	t_1 in m	Zahl der Parkstände je 100 m²

Einrichtungsverkehr

Anordnung	Nutz-flächen-breite in m	a in gon	t_1 in m	g in m	a in gon	t_2 in m	g in m	a in gon	t_1 in m	Zahl der Parkstände je 100 m²
A	5,80	0	2,30	3,50						3,0
	7,45	50	4,85	2,60						4,1
	8,45	60	5,15	3,30						4,2
	9,60	70	5,30	4,30						4,0
	10,70	80	5,30	5,40						3,9
B	8,10	0	2,30	3,50				0	2,30	4,3
	10,65	0	2,30	3,50				50	4,85	4,5
	10,95	0	2,30	3,50				60	5,15	4,8
	11,90	0	2,30	4,30				70	5,30	4,7
	12,30	50	4,85	2,60				50	4,85	5,0
	13,00	0	2,30	5,40				80	5,30	4,5
	13,60	60	5,15	3,30				60	5,15	5,2
	14,90	70	5,30	4,30				70	5,30	5,2
	16,00	80	5,30	5,40				80	5,30	5,2
C	16,65			2,60	50	8,25	3,50	0	2,30	4,7
	18,10			3,30	60	9,00	3,50	0	2,30	4,9
	18,30			2,60	50	8,25	2,60	50	4,85	5,0
	20,45			4,30	70	9,55	4,30	0	2,30	4,6
	20,75			3,30	60	9,00	3,30	60	5,15	5,1
	22,95			5,40	80	9,85	5,40	0	2,30	4,4
	23,45			4,30	70	9,55	4,30	70	5,30	5,0
	25,95			5,40	80	9,85	5,40	80	5,30	4,8
	22,10			5,00	100R	9,80	5,00	0	2,30	4,7
	24,80			5,00	100R	9,80	5,00	100R	5,00	5,3
D	19,85	0	2,30	3,50	50	8,25	3,50	0	2,30	4,9
	20,60	0	2,30	3,50	60	9,00	3,50	0	2,30	5,1
	21,50	0	2,30	3,50	50	8,25	2,60	50	4,85	5,1
	22,75	0	2,30	4,30	70	9,55	4,30	0	2,30	4,9
	23,15	50	4,85	2,60	50	8,25	2,60	50	4,85	5,3
	23,25	0	2,30	3,50	60	9,00	3,30	60	5,15	5,3
	25,25	0	2,30	5,40	80	9,85	5,40	0	2,30	4,7
	25,75	0	2,30	4,30	70	9,55	4,30	70	5,30	5,2
	25,90	60	5,15	3,30	60	9,00	3,30	60	5,15	5,4
	28,25	0	2,30	5,40	80	9,85	5,40	80	5,30	5,0
	28,75	70	5,30	4,30	70	9,55	4,30	70	5,30	5,4
	31,25	80	5,30	5,40	80	9,85	5,40	80	5,30	5,3

Zweirichtungsverkehr

Anordnung	Nutz-flächen-breite in m	a in gon	t_1 in m	g in m	a in gon	t_2 in m	g in m	a in gon	t_1 in m	Zahl der Parkstände je 100 m²
A	10,00	100R	5,00	5,00						4,4
B	8,90	0	2,30	4,30				0	2,30	3,9
	12,30	0	2,30	5,00				100R	5,00	5,0
	15,00	100R	5,00	5,00				100R	5,00	5,8
D	24,40	0	2,30	5,00	100R	9,80	5,00	0	2,30	5,0
	27,10	0	2,30	5,00	100R	9,80	5,00	100R	5,00	5,5
	29,80	100R	5,00	5,00	100R	9,80	5,00	100R	5,00	5,8

100R Senkrechtaufstellung mit Rückwärtseinparken

Tabelle A 3.3 Parkstandsanordnungen bei der Parkstandsbreite b = 2,30 m

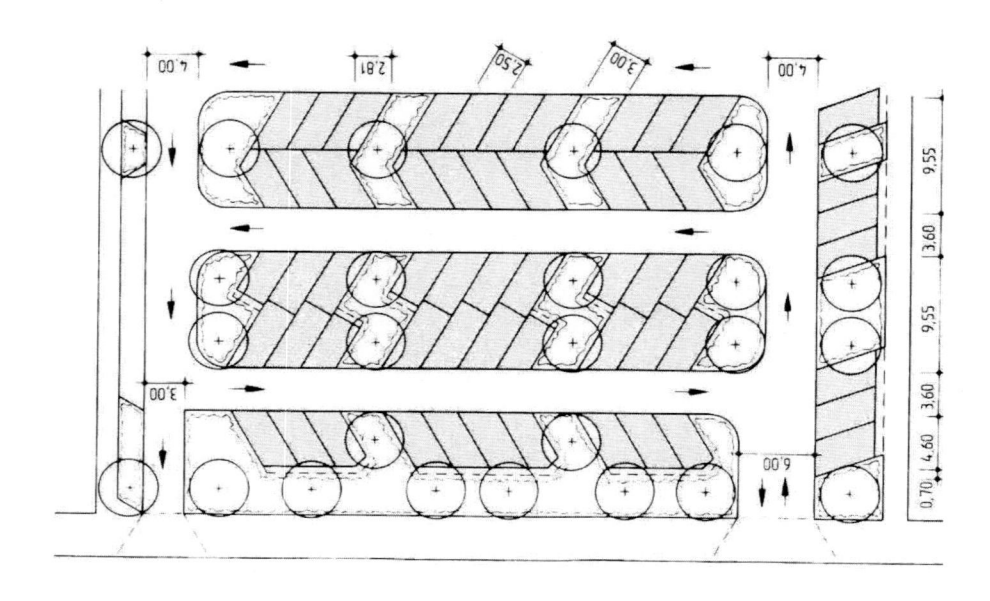

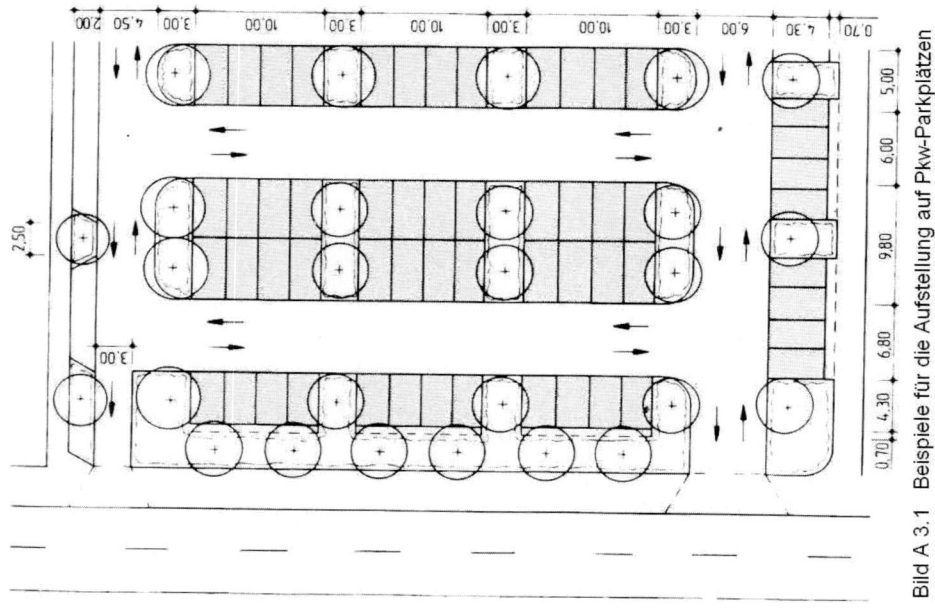

Bild A 3.1 Beispiele für die Aufstellung auf Pkw-Parkplätzen

Anhang 3

Entwurfselemente im städtischen Bereich (nach EAE – 85/95)

(Zwar sind die „Empfehlungen für die Anlage von Erschließungsstraßen - EAE" durch die neue RASt-06 ersetzt worden. Für die Zusammenarbeit mit den Städtplanern sind die Kriterien der Empfehlungen jedoch eine Hilfe, die für den Straßenplaner ein Verständnis für den Stadtplaner vertiefen. Einige Punkte der Hinweise sind deshalb hier zusammengestellt.)

Straßen-, Wegetyp		HSS 3	SS 2	AS 2	AS 3	
maßgebende Funktion		Verbindung	Erschließung	Erschließung	Erschließung	Erschließung
Entwurfsprinzip		Trennung, mit Geschwindig-keitsdämp-fung	Trennung, mit Geschwindig-keitsdämp-fung	Trennung mit Geschwindig-keitsdämp-fung	Mischverkehr (Teilumbau)	Mischverkehr (Vollumbau)
Begegnungsfall		Bus/Bus	Lkw/Lkw	Lkw/Lkw	Pkw/Pkw, Lkw/R	Pkw, Pkw, (Lkw/Lkw)
Einsatz-grenzen	Verkehrsstärke in Kfz/Spitzenstunde	≤ 1000	≤ 800	≤ 400	≤ 200	≤ 150
	erwünschte max v in km/h	40	30 bis 40	≤ 30	≤ 20	≤ 20
Straßen-führung	erwünschte Ab-schnittslänge in m	≤ 100	50 bis 100	50 bis 100	50	50
	Versatztyp	-	-	Lkw/Pkw	Lkw/Lkw	Pkw/Pkw
	Einengungstyp	5,50 m, kurz	4,00 m, [1]) lang 3,00 m kurz	4,00 m, [2]) lang 3,00 m kurz	3,00 m kurz	3,00 m kurz
	Teilaufplasterung	nein	≤ 1 : 25	≤ 1 : 25	≥ 1 : 10	nein
	Schwellen	nein	nein	nein	ja	nein
	Überquerungs-hilfen	FB-Teiler, Fußg.-Furt	FB-Teiler, Fußg.-Furt, -überweg	nein	nein	nein
	Wendeanlagentyp	-	Wende-schleife Lz, Gelenkbus	Wende-schleife Lkw, Müllfz 3- oder 2-achsig, (Lfw)	Wende-schleife Lfw, Wende-hammer Lkw (Pkw)	Wende-schleife Lfw, Wende-hammer Lkw (Pkw)
	Haltestellen-buchten	nein	nein	nein	nein	nein
Knoten-punkte	Linksabbiegespur	FB-Auf-weitung um 3,00 m, Stauraum[3])	Spurverbrei-terung auf 5,00 m Stau-raum f.2 Fz	nein	nein	nein
	Fahrbahnteiler	ja (nein)	nein	nein	nein	nein
	Mitbenutzung der Gegenfahrspur	LZ, 1 Spur	3-achs. Müllfz. oder Lz	3-achs. Müllfz. 2 Spuren, 2-achs. Müllfz 1 Spur	3-achs. Müllfz. 2 Spuren, 2-achs. Müllfz 1 Spur	3-achs. Müllfz. 2 Spuren, 2-achs. Müllfz 1 Spur
	Teilaufplasterung	nein	≤ 1 : 25	≤ 1 : 25	≥ 1 : 10	nein
	Lichtsignalanlage	ja	nein	nein	nein	nein

Klammerwerte, falls örtliche Verhältnisse es erfordern
[1]) mit Borden
[2]) an baulichen Engstellen
[3]) an baulichen Engstellen auch nur Spurverbreiterung auf 5,00 m und kurzer Stauraum möglich

HSS Hauptsammelstraße SS Sammelstraße AS Anliegerstraße AW Anliegerweg

Tabelle A 3.4 Entwurfselemente in Stadtkerngebieten

Straßen-, Wegetyp	HSS 3	SS 2	AS 2	AS 3	AS 4	AW 1
maßgebende Funktion	Verbindung	Erschließung	Erschließung	Erschließung	Aufenthalt	Aufenthalt
Entwurfsprinzip	Trennung, mit Geschwindig-keitsdämpfung	Trennung, mit Geschwindig-keitsdämpfung	Trennung, mit Geschwindig-keitsdämpfung	Mischverkehr 2)	Mischverkehr	Mischverkehr
Begegnungsfall	Bus/Bus	Lkw/Lkw	Lkw/Lkw Lfw/Lfw	Pkw/Pkw, (Lkw/Lkw)	Pkw/R, (Lfw/Lfw) (Lfw/Pkw)	Lkw/Pkw, Lfw/Lfw
			1)			
Einsatz-grenzen – Verkehrsstärke in Kfz/Spitzenstunde	≤ 1000	≤ 800	≤ 400 4)	≤ 150	≤ 60	≤ 30 Wohnungen
Einsatz-grenzen – angestrebte max v in km/h	40	30 bis 40	≤ 30	≤ 20	≤ 20	≤ 20
Einsatz-grenzen – erwünschte Abschnittslänge in m	≤ 100	50 bis 100	50 bis 100	50	≤ 50	≤ 50
Straßen-führung – Versatztyp	–	–	Lkw/Lkw	Pkw/Pkw	–	–
Straßen-führung – Einengungstyp	5,50 m, kurz	4,00 m, kurz	3,00 m, kurz	3,00 m, kurz	–	–
Straßen-führung – Teilaufpflaste-rung	nein	≤ 1 : 25	≥ 1 : 10	nein	nein	nein
Straßen-führung – Schwellen	nein	nein	ja	nein	nein	nein
Straßen-führung – Überquerungs-hilfen	FB-Teiler, Fußg.-Furt	FB-Teiler, Fußg.-Furt -überweg	nein	nein	nein	nein
Straßen-führung – Wendeanlagen-typ	–	Wende-schleife Lz, Gelenkbus	Wende-schleife Lkw, Müllfz 3- oder 2-achsig. (Lfw)	Wende-schleife Lfw, Wende-hammer Lkw (Pkw, Lkw)	Wende-schleife Lfw, Wende-hammer Lkw (Pkw)	Wende-hammer Lkw, (Pkw)
Haltestellen-buchten	ja (nein)	nein	nein	nein	nein	nein

Fortsetzung und Fußnoten s. nächste Seite

Straßen-, Wegetyp	HSS 3	SS 2	AS 2		AS 3	AS 4	AW 1
maßgebende Funktion	Verbindung	Erschließung	Erschließung		Erschließung	Aufenthalt	Aufenthalt
Entwurfsprinzip	Trennung, mit Geschwindig-keitsdämpfung	Trennung, mit Geschwindig-keitsdämpfung	Trennung, mit Geschwindig-keitsdämpfung	Mischverkehr 1)	Mischverkehr 2)	Mischverkehr	Mischverkehr
Begegnungsfall	Bus/Bus	Lkw/Lkw	Lkw/Lkw Lfw/Lfw	Pkw/Pkw, Lkw/R	Pkw/Pkw, (Lkw/Lkw)	Pkw/R, (Lfw/Lfw) (Lfw/Pkw)	Lkw/Pkw, Lfw/Lfw
Knotenpunkte — Linksabbiegespur	FB-Aufweitung um 3,00 m Strauraum3)	Spurverbreiterung auf 5,00 m Stauraum f 2 Fz	nein	nein	nein	nein	nein
Knotenpunkte — Fahrbahnteiler	nein	nein	nein	nein	nein	nein	nein
Knotenpunkte — Mitbenutzung der Gegenfahrspur	LZ, 1 Spur	3-achs. Müllfz oder Lz 1 Spur	3-achs. Müllfz 2 Spuren, 2-achs. Müllfz 1 Spur	3-achs. Müllfz 2 Spuren 2-achs. Müllfz 1 Spur	3-achs. Müllfz 2 Spuren 2-achs. Müllfz 1 Spur	Lfw, 1 Spur	Lfw, 1 Spur
Knotenpunkte — Teilaufpflasterung	nein	≤ 1 : 25	≥ 1 : 10	≥ 1 : 10	nein	nein	nein
Knotenpunkte — Lichtsignalanlage	ja	nein	nein	nein	nein	nein	nein

Klammerwerte, falls örtliche Verhältnisse es erfordern
1) mit Borden   2) höhengleiche Ausbildung   3) wegen des Lärmschutzes deutlich geringere Verkehrsstärken anstreben!   4) an baulichen Engstellen
HSS Hauptsammelstraße   SS Sammelstraße   AS Anliegerstraße   AW Anliegerweg

Tabelle A 3.5   Entwurfselemente in stadtkernnahen Gebieten

Straßen-, Wegetyp		HSS 1	HSS 3	SS 2	AS 2	AS 3	AS 4	AW 1
maßgebende Funktion		Verbindung	Verbindung	Erschließung	Erschließung	Erschließung	Aufenthalt	Aufenthalt
Entwurfsprinzip		Trennung, ohne Geschwindigkeitsdämpfung	Trennung, mit Geschwindigkeitsdämpfung	Trennung, mit Geschwindigkeitsdämpfung	Trennung, mit Geschwindigkeitsdämpfung	Mischverkehr	Mischverkehr	Mischverkehr
Begegnungsfall		Bus/Bus	Bus/Bus	Pkw/Pkw (Lkw/Lkw)	Lkw/Lkw	Lkw/Pkw, Lfw/Lfw	Pkw/Pkw, (Lkw/Lkw)	Pkw/Pkw, Lkw/R	Pkw, R, (Lfw/Lfw, Lkw/Pkw)	Lkw/Pkw, Lfw/Lfw	Lkw Pkw/R
Einsatzgrenzen	Verkehr in Kfz/Spitzenstunde	≤ 1500	≤ 800	≤ 500	≤ 500	≤ 250	≤ 120	≤ 150	≤ 60	bis 30 Wohng.	bis 10 Wohng.
	angestrebte max v in km/h	50	40	30 bis 40	30 bis 40	≤ 30	≤ 20	≤ 20	≤ 20	≤ 20	≤ 20
	Abschn.-Länge in m (optim.)	–	≤ 100	50 bis 100	50 bis 100	50 bis 100	50	50	≤ 50	≤ 50	≤ 50
Straßenführung	Versatztyp	–	–	–	–	Lkw/Lkw	Pkw/Pkw	Lkw/Pkw	–	–	–
	Einengungstyp	–	5,50 m, kurz	4,00 m, kurz	4,00 m, kurz	3,00 m, kurz	3,00 m, kurz	3,00 m, kurz	–	–	–
	Teilaufpflast.	nein	nein	≤ 1 : 25	≤ 1 : 25	≥ 1 : 10	nein	≥ 1 : 10	nein	nein	nein
	Schwellen	nein	nein	nein	nein	ja	nein	ja	nein	nein	nein
	Überquerungshilfen	FB-Teiler, Fußg.-Furt	FB-Teiler, Fußg.-Furt, F.-überweg	nein	nein	nein	nein	nein	nein	nein	nein
	Wendeanlagentyp	–	–	Wendeschleife Lz und Gelenkbus	Wendeschleife Lz und Gelenkbus	Wendeschleife Lkw, Müllfz 2- oder 3-achsig. (Lfw)	Wendeschleife Lfw, Wendehammer Lkw (Pkw)	Wendeschleife Lfw, Wendehammer Lkw (Pkw)	Wendeschleife Lfw, Wendehammer Lkw (Pkw)	Wendehammer Lkw (Pkw)	Wendehammer Lkw (Pkw)
	Haltest.-Bucht	ja	ja (nein)	nein	nein	nein	nein	nein	nein	nein	nein

Fortsetzung s. nächste Seite

Straßen-, Wegetyp		HSS 1	HSS 3	SS 2	SS 2	AS 2	AS 3	AS 4	AW 1
maßgebende Funktion		Verbindung	Verbindung	Erschließung	Erschließung	Erschließung	Erschließung	Aufenthalt	Erschließung
Entwurfsprinzip		Trennung, o. Geschwind.-dämpfung	Trennung, mit Geschwindigkeitsdämpfung	Erschließung	Trennung, mit Geschwindigkeitsdämpfung	Trennung, mit Geschwindigkeitsdämpfung	Mischverkehr	Mischverkehr	Mischverkehr
Begegnungsfall		Bus/Bus	Bus/Bus	Pkw/Pkw (Lkw/Lkw)	Lkw/Lkw	Lkw/Pkw, Lfw/Lfw	Pkw/Pkw, (Lkw/Lkw)	Pkw/Pkw, Lkw/R	Pkw, R, (Lfw/Lfw, Lkw/Pkw)	Lkw/Pkw Lfw/Lfw	Lkw Pkw/R
Knotenpunkte	Linksabbiegespur	FB-Aufweitung 3,00 m (2,75) Stauraum	FB-Aufweitung 3,00 m (2,75 m) Stauraum, (Spurverbr. auf 5,00 m, Staur. 2 Fz)	Spurverbreiterung auf 5,00 m, Stauraum für 2 Fz	Spurverbreiterung auf 5,00 m, Stauraum für 2 Fz	nein	nein	nein	nein
	Fahrbahnteiler	ja	ja (nein)	nein	nein	nein	nein	nein	nein
	Mitbenutzung der Gegenfahrspur	(LZ 1 Spur)	LZ 1 Spur	LZ 1 Spur, 3-achs. Müllfz 1 Spur	LZ 1 Spur, 3-achs. Müllfz 1 Spur	3-achs. Müllfz 2 Spuren, 2-achs. Müllfz 1 Spur	3-achs. Müllfz 2 Spuren, 2-achs. Müllfz 1 Spur	3-achs. Müllfz 2 Spuren, 2-achs. Müllfz 1 Spur	Lfw 1 Spur	Lfw 1 Spur
	Teilaufpfl.	nein	nein	≤ 1 : 25	≤ 1 : 25	≥ 1 : 10	nein	nein	nein
	Signalanlage	ja	nein	nein	nein	nein	nein	nein	nein

Klammerwerte, falls örtliche Verhältnisse es erfordern

HSS Hauptsammelstraße   SS Sammelstraße   AS Anliegerstraße   AW Anliegerweg

Tabelle A 3.6   Entwurfselemente in Wohngebieten in Orts- oder Stadtrandlage

Straßen-, Wegetyp		HSS 1	HSS 2	SS 1	AS 1	AS 2
maßgebende Funktion		Verbindung	Verbindung [1]	Erschließung	Erschließung	Erschließung
Entwurfsprinzip		Trennung ohne Geschwindigkeitsdämpfung	Trennung ohne Geschwindigkeitsdämpfung	Trennung ohne Geschwindigkeitsdämpfung	Trennung ohne Geschwindigkeitsdämpfung	Trennung mit Geschwindigkeitsdämpfung
Begegnungsfall		Lz/Lz	Lz/Lz	Lz/Lz	Lz/Pkw Lfw/Lfw	Lkw/Lkw
Einsatzgrenzen	Verkehrsstärke in Kfz/Spitzenstunde	≤ 1 400	≤ 1 400	≤ 1 400	≤ 500	≤ 500
	erwünschte max v in km/h	50	50	40 bis 50	40 bis 50	30 bis 40
Straßenführung	erwünschte Abschnittslänge in m	–	–	–	50 bis 100	50 bis 100
	Versatztyp	–	–	–	–	–
	Einengungstyp	–	–	–	–	4,00 m kurz
	Teilaufpflasterung	nein	nein	nein	nein	≤ 1 : 25
	Schwellen	nein	nein	nein	nein	nein
	Überquerungshilfen	FB-Teiler, Fußg.-Furt	FB-Teiler, Fußg.-Furt	FB-Teiler, Fußg.-Furt	FB-Teiler, Fußg.-Überweg	FB-Teiler, Fußg.-Überweg
	Wendeanlagentyp	–	–	Wendeschleife Lz und Gelenkbus	Wendeschleife Lz und Gelenkbus, (Wendeschleife Lkw)	Wendeschleife Lz und Gelenkbus, (Wendeschleife Lkw)
	Haltestellenbuchten	ja	nein	nein	nein	nein
Knotenpunkte	Linksabbiegespur	FB-Aufweitung 3,00 m (2,75) Stauraum	FB-Aufweitung 3,00 m (2,75 m) Stauraum	FB-Aufweitung 3,00 m (2,75 m)	Spurverbreiterung auf 5,00 m, Stauraum für 2 Fz	Spurverbreiterung auf 5,00 m, Stauraum für 2 Fz
	Fahrbahnteiler	ja	ja	ja	nein	nein
	Mitbenutzung der Gegenfahrspur	nein	nein	LZ 1 Spur, 3-achs. Müllfz 1 Spur	LZ 1 Spur, 3-achs. Müllfz 1 Spur	LZ 1 Spur, 3-achs. Müllfz 1 Spur
	Teilaufpflasterung	nein	nein	nein	nein	≤ 1 : 25
	Lichtsignalanlage	ja	ja	ja	nein	nein

Klammerwerte, falls örtliche Verhältnisse es erfordern
[1] durch ein Gebiet führende Straße verbindet Siedlungsbereiche (Siedlungskette)

HSS   Hauptsammelstraße   SS   Sammelstraße   AS   Anliegerstraße

Tabelle A 3.7   Entwurfselemente in Industrie- und Gewerbegebieten

Straßen-, Wegetyp		HSS 3	SS 2	AS 3	AW 1[2)]	AW 2[3)]
maßgebende Funktion		Verbindung	Erschließung	Aufenthalt	Aufenthalt	Aufenthalt
Entwurfsprinzip		Trennung mit Geschwindigkeitsdämpf.	Trennung mit Geschwindigkeitsdämpf.	Mischverkehr	Mischverkehr	Mischverkehr
Begegnungsfall		Lz/Lz	Lkw/Lkw	Pkw/Pkw, Lkw/R	Lz/Lz	Lkw/Pkw, Lfw/Lfw	Lkw Pkw/R
Einsatzgrenzen	Verkehrsstärke in Kfz/Spitzenstunde	≤ 800	≤ 500	≤ 150	≤ 150	≤ 30 Wohnungen	≤ 10 Wohnungen
	angestrebte max v in km/h	40	≤ 30	≤ 20	≤ 20	≤ 20	≤ 20
Straßenführung	erwünschte Abschnittslänge in m	100	≤ 100	≤ 50	≤ 50	≤ 50	≤ 50
	Versatztyp	–	–	–	–	–	–
	Einengungstyp	5,00 m, krz.	3,00 m, krz.[1)]	3,00 m, krz.	3,00 m, krz.	–	–
	Teilaufpflasterung	nein	≤ 1 : 25	nein	nein	nein	nein
	Schwellen	nein	nein	nein	nein	nein	nein
	Überquerungshilfen	FB-Teiler, Fußg.-Furt -Überweg	–	–	–	–	–
	Wendeanlagentyp	–	–	Wendekreis 2-achs. Müllfz, (Wendehammer Lkw, Pkw)	Wendekreis 2-achs. Müllfz, (Wendeh. 3-achs. Müllfz, Pkw)	Wendehammer 3-achs. Müllfz Lkw, (Pkw) (schleife Lkw)	Wendehammer 3-achs. Müllfz, Lkw, (Pkw) (schleife Lkw)
	Haltestellenbuchten	nein	nein	nein	nein	nein	nein
Knotenpunkte	Linksabbiegespur	FB-Aufweitung 3,00 m (2,75) Stauraum, (Spurverbreiterung auf 5,00 m, Stauraum, 2 Fz)	Spurverbreiterung auf 5,00 m, Stauraum für 2 Fz, (keine)	–	–	–	–
	Fahrbahnteiler	ja (nein)	nein	nein	nein	nein	nein
	Mitbenutzung der Gegenfahrspur	LZ 1 Spur, (3-achs. Müllfz 1 Spur)	LZ 1 Spur, 3-achs. Müllfz 1 Spur	3-achs. Müllfz 2 Spuren, (2-achs. Müllfz 1 Spur)	3-achs. Müllfz 2 Spuren, (2-achs. Müllfz 1 Spur)	Lfw 1 Spur	Lfw 1 Spur
	Teilaufpflasterung	nein	≤ 1 : 25	nein	nein	nein	nein
	Lichtsignalanlage	nein	nein	nein	nein	nein	nein

[1)] nur an baulichen Engstellen [2)] Parkbucht nur ausnahmsweise [3)] Ausweichstelle am Wegende anordnen
HSS Hauptsammelstraße SS Sammelstraße AS Anliegerstraße AW Anliegerweg

Tabelle A 3.8 Entwurfselemente in dörflichen Gebieten

Straßen-, Wegetyp		AS 3	AS 4	AW 1		Fahrgassen auf Campingplätzen	
maßgebende Funktion		Erschließ.	Aufenthalt	Aufenthalt		Aufenthalt	
Entwurfsprinzip		Mischverkehr	Mischverkehr	Mischverkehr		Mischverkehr	
Begegnungsfall		Pkw/Pkw (Lkw/Lkw)	Pkw/R (Lfw/Lfw, Lkw/Pkw)	Lkw/PKw Lfw/Lfw	Pkw	Lkw/Lkw	Lkw Pkw/R
Einsatzgrenzen	Verkehrsstärke in Kfz/Spitzenstunde	$\leq 120^{1)}$	$\leq 60^{2)}$	bis 100 Wohnungen	bis 10 Wohnungen	bis 500 Standplätze	bis 500 Standplätze
	angestrebte max v in km/h	≤ 30	≤ 30	≤ 30	≤ 30	≤ 30	≤ 30
Straßenführung	erwünschte Abschnittslänge in m	50	≤ 50	≤ 50	≤ 50	≤ 50	≤ 50
	Versatztyp	Pkw/Pkw	–	–	–	–	–
	Einengungstyp	3,00 m, kurz	–	–	–	–	–
	Teilaufpflasterung	nein	nein	nein	nein	nein	nein
	Schwellen	nein	nein	nein	nein	nein	nein
	Überquerungshilfen	nein	nein	nein	nein	nein	nein
	Wendeanlagentyp	Wendeschleife 3-achs. Müllfz Wendekreis f. 2-achs. Müllfz	Wendeschleife 3-achs. Müllfz Wendekreis f. 2-achs. Müllfz	Wendehammer 2-achs. Müllfz	–	Wendekreis 2-achs. Müllfz	Wendekreis 2-achs. Müllfz
	Haltestellenbuchten	nein	nein	nein	nein	nein	nein
Knotenpunkte	Linksabbiegespur	–	–	–	–	–	–
	Fahrbahnteiler	nein	nein	nein	nein	nein	nein
	Mitbenutzung der Gegenfahrspur	3-achs. Müllfz 2 Spuren	Lfw 1 Spur	Lfw 1 Spur		3-achs. Müllfz 2 Spuren	3-achs. Müllfz 2 Spuren
	Teilaufpflasterung	nein	nein	nein	nein	nein	nein
	Lichtsignalanlage	nein	nein	nein	nein	nein	nein

[1]) bis 400 Wohnungen
[2]) bis 200 Wohnungen

Klammerwerte, falls örtliche Verhältnisse es erfordern

AS Anliegerstraße   AW Anliegerweg

Tabelle A 3.9   Entwurfselemente in Freizeitwohngebieten

Anhang 4

Ausgewählte Tabellen der „Richtlinien für die integrierte Netzgestaltung – RIN"

zentraler Ort	Reisezeit in Minuten	
	mit dem Pkw	im öffentlichen Personenverkehr
Grundzentren	≤ 20	≤ 30
Mittelzentren	≤ 30	≤ 45
Oberzentren	≤ 60	≤ 90

Tabelle A.4.1 Zielgrößen für die Erreichbarkeit zentraler Orte von den Wohnstandorten

zentraler Ort	Reisezeit in Minuten zum nächsten Nachbarn	
	mit dem Pkw	im öffentlichen Personenverkehr
Grundzentren	≤ 25	≤ 40
Mittelzentren	≤ 45	≤ 65
Oberzentren	≤ 120	≤ 150
Metropolregionen	≤ 180	≤ 180

Tabelle A.4.2 Zielgrößen für die Erreichbarkeit zentraler Orte von benachbarten zentralen Orten gleicher Zentralitätsstufe

Kategoriengruppe		Kategorie	Bezeichnung
AS	Autobahnen	AS 0/I	Fernautobahn
		AS II	Überregionalautobahn, Stadtautobahn
LS	Landstraßen	LS I	Fernstraße
		LS II	Überregionalstraße
		LS III	Regionalstraße
		LS IV	Nahbereichsstraße
		LS V	Anbindungsstraße
VS	anbaufreie Hauptverkehrsstraßen	VS II	Ortsdurchfahrt, anbaufreie Hauptverkehrsstraße
		VS III	Ortsdurchfahrt, anbaufreie Hauptverkehrsstraße
HS	angebaute Hauptverkehrsstraßen	HS III	Ortsdurchfahrt, innergemeindliche Hauptverkehrsstraße
		HS IV	Ortsdurchfahrt, innergemeindliche Hauptverkehrsstraße
ES	Erschließungsstraßen	ES IV	Sammelstraße
		ES V	Anliegerstraße

Tabelle A.4.3 Bezeichnungen der Verkehrswegkategorien für den Kfz-Verkehr

Kategoriengruppe		Kategorie	Bezeichnung
FB	Fernverkehrsbahn	FB 0	kontinentaler Schienenpersonenfernverkehr
		FB I	großräumiger Schienenpersonenfernverkehr
NB	Nahverkehrsbahn außerhalb bebauter Gebiete	NB I	großräumiger Schienenpersonennahverkehr
		NB II	überregionaler Schienenpersonennahverkehr
		NB III	regionaler Schienenpersonennahverkehr
UB	Unabhängige Bahn	UB II	SPNV, U-Bahn und Stadtbahn als Hauptverbindung
		UB III	SPNV, U-Bahn und Stadtbahn als Nebenverbindung
SB	Stadtbahn	SB II	Stadt- und Straßenbahn als Hauptverbindung
		SB III	Stadt- und Straßenbahn als Nebenverbindung
		SB IV	Stadt- und Straßenbahn zur Erschließung
TB	Tram/Bus	TB II	Straßenbahn und Bus als Hauptverbindung
		TB III	Straßenbahn und Bus als Nebenverbindung
		TB IV	Straßenbahn und Bus zur Erschließung
RB	Regionalbus außerhalb bebauter Gebiete	RB II	überregionaler Busverkehr
		RB III	regionaler Busverkehr
		RB IV	nahräumiger Busverkehr

Tabelle A.4.4 Bezeichnungen der Verkehrswegekategorien für den öffentlichen Personenverkehr

Kategoriengruppe		Fernverkehr	Nahverkehr					
			unabhängiger Fahrweg	besonderer Fahrweg	straßenbündiger Fahrweg			
			außerhalb bebauter Gebiete	innerhalb bebauter Gebiete (einschließlich Übergangsbereiche)			außerhalb bebauter Gebiete	
Verbindungs-funktionsstufe		FB	NB	UB	SB	TB	RB	
kontinental	0	FB 0						
großräumig	I	FB I	NB I					
überregional	II		NB II	UB II	SB II	TB II	RB II	
regional	III		NB III	UB III	SB III	TB III	RB III	
nah-/kleinräumig	IV/V				SB IV	TB IV	RB IV	

Tabelle A.4.5 Zusammenhang zwischen Verbindungsfunktionsstufe und Kategoriengruppen für den öffentlichen Personenverkehr

Kategoriengruppe		außerhalb bebauter Gebiete	innerhalb bebauter Gebiete
Verbindungsfunktionsstufe		AR	IR
überregional	II	AR II	IR II
regional	III	AR III	IR III
nahräumig	IV	AR IV	IR IV
kleinräumig	V	–	IR V

Tabelle A.4.6 Zusammenhang zwischen Verbindungsfunktionsstufe und Kategoriengruppen des Radverkehrs

Kategoriengruppe		Kategorie	Bezeichnung
AR	außerhalb bebauter Gebiete	AR II	überregionale Radverkehrsverbindung
		AR III	regionale Radverkehrsverbindung
		AR IV	nahräumige Radverkehrsverbindung
IR	innerhalb bebauter Gebiete	IR II	innergemeindliche Radschnellverbindung
		IR III	innergemeindliche Radhauptverbindung
		IR IV	innergemeindliche Radverkehrsverbindung
		IR V	innergemeindliche Radverkehrsanbindung

Tabelle A.4.7 Bezeichnungen der Verkehrswegekategorien für den Radverkehr

Anhang 5

5.1 Sieblinien für den Bau von Schichten ohne Bindemittel

Frostschutzschichten

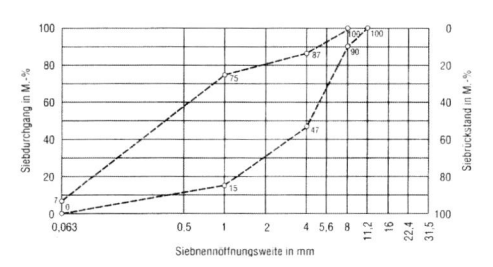

Bild A 5.1   Frostschutzschicht 0/8

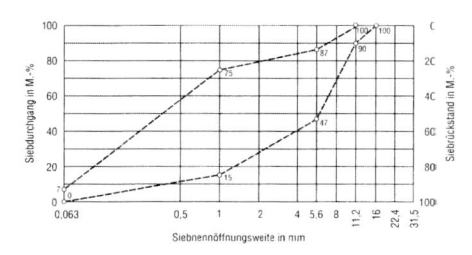

Bild A 5.2   Frostschutzschicht 0/11

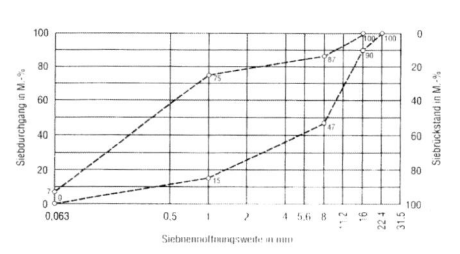

Bild A 5.3   Frostschutzschicht 0/16

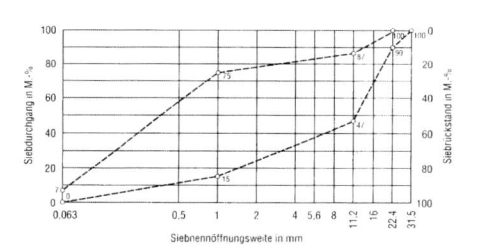

Bild A 5.4   Frostschutzschicht 0/22

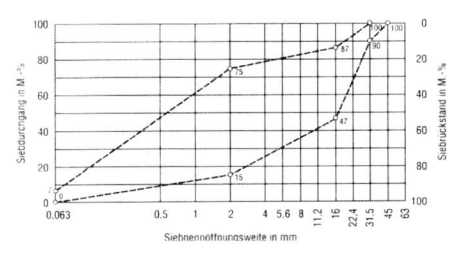

Bild A 5.5   Frostschutzschicht 0/32

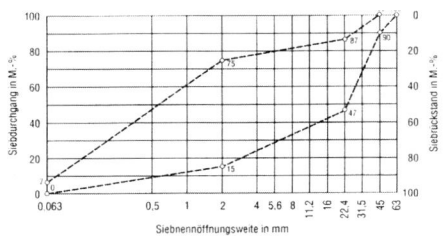

Bild A 5.6   Frostschutzschicht 0/45

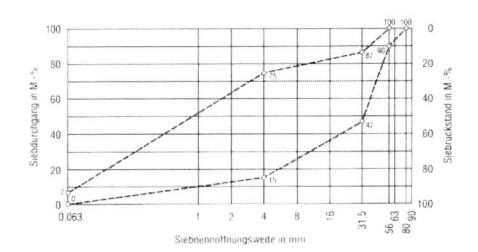

Bild A 5.7   Frostschutzschicht 0/56

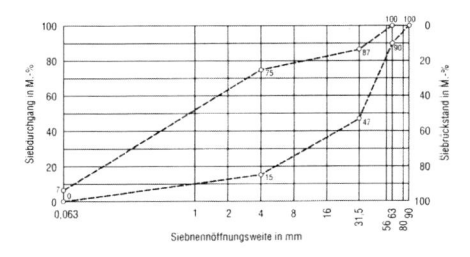

Bild A 5.8   Frostschutzschicht 0/63

Kies- und Schottertragschichten ohne Bindemittel

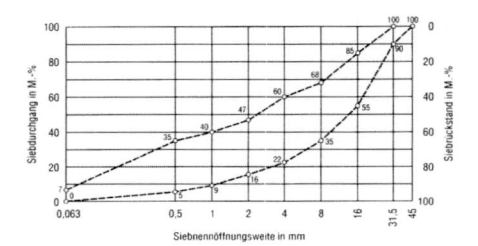

Bild A 5.9 Kies- und Schottertragschicht 0/32

Bild A 5.10 Kies- und Schottertragschicht 0/45

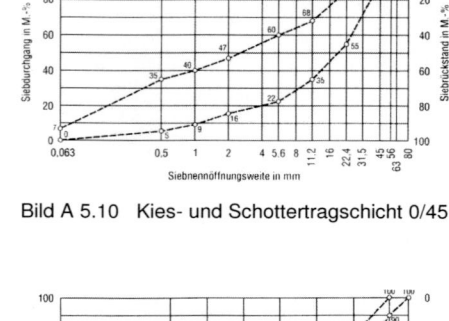

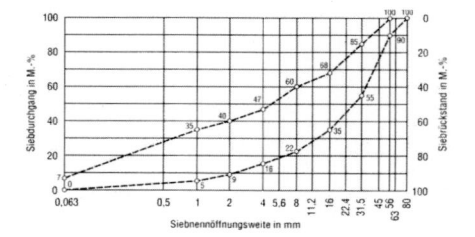

Bild A 5.11 Kies- und Schottertragschicht 0/56

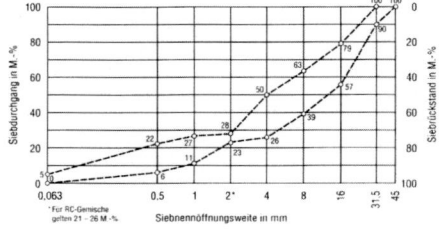

Bild A 5.12 Schottertragschicht 0/32 – STSoB

Deckschichten ohne Bindemittel

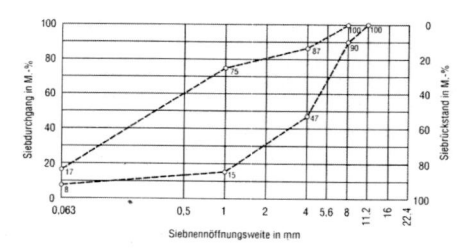

Bild A 5.13 Deckschicht ohne Bindemittel 0/8

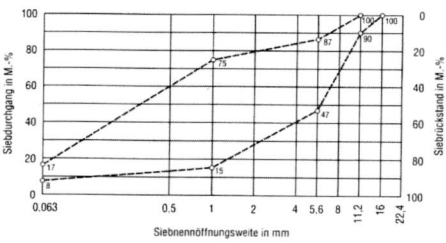

Bild A 5.14 Deckschicht ohne Bindemittel 0/11

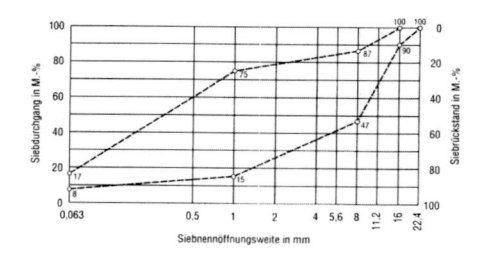

Bild A 5.15 Deckschicht ohne Bindemittel 0/16

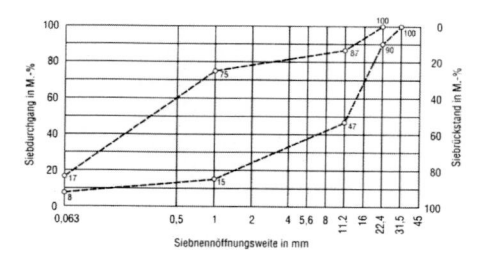

Bild A 5.16 Deckschicht ohne Bindemittel 0/22

Anhang 5

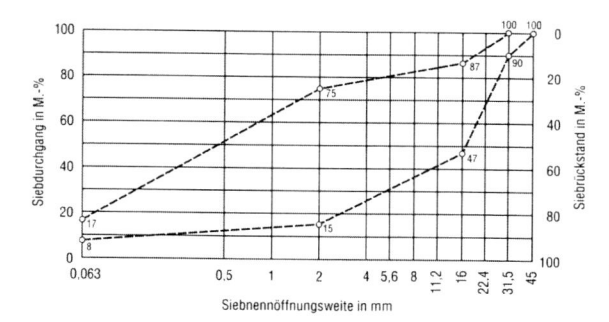

Bild A 5.17 Deckschicht ohne Bindemittel 0/32

5.2 Sieblinien für den Bau von hydraulisch gebundenen Schichten

Hydraulisch gebundene Tragschichten

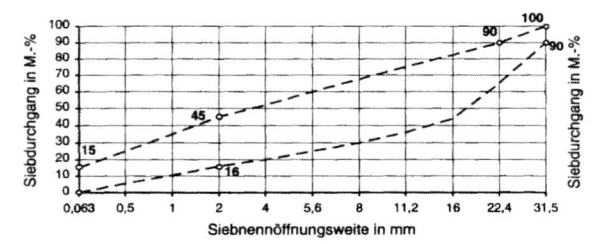

Bild A 5.18   HGT 0/32

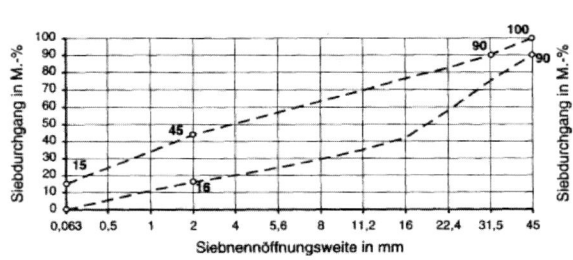

Bild A 5.19   HGT 0/45

Hydraulisch gebundene Tragdeckschichten (HGTD) und hydraulisch gebundene Deckschichten (HGD) (im landwirtschaftlichen Wegebau)

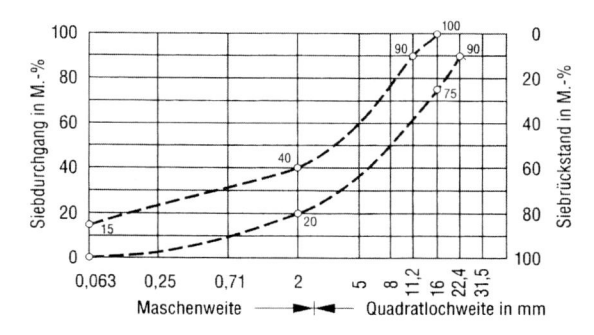

Bild A 5.20   HGD und HGTD 0/‑6 und 0/22

5.3 Sieblinien für den Bau von Asphaltschichten

Tragschichten

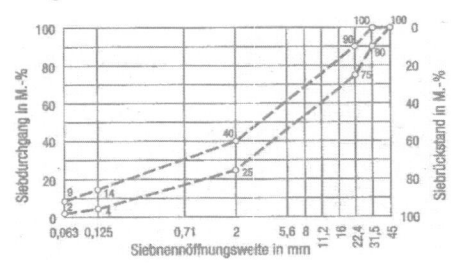

Bild A 5.21a Asphalttragschicht 0/32 für Schwerverkehr AC 32 T S

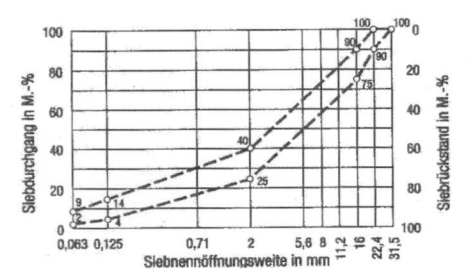

Bild A 5.21b Asphalttragschicht 0/22 für Schwerverkehr AC 22 T S

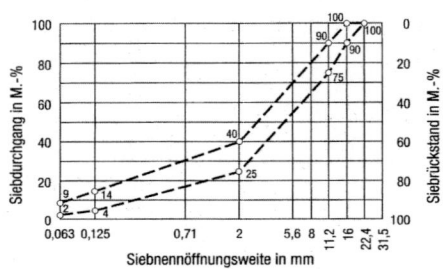

Bild A 5.21c Asphalttragschicht 0/16 für Schwerverkehr AC 16 T S

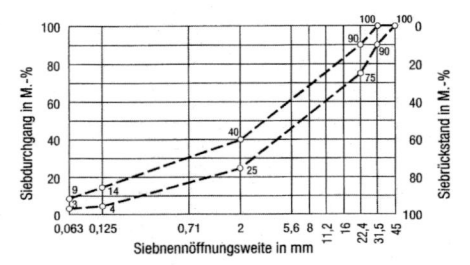

Bild A 5.21d Asphalttragschicht 0/32 für Normalverkehr AC 32 T N

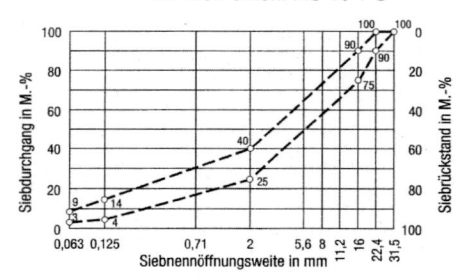

Bild A 5.21e Asphalttragschicht 0/22 für Normalverkehr AC 22 T N

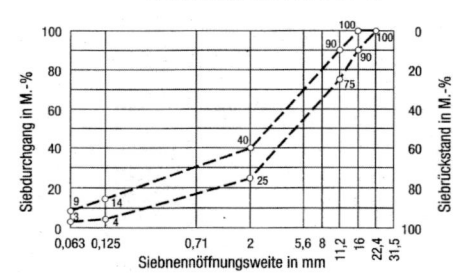

Bild A 5.21f Asphalttragschicht 0/16 für Normalverkehr AC 16 T N

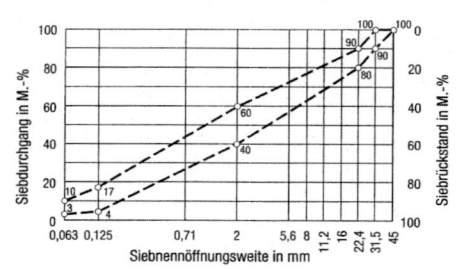

Bild A 5.21g Asphalttragschicht 0/32 für leichten Verkehr AC 32 T L

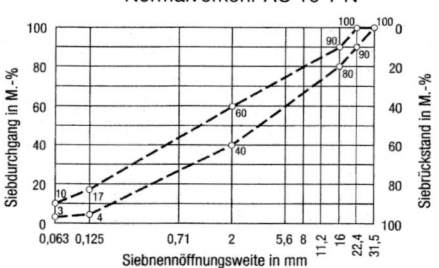

Bild A 5.21h Asphalttragschicht 0/22 für leichten Verkehr AC 22 T L

Anhang 5

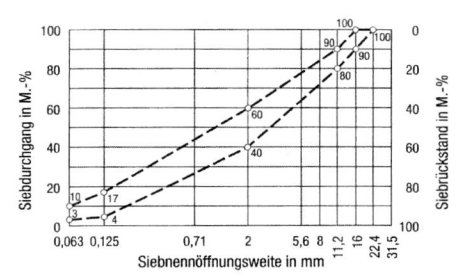

Bild A 5.21i Asphalttragschicht 0/16 für leichten Verkehr AC 16 T L

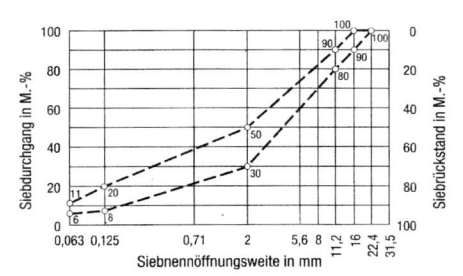

Bild A 5.21j Asphalttragdeckschicht 0/16 AC 16 TD

Asphaltbinder

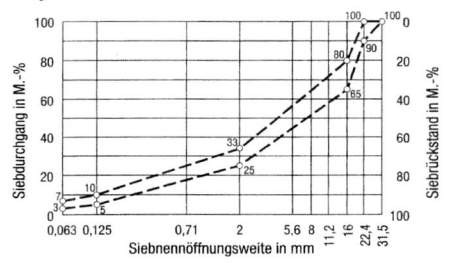

Bild A 5.22a Asphaltbinder 0/22 für Schwerverkehr AC 22 B S

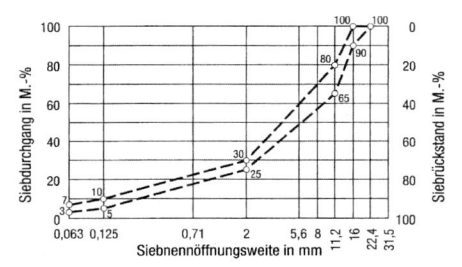

Bild A 5.22b Asphaltbinder 0/16 für Schwerverkehr AC 16 B S

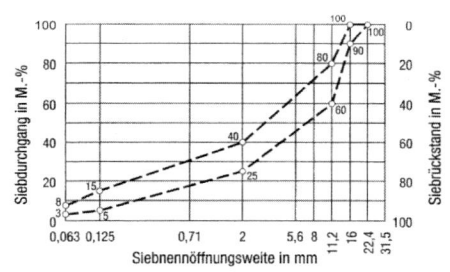

Bild A 5.22c Asphaltbinder 0/16 für Normalverkehr AC 16 B N

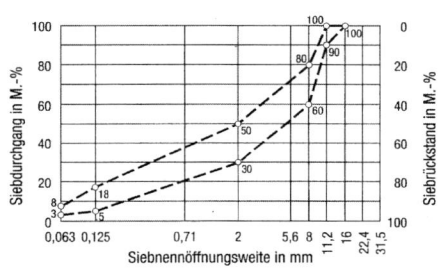

Bild A 5.22d Asphaltbinder 011 für Normalverkehr AC 11 B N

Asphaltdeckschicht

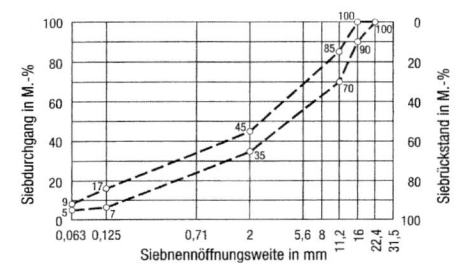

Bild A 5.23a Asphaltdeckschicht 0/16 für Schwerverkehr AC 16 D S

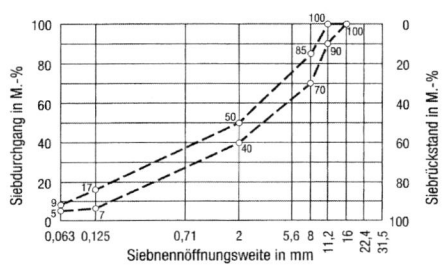

Bild A 5.23b Asphaltdeckschicht 0/11 für Schwerverkehr AC 11 D S

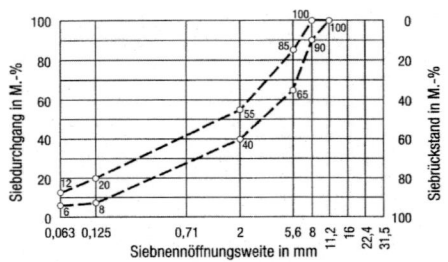

Bild A 5.23c Asphaltdeckschicht 8 für
Schwerverkehr AC 8 D S

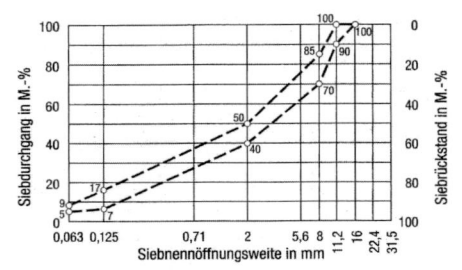

Bild A 5.23d Asphaltdeckschicht 0/11 für
Normalverkehr AC 11 D N

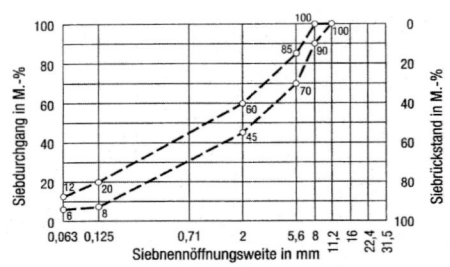

Bild A 5.23e Asphaltdeckschicht 0/8 für
Normalverkehr AC 8 D N

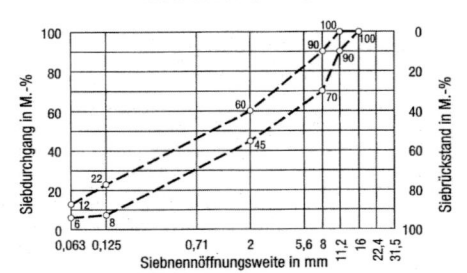

Bild A 5.23f Asphaltdeckschicht 0/11 für
leichten Verkehr AC 11 D L

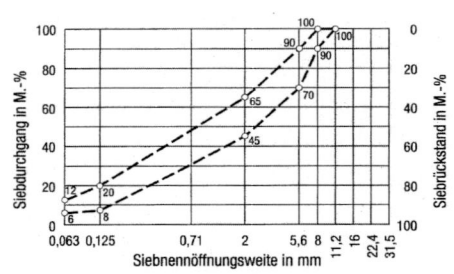

Bild A 5.23g Asphaltdeckschicht 0/8 für
leichten Verkehr AC 8 D L,

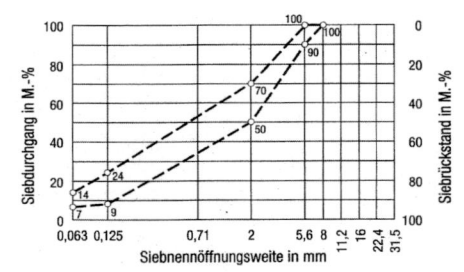

Bild A 5.23h Asphaltdeckschicht 0/5 für
leichten Verkehr AC 5 D L

Splittmastixasphalt

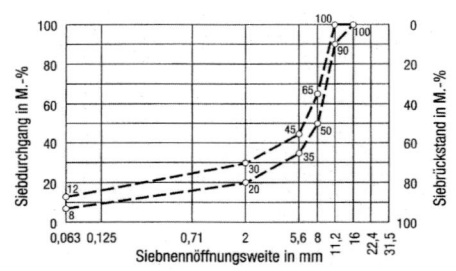

Bild A 5.24a Splittmastixasphalt 0/11 S
für Schwerverkehr SMA 11 S

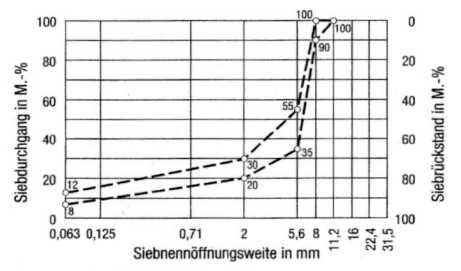

Bild A 5.24b Splittmastixasphalt 0/8 für
Schwerverkehr SMA 8 S

Anhang 5

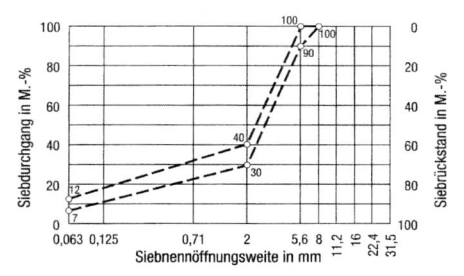

Bild A 5.24c Splittmastixasphalt 0/5 für Schwerverkehr SMA 5 S

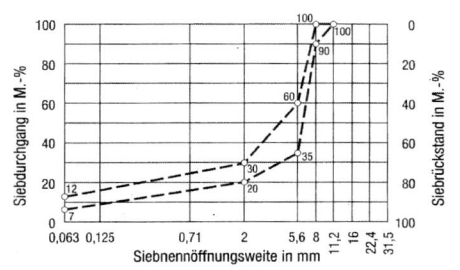

Bild A 5.24d Splittmastixasphalt 0/8 für Normalverkehr SMA 8 N

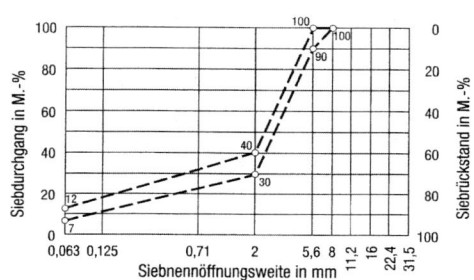

Bild A 5.24e Splittmastixasphalt 0/5 für Normalverkehr SMA 5 N

Gussasphalt

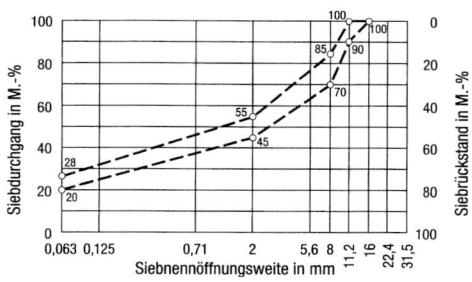

Bild A 5.25a Gussasphalt 0/11 für Schwerverkehr MA 11 S

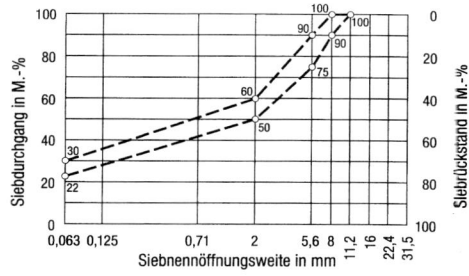

Bild A 5.25b Gussasphalt 0/8 für Schwerverkehr MA 8 S

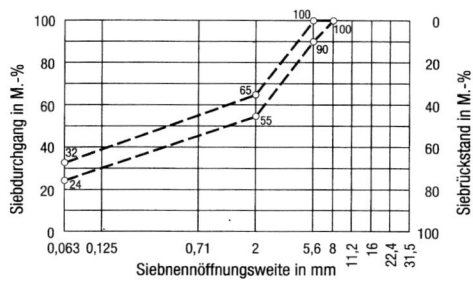

Bild A 5.25c Gussasphalt 0/5 für Schwerverkehr MA 5 S

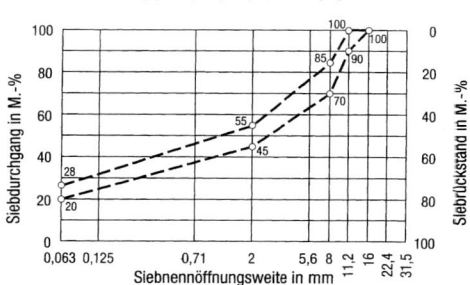

Bild A 5.25d Gussasphalt 0/11 für Normalverkehr MA 11 N

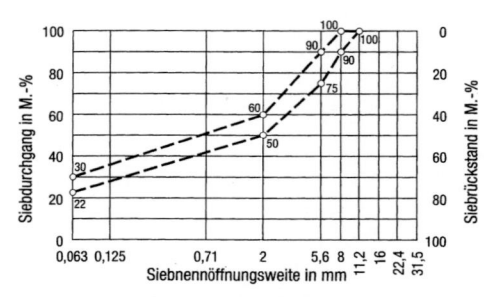

Bild A 5.25e Gussasphalt 0/8 für Normalverkehr MA 8 N

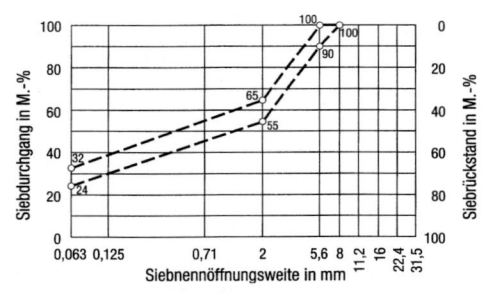

Bild A 5.25f Gussasphalt 0/5 für Normalverkehr MA 5 N

Offenporiger Asphalt

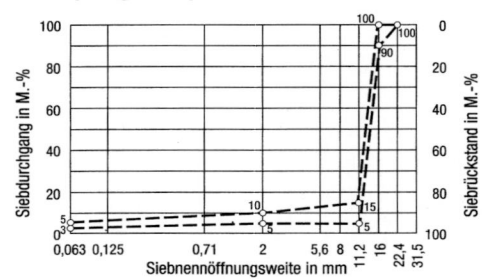

Bild A 5.26a Offenporiger Asphalt 0/16

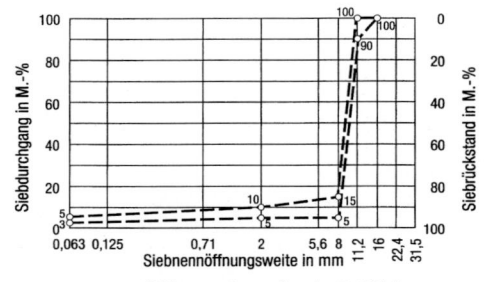

Bild A 5.26b Offenporiger Asphalt 0/11

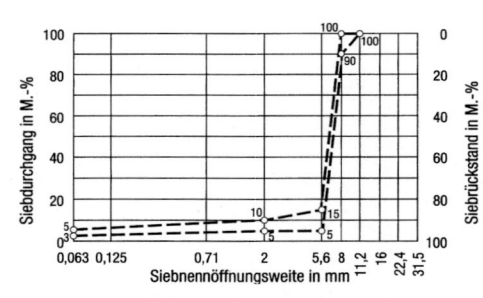

Bild A 5.26c Offenporiger Asphalt 0/8

Kennzeichnung der Asphaltmischungen nach DIN E 13108

AC	Asphaltbeton	(Asphalt Concrete)
SMA	Splittmastixasphalt	(Stone Mastic Asphalt)
MA	Gussasphalt	(Mastic Asphalt)
PA	Offenporiger Asphalt	(Porous Asphalt)

Nationale Ergänzung: Untergliederung der Asphaltmischgutarten

T	Tragschicht		S	schwere Beanspruchung
B	Binderschicht		N	normale Beanspruchung
D	Deckschicht		L	leichte Beanspruchung
TD	Tragdeckschicht			

Anhang 5

5.4 Sieblinien für den Bau von Betonfahrbahnen

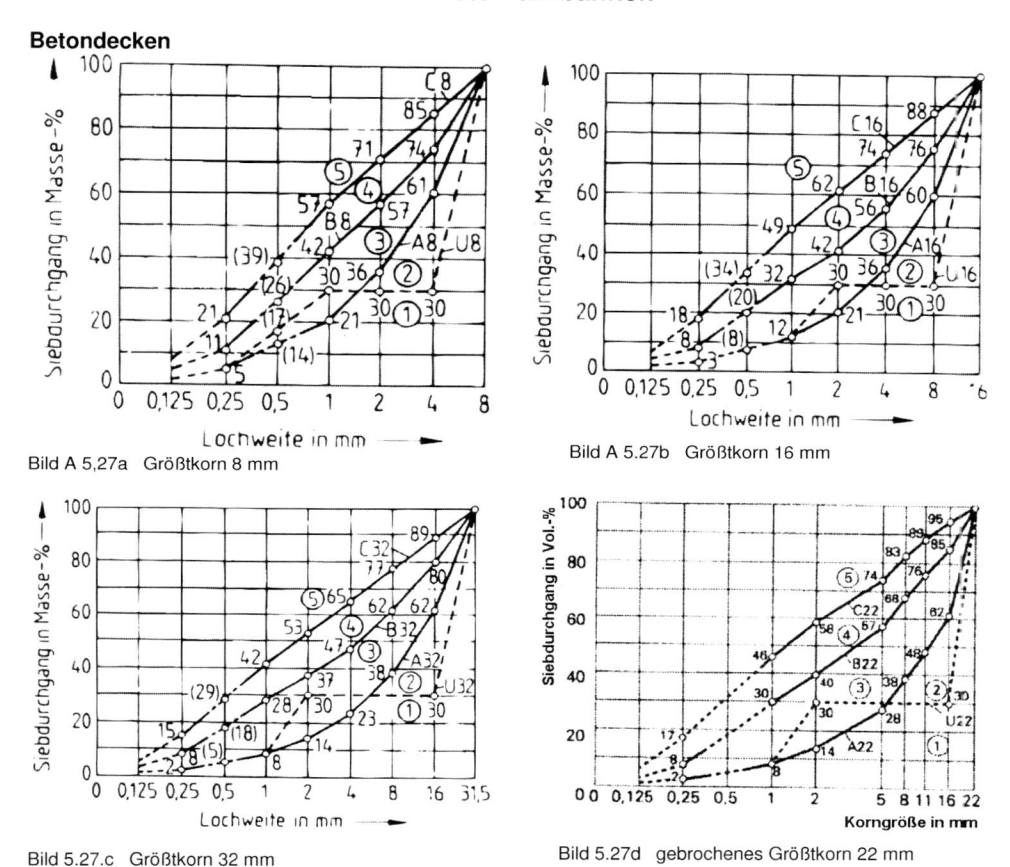

Betondecken

Bild A 5.27a Größtkorn 8 mm

Bild A 5.27b Größtkorn 16 mm

Bild 5.27.c Größtkorn 32 mm

Bild 5.27d gebrochenes Größtkorn 22 mm

5.5 Sieblinie für den Bau von Betondecken oder Betonspuren

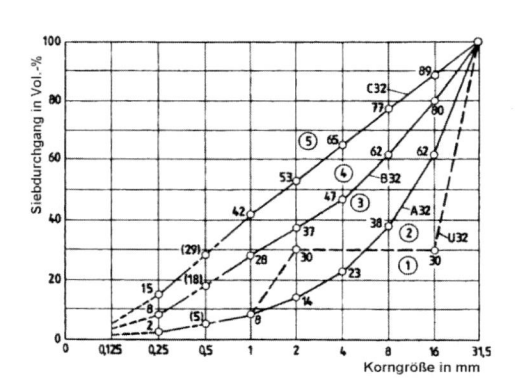

Erläuterung zu den Flächenbereichen:

Bereich 1 ungünstig, weil zu schwer verarbeitbar
Bereich 2 nur für Ausfallkörnungen
Bereich 3 günstig
Bereich 4 brauchbar, aber erhöhter Wasser- und Zementbedarf
Bereich 5 ungünstig, da zu hoher Wasser- und Zementbedarf

Bild A 5.28 Betondecken oder Betonspuren im landwirtschaftlichen Wegebau

Bildverzeichnis

Seite

4.1	Gleitwiderstand	10
4.2	Rollwiderstand	10
4.3	Gefällekraft	11
4.4	Kraftschlusszusammenhang bei verschiedenen Geschwindigkeiten	12
4.5	Fahrdynamische Kräfte in tangentialer Richtung	12
4.6	Fahrdynamische Kräfte in radialer Richtung	13
4.7	Krümmungsbild für den Übergang Gerade an Kreis ohne Übergangsbogen	19
4.8	Krümmungsbild für den Übergang Gerade – Klothoide – Kreis	19
4.9	Kreisbogenelemente	23
4.10	Berechnung eines Bogenpunktes	24
4.11	Tangentenschnittpunkt – Bestimmung	24
4.12	Krümmungsbild eines Linienzuges von Geraden und Kreisbögen, die tangential aneinander stoßen	25
4.13	Kennstellen der Klothoide	26
4.14	Konstruktionselemente der Klothoide	27
4.15	Krümmungsbild der Elementenfolge Gerade – Klothoide – Kreis	27
4.16	Konstruktion des einfachen Übergangsbogens	28
4.17	Konstruktion des Gesamtbogens	29
4.18	Scheitelbogen	29
4.19	Krümmungsbilder des Gesamtbogens und des Scheitelbogens	29
4.20	Konstruktion und Krümmungsbild der Wendelinie	30
4.21	Linienzug und Krümmungsbild der Eilinie	31
4.22	Konstruktionselemente der Eilinie, der Kreis mit r_2 liegt innerhalb des Kreises mit r_1	31
4.23	Mögliche Kurvenkombinationen	32
4.24	Schnittpunkt zweier Geraden	33
4.25	Schnittpunkte Gerade und Kreis	34
4.26	Ausrundung der Gradiente	37
4.27	Kombinationen der verschiedenen Neigungswinkel	37
4.28	Darstellung ausgewählter Punkte in Kuppen und Wannen	38
4.29	Konstruktion der Fahrbahnverbreiterung in der Kurve	40
4.30	Fahrbahnverbreiterung im Bereich der Wendelinie	41
4.31	Fahrbahnaufweitung	42
4.32	Schrägneigung p der Fahrbahn	43
4.33	Entwicklung der Zunahmefaktoren der Fahrleistungen im Kfz- und Schwerverkehr	45
4.34	Diagramm zur Ermittlung der äquivalenten Steigung $s_{ÄQ,i}$ zur Berücksichtigung kurzer Steigungsstrecken	48
4.35	Mittlere Pkw-Reisegeschwindigkeit, abhängig von der Verkehrsstärke, auf dreistreifigen Richtungsfahrbahnen außerhalb von Ballungsräumen, ohne Geschwindigkeitsbeschränkung	53
4.36	Mittlere Pkw-Reisegeschwindigkeit, abhängig von der Verkehrsstärke, auf dreistreifigen Richtungsfahrbahnen innerhalb von Ballungsräumen, ohne Geschwindigkeitsbeschränkung	53
4.37	Mittlere Pkw-Reisegeschwindigkeit, abhängig von der Verkehrsstärke, auf zweistreifigen Richtungsfahrbahnen außerhalb von Ballungsräumen, ohne Geschwindigkeitsbeschränkung	54
4.38	Mittlere Pkw-Reisegeschwindigkeit, abhängig von der Verkehrsstärke, auf zweistreifigen Richtungsfahrbahnen innerhalb von Ballungsräumen, ohne Geschwindigkeitsbeschränkung	54
4.39	Mittlere Pkw-Reisegeschwindigkeit, abhängig von der Verkehrsstärke, auf Autobahnen außerhalb von Ballungsräumen mit Geschwindigkeitsbeschränkung oder in Autobahnarbeitsstellen mit Steigungen $s \geq 2{,}0\ \%$	55
4.40	Mittlere Pkw-Reisegeschwindigkeit, abhängig von der Verkehrsstärke, auf Autobahnen außerhalb von Ballungsräumen mit Geschwindigkeitsbeschränkung oder in Autobahnarbeitsstellen mit Steigungen $s \leq 2{,}0\ \%$	55

		Seite
4.41	Geschwindigkeitsprofile für das Bemessungs-Schwerfahrzeug bei verschiedenen Längsneigungen	56
4.42	Mittlere Pkw-Reisegeschwindigkeit, abhängig von der Verkehrsstärke k, Kurvigkeit KU und Steigungsklasse 1 für die Qualitätsstufen A bis F	59
4.43	Mittlere Pkw-Reisegeschwindigkeit, abhängig von der Verkehrsstärke k, Kurvigkeit KU und Steigungsklasse 2 für die Qualitätsstufen A bis F	59
4.44	Mittlere Pkw-Reisegeschwindigkeit, abhängig von der Verkehrsstärke k, Kurvigkeit KU und Steigungsklasse 3 für die Qualitätsstufen A bis F	60
4.45	Mittlere Pkw-Reisegeschwindigkeit, abhängig von der Verkehrsstärke k, Kurvigkeit KU und Steigungsklasse 4 für die Qualitätsstufen A bis F	60
4.46	Mittlere Pkw-Reisegeschwindigkeit, abhängig von der Verkehrsstärke k, Kurvigkeit KU und Steigungsklasse 5 für die Qualitätsstufen A bis F	61
4.47	Mittlere Pkw-Reisegeschwindigkeit, abhängig von der Verkehrsstärke im Tunnel	61
4.48	Grundkapazität der Kreiszufahrten	65
4.49	Mögliche maximale Verkehrsstärken max q_Z in der Kreiszufahrt, abhängig von der Verkehrsstärke q_K in der Kreisfahrbahn	65
5.1	Planungsablauf von der Voruntersuchung bis zur Baudurchführung	67
5.2	Arbeitsablauf von der Planung bis zur Linienbestimmung	69
5.3	Arbeitsablauf des Bauvorentwurfs	71
5.4	Arbeitsablauf des Bauentwurfs	72
5.5	Die Umweltverträglichkeitsstudie innerhalb der Straßenplanung – Abfolge und Zuordnung wichtiger Untersuchungen	74
6.1	Ziele und Zielkonflikte bei Straßenplanungen	75
7.1	Ausbildung der Regelböschung	89
7.2	Einheitliche Bezeichnungen des Straßenaufbaus bei Verwendung bitumenhaltiger Bindemittel	91
7.3	Einheitliche Bezeichnungen des Straßenaufbaus bei Verwendung hydraulischer Bindemittel	91
7.4	Randausbildung der bitumenhaltigen Schichten	92
7.5	Damm- oder Einschnittsquerschnitt außerhalb geschlossener Ortslage und Ortslagen mit wasserdurchlässigen Randbereichen	93
7.6	Querschnitt in geschlossener Ortslage mit teilweise wasserundurchlässigen Randbereichen und Entwässerungseinrichtungen	93
7.7	Querschnitt in geschlossener Ortslage mit wasserundurchlässigen Randbereichen, geschlossener seitlicher Bebauung und Entwässerungseinrichtungen	94
7.8	Frosteinwirkungszonen^	102
7.9	Beispiele für die Anordnung gemeinsamer Rad- und Gehwege außerhalb bebauter Gebiete	117
7.10	Muster eines Regelquerschnitts im nicht angebauten Bereich	120
7.11	Details eines Regelquerschnitts im nicht angebauten Bereich	121
7.12	Muster eines Regelquerschnitts im angebauten Bereich	122
7.13	Details eines Regelquerschnitts im angebauten Bereich	123
7.14	Lichtraumbegrenzung zwischen Straße und Straßenbahn ohne seitliche Einbauten	124
7.15	Lichtraumabmessungen bei Gleisen in der Fahrbahn	125
7.16	Lichtraumabmessungen bei Gleisen auf besonderem Gleiskörper innerhalb und außerhalb des Verkehrsraumes einer öffentlichen Straße nach BO-Strab, 1988	125
7.17	Bahnkörper – Regelbreiten für Straßen im angebauten Bereich	126
7.18	Ausbildung der Querschnitte im Bauwerksbereich	127
7.19	Querschnittselemente ländlicher Wege	128
7.20	Querneigung bei Grünwegen oder Wegebefestigung ohne Bindemittel	129
7.21	Beispiel eines Asphaltspurweges	129
7.22	Querschnitte ländlicher Wege	129
7.23	Querschnittsausbildung ländlicher Wege im Bauwerksbereich	130

Bildverzeichnis

Seite

7.24	Beispiele für Einmündungen ländlicher Wege	131
7.25	Grundmaße der Verkehrsräume und lichten Räume landwirtschaftlicher Geräte	132
7.26	Konstruktion von Leitlinie, Freihandlinie und Elementenfolge	137
7.27	Fluchtbogen	141
7.28	Erforderliche Haltesichtweite S_{erf}	143
7.29	Lage von Aug- und Zielpunkt für Haltesichtweite und Überholsichtweite bei einbahnigern Straßen	144
7.30	Lage von Auf- und Zielpunkt für die Haltesichtweite auf Richtungsfahrbahnen	144
7.31	Geometrisches Modell zur Ermittlung der Sichtweiten auf Richtungsfahrbahnen in Linkskurven	145
7.32	Erforderliche Haltesichtweite und Abstände a zwischen linkem Rand der Richtungsfahrbahn und Sichthindernissen im Mittelstreifen	146
7.33	Modell der Überholsichtweite	147
7.34	Querneigung in der Geraden	148
7.35	Querneigungen in Abhängigkeit von Entwurfsklasse und Kurvenradien	148
7.36	Drehachsenlage in Verwindungsstrecken	149
7.37	Krümmungs- und Rampenband in Verwindungsstrecken bei gleichgerichteter Querneigung	150
7.38	Isometrische Darstellung der Wendelinie mit kleinem Parameter A	150
7.39	Isometrische Darstellung des einfachen Übergangsbogens	150
7.40	Darstellung einer kurzen Verwindungsstrecke (Wendelinie)	151
7.41	Isometrische Darstellung der Schrägverwindung	152
7.42	Grundformen der Fahrbahnverwindung	154
7.43	Wirkung von Raumelementen bei Überlagerung der Entwurfselemente	156
7.44	Raumwirkung einer Geraden	157
7.45	Optische Knicke in der Linienführung	157
7.46	Flattern der Fahrbahn	157
7.47	Aufwölbung der Fahrbahn	157
7.48	Tauchen der Fahrbahn	157
7.49	Beispiele für Tauchen und Springen der Fahrbahn	158
7.50	Springen der Fahrbahn mit Versatz	158
7.51	Schlängeln der Fahrbahn	158
7.52	Erwünschte Lage der Wendepunkte in Grundriss und Längsschnitt	158
7.53	Brettwirkung durch gerade Konstruktion der Brücke	159
7.54	Lageplankonforme Einbindung der Brücke in die Linienführung	159
7.55	Darstellung der Linienführung mit optischer Übereinstimmung von Lageplan und Höhenplan	160
7.56	Betonen des Kuppenbereichs durch Bepflanzung	161
7.57	Bepflanzungsbeispiele im Querschnitt	162
7.58	Bepflanzungsflächen am Knotenpunkt	163
7.59	Grundmaße für den lichten Raum	169
7.60	Ausbildung der Regelböschung	171
7.61	Regelquerschnitte für Autobahnen der Entwurfsklasse EKA 1	172
7.62	Regelquerschnitte für Autobahnen der Entwurfsklasse EKA 2	172
7.63	Regelquerschnitte für Autobahnen der Entwurfsklasse EKA 3	173
7.64	Regelquerschnitte für Autobahnbrücken der Entwurfsklasse EKA 1	174
7.65	Regelquerschnitt für Autobahnbrücken der Entwurfsklasse EKA 2	174
7.66	Regelquerschnitte für Autobahnbrücken der Entwurfsklasse EKA 3	175
7.67	Ausbildung der Regelquerschnitte der Autobahnen in Tunneln	176
7.68	Formen der Übergangsbögen mit Klothoiden	179
7.69	Krümmungsbild eines Linienzuges aus Geraden und tangential anschließenden Kreisbögen	179
7.70	Abstimmung der Bogenfolge nach der Relationstrassierung	180
7.71	Modell der Haltesichtweite auf Kuppen	182
7.72	Lösungsmöglichkeiten bei geringen Knotenpunktsabständen	184

		Seite
7.73	Übersicht über die Systeme der Autobahnkreuz	185
7.74	Prinzipskizze einer Kleeblatt – Grundform	186
7.75	Übersicht über die Systeme der Autobahndreiecke	187
7.76	Systemskizze der linksliegenden Trompete	188
7.77	Systemskizze der Birnenlösung	188
7.78	Übersicht über die Systeme teilplanfreier Knotenpunkte	189
7.79	Prinzipskizze für ein diagonales halbes Kleeblatt	190
7.80	Prinzipskizze für ein symmetrisches Kleeblatt	190
7.81	Einteilung der Rampengruppen und Rampentypen	191
7.82	Einsatzbereiche der Rampenquerschnitte	192
8.83	Querneigungen in Rampen	194
7.84	Fahrbahnverbreiterung in engen Bögen	194
7.85	Ausfahrtyp A 1, Verkehrsstärke $\leq$ 1350 Kfz/h	195
7.86	Ausfahrtyp A 2, Verkehrsstärke $\leq$ 1350 Kfz/h	195
7.87	Ausfahrtyp A 3, Verkehrsstärke > 2300 Kfz/h	196
7.88	Ausfahrtyp A 4, Verkehrsstärke > 1350 Kfz/h204	196
7.89	Ausfahrtyp A 5, Verkehrsstärke > 1350 Kfz/h	196
7.90	Ausfahrtyp A 6, Verkehrsstärke $\leq$ 1350 Kfz/h	197
7.91	Ausfahrtyp A 7, Verkehrsstärke $\geq$ 1350 Kfz/h	197
7.92	Ausfahrtyp A 8, Verkehrsstärken von Hauptfahrbahn und Abbiegestrom etwa gleichgroß	197
7.93	Ausfahrtyp AR 1	198
7.94	Ausfahrtyp AR 2	198
7.95	Ausfahrtyp AR 3	198
7.96	Ausfahrtyp AR 4	198
7.97	Ausfahrtyp AR 1*	199
7.98	Einfahrtyp E 1	200
7.99	Einfahrtyp E 2	200
7.100	Einfahrtyp E 3	200
7.101	Einfahrtyp E 4	201
7.102.	Einfahrtyp E 5	201
7.103.	Einfahrtyp EE 1	201
7.104	Einfahrtyp EE 2	202
7.105	Einfahrtyp EE 3	202
7.106	Einfahrtyp E 1*	202
7.107	Einfahrtyp E 3*	203
7.108	Einfahrtyp E 4*	203
7.109	Einfahrtyp ER 1	203
7.110	Einfahrtyp ER 2	203
7.111	Einfahrtyp ER 3	204
7.112	Einfahrtyp ER 4	204
7.113	Sichtdreieck für Rampenanschlüsse	204
7.114	Einsatzgrenzen der Verflechtungsbereiche	205
7.115	Verflechtungsstrecke mit einem Fahrstreifen zur Verflechtung mit d. Hauptfahrbahn	206
7.116	Verflechtungsstrecke mit zwei Fahrstreifen zur Verflechtung mit der Hauptfahrbahn	206
7.117	Verflechtungsstrecke von einstreifigen Rampenfahrbahnen	206
7.118	Sonderfall einer Verflechtungsstrecke im Rampenbereich	206
7.119	Ausbildung von Zusatzfahrstreifen	208
7.120	Beispiel einer Mittelstreifenüberfahrt	209
7.121	Bauablauf bei voller einseitiger Verbreiterung	211
7.122	Bauablauf bei knapper einseitiger Verbreiterung	212
7.123	Bauablauf bei symmetrischer Verbreiterung	213

Bildverzeichnis 557

Seite

7.124	Lichtraummaße des Querschnitts von Landstraßen	218
7.125	Ausbildung der Regelböschung	219
7.126	Regelquerschnitt RQ 15,5	220
7.127	Regelquerschnitt RQ 21	221
7.128	Regelquerschnitt RQ 11,5+	221
7.129	Regelquerschnitt RQ 11	222
7.130	Regelquerschnitt RQ 9	222
7.131	Regelquerschnitt RQ 15,5B	223
7.132	Regelquerschnitt RQ 21B	223
7.133	Regelquerschnitt RQ 11,5B	223
7.134	Regelquerschnitt RQ 11B	224
7.135	Regelquerschnitt RQ 9B	224
7.136	Regelquerschnitt RQ 11T	224
7.137	Regelquerschnitt RQ 21T	225
7.138	zulässige Radien im Anschluss an eine Gerade	225
7.139	Beispiel für die Folge von Standardraumelementen	228
7.140	Definition des Sichtschattenbereiches	228
7.141	Erforderliche Haltesichtweiten s_h auf Landstraßen	229
7.142	Querneigung im Kreisbogen für Landstraßen	230
7.143	Anordnung der Drehachsen in Verwindungsstrecken	231
7.144	Grundformen der Fahrbahnverwindung	232
7.145	Lösungsmöglichkeiten für den Anschluss untergeordneter Knotenpunktszufahrten an die Fahrbahn der übergeordneten Straße	237
7.146	Beispiel einer Kleeblattlösung	239
7.147	Beispiel einer linksliegenden Trompete	239
7.148	Beispiel für ein halbes Kleeblatt	240
7.149	Zweckmäßige Rampenanordnung bei dominierendem Eckstrom	240
7.150	Beispiel für eine teilplangleiche Lösung (EKL 2 mit EKL 3)	240
7.151	Plangleiche Einmündung mit LSA bei einer Straße der EKL 2 mit EKL 3	241
7.152	Plangleiche Einmündung mit LSA bei einer Straße der EKL 3 mit EKL 3	241
7.153	Plangleiche Kreuzung mit Lichtsignalanlage bei einer Straße der EKL 3 mit EKL 3	242
7.154	Plangleiche Einmündung ohne LSA bei einer Straße der EKL 3 mit EKL 3	243
7.155	Plangleiche Kreuzung ohne Lichtsignalanlage einer Straße der EKL 3 mit EKL 4	244
7.156	Konstruktion des Ausfädelungsstreifens	245
7.157	Konstruktion des Einfädelungsstreifens	246
7.158	Rampenquerschnitte bei Knotenpunkten der Landstraßen	248
7.159	Linksabbieger LA1	249
7.160	Linksabbieger LA2	249
7,161	Konstruktion des Rechtsabbiegestreifens des RA2	250
7.162	Konstruktion einer Einmündung mit Rechtsabbiegekeil und Linksabbiegestreifen	252
7.163	Konstruktion des großen und kleinen Tropfens	252
7.164	Konstruktionsgang des kleinen Tropfens	253
7.165	Konstruktionsgang des großen Tropfens	254
7.166	Abstand Achse zur Parallelen	254
7.167	Einbiegeradius aus untergeordneter Knotenpunktszufahrt bei Einmündungen	254
7.168	Überprüfung des rechtzeitigen Erkennens des Fahrbahnteilers	255
7.169	Konstruktionsgang der Dreiecksinsel ohne Vorgabe der Kantenlänge	256
7.170	Konstruktionsgang der Dreiecksinsel mit Vorgabe der Kantenlänge	257
7.171	Konstruktionselemente für die Eckausrundung der Rechtsab- und Rechtseinbieger im Verhältnis 2:1:3	258
7.172	Fahrbahnteiler der Kreisaus- und Kreiseinfahrt	259
7.173	Bypass zum Kreisverkehr	260

		Seite
7.174	Städtebauliche Bemessung	265
7.175	Lichtraumbegrenzung	266
7.176	Verkehrs- und Lichträume von Straßenbahnen	267
7.177	Verbreiterung des Verkehrsraumes in Bögen	267
7.178	Lichtraummaße für Linienbusse	268
7.179	Lichtraummaße für Linienbusse bei eingeschränkten Bewegungsspielräumen	268
7.180	Grundmaße der Parkstände für Rollstuhlfahrer	268
7.181	Beispiele für Verkehrs- und lichte Räume bei verschiedenen Fahrzeugtypen	269
7.182	Grundmaße für Fußgängerverkehr	270
7.183	Beispiel für die Aufteilung einer Straße mit Schutzstreifen für Radfahrer	271
7.184	Beispiele für Radfahrstreifen zwischen Verkehrsräumen	272
7.185	Parken am Fahrbahnrand	272
7.186	Begrenzungsstreifen für Sehbehinderte	272
7.187	Verkehrsräume für Radfahrer	272
7.188	Beispiel für den Übergang vom Radweg zum Radfahrstreifen	273
7.189	Lage der Ver- und Entsorgungsleitungen nach DIN 1998	274
7.190	Pflanzgrube bei teilweiser oder ganzer Überbauung	275
7.191	Querschnitte von Wohnwegen	277
7.192	Empfohlene Querschnitte nach RASt	278
7.193	Querschnitte für Sammelstraßen	279
7.194	Querschnitte von Quartierstraßen	280
7.195	Querschnitte dörflicher Hauptstraßen, Verkehrsbelastung 400 Kfz/h bis 1000 Kfz/h	281
7.196	Querschnitte örtlicher Einfahrtstraßen	282
7.197	Querschnitte örtlicher Geschäftsstraßen	283
7.198	Querschnitte von Hauptgeschäftsstraßen	284
7.199	Querschnitte von Gewerbestraßen	286
7.200	Querschnitte von Industriestraßen	287
7.201	Querschnitte von Verbindungsstraßen	289
7.202	Anbaufreie Straßen	290
7.203	Definition der Elemente des Kreisverkehrs	294
7.204	Minikreisel	295
7.205	Beispiel für Kleinen Kreisverkehr	295
7.206	Beispiel für Großen Kreisverkehr	296
7.207	Orientierungswerte für die Kapazität der Kreisverkehre	296
7.208	Kreisverkehr bei mehr als vier Zufahrten	296
7.209	Beispiel für den Entwurf eines Bypasses	299
7.210	Beispiel für Radverkehrsführung im Knotenpunktsarm mit Radfahrstreifen innerorts	301
7.211	Beispiel für Radverkehrsführung im Knotenpunktsarm mit straßebegleitendem Radweg innerorts	301
7.212	Beispiel für Radverkehrsführung im Knotenpunktsarm mit straßebegleitenden Radwegen innerorts	301
7.213	Varianten für die Einführung der Bussonderspur in den Fahrstreifen für den Kraftfahrzeugverkehr	302
7.214	Beispiel des Querschnitts einer Straße mit zweistreifigen Richtungsfahrbahnen	304
7.215	Abmessungen eines Wendehammers für Pkw	304
7.216	Abmessungen eines Wendehammers für Kfz bis 9,00 m Länge	304
7.217	Einseitiger Wendehammer für Fahrzeuge ≤ 10,00 m (3-achsiges Müllfahrzeug)	304
7.218	Zweiseitiger Wendehammer für Fahrzeuge ≤ 10,00 m (3-achsiges Müllfahrzeug)	304
7.219	Wendekreisabmessungen für ein 2-achsiges Müllfahrzeug	305
7.220	Wendekreisabmessungen für ein 3-achsiges Müllfahrzeug	305
7.221	Abmessungen einer Wendeschleife für Lastzüge	305
7.222	Abmessungen einer Wendeschleife für Gelenkbusse	306

Bildverzeichnis 559

Se te

7.223	Beispiele für Hochborde	307
7.224	Bordsteinausbildung bei Zufahrten	307
7.225	Muldenrinne aus Großpflaster	307
7.226	weitere Rinnenformen	307
7.227	Querneigung der Fahrbahn anbaufreier Hauptverkehrsstraßen	309
7.228	Geometrie der Kurvenfahrt	310
7.229	Systemskizze der Fahrbahnaufweitung	311
7.230	Grundformen für Linksabbiegestreifen an Hauptverkehrsstraßen	313
7.231	Konstruktionselemente für die Eckausrundung der Rechtsab- und Rechtseinbieger im Verhältnis $r_1:r_2:r_3 = 2:1:3$	315
7.232	Konstruktion der Einmündung	317
7.233	Fahrtmöglichkeiten beim Ein- und Abbiegen	317
7.234	Teilaufpflasterung einer einmündenden untergeordneten Straße	318
7.235	Bordabsenkung bei Grundstückszufahrten und Radweg- oder Gehwegüberfahrten	319
7.236	Fahrbahnteiler im übergeordneten Knotenpunktsarm	319
7.237	Fahrbahnteiler bei einem lichtsignalgeregelten Knotenpunkt	319
7.238	Fahrbahnteiler innerhalb bebauter Gebiete	320
7.239	Fahrbahnteiler außerhalb bebauter Gebiete	320
7.240	Prinzip der Eckausrundung mit einfachem Kreisbogen	321
7.241	Konstruktion der Eckausrundungen für Rechtsabbiegeverkehr	322
7.242	Anordnung von Wendefahrbahnen	323
7.243	Anfahrsichtfelder für Kraftfahrzeuge und Radfahrer auf der übergeordneten Straße	325
7.244	Sichtfelder an Überquerungsstellen für Fußgänger und Radfahrer	325
7.245	Sichtfeld für die Annäherung an den Knotenpunkt	325
7.246	Notwendiges Sichtfeld bei gekrümmter Zufahrt	326
7.247	Abmessungen für Straßen mit Radfahrschutzstreifen	328
7.248	Abmessungen der Radfahrstreifen	328
7.249	Maße für Begrenzungs- und Sicherheitstrennstreifen	329
7.250	Fußgängerfurt	330
7.251	Kombinierte Fußgänger- Radwegfurt	330
7.252	Mögliche Konstruktion von Überquerungsstellen	331
7.253	Mittelinsel in überbreiter Fahrbahn	331
7.254	Vorgezogener Seitenraum	332
7.255	Grundmaße für Pkw-Parkstände	337
7.256	Ausbildung des Überhangstreifens	337
7.257	Maße für Parkstände für Rollstuhlfahrer	337
7.258	Parkbox (Einzelgarage)	337
7.259	Geometrische Zusammenhänge der Parkstandstiefe	337
7.260	Parkbuchten mit Schrägaufstellung	338
7.261	Parkbuchten mit Längsaufstellung	338
7.262	Parkbuchten mit Senkrechtaufstellung	338
7.263	Maßbezeichnung des Bemessungsfahrzeugs	339
7.264	Parkstände in Blockaufstellung	340
7.265	Anordnung von Parkständen seitlich und in der Mittelinsel	340
7.266	Regelaufteilung von Parkplätzen	341
7.267	Parkstandsabmessungen für Nutzfahrzeuge	342
7.268	Maße für Fahrradabstellung	342
7.269	Abmessungen für abgestellte Motorräder	342
7.270	Abstellanlagen für Fahrräder	343
7.271	Ausrundung der Neigungswechsel von Rampen in Parkbauten	345
7.272	Mindestabmessungen für im Bogen geführte Rampen	345
7.273	Beilspiel einer Halbrampe im Einrichtungsverkehr	345

Bildverzeichnis

Seite

7.274	Halbrampe im Zweirichtungsverkehr als Linksverkehr	346
7.275	Systemskizze der Rampenformen	346
7.276	Haltestellenkap für Straßenbahn in Seitenlage	349
7.277	Haltestellenkap für Gelenkbusse	349
7.278	Bushaltestelle am Fahrbahnrand	350
7.279	Einfacher und doppelter Versatz auf Strecken zwischen Knotenpunkten	351
7.280	Einfacher und doppelter Versatz in Knotenpunkten	353
7.281	Abmessungen fahrdynamisch wirksamer Versätze	353
7.282	Beispiele für Einengungen	353
7.283	Abmessungen und Anordnung von Teilaufpflasterung	354
7.284	Konstruktion der Kreissegmentschwelle und des „Delfter Hügels"	354
7.285	Beispiel für Stichstraßen- und Diagonalsperren	355
7.286	Beispiel für Lkw-Schleusen	355
7.287	Bordabsenkung im Knotenpunkt	357
7.288	Bordabsenkung bei Gehwegüberfahrten	357
7.289	Sicherung der Leitungen im Wurzelraum	358
7.290	Anordnung der Leitungen im Straßenbereich	359
7.291	Typische Netzformen größerer Wohngebiete	362
7.292	Modifizierte Netzformen	363
7.293	Beispiele für Netzelemente	364
8.1	Konstruktionshöhen ein- und mehrfeldriger Stahlbeton- und Spannbetonüberbauten (Brückenklasse 60)	366
8.2	Tragwerksquerschnitte für Stahl- und Spannbetonbrücken	368
8.3	Beispiele für Balkenbrücken	369
8.4	Beispiele für Rahmenbrücken	370
8.5	Beispiel einer Bogenbrücke	371
8.6	Beispiele für Stützenausbildung bei Balkenbrücken	371
8.7	Ausführungsbeispiele für Durchlässe	372
8.8	Systemskizzen von Armco-Thyssen-Durchlässen	372
8.9	Beispiel für einen betonummantelten Durchlass	373
8.10	Ausbildung von Stützmauern	373
8.11	Bezeichnungen für den Tunnelausbruch	375
8.12	Beispiel eines Straßentunnels im Gebirge	376
8.13	Beispiel eines Straßentunnels in offener Bauweise	376
8.14	Beispiel eines Fußgängertunnels in Rahmenkonstruktion	377
8.15	Ausstattungsbeispiel eines Tunnels mit Kreisquerschnitt	378
9.1	Schrägneigung der Fahrbahn	380
9.2	Zeitbeiwert nach *Reinhold*	380
9.3	Abfluss in offenen Gerinnen	383
9.4	Befestigungsformen der Sohle des Straßengrabens	384
9.5	Nomogramm für die *Manning-Strickler*-Formel	385
9.6	Füllungskurven für Kreisquerschnitte	386
9.7	Bemessungselemente für Brücken und Durchlässe	387
9.8	Bemessungswerte für Durchlässe	388
9.9	Regelform der Straßenmulden	390
9.10	Regelform des Straßengrabens	390
9.11	Rinnenformen im angebauten Bereich	391
9.12	Sonderformen für Rinnen aus Fertigbeton	392
9.13	Regelform des rechteckigen Straßenablaufs	392

Bildverzeichnis

Seite

9.14	Regelformen der Aufsätze von Straßenabläufen	392
9.15	Regelausführung von Huckepack- und Teilsickerrohrleitungen	393
9.16	Regelformen für Schächte	394
9.17	Ausbildung von Sickersträngen	395
9.18	Sickergraben	395
9.19	Böschungssickerschicht	396
9.20	Tiefensickerschicht	396
9.21	Sickerstützscheibe	397
9.22	Ausführungsbeispiel für ein Regenrückhaltebecken	398
11.1	Ablauf der Linienfindung mit der Umweltverträglichkeitsstudie	405
11.2	Ermittlung der konfliktarmen Korridore	406
11.3	Aufbau der unterschiedlichen Faktoren mit „Folientechnik" innerhalb der Umweltverträglichkeitsstudie	407
11.4	Fahrstreifenachsen für die Berechnung des Mittelungspegels	409
11.5	Definition des langen geraden Fahrstreifens	410
11.6	Bestimmung der mittleren Höhe h_m	411
11.7	Mittelungspegel $L_{m,}^{(25)}; L_{m,N}^{(25)}$ in Abhängigkeit von der Verkehrsstärke M	412
11.8	Korrektur D_v für unterschiedliche Höchstgeschwindigkeiten v	412
11.9	Pegeländerung $D_{s,\perp}$ durch unterschiedliche Abstände $s_\perp$ zwischen Emissionsort und maßgebendem Immissionsort	413
11.10	Pegeländerung D_s durch unterschiedliche Abstände s zwischen Emissionsort und maßgebendem Immissionsort (Teilstückverfahren)	413
11.11	Pegeländerung D_{BM} in Abhängigkeit von der mittleren Höhe h_m für lange, gerade Fahrstreifen	414
11.12	Pegeländerung D_{BM} in Abhängigkeit von der mittleren Höhe h_m für das Telstückverfahren	414
11.13	Reflexion und Spiegelbild der Straße	416
11.14	Mehrfachreflexion zwischen Wänden	417
11.15	Schirmwert $z_\perp$ bei einer Beugekante	417
12.1	Ausführungsmöglichkeiten für Fußgängerfurten und –überwege	428
12.2	Skizze für die „Umklappregel"	431
12.3	Wegweisende Pfeile	431
12.4	Abmessungen der Leitpfosten	434
12.5	Doppelte Distanzleitplanke, Pfostenabstand 4,00 m	435
12.6	Einbaubeispiel für Schutzplanken bei Mittelstreifen < 4,00 m	435
12.7	Einfache Distanzschutzplanke auf Brücken mit vorhandenem Geh-/ Radweg	435
12.8	Profile von Schutzplanken	435
12.9	Beispiel einer mobilen Stahlgleitschwelle	436
12.10	Länge l_2 der Schutzplankenstrecke gegen Auffahren	436
12.11	Länge l_2 der Schutzplankenstrecke bei Verschwenken	437
12.12	Doppelseitige Betonschutzwand	438
12.13	Einseitige Betonschutzwand	438
12.14	Lichtpunktabstand in Kurven von Straßen mit größerer Verkehrsbedeutung	440
13.1	Schema der Bitumengewinnung	446
13.2	Ausbildung der Befestigung im Schienenbereich einer Fahrbahndecke aus Asphalt	459
13.3	Anordnung der Fugen im Querschnitt und die Dübelverteilung in der Querfuge in der Draufsicht	461

		Seite
13.4	Anschlussbereich mit verstärkter Betonplatte	462
13.5	Ausführungsbeispiel eines Endsporns	462
13.6	Geschnittene Querscheinfuge	462
13.7	Fugenausbildung der Scheinfuge (a) und der Raumfuge (b)	463
13.8	Beispiel für die Fugenanordnung in der Fahrbahn	463
13.9	Beispiel für hydraulisch gebundene Tragschichten im Gleisoberbau	466
13.10	Asphaltbefestigung auf Bodenverbesserung	471
13.11	Asphaltbefestigung auf hydraulisch gebundener Tragschicht	471
13.12	Betondecke auf Asphalttragschicht	471
13.13	Betondecke auf hydraulisch gebundener Tragschicht	471
13.14	Betondecke auf Schottertragschicht	471
14.1	Koordinatenunterschiede zweier Messpunkte	475
14.2	Beispiel für einen Polygonzug	477
14.3	Schematische Darstellung eines Liniennivellements	479
14.4	Schema der tachymetrischen Querprofilmessung	480
14.5	Schema der Höhenmessung mit dem Tachymeter	481
14.6	Nivellitische Querprofilmessung	481
14.7	Koordinatentransformation	483
14.8	Skizze zur Bestimmung der Transformationsparameter mit identischen Punkten	483
14.9	Standpunktsystem bei freier Standpunktwahl	484
14.10	Orthogonalabsteckung	488
14.11	Schnittpunktberechnung	492
14.12	Schnittpunkte zwischen ‚Gerade und Kreis	493
14.13	Flächenberechnung nach *Gauß*	494
14.14	Planimetermessung	494
14.15	Skizze zum Beispiel für die Mengenberechnung	495
14.16	Messfeld digitaler Punkte	497
14.17	Mengenberechnung mit Dreiecksprismen	498

Anhang

Datenverarbeitung

A 2.1	Konstruktionselemente für den Straßenentwurf mit EDV	528
	Parkplätze	
A 3.1	Beispiele für die Aufstellung auf Pkw-Parkplätzen	532

Sieblinien für den Bau von Schichten ohne Bindemittel

A 5.1 bis A 5.8	Frostschutzschichten	543
A 5.9 bis A 5.12	Kies- und Schottertragschichten ohne Bindemittel	544
A 5.13 bis A 5.16	Deckschichten ohne Bindemittel	544
A 5.17	Deckschicht ohne Bindemittel	545

Sieblinien für den Bau von hydraulisch gebundenen Schichten

A 5.18 bis A 5.20	Hydraulisch gebundene Tragschichten	545

Bildverzeichnis

Seite

Sieblinien für den Bau von Asphaltschichten

A 5.21	Tragschichten	546
A 5.22	Asphaltbinder	547
A 5.23	Asphaltdeckschicht	547
A 5.24	Splittmastixasphalt	548
A 5.25	Gussasphalt	549
A 5.26	Offenporiger Asphalt	550

Sieblinien für den Bau von Betonfahrbahnen
A 5.27 Betondecken   551

Sieblinien für den Bau von Betondecken oder Betonspuren
A 5.28 Betondecken oder Betonspuren im landwirtschaftlichen Wegebau   551

(Anmerkung: Soweit nicht im Text andere Angaben gemacht werden, sind die Bilder dem Regelwerk der Forschungsgesellschaft für Straßen- und Verkehrswesen e. V. (FGSV Verlag, Wesselinger Straße 17, 50999 Köln) entnommen. Allerdings wurden sie zum Teil nach DIN 1080 überarbeitet, Längenmaße in der Regel mit Kleinbuchstaben versehen und teilweise aus didaktischen Gründen verändert.)

Tabellenverzeichnis

		Seite
4.1	Gleitbeiwerte bei nasser ‚Fahrbahn	13
4.2	Tangentialer Kraftschlussbeiwert bei verschiedenen Geschwindigkeiten	14
4.3	Berechnungsformeln ausgewählter Elemente im Kuppen- und Wannenbereich	38
4.4	Größe des Deichselmaßes bei Regelfahrzeugen (RASt 06)	39
4.5	Berechnung der Fahrbahnverbreiterung in Kurven	39
4.6	Interpolation der Aufweitungswerte i_n	42
4.7	Umrechnungsfaktoren für Kfz in PkwE	44
4.8	Anteil der Verkehrsstärken q_B am DTV	44
4.9	Einteilung der Qualitätsstufen des Verkehrsablaufs	46
4.10	Grenzwerte des Qualitätsablaufs (QSV) von Autobahnen bei reinem Pkw-Verkehr auf ebener Strecke	47
4.11	Maximale Verkehrsstärken q_{max} auf dreistreifigen Richtungsfahrbahnen ohne Geschwindigkeitsbeschränkung	49
4.12	Maximale Verkehrsstärken q_{max} auf zweistreifigen Richtungsfahrbahnen ohne Geschwindigkeitsbeschränkung	50
4.13	Maximale Verkehrsstärken q_{max} auf Richtungsfahrbahnen mit Geschwindigkeitsbeschränkung für Steigungen s zwischen 0,0 % und 2,0 %	50
4.14	Zulässige Verkehrsstärke q auf dreistreifigen Richtungsfahrbahnen ohne Geschwindigkeitsbeschränkung	50
4.15	Zulässige Verkehrsstärke q auf zweistreifigen Richtungsfahrbahnen ohne Geschwindigkeitsbeschränkung	50
4.16	Zulässige Verkehrsstärken bei Geschwindigkeitsbeschränkungen	51
4.17	Bewertung B der Qualitätsstufen QSV für Teilabschnitte	55
4.18	Zuordnung der Steigungsklassen einbahniger Straßen	57
4.19	Zuschlag zur Kurvigkeit bei Überholverboten	57
4.20	Grenzwerte der Verkehrsdichte k für verschiedene Verkehrsstufen	57
4.21	Konstante a und Koeffizient b zur Ermittlung der niedrigsten zulässigen Streckengeschwindigkeit	64
6.1	Verbindungsfunktionsstufen	77
6.2	Zusammenhang zwischen Funktionsstufe und Kategoriengruppe	79
6.3	Zielgrößen für angestrebte mittlere Pkw-Fahrgeschwindigkeiten auf zwischengemeindlichen Verbindungen	79
6.4	Kategorien für den öffentlichen Personenverkehr und angestrebte Fahrgeschwindigkeiten	80
6.5	Kategorien der Verkehrswege für Radverkehr und angestrebte Fahrgeschwindigkeiten im Alltagsverkehr	80
6.6	Entwurfsklassen für Straßenkategorien AS	81
6.7	Entwurfsklassen für Straßenkategorien LS	82
6.8	Regelmaße des lichten Raumes bei Autobahnen	83
7.1	Zuordnung der Bauklasse zur bemessungsrelevanten Beanspruchung B in Mill. Achsübergänge/ Nutzungsdauer (nach RStO 2001)	94
7.2	Zuordnung der Bauklasse nach Straßentyp	95
7.3	Zuordnung der Bauklasse bei Busverkehrsflächen	95
7.4	Zuordnung der Bauklasse bei Parkflächen	95
7.5	Zuordnung von Verkehrsflächen bei Neben– und Rastanlagen	95
7.6	Lastkollektivquotient q_{Bm} und Achszahlfaktor f_A	96
7.7	Steigungsfaktor f_s	96
7.8	Fahrstreifenfaktor f_1	96
7.9	Fahrstreifenbreitefaktor f	96
7.10	Mittlere jährliche Zunahme p des Schwerverkehrs	96
7.11	Mittlere jährliche Zunahme p des Schwerverkehrs ohne Zunahme im ersten Jahr des Betrachtungszeitraumes zur Berechnung von f_Z	97

		Seite
7.12	Mittlere jährliche Zunahme p des Schwerverkehrs mit Zunahme im ersten Jahr des Betrachtungszeitraumes zur Berechnung von f_z	97
7.13	Einteilung der Böden nach Frostempfindlichkeitsklasse	99
7.14	Ausgangswerte für die Bestimmung der Mindestdicke d des frostsicheren Oberbaus	100
7.15	Mehr– oder Minderdicke des frostsicheren Aufbaus	101
7.16	Anhaltswerte für Tragschichten ohne Bindemittel in Abhängigkeit vom E_{v2}–Wert auf dem Planum	103
7.17	Standardbauweisen mit Asphaltdecke für Fahrbahnen auf F 2– und F 3 – Untergrund/ Unterbau nach RStO 01	106
7.18	Standardbauweisen mit Betondecke für Fahrbahnen auf F 2– und F 3 – Untergrund/ Unterbau nach RStO 01	108
7.19	Standardbauweisen mit Pflasterdecke für Fahrbahnen auf F 2– und F 3 – Untergrund Unterbau nach RStO 01	110
7.20	Standardbauweisen mit vollgebundenem Oberbau für Fahrbahnen auf F 2– und F 3 – Untergrund/ Unterbau nach RStO 01	112
7.21	Erneuerung in Asphaltbauweise im Hocheinbau	113
7.22	Erneuerung in Betonbauweise im Hocheinbau	114
7.23	Bauweisen für Rad– und Gehwege auf F 2– und F 3 – Untergrund/ Unterbau nach RStO 01	115
7.24	Einsatzgrenzen für Rad– und Gehwege	117
7.25	Standardbauweisen für Wegebefestigungen nach RLW 2005	118
7.26	Querneigungen für Hauptwirtschaftswege	128
7.27	Zuordnung der Richtgeschwindigkeit zur Entwurfsklasse	133
7.28	Abhängigkeit der Steigung von der Geländeform	135
7.29	Erforderliche Haltesichtweite S_h in m auf Autobahnen in Abhängigkeit von der Längsneigung s und Geschwindigkeit v	144
7,30	Reaktions– und Auswirkzeit	146
7.31	Erforderliche Überholsichtweiten $S_ü$ in Abhängigkeit von v	146
7.32	Grenzwerte der Anrampungsneigung	152
7.33	Aufgaben der Bepflanzung bei der Landschaftsgestaltung	163
7.34	Planungs– und Entwurfsstufen überörtlicher Straßen	166
7.35	Einsatzbereiche der Regelquerschnitte der Entwurfsklasse EKA 1	171
7.36	Einsatzbereiche der Regelquerschnitte der Entwurfsklasse EKA 3	173
7.37	Zuordnung der Tunnelquerschnitte zu den Regelquerschnitten der freien Strecke	175
7.38	Geschwindigkeiten zur Festlegung der Entwurfselemente	177
7.39	Mindestradien und Mindestbogenlängen der Kreisbögen für die Querneigung q=6,0 %	178
7.40	Mindestparameter A von Klothoiden für Autobahnen	178
7.41	Sinngemäß empfehlenswerter Einsatz der Relationstrassierung	180
7.42	Höchstlängsneigung s_{max} auf Autobahnen	181
7.43	Mindestlänge der Ausrundungstangenten	181
7.44	Mindesthalbmesser von Kuppen und Wannen	182
7.45	Mindestradien für die Querneigung zur Kurvenaußenseite	183
7.46	effektive Mindestabstände von Autobahnknotenpunkten	183
7.47	Grenzwerte der Entwurfselemente der Rampen an Autobahnen	193
7.48	Abmessungen der Ausfädelungsstreifen und der Verziehungslängen an Autobahnen	194
7.49	Einsatzgrenzen für Ausfahrttypen an Hauptfahrbahnen	195
7.50	Maße für Einfädelungs– und Verziehungslängen der Einfahrttypen	199
7.51	Zusammenstellung der Entwurfsmerkmale	207
7.52	Kriterien für die Wahl der Bauweise zum sechsstreifigen Ausbau	210
7.53	Elemente der Straßenkategorien und Entwurfskassen	217
7.54	Radien und Mindestlängen von Kreisbögen	226
7.55	maximale Längsneigung	226
7.56	Empfohlene Werte für Kuppen– und Wannenausrundung	227
7.57	Erforderliche Verschiebung des Kuppenbeginns hinter den Bogenbeginn beim Übergang von der Geraden über die Klothoide in den Kreisbogen	228

Tabellenverzeichnis   537

		Seite
7.58	Grenzwerte der Anrampungsneigung	230
7.59	Länge der Verziehungsstrecke bei Fahrbahnaufweitungen	233
7.60	Grundformen der Knotenpunkte	235
7.61	Regeleinsatzbereiche der Knotenpunktsbereiche	238
7.62	Abmessungen der Ausfädelungs– und Einfädelungsstreifen	245
7.63	Knotenpunktarten und Rampentypen	247
7.64	Grenzwerte der Rampenentwurfselemente	247
7.65	Empfohlene Hauptbogenradien r_2	259
7.66	Zuordnung der Kreisfahrbahnbreite zum Außendurchmesser des Kreises	259
7.67	Zuordnung der typischen Entwurfssituationen zu Straßenkategorien	264
7.68	Bewegungsspielräume b und eingeschränkte Bewegungsspielräume (b)	267
7.69	Sicherheitsräume für Kraftfahrzeuge	267
7.70	Verkehrs– und Sicherheitsräume für Radverkehr	267
7.71	Breiten– und Längenbedarf für Mobilitätsbehinderte	270
7.72	Breiten gemeinsamer Geh– und Radwege	270
7.73	Sicherheitsräume für Radverkehrsanlagen	273
7.74	Vorschläge für die asymmetrische Querschnittsausbildung bei Längsneigungen $s \geq 3,0\%$	273
7.75	Abmessungen straßenbegleitender Radwege	273
7.76	Entwurfsgrundsätze bei Typischen Entwurfssituationen	277
7.77	Eignung der Knotenpunktsarten	292
7.78	Außendurchmesser von Minikreisverkehren und Kleinen Kreisverkehren	297
7.79	Abhängigkeit der Breite b_K der Ringfahrbahn vom Außendurchmesser d_A	298
7.80	Fahrstreifenbreite der Kreiszufahrten und Kreisausfahrten	298
7.81	Radien für die Eckausrundungen der Kreisverkehrszufahrten und Kreisausfahrten	298
7.82	Fahrbahnbreiten zweistreifiger Stadtstraßen	302
7.83	Fahrbahnbreiten neben Mittelinseln oder Fahrbahnteilern	303
7.84	Überbreite zweistreifiger Fahrbahnen	303
7.85	Fahrbahnbreite b_{Fb} einstreifiger Richtungsfahrbahnen	303
7.86	Abmessungen von Wendekreisradien	306
7.87	Entwurfsgrenzwerte für Fahrbahnen im städtischen Bereich	308
7.88	Deichselmaße für einteilige Bemessungsfahrzeuge	310
7.89	Breite einstreifiger Fahrbahnen im Knotenpunkt	312
7.90	Einsatzkriterien für Aufstellbereiche und Linksabbiegestreifen an zweistreifigen Fahrbahnen	313
7.91	Breitenzuschlag für verschiedene Wendekreisradien	321
7.92	Hauptbogenradien bei Eckausrundung mit Dreiecksinseln	322
7.93	Abmessungen bei Wendefahrbahnen	323
7.94	Erforderliche Haltesichtweite	324
7.95	Schenkellänge der Sichtfelder auf bevorrechtigte Kraftfahrzeuge	324
7.96	Richtwerte für zusätzlichen Raumbedarf	326
7.97	Breiten gemeinsamer Geh– und Radwege	327
7.98	Maße für straßenbegleitende Radwege	329
7.99	Abmessungen für Mittelstreifen	332
7.99a	Abmessungen für planfreie Überquerungen für Fußgänger und Radfahrer	332
7.100	Maße für barrierefreie Rampen	333
7.101	Maße für Treppen und Fahrschienen	333
7.102	Abmessungen der Parkstände und Fahrgassen für Pkw	336
7.103	Fahrbahnbreiten in gekrümmten Rampen bei Einrichtungsverkehr	345
7.104	Abmessungen von Busbuchten	350
7.105	Länge nichtbefahrener Wohnwege	350
7.106	Richtwerte für Fußgänger– und Radverkehrsflächen	352
7.107	Maße für Teilaufpflasterung zur Geschwindigkeitsdämpfung	353
7.108	Bordhöhen im bebauten Bereich	356
7.109	Mindestabstand der Bäume von Einbauten	358

		Seite
7.110	Tiefenlage der Leitungen im Gehweg	359
7.111	Kriterien für Netzformen in bebauten Gebieten	360
8.1	Erforderliche Lichthöhen unter Brücken	367
8.2	Dicke der Rohrummantelung	373
9.1	Erforderliche Fahrbahnquerneigung bei geringer Längsentwässerung	380
9.2	Regenhäufigkeit	381
9.3	Abflussbeiwerte für Straßenflächen	381
9.4	Liste zur Bemessung der Straßen – Entwässerungsrohre	382
9.5	Berechnungsformeln für verschiedene Grabenquerschnitte	383
9.6	Rauhigkeitswerte nach *Strickler*	385
9.7	Einschnürungsbeiwert μ	388
9.8	Mindestabmessungen für Durchlässe	388
9.9	Planzeichen für die Darstellung der Entwässerung	389
9.10	Sohlbefestigung von Straßenmulden	390
11.1	Immissionsgrenzwerte	408
11.2	Zuschlag K für erhöhte Störwirkung an signalgesteuerten Kreuzungen	408
11.3	Maßgebende Verkehrsstärken M und maßgebende Lkw – Anteile p	410
11.4	Korrektur D_{StrO} für unterschiedliche Straßenoberflächen	415
11.5	Korrektur D_{Stg} für Steigungen	415
11.6	Korrektur D_E zur Berücksichtigung der Absorptionseigenschaften reflektierender Flächen bei Spiegelschallquellen	416
11.7	Anhaltswerte für Fahrzeugbewegungen N je Stellplatz/ Stunde	418
11.8	Zuschlag D_P für unterschiedliche Parkplatztypen	418
11.9	Formular für schalltechnische Berechnungen	422
12.1	Abmessungen von Verkehrszeichen	424
12.2	Abmessungen von Zusatzzeichen	424
12.3	Anwendungsbereiche der Größen bei Ronden	424
12.4	Anwendungsbereiche der Größen für Dreiecke, Quadrate, Rechtecke	424
12.5	Strichbreite für Längsmarkierung	425
12.6	Längsstrichmarkierung nach den Richtlinien für die Markierung von Straßen RMS–1	426
12.7	Verhältnisse Strichlänge zu Lückenlänge bei Längsmarkierungen	427
12.8	Grundformen der Quermarkierung	428
12.9	Sperrflächenmarkierung	429
12.10	Markierung von Halte– und Parkverbotszonen	429
12.11	Schriftgröße auf Wegweisern	432
12.12	Maße der Tabellenwegweiser in aufgelöster Form	432
12.13	Maße der Pfeilschilder	432
12.14	Wegweiserabstände	433
12.15	Tragende Mindestlänge der Schutzplankenstrecke	436
12.16	Abmessungen der Länge l_Z	436
12.17	Abmessungen der Länge l_3	437
13.1	Nomenklatur der Straßenbefestigung und wichtige technische Vorschriften	441
13.2	Grenzwerte für Straßenbaugesteine	442
13.3	Lieferkörnungen für Gesteine	443
13.4	Anforderungen an Gesteinskörnungen	443
16.5	Eigenschaften verschiedener Bitumensorten	445
13.6	Eigenschaften polymermodifizierter Bitumensorten	448
13.7	Anforderungen an Asphalt–Tragschichten und Asphalt–Tragdeckschichten	451
13.8	Zulässige Temperaturen des Asphaltmischguts	451
13.9	Bedingungen für die Temperaturen beim Einbau	452
13.10	Anforderungen an Asphaltbinderschichten	452

Tabellenverzeichnis

Seite

13.11	Zweckmäßige Mischgutarten im Heißeinbau nach ZTV Asphalt–StB	453
13.12	Anforderungen an Asphaltdeckschichten aus Asphaltbeton	453
13.13	Anforderungen an Asphaltdeckschichten aus Splittmastixasphalt	454
13.14	Schichteigenschaften für Deckschichten aus Gussasphalt	454
13.15	Anforderungen an Asphaltdeckschichten aus Splittmastixasphalt	455
13.16	Anforderungen an offenporigen Asphalt	456
13.17	Zweckmäßige Bindemittelart und –sorte, abhängig von der Beanspruchung	456
13.18	Baustoffe für Schlämmen	457
13.19	Einsatzmöglichkeiten der Bitumenemulsionen	457
13.20	Maße für geschnittene Fugen	463
13.21	Anforderungen an Fahrbahndeckenbeton	464
13.22	Anhaltswerte für Zementanteile bei der Bodenverfestigung	464
13.23	Mischungszusammensetzung einer Walzbetontragschicht	466
13.24	Bauweisen mit Walzbeton	467
13.25	Bauweisen mit Betonfahrbahn und EPS–Beton	467
13.26	Bauweisen mit Asphaltdeckschicht und EPS–Beton	468
13.27	Mindestschichtdicken der Frostschutzschichten in Abhängigkeit vom Größtkorn	469
13.28	Mindestanforderungen an Verdichtungsgrad und Verformungsmodul bei Frostschutzschichten	470
13.29	Mindestschichtdicken der Kies– und Schottertragschichten in Abhängigkeit vom Größtkorn	470
13.30	Anforderungen an Kies– und Schottertragschichten	470
13.31	Verformungsmodul für kombinierte Kies-Frostschutztragschichten	470
14.1	Grenzwerte für Messgenauigkeiten von Nivellementszügen (nach RAS – Verm)	473
14.2	Zulässige Standardabweichungen für Einzelpunkte (nach RAS – Verm)	473
14.3	Punktdichte in Abhängigkeit von der Geländeform	480
14.4	Zulässige Standardabweichungen stereoskopischer Luftbildauswertung	482
14.5	Zulässige Abmaße und Toleranzen	485
14.6	Koeffizienten des Klothoidenpolynoms nach *Desenritter*	490
14.7	Zulässige Toleranzwerte bei der Absteckung	491
14.8	Anforderungen an das 10 %-Mindestquantil für den Verdichtungsgrad D_{Pr}	502
14.9	Grenzwerte μ_{Scrim} für die Feststellung der Griffigkeit beim Asphalt– und Betondecken	505
14.10	Mindesteinbaudicken ungebundener Schichten	507
14.11	Mischgutzusammensetzung für Asphaltspuren	508
14.12	Mindestdicke von Pflasterdecken	508
16.1	Merkmale der Erneuerungsklassen vorhandener Asphaltschichten, Erneuerung in Asphaltbauweiser im Hocheinbau	514
16.2	Merkmale der Erneuerungsklassen vorhandener Betonfahrbahnen, Erneuerung in Asphaltbauweiser im Hocheinbau	514

Tabellen im Anhang

A 3.1	Bemessungsfahrzeuge und Schleppkurven zur Überprüfung der Befahrbarkeit von Verkehrsflächen (FGSV, 287,2001)	529
A 3.2	Parkstandsanordnungen bei der Parkstandsbreite $b = 2,50$ m	530
A 3.3	Parkstandsanordnungen bei der Parkstandsbreite $b = 2,30$ m	531
A 3.4	Entwurfselemente in Stadtkerngebieten	533
A 3.5	Entwurfselemente in stadtkernnahen Altbaugebieten	535
A 3.6	Entwurfselemente in Wohngebieten in Orts- und Stadtrandlage	537
A 3.7	Entwurfselemente in Industrie- und Gewerbegebieten	538
A 3.8	Entwurfselemente in dörflichen Gebieten	439
A 3.9	Entwurfselemente in Freizeitwohngebieten	540

(Anmerkung: Soweit nicht im Text andere Angaben gemacht werden, sind die Tabellen dem Regelwerk der Forschungsgesellschaft für Straßen- und Verkehrswesen e. V. (FGSV Verlag, Wesselinger Straße 17, 50999 Köln) entnommen. Allerdings wurden sie zum Teil nach DIN 1080 überarbeitet und Längenmaße in der Regel mit Kleinbuchstaben versehen.)

Sachwortverzeichnis

	Seite
Abbiegen	317
Abflussbeiwert	381
Abflusswassermenge	380
Abgase	403
Abscheider	397
Abschirmmaß	31
Abschlussziel	475
Absetzanlagen	397
Absteckberechnung	138
,-genauigkeit	491
,-plan	138
Abstellanlagen, Zweiradfahrz.	342
Abwicklung	139
Achsabsteckuung	139,498
Achsberechnung	486
Achshauptpunkt	487
Anfahrsichtweite	260,324
Anhaltesicht	142
Annäherungssichtweite	260,324
Anrampung	26,149
, -sneigung	35
Anschlussstellen	183,192
Anschlussziel	474
Antriebskraft	11
Asphaltaufbruch	457
,-bauweisen	503
,-beton	103,453
,-binder	104,452
,-deckschicht	452,505
,-deckschicht offenporig	455
,-fahrbahndecke	103
,-granulat	458
,-mastix	455
,-mischung	444,450
,-tragschicht	103,450,503
,-tragdeckschicht	450
Aufenthaltsraum	275
Auffangschutz	402
Aufmaßunterlagen	511
Aufriss	138
Aufstellstrecke	249
Aufweitung	155
Augpunkt	144
Ausbauzustand	6
Ausfädelungsstreifen	245
Ausfahrbereich	245
Ausführungsplanung	167
Auslastungsgrad	47
Ausrundung, Halbmesser	38
, Kuppenhalbmesser	36
, Wannenhalbmesser	36

	Seite
Ausschreibung	509
Außendurchmesser	296
Auswirkdauer	143
Autobahn	166
, Ausfahrttypen	195
,-dreieck	186
, Einfahrttypen	200
, Entwurfselemente	21,207
,-kreuz	185
, Mittelstreifenüberfahrt	209
, Umbau	211
, Zusatzfahrstreifen	208
Bahnkörper	124
Bankett	86,199
Barrierefreiheit	270
Bauablauf	211 fg.
Bauabrechnung	511
Bauer	485
Baugrube	497
Bauklasse	93
Baulastträger	7
,-kosten	216
Bauleitplanung	160
Baumischverfahren	464
Baustation	147,486
Bauvorentwurf	70
,-entwurf	72
Beanspruchung, bemessungsrelevant	95
Bedarfsplanung	166
Befestigung	93
, Rad-/Gehwege	506
, ländliche Wege	507
Befliegung	474
Begleitplan, landschaftspflegerischer	161
Beharrungsgeschwindigkeit	55
Beleuchtung	356,439,516
Bemessung, städtebauliche	265
Bemessungsfahrzeug	339
Bemessungsgeschwindigkeit	76
Bemessungsverkehrsstärke	44
Bepflanzung	515
Bergeinlauf	391
Bernsteinstraße	2
Beschilderung	214
Bestgeschwindigkeit	133
Betondecke	505
,-fahrbahndecke	104
,-schutzwand	437
,-spuren	507
,-steine	444
Beurteilungspegel	408

	Seite		Seite
Bewegung, gleichförmig	15	Dachprofil	148,309
, beschleunigt	15	Dammbereich	89
Bewegung, verzögert	15	Dampfwalze	4
Bewegungsablauf	14	Darstellung, Entwässerung	369
,-kräfte	11	Darstellung, räumlich	163
,-spielraum	83,169	, isometrisch	150
,-widerstände	10	Deckschicht	91
Bezugshorizont	139	Deichselmaß	194
Biegestab	138	Destillationsbitumen	445
Bildflug	482	*Desenritter*	490
Bildwirkung, Fahrbahn	155 fg.	Diagonalsperre	355
Bindemittel	441,445	Digitales Geländemodell	140,479,497
, bitumenhaltig	445	Digitalisierung	482,494
, hydraulisch	449	Doppellinie	425
Bindemittelwahl	456	Drainage	503
Binderschicht	91	Dreiecksinsel	255
Binnenschifffahrt	9	Dreiecksmaschennetz	497
Binnenverkehr	43	Dreiecksprismen	497
Birne, Autobahn	187	Durchgangsverkehr	43
Bitumen	445	Durchlass	372
,-emulsion	447	Durchstoßpunkt	88
, polymer modifiziert	447	Eckausrundung	258,294,315
Blendschutz	402	Eiklothoide	179
Blickachse	144	,-linie	31
Blockumfahrung	313	Einbiegen	317
Bodenschichtung	499	Einengung	332
Bodenuntersuchung	499	Einfädelspur	94
Bodenverfestigung	460,464,507	,-ungsstreifen	199,245
Böschung	88	Einfahrten	199
,-sneigung	89	Einfahrtstraße, örtliche	282
Bogenanfang	25	Einhangstraße	361
,-ende	26	Einheitlichkeitsregel	430
, gleichsinnig gekrümmt	31	Einheitsklothoider	137
,-länge	24,487	Einlaufschacht	88
,-punkt	24	Einsatzbereich, Querschnitte	171
,-stich	36	Einsatzgrenzen, Zusatzfahrstreifen	62
Bohlenweg	3	Einsatzkriterien, Aufstellbereich	313
Bohrergebnis	140	, Kreisverkehre	295
Bohrungen	499	Einschnittsbereich	89
Bordabsenkung	319,357	Eisenbahnverkehr	9
,-höhe	308	Emissionspegel	408
,-rinne	308	Endsporn	462
Bordsteine	308	Entfernungsbereich, Standard-	77
Bohrungen	78	Entsorgungsleitungen	274
Bremsstrecke	17,143	Entwässerung	3,209,219
Bremsverzögerung	15	,-sanlagen	389
Brücken	365,369 fg.	,-smulden	86,383
Bundesgesetze	7	,-srinne	88
Bushaltebuchten	350	Entwässerungseinrichtung	140,383
,-stellen	348	Entwurf, geführt	265
Busverkehrsflächen	105	, generell	134
Bypass	243,260	,Grenzwerte	308
C-Klothoide	32	, individuell	265,291

Sachwortverzeichnis 573

	Seite
Entwurf, technischer	77
Entwurfselemente	133,297
, Knotenpunkte	297
,-geschwindigkeit	76,80
,-grundlagen	265
,-klasse	81,217,220
Entwurfssituation, typische	264,275 fg.
, -software	133
,-stufe	166,216
,-unterlagen	73
,-ziele	263
, Hauptziel	263
, Zielfelder	263
Epoxidharz	448
EPS-Beton	467
Erneuerungsbauweisen	513
Erdbau	500
Erddeponie	163
Erdweg	3
Erkennbarkeit	297
Erneuerung	513
,-sklasse	512
Erschließungsfunktion	263
,-straße	5,79
Erosion	402
Europastraßen	6
Fahrbahn	170
Fahrbahnaufweitung	41,233,311
,-begrenzung	306
,-breite	302,345
,-markierung	424
,-rand	425
,-teiler	233,251,259,319
,-verbreiterung	40,135,233,309
,-verwindung	231
Fahrbahndecke, Beton	459
Farbregel	430
Fahrgassen	336
Fahrgeschwindigkeit, Pkw-	79
Deponie	403
Fahrradstraßen	273
Fahrräder	342
Fahrraum	155
,-gestaltung	155
Fahrspuren	465
Fahrstreifen	39,85,170
,-ausbildung	312
,-breite	312
,-grundbreite	83
, langer gerader	409
Fahrzeugabmessungen	83
, -rückhaltesystem	214,262
Fehlertoleranzen, Vermessung	476

	Seite
Feldbuch	498
Feldwege	128
Fernstraßennetz	5
Festpunkte	474,498
Festpunktfeld	139,473
Feuerwehrwege	105
Flächenberechnung	493
Fliehkraft	18
Fließgeschwindigkeit	384
Fluchtbogen	141
Flugverkehr	6
Fluxbitumen	447
Fräsasphalt	458
Freihandlinie	135
,-geschwindigkeit	19
Frosteinwirkungszonen	102
Frostempfindlichkeitsgrenze	469
Frostempfindlichkeitsklasse	98
Frostschutzschicht	90,469,502
Frostschutztragschicht	503
Führung, optisch	401
Füllboden	92
Füller	443
Fugen	460
, Längs-	461
, Quer-	460
, Press-	460
, Raum-	460
, Schein-	460
Fuller	444
Fullerparabel	444
Funktionsstufe	77
Furten	330
Fußgängerverkehr	261,270,299
Fußgängerüberwege	426
Fußwege	130
Gauß-Krüger	473
Gautier	3
Gebietscharakter	263
Gefälle	35
Gefällekraft	11
Gegenverkehrszuschlag	83
Gehwege	87,115,270,276
Geh- und Radwege	270,327
,Einsatzgrenzen	117
Geländeaufnahme, terrestrisch	479
Generalverkehrsplan	78
, -wegeplan	3
Geotextil	469
Gerade	22,133,486
Gesamtbogen	28
Gesamtverkehrsnetz	6
Geschäftsstraße, örtliche	283

	Seite
Geschwindigkeit	22
,-sbegriffe	132
,-sbeschränkung	133
Geschwindigkeitsdämpfung	353
, Höchst-	132
, maßgebende	133
, Richt	132
, Soll-	77
Bundesgesetze	7
Landesgesetze	7
Gestaltungskriterien	105
, innerörtliche Straßen	115
Gesteinskörnung	441
Gewerbestraße	286
Gewürzstraße	1
Giermoment	11
Gips	501
Glaubwürdigkeit	138
Gleisbau	466
Gleisbereich	105
Gleitreibung	10
Gleitsicherheit	396
Gleitwiderstand	10
Global Positioning System m(GPS)	473,485
Gradiente	35,138
Gratbbildung	149
Grenzmarkierung	427
Grenzwerte, Anrampungsneigung	220
, Entwurf Autobahn	207
Griechenland	1
Griffigkeit	13
Grünpflanzung	357
Grünwege	128
Grundkapazität, Kreisverkehrsplatz	63
Grundriss	134
Grundstückszufahrt	318
Güterverkehr	9
Gussasphalt	454
Haftkleber	447
Haftreibung	12
Halbmesser	36
Halbrampe	344
Haltebucht	165,348
Haltesichtweite	86
Haltestellen	165,261,348
Haltestellenkaps	349
Hangabtrieb	18
Hauptbogen	27 fg.
Hauptgeschäftsstraße	285
Hauptstraße, dörfliche	281
Hauptverkehrsstraßen, anbaufrei	5
, angebaut	5
Helmert-Transformation	484

	Seite
Hinterfüllung	502
Hochbord	87,88
Hochofenschlacke	444
Höhe, Lichte	124,169
Höhenfestpunktfeld	478
Höhenplan	35,181
Höhenschichtlinie	134
Hohlkasten	368
Hohlplatte	368
Horuswege	2
Immissionsgrenzwerte	408
Individualverkehr	9,43
Industriestraßen	287
Inkareich	3
Innendurchmesser	294
Insel	251
, Dreiecks-	255
Instandsetzung	513
Kaltbitumen	447
Kapazität	46
, Kreisverkehresplatz	63,295
Karolingerreich	2
Kategoriengruppe	76,79,81
Kiessand	4
Kiessickerung	3
Kiestragschicht	91,470
Kippsicherheit	18
Kleeblatt	188
Kleinpunkte	139,486
Klima	78
Klothoide	25,27,133,486
Klothoidenabschnitt	26
,-lineal	27
,-parameter	25
,-tafel	28,137
,-tangente	27
Knotenpunkte	233
, Abstand	183
, Autobahn	184
, Bemessung	298
, Birnenform	187
, Einsatzbereiche	238
, Grundformen	235
, innerorts	291
, Landschaftsgestaltung	160
,planfrei	234
,plangleich	234,240
Knotenpunkte, Autobahn	183
, Landstraßen	233
, teilplanfrei	239
, Stadtstraßen	291,321
,Trompetenform	239
Knotenpunktsarten	239 fg.,292

Sachwortverzeichnis

	Seite
Knotenpunktselemente	190,245
Konstruktionselemente	22
Konstruktionselemente, Brücken	365
Kontinuitätsregel	430
Kontrolluntersuchung	504
Koordinatentransformation	482
Koordinatenetz	473
Korbbogen	32
,-klothoide	32
Kornzusammensetzung	444
Kraftfahrzeugstraße	217
,-verkehr	3
Kraftschluss	13
Kraftschlussbeiwert	13
,- radial	14
,- tangential	14
Kreis	486
Kreisausfahrt	23,133,298
,-bogen	21 fg.
,-fahrbahn	259,293
,-insel	259,299
,-ring	298
Kreisbogenabsteckung	489
Kreiszufahrt	298
Kreisverkehr	188,243
, Abmessungen	259,293
Kreisverkehr , Elemente	294
, Einsatzkriterien	295
, großer	293
, Kapazität	295
, Kleiner	293
, Mini-	293
, ÖPNV	301
,-splätze	296
Kreuzungsbauwerk, Gewässer	387
Kreuzen, Zufahrttyp	251
Kronenbreite	86
Kronenrand	87
Krümmungsband	140,141
Krümmungsbild	141
Kuppe	35,138 fg.
Kuppenausrundung	35,140,227
Kurvenfahrt, Geometrie	310
Kurvenkombination	32
Kurvigkeit	57
Längsfuge	460
Längsneigung	134
, Höchst-	181
, Mindest-	35
Längsschnitt	35,138
Längsstrichmarkierung	425,426
Lärmschutzeinrichtungen	140
Lageplan	134,177 fg.

	Seite
Landschaft	155
,-sgestaltung	160,400
,-sgliederung	402
,-planung	399
,-pläne	399
,-programme	399
Landschaftsrahmenpläne	399
landschaftspfl. Begleitplan	161,400
ländliche Wege, Tragschicht	465
Landstraßen	221
, Querschnitt	218 fg.
Lebendverbau	402
Leistungsverzeichnis	510
Leitlinie	134,425
Leiteinrichtungen	262,433
Leitpfosten	214,434
Leitungen	358
Leitungsnetze	274
Lesbarkeitsregel	430
Leuchten, Anordnung	439
Lichtband	356
Lichtpunktabstand	440
Lichtraum	169
,-abmessungen	124,268
Lichtsignalanlagen	240
Lichtsignalsteuerung	438
Lieferkörnung	443
Linienbestimmung	68
,-entwurf	68
,-festlegung	68
Linienführung	132,155,177,225
, räumliche	140,227
Liniennivellement	482
Linksabbiegestreifen	248,313
, Kriterien	314
Linksabbiegetyp	249
Lkw-Schleuse	355
Lotfußpunkt	488
Lüder,Chr. von	3
Luftverkehr	9
Luftverkehrsanlagen	3
Luftwiderstand	10
Makadambauweise	4
Manning-Strickler	383,385
Markierung	261,424
Markierungsplan	424
Markierungszeichen	425
Massenkraft	11
Mautgebühren	8
Mc Adam	4
Mehrzweckstreifen	86
Mengenberechnung	149,493
Mindestabstand, Knotenpunkte	183

	Seite
Mindestdicke, Oberbau	101
Mindesthalbmesser, Kuppe	182
, Wanne	182
Mindestquerneigung	87
Minikreisverkehre	293
Mischungsprinzip	302,351
Mittelinsel	331
Mittelpunktswinkel	24
Mittelstreifen	83
,-überfahrten	10,209
Mittelungspegel	409,410
Mixed-in-Place-Verfahren	464
Modelle, CAD-	164
Motorräder	342
Muldenrinne	307
Mutterboden	92,501
Naturbitumen	449
Naturgestein	442
Nebenanlagen	105,164
,-betriebe	105,164
,-spuren	153
Neigungsänderung	140
,-wechsel	140,181,344
Netzdichte	8
Netzelemente	361
Netzformen	359
Netzfunktion	82
Netzkoordinaten	22
Neubau, Stadtstraßen	264
Nivellementsaufnahme	481
Nivellementszug	478
Notgehweg	126
Nutzfahrzeuge	341
Oberbau	90
, Anschlussstellen	104
, Autobahnknoten	104
, Bauweisen	101
, frostsicher	100
,-schichten	92
, standardisiert	104
, vollgebunden	100,104
Oberflächenbefestigung	347
,-behandlung	104
,-schutzschicht	456
Omnibus	341,348
ÖPNV	9,124,291,301,347
Orthogonalabsteckung	488
Ortsbegehung	134
Ortseinfahrtstraße	282
Packlage	3
Parallelweg	124
Parkbauten	334

	Seite
Parkbuchten	86,338
,-flächen	335
,-stände	336
,-streifen	86,335,341
, Aufstellung	335
, Blockaufstellung	339
, Flächenbedarf	335
, Längsaufstellung	335
, Schrägaufstellung	335
Parken, Senkrechtaufstellung	335
Parkflächen	105,335
, Abmessungen	336
Parkplätze	340,418
Parkrampe	343,344
Parkraumbedarf	335
Parkraumplanung	334
Parkstände, Rollstuhlfahrer	337,341
Parkstandsanordnung	341
Parkstreifen	86
Pegeländerung	413
Pendelrinne	88
Perspektiven	163
Perspektivbilder	134,142
Pfeilregel	430
Pflanzgruben	275
Pflaster	3
Pflasterbett	508
,-decken	3,104,508
,-fugen	508
Pfeile, wegweisend	432
Pfeilhöhe	23
Pfeilregel	430
photogrammetrische Aufnahme	482
Photomontage	164
Pkw-Einheit	44
, Umrechnungsfaktor	44
Pkw-Fahrgeschwindigkeit	79
Planfeststellungsentwurf	73
Planungsablauf	67 fg.
Planungsgrundlagen	77
,-raum	166
,-stufen	166,216
Plattenbalken	368
Plattenbeläge	104
Plattenlänge, Beton	460
Polarabsteckung	474,487
Polarplanimeter	494
Polygonpunkte	498
Polygonzug	474
Prantl-Colebrook	383
Prozessionsstraße	1
Qualitätsstufen	47,49

Sachwortverzeichnis

	Seite		Seite
Quartierstraße	280	Reaktionsweg	143
Quellverkehr	43	Rechtsabbiegen	249,316
Quergefälle	148	,-streifen	250,318
Quermarkierung	426	Rechtsabbiegetyp	249
Querneigung	87,150,182,229,309	Reduktionstachymeter	480
,Mindest-	148	Referenzstation	473,485
Querprofilaufnahme	480	Reflexion	416
Querproofilfläche	494	Regelböschung	219
Querruck	19	, Autobahn	89
Querscheinfuge	460	, Landstraßen	219
Querschnitt	38,83,169,172,192,220	Regelquerschnitt	83,90,147
, asymetrisch	273	, Autobahn	172 fg.
, Autobahn	169 fg.	, Landstraßen	220 fg.
, Bauwerksbereich	126	, Brücken	173,223
, bebaute Gebiete	93	, Tunnel	175,224
, Brücken	127	Regenhäufigkeit	381
, Gestaltung	115	Regenrückhaltebecken	397,403
, ländliche Wege	126 fg.	Regensammelbecken	89
, Landschaftsgestaltung	162	Reisegeschwindigkeit	49, 59fg.,76
, Muster-	120 fg.	Reitwege	130
, Regelquerschnitt	172,220,277 fg.	Relationstrassierung	133,136,179,226
, Tunnel-	376	Remix	458
Querungshilfen	330	Repave	458
Räumliche Darstellung	163	Reshape	458
Radfahrfurt	328	Richtgeschwindigkeit	132
Radfahrstreifen	328	Richtungsänderung	23
Radius	225 fg.	,- winkel	22
Radverkehr	261,271,300	,-fahrbahn	303
,-sanlagen	273	Rigole	501
, Schutzstreifen	271	Rinnenformen	391
Radweg	87,105	Römisches Reich	1
,straßenbegleitend	272329	Rohrleitungen	393
, Zweirichtungs-	301	Rollmoment	11
Rampen	190	Rollstuhlfahrer	337
, Ausfahrten	194 fg.	Rollwiderstand	10
,-band	140,141	Rotation	482
, barrierefrei	333	Rückhaltegraben	397
,-entwurfselemente	193,247	Rutschungen	402
,-gruppen	344	Sammelstraßen	278
,-querschnitt	190 fg.,248	Satzungen, kommunale	8
,-querneigung	344	Saumpfad	2
,-type	199,247	Schächte	392
Randausbildung	92	Scheitelabstand	23
Randbedingungen	276	,- bogen	29
Randstreifen	86	,- punkt	23
Ranke, Ch. von	163	,- tangente	23
Rasenmulde	219	Schichtdicke	451
Rasenverb undsteine	508	Schienennetz	3
Rastanlagen	164	Schienenverkehr	6
Raumbedarf	326	Schilderarten	432
,-element	155,227	Schlämme	457
Raute	188	Schleifenstraße	361

	Seite
Schleppkurve	39
Schlussrechnung	511
Schnittpunkt	33, 36
,- berechnung	32, 492
, Geraden-	33
Schotter	4
,-bauweise	4
Schotterstraßen	4
Schotterrasen	348
Schottertragschicht	91, 470
Schrägaufstellung	339
Schräglaufwinkel	23
Schrägneigung	43, 153
Schrägverwindung	152
Schürfgruben	499
Schutzeinrichtung	171
Schutzplanken	434
Schutzstreifen	162, 271
Schwellen	354
Schwerpunktabstand	495
Schwerverkehrsanteil	44, 57
Sehnenlänge	23
Sehstrahl	144
Seidenstraße	2
Seitenentnahme	163, 403
Seitenraum	326, 332
Seitenstreifen	85, 149, 153
, unbefestigt	155
Seitentrennstreifen	83, 86
Senkrechtaufstellung	339
Sicherheitsraum	169, 267
Sichtdreieck	204
Sichtfeld	260, 324
Sichtschatten	228
Sichtweite	140, 142, 229
, Anfahr-	260, 324
, Annäherungs-	260, 324
, Halte-	143, 229
, Orientierungs-	229
Sichtweitenband	142
Sickeranlagen	395
,-scheibe	501
,-schicht	395
,-schlitz	503
Sieblinie	444
Signalanlagen	516
Soldnernetz	476
Sollgeschwindigkeit	77
Sonderfahrstreifen	348
Sonderverkehrsnetz	6
Sonderzeichen	427
Sperrflächenmarkierung	427

	Seite
Spitzmulde	90
Spitzrinne	219
Splinefunktion	32
,-linie	136
Splittmastixasphalt	453
Spurwege	129
Stadtstraßen	263
Standardbauweisen	101
, Asphaltdecke	106
, Betondecke	108
, Erneuerung	113
, Pflasterdecke	110
, Gehwege	115
, Radwege	115
, vollgeb. Oberbau	112
, Wege nach RLW	118
Standardentfernungsbereich	77
Standardleistungskatalog	510
Standstreifen	94, 104
Standpunkt	484
Standpunktwahl, freie	484
Staub	403
Steigung, äquivalent	47, 48
,-sbereich	116
Steigung	35
Steigungswiderstand	11
Steinschlag	402
Stichstraßen	355, 361
Straßen, anbaufrei	105, 290
, angebaut	105
,-ausstattung	214
, Außerorts-	5
, Bundes-	5
,-einteilung	5
,-entwässerung	3, 379
,-entwurf	85
, Erschließungs-	5
, Europa-	6
, Gemeinde-	6
, innerorts	5
, Kreis-	5
, Landes-	5
, -neubau	264
,-netz	75
, nicht angebaut	105
, Ortsdurchfahrten	5
, Planungsablauf	67
,-querschnitt	85
,-rückbau	264
, Stadt-	5
, -raum	264
,-tunnel	517

Sachwortverzeichnis

	Seite
Straßen, überörtlich	5
,-umbau	264
Straßenablauf	391
Straßenaufbau, Bezeichnungen	90
Straßenausstattung	214
Straßenbaubitumen	445
Straßenbauforschung	4
Straßenbaustoffe	441
Straßenbauverwaltung	8
Straßenbeleuchtung	516
Straßenentwässerung	3
Straßenentwurf	85
Straßenfinanzierung	8
Straßengraben	384,390
Straßenkategorie	79
Straßennetz	5
, -gestaltung	76
Straßenraumgestaltung	265
Straßenreinigung	515
Straßenunterhaltung	3
Straßenwärter	3
Straßenwalze	4
Straßenzwang	2
Streckencharakteristik	168
Stützmauer	373
Tabellenwegweiser	432
Tachymeter	488
Tachymeteraufnahme	479
Tachymetrie	480
Tangentenberührungspunkt	36
, -länge	88
Tangentenschnittpunkt	24
Tankstellen	165
Teilaufpflasterung	318,351
Teilstückverfahren	415,417
Telford	12
Terminologie, Baukörper	91
Theodolit	474
Tiefbord	306
Topografie	78
Tragdeckschicht	103,465
Tragschicht	90,91
, Beton-	465
, Drainbeton-	103
, hydraulische Bindemittel	103,465
, kombiniert	470
, ohne Bindemittel	101,468
, wärmedämmend	466
Tragkonstruktion	365
Tragwerksquerschnitt	367
Trampelpfad	3
Translation	482

	Seite
Trapezformel	494
Trasse	134
Trassenführung	134
Trassierung, Grenzwerte	308
Traufkante	403
Trendprognose	45
Trennstreifen	85
Trennungsprinzip	302
Treppe	346
Trèsagnet	4
Trinidad Epuré	449
Trompete	187
Tropfenteiler	252
Tunnel	139,374,517
Überführung	332
Übergangsbogen	20,25,133
,-anfang	27
,- einfacher	26
,-ende	27
Überhangstreifen	336
Überholfahrstreifen	220
,-verbot	57
Überholsichtweite	143
,- Mindest-	142
Überquerungen	330
Überquerungsstelle	331
Umfeldnutzung	264
Umklappregel	430
Umweltverträglichkeit	160,215
,-sstudien	73,405 fg.
,-untersuchung	161
Umweltschutz	78,215
,-verträglichkeit	404
,-verträglichkeitsprüfung	68
Ungleichkörnigkeit	91
Unterbau	90
Unterführung	332
Untergrund	90
Unterhaltung	513
Untersuchung, fahrdynamisch	21
Verbindungsfunktion	76,263
,-sstufen	77,79
Verbindungsrampe	185,190
,-straßen	288
,- wege	5,128
Verbreiterung	39
Verdichtung	503
Verdichtungsgrad	469
Verdingung	509
Verfestigung	100,464
Verflechtungsbereich	205
Vergabe	511

	Seite		Seite
Verkehr, Binnen-	43	Warnlinie	424
, Durchgangs-	43	Warteraum	165
, Fußgänger-	270	Wasserwege	5
, Individual-	43	Wassergewinnungsgebiet	379
, öffentlicher	43	Wasserschutzzone	379
, Quell-	43	Wasserstraßenverkehr	6
, Rad-	271	Wege, Befestigung	507
, ruhend	333	, forstwirtschaftliche	5,128
, Ziel-	43	, Grün-	128
Verkehrsablauf	55	, ländliche	105,128
,-aufkommen	43	, landwirtschaftliche	5
,-bedeutung	5	Wege, sonstige	128
,-belastung	263	,-unterhaltung	10
,-beschilderung	423	, Reitwege	130
,-dichte	44	, Spurweg	130
,-emissionen	408	, verbindungs-	128
,-gebiet	43	, Wirtschafts-	128
,-netze	359	,-zoll	2
,-kategorie	80	Wegweiser	214,429
,-planung	5	Wendeanlagen	304 fg.
,-prognose	44	Wendefahrbahn	323
,-qualität	215	Wendelinie	29,136
,-raum	132,266	,-klothoide	179
,-sicherheit	168,215	Wendelrampe	344
,-stärke	44	Wendeplatte	135
,-wege	9	Wendepunkt	141
,-wegenetz	8,361	Windeinflüsse	11,402
,-zählung	43	Winkelabschlussverbesserung	475
,-zeichen	262,423	Winkelbildverfahren	138
,-zeichenplan	423	Winterdienst	516
Vermessung	473	Wirtschaftlichkeit	78
Versatz	351,353	Wirtschaftswege	128
Versorgungsleitungen	274	Wohnwege	277
Verteilerfahrbahn	190	,-straßen	277
Verwindung	26,149,220	Zeitbeiwert	381
Verziehung	39,155,249	Zement	450
,-slänge	39	,-beton	4,444,449
Verziehungssstrecke	249	Zenjtralmischverfahren	464
Verzögerungsstrecke	249	Zielauswahlregel	430
Vollplatte	367	Zielfelder	263
Vollrampe	344	Zielkonflikte	75
Vorfluter	89	Zielpunkt	144
Vorplanung	167	Zielverkehr	43
Voruntersuchung	161	Zufahrttyp	251
Vorwegweiser	433	Zusatzfahrstreifen	62,116,312
Waldwege	128	, Einsatzgrenzen	62
Walzbeton	466	, Fußgänger-/ Radverkehr	117
Wahrnehmbarkeitsregel	430	, landwirtschaftlicher Verkehr	123
Walztechnik	504	, öffentlicher Verkehr	124
Wanderwege	130	Zweiradfahrzeuge	342
Wanne	35,138 fg.	Zwölftafelgesetz	2
Wannenausrundung	36,140		

Der aktuelle Mutschmann/Stimmelmayr

Peter Fritsch | Werner Knaus | Gerhard Merkl |
Erwin Preininger | Joachim Rautenberg |
Matthias Weiß | Burkhard Wricke

Mutschmann/Stimmelmayr
Taschenbuch der Wasserversorgung
15., vollst. überarb. Aufl. 2010. ca. 926 S. mit 420 Abb. u.
283 Tab. Geb. ca. EUR 99,95
ISBN 978-3-8348-0951-3

Inhalt: Technik der Wasserversorgung: Aufgabe der Wasserversorgung
- Wasserabgabe - Wasserverbrauch - Wasserbedarf - Wassergewinnung -
Wasseraufbereitung - Wasserförderung - Wasserspeicherung - Wasserverteilung
- Brandschutz - Trinkwasserversorgung in Notstandsfällen - Eigen- und
Einzeltrinkwasserversorgung - Bauabwicklung und Betrieb von Wasserversorgungsanlagen: Planung und Bauausführung - Baukosten von
Wasserversorgungsanlagen - Betrieb, Verwaltung und Überwachung. Anhang:
Gesetzliche Einheiten, Zahlenwerte, DVGW-Regelwerk, DIN-Normen u. ä.

Das seit über 50 Jahren anerkannte Standardwerk umfasst alle Bereiche der Wasserversorgung - von der Planung über Bau, Betrieb, Organisation bis zu Verwaltung und
Management der Anlagen. Das Taschenbuch der Wasserversorgung erläutert dabei
den derzeitigen Stand der Technik, zeigt die wirtschaftlichen Aspekte bei Planung,
Ausführung und Unterhaltung von Wasserversorgungsanlagen und nennt aktuelle
gesetzlichen Einheiten, Zahlenwerte, DGVW-Regelungen und DIN-Normen.
Die 15. Auflage wurde überarbeitet und aktualisiert, besonders im Bezug auf
veränderte Normungen und die neue Trinkwasserverordnung.

Abraham-Lincoln-Straße 46
65189 Wiesbaden
Fax 0611.7878-400
www.viewegteubner.de

Stand Juli 2010.
Änderungen vorbehalten.
Erhältlich im Buchhandel oder im Verlag.

VIEWEG+TEUBNER

Die Wendehorst-Familie

Wetzell, Otto W. (Hrsg.)
Wendehorst Bautechnische Zahlentafeln
33., vollst. überarb. u. aktual. Aufl. 2009. XVL, 1522 S. Geb. EUR 49,90
ISBN 978-3-8348-0685-7

Inhalt:
Mathematik - Bauzeichnungen - Vermessung - Bauphysik - Schallimmissionsschutz - Brandschutz - Lastannahmen, Einwirkungen - Statik und Festigkeitslehre - Räumliche Aussteifungen - Mauerwerk und Putz - Beton - Stahlbeton und Spannbeton - Stahlbau - Holzbau - Glasbau - Geotechnik - Hydraulik und Wasserbau - Siedlungswasserwirtschaft - Abfallwirtschaft - Verkehrswesen

Wetzell, Otto W. (Hrsg.)
Wendehorst Beispiele aus der Baupraxis
3., aktual. u. erw. aufl. 2009. VIIII, 549 S. Br. EUR 34,90
ISBN 978-3-8348-0684-0

Inhalt:
Vermessung - Bauphysik - Schallimmissionsschutz - Statik und Festigkeitslehre - Lastannahmen - Stahlbeton - Stahlbau - Holzbau nach DIN 1052 - Mauerwerk und Putz - Brandschutz - Räumliche Aussteifungen - Glasbau - Geotechnik - Hydraulik und Wasserbau - Siedlungswasserwirtschaft - Abfallwirtschaft - Verkehrswesen

Günter Neroth / Dieter Vollenschaar (Hrsg.)
Wendehorst Baustoffkunde
Grundlagen - Baustoffe - Oberflächenschutz
27., vollst. überarb. Aufl. 2010. ca. 940 S. mit 218 Abb. und 212 Tab. Geb. ca. EUR 44,90
ISBN 978-3-8351-0225-5

Allgemeines - Natursteine - Gesteinskörnungen für Beton und Mörtel - Bindemittel - Beton - Mörtel - Bausteine und -platten - Keramische Baustoffe - Bauglas - Eisen und Stahl - Nichteisenmetalle - Korrosion der Metalle - Bitumenhaltige Baustoffe - Holz und Holzwerkstoffe - Kunststoffe - Oberflächenschutz - Schutz und Instandsetzung von Beton - Wärme-, Schall-, Brandschutz

VIEWEG+
TEUBNER

Abraham-Lincoln-Straße 46
65189 Wiesbaden
Fax 0611.7878-400
www.viewegteubner.de

Stand Juli 2010.
Änderungen vorbehalten.
Erhältlich im Buchhandel oder im Verlag.

Printed by Books on Demand, Germany